U0928003

注册建筑师考试丛书

二级注册建筑师考试教材

# ·2·

# 建筑结构与设备

（第十四版）

《注册建筑师考试教材》编委会　编

曹纬浚　主编

中国建筑工业出版社

**图书在版编目(CIP)数据**

二级注册建筑师考试教材. 2，建筑结构与设备/《注册建筑师考试教材》编委会编；曹纬浚主编. —14 版. —北京：中国建筑工业出版社，2019.11
(注册建筑师考试丛书)
ISBN 978-7-112-24243-6

Ⅰ.①二… Ⅱ.①注… ②曹… Ⅲ.①建筑结构-资格考试-自学参考资料 ②房屋建筑设备-资格考试-自学参考资料 Ⅳ.①TU

中国版本图书馆 CIP 数据核字(2019)第 217778 号

责任编辑：张 建 黄 翊
责任校对：焦 乐

注册建筑师考试丛书
**二级注册建筑师考试教材**
**·2·**
**建筑结构与设备**
(第十四版)
《注册建筑师考试教材》编委会 编
曹纬浚 主编
*
中国建筑工业出版社出版、发行（北京海淀三里河路 9 号）
各地新华书店、建筑书店经销
北京红光制版公司制版
河北鹏润印刷有限公司印刷
*
开本：787×1092 毫米 1/16 印张：33¼ 字数：788 千字
2019 年 11 月第十四版 2019 年 11 月第二十六次印刷
定价：**99.00** 元
ISBN 978-7-112-24243-6
(34745)

# 《注册建筑师考试教材》

## 编　委　会

# 序

赵春山

（住房和城乡建设部执业资格注册中心原主任
兼全国勘察设计注册工程师管理委员会副主任
中国建筑学会常务理事）

我国正在实行注册建筑师执业资格制度，从接受系统建筑教育到成为执业建筑师之前，首先要得到社会的认可，这种社会的认可在当前表现为取得注册建筑师执业注册证书，而建筑师在未来怎样行使执业权力，怎样在社会上进行再塑造和被再评价从而建立良好的社会资源，则是另一个角度对建筑师的要求。因此在如何培养一名合格的注册建筑师的问题上有许多需要思考的地方。

## 一、正确理解注册建筑师的准入标准

我们实行注册建筑师制度始终坚持教育标准、职业实践标准、考试标准并举，三者之间相辅相成、缺一不可。所谓教育标准就是大学专业建筑教育。建筑教育是培养专业建筑师必备的前提。一个建筑师首先必须经过大学的建筑学专业教育，这是基础。职业实践标准是指经过学校专门教育后又经过一段有特定要求的职业实践训练积累。只有这两个前提条件具备后才可报名参加考试。考试实际就是对大学建筑教育的结果和职业实践经验积累结果的综合测试。注册建筑师的产生都要经过建筑教育、实践、综合考试三个过程，而不能用其中任何一个去代替另外两个过程，专业教育是建筑师的基础，实践则是在步入社会以后通过经验积累提高自身能力的必经之路。从本质上说，注册建筑师考试只是一个评价手段，真正要成为一名合格的注册建筑师还必须在教育培养和实践训练上下功夫。

## 二、关注建筑专业教育对职业建筑师的影响

应当看到，我国的建筑教育与现在的人才培养、市场需求尚有脱节的地方，比如在人才知识结构与能力方面的实践性和技术性还有欠缺。目前在建筑教育领域实行了专业教育评估制度，一个很重要的目的是想以评估作为指挥棒，指挥或者引导现在的教育向市场靠拢，围绕着市场需求培养人才。专业教育评估在国际上已成为了一种通行的做法，是一种通过社会或市场评价教育并引导教育围绕市场需求培养合格人才的良好机制。

当然，大学教育本身与社会的具体应用需要之间有所区别，大学教育更侧重于专业理论基础的培养，所以我们就从衡量注册建筑师第二个标准——实践标准上来解决这个问题。注册建筑师考试前要强调专业教育和三年以上的职业实践。现在专门为报考注册建筑

师提供一个职业实践手册，包括设计实践、施工配合、项目管理、学术交流四个方面共十项具体实践内容，并要求申请考试人员在一名注册建筑师指导下完成。

理论和实践是相辅相成的关系，大学的建筑教育是基础理论与专业理论教育，但必须要给学生一定的时间使其把理论知识应用到实践中去，把所学和实践结合起来，提高自身的业务能力和专业水平。

大学专业教育是作为专门人才的必备条件，在国外也是如此。发达国家对一个建筑师的要求是：没有经过专门的建筑学教育是不能称之为建筑师的，而且不能进入该领域从事与其相关的职业。企业招聘人才也首先要看他们是否具备扎实的基本知识和专业本领，所以大学的本科建筑教育是必备条件。

## 三、注意发挥在职教育对注册建筑师培养的补充作用

在职教育在我国有两个含义：一种是后补充学历教育，即本不具备专业学历，但工作后经过在职教育通过社会自学考试，取得从事现职业岗位要求的相应学历；还有一种是继续教育，即原来学的本专业和其他专业学历，随着科技发展和自身业务领域的拓宽，原有的知识结构已不适应了，于是通过在职教育去补充相关知识。由于我国建筑教育在过去一段时期底子薄，培养数量与社会需求差距很大。改革开放以后为了满足快速发展的建筑市场需求，一批没有经过规范的建筑教育的人员进入了建筑师队伍。而要解决好这一历史问题，提高建筑师队伍整体职业素质，在职教育有着重要的补充作用。

继续教育是在职教育的一种行之有效的教育形式，它特指具有专业学历背景的在职人员从业后，因社会的发展使得原有知识需要更新，要通过参加新知识、新技术的学习以调整原有知识结构、拓宽知识范围。它在性质上与在职培训相同，但又不能完全画等号。继续教育是有计划性、目标性、提高性的，从整体人才队伍和个人知识总体结构上作调整和补充。当前，社会在职教育在制度上和措施上还不够完善，质量很难保证。有一些人把在职读学历作为“镀金”，把继续教育当作“过关”。虽然最后证明拿到了，但实际的本领和水平并没有相应提高。为此需要我们做两方面的工作，一是要让我们的建筑师充分认识到在职教育是我们执业发展的第一需求；二是我们的教育培训机构要完善制度、改进措施、提高质量，使参加培训的人员有所收获。

## 四、为建筑师创造一个良好的职业环境

要向社会提供高水平、高质量的设计产品，关键还是要靠注册建筑师的自身素质，但也不可忽视社会环境的影响。大众审美的提高可以让建筑师感受到社会的关注，增强自省意识，努力创造出一个经受得住大众评价的作品。但目前实际上建筑师的很多设计思想受开发商与业主方面很大的影响，有时建筑水平并不完全取决于建筑师，而是取决于开发商与业主的喜好。有的业主审美水平不高，很多想法往往只是自己的意愿，这就很难做出与社会文化、科技、时代融合的建筑产品。要改善这种状态，首先要努力创造尊重知识、尊重人才的社会环境。建筑师要维护自己的职业权力，大众要尊重建筑师的创作成果，业主不要把个人喜好强加于建筑师。同时建筑师自身也要提高自己的素质和修养，增强社会责任感，建立良好的社会信誉。要让创造出的作品得到大众的尊重，首先自己要尊重自己的劳动成果。

## 五、认清差距，提高自身能力，迎接挑战

目前中国的建筑师与国际水平还存在着一定差距，而面对信息化时代，如何缩小差距以适应时代变革和技术进步，及时调整并制定新的对策，成为建筑教育需要探讨解决的问题。

我们现在的建筑教育不同程度地存在重艺术、轻技术的倾向。在注册建筑师资格考试中明显感觉到建筑师们在相关的技术知识包括结构、设备、材料方面的把握上有所欠缺，这与教育有一定的关系。学校往往比较注重表现能力方面的培养，而技术方面的教育则相对不足。尽管这些年有的学校进行了一些课程调整，加强了技术方面的教育，但从整体来看，现在的建筑师在知识结构上还是存在缺欠。

建筑是时代发展的历史见证，它凝固了一个时期科技、文化发展的印记，建筑师如果不能与时代发展相适应，努力学习和掌握当代社会发展的科学技术与人文知识，提高建筑的科技、文化内涵，就很难创造出高水平的作品。

当前，我们的建筑教育可以利用互联网加强与国外信息的交流，了解和掌握国外在建筑方面的新思路、新理念、新技术。这里想强调的是，我们的建筑教育还是应该注重与社会发展相适应。当今，社会进步速度很快，建筑所蕴含的深厚文化底蕴也在不断地丰富、发展。现代建筑创作不能单一强调传统文化，要充分运用现代科技发展成果，使建筑在经济、安全、健康、适用和美观方面得到全面体现。在人才培养上也要与时俱进。加强建筑师科技能力的培养，让他们学会适应和运用新技术、新材料去进行建筑创作。

一个好的建筑要实现它的内在和外表的统一，必须要做到：建筑的表现、材料的选用、结构的布置以及设备的安装融为一体。但这些在很多建筑中还做不到，这说明我们一些建筑师在对新结构、新设备、新材料的掌握和运用上能力不够，还需要加大学习的力度。只有充分掌握新的结构技术、设备技术和新材料的性能，建筑师才能够更好地发挥创造水平，把技术与艺术很好地融合起来。

中国加入 WTO 以后面临国外建筑师的大量进入，这对中国建筑设计市场将会有很大的冲击，我们不能期望通过政府设立各种约束限制国外建筑师的进入而自保，关键是要使国内建筑师自身具备与国外建筑师竞争的能力，充分迎接挑战、参与竞争，通过实践提高我们的设计水平，为社会提供更好的建筑作品。

# 前　　言

## 一、本套书编写的依据、目的及组织构架

原建设部和人事部自 1995 年起开始实施注册建筑师执业资格考试制度。

本套书以考试大纲为依据，结合考试参考书目和现行规范、标准进行编写，并结合历年真实考题的知识点做出修改补充。由于多年不断对内容的精益求精，本套书是目前市面上同类书中，出版较早、流传较广、内容严谨、口碑销量俱佳的一套注册建筑师考试用书。

本套书的编写目的是指导复习，因此在保证内容综合全面、考点覆盖面广的基础上，力求重点突出、详略得当；并着重对工程经验的总结、规范的解读和原理、概念的辨析。

为了帮助考生准备注册考试，本书的编写教师自 1995 年起就先后参加了全国一、二级注册建筑师考试辅导班的教学工作。他们都是在本专业领域具有较深造诣的教授、一级注册建筑师、一级注册结构工程师和具有丰富考试培训经验的名师、专家。

本套《注册建筑师考试丛书》自 2001 年出版至今，除 2002、2015、2016 三年停考之外，每年均对教材内容作出修订完善。现全套书包含：《一级注册建筑师考试教材》（共 6 个分册）、《一级注册建筑师考试历年真题与解析》（知识题科目，共 5 个分册）；《二级注册建筑师考试教材》（共 3 个分册）、《二级注册建筑师考试历年真题与解析》（知识题科目，共 2 个分册）。

## 二、本书（本版）修订说明

（1）第二章“建筑结构与结构选型”，根据《民用建筑设计统一标准》GB 50352—2019 修订了该标准对低层、多层、高层民用建筑，以及超高层建筑的界定；根据《门式刚架轻型房屋钢结构技术规范》GB 51022—2015 替换了门式刚架形式示例。

（2）对第三章第一节“建筑结构可靠性设计及荷载”的调整内容包括：“建筑结构可靠性设计”依据最新修订的《建筑结构可靠性设计统一标准》GB 50068—2018 做了重新改写；“建筑结构荷载”主要依据《建筑结构荷载规范》GB 50009—2012 编写。

（3）第六章“建筑给水排水”扩充了用水定额，管材、附件与水表，特殊给水系统，循环冷水及冷却塔，饮水供应，消防系统，污水提升与处理等知识点。

（4）第七章“暖通空调”增加多条论述，涵盖更多知识点。

## 三、本套书配套使用说明

考生在复习全国二级注册建筑师资格考试“建筑结构与设备”“法律 法规 经济与施工”两科的同时，除应阅读相应的标准、规范外，还应多做试题，以便巩固知识、加深理解和记忆。《二级历年真题与解析》是《二级教材》第 2、3 分册的配套试题集。收录了若干年知识题的真实试题，并依据考点将考题归类，每个考点皆作了知识上的梳理和总结，以便于考生记忆；每道考题皆附详解和答案。

本版《二级教材》第一分册对整本书作了重新编写；紧扣全国二级注册建筑师资格考试“场地与建筑设计（作图）”“建筑构造与详图（作图）”的考试大纲要求和多年真实试题的命题思路，针对作图题的读题分析、解题步骤和得分技巧作了详尽的阐述。书中收录了多年真实试题，并附详解和评分标准，对二级注册建筑师资格考试“场地与建筑设计（作图）”“建筑构造与详图（作图）”两科的复习大有助益。

**四、《二级教材》作者及协助编写人员**

《第 1 分册　场地与建筑设计 建筑构造与详图（作图）》——第一篇～第三篇魏鹏、臧楠楠。

《第 2 分册　建筑结构与设备》——第一章钱民刚；第二章黄莉、王昕禾；第三章冯东、黄莉；第四、五章黄莉；第六章许萍；第七章贾昭凯；第八章冯玲。

《第 3 分册　法律 法规 经济与施工》——第一章李魁元；第二章陈向东；第三章穆静波。

除上述编写者之外，多年来曾参与或协助本套书编写、修订的人员有：王其明、姜中光、翁如璧、耿长孚、任朝钧、曾俊、林焕枢、张文革、李德富、吕鉴、朋改非、杨金铎、周慧珍、刘宝生、张英、陶维华、郝昱、赵欣然、霍新民、何玉章、颜志敏、曹一兰、周庄、陈庆年、周迎旭、阮广青、张炳珍、杨守俊、王志刚、何承奎、孙国樑、张翠兰、毛元钰、曹欣、楼香林、李广秋、李平、邓华、翟平、曹铎、栾彩虹、徐华萍。

在此预祝各位考生取得好成绩，考试顺利过关！

《注册建筑师考试教材》编委会

2019 年 9 月

# 目　　录

# 第一章　建　筑　力　学

建筑力学包括静力学、材料力学、结构力学三部分内容。

## 第一节　静力学基本知识和基本方法

静力学研究物体在力作用下的平衡规律，主要包括物体的受力分析、力系的等效简化、力系的平衡条件及其应用。

### 一、静力学基本知识

#### （一）静力学的基本概念

**1. 力的概念**

力是物体间相互的机械作用，这种作用将使物体的运动状态发生变化——运动效应，或使物体的形状发生变化——变形效应。力的量纲为牛顿（N）。力的作用效果取决于力的三要素：力的大小、方向、作用点。力是矢量，满足矢量的运算法则。当求共点二力之合力时，采用力的平行四边形法则：其合力可由两个共点力为边构成的平行四边形的对角线确定，见图 1-1(*a*)。或者说，合力矢等于此二力的几何和，即

$$F_R = F_1 + F_2 \tag{1-1}$$

显然，求 $F_R$ 时，只需画出平行四边形的一半就够了，即以力矢 $F_1$ 的尾端 $B$ 作为力矢 $F_2$ 的起点，连接 $AC$ 所得矢量即为合力 $F_R$。如图 1-1(*b*) 所示三角形 $ABC$ 称为力三角形。这种求合力的方法称为力的三角形法则。

力的三角形法则可以很容易地扩展成力的多边形法则。设一平面汇交力系 $F_1$，$F_2$，$F_3$，$F_4$，各力作用线汇交于点 $A$，如图 1-2 (*a*) 所示。

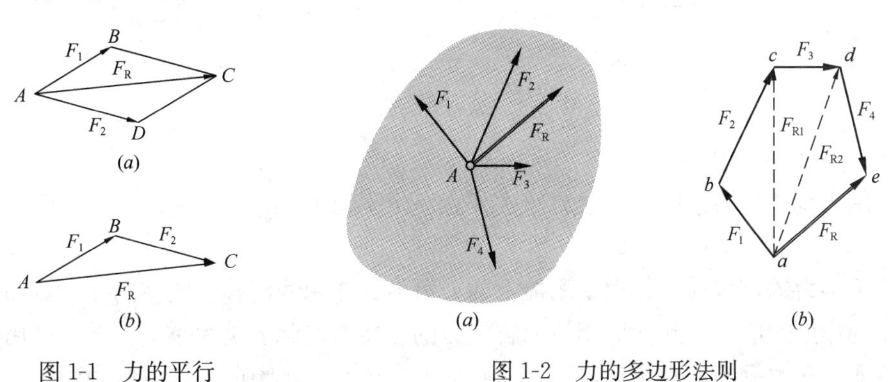


图 1-1　力的平行四边形法则

图 1-2　力的多边形法则
(*a*) 平面汇交力系；(*b*) 力的多边形

为合成此力系，可根据力的平行四边形法则，逐步两两合成各力，最后求得一个通过

汇交点 $A$ 的合力 $F_R$；还可以用更简便的方法求此合力 $F_R$ 的大小与方向。任取一点 $a$，将各分力的矢量依次首尾相连，由此组成一个不封闭的**力多边形** $abcde$，如图 1-2 (*b*) 所示。此图中的虚线$\overrightarrow{ac}$矢（$F_{R1}$）为力 $F_1$ 与 $F_2$ 的合力矢，又虚线$\overrightarrow{ad}$矢（$F_{R2}$）为力 $F_{R1}$ 与 $F_3$ 的合力矢，在作力多边形时不必画出。

**例 1-1 （2005 年）**平面汇交力系（$F_1$、$F_2$、$F_3$、$F_4$、$F_5$）的力多边形如图 1-3 所示，该力系的合力等于(　　)。

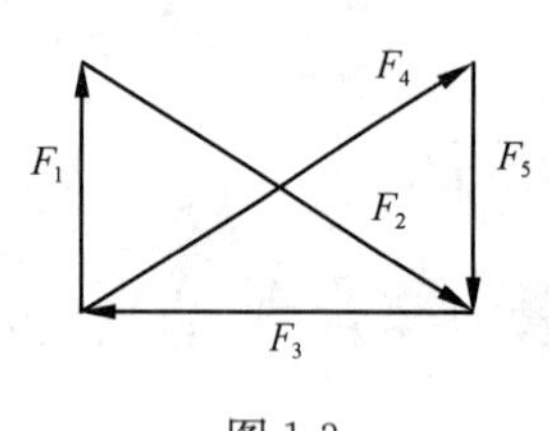

图 1-3

A　$F_3$　　B　$-F_3$　　C　$F_2$　　D　$F_5$

**解析：**根据力的多边形法则可知，$F_1$、$F_2$ 和 $F_3$ 首尾顺序连接而成的力矢三角形自行封闭，封闭边为零，故 $F_1$、$F_2$ 和 $F_3$ 的合力为零。剩余的二力 $F_4$ 和 $F_5$ 首尾顺序连接，其合力应是从 $F_4$ 的起点指向 $F_5$ 的终点，即 $-F_3$ 的方向。

**答案：**B

**2. 刚体的概念**

在物体受力以后的变形对其运动和平衡的影响小到可以忽略不计的情况下，便可把物体抽象成为不变形的力学模型——刚体。

**3. 力系的概念**

同时作用在刚体上的一群力，称为力系。

**4. 平衡的概念**

平衡是指物体相对惯性参考系静止或作匀速直线平行移动的状态。

### （二）静力学的基本原理

**1. 二力平衡原理**

不计自重的刚体在二力作用下平衡的必要和充分条件是：二力沿着同一作用线，大小相等，方向相反。仅受两个力作用且处于平衡状态的物体，称为二力体，又称二力构件、二力杆，见图 1-4。

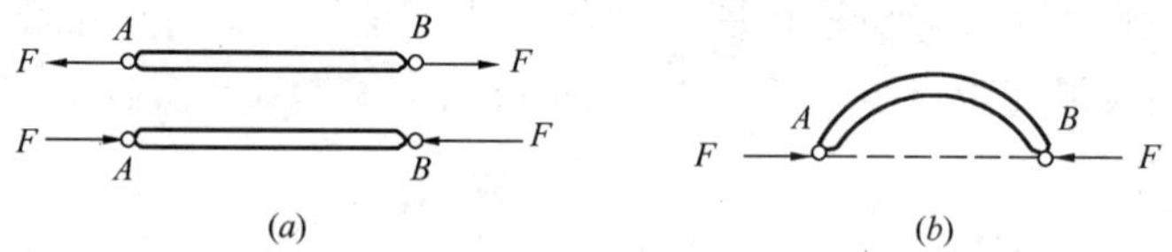

图 1-4　二力平衡必共线

**2. 加减平衡力系原理**

在作用于刚体的力系中，加上或减去任意一个平衡力系，不改变原力系对刚体的作用效应。

**推论Ⅰ　力的可传性。**作用于刚体上的力可沿其作用线滑移至刚体内任意点而不改变力对刚体的作用效应；因此，对刚体而言，力的三要素实际上是大小、方向和作用线。

**推论Ⅱ　三力平衡汇交定理。**作用于刚体上三个相互平衡的力，若其中两个力的作用线汇交于一点，则此三力必在同一平面内，且第三个力的作用线通过汇交点，如图 1-5 所示。

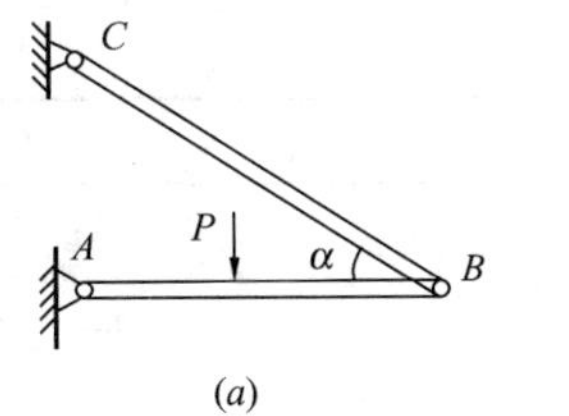

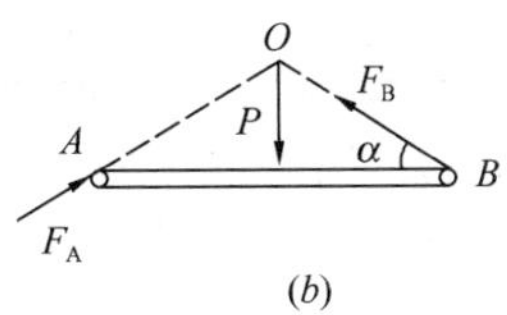


图 1-5　三力平衡必汇交

**（三）约束与约束力（约束反力）**

阻碍物体运动的限制条件称为约束，约束对被约束物体的机械作用称为约束力（或约束反力）。**约束反力的方向永远与主动力的运动趋势相反。**

工程中常见的几种典型约束的性质以及相应约束力的确定方法见表 1-1。

**几种典型约束的性质及相应约束力的确定方法**　　**表 1-1**

| 约束的类型 | 约束的性质 | 约束力的确定 |
|---|---|---|
| 柔体约束（如绳索、胶带、链条等） | 柔体约束只能限制物体沿着柔体的中心线伸长方向的运动，而不能限制物体沿其他方向的运动 | 约束力必定沿柔体的中心线，且背离被约束的物体 |
| 光滑接触约束 | 光滑接触约束只能限制物体沿接触面的公法线指向支承面的运动，而不能限制物体沿接触面或离开支承面的运动 | 光滑接触面的约束力通过接触点，沿接触面的公法线并指向被约束的物体 |
| 可动铰支座（辊轴支座） | 可动铰支座不能限制物体绕销钉的转动和沿支承面的运动，而只能限制物体在支承面垂直方向的运动 | 可动铰支座的约束反力通过销钉中心且垂直于支承面，指向待定 |
| 链杆约束 | 链杆约束只能限制物体沿链杆中心线方向的运动，而其他方向的运动都不能限制 | 链杆约束的约束反力沿着链杆中心线，指向待定 |

续表

| 约束的类型 | 约束的性质 | 约束力的确定 |
|---|---|---|
| 固定铰链支座<br>圆柱铰链(中间铰) | 铰链约束只能限制物体在垂直于销钉轴线的平面内任意方向的运动，而不能限制物体绕销钉的转动 | 约束反力作用在垂直于销钉轴线的平面内，通过销钉中心，而方向待定 |
| 定向支座 | 定向支座只能限制物体沿支座链杆方向的运动和物体绕支座的转动，而不能限制物体沿支承面的运动 | 约束力可表示为一个垂直于支承面的力和一个约束力偶，指向与主动力相反。 |
| 固定端约束 | 固定端约束既能限制物体移动，又能限制物体绕固定端转动 | 约束反力可表示为两个互相垂直的分力和一个约束力偶，指向均待定 |

**【口诀】 1，2，3。**

**即：第 1 类约束，有 1 个约束力；第 2 类约束，有 2 个约束力；第 3 类约束，有 3 个约束力（约束力偶可当作广义力）。**

图 1-6 和图 1-7 中给出了可动铰支座和链杆、圆柱铰链（中间铰）与固定铰链支座的实例、简图、分解图和约束力的图示。

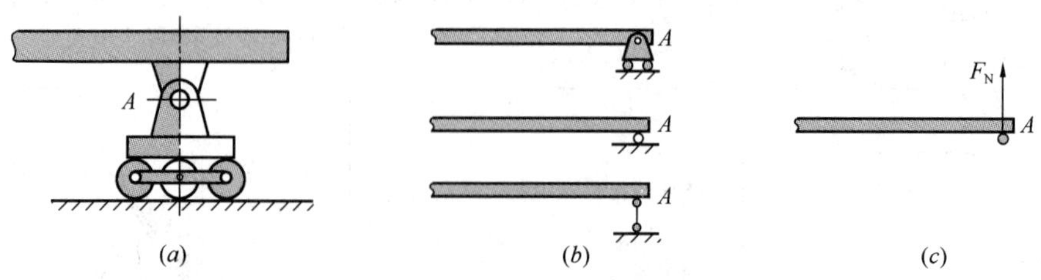


图 1-6 可动铰支座和链杆

（a）辊轴实例；（b）简图；（c）约束力

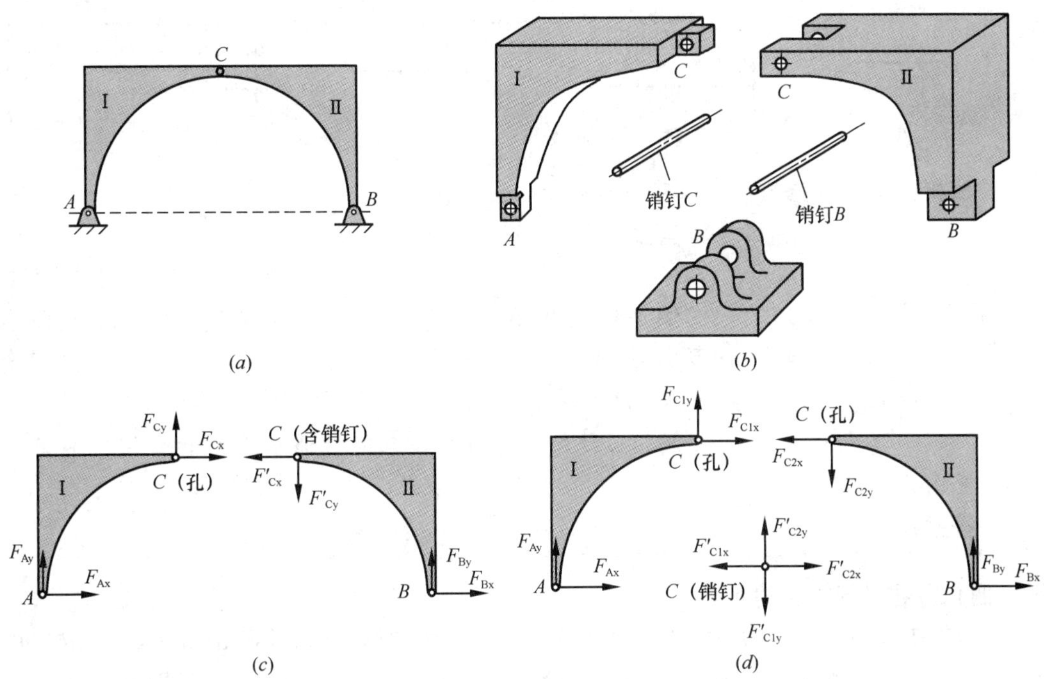


图 1-7　圆柱铰链（中间铰）与固定铰链支座

（a）拱形桥；（b）中间铰链 C 和固定铰链 B 分解图；（c）约束力（不单独分析销钉 C）；（d）约束力（单独分析销钉 C）

**例 1-2　（2010 年）**图 1-8 所示固定铰支座的 4 种画法中，错误的是：

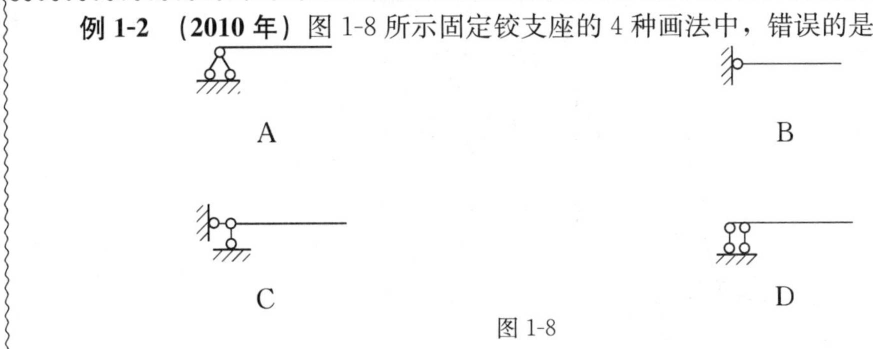


图 1-8

**解析：**固定铰支座所能约束的位移为水平位移、竖向位移。A、B、C 正确，D 错误。

**答案：**D

**例 1-3**　图 1-9 所示支承可以简化为下列哪一种支座形式？

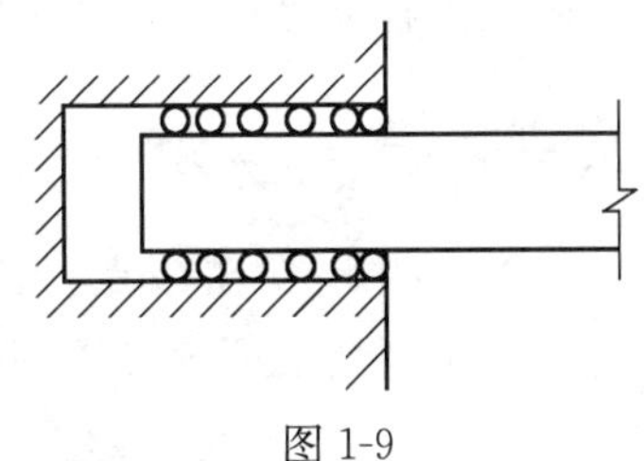

图 1-9

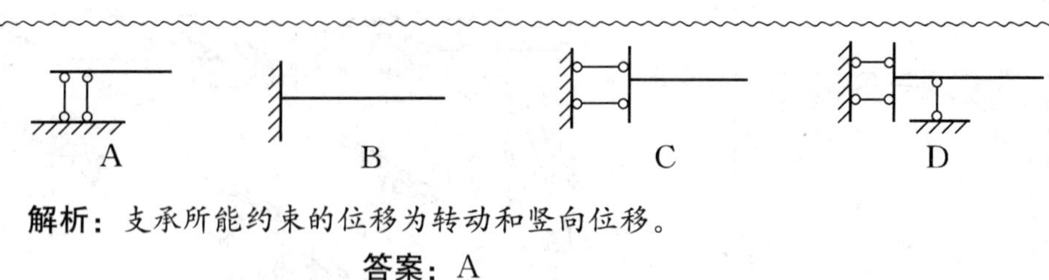


**解析：**支承所能约束的位移为转动和竖向位移。

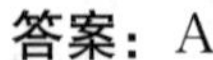
**答案：**A

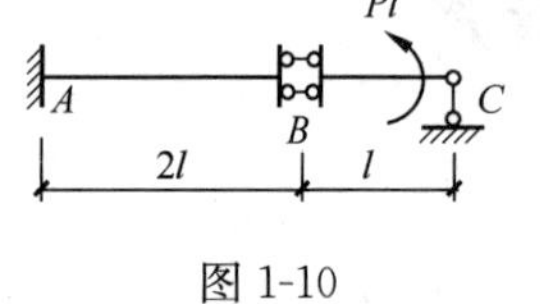


图 1-10

**例 1-4 （2009 年）**图 1-10 所示结构固定支座 $A$ 处竖向反力为：

A $P$　　B $2P$　　C 0　　D $0.5P$

**解析：**$B$ 处的定向支座只能传递水平力和力偶，不能传递竖向力。

**答案：**C

**（四）力在坐标轴上的投影**

过力矢 $F$ 的两端 $A$、$B$，向坐标轴作垂线，在坐标轴上得到垂足 $a$、$b$，线段 $ab$，再冠之以正负号，便称为力 $F$ 在坐标轴上的投影。如图 1-11 中所示的 $X$、$Y$ 即为力 $F$ 分别在 $x$ 与 $y$ 轴上的投影，其值为力 $F$ 的模乘以力与投影轴正向间夹角的余弦，即：

$$X = |F| \cos\alpha$$
$$Y = |F| \cos\beta = |F| \sin\alpha \tag{1-2}$$

图 1-11

若力与任一坐标轴 $x$ 平行，即 $\alpha=0°$或 $\alpha=180°$时：

$$X = |F| \text{ 或 } X = -|F|$$

若力与任一坐标轴 $x$ 垂直，即 $\alpha=90°$时：

$$X=0$$

合力投影定理。平面汇交力系的合力在某坐标轴上的投影等于其各分力在同一坐标轴上的投影的代数和。

$$F_x = \Sigma X_i \quad F_y = \Sigma X_i Y_i \tag{1-3}$$

**例 1-5 （2004 年）**平面力系 $P_1$、$P_2$ 汇交在 $O$ 点，其合力的水平分力和垂直分力分别为 $P_x$、$P_y$，如图 1-12 所示。试判断以下 $P_x$、$P_y$ 值哪项正确？

A $P_x=3\sqrt{3}$，$P_y=1$　　　　B $P_x=3$，$P_y=3\sqrt{3}$

C　$P_x=3$，$P_y=-\sqrt{3}$　　　　D　$P_x=3\sqrt{3}$，$P_y=3$

**解析：** $P_x=P_1\sin30°+P_2\sin30°=3$

$P_y=-P_1\cos30°+P_2\cos30°=-\sqrt{3}$

**答案：** C

**例 1-6　（2004 年）** 图 1-13 所示平面平衡力系中，$P_2$ 的正确数值是多少？（与图 1-13 中方向相同为正值，反之为负值）

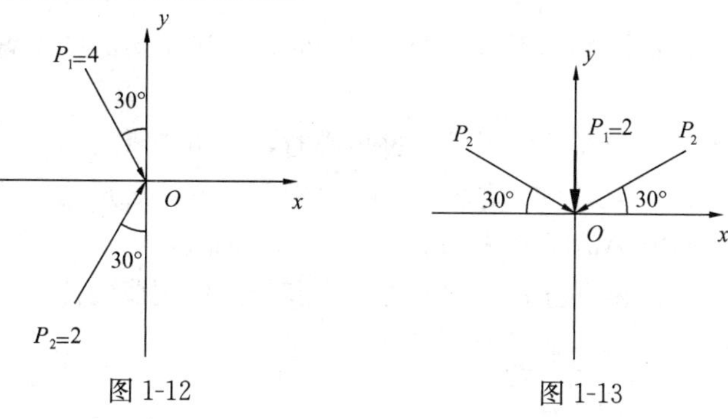


图 1-12　　　　图 1-13

A　$P_2=-2$　　　　B　$P_2=-4$

C　$P_2=2$　　　　D　$P_2=4$

**解析：** 因为 $\sum F_y=-P_1-2P_2\sin30°=0$　所以 $P_2=-P_1=-2$

**答案：** A

**思考：** 画出此三力平衡的力的三角形。

## （五）力矩及其性质

### 1. 力对点之矩

力使物体绕某支点（或矩心）转动的效果可用力对点之矩度量。设力 $F$ 作用于刚体上的 $A$ 点，如图 1-14 所示，用 $r$ 表示空间任意点 $O$ 到 $A$ 点的矢径，于是，力 $F$ 对 $O$ 点的力矩定义为矢径 $r$ 与力矢 $F$ 的矢量积，记为 $M_O(F)$。即

$$M_O(F)=r\times F \tag{1-4}$$

式（1-4）中点 $O$ 称作力矩中心，简称矩心。力 $F$ 使刚体绕 $O$ 点转动效果的强弱取决于：①力矩的大小；②力矩的转向；③力和矢径所组成平面的方位。因此，力矩是一个矢量，矢量的模即力矩的大小为

$$|M_O(F)|=|r\times F|=rF\sin\theta=Fd \tag{1-5}$$

矢量的方向与 $OAB$ 平面的法线 $n$ 一致，按右手螺旋法则来确定。力矩的单位为 N·m或 kN·m。

在平面问题中，如图 1-15 所示，力对点之矩为代数量，表示为：

$$M_O(F)=\pm Fd \tag{1-6}$$

式中 $d$ 为力到矩心 $O$ 的垂直距离，称为力臂。习惯上，力使物体绕矩心逆时针转动时，式（1-6）取正号，反之取负号。

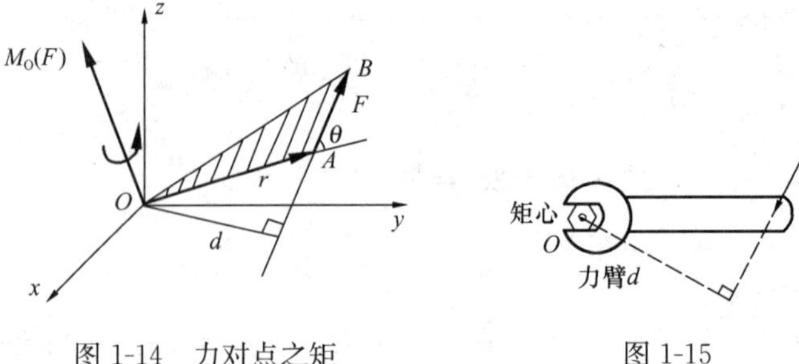


图 1-14　力对点之矩　　　　图 1-15

**2. 力矩的性质**

（1）力对点之矩，不仅取决于力的大小，同时还取决于矩心的位置，故不明确矩心位置的力矩是无意义的。

（2）力的数值为零，或力的作用线通过矩心时，力矩为零。

（3）合力矩定理：合力对一点之矩等于各分力对同一点之矩的代数和，即：

$$M_O(R)=M_O(F_1)+M_O(F_2)+\cdots+M_O(F_n)=\sum M_O(F) \tag{1-7}$$

由合力矩定理，可以得到分布力的合力大小和合力作用线的位置，如图 1-16 所示。

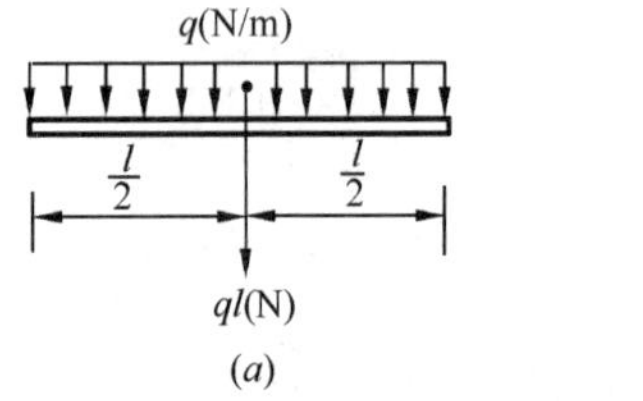


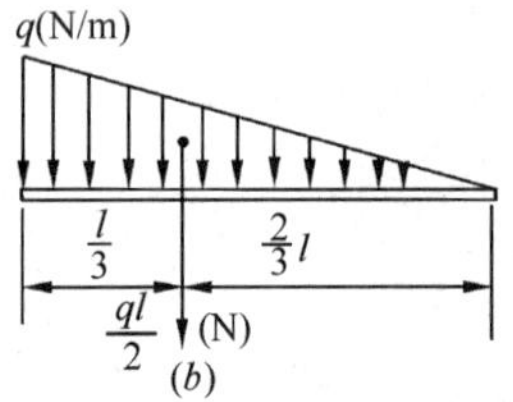


图 1-16

（*a*）均布荷载的合力；（*b*）三角形线性分布荷载的合力

由图 1-16 可见，分布荷载的合力大小等于分布荷载的面积，而分布荷载的合力作用线则通过分布荷载面积的形心。

**例 1-7　（2011 年）**建筑立面如图 1-17(*a*) 所示，在图示荷载作用下的基底倾覆力矩为：

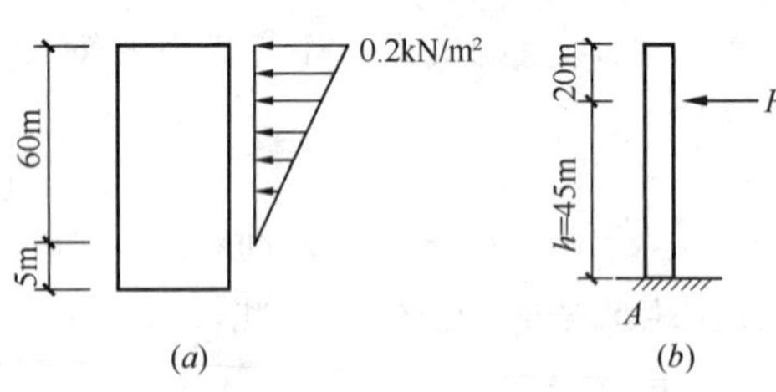


图 1-17

A　270kN · m/m（逆时针）

B　270kN · m/m（顺时针）

C　210kN · m/m（逆时针）

D　210kN · m/m（顺时针）

**解析：**考虑到此建筑立面纵深厚度为 1m，可以把图 1-17（*a*）中的面荷载视为线荷载（0.2kN/m）。这样其合力 *P* 等于三角形的面积$\frac{1}{2}\times60\times0.2=6$kN，合力 *P* 的作用线位于三角形的形心处，距顶点为$\frac{1}{3}\times60=20$m，如图 1-17（*b*）所示。对基底的倾覆力矩 $M_A$（*P*）$=Ph=6\times45=270$kN · m，为逆时针方向。

**答案：**A

### （六）力偶、力偶矩

**1. 力偶**

大小相等、方向相反、作用线平行但不重合的两个力组成的力系，称为力偶。用符号（$F$，$F'$）表示。如图 1-18 所示。图中的 $L$ 平面为力偶作用平面，$d$ 为两力之间的距离，称为力偶臂。

**2. 力偶的性质**

（1）力偶无合力，即不能简化为一个力，或者说不能与一个力等效。故力偶对刚体只产生转动效应而不产生移动效应。

（2）力偶对刚体的转动效应用力偶矩度量。

在空间问题中，力偶矩为矢量，其方向由右手定则确定，如图 1-18 所示。

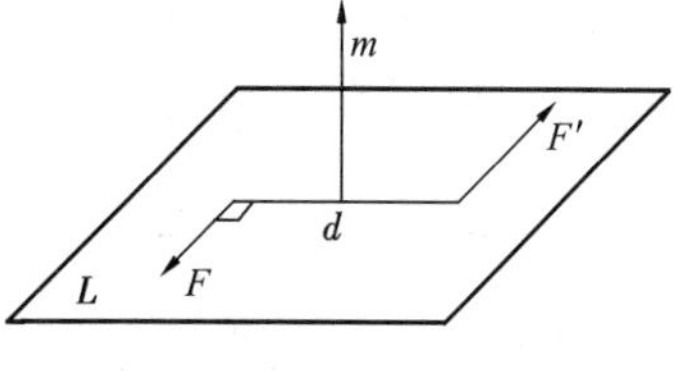

图 1-18

在平面问题中，力偶矩为代数量，表示为：

$$m = \pm Fd \tag{1-8}$$

通常取逆时针转向的力偶矩为正，反之为负。

（3）作用在刚体上的两个力偶，其等效的充分必要条件是此二力偶的力偶矩矢相等。由此性质可得到如下推论：

**推论Ⅰ** 只要力偶矩矢保持不变，力偶可在其作用面内任意移动和转动，亦可在其平行平面内移动，而不改变其对刚体的作用效果。因此力偶矩矢为自由矢量。

**推论Ⅱ** 只要力偶矩矢保持不变，力偶中的两个力及力偶臂均可改变，而不改变其对刚体的作用效果。

由力偶的上述性质可知，力偶对刚体的作用效果取决于力偶的三要素，即力偶矩的大小、力偶作用平面的方位及力偶在其作用面内的转向。

图 1-19($a$)、($b$)表示的为同一个力偶，其力偶矩为 $m=Fd$。

**在平面力系中，力偶对平面内任一点的力偶矩都相同，与点的位置无关。**

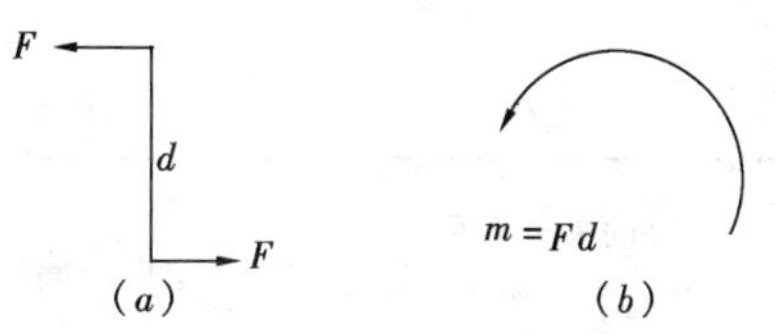

图 1-19

### （七）力的平移定理

显然，力可沿作用线移动，而不改变其对刚体的作用效果，现在要来研究如何将力的作用线进行平移。

如图 1-20 所示，在 $B$ 点加一对与力 $F$ 等值、平行的平衡力，并使 $F=F'=-F''$，其中 $F$ 与$F''$ 构成一力偶，称为附加力偶，其力偶矩 $m=Fd=m_B(F)$。这样，作用于 $A$ 点的力 $F$ 与作用于 $B$ 点的力 $F'$和一个力偶矩为 $m$ 的附加力偶等效。由此得出结论：作用于刚体上的力

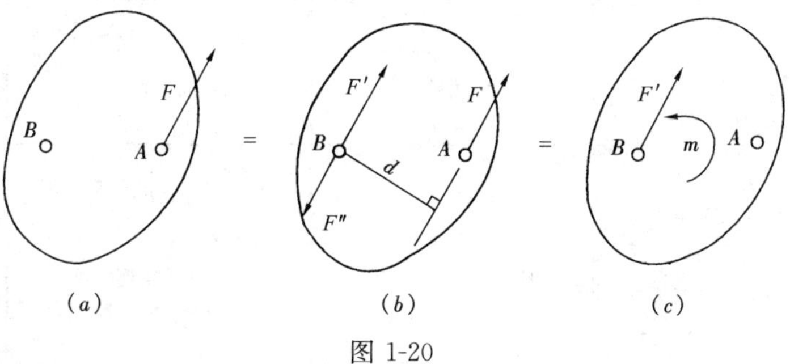

图 1-20

$F$ 可平移至体内任一指定点，但同时必须附加一力偶，其力偶矩等于原力 $F$ 对于新作用点 $B$ 之矩。这就是力的平移定理。

力的平移定理在力系的简化和工程计算中有广泛的应用。

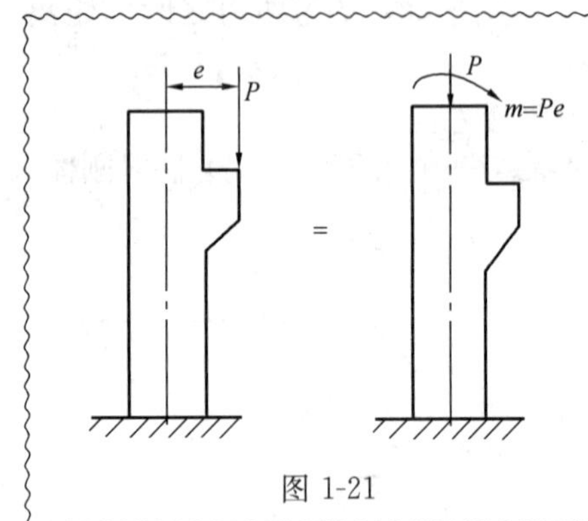

图 1-21

**例 1-8** 图 1-21 所示为工业厂房中常见的牛腿柱。偏心压力 $P$ 可以平行移动到牛腿柱的轴线上，成为一个轴向压力 $P$ 和一个力偶 $m=Pe$，牛腿柱的计算可简化为轴向压缩和弯曲的组合变形。

利用力的平移定理，可以把任意力系简化为一个主矢 $F'_R$ 和一个主矩 $M_O$ 的简化结果。

## 二、静力学基本方法

**【口诀】 取，画，列。**

（1）选取适当的研究对象。可以选取整体，也可以选取某一部分。选取的原则是能够通过已知力求得未知力。

（2）画出研究对象的受力图。一般先画已知的主动力，后画未知的约束反力。约束反力的方向永远与主动力的运动趋势相反。只画研究对象的外力，不画其内力。作用力与反作用力大小相等、方向相反，作用在一条直线上，作用在两个物体上。

（3）列出平衡方程求未知力。

根据平衡条件 $F'_R=0$，$M_O=0$，可得平面任意力系和平面特殊力系的几种不同形式的平衡方程（表 1-2）。

**平面力系的平衡方程** **表 1-2**

| 力(偶)系 | 平面任意力系 | 平面汇交力系 | 平面平行力系<br>（取 $y$ 轴与各力作用线平行） | 平面力偶系 |
|---|---|---|---|---|
| 平衡条件 | 主矢、主矩同时为零<br>$F'_R=0$，$M_O=0$ | 合力为零<br>$F_R=0$ | 主矢、主矩同时为零<br>$F'_R=0$<br>$M_O=0$ | 合力偶矩为零<br>$M=0$ |
| 基本形式平衡方程 | $\Sigma F_x=0$<br>$\Sigma F_y=0$<br>$\Sigma m_O(F)=0$ | $\Sigma F_x=0$<br>$\Sigma F_y=0$ | $\Sigma F_y=0$<br>$\Sigma m_O(F)=0$ | $\Sigma m=0$ |
| 二力矩形式平衡方程 | $\Sigma F_x=0$(或$\Sigma F_y=0$)<br>$\Sigma m_A(F)=0$<br>$\Sigma m_B(F)=0$<br>$A$、$B$ 两点连线不垂直于 $x$ 轴(或 $y$ 轴) | $\Sigma m_A(F)=0$<br>$\Sigma m_B(F)=0$<br>$A$、$B$ 两点与力系的汇交点不在同一直线上 | $\Sigma m_A(F)=0$<br>$\Sigma m_B(F)=0$<br>$A$、$B$ 两点连线不与各力平行 | 无 |

续表

| 力(偶)系 | 平面任意力系 | 平面汇交力系 | 平面平行力系<br>(取 $y$ 轴与各力作用线平行) | 平面力偶系 |
|---|---|---|---|---|
| 三力矩形式平衡方程 | $\Sigma m_A(F)=0$<br>$\Sigma m_B(F)=0$<br>$\Sigma m_C(F)=0$<br>$A$、$B$、$C$ 三点不在同一直线上 | 无 | 无 | 无 |

**【注意】** 重点掌握平面力系基本形式平衡方程的本质，就是要使物体保持静止不动：

$\Sigma F_x=0$：水平方向合力为零，向左力＝向右力。

$\Sigma F_y=0$：铅垂方向合力为零，向上力＝向下力。

$\Sigma M_O(F)=0$：对任选点 O 合力矩为零，顺时针力矩＝逆时针力矩。

掌握了这个本质，就可以融会贯通，灵活运用。

**例 1-9** 两圆管重量分别为 12kN 和 4kN，放在支架 $ABC$ 上图 1-22($a$) 所示位置。试判断 $BC$ 杆内力为何值?

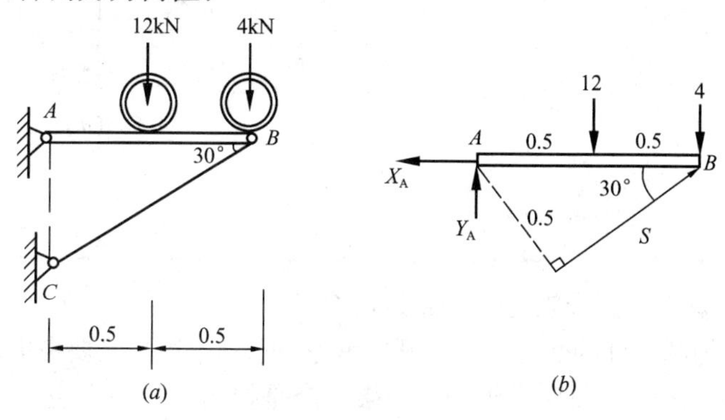


图 1-22

A　$20\sqrt{3}$kN　　B　10kN　　C　$10\sqrt{3}$kN　　D　20kN

**解析：** 取 $AB$ 为研究对象，画 $AB$ 受力图如图 1-22($b$)所示，对支点 $A$ 取力矩。

$$\Sigma M_A=0：S\times0.5=12\times0.5+4\times1$$

$$S=20\text{kN}$$

**答案：** D

**【注意】** 在应用力矩方程时，选未知力的交点(往往是支点)为矩心，计算是最简单、最方便的。静力学创始人阿基米德的名言："给我一个支点，我可以撬起地球"。他讲的就是杠杆原理，就是力矩方程。这是静力学的精华所在。

**例 1-10** 节点法解简单桁架，如图 1-23($a$)所示。

桁架特点：

(1) 荷载作用于节点(铰链)处。

(2) 各杆自重不计，是二力杆(受拉或受压)。

节点法：以节点为研究对象，由已知力依次求出各未知力。

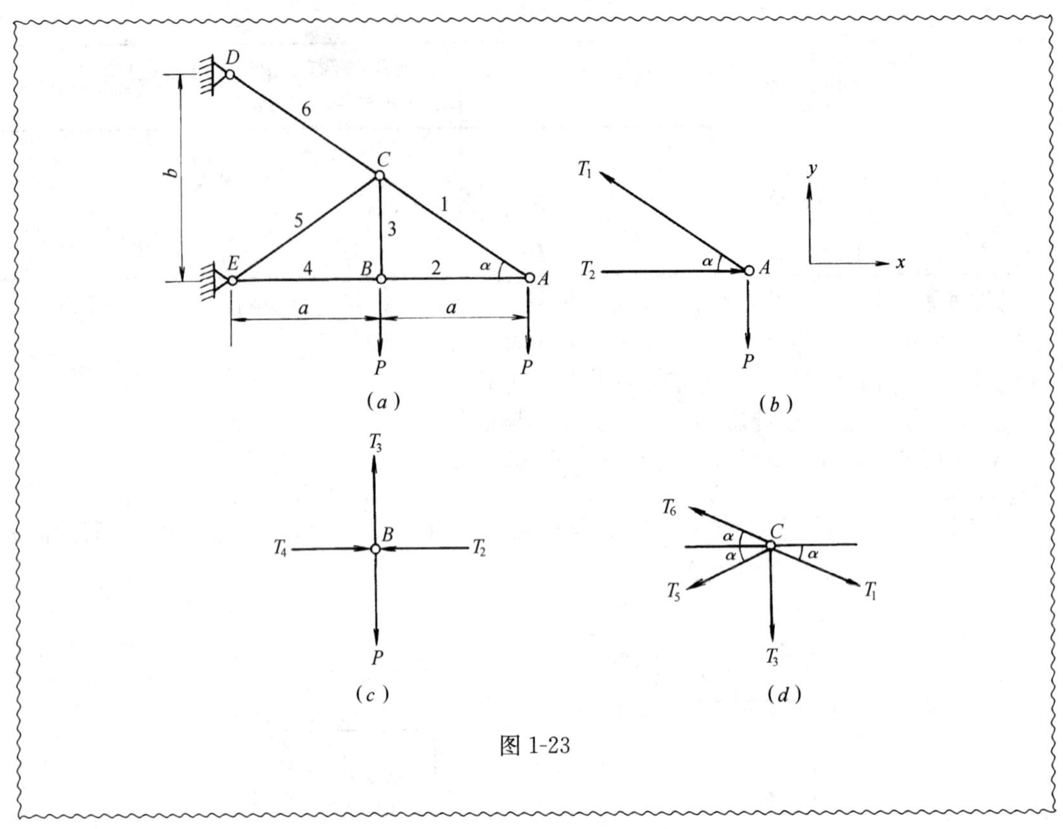

图 1-23

**【注意】** 所选节点，其未知力不能超过两个。

在画节点的受力图和杆的受力图中，既要考虑节点的平衡，又要考虑杆的平衡。在桁架中，杆和节点之间的作用力和反作用力，如果一个是拉力，另一个也拉力；如果一个是压力，另一个也是压力。

见图 1-23($b$)。

节点 A：$\begin{cases}\Sigma X=0:T_2-T_1\cos\alpha=0\\ \Sigma Y=0:T_1\sin\alpha-P=0\end{cases}$

求出：$T_1=\dfrac{P}{\sin\alpha}$，$T_2=P\cot\alpha$

见图 1-23($c$)。

节点 B：$\begin{cases}T_4=T_2=P\cot\alpha\\ T_3=P\end{cases}$

见图 1-23($d$)。

节点 C：

$$\begin{cases}T_1\cos\alpha=T_5\cos\alpha+T_6\cos\alpha\\ T_6\sin\alpha=T_5\sin\alpha+T_1\sin\alpha+T_3\end{cases}$$

求出：$T_6=\dfrac{3P}{2\sin\alpha}$，$T_5=-\dfrac{P}{2\sin\alpha}$（与所设方向相反）。

**例 1-11** 截面法求指定杆所受的力：不需逐一求所有的杆。

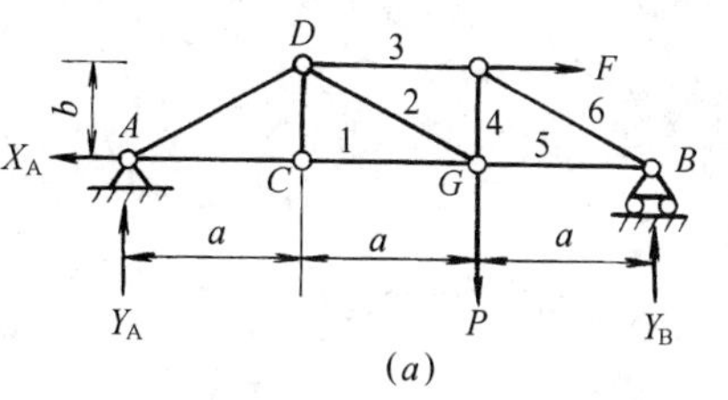

(a)

已知：$P=1200\text{N}$，$F=400\text{N}$，$\alpha=4\text{m}$，$b=3\text{m}$。求 1、2、3、4 杆所受的力。

(1) 取整体平衡，求支反力，如图 1-24(a)所示。

$$\sum m_A=0：-P\cdot 2a-F\cdot b+Y_B\cdot 3a=0$$

$$Y_B=\frac{2Pa+Fb}{3a}=900\text{N}$$

$$\sum X=0：X_A=F=400\text{N}$$

$$\sum Y=0：Y_A+Y_B-P=0$$

$$Y_A=P-Y_B=300\text{N}$$

(2) 假想一适当截面，把桁架截开成两部分，选取一部分作为研究对象，如图 1-24(b)所示，求 $S_1$，$S_2$，$S_3$。

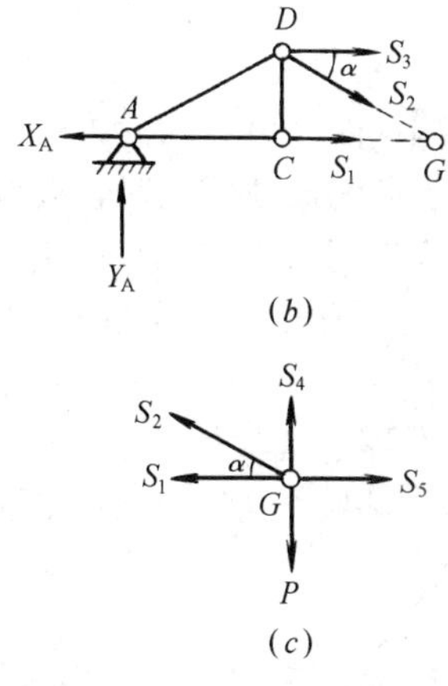


图 1-24

$$\sum m_D=0：\quad S_1b-X_A\cdot b-Y_A\cdot a=0$$

$$S_1=\frac{X_A\cdot b+Y_A\cdot a}{b}=800\text{N}（拉力）$$

$$\sum Y=0：\quad Y_A-S_2\cdot\sin\alpha=0$$

$$S_2=\frac{Y_A}{\sin\alpha}=500\text{N}（拉力）\left(\sin\alpha=\frac{3}{5}\right)$$

$$\sum m_G=0：\quad -S_3\cdot b-Y_A\cdot 2a=0$$

$$S_3=-\frac{2aY_A}{b}=-800\text{N}（压力）$$

(3) 最后再用节点法求 $S_4$：取节点 $G$，如图 1-24(c)所示。

$$\sum Y=0：S_4+S_2\sin\alpha-P=0$$

$$S_4=P-S_2\sin\alpha=900\text{N}（拉力）$$

**【注意】** 零杆的判断。

在桁架的计算中，有时会遇到某些杆件内力为零的情况。这些内力为零的杆件称为零杆。出现零杆的情况可归结如下：

(1) 两杆节点 $A$ 上无荷载作用时[图 1-25(a)]，则该两杆的内力都等于零，$N_1=N_2=0$。

(2) 三杆节点 $B$ 上无荷载作用时[图 1-25(b)]，如果其中有两杆在一直线上，则另一杆必为零杆，$N_3=0$。

上述结论都不难由节点平衡条件得以证实，在分析桁架时，可先利用它们判断出零杆，以简化计算。

以⊕代表受拉杆，⊖代表受压杆，○代表零杆，则下图所示桁架在图示荷载作用下的内力符号如图 1-26 所示。

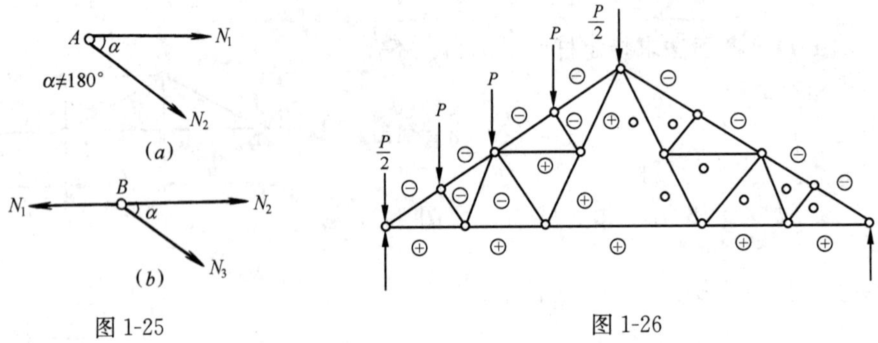


图 1-25　　　　　　图 1-26

**【注意】** 四杆节点的受力特点。

四杆节点无荷载作用时，要注意以下两种情况：

(1)"X"形节点 $C$ [图 1-27 (a)]，其中 $N_1=N_2$(受拉或受压)，$N_3=N_4$(受拉或受压)。

(2)"K"形节点 $D$ [图 1-27 (b)]，其中 $N_1=-N_2$，属于反对称的受力特点。

**例 1-12　(2010 年)** 图 1-28 所示桁架在竖向外力 $P$ 作用下的零杆根数为：

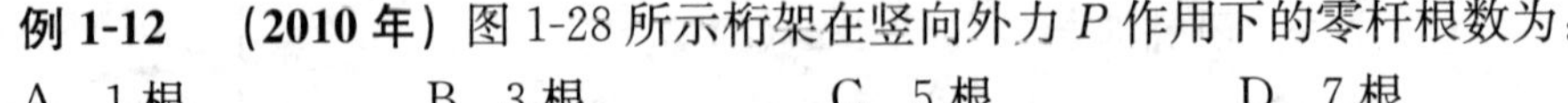

A　1 根　　　B　3 根　　　C　5 根　　　D　7 根

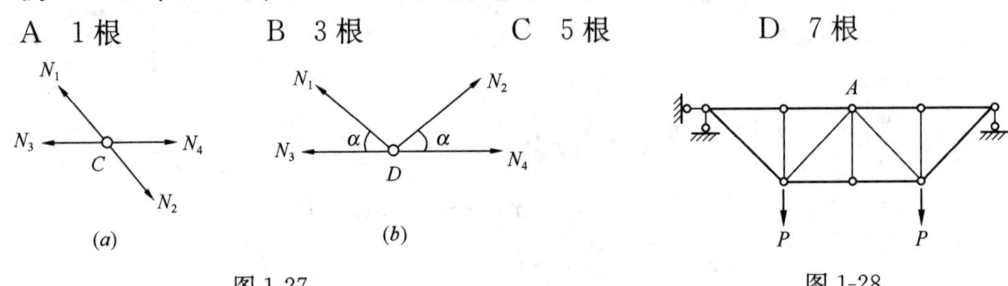


图 1-27　　　　　　图 1-28

**解析：** 图示结构为对称结构受对称荷载作用，在对称轴上反对称内力应该为零。由零杆判别法可知，三根竖杆为零杆。三根竖杆去掉后，$A$ 点成为"K"形节点，属于反对称的受力特点，故通过 $A$ 点的二根斜杆内力也是零。

**答案：** C

**例 1-13**　图 1-29 所示 4 个桁架结构中，哪个结构中斜腹杆是零杆？

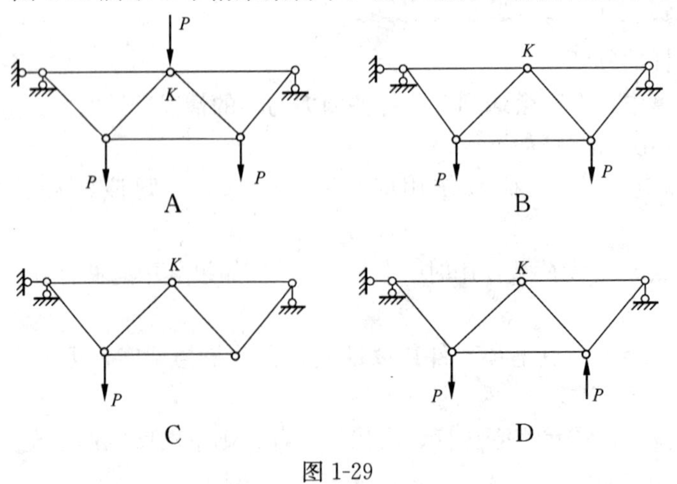


图 1-29

**解析**：在分析图 1-30 中，A 图中节点 $K$ 上有外力，C 图中荷载不对称，D 图中荷载反对称，都不符合 K 字形节点两根斜杆为零的条件，注意 D 图的下弦水平杆为零杆。只有 B 图符合结构对称、荷载对称，K 字形节点上无外力，而且 K 字形节点在对称轴上的条件。这时 K 字形节点上的反对称力为零，两根斜杆是零杆。

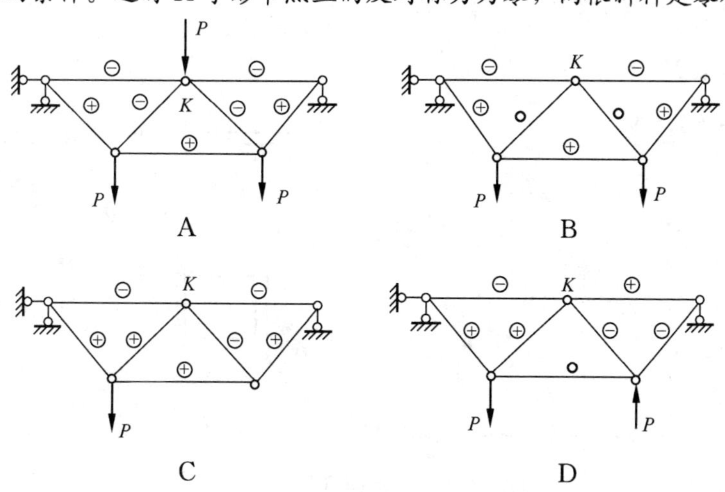


图 1-30

**答案**：B

**例 1-14 （2010 年）** 图 1-31（$a$）所示结构固定支座 $A$ 的竖向反力为：

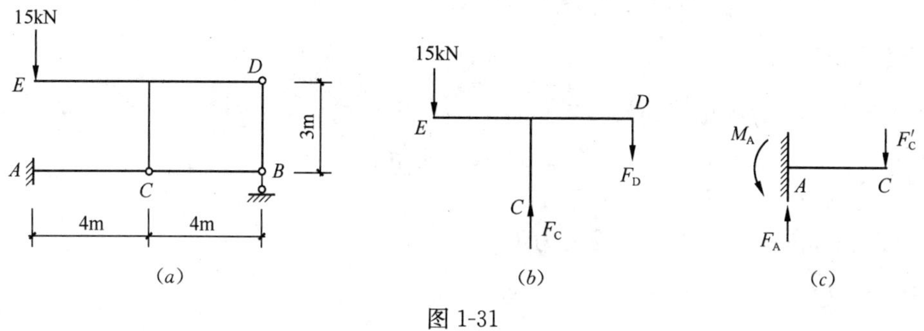


图 1-31

A　30kN　　　B　20kN　　　C　15kN　　　D　0kN

**解析**：这是一个物体系统的平衡问题。首先，根据零件判别法，由 $B$ 点的受力分析可知 $BC$ 杆为零杆，可以把 $BC$ 杆撤去以简化计算。然后，取 $CDE$ 杆为研究对象，画出杆 $CDE$ 的受力图如图 1-31（$b$）所示。由 $\sum M_D=0$，可得：

$$F_C \times 4 = 15 \times 8 \quad 所以\ F_C = 30\text{kN}$$

再取 $AC$ 杆，画 $AC$ 杆受力图，如图 1-31（$c$）所示，由 $\sum F_Y=0$：$F_A=F'_C=30\text{kN}$。

**答案**：A

## 第二节　静定梁的受力分析、剪力图与弯矩图

单跨静定梁分为悬臂梁、简支梁、外伸梁三种形式。

**例 1-15** 如图 1-32（$a$）所示。

$$\begin{cases}\sum m_A=0：Y_B \cdot L=P \cdot \frac{2}{3}L \text{ 得 } Y_B=\frac{2}{3}P \\ \sum m_B=0：Y_A \cdot L=P \cdot \frac{L}{3} \text{ 得 } Y_A=\frac{P}{3} \\ \sum X=0：X_A=0\end{cases}$$

检验：$\sum Y=Y_A+Y_B-P=0$。

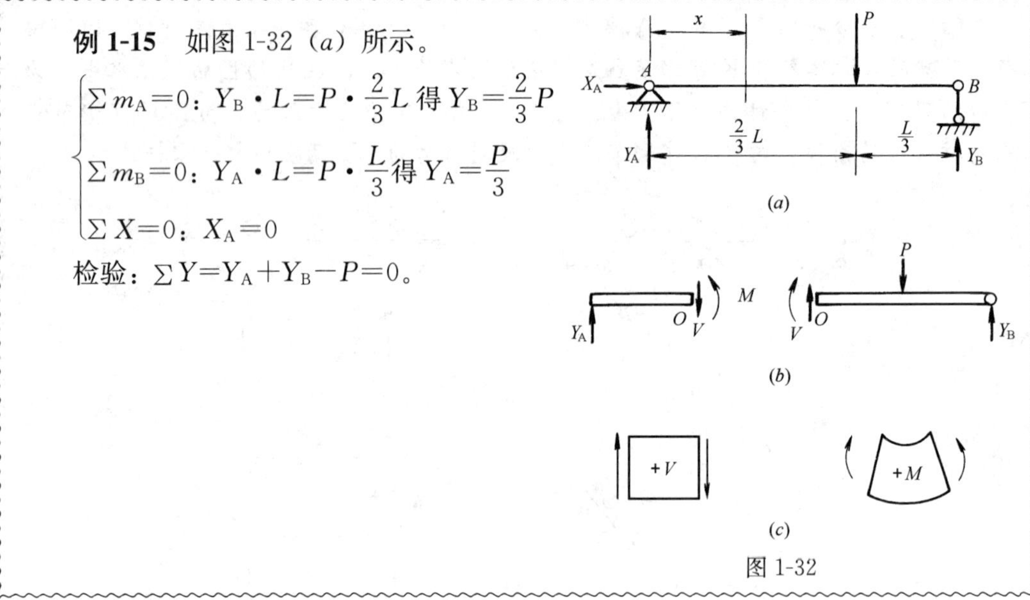

图 1-32

## 一、截面法求指定 $x$ 截面剪力 $V$，弯矩 $M$

（1）截开：如图 1-32（$b$）所示；

（2）取左（或右）为研究对象；

（3）画左（或右）的受力图；

（4）列左（或右）的平衡方程。

$\sum Y=0$：$V=Y_A$

$\sum M_O=0$：$M=Y_A \cdot x$

**【注意】**$V$、$M$ 方向按正向假设画出。

剪力与弯矩+、−号规定：如图 1-32（$c$）所示。

剪力 $V$：顺时针为正，反之为负。

弯矩 $M$：如图向上弯为正，反之为负。

上题中，如 $X=\frac{L}{3}$ 时：

则

$$V=Y_A=\frac{P}{3} \quad \oplus$$

$$M=Y_A \cdot \frac{L}{3}=\frac{PL}{9} \quad \oplus$$

从左、从右计算结果相同。

**例 1-16** 外伸梁如图 1-33（$a$）所示，求 $V_{C左}$，$M_{C左}$，$V_{C右}$，$M_{C右}$。

$$\sum M_A=0：qa^2+qa \cdot 3a=Y_B \cdot 2a+qa \cdot \frac{a}{2}$$

$$Y_B=\frac{7}{4}qa$$

$$\sum M_B=0：Y_A \cdot 2a+qa^2+qa \cdot a=qa \cdot \frac{5}{2}a$$

$$Y_A = \frac{qa}{4}$$

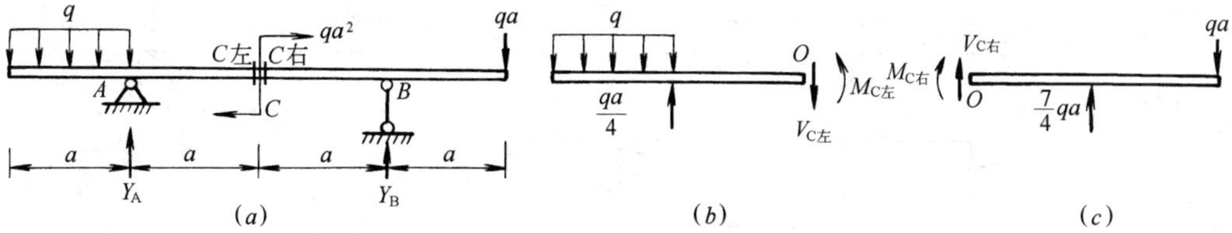

图 1-33

检验：$\sum Y = Y_A + Y_B - qa - qa = 0$

如图 1-33（$b$）所示：　　$\sum Y = 0$：$\frac{qa}{4} = V_{C左} + qa$

$$V_{C左} = \frac{qa}{4} - qa = -\frac{3}{4}qa \tag{1-9}$$

$$\sum M_O = 0：M_{C左} + qa \cdot \frac{3}{2}a = \frac{qa}{4} \cdot a$$

$$M_{C左} = \frac{qa}{4} \cdot a - \frac{3}{2}qa^2 = -\frac{5}{4}qa^2 \tag{1-10}$$

如图 1-33（$c$）所示：　　$\sum Y = 0$：$V_{C右} + \frac{7}{4}qa = qa$

$$V_{C右} = qa - \frac{7}{4}qa = -\frac{3}{4}qa \tag{1-11}$$

$$\sum M_O = 0：M_{C右} + qa \cdot 2a = \frac{7}{4} \cdot qa \cdot a$$

$$M_{C右} = \frac{7}{4}qa \cdot a - qa \cdot 2a = -\frac{1}{4}qa^2 \tag{1-12}$$

由式（1-9）～式（1-12）可以看出以下求剪力和弯矩的规律。

## 二、直接法求 V、M

剪力 $V$＝截面一侧（左侧或右侧）所有竖向外力的代数和，弯矩 $M$＝截面一侧（左侧或右侧）所有外力对截面形心 $O$ 力矩的代数和。

式中各项的＋、－号：如图 1-34 所示为＋、反之为－。

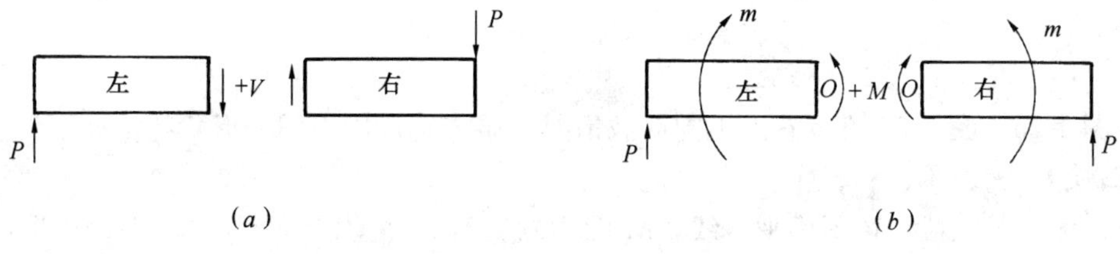


图 1-34

（$a$）产生正号剪力的外力；（$b$）产生正号弯矩的外力和外力偶

剪力图与弯矩图：根据剪力方程 $V=V(x)$，弯矩方程 $M=M(x)$ 画出。在图 1-35 中列出了几种常用的剪力图和弯矩图。

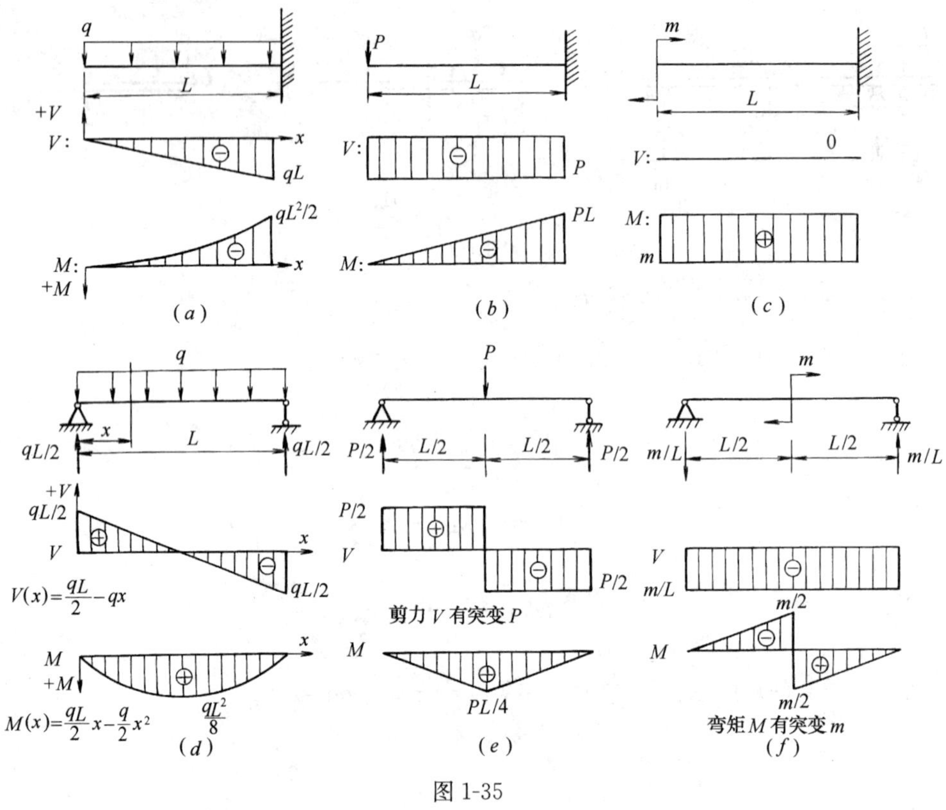


图 1-35

$q(x)$，$V(x)$，$M(x)$的微分关系：$\frac{\mathrm{d}V}{\mathrm{d}x}=q(x)$，$\frac{\mathrm{d}M}{\mathrm{d}x}=V(x)$，$\frac{\mathrm{d}^2M}{\mathrm{d}x^2}=q(x)$。根据微分关系可以得到荷载图、剪力图、弯矩图之间的规律，如图 1-36 所示。

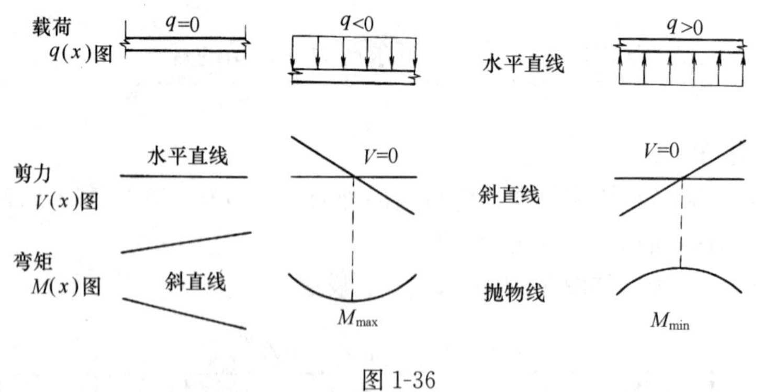


图 1-36

从图 1-35、图 1-36 可以看出不同荷载情况下梁式直杆内力图的形状特征如下：

**【口诀】 零、平、斜；平、斜、抛。**

（1）无荷载区段：$V$ 图为平直线，$M$ 图为斜直线。当 $V$ 为正时，$M$ 图线相对于基线为顺时针转（锐角方向）；当 $V$ 为负时，为逆时针转；当 $V=0$ 时，$M$ 图为平直线。

（2）均布荷载区段：$V$ 图为斜直线，$M$ 图为二次抛物线，抛物线的凸出方向与荷载指向一致，$V=0$ 处 $M$ 有极值。

（3）集中荷载作用处，$V$ 图有突变，突变值等于该集中荷载值；$M$ 图为一尖角，尖角主向与荷载指向一致；若 $V$ 发生变化，则 $M$ 有极值。

（4）集中力偶作用处：$M$ 图有突变，突变值等于该集中力偶值；$V$ 图无变化。

（5）铰节点一侧截面上：若无集中力偶作用，则弯矩等于零；若有集中力偶作用，则弯矩等于该集中力偶值。

（6）自由端截面上：若无集中力（力偶）作用，则剪力（弯矩）等于零；若有集中力（力偶）作用，则剪力（弯矩）值等于该集中力（力偶）值。

内力图的上述特征（微分规律、突变规律和端点规律）适用于梁、刚架、组合结构等各类结构的梁式直杆，并且与结构是静定还是超静定无关。

## 三、快速作图法（简易作图法）

快速作图法又称简易作图法，如图 1-37、图 1-38 所示，其步骤如下：

（1）求支反力，并校核；

（2）根据外力不连续点分段；

（3）确定各段 $V$、$M$ 图的大致形状；

（4）由直接法求分段点、极值点的 $V$、$M$ 值。

**例 1-17** 如图 1-37 所示。

**例 1-18** 如图 1-38 所示。

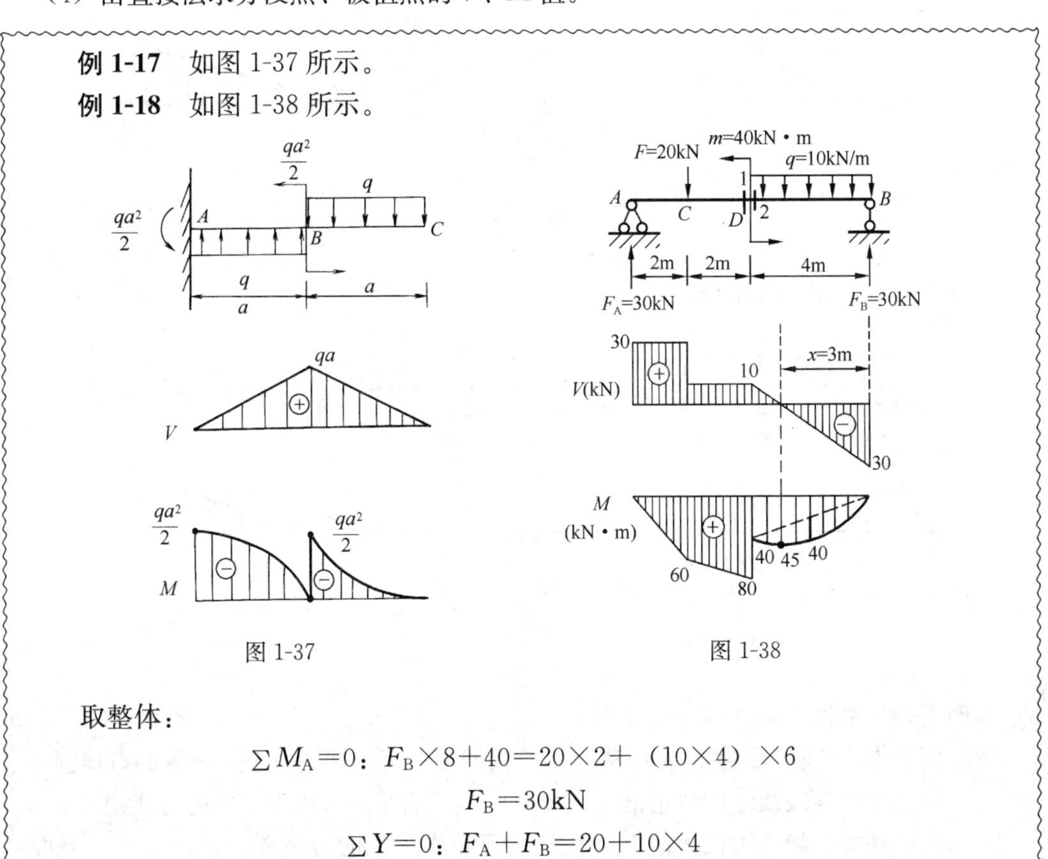


图 1-37　　　　图 1-38

取整体：

$$\sum M_A=0\text{：}F_B\times8+40=20\times2+(10\times4)\times6$$

$$F_B=30\text{kN}$$

$$\sum Y=0\text{：}F_A+F_B=20+10\times4$$

$$F_A=30\text{kN}$$

直接法（截面法）：

$$V_1=30-20=10\text{kN}$$

$$V_2=10\times4-30=10\text{kN}$$

$$M_1=30\times4-20\times2=80\text{kN}\cdot\text{m}$$

$$M_2=30\times4-(10\times4)\times2=40\text{kN}\cdot\text{m}$$

$$V(x)=10x-30=0,\ x=3\text{m}$$

$$M(x)=30\times3-10\times3\times\frac{3}{2}=45\text{kN}\cdot\text{m}$$

## 四、叠加法作弯矩图

梁上同时作用几个荷载时所产生的弯矩等于各荷载单独作用时的弯矩的代数和。

**例 1-19** 如图 1-39 所示。

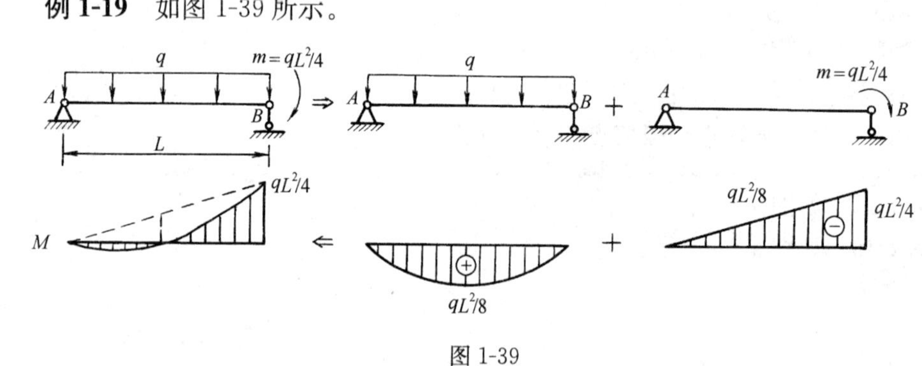


图 1-39

**例 1-20** 如图 1-40 所示。

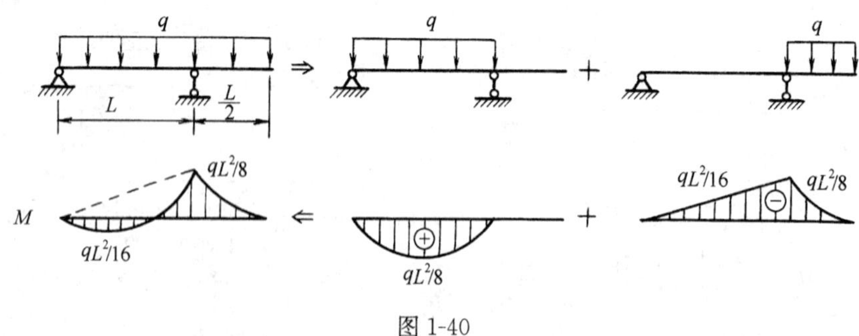


图 1-40

**例 1-21** 如图 1-41 所示。

本例中求 $BC$ 段弯矩图的方法称为区段叠加法，可推广到求任一杆段的弯矩图：

（1）先求出杆段两端的弯矩值，画出杆段在杆端弯矩作用下对应的直线图形。

（2）再叠加上将杆段视为简支梁在杆段荷载作用下的弯矩图，就可以了。叠加时注意应是对应点处弯矩值代数相加（参见例 1-18）。

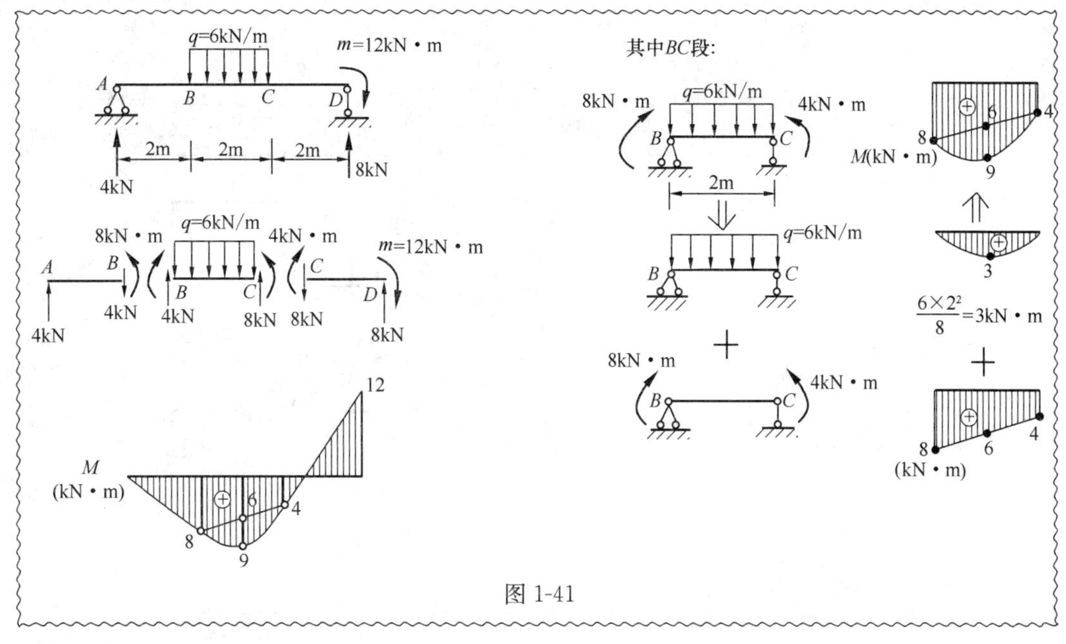

图 1-41

## 第三节 静定结构的受力分析、剪力图与弯矩图

静定结构包括静定桁架、静定梁、多跨静定梁、静定刚架、三铰刚架、三铰拱等。

**(一) 多跨静定梁**

多跨静定梁是由若干根梁用铰相连，并与基础用若干个支座连接而成的静定结构。例如图 1-41 中所示的多跨静定梁，*AB* 部分（在竖向荷载作用下）不依赖于其他部分的存在就能独立维持其自身的平衡，故称为基本部分；*BC* 部分则必须依赖于基本部分才能维持其自身的平衡，故称为附属部分。

受力分析时要从中间铰链处断开，首先分析比较简单的附属部分，然后分别按单跨静定梁处理，如图 1-42～图 1-45 所示。

**(二) 静定刚架**

静定平面刚架的常见形式有悬臂刚架、简支刚架、外伸刚架，它们是由单片刚接杆件与基础直接相连，各有三个支座反力。

弯矩 $M$ 画在受拉一侧，剪力 $V$、轴力 $N$ 要标明＋、－号。

实际上，如果观察者站在刚架内侧，把正弯矩画在刚架内侧，把负弯矩画在刚架外侧，那么与弯矩画在受拉一侧是完全一致的。如图 1-46、图 1-47 所示。

校核：利用刚结点 $C$ 的平衡。

**(三) 三铰刚架**

三铰刚架由两片刚接杆件与基础之间通过三个铰两两铰接而成，有 4 个支座反力（图 1-48）；三铰刚架的一个重要受力特性是在竖向荷载的作用下会产生水平反力（即推力）。多跨（或多层）静定刚架则与多跨静定梁类似，其各部分可以分为基本部分［如图 1-49（*a*）中的 *ACD* 部分］和附属部分［如图 1-49（*a*）中的 *BC* 部分］。

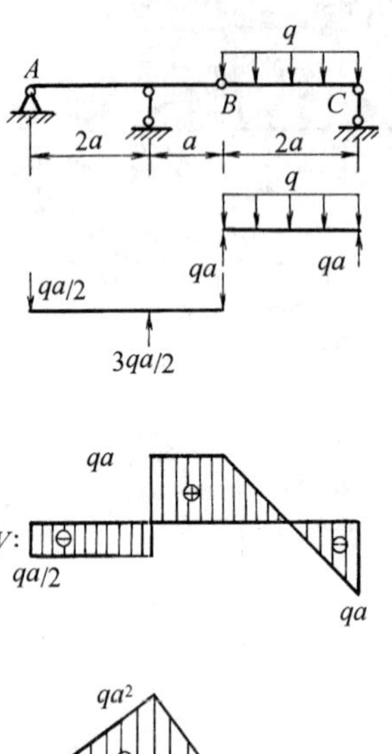

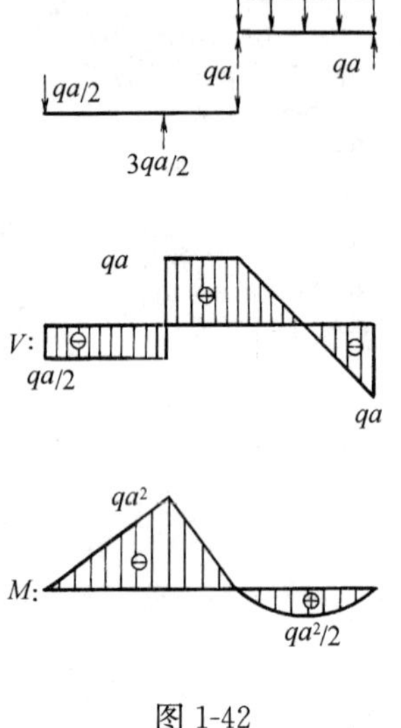


图 1-42

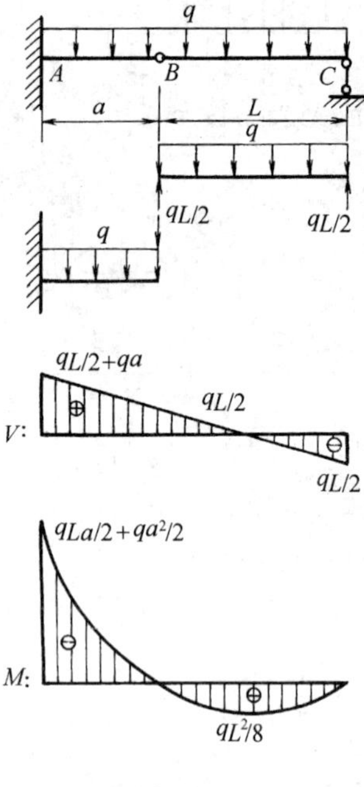


图 1-43

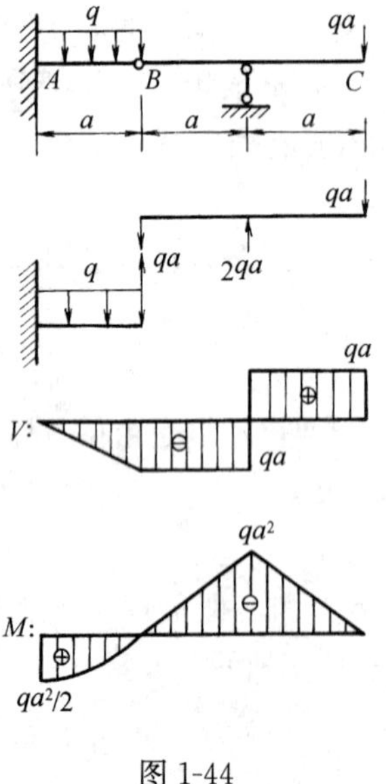


图 1-44

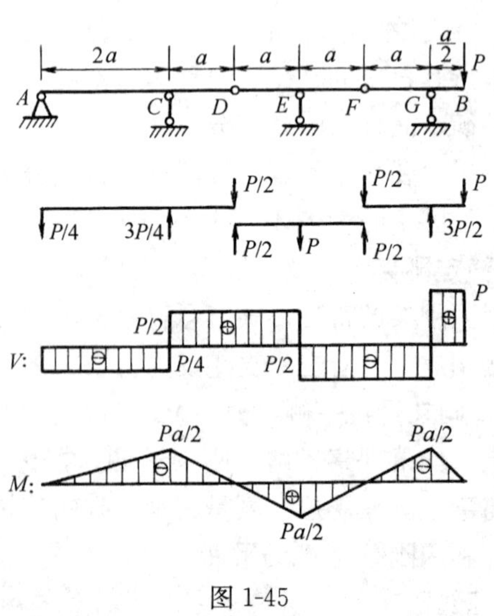


图 1-45

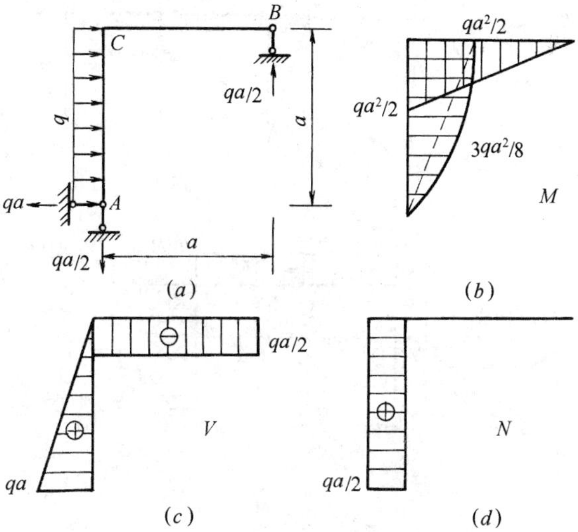

图 1-46

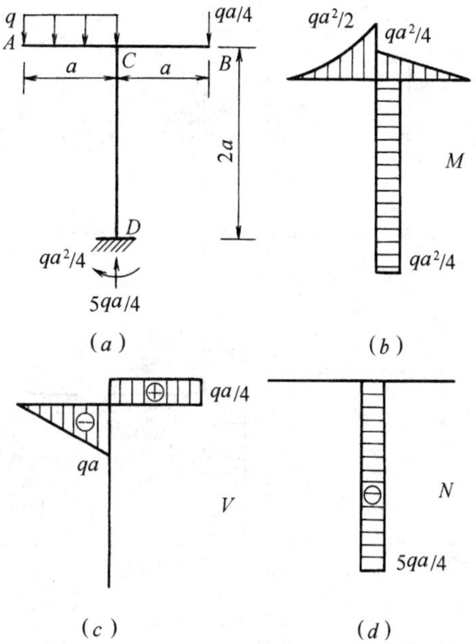

图 1-47

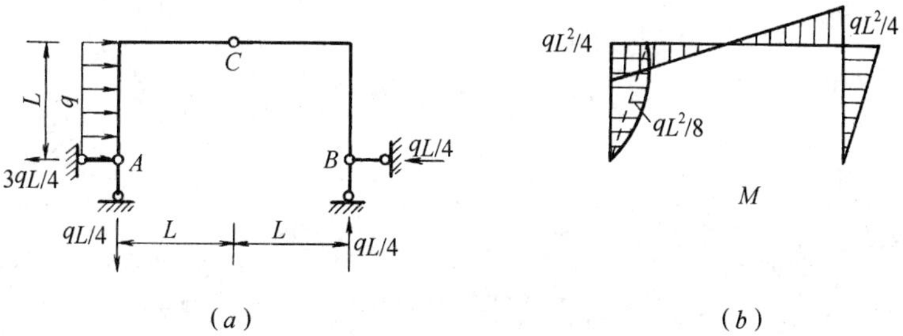

图 1-48

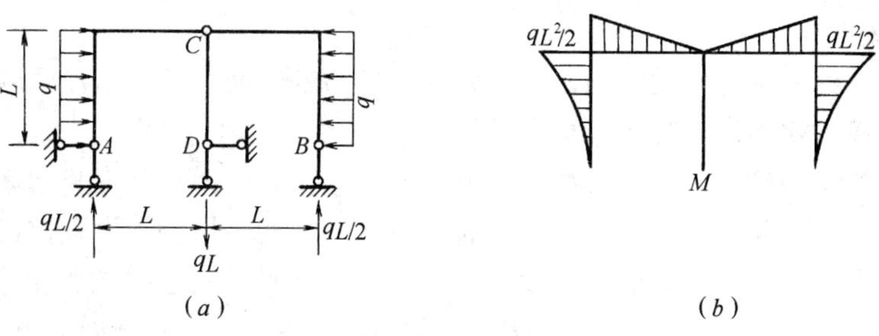


图 1-49

如图 1-50（$a$）所示的三铰刚架。可先取整体研究平衡：

$$\sum m_{\mathrm{A}}=0:\ Y_{\mathrm{B}}\cdot 2a=qa\cdot\frac{3}{2}a,\ Y_{\mathrm{B}}=\frac{3}{4}qa$$

$$\sum m_{\mathrm{B}}=0:\ Y_{\mathrm{A}}\cdot 2a=qa\cdot\frac{a}{2},\ Y_{\mathrm{A}}=\frac{qa}{4}$$

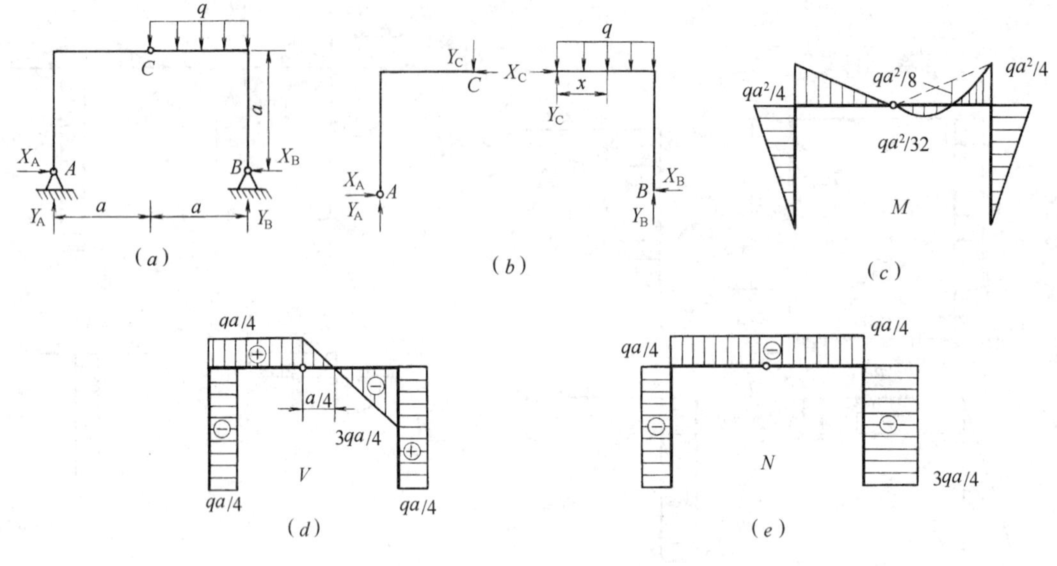


图 1-50

再取 $AC$ 平衡：

$$\sum m_C=0:\ X_A\cdot a=Y_A\cdot a,\ X_A=Y_A=\frac{qa}{4}$$

$$\sum X=0:\ X_C=X_A=\frac{qa}{4}$$

$$\sum Y=0:\ Y_C=Y_A=\frac{qa}{4}$$

最后取 $BC$，平衡：$X_B=X_C=\frac{qa}{4}$，令 $V(x)=\frac{qa}{4}-qx=0$，

得：$x=\frac{a}{4}\quad M(x)=\frac{qa}{4}\cdot\frac{a}{4}-\frac{q}{2}\left(\frac{a}{4}\right)^2=\frac{qa^2}{32}$

**（四）三铰拱**

三铰拱是一种静定的拱式结构，它由两片曲杆与基础间通过三个铰两两铰接而成，与三铰刚架的组成方式类似，都属于推力结构。

拱结构与梁结构的区别，不仅在于外形不同，更重要的还在于在竖向荷载作用下是否产生水平推力。为避免产生水平推力，有时在三铰拱的两个拱脚间设置拉杆来消除所承受的推力，这就是所谓的带拉杆的三铰拱。如图 1-51($a$)所示三铰拱的水平推力 $F_x$ 等于相应简支梁[图 1-51($c$)]上与拱的中间铰位置相对应的截面 $C$ 的弯矩 $M_C^0$ 除以拱高 $f$，即 $F_x=\frac{M_C^0}{f}$。拱的合理轴线，可以在给定荷载作用下，使拱上各截面只承受轴力，而弯矩为零。

**（五）应力、惯性矩、极惯性矩、截面模量和面积矩的概念**

应力是横截面上内力分布的集度，数值上等于单位面积上的内力。应力的单位与压强相同，量纲是 Pa，$1Pa=1N/m^2$，$1kPa=10^3Pa$，$1MPa=10^6Pa=1N/mm^2$，$1GPa=10^9Pa$。

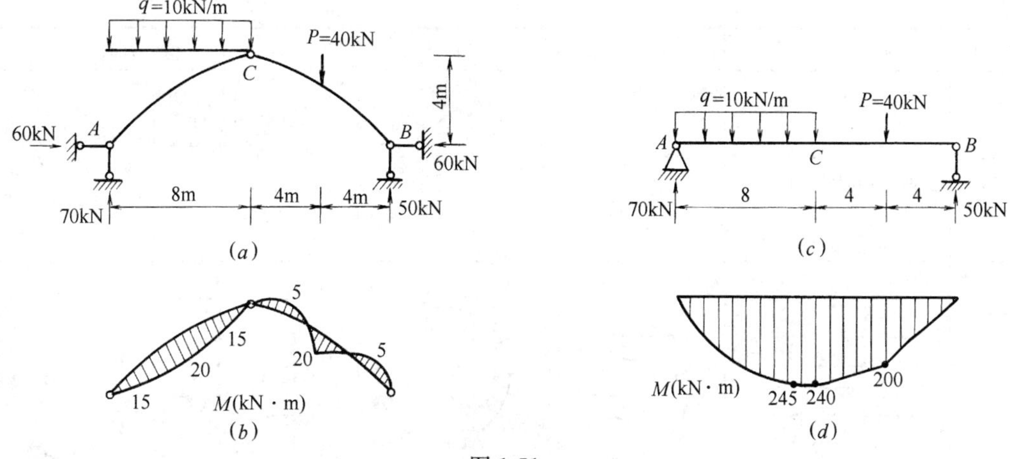


图 1-51

正应力 $\sigma$ 是与横截面垂直（正交）的应力分量，剪应力 $\tau$ 是与横截面相切的应力分量。

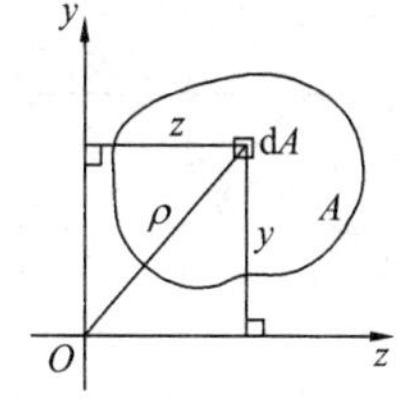


图 1-52

惯性矩、极惯性矩、截面模量和面积矩都是只与截面的形状与尺寸有关的截面图形的几何性质，图 1-52 中 $A$ 为截面面积。

惯性矩 $$I_z = \int_A y^2 \mathrm{d}A \quad I_y = \int_A z^2 \mathrm{d}A \tag{1-13}$$

极惯性矩 $$I_P = \int_A \rho^2 \mathrm{d}A = I_z + I_y \tag{1-14}$$

抗弯截面模量 $$W_z = \frac{I_z}{y_{max}} \tag{1-15}$$

抗扭截面模量 $$W_P = \frac{I_P}{\rho_{max}} \tag{1-16}$$

面积矩 $$S_z = \int_A y \mathrm{d}A = A \cdot y_c = A_1 y_1 + A_2 y_2 + A_3 y_3 + \cdots\cdots \tag{1-17}$$

惯性矩的平行移轴公式 $$I_z = I_{z_c} + a^2 A \tag{1-18}$$

其中 $z_c$ 为形心轴，$a$ 为两平行轴 $z$ 轴与 $z_c$ 轴之间的距离。

**（六）杆的四种基本变形一览表（表 1-3）**

**表 1-3**

| 类　型 | 轴向拉伸（压缩） | 剪　切 | 扭　转 | 平面弯曲 |
|---|---|---|---|---|
| 外力特点 | P　P<br>P　P | P<br>P | m　m | q<br>A　C　B |

续表

| 类　型 | 轴向拉伸（压缩） | 剪　切 | 扭　转 | 平面弯曲 | |
|---|---|---|---|---|---|
| 横截面内力 | 轴力 $N$ 等于截面一侧所有轴向外力代数和 | 剪力 $V$ 等于 $P$ | 扭矩 $T$ 等于截面一侧对 $x$ 轴外力偶矩代数和 | 弯矩 $M$ 等于截面一侧外力对截面形心力矩代数和 | 剪力 $V$ 等于截面一侧所有竖向外力代数和 |
| 应力分布情况 | 均布 | 假设均布 | 线性分布 | 线性分布 | 抛物线分布 |
| 应力公式 | $\sigma=\dfrac{N}{A}$ | $\tau=\dfrac{V}{A_s}$<br>$\sigma_{bs}=\dfrac{P_{bs}}{A_{bs}}$ | $\tau_\rho=\dfrac{T}{I_p}\rho$ | $\sigma=\dfrac{M}{I_z}y$ | $\tau=\dfrac{VS_z}{bI_z}$ |
| 强度条件 | $\sigma_{max}=\dfrac{N_{max}}{A}\leqslant[\sigma]$ | $\tau=\dfrac{V}{A_s}\leqslant[\tau]$<br>$\sigma_{bs}=\dfrac{P_{bs}}{A_{bs}}\leqslant[\sigma_{bs}]$ | $\tau_{max}=\dfrac{T_{max}}{W_P}\leqslant[\tau]$ | $\sigma_{max}=\dfrac{M_{max}}{W_z}\leqslant[\sigma]$ | $\tau_{max}=\dfrac{V_{max}S_{zmax}}{bI_z}\leqslant[\tau]$<br>矩形 $\tau_{max}=\dfrac{3V_{max}}{2A}$ |
| 变形 | $\Delta l=\dfrac{Nl}{EA}$ | | $\phi=\dfrac{Il}{GI_P}$ | $f_c=\dfrac{5ql^4}{384EI}$ | $Q_A=\dfrac{ql^3}{24EI}$ |
| 刚度条件 | | | $\theta=\dfrac{I}{GI_P}\leqslant[\theta]$ | $f_{max}\leqslant\left[\dfrac{f}{l}\right]$ | $\theta_{max}\leqslant[\theta]$ |

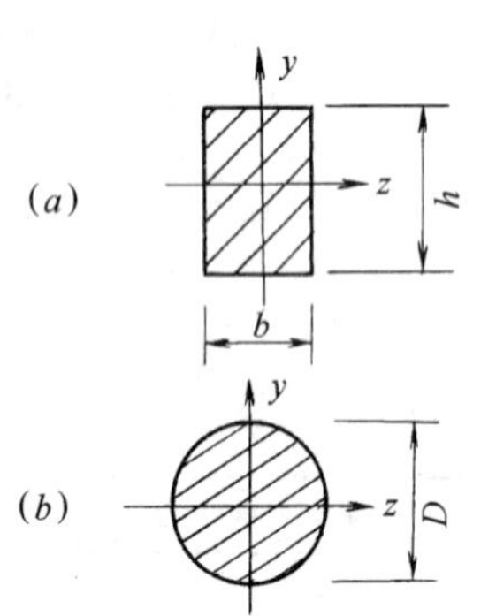


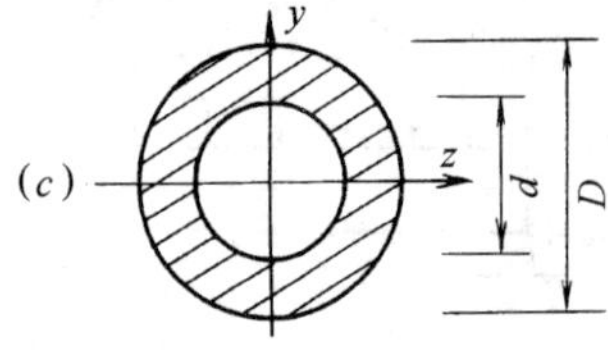


图 1-53

其中　矩形截面如图 1-53（$a$）所示：

$$I_z=\frac{bh^3}{12}\quad W_z=\frac{bh^2}{6}\quad I_y=\frac{hb^3}{12}\quad W_y=\frac{hb^2}{6}\qquad(1\text{-}19)$$

圆形截面如图 1-53（$b$）所示：

$$I_z=I_y=\frac{\pi}{64}D^4\quad W_z=W_y=\frac{\pi}{32}D^3\qquad(1\text{-}20)$$

$$I_P=\frac{\pi}{32}D^4\quad W_P=\frac{\pi}{16}D^3\qquad(1\text{-}21)$$

空心圆截面如图 1-53（$c$）所示，设 $\alpha=\dfrac{d}{D}$

$$I_z=I_y=\frac{\pi}{64}D^4(1-\alpha^4)\quad W_z=W_y=\frac{\pi}{32}D^3(1-\alpha^4)\qquad(1\text{-}22)$$

$$I_P=\frac{\pi}{32}D^4(1-\alpha^4)\quad W_P=\frac{\pi}{16}D^3(1-\alpha^4)\qquad(1\text{-}23)$$

表 1-3 中 $E$ 为材料拉压弹性模量，$A$ 为横截面面积，$G$

为材料剪变模量。$EA$ 为杆件的抗拉（压）刚度，$GA$ 为杆件的抗剪刚度，$GI_P$ 为杆件的抗扭刚度，$EI$ 为杆件的抗弯刚度。

**（七）静定结构的基本特征**

在几何组成方面，静定结构是没有多余约束的几何不变体系。在静力学方面，静定结构的全部反力和内力均可由静力平衡条件确定。其反力和内力只与荷载以及结构的几何形状和尺寸有关，而与构件所用材料及其截面形状和尺寸无关，与各杆间的刚度比无关。

由于静定结构不存在多余约束，因此可能发生的支座沉降、温度改变、制造误差，以及材料的收缩或徐变，会导致结构产生位移，但不会产生反力和内力。

常用的几类静定结构的内力特点：

（1）梁。梁为受弯构件，由于其截面上的应力分布不均匀，故材料的效用得不到充分发挥。简支梁一般多用于小跨度的情况。在同样跨度并承受同样均布荷载的情况下，悬臂梁的最大弯矩值和最大挠度值都远大于简支梁，故悬臂梁一般只宜作跨度很小的阳台、雨篷、挑廊等承重结构。

（2）桁架。在理想的情况下，桁架各杆只产生轴力，其截面上的应力分布均匀且能同时达到极限值，故材料效用能得到充分发挥，与梁相比它能跨越较大的跨度。

（3）三铰拱。三铰拱也是受弯结构，由于有水平推力，所以拱的截面弯矩比相应简支梁的弯矩要小，利用空间也比简支梁优越，常用作屋面承重结构（图 1-50）。

（4）三铰刚架。内力特点与三铰拱类似，且具有较大的空间，多用于屋面的承重结构。

## 第四节　图乘法求位移

结构在荷载或其他一些因素（如温度改变、支座移动、材料收缩、制造误差等）的作用下会产生变形和位移。结构位移计算的常用方法是单位荷载法，它是基于变形体系的虚功原理建立的。

利用虚功原理计算结构的位移，首先要虚设一个单位力状态，即在原结构所沿位移方向虚设一个与所求位移对应的单位力。这样，力状态的外力（包括单位力及所引起的支座反力）在实际状态的位移上所做的虚功，就等于力状态的内力在实际位移状态的变形上所做的虚功（或称虚变形能），即：

$$1\times\Delta+\Sigma\overline{R}c=\Sigma\int\overline{N}\mathrm{d}u+\Sigma\int\overline{M}\mathrm{d}\varphi+\Sigma\int\overline{V}\mathrm{d}v$$

或

$$\Delta=\Sigma\int\overline{N}\mathrm{d}u+\Sigma\int\overline{M}\mathrm{d}\varphi+\Sigma\int\overline{V}\mathrm{d}v-\Sigma\overline{R}c$$

式中　$\Delta$ 为所求位移；$\overline{R}$ 和 $\overline{N}$、$\overline{M}$、$\overline{V}$ 分别为虚拟力状态中的支座反力、轴力、弯矩和剪力，$c$ 为实际状态的支座位移。

对于桁架结构，$\Delta=\sum_{i=1}^{n}\frac{N_i\overline{N}_i l_i}{EA}$　(1-24)

式中　$N_i$——外荷载产生的各杆轴力；

$\overline{N}_i$——单位荷载产生的各杆轴力；

$l_i$——各杆长度；

$EA$——各杆抗拉刚度。

对于梁和刚架结构，荷载作用下杆件的剪切和轴向变形对位移的贡献一般较小，可以忽略。这样梁和刚架在荷载作用下的位移计算公式可以简化为（因梁截面的弯曲变形为 $d\varphi=\dfrac{M_P}{EI}dx$）：

$$\Delta=\sum\int\frac{\overline{M}M_P}{EI}dx \tag{1-25}$$

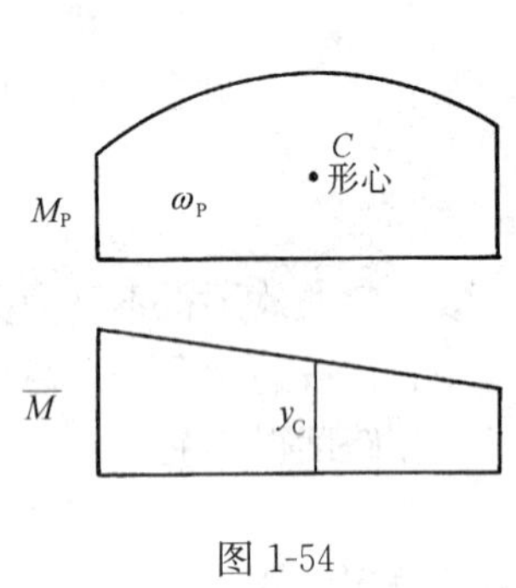

图 1-54

利用上式计算梁和刚架的位移时，如果结构满足以下三个条件，则可采用图乘法代替公式中的积分运算：

（1）杆轴为直线；

（2）杆段 $EI$=常数；

（3）各杆段的两个弯矩图至少有一个为直线图形。

利用图乘法，各杆段的上述积分式就等于一个图形的面积乘以其形心对应位置的另一图形的竖标，但取竖标的图形必须为直线（图 1-54）。

$$\Delta=\sum_{i=1}^{n}\int_{Li}\frac{M_P\overline{M}}{EI}dx=\sum_{i}\frac{1}{EI}\omega_P\cdot y_C \tag{1-26}$$

式中 $M_P$——外荷载作用时的弯矩图；

$\overline{M}$——单位荷载作用时的弯矩图；

$\omega_P$——$M_P$ 图的面积；

$y_C$——$M_P$ 图形心对应的 $\overline{M}$ 图的坐标。

**【注意】** 1. 结果按 $\omega_P$ 与 $y_C$ 在基线的同一侧时为正，否则为负；

2. $y_C$ 必须从直线图形上取得；

3. 叠加法：$\Delta=\dfrac{1}{EI}(\omega_1y_1+\omega_2y_2+\omega_3y_3)$

其中 $M_P$、$\overline{M}$ 都可以是几个图形组成，求代数和；

4. 常遇图形的面积及其形心的位置如下（图 1-55 中曲线为二次抛物线）。

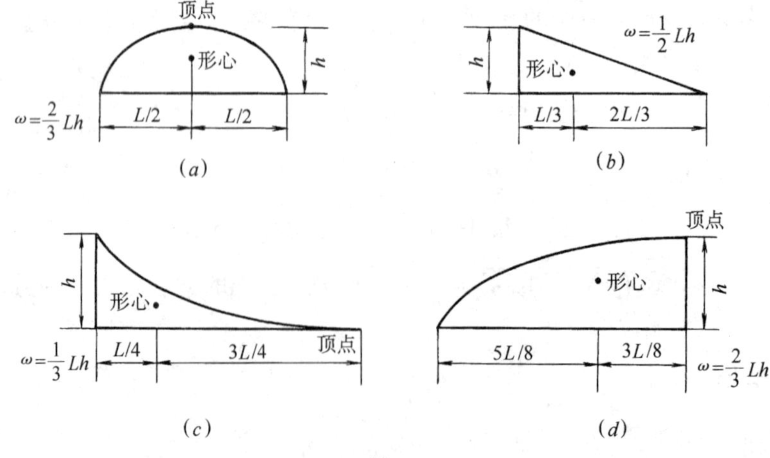

图 1-55

**例 1-22** 试求图 1-56 所示简支梁 $A$ 端的角位移 $\Phi_A$ 和中点 $C$ 的竖向位移 $\Delta_C$，$EI$ 为常数，$\omega=\omega_1+\omega_2$。

$$\Phi_A=\frac{1}{EI}\omega\cdot y_C=\frac{1}{EI}\left(\frac{2}{3}L\cdot\frac{qL^2}{8}\right)\times\frac{1}{2}$$

$$=\frac{qL^3}{24EI}\ (\downarrow)$$

$$\Delta_C=\frac{1}{EI}\ (\omega_1 y_1+\omega_2 y_2)\ =\frac{2}{EI}\omega_1 y_1$$

$$=\frac{2}{EI}\left(\frac{2}{3}\cdot\frac{L}{2}\cdot\frac{qL^2}{8}\right)\cdot\frac{5}{32}L$$

$$=\frac{5qL^4}{384EI}\ (\downarrow)$$

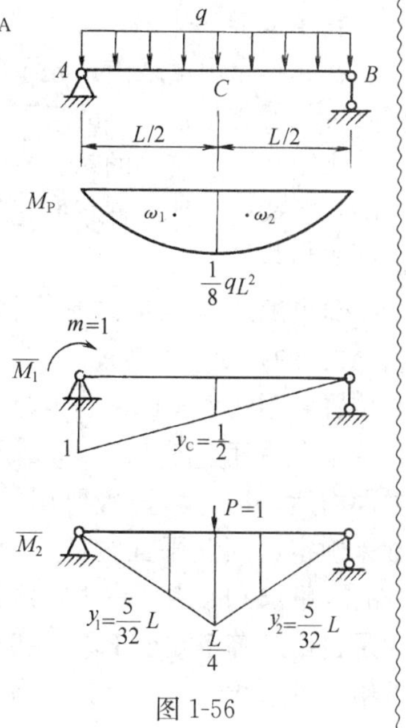


图 1-56

# 第五节　超静定结构

## 一、平面体系的几何组成分析

### （一）几何不变体系、几何可变体系

**1. 几何不变体系**

在不考虑材料应变的条件下，任意荷载作用后体系的位置和形状均能保持不变［图 1-57（*a*）、（*b*）、（*c*）］。这样的体系称为几何不变体系。

**2. 几何可变体系**

在不考虑材料应变的条件下，即使在微小的荷载作用下，也会产生机械运动而不能保持其原有形状和位置的体系［图 1-57（*d*）、（*e*）、（*f*）］称为几何可变体系（也称为常变体系）。

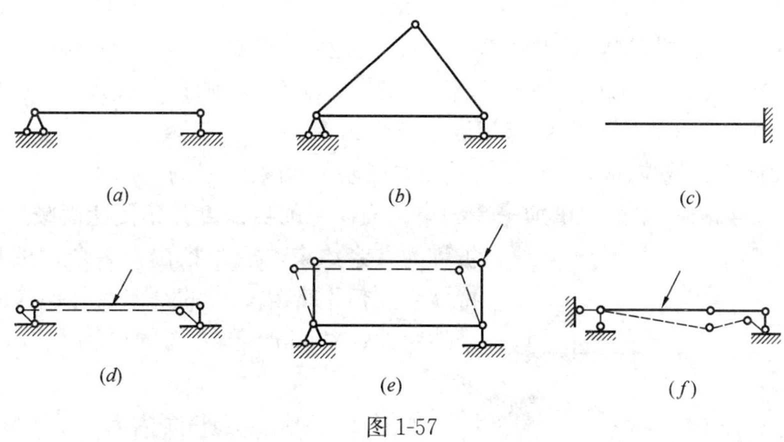


图 1-57

### （二）自由度和约束的概念

#### 1. 自由度

在介绍自由度之前，先了解一下有关刚片的概念。在几何组成分析中，把体系中的任何杆件都看成是不变形的平面刚体，简称**刚片**。显然，每一杆件或每根梁、柱都可以看作是一个刚片，建筑物的基础或地球也可看作是一个大刚片，某一几何不变部分也可视为一个刚片。这样，平面杆系的几何组成分析就在于分析体系各个刚片之间的连接方式能否保证体系的几何不变性。

**自由度是指确定体系位置所需要的独立坐标（参数）的数目。**例如，一个点在平面内运动时，其位置可用两个坐标来确定，因此平面内的一个点有两个自由度［图 1-58（$a$）］。又如，一个刚片在平面内运动时，其位置要用 $x$、$y$、$\varphi$ 三个独立参数来确定，因此平面内的一个刚片有三个自由度［图 1-58（$b$）］。由此看出，**体系几何不变的必要条件是自由度等于或小于零。**那么，如何适当、合理地给体系增加约束，使其成为几何不变体系是以下要解决的问题。

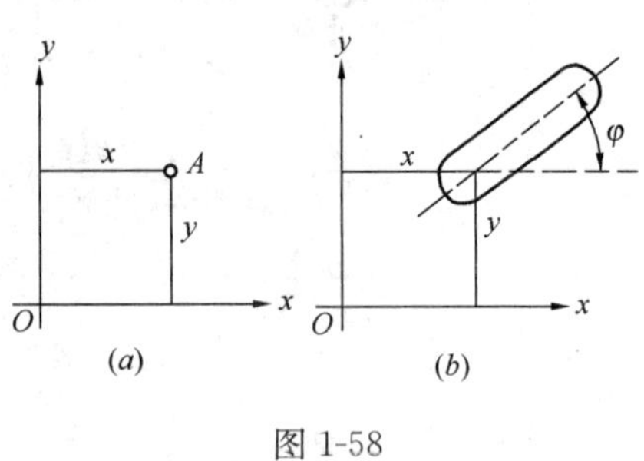

图 1-58

#### 2. 约束和多余约束

**减少体系自由度的装置称为约束。**减少一个自由度的装置即为一个约束，并以此类推。约束主要有链杆（一根两端铰接于两个刚片的杆杆称为链杆，如直杆、曲杆、折杆）、单铰（即连接两个刚片的铰）和刚结点三种形式。假设有两个刚片，其中一个不动设为基础，此时体系的自由度为 3。若用一链杆将它们连接起来，如图 1-59（$a$）所示，则除了确定链杆连接处 $A$ 的位置需一转角坐标 $\varphi_1$ 外，确定刚片绕 $A$ 转动时的位置还需一转角坐标 $\varphi_2$，此时只需两个独立坐标就能确定该体系的运动位置，则体系的自由度为 2，它比没有链杆时减少了一个自由度，所以**一根链杆相当于一个约束**；若用一个单铰把刚片同基础连接起来，如图 1-59（$b$）所示，则只需转角坐标 $\varphi$ 就能确定体系的运动位置，这时体系比原体系减少了两个自由度，所以**一个单铰相当于两个约束**；若将刚片同基础刚性连接起来，如图 1-59（$c$），则它们成为一个整体，都不能动，体系的自由度为 0，因此**刚结点相当于三个约束**。

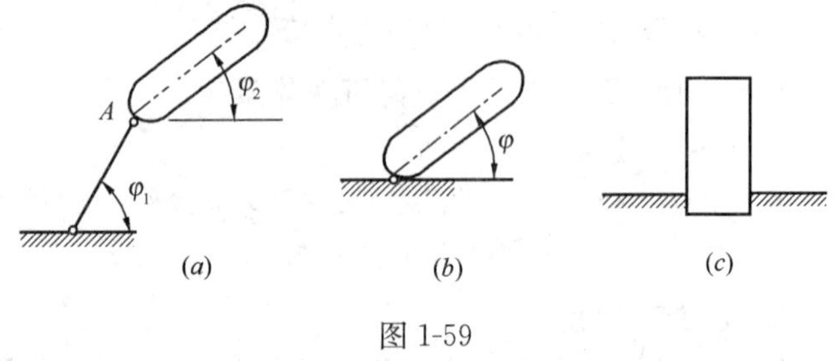

图 1-59

一个平面体系，通常都是由若干个构件加入一定约束组成的。加入约束的目的是减少体系的自由度。**如果在体系中增加一个约束，而体系的自由度并不因此而减少，则该约束被称为多余约束。**应当指出，多余约束只说明为保持体系几何不变是多余的，但在几何体系中增设多余约束，往往可改善结构的受力状况，并非真是多余。

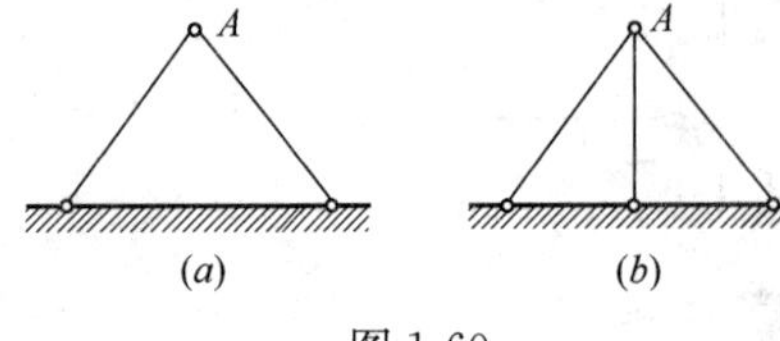

图 1-60

如图 1-60 所示，平面内有一自由点 $A$，在图

1-60（$a$）中 $A$ 点通过两根链杆与基础相连，这时两根链杆分别使 $A$ 点减少一个自由度而使 $A$ 点固定不动，因而两根链杆都非多余约束。在图 1-60（$b$）中 $A$ 点通过三根链杆与基础相连，这时 $A$ 虽然固定不动，但减少的自由度仍然为 2，显然三根链杆中有一根没有起到减少自由度的作用，因而是多余约束（可把其中任意一根作为多余约束）。

又如图 1-61（$a$）表示在点 $A$ 加一根水平的支座链杆 1 后，$A$ 点还可以移动，是几何可变体系。

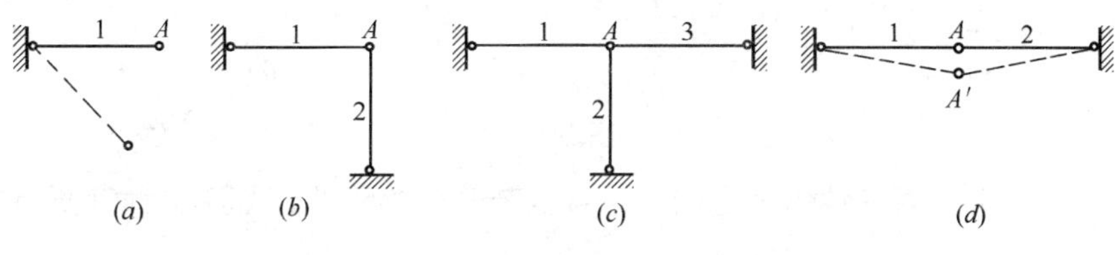


图 1-61

图 1-61（$b$）是用两根不在一直线上的支座链杆 1 和 2 把 $A$ 点连接在基础上，$A$ 点上下、左右移动的自由度全被限制住了，不能发生移动。故图 1-61（$b$）是**约束数目恰好够用的几何不变体系，称为无多余约束的几何不变体系**。

图 1-61（$c$）是在图 1-61（$b$）上又增加一根水平的支座链杆 3，这第三根链杆，就保持几何不变而言，是多余的。故图 1-61（$c$）是有一个多余约束的几何不变体系。

图 1-61（$d$）是用在一条水平直线上的两根链杆 1 和 2 把 $A$ 点连接在基础上，保持几何不变的约束数目是够用的。但是这两根水平链杆只能限制 $A$ 点的水平位移，不能限制 $A$ 点的竖向位移。在图 1-61（$d$）两根链杆处于水平线上的瞬时，$A$ 点可以发生很微小的竖向位移到 $A'$ 点处，这时，链杆 1 和 2 不再在一直线上，$A'$ 点就不继续向下移动了。这种本来是几何可变的，经微小位移后又成为几何不变的体系，称为**瞬变体系**。瞬变体系是约束数目够用，由于约束的布置不恰当而形成的体系。瞬变体系在工程中也是不能采用的。

### （三）几何不变体系的基本组成规则

基本规则是几何组成分析的基础，在进行几何组成分析之前先介绍一下虚铰的概念：

如果两个刚片用两根链杆连接［图 1-62（$a$）］，则这两根链杆的作用就和一个位于两杆交点 $O$ 的铰的作用完全相同。由于在这个交点 $O$ 处并不是真正的铰，所以称它为**虚铰**。虚铰的位置即在这两根链杆的交点上，如图 1-62（$a$）的 $O$ 点。

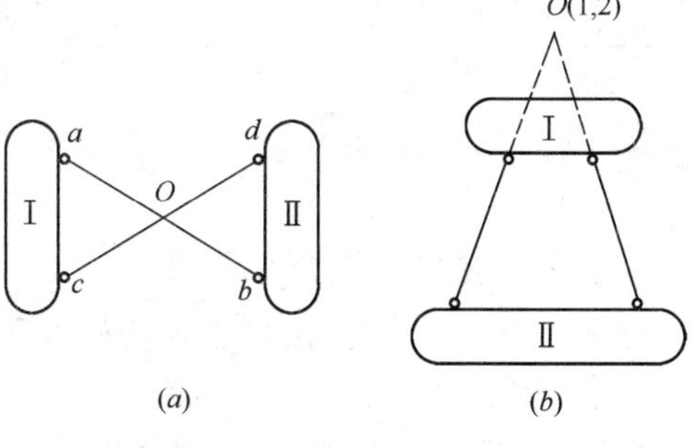


图 1-62

如果连接两个刚片的两根链杆并没有相交，则虚铰在这两根链杆延长线的交点上，如图 1-62（$b$）所示。

下面就分别叙述组成几何不变平面体系的三个基本规则：

#### 1. 二元体概念及二元体规则

图 1-63（$a$）所示为一个三角形铰接体系，假如链杆Ⅰ固定不动，那么通过前面的叙述，我们已知它是一个几何不变体系。

将图 1-63（$a$）中的链杆Ⅰ看作一个刚片，成为图 1-63（$b$）所示的体系。从而得出：

**规则 1（二元体规则）：一个点与一个刚片用两根不共线的链杆相连，则组成无多余约束的几何不变体系。**

**由两根不共线的链杆连接一个节点的构造，称为二元体**［如图 1-63（*b*）中的 *BAC*］。

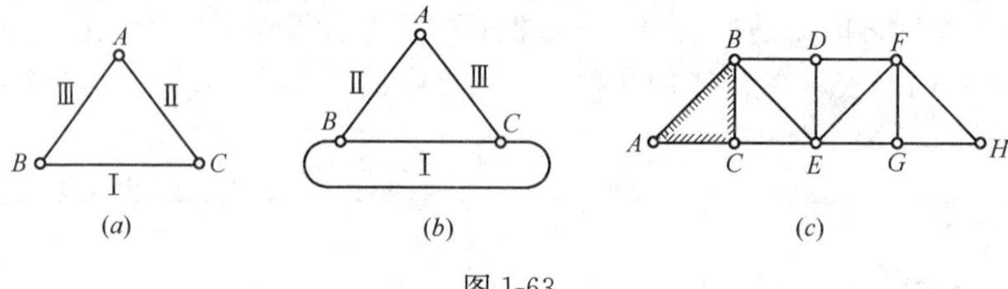


图 1-63

推论 1：**在一个平面杆件体系上增加或减少若干个二元体，都不会改变原体系的几何组成性质。**

如图 1-63（*c*）所示的桁架，就是在铰接三角形 *ABC* 的基础上，依次增加二元体而形成的一个无多余约束的几何不变体系。同样，我们也可以对该桁架从 *H* 点起依次拆除二元体而成为铰接三角形 *ABC*。

**2. 两刚片规则**

将图 1-63（*a*）中的链杆Ⅰ和链杆Ⅱ都看作是刚片，就成为图 1-64（*a*）所示的体系。从而得出：

**规则 2（两刚片规则）：两刚片用不在一条直线上的一个铰（*B* 铰）和一根链杆（*AC* 链杆）连接，则组成无多余约束的几何不变体系。**例如简支梁、外伸梁就是实例。

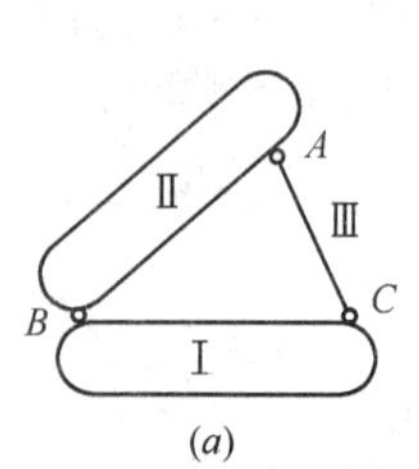


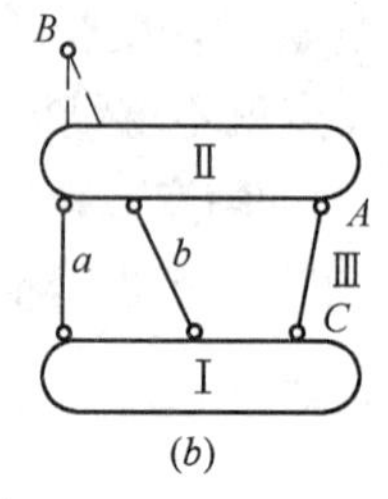


图 1-64

如果将图 1-64（*a*）中连接两刚片的铰 *B* 用虚铰代替，即用两根不共线、不平行的链杆 *a*、*b* 来代替，就成为图 1-64（*b*）所示体系，则有：

推论 2：**两刚片用既不完全平行也不交于一点的三根链杆连接，则组成无多余约束的几何不变体系。**

如果三根链杆完全平行或交于一点，则成为可变体系。

**3. 三刚片规则**

将图 1-63（*a*）中的链杆Ⅰ、链杆Ⅱ和链杆Ⅲ都看作是刚片，就成为图 1-65（*a*）所示的体系。从而得出：

**规则 3（三刚片规则）：三刚片用不在一条直线上的三个铰两两连接，则组成无多余约束的几何不变体系。**例如三铰刚架、三铰拱就是实例。

如果三个铰在一条直线上，则成为瞬变体系。

如果将图中连接三刚片之间的铰 *A*、*B*、*C* 全部用虚铰代替，即都用两根不共线、不平行的链杆来代替，就成为图 1-65（*b*）所示体系，则有：

推论 3：**三刚片分别用不完全平行也不共线的二根链杆两两连接，且所形成的三个虚铰不在同一条直线上，则组成无多余约束的几何不变体系。**

从以上叙述可知，这三个规则及其推论，实际上都是三角形规律的不同表达方式，即三个不共线的铰，可以组成无多余约束的铰接三角形体系。

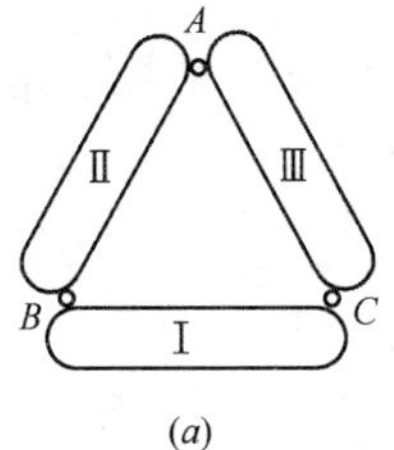

(a)

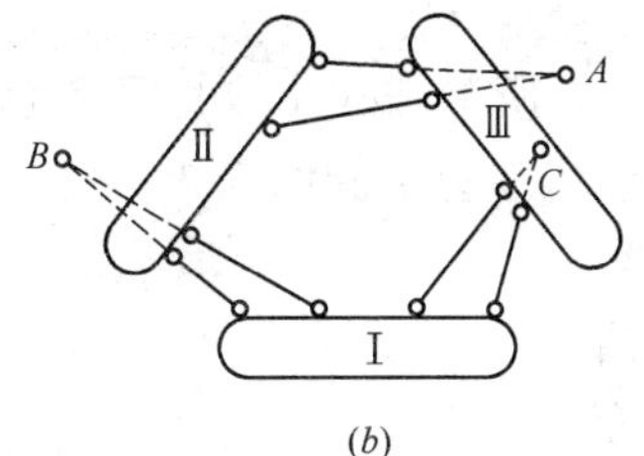

(b)

图 1-65

**例 1-23 （2011 年）** 图 1-66 所示结构属于何种体系？

A 无多余约束的几何不变体系

B 有多余约束的几何不变体系

C 常变体系

D 瞬变体系

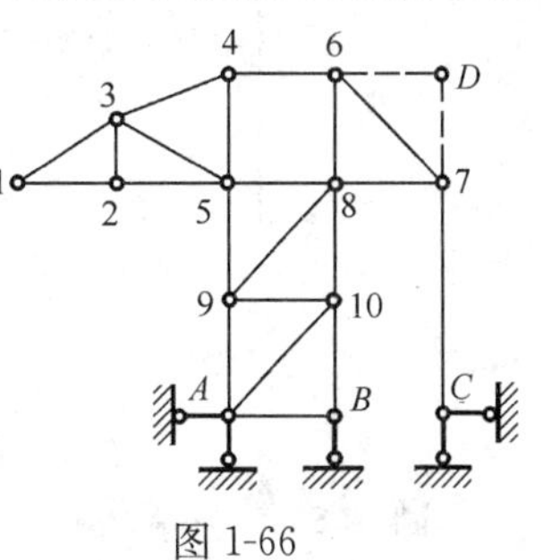

图 1-66

**解析：**【方法一】依次拆除二元体 1、2、3、4、5、6、7、8、9、10，得到一个简支梁 $AB$ 和一个铰链支座 $C$（也是一个二元体）。显然是无多余约束的几何不变体系。

【方法二】把三角形结构 1-2-3-4-5 看作刚片Ⅰ，把三角形 6-7-8 看作刚片Ⅱ，把三角形结构 5-8-9-10-$A$-$B$ 与地面连接在一起看作刚片Ⅲ。这三个刚片用铰链 5、铰链 8 和虚铰 $D$ 三个铰链两两相连，组成一个无多余约束的几何不变体系。

**答案：** A

**【注意】** 从本题可以看到，采用不同的基本组成规则，分析的结果是唯一的。在分析具体问题时，要根据不同情况灵活运用，尽可能采用最简捷的方法。

## 二、超静定结构的特点和优点

### （一）特点

（1）反力和内力只用静力平衡条件不能全部确定。

（2）具有多余约束（多余联系）的几何不变体系。

（3）超静定结构在荷载作用下的反力和内力仅与各杆的相对刚度有关，一般相对刚度较大的杆，其反力和内力也较大；各杆内力之比等于各杆刚度之比（见例 1-24）。

（4）超静定结构在发生支座沉降、温度改变、制造误差，以及材料的收缩或徐变时，可能会产生内力。要看这些因素引起的变形是否受超静定结构多余约束的阻碍，如果有，一般各杆刚度绝对值增大，内力也随之增大；如果没有，可以自由变形，就不会引起内力。

**例 1-24** 图 1-67 所示结构中哪根杆剪力最大？

A 杆 1　　B 杆 2　　C 杆 3　　D 杆 4

**解析：** 此结构显然是一个超静定结构。100kN 的外力要按照各杆的刚度比来分配。1、2、3、4 各杆所受的外力分别是 10kN、20kN、30kN、40kN，显然 4 杆的内力最大，剪力也最大。

**答案：** D

**例 1-25** 图 1-68 所示结构建造时温度为 $t$，使用时外部温度降为 $-t$，内部温度仍为 $t$，则为减少温度变化引起的弯矩，正确的措施为：

A 减少 $EI$ 值　　　　B 增加 $EI$ 值

C 减少 $EA$ 值　　　　D 增加 $EA$ 值

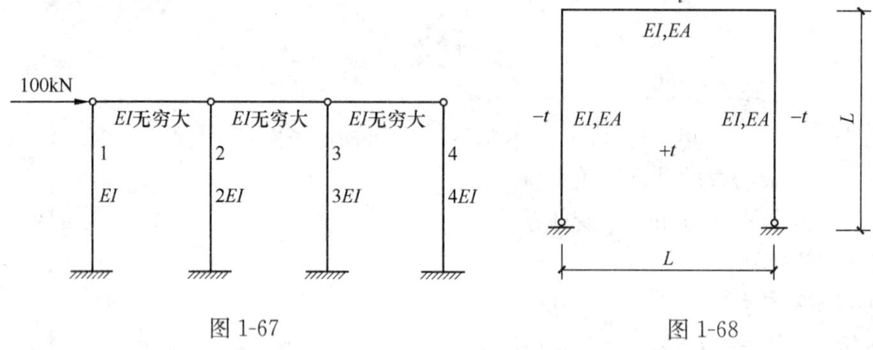


图 1-67　　　　图 1-68

**解析：** 图示结构两个固定铰链支座有 4 个支座反力，是超静定结构。为了减少温度变化引起的弯矩，应该减少各杆的抗弯刚度 $EI$ 的绝对值。

**答案：** A

**（二）优点**

（1）防护能力强；

（2）内力和变形分布较均匀、内力和变形的峰值较小。

## 三、超静定次数的确定

超静定次数＝多余约束（多余反力）的数目

确定方法：去掉结构的多余约束，使原结构变成一个静定的基本结构，则所去掉的约束（联系）的数目即为结构的超静定次数。

在结构上去掉多余约束的方法，通常有如下几种：

（1）切断一根链杆，或撤去一个支座链杆，相当于去掉一个联系（图 1-69、图 1-70）。

（2）去掉一个固定铰或中间铰，相当于去掉两个联系（图 1-71）。

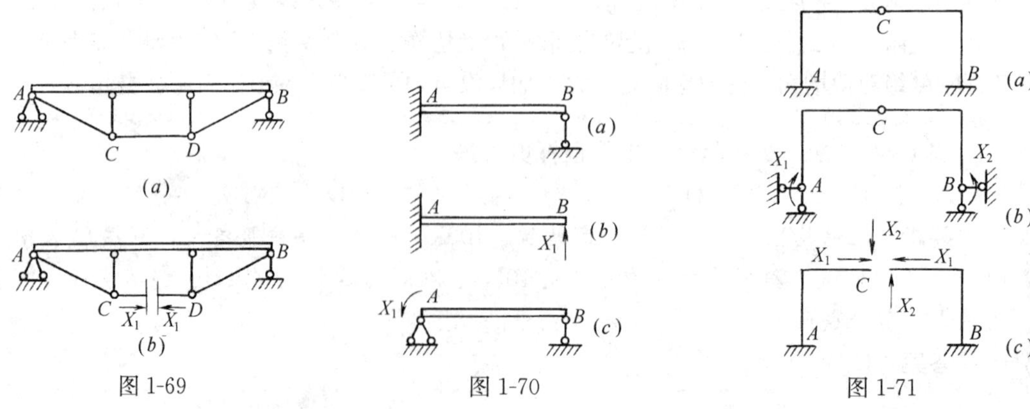


图 1-69　　　　图 1-70　　　　图 1-71

（3）将一刚接处切断，或者撤去一个固定支座，相当于去掉三个联系（图 1-72、图 1-73）。

（4）将一固定支座改成铰支座，或将受弯杆件某处改成铰接，相当于去掉一个联系（图 1-72）。

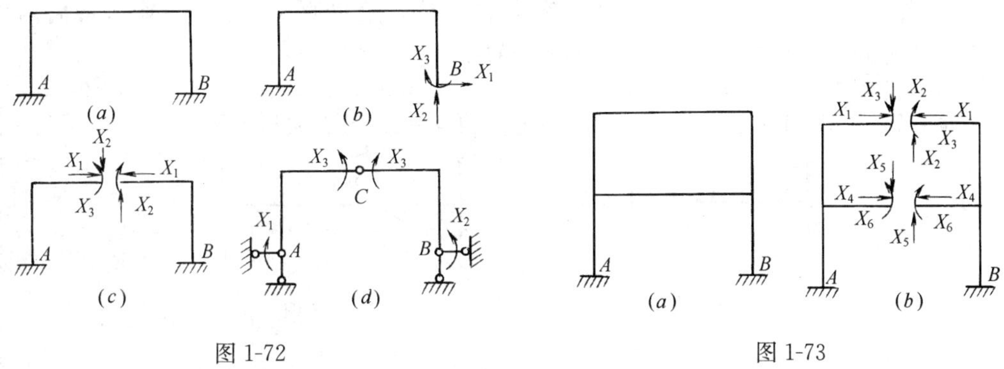


图 1-72　　图 1-73

## 四、用力法求解超静定结构

步骤：

（1）确定基本未知量——多余力的数目 $n$。

（2）去掉结构的多余联系得出一个静定的基本结构，并以多余力代替相应多余联系的作用。

（3）根据基本结构在多余力和原有荷载的共同作用下，在去掉多余联系处（$B$ 点）的位移应与原结构中相应的位移相同的条件，建立力法典型方程：

$$\begin{cases}\Delta_1=\delta_{11}X_1+\delta_{12}X_2+\cdots\cdots+\Delta_{1P}=0\\ \Delta_2=\delta_{21}X_1+\delta_{22}X_2+\cdots\cdots+\Delta_{2P}=0\\ \cdots\cdots\\ \Delta_n=\delta_{n1}X_1+\delta_{n2}X_2+\cdots\cdots+\Delta_{nP}=0\end{cases}$$

式中　$\delta_{11}$、$\delta_{21}$、$\delta_{n1}$ 分别表示当 $X_1=1$ 单独作用于基本结构时，$B$ 点沿 $X_1$、$X_2$ 和 $X_n$ 方向的位移。

$\delta_{12}$、$\delta_{22}$、$\delta_{n2}$ 分别表示当 $X_2=1$ 单独作用于基本结构时，$B$ 点沿 $X_1$、$X_2$ 和 $X_n$ 方向的位移。

$\Delta_{1P}$、$\Delta_{2P}$、$\Delta_{nP}$ 分别表示当荷载单独作用于基本结构时，$B$ 点沿 $X_1$、$X_2$ 和 $X_n$ 方向的位移。

$\Delta_1$、$\Delta_2$、$\Delta_n$ 分别表示去掉多余联系处（$B$ 点）沿 $X_1$、$X_2$、$X_n$ 方向的总位移。

其中各系数和自由项都为基本结构的位移，因而可用图乘法求得，如：

$$\delta_{11}=\frac{1}{EI}\int_L\overline{M_1}\,\overline{M_1}\,\mathrm{d}x$$

$$\delta_{12}=\delta_{21}=\frac{1}{EI}\int_L\overline{M_1}\,\overline{M_2}\,\mathrm{d}x$$

$$\delta_{22}=\frac{1}{EI}\int_L\overline{M_2}\,\overline{M_2}\,\mathrm{d}x$$

$$\Delta_{1P}=\frac{1}{EI}\int_L\overline{M_1}\,M_P\,\mathrm{d}x$$

$$\Delta_{2P}=\frac{1}{EI}\int_L \overline{M_2}\,M_P\,\mathrm{d}x,\cdots\cdots$$

为此，需要作出基本结构的单位内力图$\overline{M_1}$、$\overline{M_2}$……和荷载内力图 $M_P$。

（4）解典型方程，求出各多余力。

（5）多余力确定后，即可按分析静定结构的方法，给出原结构的内力图（最后内力图），按叠加原理：$M=X_1\overline{M_1}+X_2\overline{M_2}+\cdots\cdots M_P$。

**例 1-26** 如图 1-74（*a*）所示梁超静定次数 $n=1$，力法典型方程：

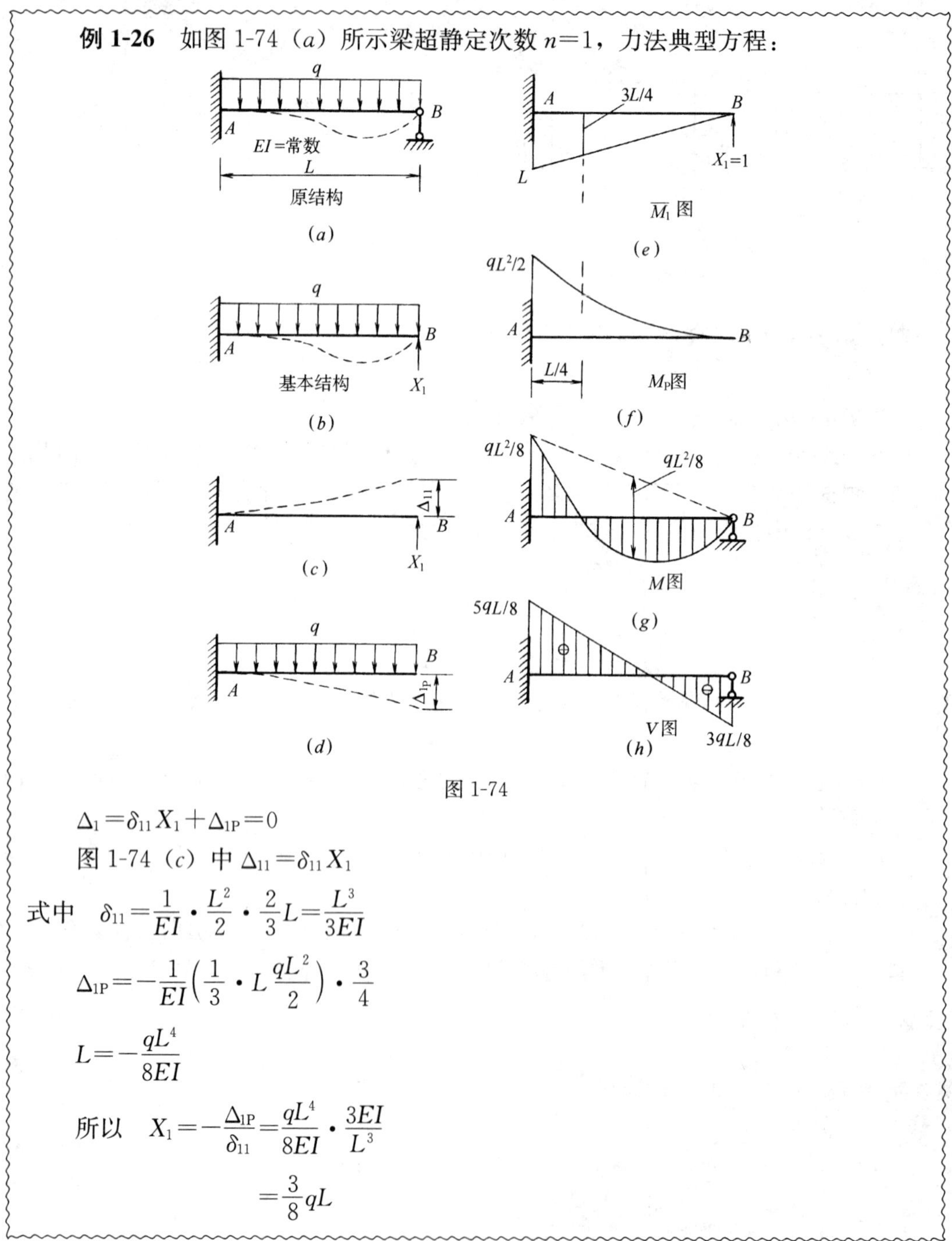


图 1-74

$\Delta_1=\delta_{11}X_1+\Delta_{1P}=0$

图 1-74（*c*）中 $\Delta_{11}=\delta_{11}X_1$

式中 $\delta_{11}=\frac{1}{EI}\cdot\frac{L^2}{2}\cdot\frac{2}{3}L=\frac{L^3}{3EI}$

$\Delta_{1P}=-\frac{1}{EI}\left(\frac{1}{3}\cdot L\frac{qL^2}{2}\right)\cdot\frac{3}{4}$

$L=-\frac{qL^4}{8EI}$

所以 $X_1=-\frac{\Delta_{1P}}{\delta_{11}}=\frac{qL^4}{8EI}\cdot\frac{3EI}{L^3}$

$=\frac{3}{8}qL$

而 $M_A = X_1\overline{M}_1 + M_P = X_1 L - \dfrac{qL^2}{2} = \dfrac{3}{8}qL^2 - \dfrac{qL^2}{2} = -\dfrac{1}{8}qL^2$

**例 1-27** 如图 1-75 所示。

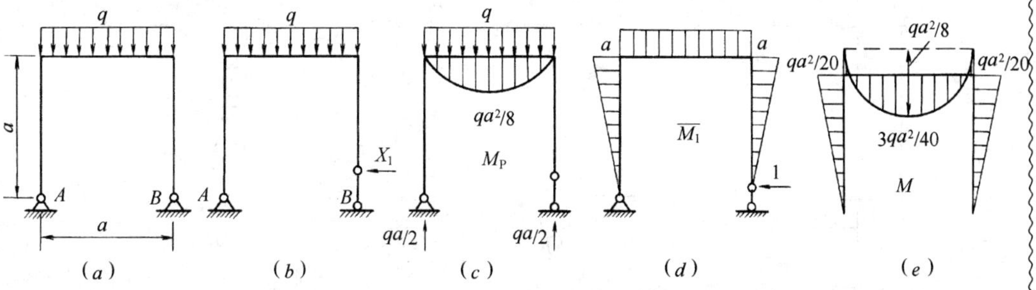

图 1-75

超静定次数 $n=1$

力法方程：

$$\Delta_1 = \delta_{11}X_1 + \Delta_{1P} = 0$$

因为 $$\delta_{11} = \frac{1}{EI}\int_L \overline{M}_1\,\overline{M}_1\mathrm{d}x = \frac{2}{EI}\,\frac{a^2}{2}\,\frac{2}{3}a + \frac{1}{EI}a^2\cdot a = \frac{5a^3}{3EI}$$

$$\Delta_{1P} = \frac{1}{EI}\int_L \overline{M}_1 M_P\mathrm{d}x = \frac{-1}{EI}\left(\frac{2}{3}a\,\frac{qa^2}{8}\right)a = -\frac{qa^4}{12EI}$$

所以 $$\Delta_1 = \frac{5a^3}{3EI}X_1 - \frac{qa^4}{12EI} = 0$$

$$X_1 = \frac{qa}{20}$$

$$M = X_1\overline{M}_1 + M_P$$

## 五、利用对称性求解超静定结构

图 1-76（$a$）、（$b$）对称结构受正对称荷载作用。

图 1-76（$c$）、（$d$）对称结构受反对称荷载作用。

不难发现，对称结构在正对称荷载作用下，其内力和位移都是正对称的，且在对称轴上反对称的多余力为零；对称结构在反对称荷载作用下，其内力和位移都是反对称的，且在对称轴上对称的多余力为零。注意：轴力和弯矩是对称内力，剪力是反对称内力。

实际上，如果结构对称、荷载对称，则轴力图、弯矩图对称，剪力图反对称，在对称轴上剪力为零。如果结构对称、荷载反对称，则轴力图、弯矩图反对称，剪力图对称，在对称轴上轴力、弯矩均为零。

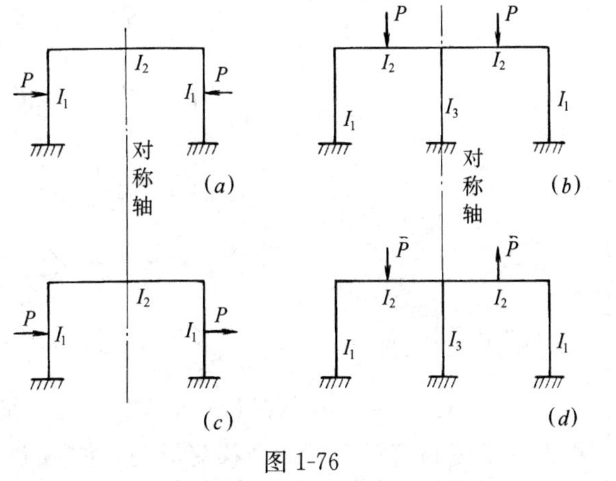


图 1-76

**例 1-28** 如图 1-77（$a$）所示为 3 次超静定结构。依对称性取一半为研究对象，如图 1-77（$b$）所示，其中反对称力 $X_2=0$。

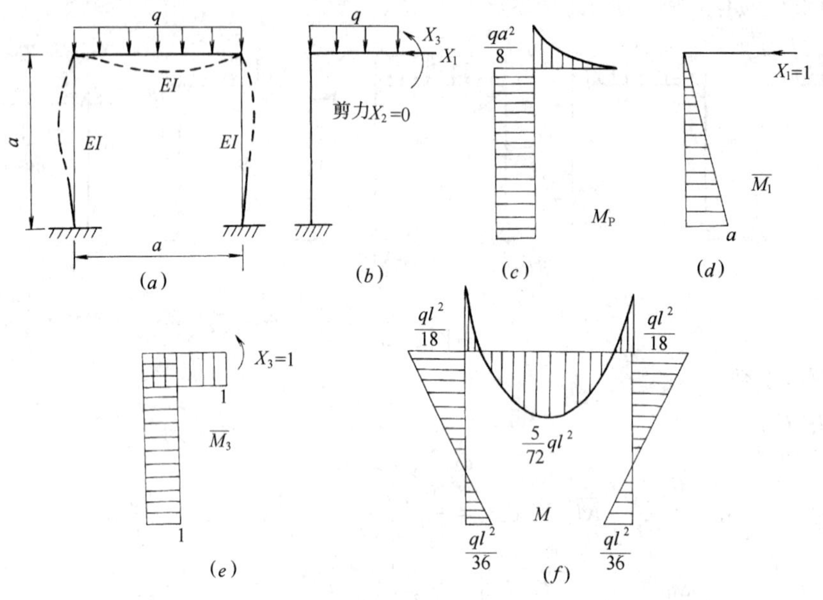


图 1-77

用 $\Delta_1$ 表示切口两边截面的水平相对线位移，$\Delta_2$ 表示其铅垂相对线位移，$\Delta_3$ 表示其相对转角，由于 $X_2=0$，则力法方程化简为 $\begin{cases}\Delta_1=\delta_{11}X_1+\delta_{13}X_3+\Delta_{1P}=0\\ \Delta_3=\delta_{31}X_1+\delta_{33}X_3+\Delta_{3P}=0\end{cases}$

由图 1-77（$c$）、（$d$）、（$e$）所示 $M_P$、$\overline{M}_1$、$\overline{M}_3$ 的图形，可得：

$$\delta_{11}=\frac{1}{EI}\frac{a^2}{2}\frac{2}{3}a=\frac{a^3}{3EI}$$

$$\delta_{33}=\frac{1}{EI}\left(\frac{a}{2}\times1\times1+a\times1\times1\right)=\frac{3a}{2EI}$$

$$\delta_{13}=\delta_{31}=\frac{1}{EI}\cdot\frac{a^2}{2}\cdot1=\frac{a^2}{2EI}$$

$$\Delta_{1P}=-\frac{1}{EI}\cdot\frac{a^2}{2}\cdot\frac{qa^2}{8}=-\frac{qa^4}{16EI}$$

$$\Delta_{3P}=-\frac{1}{EI}\left(\frac{1}{3}\frac{a}{2}\frac{qa^2}{8}\cdot1+\frac{qa^2}{8}\cdot a\cdot1\right)=-\frac{7qa^3}{48EI}$$

代回力法方程，得 $$\begin{cases}\frac{a^3}{3EI}X_1+\frac{a^2}{2EI}X_3-\frac{qa^4}{16EI}=0\\ \frac{a^2}{2EI}X_1+\frac{3a}{2EI}X_3-\frac{7qa^3}{48EI}=0\end{cases}$$

解出 $$X_1=\frac{qa}{12},\ X_3=\frac{5}{72}qa^2$$

由 $M(x)=M_P+X_1\overline{M}_1+X_3\overline{M}_3$ 可得到最后弯矩图 $M$，如图 1-77（$f$）所示；根据荷载图与弯矩图可知位移变形图，如图 1-77（$a$）中虚线所示。

**例 1-29** 图 1-78（$a$）原为 3 次超静定结构，但可把它分解成图 1-78（$b$）和图 1-78（$c$）的叠加。而图 1-78（$b$）不产生弯矩，所以图 1-78（$a$）的弯矩与图 1-78（$c$）相同。利用图 1-78（$c$）的反对称性，把它从对称轴切断，则对称内力 $X_1=0$，$X_3=0$，力法方程化简为一次：

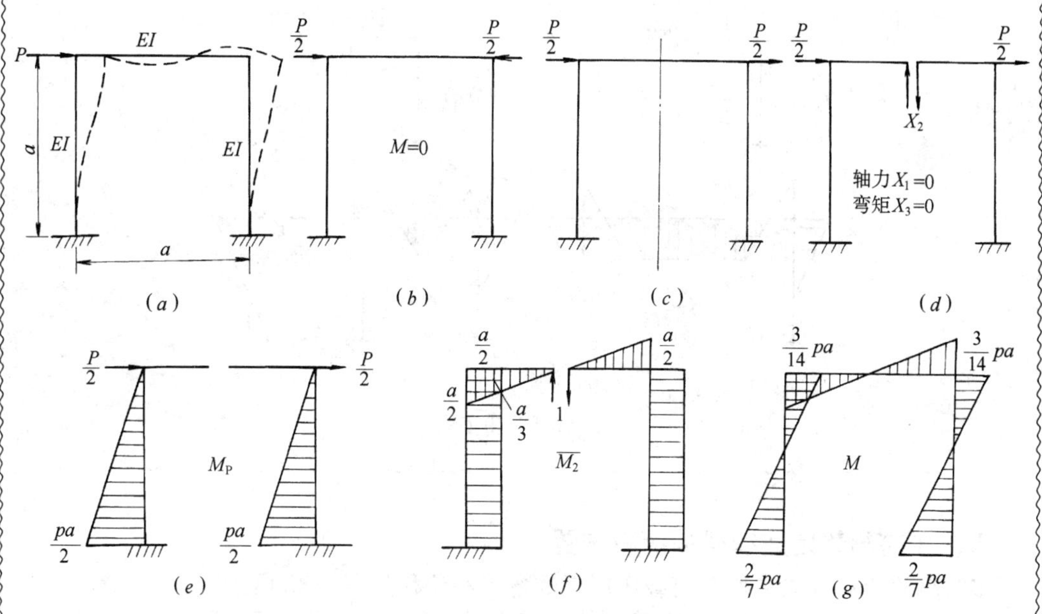


图 1-78

$$\Delta_2=\delta_{22}X_2+\Delta_{2P}=0$$

取左半部分计算：$\delta_{22}=\dfrac{1}{EI}\left(\dfrac{1}{2}\cdot\dfrac{a}{2}\cdot\dfrac{a}{2}\cdot\dfrac{a}{3}+\dfrac{a}{2}\cdot a\cdot\dfrac{a}{2}\right)=\dfrac{7a^3}{24EI}$

$$\Delta_{2P}=-\frac{1}{EI}\left(\frac{1}{2}a\cdot\frac{Pa}{2}\right)\frac{a}{2}=-\frac{Pa^3}{8EI}$$

代回力法方程，可得 $X_2=\dfrac{3}{7}P$。

利用 $M=M_P+X_2\overline{M}_2$ 画出弯矩图 1-78（$g$），其中右半部分可利用反对称性画出。根据荷载图与弯矩图可知位移变形图如图 1-78（$a$）中虚线所示。

**例 1-30** 奇数跨和偶数跨两种对称刚架的简化。

图 1-79（$a$）中 $C$ 截面不会发生转角和水平线位移，但可发生竖向线位移；同时在 $C$ 面上将有弯矩和轴力，但无剪力。故可用图 1-79（$c$）中 $C$ 处的定向支撑来代替。

图 1-79（$b$）中 $CD$ 杆只有轴力和轴向变形（否则不对称）。在刚架分析中，一般忽略轴力的影响，所以 $C$ 点将无任何位移发生。故可用图 1-79（$d$）中 $C$ 处的固定支座来代替。

图 1-79（$a$）、（$b$）的弯矩图的大致形状如图 1-79（$e$）、（$f$）所示。

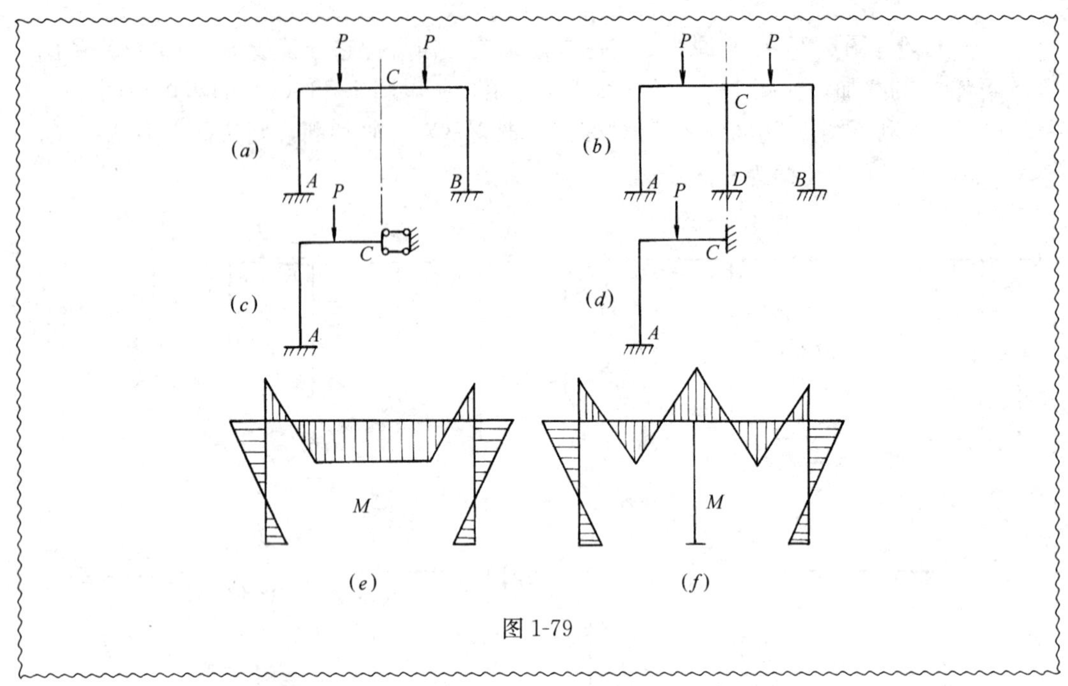

图 1-79

## 六、多跨超静定连续梁的活载布置

多跨越静定连续梁在均布荷载作用下的弯矩和位移如图 1-80 所示。

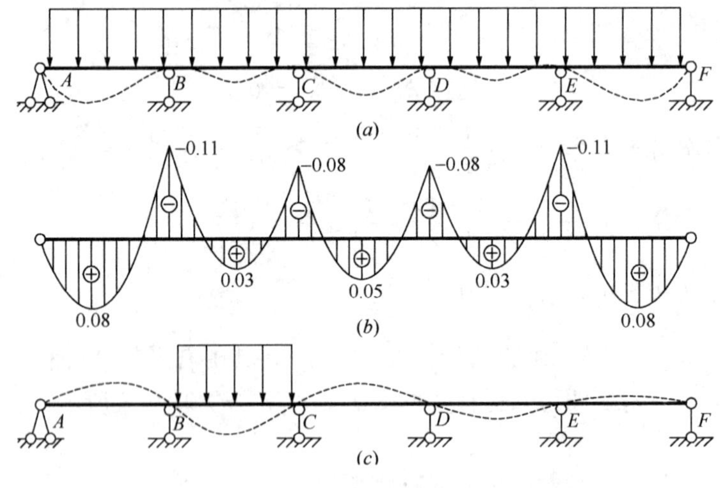

图 1-80

应用结构力学的影响线理论，可以找到多跨超静定连续梁相应内力量值的最不利荷载位置。我们以图 1-81（*a*）所示五跨连续梁有关弯矩的最不利活载的布置为例，说明其规律性。

（1）从图 1-81（*b*）、（*c*）中可知：求某跨跨中附近的最大正弯矩时，应在该跨布满活载，其余每隔一跨布满活载。

（2）从图 1-81（*d*）、（*e*）、（*f*）、（*g*）中可知：求某支座的最大负弯矩时，应在该支座相邻两跨布满活载，其余每隔一跨布满活载（特殊结构除外）。掌握上述规律后，对于有关多跨连续梁的相应问题，就可以迎刃而解了。

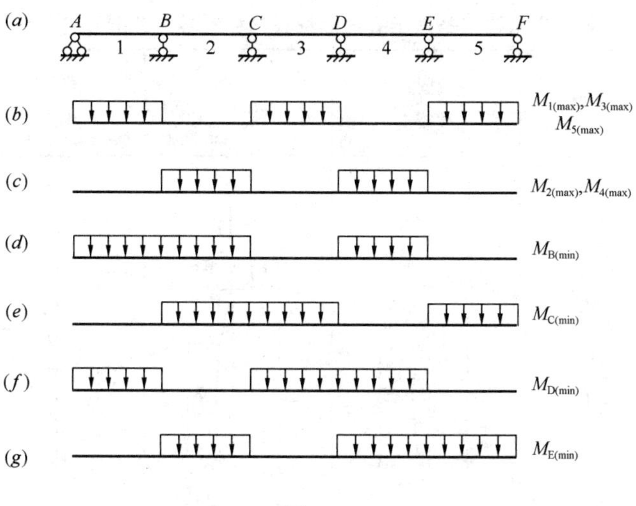


图 1-81

对于不同的超静定结构，有时使用位移法和力矩分配法也很方便。由于篇幅所限，兹不赘述。

## 第六节　压　杆　稳　定

轴向拉压杆组成的桁架结构在建筑物和桥梁中有着广泛的应用。19 世纪末以来，单纯的强度计算已不能满足工程中压杆设计的需要，压杆稳定问题日益突出。所谓压杆稳定是指中心受压直杆直线平衡的状态在微小外力干扰去除后自我恢复的能力。压杆失稳是指压杆在轴向压力作用下不能维持直线平衡状态而突然变弯的现象。压杆的临界力 $F_{cr}$ 是使压杆直线形式的平衡由稳定开始转化为不稳定的最小轴向压力。也可以说，临界力 $F_{cr}$ 是压杆保持直线形式的稳定平衡所能够承受的最大荷载。

不同杆端约束下细长中心受压直杆的临界力表达式，可通过平衡或类比的方法推出。本节给出几种典型的理想支承约束条件下，细长中心受压直杆的欧拉公式表达式（表 1-4）。

由表 1-4 所给的结果可以看出，中心受压直杆的临界力 $F_{cr}$ 受到杆端约束情况的影响。杆端约束越强，杆的抗弯能力就越大，其临界力也越高。对于各种杆端约束情况，细长中心受压等直杆临界力的欧拉公式可写成统一的形式：

$$F_{cr} = \frac{\pi^2 EI}{(\mu l)^2} \tag{1-27}$$

式中，$EI$ 为杆的抗弯刚度，因数 $\mu$ 称为压杆的**长度因数**，与杆端的约束情况有关。$\mu l$ 称为原压杆的**相当长度**，其物理意义可从表 1-4 中各种杆端约束下细长压杆失稳时挠曲线形状的比拟来说明：由于压杆失稳时挠曲线上拐点处的弯矩为零，故可设想拐点处有一铰，而将压杆在挠曲线两拐点间的一段看作两端铰支压杆，并利用两端铰支压杆临界力的欧拉公式（式 1-27），得到原支承条件下压杆的临界力 $F_{cr}$。这两拐点之间的长度，即为原压杆的相当长度 $\mu l$。或者说，相当长度为各种支承条件下的细长压杆失稳时，挠曲线中相当于半波正弦曲线的一段长度。

**各种支承约束条件下等截面细长压杆临界力的欧拉公式　　表 1-4**

| 支端情况 | 两端铰支 | 一端固定另端铰支 | 两端固定 | 一端固定另端自由 | 两端固定但可沿横向相对移动 |
|---|---|---|---|---|---|
| 失稳时挠曲线形状 | | C—挠曲线拐点 | C、D—挠曲线拐点 | | C—挠曲线拐点 |
| 临界力 $F_{cr}$ 欧拉公式 | $F_{cr}=\frac{\pi^2 EI}{l^2}$ | $F_{cr}\approx\frac{\pi^2 EI}{(0.7l)^2}$ | $F_{cr}=\frac{\pi^2 EI}{(0.5l)^2}$ | $F_{cr}=\frac{\pi^2 EI}{(2l)^2}$ | $F_{cr}=\frac{\pi^2 EI}{l^2}$ |
| 长度因数 $\mu$ | $\mu=1$ | $\mu\approx 0.7$ | $\mu=0.5$ | $\mu=2$ | $\mu=1$ |

应当注意，细长压杆临界力的欧拉公式（式 1-27）中，$I$ 是横截面对某一形心主惯性轴的惯性矩。若杆端在各个方向的约束情况相同（如球形铰等），则 $I$ 应取最小的形心主惯性矩。若杆端在不同方向的约束情况不同（如柱形铰），则 $I$ 应取挠曲时横截面对其相应方向的中性轴的惯性矩。在工程实际问题中，支承约束程度与理想的支承约束条件总有所差异，因此，其长度因数 $\mu$ 值应根据实际支承的约束程度，以表 1-4 作为参考来加以选取。在有关的设计规范中，对各种压杆的 $\mu$ 值多有具体的规定。

**例 1-31 （2011 年）** 对于相同材料的等截面轴心受压杆件，在图 1-82 中的三种情况下，其承载能力 $P_1$、$P_2$、$P_3$ 的比较结果为：

A　$P_1=P_2<P_3$　　B　$P_1=P_2>P_3$

C　$P_1>P_2>P_3$　　D　$P_1<P_2<P_3$

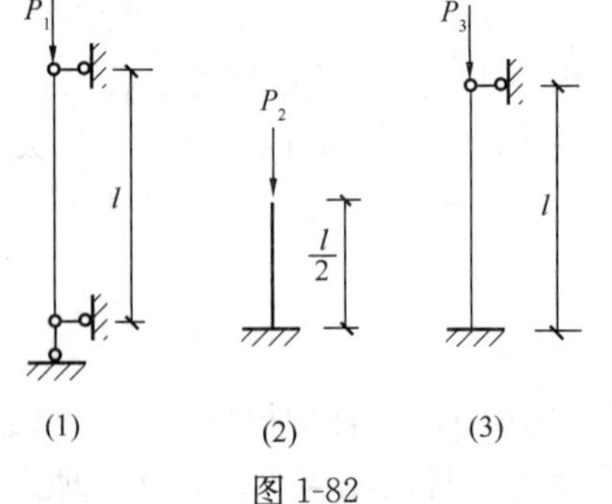

图 1-82

**解析：** 图中杆 1 的相当长度为 $1\times l=l$；

杆 2 的相当长度为 $2\times\frac{l}{2}=l$；

杆 3 的相当长度为 $0.7l$。

由公式 $F_{cr}=\frac{\pi^2 EI}{(\mu l)^2}$ 可知，当 $EI$ 相同时，$\mu l$ 越小，$F_{cr}$ 越大，故杆 3 的临界力 $P_3$ 最大，而杆 1 和杆 2 的临界力 $P_1=P_2$。

**答案：** A

## 习　　题

1－1　图示桁架杆 1、杆 2、杆 3 所受的力为（　　）。

A　$S_1=-707N$，$S_2=500N$，$S_3=500N$　　B　$S_1=707N$，$S_2=-500N$，$S_3=-500N$

C　$S_1=1414N$，$S_2=500N$，$S_3=1000N$　　D　$S_1=-707N$，$S_2=1000N$，$S_3=500N$

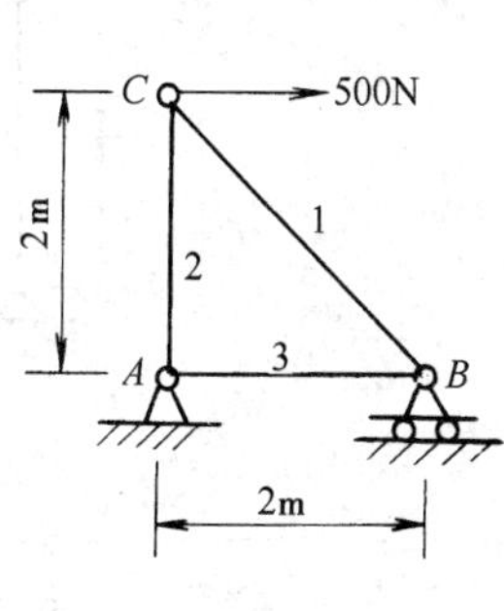


题 1-1 图

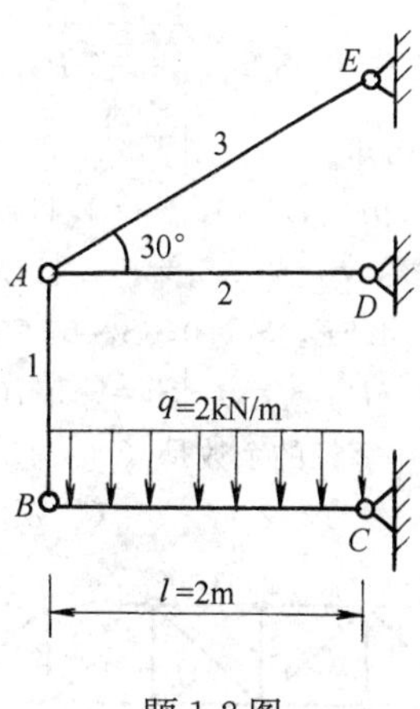


题 1-2 图

1－2　图示桁架杆 1、杆 2、杆 3 所受的力为（　　）。

A　$S_1=4kN$，$S_2=-6.928kN$，$S_3=8kN$

B　$S_1=2kN$，$S_2=-3.464kN$，$S_3=4kN$

C　$S_1=-4kN$，$S_2=6.928kN$，$S_3=-8kN$

D　$S_1=-2kN$，$S_2=3.464kN$，$S_3=-4kN$

1－3　图示桁架中上弦杆拉力最大者为（　　）。

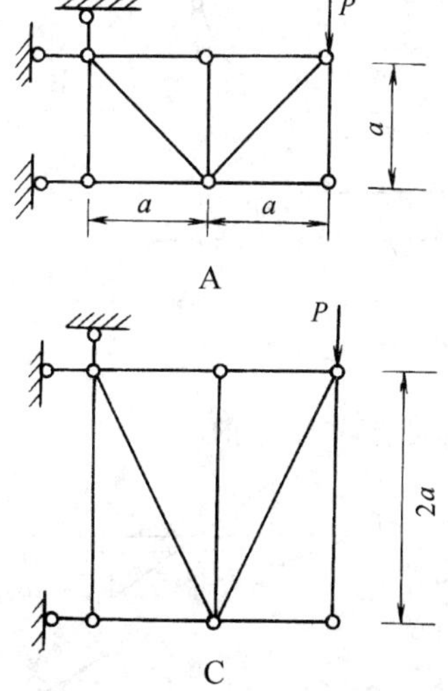


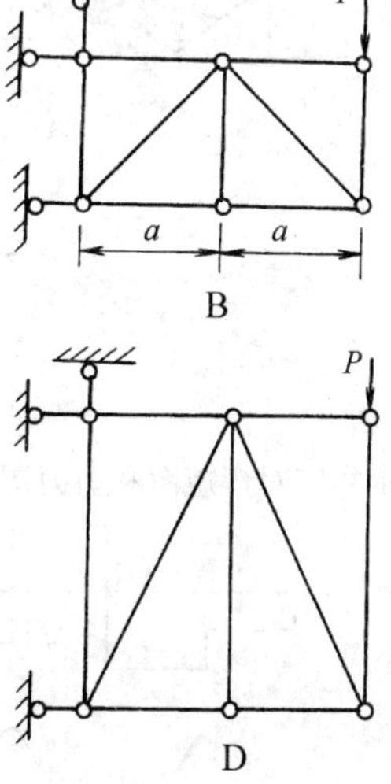


题 1-3 图

1－4　图示桁架 $P$、$a$、$h$ 已知，则 1、2、3 杆内力为（　　）。

A　$S_1=3\frac{h}{a}P$，$S_2=\frac{h}{a}P$，$S_3=2\frac{h}{a}P$

B　$S_1=5\frac{h}{a}P$，$S_2=3\frac{h}{a}P$，$S_3=-3\frac{h}{a}P$

C　$S_1=-2\frac{h}{a}P$，$S_2=\frac{\sqrt{a^2+h^2}}{a}P$，$S_3=3\frac{h}{a}P$

D　$S_1=2\frac{h}{a}P$，$S_2=\frac{\sqrt{a^2+h^2}}{a}P$，$S_3=-3\frac{h}{a}P$

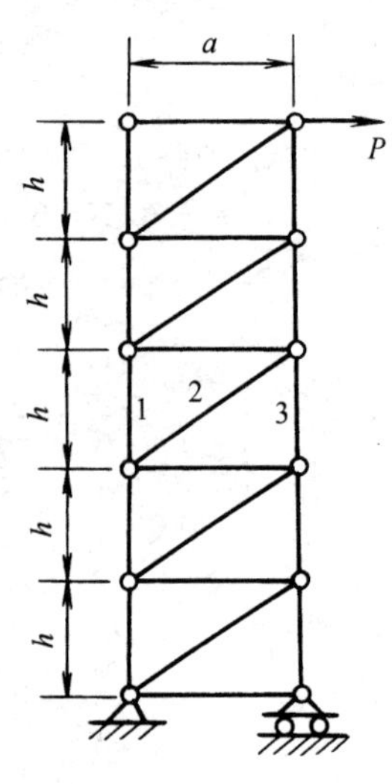

题 1-4 图

1 - 5　图示桁架已知 $P$，$a$，则 1，2，3，4 杆受力为（　　）。

A　$S_1=-9P$，$S_2=0$，$S_3=1.414P$，$S_4=8P$

B　$S_1=9P$，$S_2=0$，$S_3=-1.414P$，$S_4=-8P$

C　$S_1=-4.5P$，$S_2=0$，$S_3=0.707P$，$S_4=4P$

D　$S_1=4.5P$，$S_2=0$，$S_3=-0.707P$，$S_4=-4P$

1 - 6　图示桁架中零杆的个数是（　　）。

A　1　　　B　2　　　C　3　　　D　4

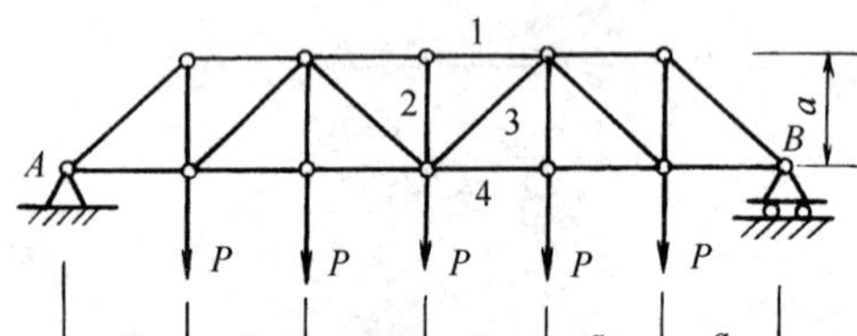

题 1-5 图

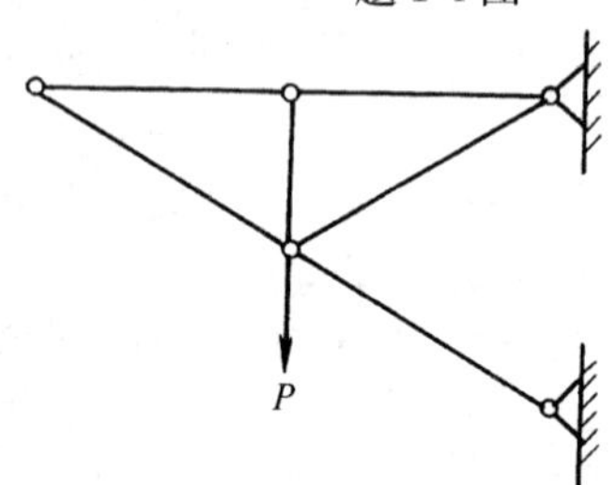

题 1-6 图

1 - 7　下列四个静定梁的荷载图中，（　　）可能产生图示弯矩图。

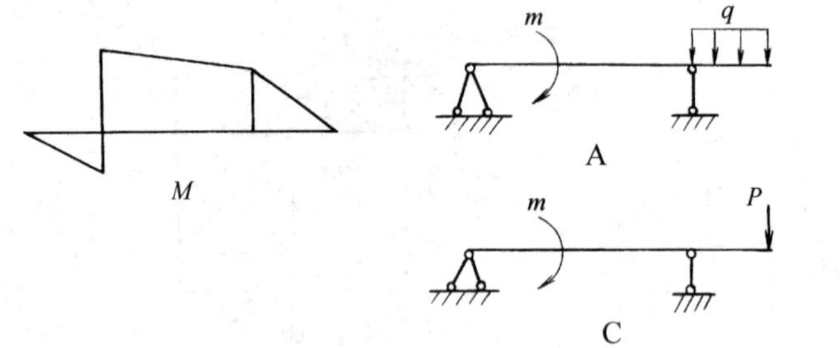

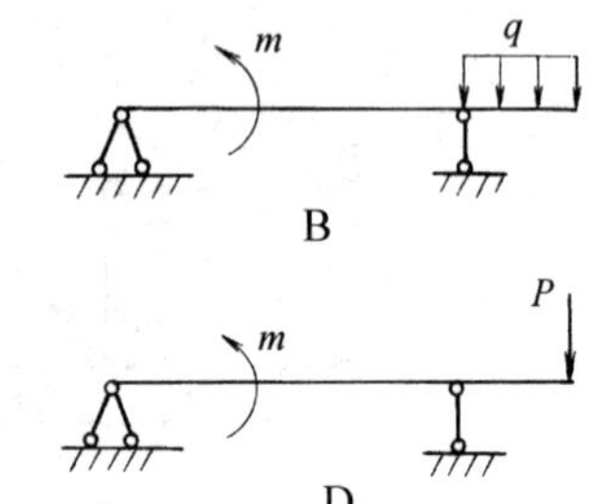

题 1-7 图

1 - 8　下图所示的四对弯矩图和剪力图中，（　　）是可能同时出现的。

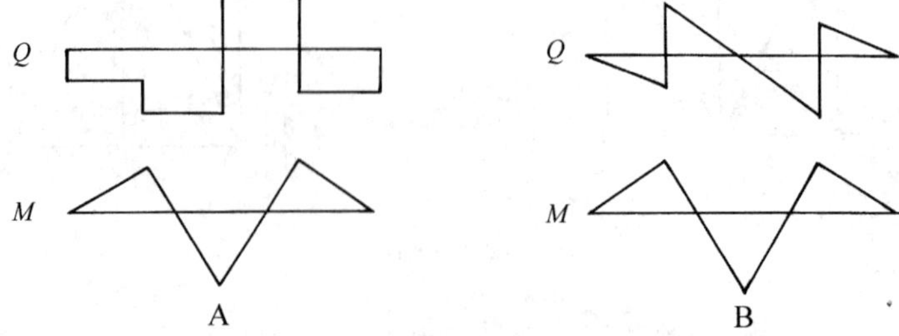

题 1-8 图（一）

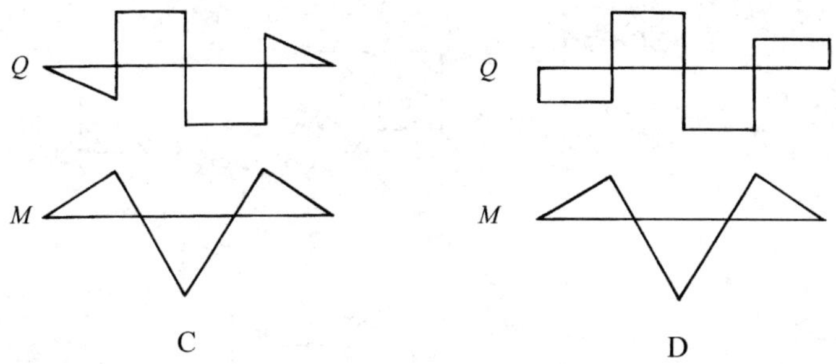


题 1-8 图（二）

1 - 9　梁上无集中力偶作用，剪力图如图示，则梁上的最大弯矩为（　　）。

A　$4qa^2$　　B　$-\frac{7}{2}qa^2$　　C　$2qa^2$　　D　$-3qa^2$

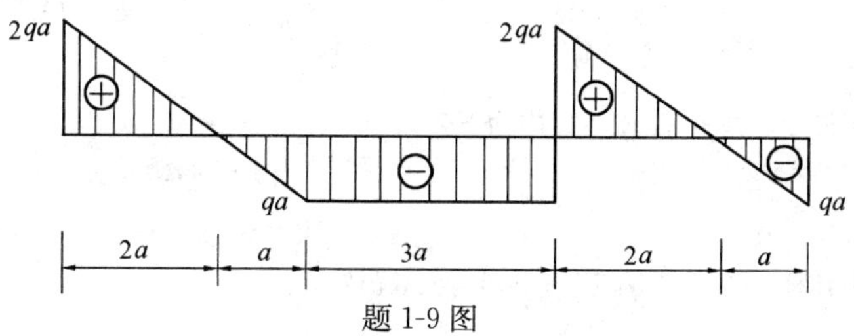


题 1-9 图

1 - 10　若梁的荷载及支承情况对称于梁的中央截面 $C$ 如图所示，则下列结论中（　　）是正确的。

A　$V$ 图对称，$M$ 图对称，且 $V_C=0$

B　$V$ 图对称，$M$ 图反对称，且 $M_C=0$

C　$V$ 图反对称，$M$ 图对称，且 $V_C=0$

D　$V$ 图反对称，$M$ 图反对称，且 $M_C=0$

1 - 11　若使图示梁弯矩图上下最大值相等，应使（　　）。

A　$a=b/4$　　B　$a=b/2$　　C　$a=b$　　D　$a=2b$

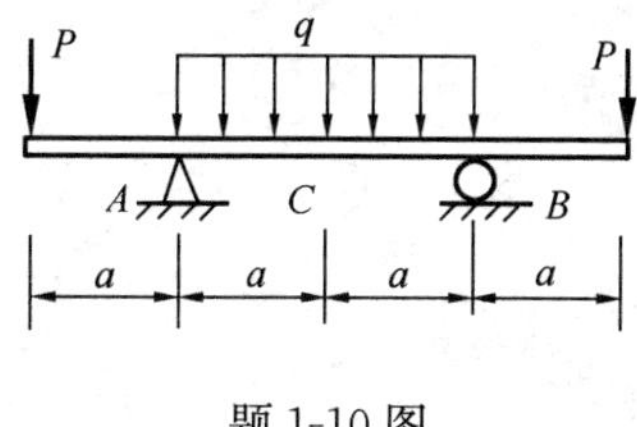


题 1-10 图

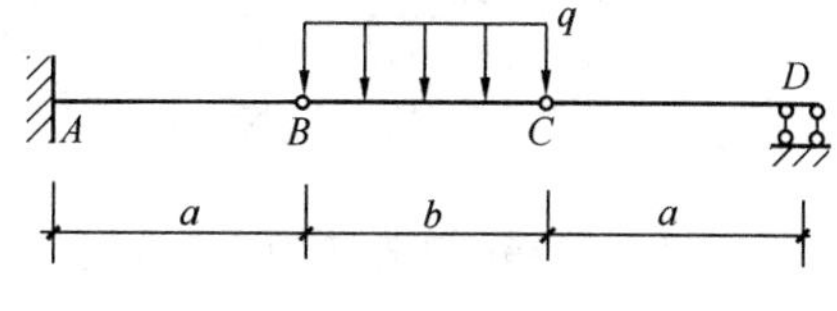


题 1-11 图

1 - 12　图示四种截面的面积相同，则扭转剪应力最小的是（　　）。

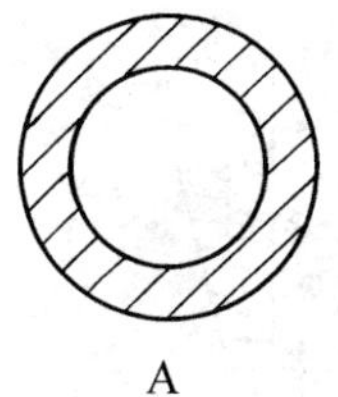

A

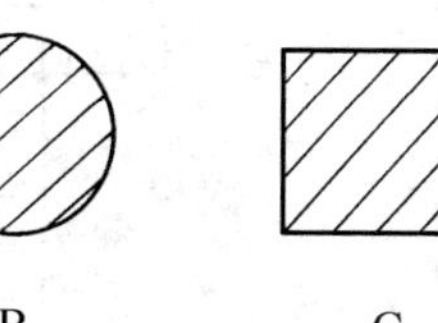

B

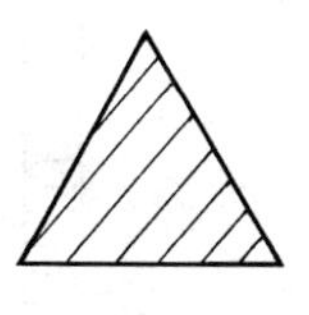

C

D

题 1-12 图

1 - 13　已知梁的荷载作用在铅垂纵向对称面内，图示四种截面的面积相同，则最合理的截面是（　　）。

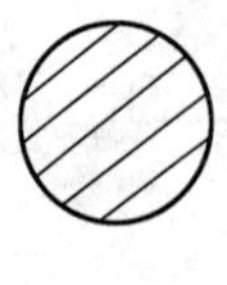

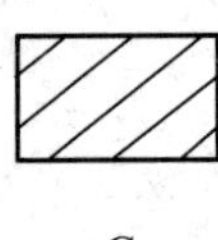

A　　B　　C　　D

题 1-13 图

1 - 14　图示正方形截面木梁，用两根木料拼成，两根木料之间无联系，也无摩擦力，则 ($a$) 图中的最大正应力与 ($b$) 图中的最大正应力之比为（　　）。

A　1∶1

B　1∶4

C　1∶2

D　2∶1

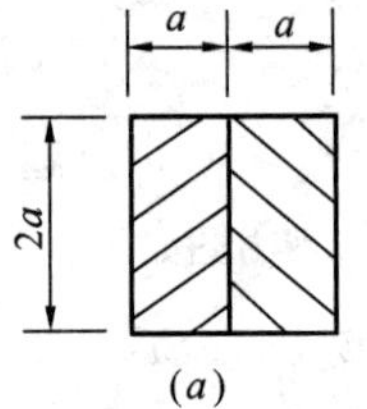



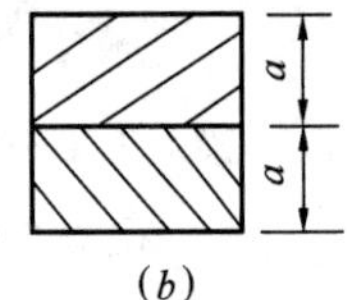



($a$)　　($b$)

题 1-14 图

1 - 15　图示结构中杆 $a$ 的内力$N_a$ (kN) 应为下列何项？（　　）

A　$N_a=0$　　B　$N_a=10$（拉力）

C　$N_a=10$（压力）　　D　$N_a=10\sqrt{2}$（拉力）

1 - 16　图示结构中，杆 $b$ 的内力 $N_b$ 应为下列何项数值？（　　）

A　$N_b=0$　　B　$N_b=\frac{\sqrt{2}}{2}P$　　C　$N_b=P$　　D　$N_b=\sqrt{2}P$

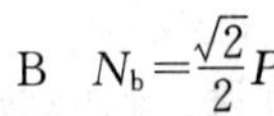

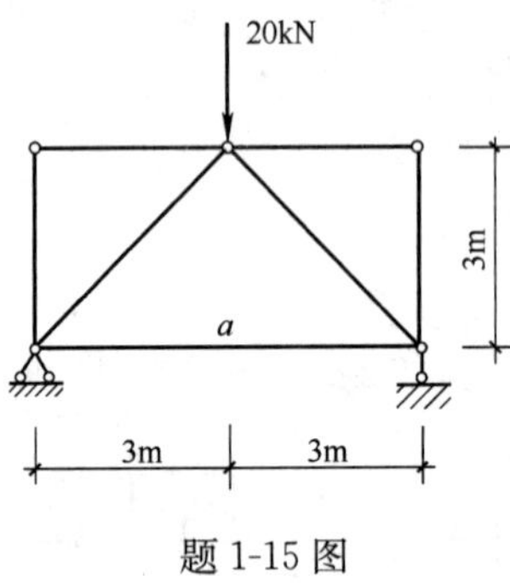



题 1-15 图

题 1-16 图

1 - 17　图示刚架中有错的弯矩图为（　　）。

A　1个　　B　2个　　C　3个　　D　4个

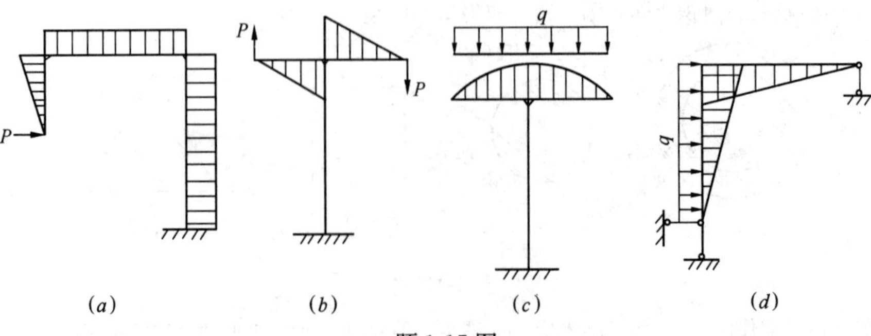



题 1-17 图

1 - 18　图示结构中有错的弯矩图为（　　）。

A　1个　　B　2个　　C　3个　　D　4个

1 - 19　图示结构为（　　）结构。

A　几何可变　　B　静定　　C　一次超静定　　D　二次超静定

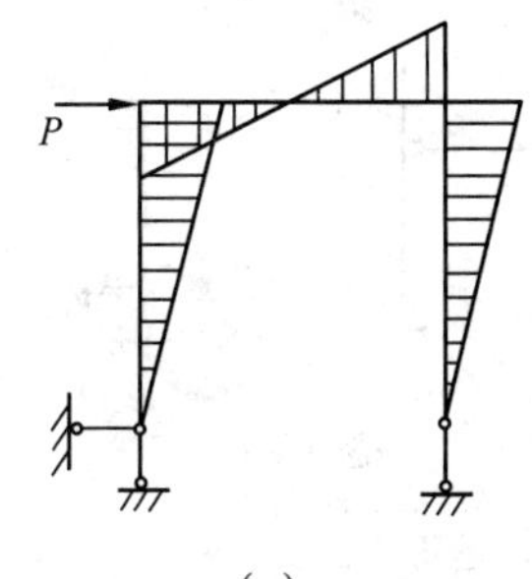


(*a*)

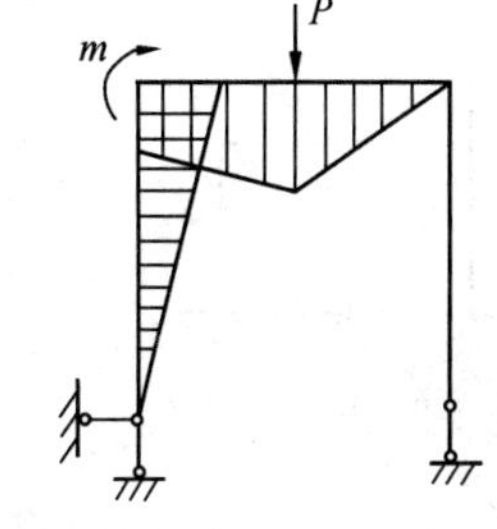


(*b*)

(*c*)

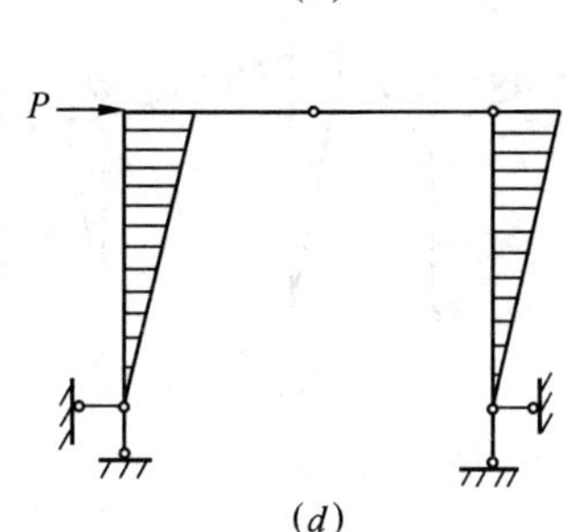


(*d*)

题 1-18 图

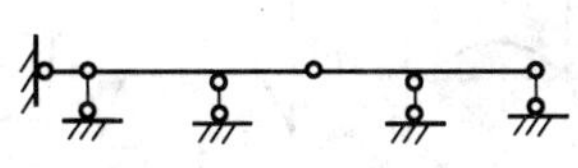

题 1-19 图

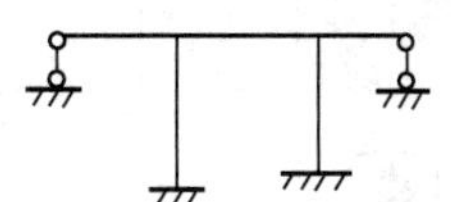

题 1-20 图

1 - 20　图示结构为（　　）超静定结构。

A　3次　　B　4次　　C　5次　　D　6次

1 - 21　图示结构为（　　）超静定结构。

A　3次　　B　4次　　C　5次　　D　6次

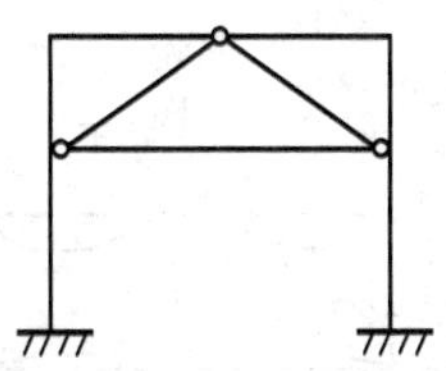

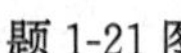

题 1-21 图

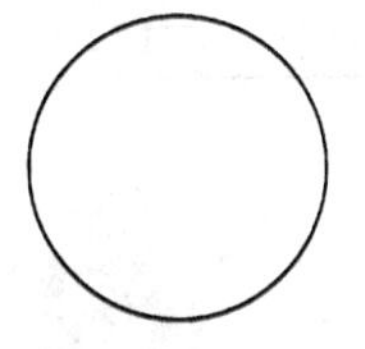

题 1-22 图

1 - 22　图示结构为（　　）超静定结构。

A　3次　　B　4次　　C　5次　　D　6次

1－23　图示结构为（　　）超静定结构。

A　3次　　　B　4次　　　C　5次　　　D　6次

1－24　图示结构为（　　）超静定结构。

A　2次　　　B　3次　　　C　4次　　　D　5次

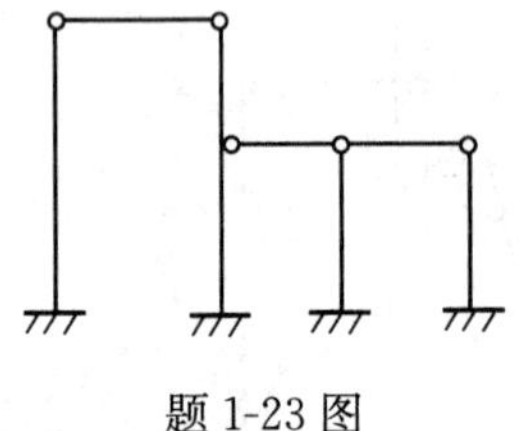

题 1-23 图

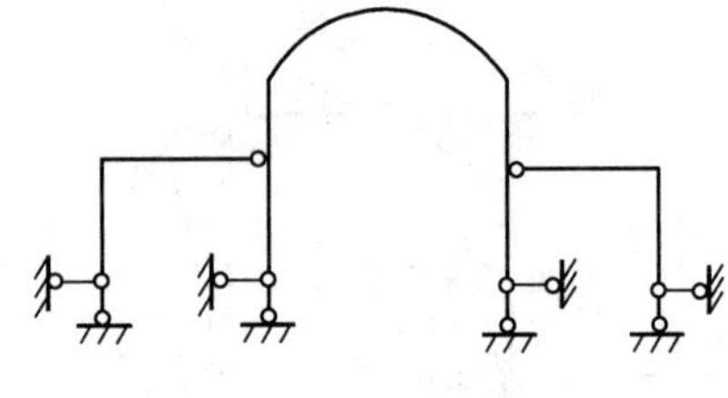

题 1-24 图

1－25　刚架受垂直荷载如图示，下列四种弯矩图中（　　）是正确的。

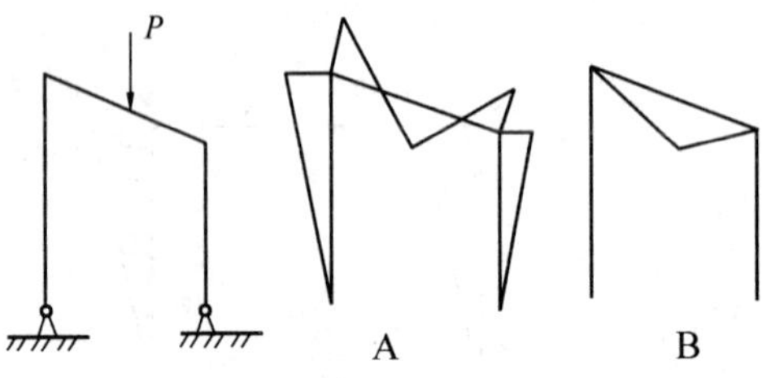


A　B

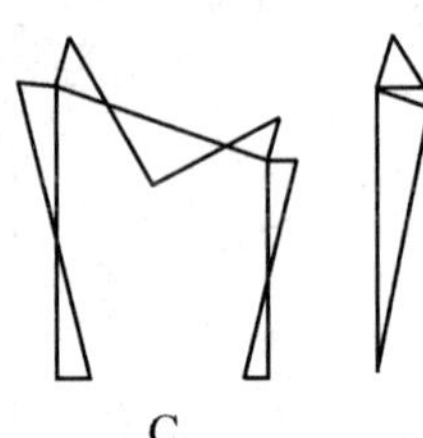

C

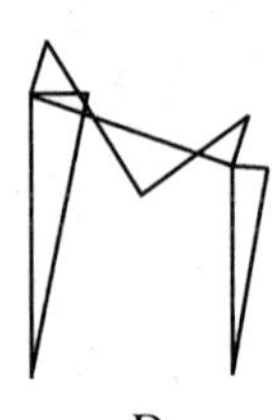

D

题 1-25 图

1－26　图示刚架正确的弯矩图应是（　　）。

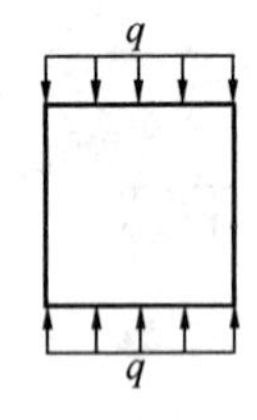


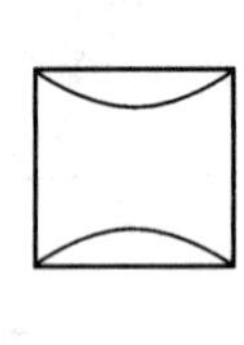

A

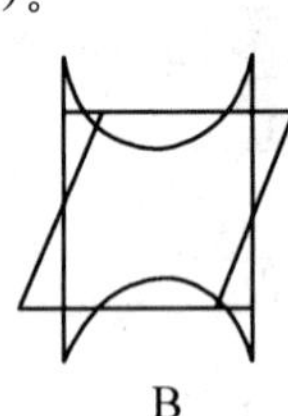

B

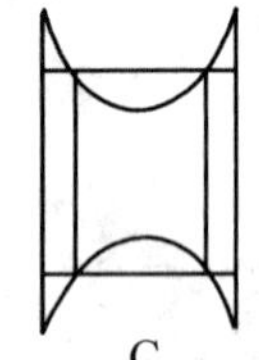

C

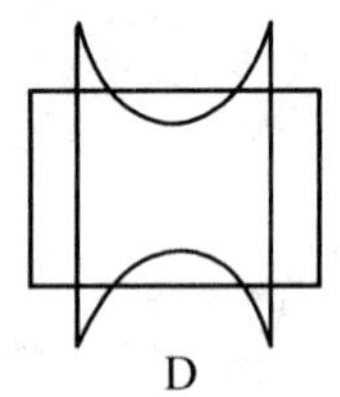

D

题 1-26 图

1－27　图示双跨结构正确的弯矩图应是（　　）。

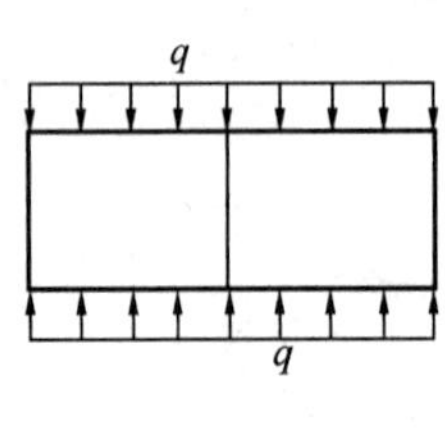


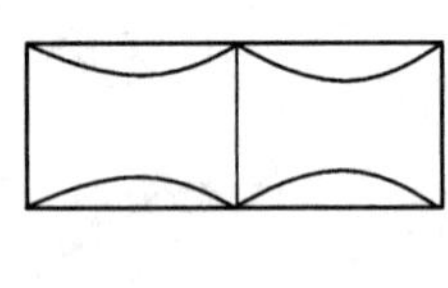

A　B

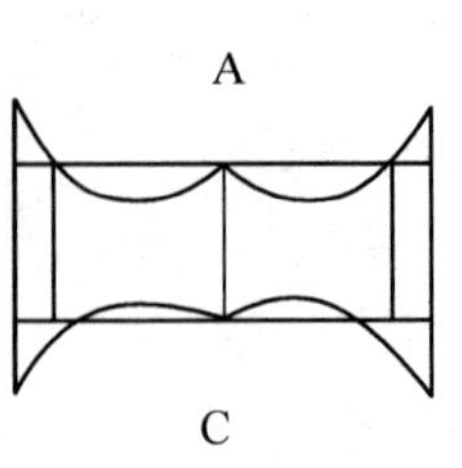

C　D

题 1-27 图

1－28　图示二层框架在垂直荷载作用下的各弯矩图中（　　）为正确的。

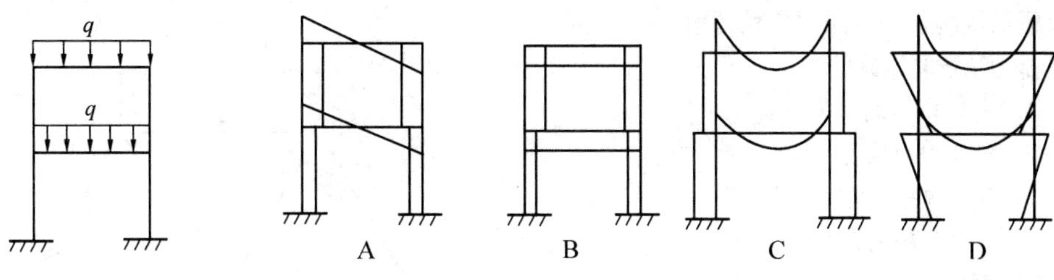

题 1-28 图

1-29　图示二层框架在水平荷载作用下的各弯矩图中（　　）为正确的。

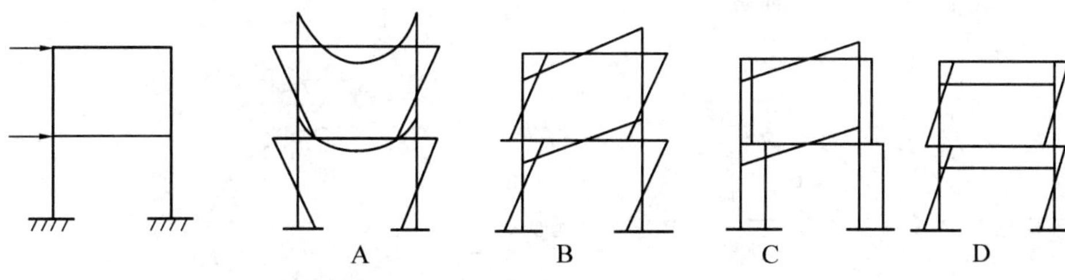

题 1-29 图

1-30　图示二层框架在水平荷载作用下的各剪力图中（　　）为正确的。

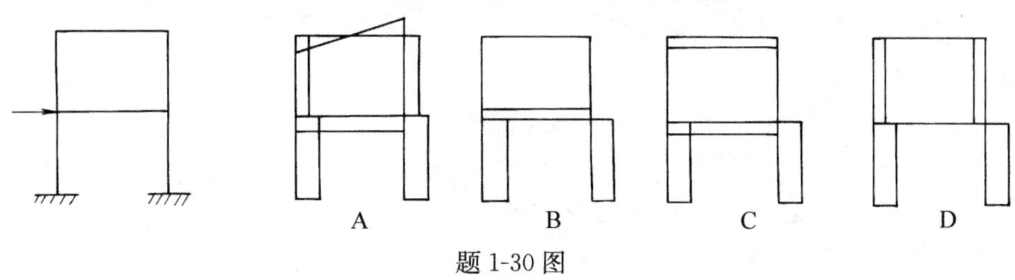

题 1-30 图

1-31　斜梁 $AB$ 承受荷载如图所示，哪一个是正确的剪力图？

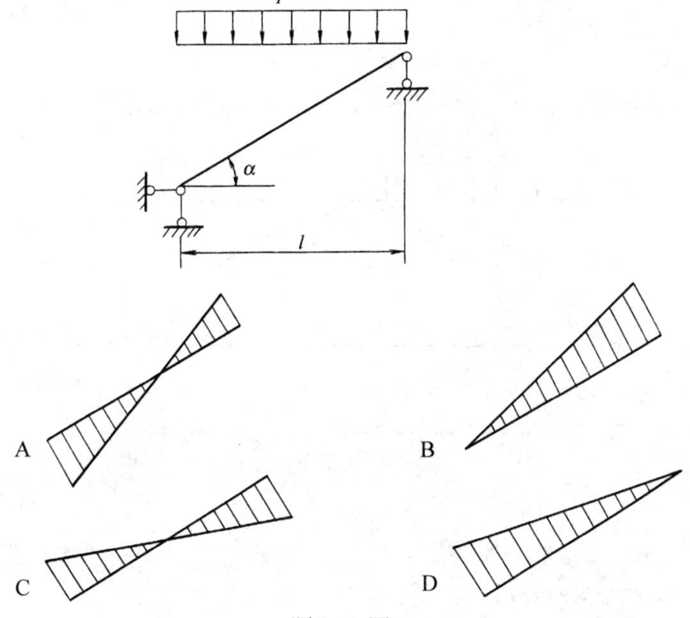

题 1-31 图

1 - 32　图示结构承受一组平衡力系作用，下列哪种论述是正确的？

A　各杆内力均不为 0

B　各杆内力均为 0

C　仅 $AB$ 杆内力不为 0

D　仅 $AB$ 杆内力为 0

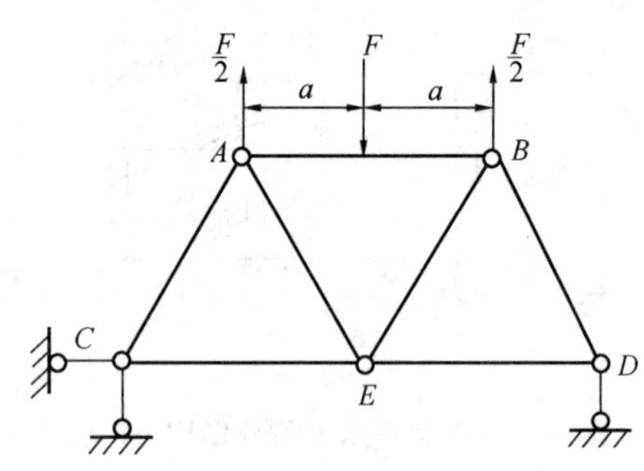


题 1-32 图

1 - 33　图示哪一种结构不属于拱结构？

1 - 34　图示结构 $a$、$b$、$c$、$d$ 杆中哪一根破坏后，结构变成几何可变体系？

A　$a$ 杆　　B　$b$ 杆

C　$c$ 杆　　D　$d$ 杆

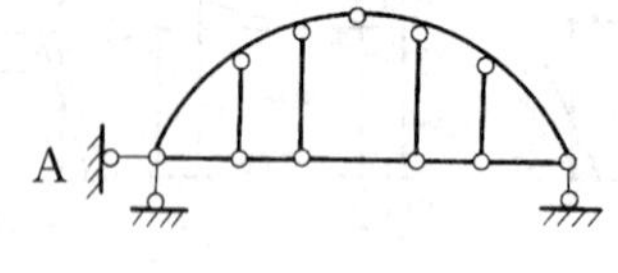

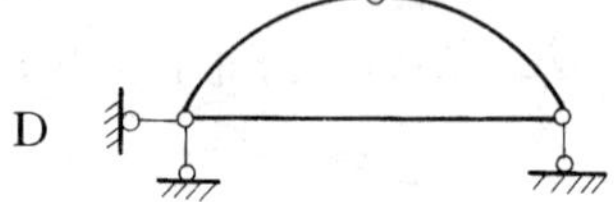


题 1-33 图

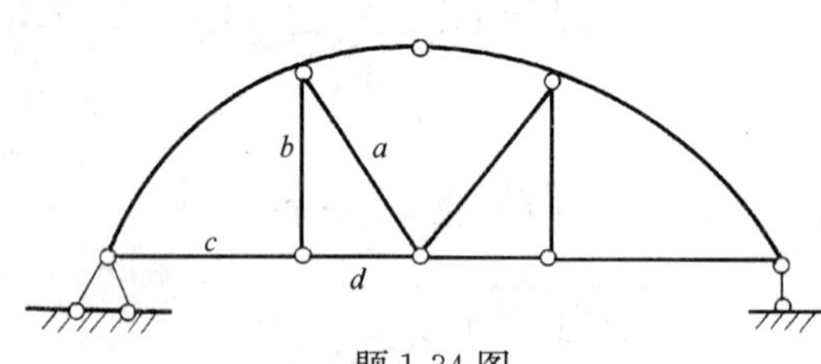


题 1-34 图

1 - 35　图示拱具有合理拱轴线，哪一种措施对于减少 $C$ 点的竖向位移是无效的？

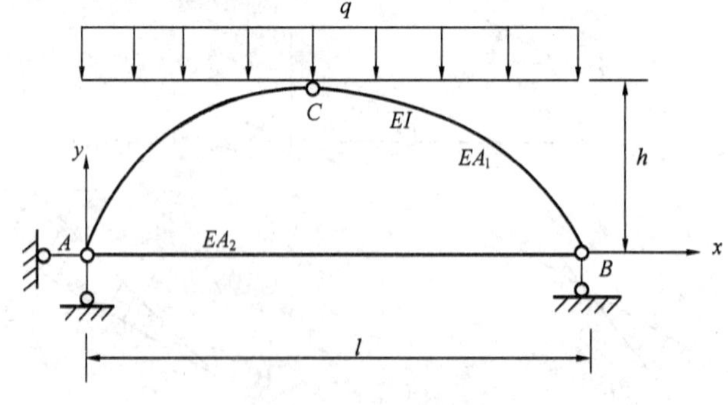


题 1-35 图

A　增加 $A_1$ 值　　B　增加 $I$ 值　　C　增加 $A_2$ 值　　D　增加 $E$ 值

1 - 36　图示两种三铰拱结构的水平推力有哪种关系？

A　$H_1=H_2$　　B　不能确定　　C　$H_1>H_2$　　D　$H_1<H_2$

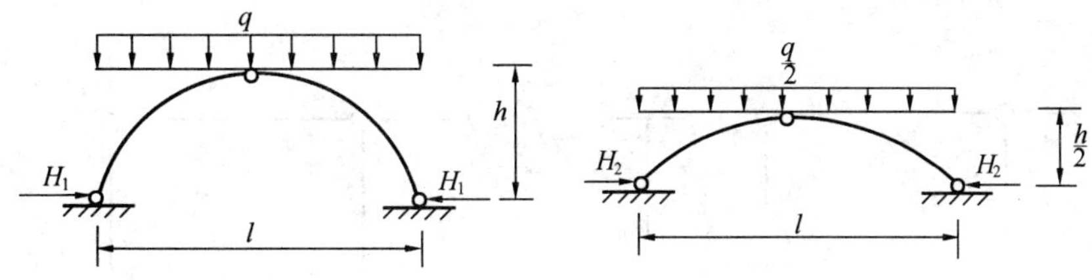


题 1-36 图

1 - 37　刚架的支座 $A$ 产生沉陷 $\Delta$，$D$ 点有哪一种位移？

A　向上的位移　　　　B　向下的位移

C　向左的位移　　　　D　向右的位移

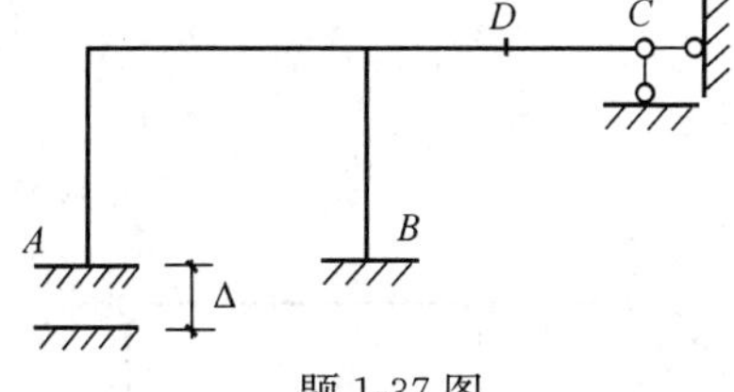


题 1-37 图

1 - 38　图示结构中，所有杆件的 $EA$ 和 $EI$ 值均相同，哪一种结构的 $AB$ 杆的弯矩最大？

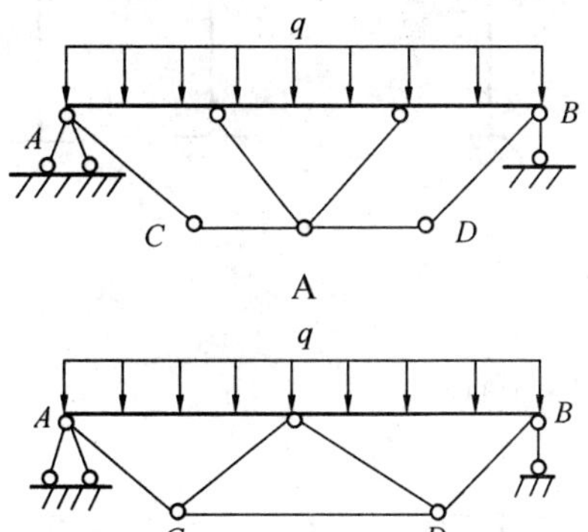


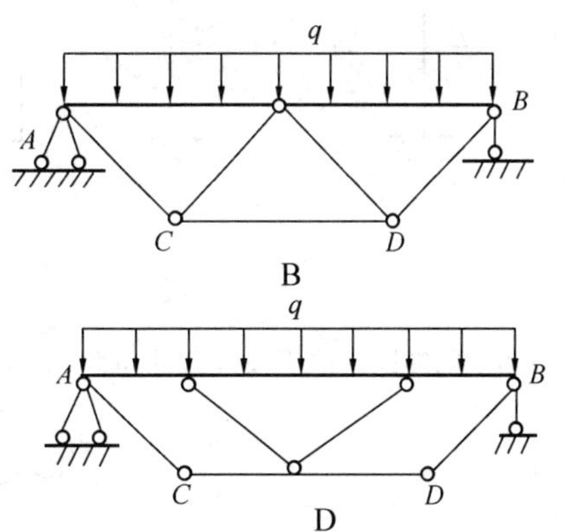


题 1-38 图

1 - 39　图示 4 种结构中假定各杆件截面一样，跨度和荷载一样，问哪种结构的跨中挠度最大？

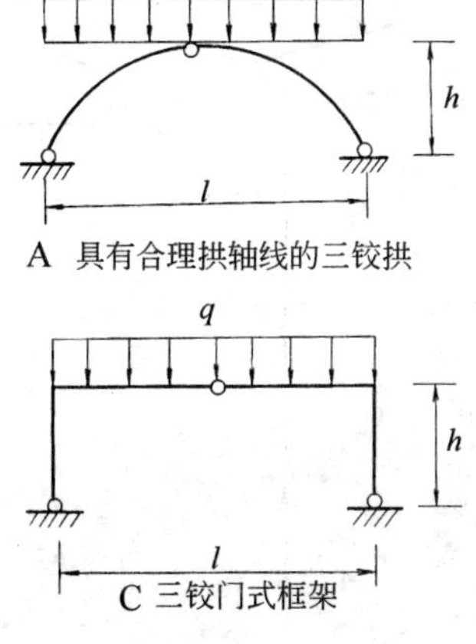


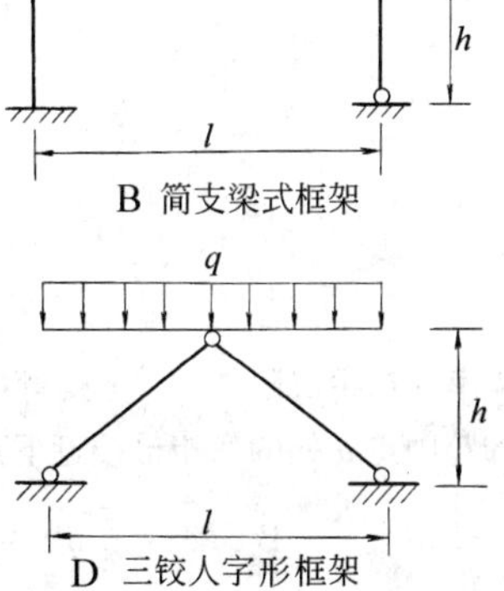


题 1-39 图

1 - 40　图示排架中，哪一种排架的柱顶水平侧移最小？

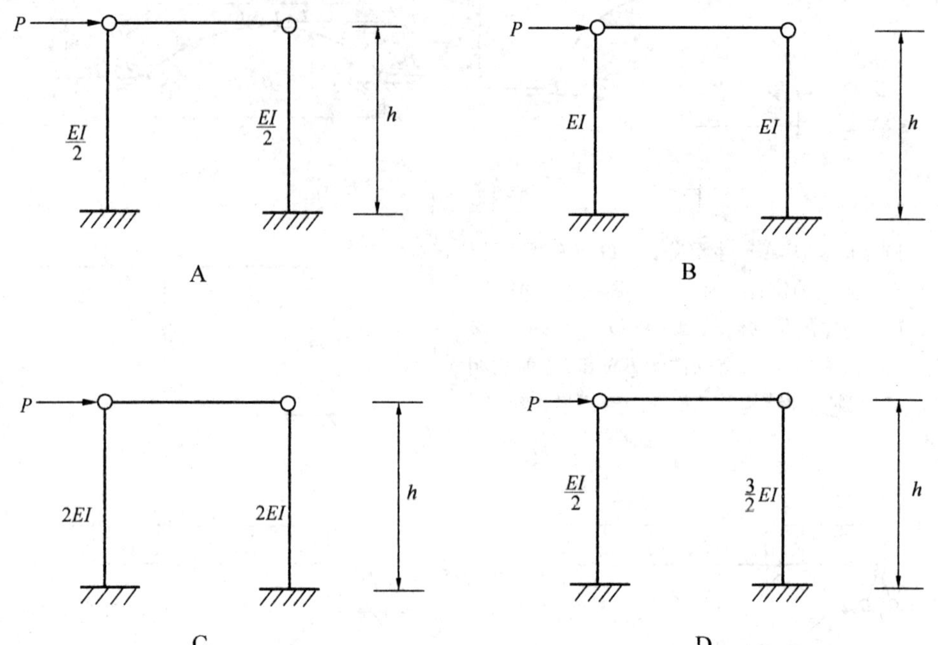


题 1-40 图

1 - 41　图示两端固定梁 $B$ 支座发生沉陷 $\Delta$，则以下弯矩图正确的是：

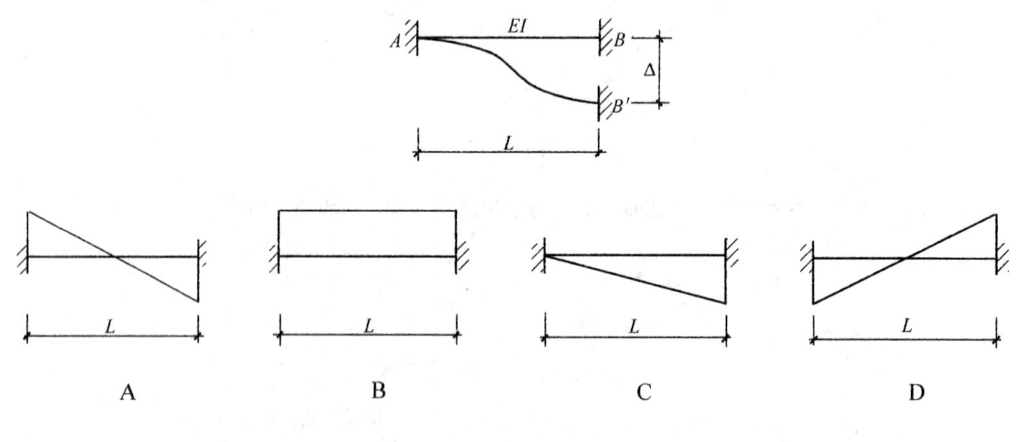


题 1-41 图

1 - 42　刚架的支座 $a$ 产生沉陷 $\Delta$，则下列弯矩图，正确的是（　　）。

1 - 43　图示结构跨中点 $a$ 处的弯矩最接近下列何值？

A　$M_a=\frac{1}{8}ql^2$　　B　$M_a=\frac{1}{4}ql^2$　　C　$M_a=\frac{1}{24}ql^2$　　D　$M_a=\frac{1}{2}ql^2$

1 - 44　图示结构Ⅰ和Ⅱ除支座外其余条件均相同，则（　　）。

A　$M_a^{\mathrm{I}}=M_a^{\mathrm{II}}$　　B　$M_a^{\mathrm{I}}>M_a^{\mathrm{II}}$

C　$M_a^{\mathrm{I}}<M_a^{\mathrm{II}}$　　D　不能确定 $M_a^{\mathrm{I}}$ 及 $M_a^{\mathrm{II}}$ 的相对大小

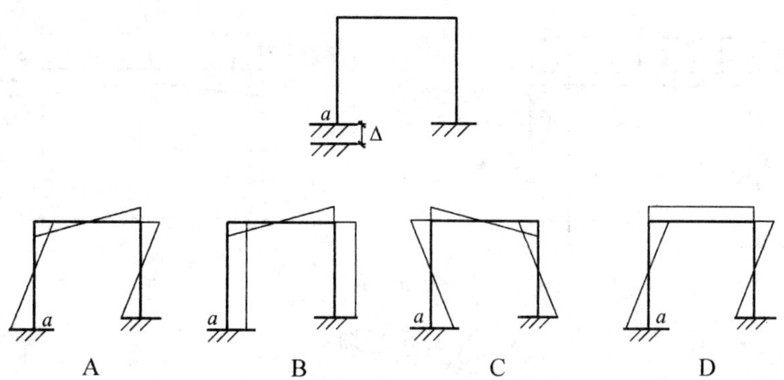


题 1-42 图

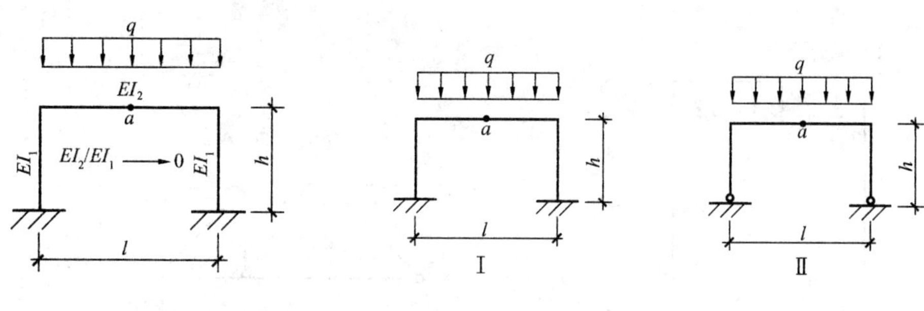


题 1-43 图　　　　题 1-44 图

1 - 45　图示梁自重不计，在荷载作用下，下列关于支座反力的叙述何者正确？

Ⅰ. $R_A<R_B$；Ⅱ. $R_A=R_B$；Ⅲ. $R_A$ 向上，$R_B$ 向下；Ⅳ. $R_A$ 向下，$R_B$ 向上

A　Ⅰ、Ⅱ　　B　Ⅱ、Ⅲ　　C　Ⅰ、Ⅳ　　D　Ⅱ、Ⅳ

1 - 46　图示结构各杆截面相同，各杆温度均匀升高 $t$，则（　　）。

A　$M_a=M_b=M_c$　　B　$M_a>M_b>M_c$

C　$M_a<M_b=M_c$　　D　$M_a>M_b=M_c$

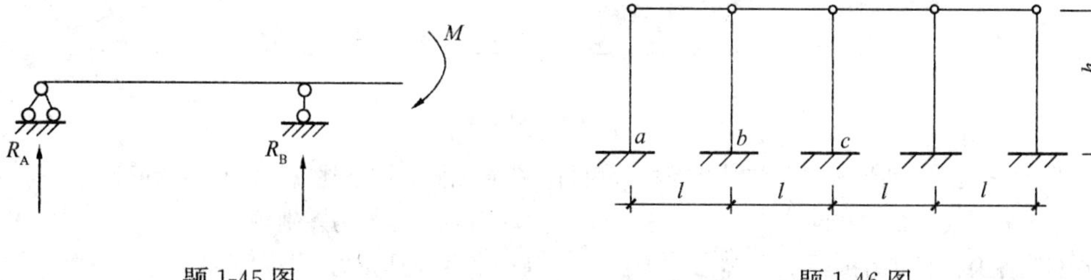


题 1-45 图　　　　题 1-46 图

1 - 47　关于下列结构Ⅰ和Ⅱ中 $a$、$c$ 点的弯矩正确的是（　　）。

A　$M_a=M_c$　　B　$M_a>M_c$　　C　$M_a<M_c$　　D　无法判断

1 - 48　图示对称结构中，$I$ 点处的弯矩为下列何值？

A　0　　B　$\frac{1}{2}qa^2$　　C　$qa^2$　　D　$\frac{1}{12}qa^2$

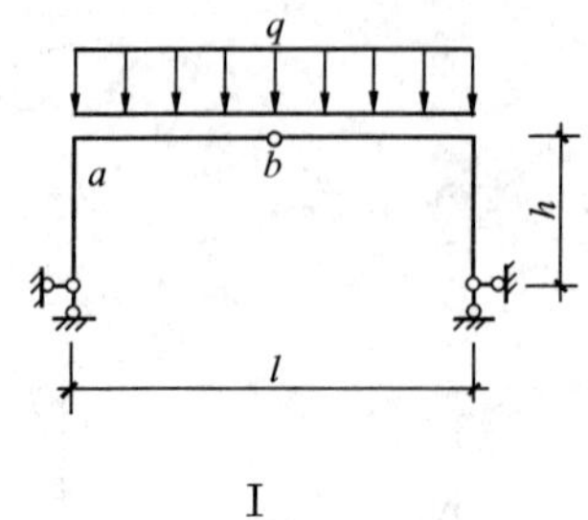


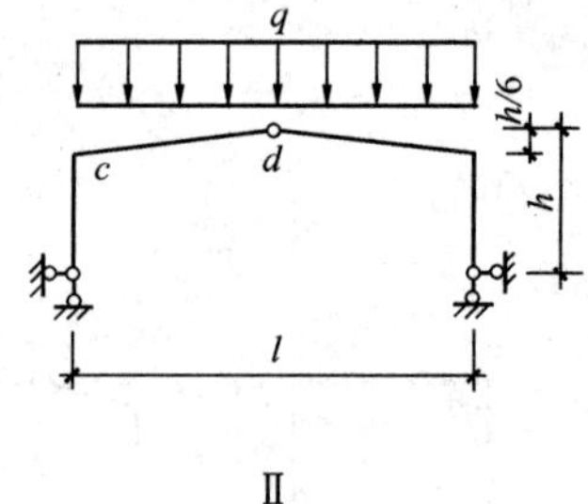


Ⅰ　　　　　　　　Ⅱ

题 1-47 图

1 - 49　图示结构中，$I$ 点处弯矩为何值？

A　0　　　B　$\frac{1}{2}Pa$　　　C　$Pa$　　　D　$\frac{3}{2}Pa$

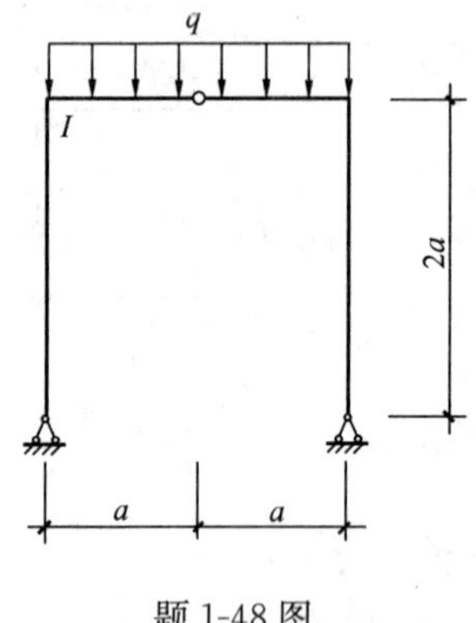


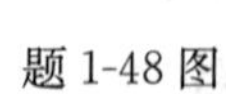


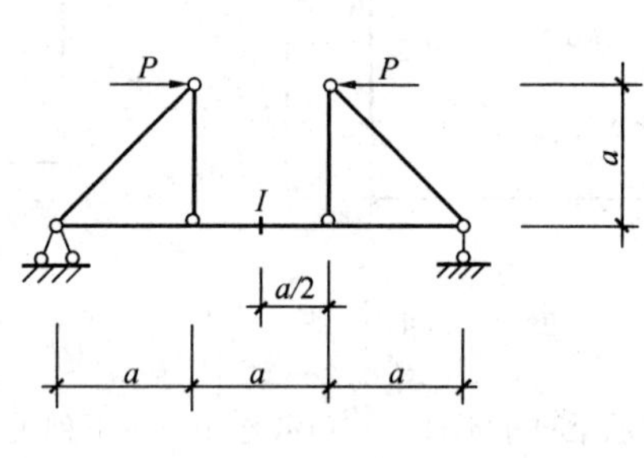


题 1-48 图　　　　　　题 1-49 图

1 - 50　图示结构，$P$ 位置处梁的弯矩为下列何值？

A　0　　　B　$\frac{1}{4}Pa$　　　C　$\frac{1}{2}Pa$　　　D　$Pa$

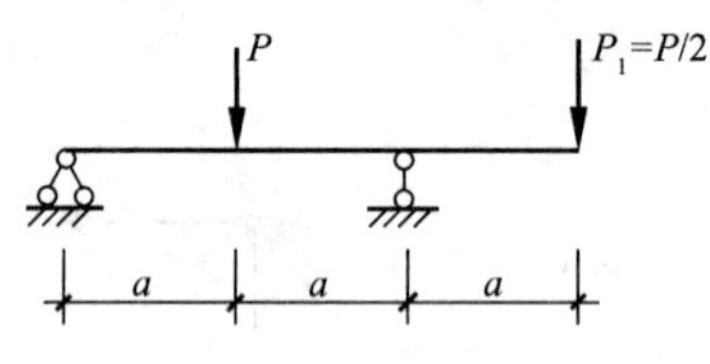


题 1-50 图

1 - 51　图示三铰拱、两铰拱、无铰拱截面特性相同，荷载相同，则下述（　　）结论正确。

A　各拱支座推力相同　　　B　各拱支座推力差别较大

C　各拱支座推力接近　　　D　各拱支座推力不具可比性

1 - 52　关于图示索结构柱底 $a$、$b$、$c$ 三点的弯矩，说法正确的是（　　）。

A　$M_a=M_b=M_c=0$　　　B　$M_a=M_b=M_c\neq0$

C　$M_a=M_c\neq0$，$M_b=0$　　　D　$M_a$、$M_b$、$M_c$ 均远大于 0

1 - 53　图示结构中，1 点处的水平位移为何值？

A　0　　　B　$\frac{1}{3}Pa^3/EI$　　　C　$\frac{2}{3}Pa^3/EI$　　　D　$Pa^3/EI$

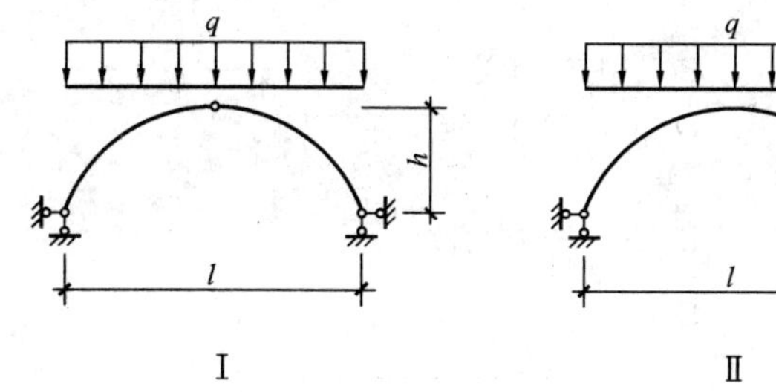


Ⅰ

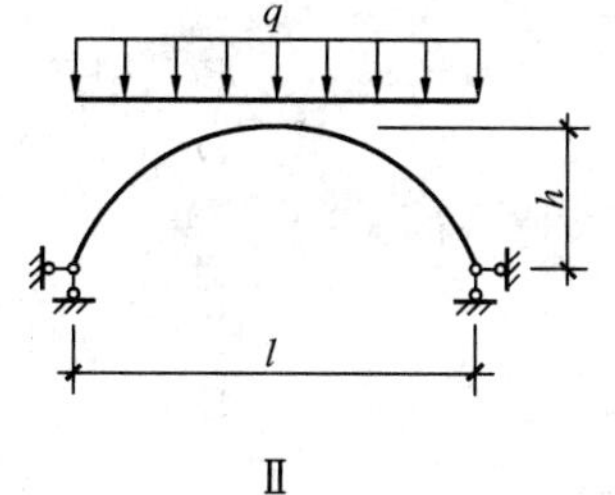


Ⅱ

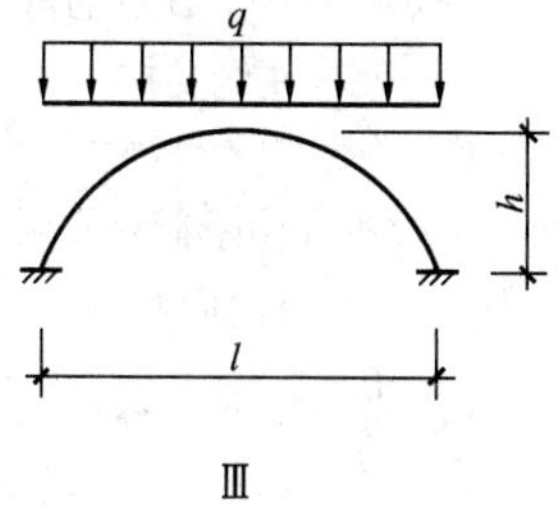


Ⅲ

题 1-51 图

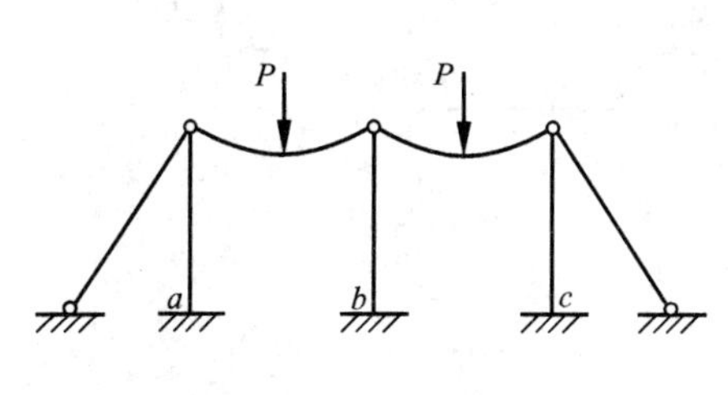


题 1-52 图

题 1-53 图

1 - 54　图示梁的弯矩图形为下列何图？

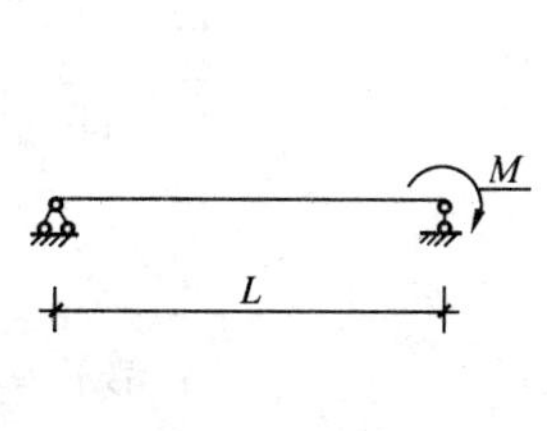


题 1-54 图

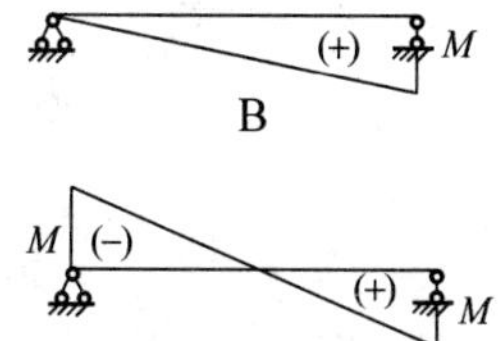


1 - 55　图示对称结构中，柱 1 的轴力为下列何值？

A　$qa/4$　　B　$qa/2$　　C　$qa$　　D　$2qa$

1 - 56　图示体系为（　　）。

A　几何不变无多余约束　　B　几何不变有多余约束

C　几何常变　　D　几何瞬变

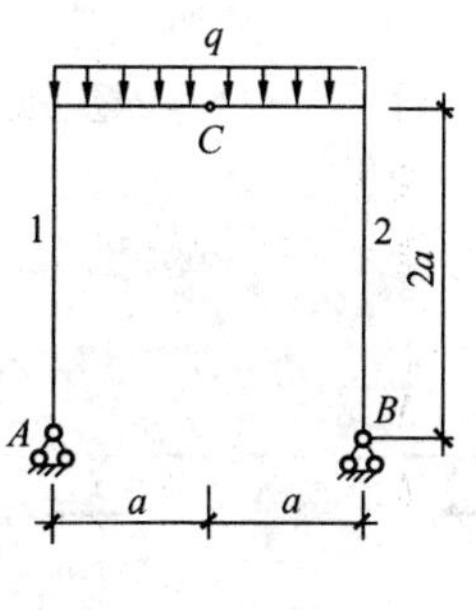


题 1-55 图

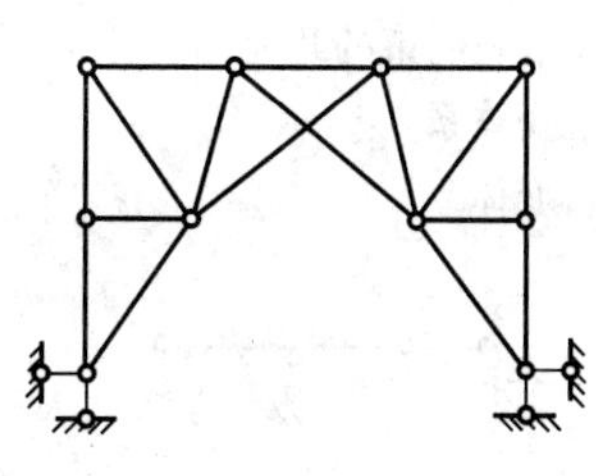

题 1-56 图

1 - 57　图示结构中，$B$ 点的弯矩是（　　）。

A　使柱左侧受拉　　　　　　　　　　B　使柱右侧受拉

C　为零　　　　　　　　　　　　　　D　以上三种可能都存在

1 - 58　三铰拱在图示荷载作用下，支座 $A$ 的水平反力为（　　）。

A　$P$（方向向左）　　　　　　　　B　$P$（方向向右）

C　$\frac{P}{2}$（方向向右）　　　　　　D　0

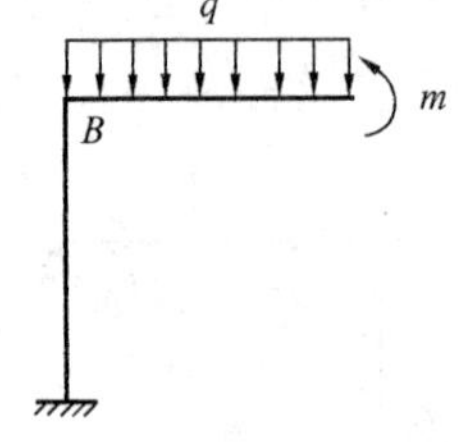


题 1-57 图

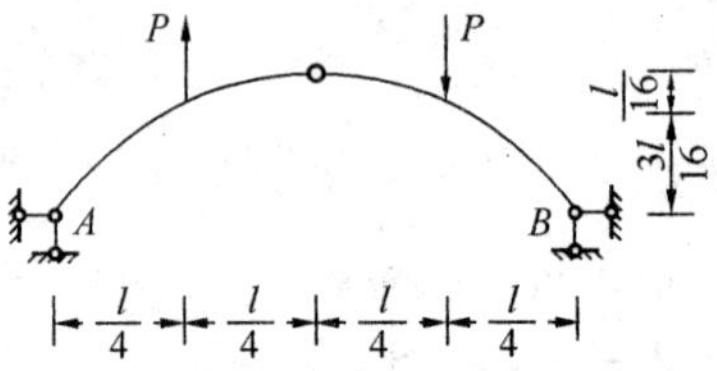

题 1-58 图

1 - 59　图（1）结构的最后弯矩图为（　　）。

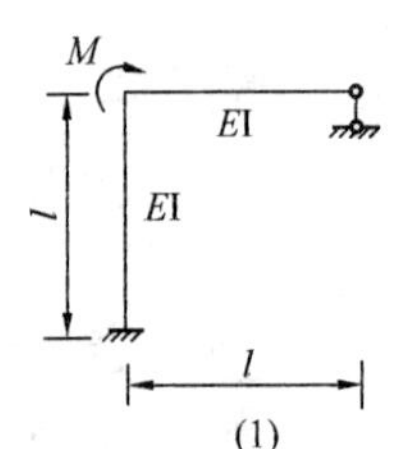


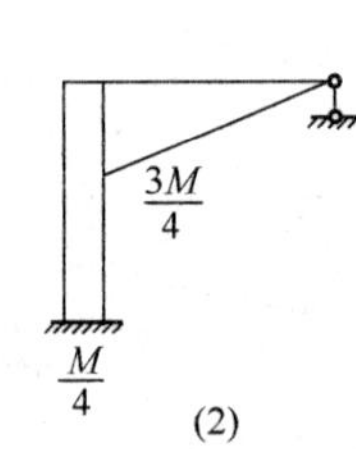


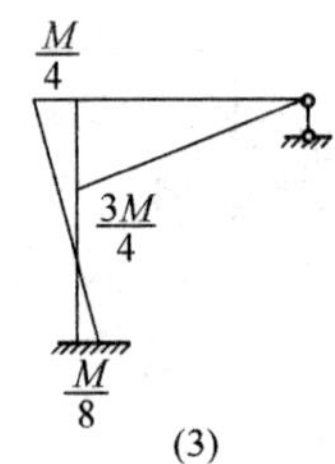


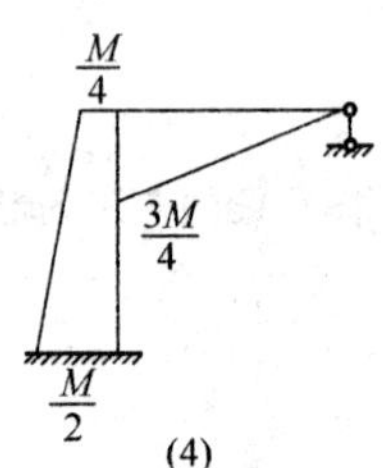


题 1-59 图

A　图（2）　　　　B　图（3）　　　　C　图（4）　　　　D　都不是

1 - 60　图示桁架杆 $a$ 的轴力为（　　）。

A　$-\sqrt{2}P$　　　　　　　　　　B　$\sqrt{2}P$

C　$-\frac{\sqrt{2}}{2}P$　　　　　　　　　D　$\frac{\sqrt{2}}{2}P$

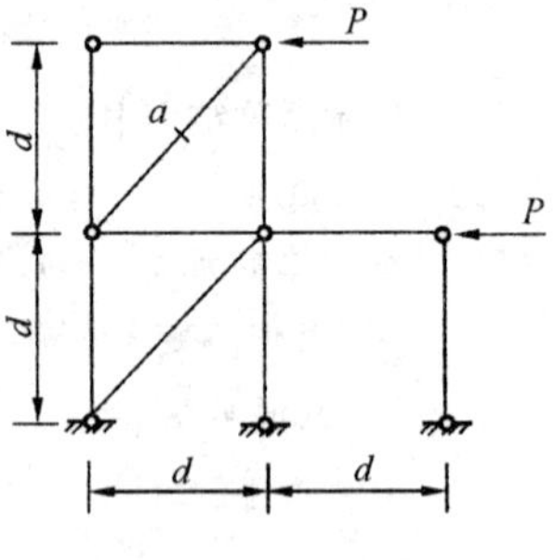

1 - 61　图示结构的超静定次数为（　　）。

A　1 次　　　　　　　　　　　　　B　2 次

C　3 次　　　　　　　　　　　　　D　4 次

1 - 62　图示结构属于下列何种体系？

A　无多余约束的几何不变体系

B　有多余约束的几何不变体系

C　常变体系

D　瞬变体系

题 1-60 图

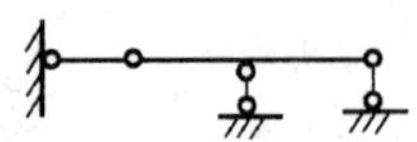

题 1-61 图

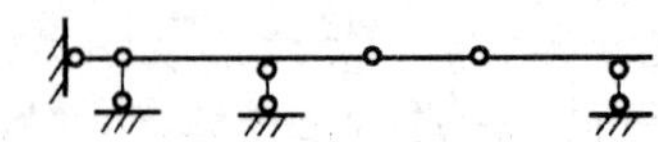

题 1-62 图

1－63　矩形截面梁在 $y$ 向荷载作用下，横截面上剪应力的分布为（　　）。

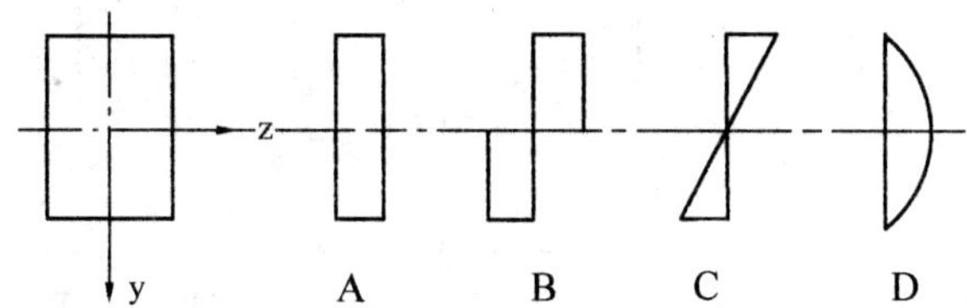


题 1-63 图

1－64　判断下列图示结构何者为静定结构体系？

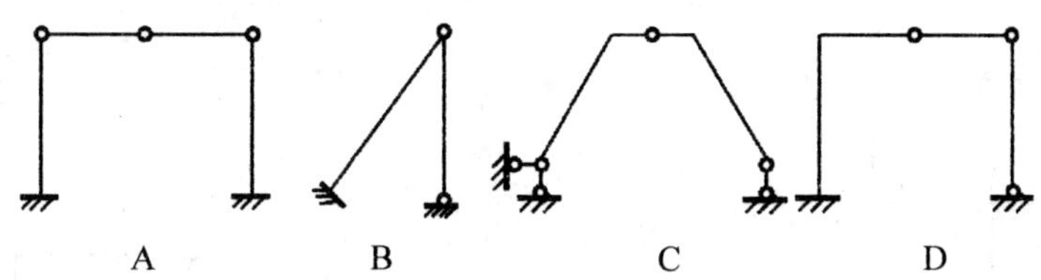


题 1-64 图

1－65　图示结构属于下列何种结构体系？

A　无多余约束的几何不变体系

B　有多余约束的几何不变体系

C　常变体系

D　瞬变体系

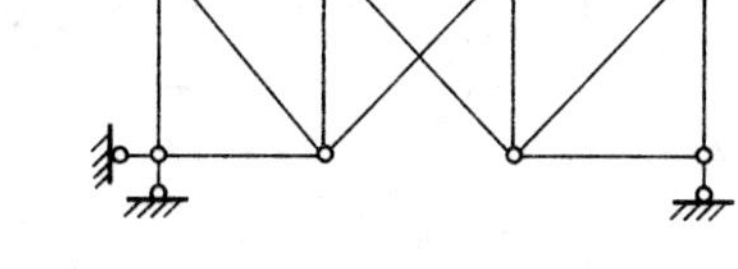

题 1-65 图

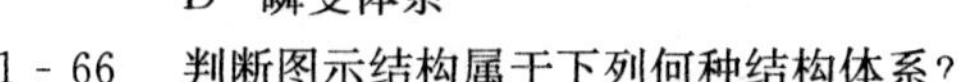

1－66　判断图示结构属于下列何种结构体系？

A　无多余约束的几何不变体系　　B　有多余约束的几何不变体系

C　常变体系　　D　瞬变体系

1－67　图示结构被均匀加热 $t°$，产生的 A、B 支座内力为：

A　水平力、竖向力均不为零　　B　水平力为零，竖向力不为零

C　水平力不为零，竖向力为零　　D　水平力、竖向力均为零

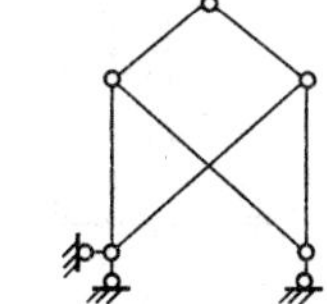

题 1-66 图

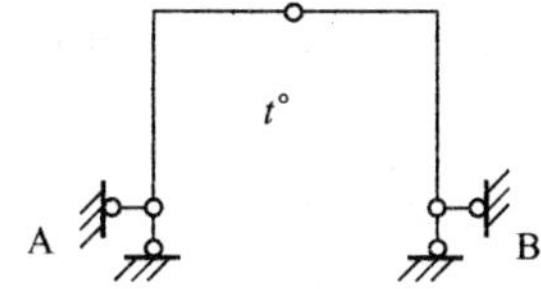


题 1-67 图

1－68　图示结构在外荷 $q$ 作用下，产生的正确剪力图是（　　）。

1－69　图示矩形截面梁在纯扭转时，横截面上最大剪应力发生在下列何处？

A　Ⅰ点　　B　Ⅱ点

C　截面四个角顶点　　D　沿截面外周圈均匀相等

1－70　图示两个矩形截面梁，在相同的竖向剪力作用下，两个截面的平均剪应力关系为（　　）。

A　$\tau_{\text{I}}=\frac{1}{2}\tau_{\text{II}}$　　B　$\tau_{\text{I}}=\tau_{\text{II}}$　　C　$\tau_{\text{I}}=2\tau_{\text{II}}$　　D　$\tau_{\text{I}}=4\tau_{\text{II}}$

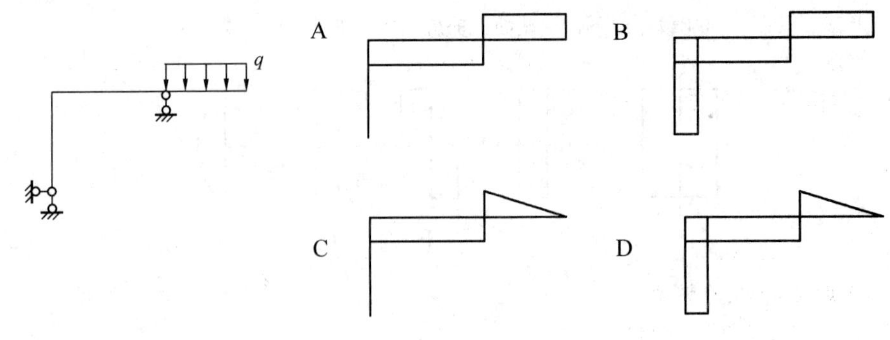


题 1-68 图

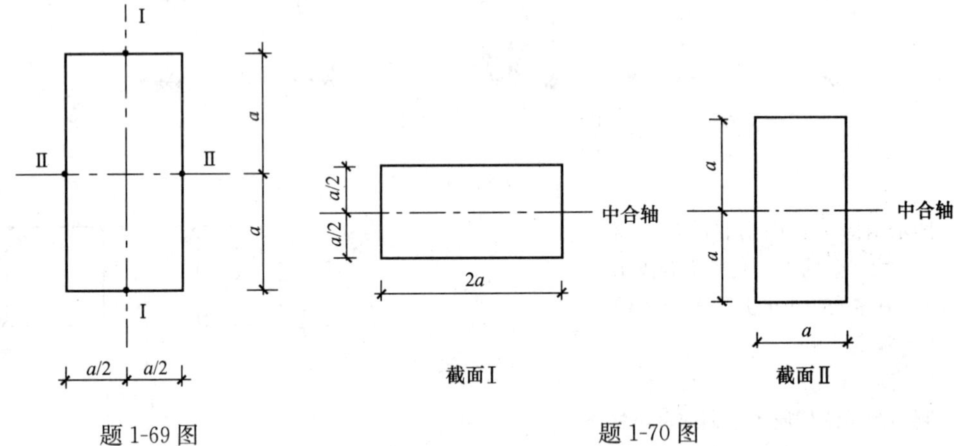


题 1-69 图　　　　题 1-70 图

1 - 71　图示一圆球，重量为 $P$，放在两个光滑的斜面上静止不动，斜面斜角分别为 30°和 60°，产生的 $R_A$ 和 $R_B$ 分别为(　　)。

A　$R_A = \tan 30° P, R_B = \frac{1}{\tan 30°} P$　　B　$R_A = \frac{1}{\tan 30°} P, R_B = \tan 30° P$

C　$R_A = \sin 30° P, R_B = \cos 30° P$　　D　$R_A = \cos 30° P, R_B = \sin 30° P$

1 - 72　图示结构在荷载 $P$ 作用下（自重不计），正确的弯矩图为（　　）。

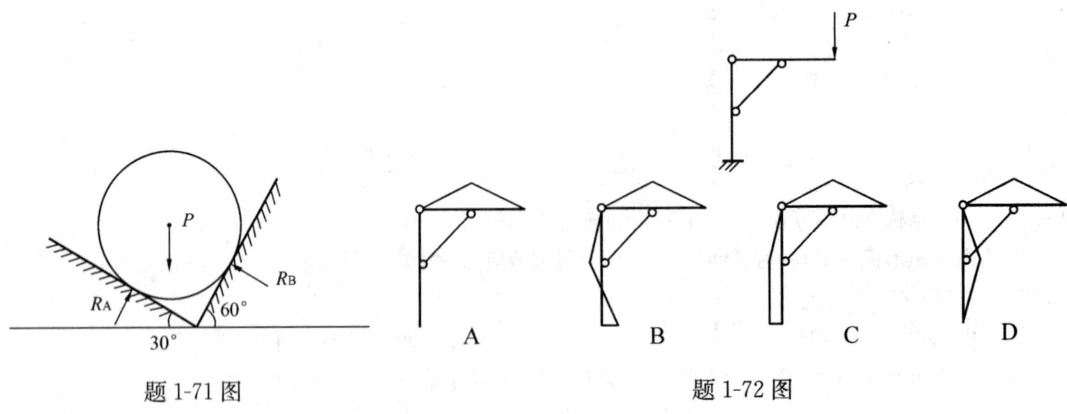


题 1-71 图　　　　题 1-72 图

1 - 73　同一桁架在图示两种荷载作用下，哪些杆件内力发生变化?

A 仅DE杆　　B AC、BC、DE杆

C CD、CE、DE杆　　D 所有杆件

1-74 图示结构支座B的反力为下列何项?

A $P$　　B $2P$

C $3P$　　D $4P$

1-75 图示变截面柱，下柱柱顶A点的变形特征为下列何项?

A A点仅向右移动

B A点仅有顺时针转动

C A点向右移动且有顺时针转动

D A点无侧移、无转动

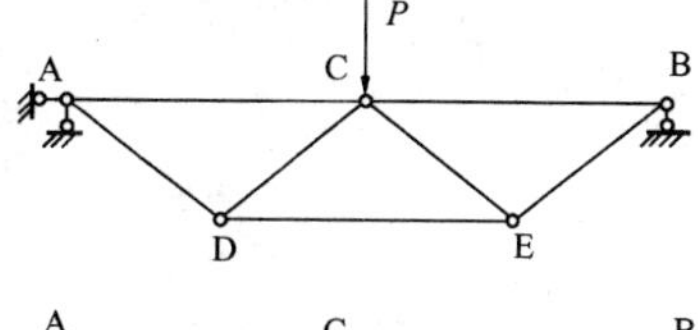


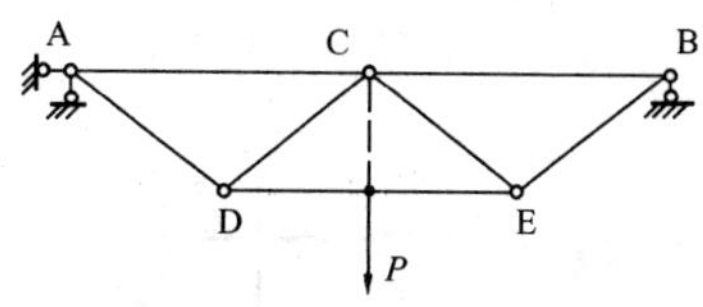


题1-73图

1-76 图示结构，A支座竖向反力 $R_A$ 为下列何项数值?

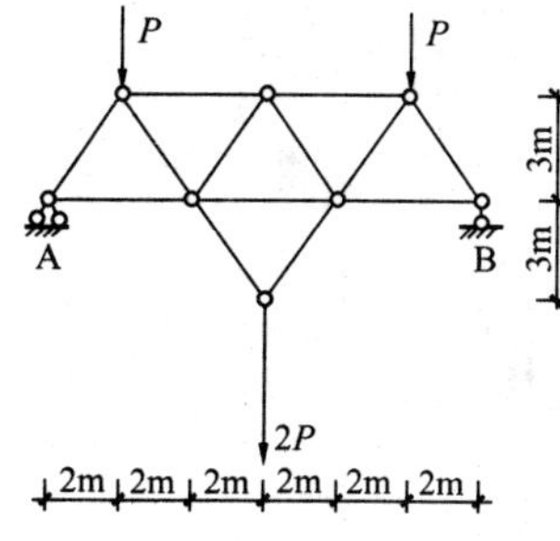


题1-74图

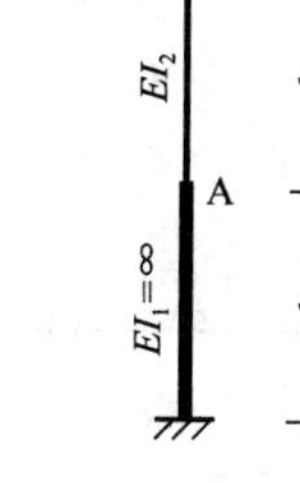


题1-75图

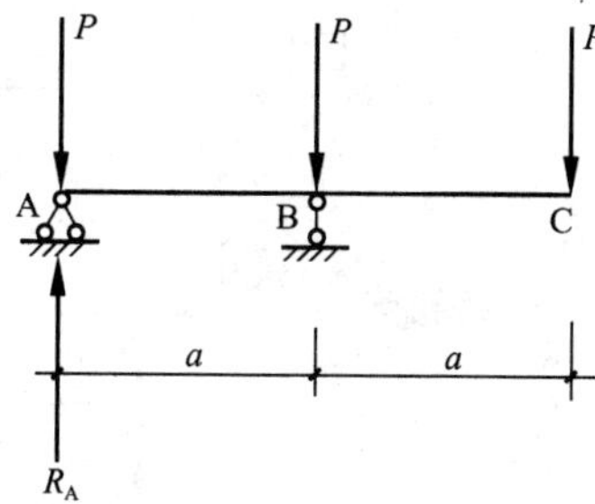


题1-76图

A $R_A=3P$　　B $R_A=2P$　　C $R_A=P$　　D $R_A=0$

1-77 下列各项中，何者为图Ⅰ的弯矩图?

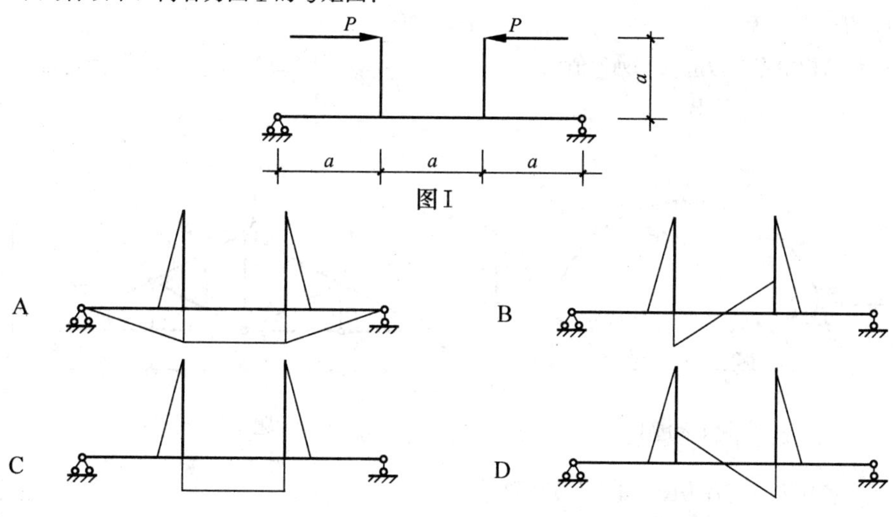


题1-77图

1-78 下列各项中，何者为图Ⅰ的弯矩图?

1-79 图示结构，已知支座A的竖向反力 $R_A=0$，则 $P$ 为下列何值?

A $P=0$　　B $P=\frac{1}{2}qa$

C $P=qa$　　D $P=2qa$

1-80 图示圆弧拱结构，当 $a<L/2$ 时，下列关于拱脚A点水平推力 $H_A$ 的描述何项正确?

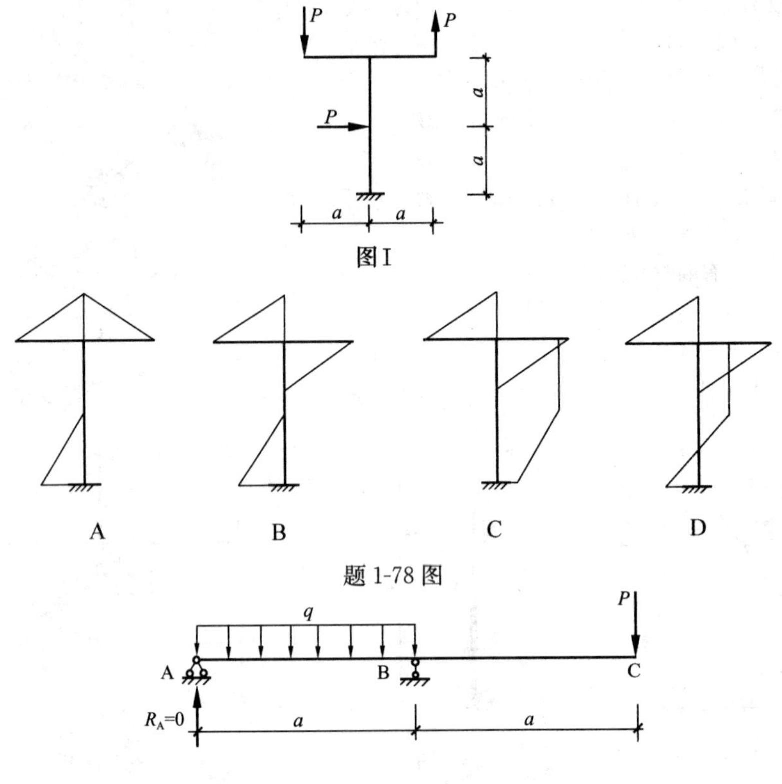


图Ⅰ

题 1-78 图

题 1-79 图

A　$H_A$ 与 $a$ 成正比　　B　$H_A$ 与 $a$ 成反比

C　$H_A$ 与 $a$ 无关　　D　$H_A=0$

1 - 81　图示结构中零杆数应为下列何值？

A　1　　B　2　　C　3　　D　4

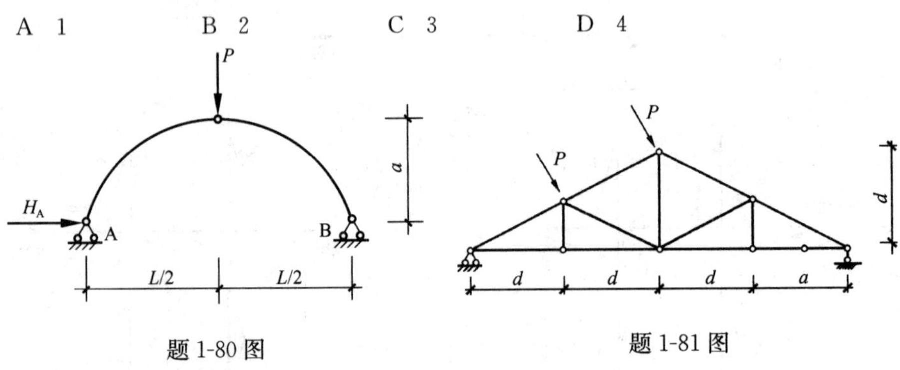


题 1-80 图　　题 1-81 图

1 - 82　下列各项中，何者为图中Ⅰ的弯矩图？

1 - 83　图示结构中，支座 B 的反力 $R_B$ 为下列何值？

A　$R_B=0$　　B　$R_B=P$　　C　$R_B=-P/2$　　D　$R_B=-P$

1 - 84　图 A 与图 B 仅荷载不同，则关于 A 点与 B 点的竖向变形数值（$f_A$ 和 $f_B$）的关系，下列何项正确？

A　$f_A=f_B$　　B　$f_A>f_B$　　C　$f_A<f_B$　　D　无法判别

1 - 85　图示结构中，支座 B 的反力 $R_B$ 为下列何值？

A　$R_B=0$　　B　$R_B=M/a$　　C　$R_B=M/2a$　　D　$R_B=M$

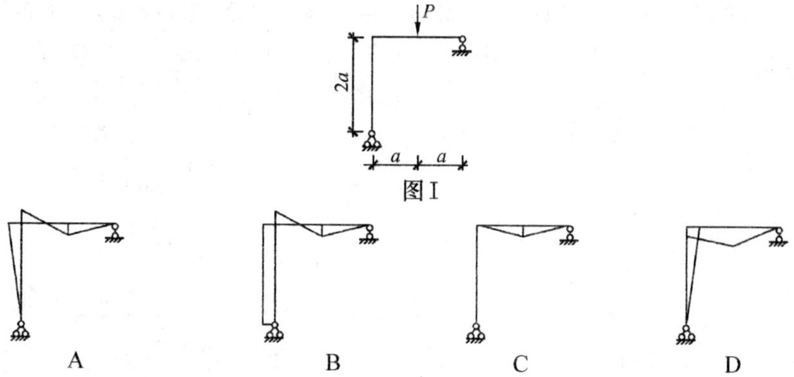

图 I

A B C D

题 1-82 图

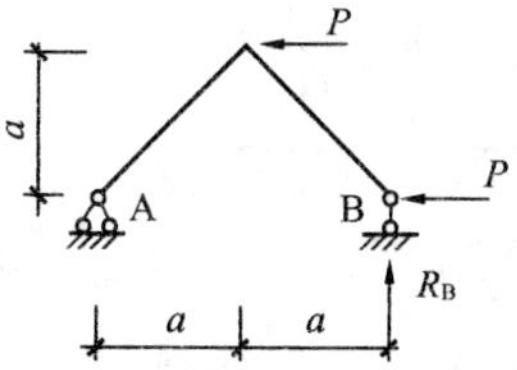

题 1-83 图

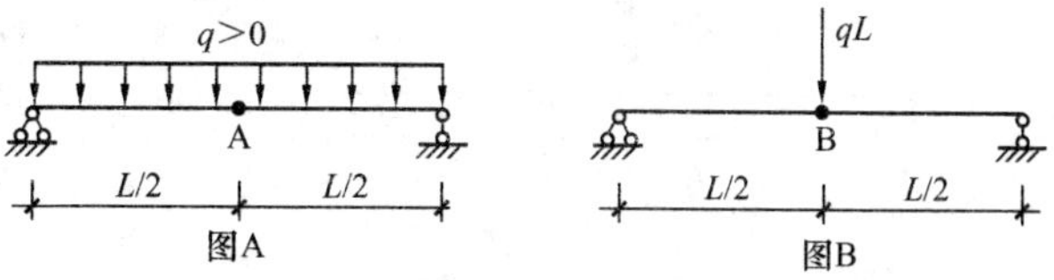

图A

图B

题 1-84 图

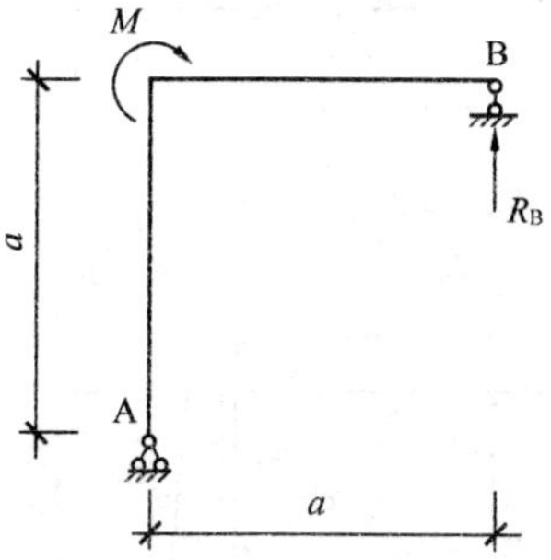

题 1-85 图

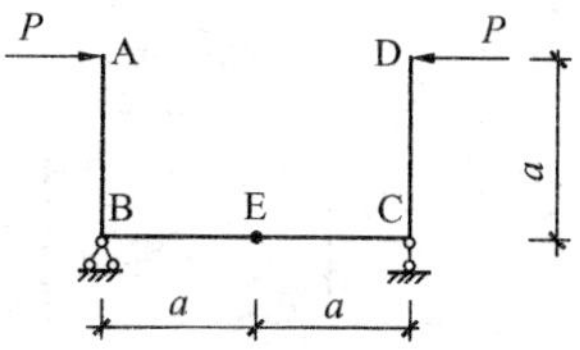

题 1-86 图

1 - 86 图示结构中，当 A、D 点同时作用外力 $P$ 时，下述对 E 点变形特征的描述何者正确？

A E 点不动 B E 点向上 C E 点向下 D 无法判断

1 - 87 图示结构中，杆 a 的轴力 $N_a$ 为下列何值？

A $N_a=0$ B $N_a=P/2$ C $N_a=P$ D $N_a=3P/2$

1 - 88 图示结构，C 点的竖向变形为 $f_C$ 转角为 $\theta_C$，则 A 点的竖向变形 $f_A$ 应为下列何值？

A $f_A=0$ B $f_A=f_C$ C $f_A=f_C+\frac{\theta_C L}{2}$ D $f_A=f_C-\frac{\theta_C L}{2}$

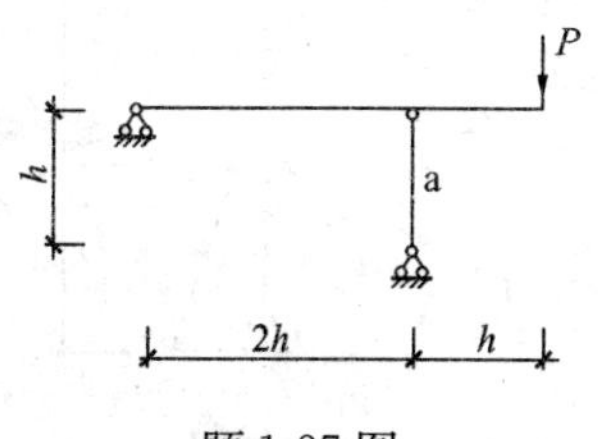


题 1-87 图

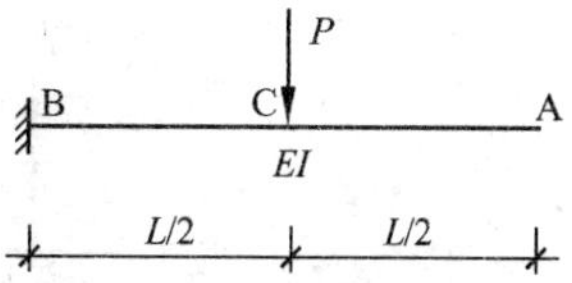

题 1-88 图

1 - 89 图示结构中，下列关于顶点 A 水平位移的描述，何项正确？

A 与 $h$ 成正比 B 与 $h^2$ 成正比 C 与 $h^3$ 成正比 D 与 $h^4$ 成正比

1 - 90　图示结构外侧温度无变化，而内侧温度升高 10℃时，下列对 C 点变形的描述何者正确？

A　C 点无水平位移　　B　C 点向左　　C　C 点向右　　D　C 点无转角

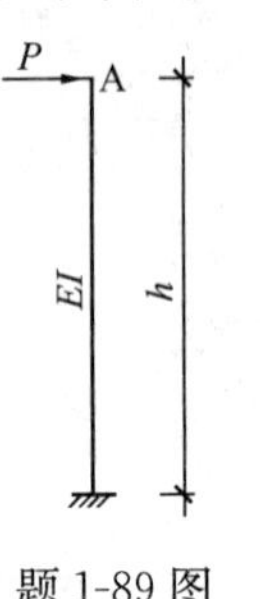


题 1-89 图

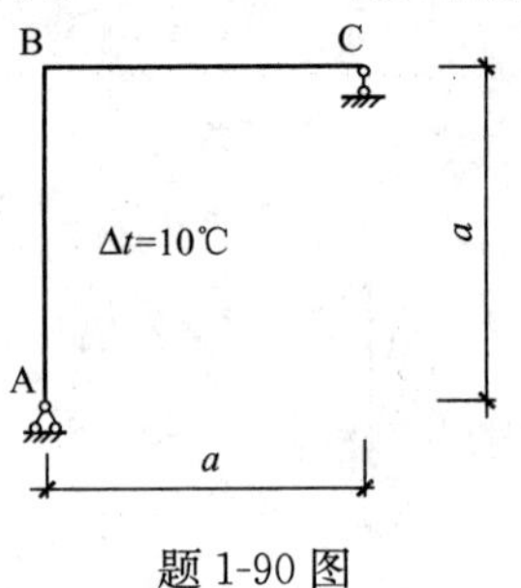


题 1-90 图

1 - 91　图示结构连续梁的刚度为 $EI$，梁的变形形式为：

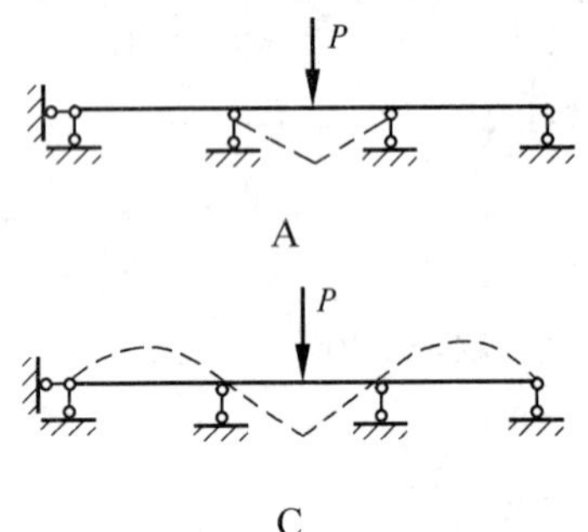


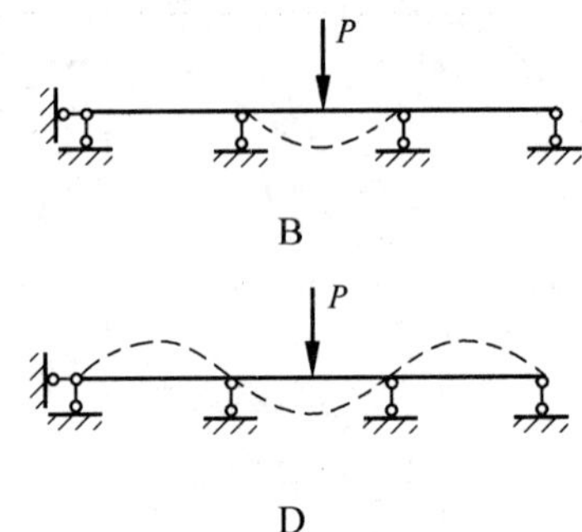


题 1-91 图

1 - 92　图示结构弯矩图正确的是：

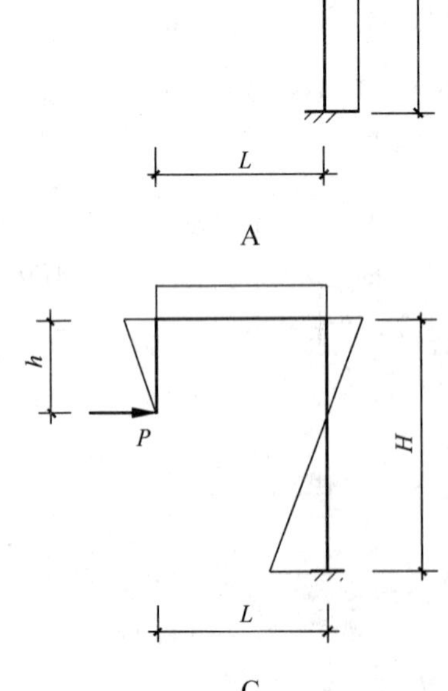


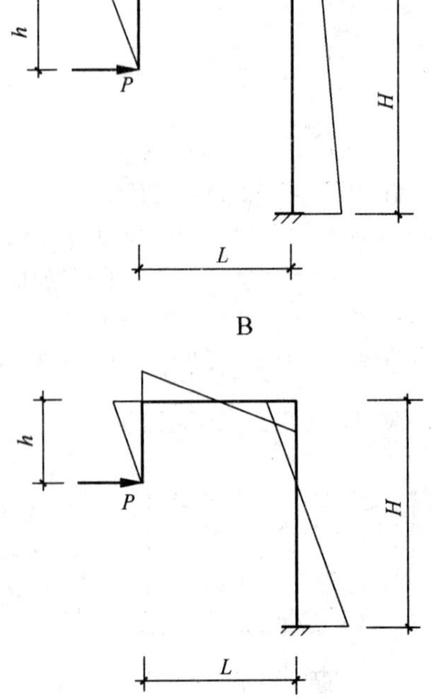


题 1-92 图

1－93　图示结构弯矩图正确的是：

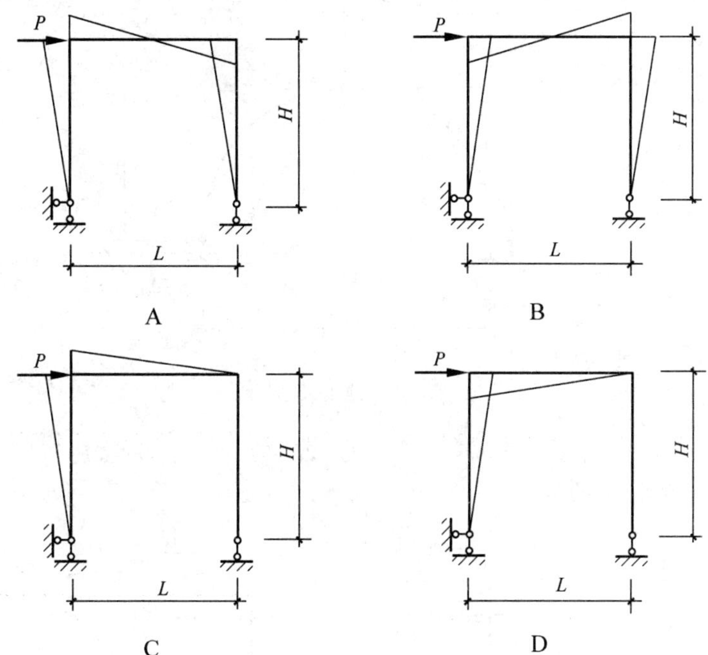

题 1-93 图

1－94　图示结构弯矩图正确的是：

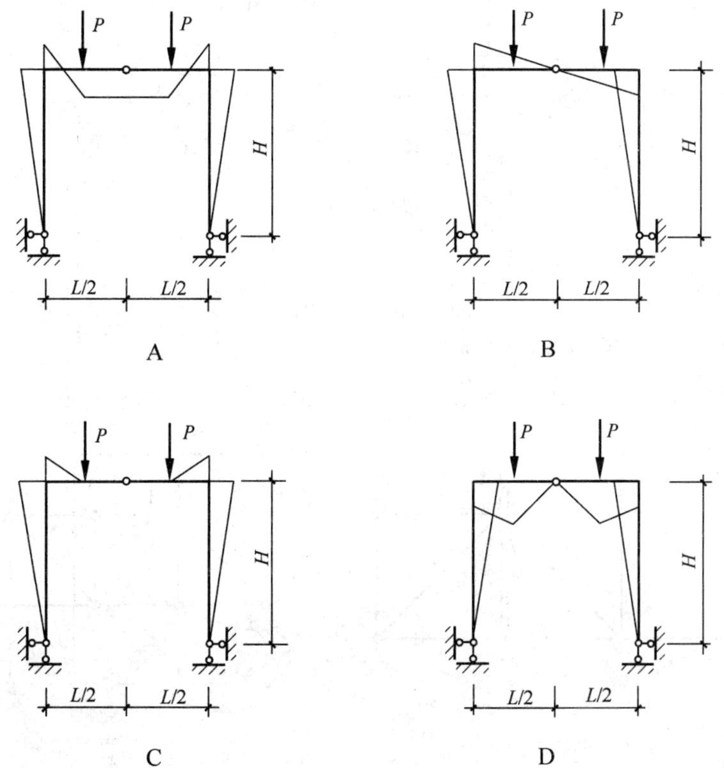

题 1-94 图

1-95　图示三铰拱支座的水平推力是：

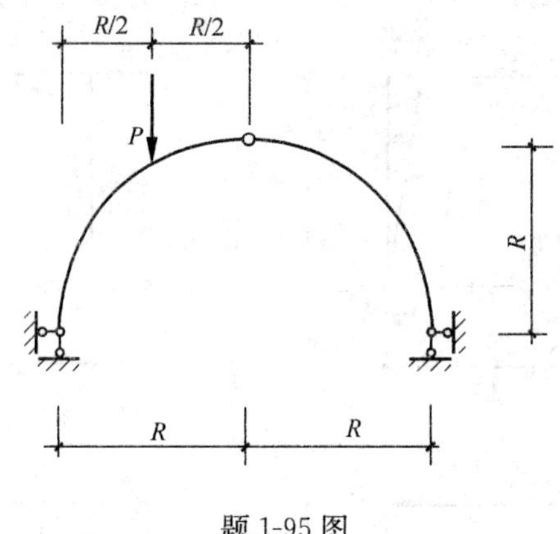


题 1-95 图

A　$P/4$　　B　$P$　　C　$2P$　　D　$3P$

1-96　图示结构弯矩图正确的是：

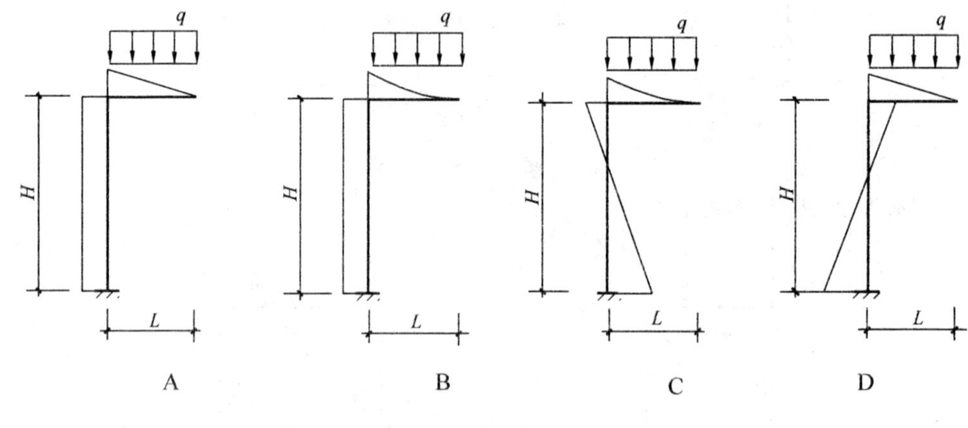


题 1-96 图

1-97　图示桁架零杆判定全对的是：

A　5、8、9、15　　B　5、9、11、13　　C　9、11、15、17　　D　无零杆

1-98　图示结构，杆Ⅰ的内力为下列何值？

A　拉力$\frac{P}{2}$　　B　压力$\frac{P}{2}$　　C　拉力 $P$　　D　压力 $P$

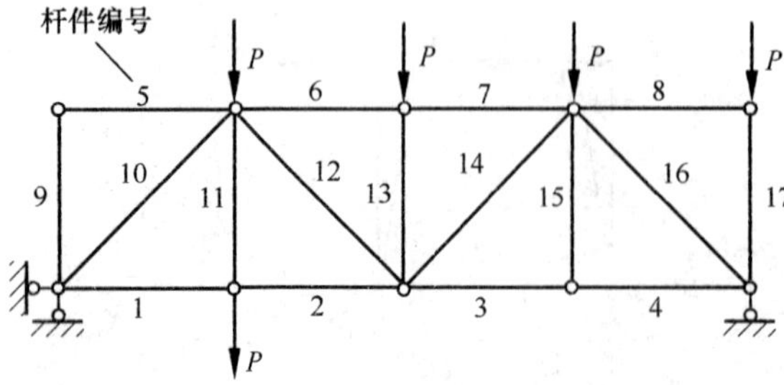


题 1-97 图

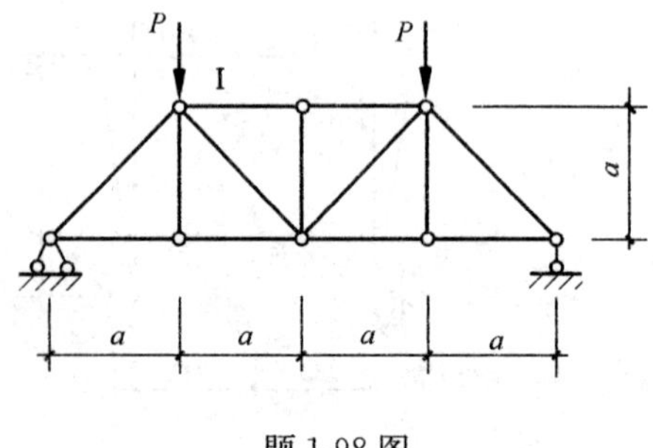


题 1-98 图

1-99　图示结构的弯矩图正确的是：

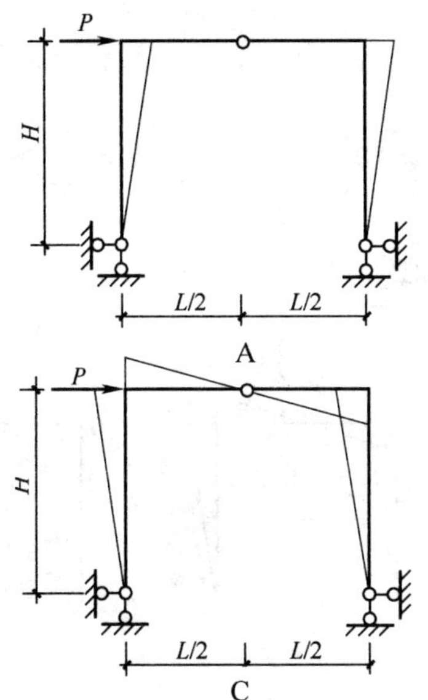

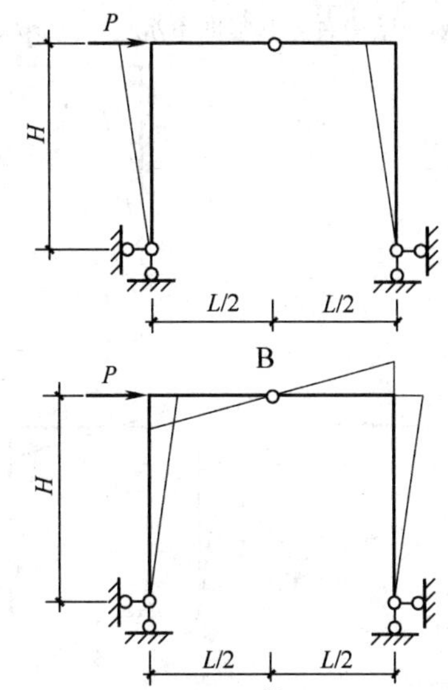


题 1-99 图

1-100　图示结构中，杆 $b$ 的内力 $N_b$ 应为下列何项数值？

A　$N_b=0$

B　$N_b=P/2$

C　$N_b=P$

D　$N_b=2\sqrt{2}P$

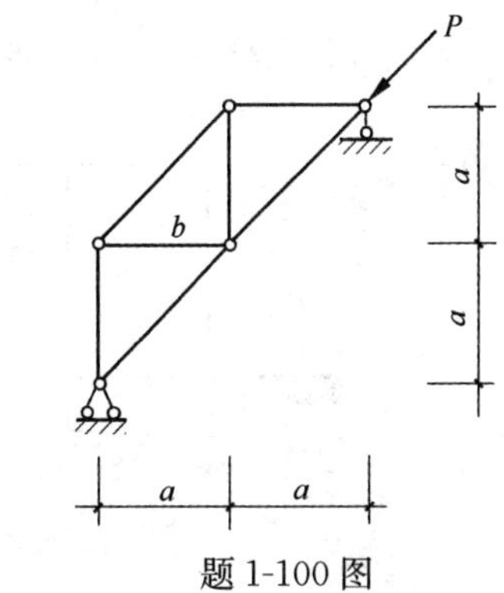


题 1-100 图

1-101　图示框架结构弯矩图正确的是：

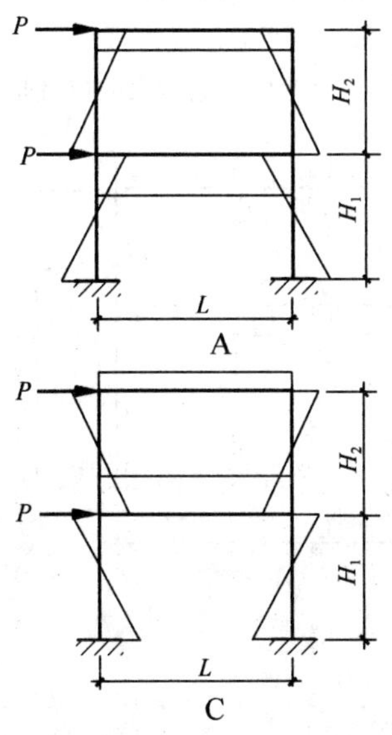

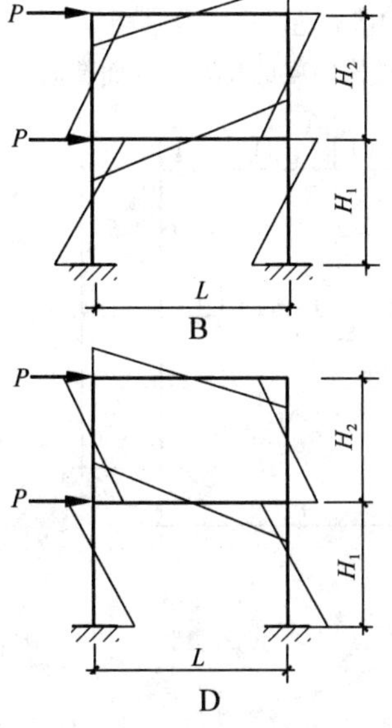


题 1-101 图

1-102　图示刚架结构右支座竖向下沉 Δ，则结构的弯矩图是：

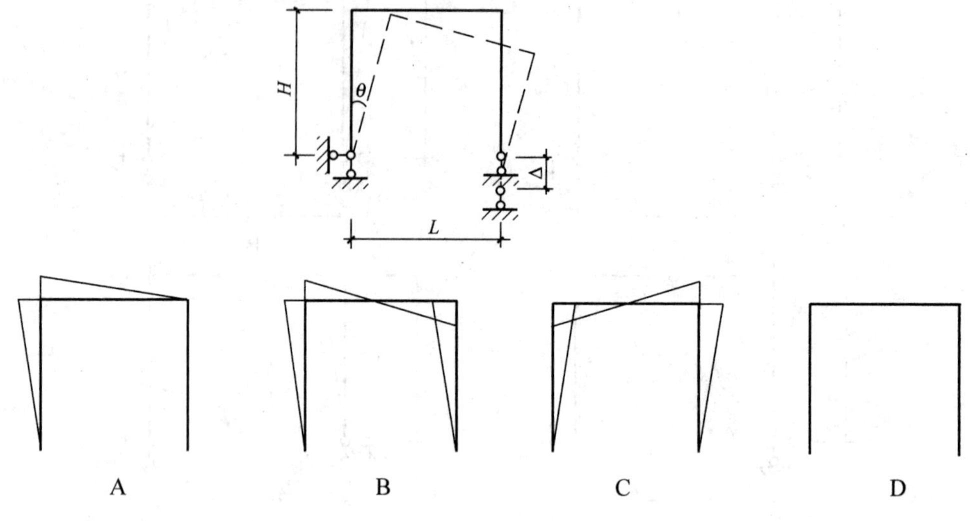


题 1-102 图

1-103　图示框架结构中，柱的刚度均为 $E_cI_c$，梁的刚度为 $E_bI_b$，当地面以上结构温度均匀升高 $t$℃时，下列表述正确的是：

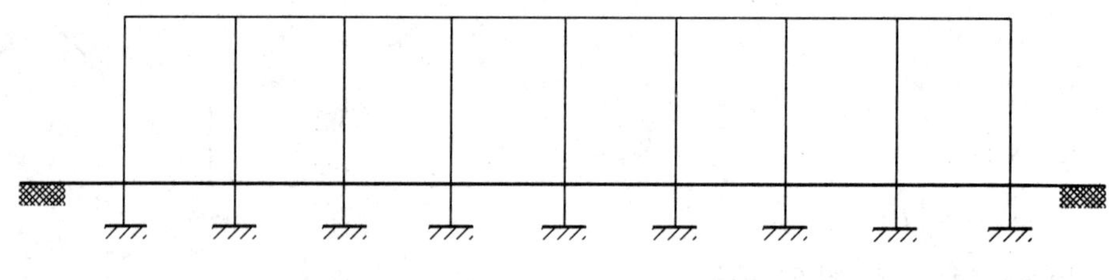

题 1-103 图

A　温度应力由结构中间向两端逐渐增大　B　温度应力由结构中间向两端逐渐减小

C　梁、柱的温度应力分别相等　　　　　D　结构不产生温度应力

1-104　图示两结构因梁的高宽不同而造成抗弯刚度的不同，梁跨中弯矩最大的位置是：

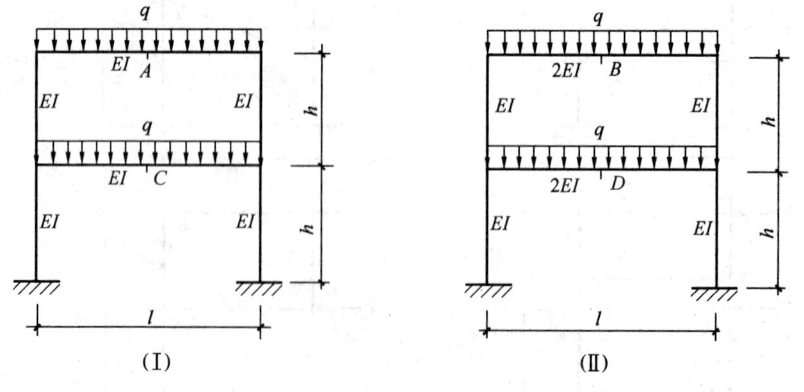


题 1-104 图

A　$A$ 点　　　B　$B$ 点　　　C　$C$ 点　　　D　$D$ 点

1-105　柱受力如图，柱顶将产生下列何种变形？

A 水平位移

B 竖向位移

C 水平位移+转角

D 水平位移+竖向位移+转角

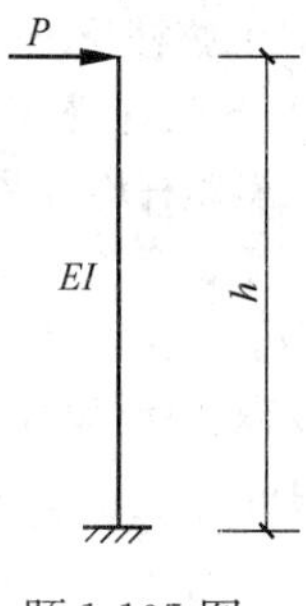

题 1-105 图

1-106 图示结构在水平外力 $P$ 作用下，各支座竖向反力哪组正确？

A $R_A=0$，$R_B=0$

B $R_A=-P/2$，$R_B=P/2$

C $R_A=-P$，$R_B=P$

D $R_A=-2P$，$R_B=2P$

1-107 图示单层大跨框架结构，当采用多桩基础时，由桩的水平位移 Δ 引起的附加弯矩将使框架的哪个部位因弯矩增加而首先出现抗弯承载力不足？

 A $a$  B $b$ C $c$ D $d$

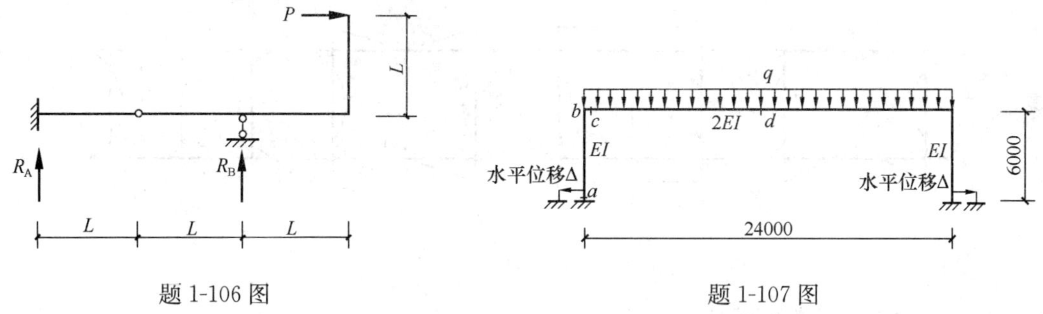

题 1-106 图 题 1-107 图

1-108 图示四种门式刚架的材料与构件截面均相同，哪种刚架柱顶 $a$ 点弯矩最小？

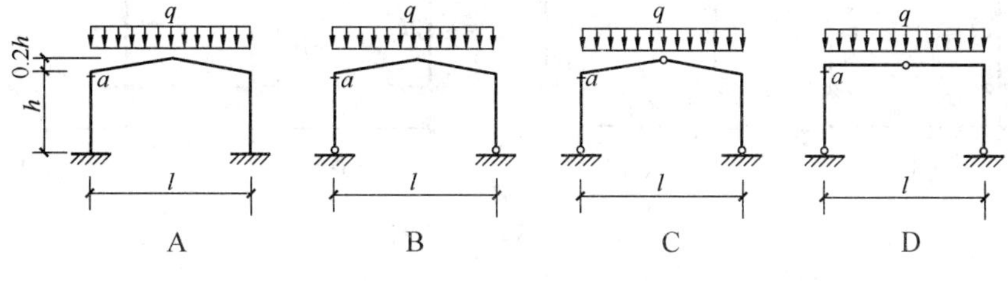

题 1-108 图

1-109 图示四种刚架中，哪一种横梁跨中 $a$ 点弯矩最大？

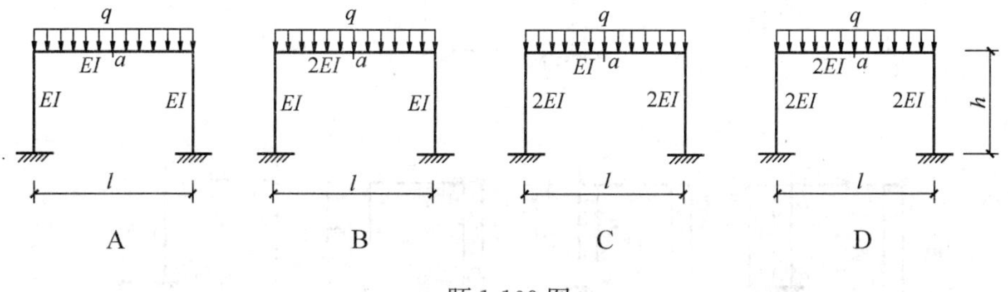

题 1-109 图

1-110 屋架在外力 $P$ 作用下时，下列关于各杆件的受力状态的描述，哪一项正确？

Ⅰ. 上弦杆受压、下弦杆受拉；Ⅱ. 上弦杆受拉、下弦杆受压；Ⅲ. 各杆件均为轴力杆；Ⅳ. 斜腹杆均为零杆

A Ⅰ、Ⅲ　　B Ⅱ、Ⅲ

C Ⅰ、Ⅳ　　D Ⅱ、Ⅳ

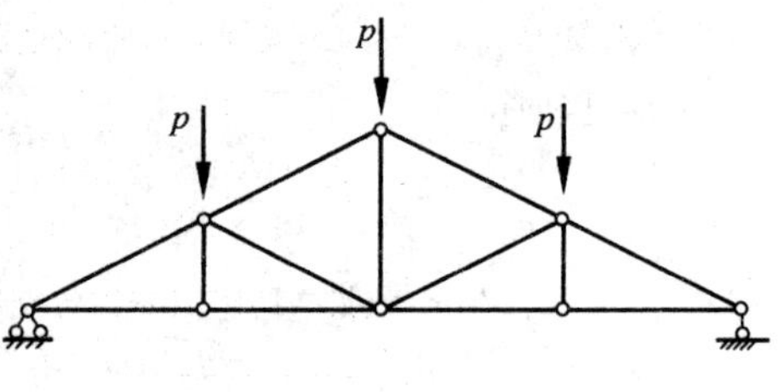

题 1-110 图

1-111 图示双跨刚架各构件刚度相同，正确的弯矩图是：

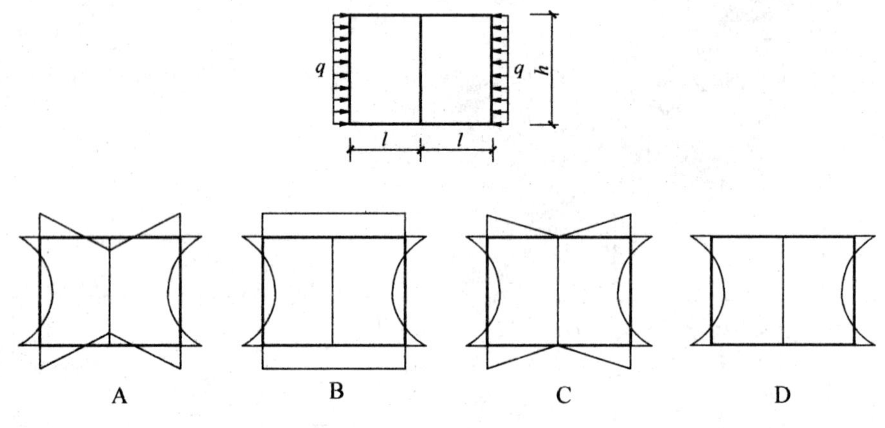

题 1-111 图

1-112 图示刚架，位移 Δ 相同的是：

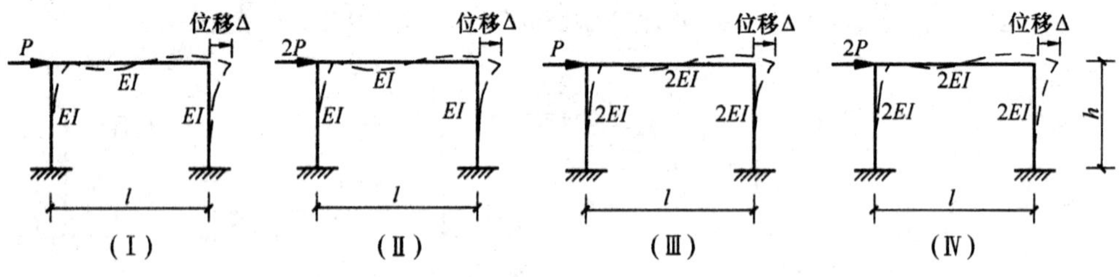

题 1-112 图

A (Ⅰ)与(Ⅲ)　　B (Ⅰ)与(Ⅳ)　　C (Ⅱ)与(Ⅳ)　　D (Ⅲ)与(Ⅳ)

1-113 图示结构支座 $a$ 发生沉降 Δ 时，正确的剪力图是：

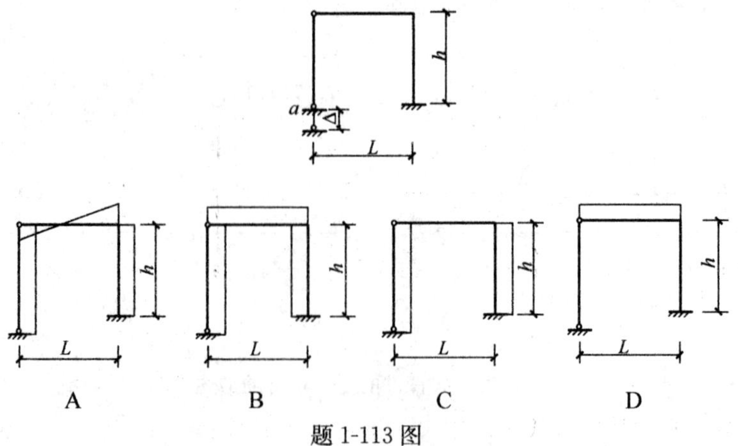

题 1-113 图

1-114　图示桁架杆件的内力规律，以下论述哪一条是错误的？

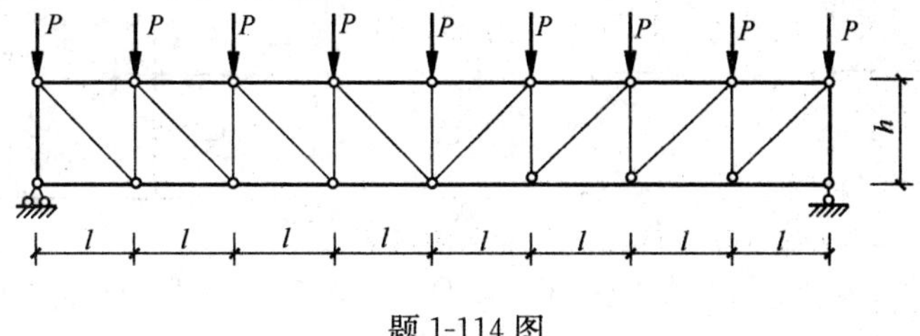

题 1-114 图

A　上弦杆受压且其轴力随桁架高度 $h$ 增大而减小

B　下弦杆受拉且其轴力随桁架高度 $h$ 增大而减小

C　斜腹杆受拉且其轴力随桁架高度 $h$ 增大而减小

D　竖腹杆受压且其轴力随桁架高度 $h$ 增大而减小

1-115　图示双层框架，正确的弯矩图是：

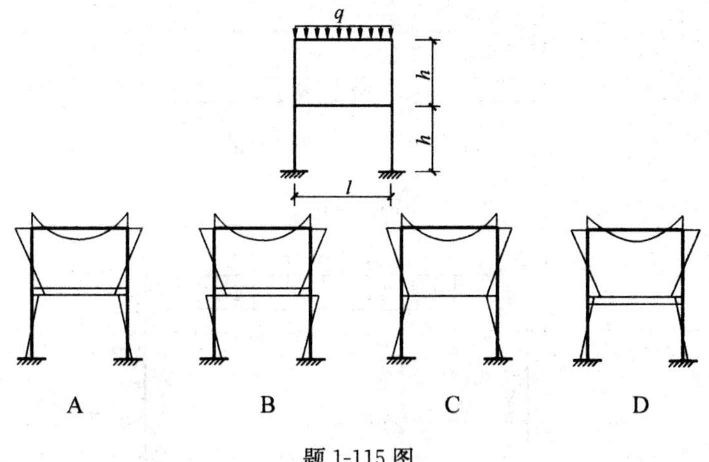

题 1-115 图

1-116　图示双层框架杆件刚度相同，则正确的弯矩图是：

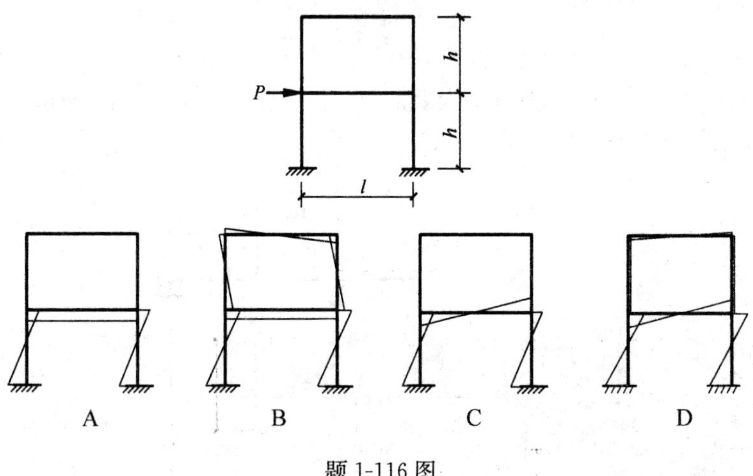

题 1-116 图

1-117　图示结构各杆温度均匀降低 $\Delta t$，引起杆件轴向拉力最大的是：

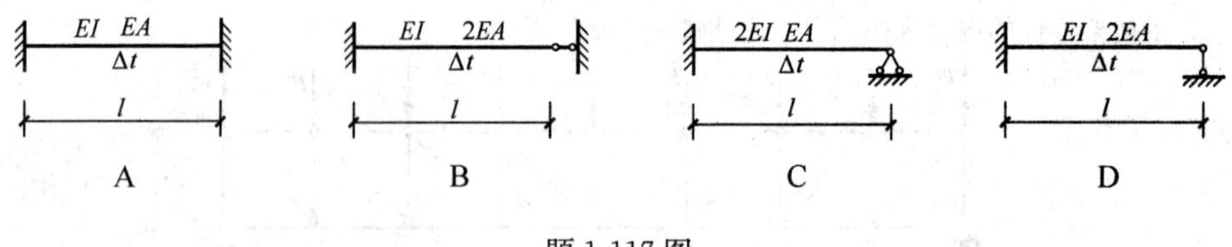


题 1-117 图

1-118 图示管道支架承受均布荷载 $q$，$A$、$B$、$D$ 点为铰接点，杆件 $BD$ 受到的压力为：

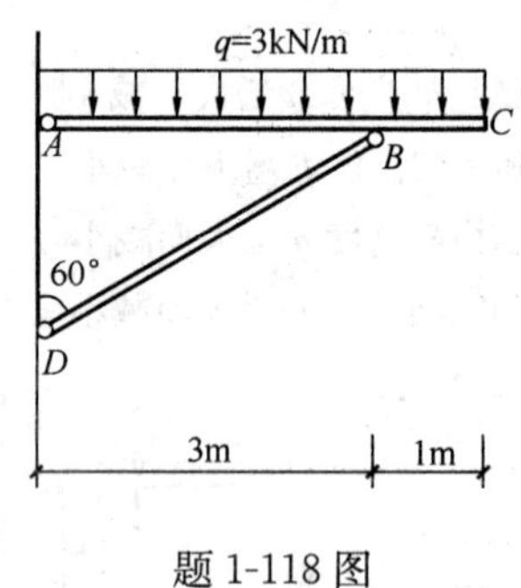


题 1-118 图

A 12kN　　B $12\sqrt{3}$kN　　C 16kN　　D $16\sqrt{3}$kN

1-119 图示三铰刚架转角 $A$ 处弯矩为：

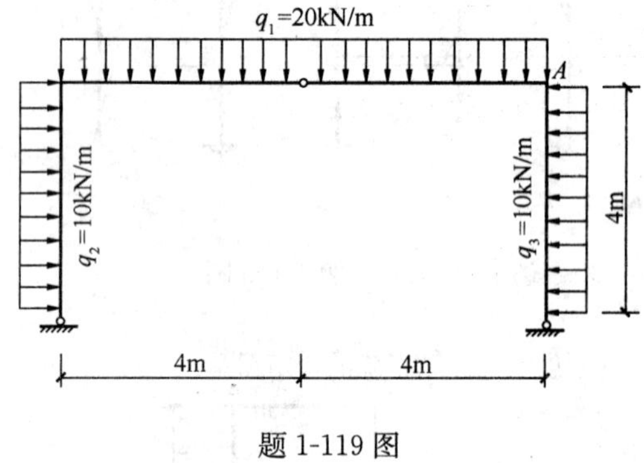


题 1-119 图

A 80kN·m　　B 120kN·m　　C 160kN·m　　D 200kN·m

1-120 图示多跨静定梁 $B$ 点弯矩为：

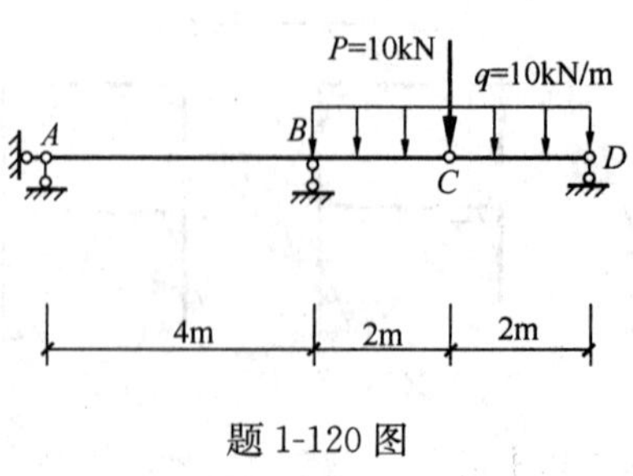


题 1-120 图

A −40kN·m　　B −50kN·m　　C −60kN·m　　D −90kN·m

1-121 图示梁在所示荷载作用下，其剪力图为下列何项（提示：梁自重不计）？（　　）

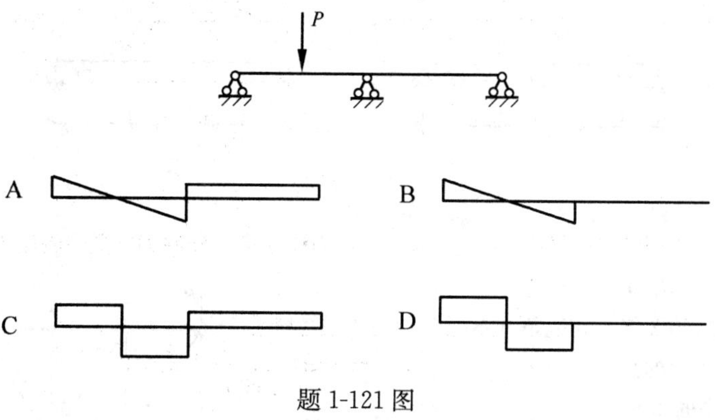


题 1-121 图

1-122　图示结构的弯矩图正确的是(　　)。

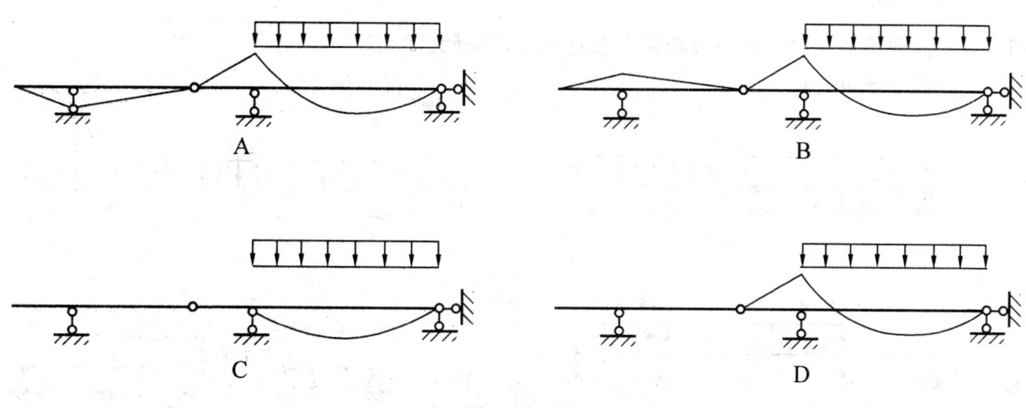


题 1-122 图

1-123　下列图示结构在荷载作用下的各弯矩图中何者为正确？(　　)

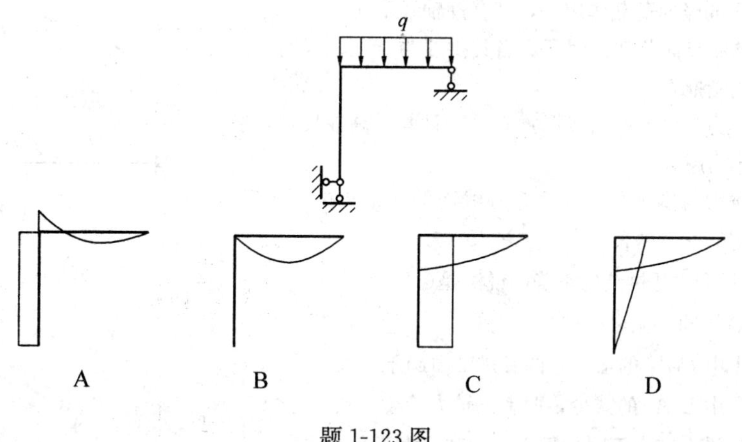


题 1-123 图

1-124　关于图示结构Ⅰ、Ⅱ的跨中挠度 $\Delta_{\text{I}}$、$\Delta_{\text{II}}$ 说法正确的是(　　)。

A　$\Delta_{\text{I}} > \Delta_{\text{II}}$　　B　$\Delta_{\text{I}} < \Delta_{\text{II}}$

C　$\Delta_{\text{I}} = \Delta_{\text{II}}$　　D　无法判断

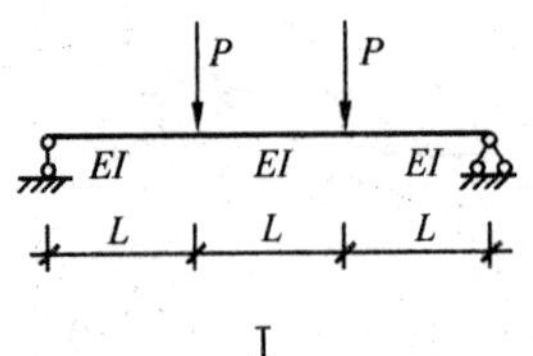


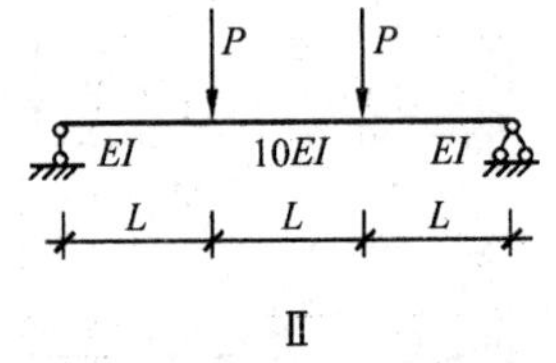


题 1-124 图

1-125 图示桁架中 $AB$ 杆截面积变为原来的 3 倍，其余杆件变为原来的 2 倍，其他条件不变，则关于 $AB$ 杆轴力说法正确的是(　　)。

A 为原来的 1/3

B 为原来的 3/2

C 为原来的 2/3

D 不变

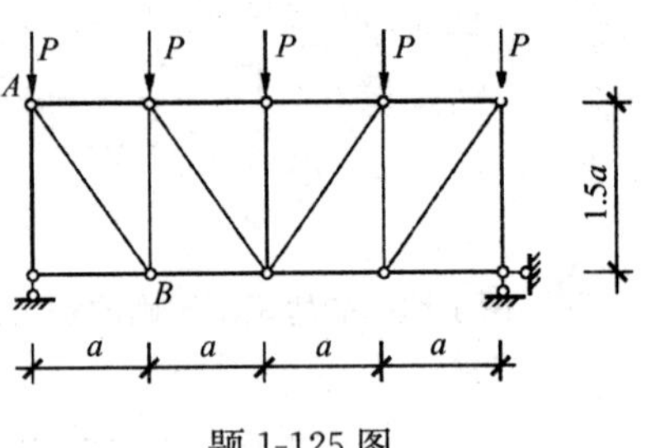


题 1-125 图

1-126 图示等跨连续梁在哪一种荷载布置作用下，$bc$ 跨的跨中弯矩最大?(　　)

A
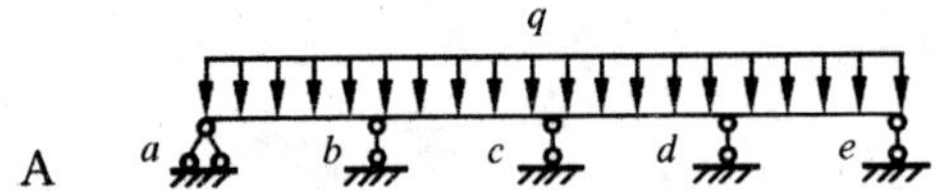


B
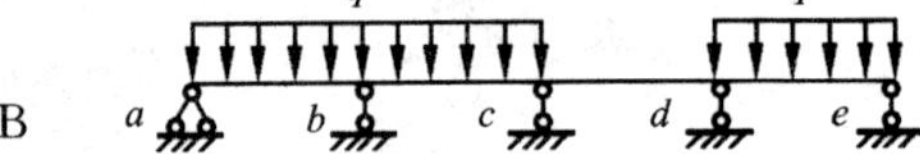


C
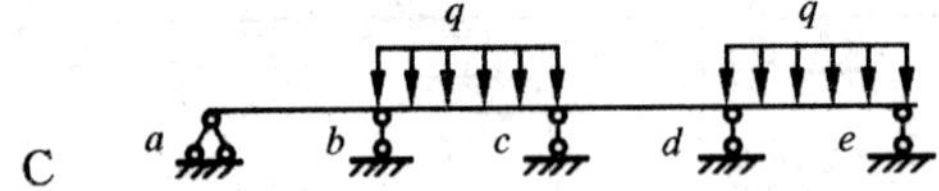


D
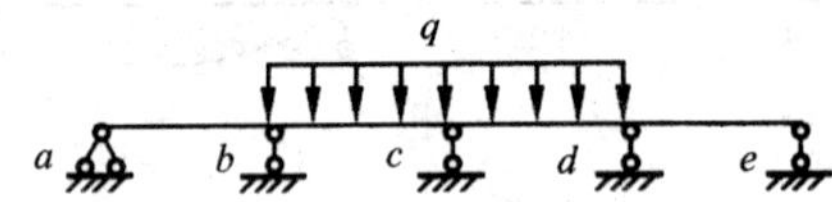


题 1-126 图

1-127 关于三铰拱在竖向荷载作用下的受力特点，以下说法错误的是(　　)。

A 在不同竖向荷载作用下，其合理轴线不同

B 在均布竖向荷载作用下，当其拱线为合理轴线时，拱支座仍受推力

C 拱推力与拱轴的曲线形式有关，且与拱高成反比，拱越低推力越大

D 拱推力与拱轴是否为合理轴线无关，且与拱高成反比，拱越低推力越大

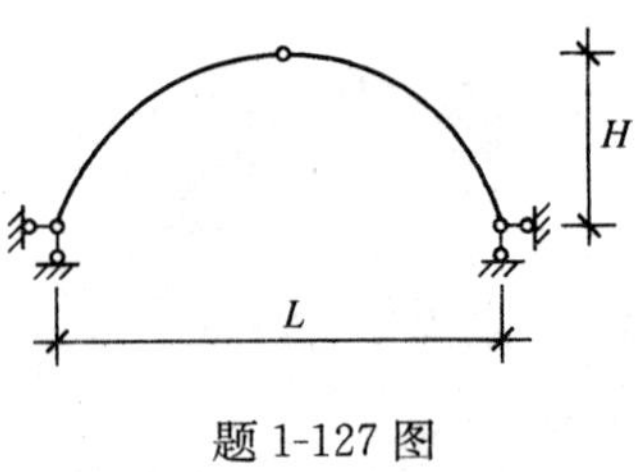


题 1-127 图

1-128 对于图示Ⅰ、Ⅱ拱结构正确的说法是(　　)。

A 两者拱轴力完全一样

B 随Ⅰ中 $E_1A_1$ 的增大，两者拱轴力趋于一致

C 随Ⅰ中 $E_1A_1$ 的减少，两者拱轴力趋于一致

D 两者受力完全不同，且Ⅰ中拱轴力小于Ⅱ中的拱轴力

1-129 图示结构外侧温度无变化，而内侧温度升高 10℃时，下列对 $C$ 点变形的描述何者正确?(　　)

A $C$ 点无水平位移　　B $C$ 点向左

C $C$ 点向右　　D $C$ 点无转角

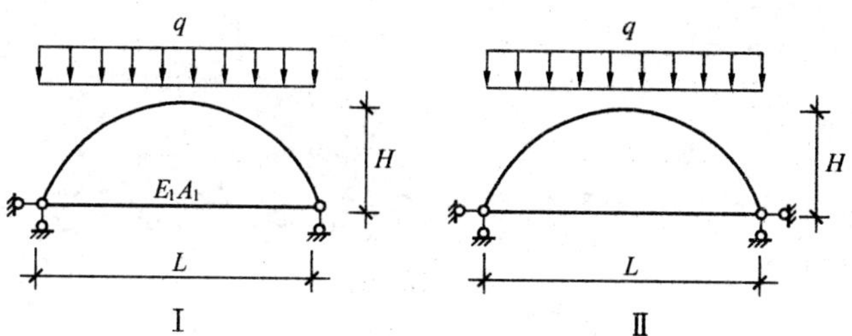


题 1-128 图

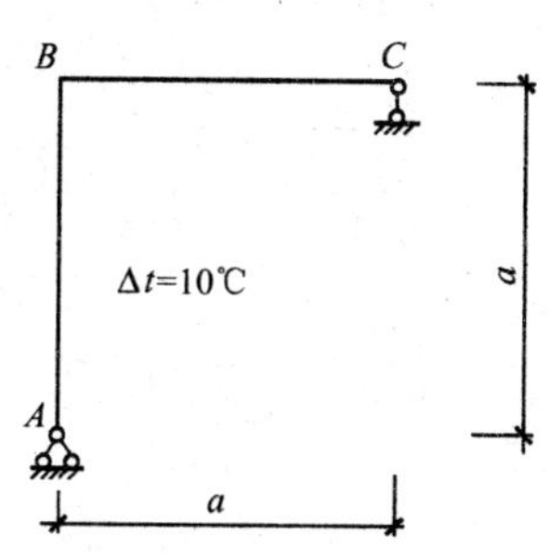


题 1-129 图

## 参 考 答 案

| 1-1 | A | 1-2 | B | 1-3 | B | 1-4 | D | 1-5 | C | 1-6 | D |
|---|---|---|---|---|---|---|---|---|---|---|---|
| 1-7 | D | 1-8 | D | 1-9 | C | 1-10 | C | 1-11 | A | 1-12 | A |
| 1-13 | B | 1-14 | C | 1-15 | B | 1-16 | A | 1-17 | D | 1-18 | D |
| 1-19 | C | 1-20 | C | 1-21 | C | 1-22 | A | 1-23 | A | 1-24 | B |
| 1-25 | A | 1-26 | D | 1-27 | B | 1-28 | D | 1-29 | B | 1-30 | B |
| 1-31 | C | 1-32 | C | 1-33 | B | 1-34 | B | 1-35 | B | 1-36 | A |
| 1-37 | A | 1-38 | A | 1-39 | B | 1-40 | C | 1-41 | A | 1-42 | B |
| 1-43 | A | 1-44 | C | 1-45 | D | 1-46 | B | 1-47 | B | 1-48 | B |
| 1-49 | C | 1-50 | B | 1-51 | B | 1-52 | C | 1-53 | C | 1-54 | A |
| 1-55 | C | 1-56 | B | 1-57 | D | 1-58 | D | 1-59 | A | 1-60 | A |
| 1-61 | A | 1-62 | C | 1-63 | D | 1-64 | D | 1-65 | A | 1-66 | C |
| 1-67 | D | 1-68 | C | 1-69 | B | 1-70 | B | 1-71 | D | 1-72 | C |
| 1-73 | C | 1-74 | B | 1-75 | D | 1-76 | D | 1-77 | C | 1-78 | C |
| 1-79 | B | 1-80 | B | 1-81 | C | 1-82 | C | 1-83 | C | 1-84 | C |
| 1-85 | B | 1-86 | C | 1-87 | D | 1-88 | C | 1-89 | C | 1-90 | C |
| 1-91 | D | 1-92 | C | 1-93 | D | 1-94 | C | 1-95 | A | 1-96 | B |
| 1-97 | A | 1-98 | D | 1-99 | D | 1-100 | A | 1-101 | B | 1-102 | D |
| 1-103 | A | 1-104 | A | 1-105 | C | 1-106 | C | 1-107 | D | 1-108 | A |
| 1-109 | B | 1-110 | B | 1-111 | A | 1-112 | B | 1-113 | D | 1-114 | D |
| 1-115 | A | 1-116 | D | 1-117 | B | 1-118 | C | 1-119 | C | 1-120 | C |
| 1-121 | C | 1-122 | C | 1-123 | B | 1-124 | A | 1-125 | C | 1-126 | C |
| 1-127 | D | 1-128 | B | 1-129 | C | | | | | | |

# 第二章 建筑结构与结构选型

## 第一节 概　　述

### 一、建筑结构的基本概念

#### （一）基本术语

**1. 建筑物**

人类建造活动的一切成果，如房屋建筑、桥梁、码头、水坝等。房屋建筑以外的其他建筑物有时也称构筑物。

**2. 结构**

能承受和传递作用并具有适当刚度的由各连接部件组合而成的整体，俗称承重骨架。

**3. 工程结构**

房屋建筑、铁路、公路、水运和水利水电等各类土木工程的建筑物结构的总称。

**4. 结构体系**

结构中的所有承重构件及其共同工作的方式。

**5. 建筑结构**

组成工业与民用建筑包括基础在内的承重体系，为房屋建筑结构的简称。对组成建筑结构的构件、部件，当其含义不致混淆时，亦可统称为结构。

**6. 建筑结构单元**

房屋建筑结构中，由伸缩缝、沉降缝或防震缝隔开的区段。

**7. 作用**

施加在结构上的集中力或分布力和引起结构外加变形或约束变形的原因。前者也称直接作用（荷载），后者也称间接作用。

**8. 作用效应**

由作用引起的结构或结构构件的反应。如内力、变形等。

**9. 结构抗力**

结构或结构构件承受作用效应的能力。如承载力、刚度等。

#### （二）建筑结构的组成（图 2-1）

建筑结构一般都是由以下结构构件组成：

结构构件是指在物理上可以区分出的部分，如柱、墙、梁、板、基础桩等。

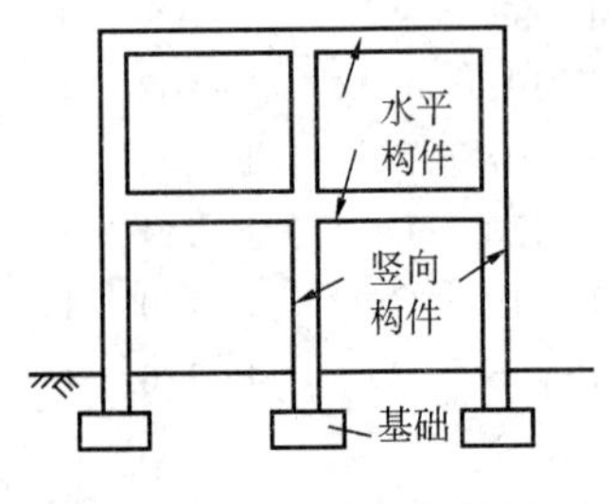

图 2-1　结构骨架简图

**1. 水平构件**

用以承受竖向荷载的构件，一般有梁和板。

**2. 竖向构件**

用以支承水平构件或承受水平荷载的构件，一般有柱、墙和基础桩。

注：基础是指将结构所承受的各种作用传递到地基（支承基础的土或岩体）上的结构组成部分，一般有：无筋扩展基础、扩展基础、柱下条形基础、高层建筑箱形和筏形基础、桩基础。

部件是指结构中由若干构件组成的具有一定功能的组合件，如楼梯、阳台、屋盖等。

## （三）建筑结构的类型

**1. 按组成建筑结构的主要建筑材料划分**

（1）木结构：原木结构、方木结构、胶合木结构；

（2）砌体结构：砖砌体结构、砌块砌体结构、石砌体结构、配筋砌体结构；

（3）钢结构：冷弯型钢结构、预应力钢结构；

（4）混凝土结构：素混凝土结构、钢筋混凝土结构、预应力混凝土结构；

（5）混合结构：对高层建筑结构，由钢框架（框筒）、型钢混凝土框架（框筒）、钢管混凝土框架（框筒）与钢筋混凝土核心筒组成，并共同承受水平和竖向力作用的结构。在多层房屋建筑中，该术语专指一般以砌体为主要承重构件和混凝土楼盖和屋盖（或木屋架屋盖、钢木屋架屋盖）等共同组成的结构。

注：组合结构是指同一截面或各杆件由两种或两种以上材料制成的结构。

**2. 按组成建筑结构的结构形式划分**

（1）平板结构体系。一般有：常规平板结构（板式结构、梁板式结构）、桁架与屋架结构、刚架与排架结构、空间网格结构（双层或多层网架、直线形立体桁架结构）、高层建筑结构（框架、剪力墙、框架-剪力墙、筒体、悬挂结构）。

（2）曲面结构体系。一般有：拱结构、空间网格结构（单层、双层或局部双层网壳、曲线形立体桁架结构）、索结构（悬索结构、斜拉结构、张弦结构、索穹顶）、薄壁空间结构（薄壳、折板、幕结构）等。

注：膜建筑是20世纪中期发展起来的一种新型建筑形式。膜不是结构，是建筑的围护系统，而真正的结构是那些支承和固定膜的钢结构，可分为充气膜建筑和张拉膜建筑。

幕结构是由双曲面壳结构经转化而形成的一种结构形式，也可称其为双向折板结构。

**3. 按建筑结构的承载方式划分**

（1）墙承载结构，如砌体结构、砖木结构、剪力墙结构等；

（2）柱结构，如框架结构、排架结构、刚架结构等；

（3）特殊类型结构，这里指不归入前两种类型的结构，如拱结构和大跨度空间结构等。

注：参见——樊振和．建筑结构体系及选型．北京：中国建筑工业出版社，2011。

**4. 规范对单层、多层、高层以及大跨度建筑的规定**

《民用建筑设计统一标准》GB 50352—2019：

（1）建筑高度不大于27.0m的住宅建筑、建筑高度不大于24.0m的公共建筑及建筑高度大于24.0m的单层公共建筑为低层或多层民用建筑。

（2）建筑高度大于27.0m的住宅建筑和建筑高度大于24.0m的非单层公共建筑，且高度不大于100.0m的，为高层民用建筑。

（3）建筑高度大于100.0m的，为超高层建筑。

《建筑设计防火规范》GB 50016—2014（2018年版）：

（1）建筑高度不大于27m的住宅建筑（包括设置商业服务网点的建筑）为单、多层民用建筑。

（2）建筑高度大于24m的单层公共建筑和建筑高度不大于24m的其他公共建筑为单、多层民用建筑。

（3）其他为高层民用建筑，并分为一类和二类。

《高层建筑混凝土结构技术规程》JGJ 3—2010：

10层及10层以上或房屋高度大于28m的住宅建筑和房屋高度大于24m的其他高层民用建筑。

《空间网格结构技术规程》JGJ 7—2010：

本规程中大、中、小跨度划分系针对屋盖而言；大跨度为60m以上；中跨度为30～60m；小跨度为30m以下。

《建筑抗震设计规范》GB 50011—2010（2016年版）：

现浇钢筋混凝土房屋的大跨度框架是指跨度不小于18m的框架。

《钢结构设计标准》GB 50017—2017：

大跨度屋盖结构体系指跨度大于等于60m的屋盖结构，可采用桁架、刚架或拱等平面结构，以及网架、网壳、索膜结构等空间结构。

## 二、建筑结构基本构件与结构设计

组成结构体系的单元体称为基本构件。按受力特征来划分主要有以下三类：轴心受力构件、偏心受力构件和受弯构件。

按其主要受力性质常常又划分为：拉杆、压杆和受弯构件。

### （一）轴心受力构件

当构件所受外力的作用点与构件截面的形心重合时，则构件横截面产生的应力为均匀分布，这种构件称为轴心受力构件。可分为：

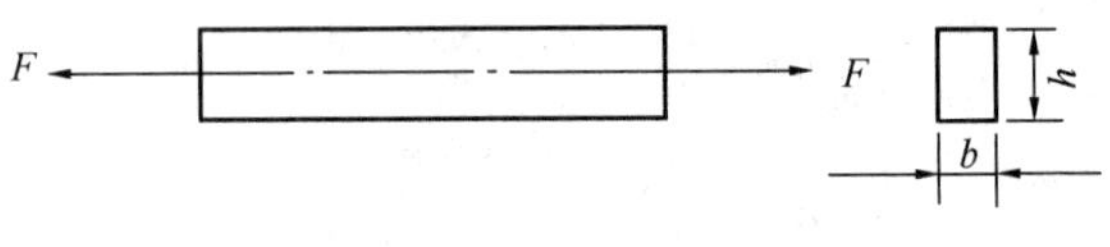


图2-2　轴心受拉构件

**1. 轴心受拉构件**

构件所受的力，使构件横断面仅产生均匀拉应力时即为轴心受拉构件。常用于桁架的下弦杆及受拉斜腹杆。

如图2-2所示构件内的应力为：

$$\sigma_1=\frac{F}{bh} \tag{2-1}$$

此构件的承载能力为$\sigma_1\leqslant[\sigma]$。

式中　$[\sigma]$——材料的允许应力。

这种构件最能充分发挥材料的强度。

**2. 轴心受压构件**

外力以压力的方式作用在构件的轴心处，使构件产生均匀压应力时，即为轴心受压构件，如图2-3所示。

其截面应力为：

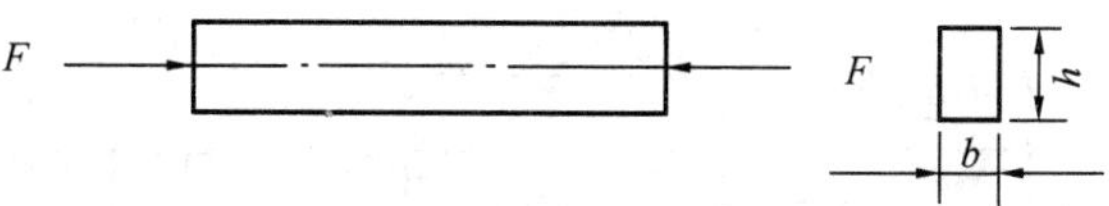


图 2-3　轴心受压构件

$$\sigma_1 = \frac{F}{bh} \tag{2-2}$$

但轴心受压构件的实际承载力是由稳定性控制，稳定系数 $\psi<1$，故其承载力的表达式为：

$$\sigma_2 = \frac{F}{\psi bh} \leqslant [\sigma] \tag{2-3}$$

这是因为受压构件承载时，截面应力尚未达到材料的强度设计值前就会因弯折而失去承载能力，这种现象称为丧失稳定性。上式中的 $\psi$ 值即为按稳定考虑的承载力与强度承载力的比值，称为稳定系数。

由此可见，相同材料的拉杆与压杆受同样的荷载 $F$ 作用时，拉杆所需的截面尺寸要比压杆小。

拉杆所需截面为：$A_1 = \dfrac{F}{[\sigma]}$

压杆所需截面为：$A_2 = \dfrac{F}{\psi [\sigma]}$

式中　$[\sigma]$ ——材料的强度设计值（即允许应力）。

$\psi<1$，故 $A_2>A_1$

$\psi$ 值与杆件的长细比 $\lambda$ 有关，$\lambda = \dfrac{l_0}{i}$；

式中　$l_0$——杆件计算长度；

$i$——截面的回转半径，$i=\sqrt{\dfrac{I}{A}}$；

$I$——截面的惯性矩，矩形截面时：$I=\dfrac{1}{12}bh^3$，$A=b\times h$

所以　$i=\sqrt{\dfrac{1}{12}\cdot b\cdot h^3/b\cdot h}=\sqrt{\dfrac{1}{12}\cdot h^2}=\sqrt{\dfrac{1}{12}}h=0.289h$

$\lambda$ 越大，$\psi$ 越小，则实际承载力越小。

一般提高压杆承载力的措施为：

（1）选用有较大 $i$ 值的截面，即面积分布尽量远离中和轴；

（2）改变柱端固接条件或增设中间支承，以改变杆件计算长度 $l_0$。

**（二）偏心受力构件的分类**

即分为偏心受拉和偏心受压构件。

**1. 偏心受拉构件**

（1）定义：构件承受的拉力作用点与构件的轴心偏离，使构件既受拉又受弯时，即为偏心受拉构件（亦称拉弯构件）。常见于屋架下弦有节间荷载时。

（2）构件的受力状态（图 2-4）。

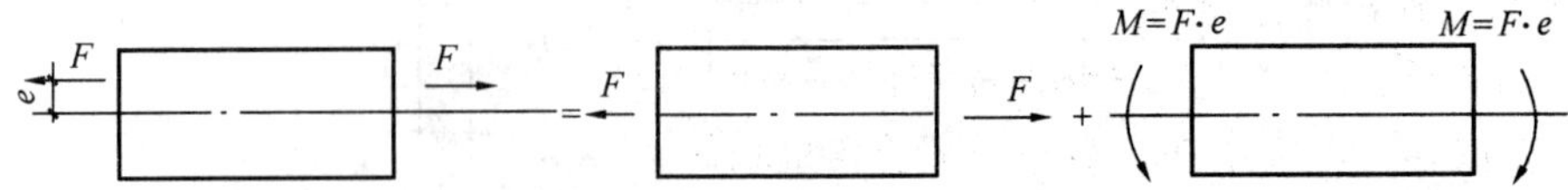


图 2-4 偏心受拉构件

由图 2-4 可知其截面产生的应力是由两种应力叠加的，其边沿应力公式为：

$$\sigma_{\min}^{\max}=\frac{F}{bh}\pm\frac{M}{W}=\frac{F}{bh}\pm\frac{Fe}{\frac{1}{6}bh^2}=\frac{F}{bh}\left(1\pm\frac{6e}{h}\right) \tag{2-4}$$

构件的承载能力应满足 $\sigma_{\max}\leqslant[\sigma]$。

式中 $\sigma_{\max}$——边沿最大拉应力；

$\sigma_{\min}$——边沿最小拉应力；

$W$——截面抵抗矩。

由上式可见，在受同样的外拉力时，偏心受拉构件的应力要比轴心受拉构件增大许多，因此在结构设计中应尽量避免出现这种构件。

**2. 偏心受压构件**

(1) 定义：构件承受的压力作用点与构件的轴心偏离，使构件既受压又受弯时，即为偏心受压构件（亦称压弯构件）。常见于屋架的上弦杆、框架结构柱、砖墙及砖垛等。

(2) 构件的受力状态（图 2-5）

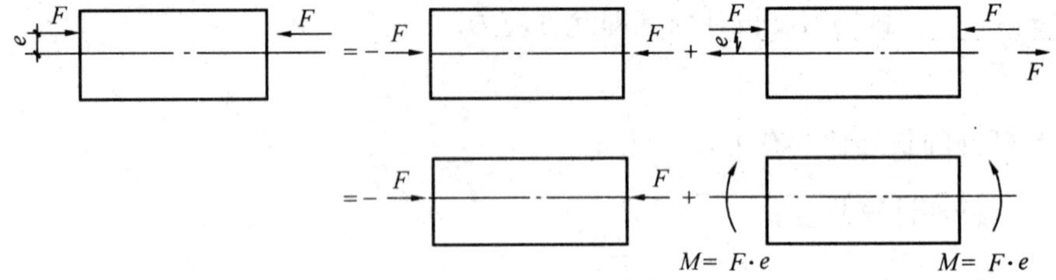


图 2-5 偏心受压构件

截面产生的边沿应力公式为：

$$\sigma_{\min}^{\max}=\frac{F}{bh}\pm\frac{M}{W}=\frac{F}{bh}\left(1\pm\frac{6e}{h}\right) \tag{2-5}$$

式中 $\sigma_{\max}$——边沿最大压应力；

$\sigma_{\min}$——边沿最小压应力。

由上式可见，在受同样的压力 $F$ 时，当作用点与截面轴心偏离时，截面内的压应力增加甚多，而且当偏心距较大时，截面内除压应力外将产生一部分拉应力。

在实践中尚有双向偏心构件。

**(三) 受弯构件**

**1. 定义**

当一水平构件在跨间承受荷载，使其产生弯曲，构件将产生弯矩和剪力，截面内将产生弯曲应力和剪应力。这种构件即称为受弯构件。这是结构设计中最常见的构件。

**2. 受弯构件的受力状态**

（1）简支梁在不同荷载作用下的弯矩 $M$ 及剪力 $V$（图 2-6）；

（2）多跨连续梁在均布荷载作用下的弯矩和剪力（图 2-7）。

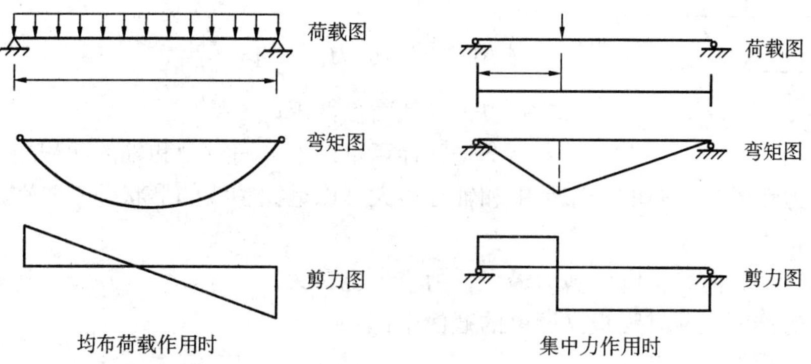


图 2-6　简支梁在不同荷载作用下的弯矩 $M$ 及剪力 $V$

在跨度范围内弯矩和剪力都是变化的。

（3）梁截面内的应力分布

1）弯曲应力（图 2-8）

$$\sigma = \pm \frac{M \cdot y}{I} \tag{2-6}$$

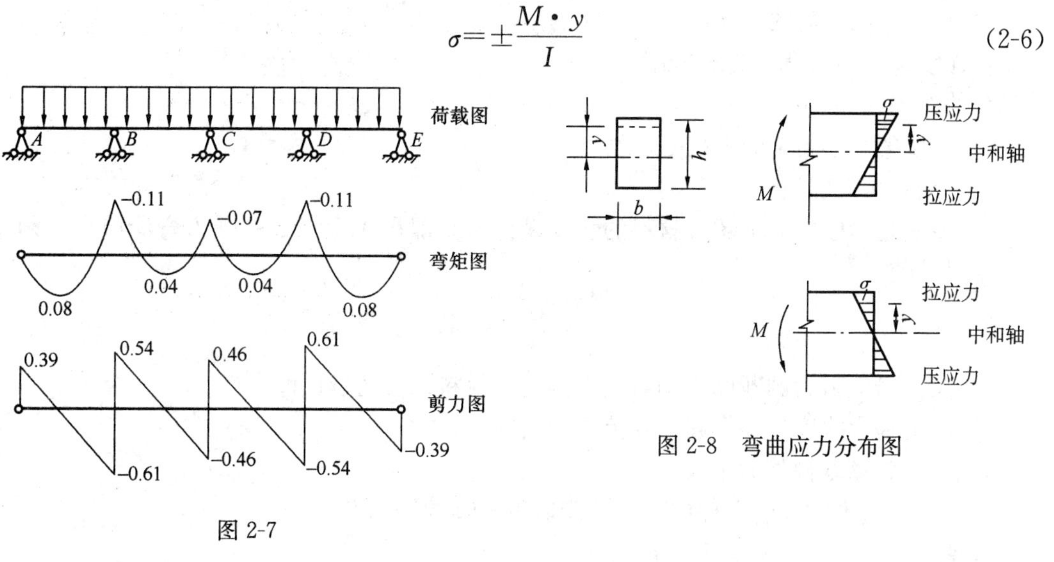


图 2-7

图 2-8　弯曲应力分布图

边沿最大应力：

$$\pm\sigma_{max} = \pm\frac{M \cdot \dfrac{h}{2}}{\dfrac{1}{12} \cdot bh^3} = \pm\frac{6 \cdot M}{bh^2}$$

式中　$+\sigma_{max}$——边沿最大拉应力；

　　　$-\sigma_{max}$——边沿最大压应力。

弯曲应力沿截面高度为三角形分布，中和轴处应力为零；向下弯曲时（↶）中和轴以上为压应力，中和轴以下为拉应力；向上弯曲时（↷），中和轴以上为拉应力，以下为压应力。

2）剪应力

剪应力在截面上的分布也是不均匀的，其分布规律如图 2-9 所示。

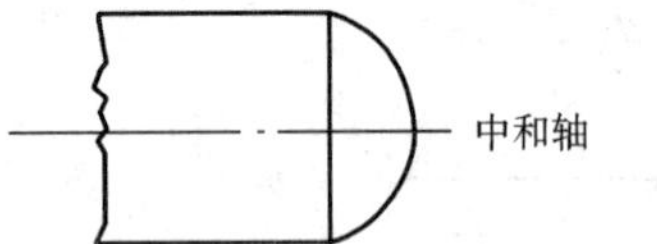


图 2-9　剪应力分布规律图

平均剪应力：　$\tau=\dfrac{V}{bh}$　(2-7)

截面上的剪应力　$\tau=\dfrac{VS}{Ib}$　(2-8)

式中　$I$——截面惯性矩；

$S$——计算点以上截面对中和轴的面积矩。

①剪应力在梁高方向的分布是中和轴处最大，以近抛物线的形状分布，在截面边沿处剪应力为零；

②沿梁长度方向，支座处剪力最大，剪应力也最大；

③截面的抗剪主要靠腹板（即梁的截面中部）。

（4）受弯构件的变形（图 2-10）

受弯构件在荷载作用下要产生弯曲，于是将产生弯曲变形，使梁产生挠度。

1）梁的挠度跨中最大。

2）挠度的大小与正弯矩成正比。

3）跨度相同、荷载相同时，简支梁的挠度比连续梁、两端固定或一端固定、一端简支的梁要大。

4）挠度的大小与梁的 $EI$ 成反比。

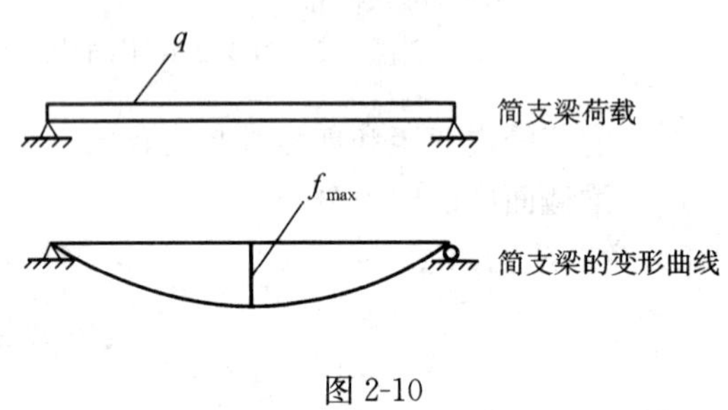


图 2-10

（5）受弯构件的设计要点

1）要满足弯曲应力不超过材料的强度设计值。即最大弯矩处的最大弯曲应力必须小于强度设计值。

$$\sigma_{max}=\frac{M_{max}}{W}\leqslant[\sigma] \tag{2-9}$$

2）梁内最大剪力的断面平均剪应力不超过材料抗剪的设计值。

3）梁的最大挠度值不得超过规范规定的限值。

**（四）几种基本构件的比较**

上述几种基本构件的合理应用，就能取得合理的结构设计。

**1. 轴心受拉构件是受力最好的构件**

（1）最能充分发挥材料性能。因在外力作用下，沿构件全长及截面的内力及应力都是均匀分布；

（2）在承受相同的荷载下，与受压和受弯构件相比所需的断面最小；

（3）只有具有最多数量的轴拉构件和较少轴压和受弯构件组成的结构体系才是最省材料和经济、合理的体系。

**2. 轴压构件**

承载力受稳定的影响，故应避免长杆受压，设计时要特别注意侧向稳定。

**3. 偏心受压构件**

在相同截面下，因受偏心弯矩的影响，其承载力将随偏心距的加大而大为减小。而且，也要考虑侧向稳定的影响。

**4. 受弯构件**

（1）构件内的内力不均匀分布，因此不能充分发挥材料的作用。

（2）还存在变形能否满足要求的问题，有时虽已满足强度要求，变形不能满足时，则应按变形要求增大构件断面尺寸。

## 第二节 多层建筑结构体系

9层及9层以下为多层建筑，10层及10层以上或高度超过28m的住宅建筑和高度大于24m的其他高层民用建筑为高层建筑。

### 一、多层砌体结构

**（一）概述**

（1）砌体结构房屋是指同一房屋结构体系中，采用两种或两种以上不同材料组成的承重结构体系。

（2）砖砌体结构是指由钢筋混凝土楼(屋)盖和砖墙承重的结构体系(亦称砖混结构)。

（3）砌体结构一般是指采用钢筋混凝土楼（屋）盖和用砖或其他块体（如混凝土砌块）砌筑的承重墙组成的结构体系。

（4）过去，曾有过用木楼（屋）盖与砖墙承重组成的结构体系，称为砖木结构。目前已很少采用。

**（二）砌体结构的优缺点和应用范围**

**1. 主要优点**

（1）主要承重结构（承重墙）是用砖（或其他块体）砌筑而成的，这种材料任何地区都有，便于就地取材。常用的墙体材料有：①烧结普通砖：黏土砖（已禁用）、煤矸石砖、页岩砖、煤矸石页岩砖；②烧结多孔砖：黏土多孔砖（P型、M型）、煤矸石多孔砖、页岩多孔砖；③蒸压灰砂砖、蒸压粉煤灰砖；④混凝土小型空心砌块。

（2）墙体既是围护和分隔的需要，又可作为承重结构，一举两得。

（3）多层房屋的纵横墙体布置一般很容易达到刚性方案的构造要求，故砌体结构的刚度较大。

（4）施工比较简单，进度快，技术要求低，施工设备简单。

**2. 主要缺点**

（1）砌体强度比混凝土强度低得多，故建造房屋的层数有限，一般不超过7层。

（2）砌体是脆性材料，抗压能力尚可；抗拉、抗剪强度都很低，因此抗震性能较差。

（3）多层砌体房屋一般宜采用刚性方案，故其横墙间距受到限制，因此不可能获得较大的空间，故一般只能用于住宅、普通办公楼、学校、小型医院等民用建筑以及中小型工业建筑。

**（三）砖砌体房屋的墙体布置方案**

**1. 横墙承重方案**

楼层的荷载通过板梁传至横墙，横墙作为主要承重竖向构件，纵墙仅起围护、分隔、自承重及形成整体作用。

优点：横墙较密，房屋横向刚度较大，整体刚度好。外纵墙不是承重墙立面处理比较方便，可以开设较大的门窗洞口。抗震性能较好。

缺点：横墙间距较密，房间布置的灵活性差，故多用于宿舍、住宅等居住建筑。

**2. 纵墙承重方案**

其受力特点是：板荷载传给梁，再由梁传给纵墙。这时纵墙是主要承重墙。横墙只承受小部分荷载，横墙的设置主要为了满足房屋刚度和整体性的需要，其间距比较大。

优点：房间的空间可以较大，平面布置比较灵活。

缺点：房屋的刚度较差，纵墙受力集中，纵墙较厚或要加壁柱。

适用于：教学楼、试验室、办公楼、医院等。

**3. 纵横墙承重方案**

根据房间的开间和进深要求，有时需采取纵横墙同时承重的方案。

横墙的间距比纵墙承重方案小，所以房屋的横向刚度比纵墙承重方案有所提高。

**4. 内框架承重方案**

砌体结构房屋抗震设计的适用范围，随国家经济的发展而不断改变。1989 年版《建筑抗震设计规范》删去了“底部内框架砖房”的结构形式；2001 年版规范删去了混凝土中型砌块和粉煤灰中型砌块的规定，并将“内框架砖房”限制于多排柱内框架；2010 年的修订，考虑到“内框架砖房”已很少使用且抗震性能较低，取消了相关内容。

**5. 底部框架抗震墙结构方案**

在砌体结构的底部 1～2 层砌体墙不落地，而采用框架-抗震墙支承上部砌体承重墙。

适用于：住宅带底商的建筑。

**（四）砌体房屋的构造要求**

（1）要满足墙体的高厚比。

1）《砌体结构设计规范》GB 50003—2011（以下简称《砌体规范》）规定砖墙（或砖柱）的允许高厚比应按下式验算（《砌体规范》，6.1.1 式）：

$$\beta=\frac{H_0}{h}\leqslant\mu_1\mu_2\ [\beta] \tag{2-10}$$

式中 $H_0$——墙、柱的计算高度，应按《砌体规范》第 5.1.3 条采用；

$h$——墙厚或矩形柱与 $H_0$ 相对应的边长；

$\mu_1$——非承重墙允许高厚比的修正系数，$h=240$，$\mu_1=1.2$；$h=90$，$\mu_1=1.5$；

$\mu_2$——有门窗洞口墙允许高厚比的修正系数，$\mu_2=1-0.4\dfrac{b_s}{s}$；

$b_s$——在宽度 $s$ 范围内的门窗洞口总宽度；

$s$——相邻窗间墙或壁柱之间的距离；

$[\beta]$——墙、柱的允许高厚比，应按《砌体规范》表 6.1.1 采用，当与墙连接的相邻两横墙间的距离 $s\leqslant\mu_1\mu_2\ [\beta]\ h$ 时，墙的高度可不受上述限制。

注：①上端为自由端时，墙的允许高厚比，除按上述规定提高外，尚可提高 30%。

②对厚度小于 90mm 的墙，当双面用不低于 M10 的水泥砂浆抹面，包括抹面层的墙厚不小于 90mm 时，可按墙厚等于 90mm 验算高厚比。

2）当高厚比不能满足要求时，可采取以下措施：

① 增加墙体厚度；

② 加设壁柱（即墙垛）；

③ 加设构造柱；

④ 减小横墙间距。

（2）要注意控制横墙的间距。

砖砌体房屋的静力计算有三种计算方案（表 2-1）：

① 刚性方案。在荷载作用下，楼层视为墙、柱的不动铰支座。即认为房屋不产生水平位移（图 2-11）。

**房屋静力计算方案确定表** **表 2-1**

| 屋盖或楼盖类别 | | 刚性方案 | 刚弹性方案 | 弹性方案 |
|---|---|---|---|---|
| 1 | 整体式、装配整体式和装配式无檩体系钢筋混凝土屋盖或楼盖 | $s<32$ | $32\leqslant s\leqslant 72$ | $s>72$ |
| 2 | 装配式有檩体系钢筋混凝土屋盖、轻钢屋盖和有密铺望板的木屋盖或木楼盖 | $s<20$ | $20\leqslant s\leqslant 48$ | $s>48$ |
| 3 | 瓦材屋面的木屋盖和轻钢屋盖 | $s<16$ | $16\leqslant s\leqslant 36$ | $s>36$ |

注：$s$ 为房屋横墙间距，单位为 m。

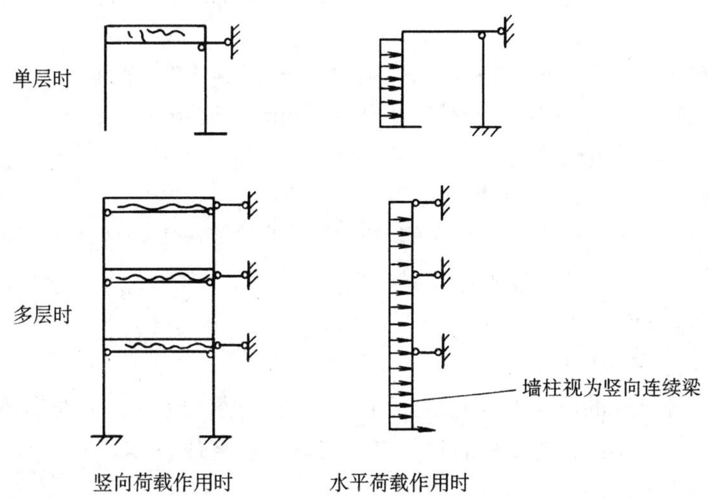


图 2-11 刚性方案

② 刚弹性方案。在荷载作用下，楼层视为墙柱可动铰支座，楼盖平面较大，可考虑空间工作的平面排架或框架计算。其空间影响系数可按《砌体规范》表 4.2.4 采用。

③ 弹性方案。房屋在水平力作用下将产生水平位移，房屋的静力计算可按屋架、大梁与墙（柱）为铰接的不考虑空间工作的平面排架或框架计算（图 2-12）。

（3）纵墙尽可能贯通。

（4）预制钢筋混凝土板在混凝土圈梁上的支承长度不应小于 80mm，板端伸出的钢筋应与圈梁可靠连接，且同时浇筑；预制钢筋混凝土板在墙上的支承长度不应小于 100mm，并应按下列方法进行连接：

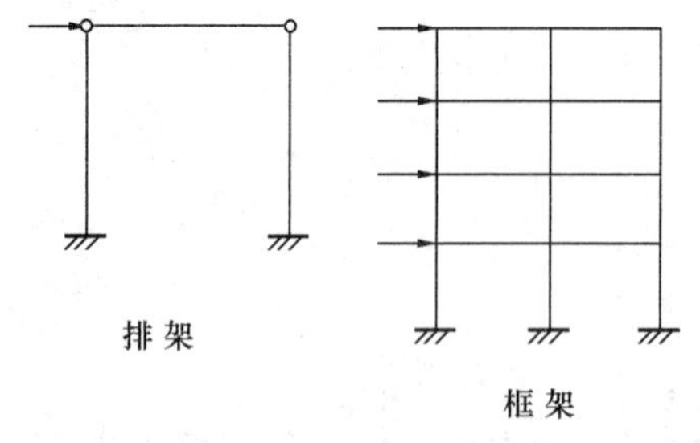


图 2-12　弹性方案

① 板支承于内墙时，板端钢筋伸出长度不应小于 70mm，且与支座处沿墙配置的纵筋绑扎，用强度等级不应低于 C25 的混凝土浇筑成板带；

② 板支承于外墙时，板端钢筋伸出长度不应小于 100mm，且与支座处沿墙配置的纵筋绑扎，并用强度等级不应低于 C25 的混凝土浇筑成板带；

③ 预制钢筋混凝土板与现浇板对接时，预制板端钢筋应伸入现浇板中进行连接后，再浇筑现浇板。

(5) 墙体转角处和纵横墙交接处应沿竖向每隔 400～500mm 设拉结钢筋，其数量为每 120mm墙厚不少于 1 根直径 6mm 的钢筋；或采用焊接钢筋网片，埋入长度从墙的转角或交接处算起，对实心砖墙每边不小于 500mm，对多孔砖墙和砌块墙不小于 700mm。

(6) 填充墙、隔墙应分别采取措施与周边主体结构构件可靠连接，连接构造和嵌缝材料应能满足传力、变形、耐久和防护要求。

(7) 在砌体中留槽洞及埋设管道时，应遵守下列规定：

① 不应在截面长边小于 500mm 的承重墙体、独立柱内埋设管线；

② 不宜在墙体中穿行暗线或预留、开凿沟槽，当无法避免时应采取必要的措施或按削弱后的截面验算墙体的承载力。

注：对受力较小或未灌孔的砌块砌体，允许在墙体的竖向孔洞中设置管线。

(8) 承重的独立砖柱截面尺寸不应小于 240mm×370mm。毛石墙的厚度不宜小于 350mm，毛料石柱较小边长不宜小于 400mm。

注：当有振动荷载时，墙、柱不宜采用毛石砌体。

(9) 支承在墙、柱上的吊车梁、屋架及跨度大于或等于下列数值的预制梁的端部，应采用锚固件与墙、柱上的垫块锚固：

① 对砖砌体为 9m；

② 对砌块和料石砌体为 7.2m。

(10) 跨度大于 6m 的屋架和跨度大于下列数值的梁，应在支承处砌体上设置混凝土或钢筋混凝土垫块；当墙中设有圈梁时，垫块与圈梁宜浇成整体。

① 对砖砌体为 4.8m；

② 对砌块和料石砌体为 4.2m；

③ 对毛石砌体为 3.9m。

(11) 当梁跨度大于或等于下列数值时，其支承处宜加设壁柱，或采取其他加强措施：

① 对 240mm 厚的砖墙为 6m；对 180mm厚的砖墙为 4.8m；

② 对砌块、料石墙为 4.8m。

(12) 山墙处的壁柱或构造柱宜砌至山墙顶部，且屋面构件应与山墙可靠拉结。

(13) 砌块砌体应分皮错缝搭砌，上下皮搭砌长度不应小于 90mm。当搭砌长度不满足上述要求时，应在水平灰缝内设置不小于 2 根直径不小于 4mm 的焊接钢筋网片（横向钢筋的间距不应大于 200mm，网片每端应伸出该垂直缝不小于 300mm）。

(14) 砌块墙与后砌隔墙交接处，应沿墙高每 400mm 在水平灰缝内设置不少于 2 根直径不小于 4mm、横筋间距不应大于 200mm 的焊接钢筋网片（图 2-13）。

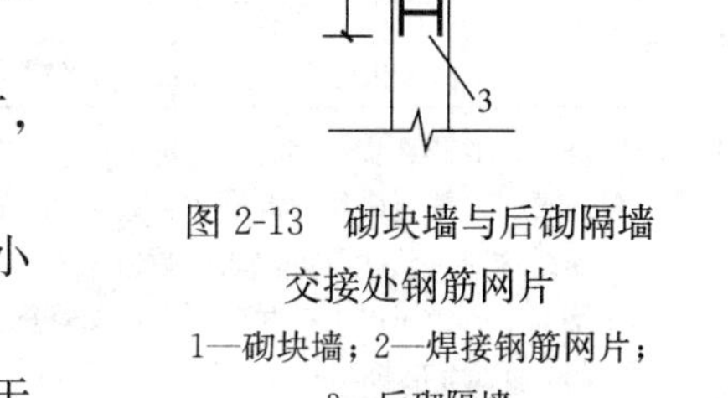

图 2-13 砌块墙与后砌隔墙交接处钢筋网片
1—砌块墙；2—焊接钢筋网片；3—后砌隔墙

（15）混凝土砌块房屋，宜将纵横墙交接处，距墙中心线每边不小于 300mm 范围内的孔洞，采用不低于 Cb20 混凝土沿全墙高灌实。

（16）混凝土砌块墙体的下列部位，如未设圈梁或混凝土垫块，应采用不低于 Cb20 混凝土将孔洞灌实：

① 搁栅、檩条和钢筋混凝土楼板的支承面下，高度不应小于 200mm 的砌体；

② 屋架、梁等构件的支承面下，长度不应小于 600mm，高度不应小于 600mm 的砌体；

③ 挑梁支承面下，距墙中心线每边不应小于 300mm，高度不应小于 600mm 的砌体。

（17）夹心墙的夹层厚度，不宜大于 120mm。

（18）外叶墙的砖及混凝土砌块的强度等级，不应低于 MU10。

（19）夹心墙的有效面积，应取承重或主叶墙的面积。高厚比验算时，夹心墙的有效厚度，按下式计算：

$$h_l = \sqrt{h_1^2 + h_2^2} \tag{2-11}$$

式中 $h_l$——夹心复合墙的有效厚度；

$h_1$、$h_2$——分别为内、外叶墙的厚度。

（20）夹心墙外叶墙的最大横向支承间距，宜按下列规定采用：设防烈度为 6 度时不宜大于 9m，7 度时不宜大于 6m，8、9 度时不宜大于 3m。

（21）夹心墙的内、外叶墙，应由拉结件可靠拉结，拉结件宜符合下列规定：

① 当采用环形拉结件时，钢筋直径不应小于 4mm，当为 Z 形拉结件时，钢筋直径不应小于 6mm；拉结件应沿竖向梅花形布置，拉结件的水平和竖向最大间距分别不宜大于 800mm 和 600mm；对有振动或有抗震设防要求时，其水平和竖向最大间距分别不宜大于 800mm 和 400mm；

② 当采用可调拉结件时，钢筋直径不应小于 4mm，拉结件的水平和竖向最大间距均不宜大于 400mm。叶墙间灰缝的高差不大于 3mm，可调拉结件中孔眼和扣钉间的公差不大于 1.5mm；

③ 当采用钢筋网片作拉结件时，网片横向钢筋的直径不应小于 4mm；其间距不应大于 400mm；网片的竖向间距不宜大于 600mm；对有振动或有抗震设防要求时，不宜大于 400mm；

④ 拉结件在叶墙上的搁置长度，不应小于叶墙厚度的 2/3，并不应小于 60mm；

⑤ 门窗洞口周边 300mm 范围内应附加间距不大于 600mm 的拉结件。

（22）在正常使用条件下，应在墙体中设置伸缩缝。伸缩缝应设在因温度和收缩变形引起应力集中、砌体产生裂缝可能性最大处。伸缩缝的间距可按表 2-2 采用。

**砌体房屋伸缩缝的最大间距（m）** **表 2-2**

| 屋盖或楼盖类别 | | 间 距 |
|---|---|---|
| 整体式或装配整体式钢筋混凝土结构 | 有保温层或隔热层的屋盖、楼盖 | 50 |
| | 无保温层或隔热层的屋盖 | 40 |
| 装配式无檩体系钢筋混凝土结构 | 有保温层或隔热层的屋盖、楼盖 | 60 |
| | 无保温层或隔热层的屋盖 | 50 |
| 装配式有檩体系钢筋混凝土结构 | 有保温层或隔热层的屋盖 | 75 |
| | 无保温层或隔热层的屋盖 | 60 |
| 瓦材屋盖、木屋盖或楼盖、轻钢屋盖 | | 100 |

注：1. 对烧结普通砖、烧结多孔砖、配筋砌块砌体房屋，取表中数值；对石砌体、蒸压灰砂普通砖、蒸压粉煤灰普通砖、混凝土砌块、混凝土普通砖和混凝土多孔砖房屋，取表中数值乘以 0.8 的系数，当墙体有可靠外保温措施时，其间距可取表中数值；

2. 在钢筋混凝土屋面上挂瓦的屋盖应按钢筋混凝土屋盖采用；

3. 层高大于 5m 的烧结普通砖、烧结多孔砖、配筋砌块砌体结构单层房屋，其伸缩缝间距可按表中数值乘以 1.3；

4. 温差较大且变化频繁地区和严寒地区不采暖的房屋及构筑物墙体的伸缩缝的最大间距，应按表中数值予以适当减小；

5. 墙体的伸缩缝应与结构的其他变形缝相重合，缝宽度应满足各种变形缝的变形要求；在进行立面处理时，必须保证缝隙的变形作用。

（23）房屋顶层墙体，宜根据情况采取下列措施：

① 屋面应设置保温、隔热层；

② 屋面保温（隔热）层或屋面刚性面层及砂浆找平层应设置分隔缝，分隔缝间距不宜大于 6m，其缝宽不小于 30mm，并与女儿墙隔开；

③ 采用装配式有檩体系钢筋混凝土屋盖和瓦材屋盖；

④ 顶层屋面板下设置现浇钢筋混凝土圈梁，并沿内外墙拉通，房屋两端圈梁下的墙体内宜设置水平钢筋；

⑤ 顶层墙体有门窗等洞口时，在过梁上的水平灰缝内设置 2～3 道焊接钢筋网片或 2 根直径 6mm 钢筋，焊接钢筋网片或钢筋应伸入洞口两端墙内不小于 600mm；

⑥ 顶层及女儿墙砂浆强度等级不低于 M7.5（Mb7.5、Ms7.5）；

⑦ 女儿墙应设置构造柱，构造柱间距不宜大于 4m，构造柱应伸至女儿墙顶并与现浇钢筋混凝土压顶整浇在一起；

⑧ 对顶层墙体施加竖向预应力。

（24）房屋底层墙体，宜根据情况采取下列措施：

① 增大基础圈梁的刚度；

② 在底层的窗台下墙体灰缝内设置 3 道焊接钢筋网片或 2 根直径 6mm 钢筋，并应伸入两边窗间墙内不小于 600mm。

（25）在每层门、窗过梁上方的水平灰缝内及窗台下第一和第二道水平灰缝内，宜设置焊接钢筋网片或 2 根直径 6mm 钢筋，焊接钢筋网片或钢筋应伸入两边窗间墙内不小于 600mm。当墙长大于 5m 时，宜在每层墙高度中部设置 2～3 道焊接钢筋网片或 3 根直径 6mm 的通长水平钢筋，竖向间距为 500mm。

（26）房屋两端和底层第一、第二开间门窗洞处，可采取下列措施：

① 在门窗洞口两边墙体的水平灰缝中，设置长度不小于900mm、竖向间距为400mm的2根直径4mm的焊接钢筋网片。

② 在顶层和底层设置通长钢筋混凝土窗台梁，窗台梁高宜为块材高度的模数，梁内纵筋不少于4根，直径不小于10mm，箍筋直径不小于6mm，间距不大于200mm，混凝土强度等级不低于C20。

③ 在混凝土砌块房屋门窗洞口两侧不少于一个孔洞中设置直径不小于12mm的竖向钢筋，竖向钢筋应在楼层圈梁或基础内锚固，孔洞用不低于Cb20混凝土灌实。

(27) 填充墙砌体与梁、柱或混凝土墙体结合的界面处（包括内、外墙），宜在粉刷前设置钢丝网片，网片宽度可取400mm，并沿界面缝两侧各延伸200mm，或采取其他有效的防裂、盖缝措施。

(28) 当房屋刚度较大时，可在窗台下或窗台角处墙体内、在墙体高度或厚度突然变化处设置竖向控制缝。竖向控制缝宽度不宜小于25mm，缝内填以压缩性能好的填充材料，且外部用密封材料密封，并采用不吸水的、闭孔发泡聚乙烯实心圆棒（背衬）作为密封膏的隔离物（图2-14）。

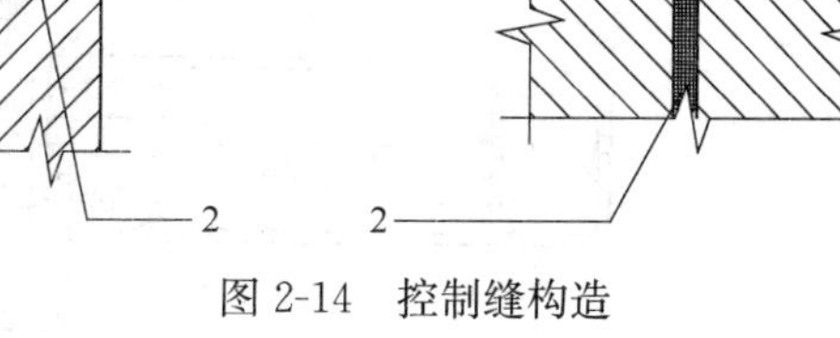


图2-14 控制缝构造

1—不吸水的、闭孔发泡聚乙烯实心圆棒；
2—柔软、可压缩的填充物

(29) 夹心复合墙的外叶墙宜在建筑墙体适当部位设置控制缝，其间距宜为6～8m。

(30) 设计使用年限为50年时，地面以下或防潮层以下的砌体，所用材料的最低强度等级应符合表2-3的规定：

**地面以下或防潮层以下的砌体、潮湿房间的墙所用材料的最低强度等级　　表2-3**

| 潮湿程度 | 烧结普通砖 | 混凝土普通砖、蒸压普通砖 | 混凝土砌块 | 石材 | 水泥砂浆 |
|---|---|---|---|---|---|
| 稍潮湿的 | MU15 | MU20 | MU7.5 | MU30 | M5 |
| 很潮湿的 | MU20 | MU20 | MU10 | MU30 | M7.5 |
| 含水饱和的 | MU20 | MU25 | MU15 | MU40 | M10 |

注：1. 在冻胀地区，地面以下或防潮层以下的砌体，不宜采用多孔砖，如采用时，其孔洞应用不低于M10的水泥砂浆预先灌实。当采用混凝土空心砌块时，其孔洞应采用强度等级不低于Cb20的混凝土预先灌实。
2. 对安全等级为一级或设计使用年限大于50a的房屋，表中材料强度等级应至少提高一级。

## (五) 多层砖砌体房屋的楼盖

### 1. 装配式楼盖(由预制板和预制梁组成)

(1) 预制板

实心楼板，槽形板。

预应力空心楼板：短向板，长向板。

预应力空心大楼板。

双钢筋叠合板。

预应力叠合板。

优点：节约模板，施工速度快，有利于建筑工业化，节约钢材。

缺点：楼层整体性较差，抗震性能不如现浇楼盖，必须有起重设备，开间尺寸受限制。

（2）预制梁

其优、缺点同预制板。

**2. 现浇楼盖**

现浇楼盖一般由现浇楼板和现浇梁组成。

（1）单向板肋形楼盖或平板楼盖［图 2-15（$a$）］。

（2）双向板肋形楼盖。

（3）主梁、次梁［图 2-15（$b$）～（$e$）］。

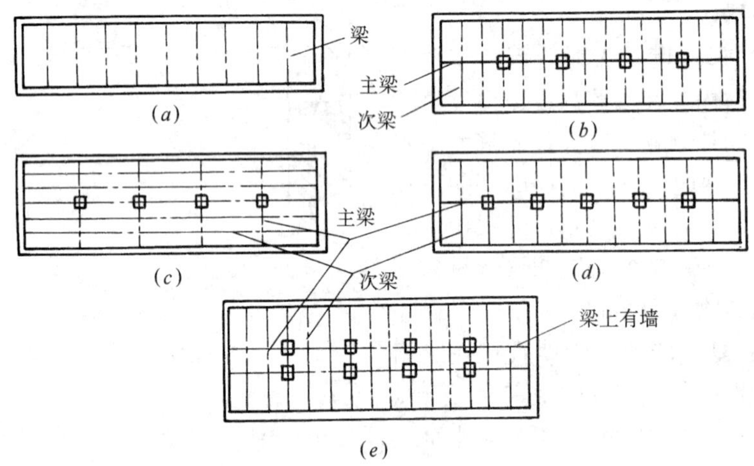


图 2-15　单向板楼盖的几种结构布置

（4）梁、板的经济跨度：

单向板：2～3m

双向板：3～6m

次梁：3～5m

主梁：5～8m

（5）梁、板常用截面尺寸参考值（表 2-4）：

板厚

- 单向板
  - 单跨简支时　$h \geqslant \dfrac{l}{30}$
  - 多跨连续时　$h \geqslant \dfrac{l}{40}$
  - 且：屋顶板 $h \geqslant 6\text{cm}$；楼面板 $h \geqslant 6\text{cm}$
- 双向板
  - 单跨简支时　$h \geqslant \dfrac{l}{40}$
  - 多跨连续时　$h \geqslant \dfrac{l}{50}$
  - 且 $h \geqslant 8\text{cm}$
- 悬臂板　$h \geqslant \dfrac{l}{12}$
- 无梁板
  - 有托板 $\dfrac{l}{32} \sim \dfrac{l}{40}$
  - 无托板 $\dfrac{l}{30} \sim \dfrac{l}{35}$

**梁截面参考值表** 表 2-4

| 截面　　$b\times h$ | 主梁 | 次梁 | 悬臂梁 |
|---|---|---|---|
| 梁高 $h$ | $\left(\frac{1}{9}\sim\frac{1}{13}\right)l$ | $\left(\frac{1}{11}\sim\frac{1}{15}\right)l$ | $\geqslant\frac{l}{6}$ |
| 梁宽 $b$ | $\left(\frac{2}{3}\sim\frac{1}{3}\right)h$ | $\left(\frac{1}{2}\sim\frac{1}{3}\right)h$ | $\left(\frac{1}{2}\sim\frac{1}{3}\right)h$ |

注：$l$——梁板的跨度。简支梁 $h=\left(\frac{1}{12}\sim\frac{1}{15}\right)l$；连续梁 $h=\left(\frac{1}{12}\sim\frac{1}{20}\right)l$；井字梁 $h=\left(\frac{1}{15}\sim\frac{1}{20}\right)l$；单向密肋梁 $h=\left(\frac{1}{18}\sim\frac{1}{22}\right)l$。

（6）现浇钢筋混凝土板的厚度不应小于表 2-5 规定的数值。

**现浇钢筋混凝土板的最小厚度**（mm） 表 2-5

| 板　的　类　别 | | 最小厚度 | 板　的　类　别 | | 最小厚度 |
|---|---|---|---|---|---|
| 单向板 | 屋面板 | 60 | 密肋板 | 肋间距小于或等于 700mm | 40 |
| | 民用建筑楼板 | 60 | | 肋间距大于 700mm | 50 |
| | 工业建筑楼板 | 70 | 悬臂板 | 板的悬臂长度小于或等于 500mm | 60 |
| | 行车道下的楼板 | 80 | | 板的悬臂长度大于 500mm | 80 |
| 双　向　板 | | 80 | 无　梁　楼　板 | | 150 |

（7）混凝土板应按下列原则进行计算：

1）两对边支承的板应按单向板计算；

2）四边支承的板应按下列规定计算：

①当长边与短边长度之比小于或等于 2.0 时，应按双向板计算；

②当长边与短边长度之比大于 2.0，但小于 3.0 时，宜按双向板计算；当按沿短边方向受力的单向板计算时，应沿长边方向布置足够数量的构造钢筋。

## 二、框架结构体系

### （一）框架结构的特点与优点

#### 1. 基本概念

（1）框架是由梁和柱刚性连接的骨架结构。

（2）框架结构采用的材料：

① 型钢；

② 钢筋混凝土。

#### 2. 框架结构的特点

（1）框架的连接点是刚节点，是一个几何不变体。

（2）在竖向荷载作用下，梁、柱互相约束，从而减少横梁的跨中弯矩，其变形及弯矩图见图 2-16。

（3）在水平力作用下，梁柱的刚接可提高柱子的抗推刚度减小水平变形，成为很好的抗侧力结构（图 2-17）。

#### 3. 框架结构的优点

（1）框架结构所用的钢筋混凝土或型钢有很好的抗压和抗弯能力，因此，可以加大建筑物的空间和高度。

（2）可以减小建筑物的质量。

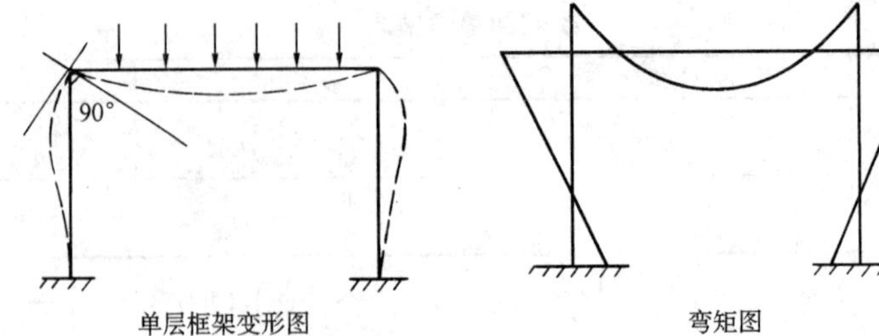


图 2-16　单层框架（刚架）竖向荷载作用下变形及弯矩图

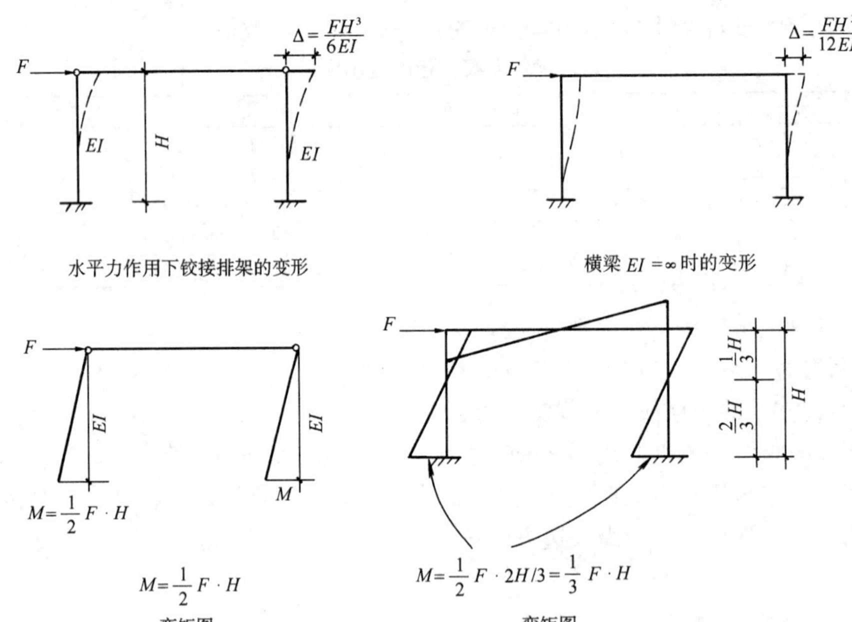


图 2-17

（3）有较好的抗震能力。

（4）有较好的延性。

（5）有较好的整体性。

**4. 框架结构的缺点**

因构件截面尺寸不可能太大，故强度和刚度受到一定限制，因此房屋的高度受到限制。

**（二）框架结构的类型**

**1. 按构件组成划分为两种类型**

（1）梁板式结构。由梁、板、柱三种基本构件组成骨架形成的框架结构。

（2）无梁式结构。由板和柱子组成的结构。

**2. 按框架的施工方法划分为四种类型**

（1）现浇整体式框架

框架全部构件均在现场现浇成整体。

① 整体性和抗震性能好；

② 构件尺寸不受标准构件限制。

（2）装配式框架

框架全部构件采用预制装配：

① 可加速施工进度，提高建筑工业化程度；

② 节点构造刚性差，抗震性能差。

（3）半现浇框架

梁、柱现浇，楼板预制或现浇，预制梁板。

① 梁、柱整体性较好，适用于抗震建筑；

② 楼板预制可节约模板，约20%。

（4）装配整体式框架

预制梁、柱，装配时通过局部现浇混凝土使构件连接成整体。

① 保证了节点的刚接，结构整体性好；

② 可省去连接件；

③ 增加了后浇混凝土工序；

④ 比全现浇可节省模板及加快进度。

**（三）框架结构的平面布置方式（图2-18）**

（1）横向为主要承重框架，纵向为连系梁，只适用于非地震区。

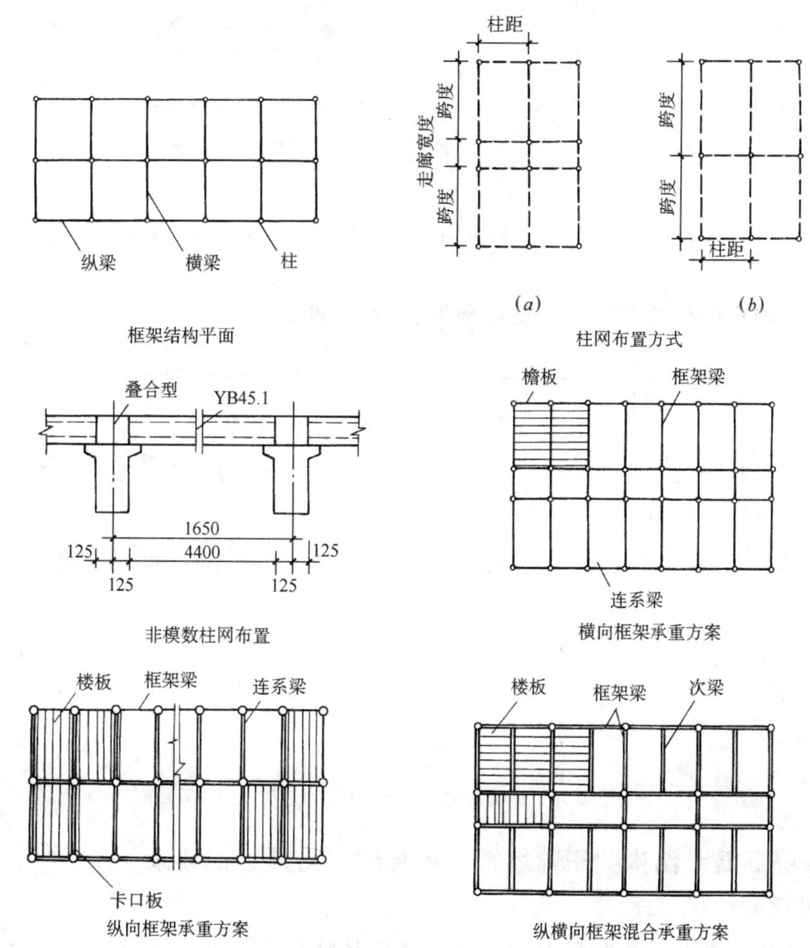


图2-18

（a）内廊式；（b）跨度组合式

（2）纵向为主要承重框架，横向为连系梁：

① 有利于提高楼层净高的有效利用。

② 房间的使用和划分比较灵活。

③ 不适用于地震区。

（3）主要承重框架纵横两个方向布置：

① 当两个方向的水平力相差不大时，则必须采用这种布置。

② 适用于地震区及平面为正方形的房屋。

**（四）框架结构的受力特性**

**1. 框架结构在竖向力作用下的变形和弯矩(图 2-19)**

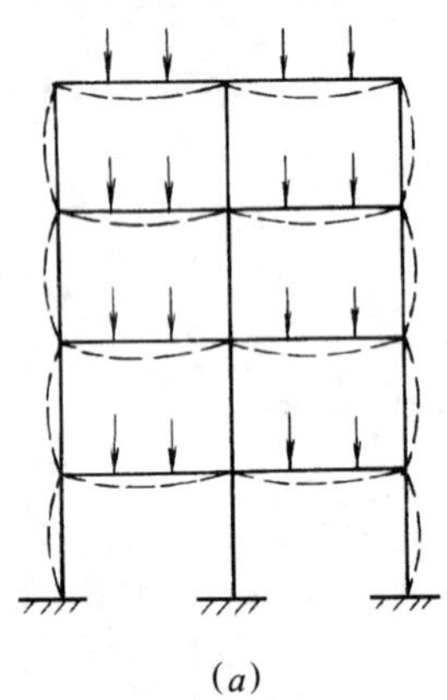

（*a*）

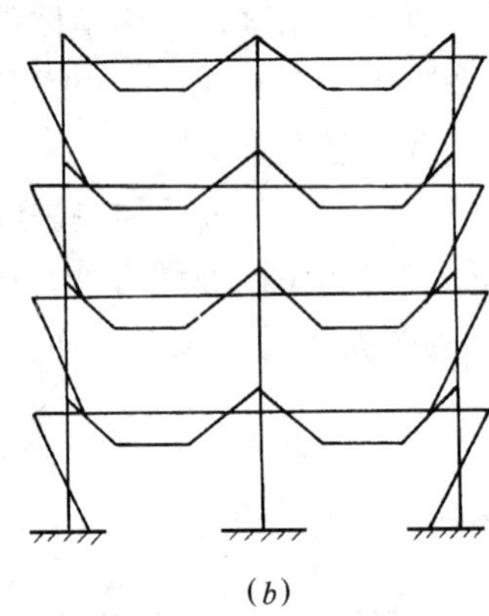

（*b*）

图 2-19

（*a*）框架在竖向力作用下的变形；（*b*）框架在竖向力作用下产生的弯矩

**2. 框架结构在水平力作用下的变形和弯矩(图 2-20)**

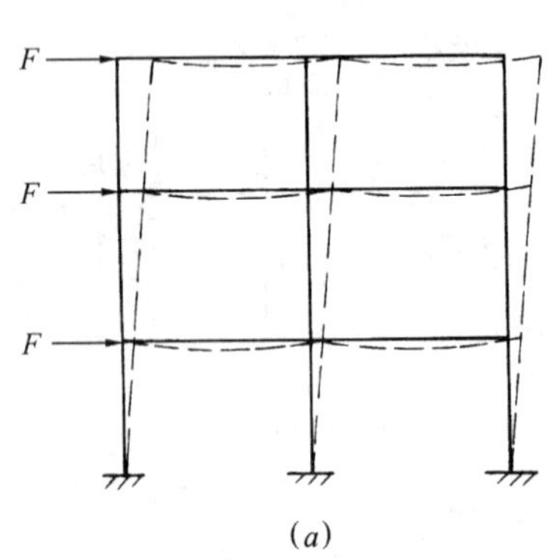


（*a*）

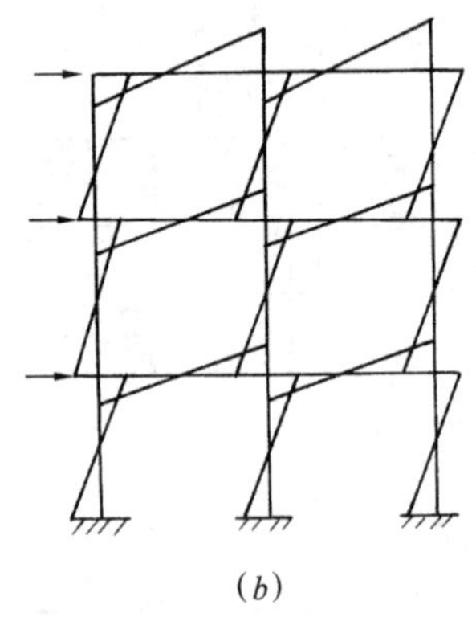

（*b*）

图 2-20

（*a*）水平力作用下框架的变形；（*b*）水平力作用下框架的弯矩

## 三、钢筋混凝土结构关于伸缩缝、沉降缝、防震缝的要求

**（一）伸缩缝**

（1）为防止由于温差和混凝土干缩引起钢筋混凝土的开裂，应在结构中设置伸缩缝，钢筋混凝土结构伸缩缝的最大间距宜符合表 2-6 的规定。

**钢筋混凝土结构伸缩缝最大间距（m）** **表 2-6**

| 结构类别 | | 室内或土中 | 露天 |
|---|---|---|---|
| 排架结构 | 装配式 | 100 | 70 |
| 框架结构 | 装配式 | 75 | 50 |
| | 现浇式 | 55 | 35 |
| 剪力墙结构 | 装配式 | 65 | 40 |
| | 现浇式 | 45 | 30 |
| 挡土墙、地下室墙壁等类结构 | 装配式 | 40 | 30 |
| | 现浇式 | 30 | 20 |

注：1. 装配整体式结构房屋的伸缩缝间距宜按表中现浇式的数值取用；

2. 框架-剪力墙结构或框架-核心筒结构房屋的伸缩缝间距可根据结构的具体布置情况取表中框架结构与剪力墙结构之间的数值；

3. 当屋面无保温或隔热措施时，框架结构、剪力墙结构的伸缩缝间距宜按表中露天栏的数值取用；

4. 现浇挑檐、雨罩等外露结构的伸缩缝间距不宜大于 12m。

（2）对下列情况，表 2-6 中的伸缩缝最大间距宜适当减小：

① 柱高（从基础顶面算起）低于 8m 的排架结构；

② 屋面无保温或隔热措施的排架结构；

③ 位于气候干燥地区、夏季炎热且暴雨频繁地区的结构或经常处于高温作用下的结构；

④ 采用滑模类施工工艺的剪力墙结构；

⑤ 材料收缩较大、室内结构因施工外露时间较长等。

（3）对下列情况，如有充分依据和可靠措施，表 2-6 中的伸缩缝最大间距可适当大：

① 混凝土浇筑采用后浇带分段施工；后浇带的间距 30～40m，后浇带的位置，应设置于温度应力较大的部位，构件受力较小的部位，一般在跨距的 1/3 处；带宽 800～1000mm；钢筋采用搭接接头，后浇带混凝土宜在两个月后浇灌，混凝土强度等级应提高一级；

② 采用专门的预应力措施；

③ 采用减小混凝土温度变化或收缩的措施。

当增大伸缩缝间距时，尚应考虑温度变化和混凝土收缩对结构的影响。

**（二）沉降缝**

（1）当建筑物体形比较复杂，地基土比较软弱或压缩性不均匀时，宜根据其平面形状和高度差异情况，在适当部位用沉降缝将其划分成若干个刚度较好的单元；当高度差异或荷载差异较大时，可将两者隔开一定距离。当拉开距离后的两单元必须连接时，应采用能自由沉降的连接构造。

（2）建筑物的下列部位，宜设置沉降缝：

① 建筑平面的转折部位；

② 高度差异或荷载差异处；

③ 长高比过大的砌体承重结构或钢筋混凝土框架结构的适当部位；

④ 地基土的压缩性有显著差异处；

⑤ 建筑结构或基础类型不同处；

⑥ 分期建造房屋的交界处。

沉降缝应有足够的宽度，缝宽可按表 2-7 选用。

**房屋沉降缝的宽度** **表 2-7**

| 房　屋　层　数 | 沉　降　缝　宽　度（mm） |
|---|---|
| 二～三 | 50～80 |
| 四～五 | 80～120 |
| 五　层　以　上 | 不小于 120 |

（3）相邻建筑物基础间的净距，可按表 2-8 选用。

**相邻建筑物基础间的净距（m）** **表 2-8**

| 被影响建筑的长高比 / 影响建筑的预估平均沉降量 $s$（mm） | $2.0 \leqslant \frac{L}{H_f} < 3.0$ | $3.0 \leqslant \frac{L}{H_f} < 5.0$ |
|---|---|---|
| 70～150 | 2～3 | 3～6 |
| 160～250 | 3～6 | 6～9 |
| 260～400 | 6～9 | 9～12 |
| ＞400 | 9～12 | ≥12 |

注：1. 表中 $L$ 为建筑物长度或沉降缝分隔的单元长度（m）；$H_f$ 为自基础底面标高算起的建筑物高度（m）；

2. 当被影响建筑的长高比为 $1.5 < L/H_f < 2.0$ 时，其间净距可适当缩小。

3. 当高层建筑与相连的裙房之间不设置沉降缝时，宜在裙房一侧设置后浇带，其位置宜设在自主楼边柱算起的第二跨内，后浇带宽 800～1000mm，后浇带混凝土的强度等级应提高一级，需根据实测沉降值，并计算后期沉降差，当能满足设计要求后（或主体结构完工后）方可进行浇注。

**（三）防震缝**

钢筋混凝土房屋宜避免采用《建筑抗震设计规范》GB 50011—2010 第 3.4 节规定的不规则建筑结构方案，不设防震缝；当需要设置防震缝时，应符合下列规定：

（1）防震缝最小宽度应符合下列要求：

① 框架结构房屋的防震缝宽度，当高度不超过 15m 时可采用 100mm；超过 15m 时，6 度、7 度、8 度和 9 度相应每增加高度 5m、4m、3m 和 2m，宜加宽 20mm。

② 框架-抗震墙结构房屋的防震缝宽度可采用（1）项规定数值的 70%，抗震墙结构房屋的防震缝宽度可采用（1）项规定数值的 50%；且均不宜小于 100mm。

③ 防震缝两侧结构类型不同时，宜按需要较宽防震缝的结构类型和较低房屋高度确定缝宽。

（2）8 度、9 度框架结构房屋防震缝两侧结构高度、刚度或层高相差较大时，可在缝两侧房屋的尽端沿全高设置垂直于防震缝的抗撞墙，每一侧抗撞墙的数量不应少于两道，宜分别对称布置，墙肢长度可不大于一个柱距，框架和抗撞墙的内力应按设置和不设置抗撞墙两种情况分别进行分析，并按不利情况取值。防震缝两侧抗撞墙的端柱和框架的边柱，箍筋应沿房屋全高加密。

(3) 有抗震设防要求的建筑物，当需要设置伸缩缝或沉降缝时，其缝宽及结构布置均应满足防震缝的要求。

(4) 防震缝两侧应形成各自独立的结构单元，即在防震缝处，应设置双柱（双墙）。

(5) 防震缝只需设置于上部结构。

**例 2-1** 现浇框架结构在露天情况下伸缩缝的最大距离为：

A 不超过 10m　　B 35m

C 两倍房宽　　D 不受限制

**解析：** 按规范要求，现浇钢筋混凝土框架结构在露天环境下伸缩缝的最大距离为 35m。

**答案：** B

**规范：** 《混凝土结构设计规范》第 8.1.1 条表 8.1.1。

## 第三节　单层厂房的结构体系

### 一、单层工业厂房的结构形式

(1) 单层钢筋混凝土柱厂房：主要承重构件采用钢筋混凝土柱，钢筋混凝土屋架（薄腹梁）或钢屋架。当有吊车时，一般采用钢筋混凝土吊车梁。

(2) 单层钢结构厂房：可采用刚接框架、铰接框架、门式刚架或其他结构体系。

门式刚架轻型厂房：门式刚架是由柱和梁结合在一起，形状像门字的结构。有钢筋混凝土门式刚架和钢门式刚架两种。其形状如图 2-21 所示。

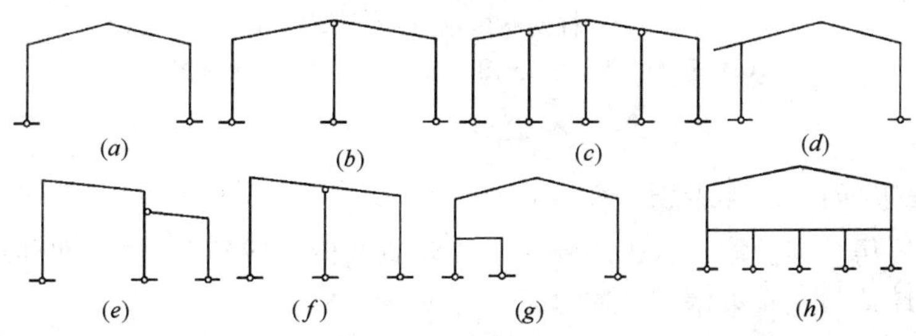


图 2-21　门式刚架形式示例

(a) 单跨刚架；(b) 双跨刚架；(c) 多跨刚架；(d) 带挑檐刚架；(e) 带毗屋刚架；(f) 单坡刚架；(g) 纵向带夹层刚架；(h) 端跨带夹层刚架

(3) 单层砖柱厂房，是指内烧结普通砖、混凝土普通砖砌筑的砖柱承重的中小型单层工业厂房。

### 二、单层工业厂房的柱网布置

单层厂房柱子的开间尺寸一般均为 6.0m，当有特殊需要时，也可为：9m、12m。厂房的跨度（即柱子的进深间距）一般为：9m、12m、15m、18m、21m、24m、27m、30m……柱网的尺寸都是3.0m的模数。厂房的山墙应布置抗风柱，其间距一般为6.0m，亦可根据山墙门洞位置，调整确定抗风柱的位置（图2-22）。

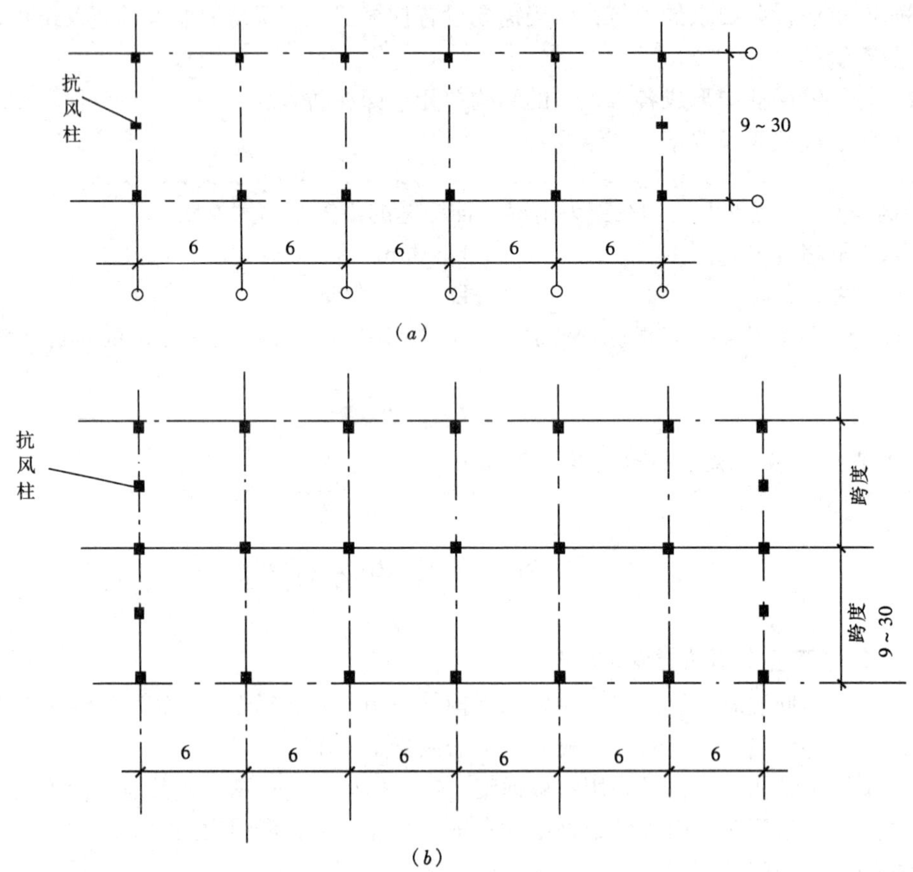


图2-22 柱网布置示意图（单位：m）

(a) 单跨柱网布置示意图；(b) 多跨柱网布置示意图

## 三、单层工业厂房围护墙

单层工业厂房的围护墙，宜采用外贴式的轻质墙体（或砖砌体），即外墙体紧贴柱外皮设置，轻质墙体与柱宜采用柔性连接。

(1) 当有抗震设防要求时，单层钢筋混凝土柱厂房的砌体隔墙和围护墙应符合下列要求：

1) 砌体隔墙与柱宜脱开或柔性连接，并应采取措施使墙体稳定，隔墙顶部应设现浇钢筋混凝土压顶梁。

2) 厂房的砌体围护墙宜采用外贴式并与柱可靠拉结；不等高厂房的高跨封墙和纵横向厂房交接处的悬墙采用砌体时，不应直接砌在低跨屋盖上。

3) 砌体围护墙在下列部位应设置现浇钢筋混凝土圈梁：

① 梯形屋架端部上弦和柱顶的标高处应各设一道，但屋架端部高度不大于900mm时

可合并设置。

② 8 度和 9 度时，应按上密下稀的原则，每隔 4m 左右在窗顶增设一道圈梁，不等高厂房的高低跨封墙和纵墙跨交接处的悬墙，圈梁的竖向间距不应大于 3m。

③ 山墙沿屋面应设钢筋混凝土卧梁，并应与屋架端部上弦标高处的圈梁连接。

4）圈梁的构造应符合下列规定：

① 圈梁宜闭合，圈梁截面宽度宜与墙厚相同，截面高度不应小于 180mm；圈梁的纵筋，6～8 度时不应少于 4$\phi$12，9 度时不应少于 4$\phi$14。

② 厂房转角处柱顶圈梁在端开间范围内的纵筋，6～8 度时不宜少于 4$\phi$14，9 度时不宜少于 4$\phi$16，转角两侧各 1m 范围内的箍筋直径不宜小于 $\phi$8，间距不宜大于 100mm；圈梁转角处应增设不少于 3 根且直径与纵筋相同的水平斜筋。

③ 圈梁应与柱或屋架牢固连接，山墙卧梁应与屋面板拉结；顶部圈梁与柱或屋架连接的锚拉钢筋不宜少于 4$\phi$12，且锚固长度不宜少于 35 倍钢筋直径，防震缝处圈梁与柱或屋架的拉结宜加强。

5）8 度Ⅲ、Ⅳ类场地和 9 度时，砖围护墙下的预制基础梁应采用现浇接头；当另设条形基础时，在柱基础顶面标高处应设置连续的现浇钢筋混凝土圈梁，其配筋不应少于 4$\phi$12。

6）墙梁宜采用现浇，当采用预制墙梁时，梁底应与砖墙顶面牢固拉结并应与柱锚拉；厂房转角处相邻的墙梁，应相互可靠连接。

（2）有抗震设防要求的单层钢结构厂房的砌体围护墙不应采用嵌式，8 度时尚应采取措施，使墙体不妨碍厂房柱列沿纵向的水平位移。

## 四、单层工业厂房的屋盖结构

### 1. 组成

一般由屋面梁（或屋架）、屋面板、檩条、托架、天窗架、屋盖支撑系统等组成。

（1）屋面根据材料的不同分为：由轻型板材组成的有檩体系和由大型屋面板（预制）组成的无檩体系。

（2）有檩体系是在屋面梁（或屋架）上铺设檩条，檩条上放置轻型板材而成。檩条的间距 1.0～5.0m，视轻型板材的承载能力而定，支承檩条的屋架间距一般为 6.0～12.0m，屋面坡度为 1/20～1/50。

（3）无檩体系是指在屋面梁或屋架上，直接放置预制大型钢筋混凝土预制板的屋盖。大型屋面板的尺寸一般为 1.5m×6.0m、3.0m×6.0m，屋架间距为 6.0m，屋面坡度为1/10～1/12。

### 2. 屋盖支撑系统

（1）屋盖结构的支撑系统，通常由下列支撑组成：

① 屋架和天窗架的横向支撑；还可分为屋架和天窗架的上弦横向支撑以及屋架下弦横向水平支撑。

② 屋架的纵向支撑；还可分为屋架上弦纵向支撑和屋架下弦纵向水平支撑。

③ 屋架和天窗架的垂直支撑。

④ 屋架和天窗架的水平系杆；还可分为屋架和天窗架上弦水平系杆以及屋架下弦水

平系杆。

所有支撑应与屋架、托架、天窗架和檩条（或大型屋面板）等组成完整的体系。

（2）屋盖结构的支撑形式一般可按以下要求采用：

① 屋架和天窗架的上弦横向支撑，屋架下弦横向水平支撑和屋架上弦纵向支撑以及屋架下弦纵向水平支撑，一般采用十字交叉的形式（图 2-23）。

② 屋架和天窗架的垂直支撑，可参考图 2-24（$a$）～（$d$）的形式选用；其中，图 2-24（$c$）一般用于天窗架两侧的垂直支撑，图 2-24（$d$）为兼作檩条的垂直支撑。

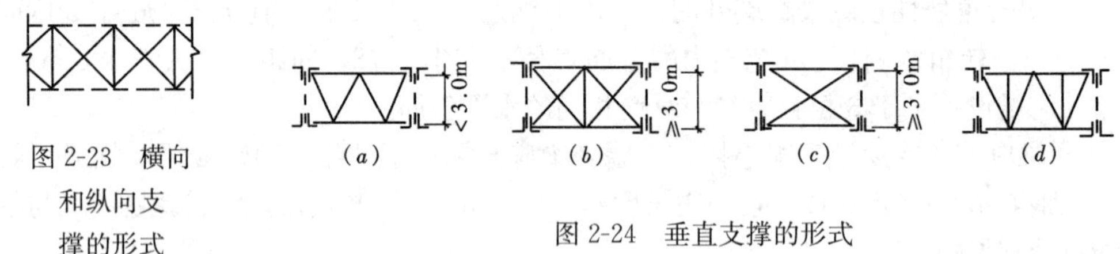


图 2-23 横向和纵向支撑的形式

图 2-24 垂直支撑的形式

③ 屋架和天窗架的水平系杆，包括柔性系杆（拉杆）和刚性系杆（压杆），通常，柔性系杆采用单角钢，刚性系杆采用由两个角钢组成的十字形截面。

在有檩屋盖体系中，檩条可兼作横向支撑的承压杆（刚性杆）。此时，充任支撑承压杆的檩条应计算其所承受的轴心力。

（3）屋盖结构支撑是屋盖结构的一个组成部分，它的作用是将厂房某些局部水平荷载传递给主要承重结构，并保证屋盖结构构件在安装和使用过程中的整体刚度和稳定性。

各种支撑的主要作用如下：

① 屋架和天窗架上弦横向支撑，主要是保证屋架和天窗架上弦的侧向稳定，当屋架上弦横向支撑作为山墙抗风柱的支承点时，还能将水平风荷载或地震水平作用传到纵向柱列。

屋架下弦横向水平支撑，当作为山墙抗风柱的支承点时，或当屋架下弦设有悬挂吊车和其他悬挂运输设备时，能将水平风荷载或悬挂吊车等产生的水平力或地震水平作用传到纵向柱列；同时能使下弦杆在动荷载作用下不致产生过大的振动。

② 屋架的纵向支撑通常和横向支撑构成封闭的支撑体系，加强整个厂房的刚度。屋架下弦纵向水平支撑能使吊车产生的水平作用分布到邻近的排架柱上，并承受和传递纵墙墙架柱传来的水平风荷载或地震水平作用。当厂房设有托架时，还能保证托架的平面外稳定。

③ 屋架的垂直支撑及水平系杆主要是保证屋架上弦杆的侧向稳定和缩短屋架下弦杆平面外的计算长度。屋架端部的垂直支撑，承受由屋架横向支撑传来的水平风荷载或纵向地震水平作用；中部的垂直支撑主要是保证安装时屋架位置的正确性。当下弦横向水平支撑和垂直支撑设置在厂房两端或温度伸缩缝区段两端的第二个屋架间时，则第一个屋架间的下弦水平系杆，除能缩短屋架下弦平面外的计算长度外，当山墙抗风柱与屋架下弦连接时，尚有传递山墙水平风荷载和稳定抗风柱的作用。

④ 天窗架的垂直支撑及水平系杆除了保证天窗架的侧向稳定外，对于天窗架侧立柱处的垂直支撑，还能承受和传递由天窗架上弦横向支撑传来的水平风力和纵向地震水平

力；天窗中部的垂直支撑主要是为了安装的需要而设置的。

(4) 在进行屋盖结构支撑的布置时，应考虑：厂房的跨度和高度，柱网布置，屋盖结构形式，有无天窗，吊车类型、起重量和工作制，有无振动设备，有无特殊的局部水平荷载等因素。

通常，每一温度伸缩缝区段，或分期建设的工程，应分别设置完整的支撑系统。

(5) 在无檩屋盖体系中，当采用宽度为 1.5m 的钢筋混凝土大型屋面板，且大型屋面板与屋架或天窗架的连接均能满足下列要求时，可考虑屋面板能起一定的支撑作用。此时，屋架上弦杆或天窗架上弦杆平面外的计算长度可取两块屋面板的宽度。

① 每块屋面板与屋架上弦杆或天窗架上弦杆的焊接应保证三点焊牢，在厂房端部或温度伸缩缝处，当不可能焊接三点时，允许沿屋面板纵肋一侧焊接两点。

② 当屋架间距为 6m 时，每点的焊缝长度不小于 70mm，焊缝厚度不小于 5mm；或焊缝长度不小于 60mm。焊缝厚度不小于 6mm。当屋架间距大于 6m 时，焊缝长度不小于 80mm，焊缝厚度不小于 6mm。

③ 屋面板肋间的空隙，应用 C15～C20 细石混凝土灌实。

④ 跨度为 6m 的屋面板的支承长度不小于 60mm；跨度大于 6m 的屋面板的支承长度不小于 80mm。

## 第四节　木屋盖的结构形式与布置

**(一) 概述**

(1) 木屋盖结构是指用木梁或木屋架（桁架）、檩条（木檩或钢檩），木望板及屋面防水材料等组成的屋盖。

(2) 木屋盖根据房屋的情况，可用于单层空旷房屋的屋盖，也可用于多层房屋的屋盖。

1) 单层空旷房屋的木屋盖结构的特点是：

① 跨度较大（一般为 9～15m），主要受弯构件采用木屋架（桁架）。

② 屋盖结构中屋架（桁架）的支点一般为：钢筋混凝土柱、砌体墙（墙垛、砖柱）。

2) 多层房屋的木屋盖一般用于多层砌体房屋的屋顶，屋盖中的主要受弯构件为木梁（跨度≤6.0m）或檩条，这些受弯构件的支点为砌体墙；当檩条直接搭在墙上时，俗称硬山搁檩。

**(二) 桁架和木梁的一般规定**

(1) 木材宜用作受压或受弯构件，在作为屋架时，受拉杆件宜采用钢材（如：屋架下弦及受拉竖杆），当采用木下弦时，对于圆木，其跨度不宜大于 15m；对于方木，不应大于 12m。采用钢下弦，其跨度可适当加大，但一般不宜大于 18m。

(2) 受弯构件采用木梁时，其跨度一般不大于 6.0m，超过 6.0m 时，宜采用桁架（屋架）。

(3) 桁架或木梁的间距：当采用木檩时，其间距不宜大于 4.0m；当采用钢檩条时，其间距不宜大于 6.0m。

(4) 桁架的形状：一般为三角形，也可采用梯形、弧形和多边形屋架。屋架中央高度与跨度之比，不应小于表 2-9 规定的数值。桁架应有约为跨度 1/200 的起拱。

**桁架最小高跨比** **表 2-9**

| 序 号 | 桁 架 类 型 | $h/l$ |
|---|---|---|
| 1 | 三角形木桁架 | 1/5 |
| 2 | 三角形钢木桁架；平行弦木桁架；弧形、多边形和梯形木桁架 | 1/6 |
| 3 | 弧形、多边形和梯形钢木桁架 | 1/7 |

注：$h$——桁架中央高度；

$l$——桁架跨度。

（5）当屋顶需设天窗时，天窗架的跨度不宜大于屋架跨度的 1/3。

**（三）木屋盖的支撑**

（1）为防止桁架的侧倾，保证受压弦杆的侧向稳定，承担和传递纵向水平力，应采取有效措施保证结构在施工和使用期间的空间稳定。

（2）屋盖中的支撑，应根据结构形式和跨度、屋面构造及荷载等情况选用上弦横向支撑或垂直支撑。但当房屋跨度较大或有锻锤、吊车等振动影响时，除应选用上弦横向支撑外，尚应加设垂直支撑。

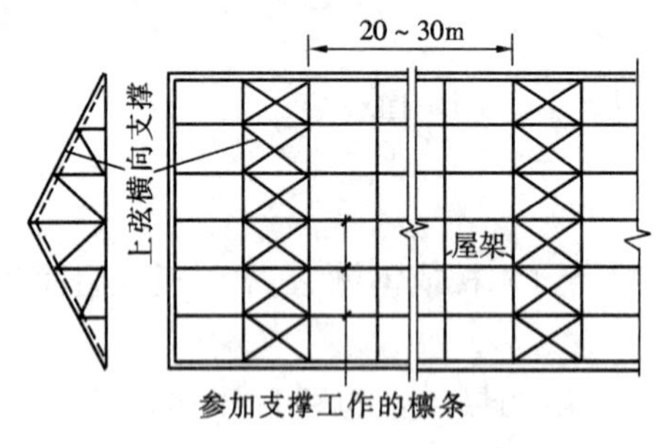

图 2-25 上弦横向支撑

支撑构件的截面尺寸，可按构造要求确定。

注：垂直支撑系指在两榀屋架的上、下弦间设置交叉腹杆（或人字腹杆），并在下弦平面设置纵向水平系杆，用螺栓连接，与上部锚固的檩条构成一个不变的竖向桁架体系。

（3）当采用上弦横向支撑时，若房屋端部为山墙，则应在房屋端部第二开间内设置（图 2-25）；若房屋端部为轻型挡风板，则在第一开间内设置。若房屋纵向很长，对于冷摊瓦屋面或大跨度房屋尚应沿纵向每隔 20～30m 设置一道。

上弦横向支撑的斜杆如选用圆钢，应设有调整松紧的装置。

（4）当采用垂直支撑时，在跨度方向可根据屋架跨度大小设置一道或两道，沿房屋纵向应隔间设置并在垂直支撑的下端设置通长的纵向水平系杆。

在有上弦横向支撑的屋盖中，加设垂直支撑时，可仅在有上弦横向支撑的开间中设置，但应在其他开间设置通长的纵向水平系杆。

（5）在下列部位，均应设垂直支撑：

① 在梯形屋架的支座竖杆处；

② 屋架下弦低于支座呈折线形式，在下弦的折点处；

③ 当设有悬挂吊车时，在吊轨处；

④ 在杆系拱、框架及类似结构的受压下弦部分节点处；

⑤ 在屋盖承重胶合大梁的支座处。

以上各项垂直支撑的设置方法，除第（3）项应按 4 的规定设置外，其余各项可仅在房屋两端第一开间（无山墙时）或第二开间（有山墙时）设置，但应在其他开间设置通长的水平系杆。

（6）对于下列非开敞式的房屋，可不设置支撑。但若房屋纵向很长，则应沿纵向每隔20～30m设置一道支撑：

① 当有密铺屋面板和山墙，且跨度不大于9m时；

② 当房屋为四坡顶，且半屋架与主屋架有可靠连接时；

③ 当房屋的屋盖两端与其他刚度较大的建筑物相连时。

（7）当屋架设有天窗时，可按3条和4条的规定设置天窗架支撑。天窗架的两边柱处，设置柱间支撑。在天窗范围内沿主屋架脊节点和支撑节点，应设通长的纵向水平系杆。

（8）有抗震设防要求时木屋盖的支撑布置，宜符合表2-10的要求；支撑与屋架或天窗架应采用螺栓连接；山墙应沿屋面设置现浇钢筋混凝土卧梁，并应与屋盖构件锚拉。

**木屋盖的支撑布置** **表2-10**

<table>
<tr><th colspan="2" rowspan="4">支撑名称</th><th colspan="6">烈　度</th></tr>
<tr><th>6、7</th><th colspan="3">8</th><th colspan="2">9</th></tr>
<tr><th rowspan="2">各类屋盖</th><th colspan="2">满铺望板</th><th rowspan="2">稀铺望板或无望板</th><th rowspan="2">满铺望板</th><th rowspan="2">稀铺望板或无望板</th></tr>
<tr><th>无天窗</th><th>有天窗</th></tr>
<tr><td rowspan="3">屋架支撑</td><td>上弦横向支撑</td><td colspan="2">同非抗震设计</td><td>房屋单元两端天窗开洞范围内各设一道</td><td>屋架跨度大于6m时，房屋单元两端第二开间及每隔20m设一道</td><td>屋架跨度大于6m时，房屋单元两端的第二开间各设一道</td><td>屋架跨度大于6m时，房屋单元两端第二开间及每隔20m设一道</td></tr>
<tr><td>下弦横向支撑</td><td colspan="5">同非抗震设计</td><td>屋架跨度大于6m时，房屋单元两端第二开间及每隔20m设一道</td></tr>
<tr><td>跨中竖向支撑</td><td colspan="5">同非抗震设计</td><td>隔间设置并加下弦通长水平系杆</td></tr>
<tr><td rowspan="2">天窗架支撑</td><td>天窗两侧竖向支撑</td><td colspan="4">天窗两端第一开间各设一道</td><td colspan="2">天窗两端第一开间及每隔20m左右设一道</td></tr>
<tr><td>上弦横向支撑</td><td colspan="6">跨度较大的天窗，参照无天窗屋架的支撑布置</td></tr>
</table>

## （四）单层及多层房屋木结构坡屋顶的结构布置

### 1. 木结构坡屋顶的主要受力构件

（1）受弯构件（即水平构件）：木梁（跨度≤6.0m时）、屋架（跨度>6.0m时）、檩条（采用木檩时，跨度≤4.0m；采用钢檩条时，跨度≤6.0m）。

（2）竖向构件：用于支承受弯构件的结构构件。

① 墙体或墙垛：用墙体支承檩条时称为硬山搁檩；墙体作为屋架支承时，一般应加墙垛；

② 木柱：用木柱作为屋架或木梁的支承；

③ 钢筋混凝土柱：用于支承屋架或梁（木梁或钢筋混凝土梁）。

**2. 木结构坡屋顶的结构布置的主要步骤**

（1）确定主要竖向构件，即明确哪些墙体或柱作为受弯构件屋架，木梁或檩条的支承结构。

（2）根据建筑屋顶的要求，确定屋面的排水坡向，一般木屋顶的坡向可分为：单坡、双坡和四坡。

1）单坡：适用于跨度较小的屋面，如图 2-26 所示；

2）双坡：跨度较大时，需采用双坡排水，如图 2-27 所示；

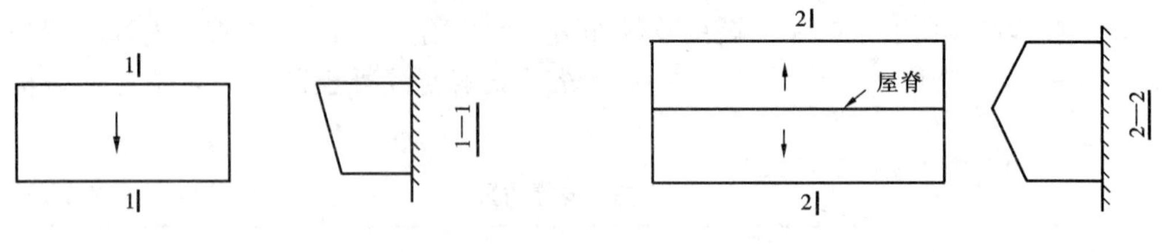


图 2-26　单坡屋顶图　　　　图 2-27　双坡屋顶图

3）四坡屋顶，如图 2-28 所示；

4）复杂四坡顶：当平面复杂，存在凹凸时，选用复杂的四坡屋顶（图 2-29）。屋顶排水坡面应按以下原则确定：

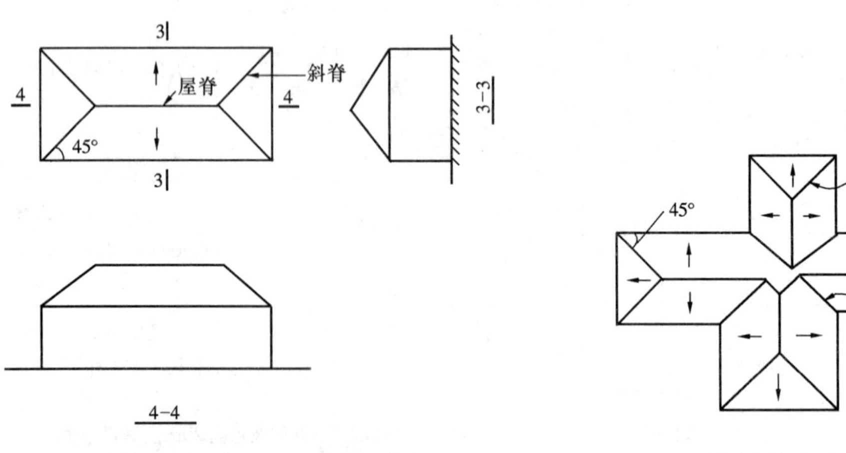


图 2-28　四坡屋顶图　　　　图 2-29　复杂四坡顶图

① 不论跨度大小，屋面坡度均相同；

② 檐口的标高亦均相同；

③ 当屋脊标高不同时，在坡面相交处将形成天沟或斜脊。

任何平面形状的四坡木屋顶，在进行屋架、木梁及檩条的布置之前，均应先画出屋面的排水坡面的平面图，故应能熟练地掌握该平面图的绘制方法。

（3）布置屋架、木梁：

1）屋架沿着跨度方向布置，屋架可以是全跨的全屋架［图 2-30（$a$）］，也可以是半跨的半屋架［图 2-30（$b$）］。

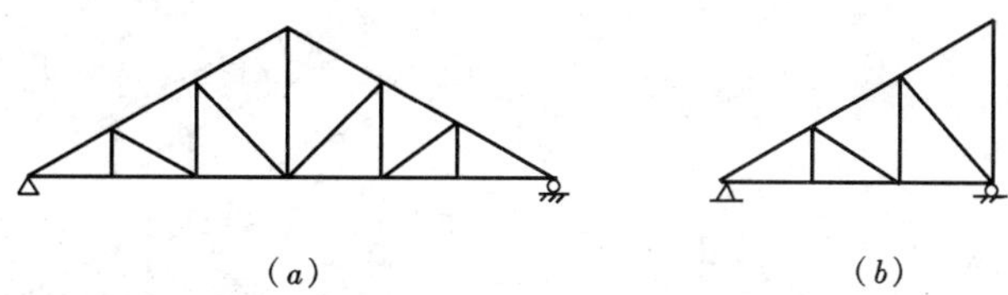


图 2-30
（$a$）全屋架；（$b$）半屋架

2）木梁一般用于跨度不大于 6.0m，用以代替屋架的作用。

3）在四坡顶的斜脊和天沟处应布置木梁，当跨度大于 6.0m 时，可用半屋架代替木梁（图 2-31）。

（4）布置檩条：

檩条应沿着与坡向垂直的方向布置。

（5）布置屋盖支撑：

1）对于主要采用墙体作为檩条支承，只局部有屋架时，可不设置屋盖支撑。

2）当屋顶以屋架为主要承重结构时，则应按本节第三条的要求设置屋盖支撑。

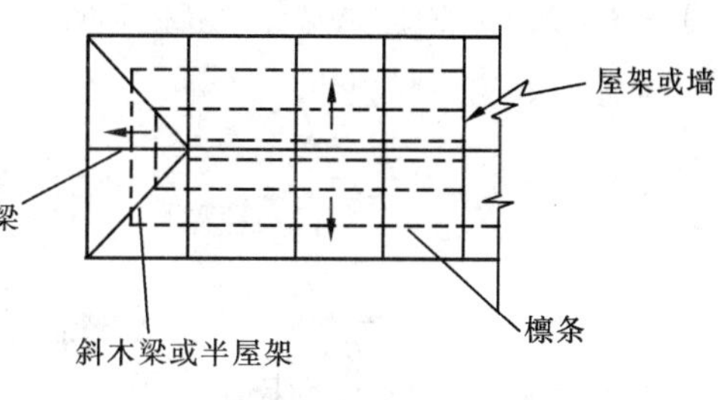


图 2-31　四坡顶构件布置示意图

（6）挑檐的构造做法：

当屋面采用明排水时，则必须有挑檐，挑檐木的间距同檩条的跨度，其构造做法有以下几种：

1）有屋架的挑檐一般采用屋架支座下的附木延伸挑出形成挑檐，如图 2-32 所示。

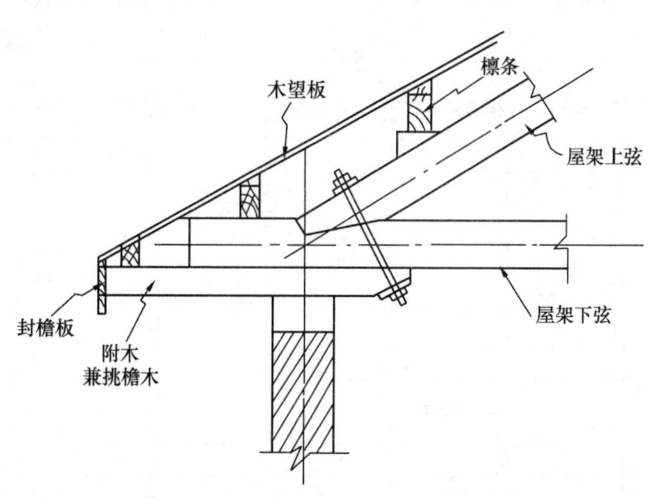


图 2-32　木屋架端部（支座）构造

2）硬山搁檩的挑檐构造，即为无屋架处的挑檐木做法，如图 2-33 所示。

3）当檩条支座为木梁及四坡顶阴、阳角处为木梁时的挑檐木构造做法如图 2-34～图 2-36 所示。

**3. 单层房屋木屋顶结构平面布置示例（图 2-37）**

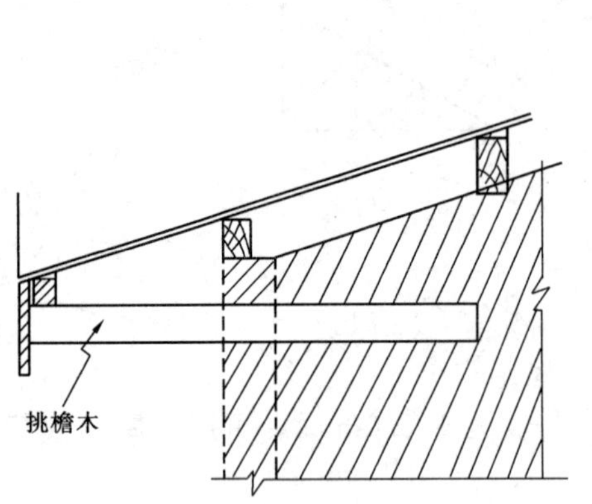


图 2-33　硬山搁檩(即无屋架处)的挑檐木做法

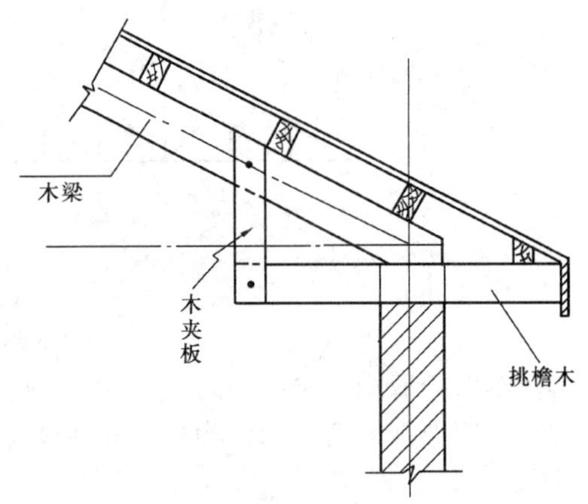


图 2-34　挑檐木与木梁的构造做法

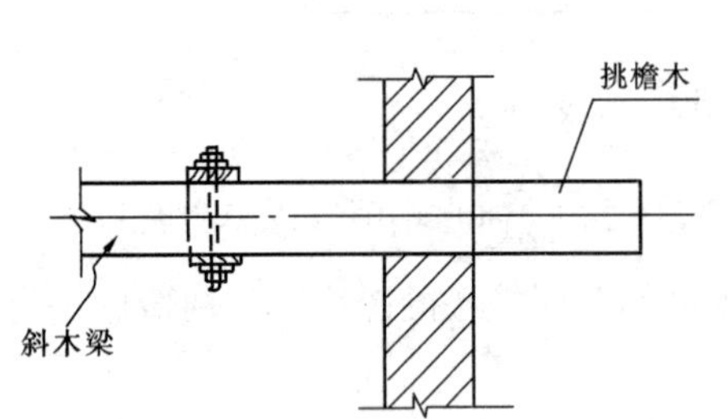


图 2-35　挑檐木平面图

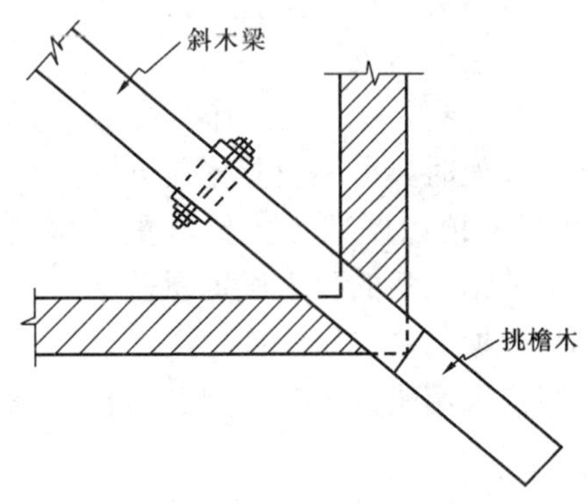


图 2-36　角部挑檐木平面图

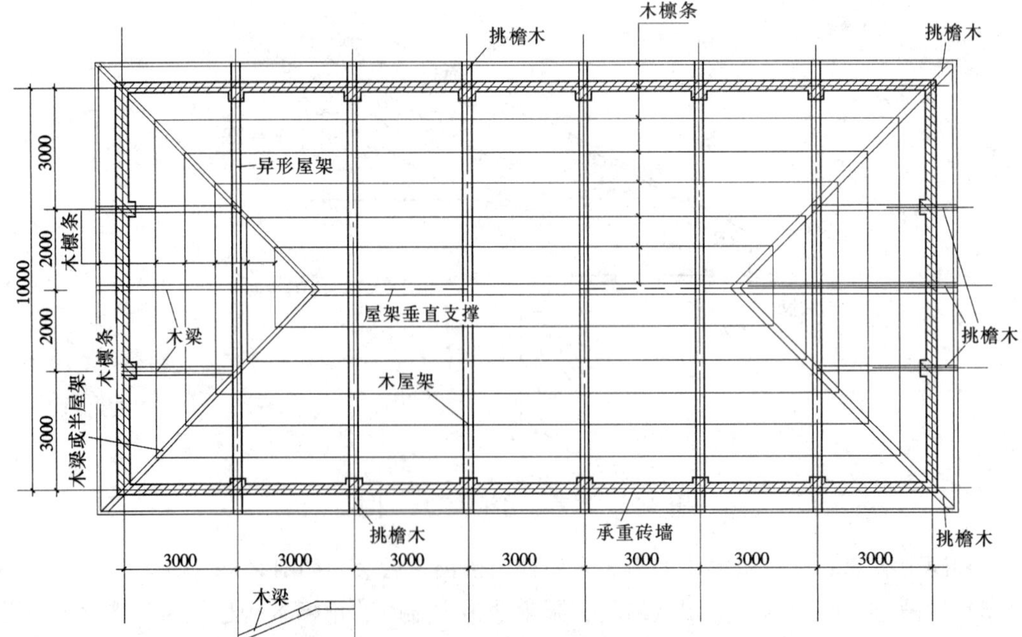


图 2-37　单层房屋木屋顶结构平面布置示例图

## 习　题

2-1　在层数、房屋高度、平面尺寸、重量相同的情况下，在三种不同结构体系的房屋：Ⅰ.框架结构；Ⅱ.框-剪结构；Ⅲ.剪力墙结构。其结构的基本自振周期，按从长到短排列为（　　）。

A　Ⅰ、Ⅱ、Ⅲ　　B　Ⅱ、Ⅲ、Ⅰ　　C　Ⅲ、Ⅰ、Ⅱ　　D　Ⅲ、Ⅱ、Ⅰ

2-2　高层建筑采用钢筋混凝土筒中筒结构时，外筒柱子截面设计成下列何者为最好？

A　圆形截面　　B　正方形截面

C　矩形截面，长边平行外墙放置　　D　矩形截面，短边平行外墙放置

2-3　钢筋混凝土高层建筑的框支层楼板（即转换层楼板）应采用现浇，且应有一定厚度，下列最小厚度的要求，何者是正确的？

A　≥100mm　　B　≥150mm　　C　≥180mm　　D　≥200mm

2-4　在其他条件相同的情况下，钢筋混凝土框架结构的伸缩缝最大间距比钢筋混凝土剪力墙结构的(　　)。

A　大　　B　小　　C　相同　　D　不能肯定

2-5　下列哪项措施对增大钢筋混凝土房屋伸缩缝的间距无效？

A　在温度变化影响较大的部位提高配筋率

B　采用架空通风屋面

C　顶部设局部温度缝

D　加强顶部楼层的刚度

2-6　国家标准设计图集中，上置1.5m×6m预应力屋面板的钢筋混凝土折线形屋架的最大跨度为(　　)。

A　15m　　B　18m　　C　21m　　D　24m

2-7　纵墙承重的砌体房屋，适用于下列四类建筑中的哪几类？

Ⅰ.住宅；Ⅱ.办公楼；Ⅲ.多层商场；Ⅳ.教学楼

A　Ⅰ、Ⅱ　　B　Ⅱ、Ⅲ　　C　Ⅱ、Ⅳ　　D　Ⅲ、Ⅳ

2-8　某单层房屋的屋面采用屋架，波纹薄钢板瓦覆盖，要求屋面有较大的坡度。下列几种钢屋架形式中，哪种形式最合适？

A　三角形屋架　　B　梯形屋架　　C　弧形屋架　　D　平行弦屋架

2-9　有一12m×16m平面，柱沿周边按4m间距布置，采用钢筋混凝土楼盖（不考虑预应力），为取得较大的楼层净高（压缩楼盖结构高度），下列各种结构布置中哪种最为合适？

A　12m跨、4m间距的主梁，另一方向采用2m间距的4跨连续次梁

B　16m跨、4m间距的主梁，另一方向采用2m间距的3跨连续次梁

C　沿长向柱列设两根主梁，并布置1m间距、12m跨的次梁

D　采用3×4格的井字梁

2-10　一幢单层的单身宿舍，平面为12m×52m，无抗震要求，拟采用框架结构，此时采用下列各种框架形式中的哪一种比较合适？

A　主要承重框架纵向布置，横向采用连系梁

B　主要承重框架横向布置，纵向采用连系梁

C　主要承重框架纵横两向布置

D　无梁式框架结构（无梁楼盖，取板带作为框架梁）

2-11　一幢四层轻工业加工厂房，平面尺寸为16m×48m，布置两条同样的纵向流程生产线，楼面活载$5kN/m^2$，建设场地为非抗震设防区，风荷载也较小。现已确定采用现浇横向框架结构。下列各种框架布置中哪种最为合适？

A 单跨框架，跨度 16m　　B 两跨框架，跨度 8m+8m

C 两跨框架，跨度 10m+6m　　D 三跨框架，跨度 6m+4m+6m

## 参考答案

2-1 A［提示］当房屋层数、高度、平面尺寸、重量相同时，框架结构的基本自振周期最长，框-剪结构次之，剪力墙结构最短。

2-2 C［提示］设计钢筋混凝土框筒时，外筒柱子一般不宜采用圆形或正方形柱，因为加大框筒壁厚对受力和刚度的效果远不如加大柱宽。框筒系空间整体受力，主要内力沿框架平面内分布，因此框筒宜采用扁宽矩形柱，柱的长边位于框架平面内。

2-3 C［提示］钢筋混凝土高层建筑的框支层楼板应采用现浇，且其厚度不应小于 180mm。

2-4 A［提示］根据《混凝土结构设计规范》GB 50010—2010 第 9.1.1 条表 9.1.1，在其他条件相同时（如同为装配或现浇式；又如同为在室内、土中或露天），钢筋混凝土框架结构的伸缩缝最大间距比钢筋混凝土剪力墙结构的大。

2-5 D［提示］当采用架空通风屋面，顶部设局部温度缝，钢筋混凝土房屋伸缩缝的间距可以增大。

2-6 D　2-7 C　2-8 A　2-9 D　2-10 B　2-11 B

# 第三章　荷载及结构设计

## 第一节　建筑结构可靠性设计及荷载

本章内容涉及《建筑结构可靠性设计统一标准》GB 50068—2018和《建筑结构荷载规范》GB 50009—2012两本国家标准。其中，《建筑结构可靠性设计统一标准》GB 50068—2018为新版标准，原《建筑结构可靠度设计统一标准》GB 50068—2001自2019年4月1日起废止。

《建筑结构可靠性设计统一标准》GB 50068—2018（以下简称《统一标准》），本次修订的主要技术内容如下：

（1）与《工程结构可靠性设计统一标准》GB 50153—2008进行了全面协调；

（2）调整了建筑结构安全度的设置水平，提高了相关作用分项系数的取值，并对作用的基本组合，取消了原标准当永久荷载效应为主时起控制作用的组合式；

（3）增加了地震设计状况，并对建筑结构抗震设计，引入了“小震不坏、中震可修、大震不倒”的设计理念；

（4）完善了既有结构可靠性评定的规定；

（5）新增了结构整体稳固性设计的相关规定；

（6）新增了结构耐久性极限状态设计的相关规定等。

### 一、建筑结构可靠性设计

建筑结构设计宜采用以概率理论为基础、以分项系数表达的极限状态设计方法。当缺乏统计资料时，建筑结构设计可根据可靠的工程经验或必要的试验研究进行，也可采用容许应力（基础设计时，用容许应力方法确定基础底面积，用极限状态方法确定基础厚度及配筋）或单一安全系数（在地基稳定性验算中，要求抗滑力矩与滑动力矩之比大于安全系数$K$）等经验方法进行。

**（一）术语**

需掌握的基本术语详见《统一标准》，其中比较重要的部分节选如下：

2.1.1　结构

能承受作用并具有适当刚度的由各连接部件有机组合而成的系统。

2.1.2　结构构件

结构在物理上可以区分出的部件。

2.1.3　结构体系

结构中的所有承重构件及其共同工作的方式。

2.1.5　设计使用年限

设计规定的结构或结构构件不需进行大修即可按预定目的使用的年限。

2.1.6 设计状况

表征一定时段内实际情况的一组设计条件，设计应做到在该组条件下结构不超越有关的极限状态。

2.1.7 持久设计状况

在结构使用过程中一定出现，且持续期很长的设计状况，其持续期一般与设计使用年限为同一数量级。

2.1.8 短暂设计状况

在结构施工和使用过程中出现概率较大，而与设计使用年限相比，其持续期很短的设计状况。

2.1.9 偶然设计状况

在结构使用过程中出现概率很小，且持续期很短的设计状况。

2.1.10 地震设计状况

结构遭受地震时的设计状况。

2.1.11 荷载布置

在结构设计中，对自由作用的位置、大小和方向的合理确定。

2.1.13 极限状态

整个结构或结构的一部分超过某一特定状态就不能满足设计规定的某一功能要求，此特定状态为该功能的极限状态。

2.1.14 承载能力极限状态

对应于结构或结构构件达到最大承载力或不适于继续承载的变形的状态。

2.1.15 正常使用极限状态

对应于结构或结构构件达到正常使用的某项规定限值的状态。

2.1.18 耐久性极限状态

对应于结构或结构构件在环境影响下出现的劣化达到耐久性能的某项规定限值或标志的状态。

2.1.19 抗力

结构或结构构件承受作用效应和环境影响的能力。

2.1.20 结构整体稳固性

当发生火灾、爆炸、撞击或人为错误等偶然事件时，结构整体能保持稳固且不出现与起因不相称的破坏后果的能力。

2.1.21 关键构件

结构承载能力极限状态性能所依赖的结构构件。

2.1.22 连续倒塌

初始的局部破坏，从构件到构件扩展，最终导致整个结构倒塌或与起因不相称的一部分结构倒塌。

2.1.23 可靠性

结构在规定的时间内，在规定的条件下，完成预定功能的能力。

2.1.24 可靠度

结构在规定的时间内，在规定的条件下，完成预定功能的概率。

2.1.25 失效概率 $p_f$

结构不能完成预定功能的概率。

2.1.26 可靠指标 $\beta$

度量结构可靠度的数值指标，可靠指标 $\beta$ 为失效概率 $p_f$ 负的标准正态分布函数的反函数。

2.1.36 作用

加在结构上的集中力或分布力和引起结构外加变形或约束变形的原因。前者为直接作用，也称为荷载；后者为间接作用。

2.1.37 外加变形

结构在地震、不均匀沉降等因素作用下，边界条件发生变化而产生的位移和变形。

2.1.38 约束变形

结构在温度变化、湿度变化及混凝土收缩等因素作用下，由于存在外部约束而产生的内部变形。

2.1.39 作用效应

由作用引起的结构或结构构件的反应。

2.1.41 永久作用

在设计使用年限内始终存在且其量值变化与平均值相比可以忽略不计的作用；或其变化是单调的并趋于某个限值的作用。

2.1.42 可变作用

在设计使用年限内其量值随时间变化，且其变化与平均值相比不可忽略不计的作用。

2.1.43 偶然作用

在设计使用年限内不一定出现，而一旦出现其量值很大，且持续期很短的作用。

2.1.44 地震作用

地震动对结构所产生的作用。

2.1.52 作用的标准值

作用的主要代表值。可根据对观测数据的统计、作用的自然界限或工程经验确定。

2.1.53 设计基准期

为确定可变作用等取值而选用的时间参数。

2.1.54 可变作用的组合值

使组合后的作用效应的超越概率与该作用单独出现时其标准值作用效应的超越概率趋于一致的作用值；或组合后使结构具有规定可靠指标的作用值。可通过组合值系数对作用标准值的折减来表示。

2.1.58 作用的代表值

极限状态设计所采用的作用值。它可以是作用的标准值或可变作用的伴随值。

2.1.59 作用的设计值

作用的代表值与作用分项系数的乘积。

2.1.60 作用组合；荷载组合

在不同作用的同时影响下，为验证某一极限状态的结构可靠度而采用的一组作用设计值。

2.1.61 环境影响

环境对结构产生的各种机械的、物理的、化学的或生物的不利影响。环境影响会引起结构材料性能的劣化，降低结构的安全性或适用性，影响结构的耐久性。

2.1.62 材料性能的标准值

符合规定质量的材料性能概率分布的某一分位值或材料性能的名义值。

2.1.63 材料性能的设计值

材料性能的标准值除以材料性能分项系数所得的值。

2.1.66 结构分析

确定结构上作用效应的过程或方法。

注：新版《统一标准》术语增加了50条，限于篇幅，不能一一引用，上述基本术语需认真理解记忆。

**(二) 基本要求**

3.1.1 结构的设计、施工和维护应使结构在规定的设计使用年限内以规定的可靠度满足规定的各项功能要求。

3.1.2 结构应满足下列功能要求：

1 能承受在施工和使用期间可能出现的各种作用；

2 保持良好的使用性能；

3 具有足够的耐久性能；

4 当发生火灾时，在规定的时间内可保持足够的承载力；

5 当发生爆炸、撞击、人为错误等偶然事件时，结构能保持必要的整体稳固性，不出现与起因不相称的破坏后果，防止出现结构的连续倒塌。

3.1.3 结构设计时，应根据下列要求采取适当的措施，使结构不出现或少出现可能的损坏：

1 避免、消除或减少结构可能受到的危害；

2 采用对可能受到的危害反应不敏感的结构类型；

3 采用当单个构件或结构的有限部分被意外移除或结构出现可接受的局部损坏时，结构的其他部分仍能保存的结构类型；

4 不宜采用无破坏预兆的结构体系；

5 使结构具有整体稳固性。

3.1.4 宜采取下列措施满足对结构的基本要求：

1 采用适当的材料；

2 采用合理的设计和构造；

3 对结构的设计、制作、施工和使用等制定相应的控制措施。

【注意】在建筑结构必须满足的5项功能中（上述第3.1.2条），第1、4、5这三项是对结构安全性的要求，第2项是对结构适用性的要求，第3项是对结构耐久性的要求，三者可概括为对结构可靠性的要求。

注：1. 新版《统一标准》取消了“正常施工”“正常使用”“正常维护”的表述，条文说明中仅对耐久性提出了“正常维护”和“正常使用”，也就是说，需要考虑非正常情况，规范要求更严格了。

2. 第5条“结构整体稳固性设计”是针对偶然作用的，偶然作用包括爆炸、撞击、火灾、极度腐蚀、设计施工错误和疏忽等。爆炸、撞击等是以荷载的形式直接作用于结构的，而火灾和极度腐蚀是以降低结构的承载力为特征的。虽然同样是偶然作用，但作用的方式不同，设计中采用的措施和方法也不同。

### （三）安全等级和可靠度

#### 1. 安全等级

结构的安全等级与破坏后果有关；同时，结构安全等级又与“结构构件的可靠指标（$\beta$）”相关联。

【注意】大型的公共建筑等重要结构为一级；普通的住宅和办公楼等一般结构为二级；小型的或临时性储存建筑等次要结构为三级。新版《统一标准》要求如下。

3.2.1 建筑结构设计时，应根据结构破坏可能产生的后果，即危及人的生命、造成经济损失、对社会或环境产生影响等的严重性，采用不同的安全等级。建筑结构安全等级的划分应符合表3.2.1的规定。

**建筑结构的安全等级** **表3.2.1**

| 安全等级 | 破坏后果 |
|---|---|
| 一级 | 很严重：对人的生命、经济、社会或环境影响很大 |
| 二级 | 严重：对人的生命、经济、社会或环境影响较大 |
| 三级 | 不严重：对人的生命、经济、社会或环境影响较小 |

3.2.2 建筑结构中各类结构构件的安全等级，宜与结构的安全等级相同，对其中部分结构构件的安全等级可进行调整，但不得低于三级。

#### 2. 可靠度

可靠度是结构在规定的时间内，在规定的条件下，完成预定功能的概率，而可靠度是通过可靠指标$\beta$来控制的。预定功能指的是：结构的设计、施工和维护应使结构在规定的设计使用年限内，以规定的可靠度满足规定的各项功能要求。结构应满足的5项功能要求详见前文所述或《统一标准》第3.1.2条。

可靠指标$\beta$的功能主要有两个：其一，它是度量结构构件可靠性大小的尺度，对有充分的统计数据的结构构件，其可靠性大小可通过可靠指标$\beta$度量与比较；其二，目标可靠指标是分项系数法所采用的各分项系数取值的基本依据。为此，不同安全等级和失效模式的可靠指标宜适当拉开档次（《统一标准》第3.2.5条）。

《统一标准》表3.2.6中规定的房屋建筑结构构件持久设计状况承载能力极限状态设计的可靠指标，是以建筑结构安全等级为二级时延性破坏的$\beta$值3.2作为基准，其他情况下相应增减0.5。可靠指标$\beta$为3.2时，其失效概率运算值$p_f$为$6.9\times10^{-4}$。可以这样理解，50年“失效概率”是万分之6.9；所以“失效概率”越低，可靠度越高。

3.2.3 可靠度水平的设置应根据结构构件的安全等级、失效模式和经济因素等确定。对结构的安全性、适用性和耐久性可采用不同的可靠度水平。

3.2.4 当有充分的统计数据时，结构构件的可靠度宜采用可靠指标$\beta$度量。结构构件设计时采用的可靠指标，可根据对现有结构构件的可靠度分析，并结合使用经验和经济因素等确定。

3.2.5　各类结构构件的安全等级每相差一级，其可靠指标的取值宜相差0.5。

3.2.6　结构构件持久设计状况承载能力极限状态设计的可靠指标，不应小于表3.2.6的规定。

**结构构件的可靠指标 $\beta$**　　　**表3.2.6**

| 破坏类型 | 安全等级 | | |
|---|---|---|---|
| | 一级 | 二级 | 三级 |
| 延性破坏 | 3.7 | 3.2 | 2.7 |
| 脆性破坏 | 4.2 | 3.7 | 3.2 |

3.2.7　结构构件持久设计状况正常使用极限状态设计的可靠指标，宜根据其可逆程度取0～1.5。

3.2.8　结构构件持久设计状况耐久性极限状态设计的可靠指标，宜根据其可逆程度取1.0～2.0。

【注意】表3.2.6中的“延性破坏”是指结构构件在破坏前有明显的变形或其他预兆；“脆性破坏”是指结构构件在破坏前无明显的变形或其他预兆。

**（四）设计使用年限和耐久性**

**1. 设计使用年限**

建筑结构的设计基准期应为50年，即房屋建筑结构的可变作用取值是按50年确定的。建筑结构设计时，应规定结构的设计使用年限。

【注意】① 设计使用年限是“设计规定的结构或结构构件不需进行大修即可按预定目的使用的年限”。② 应区分概念“设计基准期”和“设计使用年限”；当结构的设计使用年限与设计基准期不同时，应对可变作用的标准值进行调整；这是因为结构上的各种可变作用均是根据设计基准期确定其标准值的（$\gamma_L$：考虑结构设计使用年限的荷载调整系数）。

3.3.3　建筑结构的设计使用年限，应按表3.3.3采用。

**建筑结构的设计使用年限**　　　**表3.3.3**

| 类型 | 设计使用年限（年） |
|---|---|
| 临时性建筑结构 | 5 |
| 易于替换的结构构件 | 25 |
| 普通房屋和构筑物 | 50 |
| 标志性建筑和特别重要的建筑结构 | 100 |

**2. 耐久性**

结构耐久性是指在服役环境作用和正常使用维护条件下，结构抵御结构性能劣化（或退化）的能力。因此，在结构全寿命性能变化过程中，原则上结构劣化过程的各个阶段均可以选作耐久性极限状态的基准。

3.3.4　建筑结构设计时应对环境影响进行评估，当结构所处的环境对其耐久性有较大影响时，应根据不同的环境类别采用相应的结构材料、设计构造、防护措施、施工质量要求等，并应制定结构在使用期间的定期检修和维护制度，使结构在设计使用年限内不致因材料的劣化而影响其安全或正常使用。

3.3.5 ……耐久性极限状态设计可根据本标准附录C的规定进行。

**(五)极限状态设计原则**

结构的可靠性包括安全性、适用性和耐久性，相应的可靠性设计也应包括承载能力、正常使用和耐久性三种极限状态设计。

注：新版《统一标准》增加了结构耐久性极限状态设计的内容。

**1. 极限状态**

4.1.1 极限状态可分为承载能力极限状态、正常使用极限状态和耐久性极限状态。极限状态应符合下列规定：

1 当结构或结构构件出现下列状态之一时，应认定为超过了承载能力极限状态：

1)结构构件或连接因超过材料强度而破坏，或因过度变形而不适于继续承载；

2)整个结构或其一部分作为刚体失去平衡；

3)结构转变为机动体系；

4)结构或结构构件丧失稳定；

5)结构因局部破坏而发生连续倒塌；

6)地基丧失承载力而破坏；

7)结构或结构构件的疲劳破坏。

2 当结构或结构构件出现下列状态之一时，应认定为超过了正常使用极限状态：

1)影响正常使用或外观的变形；

2)影响正常使用的局部损坏；

3)影响正常使用的振动；

4)影响正常使用的其他特定状态。

3 当结构或结构构件出现下列状态之一时，应认定为超过了耐久性极限状态：

1)影响承载能力和正常使用的材料性能劣化；

2)影响耐久性能的裂缝、变形、缺口、外观、材料削弱等；

3)影响耐久性能的其他特定状态。

4.1.2 对结构的各种极限状态，均应规定明确的标志或限值。

**2. 设计状况**

新标准修订时，借鉴了欧洲规范《结构设计基础》EN 1990:2002 的规定；在原有三种设计状况的基础上，增加了地震设计状况。

4.2.1 建筑结构设计应区分下列设计状况：

1 持久设计状况，适用于结构使用时的正常情况；

2 短暂设计状况，适用于结构出现的临时情况，包括结构施工和维修时的情况等；

3 偶然设计状况，适用于结构出现的异常情况，包括结构遭受火灾、爆炸、撞击时的情况等；

4 地震设计状况，适用于结构遭受地震时的情况。

4.2.2 对不同的设计状况，应采用相应的结构体系、可靠度水平、基本变量和作用组合等进行建筑结构可靠性设计。

**3. 极限状态设计**

建筑结构按极限状态设计时，对不同的设计状况应采用相应的作用组合，在每一种作用组合中还必须选取其中的最不利组合进行有关的极限状态设计。设计时应针对各种有关的极限状态进行必要的计算或验算；当有实际工程经验时，也可采用构造措施来代替验算。

4.3.1 对本标准第 4.2.1 条规定的四种建筑结构设计状况，应分别进行下列极限状态设计：

1 对四种设计状况均应进行承载能力极限状态设计；

2 对持久设计状况尚应进行正常使用极限状态设计，并宜进行耐久性极限状态设计；

3 对短暂设计状况和地震设计状况可根据需要进行正常使用极限状态设计；

4 对偶然设计状况可不进行正常使用极限状态和耐久性极限状态设计。

4.3.2 进行承载能力极限状态设计时，应根据不同的设计状况采用下列作用组合：

1 对于持久设计状况或短暂设计状况，应采用作用的基本组合；

2 对于偶然设计状况，应采用作用的偶然组合；

3 对于地震设计状况，应采用作用的地震组合。

4.3.3 进行正常使用极限状态设计时，宜采用下列作用组合：

1 对于不可逆正常使用极限状态设计，宜采用作用的标准组合；

2 对于可逆正常使用极限状态设计，宜采用作用的频遇组合；

3 对于长期效应是决定性因素的正常使用极限状态设计，宜采用作用的准永久组合。

总之四种建筑结构设计状况，应分别进行的极限状态设计如下（表 3-1）：

**四种建筑结构设计状况所应进行的极限状态设计** **表 3-1**

| 设计状况 | 承载能力极限状态 | 正常使用极限状态 | 耐久性极限状态 |
|---|---|---|---|
| 持久设计状况 | 应，基本组合 | 应 | 宜 |
| 短暂设计状况 | 应，基本组合 | 根据需要 | — |
| 偶然设计状况 | 应，偶然组合 | 不进行 | 不进行 |
| 地震设计状况 | 应，地震组合 | 根据需要 | — |

### （六）结构上的作用和环境影响

建筑结构设计时，应考虑结构上可能出现的各种直接作用、间接作用和环境影响。

**1. 概述**

外界因素包括在结构上可能出现的各种作用和环境影响，其中最主要的是各种作用。而就作用形态的不同，还可分为直接作用和间接作用，直接作用是指施加在结构上的集中力或分布力，习惯上常被称为荷载；不以力的形式出现在结构上的作用，则被归类为间接作用。它们都是引起结构外加变形和约束变形的原因，例如地面运动、基础沉降、材料收缩、温度变化等。无论是直接作用还是间接作用，都将使结构产生作用效应，诸如应力、内力、变形、裂缝等。

环境影响与作用不同，它是指能使结构材料随时间逐渐劣化的外界因素。随其性质的不同，环境影响可以是机械的、物理的、化学的或生物的。与作用一样，它们也会影响到结构的安全性和适用性。环境影响可分为永久影响、可变影响和偶然影响。例如，对处于海洋环境中的混凝土结构，氯离子对钢筋的腐蚀作用是永久影响，空气湿度对木材强度的影响是可变影响等。

**2. 结构上的作用**

5.2.2 同时施加在结构上的各单个作用对结构的共同影响，应通过作用组合来考虑；对不可能同时出现的各种作用，不应考虑其组合。

5.2.3 结构上的作用可按下列性质分类：

1 按随时间的变化分类：1）永久作用；2）可变作用；3）偶然作用。

2 按随空间的变化分类：1）固定作用；2）自由作用。

3 按结构的反应特点分类：1）静态作用；2）动态作用。

4 按有无限值分类：1）有界作用；2）无界作用。

5 其他分类。

作用还有其他分类方式，例如，当进行结构疲劳验算时，可按作用随时间变化的低周性和高周性分类；当考虑结构徐变效应时，可按作用在结构上持续期的长短分类。

5.2.4 结构上的作用随时间变化的规律，宜采用随机过程的概率模型进行描述，对不同的作用可采用不同的方法进行简化，并应符合下列规定：

1 对永久作用，可采用随机变量的概率模型。

2 对可变作用，在作用组合中可采用简化的随机过程概率模型。在确定可变作用的代表值时可采用将设计基准期内最大值作为随机变量的概率模型。

5.2.7 建筑结构按不同极限状态设计时，在相应的作用组合中对可能同时出现的各种作用，应采用不同的作用代表值。对可变作用，其代表值包括标准值、组合值、频遇值和准永久值。组合值、频遇值和准永久值可通过对可变作用的标准值分别乘以不大于1的组合值系数 $\psi_c$、频遇值系数 $\psi_f$ 和准永久值系数 $\psi_q$ 等折减系数表示。

5.2.8 对偶然作用，应采用偶然作用的设计值……

5.2.9 对地震作用，应采用地震作用的标准值……

作用按随时间的变化分类是作用最主要的分类方式，它直接关系到作用变量概率模型的选择。永久作用、可变作用和偶然作用的归类情况如表 3-2 所示。

**永久作用、可变作用和偶然作用的归类情况** **表 3-2**

| 永久作用 | 可变作用 | 偶然作用 |
|---|---|---|
| 1 结构自重 | 1 使用时人员、物件等荷载 | 1 撞击 |
| 2 土压力 | 2 施工时结构的某些自重 | 2 爆炸 |
| 3 水位不变的水压力 | 3 安装荷载 | 3 罕遇地震 |
| 4 预应力 | 4 车辆荷载 | 4 龙卷风 |
| 5 地基变形 | 5 吊车荷载 | 5 火灾 |
| 6 混凝土收缩 | 6 风荷载 | 6 极严重的侵蚀 |
| 7 钢材焊接变形 | 7 雪荷载 | 7 洪水作用 |
| 8 引起结构外加变形或约束变形的各种施工因素 | 8 冰荷载 | |

续表

| 永久作用 | 可变作用 | 偶然作用 |
| --- | --- | --- |
|  | 9　多遇地震 |  |
|  | 10　正常撞击 |  |
|  | 11　水位变化的水压力 |  |
|  | 12　扬压力 |  |
|  | 13　波浪力 |  |
|  | 14　温度变化 |  |

注：在上述作用的举例中，地震作用和撞击既可作为可变作用，也可作为偶然作用，这完全取决于对结构重要性的评估；对一般结构，可以按规定的可变作用考虑。

**3. 环境影响**

5.3.1　环境影响可分为永久影响、可变影响和偶然影响三类。

环境影响对结构的效应主要是针对材料性能的降低，它是与材料本身有密切关系的；因此，环境影响的效应应根据材料特点而加以规定。在多数情况下涉及化学的和生物的损害，其中环境湿度的因素是关键的。

目前对环境影响只能根据材料特点，按其抗侵蚀性的程度来划分等级，设计时按等级采取相应措施。

**（七）分项系数设计方法**

**1. 一般规定**

8.1.2　基本变量的设计值可按下列规定确定：

1　作用的设计值 $F_d$ 可按下式确定：

$$F_d = \gamma_F F_r \tag{8.1.2-1}$$

式中：$F_r$——作用的代表值；

$\gamma_F$——作用的分项系数。

2　材料性能的设计值 $f_d$ 可按下式确定：

$$f_d = \frac{f_k}{\gamma_M} \tag{8.1.2-2}$$

式中：$f_k$——材料性能的标准值；

$\gamma_M$——材料性能的分项系数，其值按有关的结构设计标准的规定采用。

注：几何参数的设计值与结构抗力的设计值详见《统一标准》。

**2. 承载能力极限状态**

对作用的基本组合，原标准给出了设计表达式，设计人员可用作设计，但仅限于作用与作用效应按线性关系考虑的情况；为非线性关系时不适用。新版《统一标准》首次提出考虑结构设计使用年限的荷载调整系数 $\gamma_L$。

8.2.1　结构或结构构件按承载能力极限状态设计时，应考虑下列状态：

1　结构或结构构件的破坏或过度变形，此时结构的材料强度起控制作用；

2　整个结构或其一部分作为刚体失去静力平衡，此时结构材料或地基的强度不起控制作用；

3　地基破坏或过度变形，此时岩土的强度起控制作用；

4　结构或结构构件疲劳破坏，此时结构的材料疲劳强度起控制作用。

8.2.2　结构或结构构件按承载能力极限状态设计时，应符合下列规定：

1　结构或结构构件的破坏或过度变形的承载能力极限状态设计，应符合下式规定：

$$\gamma_0 S_d \leqslant R_d \tag{8.2.2-1}$$

式中：$\gamma_0$——结构重要性系数，其值按本标准第 8.2.8 条的有关规定采用；

$S_d$——作用组合的效应设计值；

$R_d$——结构或结构构件的抗力设计值。

2　结构整体或其一部分作为刚体失去静力平衡的承载能力极限状态设计，应符合下式规定：

$$\gamma_0 S_{d,dst} \leqslant S_{d,stb} \tag{8.2.2-2}$$

式中：$S_{d,dst}$——不平衡作用效应的设计值；

$S_{d,stb}$——平衡作用效应的设计值。

……

8.2.3　承载能力极限状态设计表达式中的作用组合，应符合下列规定：

1　作用组合应为可能同时出现的作用的组合；

2　每个作用组合中应包括一个主导可变作用或一个偶然作用或一个地震作用；

3　当结构中永久作用位置的变异，对静力平衡或类似的极限状态设计结果很敏感时，该永久作用的有利部分和不利部分应分别作为单个作用；

4　当一种作用产生的几种效应非全相关时，对产生有利效应的作用，其分项系数的取值应予以降低；

5　对不同的设计状况应采用不同的作用组合。

8.2.4　对持久设计状况和短暂设计状况，应采用作用的基本组合，并应符合下列规定：

1　基本组合的效应设计值按下式中最不利值确定：

$$S_d = S\Big(\sum_{i\geqslant 1} \gamma_{G_i} G_{ik} + \gamma_P P + \gamma_{Q_1} \gamma_{L_1} Q_{1k} + \sum_{j>1} \gamma_{Q_j} \psi_{cj} \gamma_{L_j} Q_{jk}\Big) \tag{8.2.4-1}$$

式中：$S(\cdot)$——作用组合的效应函数；

$G_{ik}$——第 $i$ 个永久作用的标准值；

$P$——预应力作用的有关代表值；

$Q_{1k}$——第 1 个可变作用的标准值；

$Q_{jk}$——第 $j$ 个可变作用的标准值；

$\gamma_{G_i}$——第 $i$ 个永久作用的分项系数，应按本标准第 8.2.9 条的有关规定采用；

$\gamma_P$——预应力作用的分项系数，应按本标准第 8.2.9 条的有关规定采用；

$\gamma_{Q_1}$——第 1 个可变作用的分项系数，应按本标准第 8.2.9 条的有关规定采用；

$\gamma_{Q_j}$——第 $j$ 个可变作用的分项系数，应按本标准第 8.2.9 条的有关规定采用；

$\gamma_{L_1}$、$\gamma_{L_j}$——第 1 个和第 $j$ 个考虑结构设计使用年限的荷载调整系数，应按本标准第 8.2.10 条的有关规定采用；

$\psi_{cj}$——第 $j$ 个可变作用的组合值系数，应按现行有关标准的规定采用。

2　当作用与作用效应按线性关系考虑时，基本组合的效应设计值按下式中最不利值计算：

$$S_d = \sum_{i\geqslant 1} \gamma_{G_i} S_{G_{ik}} + \gamma_P S_P + \gamma_{Q_1} \gamma_{L_1} S_{Q_{1k}} + \sum_{j>1} \gamma_{Q_j} \psi_{cj} \gamma_{L_j} S_{Q_{jk}} \tag{8.2.4-2}$$

式中：$S_{G_{ik}}$——第 $i$ 个永久作用标准值的效应；

$S_P$——预应力作用有关代表值的效应；

$S_{Q_{1k}}$——第1个可变作用标准值的效应；

$S_{Q_{jk}}$——第 $j$ 个可变作用标准值的效应。

8.2.5　对偶然设计状况，应采用作用的偶然组合，并应符合下列规定：

1　偶然组合的效应设计值按下式确定：

……

2　当作用与作用效应按线性关系考虑时，偶然组合的效应设计值按下式计算：

……

8.2.6　对地震设计状况，应采用作用的地震组合。

8.2.7　当进行建筑结构抗震设计时，结构性能基本设防目标应符合下列规定：

1　遭遇多遇地震影响，结构主体不受损坏或不需修复即可继续使用；

2　遭遇设防地震影响，可能发生损坏，但经一般修复仍可继续使用；

3　遭遇罕遇地震影响，不致倒塌或发生危及生命的严重破坏。

8.2.8　结构重要性系数 $\gamma_0$，不应小于表8.2.8的规定。

**结构重要性系数 $\gamma_0$**　　　　**表 8.2.8**

| 结构重要性系数 | 对持久设计状况和短暂设计状况 | | | 对偶然设计状况和地震设计状况 |
|---|---|---|---|---|
| | 安全等级 | | | |
| | 一级 | 二级 | 三级 | |
| $\gamma_0$ | 1.1 | 1.0 | 0.9 | 1.0 |

关于结构重要性系数，《建筑抗震设计规范》GB 50011—2010（2016年版）条文说明第5.4.1条规定："根据地震作用的特点、抗震设计的现状，以及抗震设防分类与《统一标准》中安全等级的差异，重要性系数对抗震设计的实际意义不大，本规范（《抗震规范》）对建筑重要性的处理仍采用抗震措施的改变来实现，不考虑此项系数"。

8.2.9　建筑结构的作用分项系数，应按表8.2.9采用。

**建筑结构的作用分项系数**　　　　**表 8.2.9**

| 适用情况 / 作用分项系数 | 当作用效应对承载力不利时 | 当作用效应对承载力有利时 |
|---|---|---|
| $\gamma_G$ | 1.3 | ≤1.0 |
| $\gamma_P$ | 1.3 | ≤1.0 |
| $\gamma_Q$ | 1.5 | 0 |

【注意】新版《统一标准》的修订将永久作用分项系数 $\gamma_G$ 由1.2调整为1.3，可变作用分项系数 $\gamma_Q$ 由1.4调整为1.5；同时，相应调整预应力作用的分项系数 $\gamma_P$ 由1.2调整为1.3。

8.2.10 建筑结构考虑结构设计使用年限的荷载调整系数，应按表 8.2.10 采用。

**建筑结构考虑结构设计使用年限的荷载调整系数 $\gamma_L$** **表 8.2.10**

| 结构的设计使用年限（年） | $\gamma_L$ |
| --- | --- |
| 5 | 0.9 |
| 50 | 1.0 |
| 100 | 1.1 |

注：对设计使用年限为 25 年的结构构件，$\gamma_L$ 应按各种材料结构设计标准的规定采用。

**3. 正常使用极限状态**

对承载能力极限状态，安全与失效之间的分界线是清晰的；如钢材的屈服、混凝土的压坏、结构的倾覆、地基的滑移，都是清晰的物理现象。对正常使用极限状态，能正常使用与不能正常使用之间的分界线是模糊的，难以找到清晰的物理界限区分正常与不正常；在很大程度上依靠工程经验确定。

8.3.1 结构或结构构件按正常使用极限状态设计时，应符合下式规定：

$$S_d \leqslant C \tag{8.3.1}$$

式中：$S_d$——作用组合的效应设计值；

$C$——设计对变形、裂缝等规定的相应限值，应按有关的结构设计标准的规定采用。

新版《统一标准》按正常使用极限状态设计时的 3 种组合，分别有 2 种计算公式，新增加了“当作用与作用效应按非线性关系考虑时”组合的效应设计值计算公式。

8.3.2 按正常使用极限状态设计时，宜根据不同情况采用作用的标准组合、频遇组合或准永久组合，并应符合下列规定：

1 标准组合应符合下列规定：

1）标准组合的效应设计值按下式确定：

$$S_d = S\Big(\sum_{i\geqslant 1} G_{ik} + P + Q_{1k} + \sum_{j>1} \psi_{cj} Q_{jk}\Big) \tag{8.3.2-1}$$

2）当作用与作用效应按线性关系考虑时，标准组合的效应设计值按下式计算：

$$S_d = \sum_{i\geqslant 1} S_{G_{ik}} + S_P + S_{Q_{1k}} + \sum_{j>1} \psi_{cj} S_{Q_{jk}} \tag{8.3.2-2}$$

2 频遇组合应符合下列规定：

……

3 准永久组合应符合下列规定：

……

8.3.3 对正常使用极限状态，材料性能的分项系数 $\gamma_M$，除各种材料的结构设计标准有专门规定外，应取为 1.0。

【注意】建筑结构设计宜采用以概率理论为基础、以分项系数表达的极限状态设计方法。

### （八）耐久性极限状态

**1. 新版《统一标准》对耐久性极限状态设计的规定**

（1）一般规定；

（2）设计使用年限；

（3）环境影响种类；

（4）耐久性极限状态；

（5）耐久性极限状态设计方法和措施。

**2. 结构的环境影响分类**

结构的环境影响可分为无侵蚀性的室内环境影响和侵蚀性环境影响等，根据环境侵蚀性的特点，宜按下列作用分类：

（1）生物作用；

（2）与气候等相关的物理作用；

（3）与建筑物内外人类活动相关的物理作用；

（4）介质的侵蚀作用；

（5）物理与介质的共同作用。

**3. 耐久性极限状态的标志和限值**

建筑结构的设计使用年限可按新版《统一标准》表 3.3.3 的规定采用，本部分仅节选《统一标准》“附录 C.4　耐久性极限状态”中的“耐久性极限状态的标志和限值”部分内容。

C.4.1　各类结构构件及其连接，应依据环境侵蚀和材料的特点确定耐久性极限状态的标志和限值。

C.4.2　对木结构宜以出现下列现象之一作为达到耐久性极限状态的标志：

1　出现霉菌造成的腐朽；

2　出现虫蛀现象；

3　发现受到白蚁的侵害等；

4　胶合木结构防潮层丧失防护作用或出现脱胶现象；

5　木结构的金属连接件出现锈蚀；

6　构件出现翘曲、变形和节点区的干缩裂缝。

C.4.3　对钢结构、钢管混凝土结构的外包钢管和组合钢结构的型钢构件等，宜以出现下列现象之一作为达到耐久性极限状态的标志：

1　构件出现锈蚀迹象；

2　防腐涂层丧失作用；

3　构件出现应力腐蚀裂纹；

4　特殊防腐保护措施失去作用。

C.4.4　对铝合金、铜及铜合金等构件及连接，宜以出现下列现象之一作为达到耐久性极限状态的标志：

1　构件出现表观的损伤；

2　出现应力腐蚀裂纹；

3　专用防护措施失去作用。

C.4.5 对混凝土结构的配筋和金属连接件，宜以出现下列状况之一作为达到耐久性极限状态的标志或限值：

1 预应力钢筋和直径较细的受力主筋具备锈蚀条件；

2 构件的金属连接件出现锈蚀；

3 混凝土构件表面出现锈蚀裂缝；

4 阴极或阳极保护措施失去作用。

C.4.6 对砌筑和混凝土等无机非金属材料的结构构件，宜以出现下列现象之一作为达到耐久性极限状态的标志或限值：

1 构件表面出现冻融损伤；

2 构件表面出现介质侵蚀造成的损伤；

3 构件表面出现风沙和人为作用造成的磨损；

4 表面出现高速气流造成的空蚀损伤；

5 因撞击等造成的表面损伤；

6 出现生物性作用损伤。

**4. 耐久性极限状态设计方法和措施**

C.5.1 建筑结构的耐久性可采用下列方法进行设计

1 经验的方法；

2 半定量的方法；

3 定量控制耐久性失效概率的方法。

## 二、建筑结构荷载

### （一）概述

**1. 结构上的作用及荷载分类**

《建筑结构荷载规范》GB 50009—2012（以下简称《荷载规范》）中规定，建筑结构设计中涉及的作用应包括直接作用（荷载）和间接作用。《荷载规范》仅对荷载和温度作用作出规定，有关可变荷载的规定同样适用于温度作用。荷载可分为三类：永久荷载、可变荷载和偶然荷载。

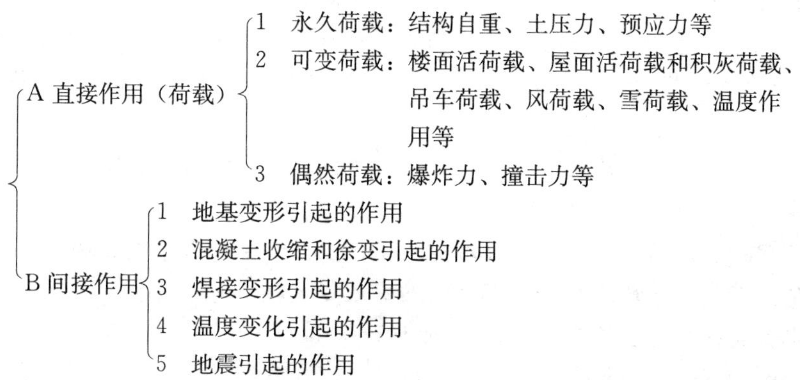


【**要点**】结构上的作用是指能使结构产生效应（结构或构件的内力、应力、位移、应变、裂缝等）的各种原因的总称。

直接作用是指作用在结构上的力集（包括集中力和分布力），习惯上统称为荷载，如永久荷载、活荷载、吊车荷载、雪荷载、风荷载以及偶然荷载等。

间接作用是指那些不是直接以力集的形式出现的作用，如地基变形、混凝土收缩和徐变、焊接变形、温度变化以及地震等引起的作用等。

**2. 基本术语**

2.1.4 荷载代表值

设计中用以验算极限状态所采用的荷载量值，例如标准值、组合值、频遇值和准永久值。

2.1.6 标准值

荷载的基本代表值，为设计基准期内最大荷载统计分布的特征值（例如均值、众值、中值或某个分位值）。

2.1.7 组合值

对可变荷载，使组合后的荷载效应在设计基准期内的超越概率，能与该荷载单独出现时的相应概率趋于一致的荷载值；或使组合后的结构具有统一规定的可靠指标的荷载值。

2.1.8 频遇值

对可变荷载，在设计基准期内，其超越的总时间为规定的较小比率或超越频率为规定频率的荷载值。

2.1.9 准永久值

对可变荷载，在设计基准期内，其超越的总时间约为设计基准期一半的荷载值。

2.1.10 荷载设计值

荷载代表值与荷载分项系数的乘积。

2.1.11 荷载效应

由荷载引起结构或结构构件的反应，例如内力、变形和裂缝等。

**3. 荷载代表值**

虽然任何荷载都具有不同性质的变异性，但在设计中，不可能直接引用反映荷载变异性的各种统计参数，通过复杂的概率运算进行具体设计。因此，在设计时，除了采用能便于设计者使用的设计表达式外，对荷载仍应赋予一个规定的量值，称为荷载代表值。

【注意】荷载可根据不同的设计要求，规定不同的代表值，以使之能更确切地反映它在设计中的特点。《荷载规范》给出了荷载的4种代表值：标准值、组合值、频遇值和准永久值。荷载标准值是荷载的基本代表值，而其他代表值都可以在标准值的基础上乘以相应的系数后得出。

3.1.2 建筑结构设计时，应按下列规定对不同荷载采用不同的代表值：

1 对永久荷载应采用标准值作为代表值；

2 对可变荷载应根据设计要求采用标准值、组合值、频遇值或准永久值作为代表值；

3 对偶然荷载应按建筑结构使用的特点确定其代表值。

3.1.3 确定可变荷载代表值时应采用50年设计基准期。

3.1.4 荷载的标准值，应按本规范各章的规定采用。

3.1.5 承载能力极限状态设计或正常使用极限状态按标准组合设计时，对可变荷载应按规定的荷载组合采用荷载的组合值或标准值作为其荷载代表值。可变荷载的组合值，应为可变荷载的标准值乘以荷载组合值系数。

3.1.6 正常使用极限状态按频遇组合设计时，应采用可变荷载的频遇值或准永久值作为其荷载代表值；按准永久组合设计时，应采用可变荷载的准永久值作为其荷载代表值。可变荷载的频遇值，应为可变荷载标准值乘以频遇值系数。可变荷载准永久值，应为可变荷载标准值乘以准永久值系数。

**4. 荷载组合**

《建筑结构荷载规范》GB 50009—2012 节选：

3.2.1 建筑结构设计应根据使用过程中在结构上可能同时出现的荷载，按承载能力极限状态和正常使用极限状态分别进行荷载组合，并应取各自的最不利的组合进行设计。

3.2.2 对于承载能力极限状态，应按荷载的基本组合或偶然组合计算荷载组合的效应设计值，并应采用下列设计表达式进行设计：

$$\gamma_0 S_d \leqslant R_d \tag{3.2.2}$$

式中：$\gamma_0$——结构重要性系数，应按各有关建筑结构设计规范的规定采用；

$S_d$——荷载组合的效应设计值；

$R_d$——结构构件抗力的设计值，应按各有关建筑结构设计规范的规定确定。

注：上述公式（《建筑结构荷载规范》GB 50009—2012）与新版《统一标准》的公式基本一致。

3.2.3 荷载基本组合的效应设计值 $S_d$，应从下列荷载组合值中取用最不利的效应设计值确定：

1 由可变荷载控制的效应设计值，应按下式进行计算：

$$S_d = \sum_{j=1}^{m} \gamma_{G_j} S_{G_j k} + \gamma_{Q_1} \gamma_{L_1} S_{Q_1 k} + \sum_{i=2}^{n} \gamma_{Q_i} \gamma_{L_i} \psi_{c_i} S_{Q_i k} \tag{3.2.3-1}$$

2 由永久荷载控制的效应设计值，应按下式进行计算：

$$S_d = \sum_{j=1}^{m} \gamma_{G_j} S_{G_j k} + \sum_{i=1}^{n} \gamma_{Q_i} \gamma_{L_i} \psi_{c_i} S_{Q_i k} \tag{3.2.3-2}$$

注：1.《建筑结构荷载规范》GB 50009—2012 基本组合中的效应设计值仅适用于荷载与荷载效应为线性的情况；

2. 新版《统一标准》增加了预应力作用的分项，其他部分与式（3.2.3-1）基本一致，请读者注意区分两本规范中公式的不同。

3. 新版《统一标准》取消了永久荷载控制的荷载基本组合的效应设计值公式（3.2.3-2）。

3.2.4 基本组合的荷载分项系数，应按下列规定采用：

1 永久荷载的分项系数应符合下列规定：

1）当永久荷载效应对结构不利时，对由可变荷载效应控制的组合应取 1.2，对由永久荷载效应控制的组合应取 1.35；

2）当永久荷载效应对结构有利时，不应大于 1.0。

2 可变荷载的分项系数应符合下列规定：

1）对标准值大于 4kN/m$^2$ 的工业房屋楼面结构的活荷载，应取 1.3；

2）其他情况，应取 1.4。

……

【注意】新版《统一标准》将永久作用分项系数由 1.2 调整为 1.3，可变作用分项系数由 1.4 调整为 1.5，并取消了永久荷载为主时的分项系数 1.35。

目前《荷载规范》还未根据新版《统一标准》作出修订；对于新建工程项目，设计时需采用新版《统一标准》的荷载基本组合公式及其作用分项系数。也就是说不能按《荷载规范》第 3.2.4 条取值，而应按《统一标准》第 8.2.9 条建筑结构的作用分项系数表取值。

### (二) 荷载的标准值

#### 1. 民用建筑楼面均布活荷载

(1) 楼面活荷载标准值

楼面活荷载是房屋结构设计中的主要荷载。《荷载规范》规定的民用建筑楼面均布活荷载标准值及其组合值、频遇值、准永久值系数的取值，不应小于表 3-3 的规定。

**民用建筑楼面均布活荷载标准值及其组合值、频遇值和准永久值系数　　表 3-3**

| 项次 | 类别 | | | 标准值 (kN/m²) | 组合值系数 $\psi_c$ | 频遇值系数 $\psi_f$ | 准永久值系数 $\psi_q$ |
|---|---|---|---|---|---|---|---|
| 1 | (1) 住宅、宿舍、旅馆、办公楼、医院病房、托儿所、幼儿园 | | | 2.0 | 0.7 | 0.5 | 0.4 |
| | (2) 试验室、阅览室、会议室、医院门诊室 | | | 2.0 | 0.7 | 0.6 | 0.5 |
| 2 | 教室、食堂、餐厅、一般资料档案室 | | | 2.5 | 0.7 | 0.6 | 0.5 |
| 3 | (1) 礼堂、剧场、影院、有固定座位的看台 | | | 3.0 | 0.7 | 0.5 | 0.3 |
| | (2) 公共洗衣房 | | | 3.0 | 0.7 | 0.6 | 0.5 |
| 4 | (1) 商店、展览厅、车站、港口、机场大厅及其旅客等候室 | | | 3.5 | 0.7 | 0.6 | 0.5 |
| | (2) 无固定座位的看台 | | | 3.5 | 0.7 | 0.5 | 0.3 |
| 5 | (1) 健身房、演出舞台 | | | 4.0 | 0.7 | 0.6 | 0.5 |
| | (2) 运动场、舞厅 | | | 4.0 | 0.7 | 0.6 | 0.3 |
| 6 | (1) 书库、档案库、贮藏室 | | | 5.0 | 0.9 | 0.9 | 0.8 |
| | (2) 密集柜书库 | | | 12.0 | 0.9 | 0.9 | 0.8 |
| 7 | 通风机房、电梯机房 | | | 7.0 | 0.9 | 0.9 | 0.8 |
| 8 | 汽车通道及客车停车库 | (1) 单向板楼盖（板跨不小于 2m）和双向板楼盖（板跨不小于 3m×3m） | 客车 | 4.0 | 0.7 | 0.7 | 0.6 |
| | | | 消防车 | 35.0 | 0.7 | 0.5 | 0.0 |
| | | (2) 双向板楼盖（板跨不小于 6m×6m）和无梁楼盖（柱网不小于 6m×6m） | 客车 | 2.5 | 0.7 | 0.7 | 0.6 |
| | | | 消防车 | 20.0 | 0.7 | 0.5 | 0.0 |
| 9 | 厨房 | (1) 餐厅 | | 4.0 | 0.7 | 0.7 | 0.7 |
| | | (2) 其他 | | 2.0 | 0.7 | 0.6 | 0.5 |
| 10 | 浴室、卫生间、盥洗室 | | | 2.5 | 0.7 | 0.6 | 0.5 |
| 11 | 走廊、门厅 | (1) 宿舍、旅馆、医院病房、托儿所、幼儿园、住宅 | | 2.0 | 0.7 | 0.5 | 0.4 |
| | | (2) 办公楼、餐厅、医院门诊部 | | 2.5 | 0.7 | 0.6 | 0.5 |
| | | (3) 教学楼及其他可能出现人员密集的情况 | | 3.5 | 0.7 | 0.5 | 0.3 |
| 12 | 楼梯 | (1) 多层住宅 | | 2.0 | 0.7 | 0.5 | 0.4 |
| | | (2) 其他 | | 3.5 | 0.7 | 0.5 | 0.3 |

续表

| 项次 | 类别 | | 标准值 (kN/m²) | 组合值系数 $\psi_c$ | 频遇值系数 $\psi_f$ | 准永久值系数 $\psi_q$ |
|---|---|---|---|---|---|---|
| 13 | 阳台 | (1) 可能出现人员密集的情况 | 3.5 | 0.7 | 0.6 | 0.5 |
| | | (2) 其他 | 2.5 | 0.7 | 0.6 | 0.5 |

注：1. 本表所给各项活荷载适用于一般使用条件，当使用荷载较大、情况特殊或有专门要求时，应按实际情况采用；

2. 第6项书库活荷载，当书架高度大于2m时，书库活荷载尚应按每米书架高度不小于2.5kN/m²确定；

3. 第8项中的客车活荷载仅适用于停放载人少于9人的客车；消防车活荷载适用于满载总重为300kN的大型车辆；当不符合本表的要求时，应将车轮的局部荷载按结构效应的等效原则，换算为等效均布荷载；

4. 第8项消防车活荷载，当双向板楼盖板跨介于3m×3m～6m×6m之间时，应按跨度线性插值确定；

5. 第12项楼梯活荷载，对预制楼梯踏步平板，尚应按1.5kN集中荷载验算；

6. 本表各项荷载不包括隔墙自重和二次装修荷载。对固定隔墙的自重应按永久荷载考虑，当隔墙位置可灵活自由布置时，非固定隔墙的自重应取不小于1/3的每延米长墙重（kN/m）作为楼面活荷载的附加值（kN/m²）计入，附加值不小于1.0kN/m²。

（2）楼面活荷载标准值的折减系数

设计楼面梁、墙、柱及基础时，表3-3中的楼面活荷载标准值折减系数不应小于下列规定：

1）设计楼面梁时：

① 第1（1）项当楼面梁从属面积超过25m²时，应取0.9；

② 第1（2）～第7项当楼面梁从属面积超过50m²时应取0.9；

③ 第8项对单向板楼盖的次梁和槽形板的纵肋应取0.8；对单向板楼盖的主梁应取0.6；对双向板楼盖的梁应取0.8；

④ 第9～第13项应采用与所属房屋类别相同的折减系数。

2）设计墙、柱和基础时：

① 第1（1）项应按表3-4规定采用；

② 第1（2）～第7项应采用与其楼面梁相同的折减系数；

③ 第8项的客车对单向板楼盖应取0.5，对双向板楼盖和无梁楼盖应取0.8；

④ 第9～第13项应采用与所属房屋类别相同的折减系数。

注：楼面梁的从属面积应按梁两侧各延伸二分之一梁间距的范围内的实际面积确定。

**活荷载按楼层的折减系数** **表3-4**

| 墙、柱、基础计算截面以上的层数 | 1 | 2～3 | 4～5 | 6～8 | 9～20 | >20 |
|---|---|---|---|---|---|---|
| 计算截面以上各楼层活荷载总和的折减系数 | 1.00 (0.90) | 0.85 | 0.70 | 0.65 | 0.60 | 0.55 |

注：当楼面梁的从属面积超过25m²时，应采用括号内的系数。

**2. 民用建筑屋面均布活荷载**

房屋建筑的屋面，其水平投影面上的屋面均布活荷载的标准值及其组合值系数、频遇值系数和准永久值系数的取值，不应小于表3-5的规定。

屋面均布活荷载标准值及其组合值系数、频遇值系数和准永久值系数　　表 3-5

| 项　次 | 类　　别 | 标准值 (kN/m²) | 组合值系数 $\psi_c$ | 频遇值系数 $\psi_f$ | 准永久值系数 $\psi_q$ |
|---|---|---|---|---|---|
| 1 | 不上人的屋面 | 0.5 | 0.7 | 0.5 | 0.0 |
| 2 | 上人的屋面 | 2.0 | 0.7 | 0.5 | 0.4 |
| 3 | 屋顶花园 | 3.0 | 0.7 | 0.6 | 0.5 |
| 4 | 屋顶运动场地 | 3.0 | 0.7 | 0.6 | 0.4 |

**3. 雪荷载**

雪荷载是房屋屋面结构的主要荷载之一。在寒冷地区的大跨、轻质屋盖结构，对雪荷载更为敏感。

(1) 雪荷载标准值及基本雪压

《荷载规范》规定，屋面水平投影面上的雪荷载标准值，应按下式计算：

$$s_k = \mu_r s_0 \tag{3-1}$$

式中　$s_k$——雪荷载标准值，kN/m²；

$\mu_r$——屋面积雪分布系数；

$s_0$——基本雪压，kN/m²。

基本雪压应采用规范规定的 50 年重现期的雪压；对雪荷载敏感的结构（主要指大跨、轻质屋盖结构），应采用 100 年重现期的雪压。

基本雪压应按《荷载规范》全国基本雪压分布图的规定采用。山区的雪荷载应通过实际调查后确定；当无实测资料时，可按当地邻近空旷平坦地面的雪荷载值乘以 1.2 采用。

全国基本雪压取值范围为 0～1.0kN/m²（个别地区，如新疆阿勒泰市达 1.65kN/m²），在无雪地区，雪载可以为零。

(2) 屋面积雪分布系数

屋面积雪分布系数实际上就是将地面基本雪压换算为屋面雪荷载的换算系数，它与屋面形式、朝向及风力等因素有关。

《荷载规范》规定的屋面积雪分布系数，应根据不同类别的屋面形式，按《荷载规范》表 7.2.1 采用。

(3) 设计建筑结构及屋面的承重构件时，应按下列规定采用积雪的分布情况：

1) 屋面板和檩条按积雪不均匀分布的最不利情况采用；

2) 屋架和拱壳应分别按全跨积雪均匀分布、不均匀分布和半跨积雪的均匀分布的最不利情况采用；

3) 框架和柱可按全跨积雪均匀分布情况采用。

**4. 风荷载**

风荷载是建筑结构上的一种主要的直接作用，对高层建筑尤为重要。

风压随高度而增大，且与地面的粗糙度有关；建筑物体形与尺寸不同，作用在建筑物表面上的实际风压力（或吸力）不同；风压不是静态压力，实际上是脉动风压，对于高宽比较大的房屋结构，应考虑风的动力效应。

(1) 风荷载标准值及基本风压

垂直于建筑物表面上的风荷载标准值，应按下列规定确定：

1）当计算主要受力结构时

$$w_k = \beta_z \mu_s \mu_z w_0 \tag{3-2}$$

式中 $w_k$——风荷载标准值（kN/m²）；

$\beta_z$——高度 $z$ 处的风振系数；

$\mu_s$——风荷载体形系数；

$\mu_z$——风压高度变化系数；

$w_0$——基本风压（kN/m²）。

2）当计算围护结构时

$$w_k = \beta_{gz} \mu_{s1} \mu_z w_0 \tag{3-3}$$

式中 $\beta_{gz}$——高度 $z$ 处的阵风系数。计算围护结构（包括门窗）风荷载时的阵风系数按《荷载规范》表 8.6.1 确定，其值与离地面的高度及地面粗糙度类别有关；从表中可以看出：

1）当地面粗糙度相同时，离地面越高，$\beta_{gz}$值越小；

2）对同一高度，$\beta_{gz}$则 A 类<B 类<C 类<D 类；

3）$\beta_{gz}$值的变化区间为 1.40～2.40。

$\mu_{s1}$——风荷载局部体型系数。

基本风压应按《荷载规范》附录 E.5 中附表 E.5 给出的 50 年重现期的风压采用，但不得小于 0.3kN/m²。

全国基本风压值范围为 0.3～0.9kN/m²。

对于高层建筑、高耸结构以及对风荷载比较敏感的其他结构，基本风压应适当提高，并应符合有关的结构设计规范的规定。

**例 3-1** 对于特别重要或对风荷载比较敏感的高层建筑，确定基本风压的重现期应为下列何值？

A 10 年 B 25 年 C 50 年 D 100 年

**解析：**根据《荷载规范》第 8.1.2 条及《高层建筑混凝土结构技术规程》JGJ 3—2010 第 4.2.2 条，基本风压应采用按规定的方法确定的 50 年重现期的风压，但不得小于 0.3kN/m²。对于高层建筑、高耸建筑以及对风荷载比较敏感的其他建筑结构，基本风压的取值应适当提高，并应符合有关结构设计规范的规定。根据《高层建筑混凝土结构技术规程》JGJ 3—2010 第 4.2.2 条：对风荷载比较敏感的高层建筑，承载力设计时按基本风压的 1.1 倍采用。即现规范不强调按 100 年重现期的风压值采用，而是直接按基本风压值的 1.1 倍采用。

**答案：**C

(2) 风压高度变化系数 $\mu_z$

对于平坦或稍有起伏的地形，风压高度变化系数应根据地面粗糙度类别按表 3-6 确定。

地面粗糙度可分为 A、B、C、D 四类：

1）A 类指近海海面和海岛、海岸、湖岸及沙漠地区；

2）B 类指田野、乡村、丛林、丘陵以及房屋比较稀疏的乡镇；

3）C类指有密集建筑群的城市市区；

4）D类指有密集建筑群且房屋较高的城市市区。

**风压高度变化系数 $\mu_z$** 表3-6

| 离地面或海平面高度（m） | 地面粗糙度类别 | | | |
|---|---|---|---|---|
| | A | B | C | D |
| 5 | 1.09 | 1.00 | 0.65 | 0.51 |
| 10 | 1.28 | 1.00 | 0.65 | 0.51 |
| 15 | 1.42 | 1.13 | 0.65 | 0.51 |
| 20 | 1.52 | 1.23 | 0.74 | 0.51 |
| 30 | 1.67 | 1.39 | 0.88 | 0.51 |
| 40 | 1.79 | 1.52 | 1.00 | 0.60 |
| 50 | 1.89 | 1.62 | 1.10 | 0.69 |
| 60 | 1.97 | 1.71 | 1.20 | 0.77 |
| 70 | 2.05 | 1.79 | 1.28 | 0.84 |
| 80 | 2.12 | 1.87 | 1.36 | 0.91 |
| 90 | 2.18 | 1.93 | 1.43 | 0.98 |
| 100 | 2.23 | 2.00 | 1.50 | 1.04 |
| 150 | 2.46 | 2.25 | 1.79 | 1.33 |
| 200 | 2.64 | 2.46 | 2.03 | 1.58 |
| 250 | 2.78 | 2.63 | 2.24 | 1.81 |
| 300 | 2.91 | 2.77 | 2.43 | 2.02 |
| 350 | 2.91 | 2.91 | 2.60 | 2.22 |
| 400 | 2.91 | 2.91 | 2.76 | 2.40 |
| 450 | 2.91 | 2.91 | 2.91 | 2.58 |
| 500 | 2.91 | 2.91 | 2.91 | 2.74 |
| ≥550 | 2.91 | 2.91 | 2.91 | 2.91 |

从表3-6中，可以看出：

1）当地面粗糙度类别相同时，离地面越高，$\mu_z$ 值越大，但当达到一定高度后，$\mu_z$ 越接近以至相同；

2）对同一高度，$\mu_z$ 则A类>B类>C类>D类，但当高度不小于550m后，其值相同；

3）表中 $\mu_z$ 的变化范围为从0.51～2.91，当离地面5～10m高，B类时，$\mu_z=1.0$。

（3）风荷载体型系数 $\mu_s$

风荷载体型系数是指风作用在建筑物表面一定面积范围内所引起的平均压力（或吸力）与来流风的速度压的比值，它主要与建筑物的体型和尺度有关，也与周围环境和地面粗糙度有关。

风速只是代表在自由气流中各点的风速。气流以不同形式在房屋表面绕过，房屋对气流形成某种干扰，因此房屋设计时不能直接以自由气流的风速作为结构荷载。

风压在建筑物各表面上的分布是不均匀的，设计上取其平均值采用。

在房屋的迎风墙面上，墙面受正风压（压力）；在背风墙面上受负风压（吸力）；在侧墙面上受负风压；在屋面上，因屋面形状的不同，风压可表现为正风压或负风压。

《荷载规范》规定的房屋风荷载体型系数可按表3-7采用。更多内容详见《荷载规范》表8.3.1。

## 风荷载体型系数 $\mu_s$ 表 3-7

<table>
<tr><th>项次</th><th>类别</th><th>体型及体型系数 $\mu_s$</th></tr>
<tr><td>1</td><td>封闭式落地双坡屋面</td><td>
<table>
<tr><td>$\alpha$</td><td>0°</td><td>30°</td><td>≥60°</td></tr>
<tr><td>$\mu_s$</td><td>0</td><td>+0.2</td><td>+0.8</td></tr>
</table>
中间值按插入法计算</td></tr>
<tr><td>2</td><td>封闭式双坡屋面</td><td>
<table>
<tr><td>$\alpha$</td><td>$\mu_s$</td></tr>
<tr><td>≤15°</td><td>−0.6</td></tr>
<tr><td>30°</td><td>0</td></tr>
<tr><td>≥60°</td><td>+0.8</td></tr>
</table>
中间值按插入法计算</td></tr>
<tr><td>3</td><td>封闭式单坡屋面</td><td>迎风坡面的 $\mu_s$ 按第 2 项采用</td></tr>
<tr><td>4</td><td>封闭式带天窗双坡屋面</td><td>带天窗的拱形屋面可按本图采用</td></tr>
<tr><td>5</td><td>封闭式双跨双坡屋面</td><td>迎风坡面的 $\mu_s$ 按第 2 项采用</td></tr>
<tr><td>6</td><td>封闭式房屋和构筑物</td><td>(a) 正多边形（包括矩形）平面<br>(b) Y 形平面</td></tr>
</table>

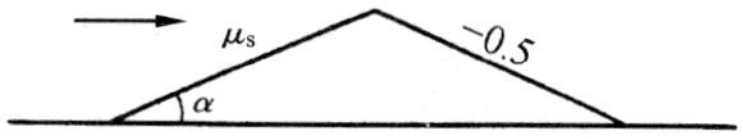

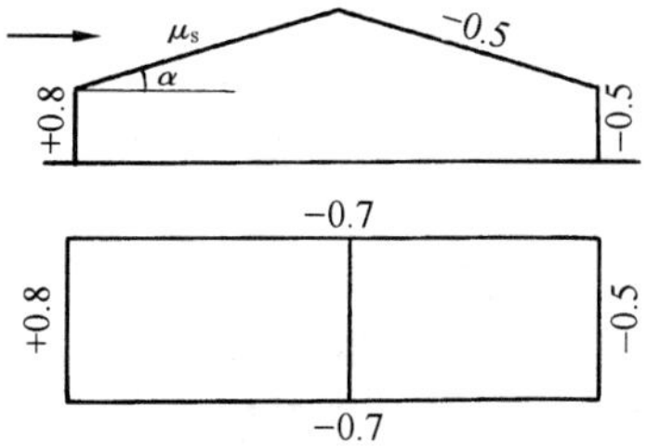

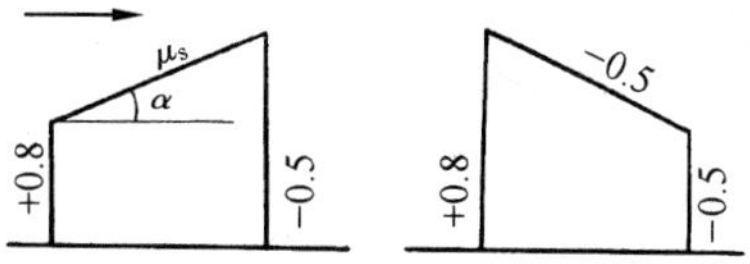

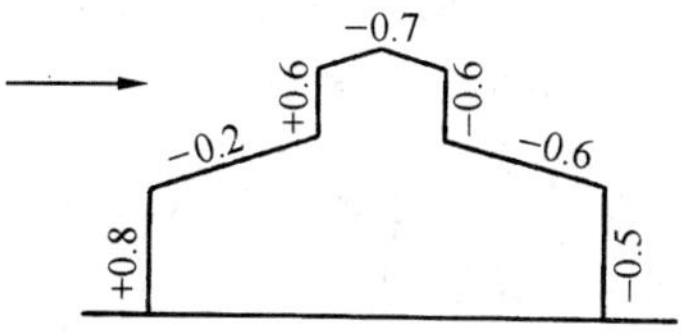

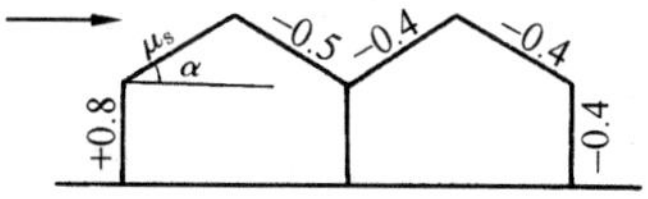

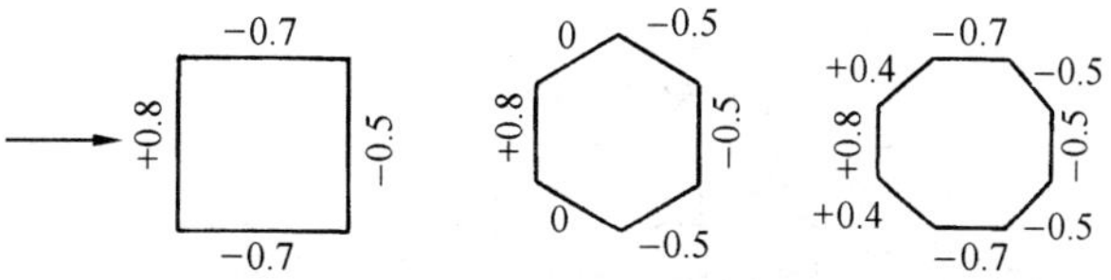

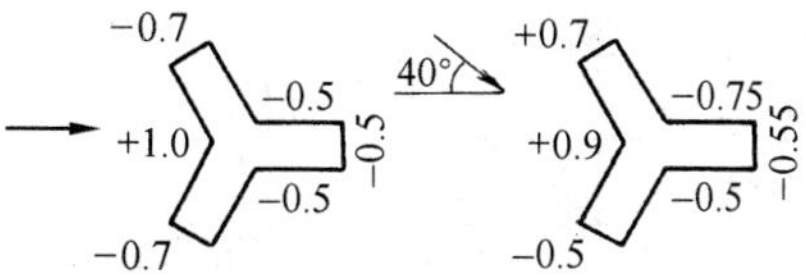

续表

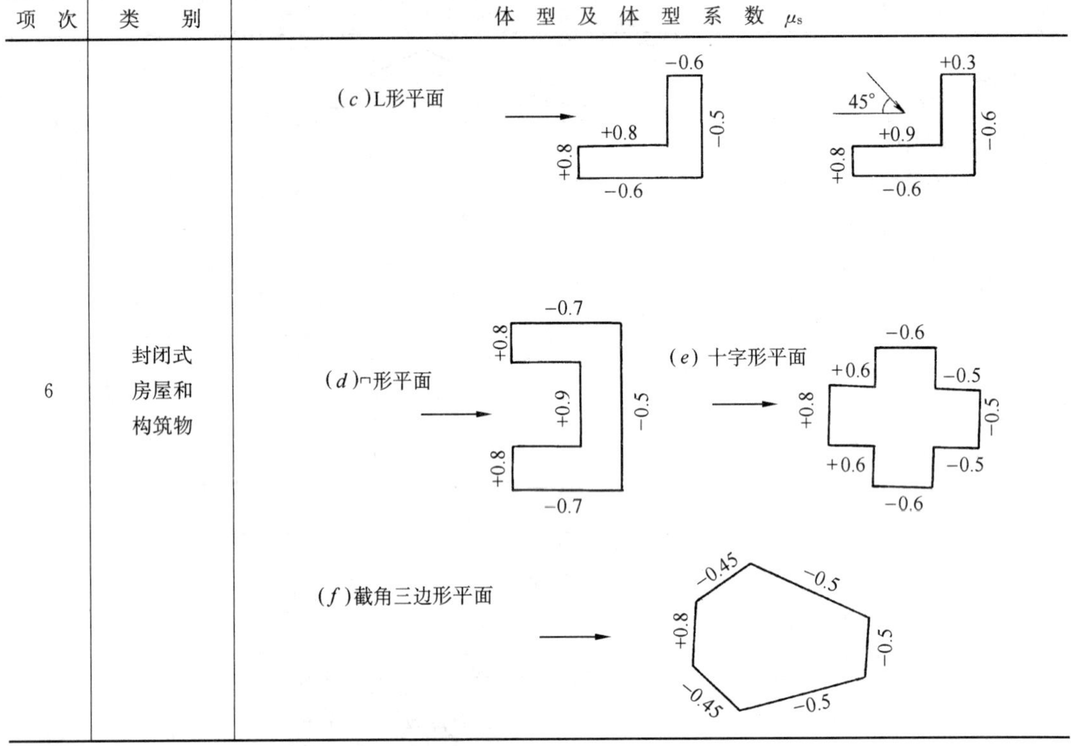


注：1. 表图中符号→表示风向；＋表示压力；－表示吸力；

2. 表中的系数未考虑邻近建筑群体的影响。

表 3-7 中未列入的房屋类别详见《荷载规范》。

（4）顺风向风振和风振系数 $\beta_z$

《荷载规范》规定，对于基本自振周期 $T_1$ 大于 0.25s 的工程结构，如房屋、屋盖及各种高耸结构，以及高度大于 30m 且高宽比大于 1.5 的高层建筑，应考虑风压脉动对结构产生顺风向风振的影响。

顺风向风振系数值大于 1。其值与脉动增大系数、脉动影响系数、振型系数有关。其值计算详见《荷载规范》的规定。

**5. 常用材料和构件自重**

常用材料和构件的自重见表 3-8。

**常用材料和构件自重表** **表 3-8**

| 项次 | 名称 | 自重（kN/m³） | 备注 |
|---|---|---|---|
| 1 | 木材 | 4～9 | 随树种和含水率而不同 |
| 2 | 钢 | 78.5 | |
| 3 | 铝 | 27 | 铝合金 28 |
| 4 | 黏土 | 13.5～20 | 与含水率有关 |
| 5 | 花岗岩、大理石 | 28 | |
| 6 | 普通砖 | 19 | 机器制 |

续表

| 项　次 | 名　称 | 自重（kN/$m^3$） | 备　注 |
|---|---|---|---|
| 7 | 混凝土空心小砌块 | 11.8 | 390mm×190mm×190mm |
| 8 | 水泥砂浆 | 20 | |
| 9 | 素混凝土 | 22～24 | 振捣或不振捣 |
| 10 | 焦渣混凝土 | 16～17 | 承重用 |
| 11 | 焦渣混凝土 | 10～14 | 填充用 |
| 12 | 泡沫混凝土 | 4～6 | |
| 13 | 水泥焦渣 | 14 | |
| 14 | 钢筋混凝土 | 24～25 | |
| 15 | 焦渣 | 10 | |
| 16 | 普通玻璃 | 25.6 | |
| 17 | 水 | 10 | 温度4℃密度最大时 |
| 18 | 书籍 | 5 | 书架藏置 |
| 19 | 浆砌机砖 | 19 | |
| 20 | 双面抹灰板条隔墙 | 0.9 | 角面抹灰厚16～24mm，龙骨在内 |
| 21 | C形轻钢龙骨隔墙 | 0.27～0.54 | 与层数及有无保温层有关 |
| 22 | 贴瓷砖墙面 | 0.5 | 包括水泥浆打底，共厚25mm |
| 23 | 木屋架 | $0.07+0.007l$ | 按屋面水平投影面积计算，跨度$l$以m计 |
| 24 | 钢屋架 | $0.12+0.11l$ | 无天窗，包括支撑，按屋面水平投影面积计算，跨度$l$以m计 |
| 25 | 石板瓦屋面 | 0.46～0.96 | 厚度6.3～12.1mm |
| 26 | 彩色钢板波形瓦 | 0.12～0.13 | 0.6mm厚彩色钢板 |
| 27 | 玻璃屋顶 | 0.3 | 9.5mm夹丝玻璃，框架自重在内 |
| 28 | 油毡防水层 | 0.25～0.4 | 与层数有关 |
| 29 | V形轻钢龙骨吊顶 | 0.12～0.25 | |
| 30 | 松木地板 | 0.18 | |
| 31 | 缸砖地面 | 1.7～2.1 | 60mm砂垫层，53mm面层，平铺 |
| 32 | 玻璃幕墙 | 1.0～1.5 | 一般可按单位面积玻璃自重增大20%～30%采用 |

注：1. 以上材料自重单位，第1～第19项为kN/$m^3$，第20～第32项为kN/$m^2$。

2. 以上常用材料自重中，应熟记下列材料自重值：

钢筋混凝土　25kN/$m^3$

钢　78.5kN/$m^3$

砖砌体　18～20kN/$m^3$

木材（由于树种和含水率不同差别较大，可以榆、松、水曲柳为例）7kN/$m^3$

焦渣混凝土（承重用）　16～17kN/$m^3$

焦渣混凝土（填充用）　10～14kN/$m^3$

泡沫混凝土　4～6kN/$m^3$

花岗岩、大理石　28kN/$m^3$

水泥焦渣　14kN/$m^3$

铝　27kN/$m^3$

**例 3-2** （2012）下列常用建筑材料中，重度最小的是：

A. 钢　　　　B. 混凝土　　　　C. 大理石　　　　D. 铝

**解析：** 题中材料重度分别是：钢 78.5kN/$m^3$，混凝土 22～24kN/$m^3$，大理石 28kN/$m^3$，铝 27kN/$m^3$，相比之下，混凝土的重度最轻。一般我们感觉混凝土比铝重，是因为我们接触的构件体积相差很大，铝构件一般都很薄。如果同体积下比较则混凝土轻。

**答案：** D

**规范：**《建筑结构荷载规范》附录 A。

注：重度是指单位体积的重量。

## 第二节　砌 体 结 构

### 一、砌体材料及其力学性能

#### （一）砌体分类

砌体是由各种块材和砂浆按一定的砌筑方法砌筑而成的整体。它分为无筋砌体和配筋砌体两大类。无筋砌体又因所用块材不同分为砖砌体、砌块砌体和石砌体。在砌体水平灰缝中配有钢筋或在砌体截面中设有钢筋混凝土小柱者称为配筋砌体。

**1. 砖砌体**

由砖与砂浆砌筑而成的砌体，其中砖包括实心黏土砖和黏土空心砖。

（1）实心黏土砖（简称实心砖）

实心黏土砖具有全国统一的规格，其尺寸为（mm）：240×115×53，它以黏土为主要原料，经过焙烧而成，其保温隔热及耐久性能良好，强度也较高，是最常见的砌体材料。由于黏土材料耗费广大耕地，从保护土地资源考虑，目前实心黏土砖的应用受到政策上的限制。

（2）黏土空心砖（简称空心砖）

为了减轻砌体自重，保护农田资源，近来我国部分地区生产了不同孔洞形状和不同孔洞率的黏土空心砖。由于做成部分孔洞，因此自重较轻，保温隔热性能有了进一步改善。

由于孔洞方向不同，黏土空心砖分为竖孔空心砖和水平孔空心砖两类。竖孔空心砖孔洞率一般为 15%～20%，以免强度降低过多影响使用。砌筑时由于孔洞垂直于受压面，强度较高，可用于承重墙，其强度等级划分同实心砖。水平孔空心砖可采用较大的孔洞率，一般为 40%～50%，以取得更好的隔热、隔声性能。砌筑时孔洞平行于承压面，故强度较低，一般只能用于外承重隔墙或框架填充墙。承重用混凝土小型空心砌块空心率为 20%～50%。

在竖孔空心砖型号中，字母 K 表示空心，M 表示模数，P 表示普通，见图 3-1。普通空心砖 KP1 重量较轻，可与标准砖配合使用，砍砖容易，不需配砖，因此在部分地区用得较多。普通空心砖 KP2 也能与标准砖配合使用，但砍砖较多，施工时尚需辅助规格的配砖。模数空心砖 KM1 不能与普通标准砖配合使用，同时在拐角、T 形接头处，由于错缝要求，还需要辅助规格的配砖。

目前，国家标准对空心砖的孔洞形状、孔洞率及布置方式未作统一规定，因此各地区

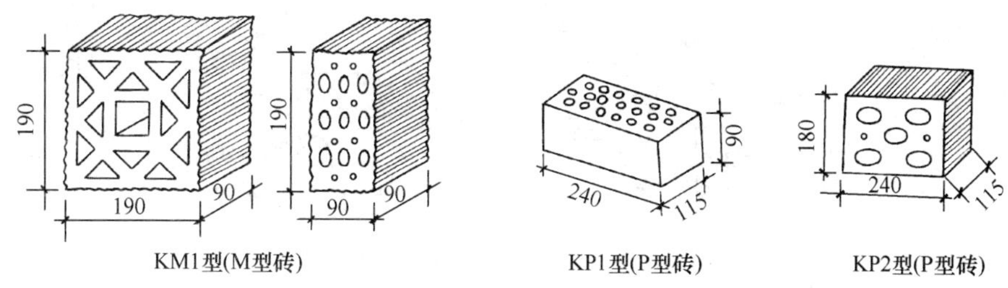


图 3-1 承重黏土空心砖（单位：mm）

产品不尽相同。

**2. 砌块砌体**

由砌块与砂浆砌筑而成，砌块材料有混凝土、粉煤灰等。目前，我国常用的有混凝土中、小型空心砌块和粉煤灰中型砌块。小型砌块高度为 180～350mm，中型砌块高度为 360～900mm，见图 3-2。小型砌块由于重量较轻，可用手工砌筑，因此应用较广；中型砌块采用机械施工，大型砌块由于起重设备的限制，很少应用。

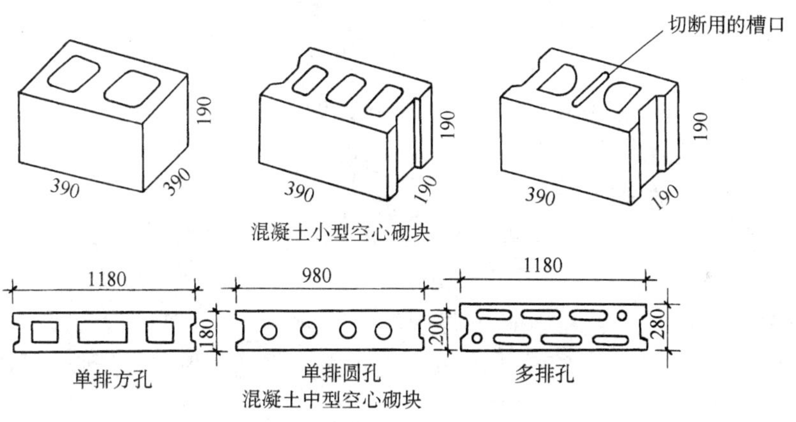


图 3-2 混凝土中、小型空心砌块（单位：mm）

**3. 配筋砌体**

在砌体中配置钢筋或钢筋混凝土时，称为配筋砖砌体。目前，我国采用的配筋砌体有：

（1）网状配筋砖砌体

在砌体水平灰缝中配置双向钢筋网，可加强轴心受压或偏心受压墙（或柱）的承载能力，见图 3-3（*a*）。

（2）组合砌体

由砌体和钢筋混凝土组成，钢筋混凝土薄柱也可用钢筋砂浆面层代替，如图 3-3（*b*）所示。主要用于偏心受压墙、柱。

此外，在砌体结构拐角处或内外墙交接处放置的钢筋混凝土构造柱，也是一种重要的组合砌体，但其作用只是对墙体变形起约束作用，提高房屋抗震能力。

**4. 石砌体**

由石材和砂浆或由石材和混凝土砌筑而成（图 3-4）。石砌体可用作一般民用建筑的

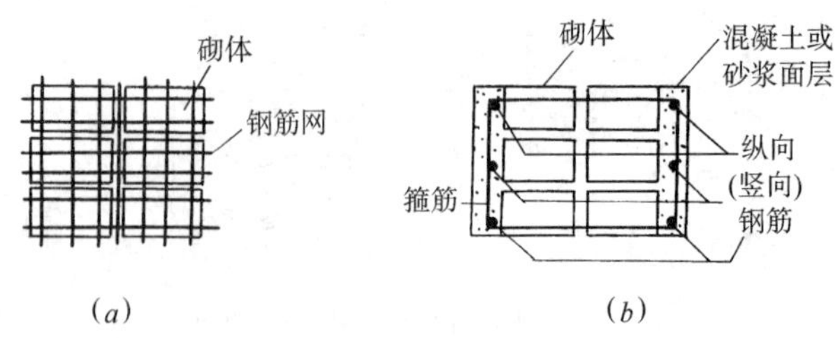


图 3-3　配筋砌体

(a) 网状配筋砖砌体；(b) 组合砌体

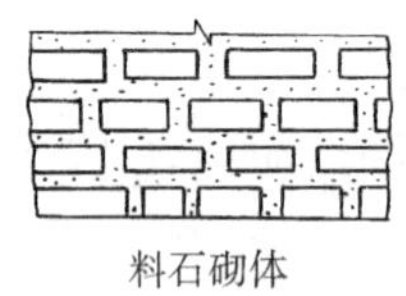
料石砌体

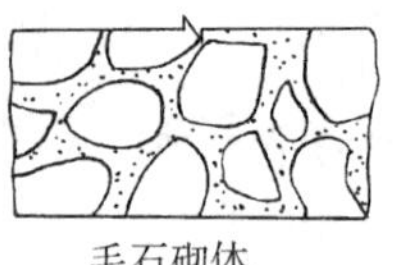
毛石砌体

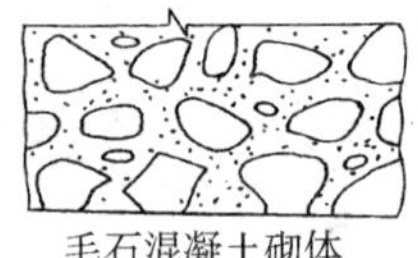
毛石混凝土砌体

图 3-4　石砌体

承重墙、柱和基础。

**5. 构造柱**

在砌体中做钢筋混凝土柱，砌体与柱交接处做成马牙槎，先砌墙后打混凝土，柱沿高度预留拉结筋，与墙拉结在一起。

**(二) 砌体材料的强度等级**

块材和砂浆的强度等级，依据其抗压强度来划分。它是确定砌体在各种受力情况下强度的基本数据。

(1) 烧结普通砖、烧结多孔砖的强度等级分为 5 级，以 MU 表示，单位为 MPa，即 MU30、MU25、MU20、MU15、MU10。砖的抗压强度应根据抗压强度和抗折强度综合评定。

(2) 蒸压灰砂砖、蒸压粉煤灰砖的强度等级分为 3 级，即 MU25、MU20、MU15。

(3) 砌块的强度等级分为 5 级，即 MU20、MU15、MU10、MU7.5、MU5。

(4) 石材的强度等级由边长为 70mm 的立方体试块的抗压强度来表示，可分为 7 级，即 MU100、MU80、MU60、MU50、MU40、MU30、MU20。

(5) 砂浆的强度等级由边长为 70.7mm 的立方体试块，在标准条件下养护，进行抗压试验，取其抗压强度平均值。砂浆强度等级分为 5 级，以 M 表示，即 M15、M10、M7.5、M5、M2.5，当验算施工阶段砌体承载力时，砂浆强度取为 0。

**(三) 砌体的受力性能及影响砌体抗压强度的因素**

砌体受压时单块块材处在复杂应力状态下工作，不仅受压，并且还受弯、受剪和受拉，从而使块材抗压强度不能充分发挥，因此，砌体的抗压强度低于所用块材的抗压强度。

影响砌体抗压强度的因素有：

**1. 块材和砂浆强度的影响**

块材和砂浆强度是影响砌体抗压强度的主要因素，砌体强度随块材和砂浆强度的提高而提高。对提高砌体强度而言，提高块材强度比提高砂浆强度更有效。

一般情况下，砌体强度低于块材强度。当砂浆强度等级较低时，砌体强度高于砂浆强度；当砂浆强度等级较高时，砌体强度低于砂浆强度。

**2. 块材的表面平整度和几何尺寸的影响**

块材表面越平整，灰缝厚薄越均匀，砌体的抗压强度可提高。当块材翘曲时，砂浆层严重不均匀，将产生较大的附加弯曲应力使块材过早破坏。

块材高度大时，其抗弯、抗剪和抗拉能力增大；块材较长时，在砌体中产生的弯剪应力也较大。

**3. 砌筑质量的影响**

砌体砌筑时水平灰缝的均匀性、厚度、饱满度、砖的含水率及砌筑方法，均影响到砌体的强度和整体性。水平灰缝厚度应为 8～12mm（一般宜为 10mm）；水平灰缝饱满度应不低于 80％；砌体砌筑时，应提前将砖浇水湿润，含水率不宜过大或过低（一般要求控制在 10％～15％）；砌筑时砖砌体应上下错缝，内外搭接。

## 二、砌体房屋的静力计算

房屋中的墙、柱等竖向构件用砌体材料，屋盖、楼盖等水平承重构件用钢筋混凝土或其他材料建造的房屋，由于采用了两种或两种以上材料，称为混合结构房屋，或称为砌体结构房屋。

### （一）砌体结构房屋承重墙布置的四种方案

**1. 横墙承重体系**

在多层住宅、宿舍中，横墙间距较小，可做成横墙承重体系，楼面和屋面荷载直接传至横墙和基础。这种承重体系由于横墙间距小，因此房屋空间刚度较大，有利于抵抗水平风荷载和地震作用，也有利于调整房屋的不均匀沉降。

**2. 纵墙承重体系**

在食堂、礼堂、商店、单层小型厂房中，将楼、屋面板（或增设檩条）铺设在大梁（或屋架）上，大梁（或屋架）放置在纵墙上，当进深不大时，也可将楼、屋面板直接放置在纵墙上，通过纵墙将荷载传至基础，这种体系称为纵墙承重体系。

纵墙承重体系可获得较大的使用空间，但这类房屋的横向刚度较差，应加强楼、屋盖与纵墙的连接，这种体系不宜用于多层建筑物。

**3. 纵横墙承重体系**

在教学楼、试验楼、办公楼、医院门诊楼中，部分房屋需要做成大空间，部分房间可以做成小空间，根据楼、屋面板的跨度，跨度小的可将板直接搁置在横墙上，跨度大的方向可加设大梁，板荷载传至大梁，大梁支承在纵墙上，这样设计成纵横墙同时承重，这种体系布置灵活，其空间刚度介于上述两种体系之间。

**4. 内框架承重体系**

在商场、多层厂房中，常需要较大的空间，可在房屋中部设柱，大梁一端支承在柱上，另一端支承在周边承重墙上，这样，在大梁中部形成内框架承重体系。这种体系房屋横墙少，空间刚度差，且柱基础与墙基础形式不同，容易产生不均匀沉降。

### （二）砌体结构房屋静力计算的三种方案

砌体结构房屋，根据其横墙间距的大小、屋（楼）盖结构刚度的大小及山墙在自身平面内的刚度（即房屋空间刚度），可将房屋的静力计算分为三种方案，下面以单层房屋为例。

**1. 刚性方案**

房屋空间刚度大，在荷载作用下墙柱内力可按顶端具有不动铰支承的竖向结构计算。

**2. 刚弹性方案**

在荷载作用下，墙柱内力可考虑空间工作性能影响系数，按顶端为弹性支承的平面排架计算。

**3. 弹性方案**

在荷载作用下，由于空间刚度很差，墙柱内力按有侧移的平面排架计算。

规范将房屋按屋盖或楼盖的平面刚度分为三种类型，并按房屋横墙间距确定静力计算方案，见表3-9。

**房屋的静力计算方案** **表3-9**

| 屋盖或楼盖类别 | | 刚性方案 | 刚弹性方案 | 弹性方案 |
|---|---|---|---|---|
| 1 | 整体式、装配整体式和装配式无檩体系钢筋混凝土屋盖或钢筋混凝土楼盖 | $s<32$ | $32\leqslant s\leqslant 72$ | $s>72$ |
| 2 | 装配式有檩体系钢筋混凝土屋盖、轻钢屋盖和有密铺望板的木屋盖或木楼盖 | $s<20$ | $20\leqslant s\leqslant 48$ | $s>48$ |
| 3 | 瓦材屋面的木屋盖和轻钢屋盖 | $s<16$ | $16\leqslant s\leqslant 36$ | $s>36$ |

注：表中 $s$ 为房屋横墙间距，其长度单位为m。

对于单层砌体房屋，在风载作用下，一般可按刚性、弹性、刚弹性三种方案进行设计。

对于多层砌体房屋，在风载作用下，一般均按刚性方案设计，很少情况下按弹性方案设计。

作为刚性和刚弹性方案的横墙，为了保证屋盖水平梁的支座位移不致过大，横墙应符合下列要求，以保证其平面刚度。

(1) 横墙中开有洞口时，洞口的水平截面面积不应超过横墙截面面积的50%。

(2) 横墙厚度不宜小于180mm。

(3) 单层房屋的横墙长度不宜小于其高度，多层房屋横墙长度，不宜小于 $H/2$（$H$ 为横墙总高度）。

当横墙不能同时满足上述要求时，应对横墙刚度进行验算，如其最大水平位移值 $u_{max}\leqslant H/4000$ 时，仍可视作刚性或刚弹性方案的横墙。

### (三) 刚性方案房屋的静力计算

**1. 单层房屋承重纵墙**

(1) 计算单元和计算简图

对有门窗洞口的外纵墙，可取一个开间的墙体作为计算单元。对无门窗洞口的纵墙，可取1.0m墙体作为计算单元。

在竖向和水平荷载作用下，可将墙上端视作为不动铰支座支承于屋盖，下端嵌固于基础顶面的竖向构件，计算简图见图3-5。

作用于排架上的竖向荷载（包括屋盖自重、屋面活载和雪载），以集中力 $N_1$ 的形式

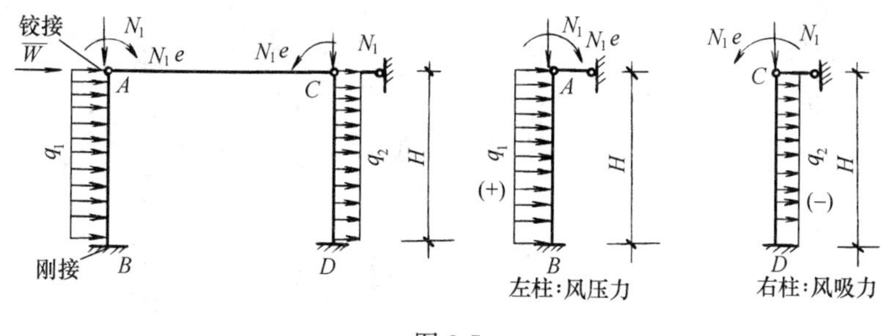


图 3-5

作用于墙顶端。由于屋架或大梁对墙体中心线有偏心距 $e$，屋面竖向荷载还产生弯矩$M=N_1\cdot e$。

作用于屋面以上的风载简化为集中力形式直接通过屋盖传至横墙，对纵墙不产生内力。作用于墙面以上的风荷载为均布荷载，迎风面为压力，背风面为吸力。

墙体自重作用于墙体中心线上，对等截面墙时，墙体自重不产生弯矩。

（2）内力计算

竖向荷载作用下，内力如图3-6（$a$）所示。

水平荷载作用下，内力如图3-6（$b$）所示。

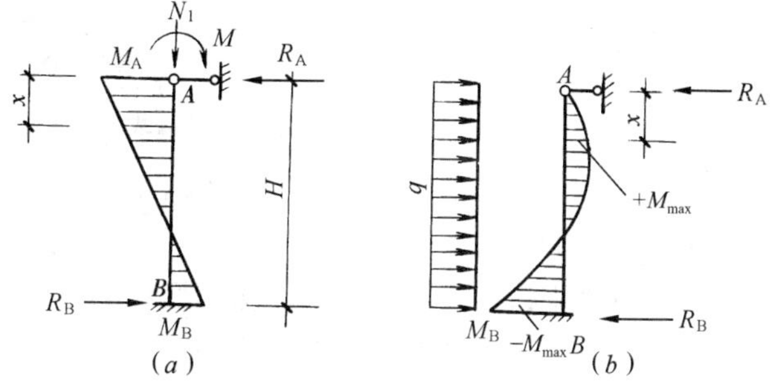


图 3-6

（$a$）竖向荷载作用下；（$b$）水平荷载作用下

（3）截面承载力验算

取纵墙顶部和底部两个控制截面进行内力组合，考虑荷载组合系数，取最不利内力进行验算。

**2. 多层房屋承重纵墙**

多层房屋通常选取荷载较大、截面较弱的一个开间作为计算单元，如图 3-7 所示，受荷宽度为$\frac{l_1+l_2}{2}$。

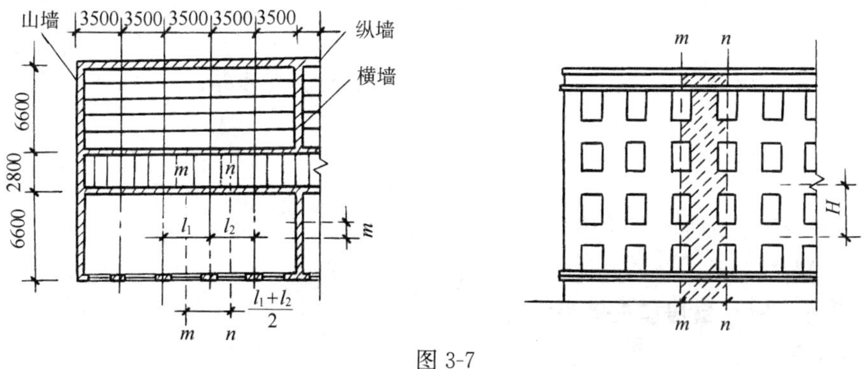


图 3-7

在竖向荷载作用下，多层房屋墙体在每层范围内，可近似地看作两端铰支的竖向构件；在水平荷载作用下，可视作竖向的多跨连续梁，如图 3-8（$c$）所示。

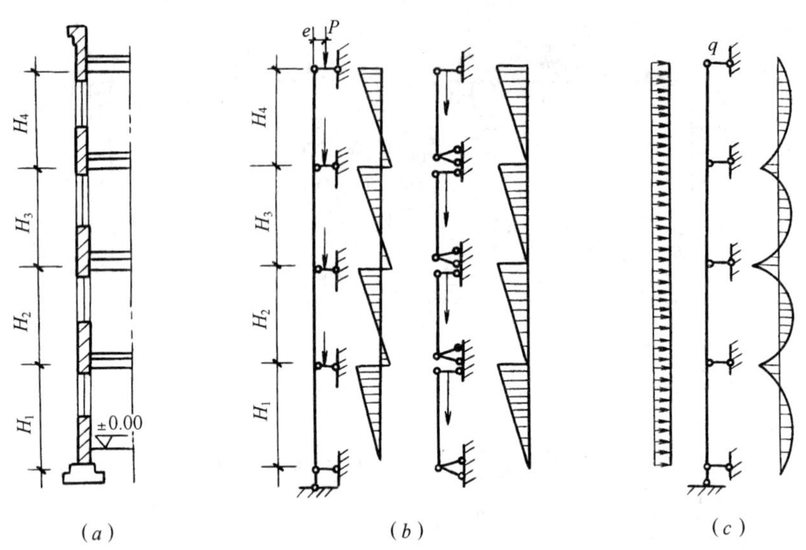


图 3-8　外纵墙计算图形

(a) 外纵墙剖面；(b) 竖向荷载作用下；(c) 水平荷载作用下

刚性方案多层房屋因风荷载引起的内力很小，当刚性房屋外墙符合下列要求时，可不考虑风荷载的影响。

(1) 洞口水平截面面积不超过全截面面积的 2/3；

(2) 层高和总高不超过表 3-10 的规定；

(3) 屋面自重不小于 0.8kN/m²。

外墙不考虑风荷载影响时的最大高度　　表 3-10

| 基本风压值 (kN/m²) | 层　　高 (m) | 总　　高 (m) |
|---|---|---|
| 0.4 | 4.0 | 28 |
| 0.5 | 4.0 | 24 |
| 0.6 | 4.0 | 18 |
| 0.7 | 3.5 | 18 |

注：对于多层砌块房屋 190mm 厚的外墙，当层高不大于 2.8m，总高不大于 19.6m，基本风压不大于 0.7kN/m² 时可不考虑风荷载的影响。

当必须考虑风荷载时，风荷载引起的弯矩 $M$，可按下式计算：

$$M=\frac{wH_i^2}{12} \tag{3-4}$$

式中　$w$——沿楼层高均布风荷载设计值 (kN/m)；

$H_i$——层高 (m)。

**(四) 弹性方案单层房屋的静力计算**

**1. 计算简图**

对于弹性方案单层房屋，在荷载作用下，墙柱内力可按有侧移的平面排架计算，不考虑房屋的空间工作，计算简图按下列假定确定：

(1) 屋架或屋面梁与墙柱的连接，可视为可传递垂直力和水平力的铰，墙、柱下端与基础顶面为固定端。

（2）将屋架或屋面大梁视作刚度无限大的水平杆件，在荷载作用下，不产生拉伸或压缩变形。

根据上述假定，计算简图为铰接平面排架。

**2. 内力计算**

（1）屋盖荷载（图 3-9）

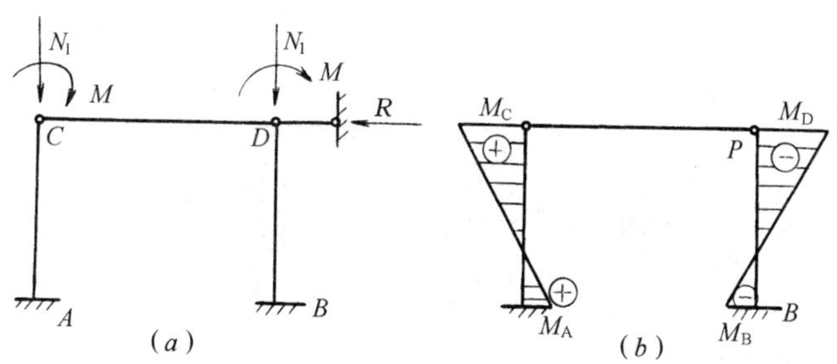


图 3-9 竖向荷载作用下

屋盖荷载 $N_1$ 作用点对砌体重心有偏心距 $e_1$，所以柱顶作用有轴向力 $N_1$ 和弯矩 $M=N_1 \cdot e_1$。由于荷载对称，柱顶无位移，假想柱顶支座反力 $R=0$。

（2）风荷载

屋盖结构传来的风荷载以集中力 $\overline{W}$ 作用于柱顶，迎风面风载为 $W_1$，背风面为 $W_2$，见图 3-10（$a$）。

1）先在排架上端加一假想的不动铰支座，成为无侧移的平面排架，算出在荷载作用下该支座的反力 $R$，画出排架柱的内力图［图 3-10（$b$）、($e$)］。

2）将柱顶支座反力 $R$ 反方向作用在排架顶端，算出排架内力，画出相应的内力图［图 3-10（$c$）、($f$)］。

3）将上述两种计算结果叠加，假想的柱顶支座反力 $R$ 相互抵消，叠加后的内力图即为弹性方案有侧移平面排架的计算结果［图 3-10（$d$）］。

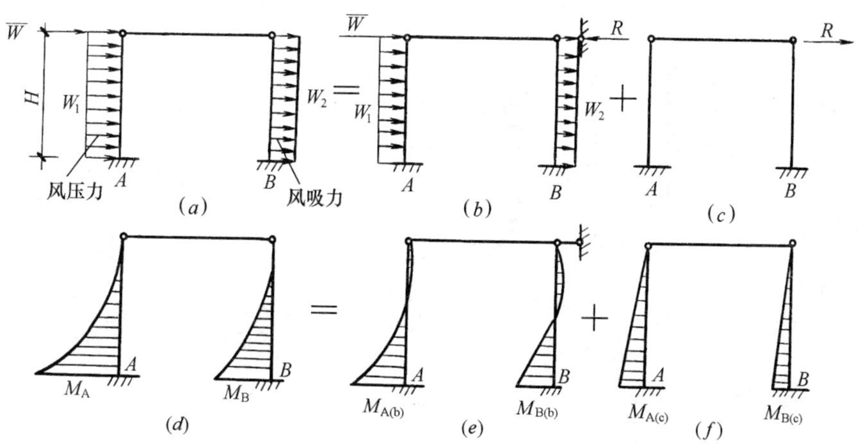


图 3-10 水平风荷载作用下

**(五）刚弹性方案房屋的静力计算**

在水平荷载作用下，刚弹性方案房屋产生水平位移较弹性方案小。在静力计算中，屋盖作为墙柱的弹性支承，计算方法类似于弹性方案，不同的仅是考虑房屋的空间作用，将作用在排架顶端的支座反力 $R$ 改为 $\eta_i R$，$\eta_i$ 为空间性能影响系数。

对多层刚弹性方案房屋，只需在各层横梁与柱连接点处加一水平支杆，求出各层水平支杆反力 $R_i$ 后，再将 $\eta_i R$ 反向施加在相应的水平支杆上，计算其内力，最后将结果叠加，见图 3-11。

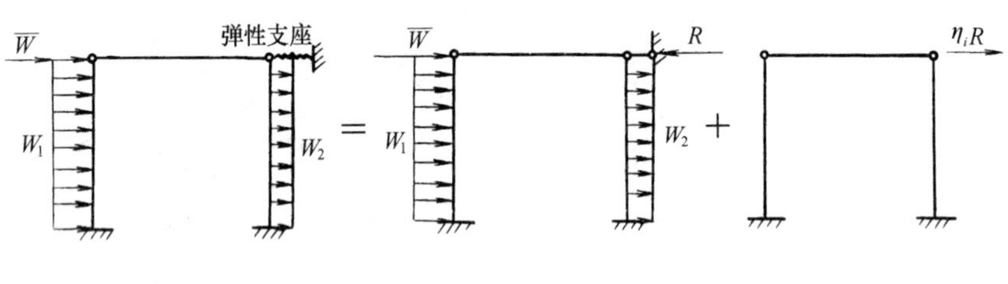


图 3-11

**(六）上柔下刚和上刚下柔房屋的静力计算**

**1. 上柔下刚房屋的静力计算**

上柔下刚的多层房屋指顶层横墙间距超过刚性方案的限值，而下面各层横墙间距均在刚性方案限值范围内的房屋。在确定计算简图时，顶层可按单层刚弹性或弹性方案进行静力计算，空间性能影响系数 $\eta_i$ 根据屋盖类别按表确定。下面各层仍按刚性方案进行内力分析，上下层交接处可只考虑竖向荷载向下传递，不考虑固端弯矩。

**2. 上刚下柔房屋的静力计算**

上刚下柔房屋是指底层横墙间距超过刚性方案的限值，而上面各层横墙间距在刚性方案限值内的房屋。在水平荷载作用下，内力可按下述方法进行计算。

首先，在各层横梁与立柱连接处加一水平铰支杆，计算其在水平荷载作用下（结点处无侧移）的内力和各支杆反力 $R_i$ [图 3-12 ($b$)]，然后将上面各层楼层叠合成刚度无限大的横梁，成为单层排架，如图 3-12 ($c$) 所示。

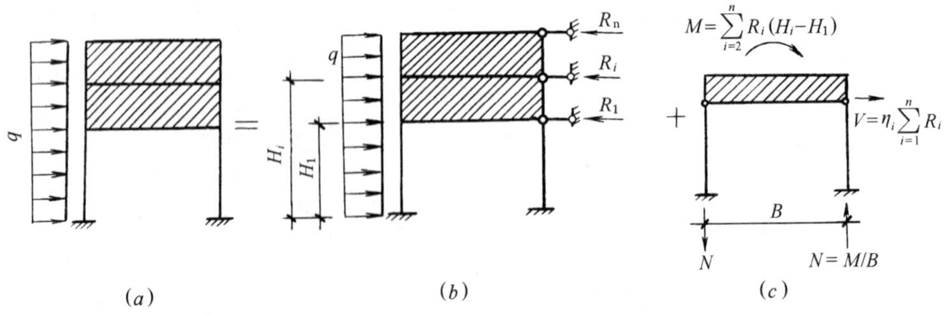


图 3-12

其次，将各层水平支杆反力 $R_i$ 反向后对单层排架顶部取矩，则

$$\left.\begin{aligned}&\text{总弯矩}\quad M=\sum_{i=2}^{n}R_i(H_i-H_1)\\&\text{总水平力}\quad V=\eta\sum_{i=1}^{n}R_i\\&\text{竖向力}\quad N=M/B\end{aligned}\right\}\tag{3-5}$$

式中 $B$——底层排架的宽度；

$\eta$——按第一类房屋确定的空间性能影响系数；

$R_i$——假定水平铰支杆反力（$i$=1，2，……，$n$）；

$\sum_{i=1}^{n}R_i$——底层1m高度以上水平荷载之和。

最后，将上述计算结果叠加，即得所求的内力。

## 三、无筋砌体构件承载力计算

### （一）受压构件

（1）在工程中无筋砌体受压构件是最常遇到的，如砌体结构房屋的窗间墙和砖柱，它们承受上部传来的竖向荷载和自身重量。《砌体结构设计规范》GB 50003—2011（以下简称《砌体规范》）对不同高厚比$\beta=\dfrac{H_0}{h}$和不同偏心率$\dfrac{e}{h}\left(\text{或}\dfrac{e}{h_T}\right)$的受压构件承载力采用下式计算：

$$N\leqslant\varphi fA\tag{3-6}$$

式中 $N$——轴向力设计值；

$\varphi$——高厚比$\beta$和轴向力的偏心距$e$对受压构件承载力的影响系数，可按《砌体规范》附录D的规定采用；

$f$——砌体的抗压强度设计值，应按《砌体规范》第3.2.1条采用。对无筋砌体，当截面面积小于0.3m$^2$时，应乘以调整系数$\gamma_a$，$\gamma_a$为其截面面积加0.7（构件截面面积以m$^2$计）；

$A$——截面面积，对各类砌体均应按毛截面计算；对带壁柱墙，其翼缘宽度可按《砌体规范》第4.2.8条采用。

注：对矩形截面构件，当轴向力偏心方向的截面边长大于另一方向的边长时，除按偏心受压计算外，还应对较小边长方向，按轴心受压进行验算。

（2）计算影响系数$\varphi$或查$\varphi$表时，构件高厚比$\beta$应按下列公式确定：

对矩形截面
$$\beta=\gamma_\beta\frac{H_0}{h}\tag{3-7}$$

对T形截面
$$\beta=\gamma_\beta\frac{H_0}{h_T}\tag{3-8}$$

式中 $\gamma_\beta$——不同砌体材料的高厚比修正系数，按表3-11采用；

$H_0$——受压构件的计算高度，按表3-12确定；

$h$——矩形截面轴向力偏心方向的边长，当轴心受压时为截面较小边长；

$h_T$——T形截面的折算厚度，可近似按3.5$i$计算；

$i$——截面回转半径。

**高厚比修正系数 $\gamma_\beta$** 表 3-11

| 砌体材料类别 | $\gamma_\beta$ |
|---|---|
| 烧结普通砖、烧结多孔砖 | 1.0 |
| 混凝土普通砖、混凝土多孔砖、混凝土及轻集料混凝土砌块 | 1.1 |
| 蒸压灰砂普通砖、蒸压粉煤灰普通砖、细料石 | 1.2 |
| 粗料石、毛石 | 1.5 |

注：对灌孔混凝土砌块砌体，$\gamma_\beta$ 取 1.0。

(3) 受压构件的计算高度 $H_0$，应根据房屋类别和构件支承条件等按表 3-12 采用。表中的构件高度 $H$ 应按下列规定采用：

1) 房屋底层，为楼板顶面到构件下端支点的距离。下端支点的位置可取在基础顶面。当埋置较深且有刚性地坪时，可取室外地面下 500mm 处。

2) 房屋其他层，为楼板或其他水平支点间的距离。

3) 对于无壁柱的山墙，可取层高加山墙尖高度的 1/2；对于带壁柱的山墙可取壁柱处的山墙高度。

**受压构件的计算高度 $H_0$** 表 3-12

| 房屋类别 | | | 柱 | | 带壁柱墙或周边拉结的墙 | | |
|---|---|---|---|---|---|---|---|
| | | | 排架方向 | 垂直排架方向 | $s>2H$ | $2H\geqslant s>H$ | $s\leqslant H$ |
| 有吊车的单层房屋 | 变截面柱上段 | 弹性方案 | $2.5H_u$ | $1.25H_u$ | $2.5H_u$ | | |
| | | 刚性、刚弹性方案 | $2.0H_u$ | $1.25H_u$ | $2.0H_u$ | | |
| | 变截面柱下段 | | $1.0H_l$ | $0.8H_l$ | $1.0H_l$ | | |
| 无吊车的单层和多层房屋 | 单　　跨 | 弹性方案 | $1.5H$ | $1.0H$ | $1.5H$ | | |
| | | 刚弹性方案 | $1.2H$ | $1.0H$ | $1.2H$ | | |
| | 多　　跨 | 弹性方案 | $1.25H$ | $1.0H$ | $1.25H$ | | |
| | | 刚弹性方案 | $1.10H$ | $1.0H$ | $1.1H$ | | |
| | 刚性方案 | | $1.0H$ | $1.0H$ | $1.0H$ | $0.4s+0.2H$ | $0.6s$ |

注：1. 表中，$H_u$ 为变截面柱的上段高度；$H_l$ 为变截面柱的下段高度；

2. 对于上端为自由端的构件，$H_0=2H$；

3. 独立砖柱，当无柱间支撑时，柱在垂直排架方向的 $H_0$ 应按表中数值乘以 1.25 后采用；

4. $s$ 为房屋横墙间距；

5. 自承重墙的计算高度应根据周边支承或拉接条件确定。

### （二）局部受压

当荷载均匀地作用在砌体局部受压面积上时，其承载能力按下式计算：

$$N_l \leqslant \gamma \cdot f \cdot A_l \tag{3-9}$$

$$\gamma = 1 + 0.35\sqrt{\frac{A_0}{A_l} - 1} \tag{3-10}$$

式中 $N_l$——局部受压面积上的轴向力设计值。

$\gamma$——砌体局部抗压强度提高系数。由于局部受压砌体有套箍作用存在，其抗压

强度的提高通过 $\gamma$ 来考虑，$\gamma \geqslant 1.0$。

计算所得的 $\gamma$ 值，尚应符合下列规定：

(1) 在图 3-13 ($a$) 的情况下，$\gamma \leqslant 2.5$；

(2) 在图 3-13 ($b$) 的情况下，$\gamma \leqslant 2.0$；

(3) 在图 3-13 ($c$) 的情况下，$\gamma \leqslant 1.5$；

(4) 在图 3-13 ($d$) 的情况下，$\gamma \leqslant 1.25$；

(5) 对多孔砖砌体和按《砌体规范》第 6.2.13 条的要求灌孔的砌块砌体，在(1)、(2) 款的情况下，尚应符合 $\gamma \leqslant 1.5$；未灌孔混凝土砌块砌体，$\gamma = 1.0$；

(6) 对多孔砖砌体孔洞难以灌实时，应按 $\gamma = 1.0$ 取用；当设置混凝土垫块时，按垫块下的砌体局部受压计算。

$A_l$——局部受压面积。

$A_0$——影响砌体局部抗压强度的计算面积，按图 3-13 计算。即按下列规定采用：

(1) 在图 3-13 ($a$) 的情况下，$A_0 = (a+c+h)h$；

(2) 在图 3-13 ($b$) 的情况下，$A_0 = (b+2h)h$；

(3) 在图 3-13 ($c$) 的情况下，$A_0 = (a+h)h + (b+h_1-h)h_1$；

(4) 在图 3-13 ($d$) 的情况下，$A_0 = (a+h)h$。

式中 $a$、$b$——矩形局部受压面积 $A_l$ 的边长；

$h$、$h_1$——墙厚或柱的较小边长，墙厚；

$c$——矩形局部受压面积的外边缘至构件边缘的较小距离，当大于 $h$ 时，应取 $h$。

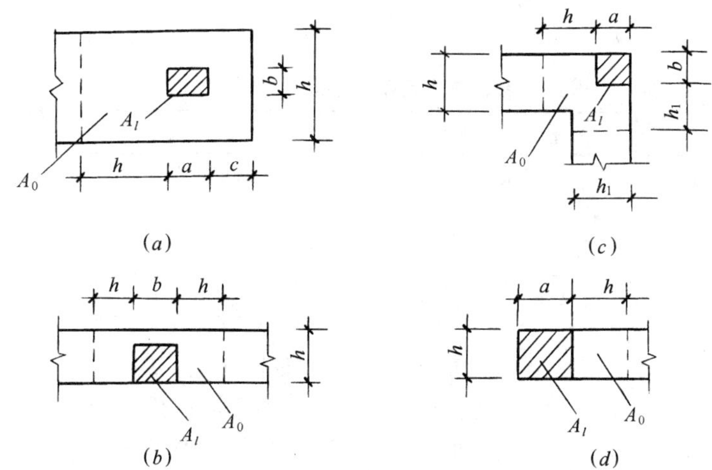


图 3-13　影响局部抗压强度的面积 $A$

### (三) 轴心受拉构件

轴心受拉构件的承载力，应按下式计算：

$$N_t \leqslant f_t \cdot A \tag{3-11}$$

式中 $N_t$——轴心拉力设计值；

$f_t$——砌体轴心抗拉强度设计值，应按《砌体规范》表 3.2.2 采用。

### (四) 受弯构件

受弯构件的抗弯承载力，应按下式计算：

$$M \geqslant f_{tm} \cdot W \tag{3-12}$$

式中 $M$——弯矩设计值；

$f_{tm}$——砌体的弯曲抗拉强度设计值，按《砌体规范》表 3.2.2 采用；

$W$——截面抵抗矩。

**(五) 受剪构件**

沿通缝或沿阶梯形截面破坏时受剪构件的承载力，应按下式计算：

$$V \leqslant (f_v + \alpha\mu\sigma_0)A \tag{3-13}$$

式中，符号及有关计算见《砌体规范》第 5.5.1 条。

## 四、构造要求

**(一) 墙、柱的允许高厚比**

(1) 墙、柱的高厚比应按下式验算：

$$\beta = \frac{H_0}{h} \leqslant \mu_1 \mu_2 \ [\beta] \tag{3-14}$$

式中 $H_0$——墙、柱的计算高度，应按《砌体规范》第 5.1.3 条采用；

$h$——墙柱或矩形柱与 $H_0$ 相对应的边长；

$\mu_1$——自承重墙允许高厚比的修正系数。$\mu_1$ 表示非承重墙与承重墙不同，安全度可以降低些；

$\mu_2$——有门窗洞口墙允许高厚比的修正系数。$\mu_2$ 表示墙洞的削弱对墙体稳定的不利影响；

$[\beta]$——墙、柱的允许高厚比，应按表 3-13 采用。

**墙、柱的允许高厚比 [β] 值** **表 3-13**

| 砌体类型 | 砂浆强度等级 | 墙 | 柱 |
|---|---|---|---|
| 无筋砌体 | M2.5 | 22 | 15 |
| | M5.0 或 Mb5.0、Ms5.0 | 24 | 16 |
| | ≥M7.5 或 Mb7.5、Ms7.5 | 26 | 17 |
| 配筋砌块砌体 | — | 30 | 21 |

(2) 带壁柱墙和带构造柱墙的高厚比验算，应按下列规定进行：

按式 (3-14) 验算带壁柱墙的高厚比，此时公式中 $h$ 应改用带壁柱墙截面的折算厚度 $h_T$，在确定截面回转半径时，墙截面的翼缘宽度，可按《砌体规范》第 4.2.8 条的规定采用；当确定带壁柱墙的计算高度 $H_0$ 时，$s$ 应取相邻横墙间的距离。

(3) 厚度 $h$ 不大于 240mm 的自承重墙（非承重墙），允许高厚比修正系数 $\mu_1$，应按下列规定采用：

1) $h$=240mm　　$\mu_1$=1.2；

2) $h$=90mm　　$\mu_1$=1.5；

3) 240mm>$h$>90mm　　$\mu_1$ 可按插入法取值。

(4) 对有门窗洞口的墙，允许高厚比修正系数 $\mu_2$，应按下式计算：

$$\mu_2 = 1 - 0.4\frac{b_s}{s} \tag{3-15}$$

$b_s$、$s$ 影响 $\mu_2$，要提高 $\mu_2$，就要减小 $b_s/s$，即减小洞口宽度。

式中　$b_s$——在宽度 $s$ 范围内的门窗洞口总宽度；

$s$——相邻窗间墙或壁柱之间的距离。

当按公式（3-15）算得 $\mu_2$ 的值小于 0.7 时，应取 0.7。当洞口高度等于或小于墙高的 1/5，可取 $\mu_2$ 取 1.0。

当洞口高度等于或小于墙高的 4/5 时，可按独立墙段验算高厚比。

**（二）一般构造要求**

（1）五层及五层以上房屋的墙，以及受振动或层高大于 6m 的墙、柱所用材料的最低强度等级，应符合下列要求：

1）砖采用 MU10；

2）砌块采用 MU7.5；

3）石材采用 MU30；

4）砂浆采用 M5。

（2）地面以下或防潮层以下的砌体，潮湿房间的墙，所用材料的最低强度等级应符合表 3-14 的要求。

**地面以下或防潮层以下的砌体、潮湿房间的墙，所用材料的最低强度等级　　表 3-14**

| 潮湿程度 | 烧结普通砖 | 混凝土普通砖、蒸压普通砖 | 混凝土砌块 | 石　材 | 水泥砂浆 |
|---|---|---|---|---|---|
| 稍潮湿的 | MU15 | MU20 | MU7.5 | MU30 | M5 |
| 很潮湿的 | MU20 | MU20 | MU10 | MU30 | M7.5 |
| 含水饱和的 | MU20 | MU25 | MU15 | MU40 | M10 |

（3）承重的独立砖柱截面尺寸不应小于 240mm×370mm。毛石墙的厚度不宜小于 350mm，毛料石柱较小边长不宜小于 400mm。

（4）跨度大于 6m 的屋架和跨度大于下列数值的梁，应在支承处砌体上设置混凝土或钢筋混凝土垫块；当墙中设有圈梁时，垫块与圈梁宜浇成整体。

① 对砖砌体为 4.8m；

② 对砌块和料石砌体为 4.2m；

③ 对毛石砌体为 3.9m。

（5）当梁跨度大于或等于下列数值时，其支承处宜加设壁柱，或采取其他加强措施：

① 对 240mm 厚的砖墙为 6m，对 180mm 厚的砖墙为 4.8m；

② 对砌块、料石墙为 4.8m。

（6）预制钢筋混凝土板的支承长度，在墙上不宜小于 100mm；在钢筋混凝土圈梁上不宜小于 80mm；当利用板端伸出钢筋拉结和混凝土灌缝时，其支承长度可为 40mm，但板端缝宽不小于 80mm，灌缝混凝土不宜低于 C20。

（7）填充墙、隔墙应分别采取措施与周边构件可靠连接。

（8）山墙处的壁柱宜砌至山墙顶部，屋面构件应与山墙可靠拉结。

（9）砌块砌体应分皮错缝搭砌，上下皮搭砌长度不得小于 90mm。当搭砌长度不满足上述要求时，应在水平灰缝内设置不少于 2$\phi$4 的焊接钢筋网片（横向钢筋的间距不宜大于 200mm），网片每端均应超过该垂直缝，其长度不得小于 300mm。

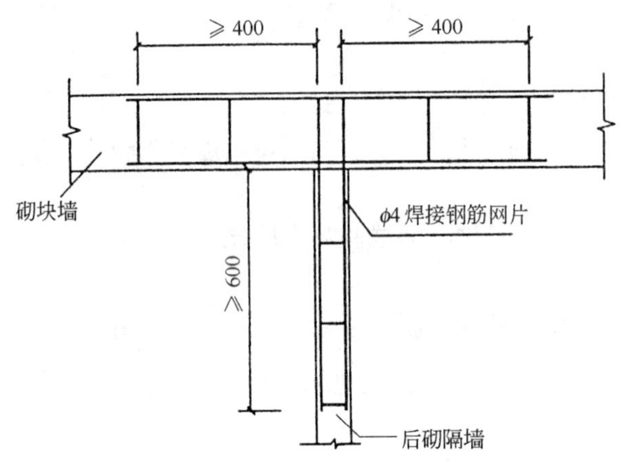

图 3-14　砌块墙与后砌隔墙交接处钢筋网片

(10) 砌块墙与后砌隔墙交接处，应沿墙高每 400mm 在水平灰缝内设置不少于 2$\phi$4、横筋间距不大于 200mm 的焊接钢筋网片（图 3-14）。

(11) 混凝土砌块房屋，宜将纵横墙交接处、距墙中心线每边不小于 300mm 范围内的孔洞，采用不低于 Cb20 的混凝土沿全墙高灌实。

(12) 在砌体中留槽洞及埋设管道时，应遵守下列规定：

① 不应在截面长边小于 500mm 的承重墙体、独立柱内埋设管线；

② 不宜在墙体中穿行暗线或预留、开凿沟槽，无法避免时应采取必要的措施或按削弱后的截面验算墙体的承载力。

对受力较小或未灌孔的砌块砌体，允许在墙体的竖向孔洞中设置管线。

**(三) 防止或减轻墙体开裂的主要措施**

(1) 为了防止或减轻房屋在正常使用条件下，由温差和砌体干缩引起的墙体竖向裂缝，应在墙体中设置伸缩缝。伸缩缝应设在因温度和收缩变形可能引起应力集中、砌体产生裂缝可能性最大的地方。伸缩缝的间距可按表 3-15 采用。

**砌体房屋伸缩缝的最大间距（m）**　　**表 3-15**

| 屋盖或楼盖类别 | | 间距 |
|---|---|---|
| 整体式或装配整体式钢筋混凝土结构 | 有保温层或隔热层的屋盖、楼盖 | 50 |
| | 无保温层或隔热层的屋盖 | 40 |
| 装配式无檩体系钢筋混凝土结构 | 有保温层或隔热层的屋盖、楼盖 | 60 |
| | 无保温层或隔热层的屋盖 | 50 |
| 装配式有檩体系钢筋混凝土结构 | 有保温层或隔热层的屋盖 | 75 |
| | 无保温层或隔热层的屋盖 | 60 |
| 瓦材屋盖、木屋盖或楼盖、轻钢屋盖 | | 100 |

注：1. 对烧结普通砖、烧结多孔砖、配筋砌块砌体房屋，取表中数值；对石砌体、蒸压灰砂普通砖、蒸压粉煤灰普通砖、混凝土砌块、混凝土普通砖和混凝土多孔砖房屋，取表中数值乘以 0.8 的系数。当墙体有可靠外保温措施时，其间跨可取表中数值；

2. 在钢筋混凝土屋面上挂瓦的屋盖应按钢筋混凝土屋盖采用；

3. 层高大于 5m 的烧结普通砖、烧结多孔砖、配筋砌块砌体结构单层房屋，其伸缩缝间距可按表中数值乘以 1.3；

4. 温差较大且变化频繁地区和严寒地区不采暖的房屋及构筑物墙体的伸缩缝的最大间距，应按表中数值予以适当减小；

5. 墙体的伸缩缝应与结构的其他变形缝相重合，缝宽度应满足各种变形缝的变形要求，在进行立面处理时，必须保证缝隙的变形作用。

(2) 为了防止或减轻房屋顶层墙体的裂缝，可根据情况采取下列措施：

① 屋面应设置保温、隔热层；

② 屋面保温（隔热）层或屋面刚性面层及砂浆找平层应设置分隔缝，分隔缝间距不宜大于 6m，并与女儿墙隔开，其缝宽不小于 30mm；

③ 顶层屋面板下设置现浇钢筋混凝土圈梁，并沿内外墙拉通，房屋两端圈梁下的墙体内宜适当设置水平钢筋；

④ 顶层及女儿墙砂浆强度等级不低于 M5；

⑤ 女儿墙应设置构造柱，构造柱间距不宜大于 4m，构造柱应伸至女儿墙顶并与现浇钢筋混凝土压顶整浇在一起；

⑥ 房屋顶层端部墙体内适当增设构造柱。

(3) 为防止或减轻房屋底层墙体裂缝，可根据情况采取下列措施：

① 增大基础圈梁的刚度；

② 在底层的窗台下墙体灰缝内设置 3 道焊接钢筋网片或 2$\phi$6 钢筋，并伸入两边窗间墙内不小于 600mm；

③ 采用钢筋混凝土窗台板，窗台板嵌入窗间墙内不小于 600mm。

(4) 墙体转角处和纵横墙交接处宜沿竖向每隔 400～500mm 设拉结钢筋，其数量为每 120mm 墙厚不少于 1$\phi$6 或焊接钢筋网片，埋入长度从墙的转角或交接处算起，每边不小于 600mm。

(5) 为防止或减轻混凝土砌块房屋顶层两端和底层第一、第二开间门窗洞处的裂缝，可采取下列措施：

① 在门窗洞口两侧不少于一个孔洞中设置不小于 1$\phi$12 钢筋，钢筋应在楼层圈梁或基础锚固，并采用不低于 C20 灌孔混凝土灌实；

② 在门窗洞口两边的墙体的水平灰缝中，设置长度不小于 900mm、竖向间距为 400mm 的 2$\phi$4 焊接钢筋网片；

③ 在顶层和底层设置通长钢筋混凝土窗台梁，窗台梁的高度宜为块高的模数，纵筋不少于 4$\phi$10、箍筋 $\phi$6@200，Cb20 混凝土。

## 五、圈梁、过梁、墙梁和挑梁

### (一) 圈梁

(1) 为了增强房屋的整体刚度，防止由于地基的不均匀沉降或较大振动荷载等对房屋引起的不利影响，可在墙中设置现浇钢筋混凝土圈梁。

(2) 车间、仓库、食堂等空旷的单层房屋应按下列规定设置圈梁。

① 砖砌体房屋，檐口标高为 5～8m 时，应在檐口标高处设置圈梁一道，檐口标高大于 8m，应增加设置数量；

② 砌块及料石砌体房屋，檐口标高为 4～5m 时，应在檐口标高处设置圈梁一道；檐口标高大于 5m 时，应增加设置数量。

对有吊车或较大振动设置的单层工业房屋，除在檐口或窗顶标高处设置现浇钢筋混凝土圈梁外，尚应增加设置数量。

(3) 宿舍、办公楼等多层砌体民用房屋，且层数为 3～4 层时，应在檐口标高处设置圈梁一道；当层数超过 4 层时，应在所有纵横墙上隔层设置。

多层砌体工业房屋，应每层设置现浇钢筋混凝土圈梁。

(4) 圈梁应符合下列构造要求：

① 圈梁宜连续地设在同一水平面上，并形成封闭状；当圈梁被门窗洞口截断时，应在洞口上部增设相同截面的附加圈梁。附加圈梁与圈梁的搭接长度不应少于其中到中垂直间距的 2 倍，且不得小于 1m（图 3-15）。

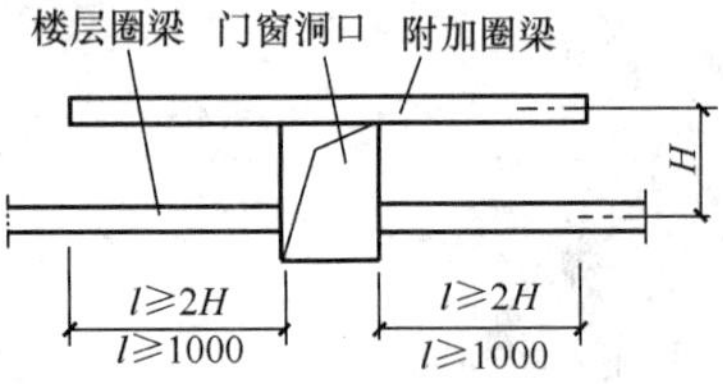

楼层圈梁 门窗洞口 附加圈梁

H

$l \geqslant 2H$ $l \geqslant 1000$

$l \geqslant 2H$ $l \geqslant 1000$

图 3-15

② 纵横墙交接处的圈梁应有可靠的连接。

③ 钢筋混凝土圈梁的宽度宜与墙厚相同，当墙厚 $h$ 不小于 240mm 时，其宽度不宜小于 $2h/3$。圈梁高度不应小于 120mm。纵向钢筋不应小于 $4\phi10$，绑扎接头的搭接长度按受拉钢筋考虑，箍筋间距不应大于 300mm。

④ 圈梁兼作过梁时，过梁部分的钢筋应按计算用量另行增配。

(5) 采用现浇钢筋混凝土楼（屋）盖的多层砌体结构房屋，当层数超过 5 层时，除在檐口标高处设置一道圈梁外，可隔层设置圈梁并与楼（屋）面板一起现浇。未设置圈梁的楼面板嵌入墙内的长度不应小于 120mm，并沿墙长配置不少于 $2\phi10$ 的纵向钢筋。

**(二) 过梁**

(1) 砖砌过梁的跨度不应超过下列规定：

钢筋砖过梁为 1.5m；

砖砌平拱为 1.2m。

对有较大振动荷载或可能产生不均匀沉降的房屋，应采用钢筋混凝土过梁。

(2) 过梁的荷载应按下列规定采用：

1) 梁、板荷载

对砖和小型砌块砌体，当梁、板下的墙体高度 $h_w < l_n$ 时（$l_n$ 为过梁的净跨），应计入梁、板传来的荷载；当梁、板下的墙体高度 $h_w \geqslant l_n$ 时，可不考虑梁、板荷载。

2) 墙体荷载

① 对砖砌体，当过梁上的墙体高度 $h_w < l_n/3$ 时，应按墙体的均布自重采用；当墙体高度 $h_w \geqslant l_n/3$ 时，应按高度为 $l_n/3$ 的墙体的均布自重采用。

② 对混凝土砌块砌体，当过梁上的墙体高度 $h_w < l_n/2$ 时，应按墙体的均布自重采用；当墙体高度 $h_w \geqslant l_n/2$ 时，应按高度为 $l_n/2$ 墙体的均布自重采用。

(3) 砖砌过梁的构造要求应符合下列规定：

① 砖砌过梁截面计算高度内的砂浆不宜低于 M5；

② 砖砌平拱用竖砖砌筑部分的高度不应小于 240mm；

③ 钢筋砖过梁底面砂浆层处的钢筋，其直径不应小于 5mm，间距不宜大于 120mm，钢筋伸入支座砌体内的长度不宜小于 240mm，砂浆层的厚度不宜小于 30mm。

**(三) 墙梁**

(1) 墙梁包括简支墙梁、连续墙梁和框支墙梁。可划分为承重墙梁和自承重墙梁。

(2) 采用烧结普通砖和烧结多孔砖砌体和配筋砌体的墙梁设计应符合表 3-16 的规定。

墙梁计算高度范围内每跨允许设置一个洞口；洞口边至支座中心的距离 $a_i$，距边支座不应小于 $0.15l_{0i}$，距中支座不应小于 $0.07l_{0i}$。对多层房屋的墙梁，各层洞口宜设置在相同位置，并宜上、下对齐。

**墙梁的一般规定** **表 3-16**

| 墙梁类别 | 墙体总高度（m） | 跨度（m） | 墙高 $h_w/l_{0i}$ | 托梁高 $h_b/l_{0i}$ | 洞宽 $b_h/l_{0i}$ | 洞高 $h_h$ |
|---|---|---|---|---|---|---|
| 承重墙梁 | ≤18 | ≤9 | ≥0.4 | ≥1/10 | ≤0.3 | $\leqslant 5h_w/6$ 且 $h_w-h_h\geqslant 0.4$m |
| 自承重墙梁 | ≤18 | ≤12 | ≥1/3 | ≥1/15 | ≤0.8 | — |

注：1. 采用混凝土小型砌块砌体的墙梁可参照使用；
2. 墙体总高度指托梁顶面到檐口的高度，带阁楼的坡屋面应算到山尖墙 1/2 高度处；
3. 对自承重墙梁，洞口至边支座中心的距离不宜小于 $0.1l_{0i}$，门窗洞上口至墙顶的距离不应小于 0.5m；
4. $h_w$——墙体计算高度，按《砌体规范》第 7.3.3 条取用；
$h_b$——托梁截面高度；
$l_{0i}$——墙梁计算跨度，按《砌体规范》第 7.3.3 条取用；
$b_h$——洞口宽度；
$h_h$——洞口高度，对窗洞取洞顶至托梁顶面距离。

（3）墙梁的计算简图应按图 3-16 采用。

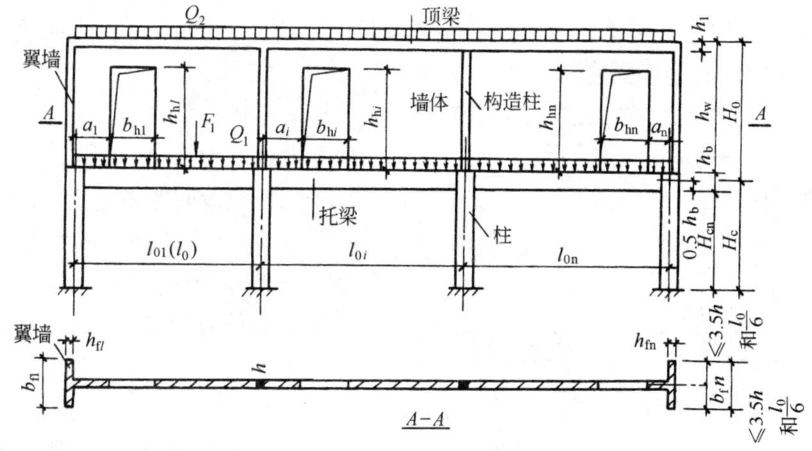


图 3-16　墙梁的计算简图

（4）墙梁除应符合《砌体规范》和《混凝土规范》的有关构造规定外，尚应符合下列构造要求：

1）材料

① 托梁的混凝土强度等级不应低于 C30；

② 纵向钢筋宜采用 HRB335、HRB400 或 RRB400 级钢筋；

③ 承重墙梁的块体强度等级不应低于 MU10，计算高度范围内墙体的砂浆强度等级不应低于 M10。

2）墙体

① 框支墙梁的上部砌体房屋，以及设有承重的简支墙梁或连续墙梁的房屋，应满足刚性方案房屋的要求。

② 墙梁的计算高度范围内的墙体厚度，对砖砌体不应小于 240mm，对混凝土小型砌块砌体不应小于 190mm。

③ 墙梁洞口上方应设置混凝土过梁，其支承长度不应小于 240mm；洞口范围内不应施加集中荷载。

④ 承重墙梁的支座处应设置落地翼墙，翼墙厚度，对砖砌体不应小于 240mm，对混凝土砌块砌体不应小于 190mm，翼墙宽度不应小于墙梁墙体厚度的 3 倍，并与墙梁墙体同时砌筑。当不能设置翼墙时，应设置落地且上、下贯通的构造柱。

⑤ 当墙梁墙体在靠近支座 1/3 跨度范围内开洞时，支座处应设置落地且上、下贯通的构造柱，并应与每层圈梁连接。

⑥ 墙梁计算高度范围内的墙体，每天可砌高度不应超过 1.5m，否则，应加设临时支撑。

3）托梁

① 有墙梁的房屋的托梁两边各一个开间及相邻开间处应采用现浇混凝土楼盖，楼板厚度不宜小于 120mm。当楼板厚度大于 150mm 时，宜采用双层双向钢筋网，楼板上应少开洞，洞口尺寸大于 800mm 时应设洞边梁。

② 托梁每跨度部的纵向受力钢筋应通长设置，不得在跨中段弯起或截断。钢筋接长应采用机械连接或焊接。

③ 承重墙梁的托梁在砌体墙、柱上的支承长度不应小于 350mm。纵向受力钢筋伸入支座应符合受拉钢筋的锚固要求。

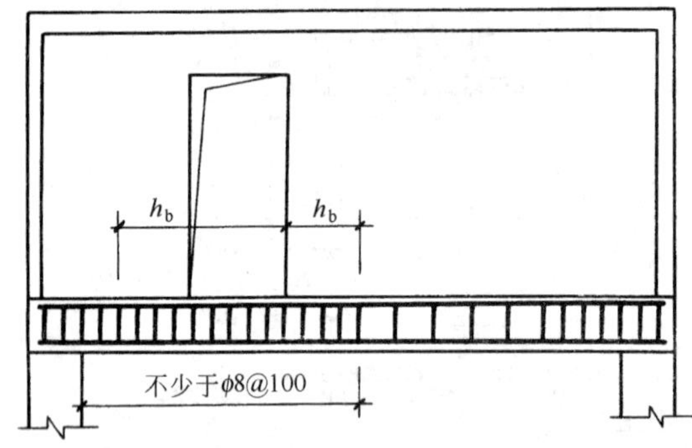


图 3-17 偏开洞时托梁箍筋加密区

④ 当托梁高度 $h_b$ 不小于 500mm 时，应沿梁高设置通长水平腰筋，直径不应小于 12mm，间距不应大于200mm。

⑤ 墙梁偏开洞口的宽度及两侧各一个梁高 $h_b$ 范围内直至靠近洞口的支座边的托梁箍筋直径不宜小于 8mm，间距不应大于 100mm（图 3-17）。

**（四）挑梁**

（1）砌体墙中钢筋混凝土挑梁的抗倾覆应按下式验算：

$$M_{ov} \leqslant M_r \tag{3-16}$$

式中 $M_{ov}$——挑梁的荷载设计值对计算倾覆点产生的倾覆力矩；

$M_r$——挑梁的抗倾覆力矩设计值，可按式（3-19）计算。

（2）挑梁计算倾覆点至墙外边缘的距离可按下列规定采用：

1）当 $l_1 \geqslant 2.2h_b$ 时

$$x_0 = 0.3h_b \tag{3-17}$$

且不大于 $0.13l_1$。

2）当 $l_1 < 2.2h_b$ 时

$$x_0 = 0.13l_1 \tag{3-18}$$

式中 $l_1$——挑梁埋入砌体墙中的长度（mm）；

$x_0$——计算倾覆点至墙外边缘的距离（mm）；

$h_b$——挑梁的截面高度（mm）。

注：当挑梁下有构造柱时，计算倾覆点至墙外边缘的距离可取 $0.5x_0$。

（3）挑梁的抗倾覆力矩设计值可按下式计算：

$$M_r = 0.8G_r(l_2 - x_0) \tag{3-19}$$

式中 $G_r$——挑梁的抗倾覆荷载，为挑梁尾端上部 45°扩展角的阴影范围（其水平长度为 $l_3$）内本层的砌体与楼面恒荷载标准值之和（图 3-18）；

$l_2$——$G_r$ 作用点至墙外边缘的距离。

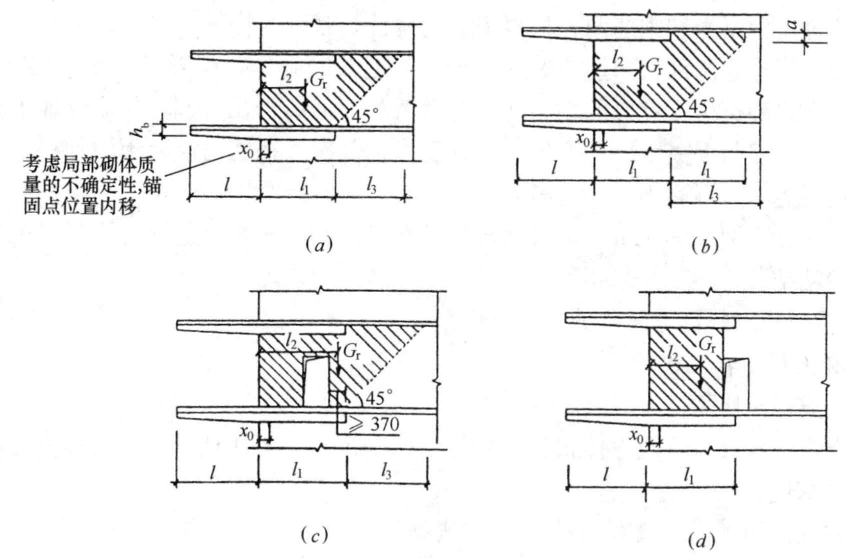


图 3-18 挑梁的抗倾覆荷载

（a）$l_3 \leqslant l_1$ 时；（b）$l_3 > l_1$ 时；（c）洞在 $l_1$ 之内；（d）洞在 $l_1$ 之外

（4）挑梁设计除应符合《混凝土规范》的有关规定外，尚应满足下列要求：

① 纵向受力钢筋至少应有 1/2 的钢筋面积伸入梁尾端，且不少于 2$\phi$12。其余钢筋伸入支座的长度不应小于 $2l_1/3$。

② 挑梁埋入砌体长度 $l_1$ 与挑出长度 $l$ 之比宜大于 1.2；当挑梁上无砌体时，$l_1$ 与 $l$ 之比宜大于 2。

（5）雨篷等悬挑构件可按规范第 7.4.1 条～第 7.4.3 条进行抗倾覆验算，其抗倾覆荷载 $G_r$ 可按图 3-19 采用，图中 $G_r$ 距墙外边缘的距离为 $l_2 = l_1/2$，$l_3 = l_n/2$。

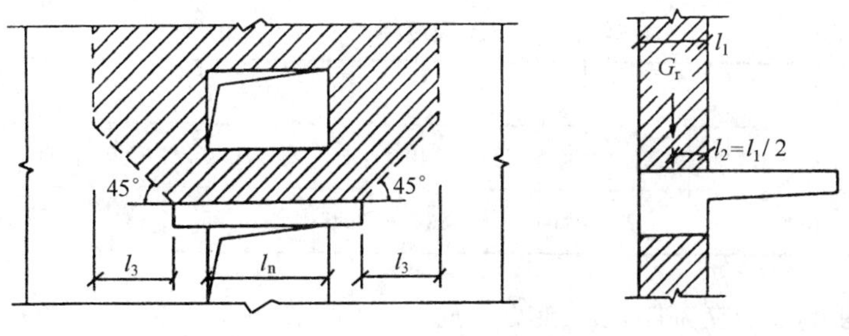


图 3-19 雨篷的抗倾覆荷载

# 第三节　钢筋混凝土结构

## 一、概述

### （一）钢筋混凝土的基本概念

混凝土的抗压强度很高，但抗拉强度很低，在拉应力处于很小的状态时即出现裂缝，影响了构件的使用，为了提高构件的承载能力，在构件中配置一定数量的钢筋，用钢筋承担拉力而让混凝土承担压力，发挥各自材料的特性，从而可以使构件的承载能力得到很大的提高。这种由混凝土和钢筋两种材料组成的构件，就称为钢筋混凝土结构。

钢筋和混凝土这两种材料能有效地结合在一起共同工作，主要是由于混凝土硬结后，钢筋与混凝土之间产生了良好的粘结力，使两者可靠地结合在一起，从而保证了在荷载作用下构件中的钢筋与混凝土协调变形、共同受力。其次，钢筋与混凝土两种材料的温度线膨胀系数很接近——混凝土：$1.0\times10^{-5}$/℃；钢：$1.2\times10^{-5}$/℃（$1\times10^{-5}$/℃，即温度每升高1℃，每1m伸长0.01mm）；因此，当温度变化时，不致产生较大的温度应力而破坏两者之间的粘结。

### （二）混凝土材料的力学性能

**1. 混凝土强度标准值**

（1）立方体抗压强度 $f_{cu,k}$

混凝土强度等级应按立方体抗压强度标准值确定，立方体抗压强度标准值是混凝土种力学指标的基代表值。

立方体抗压强度标准值系指按标准方法制作、养护的边长为150mm的立方体试件，在28d或设计规定龄期以标准试验方法测得的具有95%保证率的抗压强度值。

我国《混凝土结构设计规范》GB 50010—2010（2015年版）（以下简称《混凝土规范》）规定，将混凝土的强度等级分为14级：C15、C20、C25、C30、C35、C40、C45、C50、C55、C60、C65、C70、C75、C80。符号中C表示混凝土，C后面的数字表示立方体抗压强度标准值，单位为N/mm²。

（2）轴心抗压强度标准值 $f_{ck}$

轴心抗压强度 $f_c$ 也称为棱柱体抗压强度。设计中通常采用的构件并不是立方体构件，而是长度往往大于边长。根据试验结果，随着长度的增加，抗压强度也随之降低，但当长宽比大于一定数值后，抗压强度值即趋于定值。试验中取长宽比大于3～4的正方形棱柱体作为试块，按表3-17采用。

**混凝土轴心抗压强度标准值**（N/mm²）　　**表3-17**

| 强度 | 混凝土强度等级 | | | | | | | | | | | | | |
|---|---|---|---|---|---|---|---|---|---|---|---|---|---|---|
| | C15 | C20 | C25 | C30 | C35 | C40 | C45 | C50 | C55 | C60 | C65 | C70 | C75 | C80 |
| $f_{ck}$ | 10.0 | 13.4 | 16.7 | 20.1 | 23.4 | 26.8 | 29.6 | 32.4 | 35.5 | 38.5 | 41.5 | 44.5 | 47.4 | 50.2 |

轴心抗压强度小于立方体抗压强度，$f_{cu}\approx0.67f_{cu,k}$。

（3）轴心抗拉强度标准值 $f_{tk}$

混凝土抗拉强度取棱柱体尺寸（mm）：100×100×500 的试件，沿试块轴线两端预埋钢筋（其直径应保证试件受拉破坏时钢筋不被拉断，锚固长度应保证破坏时钢筋不被拔出），通过对钢筋施加拉力使试件受拉，试件破坏时的平均拉应力即为轴心抗拉强度 $f_t$。

混凝土的抗拉强度取决于水泥石（在凝结硬化过程中，水泥和水形成水泥石）的强度和水泥石与骨料间的粘结强度。采用增加水泥用量减少水灰比以及采用表面粗糙的骨料，可提高混凝土的抗拉强度，按表 3-18 采用。

**混凝土轴心抗拉强度标准值**（$N/mm^2$） **表 3-18**

| 强度 | 混凝土强度等级 | | | | | | | | | | | | | |
|---|---|---|---|---|---|---|---|---|---|---|---|---|---|---|
| | C15 | C20 | C25 | C30 | C35 | C40 | C45 | C50 | C55 | C60 | C65 | C70 | C75 | C80 |
| $f_{tk}$ | 1.27 | 1.54 | 1.78 | 2.01 | 2.20 | 2.39 | 2.51 | 2.64 | 2.74 | 2.85 | 2.93 | 2.99 | 3.05 | 3.11 |

**【要点】** 混凝土的抗拉强度很低，大约只相当于立方体抗压强度的 1/16～1/8 倍。

以上三种强度大小排序为：$f_{tk}<f_{ck}<f_{cu,k}$。

**2. 混凝土强度的设计值**

混凝土的强度设计值由强度标准值除混凝土材料分项系数 $\gamma_0$ 确定。混凝土的材料分项系数取为 1.40。

（1）轴心抗压强度设计值 $f_c$

轴心抗压强度设计值等于 $f_{tk}/1.40$，结果见表 3-19。

**混凝土轴心抗压强度设计值**（$N/mm^2$） **表 3-19**

| 强度 | 混凝土强度等级 | | | | | | | | | | | | | |
|---|---|---|---|---|---|---|---|---|---|---|---|---|---|---|
| | C15 | C20 | C25 | C30 | C35 | C40 | C45 | C50 | C55 | C60 | C65 | C70 | C75 | C80 |
| $f_c$ | 7.2 | 9.6 | 11.9 | 14.3 | 16.7 | 19.1 | 21.1 | 23.1 | 25.3 | 27.5 | 29.7 | 31.8 | 33.8 | 35.9 |

（2）轴心抗拉强度设计值 $f_t$

轴心抗拉强度设计值等于 $f_{tk}/1.40$，结果见表 3-20。

**混凝土轴心抗拉强度设计值**（$N/mm^2$） **表 3-20**

| 强度 | 混凝土强度等级 | | | | | | | | | | | | | |
|---|---|---|---|---|---|---|---|---|---|---|---|---|---|---|
| | C15 | C20 | C25 | C30 | C35 | C40 | C45 | C50 | C55 | C60 | C65 | C70 | C75 | C80 |
| $f_t$ | 0.91 | 1.10 | 1.27 | 1.43 | 1.57 | 1.71 | 1.80 | 1.89 | 1.96 | 2.04 | 2.09 | 2.14 | 2.18 | 2.22 |

**3. 混凝土的变形**

混凝土的变形分为两类。一类是在荷载作用下的受力变形，如单向短期加荷、多次重复加荷以及在长期荷载作用下的变形。另一类与受力无关，称为体积变形，如混凝土的收缩、膨胀以及由于温度变化所产生的变形。

（1）混凝土的弹性模量

图 3-20 表示混凝土棱柱体受压试验的应力-应变曲线。从应力—应变曲线的原点 $O$ 作

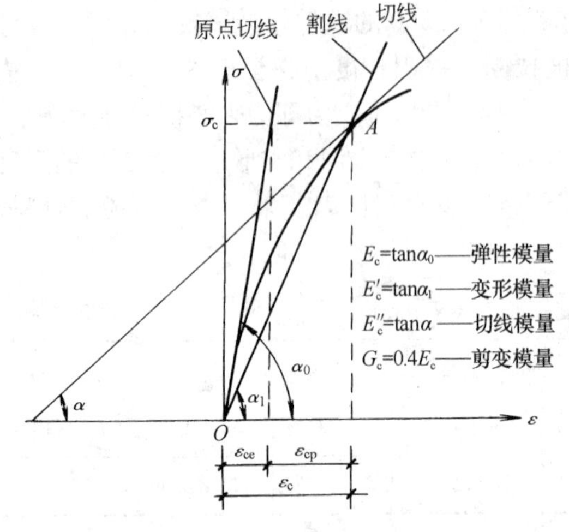


图 3-20　混凝土应力-应变曲线与各种切线图

曲线的切线，该切线的正切称为混凝土的弹性模量，用 $E_c$ 表示，它反映了混凝土的应力与其弹性应变的关系，即：

$$E_c = \frac{\sigma_c}{\varepsilon_{ce}} \tag{3-20}$$

对于一定强度等级的混凝土，弹性模量 $E_c$ 是一定值。

混凝土的变形模量为连接原点和曲线上任一点 $A$ 的割线的正切，以 $E'_c$ 表示，它也称为割线模量。

**【要点】**在计算钢筋混凝土构件变形、预应力混凝土截面预压应力以及超静定结构内力时，都需引入混凝土的弹性模量。混凝土的弹性模量 $E=\sigma/\varepsilon$ 反映了材料抵抗弹性变形的能力。

混凝土的剪变模量 $G_c$ 可按相应弹性模量值的 40%采用，即

$$G_c = 0.4E_c \tag{3-21}$$

(2) 混凝土在长期荷载作用下的变形——徐变

在荷载的长期作用下，即使荷载维持不变，混凝土的变形仍会随时间而增长，这种现象称为徐变。

影响徐变的因素有以下几方面：

1) 水灰比大，徐变大；水泥用量多，徐变越大；

2) 养护条件好，混凝土工作环境湿度大，徐变越小；

3) 水泥和骨料的质量好、级配好，徐变越小；

4) 加荷时混凝土的龄期越早，徐变越大；

5) 加荷前混凝土的强度越高，徐变越小；

6) 构件的尺寸越大，体表比（即构件的体积与表面积之比）越大，徐变越小。

徐变在开始发展很快，以后逐渐减慢，最后趋于稳定。通常在前 6 个月可完成最终徐变量的 70%～80%，在第一年内可完成 90%左右，其余部分在后续几年中完成。

(3) 混凝土的收缩与膨胀

混凝土在空气中结硬体积会收缩，在水中结硬体积要膨胀。但是，膨胀值要比收缩值小得多，由于膨胀对结构往往是有利的，所以一般不须考虑。

影响收缩的因素有以下几方面：

1) 水泥强度等级越高、用量越多、水灰比越大，收缩越大；

2) 骨料的弹性模量大，收缩越小；

3) 养护条件好，在硬结过程中和使用过程中周围环境湿度大，收缩越小；

4) 混凝土振捣密实，收缩越小；

5) 构件的体表比越大，收缩越小。

收缩变形在开始阶段发展较快，2 周可完成全部收缩量的 25%，1 个月约完成 50%，

3个月后增长缓慢。

**例 3-3** 下列关于混凝土收缩的叙述，哪一项是正确的？

A 水泥强度等级越高，收缩越小 B 水泥用量越多，收缩越小

C 水灰比越大，收缩越大 D 环境温度越低，收缩越大

**答案：** C

**4. 混凝土材料的选用**

钢筋混凝土结构不宜采用强度过低的混凝土，因为当混凝土强度过低时，钢筋与混凝土之间的粘结强度太低，将影响钢筋强度的充分利用。规范规定：

（1）素混凝土结构的混凝土强度等级不应低于C15；钢筋混凝土结构的混凝土强度等级不应低于C20；采用强度等级400MPa及以上的钢筋时，混凝土强度等级不应低于C25。

（2）预应力混凝土结构的混凝土强度等级不宜低于C40，且不应低于C30。

（3）承受重复荷载的钢筋混凝土构件，混凝土强度等级不应低于C30。

**（三）钢筋的种类及其力学性能**

**1. 钢筋的品种和级别**

在钢筋混凝土中，采用的钢材类型有两大类：一类是劲性钢筋，由型钢（如角钢、槽钢、工字钢等）组成。在钢筋混凝土构件中置入型钢的称为劲性钢筋混凝土，通常在荷重大的构件中才采用。另一类是柔性钢筋，即通常所指的钢筋。柔性钢筋又包括钢筋和钢丝两类。钢筋按外形分为光圆钢筋和带肋钢筋两种。钢筋的品种很多，可分为碳素钢和普通低合金钢。碳素钢按其含碳量的多少，分为低碳钢（含碳小于0.25%）、中碳钢（含碳0.25%～0.6%）和高碳钢（含碳0.6%～1.4%）。低碳钢强度低但塑性好，称为软钢；高碳钢强度高但塑性、可焊性差，称为硬钢。普通低合金钢，除了含有碳素钢的元素外，又加入了少量的合金元素，如锰、硅、矾、钛等，大部分低合金钢属于软钢。

根据新版《混凝土规范》，对钢筋的牌号、强度级别和应用作了较大的补充和修改（详见第4.2.2、4.2.3条）。新规范提倡应用高强、高性能钢筋。

对热轧带肋钢筋，增加了强度为500MPa级的热轧钢筋；推广400MPa、500MPa级高强热轧带肋钢筋作为纵向受力的主导钢筋；限制并逐步淘汰335MPa级热轧带肋钢筋的应用；用300MPa级光圆钢筋取代235MPa级光圆钢筋；推广具有较好的延性、可焊性、机械连接性能及施工适应性的HRB系列普通热轧带肋钢筋；列入采用控温轧制工艺生产的HRBF系列细晶粒带肋钢筋。

对预应力钢筋，增补高强、大直径的钢绞线，列入大直径预应力螺纹钢筋（精轧螺纹钢筋）；列入中强度预应力钢丝以补充中等强度预应力筋的空缺，用于中、小跨度的预应力构件；淘汰锚固性能很差的刻痕钢丝。

在设计中应用新规范时，要照顾到新老规范过渡期的特点以及钢材产品市场的供需情况。同时，要注意满足最小配筋率及抗震等要求。

为了解决钢筋密集施工不便的问题，可采用加大钢筋直径或并筋方案。并筋可采用二并筋或三并筋方案：二并筋∞，钢筋面积取1.41倍单根钢筋直径面积；三并筋ஃ，钢筋面积取1.73倍单根钢筋直径面积。

**2. 钢筋的应力—应变曲线和力学性能指标**

钢筋混凝土及预应力混凝土结构中所用的钢筋可分为两类：有明显屈服点的钢筋（一般称为软钢）和无明显屈服点的钢筋（一般称为硬钢）。

有明显屈服点的钢筋的应力—应变曲线如图 3-21 所示。图中，$a$ 点以前应力与应变按比例增加，其关系符合胡克定律，这时如卸去荷载，应变将恢复到 0，即无残余变形，$a$ 点对应的应力称为比例极限；过 $a$ 点后，应变较应力增长为快；到达 $b$ 点后，应变急剧增加，而应力基本上不变，应力—应变曲线呈现水平段 $cd$，钢筋产生相当大的塑性变形，此阶段称为屈服阶段。$b$、$c$ 两点分别称为上屈服点和下屈服点。由于上屈服点 $b$ 为开始进入屈服阶段的应力，呈不稳定状态，而下屈服点 $c$ 比较稳定，因此，将下屈服点 $c$ 的应力称为“屈服强度”。当钢筋屈服塑流到一定程度，即到达图中的 $d$ 点，$cd$ 段称为屈服台阶，过 $d$ 点后，应力应变关系又形成上升曲线，但曲线趋平，其最高点为 $e$，$de$ 段称为钢筋的“强化阶段”，相应于 $e$ 点的应力称为钢筋的极限强度，过 $e$ 点后，钢筋薄弱断面显著缩小，产生“颈缩”现象（图3-22），此时变形迅速增加，应力随之下降，直至到达 $f$ 点时，钢筋被拉断。

无明显屈服点的钢筋的应力—应变曲线如图 3-23 所示。这类钢筋的极限强度一般很高，但变形很小。由于没有明显的屈服点和屈服台阶，因此通常取相应于残余应变 $\varepsilon=0.2\%$ 时的应力 $\sigma_{0.2}$ 作为名义屈服点（或称假想屈服点），而将其强度称为条件屈服强度。无明显屈服点的钢筋在很小的应变状态时即被拉断。

钢筋的力学性能指标有 4 个，即屈服强度、极限抗拉强度、伸长率和冷弯性能。

（1）屈服强度

如上所述，对于软钢，取下屈服点 $c$ 的应力作为屈服强度。对无明显屈服点的硬钢，设计上通常取残余应变为 0.2%时所对应的应力作为假想的屈服点，称为条件屈服强度，用 $\sigma_{0.2}$ 来表示。对钢丝和热处理钢筋的 $\sigma_{0.2}$，规范统一取 0.85 倍极限抗拉强度。

（2）极限抗拉强度

对于软钢，取应力—应变曲线中的最高点 $e$ 为极限抗拉强度；对于硬钢，规范规定，将应力—应变曲线的最高点作为强度标准值的取值依据。

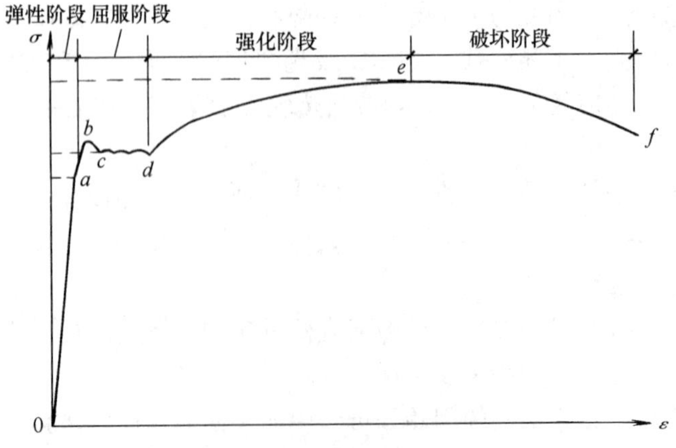


图 3-21　有明显屈服点的钢筋的应力—应变曲线

（如 HPB300、HRB335、HRBF335、HRB400、HRBF400、RRB400、HRB500、HRBF500）

图 3-22 钢筋受拉时的“颈缩”现象

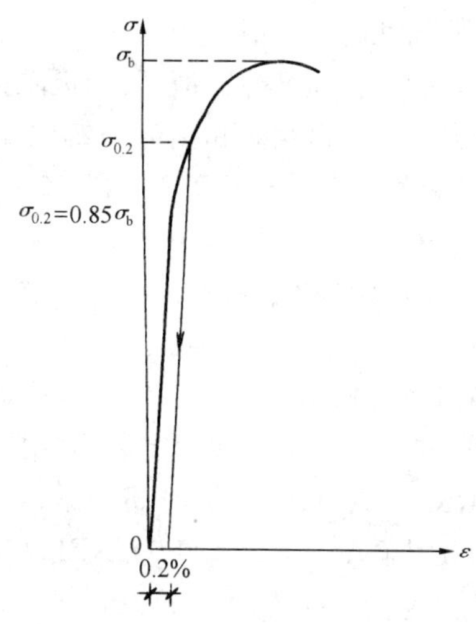


图 3-23 无明显屈服点钢筋的应力—应变曲线
（如消除应力钢丝、钢绞线）

（3）伸长率

伸长率是衡量钢筋塑性性能的一个指标，用 $\delta$ 表示。$\delta$ 为钢筋试件拉断后的残余应变，其值为：

$$\delta=\frac{l_2-l_1}{l_1}\times 100\% \tag{3-22}$$

式中 $l_1$——钢筋试件受力前的量测标距长度；

$l_2$——试件经拉断并重新拼合后的量测得到的标距长度。

伸长率大的钢筋塑性性能好，拉断前有明显的预兆；伸长率小的钢筋塑性性能差，其破坏会突然发生，呈脆性特征，具有明显屈服点的钢筋有较大的伸长率，而无明显屈服点的钢筋伸长率很小。

（4）冷弯试验（图 3-24）

冷弯试验是检验钢筋塑性的另一种方法。伸长率一般不能反映钢筋的脆化倾向，而冷弯性能可间接地反映钢筋的塑性性能和内在质量。冷弯试验合格的标准为在规定的 $D$ 和 $\alpha$ 下冷弯后的钢筋无裂纹、鳞落或断裂现象。

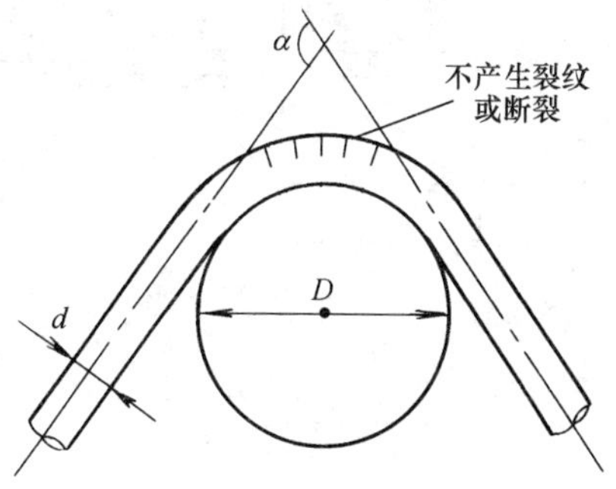


图 3-24 钢筋冷弯

**【要点】**上述钢筋的 4 项指标中，对有明显屈服点的钢筋均须进行测定，对无明显屈服点的钢筋则只测定后 3 项。

**3. 钢筋强度的标准值和设计值**

（1）钢筋强度的标准值

规范规定，钢筋强度标准值应具有不小于 95％的保证率。

普通钢筋采用屈服强度作为标志。预应力钢筋无明显的屈服点，一般采用极限强度作为标志。在钢筋标准中，一般取 0.002 残余应变所对应的应力作为其条件屈服强度标准值。对传统的预应力钢丝、钢绞线取 $0.85\sigma_b$ 作为条件屈服强度（$\sigma_b$——极限抗拉强度）。

(2) 钢筋强度的设计值

普通钢筋的屈服强度标准值 $f_{yk}$、极限强度标准值 $f_{stk}$应按《混凝土规范》表 4.2.2-1 采用；预应力钢丝、钢绞线和预应力螺纹钢筋的屈服强度标准值 $f_{pyk}$、极限强度标准值 $f_{ptk}$应按《混凝土规范》表 4.2.2-2 采用。

普通钢筋的抗拉强度设计值 $f_y$、抗压强度设计值 $f'_y$ 应按《混凝土规范》表 4.2.3-1 采用；预应力筋的抗拉强度设计值 $f_{py}$、抗压强度设计值 $f'_{py}$应按《混凝土规范》表 4.2.3-2 采用。

**4. 钢筋材料的选用**

(1) 纵向受力普通钢筋可采用 HRB400、HRB500、HRBF400、HRBF500、HRB335、RRB400、HPB300 钢筋；梁、柱和斜撑构件的纵向受力普通钢筋宜采用 HRB400、HRB500、HRBF400、HRBF500 钢筋。

(2) 箍筋宜采用 HRB400、HRBF400、HRB335、HRB300、HRB500、HRBF500 钢筋。

(3) 预应力筋宜采用预应力钢丝、钢绞线和预应力螺纹钢筋。

**(四) 钢筋与混凝土之间的粘结力**

钢筋混凝土构件在外力作用下，在钢筋与混凝土接触面上将产生剪应力，这种剪应力称为粘结力。

钢筋与混凝土之间的粘结力由以下三部分组成：

(1) 由于混凝土收缩将钢筋握裹挤压而产生的摩擦力；

(2) 由于混凝土颗粒的化学作用产生的混凝土与钢筋之间的胶合力；

(3) 由于钢筋表面凹凸不平与混凝土之间产生的机械咬合力。

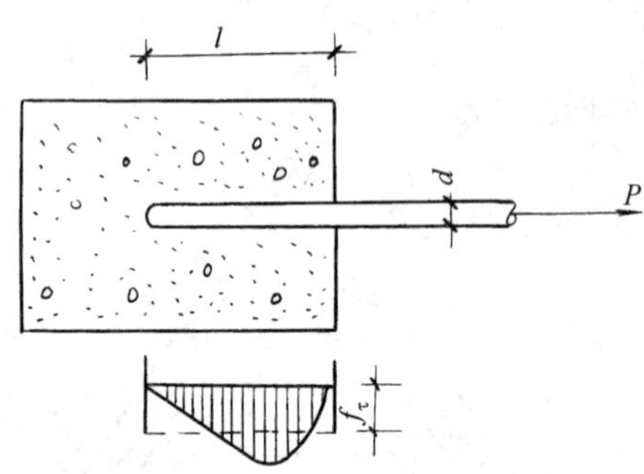

图 3-25 钢筋拔出试验中粘结应力分布图

上述三部分中，以机械咬合力作用最大，约占总粘结力的一半以上。带肋钢筋比光圆钢筋的机械咬合力作用大。此外，钢筋表面的轻微锈蚀也可增加它与混凝土的粘结力。

粘结力的测定通常采用拔出试验方法(图 3-25)。将钢筋的一端埋入混凝土内，在另一端施加拉力将钢筋拔出，则粘结强度为：

$$f_\tau = \frac{P}{\pi d l} \tag{3-23}$$

式中 $P$——拔出力；

$d$——钢筋直径；

$l$——钢筋埋入长度。

根据拔出试验可知：

(1) 粘结应力按曲线分布，最大粘结应力在离试件端头某一距离处，且随拔出力的大小而变化。

(2) 钢筋锚入长度越长，拔出力越大，但埋入过长时则尾部的粘结应力很小，甚至为零。

(3) 粘结强度随混凝土强度等级的提高而增大。

(4) 带肋钢筋的粘结强度比光圆钢筋的大。根据试验资料，光圆钢筋的粘结强度为

1.5～3.5N/mm$^2$，带肋钢筋的粘结强度为 2.5～6.0N/mm$^2$，其中较大的值系由较高的混凝土强度等级所得。

(5) 在光圆钢筋末端做弯钩可以大大提高拔出力。

**(五) 预应力混凝土结构的基本概念**

**1. 预应力结构的特点**

普通钢筋混凝土结构或构件，由于混凝土的极限抗拉应变较小（约为 0.0001～0.00015），在使用荷载的作用下，构件均带裂缝工作。对于使用上要求不开裂的构件，受拉钢筋的应力为 20～30N/mm$^2$，远小于其屈服强度；如果钢筋应力达到 250N/mm$^2$ 时，裂缝宽度已达 0.2～0.3mm，不宜在高湿度及侵蚀性环境中使用。总之，普通混凝土构件由于抗裂性能较差，控制裂缝开展的能力较弱，不易充分利用高强材料，而预应力结构则可以解决这些问题。

预应力混凝土结构，是在结构承受外荷载之前，预先施加压力，使其在外荷载作用时的受拉区混凝土内产生压应力，以抵消或减小外荷载产生的拉应力。这样，构件在正常使用情况下将不开裂或裂缝宽度较小。采用预应力结构的原因主要有以下几方面：

(1) 满足裂缝控制要求，以改善普通混凝土构件的抗裂性能；

(2) 充分利用高强度材料，因钢筋预先受拉混凝土受压，则在使用荷载的作用下，就能充分利用高强度的钢筋；

(3) 提高构件的刚度，由于提高了构件的抗裂度或减小了裂缝的宽度，使刚度不致因裂缝而降低太多。同时，由于预加压力的偏心作用使构件产生的反拱（反向挠曲），还可以抵消或减小在使用荷载作用下的变形。

预应力混凝土结构可以分为全预应力混凝土和部分预应力混凝土。当构件是按使用荷载作用下截面上混凝土不出现拉应力的要求进行设计时，一般称为全预应力混凝土；当构件是按在使用荷载作用下允许出现裂缝，但最大裂缝宽度不超过允许值的要求进行设计时，一般称为部分预应力混凝土。

对于后张法施工的预应力混凝土构件，通常的做法是在构件中预留孔道，待预应力钢筋张拉至控制应力后，用压力灌浆将孔道填实。这种预应力构件中钢筋与混凝土之间存在粘结力，其钢筋称为有粘结预应力钢筋。如果预应力钢筋与混凝土接触表面之间不存在粘结作用，两者能相对滑移的，则其钢筋称为无粘结预应力钢筋。

无粘结预应力钢筋的一般做法是将预应力钢筋的外表面涂以沥青，油脂等防锈材料，以减小张拉时的摩擦力且防止锈蚀，然后用纸带或塑料带包裹或套以塑料管，将其就位于模板中再浇捣混凝土，待混凝土达到规定强度后即可进行张拉。与有粘结后张预应力混凝土构件相比，采用无粘结预应力钢筋不需要留孔、穿筋和灌浆，可以简化施工工艺。

**2. 施加预应力的方法及预应力材料**

张拉预应力钢筋的方法主要有两种：一种是先张法，另一种是后张法。

(1) 先张法

在浇灌混凝土之前先张拉钢筋的方法，称为先张法。其主要工序如下（图 3-26）：

1) 在台座上张拉钢筋，并将它临时锚固在台座上，如图 3-26 (*a*)、(*b*) 所示。

2) 支模、绑扎钢筋，并浇灌混凝土，见图 3-26 (*c*)。

3) 待混凝土达到设计强度的 75%以上，切断并放松预应力钢筋，钢筋回缩挤压混凝

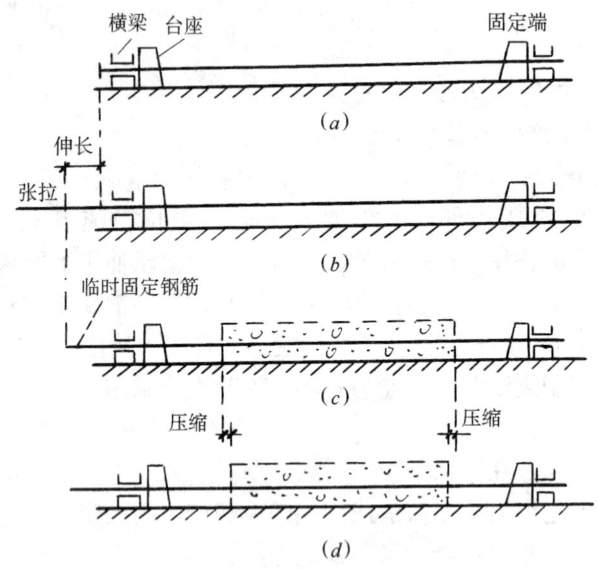

图 3-26 先张法主要工序示意图

(a) 钢筋就位；(b) 张拉钢筋；(c) 临时固定钢筋，浇灌混凝土并养护；

(d) 放松钢筋，钢筋回缩，混凝土受预压

土使混凝土受压，见图 3-26（d）。

（2）后张法

在混凝结硬后再张拉预应力钢筋的方法称为后张法。其主要工序为（图 3-27）：

1）先浇灌混凝土构件，并在构件中预留孔道，见图 3-27（a）。

2）待混凝土到达规定的强度后，穿钢筋并张拉钢筋，同时混凝土受到预压，见图 3-27(b)。

3）当张拉预应力钢筋达到规定值后，在张拉端用锚具锚住，使构件保持预压状态，见图 3-27（c）。

4）最后在预留孔道内灌浆，使预应力钢筋与混凝土形成整体，见图 3-27（d）。

（3）预应力混凝土材料

预应力混凝土结构的混凝土强度等级不应低于 C30；当采用钢绞线、钢丝、热处理钢筋作为预应力钢筋时，混凝土强度等级不宜低于 C40。

预应力钢筋宜采用碳素钢丝、刻痕钢丝、钢绞线和热处理钢筋，以及冷拉Ⅱ、Ⅲ、Ⅳ级钢筋。

**3. 预应力混凝土构件计算的一般规定**

（1）预应力钢筋的张拉控制应力 $\sigma_{con}$

张拉控制应力是指张拉钢筋时预应力钢筋中达到的最大应力值，即用张拉设备所控制的总张拉力除以预应力钢筋截面面积所得出的应力值，以 $\sigma_{con}$ 表示，其值见《混凝土规范》表 6.1.3。

（2）预应力损失

预应力钢筋从张拉、锚固至运输、安装使用的各个过程中，由于张拉工艺和材料特性等种种原因，钢筋中的张拉应力将逐渐降低，称为预应力损失。预应力损失会降低预应力混凝土构件的抗裂性及刚度。

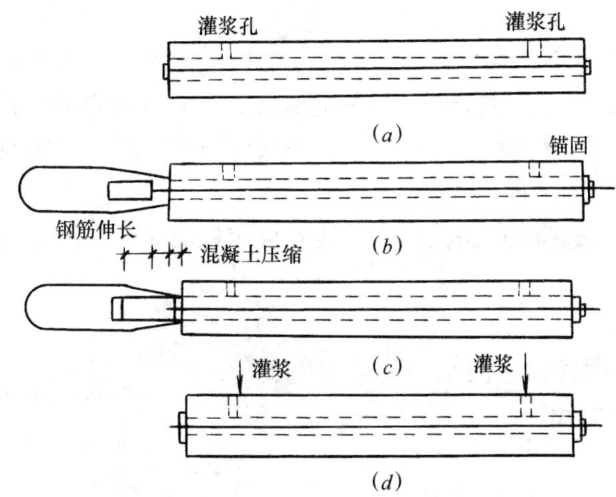


图 3-27　后张法主要工序示意图

(a) 制作构件，预留孔道，穿入预应力钢筋；(b) 安装千斤顶；(c) 张拉钢筋；(d) 锚住钢筋，拆除千斤顶，孔道压力灌浆

常见的预应力损失包括以下 7 项：

1) 张拉端锚具变形和预应力筋内缩引起的预应力损失 $\sigma_{l1}$，可以通过减少垫板块数或增加台座长度的办法以减小损失。

2) 预应力筋与孔道壁、张拉端锚口之间，以及在转向块处摩擦引起的预应力损失 $\sigma_{l2}$，可以通过两端张拉或超张拉的办法以减小损失。

3) 蒸养时受张拉预应力筋与承受拉力设备之间温差引起的预应力损失 $\sigma_{l3}$，可以采用两次升温的办法以减小损失。后张法无此项损失。

4) 预应力筋的应力松弛引起的预应力损失 $\sigma_{l4}$，可以采用超张拉的办法以减小损失。

5) 环形构件螺旋式预应力筋挤压混凝土引起的预应力损失 $\sigma_{l5}$，此项约占总损失的 50%～60%。

6) 用螺旋式预应力钢筋作配筋的环形构件，由于混凝土的局部挤压引起的预应力损失 $\sigma_{l6}$。当环形构件直径≥3m 时，可忽略不计。先张法无此项损失。

7) 混凝土弹性压缩引起的预应力损失 $\sigma_{l7}$。

《混凝土规范》规定，预应力构件在各阶段的预应力损失值宜按表 3-21 进行组合。

**各阶段预应力损失值的组合　　表 3-21**

| 预应力损失值的组合 | 先张法构件 | 后张法构件 |
|---|---|---|
| 混凝土预压前（第一批）的损失 $\sigma_{l\mathrm{I}}$ | $\sigma_{l1}+\sigma_{l2}+\sigma_{l3}+\sigma_{l4}$ | $\sigma_{l1}+\sigma_{l2}$ |
| 混凝土预压后（第二批）的损失 $\sigma_{l\mathrm{II}}$ | $\sigma_{l5}+\sigma_{l7}$ | $\sigma_{l4}+\sigma_{l5}+\sigma_{l6}+\sigma_{l7}$ |

如果求得的预应力总损失值 $\sigma_l$ 小于下列数值时，则按下列数值取用：

先张法：100N/mm$^2$；后张法：80N/mm$^2$。

**4. 预应力构件和非预应力构件的比较**

现对两种构件进行比较。一种是普通钢筋混凝土构件，另一种是截面尺寸，材料及配筋数量均与普通构件相同的预应力混凝土构件。通过两种构件的比较，说明预应力混凝土构件的受力特点如下：

(1) 在非预应力构件中，在构件开裂前钢筋的应力值很小，而在预应力构件中预应力钢筋一直处于高拉应力状态，充分利用了钢筋和混凝土两种材料的特性。

(2) 预应力构件产生裂缝时的外荷载远比非预应力构件的大。即预应力构件的抗裂度比非预应力构件大为提高，同时也提高了构件的刚度。

(3) 由于两种构件破坏时都是受拉钢筋达到抗拉强度而受压区混凝土被压碎，故此两种构件的承载能力相等。

## 二、承载能力极限状态计算

### (一) 正截面承载力计算

#### 1. 一般规定

(1) 正截面承载力计算的基本假定

1) 截面应变保持平面。

2) 不考虑混凝土的抗拉强度。

3) 混凝土受压时的应力与应变关系按有关规定取用。

4) 纵向钢筋应力取等于钢筋应变与其弹性模量的乘积，但其绝对值不应大于其相应的强度设计值。即：

$$-f'_y \leqslant \sigma_{si} \leqslant f_y \tag{3-24}$$

式中 $f_y$——普通钢筋抗拉强度设计值；

$\sigma_{si}$——第 $i$ 层纵向普通钢筋的应力，正值代表拉应力，负值代表压应力。

受拉钢筋的极限拉应变取 0.01。

(2) 受压区混凝土的等效矩形应力图形

在实际工程设计中，为了简化计算，受压区混凝土的应力图形可采用等效的矩形应力分布图形来代替曲线的应力分布图形。但要满足以下两个条件：

1) 曲线应力分布图形和等效矩形应力分布图形的面积要相等，即合力大小要相等；

2) 两个图形合力作用点的位置相同。

(3) 相对界限受压区高度 $\xi_b$

当纵向受拉钢筋屈服与受压区混凝土破坏同时发生时，即达到所谓“界限破坏”。

界限受压区高度 $x_b$ 与截面有效高度 $h_0$ 的比值即为相对界限受压区高度 $\xi_b = x_b/h_0$。经推导，$\xi_b$ 与钢筋抗拉强度设计值 $f_y$ 和钢筋的弹性模量 $E_s$ 有关。

(4) 纵向钢筋应力 $\sigma_s$

纵向钢筋应力应符合规范的相关规定。钢筋应力应符合式 (3-24)。

#### 2. 受弯构件正截面承载力计算

(1) 受弯构件破坏的基本特征

根据梁内配筋的多少，钢筋混凝土梁分为适筋梁、超筋梁和少筋梁，它们的破坏形式很不相同。

1) 适筋梁的破坏 (拉压破坏)

分三个阶段：

第Ⅰ阶段 (未裂阶段)

开始加荷时，纯弯段截面的弯矩很小，混凝土处于弹性工作阶段，截面应力很小，沿截面高度呈三角形分布。当弯矩增加到第Ⅰ阶段末时，受拉区塑性变形明显发展，拉应力分布逐渐变化为曲线。此时所能承受的弯矩 $M_{cr}$ 称为开裂弯矩，其应力分布图是计算构件抗裂能力的依据。

第Ⅱ阶段（开裂阶段）

在裂缝截面处，受拉区混凝土大部分退出工作，拉应力基本上由钢筋承担，是构件正常使用状态下所处的阶段。当对构件的变形和裂缝宽度有限制时，以该阶段的应力图作为计算依据。当到达第Ⅱ阶段末时，钢筋应力达到屈服强度，即 $\sigma_s = f_y$。

第Ⅲ阶段（破坏阶段）

由于钢筋屈服，受拉区垂直裂缝向上延伸，裂缝宽度迅速发展，受压区高度减小，应力图形为曲线分布，最后受压区边缘混凝土到达极限应变值时，构件即破坏，此时弯矩值达到极限弯矩 $M_u$。我们将Ⅲ阶段末的应力图形作为构件受弯承载力的依据。

从图 3-28 中，可以看出，适筋梁破坏过程经历的三个阶段正截面应力分布的变化特征是：随着荷载的逐步增加，中和轴也逐步上移；同时，受拉区混凝土拉应力逐步转移给纵向受拉钢筋，使其达到屈服强度；最后，混凝土受压区应力图形面积逐步增大，由三角形分布逐步变成接近于矩形分布。

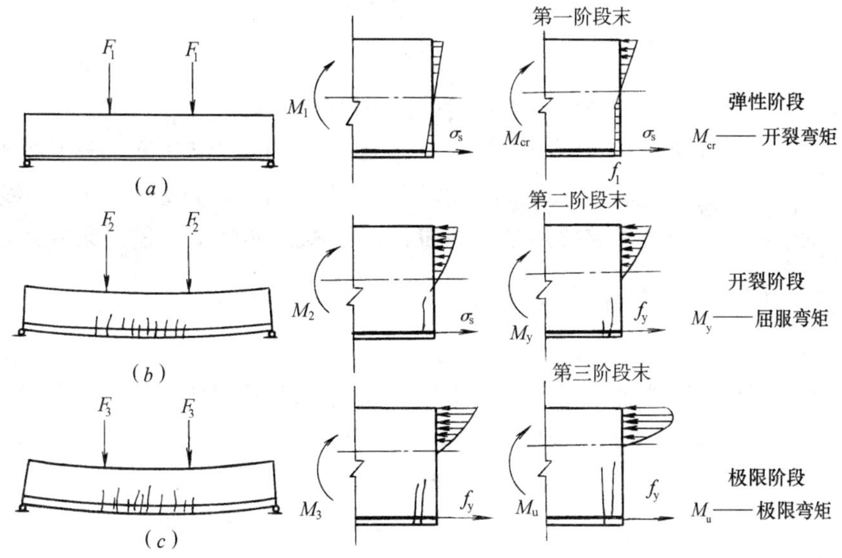


图 3-28 钢筋混凝土梁受弯时各阶段正截面应力分布

(a) 第Ⅰ阶段；(b) 第Ⅱ阶段；(c) 第Ⅲ阶段

由上所述，适筋梁的破坏属拉压破坏，破坏前纵向钢筋先屈服，然后裂缝开展很宽，构件挠度也较大，这种破坏是有预兆的，称为塑性破坏。由于适筋梁受力合理，可以充分发挥材料的强度，因此实际工程中都把钢筋混凝土梁设计成适筋梁。

2）超筋梁的破坏（受压破坏）

当梁的纵向配筋率 $\rho = \frac{A_s}{bh_0}$ 过大时，亦即 $\rho$ 大于 $\rho_{max}$，由于配筋过多，破坏时梁的钢筋应力尚未达到屈服强度，而受压区混凝土先达到极限应变被压坏。破坏时受拉区的裂缝开展不大，挠度也不明显，因此破坏是突然发生的，没有明显的预兆，属于脆性破坏。

3）少筋梁的破坏（瞬时受拉破坏）

当梁的纵向配筋率 $\rho$ 低于最小配筋率 $\rho_{min}$ 时，构件只要一开裂，原来由混凝土承受的拉应力全部转移给纵向钢筋承担，钢筋受力骤然增加，但因钢筋数量太少，很快就屈服，甚至被拉断，这种破坏无明显预兆，也属于脆性破坏。

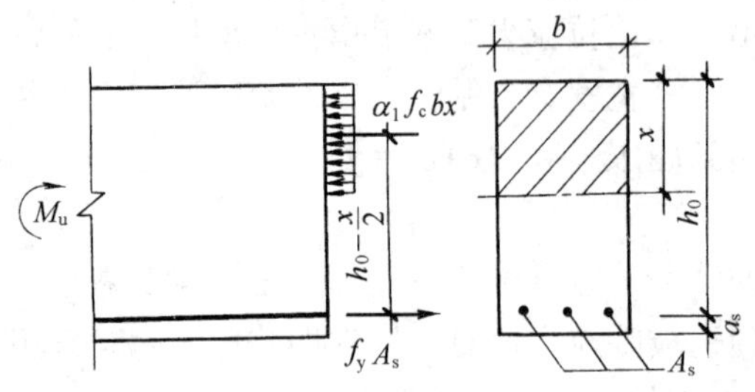

图 3-29 单筋矩形截面梁的受弯承载力计算简图

实际工程中，我们应当避免出现超筋梁和少筋梁。

（2）单筋矩形截面计算

1）基本计算公式

对适筋梁，根据前述第Ⅲ阶段末的应力分布图，将混凝土受压区应力图形进一步简化成矩形分布，即图 3-29。

由平衡条件可得基本计算公式为：

$$\Sigma X = 0 \qquad \alpha_1 f_c b x = f_y A_s \tag{3-25}$$

$$\Sigma M = 0 \qquad M = \alpha_1 f_c b x \left(h_0 - \frac{x}{2}\right) \tag{3-26}$$

或

$$M = f_y A_s \left(h_0 - \frac{x}{2}\right) \tag{3-27}$$

式中 $h_0 = h - a_s$；

$A_s$——受拉钢筋合力点至截面受拉边缘的距离；

$\alpha_1$——系数，按《混凝土规范》第 6.2.6 条的规定计算。当混凝土强度等级不超过 C50 时，$\alpha_1$ 取为 1.0，当为 C80 时，取为 0.94，其间按线性内插法确定。

两个独立方程，可求解两个未知量：$x$ 和 $A_s$。实际上，还可采用系数简化法和近似法求解。近似法公式：$A_s = \frac{M}{0.9h_0 f_y}$。

2）适用条件

为了保证受弯构件适筋破坏，不出现超筋和少筋破坏，基本计算公式（3-25）～式（3-27）必须满足下列适用条件：

或

$$\left.\begin{aligned} &\xi \leqslant \xi_b \\ &x \leqslant x_b = \xi_b h_0 \\ &\rho \leqslant \rho_{max} = \xi_b \frac{\alpha_1 f_c}{f_y} \end{aligned}\right\} \tag{3-28}$$

为了避免出现少筋破坏，尚须满足

或

$$\left.\begin{aligned} \rho &\geqslant \rho_{min} \\ A_s &\geqslant \rho_{min} b h \end{aligned}\right\} \tag{3-29}$$

3）最大配筋率 $\rho_{max}$ 和最小配筋率 $\rho_{min}$

最大配筋率 $\rho_{max}$ 是保证梁不发生超筋破坏的上限配筋率。其值为：

$$\rho_{max} = \xi_b \frac{\alpha_1 f_c}{f_y} \tag{3-30}$$

最小配筋率 $\rho_{max}$ 是根据钢筋混凝土受弯构件破坏时所能承受的弯矩 $M$ 等于同截面的

素混凝土受弯构件截面所能承受的弯矩$M_{cr}$，并考虑温度、收缩应力、构造要求和设计经验等因素确定的。最小配筋率$\rho_{max}$见表3-22。

**纵向受力钢筋的最小配筋百分率 $\rho_{min}$（%）** **表3-22**

| 受力类型 | | | 最小配筋百分率 |
|---|---|---|---|
| 受压构件 | 全部纵向钢筋 | 强度等级500MPa | 0.50 |
| | | 强度等级400MPa | 0.55 |
| | | 强度等级300MPa、335MPa | 0.60 |
| | 一侧纵向钢筋 | | 0.20 |
| 受弯构件、偏心受拉、轴心受拉构件一侧的受拉钢筋 | | | 0.20和$45f_t/f_y$中的较大值 |

注：1. 受压构件全部纵向钢筋最小配筋百分率，当采用C60以上强度等级的混凝土时，应按表中规定增加0.10；
2. 板类受弯构件（不包括悬臂板）的受拉钢筋，当采用强度等级400MPa、500MPa的钢筋时，其最小配筋百分率应允许采用0.15和$45f_t/f_y$中的较大值；
3. 偏心受拉构件中的受压钢筋，应按受压构件一侧纵向钢筋考虑；
4. 受压构件的全部纵向钢筋和一侧纵向钢筋的配筋率以及轴心受拉构件和小偏心受拉构件一侧受拉钢筋的配筋率均应按构件的全截面面积计算；
5. 受弯构件、大偏心受拉构件一侧受拉钢筋的配筋率应按全截面面积扣除受压翼缘面积$(b_f'-b)h_f'$后的截面面积计算；
6. 当钢筋沿构件截面周边布置时，“一侧纵向钢筋”系指沿受力方向两个对边中一边布置的纵向钢筋。

计算$\rho_{min}$时，截面高度采用整个高度$h$而不是有效高度$h_0$。

要提高单筋矩形截面受弯构件承载能力，最有效的办法是加大截面高度，另外，减小跨度（如在梁跨中加设柱）也是有效的办法。

**例3-4** 钢筋混凝土矩形截面受弯梁，当受压区高度与截面有效高度$h_0$之比值大于0.55时，下列哪一种说法是正确的?

A 钢筋首先达到屈服　　B 受压区混凝土首先压溃

C 斜截面裂缝增大　　D 梁属于延性破坏

**解析：**对钢筋混凝土矩形截面受弯梁，当$x/h_0=\xi>\xi_b=0.55$时，属于超筋梁，即钢筋超量配置未达到屈服时，受压区混凝土会先被压溃，属于脆性破坏，设计时应避免。因此B选项说法正确。

**答案：**B

注：超筋与适筋梁的界限值$\xi_b$与材料强度等级有关。当混凝土强度等级<C50，钢筋取HRB335时$\xi_b$为0.55，钢筋HRB400时$\xi_b$则为0.518。

（3）双筋矩形截面计算

在单筋截面受拉区配置受拉钢筋的同时，在受压区按计算需要配置一定数量的纵向受压钢筋，用来协助受压区混凝土承担一部分压力，称为双筋截面（图3-30）。显然，用钢筋协助混凝土受压是不经济的，所以，只有在下列情况下才考虑采用：

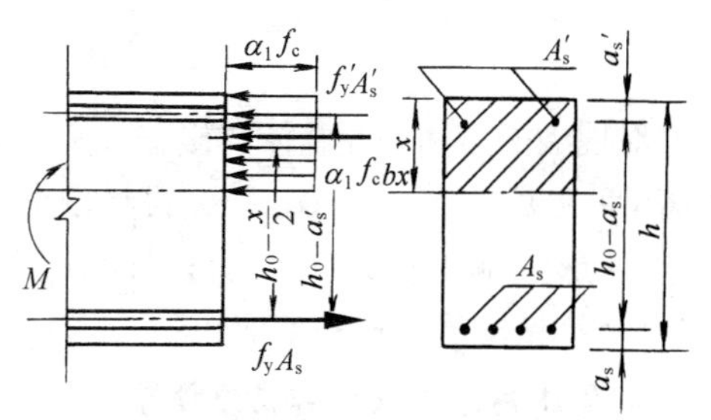

图3-30 双筋截面应力状态

1）弯矩很大，按单筋矩形截面计算会出现超筋梁（$\xi>\xi_b$），而梁的截面尺寸和混凝土强度等级受到限制；

2）在不同荷载组合情况下，梁截面承受变

号弯矩作用；

3）梁的受压区钢筋的作用。

由于受压钢筋的存在，增加了截面的刚度和延性，有利于改善构件的抗震性能，减小在荷载长期作用下产生的徐变，对减小构件在荷载长期作用下的挠度也是有利的。

**【要点】**单筋截面中受压区的架立钢筋是根据构造配置，计算时不参与受力，双筋截面中的受压钢筋是根据计算确定的。双筋截面中配置了受压钢筋而不需另设架立钢筋。

为了防止构件出现超筋破坏，应满足：

$$\xi \leqslant \xi_b \quad 或 \quad x \leqslant \xi_b h_0 \tag{3-31}$$

为了保证受压钢筋达到规定的抗压强度设计值，应满足：$x \geqslant 2a'_s$（即受压钢筋必须在混凝土受压区压应力合力之上）。

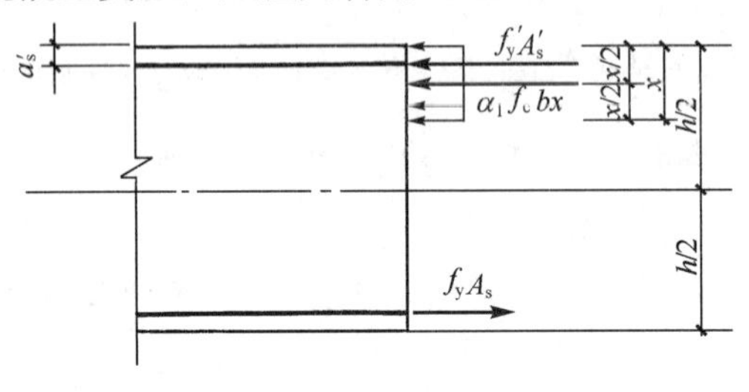


图 3-31　$x < 2a'_s$ 时的受弯承载力

当 $x < 2a'_s$ 时，为了简化计算，可近似地取 $x = 2a'_s$，即认为混凝土受压区压应力的合力与受压钢筋 $A'_s$ 重合（图 3-31）。

（4）T 形截面计算

受弯构件在破坏时，大部分受拉区混凝土早已退出工作。若将受拉区混凝土的一部分去掉，并将受拉钢筋集中配置，而保持截面高度不变，就形成了 T 形截面（图 3-32）。而截面的承载力计算值与原有矩形截面完全相同。这样既可节省混凝土，减轻结构自重，又不影响截面的受弯承载力。

T 形截面（包括工字形截面）梁应用广泛。如现浇肋梁楼盖，楼板与梁浇筑在一起形成了 T 形截面梁。预制构件中的槽形板、空心板等，从结构设计的角度，实际都是 T 形截面（图 3-33）。

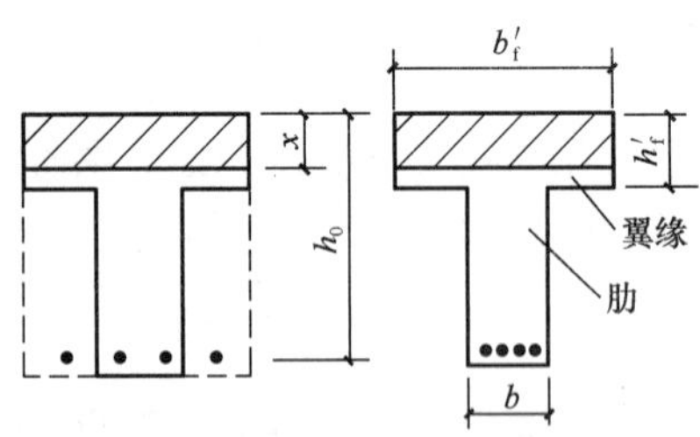


图 3-32　T 形截面

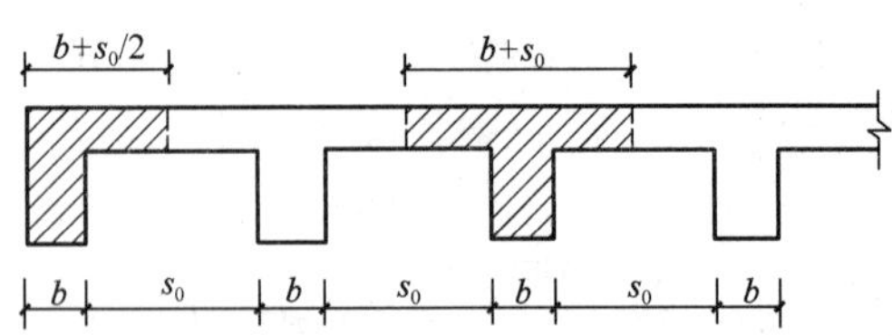


图 3-33　T 形截面梁受压翼缘计算宽度的确定

对现浇楼盖和装配整体式楼盖，宜考虑楼板作为翼缘对梁刚度和承载力的影响。考虑到远离梁肋处的压应力很小，故在设计中把翼缘限制在一定范围内，称为翼缘的计算宽度 $b'_f$。T 形、I 形及倒 L 形截面受弯构件位于受压区的翼缘计算宽度 $b'_f$ 可按《混凝土规范》表 5.2.4 所列情况中的最小值取用。

**3. 受压构件正截面承载力计算**

钢筋混凝土受压构件，分为轴心受压构件和偏心受压构件两大类。其中，当轴向力只在一个方向有偏心的称为单向偏心受压构件；当在两个方向均有偏心时，称为双向偏心受压构件（图 3-34）。

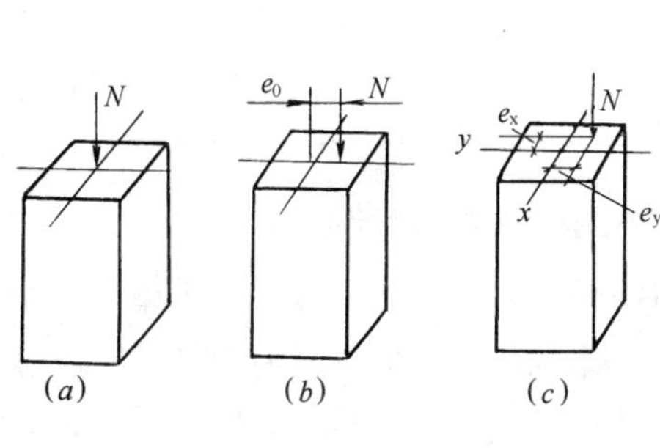


图 3-34
（a）轴心受压；（b）单向偏心受压；
（c）双向偏心受压

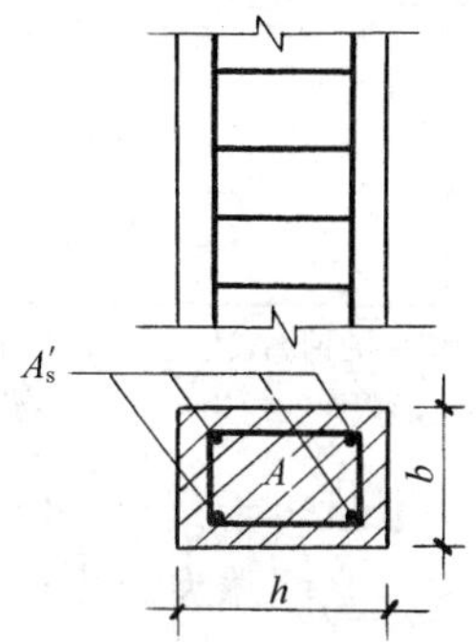


图 3-35　配置箍筋的钢筋混凝土轴心受压构件截面

（1）轴心受压构件

轴压柱箍筋配置形式分普通箍筋和螺旋箍筋（或焊接环式间接钢筋）两种。

1）配置普通箍筋的轴心受压构件

图 3-35，轴心受压构件的正截面承载力按下式计算：

$$N \leqslant 0.9\varphi(f_c A + f'_y A'_s) \tag{3-32}$$

式中　$N$——轴向压力设计值；

$\varphi$——钢筋混凝土构件的稳定系数，按表 3-23 采用；

$f'_y$——纵向钢筋的抗压强度设计值（$f'_y \leqslant 400\text{N/mm}^2$）；

$f_c$——混凝土的轴心抗压强度设计值，按《混凝土规范》表 4.1.4-1 采用；其中在确定构件的计算长度时，按《混凝土规范》第 6.2.20 条取用；

$A$——构件截面面积；

$A'_s$——全部纵向普通钢筋的截面面积。

当纵向钢筋配筋率大于 3%时，式（3-32）中的 $A$ 应改用（$A-A'_s$）代替。

**【要点】** 轴心受压构件的受力性能与构件的长细比（矩形截面为 $l_0/b$）有关。由于材料性质和施工因素造成的偏心影响，使长柱承载能力低于短柱。另外，由于长细比过大，也可能使长柱发生“失稳破坏”。因此，式（3-32）中引入了稳定系数来反映长柱承载能力较短柱的降低程度；系数 $\varphi$ 见表 3-23，$\varphi$ 越小，承载能力降低越多。

**钢筋混凝土轴心受压构件的稳定系数 $\varphi$**　　**表 3-23**

| 矩形 | $l_0/b$ | ≤8 | 10 | 12 | 14 | 16 | 18 | 20 | 22 | 24 | 26 | 28 |
|---|---|---|---|---|---|---|---|---|---|---|---|---|
| 圆形 | $l_0/d$ | ≤7 | 8.5 | 10.5 | 12 | 14 | 15.5 | 17 | 19 | 21 | 22.5 | 24 |
| 任意形 | $l_0/i$ | ≤28 | 35 | 42 | 48 | 55 | 62 | 69 | 76 | 83 | 90 | 97 |
|  | $\varphi$ | 1.00 | 0.98 | 0.95 | 0.92 | 0.87 | 0.81 | 0.75 | 0.70 | 0.65 | 0.60 | 0.56 |

续表

| 矩 形 | $l_0/b$ | 30 | 32 | 34 | 36 | 38 | 40 | 42 | 44 | 46 | 48 | 50 |
|---|---|---|---|---|---|---|---|---|---|---|---|---|
| 圆 形 | $l_0/d$ | 26 | 28 | 29.5 | 31 | 33 | 34.5 | 36.5 | 38 | 40 | 41.5 | 43 |
| 任意形 | $l_0/i$ | 104 | 111 | 118 | 125 | 132 | 139 | 146 | 153 | 160 | 167 | 174 |
|  | $\varphi$ | 0.52 | 0.48 | 0.44 | 0.40 | 0.36 | 0.32 | 0.29 | 0.26 | 0.23 | 0.21 | 0.19 |

注：1. $l_0$ 为构件的计算长度，对钢筋混凝土柱可按表 3-24 及表 3-25 取用；

2. $b$ 为矩形截面的短边尺寸；$d$ 为圆形截面的直径；$i$ 为截面的最小回转半径。

柱的计算长度等于其几何长度乘以一个系数，即 $l_0=\psi l$。在材料力学中，$\psi$ 与柱两端的支承条件有关。当两端为铰接时，$\psi=1.0$；一端为固定、另一端为铰接时，$\psi=0.7$；两端为固定时，$\psi=0.5$；一端为固定，另一端为自由时，$\psi=2.0$。实际工程中，柱的支承条件比材料力学中设定的理想化条件远为复杂。

轴心受压和偏心受压柱的计算长度 $l_0$ 应按下列规定确定：

刚性屋盖单层房屋排架柱、露天吊车柱和栈桥柱，其计算长度 $l_0$ 按表 3-24 取用。

**刚性屋盖单层房屋排架柱、露天吊车柱和栈桥柱的计算长度　　表 3-24**

| 柱 的 类 别 | | $l_0$ | | |
|---|---|---|---|---|
| | | 排架方向 | 垂直排架方向 | |
| | | | 有柱间支撑 | 无柱间支撑 |
| 无吊车房屋柱 | 单 跨 | $1.5H$ | $1.0H$ | $1.2H$ |
| | 两跨及多跨 | $1.25H$ | $1.0H$ | $1.2H$ |
| 有吊车房屋柱 | 上 柱 | $2.0H_u$ | $1.25H_u$ | $1.5H_u$ |
| | 下 柱 | $1.0H_l$ | $0.8H_l$ | $1.0H_l$ |
| 露天吊车柱和栈桥柱 | | $2.0H_l$ | $1.0H_l$ | — |

注：1. 表中 $H$ 为从基础顶面算起的柱子全高；$H_l$ 为从基础顶面至装配式吊车梁底面或现浇式吊车梁顶面的柱子下部高度；$H_u$ 为从装配式吊车梁底面或从现浇式吊车梁顶面算起的柱子上部高度；

2. 表中有吊车房屋排架柱的计算长度，当计算中不考虑吊车荷载时，可按无吊车房屋柱的计算长度采用，但上柱的计算长度仍可按有吊车房屋采用；

3. 表中有吊车房屋排架柱的上柱在排架方向的计算长度，仅适用于 $H_u/H_l$ 不小于 0.3 的情况；当 $H_u/H_l$ 小于 0.3 时，计算长度宜采用 $2.5H_u$。

一般多层房屋中梁柱为刚接的框架结构，各层柱的计算长度 $l_0$ 按表 3-25 取用。

**框架结构各层柱的计算长度　　表 3-25**

| 楼 盖 类 型 | 柱 的 类 别 | $l_0$ |
|---|---|---|
| 现 浇 楼 盖 | 底 层 柱 | $1.0H$ |
| | 其余各层柱 | $1.25H$ |
| 装配式楼盖 | 底 层 柱 | $1.25H$ |
| | 其余各层柱 | $1.5H$ |

注：表中 $H$ 对底层柱为从基础顶面到一层楼盖顶面的高度；对其余各层柱为上下两层楼盖顶面之间的高度。

**【要点】** 影响轴心受压柱承载能力的主要因素是混凝土强度等级和构件截面面积，而用加大受压钢筋数量来提高承载力是不经济的，且钢筋强度不能充分发挥。

2）配置螺旋箍筋或焊接环式间接钢筋的轴心受压构件（图 3-36）

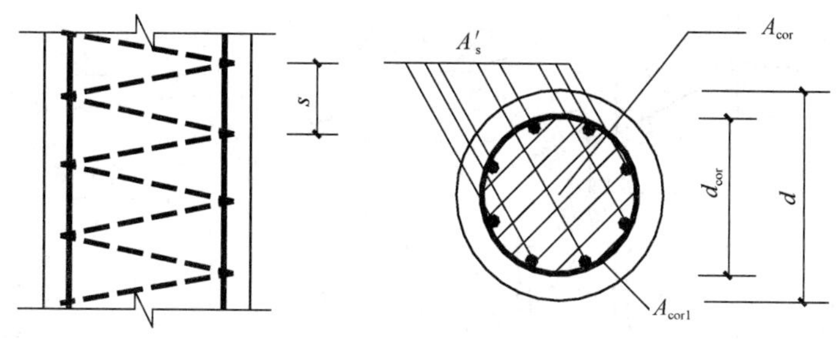

图 3-36 配置螺旋式间接钢筋的钢筋混凝土轴心受压构件

由于螺旋箍筋对核心混凝土的约束作用，提高了核心混凝土的抗压强度，从而使构件的承载力有所提高。配有螺旋箍筋的柱的承载力计算公式为：

$$N \leqslant 0.9(f_c A_{cor} + f'_y A'_s + 2\alpha f_y A_{sso}) \tag{3-33}$$

式中 $A_{cor}$——构件的核心截面面积：间接钢筋内表面范围内的混凝土面积；

$f_y$——螺旋筋（或焊接环式间接钢筋）的抗拉强度设计值；

$A_{sso}$——螺旋式或焊接环式间接钢筋的换算截面面积；

$\alpha$——间接钢筋对混凝土约束的折减系数：当混凝土强度等级不超过 C50 时，取 1.0；当混凝土强度等级为 C80 时，取 0.85，其间按线性内插法确定。

注意：规范规定按公式（3-33）算得的构件受压承载能力设计值不应大于按公式（3-32）算得的构件受压承载力设计值的 1.5 倍，且不得小于 1.0 倍。

**例 3-5** 下列关于钢筋混凝土柱的箍筋作用的叙述中，不对的是：

A 纵筋的骨架　　B 增强斜截面抗剪能力

C 增强正截面抗弯能力　　D 增强抗震中的延性

**解析：** 钢筋混凝土柱的箍筋作用与正截面抗弯承载力无关。

**答案：** C

（2）偏心受压构件

偏压柱按受力情况分为大偏压和小偏压两种，按配筋形式分为对称配筋和非对称配筋两种。

1）偏心受压构件受力性能及有关规定

① 偏心受压构件的破坏分两种情况：

大偏心受压破坏（受拉破坏）如图 3-37（*a*）所示：当偏心距较大或受拉钢筋较少时，构件的破坏是由于纵向受拉钢筋先达到屈服引起的，因此，属于受拉破坏。钢筋屈服后垂直裂缝发展，受压区高度减小，压应力值加大，最后导致压区混凝土压坏。这种情况，构件的承载力取决于受拉钢筋的强度。

小偏心受压破坏（受压破坏）如图 3-37（*b*）、（*c*）所示：当偏心距较小或偏心距虽然较大但纵向受拉钢筋较多时，构件的破坏是由压区混凝土达到极限应变值 $\varepsilon_{cu}$ 引起的。破坏时，距轴向力较远一侧的混凝土可能受压，也可能受拉。受拉区混凝土可能出现裂缝，也可能不出现裂缝，但处于该位置的纵向钢筋不论受拉或受压一般均未达到屈服。

大小偏心受压构件的判别：按相对受压区高度 $\xi$ 来判别。

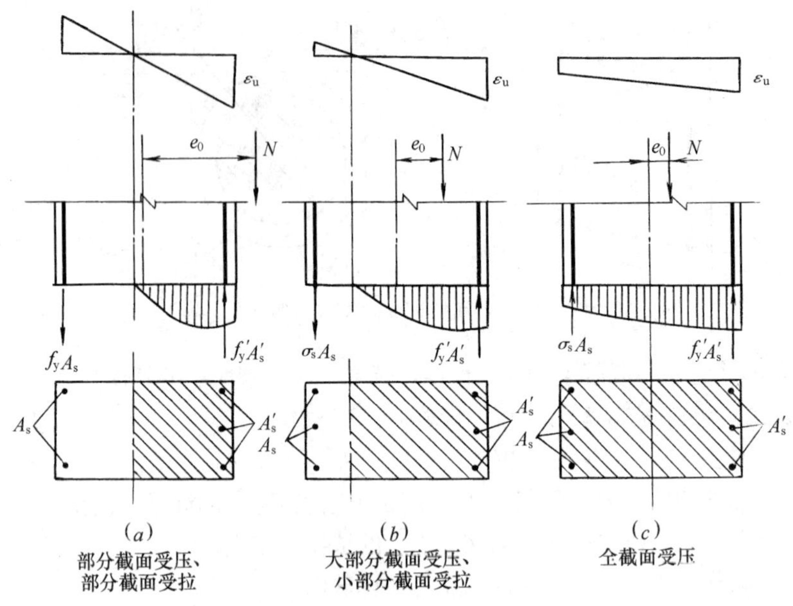


图 3-37

(a) 大偏心受压；(b)、(c) 小偏心受压

当 $\xi \leqslant \xi_b$ 时，属大偏心受压构件；当 $\xi > \xi_b$ 时，属小偏心受压构件。其中，$\xi$——相对受压区高度；$\xi_b$——界限相对受压区高度。

② 三个偏心距：荷载偏心距 $e_0$、附加偏心距 $e_a$ 及初始偏心距 $e_i$：

荷载偏心距 $e_0$ 是指轴向压力 $N$ 对截面重心的偏心距，$e_0 = M/N$。

附加偏心距 $e_a$ 是指考虑到荷载作用位置及施工时可能产生偏差等因素，计算时对荷载偏心距进行修正。其值应取 20mm 和偏心方向截面最大尺寸的 1/30 两者中的较大值。

实际设计计算时，规范采用初始偏心距 $e_i$ 代替荷载偏心距 $e_0$，其计算公式为：

$$e_i = e_0 + e_a \tag{3-34}$$

③ 除排架结构柱外，其他偏心受压构件考虑轴向压力在挠曲杆件中产生的效应后控制截面的弯矩设计值，应将计算弯矩乘以偏心距调节系数和弯矩增大系数，详见《混凝土规范》第 6.2（Ⅲ）节。

2）矩形截面偏心受压构件

① 大偏心受压构件（$\xi \leqslant \xi_b$）

根据假定，受压钢筋应力达到 $f'_y$，受拉区混凝土不参加工作，受拉钢筋应力达到 $f_y$。

② 小偏心受压的构件（$\xi > \xi_b$）

由于距轴向力较远一侧钢筋中心应力值，不论受压或受拉均未达到强度设计值（即$\sigma_s < f_y$ 或 $\sigma_s < f'_y$）。

**例 3-6** 下列关于钢筋混凝土偏心受压构件的抗弯承载力的叙述，哪一项得正确的？

A 大、小偏压时均随轴力增加而增加　B 大、小偏压时均随轴力增加而减小

C 小偏压时随轴力增加而增加　D 大偏压时随轴力增加而增加

**解析**：对大偏心受压，属于受拉破坏。随着构件轴力的增加，可以减轻截面的受拉程度，截面的抗弯能力也随着提高。故答案是D。

**答案**：D

**4. 受拉构件正截面承载力计算**

（1）轴心受拉构件承载力计算

由于混凝土抗拉强度很低，轴心受拉构件按正截面计算时，不考虑混凝土参加工作，拉力全部由纵向钢筋承担。计算公式为：

$$N \leqslant f_y A_s + f_{py} A_p \tag{3-35}$$

式中　$N$——轴向拉力设计值；

$A_s$、$A_p$——纵向普通钢筋、预应力筋的全部截面面积。

（2）偏心受拉构件承载力计算

根据偏心拉力的作用位置不同，偏心受拉构件分为大偏心受拉和小偏心受拉两种。当轴向拉力的作用位置在钢筋 $A_s$ 和 $A'_s$ 之间时，不管偏心距大小如何，构件破坏时，均为全截面受拉，这种情况称为小偏心受拉；当轴向拉力作用在钢筋 $A_s$ 和 $A'_s$ 的范围以外时，受荷后截面部分受压、部分受拉，其破坏形态与大偏心受压构件类似，这种情况称为大偏心受拉。

**（二）斜截面承载力计算**

**1. 受弯构件沿斜截面破坏的主要形态**

根据试验证明，由于荷载的类别（集中或均布荷载）、加载方式（直接加载或间接加载）、剪跨比、腹筋用量等因素的影响，梁沿截面破坏大致可归纳为三种主要破坏形态，即：斜压破坏、剪压破坏、斜拉破坏。

（1）剪跨比的概念

对于承受两个集中荷载的简支梁（图3-38），集中荷载至支座的距离 $a$ 称为剪跨，剪跨 $a$ 与截面有效高度 $h_0$ 的比值称为剪跨比，即：

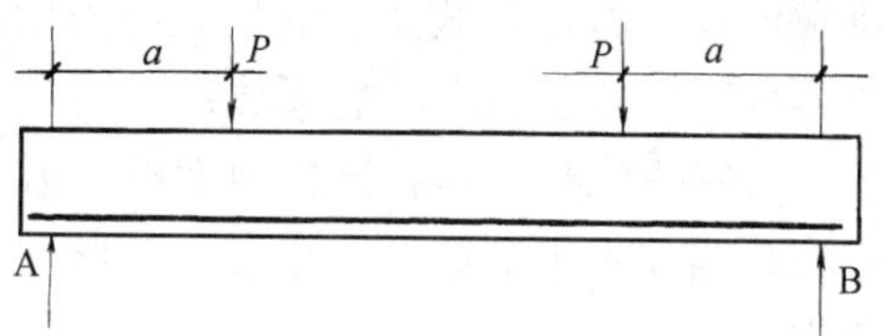

图 3-38

$$\lambda = \frac{a}{h_0} = \frac{Va}{Vh_0} = \frac{M}{Vh_0} \tag{3-36}$$

式（3-36）表明，剪跨比 $\lambda$ 反映了截面上弯矩与剪力的相对比值。

（2）三种主要破坏形态

1）斜压破坏。当剪跨比较小，或腹筋配置过多时，可能产生斜压破坏。破坏时，首先在梁腹部出现若干条大体相互平行的斜裂缝，随着荷载的增加，这些大体相互平行的斜裂缝将梁腹部分割成若干个倾斜的受压小柱体，最后，这些小斜柱体的混凝土在弯矩和剪力复合作用下，被压碎而破坏，如图3-39（$a$）所示，破坏时腹筋未达到屈服强度，因而，这种破坏属于脆性破坏，设计时应予避免。

2）斜拉破坏。当剪跨比较大，或腹筋配置较少时，可能产生斜拉破坏。破坏时，斜裂缝一旦出现，即很快形成一条主斜裂缝并迅速扩展到集中荷载作用点处，梁被分成两部分而破坏，见图3-39（$c$）。这种破坏无明显的预兆，危险性较大，属于脆性破坏，设计时应予避免。

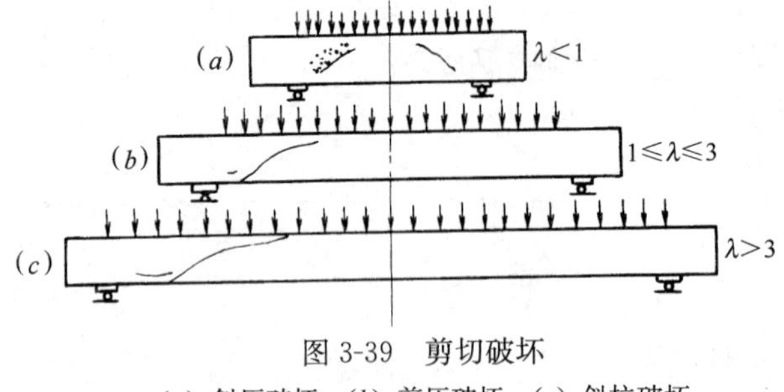

图 3-39 剪切破坏

(a) 斜压破坏；(b) 剪压破坏；(c) 斜拉破坏

3）剪压破坏。当腹筋配置适当，剪跨比适中时，可能产生剪压破坏。剪压破坏的特征是，随着荷载的增加开始先出现一些垂直裂缝和由垂直裂缝延伸出来的细微的斜裂缝。当荷载增加到一定程度时，在数条斜裂缝中，将出现一条较长较宽的主要裂缝（即称为临界斜裂缝）。荷载再继续增加，临界斜裂缝不断向上延伸，使与其相交的箍筋达到屈服，同时，剪压区混凝土在剪应力和压应力共同作用下达到极限强度而破坏，见图 3-39($b$)。这种破坏是由于箍筋先屈服而后混凝土被压碎，破坏前虽有一定预兆，但这种预兆远没有适筋梁正截面破坏明显。同时，考虑到强剪弱弯的设计要求，斜截面受剪承载力应有较大的可靠性，因此，将剪压破坏仍归为脆性破坏。设计时应把构件控制在剪压破坏类型。

规范中给出了梁中允许的最大配箍量以避免形成斜压破坏；同时又规定了最小配箍量以防止发生斜拉破坏。

**2. 受弯构件斜截面承载力计算公式**

(1) 不配置箍筋和弯起钢筋的一般板类受弯构件的斜截面承载力

均布荷载作用下，无腹筋梁的剪切破坏可能发生在支座附近，也可能发生在跨中，只要支座处最大剪力不大于 $0.7\beta_h f_t bh_0$，即能保证梁不发生剪切破坏。因此，规范对均布荷载作用下无腹筋梁的斜截面承载力取为：

$$V_c = 0.7\beta_h f_t bh_0 \tag{3-37}$$

式中 $V_c$——构件斜截面上的最大剪力设计值；

$\beta_h$——截面高度影响系数；

$f_t$——混凝土轴心抗拉强度设计值，按《混凝土规范》表 4.1.4-2 采用。

(2) 当仅配置箍筋时，矩形、T 形和 I 形截面受弯构件的斜截面受剪承载力应符合下列规定：

$$V \leqslant V_{cs} + V_p \tag{3-38}$$

$$V_{cs} = \alpha_{cv} f_t bh_0 + f_{yv}\frac{A_{sv}}{s}h_0 \tag{3-39}$$

$$V_p = 0.05N_{p0} \tag{3-40}$$

式中：$V_{cs}$——构件斜截面上混凝土和箍筋的受剪承载力设计值；

$V_p$——由预加力所提高的构件受剪承载力设计值；

$\alpha_{cv}$——斜截面混凝土受剪承载力系数，对于一般受弯构件取 0.7；对集中荷载作用下（包括作用有多种荷载，其中集中荷载对支座截面或节点边缘所产生的剪力值占总剪力的 75%以上的情况）的独立梁，取 $\alpha_{cv}$ 为$\frac{1.75}{\lambda+1}$，$\lambda$ 为计算截面的剪跨比，可取 $\lambda$ 等于 $a/h_0$，当 $\lambda$ 小于 1.5 时，取 1.5，当 $\lambda$ 大于 3 时，取 3，$a$ 取集中荷载作用点至支座截面或节点边缘的距离；

$A_{sv}$——配置在同一截面内箍筋各肢的全部截面面积，即 $nA_{sv1}$，此处，$n$ 为在同一个截面内箍筋的肢数，$A_{sv1}$ 为单肢箍筋的截面面积；

$s$——沿构件长度方向的箍筋间距；

$f_{yv}$——箍筋的抗拉强度设计值，按《混凝土规范》第 4.2.3 条的规定采用；

$N_{p0}$——计算截面上混凝土法向预应力等于零时的预加力。

（3）当配置箍筋和弯起钢筋时，矩形、T 形和 I 形截面受弯构件的斜截面受剪承载力应符合下列规定（图 3-40）：

$$V \leqslant V_{cs} + V_p + 0.8 f_{yv} A_{sb} \sin \alpha_s + 0.8 f_{py} A_{pb} \sin \alpha_p \tag{3-41}$$

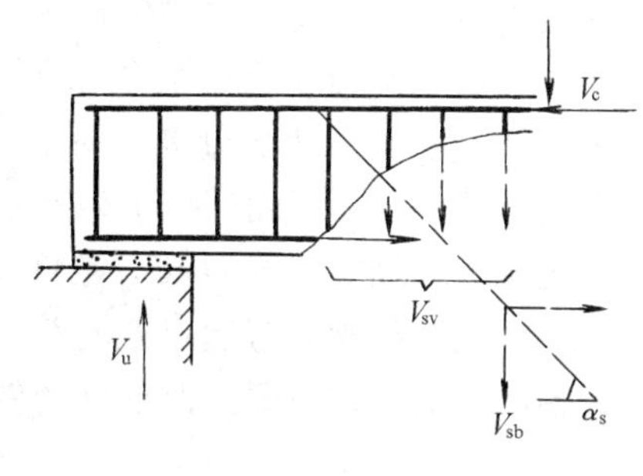


图 3-40

式中：$V$——配置弯起钢筋处的剪力设计值，按《混凝土规范》第 6.3.6 条的规定取用；

$V_p$——由预加力所提高的构件受剪承载力设计值，按式（3-40）计算，但计算预加力 $N_{p0}$ 时不考虑弯起预应力筋的作用；

$A_{sb}$、$A_{pb}$——分别为同一平面内的弯起普通钢筋、弯起预应力筋的截面面积；

$\alpha_s$、$\alpha_p$——分别为斜截面上弯起普通钢筋、弯起预应力筋的切线与构件纵轴线的夹角。

**【要点】** 影响斜截面承载能力的主要因素是混凝土的强度等级，箍筋的直径、肢数和间距，梁的截面尺寸等，而与纵向钢筋无关。

对于承受以集中荷载为主（包括作用有多种荷载，其中集中荷载对支座截面或节点边缘所产生的剪力值占总剪力值的 75%的情况）的矩形截面梁，应考虑剪跨比 λ 的影响，按下式计算：

$$V \leqslant V_u = \frac{1.75}{\lambda + 1} f_t b h_0 + f_{yv} \frac{A_{sv}}{s} h_0 + 0.8 f_{yb} A_{sb} \sin\alpha_s \tag{3-42}$$

**3. 受弯构件斜截面受剪承载力计算公式的适用条件：**

（1）矩形、T 形和工字形截面的受弯构件的受剪截面应符合下列条件：

当 $\frac{h_w}{b} \leqslant 4.0$ 时，
$$V \leqslant 0.25 \beta_c f_c b h_0 \tag{3-43}$$

当 $\frac{h_w}{b} \geqslant 6.0$ 时，
$$V \leqslant 0.2 \beta_c f_c b h_0 \tag{3-44}$$

当 $4.0 < \frac{h_w}{b} < 6.0$ 时，按线性内插法确定。

式中 $V$——构件斜截面上的最大剪力设计值；

$\beta_c$——混凝土强度影响系数：当混凝土强度等级不超过 C50 时，取 $\beta_c = 1.0$；当混凝土强度等级为 C80 时，取 $\beta_c = 0.8$；其间接线性内插法确定；

$f_c$——混凝土轴心抗压强度设计值，按《混凝土规范》表 4.1.3-1 采用；

$b$——对矩形截面取截面宽度；对 T 形截面或工字形截面取腹板宽度；

$h_0$——截面的有效高度；

$h_w$——截面的腹板高度：对矩形截面取有效高度 $h_0$；对 T 形截面取有效高度减去翼缘高度；对工字形截面取腹板净高。

**【要点】** 剪压比为梁所受的剪力与梁的轴心抗压能力（$f_c b h_0$）的比值。控制剪压比的大小等于控制梁的截面尺寸不能太小，配筋率不能太大和剪力不能太大。当配筋率大于最大配筋率时，会发生斜压破坏。因此，控制剪压比是防止斜压破坏的措施。控制剪力的大小，可以达到限制斜裂缝宽度的作用。

(2) 为了防止斜截面产生斜拉破坏，箍筋配置也不能过少。

(3) 规范还对箍筋直径和最大间距 $s$ 加以限制（详见《混凝土规范》第 9.2.9 条)。

**4. 斜截面受剪承载力的计算截面**

剪力设计值的计算截面应按下列规定采用：

(1) 支座边缘处的斜截面（图 3-41 截面 1-1)；

(2) 受拉区弯起钢筋弯起点处的斜截面（图 3-41 截面 2-2 和 3-3)；

(3) 箍筋截面面积或间距改变处的斜截面（图 3-41 截面 4-4)；

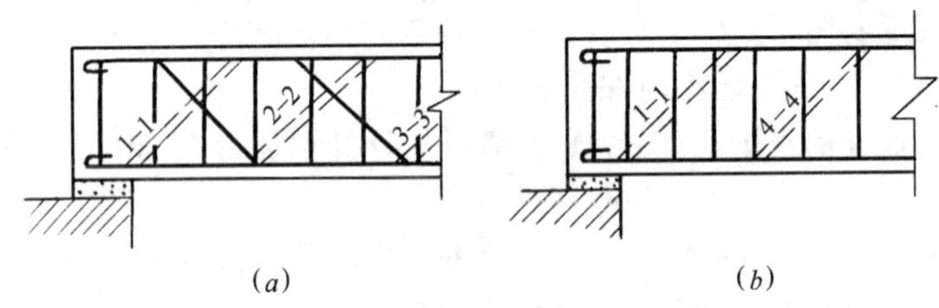


(*a*) (*b*)

图 3-41 斜截面受剪承载力剪力设计值的计算截面

(*a*) 弯起钢筋；(*b*) 箍筋

1-1—支座边缘处的斜截面；2-2、3-3—受拉区弯起钢筋弯起点的斜截面；4-4—箍筋截面面积或间距改变处的斜截面

(4) 截面尺寸改变处的斜截面。

**(三) 扭曲截面承载力计算**

在钢筋混凝土结构中的一些构件中（如吊车梁、雨篷梁、钢筋混凝土框架边梁等)，除受弯受剪外，还受到扭矩的作用，称为受扭构件或扭曲构件。扭曲构件分为纯扭、剪扭、弯扭和弯剪扭等受力情况。在实际工程中，一般都是扭转和弯曲同时发生。受扭截面常见的有矩形、T 形、I 形，以及箱形截面。

在一般工程中，一般由截面核心部分混凝土、横向箍筋和沿构件截面周边均匀分布的纵向钢筋组成的骨架共同承担扭矩的作用。规范规定，位于梁中部的箍筋（或拉条）不参加抗扭。

(1) 受扭构件的破坏特征

试验表明，根据受扭钢筋配筋率的不同，钢筋混凝土矩形截面受扭构件的破坏形态分为少筋破坏、适筋破坏和超筋破坏三种类型。

1) 少筋破坏：

当构件受扭箍筋和纵向钢筋配置数量过少时，在扭矩作用下，在长边中点剪应力最大处形成 45°斜裂缝，随后，向相邻的其他两面以 45°角延伸，此时，与斜裂缝相交的受扭箍筋和受扭纵筋超过屈服强度或被拉断。最后，在另一长边上形成受压面，随着斜裂缝的开展，受压面混凝土被压碎而破坏。这种破坏与受剪的斜拉破坏相似，属于脆性破坏。在设计中应当避免。为了防止发生这种少筋破坏，规范规定，受扭箍筋和纵向受扭钢筋的配筋率不得小于各自的最小配筋率，并应符合受扭钢筋的构造要求。

2) 适筋破坏：

当构件受扭钢筋的数量配置适当时，在扭矩作用下，构件将发生许多 45°角的斜裂缝。随着扭矩的增加，与主裂缝相交的受扭箍筋和纵向钢筋达到屈服强度，这条裂缝不断开展，并向相邻的两个面延伸，直至另一长边面上受压区的混凝土被压碎而破坏。这种破坏与受弯构件适筋梁相似，属于塑性破坏。受扭构件承载力计算即以这种破坏为依据。

3）超筋破坏：

当构件的受扭箍筋和受扭纵向钢筋配置过多时，在扭矩作用下，构件产生许多45°角的斜裂缝。由于受扭钢筋配置过多，构件破坏前钢筋达不到屈服强度，因而斜裂缝宽度不大。构件破坏是由于受压区混凝土被压碎引起的。这种破坏形态与受弯构件的超筋梁相似，属于脆性破坏，设计中应予避免。规范采取限制构件截面尺寸和混凝土强度等级，即限制受扭钢筋的最大配筋率来防止超筋破坏。

（2）矩形截面纯扭构件承载力计算

试验表明，构件受扭承载力由混凝土和受扭钢筋两部分的承载力组成。

**【要点】**影响受扭构件承载力的因素有：截面形状和尺寸、混凝土强度等级、箍筋的直径和间距、纵向钢筋的截面面积（沿构件周边的全部纵向钢筋）、纵箍比等。在截面面积相等的条件下，采用圆形截面（特别是环形截面）优于方形、矩形截面；薄而高的截面是不利的。

## 三、正常使用极限状态验算

钢筋混凝土构件，除了有可能由于承载力不足超过承载能力极限状态外，还有可能由于变形过大或裂缝宽度超过允许值，使构件超过正常使用极限状态而影响正常使用。因此规范规定，根据使用要求，构件除进行承载力计算外，尚需进行正常使用极限状即变形及裂缝宽度的验算。

### （一）正常使用极限状态的验算

（1）对于正常使用极限状态，结构构件应分别按荷载的准永久组合并考虑长期作用的影响或标准组合并考虑长期作用的影响，采用下列极限状态设计表达式进行验算：

$$S \leqslant C \tag{3-45}$$

式中 $S$——正常使用极限状态荷载组合的效应设计值；

$C$——结构构件达到正常使用要求所规定的变形、裂缝宽度、应力和自振频率等的限值。

（2）钢筋混凝土受弯构件的最大挠度应按荷载的准永久组合，预应力混凝土受弯构件的最大挠度应按荷载的标准组合，并均应考虑荷载长期作用的影响进行计算，其计算值不应超过表3-26规定的挠度限值。

**受弯构件的挠度限值** **表3-26**

| 构件类型 | | 挠度限值 |
|---|---|---|
| 吊车梁 | 手动吊车 | $l_0/500$ |
| | 电动吊车 | $l_0/600$ |
| 屋盖、楼盖及楼梯构件 | 当 $l_0<7$m 时 | $l_0/200(l_0/250)$ |
| | 当 $7\text{m} \leqslant l_0 \leqslant 9$m 时 | $l_0/250$ $(l_0/300)$ |
| | 当 $l_0>9$m 时 | $l_0/300$ $(l_0/400)$ |

注：1. 表中 $l_0$ 为构件的计算跨度，计算悬臂构件的挠度限值时，其计算跨度 $l_0$ 按实际悬臂长度的2倍取用；
2. 表中括号内的数值适用于使用上对挠度有较高要求的构件；
3. 如果构件制作时预先起拱，且使用上也允许，则在验算挠度时，可将计算所得的挠度值减去起拱值；对预应力混凝土构件，尚可减去预加力所产生的反拱值；
4. 构件制作时的起拱值和预加力所产生的反拱值，不宜超过构件在相应荷载组合作用下的计算挠度值。

(3) 结构构件正截面的裂缝控制等级分为三级。裂缝控制等级的划分应符合下列规定：

一级——严格要求不出现裂缝的构件，按荷载标准组合计算时，构件受拉边缘混凝土不应产生拉应力。

二级——一般要求不出现裂缝的构件，按荷载标准组合计算时，构件受拉边缘混凝土拉应力不应大于混凝土抗拉强度标准值。

三级——允许出现裂缝的构件：对钢筋混凝土构件，按荷载准永久组合并考虑长期作用影响计算时，构件的最大裂缝宽度不应超过表 3-27 规定的最大裂缝宽度限值。对预应力混凝土构件，按荷载标准组合并考虑长期作用的影响计算时，构件的最大裂缝宽度不应超过表 3-27 规定的最大裂缝宽度限值；对二 a 类环境的预应力混凝土构件，尚应按荷载准永久组合计算，且构件受拉边缘混凝土的拉应力不应大于混凝土的抗拉强度标准值。

**结构构件的裂缝控制等级及最大裂缝宽度的限值**（mm） **表 3-27**

<table>
<tr><th rowspan="2">环境类别</th><th colspan="2">钢筋混凝土结构</th><th colspan="2">预应力混凝土结构</th></tr>
<tr><th>裂缝控制等级</th><th>$w_{lim}$</th><th>裂缝控制等级</th><th>$w_{lim}$</th></tr>
<tr><td>一</td><td rowspan="4">三级</td><td>0.30（0.40）</td><td rowspan="2">三级</td><td>0.20</td></tr>
<tr><td>二 a</td><td rowspan="3">0.20</td><td>0.10</td></tr>
<tr><td>二 b</td><td>二级</td><td>—</td></tr>
<tr><td>三 a、三 b</td><td>一级</td><td>—</td></tr>
</table>

注：1. 对处于年平均相对湿度小于 60%地区一类环境下的受弯构件，其最大裂缝宽度限值可采用括号内的数值；

2. 在一类环境下，对钢筋混凝土屋架、托架及需作疲劳验算的吊车梁，其最大裂缝宽度限值应取为 0.20mm；对钢筋混凝土屋面梁和托梁，其最大裂缝宽度限值应取为 0.30mm；

3. 在一类环境下，对预应力混凝土屋架、托架及双向板体系，应按二级裂缝控制等级进行验算；对一类环境下的预应力混凝土屋面梁、托梁、单向板，应按表中二 a 类环境的要求进行验算；在一类和二 a 类环境下需作疲劳验算的预应力混凝土吊车梁，应按裂缝控制等级不低于二级的构件进行验算；

4. 表中规定的预应力混凝土构件的裂缝控制等级和最大裂缝宽度限值仅适用于正截面的验算；预应力混凝土构件的斜截面裂缝控制验算应符合《混凝土规范》第 7 章的有关规定；

5. 对于烟囱、筒仓和处于液体压力下的结构，其裂缝控制要求应符合专门标准的有关规定；

6. 对于处于四、五类环境下的结构构件，其裂缝控制要求应符合专门标准的有关规定；

7. 表中的最大裂缝宽度限值为用于验算荷载作用引起的最大裂缝宽度。

(4) 结构构件应根据结构类别和表 3-28 规定的环境类别，按表 3-27 的规定选用不同的裂缝控制等级及最大裂缝宽度限值 $w_{lim}$。

**混凝土结构的环境类别** **表 3-28**

| 环境类别 | 条　件 |
|---|---|
| 一 | 室内干燥环境；<br>无侵蚀性静水浸没环境 |
| 二 a | 室内潮湿环境；<br>非严寒和非寒冷地区的露天环境；<br>非严寒和非寒冷地区与无侵蚀性的水或土壤直接接触的环境；<br>严寒和寒冷地区的冰冻线以下与无侵蚀性的水或土壤直接接触的环境 |
| 二 b | 干湿交替环境；<br>水位频繁变动环境；<br>严寒和寒冷地区的露天环境；<br>严寒和寒冷地区冰冻线以上与无侵蚀性的水或土壤直接接触的环境 |

续表

| 环境类别 | 条　件 |
|---|---|
| 三 a | 严寒和寒冷地区冬季水位变动区环境；<br>受除冰盐影响环境；<br>海风环境 |
| 三 b | 盐渍土环境；<br>受除冰盐作用环境；<br>海岸环境 |
| 四 | 海水环境 |
| 五 | 受人为或自然的侵蚀性物质影响的环境 |

注：1. 室内潮湿环境是指构件表面经常处于结露或湿润状态的环境；
2. 严寒和寒冷地区的划分应符合现行国家标准《民用建筑热工设计规范》GB 50176 的有关规定；
3. 海岸环境和海风环境宜根据当地情况，考虑主导风向及结构所处迎风、背风部位等因素的影响，由调查研究和工程经验确定；
4. 受除冰盐影响环境是指受到除冰盐盐雾影响的环境；受除冰盐作用环境是指被除冰盐溶液溅射的环境以及使用除冰盐地区的洗车房、停车楼等建筑；
5. 暴露的环境是指混凝土结构表面所处的环境。

### （二）受弯构件挠度的验算

钢筋混凝土和预应力混凝土受弯构件的挠度可按照力学方法计算，且不应超过表 3-27 规定的限值。

在等截面构件中，可假定各同号弯矩区段内的刚度相等，并取用该区段内最大弯矩处的刚度。当计算跨度内的支座截面刚度不大于跨中截面刚度的 2 倍或不小于跨中截面刚度的 1/2 时，该跨也可按等刚度构件进行计算，其构件刚度可取跨中最大弯矩截面的刚度。

当计算结果不能满足要求时，说明受弯构件的刚度不足。可以采用增加截面高度、提高混凝土强度等级，增加配筋等办法解决。其中以增加梁的截面高度效果最为显著，宜优先采用。

### （三）裂缝的形成、控制和宽度验算

#### 1. 裂缝的形成和开展

引起钢筋混凝土结构产生裂缝的原因很多，主要因素有：荷载效应、外加变形和约束变形、钢筋锈蚀等。

在合理设计和正常施工的条件下，荷载效应的直接作用往往不是形成裂缝宽度过大的主要原因，许多裂缝是几种因素综合的结果，其中温度与收缩是裂缝出现和发展的主要因素。

一般情况下，可以通过下列措施来避免裂缝的产生，如：合理地设置温度缝来避免或减少温度裂缝的出现；通过设置沉降缝、选择刚度大的基础类型、做好地基持力层的选择和验槽处理工作，来防止或减少由于不均匀沉降引起的沉降裂缝；通过保证混凝土保护层的厚度来防止纵向钢筋锈蚀，以免引起沿钢筋长度方向的纵向裂缝；通过布置构造钢筋（如梁中的腰筋和板、墙中的分布钢筋）来避免收缩裂缝。

影响裂缝宽度的主要因素有：

（1）钢筋应力。

（2）钢筋与混凝土之间的粘结强度。

（3）钢筋的有效约束区：通过粘结力将拉力扩散到混凝土上去，能有效地约束混凝土回缩的区域，称为钢筋的有效约束区，或称钢筋的有效埋置区。在设计中，采用较小直径钢筋，沿截面受拉区外缘以不大的间距均匀布置，使裂缝分散和裂缝宽度减小，就是利用了约束区的概念。

（4）混凝土保护层的厚度。

**2. 控制裂缝宽度的构造措施**

（1）对跨中垂直裂缝的控制

当梁的腹板高度 $h_w$ 不小于 450mm 时，在梁的两侧应沿高度配置纵向构造钢筋，每侧纵向钢筋的截面面积不应少于腹板截面面积 $bh_w$ 的 0.1%，间距不宜大于 200mm。

（2）对斜裂缝的控制

为了减小斜裂缝的宽度，要求每一条斜裂缝至少有一根箍筋通过，当剪力较大时至少有 2 根箍筋通过。因此，箍筋的布置应本着“细而密”的原则。规范表 9.2.9 中，在“$V$ 大于 $0.7f_tbh_0+0.05N_{P0}$”一栏对构件出现裂缝后箍筋的最大间距 $s_{max}$ 作了规定。试验资料分析表明，箍筋配置如能满足受剪承载力的要求，又能满足 $s_{max}$ 的构造规定，则同时可以满足在使用阶段下裂缝宽度不大于 0.2mm 的要求。

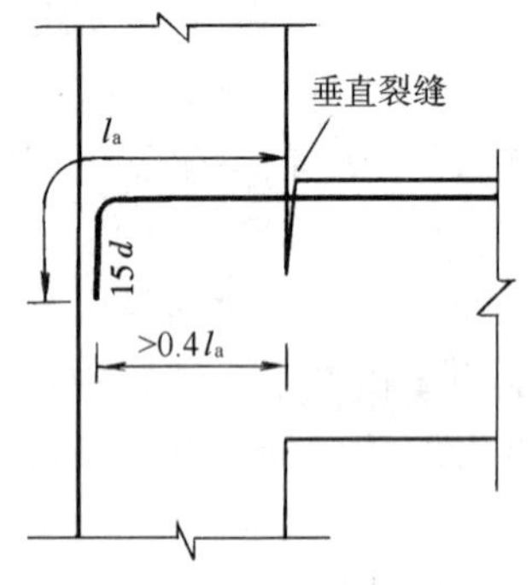


图 3-42　梁上部纵向受拉钢筋在框架中间层端节点内的锚固

（3）对节点边缘垂直裂缝宽度的控制

满足受拉纵筋的水平锚固长度是控制节点边缘垂直裂缝宽度的有效措施。

图 3-42 表示中间层框架梁的端节点，上部纵向受拉钢筋锚入节点的锚固长度分水平段和垂直段两部分。因此，规范规定水平段长度不能小于 $0.4l_a$。由于垂直长度的存在，受拉钢筋一般不会发生被拔出的现象。

**3. 最大裂缝宽度控制**

钢筋混凝土和预应力混凝土构件，三级裂缝控制等级时，钢筋混凝土构件的最大裂缝宽度可按荷载准永久组合并考虑长期作用影响的效应计算，预应力混凝土构件的最大裂缝宽度可按荷载标准组合并考虑长期作用影响的效应计算。最大裂缝宽度应符合下列规定：

$$\omega_{max} \leqslant \omega_{lim} \tag{3-46}$$

规范给出了最大裂缝宽度 $w_{max}$ 按下式计算：

$$w_{max} = \alpha_{cr}\psi\frac{\sigma_s}{E_s}\left(1.9c_s + 0.08\frac{d_{eq}}{\rho_{te}}\right) \tag{3-47}$$

式中　$\alpha_{cr}$——构件受力特征系数；

$\psi$——裂缝间纵向受拉钢筋应变不均匀系数；

$\rho_{te}$——按有效受拉混凝土截面面积计算的纵向受拉钢筋配筋率；

$\sigma_s$——按荷载效应的准永久组合计算的钢筋混凝土构件纵向受拉普通钢筋的应力或按标准组合计算的预应力混凝土构件纵向受拉钢筋等效应力。

$E_s$——钢筋弹性模量（$N/mm^2$）；

$c_s$——最外层纵向受拉钢筋外边缘至受拉区底边的距离（mm），当 $c_s<20$ 时，取 $c_s=20$；当 $c_s>65$ 时，取 $c_s=65$；

$d_{eq}$——受拉区纵向钢筋的等效直径（mm）。

【要点】一般情况下，钢筋混凝土构件总是在带有裂缝的情况下工作的，也就是说，除特殊不允许出现裂缝的情况外，钢筋混凝土构件是允许出现裂缝的，只是对裂缝最大宽度加以限制。

有关裂缝控制等级及最大裂缝宽度限值见表 3-24。

**例 3-7** 采用哪一种措施可以减小普通钢筋混凝土简支梁裂缝的宽度？

A 增加箍筋的数量　　B 增加底部主筋的直径

C 减小底部主筋的直径　　D 增加顶部构造钢筋

**解析：**根据《混凝土规范》第 7.1.2 条式 7.1.2-1，钢筋的粗细对混凝土裂缝宽度有影响。当钢筋截面面积相同时，钢筋越细，与混凝土接触的表面积就越大，粘结性能就越好，裂缝间距就越小，裂缝宽度也越小。

由混凝土最大裂缝宽度计算公式（3-47）也可分析出两者之间的关系，即当简支梁底部主筋直径 $d_{eq}$ 减小时，$\omega_{max}$ 将减小，因此答案应为 C。

**答案：**C

## 四、构造规定

### （一）伸缩缝

#### 1. 设置伸缩缝的目的

伸缩缝的设置，是为了防止温度变化和混凝土收缩而引起结构过大的附加内应力，从而避免当受拉的内应力超过混凝土的抗拉强度时引起结构产生裂缝。

温度变化包括大气温度发生变化和太阳辐射使结构各部位的温度变化不同，从而导致温差内应力。对超静定结构来说，即使结构各部位间的温差很小，但温度变化引起构件伸缩也会引起内应力。温度变化越大，结构或构件越长，产生的变形和引起的内应力也越大。一般来说，温度应力主要集中在结构的顶部和底部，顶部主要由屋盖和建筑物内部的温差引起，底部则因地基和建筑物温度的不同引起。

混凝土收缩是指在混凝土硬化过程中因体积减小而引起收缩，从而使超静定结构构件的变形被约束而引起收缩拉应力，当拉应力超过混凝土的抗拉强度时，就会产生裂缝。

#### 2. 钢筋混凝土结构伸缩缝最大间距

设计中为了控制结构物的裂缝，其中一个重要的措施就是用温度伸缩缝将过长的建筑物分成几个部分，使每一个部分的长度不超过规范规定的伸缩缝最大间距要求。《混凝土规范》给出了钢筋混凝土结构伸缩缝的最大间距，见表 3-29。

钢筋混凝土结构伸缩缝最大间距（m）　　表 3-29

| 结构类别 | 室内或土中 | | 露天 |
|---|---|---|---|
| 排架结构 | 装配式 | 100 | 70 |
| 框架结构 | 装配式 | 75 | 50 |
| | 现浇式 | 55 | 35 |
| 剪力墙结构 | 装配式 | 65 | 40 |
| | 现浇式 | 45 | 30 |
| 挡土墙、地下室墙壁等类结构 | 装配式 | 40 | 30 |
| | 现浇式 | 30 | 20 |

注：1. 装配整体式结构房屋的伸缩缝间距，可根据结构的具体情况取表中装配式结构与现浇式结构之间的数值；
2. 框架-剪力墙结构或框架-核心筒结构房屋的伸缩缝间距可根据结构的具体布置情况取表中框架结构与剪力墙结构之间的数值；
3. 当屋面无保温或隔热措施时，框架结构、剪力墙结构的伸缩缝间距宜按表中露天栏的数值取用；
4. 现浇挑檐、雨罩等外露结构的伸缩缝间距不宜大于 12m。

从表中可以看出，在确定伸缩缝最大间距时，主要考虑的因素有以下几点：

（1）要区别结构构件工作环境是在室内（或土中）还是在露天。对于直接暴露在大气中的结构，由于气温变化明显，会产生较大的伸缩，因而比起围护在室内或埋在地下的结构来说，温度应力要大得多。因此，对前者伸缩缝最大间距的限制比后者要严，也就是说，前者比后者的限值要小。

（2）要区别结构体系和结构构件的类别。结构物是由许多构件组成的，每个构件受到周围构件的约束，同时也约束周围的构件。排架结构比框架结构、框架结构比剪力墙结构的刚度小，因而引起的内应力较小。因此，伸缩缝最大间距的限值也呈递减的趋势。另外，对于挡土墙、地下室墙壁等体型大的结构，由于混凝土体积也大，故由温度和收缩引起的变形和内应力积聚也大得多，往往容易引起裂缝，因而其伸缩缝最大间距的限值也更严。

（3）要区别是装配式结构或整体现浇式结构。由于混凝土收缩早期较大，后期逐渐减小。装配式结构预制构件的收缩变形大部分在吊装前即已完成，装配成整体后因收缩引起的内应力就比现浇结构要小。因此，对同一种结构体系和构件类别来说，由于施工方法的不同，对整体现浇式结构最大伸缩缝间距的限值要比装配式结构严。

（4）规范表中数值不是绝对的，使用时可根据具体条件适当调整。例如对于屋面无保温隔热措施的结构、外墙装配内墙现浇或采用滑模施工的剪力墙结构、位于气候干燥地区及夏季炎热且暴雨频繁地区的结构或经常处于高温环境下的结构，均应根据实践经验适当减小伸缩缝的间距。

（5）从表中可看出，在确定伸缩缝最大间距时，未考虑地域和气候条件。我国各地区气候相差虽然悬殊，但在一般情况下，温差的变化对结构应力的影响差别并不很大。因此，未把地域和气候条件作为一个因素来考虑。

**3. 伸缩缝的做法**

（1）当建筑物需设沉降缝、防震缝时，沉降缝、防震缝可以和伸缩缝合并，但伸缩缝的宽度应满足防震缝宽度的要求。

（2）根据规范第 8.1.4 条规定，当设置伸缩缝时，排架、框架结构的双柱基础可不断开。这是由于考虑到位于地下的结构处在温度变化不大的环境中的缘故。

**4. 控制结构裂缝的构造措施和施工措施**

为了控制结构裂缝，增大伸缩缝的间距，可采取以下一些措施：

（1）在建筑物的屋盖加强保温措施，如采用加大屋面隔热保温层的厚度、设置架空通风双层屋面等。

（2）将结构顶层局部改变为刚度较小的形式，或将顶层结构分成长度较小的几个部分（如在顶层部位，将下层剪力墙分成两道较薄的墙）。

（3）在温度影响较大的部位（如顶层、底层、山墙、内纵墙端开间）适当提高构件的配筋率。在满足构件承载力的要求下，采用直径细而间距密的钢筋，避免采用直径粗而间距稀的配筋形式。适当增加分布钢筋的用量。

（4）对现浇结构可采用分段施工。在施工中设置后浇带（在基础、楼板、墙等构件中），使在施工中混凝土可以自由收缩，待主体结构完工后再用比主体结构高一级的掺有添加剂的混凝土补浇后浇带。

（5）改善混凝土的质量，施工中加强养护，可减少干缩的影响。

**（二）混凝土保护层**

构件中普通钢筋及预应力筋的混凝土保护层指构件最外层钢筋（包括箍筋、构造钢筋、分布筋等）的外缘至混凝土表面的距离，保护层厚度应满足下列要求：

（1）构件中受力钢筋的保护层厚度不应小于钢筋的公称直径 $d$。

（2）设计使用年限为 50 年的混凝土结构，最外层钢筋的保护层厚度不应小于表 3-30 中的规定。设计使用年限为 100 年的混凝土结构，最外层钢筋保护层厚度不应小于表 3-30 中数值的 1.4 倍。

**混凝土保护层的最小厚度 $c$（mm）** **表 3-30**

| 环境类别 | 板、墙、壳 | 梁、柱、杆 |
|---|---|---|
| 一 | 15 | 20 |
| 二 a | 20 | 25 |
| 二 b | 25 | 35 |
| 三 a | 30 | 40 |
| 三 b | 40 | 50 |

注：1. 混凝土强度等级不大于 C25 时，表中保护层厚度数值应增加 5mm；

2. 钢筋混凝土基础宜设置混凝土垫层，基础中钢筋的混凝土保护层厚度应从垫层顶面算起，且不应小于 40mm。

（3）当有充分依据并采取下列措施时，可适当减小混凝土保护层的厚度。

1）构件表面有可靠的防护层；

2）采用工厂化生产的预制构件；

3）在混凝土中掺加阻锈剂或采用阴极保护处理等防锈措施；

4）当对地下室墙体采取可靠的建筑防水做法或防护措施时，与土层接触一侧钢筋的保护层厚度可适当减少，但不应小于 25mm。

（4）当梁、柱、墙中纵向受力钢筋的保护层厚度大于 50mm 时，宜对保护层采取有效的构造措施。当在保护层内配置防裂、防剥落的钢筋网片时，网片钢筋的保护层厚度不应小于 25mm。

**（三）钢筋的锚固**

**1. 钢筋与混凝土的粘结**

钢筋与混凝土之间的粘结力，主要由三部分组成：

（1）钢筋与混凝土接触面由于化学作用产生的粘结力；

（2）由于混凝土硬化时收缩，对钢筋产生握裹作用。由于握裹作用及钢筋表面粗糙不平，在接触面上引起摩阻力；

（3）对光面钢筋，由于其表面粗糙不平产生咬合力；对带肋钢筋，由于带肋钢筋肋间嵌入混凝土而形成的机械咬合作用。

综上所述，光圆钢筋和带肋钢筋粘结机理的主要差别在于，光圆钢筋粘结力主要来自胶着力和摩阻力，而带肋钢筋的粘结力主要来自机械咬合作用。

**2. 钢筋锚固长度**

（1）影响粘结强度的因素

1）混凝土的强度。粘结强度随混凝土强度的提高而提高，与混凝土的抗拉强度近似成正比。

2）保护层厚度、钢筋间距。保护层太薄、钢筋间距太小，将使粘结强度显著降低。

3）钢筋表面形状。变形钢筋粘结强度大于光面钢筋。

4）横向钢筋。如梁中配置的钢箍可以提高粘结强度。

（2）锚固长度

1）当计算中充分利用钢筋的抗拉强度时，受拉钢筋的锚固长度应符合下列要求：

① 基本锚固长度应按下列公式计算：

普通钢筋

$$l_{ab}=\alpha\frac{f_y}{f_t}d \tag{3-48}$$

预应力筋

$$l_{ab}=\alpha\frac{f_{py}}{f_t}d \tag{3-49}$$

式中　$l_{ab}$——受拉钢筋的基本锚固长度；

$f_y$、$f_{py}$——普通钢筋、预应力筋的抗拉强度设计值；

$f_t$——混凝土轴心抗拉强度设计值，当混凝土强度等级高于C60时，按C60取值；

$d$——锚固钢筋的直径；

$\alpha$——锚固钢筋的外形系数，按表3-31取用。

**锚固钢筋的外形系数 $\alpha$**　　**表 3-31**

| 钢筋类型 | 光圆钢筋 | 带肋钢筋 | 螺旋肋钢丝 | 三股钢绞线 | 七股钢绞线 |
|---|---|---|---|---|---|
| $\alpha$ | 0.16 | 0.14 | 0.13 | 0.16 | 0.17 |

注：光圆钢筋末端应做180°弯钩，弯后平直段长度不应小于$3d$，但作受压钢筋时可不做弯钩。

②受拉钢筋的锚固长度应根据锚固条件按下式计算，且不应小于200mm：

$$l_a=\zeta_a l_{ab} \tag{3-50}$$

式中　$l_a$——受拉钢筋的锚固长度；

$\zeta_a$——锚固长度修正系数，对普通钢筋按《混凝土规范》第8.3.2条的规定取用，当多于一项时，可按连乘计算，但不应小于0.6；对预应力筋，可取1.0。

梁柱节点中纵向受拉钢筋的锚固要求应按《混凝土规范》第9.3节（Ⅱ）中的规定执行。

③当锚固钢筋的保护层厚度不大于$5d$时，锚固长度范围内应配置横向构造钢筋，其直径不应小于$d/4$；对梁、柱、斜撑等构件间距不应大于$5d$，对板、墙等平面构件间距

不应大于 10$d$，且均不应大于 100mm，$d$ 为锚固钢筋的直径。

2）纵向受拉普通钢筋的锚固长度修正系数 $\zeta_a$ 应按下列规定取用：

①当带肋钢筋的公称直径大于 25mm 时取 1.10；

②环氧树脂涂层带肋钢筋取 1.25；

③施工过程中易受扰动的钢筋取 1.10；

④当纵向受力钢筋的实际配筋面积大于其设计计算面积时，修正系数取设计计算面积与实际配筋面积的比值，但对有抗震设防要求及直接承受动力荷载的结构构件，不应考虑此项修正；

⑤锚固钢筋的保护层厚度为 3$d$ 时修正系数可取 0.80，保护层厚度为 5$d$ 时修正系数可取 0.70，中间按内插取值，此处 $d$ 为锚固钢筋的直径。

3）当纵向受拉普通钢筋末端采用弯钩或机械锚固措施时，包括弯钩或锚固端头在内的锚固长度（投影长度）可取为基本锚固长度 $l_{ab}$的 60%。弯钩和机械锚固的形式见图 3-43。

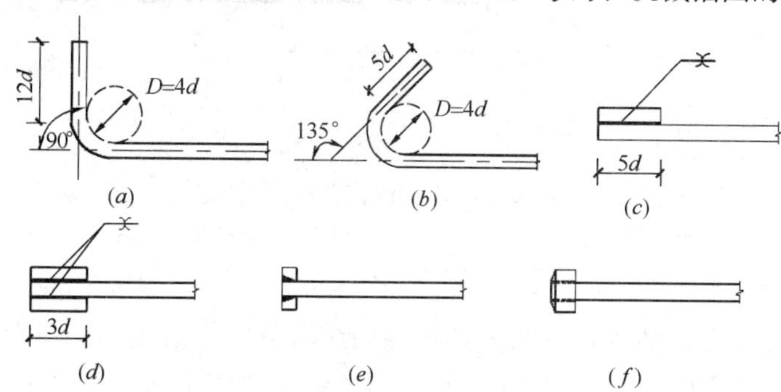


图 3-43 弯钩和机械锚固的形式和技术要求

(a) 90°弯钩；(b) 135°弯钩；(c) 一侧贴焊锚筋；

(d) 两侧贴焊锚筋；(e) 穿孔塞焊锚板；(f) 螺栓锚头

4）混凝土结构中的纵向受压钢筋，当计算中充分利用其抗压强度时，锚固长度不应小于相应受拉锚固长度的 70%。

受压钢筋不应采用末端弯钩和一侧贴焊锚筋的锚固措施。

受压钢筋锚固长度范围内的横向构造钢筋应符合《混凝土规范》第 8.3.1 条的有关规定。

5）承受动力荷载的预制构件，应将纵向受力普通钢筋末端焊接在钢板或角钢上，钢板或角钢应可靠地锚固在混凝土中。钢板或角钢的尺寸应按计算确定，其厚度不宜小于 10mm。

其他构件中受力普通钢筋的末端也可通过焊接钢板或型钢实现锚固。

**（四）钢筋的连接**

(1) 钢筋的连接可采用绑扎搭接、机械连接或焊接。机械连接接头和焊接接头的类型及质量应符合国家现行有关标准的规定。在结构的重要构件和关键传力部位，纵向受力钢筋不宜设置连接接头。

受力钢筋的连接接头宜设置在受力较小处，在同一根钢筋上宜少设接头。

(2) 轴心受拉及小偏心受拉杆件（如桁架和拱的拉杆）的纵向受力钢筋不得采用绑扎

搭接；其他构件中的钢筋采用绑扎搭接时，受拉钢筋直径不宜大于 25mm，受压钢筋直径不宜大于 28mm。

（3）同一构件中相邻纵向受力钢筋的绑扎搭接接头宜相互错开。钢筋绑扎搭接接头连接区段的长度为 1.3 倍搭接长度，凡搭接接头中点位于该连接区段长度内的搭接接头均属于同一连接区段（图 3-44）。同一连接区段内纵向受力钢筋搭接接头面积百分率为该区段内有搭接接头的纵向受力钢筋与全部纵向受力钢筋截面面积的比值。当直径不同的钢筋搭接时，按直径较小的钢筋计算。

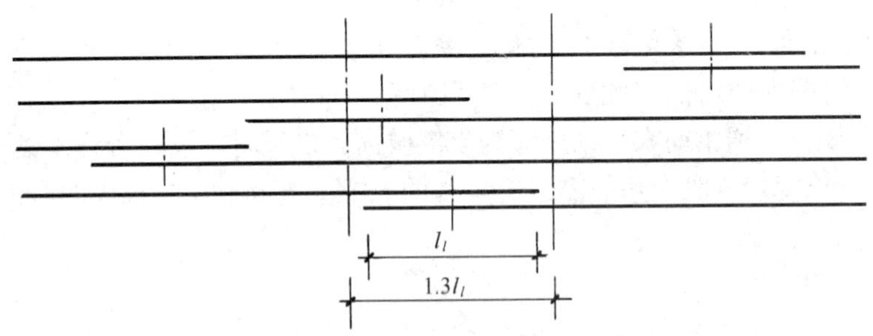


图 3-44　同一连接区段内的纵向受拉钢筋绑扎搭接接头

注：图中所示同一连接区段内（$1.3l_l$）的搭接接头钢筋为两根，当钢筋直径相同时，钢筋搭接接头面积百分率为 50%。

位于同一连接区段内的受拉钢筋搭接接头面积百分率：对梁类、板类及墙类构件，不宜大于 25%；对柱类构件，不宜大于 50%。当工程中确有必要增大受拉钢筋搭接接头面积百分率时，对梁类构件，不宜大于 50%；对板、墙、柱及预制构件的拼接处，可根据实际情况放宽。

（4）纵向受拉钢筋绑扎搭接接头的搭接长度，应根据位于同一连接区段内的钢筋搭接接头面积百分率按《混凝土规范》式 8.4.4 计算，且不应小于 300mm。

（5）构件中的纵向受压钢筋，当采用搭接连接时，其受压搭接长度不应小于《混凝土规范》第 8.4.4 条纵向受拉钢筋搭接长度的 70%，且不应小于 200mm。

（6）在梁、柱类构件的纵向受力钢筋搭接长度范围内的横向构造钢筋应符合《混凝土规范》第 8.3.1 条的要求；当受压钢筋直径大于 25mm 时，尚应在搭接接头两个端面外 100mm 的范围内各设置两道箍筋。

（7）纵向受力钢筋的焊接接头应相互错开。钢筋连接区段的长度为 35$d$（$d$ 为连接钢筋的较小直径），凡接头中点位于该连接区段长度内的焊接接头均属于同一连接区段。

位于同一连接区段内的纵向受力钢筋的焊接接头面积百分率，对纵向受拉钢筋接头，不宜大于 50%。纵向受压钢筋的接头百分率可不受限制。

**（五）纵向钢筋最小配筋率**

（1）钢筋混凝土结构构件中纵向受力钢筋的最小配筋百分率 $\rho_{min}$ 不应小于表 3-22 规定的数值。

（2）卧置于地基上的混凝土板，板中受拉钢筋的最小配筋率可适当降低，但不应小于 0.15%。

## 五、结构构件的基本规定

### （一）板

（1）现浇钢筋混凝土板的厚度不应小于表 3-32 规定的数值。

**现浇钢筋混凝土板的最小厚度**（mm） **表 3-32**

| 板的类别 | | 最小厚度 |
|---|---|---|
| 单向板 | 屋面板 | 60 |
| | 民用建筑楼板 | 60 |
| | 工业建筑楼板 | 70 |
| | 行车道下的楼板 | 80 |
| 双向板 | | 80 |
| 密肋楼盖 | 面板 | 50 |
| | 肋高 | 250 |
| 悬臂板（根部） | 悬臂长度不大于 500 | 60 |
| | 悬臂长度 1200 | 100 |
| 无梁楼板 | | 150 |
| 现浇空心楼盖 | | 200 |

（2）混凝土板的计算原则

1）两对边支承的板应按单向板计算；

2）四边支承的板应按下列规定计算：

① 当长边与短边长度之比不大于 2.0 时，应按双向板计算；

② 当长边与短边长度之比大于 2.0，但小于 3.0 时，宜按双向板计算；

③ 当长边与短边长度之比不小于 3.0 时，宜按沿短边方向受力的单向板计算，并应沿长边方向布置构造钢筋。

（3）板的跨厚比：钢筋混凝土单向板不大于 30，双向板不大于 40；无梁支承的有柱帽板不大于 35，无梁支承的无柱帽板不大于 30。预应力板可适当增加；当板的荷载、跨度较大时宜适当减小。

（4）当多跨单向板、多跨双向板采用分离式配筋时，跨中正弯矩钢筋宜全部伸入支座；支座负弯矩钢筋向跨内的延伸长度应覆盖负弯矩图并满足钢筋锚固的要求。

（5）板中受力钢筋的间距，当板厚不大于 150mm 时，不宜大于 200mm；当板厚大于 150mm 时，不宜大于板厚的 1.5 倍，且不宜大于 250mm。

（6）简支板或连续板下部纵向受力钢筋伸入支座的锚固长度不应小于钢筋直径的 5 倍，且宜伸过支座中心线。当连接板内温度、收缩应力较大时，伸入支座的锚固长度宜适当增加。

（7）按简支边或非受力边设计的现浇混凝土板，当与混凝土梁、墙整体浇筑或嵌固在砌体墙内时，应设置板面构造钢筋，并符合下列要求：

1）钢筋直径不宜小于 8mm，间距不宜大于 200mm，且单位宽度内的配筋面积不宜小于跨中相应方向板底钢筋截面面积的 1/3。与混凝土梁、混凝土墙整体浇筑单向板的非受力方向，钢筋截面面积尚不宜小于受力方向跨中板底钢筋截面面积的 1/3。

2）钢筋从混凝土梁边、柱边、墙边伸入板内的长度不宜小于 $l_0/4$，砌体墙支座处钢筋伸入板边的长度不宜小于 $l_0/7$，其中计算跨度 $l_0$ 对单向板按受力方向考虑，对双向板按短边方向考虑。

3）在楼板角部，宜沿两个方向正交、斜向平行或放射状布置附加钢筋。

4）钢筋应在梁内、墙内或柱内可靠锚固。

（8）当按单向板设计时，应在垂直于受力的方向布置分布钢筋，单位宽度上的配筋不宜小于单位宽度上的受力钢筋的15%，且配筋率不宜大于0.15%；分布钢筋直径不宜小于6mm，间距不宜大于250mm；当集中荷载较大时，分布钢筋的配筋面积尚应增加，且间距不宜大于200mm。

当有实践经验或可靠措施时，预制单向板的分布钢筋可不受本条的限制。

（9）在温度、收缩应力较大的现浇板区域。应在板的表面双向配置防裂构造钢筋。配筋率均不宜小于0.10%，间距不宜大于200mm。防裂构造钢筋可利用原有钢筋贯通布置，也可另行设置钢筋并与原有钢筋按受拉钢筋的要求搭接或在周边构件中锚固。

楼板平面的瓶颈部位宜适当增加板厚和配筋。沿板的洞边、凹角部位宜加配防裂构造钢筋，并采取可靠的锚固措施。

（10）混凝土厚板及卧置于地基上的基础筏板，当板的厚度大于2m时，除应沿板的上、下表面布置的纵、横方向钢筋外，尚宜在板厚度不超过1m范围内设置与板面平行的构造钢筋网片，网片钢筋直径不宜小于12mm，纵横方向的间距不宜大于300mm。

（11）混凝土板中配置抗冲切箍筋或弯起钢筋时，应符合下列构造要求：

1）板的厚度不应小于150mm；

2）按计算所需的箍筋及相应的架立钢筋应配置在与45°冲切破坏锥面相交的范围内，且从集中荷载作用面或柱截面边缘向外的分布长度不应小于$1.5h_0$［图3-45（*a*）］；箍筋直径不应小于6mm，且应做成封闭式，间距不应大于$h_0/3$，且不应大于100mm；

3）按计算所需弯起钢筋的弯起角度可根据板的厚度在30°～45°之间选取；弯起钢筋的倾斜段应与冲切破坏锥面相交［图3-45（*b*）］，其交点应在集中荷载作用面或柱截面边缘以外（1/2～2/3）*h*的范围内。弯起钢筋直径不宜小于12mm，且每一方向不宜少于3根。

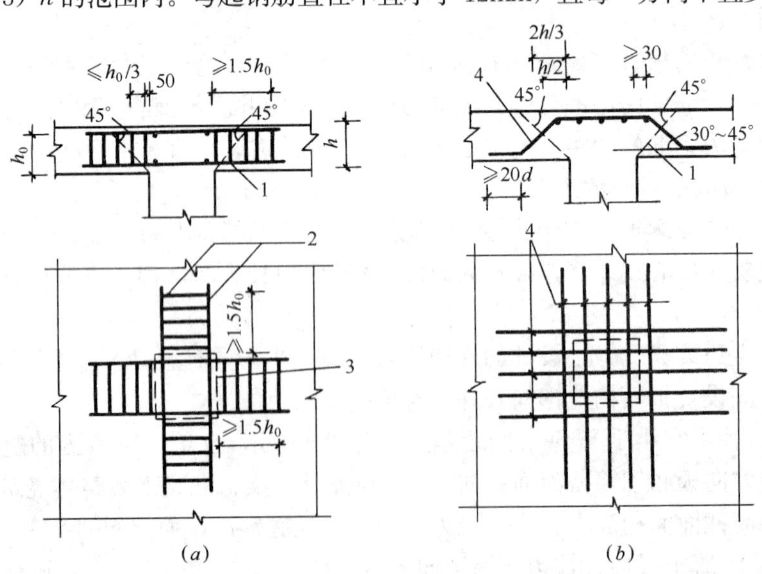


图3-45　板中抗冲切钢筋布置

（*a*）用箍筋作抗冲切钢筋；（*b*）用弯起钢筋作抗冲切钢筋

注：图中尺寸单位mm。

1—冲切破坏锥面；2—架立钢筋；3—箍筋；4—弯起钢筋

**（二）梁**

（1）钢筋混凝土梁纵向受力钢筋的直径，当梁高 $h \geqslant 300\text{mm}$ 时，不应小于 10mm；当梁高 $h < 300\text{mm}$ 时，不应小于 8mm。梁上部纵向钢筋水平方向的净间距（钢筋外边缘之间的最小距离）不应小于 30mm 和 $1.5d$（钢筋的最大直径）；梁下部纵向钢筋水平方向的净间距不应小于 25mm 和 $d$。当梁的下部纵向钢筋配置多于两层时，两层以上钢筋水平方向的中距应比下面两层的中距增大一倍。各层钢筋之间的净间距不应小于 25mm 和 $d$。

伸入梁支座范围内的纵向受力钢筋根数，当梁宽 $b \geqslant 100\text{mm}$ 时，不宜少于两根；当梁宽 $b < 100\text{mm}$ 时，可为一根。

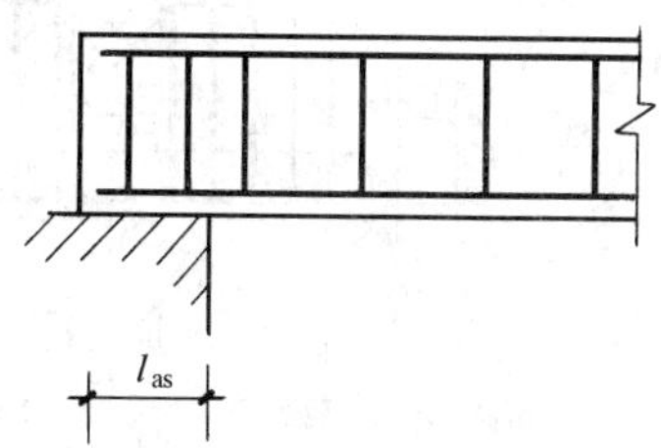


图 3-46 纵向受力钢筋伸入梁简支支座的锚固

（2）钢筋混凝土简支梁和连续梁简支端的下部纵向受力钢筋，从支座边缘算起伸入支座内的锚固长度 $l_{as}$（图3-46）应符合下列规定：

1）当 $V \leqslant 0.7 f_t b h_0$ 时，$l_{as} \geqslant 5d$

2）当 $V > 0.7 f_t b h_0$ 时，带肋钢筋：$l_{as} \geqslant 12d$ 光圆钢筋：$l_{as} \geqslant 15d$。

$d$ 为钢筋的最大直径。

（3）钢筋混凝土梁支座截面负弯矩纵向受拉钢筋不宜在受拉区截断。

（4）在钢筋混凝土悬臂梁中，应有不少于两根上部钢筋伸至悬臂梁外端，并向下弯折不小于 $12d$。其余钢筋不应在梁的上部截断，而应按《混凝土规范》第 9.2.8 条规定的弯起点位置向下弯折，并按《混凝土规范》第 9.2.7 条的规定在梁的下边锚固。

（5）梁内受扭纵向钢筋应符合下列规定：

沿截面周边布置的受扭纵向钢筋的间距不应大于 200mm 和梁截面短边长度；除应在梁截面四角设置受扭纵向钢筋外，其余受扭纵向钢筋宜沿截面周边均匀对称布置。受扭纵向钢筋应按受拉钢筋锚固在支座内。

（6）在混凝土梁中，宜采用箍筋作为承受剪力的钢筋。

当采用弯起钢筋时，其弯起角宜取 45°或 60°；在弯终点外应留有平行于梁轴线方向的锚固长度，且在受拉区不应小于 $20d$，在受压区不应小于 $10d$，$d$ 为弯起钢筋的直径；梁底层钢筋中的角部钢筋不应弯起，顶层钢筋中的角部钢筋不应弯下。

（7）按承载力计算不需要箍筋的梁，当截面高度大于 300mm 时，应沿梁全长设置构造箍筋；当截面高度 $h=150 \sim 300\text{mm}$ 时，可仅在构件端部各四分之一跨度范围内设置箍筋；但当在构件中部二分之一跨度范围内有集中荷载作用时，则应沿梁全长设置箍筋；当截面高度小于 150mm 时，可不设箍筋。

（8）梁中箍筋的间距应符合下列规定：

1）梁中箍筋的最大间距宜符合《混凝土规范》9.2.9 表 9.2.9 的规定。

2）当梁中配有按计算需要的纵向受压钢筋时，箍筋应做成封闭式；此时，箍筋的间距不应大于 $15d$（$d$ 为纵向受压钢筋的最小直径），同时不应大于 400mm。当一层内的纵向受压钢筋多于 5 根且直径大于 18mm 时，箍筋间距不应大于 $10d$。当梁的宽度大于 400mm 且一层内的纵向受压钢筋多于 3 根时，或当梁的宽度不大于 400mm 但一层内的纵向受压钢筋多于 4 根时，应设置复合箍筋。

(9) 位于梁下部或梁截面高度范围内的集中荷载，应全部由附加横向钢筋承担，附加横向钢筋宜采用箍筋。箍筋应布置在长度为 $2h_1$ 与 $3b$ 之和的范围内（图 3-47）。当采用吊筋时，弯起段应伸至梁上边缘，且末端水平段长度不应小于《混凝土规范》第 9.2.7 条的规定。

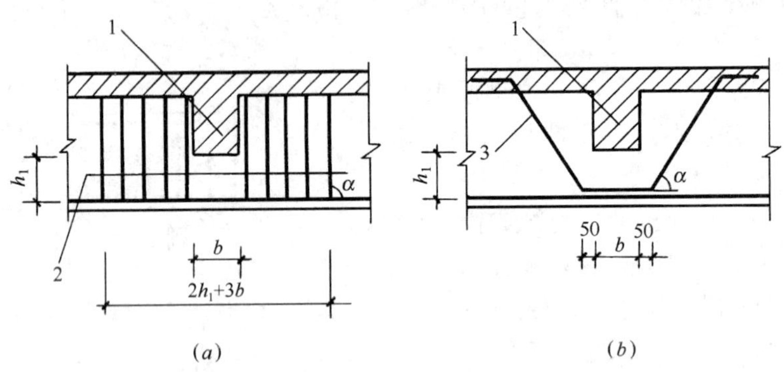


图 3-47　梁截面高度范围内有集中荷载作用时附加横向钢筋的布置

(*a*) 附加箍筋；(*b*) 附加吊筋

1—传递集中荷载的位置；2—附加箍筋；3—附加吊筋

注：图中尺寸单位：mm

(10) 折梁的内折角处应增设箍筋。箍筋应能承受未在压区锚固纵向受拉钢筋的合力，且在任何情况下不应小于全部纵向钢筋合力的 35%。

(11) 当梁的腹板高度 $h_w$ 不小于 450mm 时，在梁的两个侧面应沿高度配置纵向构造钢筋。

(12) 薄腹梁或需作疲劳验算的钢筋混凝土梁，应在下部 1/2 梁高的腹板内沿两侧配置直径 8～14mm 的纵向构造钢筋，其间距为 100～150mm 并按下密上疏的方式布置。在上部 1/2 梁高的腹板内，纵向构造钢筋可按《混凝土规范》第 9.2.13 条的规定配置。

**(三) 柱**

(1) 柱中纵向钢筋的配置应符合下列规定：

1) 纵向受力钢筋直径不宜小于 12mm；全部纵向钢筋的配筋率不宜大于 5%；

2) 柱中纵向钢筋的净间距不应小于 50mm，且不宜大于 300mm；

3) 偏心受压柱的截面高度不小于 600mm 时，在柱的侧面上应设置直径不小于 10mm 的纵向构造钢筋，并相应设置复合箍筋或拉筋；

4) 圆柱中纵向钢筋不宜少于 8 根，不应少于 6 根，且宜沿周边均匀布置。

(2) 柱中的箍筋应符合下列规定：

1) 箍筋直径不应小于 $d/4$，且不应小于 6mm，$d$ 为纵向钢筋的最大直径；

2) 箍筋间距不应大于 400mm 及构件截面的短边尺寸，且不应大于 $15d$，$d$ 为纵向钢筋的最小直径；

3) 柱及其他受压构件中的周边箍筋应做成封闭式；对圆柱中的箍筋，搭接长度不应小于《混凝土规范》第 8.3.1 条规定的锚固长度，且末端应做成 135°弯钩，弯钩末端平直段长度不应小于 5$d$，$d$ 为箍筋直径；

4）当柱截面短边尺寸大于 400mm 且各边纵向钢筋多于 3 根时，或当柱截面短边尺寸不大于 400mm 但各边纵向钢筋多于 4 根时，应设置复合箍筋；

5）柱中全部纵向受力钢筋的配筋率大于 3%时，箍筋直径不应小于 8mm，间距不应大于 10$d$，且不应大于 200mm，$d$ 为纵向受力钢筋的最小直径。箍筋末端应做成 135°弯钩，且弯钩末端平直段长度不应小于箍筋直径的 10 倍；

6）在配有螺旋式或焊接环式箍筋的柱中，如在正截面受压承载力计算中考虑间接钢筋的作用时，箍筋间距不应大于 80mm 及 $d_{cor}/5$，且不宜小于 40mm，$d_{cor}$ 为按箍筋内表面确定的核心截面直径。

**（四）墙**

（1）竖向构件截面长边、短边（厚度）的比值大于 4 时，宜按墙的要求进行设计。

钢筋混凝土剪力墙的厚度：支撑预制楼（屋面）板的墙，其厚度不宜小于 140mm；对剪力墙结构尚不宜小于层高的 1/25，对框架-剪力墙结构尚不宜小于层高的 1/20。

当采用预制板时，支承墙的厚度应满足墙内竖向钢筋贯通的要求。

（2）厚度大于 160mm 的墙应配置双排分布钢筋网；结构中重要部位的剪力墙，当其厚度不大于 160mm 时，也宜配置双排分布钢筋网。

双排分布钢筋网应沿墙的两个侧面布置，且应采用拉筋连系；拉筋直径不宜小于 6mm，间距不宜大于 600mm。

（3）在平行于墙面的水平荷载和竖向荷载作用下，墙体宜根据结构分析所得的内力和《混凝土规范》第 6.2 节的有关规定，分别按偏心受压或偏心受拉进行正截面承载力计算，并按《混凝土规范》第 6.3 节的有关规定进行斜截面受剪承载力计算。在集中荷载作用处，尚应按《混凝土规范》第 6.6 节进行局部受压承载力计算。

在承载力计算中，剪力墙的翼缘计算宽度可取剪力墙的间距、门窗洞间翼墙的宽度、剪力墙厚度加两侧各 6 倍翼墙厚度、剪力墙墙肢总高度的 1/10 四者中的最小值。

（4）墙水平及竖向分布钢筋直径不宜小于 8mm，间距不宜大于 300mm。可利用焊接钢筋网片进行墙内配筋。

墙水平分布钢筋的配筋率 $\rho_{sh}\left(\dfrac{A_{sh}}{bs_v}，s_v \text{ 为水平分布钢筋的间距}\right)$和竖向分布钢筋的配筋率 $\rho_{sv}\left(\dfrac{A_{sv}}{bs_h}，s_h \text{ 为竖向分布钢筋的间距}\right)$不宜小于 0.20%；重要部位的墙，水平和竖向分布钢筋的配筋率宜适当提高。

墙中温度、收缩应力较大的部位，水平分布钢筋的配筋率宜适当提高。

（5）对于房屋高度不大于 10m 且不超过 3 层的墙，其截面厚度不应小于 120mm，其水平与竖向分布钢筋的配筋率均不宜小于 0.15%。

（6）墙中配筋构造应符合下列要求：

1）墙竖向分布钢筋可在同一高度搭接，搭接长度不应小于 $1.2l_a$。

2）墙水平分布钢筋的搭接长度不应小于 $1.2l_a$。同排水平分布钢筋的搭接接头之间以及上、下相邻水平分布钢筋的搭接接头之间，沿水平方向的净间距不宜小于 500mm。

3）墙中水平分布钢筋应伸至墙端，并向内水平弯折 10$d$，$d$ 为钢筋直径。

4）端部有翼墙或转角的墙，内墙两侧和外墙内侧的水平分布钢筋应伸至翼墙或转角外边，并分别向两则水平弯折 $15d$。在转角墙处，外墙外侧的水平分布钢筋应在墙端外角处弯入翼墙，并与翼墙外侧的水平分布钢筋搭接。

5）带边框的墙，水平和竖向分布钢筋宜分别贯穿柱、梁或锚固在柱、梁内。

（7）墙洞口连梁应沿全长配置箍筋，箍筋直径不应小于 6mm，间距不宜大于 150mm。在顶层洞口连梁纵向钢筋伸入墙内的锚固长度范围内，应设置间距不大于 150mm 的箍筋，箍筋直径宜与跨内箍筋直径相同。同时，门窗洞边的竖向钢筋应满足受拉钢筋锚固长度的要求。

墙洞口上、下两边的水平钢筋除应满足洞口连梁正截面受弯承载力的要求外，尚不应少于 2 根直径不小于 12mm 的钢筋。对于计算分析中可忽略的洞口，洞边钢筋截面面积分别不宜小于洞口截断的水平分布钢筋总截面面积的一半。纵向钢筋自洞口边伸入墙内的长度不应小于受拉钢筋的锚固长度。

（8）剪力墙墙肢两端应配置竖向受力钢筋，并与墙内的竖向分布钢筋共同用于墙的正截面受弯承载力计算。每端的竖向受力钢筋不宜少于 4 根直径为 12mm 或 2 根直径为 16mm 的钢筋，并宜沿该竖向钢筋方向配置直径不小于 6mm、间距为 250mm 的箍筋或拉筋。

**（五）预埋件及吊环**

（1）受力预埋件的锚筋应采用 HRB400 或 HPB300 钢筋，不应采用冷加工钢筋。

（2）吊环应采用 HPB300 钢筋或 Q235B 圆钢，并应符合下列规定：

1）吊环锚入混凝土中的深度不应小于 $30d$ 并应焊接或绑扎在钢筋骨架上，$d$ 为吊环钢筋或圆钢的直径。

2）应验算在荷载标准值作用下的吊环应力，验算时每个吊环可按两个截面计算。对 HPB300 钢筋，吊环应力不应大于 $65N/mm^2$；对 Q235B 圆钢，吊环应力不应大于 $50N/mm^2$。

3）当在一个构件上设有 4 个吊环时，应按 3 个吊环进行计算。

# 第四节　钢　结　构

## 一、钢结构的特点和应用范围

钢结构通常由钢板和型钢等制成的柱、梁、桁架、板等构件组成，各部分之间用焊缝、螺栓或铆钉连接，是主要的建筑结构之一。

**（一）钢结构的特点**

和其他材料的结构相比，钢结构具有如下特点：

（1）钢材的强度高，结构的重量轻

钢材的密度虽然比其他建筑材料大，但它的强度很高，同样受力情况下，钢结构自重小，可以做成跨度较大的结构。

（2）钢材的塑性韧性好

钢材的塑性好，结构在一般情况下不会因偶然超载或局部超载而突然断裂。钢材的韧性好，使结构对动荷载的适应性较强。

(3) 钢材的材质均匀，可靠性高

钢材内部组织均匀、各向同性。钢结构的实际工作性能与所采用的理论计算结果符合程度好，因此，结构的可靠性高。

(4) 钢材具有可焊性

由于钢材具有可焊性，使钢结构的连接大为简化，适应于制造各种复杂形状的结构。

(5) 钢结构制作、安装的工业化程度高

钢结构的制作主要是在专业化金属结构厂进行，因而制作简便，精度高。制成的构件运到现场安装，装配化程度高，安装速度快，工期短。

(6) 钢结构的密封性好

钢材内部组织很致密，当采用焊接连接，甚至采用铆钉或螺栓连接时，都容易做到紧密不渗漏。

(7) 钢结构耐热，不耐火

当钢材表面温度在150℃以内时，钢材的强度变化很小，因此钢结构适用于热车间。当温度超过150℃时，其强度明显下降。当温度达到500～600℃时，强度几乎为零。所以，发生火灾时，钢结构的耐火时间较短，会发生突然的坍塌。对有特殊要求的钢结构，要采取隔热和耐火措施。

(8) 钢材的耐腐蚀性差

钢材在潮湿环境中，特别是处于有腐蚀性介质环境中容易锈蚀，需要定期维护，增加了维护费用。

**(二) 钢结构的应用范围**

(1) 大跨度结构

结构跨度越大，自重在全部荷载中所占比重也就越大，减轻结构自重可以获得明显的经济效果。钢结构强度高而重量轻，特别适合于大跨结构，如大会堂、体育馆、飞机装配车间以及铁路、公路桥梁等。

(2) 重型工业厂房结构

在跨度、柱距较大，有大吨位吊车的重型工业厂房以及某些高温车间，可以部分采用钢结构（如钢屋架、钢吊车梁）或全部采用钢结构（如冶金厂的平炉车间，重型机器厂的铸钢车间，造船厂的船台车间等）。

(3) 受动力荷载影响的结构

设有较大锻锤或产生动力作用的厂房，或对抗震性能要求高的结构，宜采用钢结构，因钢材有良好的韧性。

(4) 高层建筑和高耸结构

当房屋层数多和高度大时，采用其他材料的结构，给设计和施工增加困难。因此，高层建筑的骨架宜采用钢结构。

高耸结构包括塔架和桅杆结构，如高压电线路的塔架、广播和电视发射用的塔架、桅杆等，宜采用钢结构。

(5) 可拆卸的移动结构

需要搬迁的结构，如建筑工地生产和生活用房的骨架、临时性展览馆等，用钢结构最为适宜，因钢结构重量轻，而且便于拆装。

(6) 容器和其他构筑物

冶金、石油、化工企业大量采用钢板制作容器，包括油罐、气罐、热风炉、高炉等。此外，经常使用的还有皮带通廊栈桥、管道支架等钢构筑物。

(7) 轻型钢结构

当荷载较小时，小跨度结构的自重也就成为一个重要因素，这时采用钢结构较为合理。这类结构多用圆钢、小角钢或冷弯薄壁型钢制作。

## 二、钢结构的材料

### (一) 钢材的主要力学性能指标

钢结构在使用过程中要受到各种形式的作用，这就要求钢材必须具有抵抗各种作用而不产生过大变形和不会引起破坏的能力。钢材在各种作用下所表现出的各种特征，如弹性、塑性、强度，称为钢材的机械性能。钢材的主要力学性能指标有五项，即抗拉强度、屈服强度、伸长率、冷弯性能和冲击韧性，这都是通过试验得到的。

钢材的单向均匀受拉应力应变曲线提供了前三项机械性能指标。抗拉强度（用符号 $f$ 表示）是钢材的一项强度指标，它反映钢材受拉时所能承受的极限应力，是检验钢材质量的重要指标；当以钢材屈服强度作为静力强度计算依据时，抗拉强度成为结构的安全储备。伸长率（用符号 $\delta_5$ 或 $\delta_{10}$ 表示）是衡量钢材在静荷载作用下塑性性能的指标。屈服强度（也称屈服点，用符号 $f_y$ 表示）是钢结构设计中静力强度计算的依据，它是衡量钢材的承载能力及确定钢材抗拉、抗压、抗弯强度设计值的一项重要指标。通过冷弯试验得到对钢材性能要求的第四项指标——冷弯性能，它是衡量钢材的塑性性能和检验钢材质量优劣的一个综合指标。通过冲击试验得到对钢材性能要求的第五项指标——冲击韧性，它是衡量钢材抵抗可能因低温、应力集中、动力荷载作用而导致脆性断裂能力的一项指标。满足冲击韧性的要求是个比较严格的指标，实际上只有承受荷载较大、使用较频繁的动力荷载的结构，特别是焊接结构，才需要有冲击韧性的保证。

### (二) 影响钢材力学性能的主要因素

钢结构有性质完全不同的两种破坏形式，即塑性破坏和脆性破坏。塑性破坏的主要特征是具有较大的、明显可见的塑性变形，且仅在构件中的应力达到抗拉强度后才发生。由于塑性破坏有明显的预兆，能及时发现而采取补救措施，因此，实际上结构是极少发生塑性破坏的。脆性破坏的特征是破坏前的塑性变形很小，甚至没有塑性变形，构件截面上的平均应力比较低（低于屈服点）。由于脆性破坏前无任何预兆，无法及时察觉予以补救，所以危险性极大。讨论影响钢材力学性能的因素时，应特别注意导致钢材变脆的因素。

#### 1. 化学成分的影响

碳素钢中，铁元素含量约占 99%，其他元素有碳、磷、氮、硫、氧、锰、硅等，它们的总和约占 1%。低合金钢中，除上述元素外，还有合金元素，其含量不大于 5%。尽管碳和其他元素含量很小，但对钢材的机械性能却有着极大的影响。

普通碳素结构钢中，碳是除铁以外的最主要元素。随着含碳量的增加，钢材的强度提高，塑性、冲击韧性下降，冷弯性能、可焊性和抗锈蚀性能变差。因此，虽然碳是钢材获得足够强度的主要元素，但钢结构中，特别是焊接结构，并不采用含碳量高的钢材。

磷、氮、硫和氧是有害的杂质元素。随着磷、氮含量的增加，钢材的强度提高，塑性、冲击韧性严重下降，特别是在温度较低时促使钢材变脆（称冷脆），磷还会降低钢材的可焊性。硫和氧的含量增加会降低钢材的热加工性能，并降低钢材的塑性、冲击韧性，硫还会降低钢材的可焊性和抗锈蚀性能。所以，对磷、氮、硫和氧的含量应严格加以限制（均不超过0.05%）。

锰和硅是有益的杂质元素，能起到脱氧的作用，当含量适中时，能提高钢材的强度，而对塑性和冲击韧性无明显影响。

**2. 冶炼、浇铸的影响**

我国目前钢结构用的钢，主要是由平炉和氧气转炉冶炼而成的。这两种冶炼方法炼制的钢材，质量大体相当。

钢材冶炼后按浇铸方法（也称脱氧方法）的不同而分为沸腾钢、镇静钢、半镇静钢和特殊镇静钢。沸腾钢采用锰铁作脱氧剂，脱氧不完全，钢材质量较差，但成本低；镇静钢用锰铁加硅或铝脱氧，脱氧较彻底，材质好，但成本较高；半镇静钢脱氧程序、质量和成本介于沸腾钢和镇静钢之间；特殊镇静钢的脱氧程序比镇静钢更高，质量最好，但成本也最高。

**3. 应力集中的影响**

当构件截面的完整性遭到破坏，如开孔、截面改变等，构件截面的应力分布不再保持均匀，在截面缺陷处的附近产生高峰应力，而截面其他部分应力则较低，这种现象称为应力集中（图3-48）。应力集中是导致钢材发生脆性破坏的主要因素之一。试验表明，截面改变越突然、尖锐程度越大的地方，应力集中越严重，引起脆性破坏的危险性就越大。因此，在结构设计中应使截面的构造合理。如截面必须改变时，要平缓过渡。构件制造和施工时，应尽可能防止造成刻槽等缺陷。

**4. 温度的影响**

钢材在正温范围内，约在100℃以上时，随着温度的升高，钢材的强度降低，塑性增大。在250℃左右，钢材的抗拉强度有所提高，而塑性、韧性均下降，这种现象称为蓝脆现象，钢结构不宜在该温度范围内加工。温度达到500～600℃时，强度几乎为零。因此，当结构表面经常受较高的辐射热（150℃以上）时，应采取隔热措施，如加挡板或设循环水管等，加以保护。为提高钢结构耐火时间，可在构件上按需要涂不同厚度的防火涂料。

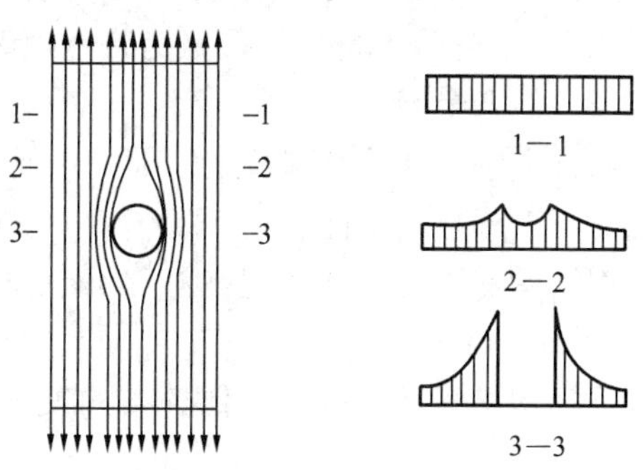

图3-48　带圆孔试件的应力集中

当温度低于常温时，随着温度的下降，钢材的强度有所提高，而塑性和冲击韧性下降，当温度下降到某一负温值时，钢材的塑性和冲击韧性急剧降低，这种现象称为钢材的低温冷脆现象（简称冷脆）。因此，处于低温条件下的结构，应选择耐低温性能比较好的钢材，如镇静钢，低合金结构钢。

**5. 钢材硬化的影响**

钢材的硬化包括时效硬化和冷作硬化。时效硬化是指高温时溶化于铁中的少量氮和碳，随时间的增长逐渐从固溶体中析出，形成氮化物或碳化物，对钢材的塑性变形起遏制作用，从而使钢材强度提高、塑性和冲击韧性下降。冷作硬化（也称应变硬化）是指钢材在间歇重复荷载作用下，钢材的弹性区扩大，屈服点提高，而塑性和冲击韧性下降。钢结构设计中，不考虑硬化后强度提高的有利影响，相反，对重要的结构或构件要考虑硬化后塑性和冲击韧性下降的不利影响。

**6. 焊接影响**

焊接连接时，由于焊缝及其附近的高温区的金属经过高温和冷却的过程，金属内部组织发生了变化，使钢材变脆变硬。同时，焊接还会产生焊接缺陷和焊接应力，也是促使钢材发生脆性破坏的因素。

大量的脆性破坏事故说明，事故的发生经常是几种因素的综合。根据具体情况正确选用钢材是从根本上防止脆性破坏的办法，同时也要在设计、制造和使用上注意消除促使钢材向脆性转变的因素。

**（三）钢材的种类、选择和规格**

**1. 钢材的种类**

《钢结构设计标准》GB 50017—2017（以下简称《钢结构标准》）推荐的承重结构用钢材有碳素结构钢（简称碳素钢）和低合金高强度结构钢（简称低合金钢）两种。

（1）碳素钢

我国生产的专用于结构的碳素钢Q235（Q是屈服点的汉语拼音首位字母，数值表示钢材的屈服点，单位$N/mm^2$）。钢结构用钢材主要是Q235，其含碳量和强度、塑性、加工性能等均适中。碳素钢牌号的全部表示是Q×××后附加质量等级和脱氧方法符号，如Q235—A·F、Q235—C等。Q235钢共分为A、B、C、D四个质量等级（A级最差，D级最好）。A、B级钢按脱氧方法分为沸腾钢（符号F）、半镇静钢（符号b）或镇静钢（符号Z），C级为镇静钢，D级为特殊镇静钢（符号TZ）；Z和TZ在牌号中省略不写。

（2）低合金钢

低合金钢是在冶炼碳素钢时加一种或几种适量合金元素，以提高钢材强度、冲击韧性等而又不太降低其塑性。

钢结构常用的低合金钢有：Q345、Q390、Q420、Q460和Q345GJ。

**2. 钢材的选择**

选择钢材的目的是要在保证结构安全可靠的基础上，经济合理地使用钢材。通常要考虑：

（1）选择钢材的依据

1）结构或构件的重要性；

2）荷载性质（静力荷载或动力荷载）；

3）连接方法（焊接、铆钉或螺栓连接）；

4）工作条件（温度及腐蚀介质）。

（2）建筑钢结构的选材要求

1）承重结构所用的钢材应具有屈服强度、抗拉强度、断后伸长率和硫、磷含量的合格保证，对焊接结构尚应具有碳当量的合格保证。

焊接承重结构以及重要的非焊接承重结构采用的钢材应具有冷弯试验的合格保证；对

直接承受动力荷载或需验算疲劳的构件所用钢材尚应具有冲击韧性的合格保证。

2）钢材质量等级的选用应符合下列规定：

① A 级钢仅可用于结构工作温度高于 0℃的不需要验算疲劳的结构，且 Q235A 钢不宜用于焊接结构。

② 需验算疲劳的焊接结构用钢材应符合下列规定：

当工作温度 $t>0$℃时，其质量等级不应低于 B 级；

当工作温度 $0℃\geqslant t>-20$℃时，Q235、Q345 钢不应低于 C 级，Q390、Q420 及 Q460 钢不应低于 D 级；

当工作温度 $t\leqslant-20$℃时，Q235 钢和 Q345 钢不应低于 D 级，Q390 钢、Q420 钢、Q460 钢应选用 E 级。

③ 需验算疲劳的非焊接结构，其钢材质量等级要求可较上述焊接结构降低一级但不应低于 B 级。吊车起重量不小于 50t 的中级工作制吊车梁，其质量等级要求应与需要验算疲劳的构件相同。

3）工作温度 $t\leqslant-20$℃的受拉构件及承重构件的受拉板材应符合下列规定：

① 所用钢材厚度或直径不宜大于 40mm，质量等级不宜低于 C 级；

② 当钢材厚度或直径不小于 40mm 时，其质量等级不宜低于 D 级；

③ 重要承重结构的受拉板材宜满足现行国家标准《建筑结构用钢板》GB/T 19879 的要求。

**3. 钢材的规格**

钢结构所用钢材主要有热轧成型的钢板和型钢以及冷弯成型的薄壁型钢。

（1）钢板

钢板分厚钢板、薄钢板和扁钢。其规格为：

厚钢板：厚度 4.5～60mm，宽度 600～3000mm，长度 4～12m；

薄钢板：厚度 0.35～4mm，宽度 500～1500mm，长度 0.5～4m；

扁钢：厚度 4～60mm，宽度 12～200mm，长度 3～9m。

钢板通常用“—”后面加“宽度×厚度×长度”表示。如—600×10×12000 表示为 600mm 宽、10mm 厚、12m 长的钢板。

（2）型钢

型钢可以直接用作构件，以减少加工制造工作量，在设计中应优先选用。常用的型钢有：角钢、槽钢、工字钢和钢管（图 3-49）。

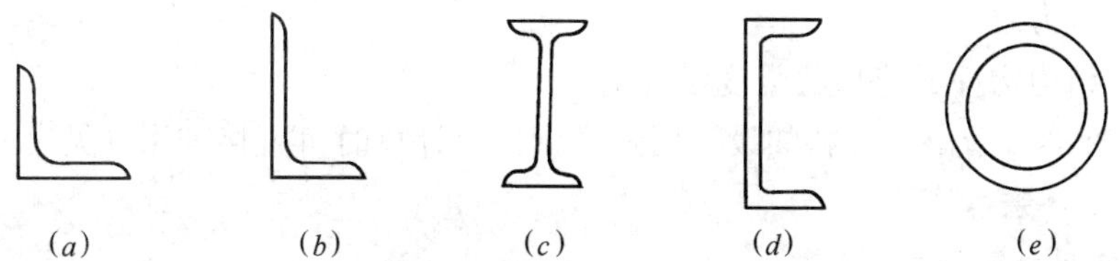


图 3-49 型钢的截面形式

（a）等肢角钢；（b）不等肢角钢；（c）工字钢；（d）槽钢；（e）钢管

角钢，有等肢的和不等肢的两种。等肢角钢以肢宽和厚度表示，如 L100×10 为肢宽 100mm，厚 10mm 的等肢角钢。不等肢角钢则以两肢宽度和厚度表示，如 L100×80×8

为长肢宽 100mm、短肢宽 80mm，厚度为 8mm 的角钢。角钢长度一般为 4～19m。

槽钢，用号数表示，号数即为其高度的厘米数。号数 14 以上还附以字母 a 或 b 或 c 以区别腹板厚度，如［32a 即高度为 320mm、腹板为较薄的槽钢。槽钢长度一般为 5～19m。

工字钢和槽钢一样用号数表示，20 号以上也附以区别腹板厚度的字母。用 40c 即高度为 400mm、腹板为较厚的工字钢。常用的工字钢有普通工字钢和轻型工字钢两种。工字钢长度一般为 5～19m。

钢管用“$\phi$”后面加“外径×厚度”表示，如：$\phi$102×5 即外径 102mm，壁厚 5mm 的钢管。钢管有无缝钢管和焊接钢管两种。钢管长度一般为 3～12.5m。

（3）薄壁型钢

薄壁型钢是用 1.5～5mm 厚的薄板经模压或弯曲成型。我国目前生产的薄壁型钢的截面形式如图 3-50 所示。

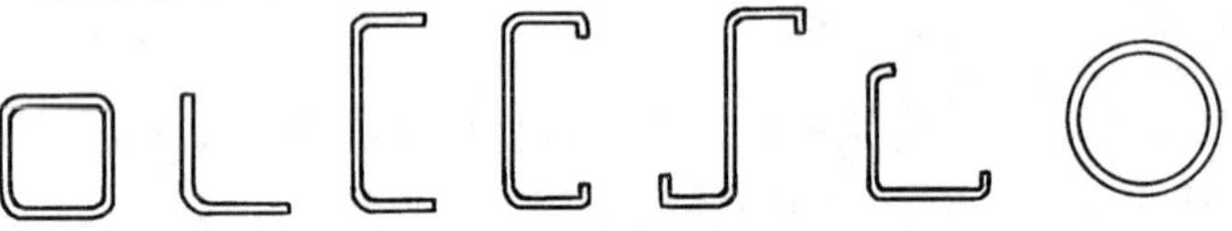

图 3-50　薄壁型钢的截面形式

## 三、钢结构的计算方法与基本构件的设计

### （一）钢结构的计算方法

钢结构和混凝土结构、砌体结构一样，其设计也是要求结构或构件满足承载能力极限状态和正常使用极限状态的要求。

#### 1. 承载能力极限状态

采用以概率理论为基础的极限状态设计方法（疲劳问题除外），用分项系数的设计表达式进行计算，计算内容有强度和稳定（包括整体稳定、局部稳定）。但钢结构的设计表达式则采用应力形式，即：

$$\gamma_0 \sigma_d \leqslant f_d \tag{3-51}$$

式中　$\gamma_0$——结构重要性系数，对安全等级为一级、二级、三级的结构构件可分别取 1.1、1.0、0.9（一般工业与民用建筑钢结构的安全等级应取为二级）；

$\sigma_d$——荷载（包括永久荷载和可变荷载）的设计值在结构构件截面或连接中产生的应力效应；

$f_d$——结构构件或连接的强度设计值。

《钢结构标准》给出了材料的设计用强度指标，计算时可直接查用（见《钢结构标准》第 4.4.1～4.4.3 条）。

#### 2. 正常使用极限状态

钢结构或构件按正常使用极限状态设计时，应考虑荷载效应的标准组合，其表达式为：

$$\nu_k \leqslant [\nu] \tag{3-52}$$

式中　$\nu_k$——荷载（包括永久荷载和可变荷载）的标准值在结构或构件中产生的变形值；

[ν]——结构或构件的容许变形值。

《钢结构标准》给出了结构或构件的变形容许值，计算时直接查用（见《钢结构标准》附录 B）。

### （二）基本构件设计

钢结构的基本构件有轴心受力构件、受弯构件和拉弯、压弯构件。普通钢结构中，一般受力构件及其连接中不应采用厚度小于 5mm 的钢板，厚度不小于 3mm 的钢管，截面小于 L45×4 或 L56×36×4 的角钢（焊接结构）和截面小于 L50×5 的角钢（螺栓连接或铆钉连接的结构）。轻型钢结构采用圆钢或小角钢（小于 L45×4 或 L56×36×4）制作，受力构件及其连接中不宜采用厚度小于 4mm 的钢板；圆钢直径不宜小于 12mm（对于屋架），8mm（对于檩条或拉条），16mm（对于支撑）。

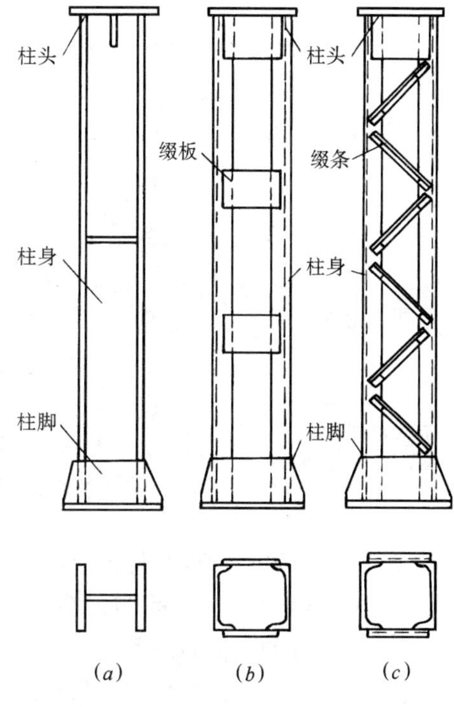

图 3-51 柱组成
(a) 实腹式柱；(b) 格构式柱（缀板式）；(c) 格构式柱（缀条式）

#### 1. 轴心受力构件

（1）轴心受力构件的应用和截面形式

轴心受力构件包括轴心受拉构件和轴心受压构件，也包括轴心受压柱。

在钢结构中，屋架、托架、塔架和网架等各种类型的平面或空间桁架以及支撑系统，通常由轴心受拉和轴心受压构件组成。工作平台、多层和高层房屋骨架的柱，承受梁或桁架传来的荷载，当荷载为对称布置且不考虑水平荷载时，属于轴心受压柱。柱通常由柱头、柱身和柱脚三部分组成（图 3-51）。

在普通桁架、塔架、网架及其支撑系统中的杆件常，采用图 3-52 所示的截面形式。轴心受压柱以及受力较大的轴心受力构件采用图 3-53 所示的截面形式，其中图 3-53（*a*）为实腹式构件，图 3-53（*b*）为格构式构件。

图 3-52 普通桁架杆件的截面形式

（2）轴心受拉构件的计算

设计轴心受拉构件时，根据结构的用途、构件受力大小和材料供应情况选用合理的截面形式。轴心受拉构件的计算包括强度和刚度两方面的内容。

1）强度

轴心受拉构件的强度按下式计算：

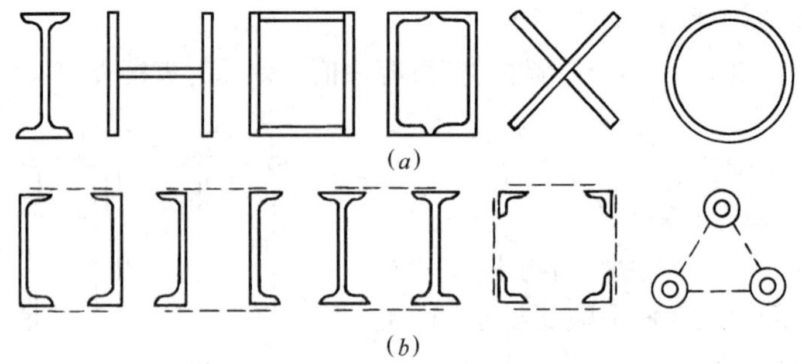


图 3-53　柱和重型桁架杆件的截面形式

(a) 实腹式构件；(b) 格构式构件

毛截面屈服：

$$\sigma = \frac{N}{A} \leqslant f \tag{3-53}$$

净截面断裂

$$\sigma = \frac{N}{A_n} \leqslant 0.7 f_u \tag{3-54}$$

式中：$N$——所计算截面处的拉力设计值；

$f$——钢材的抗拉强度设计值；

$A$——构件的毛截面面积；

$A_n$——构件的净截面面积，当构件多个截面有孔时，取最不利的截面；

$f_u$——钢材的抗拉强度最小值。

2）刚度

轴心受拉构件的刚度通常用长细比 $\lambda$ 来衡量，长细比是构件的计算长度 $l_0$ 与构件截面回转半径 $i$ 的比值，即 $\lambda = l_0 / i$。$\lambda$ 愈小，构件刚度愈大，反之则刚度愈小。在材料力学中，$i = \sqrt{\frac{I}{A}}$。

$\lambda$ 过大会使构件在使用过程中由于自重发生挠曲，在动荷载作用下容易产生振动，在运输和安装过程中容易产生弯曲。因此，设计时应使构件最大长细比不超过规定的容许长细比，即：

$$\lambda \leqslant [\lambda] \tag{3-55}$$

式中　$[\lambda]$——构件容许长细比，按表 3-33 采用。

（3）实腹式轴心受压构件的计算

实腹式轴心受压构件的计算包括强度、整体稳定、局部稳定和刚度四个方面的内容。

**受拉构件的容许长细比**　　**表 3-33**

| 构件名称 | 承受静力荷载或间接承受动力荷载的结构 | | | 直接承受动力荷载的结构 |
|---|---|---|---|---|
| | 一般建筑结构 | 对腹杆提供平面外支点的弦杆 | 有重级工作制起重机的厂房 | |
| 桁架的构件 | 350 | 250 | 250 | 250 |

续表

| 构件名称 | 承受静力荷载或间接承受动力荷载的结构 | | | 直接承受动力荷载的结构 |
|---|---|---|---|---|
| | 一般建筑结构 | 对腹杆提供平面外支点的弦杆 | 有重级工作制起重机的厂房 | |
| 吊车梁或吊车桁架以下柱间支撑 | 300 | — | 200 | |
| 除张紧的圆钢外的其他拉杆、支撑、系杆等 | 400 | — | 350 | — |

注：1. 除对腹杆提供平面外支点的弦杆外，承受静力荷载的结构受拉构件，可仅计算竖向平面内的长细比。

2. 在直接或间接承受动力荷载的结构中，计算单角钢受拉构件的长细比时，应采用角钢的最小回转半径，但计算在交叉点相互连接的交叉杆件平面外的长细比时，可采用与角钢肢边平行轴的回转半径。

3. 中、重级工作制吊车桁架下弦杆的长细比不宜超过 200。

4. 在设有夹钳或刚性料耙等硬钩起重机的厂房中，支撑的长细比不宜超过 300。

5. 受拉构件在永久荷载与风荷载组合作用下受压时，其长细比不宜超过 250。

6. 跨度等于或大于 60m 的桁架，其受拉弦杆和腹杆的长细比，承受静力荷载或间接承受动力荷载时，不宜超过 300；直接承受动力荷载时，不宜超过 250。

7. 柱间支撑按拉杆设计时，竖向荷载作用下柱子的轴力应按无支撑时考虑。

1）强度

轴心受压构件的强度计算公式同轴心受拉构件一样，采用公式（3-53）及式（3-54），但式中 $N$ 为轴心压力设计值，$f$ 为钢材抗压强度设计值。

2）整体稳定

① 概述

轴心受压构件，除构件很短及有孔洞等削弱时可能发生强度破坏外，往往当荷载还没有达到按强度考虑的极限值时，构件就会因屈曲而丧失承载力，即整体失稳破坏。稳定问题是钢结构中的一个突出问题，设计时应给予极大的重视。

材料力学中讨论了理想的轴心受压杆的整体稳定计算，但实际工程中并不存在这种理想的压杆。实际工程中的轴心受压构件常受到以下主要的不利因素的影响：

a. 初始缺陷

初始缺陷包括初弯曲和初偏心。构件在制造、运输和安装过程中，不可避免地会产生微小的初弯曲；由于构造或施工的原因，轴向压力没有通过构件截面的形心而形成偏心。这样，在轴向压力作用下，构件侧向挠度从加载起就会不断增加，使得构件除受有轴向压力作用外，实际上还存在因构件挠曲而产生的弯矩（图 3-54），从而降低了构件的稳定承载力。

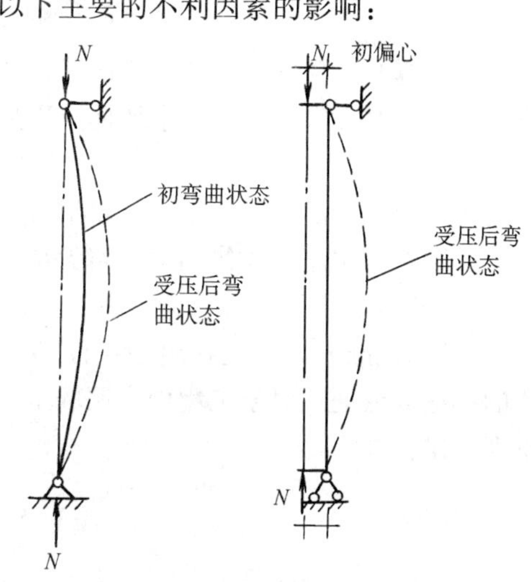

图 3-54　有初始缺陷的轴心受压构件

b. 残余应力

残余应力是指构件受力前，构件内就已经存在自相平衡的初应力。构件的焊接、钢材的轧制、火焰切割等会产生残余应力。残余应力通常不会影响构件的静力强度承载力，因它本身自相平衡。但残余压应力将使其所处截面提早发展塑性，导致轴心受压构件的刚度和稳定承载力下降。

② 整体稳定计算

轴心受压构件整体稳定按下式计算：

$$\frac{N}{\varphi A f} \leqslant 1.0 \tag{3-56}$$

式中 $A$——构件毛截面面积；

$\varphi$——轴心受压构件稳定系数，它与构件的长细比、钢材屈服强度有关。

其他符号意义同前。

《钢结构标准》对各种截面形式、不同的加工方法以及相应的残余应力分布模式，并考虑了 1/1000 杆长的初弯曲，共计算了 96 条稳定系数 $\varphi$ 与长细比 $\lambda$ 的关系曲线，最后按相近的计算结果归纳为 $a$、$b$、$c$ 三条 $\varphi$ 曲线，如图 3-55 所示。

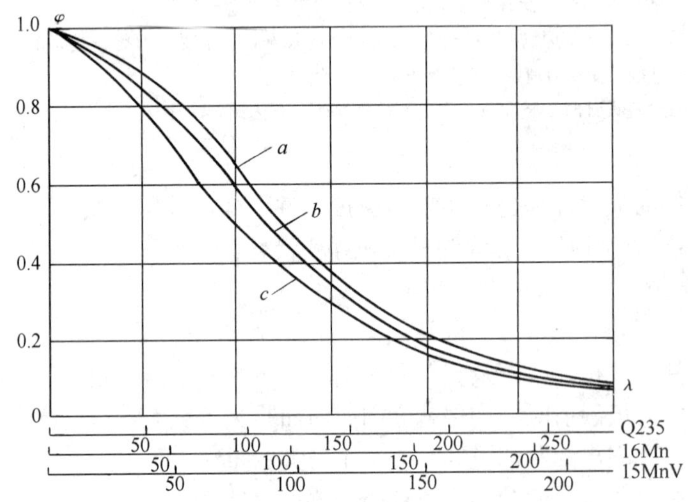


图 3-55 轴心受压构件 $\lambda \sim \varphi$ 曲线

实际计算时，根据求得的构件的长细比，按钢材的种类、截面的分类查（a、b、c、d 四类）《钢结构标准》附录 D 得到轴心受压构件的稳定系数 $\varphi$ 值。

③ 局部稳定

实腹式组合截面（如工字形、箱形等）的轴心受压构件都是由板件组成，如果这些板件过薄，则在均匀压应力作用下，将偏离其正常位置而形成波形屈曲，这种现象称局部失稳（图 3-56）。

《钢结构标准》对实腹式组合截面的轴心受压构件的局部稳定采取限制板件宽（高）厚比的办法来保证。对于工程中常用的工字形组合截面轴心受压构件，其板件宽厚比应符合下列规定：

翼缘板：
$$\frac{b_1}{t_1} \leqslant (10 + 0.1\lambda)\varepsilon_k \tag{3-57}$$

腹板：
$$\frac{h_0}{t_w} \leqslant (25 + 0.5\lambda)\varepsilon_k \tag{3-58}$$

式中　$b_1$、$t_1$——分别为翼缘板的外伸宽度和厚度；

$h_0$、$t_w$——分别为腹板的计算高度和厚度；

$\varepsilon_k$——钢号修正系数；$\varepsilon_k=\sqrt{235/f_y}$，$f_y$ 为钢材的屈服点；

$\lambda$——构件对截面两主轴（$x$ 轴、$y$ 轴）长细比中的较大值，即 $\lambda=\max(\lambda_x、\lambda_y)$：当 $\lambda<30$ 时，取 30；当 $\lambda>100$ 时，取 100。

由于轧制的工字钢、槽钢的翼缘板和腹板均较厚，局部稳定均能满足要求。

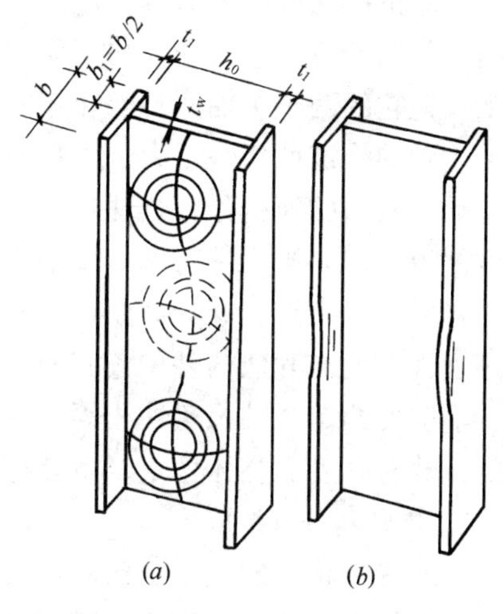


图 3-56　实腹式轴压构件局部屈曲
（a）腹板屈曲；（b）翼缘板屈曲

④ 刚度

轴心受压构件的刚度同轴心受拉构件一样用长细比来衡量。

对于受压构件，长细比更为重要。长细比过大，会使其稳定承载力降低太多，在较小荷载下就会丧失整体稳定，因此其容许长细比［λ］限制更应严格。受压构件的容许长细比按表 3-34 采用。

受压构件的长细比容许值　　表 3-34

| 构件名称 | 容许长细比 |
|---|---|
| 轴心受压柱、桁架和天窗架中的压杆 | 150 |
| 柱的缀条、吊车梁或吊车桁架以下的柱间支撑 | 150 |
| 支撑 | 200 |
| 用以减小受压构件计算长度的杆件 | 200 |

注：1. 当杆件内力设计值不大于承载能力的 50%时，容许长细比值可取 200。
2. 计算单角钢受压构件的长细比时，应采用角钢的最小回转半径，但计算在交叉点相互连接的交叉杆件平面外的长细比时，可采用与角钢肢边平行轴的回转半径。
3. 跨度等于或大于 60m 的桁架，其受压弦杆、端压杆和直接承受动力荷载的受压腹杆的长细比不宜大于 120。
4. 验算容许长细比时，可不考虑扭转效应。

构件计算长度 $l_0$ 的确定，见《钢结构标准》第 7.4.1 条表 7.4.1-1 及表 7.4.1-2。

⑤ 轴心受压构件截面的设计原则

a. 截面面积的分布应尽可能远离主轴线，以增加截面的回转半径，从而提高构件的稳定性和刚度。具体措施是在满足局部稳定和使用等条件下，尽量加大截面轮廓尺寸而减小板厚，在工字形截面中应取腹板较薄而翼缘较厚。

b. 使两个主轴的稳定系数尽量接近，这样构件对两个主轴的稳定性接近相等，即等稳定设计。

c. 便于与其他构件连接。

d. 构造简单、制造方便。

e. 选用能得到供应的钢材规格。

单角钢截面适用于塔架、桅杆结构。双角钢便于在不同情况下组成接近等稳定的压杆截面，常用于节点连接杆件的桁架中。用单独的热轧普通工字钢作轴心受压构件，制造最省工，但它的两个主轴回转半径相差较大，当构件对两个主轴的计算长度相差不多时，其两个主轴的稳定性相差很大，用料费。用三块钢板焊成的工字形组合截面轴压柱，具有组织灵活、截面的面积分布合理，便于采用自动焊和构造简单等特点。这种截面通常高度和宽度做得相同，当构件对两个主轴的计算长度相差一倍时，能接近等稳定，故应用最广泛。箱形、十字形、钢管截面，其截面对两个主轴的回转半径相近或相等，箱形截面的抗扭刚度大，但与其他构件的连接比较困难。格构式轴压构件的优点是肢件的间距可以调整，能够使两个主轴稳定性相等，用料较实腹式经济，但制作较费工。格构式轴心受压构件的计算有强度、整体稳定、单肢稳定、刚度及连接肢件的缀材计算等内容。

**2. 受弯构件（梁）**

(1) 受弯构件的应用及截面形式

受弯构件是用以承受横向荷载的构件，也称之为梁，应用很广泛。例如建筑中的楼（屋）盖梁、檩条、墙架梁、工作平台梁以及吊车梁等。

梁按受力和使用要求可采用型钢梁和组合梁。前者加工简单、价格较廉，但截面尺寸受到规格的限制。后者适用于荷载和跨度较大、采用型钢梁不能满足受力要求的情况。

型钢梁通常采用热轧工字钢和槽钢［图 3-57（*a*）、（*b*）］，荷载和跨度较小时，也可采用冷弯薄壁型钢［图 3-57（*c*）、（*d*）］，但因截面较薄，对防腐要求较高。

组合梁由钢板用焊缝或铆钉或螺栓连接而成。其截面组成较灵活，可使材料在截面上的分布更为合理，用料省。用三块钢板焊成的工字形组合梁［图 3-57（*e*）］，构造简单、制作方便，故应用最为广泛。承受动荷载的梁，如钢材质量不满足焊接结构要求时，可采用铆接或高强度螺栓连接［图 3-57（*f*）］。当梁的荷载很大而其截面高度受到限制，或抗扭要求较高时，可采用箱形截面［图 3-57（*g*）］。

梁按其弯曲变形情况不同，分为仅在一个主平面内受弯的单向弯曲梁和在两个主平面内受弯的双向弯曲梁（也称斜弯曲梁）。工程中大多数是单向弯曲梁，屋面檩条和吊车梁

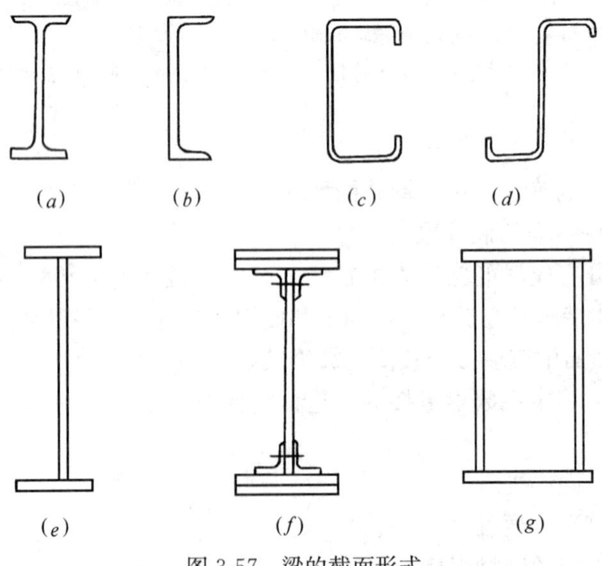

图 3-57　梁的截面形式

等是双向弯曲梁。这里只讲单向弯曲梁。

（2）梁的计算

梁的计算包括强度、整体稳定、局部稳定和刚度四个方面的内容。

1）强度

梁在横向荷载作用下，在其截面中将产生弯曲正应力和剪应力（图 3-58），梁的截面通常由抗弯强度和抗剪强度确定。

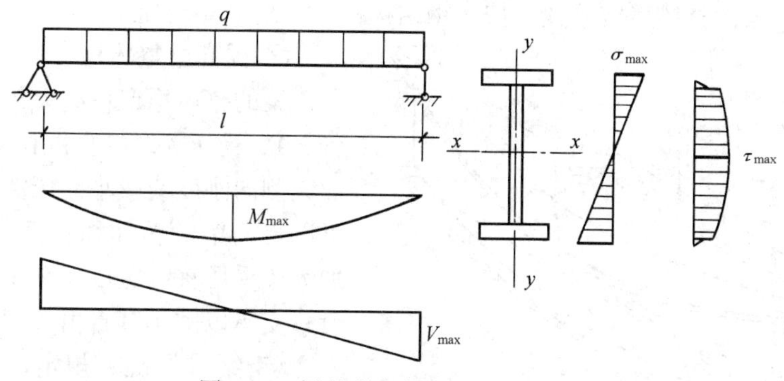


图 3-58 梁的内力与截面应力分布

① 抗弯强度（正应力）计算

梁的抗弯强度按下式计算：

$$\frac{M_x}{\gamma_x W_{nx}} \leqslant f \tag{3-59}$$

式中 $M_x$——绕 $x$ 轴的弯矩设计值；

$W_{nx}$——截面对 $x$ 轴的净截面模量；

$f$——钢材抗弯强度设计值（抗拉、抗压相同）；

$\gamma_x$——考虑梁截面塑性变形的塑性发展系数，按《钢结构标准》表 8.1.1 采用。当梁直接承受动荷载或当梁受压翼缘的外伸宽度（$b$）与相应厚度（$t$）的比值为：

$$13\varepsilon_k < b/t \leqslant 15\varepsilon_k \text{ 时}，\gamma_x = 1.0$$

② 抗剪强度（剪应力）计算

梁的抗剪强度按下式计算：

$$\tau = \frac{VS}{It_w} \leqslant f_v \tag{3-60}$$

式中 $V$——计算截面沿膜板平面作用的剪力设计值；

$S$——计算剪应力处以上毛截面对中和轴的面积矩；

$I$——毛截面惯性矩；

$t_w$——腹板的厚度；

$f_v$——钢材抗剪强度设计值。

2）整体稳定

① 概述

如图 3-59 所示，梁在最大刚度平面内弯曲（绕 $x$ 轴弯曲），当受压翼缘的弯曲应力达到某一值后，就会出现平面的弯曲和扭转，最后使梁迅速丧失承载力，这种现象称梁丧失整体稳定。梁丧失整体稳定时的荷载一般低于强度破坏时的荷载，且失稳破坏是突然发生的，危害性大。因此，除计算梁的强度外，还必须验算其稳定性。稳定计算公式为：

$$\frac{M_x}{\varphi_b W_x f} \leqslant 1.0 \tag{3-61}$$

式中 $M_x$——绕 $x$ 轴作用的最大弯矩设计值；

$W_x$——按受压翼缘确定的梁毛截面模量；

$\varphi_b$——梁的整体稳定系数，按《钢结构标准》附录 C 确定。

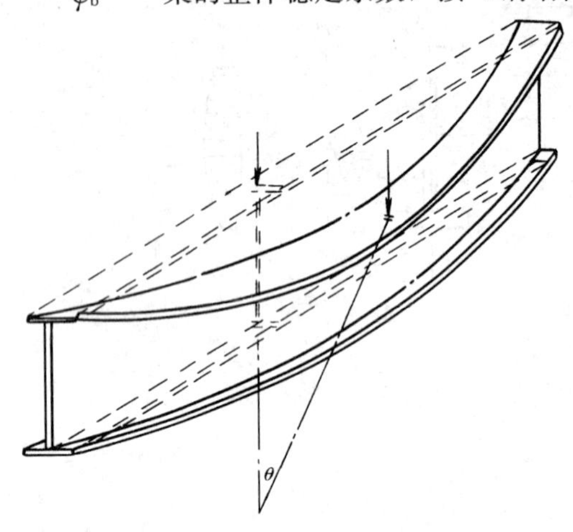


图 3-59 梁的整体失稳

② 提高梁整体稳定性的措施

梁的整体稳定承载力与梁的侧向刚度（$EI_y$）、受压翼缘的自由长度等因素有关。加大侧向刚度或减小受压翼缘自由长度都可以提高梁的整体稳定性。具体措施是：加大梁受压翼缘宽度；在受压翼缘平面内设置支承以减小其自由长度。

《钢结构标准》规定，可以不计算其整体稳定。

3）局部稳定

从经济的观点出发，设计组合梁截面时总是力求采用高而薄的腹板以增大截面的抗弯刚度；采用宽而薄的翼缘板以提高梁的整体稳定。但当钢板过薄时，腹板或受压翼缘在尚未达到强度限值或丧失整体稳定之前，就可能发生波曲或屈曲而偏离其正常位置，这种现象称梁的局部失稳。梁的局部失稳会恶化梁的整体工作性能，必须避免。

为保证梁受压翼缘的局部稳定，应满足：

$$\frac{b_1}{t} \leqslant 15\varepsilon_k \tag{3-62}$$

式中 $b_1$、$t$——分别为受压翼缘的外伸宽度和厚度。

为保证梁腹板的局部稳定，较为经济的办法是设置加劲肋（图 3-60）。按腹板高（$h_0$）厚($t_w$)比的不同，当 $h_0/t_w \leqslant 80\varepsilon_k$ 时，一般梁不设置加劲肋；当 $80\varepsilon_k < h_0/t_w \leqslant 170\varepsilon_k$ 时，应设置横向加劲肋；当 $h_0/t_w > 170\varepsilon_k$ 时，一般应设置横向加劲肋和在受压区设置纵向加劲肋（详见《钢结构标准》第 6.3.2 条）。

当梁上作用集中荷载时，应设置短加劲肋。

轧制的工字钢和槽钢，其翼缘和腹板都比较厚，不会发生局部失稳，不必采取措施。

4）刚度

梁的刚度用变形(即挠度)来衡量，变形过大会影响正常使用，同时也给人带来不安全感。

梁的刚度应满足：

$$\nu \leqslant [\nu] \tag{3-63}$$

式中 $\nu$——梁的最大挠度，按材料力学中计算杆件挠度的方法计算；

$[\nu]$——梁的容许挠度，按《钢结构标准》附录 B.1 采用。

**3. 拉弯和压弯构件**

拉弯和压弯构件的应用及截面形式

拉弯和压弯构件是指同时承受轴心拉力或轴心压力及弯矩的构件，也称为偏心受拉或偏心受压构件。拉弯和压弯构件的弯矩可以由纵向荷载不通过构件截面形心的偏心引起，也可由横向荷载引起（图 3-61）。

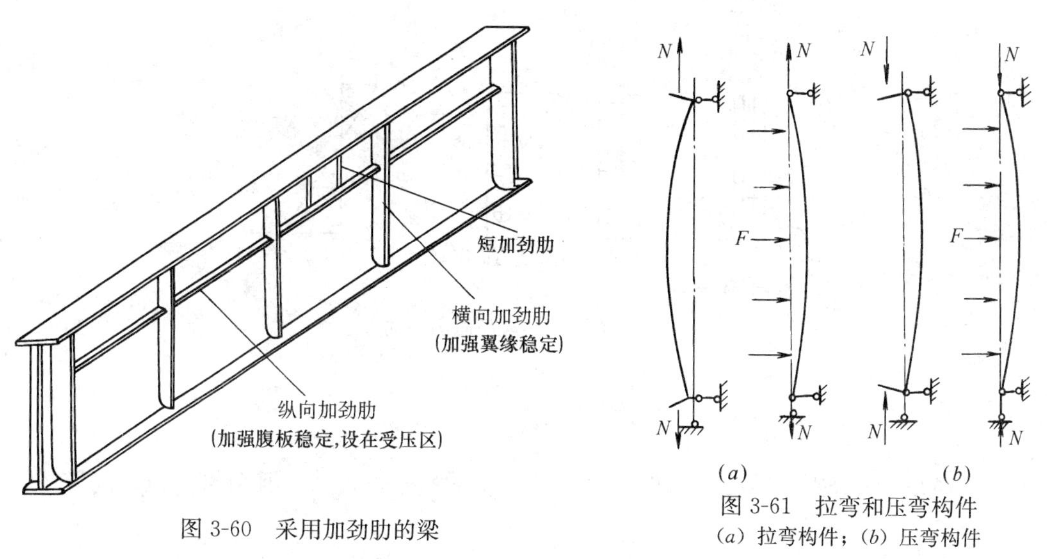


图 3-60 采用加劲肋的梁

图 3-61 拉弯和压弯构件
(a) 拉弯构件；(b) 压弯构件

钢结构中常采用拉弯和压弯构件，尤其是压弯构件的应用更为广泛。例如单层厂房的柱、多层或高层房屋的框架柱、承受不对称荷载的工作平台柱、支架柱等。桁架中承受节间荷载的杆件则常是压弯或拉弯构件。

拉弯和压弯构件，当弯矩较小时，它们的截面形式与一般轴心受力构件截面形式相同（图 3-61、图 3-62）；当弯矩较大时，应采用在弯矩作用平面内高度较大的截面。对于压弯构件，如只有一个方向的弯矩较大时（如绕 $x$ 轴的弯矩），可采用如图 3-62 所示的单轴对称的截面形式，并使较大翼缘位于受压较大一侧。

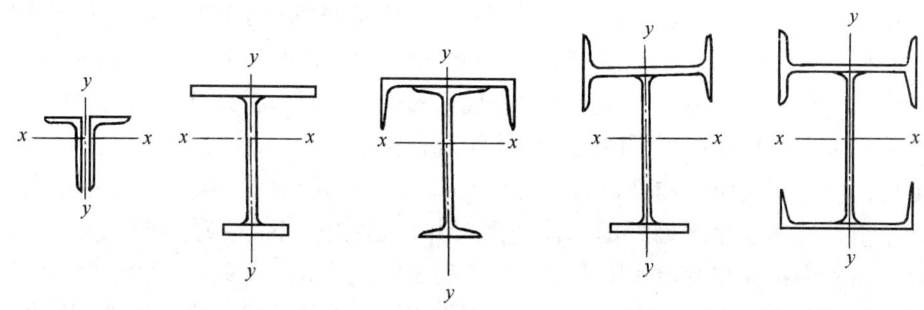


图 3-62 实腹式压弯构件截面形式

（1）拉弯构件的计算

拉弯构件的计算一般只需要考虑强度和刚度两个方面。但对以承受弯矩为主的拉弯构件，当截面一侧最外纤维发生较大的压应力时，则也应考虑和计算构件的整体稳定以及受压板件的局部稳定性。这里只讲一般受力情况下拉弯构件的计算。

1）强度

拉弯构件的截面上，除有轴心拉力产生的拉应力外，还有弯矩产生的弯曲应力，构件截面的应力应为两者之和（图3-63）。截面设计时，应按截面上最大正应力计算强度：

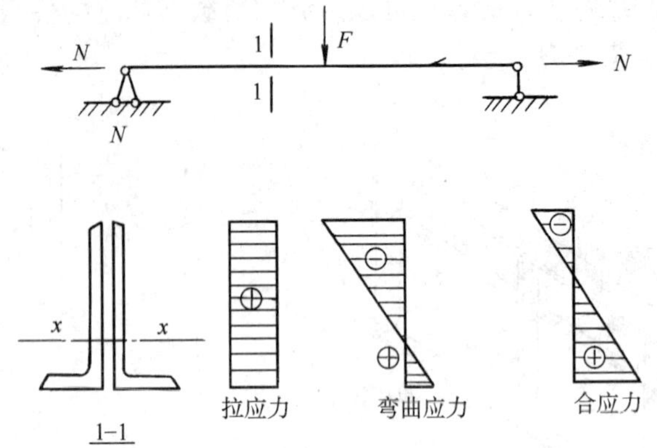


图 3-63 拉弯构件截面应力分布

$$\frac{N}{A_{n}} \pm \frac{M_{x}}{\gamma_{x} W_{nx}} \leqslant f \tag{3-64}$$

式中 $N$、$M_x$——分别为轴心拉力设计值和绕 $x$ 轴的弯矩设计值。其余符号意义同前。

2）刚度

拉弯构件的刚度计算与轴心受拉构件相同，其容许长细比也相同。

（2）压弯构件的计算

实腹式压弯构件的计算包括强度、整体稳定、局部稳定和刚度四个方面的内容。

1）强度

压弯构件的强度计算公式同拉弯构件一样采用公式（3-64）计算，但式中 $N$ 为轴心压力的设计值。

2）整体稳定

压弯构件的承载力通常是由稳定性来决定的。现以弯矩在一个主平面内作用的压弯构件为例，说明其丧失整体稳定现象（图 3-64）。在 $N$ 和 $M_x$ 共同作用下，一开始构件就在弯矩作用平面内发生变形，呈弯曲状态，当 $N$ 和 $M_x$ 同时增加到一定值时则达到极限，超过此极限，构件的内外力平衡被破坏，表现出构件不再能够抵抗外力作用而被压溃，这种现象称为构件在弯矩作用平面内丧失整体稳定，见图 3-64（$a$）。

对侧向刚度较小的压弯构件，当 $N$ 和 $M_x$ 增加到一定值时，构件在弯矩作用平面外不能保持平直，突然发生平面外的弯曲变形，并伴随截面绕纵轴的扭转，从而丧失承载力，这种现象称为构件在弯矩作用平面外丧失稳定，见图 3-64（$b$）。

压弯构件需要进行弯矩作用平面内和弯矩作用平面外的稳定计算，计算较复杂。有关整体稳定计算，参照《钢结构标准》有关规定。

3）局部稳定

实腹式压弯构件，当板件过薄时，腹板或受压翼缘在尚未达到强度极限值或构件丧失整体稳定之前，就可能发生波曲及屈曲（即局部失稳）。压弯构件的局部稳定采用限制板件宽（高）厚比的方法来保证。

4）刚度

压弯构件的刚度计算与轴心受压构件相同，容许长细比也相同。

## 四、钢结构的连接

### （一）钢结构的连接方法

钢结构的连接方法有焊接连接、铆钉连接和螺栓连接（图 3-65）。

**1. 焊接连接**

焊接是钢结构中应用最广泛的一种连接方法。它的优点是构造简单，用钢量省，加工简便，连接的密封性好，刚度大，易于采用自动化操作。缺点是焊件会产生焊接残余应力和焊接残余变形；焊接结构对裂纹敏感，局部裂纹会迅速扩展到整个截面；焊缝附近材质变脆。

焊接连接的方法有很多，其中手工电弧焊、自动或半自动埋弧电弧焊和二氧化碳气体保护焊最为常见。

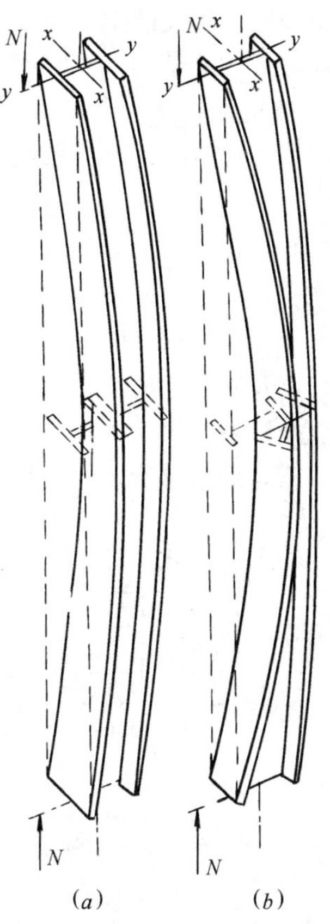


图 3-64　压弯构件两种整体屈曲（两端铰接）

（a）弯矩作用平面内（弯曲）屈曲；（b）弯矩作用平面外（弯扭）屈曲

手工电弧焊由焊条，夹焊条的焊把，电焊机，焊件和导线组成。常用的焊条为 E43××、E50××和 E55××型。字母 E 表示焊条，后面的两位数表示熔敷金属（焊缝金属）抗拉强度的最小值，如 43 表示熔敷金属抗拉强度为 $f_u=43\text{kg/mm}^2$；第三位数字表示适用的焊接位置（平焊、横焊、立焊和仰焊）；第三位和第四位数字组合时表示药皮类型和适用的焊接电源种类。手工电弧焊设备简单，操作灵活，适用性强，是钢结构中最常用的焊接方法。后两种焊接方法的生产效率高，焊接质量好，在金属结构制造厂中常用。

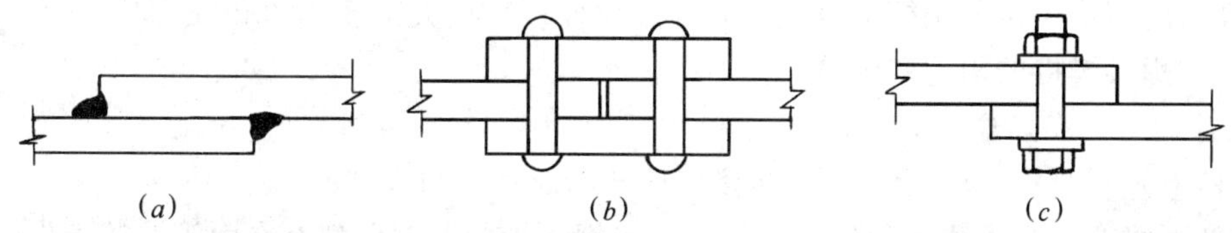


图 3-65　钢结构的连接方法

（a）焊接连接；（b）铆钉连接；（c）螺栓连接

**2. 铆钉连接**

铆钉连接是将一端带有预制钉头的铆钉，插入被连接构件的钉孔中，利用铆钉或压铆机将另一端压成封闭钉头而成。铆钉连接因费钢费工，劳动条件差，成本高，现已很少采用。但因铆钉连接的塑性和韧性好，传力可靠，质量易于检查，所以在某些重型和经常受动力荷载作用的结构，有时仍采用铆钉连接。

**3. 螺栓连接**

螺栓连接可分为普通螺栓连接和高强度螺栓连接。

（1）普通螺栓连接，主要用在安装连接和可拆装的结构中。普通螺栓有两种类型：一种是粗制螺栓（称为C级），它的制作精度较差，孔径比栓杆直径大1.0～1.5mm，便于制作和安装。粗制螺栓连接，适用于承受拉力，而受剪性能较差。因此，它常用于承受拉力的安装螺栓连接（同时有较大剪力时常另加承托承受），次要结构和可拆卸结构的抗剪连接，以及安装时的临时固定。另一种是精制螺栓（A级或B级），它的制作精度较高，孔径比栓杆直径只大0.3～0.5mm，连接的受力性能较粗制螺栓连接好，但其制作和安装都较费工，价格昂贵，故钢结构中较少采用。

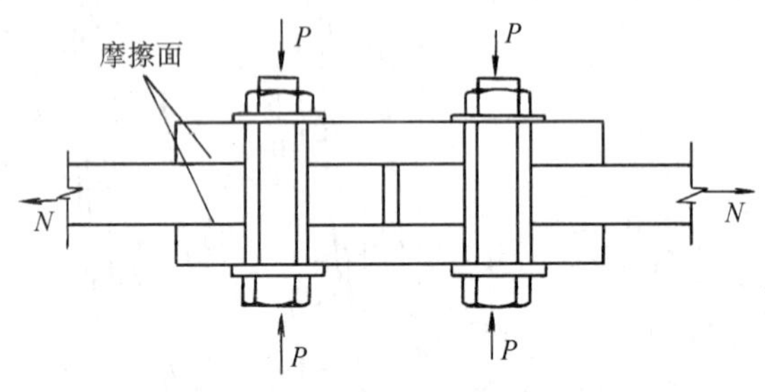

图3-66　高强度螺栓连接

（2）高强度螺栓（包括螺帽和垫圈均采用高强度材料制作），安装时，用特制的扳手拧紧螺母给栓杆施加很大的预拉力，从而在被连接板件的接触面上产生很大的压力（图3-66）。当受剪力时，按设计和受力要求的不同，可分为摩擦型和承压型两种。

摩擦型高强度螺栓连接：这种连接仅依靠板件接触面间的摩擦力传递剪力，即保证连接在整个使用期间剪力不超过最大摩擦力。这种连接，板件间不会产生相对滑移，其工作性能可靠，耐疲劳，在我国已取代铆钉连接并得到越来越广泛的应用，可应用于非地震区，也可用于地震区。

承压型高强度螺栓连接：这种连接是依靠板件间的摩擦力与栓杆承压和抗剪共同承受剪力。连接的承载力较摩擦型的高，可节约螺栓。但这种连接受剪时的变形比摩擦型大，所以只适用于承受静荷载和对结构变形不敏感的连接中，不宜用于地震区。

高强度螺栓的强度等级分8.8级和10.9级两种。小数点前“8”和“10”表示螺栓经热处理后的最低抗拉强度；“.8”和“.9”表示螺栓经热处理后的屈服点与抗拉强度之比。如8.8级表示螺栓经热处理后的最低抗拉强度 $f_u \geqslant 800\text{N/mm}^2$，屈服点与抗拉强度之比为0.8。高强度螺栓连接采用标准圆孔，其孔径比栓杆直径大1.5～3.0mm。

## （二）焊接连接的构造和计算

**1. 连接形式和焊缝形式**

连接形式有对接、搭接和T形连接三种基本形式（图3-67）。

焊缝形式有对接焊缝和角焊缝两种。对接焊缝指焊缝金属填充在由被连接板件构成的坡口内，成为被连接板件截面的组成部分，见图3-67（*a*）、（*d*）。角焊缝指焊缝金属填充在由被连接板件构成的直角或斜角区域内，见图3-67（*b*）、（*c*）。板件构成为直角时称为直角角焊缝；为锐角或钝角时称为斜角角焊缝。直角角焊缝最常用。

由对接焊缝构成的对接，构件位于同一平面，截面无显著变化，传力直接，应力集中小，钢板和焊条用量省。但要求构件平直，板较厚时（≥10mm）还要对板的焊接边缘进

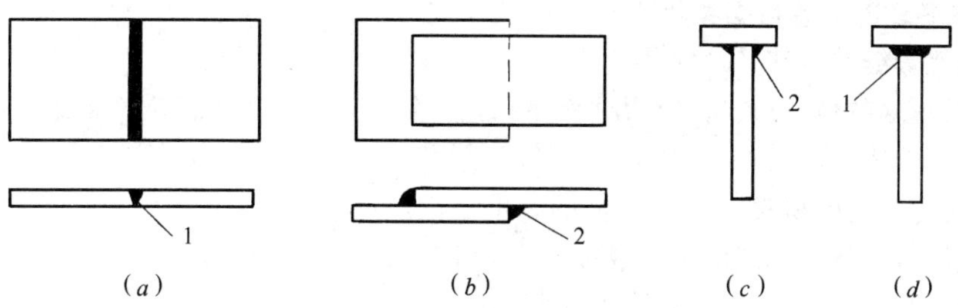


图 3-67　焊接连接的形式

(a) 对接；(b) 搭接；(c)、(d) T 形连接

1—对接焊缝；2—角焊缝

行坡口加工，故较费工。角焊缝连接，由于板件相叠，截面突变，应力集中较大，且较费料，但施工简便，因而应用较普遍。T 形连接板件相互垂直，一般采用角焊缝，直接承受动力荷载时应采用对接焊缝。

**2. 焊缝代号**

钢结构图纸中用焊缝代号标注焊缝形式、尺寸和辅助要求。焊缝代号由引出线、图形符号和辅助符号三部分组成。图形符号表示焊缝剖面的基本形式。当引出线的箭头指向焊缝所在的一面时，应将图形符号和焊缝尺寸等注在水平横线的上面；当箭头指向对应焊缝所在的另一面时，则应将图形符号和焊缝尺寸标注在水平横线下面。表 3-35 给出了几个常用焊缝的形式及标注方法。

**焊缝形式及标注方法**　　　　**表 3-35**

| 焊缝名称 | 角焊缝 | | | | 槽焊缝 | 对接焊缝 |
|---|---|---|---|---|---|---|
| | 单面焊缝 | 双面焊缝 | 安装焊缝 | 周围焊缝 | | |
| 形式 | $h_f$ | $h_f$　$h_f$ | | | | $\alpha_1$　$b$　$\alpha_2$　$p$ |
| 标注方法 | $h_f$<br>$h_f$ | $h_{f1}$<br>$h_{f2}$ | $p$ | $h_f$<br>$h_f$ | | $p$　$\alpha_1$　$b$　$\alpha_2$<br>$p$　$\alpha_1$　$b$　$\alpha_2$ |

**3. 对接焊缝连接的构造和计算**

（1）对接焊缝的构造

1）对接焊缝的坡口形式，宜根据板厚和施工条件按现行国家标准《钢结构焊接规范》GB 5066 的要求选用。

2）在对接焊缝的拼接处：当焊件的宽度不同或厚度相差 4mm 以上时，应分别在宽度方向或厚度方向从一侧或两侧做成坡度不大于 1/2.5 的斜角，如图 3-68 所示。

3）对接焊缝的起点和终点，常因不能熔透而出现凹形焊口，为避免其受力而出现裂纹及应力集中，对于重要的连接，焊接时应采用引弧板，将焊缝两端引至引弧板上，然后再将多余的部分割除（图 3-69）。

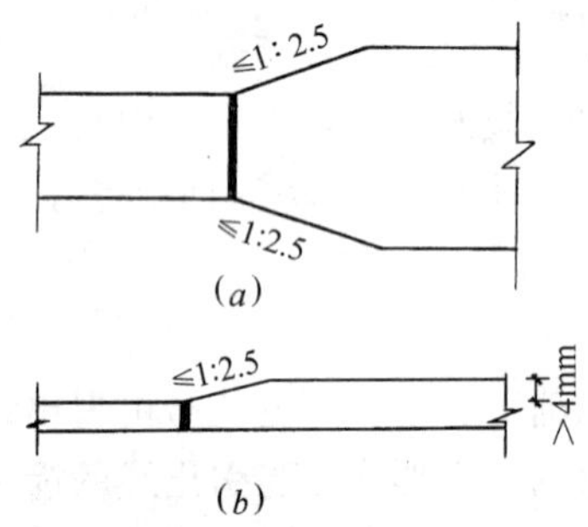


图 3-68 变宽度变厚度钢板的焊接
（*a*）变宽度；（*b*）变厚度

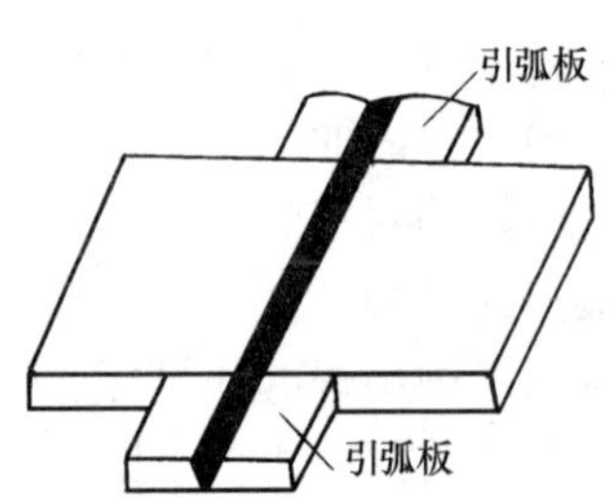


图 3-69 对接焊缝的引弧板

（2）对接焊缝的计算

1）对接焊缝的强度

《钢结构工程施工质量验收规范》对焊缝的质量检验标准分成三级：一、二级要求焊缝不但要通过外观检查，同时要通过 *X* 光或 $\gamma$ 射线的一、二级检验标准；三级则只要求通过外观检查。能通过一、二级检验标准的焊缝，其质量为一、二级，焊缝的抗拉强度设计值与焊件的抗拉强度设计值相同；未通过一、二级检验标准或只通过外观检查的对接焊缝，其质量均属于三级，焊缝的抗拉强度设计值为焊件强度设计值的 0.85 倍。当对接焊缝承受压力或剪力时，焊缝中的缺陷对强度无明显影响。因此，对接焊缝的抗压和抗剪强度设计值均与焊件的抗压和抗剪强度设计值相同。

2）对接焊缝的计算

对接焊缝截面上的应力分布与焊件截面上的应力分布相同，按力学中计算杆件截面应力的方法计算焊缝截面的应力，并保证不超过焊缝的强度设计值。

对接焊缝在轴向力（拉力或压力）作用下，见图 3-70（*a*），假设焊缝截面上的应力是均匀分布的，按下式计算：

$$\sigma = \frac{N}{l_{\mathrm{w}} h_{\mathrm{e}}} \leqslant f_{\mathrm{t}}^{\mathrm{w}} \text{ 或 } f_{\mathrm{c}}^{\mathrm{w}} \tag{3-65}$$

式中 $N$——轴心拉力或轴心压力设计值；

$l_{\mathrm{w}}$——焊缝计算长度，取等于焊件宽度，当未采用引弧板时取焊件宽度减去 10mm；

$h_{\mathrm{e}}$——对接接头中较薄焊件厚度（T 形接头中为腹板厚度）；

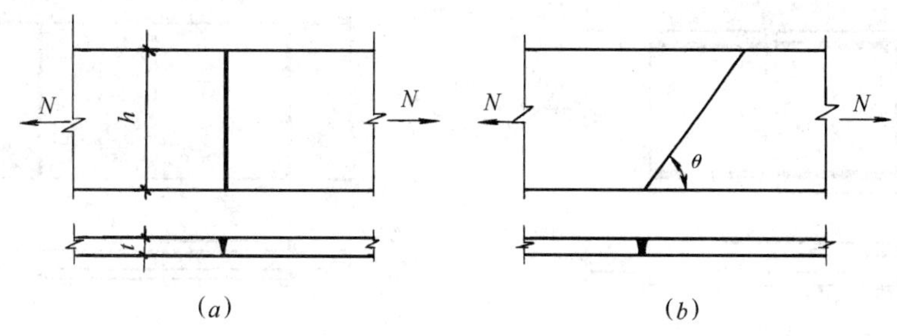


图 3-70
(*a*) 直焊缝；(*b*) 斜焊缝

$f_t^w$、$f_c^w$——分别为对接焊缝的抗拉，抗压强度设计值。

当承受轴心力的焊件用斜对接焊缝时，如图 3-70（*b*）所示，若焊缝与作用力间的夹角符合 $\tan\theta \leqslant 1.5$ 时，其强度可不计算。

**4. 直角角焊缝的构造和计算**

（1）角焊缝的构造

直角角焊缝是钢结构中最常用的角焊缝。这里主要讲述直角角焊缝的构造和计算。

1）角焊缝的尺寸

直角角焊缝中最常用的是普通式［图 3-71（*a*）］，其他如平坡凸形［图 3-71（*b*）］、凹面形［图 3-71（*c*）］，主要是为了改变受力状态，减小应力集中，一般多用于直接承受动力荷载的结构构件的连接中。角焊缝的焊脚尺寸是指角焊缝的直角边，以其中较小的直角边 $h_f$ 表示（图 3-71），与 $h_f$ 成 45°喉部的长度为角焊缝的有效高度 $h_e$（亦即角焊缝的计算高度），$h_e = \cos45° \times h_f \approx 0.7h_f$。

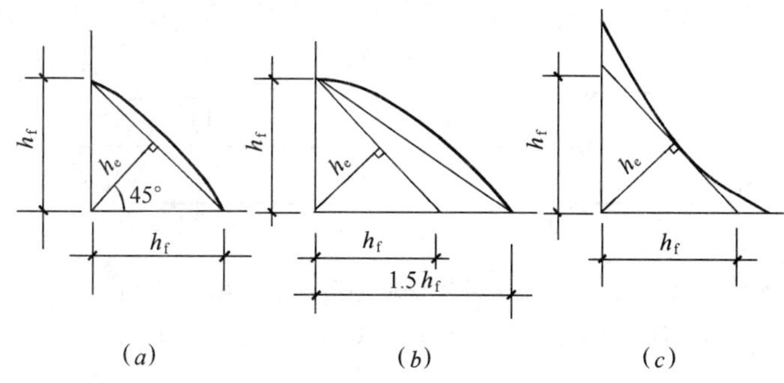


图 3-71　直角角焊缝截面的有效高度
(*a*) 普通形；(*b*) 平坡凸形；(*c*) 凹面形

2）角焊缝计算长度。焊缝计算长度 $l_w$ 取其实际长度减去 $2h_f$。

角焊缝按外力作用方向分为平行于外力作用方向的侧面角焊缝和垂直于外力作用方向的正面角焊缝或称端焊缝（图 3-72）。

（2）角焊缝的尺寸限制

1）角焊缝的焊脚尺寸

角焊缝最小焊脚尺寸宜按表 3-36 取值，承受动荷载的角焊缝最小焊脚尺寸为 5mm。

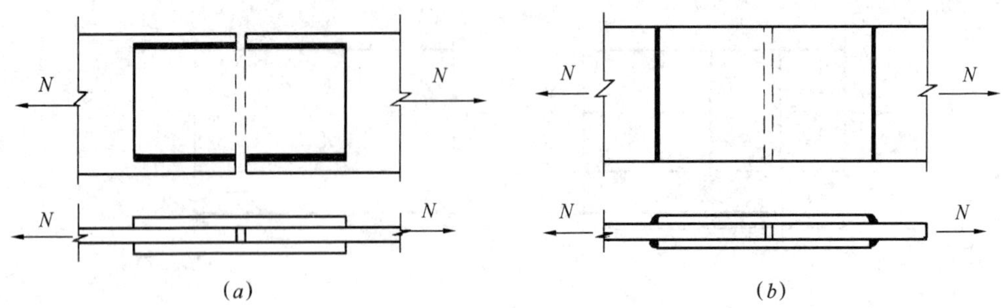


图 3-72
（a）侧面角焊缝；（b）正面角焊缝

**角焊缝最小焊脚尺寸**（mm） **表 3-36**

| 母材厚度 $t$ | 角焊缝最小焊脚尺寸 $h_f$ |
|---|---|
| $t \leqslant 6$ | 3 |
| $6 < t \leqslant 12$ | 5 |
| $12 < t \leqslant 20$ | 6 |
| $t > 20$ | 8 |

注：1. 采用不预热的非低氢焊接方法进行焊接时，$t$ 等于焊接连接部位中较厚件厚度，宜采用单道焊缝；采用预热的非低氢焊接方法或低氢焊接方法进行焊接时，$t$ 等于焊接连接部位中较薄件厚度；

2. 焊缝尺寸 $h_f$ 不要求超过焊接连接部位中较薄件厚度的情况除外。

搭接焊缝沿母材棱边的最大焊脚尺寸，当板厚不大于 6mm 时，应为母材厚度，当板厚大于 6mm 时，应为母材厚度减去 1～2mm（图 7-73）。

2）角焊缝的计算长度

角焊缝的最小计算长度：侧面角焊缝和正面角焊缝的最小计算长度 $l_{wmin} = 8h_f$ 和 40mm。

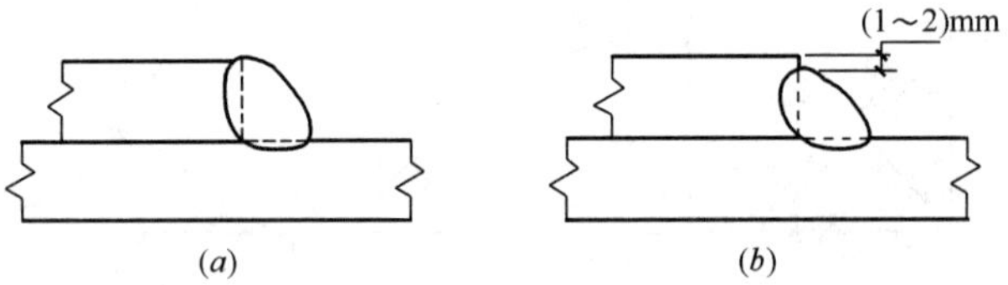


图 3-73 搭接焊缝沿母材棱边的最大焊脚尺寸
（a）母材厚度小于等于 6mm 时；（b）母材厚度大于 6mm 时

角焊缝的最小计算长度应为其焊脚尺寸 $h_f$ 的 8 倍，且不应小于 40mm；焊缝计算长度应为扣除引弧、收弧长度后的焊缝长度。

断续角焊缝焊段的最小长度不应小于最小计算长度。

角焊缝的搭接焊接连接中，当焊缝计算长度 $l_w$ 超过 $60h_f$ 时，焊缝的承载力设计值应乘以折减系数 $\alpha_f$，$\alpha_f = 1.5 - \frac{l_w}{120h_f}$，并不小于 0.5。

（3）其他构造要求

1）传递轴向力的部件，其搭接连接最小搭接长度应为较薄件厚度的 5 倍，且不应小于 25mm，并应施焊纵向或横向双角焊缝。

2）只采用纵向角焊缝连接型钢杆件端部时，型钢杆件的宽度不应大于 200mm，当宽度大于 200mm 时，应加横向角焊缝或中间塞焊；型钢杆件每一侧纵向角焊缝的长度不应小于型钢杆件的宽度。

3）型钢杆件搭接连接采用围焊时，在转角处应连续施焊。杆件端部搭接角焊缝作绕焊时，绕焊长度不应小于焊脚尺寸的 2 倍，并应连续施焊。

4）在次要构件或次要焊接连接中，可采用断续角焊缝。断续角焊缝焊段的长度不得小于 $10h_f$ 或 50mm，其净距不应大于 $15t$（对受压构件）或 $30t$（对受拉构件），$t$ 为较薄焊件厚度。腐蚀环境中不宜采用断续角焊缝。

（4）角焊缝的计算

1）计算原则

角焊缝的受力状态十分复杂，建立角焊缝的计算公式主要靠试验分析。通过对角焊缝的大量试验分析，得到如下结论及计算原则：

① 计算时，不论角焊缝受力方向如何，均取角焊缝在 45°喉部截面为计算截面，计算截面高度为 $h_e$（不考虑余高，如图 3-71 所示）。

② 正面角焊缝的强度一般为侧面角焊缝强度的 1.35～1.55 倍。

③ 角焊缝的抗拉、抗压、抗剪设计强度设计值均采用同一指标，用 $f_f^w$ 表示。

2）角焊缝的计算

① 角焊缝在轴心力作用下的计算

轴心力指外力作用通过焊缝群的形心。

a. 在与焊缝长度方向平行的轴心力作用下，如图 3-72（$a$）所示：

$$\tau_f = \frac{N}{h_e l_w} \leqslant f_f^w \tag{3-66}$$

式中 $\tau_f$——按角焊缝的计算截面计算，沿焊缝长度方向的剪应力；

$N$——轴心力（拉力、压力、剪力）；

$h_e$——角焊缝计算截面的高度，直角角焊缝取 $0.7h_f$；

$l_w$——角焊缝的计算长度，对每条焊缝取其实际长度减去 $2h_f$；

$f_f^w$——角焊接的强度设计值。

b. 在与焊缝长度方向垂直的轴心力作用下，如图 3-72（$b$）所示：

$$\sigma_f = \frac{N}{h_e l_w} \leqslant \beta_f f_f^w \tag{3-67}$$

式中 $\sigma_f$——按角焊缝计算截面计算，垂直于焊缝长度方向的应力；

$\beta_f$——正面角焊缝强度提高系数，直接承受动荷载时取 1.0；其他荷载情况取 1.22。

② 角焊缝在其他力或各种力综合作用下的计算：

图 3-74（$a$）为搭接连接，图 3-74（$b$）为 T 形连接，在轴心力 $N$、剪力 $V$ 和扭矩 $T$ 或弯矩 $M$ 的共同作用下，焊缝危险点（图中 $A$ 点）应满足：

$$\sqrt{\left(\frac{\sigma_f}{\beta_f}\right)^2 + \tau_f^2} \leqslant f_f^w \tag{3-68}$$

式中 $\sigma_f$——按焊缝有效截面（$h_e l_w$）计算，垂直于焊缝长度方向的应力；

$\tau_f$——按焊缝有效截面计算，沿焊缝长度方向的剪应力；

其他符号同前。

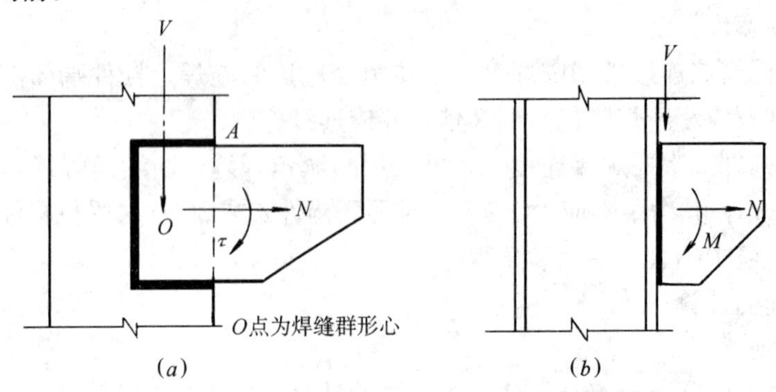


图 3-74 角焊缝在几种力综合作用下

## （三）螺栓连接的构造与计算

### 1. 螺栓连接的构造

（1）螺栓的排列

螺栓的排列分并列和错列两种形式（图 3-75）。并列形式比较简单，整齐，应尽可能采用；错列形式可以减少钢板截面面积的削弱，在型钢的肢上布置螺栓时，常受到肢宽的限制而必须采用错列。

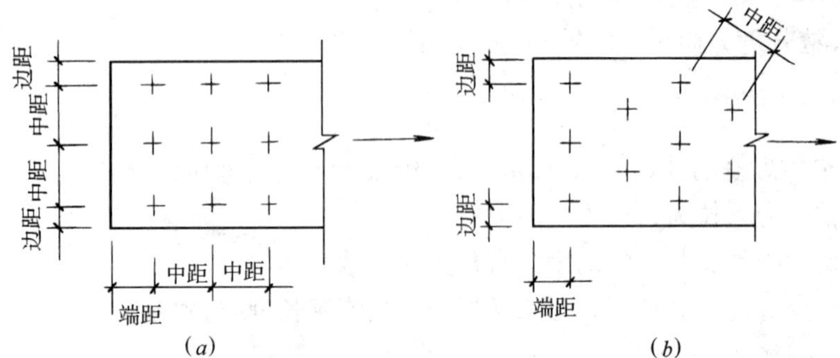


图 3-75 螺栓的排列

（a）并列；（b）错列

中心距：$3d_0$；端距（顺力方向）：$2d_0$；边距（垂直力方向）：$1.5d_0$

$d_0$—螺栓（或铆钉）孔径

（2）螺栓排列的要求

1）受力要求：按受力要求，螺栓的间距不宜过大或过小。例如，受压构件顺作用力方向的中距过小时，构件容易压屈鼓出；端距过小时，前部钢板则可能被剪坏。

2）构造要求：螺栓间距过大时，构件接触面不严密，当湿度较大时，潮气易侵入，使钢材锈蚀，故螺栓间距不能过大。

3）施工要求：布置螺栓时，还要考虑用扳手拧螺栓的可能性。

（3）螺栓及孔的图例

螺栓、孔、电焊铆钉的图例见表 3-37。

**螺栓、孔、电焊铆钉图例** **表 3-37**

| 序号 | 名称 | 图例 | 说明 |
|---|---|---|---|
| 1 | 永久螺栓 | | ①细"+"线表示定位线<br>②$M$表示螺栓型号<br>③$\phi$表示螺栓孔直径<br>④$d$表示膨胀螺栓、电焊铆钉直径<br>⑤采用引出线标注螺栓时，横线上标注螺栓规格，横线下标注螺栓孔直径 |
| 2 | 高强螺栓 | | |
| 3 | 安装螺栓 | | |
| 4 | 胀锚螺栓 | | |
| 5 | 圆形螺栓孔 | | |
| 6 | 长圆形螺栓孔 | | |
| 7 | 电焊铆钉 | | |

## 2. 普通螺栓连接的计算

普通螺栓连接按螺栓的传力方式可分为抗剪螺栓、抗拉螺栓和同时抗剪及抗拉螺栓连接。抗剪螺栓是依靠栓杆的抗剪以及螺栓对孔壁的承压传递垂直于螺栓杆方向的剪力（图 3-76）；抗拉螺栓则是螺栓承受沿杆长方向的拉力（图 3-77）。

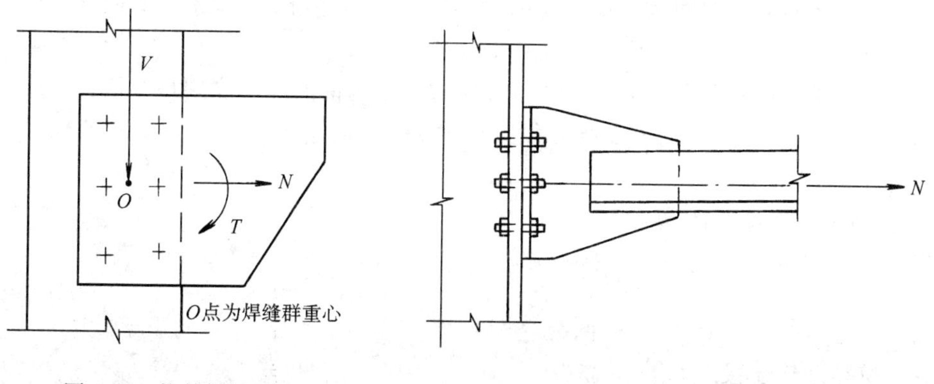


图 3-76 抗剪螺栓连接

图 3-77 抗拉普通螺栓连接

（1）抗剪普通螺栓连接的计算

1）连接的破坏形式

抗剪普通螺栓连接有五种可能的破坏形式：

① 当螺栓直径较小，板件较厚时，螺栓可能被剪断，见图 3-78（*a*）；

② 当螺栓直径较大，板件相对较薄时，构件孔壁可能被挤压破坏，见图 3-78（*b*）；

③ 当栓孔对构件的削弱过大时，构件可能在削弱处被拉断，见图 3-78（*c*）；

④ 当螺栓杆过长时，螺栓杆可能发生过大的弯曲变形而使连接破坏，见图 3-78（*d*）；

⑤ 当端距过小时，板端可能受冲剪而破坏，见图 3-78（*e*）。

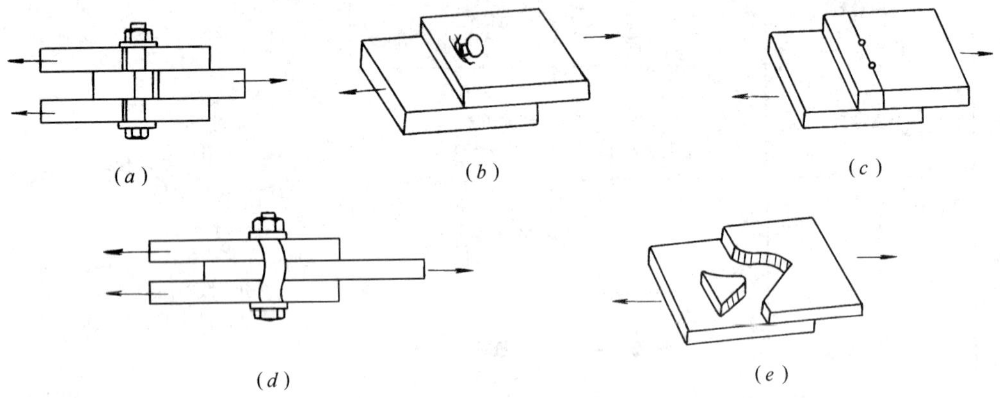


图 3-78　抗剪普通螺栓连接的破坏形式

上述五种情况中，后两种情况可以采取构造措施防止，如被连接构件板重叠厚度不大于 5 倍的螺栓直径，可以避免螺栓过度弯曲破坏；端距不小于 2 倍螺栓的孔径，可以避免构件端部板被剪坏。前三种情况则须通过计算来保证。

2）抗剪普通螺栓连接的计算。

① 一个抗剪螺栓的承载力设计法

抗剪设计承载力：
$$N_{\mathrm{v}}^{\mathrm{b}} = n_{\mathrm{v}} \frac{\pi d^2}{4} f_{\mathrm{v}}^{\mathrm{b}} \tag{3-69}$$

承压设计承载力：
$$N_{\mathrm{c}}^{\mathrm{b}} = d \sum t f_{\mathrm{c}}^{\mathrm{b}} \tag{3-70}$$

式中　$n_{\mathrm{v}}$——螺栓的受剪面数，单面受剪时，取 $n_{\mathrm{v}}=1$，双面受剪时，取 $n_{\mathrm{v}}=2$；

$d$——螺栓杆直径，常用的直径有 16mm、20mm；

$\sum t$——在不同受力方向中一个受力方向的承压构件的总厚度的最小值；

$f_{\mathrm{v}}^{\mathrm{b}}$、$f_{\mathrm{c}}^{\mathrm{b}}$——分别为螺栓的抗剪强度设计值和承压强度设计值，按《钢结构标准》表 4.4.6 采用。

② 抗剪螺栓连接的计算

如图 3-76 所示，抗剪螺栓连接在几种外力综合作用下，每个螺栓应满足：

$$N_{\mathrm{v}} \leqslant N_{\mathrm{v}}^{\mathrm{b}} \text{ 及 } N_{\mathrm{c}}^{\mathrm{b}} \tag{3-71}$$

（2）抗拉螺栓连接的计算

如图 3-77 所示，普通螺栓承受沿螺栓杆轴线方向的拉力 $N$ 的作用，此时一个螺栓的抗拉承载力设计值为：

$$N_{\mathrm{t}}^{\mathrm{b}} = \frac{\pi d_{\mathrm{e}}^2}{4} f_{\mathrm{t}}^{\mathrm{b}} \tag{3-72}$$

式中　$d_e$——螺栓在螺纹处的有效直径；

$f_t^b$——螺栓抗拉强度设计值，按《钢结构标准》表 4.4.6 采用。

抗拉螺栓连接中，每个螺栓应满足：

$$N_t \leqslant N_t^b \tag{3-73}$$

（3）普通螺栓同时承受剪力和拉力的计算

如图 3-79 所示，螺栓群同时承受剪力和拉力，每个螺栓应同时满足：

$$\sqrt{\left(\frac{N_v}{N_v^b}\right)^2 + \left(\frac{N_t}{N_t^b}\right)^2} \leqslant 1 \tag{3-74}$$

$$N_v \leqslant N_c^b \tag{3-75}$$

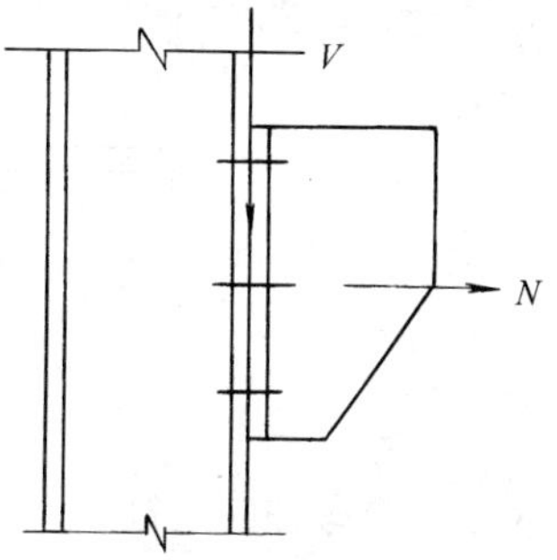

图 3-79　螺栓同时承受剪力和拉力

式中　$N_v$、$N_t$——每个螺栓所受的剪力和拉力。

## 五、构件的连接构造

单个构件必须通过相互连接才能形成整体。构件间的连接，按传力和变形情况可分为铰接、刚接和介于二者之间的半刚接三种基本类型。半刚接在设计中采用较少，故这里仅讲述铰接和刚接的构造。

### （一）次梁与主梁的连接

#### 1. 次梁与主梁铰接

次梁与主梁铰接从构造上可分为两类：一类如图 3-80（*a*）所示的叠接，即次梁直接放在主梁上，并用焊缝或螺栓连接。叠接需要的结构高度大，所以应用常受到限制。另一类是如图 3-80（*b*）、（*c*）所示主梁与次梁的侧向连接。这种连接可以减小梁格的结构高度，并增加梁格刚度，应用较多。图 3-80（*b*）为次梁借助于连接角钢与主梁连接，连接角钢与次梁采用螺栓和安装焊缝相连。图 3-80（*c*）的构造是将次梁用螺栓或安装焊缝连接于主梁的加劲肋上。

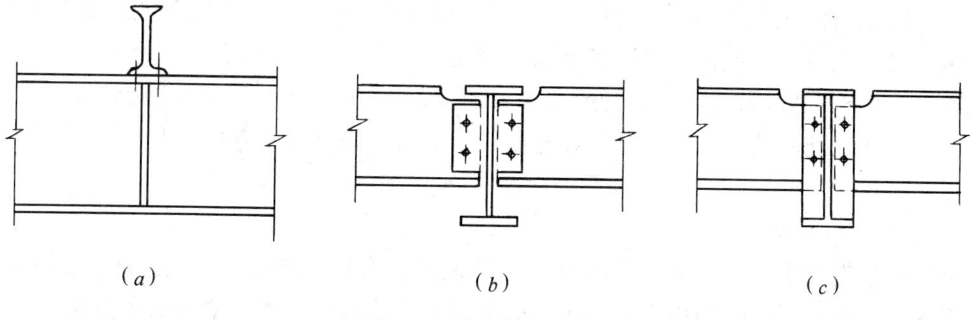


图 3-80　次梁与主梁铰接

#### 2. 次梁与主梁刚接

次梁与主梁刚接可采用如图 3-81 所示的构造，这种连接的实质是把相邻次梁连接或支承于主梁上的连续梁。为了承受次梁端部的弯矩 $M$，在次梁上翼缘处设置连接盖板，盖板与次梁上翼缘用焊缝连接。次梁下翼缘与支托顶板也用焊缝连接。

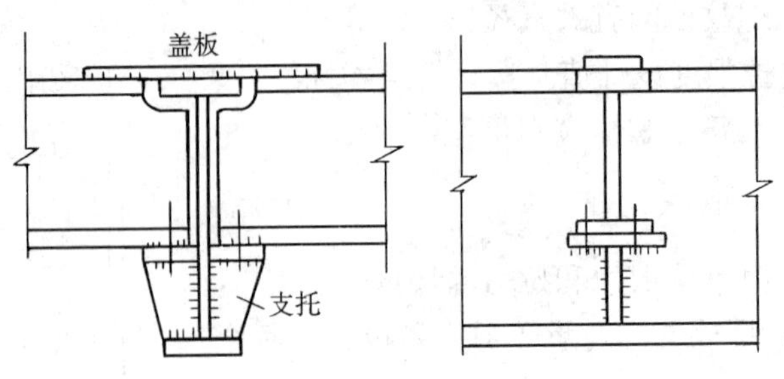


图 3-81　次梁与主梁刚接

**(二) 梁与柱的连接**

**1. 梁与柱的铰接**

梁与柱的铰接有两种构造形式：一种是将梁直接放在柱顶上（图 3-82）；另一种是将梁与柱的侧连接（图 3-83）。

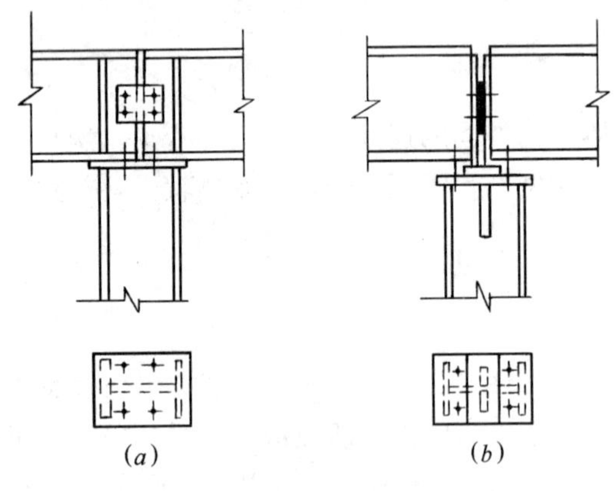


图 3-82　梁与柱铰接

图 3-82 是梁支承于柱顶的铰接构造，梁的反力通过柱的顶板传给柱；顶板一般取16～20mm厚，与柱焊接；梁与顶板用普通螺栓相连。图 3-82（*a*）中，梁支承加劲肋对准柱的翼缘，相邻梁之间留一空隙，以便安装时有调节余地。最后用夹板和构造螺栓相连。这种连接形式传力明确，构造简单，但当两相邻梁反力不等时即引起柱的偏心受压。图 3-82（*b*）中，梁的反力通过突缘加劲肋作用于柱轴线附近，即使两相邻梁反力不等，柱仍接近轴心受压。突缘加劲肋底部应刨平顶紧于柱顶板；在柱顶板下应设置加劲肋；两相邻梁间应留一些空隙便于安装时调节，最后嵌入合适的垫板并用螺栓相连。

图 3-83 是梁与柱侧相连，常用于多层框架中，图 3-83（*a*）适用于梁反力较小的情况，梁直接放置在柱的牛腿上，用普通螺栓相连；梁与柱侧间留一空隙，用角钢和构造螺栓相连。图 3-83（*b*）做法适用于梁反力较大情况，梁的反力由端加劲肋传给支托；支托采用厚钢板或加劲后的角钢与柱侧用焊缝相连；梁与柱侧仍留一空隙，安装后用垫板和螺栓相连。

**2. 梁与柱的刚接**

刚接的构造要求是不仅传递反力且能有效地传递弯矩。图 3-84 是梁与柱刚接的一种构造形式。这里，梁端弯矩由焊于柱翼缘的上下水平连接板传递，梁端剪力由连接于梁腹板的垂直肋板传递。为保证柱腹板不至于压坏或局部失稳以及柱翼缘板受拉发生局部弯曲，通常都设置水平加劲肋。

**(三) 柱脚**

柱脚的作用是把柱下端固定并将其内力传给基础。由于混凝土的强度远低于钢材的强度，所以必须把柱的底部放大，以增加其与基础顶部的接触面积。

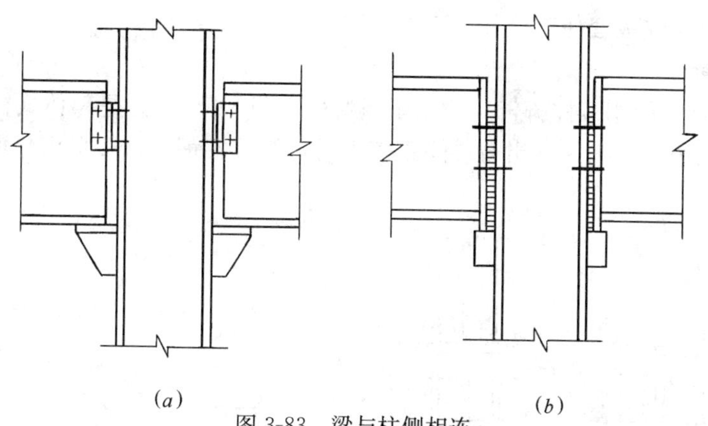

图 3-83 梁与柱侧相连

## 1. 铰接柱脚

铰接柱脚主要传递轴心压力。因此，轴心受压柱脚一般都做成铰接。当柱轴压力较小时，可采用图 3-85（*a*）的构造形式，柱通过焊缝将压力传给底板，由底板再传给基础。当柱轴压力较大时，为增加底板的刚度又不使底板太厚以及减小柱端与底板间连接焊缝的长度，通常采用图3-85（*b*）、（*c*）、（*d*）的构造形式，在柱端和底板间增设一些中间传力零件，如靴梁、隔板和肋板等。如图3-85（*b*）所示加肋板的柱脚，此时底板宜做成正方形；如图 3-85（*c*）所示加隔板的柱脚，底板常做成长方形。图 3-85（*d*）为格构式轴心受压柱的柱脚。

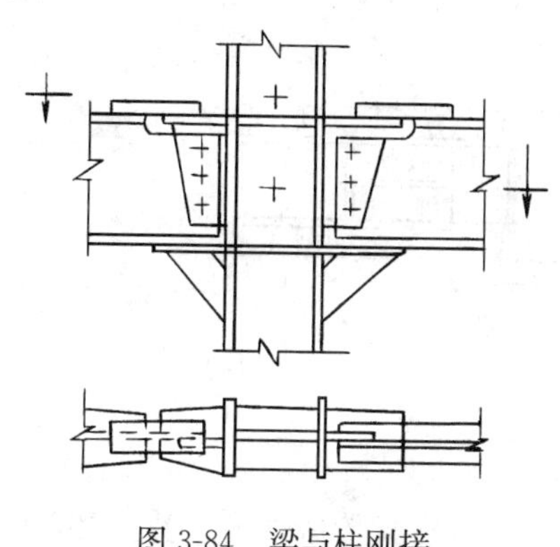

图 3-84 梁与柱刚接

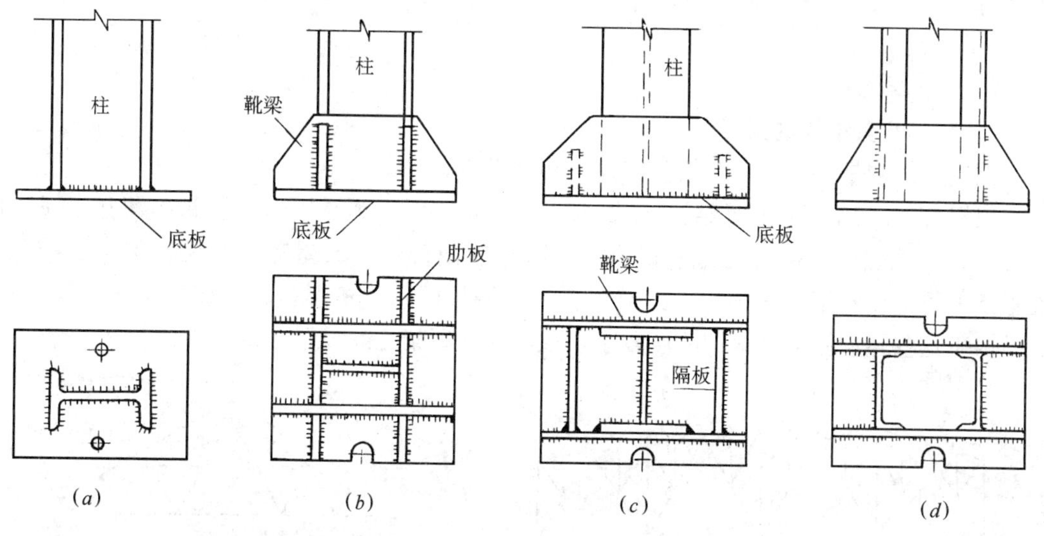


图 3-85 铰接柱脚

柱脚通常采用埋设于基础的锚栓来固定。铰接柱脚沿轴线设置 2～4 个紧固于底板上的锚栓，锚栓直径 20～30mm，底板孔径应比锚栓直径大 1～1.5 倍，待柱就位并调整到设计位置后，再用垫板套住锚栓并与底板焊牢。

**2. 刚接柱脚**

图 3-86 是常见的刚接柱脚，一般用于压弯柱。图 3-86（*a*）是整体式柱脚，用于实腹柱和肢件间距较小的格构柱。当肢件间距较大时，为节省钢材，多采用分离式柱脚，见图 3-86（*b*）。

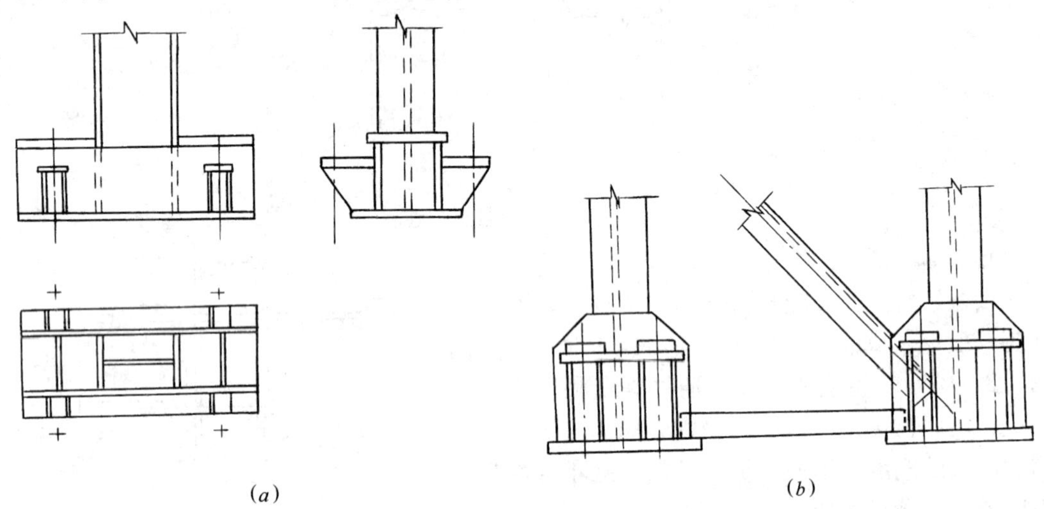

图 3-86　刚接柱脚

刚接柱脚传递轴力、剪力和弯矩。剪力主要由底板与基础顶面间摩擦传递。在弯矩作用下，若底板范围内产生拉力，则由锚栓承受，故锚栓须经过计算确定。锚栓不宜固定在底板上，而应采用如图 3-86 所示的构造，在靴梁两侧焊接两块间距较小的肋板，锚栓固定在肋板上面的水平板上。为方便安装，锚栓不宜穿过底板。

## 六、钢屋盖

### (一) 钢屋盖结构的组成

钢屋盖结构是由屋面、屋架和支撑三部分组成。

根据屋面材料和屋面结构布置情况不同，可分为无檩屋盖和有檩屋盖两种（图 3-87）。无檩屋盖是由钢屋架直接支承大型屋面板；有檩屋盖是在钢屋架上放檩条，在檩条上再铺设石棉瓦、预应力混凝土槽板、钢板网水泥槽形板、大波瓦等轻型屋面材料，由于这些轻型屋面材料的跨度较小，故需要在屋架之间设置檩条。

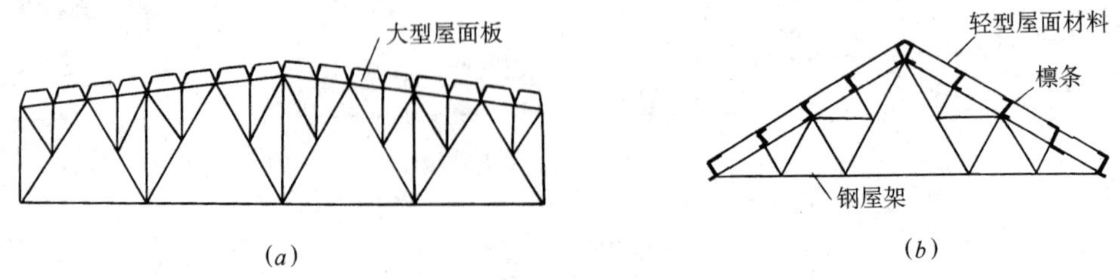


图 3-87　钢屋盖结构的组成

（*a*）无檩屋盖；（*b*）有檩屋盖

无檩屋盖的承重构件仅有钢屋架和大型屋面板，故构件种类和数量都少，安装效率高，施工进度快，便于做保温层，而且屋盖的整体性好，横向刚度大，能耐久，在工业厂房中普遍采用。但也有不足之处，即大型屋面板自重大，用料费、运输和安装不便。

有檩屋盖的承重构件有钢屋架、檩条和轻型屋面材料，故构件种类和数量较多，安装效率低。但是，结构自重轻、用料省、运输和安装方便。

**（二）钢屋架**

屋架的外形、弦杆节间的划分和腹杆布置，应根据房屋的使用要求、屋面材料、荷载、跨度、构件的运输条件以及有无天窗或悬挂式起重设备等因素，按下列原则综合考虑：

（1）屋架的外形应与屋面材料所要求的排水坡度相适应。

（2）屋架的外形尽可能与其弯矩图相适应，使弦杆各节间的内力相差不大。

（3）腹杆的布置要合理。腹杆的总长度要短，数目要少，并应使较长的腹杆受拉、较短的腹杆受压。尽可能使荷载作用于屋架的节点上，避免弦杆受弯。杆件的交角不要小于30°。

（4）节点构造要简单合理、易于制造。当屋架的跨度或高度超过运输界限尺寸时，应尽可能将屋架分为若干个尺寸较小的运送单元。

（5）对于设有天窗架或悬挂式起重运输设备的房屋，还要配合天窗架的尺寸和悬挂吊点的位置来划分和布置腹杆。

**（三）钢屋盖的支撑**

在屋盖结构中，仅仅将简支在柱顶的屋架用大型屋面板或檩条连接起来，它仍是一种几何可变体系，这样的屋盖体系是不稳定的，承担不了水平风荷载的作用。在水平荷载作用下所有的屋架有向同一个方向倾倒的危险，如图3-88（*a*）所示。为了保证房屋的安全，适用和满足施工要求，就要保证结构的稳定性，提高房屋的整体刚度，在体系中就必须设置支撑，将屋架、天窗架、山墙等平面结构互相联系起来成为稳定的空间体系［图3-88（*b*）］。

根据支撑设置部位和所起作用的不同，可将支撑分为上弦横向支撑、下弦横向水平支

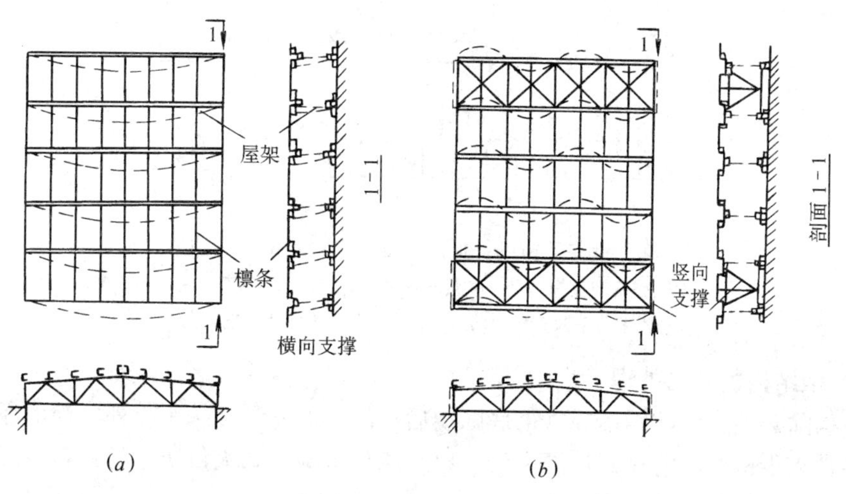


图3-88　屋盖结构简图

（*a*）屋架没有支撑时整体丧失稳定的情况；（*b*）布置支撑后屋盖稳定，屋架上弦自由长度减小

撑、下弦纵向水平支撑、竖向支撑和系杆等五种，见图 3-89 和图 3-90。

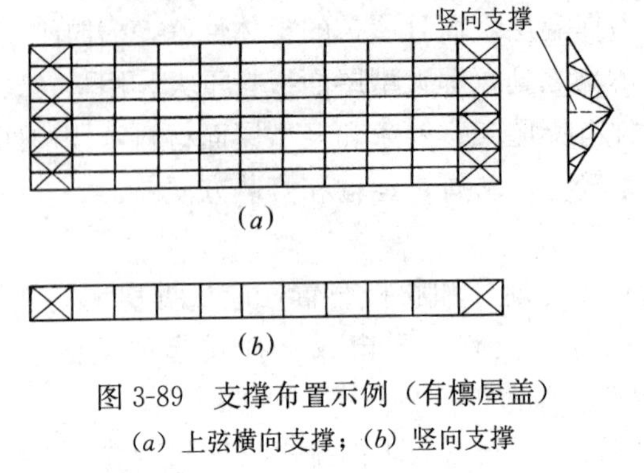


图 3-89　支撑布置示例（有檩屋盖）

(a) 上弦横向支撑；(b) 竖向支撑

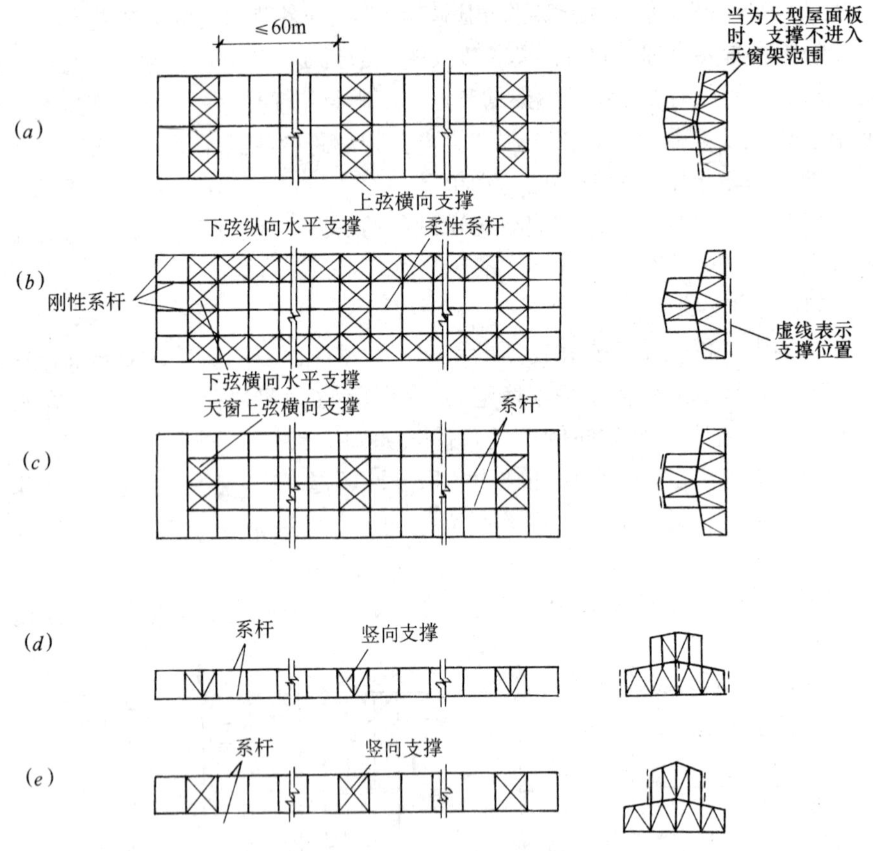


图 3-90　设有天窗的梯形屋架支撑布置示例（无檩屋盖）

(a) 屋架上弦横向支撑；(b) 屋架下弦水平支撑；(c) 天窗上弦横向支撑；

(d) 屋架跨中及支座处的竖向支撑；(e) 天窗架侧柱竖向支撑

**(四) 钢结构的防锈处理**

钢结构除必须采取防锈措施（彻底除锈后，涂以油漆和镀锌等）外，尚应在构造上尽量避免出现难于检查、清刷和油漆之处，以及能积留湿气和大量灰尘的死角或凹槽。闭口截面构件应沿全长和端部焊接封闭。

柱脚在地面以下的部分应采用强度等级较低的混凝土包裹（保护层厚度不应小于

50mm)，并应使包裹的混凝土高过地面约 150mm。当柱脚底面在地面以上时，则柱脚底面应高出地面不小于 100mm。

受侵蚀介质作用的结构以及在使用期间不能重新油漆的结构部位应采取特殊的防锈措施。受侵蚀性介质作用的柱脚不宜埋入地下。

## 第五节　木　结　构

### 一、木结构用木材

#### （一）木结构的特点和适用范围

由木材或主要由木材组成的承重结构称为木结构。由于树木分布广泛，易于取材，采伐加工方便，同时木材质轻，所以很早就被广泛地用来建造房屋和桥梁。木材是天然生成的建筑材料，它有以下一些缺点：各向异性、天然缺陷（木节、裂缝、斜纹等）、天然尺寸受限制、易腐、易蛀、易裂和翘曲。因此，木结构要求采用合理的结构形式和节点连接形式，施工时应严格保证施工质量，并在使用中经常注意维护，以保证结构具有足够的可靠性和耐久性。

由于木材生长速度缓慢，我国木材资源有限，因此目前在大、中城市的建设中已不准采用木结构。但在木材产区的县镇，砖木混合结构的房屋还比较常见。近年来，胶合木结构也正在积极研究推广，速生树种的应用范围也在不断扩大，因此，木结构在一定范围内还会得到利用和发展。

承重木结构应在正常温度和湿度环境中的房屋结构和构筑物中使用。凡处于下列生产、使用条件的房屋和构筑物不应采用木结构：

（1）极易引起火灾的；

（2）受生产性高温影响，木材表面温度高于 50℃的；

（3）经常受潮且不易通风的。

#### （二）木结构用材的种类及分类

**1. 木结构用材的种类**

结构用的木材分两类：针叶材和阔叶材。主要承重构件宜采用针叶材，如红松、云杉、冷杉等；重要的木质连接件应采用细密、直纹、无节、无其他缺陷且耐腐的硬质阔叶材，如榆树材、槐树材、桦树材等。

**2. 木结构用材的分类**

木结构构件所用木材根据使用前截面的不同，可分为原木、方木和板材三种。

（1）原木

原木又称圆木，可分为整原木和半原木。原木根部直径较粗，梢部直径较细，其直径变化一般取沿长度相差 1m 变化 9mm。原木梢部直径为梢径。原木直径以梢径来度量。

（2）方材

截面宽度与厚度之比小于 3 的称为方材（方木），常用厚度为 60～240mm。

（3）板材

截面宽度与厚度之比大于 3 的为板材，常用厚度为 15～80mm。

## （三）木材的力学性能

### 1. 木材的受拉性能

木材顺纹抗拉强度最高，而横纹抗拉强度很低，仅为顺纹抗拉强度的1/10～1/40。木材在受拉破坏前变形很小，没有显著的塑性变形，因此属于脆性破坏。

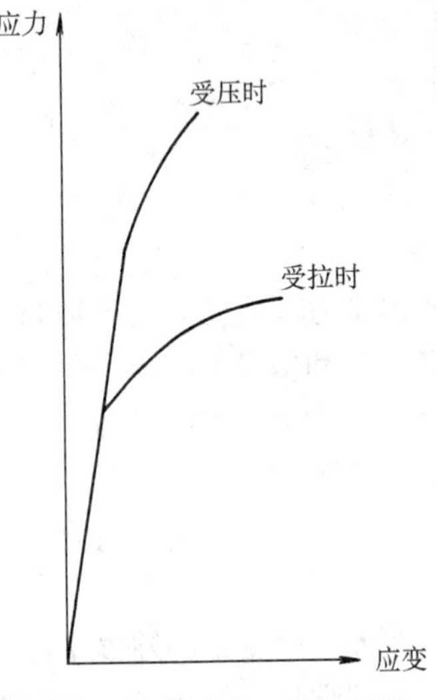

图 3-91　木材受拉、受压时的应力—应变曲线

### 2. 木材的顺纹受压性能

由木材顺纹受压时的应力应变关系（图 3-91）可见，木材受压时具有较好的塑性变形，它可以使应力集中逐渐趋于缓和，所以局部削弱的影响比受拉时小得多。木节对受压强度的影响也较小，斜纹和裂缝等缺陷和疵病也较受拉时的影响缓和，所以木材的受压工作要比受拉工作可靠得多。

### 3. 木材的受弯性能

由木材横向弯曲试验得到试件中部（纯弯曲段）截面的应力分布（图 3-92）。从图中可以看出，截面的应力只在加荷初期才呈直线分布。随着荷载的增加，在截面的受压区，压应力分布将逐渐成为曲线，而受拉区内应力的分布仍接近于直线，中和轴逐渐下移。当受压边缘纤维应力达到其强度极限值时将保持不变，此时的塑性区不断向内扩展，拉应力不断增大，一直到边缘拉应力到达抗拉强度极限时，试件即告破坏。木材的抗弯强度极限是从测得的破坏弯矩 $M$ 按 $\sigma=\frac{M}{W}$求得的（$W$——试件截面抵抗矩），是假定法向应力呈直线分布导出的，并不代表试件破坏时截面的实际应力，它实际上是一个虚设的极限应力，按这个公式求得的极限抗弯强度只是一个折算指标。

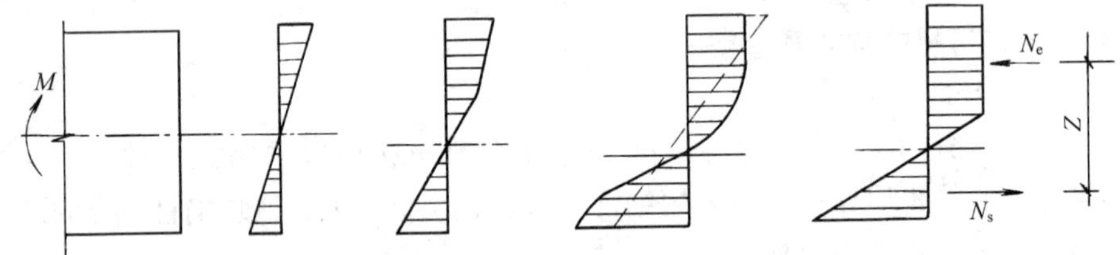

图 3-92　木材受弯的应力阶段

### 4. 木材的承压性能

两个构件利用表面互相接触传递压力叫作承压；作用在接触面上的应力叫作承压力。在构件的接头和连接中常遇到这种情况。

木材承压工作按外力与木纹所成角度的不同，可分为顺纹承压、横纹承压和斜纹承压三种形式（图 3-93）。

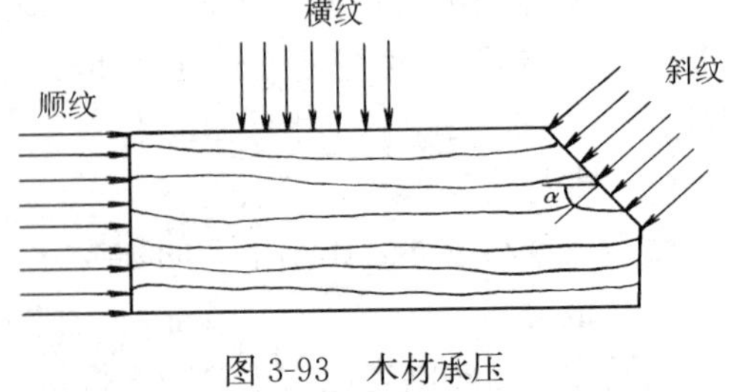

图 3-93　木材承压

木材的强度等级以抗弯强度设计值表示，如 TC17 的抗弯强度 $f_m = 17N/mm^2$。根据《木结构设计标准》GB 50005—2017（以下

简称《木结构标准》）表 4.3.1-3，同一木材强度等级中，抗弯强度（$f_m$）>顺纹抗压及承压（$f_c$）>顺纹抗拉（$f_t$）>横纹承压（$f_{c,90}$）>顺纹抗剪（$f_v$）。

当采用原木，验算部位未经切削时，其顺纹抗压、抗弯强度设计值和弹性模量可提高 15%；当构件矩形截面的短边尺寸≥150mm 时，其强度设计值可提高 10%；当采用含水率大于 25%的湿材时，各种木材的横纹承压强度设计值和弹性模量，以及落叶树木材的抗弯强度设计值宜降低 10%。

（1）顺纹承压

木材的顺纹承压强度一般略低于顺纹抗压的强度，这是由于承压面不可能完全平整，致使承压力分布不均匀；又由于两构件的年轮不可能对准，一构件晚材压入另一构件早材，也使变形增大。但两者相差很小，所以，《木结构标准》将顺纹承压与顺纹抗压强度取同一值。

（2）横纹承压

横纹承压分为局部长度承压、局部长度和局部宽度承压、全表面承压三种情况（图 3-94）。

局部长度承压的强度较高，因为局部长度承压时，不承压部分的纤维对其受压部分的纤维的变形有阻止作用，实际上起到了支持和减载的作用。在局部长度承压中，承压面长度越小，承压强度越高，但如构件全长 $l$ 与承压面长度 $l_c$ 之比 $l/l_c>3$ 时，承压强度将不再提高。此外，如未承压长度不小于构件厚度时，两端将出现开裂（图 3-95），因此构造上要求保证未承压长度小于承压面的长度和构件的厚度。

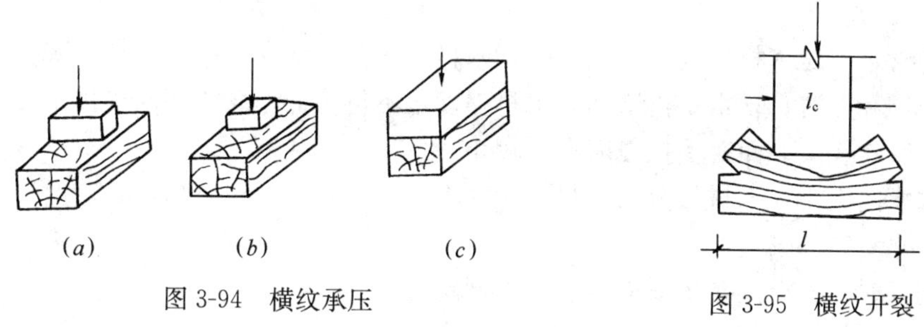


图 3-94　横纹承压

图 3-95　横纹开裂

在部分宽度上的局部承压，因为木材在横纹方向彼此牵制作用很小，所以局部承压中不考虑在宽度方向未受力部分的影响。

木材全部表面横纹承压时变形较大，加荷至一定限度后，由于细胞壁逐渐破裂被压扁，塑性变形发展很快，当所有细胞壁被压扁，木材被压实，其变形逐渐减小直至纤维束失去稳定而破坏。所以横纹全部表面承压的强度最低。

（3）斜纹承压

斜纹承压即外力与木纹成一定角度的局部承压。斜纹承压的强度介于顺纹承压和横纹承压之间。其值随 $\alpha$ 角（图 3-93）的增加而降低。

**5. 木材的受剪性能**

木材的受剪可分为截纹受剪、顺纹受剪和横纹受剪（图 3-96）。

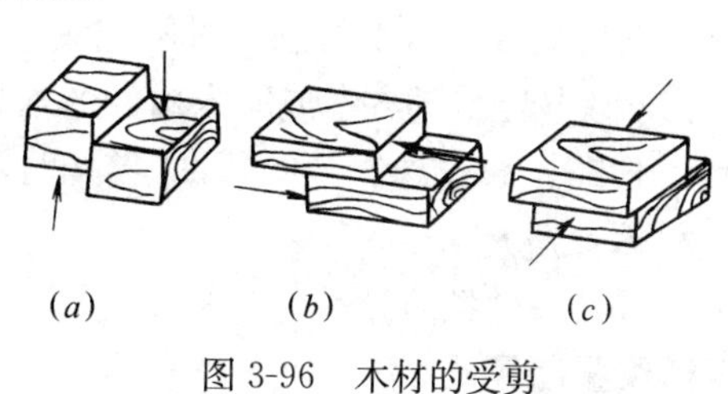


图 3-96　木材的受剪

(a) 截纹；(b) 顺纹；(c) 横纹

截纹受剪是指剪切面垂直于木纹，木材对这种剪切的抵抗能力很大，一般不会发生这种破坏。顺纹受剪是指作用力与木板平行。横纹受剪是指作用力与木纹垂直。横纹剪切强度约为顺纹剪切强度的一半，而截纹剪切则为顺纹剪切强度的 8 倍。木结构中通常多用顺纹受剪。剪切破坏属于脆性破坏。

**(四) 影响木材力学性能的因素**

木材是由管状细胞组成的天然有机材料，它的力学性能受着许多因素的影响。

**1. 木材的缺陷**

天然生长的木材不可避免地会存在一些缺陷，对木材影响最大的缺陷是腐朽、虫蛀，这是任何等级的木材绝对不允许的；此外，对木材影响较大的缺陷有木节、斜纹、裂缝以及髓心。

《木结构标准》将木材材质按缺陷的多少和大小，以及承重结构的受力要求，分Ⅰ、Ⅱ、Ⅲ三个等级（Ⅰ级最好，Ⅲ级最差），见《木结构标准》表 3.1.2。普通木结构承重结构构件按受力方式及受力重要性分为三类：受拉或拉弯构件材质等级选用$Ⅰ_a$级；受弯或压弯构件材质等级选用$Ⅱ_a$级，受压构件及次要受弯构件（如另顶小龙骨）材质等级选用$Ⅲ_a$级，见《木结构标准》表 3.1.3。轻型木结构用规格材可分为目测分级规格材和机械应力分级规格材。目测分级规格材的材质等级分为七级，见《木结构标准》表 3.1.8。机械分级规格材按强度等级分为八级，其等级应符合《木结构标准》表 3.1.6 的规定。

木材强度等级是指不同树种的木材，按抗弯强度设计值来划分的等级。

对木材材质的要求排序为：受拉＞受弯＞受压。

**2. 含水率**

木材的含水率对木材强度有很大影响，木材强度一般随含水率的增加而降低，当含水率达到纤维饱和点时，含水率再增加，木材强度也不再降低。含水率对受压、受弯、受剪及承压强度影响较大，而对受拉强度影响较小。

按含水率的大小，木材可分为干材（含水率≤18%）、半干材（含水率＝18%～25%）和湿材（含水率＞25%）。

制作构件时，木材的含水率应符合下列规定：

(1) 板材、规格材和工厂加工的方木不应大于 19%；

(2) 方木、原木受拉构件的连接板不应大于 18%；

(3) 作为连接件，不应大于 15%；

(4) 胶合木层板和正交胶合木层板应为 8%～15%，且同一构件各层木板间的含水率差别不应大于 5%；

(5) 井干式木结构构件采用原木制作时不应大于 25%；采用方木制作时不应大于 20%；采用胶合原木木材制作时不应大于 18%；

(6) 现场制作的方木或原木构件的木材含水率不应大于 25%。当受条件限制，使用含水率大于 25%木材制作方木或原木结构时，应符合《木结构标准》第 3.1.13 条的要求。

**3. 木纹斜度**

木材是一种各向异性的材料，不同方向的受力性能相差很大，同一木材的顺纹强度最高，横纹强度最低。

此外，木材的力学性能还与受荷载作用时间、温度的高低、湿度等因素的影响有关。

受荷载作用随时间的增长，木材的强度和刚度下降。温度升高、湿度增大，木材的强度和刚度下降。

## 二、木结构构件的计算

木结构计算时，规范规定：

（1）验算挠度和稳定时，取构件的中央截面；

（2）验算抗弯强度时，取最大弯矩处的截面；

（3）标注原木直径时，以小头为准。

### （一）木结构的设计方法

木结构采用以概率理论为基础的极限状态设计方法，计算时考虑以下两种极限状态：

#### 1. 承载能力极限状态

与钢结构一样，按承载能力极限状态设计时，木结构的设计表达式采用应力表示的计算式，木材强度的设计值按《木结构标准》表 4.3.1-3 采用。计算内容包括强度和稳定。

#### 2. 正常使用极限状态

按正常使用极限状态设计时，对结构和构件采用荷载的标准值（按荷载的短期效应组合）验算其变形；对受压构件验算其长细比。

### （二）木结构构件的计算

#### 1. 轴心受拉构件

轴心受拉构件的承载力按下式计算：

$$\frac{N}{A_n} \leqslant f_t \tag{3-76}$$

式中 $N$——轴心受拉构件拉力设计值；

$A_n$——受拉构件的净截面面积，计算 $A_n$ 时应扣除分布在 150mm 长度上的缺孔投影面积（图 3-97）；

$f_t$——木材顺纹抗拉强度设计值，单位：$N/mm^2$。

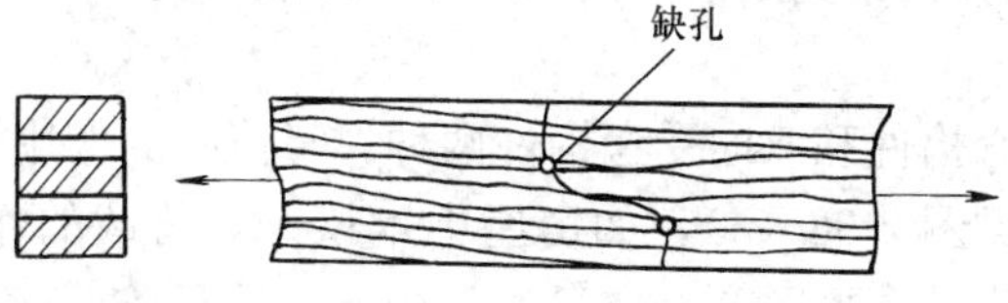


图 3-97　沿曲折路线断裂

#### 2. 轴心受压构件

（1）强度计算

$$\frac{N}{A_n} \leqslant f_c \tag{3-77}$$

式中 $N$——轴心压力设计值；

$A_n$——受压构件净截面面积；

$f_c$——木材顺纹抗压强度设计值。

（2）稳定计算

对于比较细长的压杆，一般在强度破坏前，就因失去稳定而破坏。因此轴心受压构件还需进行稳定计算，即：

$$\frac{N}{\varphi A_0} \leqslant f_c \tag{3-78}$$

式中　$N$——轴心受压构件压力设计值；

$A_0$——受压构件截面的计算面积，按《木结构标准》第 5.1.3 条确定；

$\varphi$——轴心受压构件稳定系数。

轴向受压构件稳定系数 $\varphi$ 的取值应按下列公式确定：

$$\lambda_c = c_c\sqrt{\frac{\beta E_k}{f_{ck}}} \tag{3-79}$$

$$\lambda = \frac{l_0}{i} \tag{3-80}$$

当 $\lambda > \lambda_c$ 时　$$\varphi = \frac{a_c^2 \beta E_k}{\lambda^2 f_{ck}} \tag{3-81}$$

当 $\lambda \leqslant \lambda_c$ 时　$$\varphi = \frac{1}{1+\dfrac{\lambda^2 f_{ck}}{b_c^2 \beta E_k}} \tag{3-82}$$

式中　$\lambda$——受压构件长细比；

$i$——构件截面的回转半径（mm）；

$l_0$——受压构件的计算长度（mm），应按《木结构标准》第 5.1.5 条的规定确定；

$f_{ck}$——受压构件材料的抗压强度标准值（$N/mm^2$）；

$E_k$——构件材料的弹性模量标准值（$N/mm^2$）；

$a_c$、$b_c$、$c_c$——材料相关系数，应按《木结构标准》表 5.1.4 的规定取值；

$\beta$——材料剪切变形相关系数，应按《木结构标准》表 5.1.4 的规定取值。

（3）刚度验算

受压构件的刚度以长细比 $\lambda$ 表示，为避免受压构件因长细比过大，在自重作用下下垂过大，以及避免过分颤动，受压构件的长细比应满足：

$$\lambda \leqslant [\lambda] \tag{3-83}$$

式中　$[\lambda]$——受压构件长细比限值。按《木结构标准》表 4.3.17 采用。

**3. 受弯构件**

受弯构件有单向受弯构件和双向受弯构件两种。当荷载的作用平面与截面主轴平面重合时为单向受弯构件，见图 3-98（*a*），如房屋中木梁；当荷载的作用平面与截面主轴平面不重合时为双向受弯构件，见图 3-98（*b*），如檩条、挂瓦条。

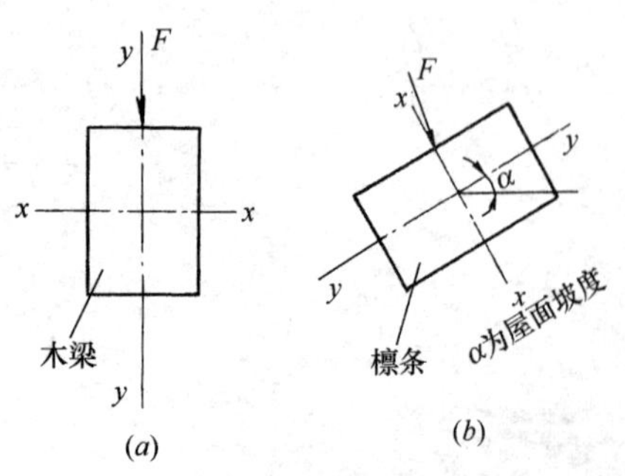


图 3-98　受弯构件的受力

（*a*）单向受弯构件；（*b*）双向受弯构件

檩条计算时需将竖向荷载 $F$ 分解为垂直于斜屋面和平行于斜屋面的两个分力。强度计算按式（3-87），挠度验算按式（3-88）。

（1）单向受弯构件的计算

1）强度计算

按承载能力极限状态要求，受弯构件应满足强度要求，包括弯曲正应力和剪应力计算。

a. 抗弯强度（正应力）计算

$$\frac{M}{W_n} \leqslant f_m \tag{3-84}$$

式中　$M$——受弯构件弯矩设计值；

$W_n$——受弯构件的净截面抵抗矩；

$f_m$——木材抗弯强度设计值。

b. 抗剪强度（剪应力）计算

$$\frac{VS}{Ib} \leqslant f_v \tag{3-85}$$

式中　$V$——受弯构件剪力设计值；

$I$——构件的全截面惯性矩；

$S$——剪切面以上的截面面积对中性轴的面积矩；

$b$——构件的截面宽度；

$f_v$——木材顺纹抗剪强度设计值。

2）挠度验算

为满足正常使用极限状态要求，对于受弯构件还需验算其挠度：

$$w \leqslant [w] \tag{3-86}$$

式中　$w$——构件按荷载效应的标准组合计算的挠度；

$[w]$——受弯构件的挠度限值，按《木结构标准》表 4.3.15 的规定采用。

（2）双向受弯构件计算

1）强度计算

$$\frac{M_x}{W_{nx} f_{mx}} + \frac{M_y}{W_{ny} f_{my}} \leqslant 1 \tag{3-87}$$

式中　$M_x$、$M_y$——相对于构件截面 $x$ 轴和 $y$ 轴产生的弯矩设计值；

$W_{nx}$、$W_{ny}$——对构件截面 $x$ 轴、$y$ 轴的净截面抵抗矩；

$f_{mx}$、$f_{my}$——构件正向弯曲或侧向弯曲的抗弯强度设计值（$N/mm^2$）。

2）挠度验算

$$w = \sqrt{w_x^2 + w_y^2} \leqslant [w] \tag{3-88}$$

式中　$w_x$、$w_y$——荷载效应的标准组合计算的沿构件截面 $x$，$y$ 轴方向的挠度。

**4. 拉弯、压弯构件计算**

（1）拉弯构件

受拉同时受弯的构件称为拉弯构件。拉弯构件所产生的弯矩可能是由于横向荷载引起的、拉力的偏心作用引起的，或者是由于不对称的截面削弱引起的。

拉弯构件的承载力按下式计算：

$$\frac{N}{A_n f_t} + \frac{M}{W_n f_m} \leqslant 1 \tag{3-89}$$

式中符号意义同前。

（2）压弯构件

构件受轴向压力的同时还承受弯矩作用的构件称为压弯构件。压弯构件所产生弯矩的原因与拉弯构件相同。木结构中，压弯构件较为常见，当屋架上弦节点间放置檩条时，即为压弯构件。

压弯构件的受力特点是：当构件弯曲时，除初始弯矩和挠曲外，还出现了由轴向压力引起的附加弯矩（图 3-99），在计算中必须考虑这一因素。

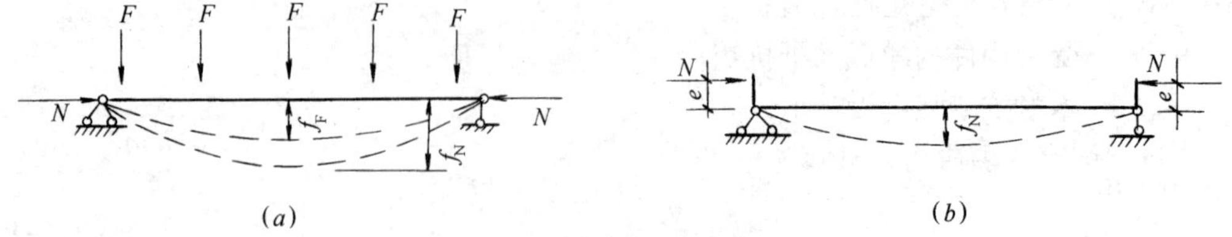


图 3-99 压弯构件的受力

(a) 压弯构件；(b) 偏心受压构件

1）强度计算

$$\frac{N}{A_n f_c}+\frac{M}{W_n f_m}\leqslant 1 \tag{3-90}$$

$$M=Ne_0+M_0 \tag{3-91}$$

式中符号意义同前。

2）稳定计算

弯矩作用平面内

$$\frac{N}{\varphi\varphi_m A_0}\leqslant f_c \tag{3-92}$$

$$\varphi_m=(1-k)^2(1-k_0) \tag{3-93}$$

$$k=\frac{Ne_0+M_0}{Wf_m\left(1+\sqrt{\frac{N}{Af_c}}\right)} \tag{3-94}$$

$$k_0=\frac{Ne_0}{Wf_m\left(1+\sqrt{\frac{N}{Af_c}}\right)} \tag{3-95}$$

式中 $\varphi$——轴心受压构件的稳定系数；

$A_0$——计算面积，按《木结构规范》第 5.1.3 条确定；

$\varphi_m$——考虑轴向力和初始弯矩共同作用的折减系数；

$N$——轴向压力设计值；

$M_0$——横向荷载作用下跨中最大初始弯矩设计值；

$e_0$——构件的初始偏心距（mm），当不能确定时，可按 0.05 倍构件截面高度采用；

$f_c$、$f_m$——考虑调整系数后的木材顺纹抗压强度设计值、抗弯强度设计值（$N/mm^2$）；

$W$——构件全截面抵抗矩（$mm^3$）。

## 三、木结构的连接

### （一）齿连接

齿连接是通过构件与构件之间直接抵承传力，所以齿连接只应用在受压构件与其他构件连接的节点上。

齿连接有单齿连接与双齿连接（图 3-100），应符合下列规定：

（1）齿连接的承压面应与所连接的压杆轴线垂直；

（2）单齿连接应使压杆轴线通过承压面中心；

（3）木桁架支座节点的上弦轴线和支座反力的作用线，当采用方木或板材时，宜与下

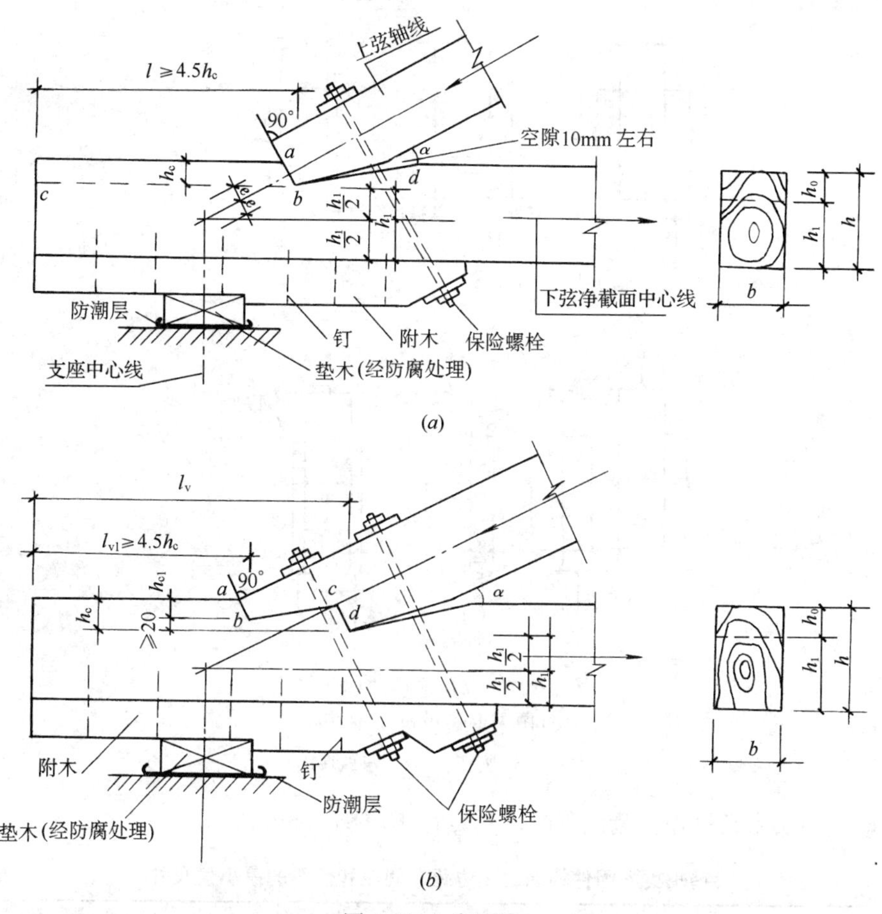


图 3-100 齿连接

(a) 单齿连接；(b) 双齿连接

弦净截面的中心线交汇于一点；当采用原木时，可与下弦毛截面的中心线交汇于一点，此时，刻齿处的截面可按轴心受拉验算；

（4）齿连接的齿深，对于方木不应小于 20mm；对于原木不应小于 30mm；

（5）桁架支座节点齿深不应大于 $h/3$，中间节点的齿深不应大于 $h/4$，$h$ 为沿齿深方向的构件截面高度；

（6）双齿连接中，第二齿的齿深 $h_c$ 应比第一齿的齿深 $h_{c1}$ 至少大 20mm。

（7）当受条件限制只能采用湿材制作时，木桁架支座节点齿连接的剪面长度应比计算值加长 50mm。

（8）桁架支座节点采用齿连接时，应设置保险螺栓，但不考虑保险螺栓与齿的共同工作。保险螺栓的设置和验算应符合《木结构标准》第 6.1.5 条的规定；

（9）双齿连接计算受剪应力时，全部剪力应由第二齿的剪面承受；第二齿剪面的计算长度 $l_v$ 的取值，不应大于齿深 $h_c$ 的 10 倍。

**（二）销连接**

根据穿过被连接构件间剪力面数目可分为单剪连接和双剪连接（图 3-101）。

销轴类紧固件的端距、边距、间距和行距最小尺寸应符合表 3-38 的规定。当采用螺

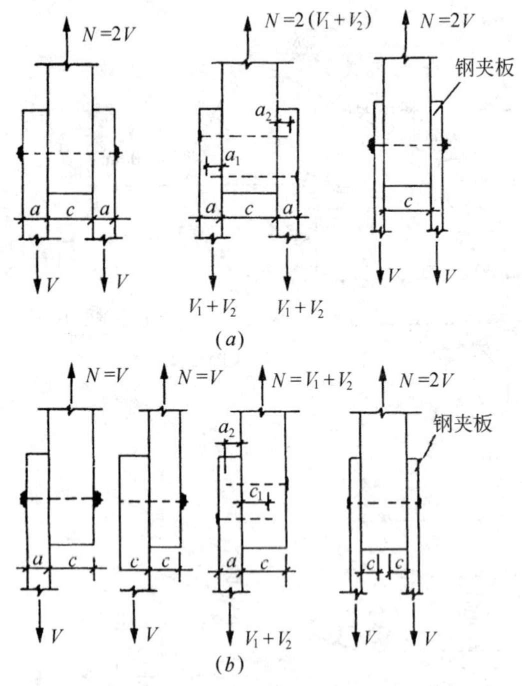


图 3-101　双剪连接和单剪连接

（可用木夹板也可用钢夹板）

(a) 双剪连接；(b) 单剪连接

栓、销或六角头木螺钉作为紧固件时，其直径不应小于 6mm。

**销轴类紧固件的端距、边距、间距和行距的最小值尺寸　　表 3-38**

| 距离名称 | 顺纹荷载作用时 | | 横纹荷载作用时 | |
|---|---|---|---|---|
| 最小端距 $e_1$ | 受力端 | $7d$ | 受力边 | $4d$ |
| | 非受力端 | $4d$ | 非受力边 | $1.5d$ |
| 最小边距 $e_2$ | 当 $l/d \leqslant 6$ | $1.5d$ | $4d$ | |
| | 当 $l/d > 6$ | 取 $1.5d$ 与 $r/2$ 两者较大值 | | |
| 最小间距 $s$ | $4d$ | | $4d$ | |
| 最小行距 $r$ | $2d$ | | 当 $l/d \leqslant 2$ | $2.5d$ |
| | | | 当 $2 < l/d < 6$ | $(5l+10d)/8$ |
| | | | 当 $l/d \geqslant 6$ | $5d$ |
| 几何位置示意图 | $e_2$　$r$　$e_2$　$e_1$　$s$　$e_1$ | | $e_2$　$s$　$e_2$　$e_1$　$r$ | |

注：1. 受力端为销槽受力指向端部；非受力端为销槽受力背离端部；受力边为销槽受力指向边部；非受力边为销槽受力背离端部。

2. 表中 $l$ 为紧固件长度，$d$ 为紧固件的直径；并且 $l/d$ 值应取下列两者中的较小值：

1) 紧固件在主构件中的贯入深度 $l_m$ 与直径 $d$ 的比值 $l_m/d$；

2) 紧固件在侧面构件中的总贯入深度 $l_s$ 与直径 $d$ 的比值 $l_s/d$。

3. 当钉连接不预钻孔时，其端距、边距、间距和行距应为表中数值的 2 倍。

## 四、木结构防火和防护

### （一）木结构的防火

#### 1. 建筑构件的燃烧性能和耐火极限

木结构建筑构件的燃烧性能和耐火极限不应低于表 3-39 的规定。

木结构建筑中构件的燃烧性能和耐火极限　　表 3-39

| 构 件 名 称 | 燃烧性能和耐火极限（h） |
|---|---|
| 防火墙 | 不燃性 3.00 |
| 电梯井墙体 | 不燃性 1.00 |
| 承重墙、住宅建筑单元之间的墙和分户墙、楼梯间的墙 | 难燃性 1.00 |
| 非承重外墙、疏散走道两侧的隔墙 | 难燃性 0.75 |
| 房间隔墙 | 难燃性 0.50 |
| 承重柱 | 可燃性 1.00 |
| 梁 | 可燃性 1.00 |
| 楼板 | 难燃性 0.75 |
| 屋顶承重构件 | 可燃性 0.50 |
| 疏散楼梯 | 难燃性 0.50 |
| 吊顶 | 难燃性 0.15 |

注：1. 除现行国家标准《建筑设计防火规范》GB 50016 另有规定外，当同一座木结构建筑存在不同高度的屋顶时，较低部分的屋顶承重构件和屋面不应采用可燃性构件；当较低部分的屋顶承重构件采用难燃性构件时，其耐火极限不应小于 0.75h；
2. 轻型木结构建筑的屋顶，除防水层、保温层和屋面板外，其他部分均应视为屋顶承重构件，且不应采用可燃性构件，耐火极限不应低于 0.50h；
3. 当建筑的层数不超过 2 层、防火墙间的建筑面积小于 600m²，且防火墙间的建筑长度小于 60m 时，建筑构件的燃烧性能和耐火极限应按现行国家标准《建筑设计防火规范》GB 50016 中有关四级耐火等级建筑的要求确定。

#### 2. 建筑的层数、长度和面积

木结构建筑最大允许层数、高度、长度和面积不应超过表 3-40 和表 3-41 的规定。

木结构建筑或木结构组合建筑的允许层数和允许建筑高度　　表 3-40

| 木结构建筑的形式 | 普通木结构建筑 | 轻型木结构建筑 | 胶合木结构建筑 | | 木结构组合建筑 |
|---|---|---|---|---|---|
| 允许层数（层） | 2 | 3 | 1 | 3 | 7 |
| 允许建筑高度（m） | 10 | 10 | 不限 | 15 | 24 |

木结构建筑中防火墙间的允许建筑长度和每层最大允许建筑面积　　表 3-41

| 层数（层） | 防火墙间的允许建筑长度（m） | 防火墙间的每层最大允许建筑面积（m²） |
|---|---|---|
| 1 | 100 | 1800 |
| 2 | 80 | 900 |
| 3 | 60 | 600 |

注：1. 当设置自动喷水灭火系统时，防火墙间的允许建筑长度和每层最大允许建筑面积可按本表的规定增加 1.0 倍，对于丁、戊类地上厂房，防火墙间的每层最大允许建筑面积不限。
2. 体育场馆等高大空间建筑，其建筑高度和建筑面积可适当增加。

**3. 防火间距**

木结构建筑之间、木结构建筑与其他耐火等级的建筑之间的防火间距不应小于表 3-42 的规定。

民用木结构建筑之间及其与其他民用建筑的防火间距（m） 表 3-42

| 建筑耐火等级或类别 | 一、二级 | 三级 | 木结构建筑 | 四级 |
|---|---|---|---|---|
| 木结构建筑 | 8 | 9 | 10 | 11 |

注：1. 两座木结构建筑之间或木结构建筑与其他民用建筑之间，外墙均无任何门、窗、洞口时，防火间距可为 4m；外墙上的门、窗、洞口不正对且开口面积之和不大于外墙面积的 10%时，防火间距可按本表的规定减少 25%。
2. 当相邻建筑外墙有一面为防火墙，或建筑物之间设置防火墙且墙体截断不燃性屋面或高出难燃性、可燃性屋面不低于 0.5m 时，防火间距不限。

**4. 材料的燃烧性能**

（1）木结构采用的建筑材料，其燃烧性能的技术指标应符合《建筑材料及制品燃烧性能分级》GB 8624 的规定。

（2）管道及包覆材料或内衬：

管道内的流体能够造成管道外壁温度达到 120℃及其以上时，管道及其包覆材料或内衬以及施工时使用的胶粘剂必须是不燃材料。

外壁温度低于 120℃的管道及其包覆材料或内衬，其燃烧性能不应低于 $B_1$ 级。

（3）填充材料：建筑中的各种构件或空间需填充吸声、隔热、保温材料时，这些材料的燃烧性能不应低于 $B_1$ 级。

**5. 采暖通风**

（1）木结构建筑内严禁设计使用明火采暖、明火生产作业等方面的设施。

（2）用于采暖或炊事的烟道、烟囱、火炕等应采用非金属不燃材料制作，并应符合下列规定：

与木构件相邻部位的壁厚不小于 240mm；

与木结构之间的净距不小于 100mm，且其周围具备良好的通风环境。

**6. 天窗**

由不同高度部分组成的一座木结构建筑，较低部分屋面上开设的天窗与相接的较高部分外墙上的门、窗、洞口之间最小距离不应小于 5.00m，当符合下列情况之一时，其距离可不受限制：

（1）天窗安装了自动喷水灭火系统或为固定式乙级防火窗；

（2）外墙面上的门为遇火自动关闭的乙级防火门，窗口、洞口为固定式的乙级防火窗。

**7. 密闭空间**

木结构建筑中，下列存在密闭空间的部位应采取防火分隔措施：

（1）轻型木结构建筑，当层高小于或等于 3m 时，位于墙骨柱之间，楼、屋盖的梁底部处；当层高大于 3m 时，位于墙骨柱之间、沿墙高每隔 3m 处，及楼、屋盖的梁底部处。

（2）水平构件（包括屋盖，楼盖）和墙体竖向构件的连接处。

（3）楼梯上下第一步踏板与楼盖交接处。

**（二）木结构的防护**

(1) 木结构中的下列部位应采取防潮和通风措施：

1）在桁架和大梁的支座下应设置防潮层。

2）在木柱下应设置柱墩，严禁将木柱直接埋入土中。

3）桁架、大梁的支座节点或其他不得封闭在墙、保温层或通风不良的环境中的承重木构件（图 3-102、图 3-103）。

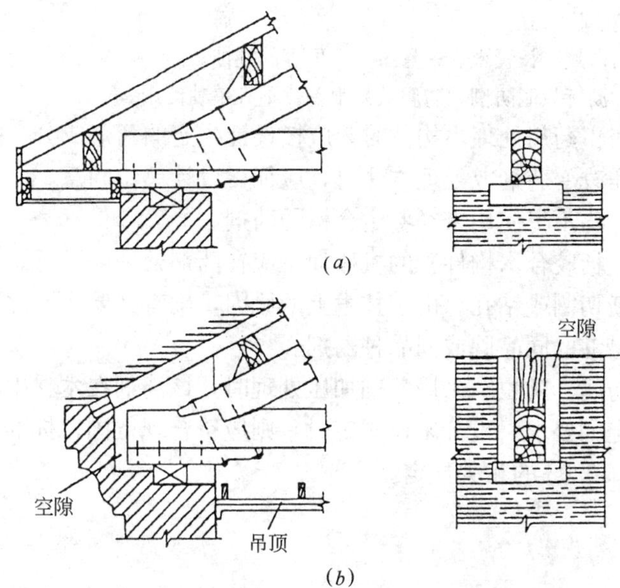


图 3-102　外排水屋盖支座节点通风构造示意图

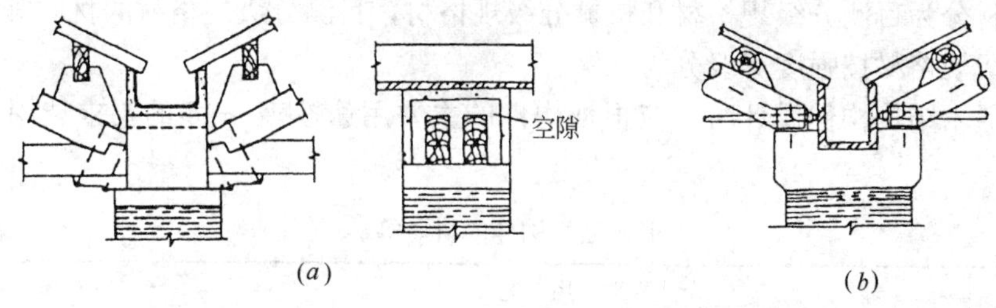


图 3-103　内排水屋盖支座节点通风构造示意图

4）处于房屋隐蔽部分的木结构，应设通风孔洞。

5）露天结构在构造上应避免任何部分有积水的可能，并应在构件之间留有空隙（连接部位除外）。

6）当室内外温差很大时，房屋的围护结构（包括保温吊顶），应采取有效的保温和隔汽措施。

(2) 木结构构造上的防腐、防虫措施，除应在设计图纸中加以说明外，尚应要求在施工的有关工序交接时，检查其施工质量，如发现有问题应立即纠正。

(3) 下列情况，除从结构上采取通风防潮措施外，尚应进行药剂处理：

1）露天结构；

2）内排水桁架的支座节点处；

3）檩条、格栅、柱等木构件直接与砌体、混凝土接触部位；

4）白蚁容易繁殖的潮湿环境中使用的木构件；

5）承重结构中使用马尾松、云南松、湿地松、桦木以及新利用树种中易腐朽或易遭虫害的木材。

（4）常用的药剂配方及处理方法，可按现行国家标准《木结构工程施工质量验收规范》GB 50206 的规定采用。

注：① 虫害主要指白蚁、长蠹虫、粉蠹虫及天牛等的蛀蚀。

② 实践证明，沥青只能防潮，防腐效果很差，不宜单独使用。

（5）以防腐、防虫药剂处理木构件时，应按设计指定的药剂成分、配方及处理方法采用。受条件限制而需改变药剂或处理方法时，应征得设计单位同意。

在任何情况下，均不得使用未经鉴定合格的药剂。

（6）木构件（包括胶合木构件）的机械加工应在药剂处理前进行。木构件经防腐防虫处理后，应避免重新切割或钻孔。由于技术上的原因，确有必要作局部修整时，必须对木材暴露的表面涂刷足够的同品牌或同品种药剂。

（7）木结构的防腐、防虫，采用药剂加压处理时，该药剂在木材中的保持量和透入度应达到设计文件规定的要求。设计未作规定时，则应符合现行国家标准《木结构工程施工质量验收规范》GB 50206 的相关规定。

## 五、其他

（1）承重结构用材，分为原木、锯材（方木、板材、规格材）和胶合材。用于普通木结构的原木、方木和板材的材质等级分为三级；胶合木构件的材质等级分为三级；轻型木结构用规格材分为目测分级规格材和机械分级规格材，目测分级规格材的材质等级分为七级；机械分级规格材按强度等级分为八级。

（2）普通木结构构件设计时，应根据构件的主要用途按表 3-43 的要求选用相应的材质等级。

**普通木结构构件的材质等级** **表 3-43**

| 项　次 | 主　要　用　途 | 材质等级 |
|---|---|---|
| 1 | 受拉或拉弯构件 | $\text{I}_a$ |
| 2 | 受弯或压弯构件 | $\text{II}_a$ |
| 3 | 受压构件及次要受弯构件（如吊顶小龙骨等） | $\text{III}_a$ |

（3）胶合木结构构件设计时，应根据构件的主要用途和部位，按表 3-44 的要求选用相应的材质等级。

**胶合木结构构件的木材材质等级** **表 3-44**

| 项次 | 主　要　用　途 | 材质等级 | 木材等级配置图 |
|---|---|---|---|
| 1 | 受拉或拉弯构件 | $\text{I}_b$ | $\text{I}_b$ |

续表

| 项次 | 主要用途 | 材质等级 | 木材等级配置图 |
|---|---|---|---|
| 2 | 受压构件（不包括桁架上弦和拱） | Ⅲ$_b$ | 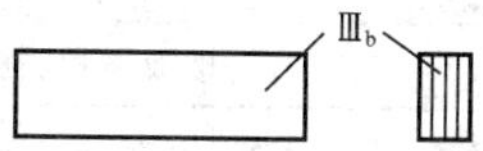 |
| 3 | 桁架上弦或拱，高度不大于500mm的胶合梁<br>（1）构件上、下边缘各0.1$h$区域，且不少于两层板<br>（2）其余部分 | Ⅱ$_b$<br>Ⅲ$_b$ | 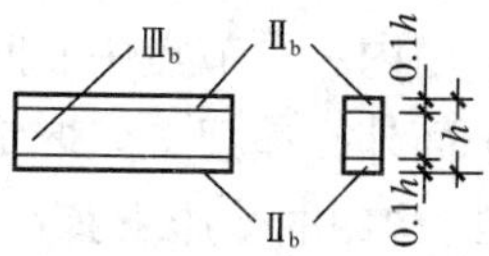 |
| 4 | 高度大于500mm的胶合梁<br>（1）梁的受拉边缘0.1$h$区域，且不少于两层板<br>（2）距受拉边缘0.1$h$～0.2$h$区域<br>（3）受压边缘0.1$h$区域，且不少于两层板<br>（4）其余部分 | Ⅰ$_b$<br>Ⅱ$_b$<br>Ⅱ$_b$<br>Ⅲ$_b$ | 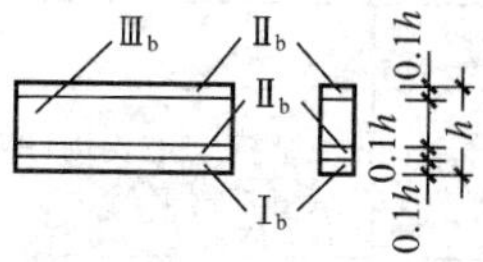 |

（4）当采用目测分级规格材设计轻型木结构构件时，应根据构件的用途按表3-45要求选用相应的材质等级。

**目测分级规格材的材质等级** **表3-45**

| 类别 | 主要用途 | 材质等级 | 截面最大尺寸（mm） |
|---|---|---|---|
| A | 结构用搁栅、结构用平放厚板和轻型木框架构件 | Ⅰ$_c$ | 285 |
| | | Ⅱ$_c$ | |
| | | Ⅲ$_c$ | |
| | | Ⅳ$_c$ | |
| B | 仅用于墙骨柱 | Ⅳ$_{c1}$ | |
| C | 仅用于轻型木框架构件 | Ⅱ$_{c1}$ | 90 |
| | | Ⅲ$_{c1}$ | |

（5）承重结构用胶必须满足结合部位的强度和耐久性的要求，应保证其胶合强度不低于木材顺纹抗剪和横纹抗拉的强度，并应符合环境保护的要求。

（6）受弯构件的计算挠度，应满足表3-46的挠度限值。

**受弯构件挠度限值** **表3-46**

| 项次 | 构件类别 | | 挠度限值［$\omega$］ |
|---|---|---|---|
| 1 | 檩条 | $l \leqslant 3.3$m | 1/200 |
| | | $l > 3.3$m | 1/250 |
| 2 | 椽条 | | 1/150 |

续表

| 项　次 | 构　件　类　别 | 挠度限值［ω］ |
|---|---|---|
| 3 | 吊顶中的受弯构件 | 1/250 |
| 4 | 楼板梁和搁栅 | 1/250 |

注：表中，$l$——受弯构件的计算跨度。

(7) 验算桁架受压构件的稳定时，其计算长度 $l_0$ 应按下列规定采用：

1) 平面内：取节点中心间距；

2) 平面外：屋架上弦取锚固檩条间的距离，腹杆取节点中心的距离；在杆系拱、框架及类似结构中的受压下弦，取侧向支撑点间的距离。

(8) 受压构件的长细比，不应超过表 3-47 规定的长细比限值。

**受压构件长细比限值**　　**表 3-47**

| 项　次 | 构　件　类　别 | 长细比限值［λ］ |
|---|---|---|
| 1 | 结构的主要构件（包括桁架的弦杆、支座处的竖杆或斜杆以及承重柱等） | 120 |
| 2 | 一般构件 | 150 |
| 3 | 支撑 | 200 |

(9) 原木构件沿其长度的直径变化率，可按每米 9mm（或按当地经验数值）采用。

(10) 木结构设计应符合下列要求：

1) 木材宜用于结构的受压或受弯构件，对于在干燥过程中容易翘裂的树种木材（如落叶松、云南松等），当用作桁架时，宜采用钢下弦；若采用木下弦，对于原木，其跨度不宜大于 15m，对于方木不应大于 12m，且应采取有效防止裂缝危害的措施；

2) 木屋盖宜采用外排水，若必须采用内排水时，不应采用木制天沟；

3) 必须采取通风和防潮措施，以防木材腐朽和虫蛀。

(11) 杆系结构中的木构件，当有对称削弱时，其净截面面积不应小于构件毛截面面积的 50%；当有不对称削弱时，其净截面面积不应小于构件毛截面面积的 60%。

在受弯构件的受拉边，不得打孔或开设缺口。

(12) 桁架的圆钢下弦、三角形桁架跨中竖向钢拉杆、受振动荷载影响的钢拉杆以及直径等于或大于 20mm 的钢拉杆和拉力螺栓，都必须采用双螺帽。

木结构的钢材部分，应有防锈措施。

(13) 桁架中央高度与跨度之比，不应小于表 3-48 规定的数值。

**桁架最小高跨比**　　**表 3-48**

| 序　号 | 桁　架　类　型 | $h/l$ |
|---|---|---|
| 1 | 三角形木桁架 | 1/5 |
| 2 | 三角形钢木桁架；平行弦木桁架；弧形、多边形和梯形木桁架 | 1/6 |
| 3 | 弧形、多边形和梯形钢木桁架 | 1/7 |

注：$h$——桁架中央高度；

$l$——桁架跨度。

（14）桁架制作应按其跨度的 1/200 起拱。

（15）受拉下弦接头应保证轴心传递拉力，下弦接头不宜多于两个。接头每端的螺栓由计算确定，但不宜少于 6 个，且不应排成单行。当采用木夹板时，其厚度不应小于下弦宽度的 1/2；当桁架跨度较大时，木夹板厚度不宜小于 100mm；当采用钢夹板时，其厚度不应小于 6mm。

## 习　题

3 - 1　普通钢筋混凝土的自重为（　　）。

A　20～21 kN/m³　　B　22～23 kN/m³

C　24～25 kN/m³　　D　26～27 kN/m³

3 - 2　普通钢筋混凝土与砖砌体自重之比为（　　）。

A　<1.15　　B　1.15～1.25

C　1.25～1.40　　D　>1.40

3 - 3　钢材和木材自重之比为（　　）。

A　4～6　　B　5～6

C　6～7　　D　>7

3 - 4　黏土砖尺寸为 240×115×53（mm），现共有砖 2.78t，问共计砖数多少块？

A　800　　B　900

C　1000　　D　1100

3 - 5　一般上人平屋面的均布荷载标准值为（　　）。

A　0.5kN/m²　　B　0.7kN/m²

C　2.0kN/m²　　D　2.5kN/m²

3 - 6　住宅建筑中，一般情况的阳台的活荷载取值比室内楼面的活荷载取值？

A　大　　B　小

C　相同　　D　如阳台临街则大，否则相同

3 - 7　我国荷载规范规定的基本风压是以当地比较空旷平坦的地面上离地 10m 高统计所得的多少年一遇 10min 平均最大风速为标准确定的？

A　10 年　　B　20 年

C　30 年　　D　50 年

3 - 8　我国荷载规范规定的基本雪压是以当地一般空旷平坦地面上统计所得多少年一遇的最大积雪自重确定的？

A　10 年　　B　20 年

C　30 年　　D　50 年

3 - 9　题 3-9 图所示单跨封闭式双坡屋面，屋面坡度为 1∶5，哪一个风荷载体型系数是正确的？

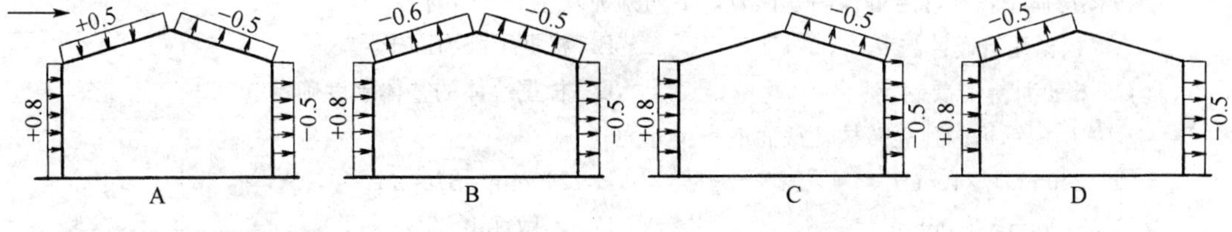


题 3-9 图

3 - 10　题 3-10 图所示单跨封闭式单坡屋面，屋面坡度为 1∶5，哪一个风荷载体型系数是正确的？

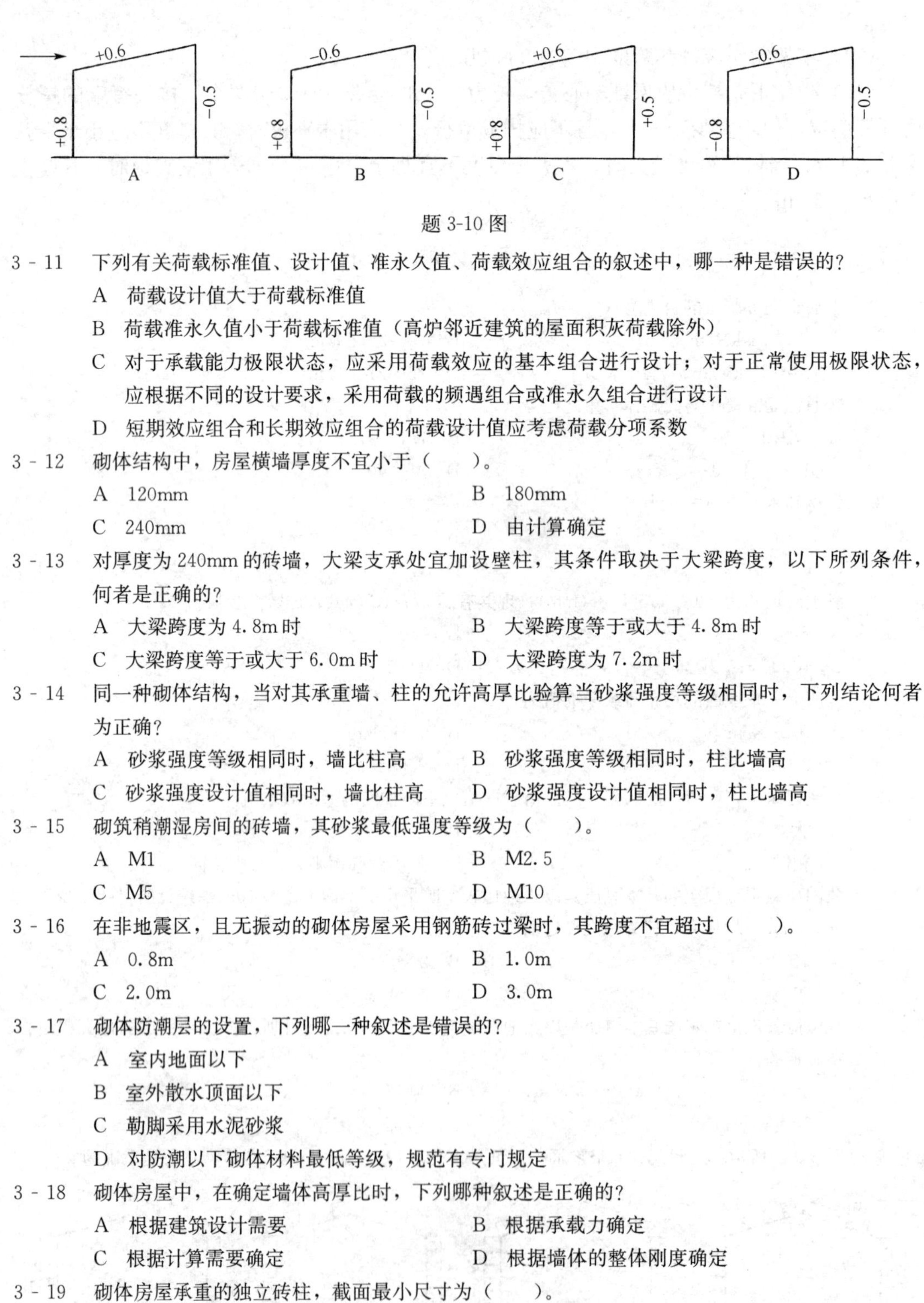


题 3-10 图

3 - 11　下列有关荷载标准值、设计值、准永久值、荷载效应组合的叙述中，哪一种是错误的?

A　荷载设计值大于荷载标准值

B　荷载准永久值小于荷载标准值（高炉邻近建筑的屋面积灰荷载除外）

C　对于承载能力极限状态，应采用荷载效应的基本组合进行设计；对于正常使用极限状态，应根据不同的设计要求，采用荷载的频遇组合或准永久组合进行设计

D　短期效应组合和长期效应组合的荷载设计值应考虑荷载分项系数

3 - 12　砌体结构中，房屋横墙厚度不宜小于（　　）。

A　120mm　　B　180mm

C　240mm　　D　由计算确定

3 - 13　对厚度为 240mm 的砖墙，大梁支承处宜加设壁柱，其条件取决于大梁跨度，以下所列条件，何者是正确的?

A　大梁跨度为 4.8m 时　　B　大梁跨度等于或大于 4.8m 时

C　大梁跨度等于或大于 6.0m 时　　D　大梁跨度为 7.2m 时

3 - 14　同一种砌体结构，当对其承重墙、柱的允许高厚比验算当砂浆强度等级相同时，下列结论何者为正确?

A　砂浆强度等级相同时，墙比柱高　　B　砂浆强度等级相同时，柱比墙高

C　砂浆强度设计值相同时，墙比柱高　　D　砂浆强度设计值相同时，柱比墙高

3 - 15　砌筑稍潮湿房间的砖墙，其砂浆最低强度等级为（　　）。

A　M1　　B　M2.5

C　M5　　D　M10

3 - 16　在非地震区，且无振动的砌体房屋采用钢筋砖过梁时，其跨度不宜超过（　　）。

A　0.8m　　B　1.0m

C　2.0m　　D　3.0m

3 - 17　砌体防潮层的设置，下列哪一种叙述是错误的?

A　室内地面以下

B　室外散水顶面以下

C　勒脚采用水泥砂浆

D　对防潮以下砌体材料最低等级，规范有专门规定

3 - 18　砌体房屋中，在确定墙体高厚比时，下列哪种叙述是正确的?

A　根据建筑设计需要　　B　根据承载力确定

C　根据计算需要确定　　D　根据墙体的整体刚度确定

3 - 19　砌体房屋承重的独立砖柱，截面最小尺寸为（　　）。

A　240mm×240mm　　B　240mm×370mm

C　370mm×370mm　　D　不做规定

3 - 20　对于钢筋混凝土屋盖，因温度变化和砌体干缩变形引起墙体的裂缝（如顶层墙体的八字缝、水平缝），下列预防措施中哪一条是错误的?

A　屋盖上设置保温层或隔热层

B　采用装配式有檩体系的钢筋混凝土屋盖和瓦材屋盖

C　严格控制块体出厂到砌筑的时间，避免块体遭受雨淋

D　增加屋盖的整体刚度

3-21　为了防止砌体房屋因温差和砌体干缩引起墙体产生竖向裂缝，应设置伸缩缝。下列哪种情况允许温度伸缩缝间距最大？

A　现浇钢筋混凝土楼（屋）盖，有保温层

B　现浇钢筋混凝土楼（屋）盖，无保温层

C　装配式钢筋混凝土楼（屋）盖，有保温层

D　装配式钢筋混凝土楼（屋）盖，无保温层

3-22　一根普通钢筋混凝土梁，已知：Ⅰ.混凝土和钢筋的强度等级；Ⅱ.截面尺寸；Ⅲ.纵向受拉钢筋的直径和根数；Ⅳ.纵向受压钢筋的直径和根数；Ⅴ.箍筋的直径、间距和肢数；Ⅵ.保护层厚度。在确定其斜截面受剪承载力的因素中，下列何者是正确的？

A　Ⅰ、Ⅱ、Ⅲ、Ⅳ　　B　Ⅰ、Ⅱ、Ⅲ、Ⅳ、Ⅴ

C　Ⅰ、Ⅱ、Ⅴ、Ⅳ　　D　Ⅰ、Ⅱ、Ⅲ、Ⅳ、Ⅴ、Ⅵ

3-23　一根普通钢筋混凝土梁，已知：Ⅰ.混凝土和钢筋的强度等级；Ⅱ.截面尺寸；Ⅲ.纵向受拉钢筋的直径和根数；Ⅳ.纵向受压钢筋的直径和根数；Ⅴ.箍数的直径、间距和肢数；Ⅵ.保护层厚度。在确定其正截面受弯承载力的因素中，下列何者是正确的？

A　Ⅰ、Ⅱ、Ⅲ、Ⅳ　　B　Ⅰ、Ⅱ、Ⅲ、Ⅴ

C　Ⅰ、Ⅱ、Ⅲ、Ⅳ、Ⅵ　　D　Ⅰ、Ⅱ、Ⅲ、Ⅴ、Ⅵ

3-24　钢筋混凝土楼盖梁如出现裂缝是（　　）。

A　不允许的　　B　允许，但应满足构件变形的要求

C　允许，但应满足裂缝宽度的要求　　D　允许，但应满足裂缝开展深度的要求

3-25　室外受雨淋的钢筋混凝土构件如出现裂缝时，下列何者是正确的？

A　不允许　　B　允许，但应满足构件变形的要求

C　允许，但应满足裂缝开展宽度的要求　　D　允许，但应满足裂缝开展深度的要求

3-26　按规范确定钢筋混凝土构件中纵向受拉钢筋最小锚固长度时，应考虑：Ⅰ.混凝土的强度等级；Ⅱ.钢筋的钢号；Ⅲ.钢筋的外形（光圆、螺纹等）；Ⅳ.钢筋末端是否有弯钩；Ⅴ.是否有抗震要求。下列何者是正确的？

A　Ⅰ、Ⅱ、Ⅲ、Ⅳ、Ⅴ　　B　Ⅰ、Ⅱ、Ⅲ、Ⅴ

C　Ⅰ、Ⅲ、Ⅳ、Ⅴ　　D　Ⅱ、Ⅲ、Ⅳ、Ⅴ

3-27　混凝土结构设计规范规定：混凝土强度等级为C40时，偏心受压构件的受拉钢筋的最小百分率为0.2%。对于图示中的工字形截面柱，其最小配筋面积应为（　　）。

A　$A_s=(600\times600-450\times300)\times0.2\%=450\text{mm}^2$

B　$A_s=(600\times565-450\times300)\times0.2\%=408\text{mm}^2$

C　$A_s=150\times600\times0.2\%=180\text{mm}^2$

D　$A_s=150\times565\times0.2\%=170\text{mm}^2$

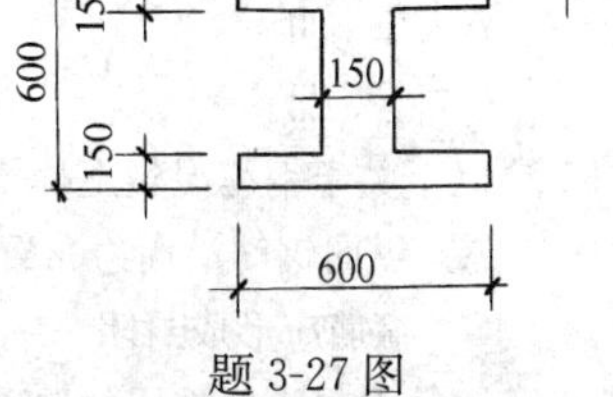

题3-27图

3-28　四根材料和截面面积相同而截面形状不同的均质梁，其抗弯能力最强的是（　　）。

A　圆形截面

B　正方形截面

C　宽高比为0.5的矩形截面

D　宽高比为2.0的矩形截面

3 - 29 以下所示梁受拉区（下部钢筋受拉）折角处纵向钢筋配筋方案图中，哪一组是正确的？

A Ⅰ、Ⅲ B Ⅰ、Ⅳ

C Ⅱ、Ⅲ D Ⅱ、Ⅳ

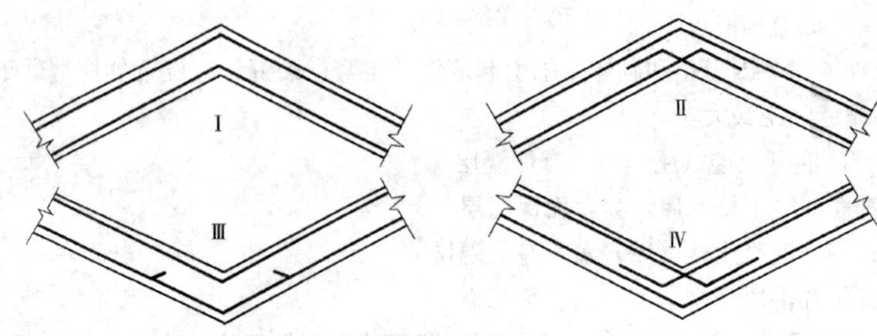


题 3-29 图

3 - 30 在其他条件相同的情况下，钢筋混凝土框架结构的伸缩缝最大间距比钢筋混凝土剪力墙结构的（ ）。

A 大 B 小

C 相同 D 不能肯定

3 - 31 下列哪一类结构允许的伸缩缝间距最大？

A 装配式框架结构 B 现浇框架结构

C 全现浇剪力墙结构 D 外墙装配式剪力墙结构

3 - 32 以下关于钢筋混凝土梁的变形及裂缝的叙述，哪一种是错误的？

A 进行梁的变形和裂缝验算是为了保证梁的正常使用

B 由于梁的类型不同，规范规定了不同的允许挠度值

C 处于室内环境下且年平均相对湿度大于 60％的梁，其裂缝宽度允许值为 0.3mm

D 悬臂梁的允许挠度较简支梁允许挠度值为小

3 - 33 关于预制厂中用台座生产工艺制作的预应力混凝土空心板，下列叙述中哪种是正确的？

Ⅰ. 预应力钢筋属于无粘结的；Ⅱ. 预应力钢筋属于有粘结的；Ⅲ. 属于先张法工艺；Ⅳ. 属于后张法工艺。

A Ⅰ、Ⅱ B Ⅱ、Ⅲ

C Ⅲ、Ⅳ D Ⅰ、Ⅳ

3 - 34 以下关于钢筋混凝土现浇楼板中分布筋作用的叙述中，哪一种是错误的？

Ⅰ. 固定受力筋，形成钢筋骨架；Ⅱ. 将板上荷载传递到受力钢筋；Ⅲ. 防止由于温度变化和混凝土收缩产生裂缝；Ⅳ. 增强板的抗弯和抗剪能力。

A Ⅰ、Ⅱ B Ⅱ、Ⅲ

C Ⅰ、Ⅲ D Ⅲ、Ⅳ

3 - 35 以下关于钢筋混凝土柱构造要求的叙述中，哪种是不正确的？

A 纵向钢筋沿周边布置 B 纵向钢筋净距不小于 50mm

C 箍筋应形成封闭 D 纵向钢筋配置越多越好

3 - 36 钢筋混凝土保护层的厚度是指（ ）。

A 最外层钢筋外皮至混凝土边缘的距离

B 纵向受力钢筋中心至混凝土边缘的距离

C 箍筋外皮至混凝土边缘的距离

D 箍筋中心至混凝土边缘的距离

3 - 37 下图为矩形平面楼盖，周边柱距离为 3m，中部不设柱，为了取得最大净空，下列方案中哪一

种最适宜？

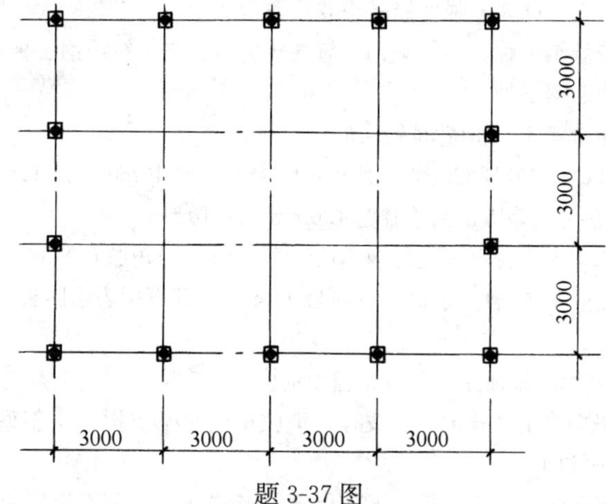


题 3-37 图

A 沿 9m 方向 3m 间距布置梁，梁间为单向板

B 沿 12m 按方向 3m 间距布置梁，梁间为单向板

C 沿 9m 方向按 3m 间距布置主梁，另一方向按 3m 间距布置次梁，梁间为双向板

D 沿两个方向按 3m 间距布置成井字梁，梁间距为双向板

3 - 38 决定钢筋混凝土柱承载能力的因素，哪一种是不存在的？

A 混凝土的强度等级　　B 钢筋的强度等级

C 钢筋的截面面积　　D 箍筋的肢数

3 - 39 下述有关钢筋混凝土梁的箍筋作用的叙述中，哪一项是不对的？

A 增强构件抗剪能力　　B 增强构件抗弯能力

C 稳定钢筋骨架　　D 增强构件的抗扭能力

3 - 40 混凝土保护层的作用哪一项是不对的？

A 防火　　B 防锈

C 增加粘结力　　D 便于装修

3 - 41 钢筋混凝土梁，为了减小弯曲产生的裂缝宽度，下列所述哪种措施无效？

A 提高混凝土强度等级　　B 加大纵向钢筋用量

C 加密箍筋　　D 将纵向钢筋改成较小直径

3 - 42 下列有关预应力钢筋混凝土的叙述中，哪项叙述是不正确的？

A 先张法靠钢筋与混凝土粘结力作用施加预应力

B 先张法适合于预制厂中制作中，小型构件

C 后张法靠锚固施加预应力

D 无粘结法预应力采用先张法

3 - 43 对于民用建筑承受静载的钢屋架，下列关于选用钢材钢号和对钢材要求的叙述中，何者是不正确的？

A 可选用 Q235 钢

B 可选用 Q345 钢

C 钢材须具有抗拉强度、屈服强度、伸长率的合格保证

D 钢材须具有常温冲击韧性的合格保证

3 - 44 以下关于常用建筑钢材的叙述中，何者是错误的？

A 建筑常用钢材一般分为普通碳素钢和普通低合金钢两大类

B　普通碳素钢随钢号增大，强度提高、伸长率降低

C　普通碳素钢随钢号增大，强度提高、伸长率增加

D　普通碳素钢按炼钢炉种分为平炉钢、氧气转炉钢、空气转炉钢三种，按脱氧程度分沸腾钢、镇静钢、半镇静钢三种

3-45　以下关于钢材规格的叙述，何者是错误的？

A　热轧钢板－600×10×12000 代表钢板宽 600mm，厚 10mm，长 12m

B　角钢 L100×10 代表等边角钢，肢宽 100mm，厚 10mm

C　角钢 L100×80×8 代表不等边角钢，长肢宽 100mm，短肢宽 800mm，厚 8mm

D　][$40_a$、][$40_b$、][$40_c$ 代表工字钢，高均为 400mm，其下标表示腹板厚类型，其中下标为 a 者比 b 厚，b 比 c 厚

3-46　以下关于钢屋盖支撑的叙述中，何者是错误的？

A　在建筑物的纵向，上弦横向水平支撑、下弦横向水平支撑、屋盖垂直支撑、天窗架垂直支撑应设在同一柱间

B　当采用大型屋面板，且每块板与屋架保证三点焊接时，可不设置上弦横向水平支撑（但在天窗架范围内应设置）

C　下柱柱间支撑应设在建筑物纵向的两尽端

D　纵向水平支撑应设置在屋架下弦端节间平面内，与下弦横向水平支撑组成封闭体系

3-47　以下关于钢屋架设计的叙述中，何者是错误的？

A　屋架外形应与屋面材料所要求的排水坡度相适应

B　屋架外形尽可能与弯矩图相适应

C　屋架杆件布置要合理，宜使较长的腹杆受压，较短的腹杆受拉

D　宜尽可能使荷载作用在屋架节点上，避免弦杆受弯

3-48　钢屋架和檩条组成的钢结构屋架体系，设置支撑系统的目的是（　　）。

Ⅰ. 承受纵向水平力；Ⅱ. 保证屋架上弦出平面的稳定；Ⅲ. 便于屋架的检修和维修；Ⅳ. 防止下弦过大的出平面的振动

A　Ⅰ、Ⅱ、Ⅲ　　B　Ⅱ、Ⅲ、Ⅳ

C　Ⅰ、Ⅱ、Ⅳ　　D　Ⅰ、Ⅲ、Ⅳ

3-49　下列各种型钢，哪一种适合做楼面梁？

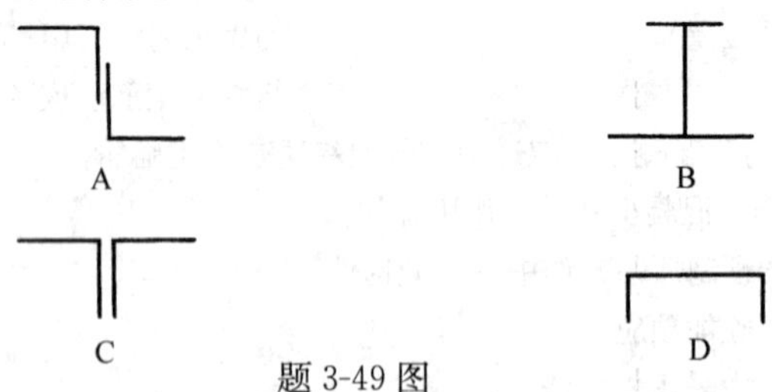


题 3-49 图

3-50　当采用原木、方木制作承重木结构构件时，木材含水率不应大于（　　）。

A　15%　　B　20%

C　25%　　D　30%

3-51　当木结构处于下列何种情况时，不能保证木材可以避免腐朽？

A　具有良好通风的环境　　B　含水率≤20%的环境

C　含水率在 40%～70%的环境　　D　长期浸泡在水中

3-52　木材的缺陷、疵病对下列哪种强度影响最大？

A　抗弯强度　　B　抗剪强度

C 抗压强度　　D 抗拉强度

3-53 下列措施中哪种可以减小混凝土的收缩？

A 增加水泥用量　　B 加大水灰比

C 提高水泥强度等级　　D 加强混凝土的养护

3-54 关于混凝土徐变的叙述，以下哪一项正确？

A 混凝土徐变是指缓慢发生的自身收缩

B 混凝土徐变是在长期不变荷载作用下产生的

C 混凝土徐变持续时间较短

D 粗骨料的含量与混凝土的徐变无关

3-55 粉煤灰硅酸盐水泥具有以下哪种特性？

A 水化热高　　B 早期强度低，后期强度发展高

C 保水性能差　　D 抗裂性能较差

3-56 箍筋配置数量适当的钢筋混凝土梁，其受剪破坏形式为下列中哪一种？

A 梁剪弯段中混凝土先被压碎，其箍筋尚未屈服

B 受剪斜裂缝出现后，梁箍筋立即达到屈服，破坏时以斜裂缝将梁分为两段

C 受剪斜裂缝出现并随荷载增加而发展，然后箍筋达到屈服，直到受压区混凝土达到破坏

D 受拉纵筋先屈服，然后受压区混凝土破坏

3-57 用于确定混凝土强度等级的立方体试件边长尺寸为（　）。

A 200mm　　B 150mm

C 120mm　　D 100mm

3-58 无粘结预应力混凝土结构中的预应力钢筋，需具备下述中的哪几种性能？

Ⅰ.较高的强度等级；Ⅱ.一定的塑性性能；Ⅲ.与混凝土间足够的粘结强度；Ⅳ.低松弛性能

A Ⅰ、Ⅱ、Ⅲ　　B Ⅰ、Ⅲ、Ⅳ

C Ⅰ、Ⅱ、Ⅲ、Ⅳ　　D Ⅰ、Ⅱ、Ⅳ

3-59 我国《混凝土结构设计规范》提倡的钢筋混凝土结构的主力钢筋是（　）。

A HPB300　　B HRB335

C HRBF335　　D HRB400

3-60 下列关于砌体抗压强度的说法哪一种不正确？

A 块体的抗压强度恒大于砌体的抗压强度

B 砂浆的抗压强度恒大于砌体的抗压强度

C 砌体的抗压强度随砂浆的强度提高而提高

D 砌体的抗压强度随块体的强度提高而提高

3-61 下列关于砌筑砂浆的说法哪一种不正确？

A 砂浆的强度等级是按立方体试块进行抗压试验而确定

B 石灰砂浆强度低，但砌筑方便

C 水泥砂浆适用于潮湿环境的砌体

D 用同强度等级的水泥砂浆及混合砂浆砌筑的墙体，前者强度设计值高于后者

3-62 砌体一般不能用于下列何种结构构件？

A 受压　　B 受拉

C 受变　　D 受剪

3-63 对于地面以下或防潮层以下的砌体，不得采用下列中的哪种材料？

A 混合砂浆　　B 烧结普通砖

C 混凝土砌块　　D 蒸压灰砂砖

3-64 相同牌号同一规格钢材的下列强度设计值中，哪三项取值相同？

Ⅰ. 抗拉；Ⅱ. 抗压；Ⅲ. 抗剪；Ⅳ. 抗弯；Ⅴ. 端面承压

A Ⅰ、Ⅱ、Ⅲ　　B Ⅰ、Ⅱ、Ⅳ

C Ⅰ、Ⅳ、Ⅴ　　D Ⅱ、Ⅲ、Ⅴ

3-65 下列哪一项与钢材可焊性有关？

A 塑性　　B 韧性

C 冷弯性能　　D 疲劳性能

3-66 木材的强度等级是指不同树种的木材按其下列何种强度设计值划分的等级？

A 抗剪　　B 抗弯

C 抗压　　D 抗拉

3-67 在选择砌体材料时，下列哪一种说法不正确？

A 五层及五层以上房屋的墙体，应采用不低于 MU10 的砖

B 施工时允许砌筑的墙高与墙厚度无关

C 地面以上砌体应优先采用混合砂浆

D 在冻胀地区，地面或防潮层以下的墙体不宜采用多孔砖

3-68 规范规定：在严寒地区，与无侵蚀性土壤接触的地下室外墙最低混凝土强度等级为（　　）。

A C25　　B C30

C C35　　D C40

3-69 钢筋和混凝土两种材料能有效结合在一起共同工作，下列中哪种说法不正确？

A 钢筋与混凝土之间有可靠的粘结强度

B 钢筋与混凝土两种材料的混度线膨胀系数相近

C 钢筋与混凝土都有较高的抗拉强度

D 混凝土对钢筋具有良好的保护作用

3-70 受力预埋件的锚筋不应采用下列哪种钢筋？

A HPB300 级钢筋　　B HRB335 级钢筋

C HRB400 级钢筋　　D 冷加工钢筋

3-71 预应力混凝土结构不宜采用下列中的哪种钢筋？

A 钢绞线　　B 消除应力钢丝

C 热轧钢筋　　D 预应力螺纹钢筋

3-72 钢结构手工焊接连接，下列哪种钢材与 E43 型焊条相适应？

A Q235 钢　　B Q345 钢

C Q390 钢　　D Q420 钢

3-73 需要验算疲劳的焊接吊车钢梁不应采用下列哪种钢材？

A Q235 沸腾钢　　B Q235 镇静钢

C Q345 钢　　D Q390 钢

3-74 普通木结构，受弯或压弯构件对材质的最低等级要求为（　　）。

A $Ⅰ_a$ 级　　B $Ⅱ_a$ 级

C $Ⅲ_a$ 级　　D 无要求

3-75 规范要求：木结构屋顶承重构件的燃烧性能和耐火极限不应低于下列哪项数值？

A 不燃性 3.00h　　B 难燃性 1.00h

C 难燃性 0.50h　　D 难燃性 0.25h

3-76 某钢筋混凝土现浇板，周边支撑在梁上，受力钢筋配置如下，下列哪种配筋组合最为合适？

Ⅰ. 板顶钢筋①；Ⅱ. 板顶钢筋②；Ⅲ. 板底钢筋③；Ⅳ. 板底钢筋④

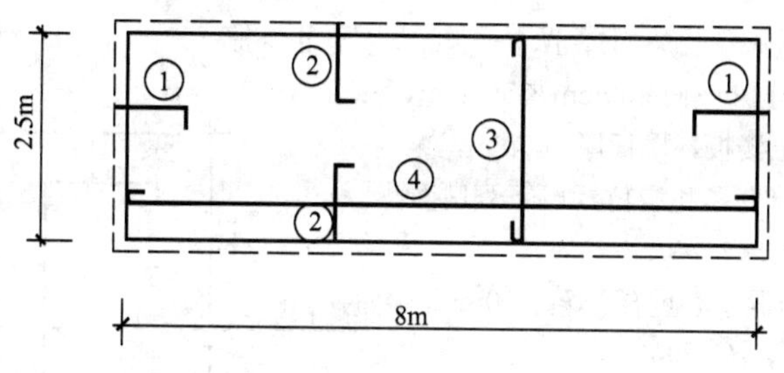


题 3-76 图

A Ⅲ、Ⅳ　　B Ⅰ、Ⅲ

C Ⅰ、Ⅱ、Ⅲ　　D Ⅰ、Ⅱ、Ⅲ、Ⅳ

3-77　钢筋混凝土预制板，板长 1600mm，板宽 $b$，下述对预制板的认识，哪几种正确？

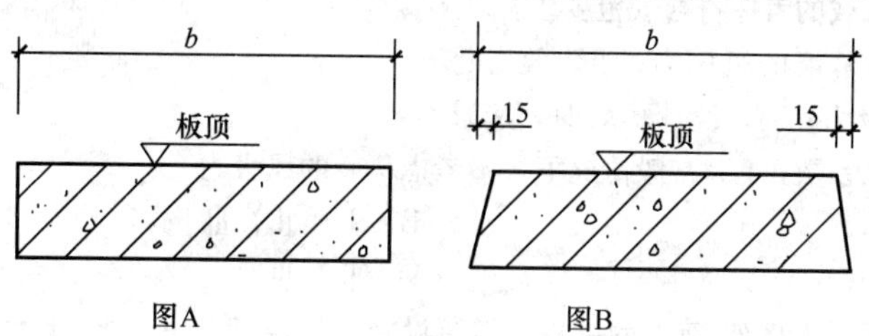


题 3-77 图

Ⅰ. 预制板截面如图 A，板侧边不留小坡，便于支模；Ⅱ. 预制板截面如图 B，板侧边留坡，美观需要；Ⅲ. 预制板截面如图 B，板侧边留坡，便于辨认及利于灌缝；Ⅳ. 取板宽 $b$=500mm，重量适度，有利于施工安装

A Ⅰ　　B Ⅱ

C Ⅲ、Ⅳ　　D Ⅱ、Ⅲ、Ⅳ

3-78　承重结构设计中，下列哪几项属于承载能力极限状态设计的内容？

Ⅰ. 构件和连接的强度破坏；Ⅱ. 疲劳破坏；Ⅲ. 影响结构耐久性能的局部损坏；Ⅳ. 结构和构件丧失稳定，结构转变为机动体系和结构倾覆

A Ⅰ、Ⅱ　　B Ⅰ、Ⅱ、Ⅲ

C Ⅰ、Ⅱ、Ⅳ　　D Ⅰ、Ⅱ、Ⅲ、Ⅳ

3-79　合理配置预应力钢筋，将有下述中哪几项作用？

Ⅰ. 可提高构件的抗裂度；Ⅱ. 可提高构件的极限承载能力；Ⅲ. 可减小截面受压区高度，增加构件的转动能力；Ⅳ. 可适当减小构件截面的高度

A Ⅰ、Ⅱ　　B Ⅰ、Ⅳ

C Ⅰ、Ⅱ、Ⅲ　　D Ⅰ、Ⅱ、Ⅲ、Ⅳ

3-80　某工程位于平均相对湿度大于 60％的一类环境下，其钢筋混凝土次梁（以受弯为主）的裂缝控制等级和最大裂缝宽度限值取下列何值为宜？

A 三级，0.2mm　　B 三级，0.3mm

C 三级，0.4mm　　D 二级，0.2mm

3-81　根据《混凝土结构设计规范》，在非抗震设计的钢筋混凝土剪力墙结构中，剪力墙的最小截面厚度要求为（　）。

Ⅰ. 墙厚 $t_w \geqslant 140$mm；Ⅱ. 墙厚 $t_w \geqslant 160$mm；Ⅲ. 墙厚 $t_w$ 不宜小于楼层高度的 1/25；Ⅳ. 墙厚 $t_w$ 不宜小于楼层高度的 1/20

A Ⅰ、Ⅲ　　B Ⅰ、Ⅳ　　C Ⅱ、Ⅲ　　D Ⅱ、Ⅳ

3-82 某钢筋混凝土连梁截面 250mm×550mm，现浇钢筋混凝土楼板，楼板厚 100mm，梁上穿圆洞，其洞直径和洞位置以下列哪种配合符合规范要求？

A 梁高中线与洞中心重合，$d \leqslant 200$mm

B 洞顶贴板底，$d \leqslant 200$mm

C 梁高中线与洞中心重合，$d \leqslant 150$mm

D 洞顶贴板底，$d \leqslant 150$mm

题 3-82 图

3-83 高层建筑中，当外墙采用玻璃幕墙时，幕墙及其与主体结构的连接件设计中，下列哪几项对风荷载的考虑符合规范要求？

Ⅰ. 要考虑对幕墙的风压力；Ⅱ. 要考虑对幕墙的风吸力；Ⅲ. 设计幕墙时，应计算幕墙的阵风系数；Ⅳ. 一般情况下，不考虑幕墙的风吸力

A Ⅰ、Ⅱ　　B Ⅰ、Ⅱ、Ⅲ

C Ⅰ、Ⅲ、Ⅳ　　D Ⅱ、Ⅲ

3-84 某现浇钢筋混凝土框架-剪力墙结构，需留设施工后浇带，下列带宽 $b$ 及其后浇时间的安排中哪项符合规范要求？

A $b$=800mm，结构封顶两个月后

B $b$=800mm，本层混凝土浇灌两个月后

C $b$=600mm，本层混凝土浇灌两个月后

D $b$=600mm，结构封顶两个月后

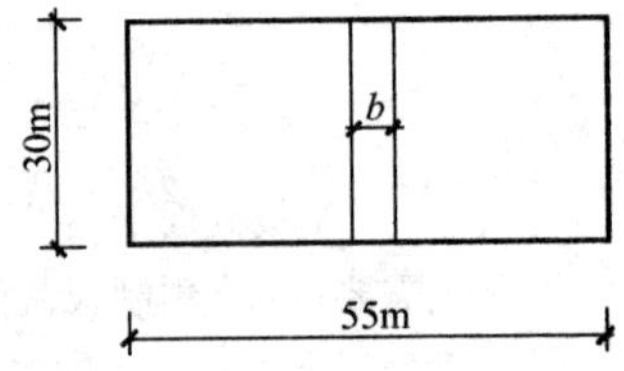

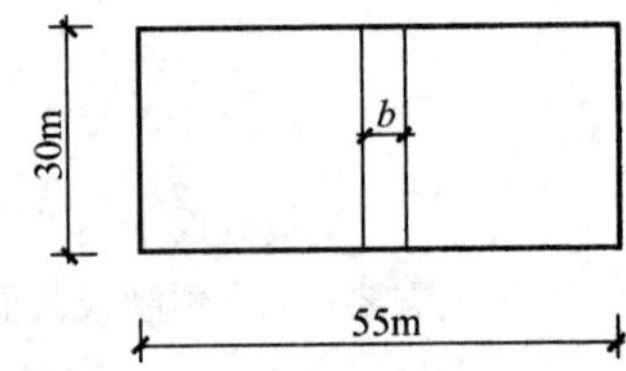

题 3-84 图

3-85 某工程采用现浇钢筋混凝土结构，其次梁（以受弯为主）计算跨度 $L_0=8.5$m，使用中对挠度要求较高，已知：其挠度计算值为 42.5mm，起拱值为 8.5mm，下述关于次梁的总挠度复核结论中哪项正确？

A 挠度 $f=42.5\text{mm}>L_0/250=34\text{mm}$，不满足规范要求

B 挠度 $f=42.5\text{mm}>L_0/300=28.3\text{mm}$，不满足规范要求

C 挠度 $f=42.5-8.5=34\text{mm}=L_0/250$，满足规范要求

D 挠度 $f=42.5-8.5=34\text{mm}>L_0/300=28.3\text{mm}$，不满足规范要求

3-86 某室外砌体结构矩形水池，当超量蓄水时，水池长边中部墙体首先出现裂缝的部位为下述中的哪处（提示：水池足够长）？

A 池底外侧 $a$ 处，水平裂缝

B 池底内侧 $b$ 处，水平裂缝

C 池壁中部 $c$ 处，水平裂缝

D 池壁中部 $c$ 处，竖向裂缝

题 3-86 图

3-87 下列关于钢构件长细比的表述中，哪项正确？

A 长细比是构件长度与构件截面高度之比

B 长细比是构件长度与构件截面宽度之比

C 长细比是构件对主轴的计算长度与构件截面高度之比

D 长细比是构件对主轴的计算长度与构件截面对主轴的回转半径之比

3-88 某单跨钢框架如图，问柱截面下列四种布置中何种最为合适（提示：不考虑其他专业的要求，钢梁钢柱稳定有保证，各柱截面面积相等）？

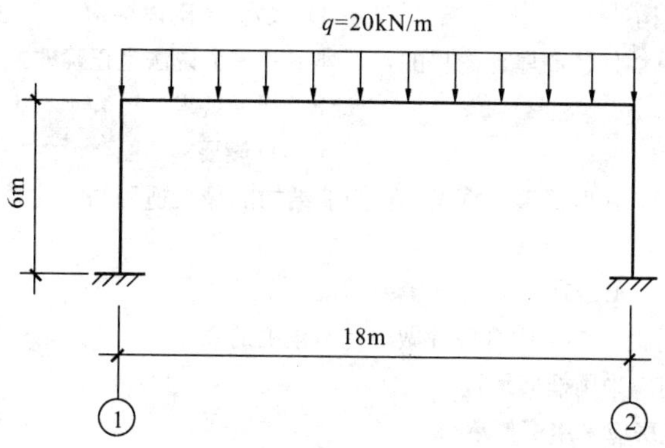


题 3-88 图

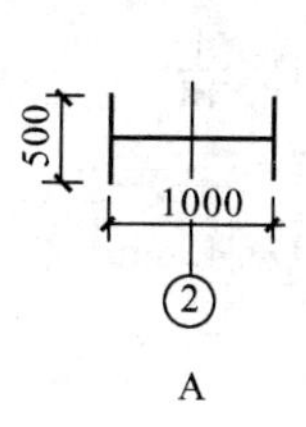


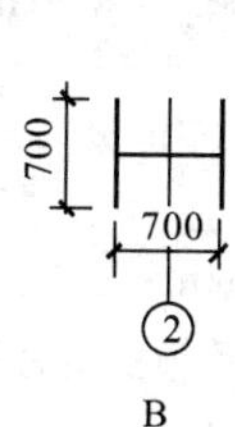


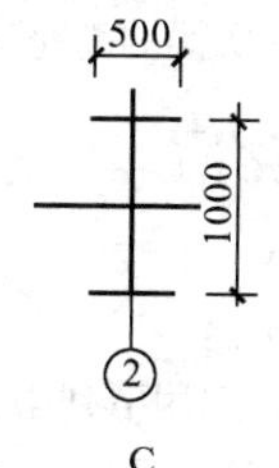


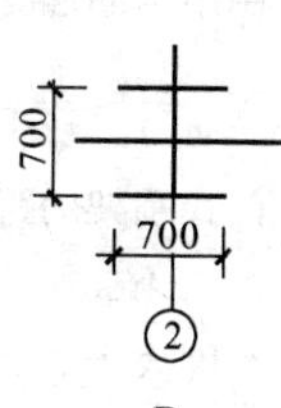


3 - 89　图示钢梯，下列对踏步板作用的表述，哪几项是正确的？

Ⅰ. 承受踏步荷载；Ⅱ. 有利于钢梯梁的整体稳定；Ⅲ. 有利于提高两侧钢板梁的承载力；Ⅳ. 有利于两侧钢板梁的局部稳定

A　Ⅰ、Ⅲ　　B　Ⅰ、Ⅱ

C　Ⅰ、Ⅱ、Ⅲ　　D　Ⅰ、Ⅱ、Ⅲ、Ⅳ

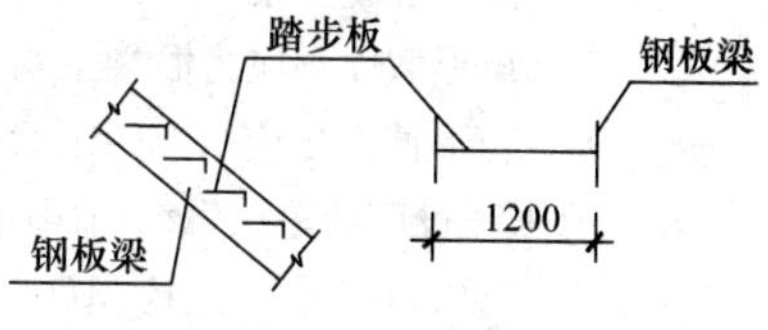


题 3-89 图

3 - 90　某临时仓库，跨度为 9m，采用三角形木桁架屋盖（如图），当 $h$ 为何值时，符合规范规定的最小值？

A　$h=0.9$m　　B　$h=1.125$m

C　$h=1.5$m　　D　$h=1.8$m

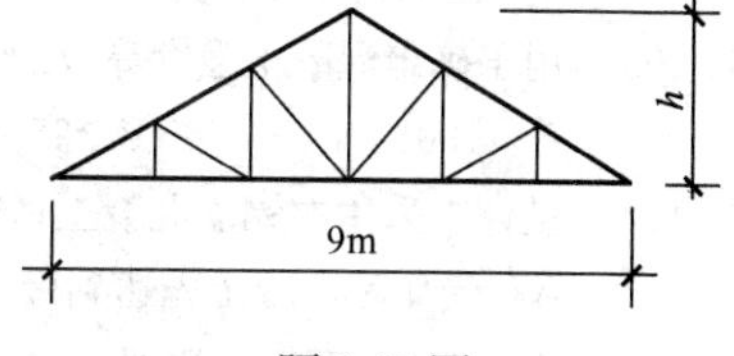


题 3-90 图

3 - 91　下述各项原木构件的相关设计要求中，哪几项与规范相符？

Ⅰ. 验算挠弯和稳定时，可取构件的中央截面；Ⅱ. 验算抗弯强度时，可取最大弯矩处的截面；Ⅲ. 标注原木直径时，以小头为准；Ⅳ. 标注原木直径时，以大头为准

A　Ⅰ、Ⅱ　　B　Ⅰ、Ⅱ、Ⅲ

C　Ⅱ、Ⅲ　　D　Ⅰ、Ⅱ、Ⅳ

3 - 92　根据《混凝土结构设计规范》，住宅建筑现浇单向简支楼板的最小厚度，不应小于（　　）。

A　60mm　　B　80mm　　C　100mm　　D　120mm

3 - 93　钢筋混凝土双向密肋楼盖的肋间距，下列哪一种数值范围较为合理？

A　400～600mm　　B　700～1000mm

C　1200～1500mm　　D　1600～2000mm

3 - 94　在抗震设防 7 度地震区，建造一幢 6 层中学教学楼，下列中哪一种结构体系较为合理？

A　钢筋混凝土框架结构　　B　钢筋混凝土框—剪结构

C 普通砖砌体结构　　D 多孔砖砌体结构

3-95 多层砌体结构计算墙体的高厚比的目的，下列中哪一个说法是正确的？

A 稳定性要求　　B 强度要求

C 变形要求　　D 抗震要求

3-96 在抗震设防7度区，A级高度的框架—剪力墙结构的最大适用高宽比，下列中哪一个数值是恰当的？

A 4　　B 5　　C 6　　D 7

3-97 框架结构抗震设计时，下列中哪一种做法是不正确的？

A 楼梯、电梯间应采用框架承重

B 突出屋顶的机房应采用框架承重

C 不应采用单跨框架结构

D 在底部，当局部荷载较大时，可采用另加砖墙承重

3-98 民用钢筋混凝土井式楼盖的次梁的高跨比，下列中哪一个数值范围是较常用的？

A $\frac{1}{10}\sim\frac{1}{12}$　　B $\frac{1}{12}\sim\frac{1}{14}$　　C $\frac{1}{14}\sim\frac{1}{16}$　　D $\frac{1}{18}\sim\frac{1}{20}$

3-99 门式刚架的跨度不宜超过（　　）。

A 24mm　　B 30mm　　C 36mm　　D 42mm

3-100 跨度大于30m的混凝土梁，选用下列中哪一种类型较为经济合理？

A 高宽比为4的矩形截面钢筋混凝土梁

B 钢骨混凝土梁

C 矩形截面预应力混凝土梁

D 箱形截面预应力混凝土梁

3-101 有采暖设施的单层钢结构房屋，其纵向温度区段适宜的最大长度值是（　　）。

A 150mm　　B 160m　　C 180mm　　D 220m

3-102 钢材的对接焊缝能承受的内力，下列中哪一种说法是准确的？

A 能承受拉力和剪力　　B 能承受拉力，不能承受弯矩

C 能承受拉力、剪力和弯矩　　D 只能承受拉力

3-103 用于确定混凝土强度等级的立方体试件，其抗压强度保证率为（　　）。

A 100%　　B 95%　　C 90%　　D 85%

3-104 设计中采用的钢筋混凝土适筋梁，其受弯破坏形式为（　　）。

A 受压区混凝土先达到极限应变而破坏

B 受拉区钢筋先达到屈服，然后受压区混凝土破坏

C 受拉区钢筋先达到屈服，直至被拉断，受压区混凝土未破坏

D 受拉区钢筋与受压区混凝土同时达到破坏

3-105 预应力混凝土结构的预应力钢筋强度等级要求较普通钢筋高，某主要原因是下述中的哪一条？

A 预应力钢筋强度除满足使用荷载作用所需外，还要同时满足受拉区混凝土的预压应力要求

B 使预应力混凝土构件获得更高的极限承载能力

C 使预应力混凝土结构获得更好的延性

D 使预应力钢筋截面减小而有利于布置

3-106 矿渣硅酸盐水泥具有以下哪种特性？

A 早期强度高，后期强度增进率小

B 抗冻性能好

C 保水性能好

D 水化热低

3-107 我国现行《混凝土结构设计规范》中，预应力钢绞线、消除应力钢丝和热处理钢筋的强度标准值由（ ）确定。

A 强度设计值 B 屈服强度

C 极限抗压强度 D 极限抗拉强度

3-108 砌体的线膨胀系数和收缩率与下列中的哪种因素有关？

A 砌体类别 B 砌体抗压强度

C 砂浆种类 D 砂浆强度等级

3-109 关于砌体抗剪强度的叙述，下列中哪种正确？

A 与块体强度等级、块体种类、砂浆强度等级均相关

B 与块体强度等级无关，与块体种类、砂浆强度等级有关

C 与块体种类无关，与块体强度等级、砂浆强度等级有关

D 与砂浆种类无关，与块体强度等级、块体种类有关

3-110 关于砌体的抗压强度，下列中哪一种说法不正确？

A 砌体的抗压强度比其抗拉、抗弯和抗剪强度更高

B 采用的砂浆种类不同，抗压强度设计取值不同

C 块体的抗压强度恒大于砌体的抗压强度

D 抗压强度设计取值与构件截面面积无关

3-111 钢结构焊缝的质量等级分为（ ）级。

A 二 B 三 C 四 D 五

3-112 下列关于钢材性能的评议中，哪一项是正确的？

A 抗拉强度与屈服强度比值越小，越不容易产生脆性断裂

B 建筑钢材的焊接性能主要取决于碳含量

C 非焊接承重结构的钢材不需要硫、磷含量的合格保证

D 钢材冲击韧性不受工作温度变化影响

3-113 下列钢材的物理力学性能指标中，哪种与钢材厚度有关？

A 弹性模量 B 剪变模量

C 设计强度 D 线膨胀系数

3-114 木材强度等级代号（例如 TB15）后的数字（如 15），表示其（ ）强度设计值。

A 抗拉 B 抗压 C 抗弯 D 抗剪

3-115 下列中的哪种结构构件可以采用无粘结预应力筋作为受力钢筋？

A 悬臂大梁 B 水下环境中的结构构件

C 高腐蚀环境中的结构构件 D 板类构件

3-116 对于室内正常环境的预应力混凝土结构，设计使用年限为 100 年时，规范要求其混凝土最低强度等级为（ ）。

A C25 B C30 C C35 D C40

3-117 对后张法预应力混凝土，下列中哪一项不适用？

A 大型构件 B 工厂预制的中小型构件

C 现浇构件 D 曲线预应力钢筋

3-118 在混凝土内掺入适量膨胀剂，其主要目的为下列中的哪一项？

A 提高混凝土早期强度

B 减少混凝土干缩裂缝

C 延缓凝结时间，降低水化热

D　使混凝土在负温下水化，达到预期强度

3-119　当有防水要求时，高层建筑地下室外墙混凝土强度等级和抗渗等级除按计算确定外分别不应小于（　　）。

A　C30，0.4MPa　　B　C30，0.6MPa

C　C35，0.6MPa　　D　C35，0.8MPa

3-120　对于安全等级为一级的砌体结构房屋，在严寒很潮湿的基土环境下，规范对地面以下的砌体材料最低强度等级要求，下列中哪一项不正确？

A　烧结普通砖 MU15　　B　石材 MU40

C　混凝土砌块 MU10　　D　水泥砂浆 M10

3-121　在砌体结构中，采用 MU7.5 的砌块砌筑房屋的墙体，不适用于下列中哪种墙体？

A　六层房屋墙体　　B　安全等级为一级的房屋墙体

C　受振动的房屋墙体　　D　层高为 7m 的房屋墙体

3-122　对夹心墙中叶墙之间连接件作用的下列描述，何项不正确？

A　协调内、外叶墙的变形　　B　提高内叶墙的承载力

C　减小夹心墙的裂缝　　D　增加叶墙的稳定性

3-123　轻型木结构中，仅用于轻型木框架构件，其材质的最低等级要求为（　　）。

A　$\mathrm{I_c}$ 级　　B　$\mathrm{II_c}$ 级　　C　$\mathrm{III_c}$ 级　　D　$\mathrm{IV_c}$ 级

3-124　某单跨钢筋混凝土框架如图，梁顶、底面配筋相同，当 $P$ 增加时，首先出现裂缝的是在下列中的哪一处？

A　梁左端上表面　　B　梁右端上表面

C　梁左端下表面　　D　梁右端下表面

3-125　对于某钢筋混凝土悬挑雨篷（挑板式），下列表述中哪些是正确的？

Ⅰ. 上表面无防水措施，负筋①要考虑露天环境的影响；Ⅱ. 上表面无防水措施，负筋①不要考虑露天环境的影响；Ⅲ. 建筑外防水对结构配筋没有影响；Ⅳ. 建筑外防水对结构配筋有影响

A　Ⅰ、Ⅲ　　B　Ⅱ、Ⅲ　　C　Ⅰ、Ⅳ　　D　Ⅱ、Ⅳ

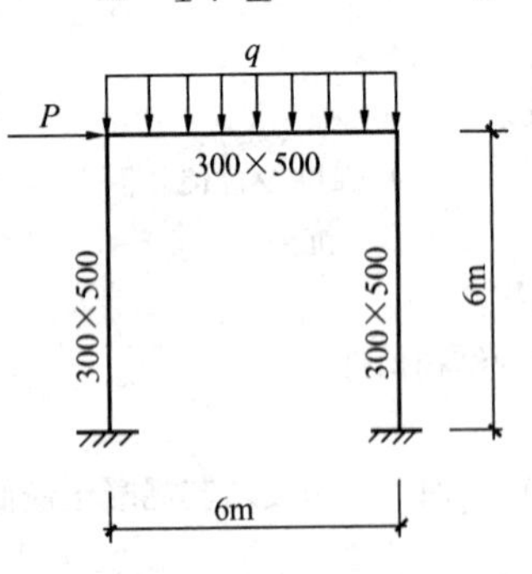

题 3-124 图

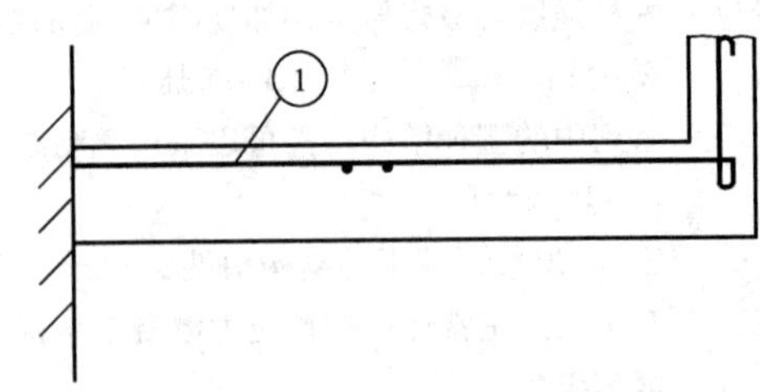

题 3-125 图

3-126　柱间支撑构件的代号是（　　）。

A　CC　　B　SC　　C　ZC　　D　HC

3-127　在结构平面图中，柱间支撑的标注，下列中哪一种形式是正确的？

A　　　　B　　　　C　　　　D

3-128　钢结构设计中，永久螺栓的表示方法，下列中哪一个是正确的？

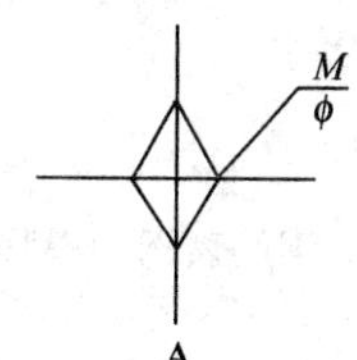

A

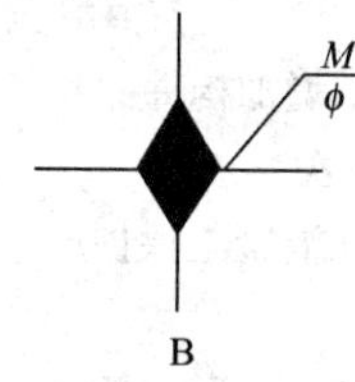

B

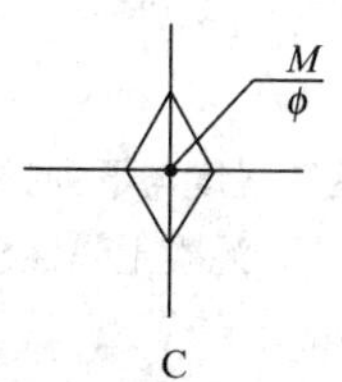

C

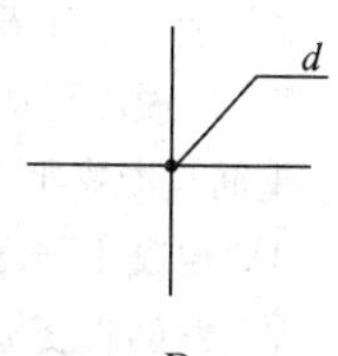

D

3-129　混凝土强度等级是根据下列何项确定的？

A　立方体抗压强度标准值　　B　立方体抗压强度设计值

C　圆柱体抗压强度标准值　　D　圆柱体抗压强度设计值

3-130　钢筋混凝土结构当采用 HRB400 级钢筋时，混凝土强度等级不应低于（　　）。

A　C15　　B　C20　　C　C25　　D　C30

3-131　控制混凝土的碱含量，其作用是（　　）。

A　减小混凝土的收缩　　B　提高混凝土的耐久性

C　减小混凝土的徐变　　D　提高混凝土的早期强度

3-132　对于热轧钢筋（如 HRB335），其强度标准值取值的依据是（　　）。

A　弹性极限强度　　B　屈服极限强度

C　极限抗拉强度　　D　断裂强度

3-133　钢管混凝土构件在纵向压力作用下，关于其受力性能的描述，下列何项是错误的？

A　延缓了核心混凝土受压时的纵向开裂

B　提高了核心混凝土的塑性性能

C　降低了核心混凝土的承载力，但提高了钢管的承载力

D　提高了钢管管壁的稳定性

3-134　关于烧结黏土砖砌体与蒸压灰砂砖砌体性能的论述，下列何项正确？

A　二者的线胀系数相同　　B　前者的线胀系数比后者大

C　前者的线胀系数比后者小　　D　二者具有相同的收缩率

3-135　某体育场设计中采用了国产钢材 Q460E，其中 460 是指（　　）。

A　抗拉强度标准值　　B　抗拉强度设计值

C　抗压强度标准值　　D　抗压强度设计值

3-136　目前市场上的承重用 P 型砖和 M 型砖，属于下列哪类砖？

A　烧结普通砖　　B　烧结多孔砖

C　蒸压灰砂砖　　D　蒸压粉煤灰砖

3-137　标注原木直径时，应以下列何项为准？

A　大头直径　　B　中间直径

C　距大头 1/3 处直径　　D　小头直径

3-138　关于承重木结构用胶的下列叙述，何项错误？

A　应保证胶合强度不低于木材顺纹抗剪强度

B　应保证胶合强度不低于横纹抗拉强度

C　应保证胶连接的耐水性和耐久性

D　当有出厂质量证明文件时，使用前可不再检验其胶结能力

3-139 各类砌体抗压强度设计值可按下列何项原则确定？

A 龄期 14d，以净截面计算　　B 龄期 14d，以毛截面计算

C 龄期 28d，以净截面计算　　D 龄期 28d，以毛截面计算

3-140 提高 H 型钢梁整体稳定的有效措施之一是（　）。

A 加大受压翼缘宽度　　B 加大受拉翼缘宽度

C 增设腹板加劲肋　　D 增加构件的长细比

3-141 钢筋与混凝土之间的粘结强度与下列哪些因素有关？

Ⅰ. 混凝土强度等级；Ⅱ. 混凝土弹性模量；Ⅲ. 混凝土保护层厚度；Ⅳ. 钢筋表面粗糙程度；Ⅴ. 钢筋强度标准值

A Ⅰ、Ⅱ、Ⅲ　　B Ⅰ、Ⅲ、Ⅳ　　C Ⅱ、Ⅳ、Ⅴ　　D Ⅰ、Ⅲ、Ⅴ

3-142 下列情况对结构构件产生内力，试问何项为直接荷载作用？

A 温度变化　　B 地基沉降

C 屋面积雪　　D 结构构件收缩

3-143 下列哪种钢筋不宜用作预应力钢筋？

A 钢绞线　　B 冷轧钢筋

C 预应力螺纹钢筋　　D 消除应力钢丝

3-144 为控制大体积混凝土的裂缝，采用下列何项措施是错误的？

A 选用粗骨料　　B 选用快硬水泥

C 掺加缓凝剂　　D 减少水泥用量，降低水灰比

3-145 下列关于预应力混凝土的论述何项是错误的？

A 无粘结预应力采用后张法施工

B 水下环境中的结构构件应采用有粘结预应力

C 中等强度钢筋不适用作为预应力筋，是由于其有效预应力低

D 施加预应力的构件，抗裂性提高，故在使用阶段都是不开裂的

3-146 关于钢结构材料的特性，下列何项论述是错误的？

A 具有高强度　　B 具有良好的耐腐蚀性

C 具有良好的塑性　　D 耐火性差

3-147 下列关于钢筋混凝土性质的叙述，哪一项是错误的？

A 混凝土收缩与水泥标号、水泥用量有关

B 混凝土裂缝宽度与钢筋直径、混凝土强度等级、保护层厚度有关

C 钢筋强度越高，在混凝土中的锚固长度可越短

D 钢筋和混凝土共同工作，钢筋主要受拉，混凝土主要受压

3-148 混凝土小型空心砌块结构下列部位墙体，何项可不采用混凝土灌实砌体孔洞？

A 圈梁下的一皮砌块

B 无圈梁的钢筋混凝土楼板支承面下的一皮砌块

C 未设混凝土垫块的梁支承处

D 底层室内地面以下的砌体

3-149 顶层带阁楼的坡屋面砌体结构房屋，其房屋总高度应按下列何项计算？

A 算至阁楼顶　　B 算至阁楼地面

C 算至山尖墙的 1/2 高度处　　D 算至阁楼高度的 1/2 处

3-150 因结构超长需在楼板内设置预应力钢筋，其设置部位何项正确？

A 设在板顶部　　B 设在板底部

C 设在板厚中部　　D 跨中设在板顶，支座设在板底

3-151 当木桁架支座节点采用齿连接时，下列做法何项正确？

A 必须设置保险螺栓

B 双齿连接时，可采用一个保险螺栓

C 考虑保险螺栓与齿共同工作

D 保险螺栓应与下弦杆垂直

3-152 对钢管混凝土柱中钢管作用的下列描述，何者不正确？

A 钢管对管中混凝土起约束作用

B 加设钢管可提高柱子的抗压承载能力

C 加设钢管可提高柱子的延性

D 加设钢管可提高柱子的长细比

3-153 关于先张法预应力混凝土的表述下列何者正确？

Ⅰ. 在浇灌混凝土前张拉钢筋；Ⅱ. 在浇灌混凝土后张拉钢筋；Ⅲ. 在台座上张拉钢筋；Ⅳ. 在构件端部混凝土上直接张拉钢筋

A Ⅰ+Ⅲ　　B Ⅰ+Ⅳ　　C Ⅱ+Ⅲ　　D Ⅱ+Ⅳ

3-154 对设置夹心墙的理解，下列何项正确？

A 建筑节能的需要　　B 墙体承载能力的需要

C 墙体稳定的需要　　D 墙体耐久性的需要

3-155 与钢梁整浇的混凝土楼板的作用是（　　）。

A 仅有利于钢梁的整体稳定

B 有利于钢梁的整体稳定和上翼缘稳定

C 有利于钢梁的整体稳定和下翼缘稳定

D 有利于钢梁的整体稳定和上、下翼缘稳定

3-156 砌体结构的屋盖为瓦材屋面的木屋盖和轻钢屋盖，当采用刚性方案计算时，其房屋横墙间距应小于下列哪一个取值？

A 12m　　B 16m　　C 18m　　D 20m

3-157 砌体结构房屋的墙和柱应验算高厚比，以符合稳定性的要求，下列何种说法是不正确的？

A 自承重墙的允许高厚比可适当提高

B 有门窗洞口的墙，其允许高厚比应适当降低

C 刚性方案房屋比弹性方案房屋的墙体高厚比计算值大

D 砂浆强度等级越高，允许高厚比也越高

3-158 高层钢结构房屋钢梁与钢柱的连接，目前我国一般采用下列何种方式？

A 螺栓连接　　B 焊接连接

C 栓焊混合连接　　D 铆接连接

3-159 关于钢结构梁柱板件宽厚比限值的规定，下列哪一种说法是不正确的？

A 控制板件宽厚比限值，主要保证梁柱具有足够的强度

B 控制板件宽度比限值，主要防止构件局部失稳

C 箱形截面壁板宽厚比限值，比工字形截面翼缘外伸部分宽厚比限值大

D Q345 钢材比 Q235 钢材宽厚比限值小

3-160 对常用厚度的钢材（8～80mm），随着厚度的增加，以下说法正确的是（　　）。

A 钢材冷弯性能增加　　B 钢材强度增加

C 钢材可焊性能增加　　D 钢材 Z 向性能下降

3-161 我国确定混凝土强度等级采用的标准试件为（　　）。

A 直径 150mm、高 300mm 的圆柱体

B　直径 300mm、高 150mm 的圆柱体

C　边长为 150mm 的立方体

D　边长为 300mm 的立方体

3 - 162　下列关于混凝土收缩的叙述，哪一项是正确的？

A　水泥标号越高，收缩越小　　B　水泥用量越多，收缩越小

C　水胶比越大，收缩越大　　D　环境温度越低，收缩越大

3 - 163　下列关于建筑采用的碳素钢中，碳含量对钢材影响的叙述何项错误？

A　碳含量越高，钢材的强度也越高

B　碳含量越高，钢材的塑性、韧性越好

C　碳含量越高，钢材的可焊性越低

D　建筑采用的碳素钢材只能是低碳钢

3 - 164　预应力混凝土结构的混凝土强度等级不应低于（　　）。

A　C20　　B　C30　　C　C35　　D　C40

3 - 165　承重用混凝土小型空心砌块的空心率宜为下列何值？

A　10％以下　　B　25％～50％

C　70％～80％　　D　95％以上

3 - 166　砌体的抗压强度（　　）。

A　恒大于砂浆的抗压强度

B　恒小于砂浆的抗压强度

C　恒大于块体（砖、石、砌块）的抗压强度

D　恒小于块体（砖、石、砌块）的抗压强度

3 - 167　关于承重木结构使用条件的叙述，下列何项不正确？

A　宜在正常温度环境下的房屋结构中使用

B　宜在正常湿度环境下的房屋结构中使用

C　未经防火处理的木结构不应用于极易引起火灾的建筑中

D　不应用于经常受潮且不易通风的场所

3 - 168　热轧钢筋经过冷拉之后，其强度和变形性能的变化是（　　）。

A　抗拉强度提高，变形性能提高

B　抗拉强度提高，变形性能降低

C　抗拉强度、变形性能不变

D　抗拉强度提高，变形性能不变

3 - 169　下列哪一组性能属于钢筋的力学性能？

Ⅰ. 拉伸性能；Ⅱ. 塑性性能；Ⅲ. 冲击韧性；Ⅳ. 冷弯性能；Ⅴ. 焊接性能

A　Ⅰ、Ⅱ、Ⅲ　　B　Ⅱ、Ⅲ、Ⅳ　　C　Ⅲ、Ⅳ、Ⅴ　　D　Ⅰ、Ⅱ、Ⅵ

3 - 170　对于人流可能密集的楼梯，其楼面均布活荷载标准值取值为（　　）。

A　2.0kN/m²　　B　2.5kN/m²　　C　3.0kN/m²　　D　3.5kN/m²

3 - 171　当采用钢绞线作为预应力钢筋时，混凝土强度等级不宜低于（　　）。

A　C25　　B　C30　　C　C35　　D　C40

3 - 172　钢筋混凝土构件保护层厚度在设计时可不考虑下列何项因素？

A　钢筋种类　　B　混凝土强度等级

C　构件使用环境　　D　构件类别

3 - 173　钢筋混凝土结构构件的配筋率计算与以下哪项因素无关？

A　构件截面高度　　B　构件的跨度

C　构件的钢筋面积　　　　D　构件截面宽度

3-174　下列对先张法预应力混凝土结构和构件的描述何项不正确？

A　适用于工厂批量生产　　　　B　适用于方便运输的中小型构件

C　适用于曲线预应力钢筋　　　　D　施工需要台座设施

3-175　控制和减小钢筋混凝土结构构件裂缝宽度的措施，下列何项错误？

A　采用预应力技术

B　在相同配筋率下，采用较大直径钢筋

C　提高配筋率

D　采用带肋钢筋

3-176　在选择砌体材料时，下列何种说法不正确？

A　五层及以上民用房屋的底层墙，应采用强度等级不低于 MU7.5 的砌块

B　混凝土小型空心砌块夹心墙的强度等级不应低于 MU10

C　防潮层以下的墙体应采用混合砂浆砌筑

D　允许砌筑的墙高与砂浆强度等级有关

3-177　在室内正常环境下，钢筋混凝土构件的最大允许裂缝宽度为下列何值？

A　0.003mm　　B　0.03mm　　C　0.3mm　　D　3mm

3-178　对钢筋混凝土构件施加预应力的目的为下列何项？

A　提高构件的极限承载力　　　　B　提高构件的抗裂度和刚度

C　提高构件的耐久性　　　　D　减小构件的徐变

3-179　下列对钢骨混凝土柱中钢骨与混凝土作用的分析，何项不正确？

A　增加钢骨可以提高柱子的延性

B　增加钢骨可以提高柱子的抗压承载力

C　钢骨的主要作用在于提高柱子的抗弯承载力

D　外围混凝土有利于钢骨柱的稳定

3-180　对钢管混凝土柱中混凝土作用的描述，下列何项不正确？

A　有利于钢管柱的稳定　　　　B　提高钢管柱的抗压承载力

C　提高钢管柱的耐火极限　　　　D　提高钢管柱的抗拉承载力

3-181　对钢筋混凝土结构超长而采取的下列技术措施何项不正确？

A　采取有效的保温隔热措施　　　　B　加大屋顶层混凝土楼板的厚度

C　楼板中增设温度钢筋　　　　D　板中加设预应力钢筋

3-182　关于后张有粘结预应力混凝土的下述理解，何者正确？

Ⅰ. 需要锚具传递预应力；Ⅱ. 不需要锚具传递预应力；Ⅲ. 构件制作时必须预留孔道；Ⅳ. 张拉完毕不需要进行孔道灌浆

A　Ⅰ、Ⅲ　　B　Ⅰ、Ⅳ　　C　Ⅱ、Ⅲ　　D　Ⅱ、Ⅳ

## 参考答案

| | | | | | | | | | | | |
|---|---|---|---|---|---|---|---|---|---|---|---|
| 3-1 | C | 3-2 | C | 3-3 | D | 3-4 | C | 3-5 | C | 3-6 | A |
| 3-7 | D | 3-8 | D | 3-9 | B | 3-10 | B | 3-11 | D | 3-12 | B |
| 3-13 | C | 3-14 | A | 3-15 | C | 3-16 | C | 3-17 | B | 3-18 | D |
| 3-19 | B | 3-20 | D | 3-21 | C | 3-22 | C | 3-23 | C | 3-24 | C |
| 3-25 | C | 3-26 | A | 3-27 | A | 3-28 | C | 3-29 | D | 3-30 | A |
| 3-31 | A | 3-32 | D | 3-33 | B | 3-34 | D | 3-35 | D | 3-36 | C |
| 3-37 | D | 3-38 | D | 3-39 | B | 3-40 | D | 3-41 | C | 3-42 | D |

| | | | | | | | | | | | |
|---|---|---|---|---|---|---|---|---|---|---|---|
| 3 - 43 | D | 3 - 44 | C | 3 - 45 | D | 3 - 46 | C | 3 - 47 | C | 3 - 48 | A |
| 3 - 49 | B | 3 - 50 | C | 3 - 51 | C | 3 - 52 | D | 3 - 53 | D | 3 - 54 | B |
| 3 - 55 | B | 3 - 56 | C | 3 - 57 | B | 3 - 58 | D | 3 - 59 | D | 3 - 60 | B |
| 3 - 61 | B | 3 - 62 | B | 3 - 63 | A | 3 - 64 | B | 3 - 65 | A | 3 - 66 | B |
| 3 - 67 | B | 3 - 68 | B | 3 - 69 | C | 3 - 70 | D | 3 - 71 | C | 3 - 72 | A |
| 3 - 73 | A | 3 - 74 | B | 3 - 75 | D | 3 - 76 | D | 3 - 77 | C | 3 - 78 | C |
| 3 - 79 | B | 3 - 80 | B | 3 - 81 | A | 3 - 82 | C | 3 - 83 | B | 3 - 84 | B |
| 3 - 85 | D | 3 - 86 | B | 3 - 87 | D | 3 - 88 | A | 3 - 89 | D | 3 - 90 | D |
| 3 - 91 | B | 3 - 92 | A | 3 - 93 | B | 3 - 94 | A | 3 - 95 | A | 3 - 96 | B |
| 3 - 97 | D | 3 - 98 | D | 3 - 99 | C | 3 - 100 | C | 3 - 101 | D | 3 - 102 | C |
| 3 - 103 | B | 3 - 104 | B | 3 - 105 | A | 3 - 106 | C | 3 - 107 | D | 3 - 108 | A |
| 3 - 109 | B | 3 - 110 | D | 3 - 111 | B | 3 - 112 | B | 3 - 113 | C | 3 - 114 | C |
| 3 - 115 | D | 3 - 116 | D | 3 - 117 | B | 3 - 118 | B | 3 - 119 | B | 3 - 120 | A |
| 3 - 121 | B | 3 - 122 | C | 3 - 123 | C | 3 - 124 | B | 3 - 125 | C | 3 - 126 | C |
| 3 - 127 | C | 3 - 128 | A | 3 - 129 | A | 3 - 130 | C | 3 - 131 | B | 3 - 132 | B |
| 3 - 133 | C | 3 - 134 | C | 3 - 135 | A | 3 - 136 | B | 3 - 137 | D | 3 - 138 | D |
| 3 - 139 | D | 3 - 140 | A | 3 - 141 | B | 3 - 142 | C | 3 - 143 | B | 3 - 144 | B |
| 3 - 145 | D | 3 - 146 | B | 3 - 147 | C | 3 - 148 | A | 3 - 149 | C | 3 - 150 | C |
| 3 - 151 | A | 3 - 152 | D | 3 - 153 | A | 3 - 154 | A | 3 - 155 | B | 3 - 156 | B |
| 3 - 157 | C | 3 - 158 | C | 3 - 159 | A | 3 - 160 | D | 3 - 161 | C | 3 - 162 | C |
| 3 - 163 | B | 3 - 164 | B | 3 - 165 | B | 3 - 166 | D | 3 - 167 | D | 3 - 168 | B |
| 3 - 169 | D | 3 - 170 | D | 3 - 171 | D | 3 - 172 | A | 3 - 173 | B | 3 - 174 | C |
| 3 - 175 | B | 3 - 176 | C | 3 - 177 | C | 3 - 178 | B | 3 - 179 | C | 3 - 180 | D |
| 3 - 181 | B | 3 - 182 | A | | | | | | | | |

# 第四章　建筑抗震设计基本知识

## 第一节　概　　述

### 一、名词术语含义

（1）地震（earthquake）。是指大地震动，包括天然地震（构造地震、火山地震、陷落地震）、诱发地震（矿山采掘活动、水库蓄水等引发的地震）和人工地震（爆破、核爆炸、物体坠落等产生的地震）。

一般指天然地震中的构造地震；震源是指产生地震的源；震中是震源在地面上的投影；震源深度是震源与震中的距离；浅源地震是震源深度小于 60km 的地震；中源地震是震源深度在 60～300km 范围内的地震；深源地震是震源深度大于 300km 的地震。

（2）震级。是对地震大小的量度。有地方性震级、体波震级、面波震级、矩震级（用地震矩换算的震级），表示符号均不相同，但对外发布的震级应用 $M$ 表示，不应加“里氏震级”、“矩震级”等附加信息。地震按震级大小的划分，大致如下：

①弱震（$M<3$）。如果震源不是很浅，这种地震人们一般不易觉察。

②有感地震（$3\leqslant M\leqslant 4.5$）。这种地震人们能够感觉到，但一般不会造成破坏。

③中强震（$4.5<M<6$）。属于可造成损坏或破坏的地震，但破坏轻重还与震源深度、震中距等多种因素有关。

④强震（$M\geqslant 6$）。是能造成严重破坏的地震，其中 $M\geqslant 8$ 又称为巨大地震。

（3）地震烈度。指地震时某一地区地面和各类建筑物遭受一次地震影响的强弱程度。《中国地震烈度表》采用 12 度划分地震烈度。

（4）多遇地震烈度。设计基准期 50 年内，超越概率为 63.2%的地震烈度。

（5）基本烈度。指中国地震烈度区划图标明的地震烈度。1990 年颁布的地震烈度区划图标明的基本烈度为 50 年期限内，一般场地条件下，可能遭遇超越概率为 10%的地震烈度。

（6）罕遇地震烈度。设计基准期内，超越概率为 2%～3%的地震烈度。

（7）抗震设防烈度。必须按国家规定的权限审批、颁发的文件（图件）确定。一般情况下，建筑的抗震设防烈度应采用根据中国地震动参数区划图确定的地震基本烈度［《建筑抗震设计规范》（以下简称《抗震规范》）设计基本地震加速度值所对应的烈度值］。

（8）地震作用。地震作用是地震动引起的结构动态作用，包括水平地震作用和竖向地震作用。地震作用不是直接的外力作用，而是结构在地震时的动力反应，是一种间接作用，过去曾称为地震荷载，它与重力荷载的性质是不同的。地震作用的大小是与地震动的性质和工程结构的动力特性有关。

（9）超越概率。一定地区范围和时间范围内，发生的地震烈度超过给定地震烈度的概率。

(10) 抗震设防标准。衡量抗震设防要求高低的尺度，由抗震设防烈度或设计地震动参数及建筑抗震设防类别确定。

(11) 设计地震动参数。抗震设计用的地震加速度（速度、位移）时程曲线、加速度反应谱和峰值加速度。

(12) 设计基本地震加速度。50 年设计基准期超越概率 10%的地震加速度的设计取值。

(13) 建筑抗震概念设计。根据地震灾害和工程经验等所形成的基本设计原则和设计思想，进行建筑和结构总体布置并确定细部构造的过程。

(14) 抗震措施。除地震作用计算和抗力计算以外的抗震设计内容，包括抗震构造措施。

(15) 抗震构造措施。根据抗震概念设计原则，一般不需计算而对结构和非结构各部分必须采取的各种细部要求。

## 二、建筑抗震设防分类和设防标准

确定抗震设防类别是建筑抗震设计的主要内容。确定具体项目的抗震设防类别，关系到地震作用的取值和抗震措施的确定，是抗震设计的依据性指标。

**抗震设防的所有建筑应按现行国家标准《建筑工程抗震设防分类标准》GB 50223—2008 确定其抗震设防类别及其抗震设防标准。**

### (一) 建筑物抗震设防类别

**建筑工程应分为以下四个抗震设防类别：**

**(1) 特殊设防类：指使用上有特殊设施，涉及国家公共安全的重大建筑工程和地震时可能发生严重次生灾害等特别重大灾害后果，需要进行特殊设防的建筑。简称甲类。**

**(2) 重点设防类：指地震时使用功能不能中断或需尽快恢复的生命线相关建筑，以及地震时可能导致大量人员伤亡等重大灾害后果，需要提高设防标准的建筑。简称乙类。**

**(3) 标准设防类：指大量的除 1、2、4 款以外按标准要求进行设防的建筑。简称丙类。**

**(4) 适度设防类：指使用上人员稀少且震损不致产生次生灾害，允许在一定条件下适度降低要求的建筑。简称丁类。**

### (二) 抗震设防标准

**各抗震设防类别建筑的抗震设防标准，应符合下列要求：**

**(1) 特殊设防类（甲类），应按高于本地区抗震设防烈度提高一度的要求加强其抗震措施；但抗震设防烈度为 9 度时应按比 9 度更高的要求采取抗震措施。同时，应按批准的地震安全性评价的结果且高于本地区抗震设防烈度的要求确定其地震作用。**

**(2) 重点设防类（乙类），应按高于本地区抗震设防烈度一度的要求加强其抗震措施；但抗震设防烈度为 9 度时应按比 9 度更高的要求采取抗震措施；地基基础的抗震措施，应符合有关规定。同时，应按本地区抗震设防烈度确定其地震作用。**

**(3) 标准设防类（丙类），应按本地区抗震设防烈度确定其抗震措施和地震作用，达到在遭遇高于当地抗震设防烈度的预估罕遇地震影响时不致倒塌或发生危及生命安全的严**

**重破坏的抗震设防目标。**

**(4) 适度设防类（丁类），允许比本地区抗震设防烈度的要求适当降低其抗震措施，但抗震设防烈度为6度时不应降低。一般情况下，仍应按本地区抗震设防烈度确定其地震作用。**

(5) 抗震设防烈度为6度时，除《抗震规范》有具体规定外，对乙、丙、丁类建筑可不进行地震作用计算。

注：对于划为重点设防类而规模很小的工业建筑，当改用抗震性能较好的材料且符合抗震设计规范对结构体系的要求时，允许按标准设防类设防。

**(三) 抗震设防目标**

(1)“三水准的设防目标”——所有进行抗震设计的建筑都必须实现的目标

抗震设计要达到的目标是在建筑受到不同强度的地震时，要求建筑具有不同的抵抗能力，对一般较小的地震，发生的可能性大，故又称多遇地震，这时要求结构不受损坏，在技术上和经济上都可以做到。而对于罕遇的强烈地震，地震作用大但发生的可能性小，在此强震作用下要保证结构完全不损坏，技术难度大，经济投入也大，是不合算的；这时允许有所损坏，但不倒塌，则将是经济合理的。

(2)“三个水准”的抗震设防目标

一般情况下（不是所有情况下）。

**第一水准：**遭遇众值烈度（多遇地震）影响时，建筑处于正常使用状态，从结构抗震分析角度，可以视为弹性体系，采用弹性反应谱进行弹性分析；

**第二水准：**遭遇基本烈度（设防地震）影响时，结构进入非弹性工作阶段，但非弹性变形或结构体系的损坏控制在可修复的范围；

**第三水准：**遭遇最大预估烈度（罕遇地震）影响时，结构有较大的非弹性变形，但应控制在规定的范围内，以免倒塌。

**通常将其概括为：“小震不坏，中震（设防地震）可修、大震不倒”。**

三水准的地震作用及不同超越概率（或重现期）的建筑结构特性见表4-1。

**三水准的地震作用及不同超越概率（或重现期）的建筑结构特性　　表4-1**

| 水准 | 烈度 | 50年超越概率 | 重现期 | 建筑结构特性 |
|---|---|---|---|---|
| 第一水准 | 多遇地震（小震），比设防烈度地震约低一度半 | 63% | 50年 | 建筑处于正常使用状态，可视为弹性体系 |
| 第二水准 | 设防地震（基本烈度地震）或中国地震动参数区划图规定的峰值加速度所对应的烈度 | 10% | 475年 | 结构进入非弹性工作阶段，但非弹性变形或结构体系的损坏控制在可修复的范围 |
| 第三水准 | 罕遇地震（大震） | 2%～3% | 1641～2475年 | 结构有较大的非弹性变形，但应控制在规定的范围内，以免倒塌 |

(3) 各水准的建筑性能要求

"小震不坏"——要求建筑结构在多遇地震作用下满足承载力极限状态的要求且建筑的弹性变形不超过规定的限值；即保障人的生活、生产、经济和社会活动的正常进行。

"中震可修"——要求建筑结构具有相当的变形能力，不发生不可修复的脆性破坏，用结构的延性设计（满足抗震措施和抗震构造措施）来实现；即保障人身安全和减小经济损失。

"大震不倒"——满足建筑有足够的变形能力，其塑性变形不超过规定的限值；即避免倒塌，以保障人身安全。

(4) 在抗震设计时，为满足上述三水准的目标应采用两个阶段设计法，见表 4-2。

**两阶段设计实现三水准目标** **表 4-2**

| 设计阶段 | 设计内容 | 设计步骤和三水准目标 | 适用的结构 |
|---|---|---|---|
| 第一阶段设计 | 承载力验算 | 1. 取第一水准的地震动参数计算结构的弹性地震作用标准值和相应的地震作用效应；<br>2. 采用分项系数设计表达式进行结构构件的承载力抗震验算；<br>3. 通过概念设计和抗震构造措施来满足第三水准（罕遇地震）的设计要求 | 适用于大多数结构（如规则结构及一般不规则结构） |
| 第二阶段设计 | 弹塑性变形验算 | 1. 结构薄弱部位的弹塑性层间变形验算；<br>2. 相应的抗震构造措施来实现第三水准（罕遇地震）的设防要求 | 1. 对地震时易倒塌的结构；<br>2. 有明显薄弱层的不规则结构；<br>3. 有专门要求的建筑 |

上面提到的小震、中震（设防地震）和大震之间的数值关系为：小震比中震（设防烈度地震）低 1.5 度；大震比中震（设防烈度地震）高 1 度左右。

**(四) 地震影响**

(1) 建筑所在地区遭受地震的影响，应采用相应于抗震设防烈度的设计基本地震加速度和特征周期来加以表征（表 4-3）。

**抗震设防烈度和设计基本地震加速度值的对应关系** **表 4-3**

| 抗震设防烈度 | 6 | 7 | 8 | 9 |
|---|---|---|---|---|
| 设计基本地震加速度值 | 0.05$g$ | 0.10 (0.15) $g$ | 0.20 (0.30) $g$ | 0.40$g$ |

注：$g$ 为重力加速度。

现规范以地震加速度划分烈度，而不再依据破坏程度确定。《抗震规范》明确将设计基本地震加速度为 0.15$g$ 和 0.30$g$ 的地区仍归类为 7 度和 8 度，主要考虑现行规范的抗震构造措施均以烈度划分，没有专门针对 0.15$g$ 和 0.30$g$ 地区的抗震构造措施。

(2) 地震影响的特征周期应根据建筑所在地的设计地震分组和场地类别确定。特征周期值是计算地震作用的重要参数，它反映了震级、震中距及场地特性的影响，采用设计地震分组法。

**【要点】**

◆《抗震规范》适用于抗震烈度为6～9度地区建筑工程的抗震设计及隔震、消能减震设计。

◆建筑抗震设计包括：地震作用、抗震承载力计算和采取抗震构造措施以达到抗震效果。抗震设计首先要确定设防烈度，一般取基本烈度。

◆抗震措施指：除地震作用计算和抗力计算以外的抗震设计内容，包括抗震构造措施。混凝土结构的抗震措施依据抗震设防烈度和抗震等级确定。

◆《抗震规范》对设计基本加速度为0.15$g$和0.30$g$的地区仍归类为7度和8度。规范在确定场地类别时采用设计地震分组法，基本上反映了近震、中震和远震的影响。建筑工程的设计地震分为三组：第一组、第二组、第三组。

2001年规范将89规范的设计近震、远震改称设计地震分组，以更好地体现震级和震中距的影响，建筑工程的设计地震分为三组。

如Ⅱ类场地，第一组、第二组和第三组的设计特征周期，应分别按0.35s、0.40s和0.45s采用，见表4-4。对地震作用的影响由轻到重排序为第一组、第二组、第三组。

**特征周期值（s）** **表4-4**

| 设计地震分组 | 场地类别 | | | | |
|---|---|---|---|---|---|
| | $\mathrm{I}_0$ | $\mathrm{I}_1$ | Ⅱ | Ⅲ | Ⅳ |
| 第一组 | 0.20 | 0.25 | 0.35 | 0.45 | 0.65 |
| 第二组 | 0.25 | 0.30 | 0.40 | 0.55 | 0.75 |
| 第三组 | 0.30 | 0.35 | 0.45 | 0.65 | 0.90 |

注："设计特征周期"即设计所用的地震影响系数相对应的特征周期（$T_g$）。

## 三、抗震设计的基本要求

### （一）选择对抗震有利的场地、地基和基础

**（1）选择建筑场地时，应根据工程需要和地震活动情况、工程地质和地震地质的有关资料，对抗震有利、一般、不利和危险地段做出综合评价。应选择有利地段，避开不利地段；当无法避开不利地段时，应采取有效措施。对危险地段，严禁建造甲、乙类的建筑，不应建造丙类的建筑。**

对建筑抗震有利、一般、不利和危险地段的划分标准见表4-5。

**有利、一般、不利和危险地段的划分标准** **表4-5**

| 地段类别 | 地质、地形、地貌 |
|---|---|
| 有利地段 | 稳定基岩，坚硬土，开阔、平坦、密实、均匀的中硬土等 |
| 一般地段 | 不属于有利、不利和危险的地段 |
| 不利地段 | 软弱土，液化土，条状突出的山嘴，高耸孤立的山丘，陡坡，陡坎，河岸和边坡的边缘，平面分布上成因、岩性、状态明显不均匀的土层（含故河道、疏松的断层破碎带、暗埋的塘浜沟谷和半填半挖地基），高含水量的可塑黄土，地表存在结构性裂缝等 |
| 危险地段 | 地震时可能发生滑坡、崩塌、地陷、地裂、泥石流等及发震断裂带上可能发生地表位错的部位 |

（2）地基和基础设计应符合下列要求：

1）同一结构单元的基础不宜设置在性质截然不同的地基上。

2）同一结构单元不宜部分采用天然地基部分采用桩基；当采用不同基础类型或基础埋深显著不同时，应根据地震时两部分地基基础的沉降差异，在基础、上部结构的相关部位采取相应措施。

3）地基为软弱黏性土、液化土、新近填土或严重不均匀土时，应根据地震时地基不均匀沉降和其他不利影响，采取相应的措施。

**（二）建筑形体及其构件布置的规则性**

**（1）建筑设计应根据抗震概念设计的要求明确建筑形体的规则性。不规则的建筑应按规定采取加强措施；特别不规则的建筑应进行专门研究和论证，采取特别的加强措施；严重不规则的建筑不应采用。**

注：形体指建筑平面形状和立面、竖向剖面的变化。

**（2）建筑设计应重视其平面、立面和竖向剖面的规则性对抗震性能及经济合理性的影响，宜择优选用规则的形体，其抗侧力构件的平面布置宜规则对称、侧向刚度沿竖向宜均匀变化、竖向抗侧力构件的截面尺寸和材料强度宜自下而上逐渐减小、避免侧向刚度和承载力突变。**

**（3）建筑形体及其构件布置的平面、竖向不规则性，应按下列要求划分：**

1）混凝土房屋、钢结构房屋和钢-混凝土混合结构房屋存在表 4-6 所列举的某项平面不规则类型或表 4-7 所列举的某项竖向不规则类型以及类似的不规则类型，应属于不规则的建筑。

**平面不规则的主要类型　　表 4-6**

| 不规则类型 | 定义和参考指标 |
|---|---|
| 扭转不规则 | 在具有偶然偏心的水平力作用下，楼层两端抗侧力构件弹性水平位移（或层间位移）的最大值与平均值的比值大于 1.2 |
| 凹凸不规则 | 平面凹进的尺寸，大于相应投影方向总尺寸的 30% |
| 楼板局部不连续 | 楼板的尺寸和平面刚度急剧变化，例如，有效楼板宽度小于该层楼板典型宽度的 50%，或开洞面积大于该层楼面面积的 30%，或较大的楼层错层 |

图 4-1～图 4-3 为典型示例，以便理解表 4-6 中所列的不规则类型。

**竖向不规则的主要类型　　表 4-7**

| 不规则类型 | 定义和参考指标 |
|---|---|
| 侧向刚度不规则 | 该层的侧向刚度小于相邻上一层的 70%，或小于其上相邻三个楼层侧向刚度平均值的 80%；除顶层或出屋面小建筑外，局部收进的水平向尺寸大于相邻下一层的 25% |
| 竖向抗侧力构件不连续 | 竖向抗侧力构件（柱、抗震墙、抗震支撑）的内力由水平转换构件（梁、桁架等）向下传递 |
| 楼层承载力突变 | 抗侧力结构的层间受剪承载力小于相邻上一楼层的 80% |

图 4-4～图 4-6 为典型示例，以便理解表 4-7 中所列的不规则类型。

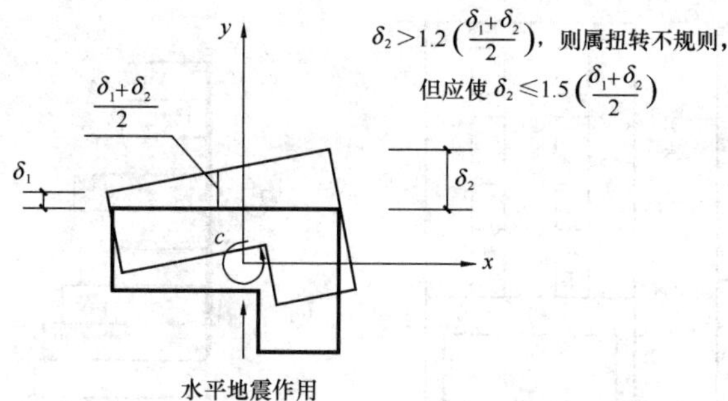


图 4-1　建筑结构平面的扭转不规则示例

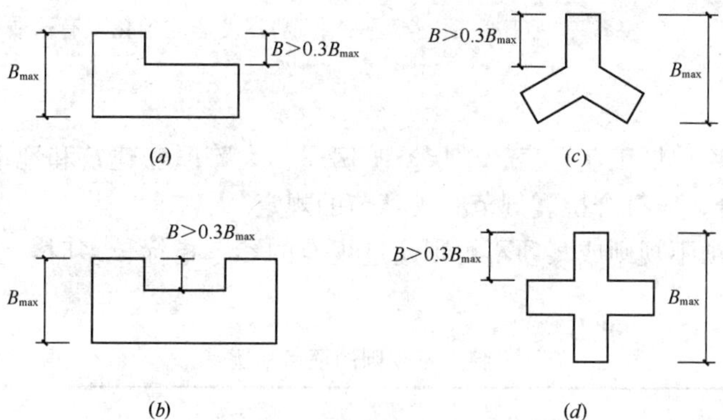


图 4-2　建筑结构平面的凸角或凹角不规则示例

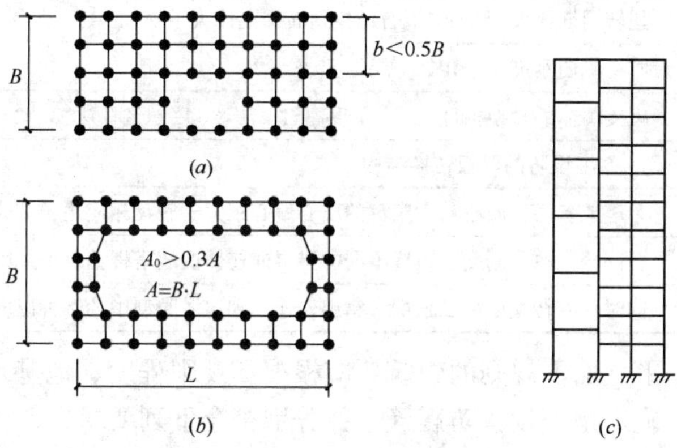


图 4-3　建筑结构平面的局部不连续示例（大开洞及错层）

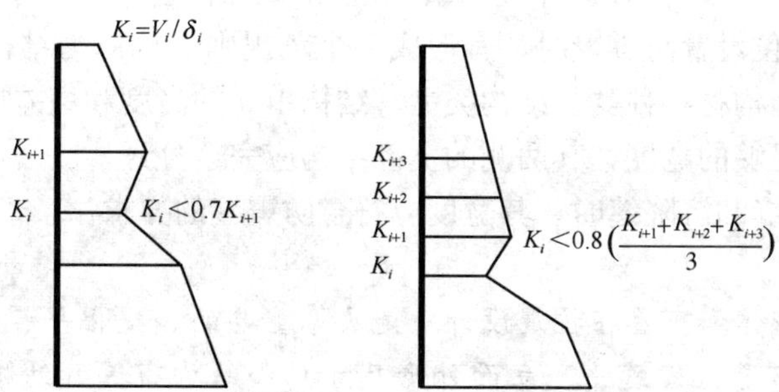


图 4-4　沿竖向的侧向刚度不规则（有软弱层）

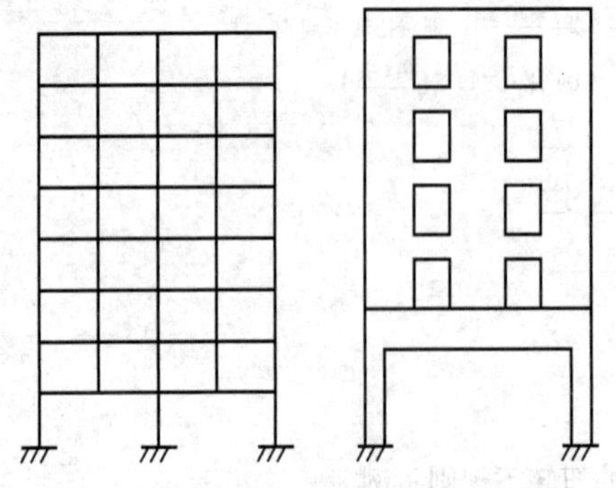

图 4-5　竖向抗侧力构件不连续示例

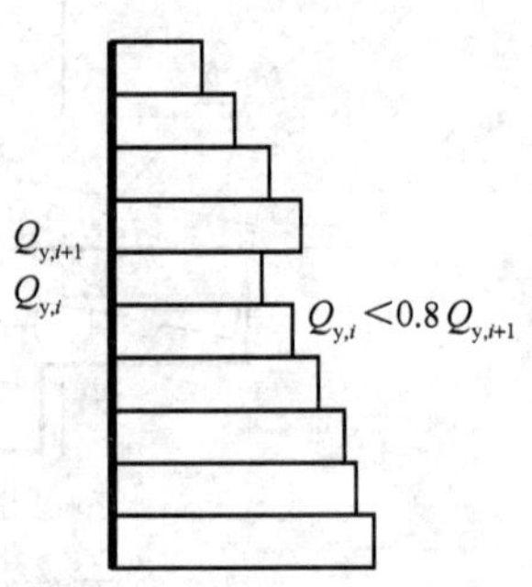


图 4-6　竖向抗侧力结构屈服抗剪强度非均匀化（有薄弱层）

2）砌体房屋、单层工业厂房、单层空旷房屋、大跨屋盖建筑和地下建筑的平面和竖向不规则性的划分，应符合抗震规范有关章节的规定。

3）当存在多项不规则或某项不规则超过规定的参考指标较多时，应属于特别不规则的建筑，见表 4-8。

**特别不规则的项目举例　　表 4-8**

| 序号 | 不规则类型 | 简要涵义 |
|---|---|---|
| 1 | 扭转偏大 | 裙房以上有较多楼层考虑偶然偏心的扭转位移比大于 1.4 |
| 2 | 抗扭刚度弱 | 扭转周期比大于 0.9，混合结构扭转周期比大于 0.85 |
| 3 | 层刚度偏小 | 本层侧向刚度小于相邻上层的 50% |
| 4 | 高位转换 | 框支墙体的转换构件位置：7 度超过 5 层，8 度超过 3 层 |
| 5 | 厚板转换 | 7～9 度设防的厚板转换结构 |
| 6 | 塔楼偏置 | 单塔或多塔合质心与大底盘的质心偏心距大于底盘相应边长 20% |
| 7 | 复杂连接 | 各部分层数、刚度、布置不同的错层或连体两端塔楼显著不规则的结构 |
| 8 | 多重复杂 | 同时具有转换层、加强层、错层、连体和多塔类型中的 2 种以上 |

（4）体形复杂、平立面不规则的建筑，应根据不规则程度、地基基础条件和技术经济等因素的比较分析，确定是否设置防震缝，并分别符合下列要求：

1）当不设置防震缝时，应采用符合实际的计算模型，分析判明其应力集中、变形集中或地震扭转效应等导致的易损部位，采取相应的加强措施。

2）当在适当部位设置防震缝时，宜形成多个较规则的抗侧力结构单元。防震缝应根据抗震设防烈度、结构材料种类、结构类型、结构单元的高度和高差以及可能的地震扭转效应的情况，留有足够的宽度，其两侧的上部结构应完全分开。

3）当设置伸缩缝和沉降缝时，其宽度应符合防震缝的要求。

**【要点】**

◆合理的建筑形体和布置在抗震设计中是头等重要的。提倡平、立面简单对称。“规则”包含了对建筑布置（建筑平、立面外形尺寸）和结构布置（结构构件布置、质量分布、承载力分布等）诸多因素的综合要求。

◆一般情况下，可设缝、可不设防震缝时，尽量不设缝。当不设防震缝时，连接处局部应力集中，需要采取加强措施。必须设置时，应有足够的宽度。防震缝两侧结构体系不同时，防震缝的宽度应按不利的（对防震缝的宽度要求更大的）结构类型确定。

**（三）结构体系**

结构体系就是抗震设计所采用的、主要功能为承担侧向地震作用、由不同材料组成的不同结构形式的统称。

（1）结构体系应根据建筑的抗震设防类别、抗震设防烈度、建筑高度、场地条件、地基、结构材料和施工等因素，经技术、经济和使用条件综合比较确定。

**（2）结构体系应符合下列各项要求：**

**1）应具有明确的计算简图和合理的地震作用传递途径。**

**2）应避免因部分结构或构件破坏而导致整个结构丧失抗震能力或对重力荷载的承载能力。**

**3）应具备必要的抗震承载力，良好的变形能力和消耗地震能量的能力。**

**4）对可能出现的薄弱部位，应采取措施提高抗震能力。**

（3）结构体系尚宜符合下列各项要求：

1）宜有多道抗震防线；

2）宜具有合理的刚度和承载力分布，避免因局部削弱或突变形成薄弱部位，产生过大的应力集中或塑性变形集中；

3）结构在两个主轴方向的动力特性宜相近。

（4）结构构件应符合下列要求：

1）砌体结构应按规定设置钢筋混凝土圈梁和构造柱、芯柱，或采用约束砌体、配筋砌体等。

2）混凝土结构构件应控制截面尺寸和受力钢筋、箍筋的设置；防止剪切破坏先于弯曲破坏，混凝土的压溃先于钢筋的屈服，钢筋的锚固粘结破坏先于构件破坏。

3）预应力混凝土构件，应配有足够的非预应力钢筋。

4）钢结构构件的尺寸应合理控制，应避免局部失稳或整个构件失稳。

5）多、高层的混凝土楼、屋盖宜优先采用现浇混凝土板。当采用预制装配式混凝土楼、屋盖时，应从楼盖体系和构造上采取措施确保各预制板之间连接的整体性。

（5）结构各构件之间的连接，应符合下列要求：

1）构件节点的破坏，不应先于其连接的构件。

2）预埋件的锚固破坏，不应先于连接件。

3）装配式结构构件的连接，应能保证结构的整体性。

4）预应力混凝土构件的预应力钢筋，宜在节点核心区以外锚固。

（6）装配式单层厂房的各种抗震支撑系统，应保证地震时厂房的整体性和稳定性。

**【要点】**

◆抗震结构体系要求受力明确、传力途径合理且传力路线不间断，使结构的抗震分析更符合结构在地震时的实际表现，是结构选型与布置结构抗侧力体系时首先考虑的因素之一。

◆结构体系应具备必要的抗震承载力，是指结构在地震作用下具有足够的承载能力；

具有良好的延性（即变形能力和耗能能力），指结构具有足够的抗变形能力，结构的变形不致引起结构功能丧失或超越容许破坏的程度；良好的消耗地震能量的能力是指结构能吸收和消耗地震能而保存下来的能力，即良好的延性。

◆抗震结构体系中吸收和消耗地震输入能的各个部分称为抗震防线。抗震房屋必须设置多道防线。

◆结构两个主轴方向的动力特性（周期和振型）宜相近，如对有些纵横墙、长宽比较大的长矩形平面，强调两个主轴方向的均衡，避免因某一个方向先破坏而导致整体倒塌。

◆结构体系由不同结构构件组成，结构构件的抗震性能是保证整个结构抗震设计的基础。规范对各种不同材料的结构构件提出了改善其变形能力的原则和途径，应理解并掌握，是重要的出题点：

—无筋砌体本身是脆性材料，只能利用约束条件（圈梁、构造柱、组合柱等来分割、包围）使砌体发生裂缝后不致崩塌和散落，地震时不致丧失对重力荷载的承载能力。

—钢筋混凝土构件的抗震性能与砌体相比是更好的，但处理不当也会造成不可修复的脆性破坏，如：混凝土压碎、构件剪切破坏、钢筋锚固部分拉脱（粘结破坏）等。混凝土结构构件的尺寸控制，包括轴压比、截面长宽比、墙体高厚比、宽厚比等。

—对预应力混凝土结构构件的要求是应配置足够的非预应力钢筋，以利于改善预应力混凝土结构的抗震性能。

—钢结构房屋的延性好，但钢结构构件的压屈破坏（杆件失去稳定）或局部失稳也是一种脆性破坏，应予以防止。

—推荐采用现浇楼、屋盖，对装配式楼、屋盖需加强整体性。

**例 4-1** 关于混凝土结构的设计方案，下列说法错误的是：

A 应选用合理的结构体系、构件形式，并做合理的布置

B 结构的平、立面布置宜规则，各部分的质量和刚度宜均匀、连续

C 宜采用静定结构，结构传力途径应简捷、明确，竖向构件宜连续贯通、对齐

D 宜采取减小偶然作用影响的措施

**解析：**混凝土结构的设计方案宜**采用超静定结构**，重要构件和关键部位应增加冗余约束或有多余传力途径，以保证结构有多道抗震防线，不致因局部结构或构件破坏而使结构变成机动体系，导致整个结构丧失抗震能力或对重力荷载的承载能力。

**答案：**C

**规范：**《抗震规范》第 3.5.3 条第 1 款；《混凝土结构设计规范》第 3.2.1 条第 4 款、第 3.5.2 条。

**例 4-2** 下列关于钢筋混凝土结构构件应符合的力学要求中，何项错误？

A 弯曲破坏先于剪切破坏

B 钢筋屈服先于混凝土压溃

C 钢筋的锚固粘结破坏先于构件破坏

D 应进行承载能力极限状态和正常使用极限状态设计

**解析**：钢筋混凝土结构构件设计应**避免脆性破坏**，具体要求：**弯曲破坏先于剪切破坏；钢筋屈服先于混凝土压坏；钢筋的锚固粘结破坏晚于构件破坏**。

**答案**：C

**规范**：《抗震规范》第 3.5.5 条。

**（四）非结构构件**

**（1）非结构构件，是指与结构相连的建筑构件、机电部件及其系统。包括建筑非结构构件和建筑附属机电设备，自身及其与结构主体的连接，应进行抗震设计。**

（2）非结构构件的抗震设计，应由相关专业人员分别负责进行。

（3）附着于楼、屋面结构上的非结构构件，以及楼梯间的非承重墙体，应与主体结构有可靠的连接或锚固，避免地震时倒塌伤人或砸坏重要设备。

**（4）框架结构的围护墙和隔墙，应估计其设置对结构抗震的不利影响，避免不合理设置而导致主体结构的破坏。**

（5）幕墙、装饰贴面与主体结构应有可靠连接，避免地震时脱落伤人。

（6）安装在建筑上的附属机械、电气设备系统的支座和连接，应符合地震时使用功能的要求，且不应导致相关部件的损坏。

**【要点】**

◆非结构构件一般指不考虑承受重力荷载、风荷载及地震作用的构件，包括建筑非结构构件和建筑附属机电设备的支架等。非结构构件的地震破坏会影响安全和使用功能，需引起重视，应进行抗震设计。

◆处理好建筑非结构构件和主体结构的关系，可防止附加灾害，减少损失，处理好两者的连接和锚固问题是关键：

—附属结构构件，如：女儿墙、高低跨封墙、雨篷等的防倒塌问题，主要采取加强自身的整体性及与主体结构的锚固等抗震措施；

—装饰物，如：贴面、顶棚、悬吊重物等的防脱落及装饰物破坏问题，主要采取加强与主体结构的可靠连接，对重要装饰物采用柔性连接等抗震措施；

—围护墙和隔墙、砌体填充墙与框架等与主体结构的连接，影响整个结构的动力性能和抗震能力，建议两者之间采用柔性连接或彼此脱开，可只考虑填充墙的重量而不计其刚度和强度的影响。

**（五）隔震与消能减震设计**

（1）隔震与消能减震设计，可用于对抗震安全性和使用功能有较高要求或专门要求的建筑。

（2）采用隔震或消能减震设计的建筑，当遭遇到本地区的多遇地震影响、设防地震影响和罕遇地震影响时，可按高于《抗震规范》第 1.0.1 条的基本设防目标进行设计。

**（六）结构材料与施工**

抗震结构在材料选用、施工顺序，特别是材料代用上有其特殊的要求，主要指减少材料的脆性和贯彻原设计意图，也是重要的考试出题点。

（1）抗震结构对材料和施工质量的特别要求，应在设计文件上注明。

**（2）结构材料性能指标，应符合下列最低要求：**

**1）砌体结构材料应符合下列规定：**

**①普通砖和多孔砖的强度等级不应低于 MU10，其砌筑砂浆强度等级不应低于 M5；**

**②混凝土小型空心砌块的强度等级不应低于 MU7.5，其砌筑砂浆强度等级不应低于 Mb7.5。**

**2）混凝土结构材料应符合下列规定：**

**① 混凝土的强度等级，框支梁、框支柱及抗震等级为一级的框架梁、柱、节点核芯区，不应低于 C30；构造柱、芯柱、圈梁及其他各类构件不应低于 C20；**

**② 抗震等级为一、二、三级的框架和斜撑构件（含梯段），其纵向受力钢筋采用普通钢筋时，钢筋的抗拉强度实测值与屈服强度实测值的比值不应小于 1.25；钢筋的屈服强度实测值与屈服强度标准值的比值不应大于 1.3，且钢筋在最大拉力下的总伸长率实测值不应小于 9%。**

**3）钢结构的钢材应符合下列规定：**

**① 钢材的屈服强度实测值与抗拉强度实测值的比值不应大于 0.85；**

**② 钢材应有明显的屈服台阶，且伸长率不应小于 20%；**

**③ 钢材应有良好的焊接性和合格的冲击韧性。**

（3）结构材料性能指标，尚宜符合下列要求：

**1）普通钢筋宜优先采用延性、韧性和焊接性较好的钢筋；普通钢筋的强度等级，纵向受力钢筋宜选用符合抗震性能指标的不低于 HRB400 级的热轧钢筋，也可采用符合抗震性能指标的 HRB335 级热轧钢筋；箍筋宜选用符合抗震性能指标的不低于 HRB335 级的热轧钢筋，也可选用 HPB300 级热轧钢筋。**

**2）混凝土结构的混凝土强度等级，抗震墙不宜超过 C60。其他构件，9 度时不宜超过 C60；8 度时不宜超过 C70。**

**3）钢结构的钢材宜采用 Q235 等级 B、C、D 的碳素结构钢及 Q345 等级 B、C、D、E 的低合金高强度结构钢；当有可靠依据时，尚可采用其他钢种和钢号。**

**（4）在施工中，当需要以强度等级较高的钢筋替代原设计中的纵向受力钢筋时，应按照钢筋受拉承载力设计值相等的原则换算，并应满足最小配筋率要求。**

（5）采用焊接连接的钢结构，当接头的焊接拘束度较大、钢板厚度不小于 40mm 且承受沿板厚方向的拉力时，钢板厚度方向截面收缩率不应小于国家标准。

**（6）钢筋混凝土构造柱和底部框架-抗震墙房屋中的砌体抗震墙，其施工应先砌墙后浇构造柱和框架梁柱。**

（7）混凝土墙体、框架柱的水平施工缝，应采取措施加强混凝土的结合性能。对于抗震等级一级的墙体和转换层楼板与落地混凝土墙体的交接处，宜验算水平施工缝截面的受剪承载力。

**（七）建筑物地震反应观测系统**

抗震设防烈度为 7、8、9 度时，高度分别超过 160m、120m、80m 的大型公共建筑，应按规定设置建筑结构的地震反应观测系统，建筑设计应留有观测仪器和线路的位置。

【要点】

◆ 优先采用延性好、韧性及可焊性较好的热轧钢筋。

◆对钢筋混凝土结构中的混凝土强度等级有所限制，是因为高强混凝土具有脆性性质，且随强度等级提高而增加。

当耐久性有要求时，混凝土的最低强度等级，应遵守有关规定。

◆碳素结构钢Q235中，其中A级钢不要求任何冲击试验值，并只在用户要求时才进行冷弯实验，且不保证焊接要求的碳含量，故不建议采用。

低合金高强度结构钢Q345中，其中A级钢不保证冲击韧性要求和延性性能的基本要求，故亦不建议采用。

◆钢筋代换时应注意替代后的纵向钢筋的总承载力设计值不应高于原设计的纵向钢筋总承载力设计值，以免构件发生混凝土的脆性破坏（混凝土压碎、剪切破坏等）。

还应满足最小配筋率和钢筋间距等构造要求，并应注意由于钢筋的强度和直径改变，会影响正常使用极限状态挠度和裂缝宽度。

**例4-3** 有抗震要求的钢筋混凝土框支梁的混凝土强度等级不应低于：

A C25　　B C30　　C C35　　D C40

**解析：**有抗震要求的混凝土结构材料应符合下列最低要求：框支梁、框支柱及抗震等级为一级的框架梁、柱、节点核芯区，混凝土强度等级不应低于C30。

**答案：**B

**规范：**《抗震规范》第3.9.2条第2款1)；《混凝土结构设计规范》第11.2.1条第2款。

## 四、场地、地基和基础

地震造成建筑的破坏，除地震动直接引起的破坏外，场地条件对地震破坏的影响有以下几种情况：

(1) 振动破坏。建筑结构在地面运动作用下剧烈振动，结构承载力不足、变形过大、连接破坏、构件失稳导致结构整体倾覆破坏。

(2) 地基失效。结构本身具有足够的抗震能力，在地震作用下不会发生破坏；但由于地基失效导致建筑物破坏或不能正常使用。可分为以下两种情况：

1) 地震引起的地质灾害（山崩、滑坡、地陷等）及地面变形（地面裂缝或错位等）对上部结构的直接危害。

2) 地震引起的饱和砂土及粉土液化、软土震陷等地基失效，造成上部结构的破坏。

### (一) 场地

国内外大量的震害表明，不同场地上的建筑物震害差异很大。一般说来场地条件对震害影响的主要因素是：场地土的坚硬或密实程度及场地覆盖层厚度，土越软、覆盖层越厚，震害越重，反之越轻。

(1) 选择建筑场地时，应按表4-5划分对建筑抗震有利、一般、不利和危险的地段。

(2) 建筑场地的类别划分，应以土层等效剪切波速和场地覆盖层厚度为准。

(3) 土的类型划分和剪切波速范围见表4-9。

**土的类型划分和剪切波速范围** **表 4-9**

| 土的类型 | 岩土名称和性状 | 土层剪切波速范围（m/s） |
|---|---|---|
| 岩石 | 坚硬、较硬且完整的岩石 | $v_s>800$ |
| 坚硬土或软质岩石 | 破碎和较破碎的岩石或软和较软的岩石，密实的碎石土 | $800\geqslant v_s>500$ |
| 中硬土 | 中密、稍密的碎石土，密实、中密的砾、粗、中砂，$f_{ak}>150$ 的黏性土和粉土，坚硬黄土 | $500\geqslant v_s>250$ |
| 中软土 | 稍密的砾、粗、中砂，除松散外的细、粉砂，$f_{ak}\leqslant150$ 的黏性土和粉土，$f_{ak}>130$ 的填土，可塑新黄土 | $250\geqslant v_s>150$ |
| 软弱土 | 淤泥和淤泥质土，松散的砂，新近沉积的黏性土和粉土，$f_{ak}\leqslant$ 130 的填土，流塑黄土 | $v_s\leqslant150$ |

注：$f_{ak}$为由载荷试验等方法得到的地基承载力特征值（kPa）；$v_s$为岩土剪切波速。

（4）建筑的场地类别，应根据土层等效剪切波速和场地覆盖层厚度按表 4-10 划分为四类，其中Ⅰ类分为$\text{Ⅰ}_0$、$\text{Ⅰ}_1$两个亚类。

**各类建筑场地的覆盖层厚度（m）** **表 4-10**

| 岩石的剪切波速或土的等效剪切波速（m/s） | 场地类别 | | | | |
|---|---|---|---|---|---|
| | $\text{Ⅰ}_0$ | $\text{Ⅰ}_1$ | Ⅱ | Ⅲ | Ⅳ |
| $v_s>800$ | 0 | | | | |
| $800\geqslant v_s>500$ | | 0 | | | |
| $500\geqslant v_{se}>250$ | | <5 | ≥5 | | |
| $250\geqslant v_{se}>150$ | | <3 | 3～50 | >50 | |
| $v_{se}\leqslant150$ | | <3 | 3～15 | 15～80 | >80 |

注：表中$v_s$系岩石的剪切波速。

### （二）天然地基和基础

（1）下列建筑可不进行天然地基及基础的抗震承载力验算：

**1）抗震规范规定可不进行上部结构抗震验算的建筑。**

**2）地基主要受力层范围内不存在软弱黏性土层的下列建筑：**

**①一般的单层厂房和单层空旷房屋；**

**②砌体房屋；**

**③不超过 8 层且高度在 24m 以下的一般民用框架和框架－抗震墙房屋；**

**④基础荷载与③项相当的多层框架厂房和多层混凝土抗震墙房屋。**

注：软弱黏性土层指 7 度、8 度和 9 度时，地基承载力特征值分别小于 80kPa、100kPa 和 120kPa 的土层。

大量的一般天然地基都具有较好的抗震性能，因此规范规定了天然地基可不进行抗震承载力验算的范围。

（2）天然地基基础抗震验算时，应采用地震作用效应标准组合，且地基抗震承载力应取地基承载力特征值乘以地基抗震承载力调整系数来计算。

（3）地基抗震承载力应按下式计算：

$$f_{aE} = \zeta_a f_a \tag{4-1}$$

式中 $f_{aE}$——调整后的地基抗震承载力；

$\zeta_a$——地基抗震承载力调整系数；

$f_a$——深宽修正后的地基承载力特征值，应按现行国家标准《建筑地基基础设计规范》GB 50007—2011 采用。

（4）验算天然地基地震作用下的竖向承载力时，按地震作用效应标准组合的基础底面平均压力和边缘最大压力应符合下列各式要求：

$$p \leqslant f_{aE} \tag{4-2}$$

$$p_{max} \leqslant 1.2 f_{aE} \tag{4-3}$$

式中 $p$——地震作用效应标准组合的基础底面平均压力；

$p_{max}$——地震作用效应标准组合的基础边缘的最大压力。

高宽比大于 4 的高层建筑，在地震作用下，基础底面不宜出现脱离区（零应力区）；其他建筑，基础底面与地基土之间的脱离区（零应力区）面积不应超过基础底面面积的 15%。

**【要点】**天然地基一般都具有较好的抗震性能，在遭受破坏的建筑中，因地基失效导致的破坏要少于上部结构惯性力的破坏，因此符合条件的地基（尤其是天然地基）可不进行抗震承载力验算。具体规范要求可按表 4-11 理解。

**可不进行天然地基及基础抗震承载力验算的建筑　　表 4-11**

| 序号 | 结构类型 | 具体内容 | |
| --- | --- | --- | --- |
| 1 | 单层结构 | 地基主要受力层范围不存在软弱黏土层 | 一般的单层厂房和单层空旷房屋 |
| 2 | 砌体结构 | | 全部 |
| 3 | 多层框架、框架-抗震墙 | | 不超过 8 层且高度在 24m 以下的一般民用框架和框架-抗震墙结构 |
| 4 | 框架厂房、抗震墙结构 | | 基础荷载与第 3 项相当的多层框架厂房和多层混凝土抗震墙房屋 |
| 5 | 其他 | 《抗震规范》规定的可不进行上部结构抗震验算的建筑 | |

（引自：朱炳寅．建筑抗震设计规范应用与分析（第二版）．北京：中国建筑工业出版社，2017.）

**例 4-4** 地基的主要受力层范围内不存在软弱黏性土层，下列哪种建筑的天然地基需要进行抗震承载力验算？

A 6 层高度 18m 砌体结构住宅

B 4 层高度为 20m 框架结构教学楼

C 10 层高度 40m 框剪结构办公楼

D 24m 跨单层门式刚架厂房

**解析：**分析选项中结构体系和楼层数，最有可能的答案应是 10 层 40m 的框剪结构：首先是层数最高，其次是框剪结构有剪力墙。因为剪力墙（即抗震墙）承受了大部分水平地震作用，设计时应特别注意加强对抗震墙下基础及地基的抗震验算。

规范规定同样条件下，不超过 8 层且高度在 24m 以下的框架-抗震墙结构房屋可不验算，故 C 选项需要进行验算。

**答案**：C

**规范**：《抗震规范》第 4.2.1 条第 2 款 3)。

**（三）液化土和软土地基**

（1）饱和砂土和饱和粉土（不含黄土）的液化判别和地基处理，6 度时，一般情况下可不进行判别和处理，但对液化沉陷敏感的乙类建筑可按 7 度的要求进行判别和处理；7～9 度时，乙类建筑可按本地区抗震设防烈度的要求进行判别和处理。

**（2）地面下存在饱和砂土和饱和粉土时，除 6 度外，应进行液化判别；存在液化土层的地基，应根据建筑的抗震设防类别、地基的液化等级，结合具体情况采取相应的措施。**

注：本条饱和土液化判别要求不含黄土和粉质黏土。

（3）对存在液化砂土层、粉土层的地基，应探明各液化土层的深度和厚度，按其液化指数综合划分地基的液化等级，见表 4-12。

**液化等级与液化指数的对应关系** **表 4-12**

| 液化等级 | 轻　微 | 中　等 | 严　重 |
| --- | --- | --- | --- |
| 液化指数 $I_{lE}$ | $0<I_{lE}\leqslant 6$ | $6<I_{lE}\leqslant 18$ | $I_{lE}>18$ |

（4）当液化砂土层、粉土层较平坦且均匀时，宜按表 4-13 选用地基抗液化措施；尚可计入上部结构重力荷载对液化危害的影响，根据液化震陷量的估计，适当调整抗液化措施。不宜将未处理的液化土层作为天然地基持力层。

**抗液化措施** **表 4-13**

| 建筑抗震 | 地基的液化等级 | | |
| --- | --- | --- | --- |
| 设防类别 | 轻微 | 中等 | 严重 |
| 乙类 | 部分消除液化沉陷，或对基础和上部结构处理 | 全部消除液化沉陷，或部分消除液化沉陷且对基础和上部结构处理 | 全部消除液化沉陷 |
| 丙类 | 基础和上部结构处理，亦可不采取措施 | 基础和上部结构处理，或更高要求的措施 | 全部消除液化沉陷，或部分消除液化沉陷且对基础和上部结构处理 |
| 丁类 | 可不采取措施 | 可不采取措施 | 基础和上部结构处理，或其他经济的措施 |

注：甲类建筑的地基抗液化措施应进行专门研究，但不宜低于乙类的相应要求。

**（5）全部消除地基液化沉陷的措施，应符合下列要求：**

1）采用桩基时，桩端深入液化深度以下稳定土层中的长度（不包括桩尖部分），应按计算确定，且对碎石土，砾，粗、中砂，坚硬黏性土和密实粉土尚不应小于 0.8m，对其他非岩石土尚不宜小于 1.5m。

2）采用深基础时，基础底面应埋入液化深度以下的稳定土层中，其深度不应小于0.5m。

3）采用加密法（如振冲、振动加密、挤密碎石桩、强夯等）加固时，应处理至液化深度下界。

4）用非液化土替换全部液化土层，或增加上覆非液化土层的厚度。

5）采用加密法或换土法处理时，在基础边缘以外的处理宽度，应超过基础底面下处理深度的1/2且不小于基础宽度的1/5。

**(6) 部分消除地基液化沉陷的措施，应符合下列要求：**

1）处理深度应使处理后的地基液化指数减少，其值不宜大于5；大面积筏基、箱基的中心区域，处理后的液化指数可比上述规定降低1；对独立基础和条形基础，尚不应小于基础底面下液化土特征深度和基础宽度的较大值。

2）采用振冲或挤密碎石桩加固后，桩间土的标准贯入锤击数不宜小于规范规定。

3）基础边缘以外的处理宽度，应符合规范规定。

4）采用减小液化震陷的其他方法，如增厚上覆非液化土层的厚度和改善周边的排水条件等。

**(7) 减轻液化影响的基础和上部结构处理，可综合采用下列各项措施：**

1）选择合适的基础埋置深度。

2）调整基础底面积，减少基础偏心。

3）加强基础的整体性和刚度，如采用箱基、筏基或钢筋混凝土交叉条形基础，加设基础圈梁等。

4）减轻荷载，增强上部结构的整体刚度和均匀对称性，合理设置沉降缝，避免采用对不均匀沉降敏感的结构形式。

5）管道穿过建筑处应预留足够尺寸或采用柔性接头等。

**例 4-5** 抗震设计时，全部消除地基液化的措施中，下面哪一项是不正确的？

A 采用桩基，桩端伸入液化土层以下稳定土层中必要的深度

B 采用筏形基础

C 采用加密法，处理至液化深度下界

D 用非液化土替换全部液化土层

**解析：** 采用筏板、箱基等整体性好的基础对抗液化十分有利，但属于部分消除地基液化措施。

**答案：** B

**规范：** 《抗震规范》第 4.3.8 条、第 4.3.7 条第 1 款、第 4.3.7 条第 4 款、第 4.3.7 条第 3 款。

**例 4-6** 对抗震设防地区建筑场地液化的叙述，下列何者是错误的？

A 建筑场地存在液化土层对房屋抗震不利

B 6度抗震设防地区的建筑场地，一般情况下可不进行场地的液化判别

C 饱和砂土与饱和粉土的地基在地震中可能出现液化

D　黏性土地基在地震中可能出现液化

**解析：饱和砂土和饱和粉土在地震时易产生液化现象，对房屋抗震不利。黏土和粉质黏土因土粒间有黏性，不易液化**。在6度区液化对房屋造成的震害比较轻微，故规范规定，饱和砂土和饱和粉土在6度时，一般情况下可不进行判别和处理，但对液化沉陷敏感的乙类建筑可按7度的要求进行判别和处理。

**答案：**D

**规范：**《抗震规范》第4.3.1条。

**（四）桩基**

**承受竖向荷载为主的低承台桩基，当地面下无液化土层，且桩承台周围无淤泥、淤泥质土和地基承载力特征值不大于100kPa的填土时，下列建筑可不进行桩基抗震承载力验算：**

**（1）6～8度时的下列建筑：**

**1）一般的单层厂房和单层空旷房屋；**

**2）不超过8度且高度在24m以下的一般民用框架房屋和框架-抗震墙房屋；**

**3）基础荷载与2）项相当的多层框架厂房和多层混凝土抗震墙房屋。**

（2）《抗震规范》规定的可不进行上部结构抗震验算的建筑及砌体房屋。

**【要点】**

◆ 根据桩基抗震性能一般比同类结构的天然地基要好的宏观经验，规范规定了桩基可不进行抗震验算的范围，见表4-14。

◆ 注意与表4-12进行比较，区分不同和相似之处。

**可不进行桩基抗震承载力验算的建筑　　　　表4-14**

| 序号 | 设防烈度 | 结构类型 | 基本条件 |
|---|---|---|---|
| 1 | 6度～8度 | 一般的单层厂房和单层空旷房屋 | 承受竖向荷载为主的低承台桩基，当地面下无液化土层，且桩基周围无淤泥、淤泥质土和地基承载力特征值不大于100kPa的填土时 |
| 2 | | 不超过8度且高度在24m以下的一般民用框架房屋和框架-抗震房屋 | |
| 3 | | 基础荷载与第2项相当的多层框架厂房和多层混凝土抗震墙房屋 | |
| 4 | 《抗震规范》规定的可不进行上部结构抗震验算的建筑及砌体结构 | | |

## 五、地震作用

**1. 各类建筑结构的地震作用，应符合下列规定：**

**（1）一般情况下，应至少在建筑结构的两个主轴方向分别计算水平地震作用，各方向的水平地震作用应由该方向的抗侧力构件承担。**

**（2）有斜交抗侧力构件的结构，当相交角度大于15°时，应分别计算各抗侧力构件方向的水平地震作用。**

**（3）质量和刚度分布明显不对称的结构，应计入双向水平地震作用下的扭转影响；其他情况，应允许采用调整地震作用效应的方法计入扭转影响。**

**（4）8、9度时的大跨度和长悬臂结构及9度时的高层建筑，应计算竖向地震作用。**

**2. 地震作用的大小取决于：**

(1) 地震烈度的大小，烈度增大一度，地震作用增大一倍。

(2) 建筑结构本身的动力特性（本身的自振周期、阻尼），自振周期越小，地震作用越大；自振周期越大，地震作用越小。阻尼小、地震作用大、阻尼大；地震作用小。

(3) 建筑物本身的质量，质量越大，地震作用越大；质量越小，地震作用越小。

**3. 在地震作用下，结构的截面抗震验算应符合下列规定：**

(1) 6度时的建筑（不规则建筑及建造于Ⅳ类场地上较高的高层建筑除外），以及生土房屋和木结构房屋等，应符合有关的抗震措施要求，但应允许不进行截面抗震验算。

(2) 6度时不规则建筑、建造于Ⅳ类场地上较高的高层建筑，7度和7度以上的建筑结构（生土房屋和木结构房屋等除外），应进行多遇地震作用下的截面抗震验算。

注：采用隔震设计的建筑结构，其抗震验算应符合有关规定。

**【要点】**

◆ 大跨度和长悬臂结构见表4-15：

9度和9度以上时，跨度大于18m的屋架、1.5m以上的悬挑阳台和走廊；8度时，跨度大于24m的屋架，2m以上的悬挑阳台和走廊等震害严重。

注：平面投影尺度很大的大跨空间结构，指跨度大于120m或长度大于300m或悬臂大于40m的结构。

**大跨度和长悬臂结构　　表4-15**

| 抗震设防烈度 | 大跨度结构 | 长悬臂结构 | 地震作用 |
|---|---|---|---|
| 8度 | ≥24m屋架 | ≥2.0m悬挑阳台和走廊 | 应计算竖向地震作用 |
| 9度 | ≥18m屋架 | ≥1.5m悬挑阳台和走廊 | |
| | 高层建筑 | | |

◆ 抗震验算规定可概括为表4-16：

**抗震验算规定　　表4-16**

| 设防烈度 | 应进行抗震验算的建筑 | 允许不进行抗震验算的建筑 |
|---|---|---|
| 6度时 | 不规则建筑 | 除应验算之外的建筑及生土房屋和木结构房屋 |
| | 建造于Ⅳ类场地上较高的高层建筑 | |
| 7度和7度以上时 | 大多数建筑结构 | 生土房屋和木结构房屋 |
| 注：允许不进行多遇地震作用下的抗震验算，应符合有关的抗震构造措施 | | |

注："较高的高层建筑"指高于40m的钢筋混凝土框架、高于60m的其他钢筋混凝土民用房屋和类似的工业厂房，以及高层钢结构房屋。

**4. 多遇地震作用下的抗震变形验算**

对于表4-17所列各类结构应进行多遇地震作用下的抗震变形验算，其楼层内最大的弹性层间位移角$\theta_e$应小于表4-18中的$[\theta_e]$。

$$\Delta u_e \leqslant [\theta_e]\, h \tag{4-4}$$

式中　$\Delta u_e$——多遇地震作用标准值产生的楼层内最大弹性层间位移；

$[\theta_e]$ ——弹性层间位移角限值，宜按表 4-17 采用；

$h$——计算楼层层高。

弹性层间位移角限值 表 4-17

| 结构类型 | $[\theta_e]$ |
|---|---|
| 钢筋混凝土框架 | 1/550 |
| 钢筋混凝土框架-抗震墙、板柱-抗震墙、框架-核心筒 | 1/800 |
| 钢筋混凝土抗震墙、筒中筒 | 1/1000 |
| 钢筋混凝土框支层 | 1/1000 |
| 多、高层钢结构 | 1/250 |

**5. 结构在罕遇地震作用下薄弱层的弹塑性变形验算**

结构薄弱层（部位）弹塑性层间位移应符合下式及表 4-19 的限值要求：

$$\Delta u_p \leqslant [\theta_p] h \tag{4-5}$$

式中 $\Delta u_p$——弹塑性层间位移；

$[\theta_p]$ ——弹塑性层间位移角限值，宜按表 4-18 采用；

$h$——薄弱层楼层高度或单层厂房上柱高度。

弹塑性层间位移角限值 表 4-18

| 结构类型 | $[\theta_p]$ |
|---|---|
| 单层钢筋混凝土柱排架 | 1/30 |
| 钢筋混凝土框架 | 1/50 |
| 底部框架砌体房屋中的框架-抗震墙 | 1/100 |
| 钢筋混凝土框架-抗震墙、板柱-抗震墙、框架-核心筒 | 1/100 |
| 钢筋混凝土抗震墙、筒中筒 | 1/120 |
| 多、高层钢结构 | 1/50 |

**【要点】**

◆采用层间位移角作为衡量结构变形能力从而判别是否满足建筑功能要求的指标。

◆对各类钢筋混凝土结构和钢结构要求进行多遇地震作用下的弹性变形验算，实现第一水准的设防要求。弹性变形验算属于正常使用极限状态的验算。

◆在罕遇地震作用下，结构要进入弹塑性变形状态。判别薄弱层部位和验算薄弱层的弹塑性变形，其目的是实现第二阶段抗震设计“大震不倒”的设防目标。

◆钢结构在构件稳定有保证时具有较好的延性，弹塑性层间位移角限值可适当放宽至1/50。

**例 4-7** 某钢筋混凝土框架，为减小结构的水平地震作用，下列措施错误的是：

A 采用轻质隔墙　　B 砌体填充墙与框架主体采用柔性连接

C 加设支撑　　D 设置隔震支座

**解析：**结构的水平抗震作用与结构刚度成正比关系，对柔性连接的建筑构件，可不计入刚度；设置隔震支座可减小结构的水平地震作用；采用轻质隔墙不会增大结构刚度，但会减小结构的质量；加设支撑的措施会加大结构的刚度，增大水平地震作用。

**答案：**C

**规范：**《抗震规范》第 13.2.1 条第 2 款。

注：对嵌入抗侧力构件平面内的刚性建筑非结构构件，应计入其刚度影响。

## 第二节　建筑结构抗震设计

### 一、多层钢筋混凝土房屋

#### （一）一般规定

（1）本部分适用的现浇钢筋混凝土房屋的结构类型和最大高度应符合表4-19的要求。**平面和竖向均不规则的结构，适用的最大高度应适当降低。**

注：本节的“抗震墙”指结构抗侧力体系中的钢筋混凝土剪力墙，不包括只承担重力荷载的混凝土墙。

**钢筋混凝土房屋适用的最大高度（m）**　　**表4-19**

| 结构类型 | | 烈度 | | | | |
|---|---|---|---|---|---|---|
| | | 6 | 7 | 8（0.2$g$） | 8（0.3$g$） | 9 |
| 框架 | | 60 | 50 | 40 | 35 | 24 |
| 框架-抗震墙 | | 130 | 120 | 100 | 80 | 50 |
| 抗震墙 | | 140 | 120 | 100 | 80 | 60 |
| 部分框支抗震墙 | | 120 | 100 | 80 | 50 | 不应采用 |
| 筒体 | 框架-核心筒 | 150 | 130 | 100 | 90 | 70 |
| | 筒中筒 | 180 | 150 | 120 | 100 | 80 |
| 板柱-抗震墙 | | 80 | 70 | 55 | 40 | 不应采用 |

注：1. 房屋高度指室外地面到主要屋面板板顶的高度（不包括局部突出屋顶部分）；
2. 框架-核心筒结构指周边稀柱框架与核心筒组成的结构；
3. 部分框支抗震墙结构指首层或底部两层为框支层的结构，不包括仅个别框支墙的情况；
4. 表中框架，不包括异形柱框架；
5. 板柱-抗震墙结构指板柱、框架和抗震墙组成抗侧力体系的结构；
6. 乙类建筑可按本地区抗震设防烈度确定其适用的最大高度；
7. 超过表内高度的房屋，应进行专门研究和论证，采取有效的加强措施。

**例4-8**　根据现行《建筑抗震设计规范》，确定现浇钢筋混凝土房屋适用的最大高度与下列哪项因素无关？

A　抗震设防烈度　　　B　设计地震分组

C　结构类型　　　D　结构平面和竖向的规则情况

**解析：**现浇钢筋混凝土房屋的最大适用高度与抗震设防烈度和结构类型有关；设计地震分组是体现震级和震中距影响的参数，与房屋适用高度无关；平面和竖向均不规则的结构，适用的最大高度宜适当降低。

**答案：**B

**规范：**《抗震规范》第6.1.1条表6.1.1。

**【要点】**

◆钢筋混凝土房屋的抗震等级是重要的设计参数，应根据设防类别、结构类型、烈度和房屋高度四个因素确定。

◆抗震等级的划分，体现了抗震设防类别、结构类型、烈度不同时或同一烈度但高度不同时，钢筋混凝土房屋结构的延性要求不同，以及同一种构件在不同结构类型中的延性要求的不同。

◆甲、乙类建筑应按本地区抗震设防烈度提高一度的要求加强抗震措施，但抗震设防烈度9度时应按比9度更高的要求采取抗震措施。

**(2) 钢筋混凝土房屋抗震等级的确定，尚应符合下列要求：**

1）设置少量抗震墙的框架结构

在规定的水平力作用下，底层框架部分所承担的地震倾覆力矩大于结构总地震倾覆力矩的50%时，其框架的抗震等级应按框架结构确定，抗震墙的抗震等级可与其框架的抗震等级相同。

注：底层指计算嵌固端所在的层。

2）裙房抗震等级

裙房与主楼相连时，除应按裙房本身确定抗震等级外，相关范围不应低于主楼的抗震等级；主楼结构在裙房顶板对应的相邻上下各一层应适当加强抗震构造措施。裙房与主楼分离时，应按裙房本身确定抗震等级。

3）地下室顶板

当地下室顶板作为上部结构的嵌固部位时，地下一层的抗震等级应与上部结构相同，地下一层以下抗震构造措施的抗震等级可逐层降低一级，但不应低于四级。地下室中无上部结构的部分，抗震构造措施的抗震等级可根据具体情况采用三级或四级。

4）当甲乙类建筑按规定提高一度确定其抗震等级而房屋高度超过表4-20相应规定的上限时，应采取比一级更有效的抗震构造措施。

**(3) 钢筋混凝土房屋需要设置防震缝时，应符合下列规定：**

1）防震缝宽度应分别符合下列要求：

① 框架结构（包括设置少量抗震墙的框架结构）房屋的防震缝宽度，当高度不超过15m时不应小于100mm；高度超过15m时，6度、7度、8度和9度分别每增加高度5m、4m、3m和2m，宜加宽20mm；

② 框架-抗震墙结构房屋的防震缝宽度不应小于第1）条规定数值的70%，抗震墙结构房屋的防震缝宽度不应小于第1）条规定数值的50%；且均不宜小于100mm；

③ 防震缝两侧结构类型不同时，宜按需要较宽防震缝的结构类型和较低房屋高度确定缝宽。

2）8、9度框架结构房屋防震缝两侧结构层高相差较大时，防震缝两侧框架柱的箍筋应沿房屋全高加密，并可根据需要在缝两侧沿房屋全高各设置不少于两道垂直于防震缝的抗撞墙，通过抗撞墙的损坏减少防震缝两侧碰撞时框架的破坏。

**(4) 框架、抗震墙应双向设置及对单跨框架结构的规定**

框架结构和框架-抗震墙结构中，框架和抗震墙均应双向设置，柱中线与抗震墙中线、梁中线与柱中线之间偏心距大于柱宽的1/4时，应计入偏心的影响。

**甲、乙类建筑以及高度大于24m的丙类建筑，不应采用单跨框架结构；高度不大于24m的丙类建筑不宜采用单跨框架结构。**

**(5) 楼屋盖的长宽比或剪力墙间距限值**

框架-抗震墙、板柱-抗震墙结构以及框支层中，抗震墙之间无大洞口的楼、屋盖的长宽比或剪力墙间距，不宜超过表4-20或表4-21（高层混凝土结构）的规定；超过时，应计入楼盖平面内变形的影响。

**抗震墙之间楼屋盖的长宽比** **表4-20**

| 楼、屋盖类型 | | 设防烈度 | | | |
|---|---|---|---|---|---|
| | | 6 | 7 | 8 | 9 |
| 框架-抗震墙结构 | 现浇或叠合楼、屋盖 | 4 | 4 | 3 | 2 |
| | 装配整体式楼、屋盖 | 3 | 3 | 2 | 不宜采用 |
| 板柱-抗震墙结构的现浇楼、屋盖 | | 3 | 3 | 2 | — |
| 框支层的现浇楼、屋盖 | | 2.5 | 2.5 | 2 | — |

**剪力墙间距（m）** **表4-21**

| 楼盖形式 | 非抗震设计（取较小值） | 抗震设防烈度 | | |
|---|---|---|---|---|
| | | 6度、7度（取较小值） | 8度（取较小值） | 9度（取较小值） |
| 现　浇 | 5.0$B$，60 | 4.0$B$，50 | 3.0$B$，40 | 2.0$B$，30 |
| 装配整体 | 3.5$B$，50 | 3.0$B$，40 | 2.5$B$，30 | — |

注：1. 表中$B$为剪力墙之间的楼盖宽度（m）；

2. 装配整体式楼盖的现浇层应符合《高层混凝土规程》第3.6.2条的有关规定；

3. 现浇层厚度大于60mm的叠合楼板可作为现浇板考虑；

4. 当房屋端部未布置剪力墙时，第一片剪力墙与房屋端部的距离，不宜大于表中剪力墙间距的1/2。

**【要点】**楼、屋盖平面内的变形，会影响楼层水平地震剪力的作用，为使楼、屋盖具有传递水平地震剪力的刚度，在不同烈度下抗震墙之间不同类型楼、屋盖的长宽比有限值要求。

**例4-9** 钢筋混凝土框架-剪力墙结构在8度抗震设计中，剪力墙的间距取值：

A 与楼面宽度成正比　　B 与楼面宽度成反比

C 与楼面宽度无关　　D 与楼面宽度有关，且不超过规定限值

**解析：**对钢筋混凝土框-剪结构**剪力墙的间距取值与楼盖形式、抗震设防烈度及剪力墙间距之间的楼盖宽度有关，同时还应满足剪力墙间距的限值。**

**答案：**D

**规范：**《抗震规范》第6.1.6条表6.1.6及《高层混凝土规程》第8.1.8条表8.1.8。

**(6) 装配整体式楼、屋盖的可靠连接**

采用装配整体式楼、屋盖时，应采取措施保证楼、屋盖的整体性及其与抗震墙的可靠连接。装配整体式楼、屋盖采用配筋现浇面层加强时，其厚度不应小于50mm。

**(7) 剪力墙（高层混凝土结构）设置的基本要求**

1）平面布置宜简单、规则，宜沿两个主轴方向或其他方向双向布置，两个方向的侧向刚度不宜相差过大。抗震设计时，不应采用仅单向有墙的结构布置。

2）宜自下至上连续布置，避免刚度突变。

3）门窗洞口宜上下对齐、成列布置，形成明确的墙肢和连梁；宜避免造成墙肢宽度相差悬殊的洞口设置。抗震设计时，一、二、三级剪力墙的底部加强部位不宜采用上下洞口不对齐的错洞墙，全高均不宜采用洞口局部重叠的叠合错洞墙。

4）剪力墙不宜过长，较长剪力墙宜设置跨高比较大的连梁，将其分成长度较均匀的若干墙段，各墙段的高度与墙段长度之比不宜小于 3，墙段长度不宜大于 8。

5）抗震墙的两端（不包括洞口两侧）宜设置端柱或与另一方向的抗震墙相连；框支部分落地墙的两端（不包括洞口两侧）应设置端柱或与另一方向的抗震墙相连，框支结构示意图 4-7。

6）楼梯间宜设置剪力墙，但不宜造成较大的扭转效应。

注：不同结构的抗震墙设置要求详见《抗震规范》第 6.1.8、6.1.9 条。

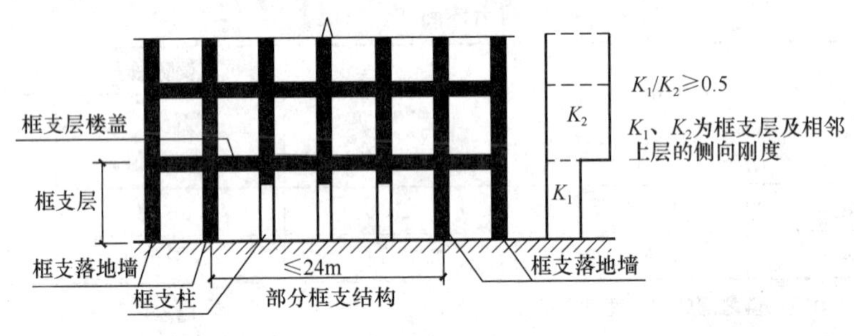


图 4-7　框支结构示意图

**(8) 抗震墙底部加强部位的范围应符合下列规定：**

1）底部加强部位的高度，应从地下室顶板算起。

2）部分框支抗震墙结构的抗震墙，其底部加强部位的高度，可取框支层加框支层以上两层的高度及落地抗震墙总高度的 1/10 二者的较大值。

其他结构的抗震墙，房屋高度大于 24m 时，底部加强部位的高度可取底部两层和墙体总高度的 1/10 二者的较大值；房屋高度不大于 24m 时，底部加强部位可取底部一层。

3）当结构计算嵌固端位于地下一层的底板或以下时，底部加强部位尚宜向下延伸到计算嵌固端。

**(9) 框架单独柱基有下列情况之一时，宜沿两个主轴方向设置基础系梁：**

1）一级框架和Ⅳ类场地的二级框架；

2）各柱基础底面在重力荷载代表值作用下的压应力差别较大；

3）基础埋置较深，或各基础埋置深度差别较大；

4）地基主要受力层范围内存在软弱黏性土层、液化土层和严重不均匀土层；

5）桩基承台之间。

**(10) 抗震墙基础的设置要求：**

框架-抗震墙结构、板柱-抗震墙结构中的抗震墙基础和部分框支抗震墙结构的落地抗震墙基础，应有良好的整体性和抗转动的能力。

**(11) 主楼与裙房相连且采用天然地基，除应符合第一节四、(二)(天然地基和基础)的 4 条规定外，在多遇地震作用下，主楼基础底面尚不宜出现零应力区。**

**(12) 地下室顶板作为上部结构的嵌固部位时，应符合下列要求：**

1) 地下室顶板应避免开设大洞口；地下室在地上结构相关范围的顶板应采用现浇梁板结构，相关范围以外的地下室顶板宜采用现浇梁板结构；其楼板厚度不宜小于180mm，混凝土强度等级不宜小于C30，应采用双层双向配筋，且每层每个方向的配筋率不宜小于0.25%。

2) 结构地上一层的侧向刚度，不宜大于相应范围地下一层侧向刚度的0.5倍；地下室周边宜有与其顶板相连的抗震墙。

**(13) 楼梯间应符合下列要求：**

1) 宜采用现浇钢筋混凝土楼梯。

2) 对于框架结构，楼梯间的布置不应导致结构平面特别不规则；楼梯构件与主体结构整浇时，应计入楼梯构件对地震作用及其效应的影响，应进行楼梯构件的抗震承载力验算；宜采取构造措施，减少楼梯构件对主体结构刚度的影响。

3) 楼梯间两侧填充墙与柱之间应加强拉结。

(14) 框架的填充墙应符合本节非结构构件的规定。

(15) 高强混凝土结构抗震设计应符合《抗震规范》附录B的规定。

(16) 预应力混凝土结构抗震设计应符合《抗震规范》附录C的规定。

**【要点】**

◆抗震墙是主要抗侧力构件，是抗震作用下的主要耗能构件。其竖向布置应连续，防止刚度和承载力突变，要求抗震墙的两端（不包括洞口两侧）宜设置端柱，或与另一方向的抗震墙相连互为翼墙。

◆抗震墙的长度与高宽比要求如下：

—墙段长度不宜大于8m。大于8m时，较长的抗震墙吸收较多的地震作用。地震时，一旦长墙肢破坏，则其他墙肢难以承担。

—细高的抗震墙容易设计成弯曲破坏的延性抗震墙，从而可以避免墙的剪切脆性破坏，所以要求各墙段的高宽比不宜小于3。

◆实际工程中对较长剪力墙可通过开设施工洞的方式设置跨高比较大的连梁，将其分成长度较小、较为均匀的联肢墙。

◆对于开洞的抗震墙即联肢墙，连梁是连接各墙肢协同工作的关键构件。作为联肢抗震墙的第一道防线，抗震设计时按"强墙肢、弱连梁"的设计原则，使连梁屈服先于墙肢；按"强剪弱弯"原则使梁端出现弯曲屈服塑性铰，以耗散地震能量，具有较大的延性。

**(二) 框架结构的基本抗震构造措施**

(1) 梁的截面尺寸

1) 框架梁宜符合下列各项要求：

截面宽度不宜小于200mm；高层建筑结构主梁截面高度可按计算跨度的1/18～1/10确定；截面高宽比不宜大于4；净跨与截面高度之比不宜小于4。

2) 梁宽大于柱宽的扁梁应符合下列要求：

采用扁梁的楼、屋盖应现浇，梁中线宜与柱中线重合，扁梁应双向布置。扁梁不宜用于一级框架结构。

(2) 柱的截面尺寸，宜符合下列各项要求：

1) 截面的宽度和高度，四级或不超过 2 层时不宜小于 300mm，一、二、三级且超过 2 层时不宜小于 400mm；圆柱的直径，四级或不超过 2 层时不宜小于 350mm，一、二、三级且超过 2 层时不宜小于 450mm。

2) 剪跨比 $\lambda = M/(V \cdot h_0)$ 宜大于 2。

3) 截面长边与短边的边长比不宜大于 3。

(3) 柱轴压比不宜超过表 4-22 的规定；建造于Ⅳ类场地且较高的高层建筑，柱轴压比限值应适当减小。

**柱轴压比限值** **表 4-22**

| 结构类型 | 抗震等级 | | | |
|---|---|---|---|---|
| | 一 | 二 | 三 | 四 |
| 框架结构 | 0.65 | 0.75 | 0.85 | 0.90 |
| 框架-抗震墙，板柱-抗震墙、框架-核心筒及筒中筒 | 0.75 | 0.85 | 0.90 | 0.95 |
| 部分框支抗震墙 | 0.6 | 0.7 | — | |

注：轴压比指柱组合的轴压力设计值与柱的全截面面积和混凝土轴心抗压强度设计值乘积之比值。

**【要点】**

◆ 合理控制混凝土结构构件的尺寸是规范的基本要求之一：

—梁的截面尺寸，应综合考虑建筑功能及整个框架结构中梁、柱的相互关系；在各项满足规范要求的前提下，适当减小框架梁的高度；

—控制柱的最小截面尺寸不能过小，有利于实现强柱弱梁、强剪弱弯的设计目标，提高框架结构的抗震性能。

◆ 轴压比限值，对建筑师来讲，掌握轴压比的概念比记住具体限值更重要。

限制框架柱的轴压比主要是为了保证柱的塑性变形能力和保证框架的抗倒塌能力，非抗震设计的柱子不受轴压比限制。剪力墙同样有轴压比要求。

**(三) 抗震墙结构的基本抗震构造措施**

(1) 抗震墙的厚度

1) 抗震墙的厚度

一、二级不应小于 160mm 且不宜小于层高或无支长度的 1/20；三、四级不应小于 140mm 且不宜小于层高或无支长度的 1/25；

无端柱或翼墙时，一、二级不宜小于层高或无支长度的 1/16；三、四级不宜小于层高或无支长度的 1/20。

2) 底部加强部位的墙厚

一、二级不应小于 200mm 且不宜小于层高或无支长度的 1/16；三、四级不应小于 160mm 且不宜小于层高或无支长度的 1/20；

无端柱或翼墙时，一、二级不宜小于层高或无支长度的 1/12，三、四级不宜小于层高或无支长度的 1/16。

抗震墙厚度要求见表 4-23，可据此了解抗震墙厚度的影响因素与最小厚度要求。

**抗震墙最小厚度**（mm） **表 4-23**

| 抗震墙部位 | 抗震等级 | 抗震墙最小厚度及与层高或无支长度的关系 | | |
|---|---|---|---|---|
| | | 最小厚度 | 端部有端柱或翼墙 | 端部无端柱或翼墙 |
| 一般部位 | 一、二级 | 160 | $l/20$ | $l/16$ |
| | 三、四级 | 140 | $l/25$ | $l/20$ |
| 底部加强部位 | 一、二级 | 200 | $l/16$ | $l/12$ |
| | 三、四级 | 160 | $l/20$ | $l/16$ |

注：“$l$”为层高或抗震墙的无支长度，指沿抗震墙长度方向外两道有效横向支撑墙之间的长度。

（2）抗震墙肢的轴压比

一、二、三级抗震墙在重力荷载代表值作用下墙肢的轴压比，一级时，9 度不宜大于 0.4，7、8 度不宜大于 0.5；二、三级时不宜大于 0.6。

（3）抗震墙两端和洞口两侧应设置边缘构件，边缘构件包括暗柱、端柱和翼墙，并应符合规范要求。

（4）抗震墙的墙肢长度不大于墙厚的 3 倍时，应按柱的有关要求进行设计；矩形墙肢的厚度不大于 300mm 时，尚宜全高加密箍筋。

（5）跨高比较小的高连梁，可设水平缝形成双连梁、多连梁或采取其他加强受剪承载力的构造。顶层连梁的纵向钢筋伸入墙体的锚固长度范围内，应设置箍筋。

**【要点】**

◆抗震墙，包括抗震墙结构、框架-抗震墙结构、板柱-抗震墙结构及筒体结构中的抗震墙，是这些结构体系的主要抗侧力构件，具有“大震不倒”及震后易于修复的特点。

◆设置边缘约束构件的根本目的在于对抗震墙提供约束作用，因此有边缘构件约束的抗震墙与无边缘构件约束的抗震墙相比，极限承载力约提高 40%、极限层间位移角约增加一倍，对地震能量的消耗能力增大 20%左右，且有利于墙板的稳定。

◆对框支结构，抗震墙的底部加强部位受力很大，抗震要求应加强。

◆短肢剪力墙是指截面厚度不大于 300mm，各肢截面高度与厚度之比的最大值大于 4 但不大于 8 的抗震墙。注意抗震设计时，高层建筑结构不应全部采用短肢剪力墙。

**例 4-10** 抗震设计的钢筋混凝土剪力墙结构中，在地震作用下的主要耗能构件为下列何项？

A 一般剪力墙 B 短肢剪力墙 C 连梁 D 楼板

**解析：**抗震设计时，钢筋混凝土剪力墙结构体系中主要抗侧力构件是抗震墙，在剪力墙结构中连梁是抗震的第一道防线，是主要耗能构件，是弱构件。还应注意，框架-抗震墙结构体系中，相对于框架，抗震墙是第一道防线。

**答案：**C

**（四）框架-抗震墙结构的基本抗震构造措施**

**框架-抗震墙结构是具有多道防线的抗震结构系统，抗震墙作为框架-抗震墙结构体系第一道防线的主要抗侧力构件，需要比一般的抗震墙有所加强。**

（1）框架-抗震墙结构的抗震墙厚度和边框设置

1）抗震墙的厚度不应小于160mm且不宜小于层高或无支长度的1/20，底部加强部位的抗震墙厚度不应小于200mm且不宜小于层高或无支长度的1/16。

2）有端柱时，墙体在楼盖处宜设置暗梁，暗梁的截面高度不宜小于墙厚和400mm的较大值；端柱截面宜与同层框架柱相同，并应满足上述（二）对框架柱的要求。

（2）抗震墙的竖向和横向分布钢筋，应双排布置，双排分布钢筋间应设置拉筋。

（3）楼面梁与抗震墙平面外连接时，不宜支承在洞口连梁上；沿梁轴线方向宜设置与梁连接的抗震墙，梁的纵筋应锚固在墙内；也可在支承梁的位置设置扶壁柱或暗柱，并应按计算确定其截面尺寸和配筋。

（4）框架-抗震墙结构的其他抗震构造措施，应符合上述（二）（框架）及（三）（抗震墙结构）的相关要求。

注：设置少量抗震墙的框架结构，其抗震墙的抗震构造措施，可仍按上述（三）对抗震墙的规定执行。

**（五）板柱-抗震墙结构抗震设计要求**

（1）板柱-抗震墙结构的抗震墙，其抗震构造措施应符合本节规定，尚应符合（四）（框架-抗震墙）的有关规定；柱（包括抗震墙端柱）和梁的抗震构造措施应符合（二）（框架）的有关规定。

（2）板柱-抗震墙的结构布置，尚应符合下列要求：

1）抗震墙厚度不应小于180mm，且不宜小于层高或无支长度的1/20；房屋高度大于12m时，墙厚不应小于200mm。

2）房屋的周边应采用有梁框架，楼、电梯洞口周边宜设置边框梁。

3）8度时宜采用有托板或柱帽的板柱节点，托板或柱帽根部的厚度（包括板厚）不宜小于柱纵筋直径的16倍，托板或柱帽的边长不宜小于4倍板厚和柱截面对应边长之和。

4）房屋的地下一层顶板，宜采用梁板结构。

**（3）板柱-抗震墙结构的板柱节点应进行冲切承载力的抗震验算。**

**（4）板柱-抗震墙结构的板柱节点构造应符合下列要求：**

1）无柱帽平板应在柱上板带中设构造暗梁。

2）板柱节点应根据抗冲切承载力要求，配置抗剪栓钉或抗冲切钢筋。

**【要点】**

◆板柱-抗震墙结构系指楼层平面除周边框架柱间有梁，楼梯间有梁，内部多数柱之间不设梁，主要抗侧力结构为抗震墙或核心筒。

◆应优先考虑采用有托板或柱帽的板柱节点，有利于提高结构承受竖向荷载的能力并改善结构的抗震性能。

◆板柱节点应进行冲切承载力的抗震验算，抗剪栓钉的抗冲切效果优于抗冲切钢筋。

**（六）筒体结构抗震设计要求**

筒体结构包括框架-核心筒结构及筒中筒结构。

（1）框架-核心筒结构应符合下列要求：

**1）核心筒与框架之间的楼盖宜采用梁板体系；部分楼层采用平板体系时应有加强措施。**

**2）加强层的设置应符合下列规定：**

**① 9 度时不应采用加强层；**

**② 加强层的大梁或桁架应与核心筒内的墙肢贯通；大梁或桁架与周边框架柱的连接宜采用铰接或半刚性连接；**

③ 结构整体分析应计入加强层变形的影响；

④ 施工程序及连接构造，应采取措施减小结构竖向温度变形及轴向压缩对加强层的影响。

（2）框架-核心筒结构的核心筒、筒中筒结构的内筒，其抗震墙除应符合上述（三）（抗震墙）的有关规定外，尚应符合下列要求：

1）抗震墙的厚度、竖向和横向分布钢筋应符合上述（四）（框架-抗震墙）的规定；筒体底部加强部位及相邻上一层，当侧向刚度无突变时，不宜改变墙体厚度。

2）框架-核心筒结构一、二级筒体角部的边缘构件宜按下列要求加强：

底部加强部位，约束边缘构件范围内宜全部采用箍筋，且约束边缘构件沿墙肢的长度宜取墙肢截面高度的 1/4；底部加强部位以上的全高范围内宜按转角墙的要求设置约束边缘构件。

3）内筒的门洞不宜靠近转角。

（3）楼面大梁不宜支承在内筒连梁上，楼面大梁与内筒或核心筒墙体平面外连接时，应符合上述（四）第 3 条的规定。

（4）跨高比小的连梁，可采用斜向交叉暗柱配筋，这可以改善其抗剪性能。

（5）筒体结构转换层的抗震设计应符合《抗震规范》附录 E 第 E.2 节的规定。

## 二、多层砌体房屋和底部框架砌体房屋

砌体结构指普通砖（包括烧结、蒸压、混凝土普通砖）、多孔砖（包括烧结、混凝土多孔砖）和混凝土小型空心砌块等砌体承重的多层房屋，底层或底部两层框架-抗震墙砌体房屋。

### （一）多层砌体房屋的震害特点

砌体结构是由砖或砌块砌筑而成的，材料呈脆性性质，其抗剪、抗拉和抗弯强度较低，所以抗震性能较差，在强烈地震作用下，破坏率较高，破坏的主要部位是墙身和构件间连接处，主要破坏特点如下：

（1）在水平地震作用下，与水平地震作用方向平行的墙体是主要承担地震作用的构件，这时墙体将因主拉应力强度不足而发生剪切破坏，出现 45°对角线裂缝，在地震反复作用下造成 X 形交叉裂缝，这种裂缝表现在砌体房屋上是下部重，上部轻；房屋的层数越多，破坏越重；横墙越少，破坏越重；墙体砂浆强度等级越低，破坏越重；层高越高，破坏越重；墙段长短不均匀布置时，破坏也多。

（2）墙体转角处及内外墙连接处的破坏

墙体转角或连接处，刚度大，应力集中，易破坏，尤其是四大阳角处，还受到扭转的影响，更容易发生破坏。内外墙连接处，有时由于内外墙分开砌筑或留直槎等原因，地震时造成外纵墙外闪、倒塌。

（3）楼盖的破坏

砌体结构中有相当多的楼板采用预制板，当楼板的搁置长度较小或无可靠拉结时，在强烈地震作用下很容易造成楼板塌落，并造成墙体倒塌。

（4）突出屋面的屋顶间等附属结构破坏

在砌体房屋中，突出屋顶的水箱间，楼电梯间及烟囱、女儿墙等附属结构，由于地震作用的鞭端效应，一般破坏较重；尤其女儿墙极易倒塌，产生次生灾害。

**例 4-11** 在地震作用下砖砌体的窗间墙易产生交叉裂缝，其破坏机理是：

A 弯曲破坏　　B 受压破坏　　C 受拉破坏　　D 剪切破坏

**解析：**砌体结构在地震作用和竖向荷载作用下，产生斜向的复合主拉应力，其破坏机理是剪切破坏。因地震作用是反复作用的，所以产生的开裂是交叉裂缝。

**答案：**D

**（二）抗震设计一般规定**

（1）多层房屋的层数和总高度的限制

**1）多层砌体房屋的层数和总高度**

**一般情况下，房屋的层数和总高度不应超过表 4-24 的规定。**

**房屋的层数和总高度限值**（m）　　**表 4-24**

| 房屋类别 | | 最小抗震墙厚度（mm） | 烈度和设计基本地震加速度 | | | | | | | | | | | |
|---|---|---|---|---|---|---|---|---|---|---|---|---|---|---|
| | | | 6 | | 7 | | | | 8 | | | | 9 | |
| | | | 0.05$g$ | | 0.10$g$ | | 0.15$g$ | | 0.20$g$ | | 0.30$g$ | | 0.40$g$ | |
| | | | 高度 | 层数 | 高度 | 层数 | 高度 | 层数 | 高度 | 层数 | 高度 | 层数 | 高度 | 层数 |
| 多层砌体房屋 | 普通砖 | 240 | 21 | 7 | 21 | 7 | 21 | 7 | 18 | 6 | 15 | 5 | 12 | 4 |
| | 多孔砖 | 240 | 21 | 7 | 21 | 7 | 18 | 6 | 18 | 6 | 15 | 5 | 9 | 3 |
| | 多孔砖 | 190 | 21 | 7 | 18 | 6 | 15 | 5 | 15 | 5 | 12 | 4 | — | — |
| | 小砌块 | 190 | 21 | 7 | 21 | 7 | 18 | 6 | 18 | 6 | 15 | 5 | 9 | 3 |
| 底部框架-抗震墙砌体房屋 | 普通砖 多孔砖 | 240 | 22 | 7 | 22 | 7 | 19 | 6 | 16 | 5 | — | — | — | — |
| | 多孔砖 | 190 | 22 | 7 | 19 | 6 | 16 | 5 | 13 | 4 | — | — | — | — |
| | 小砌块 | 190 | 22 | 7 | 22 | 7 | 19 | 6 | 16 | 5 | — | — | — | — |

注：1. 房屋的总高度指室外地面到主要屋面板板顶或檐口的高度，半地下室从地下室室内地面算起，全地下室和嵌固条件好的半地下室应允许从室外地面算起；对带阁楼的坡屋面应算到山尖墙的 1/2 高度处；

2. 室内外高差大于 0.6m 时，房屋总高度应允许比表中的数据适当增加，但增加量应少于 1.0m；

3. 乙类的多层砌体房屋仍按本地区设防烈度查表，其层数应减少一层且总高度应降低 3m；不应采用底部框架-抗震墙砌体房屋；

4. 本表小砌块砌体房屋不包括配筋混凝土小型空心砌块砌体房屋。

2）横墙较少的多层砌体房屋，总高度应比表 4-24 的规定降低 3m，层数相应减少一层；各层横墙很少的多层砌体房屋，还应再减少一层。

注：横墙较少是指同一楼层内开间大于 4.2m 的房间占该层总面积的 40%以上；其中，开间不大于 4.2m 的房间占该层总面积不到 20%且开间大于 4.8m 的房间占该层总面积的 50%以上为横墙很少。

"横墙很少"的房屋，一般为教学楼中全部为教室的多层砌体房屋或食堂、俱乐部和会议楼等。

**3）6、7 度时，横墙较少的丙类多层砌体房屋，当按规定采取加强措施并满足抗震承**

**载力要求时，其高度和层数应允许仍按表4-24的规定采用。**

**4）采用蒸压灰砂砖和蒸压粉煤灰砖的砌体的房屋，当砌体的抗剪强度仅达到普通黏土砖砌体的70%时，房屋的层数应比普通砖房减少一层，总高度应减少3m；当砌体的抗剪强度达到普通黏土砖砌体的取值时，房屋层数和总高度的要求同普通砖房屋。**

5）多层砌体承重房屋的层高不应超过3.6m。

底部框架—抗震墙砌体房屋的底部，层高不应超过4.5m；当底层采用约束砌体抗震墙时，底层的层高不应超过4.2m，见表4-25。

注：当使用功能确有需要时，采用约束砌体等加强措施的普通砖房屋，层高不应超过3.9m。

**多层砌体承重房屋的层高** **表4-25**

| 房屋类型 | 层高限值 | 层高位置 |
|---|---|---|
| 多层砌体承重房屋 | 不应超过3.6m | 房屋层高 |
| 底部框架-抗震墙砌体房屋的底部 | 不应超过4.5m | 底部层高 |
| 底层采用约束砌体抗震墙 | 不应超过4.2m | 底层层高 |
| 普通砖房屋（采用约束砌体等加强措施） | 不应超过3.9m | 使用功能确有需要时采用 |

**【要点】**

◆砌体结构不同于钢筋混凝土结构，主要通过对建筑高度及楼层数量等的限制来实现抗震设计的基本要求，多层砌体房屋层数和总高度的规定见表4-26。

**多层砌体房屋层数和总高度的规定** **表4-26**

| 砌体结构情况 | 规范具体规定 | 总高度减少 | 层数减少 |
|---|---|---|---|
| 一般情况 | 普通多层砌体房屋、底部框架—抗震墙砌体房屋 | 不减 | 不减 |
| 横墙较少 | 开间大于4.2m的房间占该层总面积的40%以上 | 减3m | 减1层 |
| | 6、7度时丙类房屋（按规定满足规范要求时） | 允许不减 | 允许不减 |
| 横墙很少 | 大于4.2m的房间占该层总面积不到20%且开间大于4.8m的房间占该层总面积的50%以上 | 减3m | 减2层 |
| 乙类房屋 | 仍按本地区查表 | 减3m | 减1层 |
| 蒸压灰砂砖和蒸压粉煤灰砖 | 砌体抗剪强度仅达到普通黏土砖砌体的70%时 | 减3m | 减1层 |
| | 砌体抗剪强度达到普通黏土砖砌体的取值时 | 不减 | 不减 |

◆多层砌体承重房屋的层高见表4-25：

**例4-12** 多层砌体房屋，其主要抗震措施是：

A 限制高度和层数

B 限制房屋的高跨比

C 设置构造柱和圈梁

D 限制墙段的最小尺寸，并规定横墙最大间距

**解析：**砌体结构的高度限制，是十分敏感且深受关注的规定，基于砌体材料的脆性性质和震害经验，限制其层数和高度是主要的抗震措施。

**答案：**A

**规范：**《抗震规范》第7.1.2条及条文说明。

**例 4-13** 已知 7 度区普通砖砌体房屋的最大高度 $H$ 为 21m，最高层数 $n$ 为 7 层，则 7 度区某普通砖砌体教学楼工程（各层横墙较少）的 $H$ 和 $n$ 应为下列何值？

A $H=21\text{m}$，$n=7$　　B $H=18\text{m}$，$n=6$

C $H=18\text{m}$，$n=5$　　D $H=15\text{m}$，$n=5$

**解析：**已知基本条件：7 度区普通砖砌体房屋高度不应超过 21m，层数不应超过 7 层。两个特殊情况：一是中小学教学楼属于乙类建筑，高度应降低 3m 且层数减少一层；二是各层横墙较少，总高度还应比规定值降低 3m 且层数减少一层，因此总高度 $H=21-3-3=15\text{m}$；最高层数 $n=7-1-1=5$ 层，故 D 正确。

**答案：**D

**规范：**《抗震规范》第 7.1.2 条第 1、2 款及表 7.1.2。

(2) 多层砌体房屋总高度与总宽度的最大比值，宜符合表 4-27 的要求：

**房屋最大高宽比**　　**表 4-27**

| 烈　度 | 6 | 7 | 8 | 9 |
|---|---|---|---|---|
| 最大高宽比 | 2.5 | 2.5 | 2.0 | 1.5 |

注：1. 单面走廊房屋的总宽度不包括走廊宽度；

2. 建筑平面接近正方形时，其高宽比宜适当减小。

**【要点】**

◆房屋高宽比的限值要求，是为了控制结构中不出现弯曲破坏，保证房屋的稳定性，从而可以对砌体结构的整体倾覆不做验算。

◆作为以剪切变形为主的砌体结构，应尽量避免弯曲变形的产生，当房屋的高宽比满足限值要求时，可避免在房屋底部出现水平裂缝，即不出现弯曲破坏。

◆一般砌体房屋建筑平面是矩形，对方形建筑“高宽比宜适当减小”，其根本目的在于控制建筑物出现房屋两个方向的高宽比同时接近表中最大值的不利情形。

**例 4-14** 多层砌体房屋抗震设计时，下列说法哪一项是不对的？

A 单面走廊房屋的总宽度不包括走廊宽度

B 建筑平面接近正方形时，其高宽比限值可适当加大

C 对带阁楼的坡屋面，房屋总高度应算到山尖墙的 1/2 高度处

D 房屋的顶层，最大横墙间距应允许适当放宽

**解析：**根据抗震规范要求，单面走廊房屋的总宽度不包括走廊宽度；当建筑平面接近正方形时，其高宽比可适当减小；多层砌体房屋的顶层，除木屋盖外的最大横墙间距应允许适当放宽，但应采取相应的加强措施。

**答案：**B

**规范：**《抗震规范》第 7.1.4 条表 7.1.4 注、第 7.1.2 条表 7.1.2 注 1、第 7.1.5 条表 7.1.5 注 1.

(3) 房屋抗震横墙的间距不应超过表 4-28 的要求。

**房屋抗震横墙的间距（m）** **表 4-28**

| 房屋类别 | | 烈度 | | | |
|---|---|---|---|---|---|
| | | 6 | 7 | 8 | 9 |
| 多层砌体房屋 | 现浇或装配整体式钢筋混凝土楼、屋盖 | 15 | 15 | 11 | 7 |
| | 装配式钢筋混凝土楼、屋盖 | 11 | 11 | 9 | 4 |
| | 木屋盖 | 9 | 9 | 4 | — |
| 底部框架-抗震墙砌体房屋 | 上部各层 | 同多层砌体房屋 | | | — |
| | 底层或底部两层 | 18 | 15 | 11 | — |

注：1. 多层砌体房屋的顶层，除木屋盖外的最大横墙间距应允许适当放宽，但应采取相应加强措施；

2. 多孔砖抗震横墙厚度为 190mm 时，最大横墙间距应比表中数值减少 3m。

（4）多层砌体房屋中砌体墙段的局部尺寸限值，宜符合表 4-29 的要求。

**房屋的局部尺寸限值（m）** **表 4-29**

| 部位 | 6 度 | 7 度 | 8 度 | 9 度 |
|---|---|---|---|---|
| 承重窗间墙最小宽度 | 1.0 | 1.0 | 1.2 | 1.5 |
| 承重外墙尽端至门窗洞边的最小距离 | 1.0 | 1.0 | 1.2 | 1.5 |
| 非承重外墙尽端至门窗洞边的最小距离 | 1.0 | 1.0 | 1.0 | 1.0 |
| 内墙阳角至门窗洞边的最小距离 | 1.0 | 1.0 | 1.5 | 2.0 |
| 无锚固女儿墙（非出入口处）的最大高度 | 0.5 | 0.5 | 0.5 | 0.0 |

注：1. 局部尺寸不足时，应采取局部加强措施弥补，且最小宽度不宜小于 1/4 层高和表列数据的 80%；

2. 出入口处的女儿墙应有锚固。

（5）多层砌体房屋的建筑布置和结构体系，应符合下列要求：

1）应优先采用横墙承重或纵横墙共同承重的结构体系。不应采用砌体墙和混凝土墙混合承重的结构体系。

2）纵横向砌体抗震墙的布置应符合下列要求：

①宜均匀对称，沿平面内宜对齐，沿竖向应上下连续；且纵横向墙体的数量不宜相差过大；

②平面轮廓凹凸尺寸，不应超过典型尺寸的 50%；当超过典型尺寸的 25%时，房屋转角处应采取加强措施；

③楼板局部大洞口的尺寸不宜超过楼板宽度的 30%，且不应在墙体两侧同时开洞；

④房屋错层的楼板高差超过 500mm 时，应按两层计算；错层部位的墙体应采取加强措施；

⑤同一轴线上的窗间墙宽度宜均匀；在满足上面第 4 条要求的前提下，墙面洞口的立面面积，6、7 度时不宜大于墙面总面积的 55%，8、9 度时不宜大于 50%；

⑥在房屋宽度方向的中部应设置内纵墙，其累计长度不宜小于房屋总长度的 60%（高宽比大于 4 的墙段不计入）。

3）房屋有下列情况之一时宜设置防震缝，缝两侧均应设置墙体，缝宽应根据烈度和房屋高度确定，可采用 70～100mm（设防烈度高、房屋高度大时取较大值）：

①房屋立面高差在 6m 以上；

②房屋有错层，且楼板高差大于层高的 1/4；

③各部分结构刚度、质量截然不同。

4）楼梯间不宜设置在房屋的尽端或转角处。

5）不应在房屋转角处设置转角窗。

6）横墙较少、跨度较大的房屋，宜采用现浇钢筋混凝土楼、屋盖。

**(6) 底部框架-抗震墙砌体房屋的结构布置，应符合下列要求：**

**1）上部的砌体墙体与底部的框架梁或抗震墙，除楼梯间附近的个别墙段外均应对齐。**

**2）房屋的底部，应沿纵横两方向设置一定数量的抗震墙，并应均匀对称布置。各类抗震墙的设置规定见表 4-30。**

底部框架-抗震墙砌体结构中各类抗震墙的适用范围 表 4-30

| 设置条件 | 底部框架抗震墙的类型 |
|---|---|
| 6 度且总层数不超过 4 层时 | 允许采用嵌砌于框架之间的约束普通砌体抗震墙或小砌块砌体的砌体抗震墙，同一方向不应同时采用钢筋混凝土抗震墙和约束砌体抗震墙 |
| 6、7 度时 | 应采用钢筋混凝土抗震墙或配筋小砌块砌体抗震墙 |
| 8 度时 | 应采用钢筋混凝土抗震墙 |

**3）底部框架-抗震墙砌体房屋的抗震墙应设置条形基础、筏形基础等整体性好的基础。**

(7) 底部框架-抗震墙砌体房屋的钢筋混凝土结构部分，除应符合《抗震规范》第 7 章（砌体结构）的规定外，尚应符合规范第 6 章（钢筋混凝土结构）的有关要求；此时，底部混凝土框架的抗震等级，6、7、8 度应分别按三、二、一级采用，混凝土墙体的抗震等级，6、7、8 度应分别按三、三、二级采用。

**【要点】**

◆砌体结构中的墙体是抗震中的主要抗侧力构件，墙体的多少直接决定了砌体结构的抗震能力的大小。纵墙长度相对较长，因此只规定了横墙的间距限值。控制了横墙的间距，也就确保了纵墙的稳定性。

◆多层砌体房屋的横向地震作用主要由横墙承担，地震中横墙间距大小对房屋倒塌影响很大，不仅横墙须具有足够的承载力，同时要求楼盖须具有传递地震作用给横墙的水平刚度，因此横墙间距的规定是为了满足楼盖对传递水平地震作用所需的刚度要求。

◆砌体房屋局部尺寸的限制，在于防止这些部位的失效而造成整栋结构的破坏甚至倒塌。

◆纵墙承重的结构布置方案，因横向支承较少，纵墙较易受弯曲破坏而导致倒塌，为此应优先采用横墙承重或纵横墙共同承重的结构布置方案；纵横墙均匀对称布置，可使各墙垛受力基本相同，避免薄弱部位的破坏。

◆楼梯间墙体缺少各层楼板的侧向支承，布置时尽量不设在尽端或采取专门的加强措施。

◆不应采用混凝土墙与砌体墙混合承重的体系，防止不同材料性能的墙体被各个击破。

◆底部框架-抗震墙砌体结构房屋的抗震设计，既要满足砌体结构房屋抗震的一般规定，也要满足多高层钢筋混凝土结构抗震的有关规定。

**例 4-15** 按现行《建筑抗震设计规范》，对底部框架-抗震墙砌体房屋结构的底部抗震墙要求，下列表述正确的是：

A 6 度设防且总层数不超过六层时，允许采用嵌砌于框架之间的约束普通砖砌体或小砌块砌体的砌体抗震墙

B 7 度、8 度设防时，应采用钢筋混凝土抗震墙或配筋小砌块砌体抗震墙

C 上部砌体墙与底部的框架梁或抗震墙可不对齐

D 应沿纵横两个方向，均匀、对称设置一定数量符合规定的抗震墙

**解析：** 底部框架-抗震墙砌体房屋的结构房屋底部，应沿纵横两方向设置一定数量的抗震墙，并应均匀对称布置。

**答案：** D

**规范：**《抗震规范》第 7.1.8 条第 1、2 款。

**例 4-16** 关于抗震设计的底部框架-抗震墙砌体房屋结构的说法，正确的是：

A 抗震设防烈度 6～8 度的乙类多层房屋可采用底部框架-抗震墙砌体结构

B 底部框架-抗震墙砌体房屋指底层或底部两层为框架-抗震墙结构的多层砌体房屋

C 房屋的底部应沿纵向或横向设置一定数量抗震墙

D 上部砌体墙与底部框架梁或抗震墙宜对齐

**解析：** 底部框架-抗震墙砌体房屋指底层或底部两层为框架-抗震墙结构的多层砌体房屋，B 选项表述正确。

乙类的多层房屋不应采用底部框架-抗震墙砌体房屋，A 选项错误。

其结构布置房屋的底部应沿纵横两方向设置一定数量的抗震墙，并应均匀对称布置，C 选项中“沿纵向或横向”表述错误，“或”应为“和”。

上部砌体墙与底部框架梁或抗震墙，除楼梯间附近的个别墙段外均应对齐，D 选项表述错误，“宜对齐”应为“应对齐”。

**答案：** B

**规范：**《抗震规范》第 7.1.1 条、第 7.1.2 条表注 3、第 7.1.8 条第 1、2 款。

### （三）多层砖砌体房屋抗震构造措施

**【要点】** 砌体结构房屋的抗震构造重点是圈梁和构造柱的设置。震害调查和实践证明，圈梁和构造柱共同设置，能增加砌体的延性和变形能力，且可提高砌体的抗侧能力和整体性，从而保证砌体房屋在大震下，裂而不倒；设置构造柱还能提高砌体的抗剪承载力及墙体在使用阶段的稳定性和刚度。

（1）现浇钢筋混凝土构造柱（以下简称构造柱）设置要求：

1）构造柱设置部位，一般情况下应符合表 4-31 的要求。

2）外廊式和单面走廊式的多层房屋，应根据房屋增加一层的层数，按表 4-31 的要求

设置构造柱，且单面走廊两侧的纵墙均应按外墙处理。

3）横墙较少的房屋，应根据房屋增加一层的层数，按表 4-31 的要求设置构造柱。当横墙较少的房屋为外廊式或单面走廊式时，应按第（2）款的要求设置构造柱；但 6 度不超过四层、7 度不超过三层和 8 度不超过二层时，应按增加二层的层数对待。

4）各层横墙很少的房屋，应按增加二层的层数设置构造柱。

5）采用蒸压灰砂砖和蒸压粉煤灰砖的砌体房屋，当砌体的抗剪强度仅达到普通黏土砖砌体的 70%时，应根据增加一层的层数按本条（1）～（4）款的要求设置构造柱；但 6 度不超过四层、7 度不超过三层和 8 度不超过二层时，应按增加二层的层数对待。

**多层砖砌体房屋构造柱设置要求** **表 4-31**

<table>
<tr><th colspan="4">房屋层数</th><th colspan="2" rowspan="2">设 置 部 位</th></tr>
<tr><th>6 度</th><th>7 度</th><th>8 度</th><th>9 度</th></tr>
<tr><td>四、五</td><td>三、四</td><td>二、三</td><td></td><td rowspan="3">楼、电梯间四角，楼梯斜梯段上下端对应的墙体处；<br>外墙四角和对应转角；<br>错层部位横墙与外纵墙交接处；<br>大房间内外墙交接处；<br>较大洞口两侧</td><td>隔 12m 或单元横墙与外纵墙交接处；<br>楼梯间对应的另一侧内横墙与外纵墙交接处</td></tr>
<tr><td>六</td><td>五</td><td>四</td><td>二</td><td>隔开间横墙（轴线）与外墙交接处；<br>山墙与内纵墙交接处</td></tr>
<tr><td>七</td><td>≥六</td><td>≥五</td><td>≥三</td><td>内墙（轴线）与外墙交接处；<br>内墙的局部较小墙垛处；<br>内纵墙与横墙（轴线）交接处</td></tr>
</table>

注：较大洞口，内墙指不小于 2.1m 的洞口；外墙在内外墙交接处已设置构造柱时应允许适当放宽，但洞侧墙体应加强。

（2）多层砖砌体房屋构造柱的构造要求

1）构造柱最小截面可采用 180mm×240mm（墙厚 190mm 时为 180mm×190mm），纵向钢筋宜采用 4$\phi$12，箍筋间距不宜大于 250mm，且在柱上下端应适当加密；6、7 度时超过六层、8 度时超过五层和 9 度时，构造柱纵向钢筋宜采用 4$\phi$14，箍筋间距不应大于 200mm；房屋四角的构造柱应适当加大截面及配筋。

2）构造柱与墙连接处应砌成马牙槎，沿墙高每隔 500mm 设 2$\phi$6 水平钢筋和 $\phi$4 分布短筋平面内点焊组成的拉结网片或 $\phi$4 点焊钢筋网片，每边伸入墙内不宜小于 1m。6、7 度时底部 1/3 楼层，8 度时底部 1/2 楼层，9 度时全部楼层，上述拉结钢筋网片应沿墙体水平通长设置。

3）构造柱与圈梁连接处，构造柱的纵筋应在圈梁纵筋内侧穿过，保证构造柱纵筋上下贯通。

4）构造柱可不单独设置基础，但应伸入室外地面下 500mm，或与埋深小于 500mm 的基础圈梁相连。

5）房屋高度和层数接近表 4-24 的限值时，纵、横墙内构造柱间距尚应符合下列要求：

①横墙内的构造柱间距不宜大于层高的二倍；下部 1/3 楼层的构造柱间距适当减小；

②当外纵墙开间大于 3.9m 时，应另设加强措施。内纵墙的构造柱间距不宜大于 4.2m。

**(3) 多层砖砌体房屋的现浇钢筋混凝土圈梁设置要求**

**1) 装配式钢筋混凝土楼、屋盖或木屋盖的砖房，应按表4-32的要求设置圈梁；纵墙承重时，抗震横墙上的圈梁间距应比表内要求适当加密。**

**2) 现浇或装配整体式钢筋混凝土楼、屋盖与墙体有可靠连接的房屋，应允许不另设圈梁，但楼板沿抗震墙体周边均应加强配筋并应与相应的构造柱钢筋可靠连接。**

**多层砖砌体房屋现浇钢筋混凝土圈梁设置要求** **表4-32**

| 墙类 | 烈度 | | |
|---|---|---|---|
| | 6、7 | 8 | 9 |
| 外墙和内纵墙 | 屋盖处及每层楼盖处 | 屋盖处及每层楼盖处 | 屋盖处及每层楼盖处 |
| 内横墙 | 同上；<br>屋盖处间距不应大于4.5m；<br>楼盖处间距不应大于7.2m；<br>构造柱对应部位 | 同上；<br>各层所有横墙，且间距不应大于4.5m；<br>构造柱对应部位 | 同上；<br>各层所有横墙 |

(4) 多层砖砌体房屋现浇混凝土圈梁构造要求

1) 圈梁应闭合，遇有洞口圈梁应上下搭接。圈梁宜与预制板设在同一标高处或紧靠板底。

2) 圈梁在上述第3条要求的间距内无横墙时，应利用梁或板缝中配筋替代圈梁。

3) 圈梁的截面高度不应小于120mm，配筋应符合表4-33的要求；对不良地基土要求增设的基础圈梁，截面高度不应小于180mm，配筋不应少于4$\phi$12。

**多层砖砌体房屋圈梁配筋要求** **表4-33**

| 配筋 | 烈度 | | |
|---|---|---|---|
| | 6、7 | 8 | 9 |
| 最小纵筋 | 4$\phi$10 | 4$\phi$12 | 4$\phi$14 |
| 箍筋最大间距（mm） | 250 | 200 | 150 |

**(5) 多层砖砌体房屋的楼、屋盖设置要求**

**1) 现浇钢筋混凝土楼板或屋面板伸进纵、横墙内的长度，均不应小于120mm。**

**2) 装配式钢筋混凝土楼板或屋面板，当圈梁未设在板的同一标高时，板端伸进外墙的长度不应小于120mm，伸进内墙的长度不应小于100mm或采用硬架支模连接，在梁上不应小于80mm或采用硬架支模连接。**

**3) 当板的跨度大于4.8m并与外墙平行时，靠外墙的预制板侧边应与墙或圈梁拉结。**

**4) 房屋端部大房间的楼盖，6度时房屋的屋盖和7～9度时房屋的楼、屋盖，当圈梁设在板底时，钢筋混凝土预制板应相互拉结，并应与梁、墙或圈梁拉结。**

**(6) 楼、屋盖的钢筋混凝土梁或屋架应与墙、柱（包括构造柱）或圈梁可靠连接；不得采用独立砖柱。跨度不小于6m大梁的支承构件应采用组合砌体等加强措施，并满足承载力要求。**

(7) 6、7度时长度大于7.2m的大房间，以及8、9度时外墙转角及内外墙交接处，应沿墙高每隔500mm配置2$\phi$6的通长钢筋和$\phi$4分布短筋平面内点焊组成的拉结网片或$\phi$4点焊网片。

**(8) 楼梯间设置要求：**

**1) 顶层楼梯间墙体应沿墙高每隔500mm设2$\phi$6通长钢筋和$\phi$4分布短筋平面内点焊组成的拉结网片或$\phi$4点焊网片；7～9度时其他各层楼梯间墙体应在休息平台或楼层半高处设置60mm厚、纵向钢筋不应少于2$\phi$10的钢筋混凝土带或配筋砖带，配筋砖带不少于3皮，每皮的配筋不少于2$\phi$6，砂浆强度等级不应低于M7.5且不低于同层墙体的砂浆强度等级。**

**2) 楼梯间及门厅内墙阳角处的大梁支承长度不应小于500mm，并应与圈梁连接。**

**3) 装配式楼梯段应与平台板的梁可靠连接，8、9度时不应采用装配式楼梯段；不应采用墙中悬挑式踏步或踏步竖肋插入墙体的楼梯，不应采用无筋砖砌栏板。**

**4) 突出屋顶的楼、电梯间，构造柱应伸到顶部，并与顶部圈梁连接，所有墙体应沿墙高每隔500mm设2$\phi$6通长钢筋和$\phi$4分布短筋平面内点焊组成的拉结网片或$\phi$4点焊网片。**

(9) 坡屋顶房屋的屋架应与顶层圈梁可靠连接，檩条或屋面板应与墙、屋架可靠连接，房屋出入口处的檐口瓦应与屋面构件锚固。采用硬山搁檩时，顶层内纵墙顶宜增砌支承山墙的踏步式墙垛，并设置构造柱。

(10) 门窗洞处不应采用砖过梁；过梁支承长度，6～8度时不应小于240mm，9度时不应小于360mm。

(11) 预制阳台，6、7度时应与圈梁和楼板的现浇板带可靠连接，8、9度时不应采用预制阳台。

(12) 后砌的非承重砌体隔墙、烟道、风道、垃圾道等应符合《抗震规范》第13.3节的有关规定。

(13) 同一结构单元的基础（或桩承台），宜采用同一类型的基础，底面宜埋置在同一标高上，否则应增设基础圈梁并应按1∶2的台阶逐步放坡。

(14) 丙类的多层砖砌体房屋，当横墙较少且总高度和层数接近或达到表4-24规定限值时，应采取下列加强措施：

1) 房屋的最大开间尺寸不宜大于6.6m。

2) 同一结构单元内横墙错位数量不宜超过横墙总数的1/3，且连续错位不宜多于两道；错位的墙体交接处均应增设构造柱，且楼、屋面板应采用现浇钢筋混凝土板。

3) 横墙和内纵墙上洞口的宽度不宜大于1.5m；外纵墙上洞口的宽度不宜大于2.1m或开间尺寸的一半；且内外墙上洞口位置不应影响内外纵墙与横墙的整体连接。

4) 所有纵横墙均应在楼、屋盖标高处设置加强的现浇钢筋混凝土圈梁：圈梁的截面高度不宜小于150mm。

5) 所有纵横墙交接处及横墙的中部，均应增设满足下列要求的构造柱：在纵、横墙内的柱距不宜大于3.0m，最小截面尺寸不宜小于240mm×240mm（墙厚190mm时为240mm×190mm）。

6) 同一结构单元的楼、屋面板应设置在同一标高处。

7) 房屋底层和顶层的窗台标高处，宜设置沿纵横墙通长的水平现浇钢筋混凝土带。

【要点】

◆构造柱能提高砌体的受剪承载力，构造柱的主要作用在于对砌体的约束，使之有较高的变形能力。构造柱一般应设置在关键部位，使一根构造柱可以发挥对多道墙的约束作用，还应设置在震害较重、连接构造比较薄弱和易于应力集中的部位。

◆圈梁能增强房屋的整体性，提高房屋的抗震能力，是抗震的有效措施。构造柱需与各层纵横墙的圈梁或现浇板连接，才能充分发挥约束作用。

◆砌体房屋楼、屋盖的抗震构造要求，包括楼板搁置长度，楼板与圈梁、墙体的拉结，屋架（梁）与墙、柱的锚固、拉结等，是保证楼、屋盖与墙体整体性的重要措施，强调楼、屋盖的整体性和完整性，确保传递水平剪力的有效性。

◆由于砌体材料的特性，较大的房间在地震中的破坏程度会加重，需要局部加强墙体的连接构造，故规范规定采用通长的拉结筋和拉结钢筋网片。

◆由于楼梯间比较空旷，破坏严重，必须采取一系列有效措施；8、9度时不应采用装配式楼梯段。

**例 4-17** 关于抗震设防地区多层砌块砌体房屋圈梁设置的下列叙述，哪项不正确？

A 屋盖及每层楼盖处的外墙应设置圈梁

B 屋盖及每层楼盖处的内纵墙应设置圈梁

C 内横墙在构造柱对应部位应设置圈梁

D 屋盖处内横墙的圈梁间距不应大于 15m

**解析：**圈梁应闭合形成“箍”的约束作用，并与构造柱一起形成多层砌体结构的“骨架”，提高砌体结构的整体性。因此，圈梁应设置在能起到“箍”的作用的房屋关键部位，例如屋盖处及每层楼盖处，以及与构造柱对应部位，均应设置圈梁；同时，内横墙的圈梁间距也不能过大，根据烈度的不同，分别有圈梁间距不大于 4.5m 或 7.2m 的要求。故题中答案 D“不应大于 15m”错误。

**答案：**D

**规范：**《抗震规范》第 7.3.3 条表 7.3.3。

**例 4-18** 横墙较少的普通砖住宅楼，当层数和总高度接近《抗震规范》的限值时，所采取的加强措施中下列哪一条是不合理的？

A 房屋的最大开间尺寸不宜大于 6.6m

B 同一结构单元内横墙不能错位

C 楼、屋面板应采用现浇钢筋混凝土板

D 同一结构单元内楼、屋面板应设置在同一标高处

**解析：**同一结构单元内横墙错位不宜超过横墙总数的 1/3，且连续错位不宜多于两道；选项 B“不能错位”错误，要求过严。

**答案：**B

**规范：**《抗震规范》第 7.3.14 条第 1、2、6 款。

**（四）多层砌块房屋抗震构造措施**

为了增加混凝土小型空心砌块砌体房屋的整体性和延性，提高其抗震能力，结合空心砌块的特点，采取在墙体的适当部位设置钢筋混凝土芯柱的构造措施。这些芯柱的设置要求比砖砌体房屋构造柱的设置要求严格，且芯柱与墙体的连接要采取钢筋网片。

**（1）多层小砌块房屋应按表 4-35 的要求设置钢筋混凝土芯柱。对外廊式和单面走廊式的多层房屋、横墙较少的房屋、各层横墙很少的房屋，尚应分别按上述（三）第（1）条第 2）、3）、4）款关于增加层数的对应要求，按表 4-34 的要求设置芯柱。**

**多层小砌块房屋芯柱设置要求** **表 4-34**

<table>
<tr><th colspan="4">房屋层数</th><th rowspan="2">设置部位</th><th rowspan="2">设置数量</th></tr>
<tr><th>6 度</th><th>7 度</th><th>8 度</th><th>9 度</th></tr>
<tr><td>四、五</td><td>三、四</td><td>二、三</td><td></td><td>外墙转角，楼、电梯间四角，楼梯斜梯段上下端对应的墙体处；<br>大房间内外墙交接处；<br>错层部位横墙与外纵墙交接处；<br>隔 12m 或单元横墙与外纵墙交接处</td><td rowspan="2">外墙转角，灌实 3 个孔；<br>内外墙交接处，灌实 4 个孔；<br>楼梯斜段上下端对应的墙体处，灌实 2 个孔</td></tr>
<tr><td>六</td><td>五</td><td>四</td><td></td><td>同上；<br>隔开间横墙（轴线）与外纵墙交接处</td></tr>
<tr><td>七</td><td>六</td><td>五</td><td>二</td><td>同上；<br>各内墙（轴线）与外纵墙交接处；<br>内纵墙与横墙（轴线）交接处和洞口两侧</td><td>外墙转角，灌实 5 个孔；<br>内外墙交接处，灌实 4 个孔；<br>内墙交接处，灌实 4～5 个孔；<br>洞口两侧各灌实 1 个孔</td></tr>
<tr><td></td><td>七</td><td>≥六</td><td>≥三</td><td>同上；<br>横墙内芯柱间距不大于 2m</td><td>外墙转角，灌实 7 个孔；<br>内外墙交接处，灌实 5 个孔；<br>内墙交接处，灌实 4～5 个孔；<br>洞口两侧各灌实 1 个孔</td></tr>
</table>

注：外墙转角、内外墙交接处、楼电梯间四角等部位，应允许采用钢筋混凝土构造柱替代部分芯柱。

（2）多层小砌块房屋的芯柱，应符合下列构造要求：

1）小砌块房屋芯柱截面不宜小于 120mm×120mm。

2）芯柱混凝土强度等级，不应低于 Cb20。

3）芯柱的竖向插筋应贯通墙身且与圈梁连接；插筋不应小于 1$\phi$12，6、7 度时超过五层、8 度时超过四层和 9 度时，插筋不应小于 1$\phi$14。

4）芯柱应伸入室外地面下 500mm 或与埋深小于 500mm 的基础圈梁相连。

5）为提高墙体抗震受剪承载力而设置的芯柱，宜在墙体内均匀布置，最大净距不宜大于 2.0m。

6）多层小砌块房屋墙体交接处或芯柱与墙体连接处应设置拉结钢筋网片，网片可采用直径 4mm 的钢筋点焊而成，沿墙高间距不大于 600mm，并应沿墙体水平通长设置。6、7 度时底部 1/3 楼层，8 度时底部 1/2 楼层，9 度时全部楼层，上述拉结钢筋网片沿墙高间距不大于 400mm。

（3）小砌块房屋中替代芯柱的钢筋混凝土构造柱，应符合下列构造要求：

1）构造柱截面不宜小于 190mm×190mm，纵向钢筋宜采用 4$\phi$12，箍筋间距不宜大于 250mm，且在柱上下端应适当加密；6、7 度时超过五层、8 度时超过四层和 9 度时，构造柱纵向钢筋宜采用 4$\phi$14，箍筋间距不应大于 200mm；外墙转角的构造柱可适当加大截面及配筋。

2）构造柱与砌块墙连接处应砌成马牙槎，与构造柱相邻的砌块孔洞，6 度时宜填实，7 度时应填实，8、9 度时应填实并插筋。构造柱与砌块墙之间沿墙高每隔 600mm 设置 $\phi$4 点焊拉结钢筋网片，并应沿墙体水平通长设置。6、7 度时底部 1/3 楼层，8 度时底部 1/2 楼层，9 度全部楼层，上述拉结钢筋网片沿墙高间距不大于 400mm。

3）构造柱与圈梁连接处，构造柱的纵筋应在圈梁纵筋内侧穿过，保证构造柱纵筋上下贯通。

4）构造柱可不单独设置基础，但应伸入室外地面下 500mm，或与埋深小于 500mm 的基础圈梁相连。

**（4）多层小砌块房屋的现浇钢筋混凝土圈梁的设置位置应按上述（三）第 3 条多层砖砌体房屋圈梁的设置要求执行，圈梁宽度不应小于 190mm，配筋不应少于 4$\phi$12，箍筋间距不应大于 200mm。**

（5）多层小砌块房屋的层数，6 度时超过五层、7 度时超过四层、8 度时超过三层和 9 度时，在底层和顶层的窗台标高处，沿纵横墙应设置通长的水平现浇钢筋混凝土带。水平现浇混凝土带亦可采用槽形砌块替代模板，其纵筋和拉结钢筋不变。

（6）丙类的多层小砌块房屋，当横墙较少且总高度和层数接近或达到表 4-24 的规定限值时，应符合上述（三）第 14 条的相关要求；其中，墙体中部的构造柱可采用芯柱替代，芯柱的灌孔数量不应少于 2 孔，每孔插筋的直径不应小于 18mm。

（7）小砌块房屋的其他抗震构造措施，尚应符合上述（三）第 5～13 条的有关要求。其中，墙体的拉结钢筋网片间距应符合本节的相应规定，分别取 600mm 和 400mm。

**【要点】**构造柱替代芯柱，可较大程度地提高对砌块砌体的约束能力，也为施工带来方便。具体替代芯柱的构造柱基本要求，与砖房的构造柱大致相同。

**（五）底部框架-抗震墙砌体房屋抗震构造措施**

（1）底部框架-抗震墙砌体房屋的上部墙体应设置钢筋混凝土构造柱或芯柱，并应符合下列要求：

1）钢筋混凝土构造柱、芯柱的设置部位，应根据房屋的总层数分别按上述（三）第 1 条、（四）第 1 条的规定设置。

2）构造柱、芯柱的构造，除应符合下列要求外，尚应符合上述（三）第 2 条、（四）第 2、3 条的规定：

①砖砌体墙中构造柱截面不宜小于 240mm×240mm（墙厚 190mm 时为 240mm×190mm）；

②构造柱的纵向钢筋不宜少于 4$\phi$14，箍筋间距不宜大于 200mm；芯柱每孔插筋不应小于 1$\phi$14，芯柱之间沿墙高应每隔 400mm 设 $\phi$4 焊接钢筋网片。

3）构造柱、芯柱应与每层圈梁连接，或与现浇楼板可靠拉接。

【要点】对比不同结构体系的构造柱设置要求，见表 4-35。

构造柱设置要求比较　　表 4-35

| 结构体系 | 多层砖砌体房屋 | 底部框架-抗震墙房屋 |
| --- | --- | --- |
| 构造柱设置要求 | 按表 4-32 设置 | 相同 |
| 构造柱截面（mm） | ≥180×200（墙厚 190 时为 180×190） | ≥240×240 |
| 构造柱的纵向钢筋 | ≥4$\phi$12 | ≥4×14 |
| 构造柱的箍筋间距 | ≤@250mm | ≤@200mm |
| 构造柱与圈梁或现浇板的连接 | 应可靠连接 | 相同 |

（2）过渡层墙体的构造，应符合下列要求：

1）上部砌体墙的中心线宜与底部的框架梁、抗震墙的中心线相重合；构造柱或芯柱宜与框架柱上下贯通。

2）过渡层应在底部框架柱、混凝土墙或约束砌体墙的构造柱所对应处设置构造柱或芯柱。

3）过渡层的砌体墙在窗台标高处，应设置沿纵横墙通长的水平现浇钢筋混凝土带。

4）过渡层的砌体墙，凡宽度不小于 1.2m 的门洞和 2.1m 的窗洞，洞口两侧宜增设截面不小于 120mm×240mm（墙厚 190mm 时为 120mm×190mm）的构造柱或单孔芯柱。

5）当过渡层的砌体抗震墙与底部框架梁、墙体不对齐时，应在底部框架内设置托墙转换梁，并且过渡层砖墙或砌块墙应采取比（4）款更高的加强措施。

【要点】上部墙体指与底部框架-抗震墙相邻的上一层砌体楼层，过渡层处于侧向刚度变化较剧烈的区域（上大下小），地震时破坏较重，应采取专门措施予以加强，详见《抗震规范》第 7.5.2 条。

（3）底部框架-抗震墙砌体房屋的底部采用钢筋混凝土墙时，其截面和构造应符合下列要求：

1）墙体周边应设置梁（或暗梁）和边框柱（或框架柱）组成的边框。

2）墙板的厚度不宜小于 160mm，且不应小于墙板净高的 1/20；墙体宜开设洞口形成若干墙段，各墙段的高宽比不宜小于 2。

3）墙体的竖向和横向分布钢筋配筋率均不应小于 0.30%，并应采用双排布置。

4）墙体的边缘构件可按抗震墙关于一般部位的规定设置。

（4）当 6 度设防的底层框架-抗震墙砖房的底层采用约束砖砌体墙时，其构造应符合下列要求：

1）砖墙厚不应小于 240mm，砌筑砂浆强度等级不应低于 M10，应先砌墙后浇框架。

2）沿框架柱每隔 300mm 配置 2$\phi$8 水平钢筋和 $\phi$4 分布短筋平面内点焊组成的拉结网片，并沿砖墙水平通长设置；在墙体半高处尚应设置与框架柱相连的钢筋混凝土水平系梁。

3）墙长大于 4m 时和洞口两侧，应在墙内增设钢筋混凝土构造柱。

（5）当6度设防的底层框架-抗震墙砌块房屋的底层采用约束小砌块砌体墙时，其构造应符合下列要求：

1）墙厚不应小于190mm，砌筑砂浆强度等级不应低于Mb10，应先砌墙后浇框架。

2）沿框架柱每隔400mm配置2$\phi$8水平钢筋和$\phi$4分布短筋平面内点焊组成的拉结网片，并沿砌块墙水平通长设置；在墙体半高处尚应设置与框架柱相连的钢筋混凝土水平系梁，系梁截面不应小于190mm×190mm。

3）墙体在门、窗洞口两侧应设置芯柱，墙长大于4m时，应在墙内增设芯柱，芯柱应符合上述（四）第2条的有关规定；其余位置，宜采用钢筋混凝土构造柱替代芯柱，钢筋混凝土构造柱应符合第（四）第3条的有关规定。

（6）底部框架-抗震墙砌体房屋的框架柱应符合下列要求：

1）柱的截面不应小于400mm×400mm，圆柱直径不应小于450mm。

2）柱的轴压比，6度时不宜大于0.85，7度时不宜大于0.75，8度时不宜大于0.65。

3）柱的配筋要求详见《抗震规范》。

**（7）底部框架-抗震墙砌体房屋的楼盖应符合下列要求：**

**1）过渡层的底板应采用现浇钢筋混凝土板，板厚不应小于120mm；并应少开洞、开小洞，当洞口尺寸大于800mm时，洞口周边应设置边梁。**

**2）其他楼层，采用装配式钢筋混凝土楼板时均应设现浇圈梁；采用现浇钢筋混凝土楼板时应允许不另设圈梁，但楼板沿抗震墙体周边均应加强配筋并应与相应的构造柱可靠连接。**

（8）底部框架-抗震墙砌体房屋的钢筋混凝土托墙梁，其截面和构造应符合《抗震规范》的相关要求。

（9）底部框架-抗震墙砌体房屋的材料强度等级，应符合下列要求：

1）框架柱、混凝土墙和托墙梁的混凝土强度等级，不应低于C30。

2）过渡层砌体块材的强度等级不应低于MU10，砖砌体砌筑砂浆的强度等级不应低于M10，砌块砌体砌筑砂浆的强度等级不应低于Mb10。

（10）底部框架-抗震墙砌体房屋的其他抗震构造措施，应符合本节二、（三）、（四）（多层砖砌体房屋、多层砌块房屋抗震构造措施）和本节一（多层和高层钢筋混凝土房屋）的有关要求。

## 三、多层钢结构房屋

**【要点】**钢结构的抗震性能优于钢筋混凝土结构，钢材基本上属于各向同性材料，抗压、抗拉和抗剪强度都很高，具有很好的延性。在地震作用下，不仅能减弱地震反应，而且属于较理想的弹塑性结构，具有抵抗强烈地震的变形能力。

剪切变形是钢结构耗能的主要形式，注意区分其与钢筋混凝土结构的不同。

### （一）一般规定

（1）本部分适用的钢结构民用房屋的结构类型和最大高度应符合表4-36的规定，平面和竖向均不规则的钢结构适用的最大高度宜适当降低。

注：①钢支撑-混凝土框架和钢框架-混凝土筒体结构的抗震设计，应符合《抗震规范》附录G的规定；②多层钢结构厂房的抗震设计，应符合《抗震规范》附录H第H.2节的规定。

**钢结构房屋适用的最大高度（m）** **表 4-36**

| 结构类型 | 6、7度（0.10*g*） | 7度（0.15*g*） | 8度 | | 9度（0.40*g*） |
|---|---|---|---|---|---|
| | | | （0.20*g*） | （0.30*g*） | |
| 框架 | 110 | 90 | 90 | 70 | 50 |
| 框架-中心支撑 | 220 | 200 | 180 | 150 | 120 |
| 框架-偏心支撑（延性墙板） | 240 | 220 | 200 | 180 | 160 |
| 筒体（框筒，筒中筒，桁架筒，束筒）和巨型框架 | 300 | 280 | 260 | 240 | 180 |

注：1. 房屋高度指室外地面到主要屋面板板顶的高度（不包括局部突出屋顶部分）；
2. 超过表内高度的房屋，应进行专门研究和论证，采取有效的加强措施；
3. 表内的筒体不包括混凝土筒。

（2）本部分适用的钢结构民用房屋的最大高宽比不宜超过表 4-37 的规定。限制钢结构民用房屋的最大高宽比就是要确保房屋的抗倾覆整体稳定性。

**钢结构民用房屋适用的最大高宽比** **表 4-37**

| 烈　度 | 6、7 | 8 | 9 |
|---|---|---|---|
| 最大高宽比 | 6.5 | 6.0 | 5.5 |

注：塔形建筑的底部有大底盘时，高宽比可按大底盘以上计算。

（3）钢结构房屋应根据设防分类、烈度和房屋高度采用不同的抗震等级，并应符合相应的计算和构造措施要求。丙类建筑的抗震等级应按表 4-38 确定。

**钢结构房屋的抗震等级** **表 4-38**

| 房屋高度 | 烈　度 | | | |
|---|---|---|---|---|
| | 6 | 7 | 8 | 9 |
| ≤50m | | 四 | 三 | 二 |
| >50m | 四 | 三 | 二 | 一 |

注：1. 高度接近或等于高度分界时，应允许结合房屋不规则程度和场地、地基条件确定抗震等级；
2. 一般情况，构件的抗震等级应与结构相同；当某个部位各构件的承载力均满足 2 倍地震作用组合下的内力要求时，7～9 度的构件抗震等级应允许按降低一度确定。

（4）钢结构房屋需要设置防震缝时，缝宽应不小于相应钢筋混凝土结构房屋的 1.5 倍。

有条件时，钢结构房屋应尽量避免设置防震缝。

（5）一、二级的钢结构房屋，宜设置偏心支撑、带竖缝钢筋混凝土抗震墙板、内藏钢支撑钢筋混凝土墙板、屈曲约束支撑等消能支撑或筒体。

采用框架结构时，甲、乙类建筑和高层的丙类建筑不应采用单跨框架，多层的丙类建筑不宜采用单跨框架。

注：本部分的“一、二、三、四级”即“抗震等级为一、二、三、四级”的简称。

（6）采用框架-支撑结构的钢结构房屋，应符合下列规定：

1）支撑框架在两个方向的布置均宜基本对称，支撑框架之间楼盖的长宽比不宜大于 3。

2）三、四级且高度不大于 50m 的钢结构宜采用中心支撑，也可采用偏心支撑、屈曲约束支撑等消能支撑。

3）中心支撑框架宜采用交叉支撑，也可采用人字支撑或单斜杆支撑，不宜采用 K 形支撑。

4）偏心支撑框架的每根支撑应至少有一端与框架梁连接，并在支撑与梁交点和柱之间或同一跨内另一支撑与梁交点之间形成消能梁段。

5）采用屈曲约束支撑时，宜采用人字支撑、成对布置的单斜杆支撑等形式，不应采用 K 形或 X 形支撑，支撑与柱的夹角宜在 35°～55°之间。

（7）钢框架-筒体结构，必要时可设置由筒体外伸臂或外伸臂和周边桁架组成的加强层。

（8）钢结构房屋的楼盖应符合下列要求：

1）宜采用压型钢板现浇钢筋混凝土组合楼板或钢筋混凝土楼板，并应与钢梁有可靠连接。

2）对 6、7 度时不超过 50m 的钢结构，尚可采用装配整体式钢筋混凝土楼板，也可采用装配式楼板或其他轻型楼盖；但应将楼板预埋件与钢梁焊接，或采取其他保证楼盖整体性的措施。

3）对转换层楼盖或楼板有大洞口等情况，必要时可设置水平支撑。

（9）钢结构房屋的地下室设置

1）设置地下室时，框架-支撑（抗震墙板）结构中竖向连续布置的支撑（抗震墙板）应延伸至基础；钢框架柱应至少延伸至地下一层，其竖向荷载应直接传至基础。

2）超过 50m 的钢结构房屋应设置地下室。其基础埋置深度，当采用天然地基时不宜小于房屋总高度的 1/15；当采用桩基时，桩承台埋深不宜小于房屋总高度的 1/20。

**【要点】**

◆钢结构的抗震等级只与设防标准和房屋高度有关，而与房屋自身的结构类型无关（这点与混凝土结构不同）。

◆以房屋高度 50m 为界确定相应的抗震等级。6 度区房屋高度≤50m 的钢结构可按非抗震结构设计。

◆中心支撑抗侧力刚度大、加工安装简单，但变形能力弱。在水平地震作用下，中心支撑宜产生侧向屈曲。对较为规则的结构和没有明显薄弱层的结构，高度不很高时可采用中心支撑（图 4-8）来提高结构设计的经济性。

◆偏心支撑具有弹性阶段刚度接近中心支撑，弹塑性阶段的延性和耗能能力接近于延性框架的特点，是一种良好的抗震结构。偏心支撑的设计原则是强柱、强支撑、弱消能梁段。在大震时消能梁段屈服形成塑性铰，支撑斜杆、柱和其余消能梁段仍保持弹性，抗震性能好，但同时又有抗侧刚度相对较小（相比中心支撑而言）、加工安装复杂等不足。当房屋高度很高时，应采用偏心支撑结构（图 4-9）。

◆注意不宜采用 K 形支撑（图 4-10）。因 K 形支撑斜杆与柱相交，容易造成受压斜杆失稳或受拉斜杆屈服，引起较大的侧向变形，使柱发生屈曲甚至造成倒塌，因此在抗震结构中不宜采用。

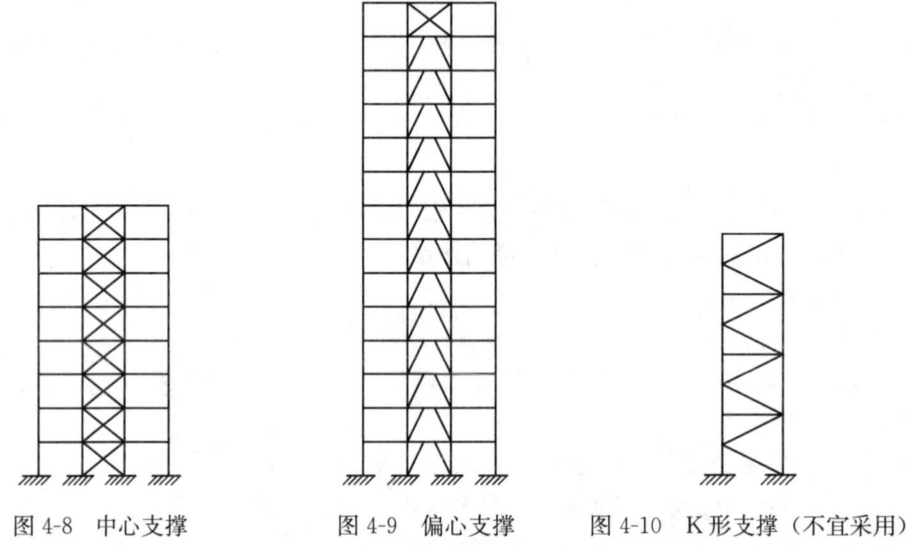

图 4-8 中心支撑　　图 4-9 偏心支撑　　图 4-10 K 形支撑（不宜采用）

◆保证楼板与钢梁可靠连接的技术措施有：钢梁与现浇混凝土楼板连接时，采用抗剪连接件栓钉连接、焊接短槽钢或角钢段连接及其他连接方法，见图 4-11、图 4-12。

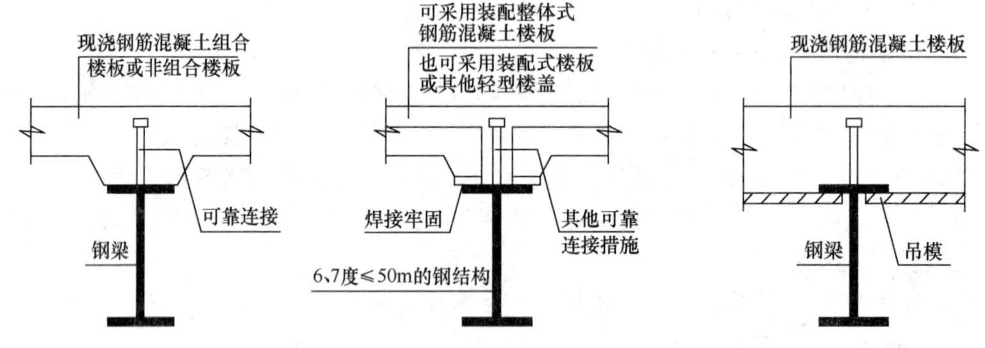


图 4-11 钢结构的楼盖

（引自：朱炳寅．建筑抗震设计规范应用与分析（第二版）．北京：中国建筑工业出版社，2017.）

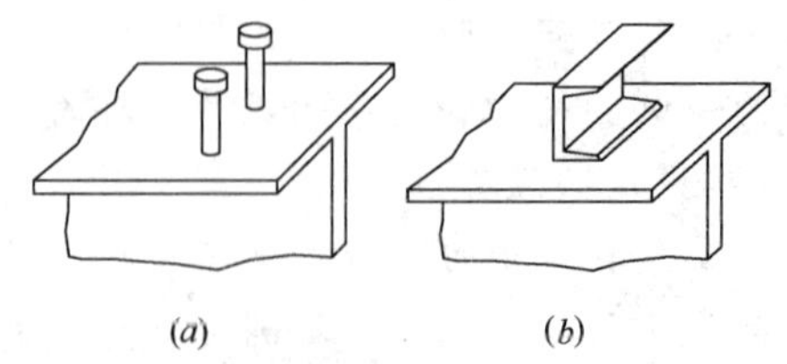


图 4-12 连接件的外形

（*a*）圆柱头焊钉连接件；（*b*）槽钢连接件

◆ 钢结构房屋地下室设置要求，见图 4-13 示意。

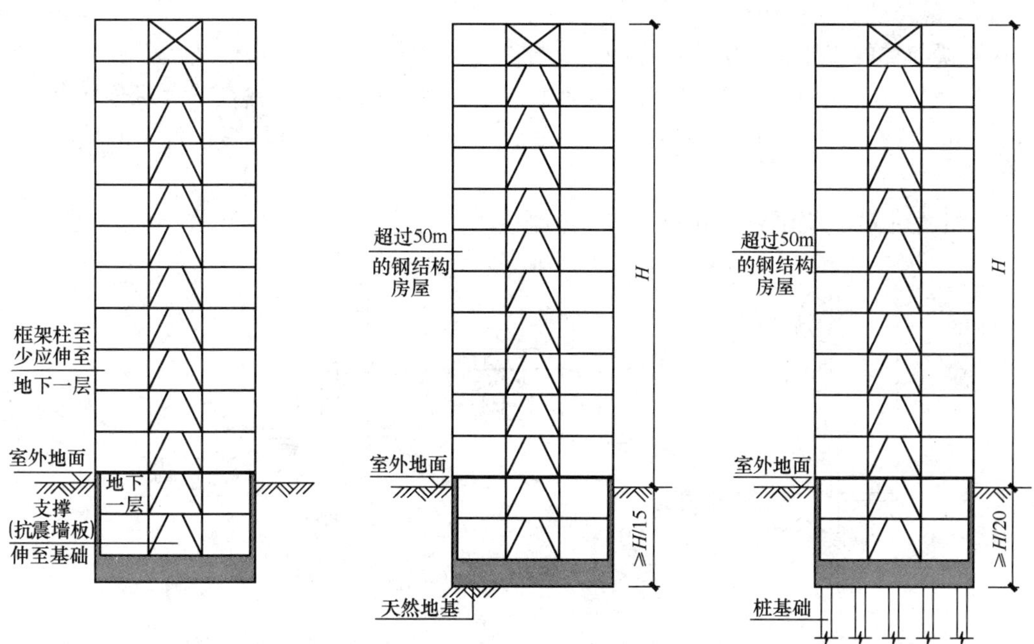


图 4-13 钢结构房屋地下室设置示意

（引自：朱炳寅．建筑抗震设计规范应用与分析（第二版）．北京：中国建筑工业出版社，2017.）

### （二）钢框架结构抗震构造措施

**【要点】** 钢结构设计的构造要求与混凝土结构设计相同，都是根据抗震等级来确定相应的抗震构造措施，实现抗震设计的总体要求。对钢结构的抗震构造措施以掌握概念为主。

（1）框架柱的长细比控制

**【要点】** 长细比控制属于钢结构构件设计的重要内容。当构件由长细比控制时，应尽可能选用强度等级低的钢材，以增大构件截面，增加长细比，节约钢材造价。

（2）框架梁、柱板件宽厚比应符合规范规定。

（3）梁柱构件的侧向支承应符合下列要求：

1）梁柱构件受压翼缘应根据需要设置侧向支承。

2）梁柱构件在出现塑性铰的截面，上下翼缘均应设置侧向支承。

3）相邻两侧向支承点间的构件长细比，应符合现行国家标准《钢结构设计标准》GB 50017 的有关规定。

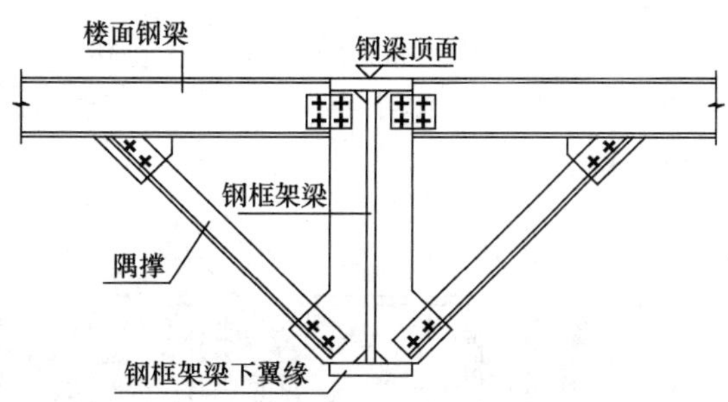


图 4-14 梁柱构件的侧向支撑示意

（引自：朱炳寅．建筑抗震设计规范应用与分析（第二版）．北京：中国建筑工业出版社，2017.）

**【要点】** 框架梁受压翼缘根据需要设置侧向支撑，如图 4-14 梁的隅撑设置，其目的是确保梁柱构件的平面外整体稳定。

(4) 梁与柱的连接构造应符合下列要求：

1）梁与柱的连接宜采用柱贯通型。

2）柱在两个互相垂直的方向都与梁刚接时宜采用箱形截面，并在梁翼缘连接处设置隔板；当柱仅在一个方向与梁刚接时，宜采用工字形截面，并将柱腹板置于刚接框架平面内。

3）工字形柱（绕强轴）和箱形柱与梁刚接时，应符合图 4-15 的要求：

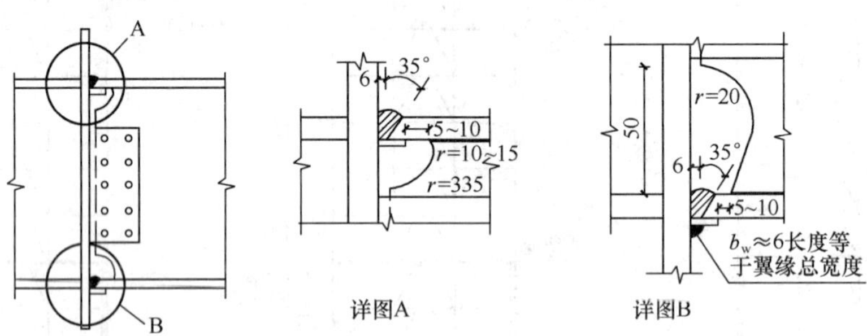


图 4-15　框架梁与柱的现场连接

①梁翼缘与柱翼缘间应采用全熔透坡口焊缝；一、二级时，应检验焊缝的 V 形切口冲击韧性。

②柱在梁翼缘对应位置应设置横向加劲肋（隔板），加劲肋（隔板）厚度不应小于梁翼缘厚度，强度与梁翼缘相同。

③梁腹板宜采用摩擦型高强度螺栓与柱连接板连接（经工艺试验合格，能确保现场焊接质量时，可用气体保护焊进行焊接）；腹板角部应设置焊接孔，孔形应使其端部与梁翼缘和柱翼缘间的全熔透坡口焊缝完全隔开。

④腹板连接板与柱的焊接，当板厚不大于 16mm 时，应采用双面角焊缝；焊缝有效厚度应满足等强度要求，且不小于 5mm。板厚大于 16mm 时，采用 K 形坡口对接焊缝；该焊缝宜采用气体保护焊，且板端应绕焊。

⑤一级和二级时，宜采用能将塑性铰自梁端外移的端部扩大形连接、梁端加盖板或骨形连接。

4）框架梁采用悬臂梁段与柱刚性连接时（图 4-16），悬臂梁段与柱应采用全焊接连接，此时上下翼缘焊接孔的形式宜相同；梁的现场拼接可采用翼缘焊接腹板螺栓连接或全部螺栓连接。

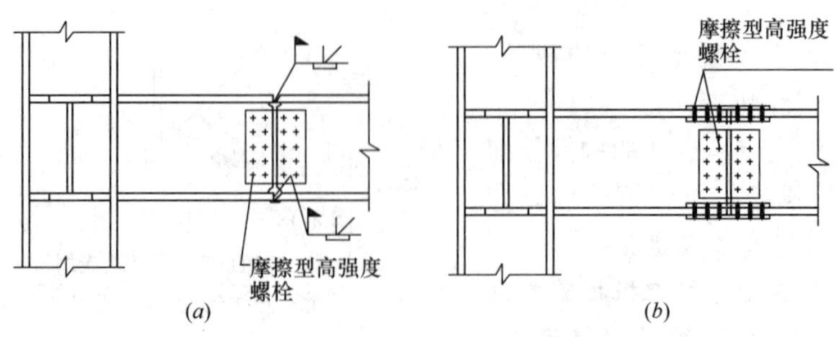


图 4-16　框架柱与梁悬臂段的连接

5）箱形柱在与梁翼缘对应位置设置的隔板，应采用全熔透对接焊缝与壁板相连。工字形柱的横向加劲肋与柱翼缘，应采用全熔透对接焊缝连接，与腹板可采用角焊缝连接。

**(5）梁与柱刚性连接时，柱在梁翼缘上下各500mm的范围内，柱翼缘与柱腹板间或箱形柱壁板间的连接焊缝应采用全熔透坡口焊缝**。

（6）钢结构的刚接柱脚宜采用埋入式，也可采用外包式；6、7度且高度不超过50m时也可采用外露式。

**（三）钢框架-中心支撑结构的抗震构造措施**

（1）中心支撑的杆件长细比和板件宽厚比限值应符合相应的规范规定，详见《抗震规范》第8.4.1条。

（2）中心支撑节点的构造应符合《抗震规范》第8.4.2条。

**（四）钢框架-偏心支撑结构的抗震构造措施**

偏心支撑构件和消能梁段是抗震钢框架-偏心支撑结构中的特殊构件，其构造要求比其他结构更为特殊。

对消能梁段有特殊的材料要求，对支撑斜杆及其他构件的材料可按规范的基本要求。

对钢框架-偏心支撑结构除应满足特殊要求外，还需满足《抗震规范》第8.3节对钢框架结构的基本要求，可与钢框架-中心支撑结构对应比较。详见《抗震规范》第8.5节。

**例4-19** 在地震区，钢框架梁与柱的连接构造，下列说法错误的是：

A 宜采用梁贯通型

B 宜采用柱贯通型

C 柱在两个互相垂直的方向都与梁刚接时，宜采用箱形截面

D 梁翼缘与柱翼缘间应采用全熔透坡口焊缝

**解析**：梁与柱连接宜采取柱贯通型。

**答案**：A

**规范**：《抗震规范》第8.3.4条。

**例4-20** 型钢混凝土梁在型钢上设置的栓钉，其主要受力特征正确的是：

A 受剪　　B 受拉

C 受压　　D 受弯

**解析**：栓钉是钢结构组合梁的抗剪连接件，其主要受力特征为受剪，也可以采用槽钢、弯筋或有可靠依据的其他类型连接件。

**答案**：A

**规范**：《钢结构设计标准》第14.3.1条图14.3.1（见图4-12）。

## 四、单层工业厂房

**【要点】**单层工业厂房，一般多是铰接排架结构，抗侧刚度小，结构的冗余量也较小，相对于其他结构形式，震害严重，因此规范对单层工业厂房的结构布置和抗震构造有专门的要求。

**(一) 单层钢筋混凝土柱厂房**

(1) 一般规定，本条内容主要适用于装配式单层钢筋混凝土柱厂房。

1) 厂房的结构布置应符合下列要求：

①多跨厂房宜等高和等长，高低跨厂房不宜采用一端开口的结构布置。

②厂房的贴建房屋和构筑物，不宜布置在厂房角部和紧邻防震缝处。

③厂房体型复杂或有贴建的房屋和构筑物时，宜设防震缝；在厂房纵横跨交接处、大柱网厂房或不设柱间支撑的厂房，防震缝宽度可采用100～150mm，其他情况可采用50～90mm。

④两个主厂房之间的过渡跨至少应有一侧采用防震缝与主厂房脱开。

⑤厂房内上起重机的铁梯不应靠近防震缝设置；多跨厂房各跨上起重机的铁梯不宜设置在同一横向轴线附近。

⑥厂房内的工作平台、刚性工作间宜与厂房主体结构脱开。

⑦厂房的同一结构单元内，不应采用不同的结构形式；厂房端部应设屋架，不应采用山墙承重；厂房单元内不应采用横墙和排架混合承重。

⑧厂房柱距宜相等，各柱列的侧移刚度宜均匀，当有抽柱时，应采取抗震加强措施。

注：钢筋混凝土框排架厂房的抗震设计，应符合《抗震规范》附录H第H.1节的规定。

2) 厂房天窗架的设置，应符合下列要求：

①天窗宜采用突出屋面较小的避风型天窗，有条件或9度时宜采用下沉式天窗。

②突出屋面的天窗宜采用钢天窗架；6～8度时，可采用矩形截面杆件的钢筋混凝土天窗架。

③天窗架不宜从厂房结构单元第一开间开始设置；8度和9度时，天窗架宜从厂房单元端部第三柱间开始设置。

④天窗屋盖、端壁板和侧板，宜采用轻型板材；不应采用端壁板代替端天窗架。

**【要点】** *厂房天窗架的设置要求见表4-39。*

**厂房天窗架的设置要求** **表4-39**

| 厂房天窗架 | 一般情况 | 其他 |
|---|---|---|
| 天窗 | 宜采用突出屋面较小的避风型天窗 | 有条件或9度时宜采用下沉式天窗 |
| 突出屋面的天窗 | 宜采用钢天窗架 | 6～8度时，可采用矩形截面杆件的钢筋混凝土天窗架 |
| 8度和9度时的天窗架 | 宜从厂房单元端部第三柱间开始设置 | 不宜从厂房结构单元第一开间开始设置 |
| 天窗屋盖、端壁板和侧板 | 宜采用轻型板材 | 不应采用端壁板代替端天窗架 |

3) 厂房屋架的设置应符合下列要求：

①厂房宜采用钢屋架或重心较低的预应力混凝土、钢筋混凝土屋架。

②跨度不大于15m时，可采用钢筋混凝土屋面梁。

③跨度大于24m，或8度Ⅲ、Ⅳ类场地和9度时，应优先采用钢屋架。

④柱距为12m时，可采用预应力混凝土托架（梁）；当采用钢屋架时，亦可采用钢托架（梁）。

⑤有突出屋面天窗架的屋盖不宜采用预应力混凝土或钢筋混凝土空腹屋架。

⑥8 度（0.30g）和 9 度时，跨度大于 24m 的厂房不宜采用大型屋面板。

4）厂房柱的设置应符合下列要求：

①8 度和 9 度时，宜采用矩形、工字形截面柱或斜腹杆双肢柱，不宜采用薄壁工字形柱、腹板开孔工字形柱、预制腹板的工字形柱和管柱。

②柱底至室内地坪以上 500mm 范围内和阶形柱的上柱宜采用矩形截面。

5）厂房围护墙、砌体女儿墙的布置、材料选型和抗震构造措施，应符合本节八（二）（非结构构件）的有关规定。

（2）抗震构造措施

1）有檩屋盖构件的连接及支撑布置，应符合下列要求：

①檩条应与混凝土屋架（屋面梁）焊牢，并应有足够的支承长度。

②双脊檩应在跨度 1/3 处相互拉结。

③压型钢板应与檩条可靠连接，瓦楞铁、石棉瓦等应与檩条拉结。

④支撑布置宜符合《抗震规范》表 9.1.15 的要求。

2）无檩屋盖构件的连接及支撑布置，应符合下列要求：

①大型屋面板应与屋架（屋面梁）焊牢，靠柱列的屋面板与屋架（屋面梁）的连接焊缝长度不宜小于 80mm。

②6 度和 7 度时有天窗厂房单元的端开间，或 8 度和 9 度时各开间，宜将垂直屋架方向两侧相邻的大型屋面板的顶面彼此焊牢。

③8 度和 9 度时，大型屋面板端头底面的预埋件宜采用角钢并与主筋焊牢。

④非标准屋面板宜采用装配整体式接头，或将板四角切掉后与屋架（屋面梁）焊牢。

⑤屋架（屋面梁）端部顶面预埋件的锚筋，8 度时不宜少于 4$\phi$10，9 度时不宜少于 4$\phi$12。

⑥支撑的布置宜符合《抗震规范》表 9.1.16-1 的要求，有中间井式天窗时宜符合《抗震规范》表 9.1.16-2 的要求；8 度和 9 度跨度不大于 15m 的厂房屋盖采用屋面梁时，可仅在厂房单元两端各设竖向支撑一道；单坡屋面梁的屋盖支撑布置，宜按屋架端部高度大于 900mm 的屋盖支撑布置执行。

3）屋盖支撑尚应符合下列要求：

①天窗开洞范围内，在屋架脊点处应设上弦通长水平压杆；8 度Ⅲ、Ⅳ类场地和 9 度时，梯形屋架端部上节点应沿厂房纵向设置通长水平压杆。

②屋架跨中竖向支撑在跨度方向的间距，6～8 度时不大于 15m，9 度时不大于 12m；当仅在跨中设一道时，应设在跨中屋架屋脊处；当设两道时，应在跨度方向均匀布置。

③屋架上、下弦通长水平系杆与竖向支撑宜配合设置。

④柱距不小于 12m 且屋架间距 6m 的厂房，托架（梁）区段及其相邻开间应设下弦纵向水平支撑。

⑤屋盖支撑杆件宜用型钢。

4）突出屋面的混凝土天窗架，其两侧墙板与天窗立柱宜采用螺栓连接。

5）混凝土屋架的截面和配筋，应符合下列要求：

①屋架上弦第一节间和梯形屋架端竖杆的配筋，6 度和 7 度时不宜少于 4$\phi$12，8 度和

9 度时不宜少于 4$\phi$14。

②梯形屋架的端竖杆截面宽度宜与上弦宽度相同。

③拱形和折线形屋架上弦端部支撑屋面板的小立柱，截面不宜小于 200mm×200mm，高度不宜大于 500mm，主筋宜采用 Π 形，6 度和 7 度时不宜少于 4$\phi$12，8 度和 9 度时不宜少于 4$\phi$14，箍筋可采用 $\phi$6，间距不宜大于 100mm。

6）厂房柱间支撑的设置和构造，应符合下列要求：

①厂房柱间支撑的设置和构造，应符合下列规定：

a. 一般情况下，应在厂房单元中部设置上、下柱间支撑，且下柱支撑应与上柱支撑配套设置；

b. 有起重机或 8 度和 9 度时，宜在厂房单元两端增设上柱支撑；

c. 厂房单元较长或 8 度Ⅲ、Ⅳ类场地和 9 度时，可在厂房单元中部 1/3 区段内设置两道柱间支撑。

②柱间支撑应采用型钢，支撑形式宜采用交叉式，其斜杆与水平面的交角不宜大于 55°。

③支撑杆件的长细比，不应超过表 4-40 的规定：

**交叉支撑斜杆的最大长细比　　表 4-40**

| 位置 | 烈度 | | | |
|---|---|---|---|---|
| | 6 度和 7 度 Ⅰ、Ⅱ类场地 | 7 度Ⅲ、Ⅳ类场地和 8 度Ⅰ、Ⅱ类场地 | 8 度Ⅲ、Ⅳ类场地和 9 度Ⅰ、Ⅱ类场地 | 9 度Ⅲ、Ⅳ类场地 |
| 上柱支撑 | 250 | 250 | 200 | 150 |
| 下柱支撑 | 200 | 150 | 120 | 120 |

④下柱支撑的下节点位置和构造措施，应保证将地震作用直接传给基础；当 6 度和 7 度（0.10$g$）不能直接传给基础时，应计及支撑对柱和基础的不利影响采取加强措施。

⑤交叉支撑在交叉点应设置节点板，其厚度不应小于 10mm，斜杆与交叉节点板应焊接，与端节点板宜焊接。

7）8 度时跨度不小于 18m 的多跨厂房中柱和 9 度时多跨厂房各柱，柱顶宜设置通长水平压杆，此压杆可与梯形屋架支座处通长水平系杆合并设置，钢筋混凝土系杆端头与屋架间的空隙应采用混凝土填实。

**【要点】**

◆有檩屋盖主要指波形瓦（石棉瓦及槽瓦）屋盖，属于轻屋盖；有檩屋盖只要设置保证屋盖整体刚度的支撑体系，屋面瓦与檩条间以及檩条与屋架间拉结牢固，具有一定的抗震能力。

◆无檩屋盖指各类不用檩条的钢筋混凝土屋面板及屋架（梁）组成的屋盖，属于重屋盖，应用较多。无檩屋盖通过屋盖支撑将各构件间相互连成整体，保证屋盖具有足够的整体性，是厂房抗震的重要保证。

◆当厂房单元较长时或 8 度Ⅲ、Ⅳ类场地和 9 度时，温度应力及纵向地震作用效应较大，在设置一道下柱支撑不能满足要求时，可设置两道下柱支撑，但两道下柱支撑应在厂房单元中部1/3区段内设置，不宜设置在厂房端部。同时两道下柱支撑应适当拉开距离，以利于缩短地震作用的传递路线，见图4-17。

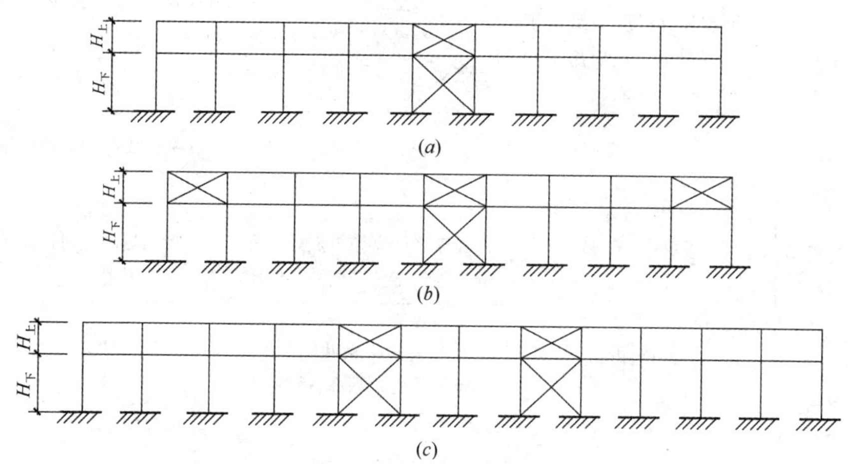


图4-17 厂房柱间支撑设置

(a) 厂房中部设置上、下柱间支撑；(b) 厂房单元两端增设上柱支撑；(c) 厂房较长时在房屋中部设置柱间支撑

### (二) 单层钢结构厂房

钢结构厂房抗震性能好于其他结构厂房，地震作用下，震害不算严重，但也有损坏和坍塌。

#### 1. 一般规定

(1) 本条主要适用于钢柱、钢屋架或钢屋面梁承重的单层厂房。

单层的轻型钢结构厂房的抗震设计，应符合专门的规定。

(2) 厂房的结构体系应符合下列要求：

1) 厂房的横向抗侧力体系，可采用刚接框架、铰接框架、门式刚架或其他结构体系。厂房的纵向抗侧力体系，8、9度应采用柱间支撑；6、7度宜采用柱间支撑，也可采用刚接框架。

2) 厂房内设有桥式起重机时，起重机梁系统的构件与厂房框架柱的连接应能可靠地传递纵向水平地震作用。

3) 屋盖应设置完整的屋盖支撑系统。屋盖横梁与柱顶铰接时，宜采用螺栓连接。

(3) 厂房的平面布置、钢筋混凝土屋面板和天窗架的设置要求等，可参照本节第四、(一)(单层钢筋混凝土柱厂房)的有关规定。当设置防震缝时，其缝宽不宜小于单层混凝土柱厂房防震缝宽度的1.5倍。

(4) 厂房的围护墙板应符合本节第八、(二)小节(非结构构件)的有关规定。

#### 2. 抗震构造措施

(1) 厂房的屋盖支撑应符合下列要求：

1) 无檩屋盖的支撑系统布置，宜符合表4-41的要求。

**无檩屋盖的支撑系统布置** **表 4-41**

<table>
<tr><th colspan="3" rowspan="2">支撑名称</th><th colspan="3">烈　　度</th></tr>
<tr><th>6、7</th><th>8</th><th>9</th></tr>
<tr><td rowspan="5">屋架支撑</td><td colspan="2">上、下弦横向支撑</td><td>屋架跨度小于18m时同非抗震设计；屋架跨度不小于18m时，在厂房单元端开间各设一道</td><td colspan="2">厂房单元端开间及上柱支撑开间各设一道；天窗开洞范围的两端各增设局部上弦支撑一道；当屋架端部支承在屋架上弦时，其下弦横向支撑同非抗震设计</td></tr>
<tr><td colspan="2">上弦通长水平系杆</td><td rowspan="4">同非抗震设计</td><td colspan="2">在屋脊处、天窗架竖向支撑处、横向支撑节点处和屋架两端处设置</td></tr>
<tr><td colspan="2">下弦通长水平系杆</td><td colspan="2">屋架竖向支撑节点处设置；当屋架与柱刚接时，在屋架端节间处按控制下弦平面外长细比不大于150设置</td></tr>
<tr><td rowspan="2">竖向支撑</td><td>屋架跨度小于30m</td><td>厂房单元两端开间及上柱支撑各开间屋架端部各设一道</td><td>同8度，且每隔42m在屋架端部设置</td></tr>
<tr><td>屋架跨度大于等于30m</td><td>厂房单元的端开间，屋架1/3跨度处和上柱支撑开间内的屋架端部设置，并与上、下弦横向支撑相对应</td><td>同8度，且每隔36m在屋架端部设置</td></tr>
<tr><td rowspan="3">纵向天窗架支撑</td><td colspan="2">上弦横向支撑</td><td>天窗架单元两端开间各设一道</td><td colspan="2">天窗架单元端开间及柱间支撑开间各设一道</td></tr>
<tr><td rowspan="2">竖向支撑</td><td>跨　中</td><td>跨度不小于12m时设置，其道数与两侧相同</td><td colspan="2">跨度不小于9m时设置，其道数与两侧相同</td></tr>
<tr><td>两　侧</td><td>天窗架单元端开间及每隔36m设置</td><td>天窗架单元端开间及每隔30m设置</td><td>天窗架单元端开间及每隔24m设置</td></tr>
</table>

2）有檩屋盖的支撑系统布置，宜符合表4-42要求。

**有檩屋盖的支撑系统布置** **表 4-42**

<table>
<tr><th colspan="2" rowspan="2">支撑名称</th><th colspan="3">烈　　度</th></tr>
<tr><th>6、7</th><th>8</th><th>9</th></tr>
<tr><td rowspan="5">屋架支撑</td><td>上弦横向支撑</td><td>厂房单元端开间及每隔60m各设一道</td><td>厂房单元端开间及上柱柱间支撑开间各设一道</td><td>同8度，且天窗开洞范围的两端各增设局部上弦横向支撑一道</td></tr>
<tr><td>下弦横向支撑</td><td colspan="3">同非抗震设计；当屋架端部支承在屋架下弦时，同上弦横向支撑</td></tr>
<tr><td>跨中竖向支撑</td><td colspan="2">同非抗震设计</td><td>屋架跨度大于等于30m时，跨中增设一道</td></tr>
<tr><td>两侧竖向支撑</td><td colspan="3">屋架端部高度大于900mm时，厂房单元端开间及柱间支撑开间各设一道</td></tr>
<tr><td>下弦通长水平系杆</td><td>同非抗震设计</td><td colspan="2">屋架两端和屋架竖向支撑处设置；与柱刚接时，屋架端节间处按控制下弦平面外长细比不大于150设置</td></tr>
</table>

续表

| 支撑名称 | | 烈度 | | |
|---|---|---|---|---|
| | | 6、7 | 8 | 9 |
| 纵向天窗架支撑 | 上弦横向支撑 | 天窗架单元两端开间各设一道 | 天窗架单元两端开间及每隔 54m 各设一道 | 天窗架单元两端开间及每隔 48m 各设一道 |
| | 两侧竖向支撑 | 天窗架单元端开间及每隔 42m 各设一道 | 天窗架单元端开间及每隔 36m 各设一道 | 天窗架单元端开间及每隔 24m 各设一道 |

3）当轻型屋盖采用实腹屋面梁、柱刚性连接的刚架体系时，屋盖水平支撑可布置在屋面梁的上翼缘平面。屋面梁下翼缘应设置隅撑侧向支承，隅撑的另一端可与屋面檩条连接。屋盖横向支撑、纵向天窗架支撑的布置可参照无檩屋盖和有檩屋盖的支撑系统布置要求。

4）屋盖纵向水平支撑的布置，尚应符合下列规定：

① 当采用托架支承屋盖横梁的屋盖结构时，应沿厂房单元全长设置纵向水平支撑；

② 对于高低跨厂房，在低跨屋盖横梁端部支承处，应沿屋盖全长设置纵向水平支撑；

③ 纵向柱列局部柱间采用托架支承屋盖横梁时，应沿托架的柱间及向其两侧至少各延伸一个柱间设置屋盖纵向水平支撑；

④ 当设置沿结构单元全长的纵向水平支撑时，应与横向水平支撑形成封闭的水平支撑体系。多跨厂房屋盖纵向水平支撑的间距不宜超过两跨，不得超过三跨；高跨和低跨宜按各自的标高组成相对独立的封闭支撑体系。

5）支撑杆宜采用型钢；设置交叉支撑时，支撑杆的长细比限值可取 350。

（2）厂房框架柱的长细比限值应符合《抗震规范》的要求。

（3）厂房框架柱、梁的板件宽厚比应符合《抗震规范》的要求。

注：腹板的宽厚比，可通过设置纵向加劲肋减小。

（4）柱间支撑应符合下列要求：

1）厂房单元的各纵向柱列，应在厂房单元中部布置一道下柱柱间支撑；当 7 度厂房单元长度大于 120m（采用轻型围护材料时为 150m）、8 度和 9 度厂房单元大于 90m（采用轻型围护材料时为 120m）时，应在厂房单元 1/3 区段内各布置一道下柱支撑；当柱距数不超过 5 个且厂房长度小于 60m 时，亦可在厂房单元的两端布置下柱支撑。

上柱柱间支撑应布置在厂房单元两端和具有下柱支撑的柱间。

2）柱间支撑宜采用 X 形支撑，条件限制时也可采用 V 形、Λ 形及其他形式的支撑。X 形支撑斜杆与水平面的夹角、支撑斜杆交叉点的节点板厚度，应符合本节第四、（一）（单层钢筋混凝土柱厂房）的规定。

3）柱间支撑杆件的长细比限值，应符合现行国家标准《钢结构设计标准》GB 50017 的规定。

4）柱间支撑宜采用整根型钢，当热轧型钢超过材料最大长度规格时，可采用拼接等强接长。

5）有条件时，可采用消能支撑。

（5）柱脚应能可靠传递柱身承载力，宜采用埋入式、插入式或外包式柱脚，6、7 度时也可采用外露式柱脚。柱脚设计应符合下列要求：

1）实腹式钢柱采用埋入式、插入式柱脚的埋入深度，应由计算确定，且不得小于钢柱截面高度的 2.5 倍。

2）格构式柱采用插入式柱脚的埋入深度，应由计算确定，其最小插入深度不得小于单肢截面高度（或外径）的 2.5 倍，且不得小于柱总宽度的 0.5 倍。

3）采用外包式柱脚时，实腹 H 形截面柱的钢筋混凝土外包高度不宜小于 2.5 倍的钢结构截面高度，箱形截面柱或圆管截面柱的钢筋混凝土外包高度不宜小于 3.0 倍的钢结构截面高度或圆管截面直径。

4）当采用外露式柱脚时，柱脚极限承载力不宜小于柱截面塑性屈服承载力的 1.2 倍。柱脚锚栓不宜用以承受柱底水平剪力，柱底剪力应由钢底板与基础间的摩擦力或设置抗剪键及其他措施承担。柱脚锚栓应可靠锚固。

**（三）单层砖柱厂房**

砖柱厂房整体性差，震害严重且不易修复，有条件时应尽量选择采用钢筋混凝土柱厂房或钢结构厂房。必须采用时，对适用范围和抗震设计要求有具体规定，详见《抗震规范》第 9.3 节。

**例 4-21** 设防烈度为 8 度的单层钢结构厂房，正确的抗侧力结构体系是：

A 横向采用刚接框架，纵向采用铰接框架

B 横向采用铰接框架，纵向采用刚接框架

C 横向采用铰接框架，纵向采用柱间支撑

D 横向采用柱间支撑，纵向采用刚性框架

**解析：**厂房的横向抗侧力体系，可采用刚接框架、铰接框架、门式刚架或其他结构体系。厂房的纵向抗侧力体系，8、9 度应采用柱间支撑；6、7 度宜采用柱间支撑，也可采用刚接框架。

钢结构厂房一般纵向均应设置柱间支撑，地震作用主要由支撑承担和传递；采用刚性框架作为主要抗侧力结构承担和传递地震作用的抗震效果差、费用高，很少采用。

**答案：**C

**规范：**《抗震规范》第 9.2.2 条第 1 款。

## 五、空旷房屋和大跨屋盖建筑

**（一）单层空旷房屋**

单层空旷房屋是一组不同类型的结构组成的建筑，包含有单层的观众厅和多层的前后左右的附属用房。

**1. 一般规定**

（1）本条适用于较空旷的单层大厅和附属房屋组成的公共建筑。

（2）大厅、前厅、舞台之间，不宜设防震缝分开；大厅与两侧附属房屋之间可不设防震缝。但不设缝时应加强连接。

**（3）单层空旷房屋大厅屋盖的承重结构，在下列情况下不应采用砖柱：**

**1）7 度（0.15*g*）、8 度、9 度时的大厅。**

**2）大厅内设有挑台。**

**3）7度（0.10$g$）时，大厅跨度大于12m或柱顶高度大于6m。**

**4）6度时，大厅跨度大于15m或柱顶高度大于8m。**

（4）单层空旷房屋大厅屋盖的承重结构，除上面第（3）条的规定之外，可在大厅纵墙屋架支点下增设钢筋混凝土-砖组合壁柱，不得采用无筋砖壁柱。

（5）前厅结构布置应加强横向的侧向刚度，大门处壁柱和前厅内独立柱应采用钢筋混凝土柱。

（6）前厅与大厅、大厅与舞台连接处的横墙，应加强侧向刚度，设置一定数量的钢筋混凝土抗震墙。

（7）大厅部分其他要求可参照本节四（单层工业厂房），附属房屋应符合《抗震规范》的有关规定。

**2. 抗震构造措施**

（1）大厅的屋盖构造，应符合本节四（单层工业厂房）的规定。

（2）大厅的钢筋混凝土柱和组合砖柱应符合下列要求：

1）组合砖柱纵向钢筋的上端应锚入屋架底部的钢筋混凝土圈梁内。

2）钢筋混凝土柱应按抗震等级不低于二级的框架柱设计，其配筋量应按计算确定。

**（3）前厅与大厅，大厅与舞台间轴线上横墙，应符合下列要求：**

**1）应在横墙两端，纵向梁支点及大洞口两侧设置钢筋混凝土框架柱或构造柱。**

**2）嵌砌在框架柱间的横墙应有部分设计成抗震等级不低于二级的钢筋混凝土抗震墙。**

**3）舞台口的柱和梁应采用钢筋混凝土结构，舞台口大梁上承重砌体墙应设置间距不大于4m的立柱和间距不大于3m的圈梁，立柱、圈梁的截面尺寸、配筋及与周围砌体的拉结应符合多层砌体房屋的要求。**

**4）9度时，舞台口大梁上的墙体应采用轻质隔墙。**

（4）大厅柱（墙）顶标高处应设置现浇圈梁，并宜沿墙高每隔3m左右增设一道圈梁。梯形屋架端部高度大于900mm时还应在上弦标高处增设一道圈梁。圈梁的截面高度不宜小于180mm，宽度宜与墙厚相同，纵筋不应少于4$\phi$12，箍筋间距不宜大于200mm。

（5）大厅与两侧附属房屋间不设防震缝时，应在同一标高处设置封闭圈梁并在交接处拉通，墙体交接处应沿墙高每隔400mm在水平灰缝内设置拉结钢筋网片，且每边伸入墙内不宜小于1m。

（6）悬挑式挑台应有可靠的锚固和防止倾覆的措施。

（7）山墙应沿屋面设置钢筋混凝土卧梁，并应与屋盖构件锚拉；山墙应设置钢筋混凝土柱或组合柱，其截面和配筋分别不宜小于排架柱或纵墙组合柱，并应通到山墙的顶端与卧梁连接。

（8）舞台后墙，大厅与前厅交接处的高大山墙，应利用工作平台或楼层作为水平支撑。

**【要点】**

◆前厅与大厅、大厅与舞台之间的墙体是单层空旷房屋的主要抗侧力构件，承担横向地震作用，因此应根据抗震设防烈度及房屋的跨度、高度等因素，设置一定数量的抗震墙。

◆舞台口梁为悬梁，上部支承有舞台上的屋架，受力复杂，在地震作用下破坏较多。因此舞台口墙要加强与大厅屋盖体系的拉结，用钢筋混凝土墙体、立柱和水平圈梁来加强自身的整体性和稳定性。9 度时不应采用舞台口砌体墙承重。

◆ 大厅四周的墙体一般较高，需增设多道水平圈梁来加强整体性和稳定性。特别是墙顶标高处的圈梁更为重要。

◆ 大厅与两侧的附属房屋之间一般不设防震缝，其交接处受力较大，要加强连接，以增加房屋整体性。

### （二）大跨屋盖建筑

《抗震规范》适用的大跨屋盖建筑是指与传统板式、梁板式屋盖结构相区别，且有更大跨越能力的屋盖体系，包括：拱、平面桁架、立体桁架、网架、网壳、张弦梁、弦支穹顶等基本形式，以及由这些基本形式组合而成的结构，不应单从跨度大小的角度来理解大跨屋盖建筑结构。

#### 1. 一般规定

（1）本条适用于采用拱、平面桁架、立体桁架、网架、网壳、张弦梁、弦支穹顶等基本形式及其组合而成的大跨度钢屋盖建筑。

采用非常用形式以及跨度大于 120m、结构单元长度大于 300m 或悬挑长度大于 40m 的大跨钢屋盖建筑的抗震设计，应进行专门研究和论证，采取有效的加强措施。

（2）屋盖及其支承结构的选型和布置，应符合下列各项要求：

1）应能将屋盖的地震作用有效地传递到下部支承结构。

2）应具有合理的刚度和承载力分布，屋盖及其支承的布置宜均匀对称。

3）宜优先采用两个水平方向刚度均衡的空间传力体系。

4）结构布置宜避免因局部削弱或突变形成薄弱部位，产生过大的内力、变形集中。对于可能出现的薄弱部位，应采取措施提高其抗震能力。

5）宜采用轻型屋面系统。

6）下部支承结构应合理布置，避免使屋盖产生过大的地震扭转效应。

（3）屋盖体系的结构布置，尚应分别符合下列要求：

1）单向传力体系的结构布置，应符合下列规定：

① 主结构（桁架、拱、张弦梁）间应设置可靠的支撑，保证垂直于主结构方向的水平地震作用的有效传递；

② 当桁架支座采用下弦节点支承时，应在支座间设置纵向桁架或采取其他可靠措施，防止桁架在支座处发生平面外扭转。

2）空间传力体系的结构布置，应符合下列规定：

① 平面形状为矩形且三边支承一边开口的结构，其开口边应加强，保证足够的刚度；

② 两向正交正放网架、双向张弦梁，应沿周边支座设置封闭的水平支撑；

③ 单层网壳应采用刚接节点。

注：单向传力体系指平面拱、单向平面桁架、单向立体桁架、单向张弦梁等结构形式；空间传力体系指网架、网壳、双向立体桁架、双向张弦梁和弦支穹顶等结构形式，见表 4-43。

**大跨屋盖传力体系的结构形式** **表 4-43**

| 单向传力体系 | 平面拱 | 单向平面桁架 | 单向立体桁架 | 单向张弦梁等 |
|---|---|---|---|---|
| 空间传力体系 | 网架 | 网壳 | 双向立体桁架 | 双向张弦梁、弦支穹顶等 |

【要点】

◆ 单向传力体系的抗震薄弱环节在垂直于主结构（桁架、张弦梁）方向的水平地震作用传递以及主结构的平面外稳定性，设置可靠的屋盖支撑是重要的抗震措施。

◆ 空间传力结构体系具有良好的整体性和空间受力的特点，抗震性能优于单向传力体系。

（4）当屋盖分区域采用不同的结构形式时，交界区域的杆件和节点应加强；也可设置防震缝，缝宽不宜小于 150mm。

（5）屋面围护系统、吊顶及悬吊物等非结构构件应与结构可靠连接，其抗震措施应符合本节八、（非结构构件）的有关规定。

**2. 抗震构造措施**

（1）屋盖钢杆件的长细比宜符合表 4-44 的规定：

钢杆件的长细比限值表 表 4-44

| 杆件类型 | 受 拉 | 受 压 | 压 弯 | 拉 弯 |
|---|---|---|---|---|
| 一般杆件 | 250 | 180 | 150 | 250 |
| 关键杆件 | 200 | 150（120） | 150（120） | 200 |

注：1. 括号内数值用于 8、9 度；

2. 表列数据不适用于拉索等柔性构件。

【要点】杆件长细比限值参考了《钢结构设计规范》和《空间网格结构技术规程》的相关规定，并做了适当加强。应一并对照复习，理解长细比的概念。

（2）屋盖构件节点的抗震构造应符合下列要求：

1）采用节点板连接各杆件时，节点板的厚度不宜小于连接杆件最大壁厚的 1.2 倍。

2）采用相贯节点时，应将内力较大方向的杆件直通。直通杆件的壁厚不应小于焊于其上各杆件的壁厚。

3）采用焊接球节点时，球体的壁厚不应小于相连杆件最大壁厚的 1.3 倍。

4）杆件宜相交于节点中心。

（3）支座的抗震构造应符合下列要求：

1）应具有足够的强度和刚度，在荷载作用下不应先于杆件和其他节点破坏，也不得产生不可忽略的变形。支座节点构造形式应传力可靠、连接简单，并符合计算假定。

2）对于水平可滑动的支座，应保证屋盖在罕遇地震下的滑移不超出支承面，并应采取限位措施。

3）8、9 度时，多遇地震下只承受竖向压力的支座，宜采用拉压型构造。

（4）屋盖结构采用隔震及减震支座时，其性能参数、耐久性及相关构造应符合本节七、（隔震和消能减震设计）的有关规定。

**例 4-22** 关于抗震设计的大跨度屋盖及其支承结构选型和布置的说法，正确的是：

A 宜采用整体性较好的刚性屋面系统

B 宜优先采用两个水平方向刚度均衡的空间传力体系

C 采用常用的结构形式，当跨度大于 60m 时，应进行专门研究和论证

D 下部支承结构布置不应对屋盖结构产生地震扭转效应

解析：宜优先采用两个水平方向刚度均衡的空间传力体系。

答案：B

规范：《抗震规范》第 10.2.1 条、第 10.2.2 条第 3、5、6 款。

## 六、土、木、石结构房屋

### （一）一般规定

（1）土、木、石结构房屋的建筑、结构布置应符合下列要求：

1）房屋的平面布置应避免拐角或突出。

2）纵横向承重墙的布置宜均匀对称，在平面内宜对齐，沿竖向应上下连续；在同一轴线上，窗间墙的宽度宜均匀。

3）多层房屋的楼层不应错层，不应采用板式单边悬挑楼梯。

4）不应在同一高度内采用不同材料的承重构件。

5）屋檐外挑梁上不得砌筑砌体。

（2）木楼、屋盖房屋应在下列部位采取拉结措施：

1）两端开间屋架和中间隔开间屋架应设置竖向剪刀撑；

2）在屋檐高度处应设置纵向通长水平系杆，系杆应采用墙揽与各道横墙连接或与木梁、屋架下弦连接牢固；纵向水平系杆端部宜采用木夹板对接，墙揽可采用方木、角铁等材料；

3）山墙、山尖墙应采用墙揽与木屋架、木构架或檩条拉结；

4）内隔墙墙顶应与梁或屋架下弦拉结。

（3）木楼、屋盖构件的支承长度应不小于表 4-45 的规定：

木楼、屋盖构件的最小支承长度（mm）　　表 4-45

| 构件名称 | 木屋架、木梁 | 对接木龙骨、木檩条 | | 搭接木龙骨、木檩条 |
|---|---|---|---|---|
| 位置 | 墙上 | 屋架上 | 墙上 | 屋架上、墙上 |
| 支承长度与连接方式 | 240（木垫板） | 60（木夹板与螺栓） | 120（木夹板与螺栓） | 满搭 |

（4）门窗洞口过梁的支承长度，6～8 度时不应小于 240mm，9 度时不应小于 360mm。

（5）当采用冷摊瓦屋面时，底瓦的弧边两角宜设置钉孔，可采用铁钉与椽条钉牢；盖瓦与底瓦宜采用石灰或水泥砂浆压垄等做法与底瓦粘结牢固。

（6）土木石房屋突出屋面的烟囱、女儿墙等易倒塌构件的出屋面高度，6、7 度时不应大于 600mm；8 度（0.20$g$）时不应大于 500mm；8 度（0.30$g$）和 9 度时不应大于 400mm。并应采取拉结措施。

注：坡屋面上的烟囱高度由烟囱的根部上沿算起。

（7）土木石房屋的结构材料应符合下列要求：

1）木构件应选用干燥、纹理直、节疤少、无腐朽的木材。

2）生土墙体土料应选用杂质少的黏性土。

3）石材应质地坚实，无风化、剥落和裂纹。

（8）土木石房屋的施工应符合下列要求：

1）HPB300 钢筋端头应设置 180°弯钩。

2）外露铁件应做防锈处理。

**（二）生土房屋**

（1）本条适用于 6 度、7 度（0.10$g$）未经焙烧的土坯、灰土和夯土承重墙体的房屋及土窑洞、土拱房。

注：① 灰土墙指掺石灰（或其他粘结材料）的土筑墙和掺石灰土坯墙；

② 土窑洞指未经扰动的原土中开挖而成的崖窑。

（2）生土房屋的高度和承重横墙墙间距应符合下列要求：

1）生土房屋宜建单层，灰土墙房屋可建二层，但总高度不应超过 6m。

2）单层生土房屋的檐口高度不宜大于 2.5m。

3）单层生土房屋的承重横墙间距不宜大于 3.2m。

4）窑洞净跨不宜大于 2.5m。

（3）生土房屋的屋盖应符合下列要求：

1）应采用轻屋面材料。

2）硬山搁檩房屋宜采用双坡屋面或弧形屋面，檩条支承处应设垫木；端檩应出檐，内墙上檩条应满搭或采用夹板对接和燕尾榫加扒钉连接。

3）木屋盖各构件应采用圆钉、扒钉、钢丝等相互连接。

4）木屋架、木梁在外墙上宜满搭，支承处应设置木圈梁或木垫板；木垫板的长度、宽度和厚度分别不宜小于 500mm、370mm 和 60mm；木垫板下应铺设砂浆垫层或黏土石灰浆垫层。

（4）生土房屋的承重墙体应符合下列要求：

1）承重墙体门窗洞口的宽度，6、7 度时不应大于 1.5m。

2）门窗洞口宜采用木过梁；当过梁由多根木杆组成时，宜采用木板、扒钉、铅丝等将各根木杆连接成整体。

3）内外墙体应同时分层交错夯筑或咬砌。外墙四角和内外墙交接处，应沿墙高每隔 500mm 左右放置一层竹筋、木条、荆条等编织的拉结网片，每边伸入墙体应不小于 1000mm 或至门窗洞边，拉结网片在相交处应绑扎；或采取其他加强整体性的措施。

（5）各类生土房屋的地基应夯实，应采用毛石、片石、凿开的卵石或普通砖基础，基础墙应采用混合砂浆或水泥砂浆砌筑。外墙宜做墙裙防潮处理（墙脚宜设防潮层）。

（6）土坯宜采用黏性土湿法成型并宜掺入草苇等拉结材料；土坯应卧砌并宜采用黏土浆或黏土石灰浆砌筑。

（7）灰土墙房屋应每层设置圈梁，并在横墙上拉通；内纵墙顶面宜在山尖墙两侧增砌踏步式墙垛。

（8）土拱房应多跨连接布置，各拱脚均应支承在稳固的崖体上或支承在人工土墙上；拱圈厚度宜为 300～400mm，应支模砌筑，不应后倾贴砌；外侧支承墙和拱圈上不应布置门窗。

(9) 土窑洞应避开易产生滑坡、山崩的地段；开挖窑洞的崖体应土质密实、土体稳定、坡度较平缓、无明显的竖向节理；崖窑前不宜接砌土坯或其他材料的前脸；不宜开挖层窑，否则应保持足够的间距，且上、下不宜对齐。

**(三) 木结构房屋**

(1) 本节适用于6～9度的穿斗木构架、木柱木屋架和木柱木梁等房屋。

(2) 木结构房屋不应采用木柱与砖柱或砖墙等混合承重；山墙应设置端屋架（木梁），不得采用硬山搁檩。

(3) 木结构房屋的高度应符合下列要求：

1) 木柱木屋架和穿斗木构架房屋，6～8度时不宜超过二层，总高度不宜超过6m；9度时宜建单层，高度不应超过3.3m。

2) 木柱木梁房屋宜建单层，高度不宜超过3m。

(4) 礼堂、剧院、粮仓等较大跨度的空旷房屋，宜采用四柱落地的三跨木排架。

(5) 木屋架屋盖的支撑布置，应符合本节四、(三)（单层砖柱厂房）的有关规定但房屋两端的屋架支撑，应设置在端开间。

(6) 木柱木屋架和木柱木梁房屋应在木柱与屋架（或梁）间设置斜撑；横隔墙较多的居住房屋应在非抗震隔墙内设斜撑；斜撑宜采用木夹板，并应通到屋架的上弦。

(7) 穿斗木构架房屋的横向和纵向均应在木柱的上、下柱端和楼层下部设置穿枋，并应在每一纵向柱列间设置1～2道剪刀撑或斜撑。

(8) 木结构房屋的构件连接，应符合下列要求：

1) 柱顶应有暗榫插入屋架下弦，并用U形铁件连接；8、9度时，柱脚应采用铁件或其他措施与基础锚固。柱础埋入地面以下的深度不应小于200mm。

2) 斜撑和屋盖支撑结构，均应采用螺栓与主体构件相连接；除穿斗木构件外，其他木构件宜采用螺栓连接。

3) 椽与檩的搭接处应满钉，以增强屋盖的整体性。木构架中，宜在柱檐口以上沿房屋纵向设置竖向剪刀撑等措施，以增强纵向稳定性。

(9) 木构件应符合下列要求：

1) 木柱的梢径不宜小于150mm；应避免在柱的同一高度处纵横向同时开槽，且在柱的同一截面开槽面积不应超过截面总面积的1/2。

2) 柱子不能有接头。

3) 穿枋应贯通木构架各柱。

(10) 围护墙应符合下列要求：

1) 围护墙与木柱的拉结应符合下列要求：

①沿墙高每隔500mm左右，应采用8号钢丝将墙体内的水平拉结筋或拉结网片与木柱拉结；

②配筋砖圈梁、配筋砂浆带与木柱应采用$\phi 6$钢筋或8号钢丝拉结。

2) 土坯砌筑的围护墙，洞口宽度应符合本章（二）小节的要求。砖等砌筑的围护墙，横墙和内纵墙上的洞口宽度不宜大于1.5m，外纵墙上的洞口宽度不宜大于1.8m或开间尺寸的一半。

3) 土坯、砖等砌筑的围护墙不应将木柱完全包裹，应贴砌在木柱外侧。

**例 4-23** 地震区轻型木结构房屋梁与柱的连接做法，正确的是：

A 螺栓连接　　B 钢钉连接

C 齿连接　　D 榫式连接

**解析：**轻型木结构构件之间应有可靠连接，主要是钉连接。有抗震设防要求的轻型木结构，连接中关键部位应采用螺栓连接。

**答案：**A

**规范：**《抗震规范》第 11.3.8 条第 2 款。

**（四）石结构房屋**

（1）本条适用于 6～8 度，砂浆砌筑的料石砌体（包括有垫片或无垫片）承重的房屋。

（2）多层石砌体房屋的总高度和层数不应超过表 4-46 的规定。

**多层石砌体房屋总高度（m）和层数限值**　　**表 4-46**

| 墙体类别 | 烈度 | | | | | |
|---|---|---|---|---|---|---|
| | 6 | | 7 | | 8 | |
| | 高度 | 层数 | 高度 | 层数 | 高度 | 层数 |
| 细、半细料石砌体（无垫片） | 16 | 五 | 13 | 四 | 10 | 三 |
| 粗料石及毛料石砌体（有垫片） | 13 | 四 | 10 | 三 | 7 | 二 |

注：1. 房屋总高度的计算同本书表 4-24 注。
2. 横墙较少的房屋，总高度应降低 3m，层数相应减少一层。

（3）多层石砌体房屋的层高不宜超过 3m。

（4）多层石砌体房屋的抗震横墙间距，不应超过表 4-47 的规定。

**多层石砌体房屋的抗震横墙间距（m）**　　**表 4-47**

| 楼、屋盖类型 | 烈度 | | |
|---|---|---|---|
| | 6 | 7 | 8 |
| 现浇及装配整体式钢筋混凝土 | 10 | 10 | 7 |
| 装配式钢筋混凝土 | 7 | 7 | 4 |

（5）多层石砌体房屋，宜采用现浇或装配整体式钢筋混凝土楼、屋盖。

（6）石墙的截面抗震验算，可参照《抗震规范》第 7.2 节；其抗剪强度应根据试验数据确定。

（7）多层石砌体房屋应在外墙四角、楼梯间四角和每开间的内外墙交接处设置钢筋混凝土构造柱。

（8）抗震横墙洞口的水平截面面积，不应大于全截面面积的 1/3。

（9）每层的纵横墙均应设置圈梁，其截面高度不应小于 120mm，宽度宜与墙厚相同，纵向钢筋不应小于 4$\phi$10，箍筋间距不宜大于 200mm。

（10）无构造柱的纵横墙交接处，应采用条石无垫片砌筑，且应沿墙高每隔 500mm 设置拉结钢筋网片，每边每侧伸入墙内不宜小于 1m。

（11）不应采用石板作为承重构件。

(12) 其他有关抗震构造措施要求，参照本节二、(多层砌体房屋和底部框架砌体房屋) 的相关规定。

## 七、隔震和消能减震设计

一般规定

(1) 本条适用于设置隔震层以隔离水平地震动的房屋隔震设计，以及设置消能部件吸收与消耗地震能量的房屋消能减震设计。

采用隔震和消能减震设计的建筑结构，应符合《抗震规范》第 3.8.1 条的规定，其抗震设防目标应符合《抗震规范》第 3.8.2 条的规定。

注：①本节隔震设计指在房屋基础、底部或下部结构与上部结构之间设置由橡胶隔震支座和阻尼装置等部件组成具有整体复位功能的隔震层，以延长整个结构体系的自振周期，减少输入上部结构的水平地震作用，达到预期防震要求。

②消能减震设计指在房屋结构中设置消能器，通过消能器的相对变形和相对速度提供附加阻尼，以消耗输入结构的地震能量，达到预期防震减震要求。

(2) 建筑结构隔震设计和消能减震设计确定设计方案时，除应符合《抗震规范》第 3.5.1 条的规定外，尚应与采用抗震设计的方案进行对比分析。

(3) 建筑结构采用隔震设计时应符合下列各项要求：

1) 结构高宽比宜小于 4，且不应大于相关规范规程对非隔震结构的具体规定，其变形特征接近剪切变形，最大高度应满足本规范非隔震结构的要求；高宽比大于 4 或非隔震结构相关规定的结构采用隔震设计时，应进行专门研究。

2) 建筑场地宜为Ⅰ、Ⅱ、Ⅲ类，并应选用稳定性较好的基础类型。

3) 风荷载和其他非地震作用的水平荷载标准值产生的总水平力不宜超过结构总重力的 10%。

4) 隔震层应提供必要的竖向承载力、侧向刚度和阻尼；穿过隔震层的设备配管、配线，应采用柔性连接或其他有效措施以适应隔震层的罕遇地震水平位移。

(4) 消能减震设计可用于钢、钢筋混凝土、钢-混凝土混合等结构类型的房屋。

消能部件应对结构提供足够的附加阻尼，尚应根据其结构类型分别符合《抗震规范》相应章节的设计要求。

**(5) 隔震和消能减震设计时，隔震装置和消能部件应符合下列要求：**

**1) 隔震装置和消能部件的性能参数应经试验确定。**

**2) 隔震装置和消能部件的设置部位，应采取便于检查和替换的措施。**

**3) 设计文件上应注明对隔震装置和消能部件的性能要求，安装前应按规定进行检测，确保性能符合要求。**

**(6) 建筑结构的隔震设计和消能减震设计，尚应符合相关专门标准的规定；也可按抗震性能目标的要求进行性能化设计。**

## 八、非结构构件

### (一) 一般规定

(1) 本条主要适用于非结构构件与建筑结构的连接。非结构构件包括持久性的建筑非结构构件和支承于建筑结构的附属机电设备。

注：①建筑非结构构件指建筑中除承重骨架体系以外的固定构件和部件，主要包括非承重墙体，附着于楼面和屋面结构的构件、装饰构件和部件、固定于楼面的大型储物架等。

②建筑附属机电设备指为现代建筑使用功能服务的附属机械、电气构件、部件和系统，主要包括电梯、照明和应急电源、通信设备，管道系统，采暖和空气调节系统，烟火监测和消防系统，公用天线等。

（2）非结构构件应根据所属建筑的抗震设防类别和非结构地震破坏的后果及其对整个建筑结构影响的范围，采取不同的抗震措施，达到相应的性能化设计目标。

建筑非结构构件和建筑附属机电设备实现抗震性能化设计目标的某些方法可按《抗震规范》附录M第M.2节执行。

（3）当抗震要求不同的两个非结构构件连接在一起时，应按较高的要求进行抗震设计。其中一个非结构构件连接损坏时，应不致引起与之相连接的有较高要求的非结构构件失效。

（4）非结构构件应根据所属建筑的抗震设防类别和非结构构件地震破坏的后果及其对整个建筑结构影响的范围，划分为下列功能级别：

1）一级，地震破坏后可能导致甲类建筑使用功能的丧失或危及乙类、丙类建筑中的人员生命安全；

2）二级，地震破坏后可能导致乙类、丙类建筑的使用功能丧失或危及丙类建筑中的人员安全；

3）三级，除一、二级及丁类建筑以外的非结构构件。

注：《非结构构件抗震设计规范》JGJ 339—2015

**（二）建筑非结构构件的基本抗震措施**

（1）建筑结构中，设置连接幕墙、围护墙、隔墙、女儿墙、雨篷、商标、广告牌、顶棚支架、大型储物架等建筑非结构构件的预埋件、锚固件的部位，应采取加强措施，以承受建筑非结构构件传给主体结构的地震作用。

（2）非承重墙体的材料、选型和布置，应根据烈度、房屋高度、建筑体型、结构层间变形、墙体自身抗侧力性能的利用等因素，经综合分析后确定，并应符合下列要求：

1）非承重墙体宜优先采用轻质墙体材料；采用砌体墙时，应采取措施减少对主体结构的不利影响，并应设置拉结筋、水平系梁、圈梁、构造柱等与主体结构可靠拉结。

2）刚性非承重墙体的布置，应避免使结构形成刚度和强度分布上的突变；当围护墙非对称均匀布置时，应考虑质量和刚度的差异对主体结构抗震不利的影响。

3）墙体与主体结构应有可靠的拉结，应能适应主体结构不同方向的层间位移；8、9度时应具有满足层间变位的变形能力，与悬挑构件相连接时，尚应具有满足节点转动引起的竖向变形的能力。

4）外墙板的连接件应具有足够的延性和适当的转动能力，宜满足在设防地震下主体结构层间变形的要求。

5）砌体女儿墙在人流出入口和通道处应与主体结构锚固；非出入口无锚固的女儿墙高度，6～8度时不宜超过0.5m，9度时应有锚固。防震缝处女儿墙应留有足够的宽度，缝两侧的自由端应予以加强。

（3）多层砌体结构中，非承重墙体等建筑非结构构件应符合下列要求：

1）后砌的非承重隔墙应沿墙高每隔500～600mm配置2$\phi$6拉结钢筋与承重墙或柱拉

结，每边伸入墙内不应少于500mm；8度和9度时，长度大于5m的后砌隔墙，墙顶尚应与楼板或梁拉结，独立墙肢端部及大门洞边宜设钢筋混凝土构造柱。

2）烟道、风道、垃圾道等不应削弱墙体；当墙体被削弱时，应对墙体采取加强措施；不宜采用无竖向配筋的附墙烟囱或出屋面的烟囱。

3）不应采用无锚固的钢筋混凝土预制挑檐。

（4）钢筋混凝土结构中的砌体填充墙，尚应符合下列要求：

1）填充墙在平面和竖向的布置，宜均匀对称，宜避免形成薄弱层或短柱。

2）砌体的砂浆强度等级不应低于M5；实心块体的强度等级不宜低于MU2.5，空心块体的强度等级不宜低于MU3.5；墙顶应与框架梁密切结合。

3）填充墙应沿框架柱全高每隔500～600mm设2$\phi$6拉筋，拉筋伸入墙内的长度，6、7度时宜沿墙全长贯通，8、9度时应全长贯通。

4）墙长大于5m时，墙顶与梁宜有拉结；墙长超过8m或层高2倍时，宜设置钢筋混凝土构造柱；墙高超过4m时，墙体半高宜设置与柱连接且沿墙全长贯通的钢筋混凝土水平系梁。

5）楼梯间和人流通道的填充墙，尚应采用钢丝网砂浆面层加强。

（5）单层钢筋混凝土柱厂房的围护墙和隔墙，尚应符合下列要求：

1）厂房的围护墙宜采用轻质墙板或钢筋混凝土大型墙板，砌体围护墙应采用外贴式并与柱可靠拉结；外侧柱距为12m时应采用轻质墙板或钢筋混凝土大型墙板。

2）刚性围护墙沿纵向宜均匀对称布置，不宜一侧为外贴式，另一侧为嵌砌式或开敞式；不宜一侧采用砌体墙，一侧采用轻质墙板。

3）不等高厂房的高跨封墙和纵横向厂房交接处的悬墙宜采用轻质墙板，6、7度采用砌体时不应直接砌在低跨屋面上。

4）砌体围护墙在下列部位应设置现浇钢筋混凝土圈梁：

①梯形屋架端部上弦和柱顶的标高处应各设一道，但屋架端部高度不大于900mm时可合并设置；

②应按上密下稀的原则每隔4m左右在窗顶增设一道圈梁，不等高厂房的高低跨封墙和纵墙跨交接处的悬墙，圈梁的竖向间距不应大于3m；

③山墙沿屋面应设钢筋混凝土卧梁，并应与屋架端部上弦标高处的圈梁连接。

5）圈梁的构造应符合下列规定：

①圈梁宜闭合，圈梁截面宽度宜与墙厚相同，截面高度不应小于180mm。

②厂房转角处柱顶圈梁在端开间范围内的纵筋按规范要求设置。

③圈梁应与柱或屋架牢固连接，山墙卧梁应与屋面板拉结；防震缝处圈梁与柱或屋架的拉结宜加强。

6）墙梁宜采用现浇，当采用预制墙梁时，梁底应与砖墙顶面牢固拉结并应与柱锚拉；厂房转角处相邻的墙梁，应相互可靠连接。

7）砌体隔墙与柱宜脱开或柔性连接，并应采取措施使墙体稳定，隔墙顶部应设现浇钢筋混凝土压顶梁。

8）砖墙的基础，8度Ⅲ、Ⅳ类场地和9度时，预制基础梁应采用现浇接头；当另设条形基础时，在柱基础顶面标高处应设置连续的现浇钢筋混凝土圈梁。

9）砌体女儿墙高度不宜大于 1m，且应采取措施防止地震时倾倒。

（6）钢结构厂房的围护墙，应符合下列要求：

1）厂房的围护墙，应优先采用轻型板材，预制钢筋混凝土墙板宜与柱柔性连接；9 度时宜采用轻型板材。

2）单层厂房的砌体围护墙应贴砌并与柱拉结，尚应采取措施使墙体不妨碍厂房柱列沿纵向的水平位移；8、9 度时不应采用嵌砌式。

（7）各类顶棚的构件与楼板的连接件，应能承受顶棚、悬挂重物和有关机电设施的自重和地震附加作用；其锚固的承载力应大于连接件的承载力。

（8）悬挑雨篷或一端由柱支承的雨篷，应与主体结构可靠连接。

（9）玻璃幕墙、预制墙板、附属于楼屋面的悬臂构件和大型储物架的抗震构造，应符合相关专门标准的规定。

**（三）建筑附属机电设备支架的基本抗震措施**

（1）附属于建筑的电梯、照明和应急电源系统、烟火监测和消防系统、采暖和空气调节系统、通信系统、公用天线等与建筑结构的连接构件和部件的抗震措施，应根据设防烈度、建筑使用功能、房屋高度、结构类型和变形特征、附属设备所处的位置和运转要求等经综合分析后确定。

（2）下列附属机电设备的支架可不考虑抗震设防要求：

1）重力不超过 1.8kN 的设备。

2）内径小于 25mm 的燃气管道和内径小于 60mm 的电气配管。

3）矩形截面面积小于 0.38$m^2$ 和圆形直径小于 0.70m 的风管。

4）吊杆计算长度不超过 300mm 的吊杆悬挂管道。

（3）建筑附属机电设备不应设置在可能导致其使用功能发生障碍等二次灾害的部位；对于有隔振装置的设备，应注意其强烈振动对连接件的影响，并防止设备和建筑结构发生谐振现象。

建筑附属机电设备的支架应具有足够的刚度和强度；其与建筑结构应有可靠的连接和锚固，应使设备在遭遇设防烈度地震影响后能迅速恢复运转。

（4）管道、电缆、通风管和设备的洞口设置，应减少对主要承重结构构件的削弱；洞口边缘应有补强措施。

管道和设备与建筑结构的连接，应能允许二者间有一定的相对变位。

（5）建筑附属机电设备的基座或连接件应能将设备承受的地震作用全部传递到建筑结构上。建筑结构中，用以固定建筑附属机电设备预埋件、锚固件的部位，应采取加强措施，以承受附属机电设备传给主体结构的地震作用。

（6）建筑内的高位水箱应与所在的结构构件可靠连接；且应计及水箱及所含水重对建筑结构产生的地震作用效应。

（7）在设防地震下需要连续工作的附属设备，宜设置在建筑结构地震反应较小的部位；相关部位的结构构件应采取相应的加强措施。

**例 4-24** 用于框架填充内墙的轻集料混凝土空心砌块和砂浆的强度等级不宜低于：

A 砌块 MU5，砂浆 M5　　B 砌块 MU5，砂浆 M3.5

C　砌块 MU3.5，砂浆 M5　　D　砌块 MU3.5，砂浆 M3.5

**解析：** 钢筋混凝土结构中的砌体填充墙，砌体的砂浆强度等级不应低于 M5；填充墙实心块体的强度等级不宜低于 MU2.5，空心块体的强度等级不宜低于 MU3.5。

**答案：** C

**规范：**《抗震规范》第 13.3.4 条第 2 款；《砌体结构设计规范》第 6.3.3 条第 1 款、第 2 款，第 3.1.2 条第 2 款。

**例 4-25**　关于非结构构件抗震设计的下列叙述，哪项不正确？

A　框架结构的围护墙应考虑其设置对结构抗震的不利影响，避免不合理设置导致主体结构的破坏

B　框架结构的内隔墙可不考虑其对主体结构的影响，按建筑分隔需要设置

C　建筑附属机电设备及其与主体结构的连接应进行抗震设计

D　幕墙、装饰贴面与主体结构的连接应进行抗震设计

**解析：** 框架结构的围护墙和隔墙，抗震设计时应考虑对主体结构的不利影响，加强连接构造，避免不合理设置导致主体结构的破坏。非结构构件，包括建筑非结构构件和建筑附属机电设备，自身及其与结构主体的连接，应进行抗震设计。

幕墙、装饰贴面与主体结构应有可靠连接，避免地震时脱落伤人。

**答案：** B

**规范：**《抗震规范》第 3.7.4 条及第 3.7.1、3.7.5 条。

## 九、地下建筑

### （一）一般规定

（1）本条主要适用于地下车库、过街通道、地下变电站和地下空间综合体等单建式地下建筑。不包括地下铁道、城市公路隧道等。

（2）地下建筑宜建造在密实、均匀、稳定的地基上。当处于软弱土、液化土或断层破碎带等不利地段时，应分析其对结构抗震稳定性的影响，采取相应措施。

（3）地下建筑的建筑布置应力求简单、对称、规则、平顺；横剖面的形状和构造不宜沿纵向突变。

（4）地下建筑的结构体系应根据使用要求、场地工程地质条件和施工方法等确定，并应具有良好的整体性，避免抗侧力结构的侧向刚度和承载力突变。

丙类钢筋混凝土地下结构的抗震等级，6、7 度时不应低于四级，8、9 度时不宜低于三级。乙类钢筋混凝土地下结构的抗震等级，6、7 度时不宜低于三级，8、9 度时不宜低于二级。

（5）位于岩石中的地下建筑，其出入口通道两侧的边坡和洞口仰坡，应依据地形、地质条件选用合理的口部结构类型，提高其抗震稳定性。

### （二）抗震构造措施和抗液化措施

（1）钢筋混凝土地下建筑的抗震构造，应符合下列要求：

1）宜采用现浇结构。需要设置部分装配式构件时，应使其与周围构件有可靠的连接。

2）地下钢筋混凝土框架结构构件的最小尺寸应不低于同类地面结构构件的规定。

3）中柱的纵向钢筋最小总配筋率，应比框架柱的配筋增加 0.2%。中柱与梁或顶板、中间楼板及底板连接处的箍筋应加密，其范围和构造与地面框架结构的柱相同。

（2）地下建筑的顶板、底板和楼板，应符合下列要求：

1）宜采用梁板结构。当采用板柱-抗震墙结构时，无柱帽的平板应在柱上板带中设构造暗梁，其构造措施按《抗震规范》第 6.6.4 条的规定采用。

2）对地下连续墙的复合墙体，顶板、底板及各层楼板的负弯矩钢筋至少应有 50%锚入地下连续墙，锚入长度按受力计算确定；正弯矩钢筋需锚入内衬，并均不小于规定的锚固长度。

3）楼板开孔时，孔洞宽度应不大于该层楼板宽度的 30%；洞口的布置宜使结构质量和刚度的分布仍较均匀、对称，避免局部突变。孔洞周围应设置满足构造要求的边梁或暗梁。

（3）地下建筑周围土体和地基存在液化土层时，应采取下列措施：

1）对液化土层采取注浆加固和换土等消除或减轻液化影响的措施。

2）进行地下结构液化上浮验算，必要时采取增设抗拔桩、配置压重等相应的抗浮措施。

3）存在液化土薄夹层，或施工中深度大于 20m 的地下连续墙围护结构遇到液化土层时，可不做地基抗液化处理，但其承载力及抗浮稳定性验算应计入土层液化引起的土压力增加及摩阻力降低等因素的影响。

（4）地下建筑穿越地震时岸坡可能滑动的古河道或可能发生明显不均匀沉陷的软土地带时，应采取更换软弱土或设置桩基础等措施。

（5）位于岩石中的地下建筑，应采取下列抗震措施：

1）口部通道和未经注浆加固处理的断层破碎带区段采用复合式支护结构时，内衬结构应采用钢筋混凝土衬砌，不得采用素混凝土衬砌。

2）采用离壁式衬砌时，内衬结构应在拱墙相交处设置水平撑抵紧围岩。

3）采用钻爆法施工时，初期支护和围岩地层间应密实回填。干砌块石回填时应注浆加强。

## 习　　题

4 - 1　以下关于地震震级和地震烈度的叙述，何者是错误的？

A　一次地震的震级通常用基本烈度表示

B　地震烈度表示一次地震对各个不同地区的地表和各类建筑的影响的强弱程度

C　里氏震级表示一次地震释放能量的大小

D　1976 年唐山大地震为里氏 7.8 级，震中烈度为 11 度

4 - 2　建筑的抗震设防烈度由以下哪些条件确定？

Ⅰ. 建筑的重要性；Ⅱ. 建筑的高度；Ⅲ. 国家颁布的烈度区划图；Ⅳ. 批准的城市抗震设防区划

A　Ⅰ　　B　Ⅱ　　C　Ⅲ或Ⅳ　　D　Ⅱ或Ⅳ

4 - 3　抗震设计时，建筑物应根据其重要性分为甲、乙、丙、丁四类。一幢 18 层的普通高层住宅应属于（　　）。

A　甲类　　B　乙类　　C　丙类　　D　丁类

4-4 同为设防烈度为8度的现浇钢筋混凝土结构房屋，一栋建造于Ⅱ类场地上，另一栋建造于Ⅳ类场地上，两栋结构的抗震等级（ ）。

A Ⅱ场地的高　　B 相同

C Ⅳ场地的高　　D 两种之间的比较不能肯定

4-5 按我国抗震设计规范设计的建筑，当遭受低于本地区设防烈度的多遇地震影响时，建筑物应（ ）。

A 一般不受损坏或不需修理仍可继续使用

B 可能损坏，经一般修理或不需修理仍可继续使用

C 不致发生危及生命的严重破坏

D 不致倒塌

4-6 下列关于单层钢筋混凝土柱厂房抗震设计总体布置方面的叙述，何者是不适宜的？

Ⅰ.多跨厂房采用等高厂房；Ⅱ.厂房采用钢筋混凝土屋架或预应力混凝土屋架；Ⅲ.厂房采用预制腹杆工字形柱；Ⅳ.多跨厂房采用嵌砌式砌体围护墙

A Ⅰ、Ⅱ　　B Ⅲ　　C Ⅲ、Ⅳ　　D Ⅳ

4-7 有抗震设防要求的钢筋混凝土结构施工中，如钢筋的钢号不能符合设计要求时，则（ ）。

A 不允许用强度等级低的钢筋代替

B 不允许用强度等级高的钢筋代替

C 用强度等级高的但钢号不超过HRB400级钢的钢筋代替时，钢筋的直径和根数可不变

D 用强度等级高的但钢号不超过HRB400级钢的钢号代替时，应进行换算

4-8 对于有抗震设防要求的砖砌体结构房屋，砖砌体的砂浆强度等级应（ ）。

A 不宜低于M2.5　　B 不宜低于M5

C 不宜低于M7.5　　D 不宜低于M10

4-9 有抗震要求的砖砌体房屋，构造柱的施工（ ）。

A 应先砌墙后浇混凝土柱

B 条件许可时宜先砌墙后浇柱

C 如混凝土柱留出马牙槎，则可先浇柱后砌墙

D 如混凝土柱留出马牙槎并预留拉结钢筋，则可先浇柱后砌墙

4-10 抗震砌体结构房屋的纵、横墙交接处，施工时，下列哪项措施不正确？

A 必须同时咬槎砌筑

B 采取拉结措施后可以不同时咬槎砌筑

C 房屋的四个墙角必须同时咬槎砌筑

D 房屋的四个外墙角及楼梯间处必须同时咬槎砌筑

4-11 下列哪一种地段属于对建筑抗震的不利地段？

A 稳定岩石地基的地段

B 半挖半填的地基土地段

C 中密的砾砂、粗砂地基地段

D 平坦开阔的中硬土地基地段

4-12 在抗震设防地区，建筑物场地的工程地质勘察内容，除提供常规的土层名称、分布、物理力学性质、地下水位等以外，尚提供分层土的剪切波速、场地覆盖层厚度、场地类别。根据上述内容，以下对场地的识别，何者是正确的？

Ⅰ.分层土的剪切波速（单位为m/s）越小、说明土层越密实坚硬

Ⅱ.覆盖层越薄，震害效应越大

Ⅲ.场地类别为Ⅰ类，说明土层密实坚硬

Ⅳ. 场地类别为Ⅳ类，场地震害效应大

A Ⅰ、Ⅱ B Ⅰ C Ⅲ、Ⅳ D Ⅱ

4-13 以下对抗震设防地区地基土的液化的叙述，何者是正确的？

Ⅰ. 当地基土中存在液化土层，桩基的桩端应置于液化土层上面一定距离处

Ⅱ. 当地基土中有饱和砂土或饱和粉土时，需要进行液化判别

Ⅲ. 存在液化土层的地基，应根据其液化指数划定其液化等级

Ⅳ. 对设防烈度 7 度及 7 度以下，可不考虑液化判别和地基处理

A Ⅰ B Ⅱ、Ⅲ C Ⅳ D Ⅰ、Ⅳ

4-14 抗震规范限制了多层砌体房屋总高度与总宽度的最大比值。这是为了（ ）。

A 避免内部非结构构件的过早破坏

B 满足在地震作用下房屋整体弯曲的强度要求

C 保证房屋在地震作用下的稳定性

D 限制房屋在地震作用下过大的侧向位移

4-15 抗震规范对多层砌体房屋抗震横墙的最大间距做出了规定，例如：对多层砖体房屋，7 度设防时，按不同楼、屋盖类别分别规定抗震横墙的最大间距为 15m、11m 和 9m。其中 11m 适用于（ ）。

A 现浇钢筋混凝土楼、屋盖房屋

B 装配整体式楼、屋盖房屋

C 装配式楼、屋盖房屋

D 木楼、屋盖房屋

4-16 在划分现浇钢筋混凝土结构的抗震等级时，应考虑：Ⅰ. 设防烈度；Ⅱ. 场地类别；Ⅲ. 结构类别；Ⅳ. 房屋高度；Ⅴ. 建筑物的重要性类别。下列何者是正确的？

A Ⅰ、Ⅱ、Ⅲ B Ⅰ、Ⅲ、Ⅳ C Ⅰ、Ⅲ、Ⅴ D Ⅲ、Ⅳ、Ⅴ

4-17 抗震规范规定了有抗震设防要求的钢筋混凝土结构高层建筑柱子轴压比限值，这是为了（ ）。

A 减少柱子的配筋量

B 增加柱子在地震时的安全度

C 使柱子的破坏形式和变形能力符合抗震要求

D 防止柱子在地震时的纵向屈曲

4-18 在设计一个有抗震设防要求的框架结构中，有的设计人员在绘制施工图时，任意增加计算和构造所需的钢筋面积，认为："这样更安全"。但是下列各条中，哪一条会由于增加了钢筋面积反而可能使结构的抗震能力降低？

A 增加柱子的纵向钢筋面积 B 增加柱子的箍筋面积

C 增加柱子核心区的箍筋面积 D 增加梁的箍筋面积

4-19 有抗震设防的钢筋混凝土结构构件的箍筋的构造要求，下列何者是正确的？

Ⅰ. 框架梁柱的箍筋为封闭式

Ⅱ. 仅配置纵向受压钢筋的框架梁的箍筋为封闭式

Ⅲ. 箍筋的末端做成 135°弯钩

Ⅳ. 箍筋的末端做成直钩（90°弯钩）

A Ⅱ B Ⅰ、Ⅲ C Ⅱ、Ⅳ D Ⅳ

4-20 用未经焙烧的土坯、灰土和夯土做承重墙体的房屋及土窑洞、土拱房，只能用于（ ）。

A 无抗震设防的地区

B 抗震设防烈度为 6 度及以下的地区

C 抗震设防烈度为 6～7 度及以下的地区

D　抗震设防烈度为6～8度及以下的地区

4-21　用未经焙烧的土坯建造的房屋，其最大适宜高度为（　　）。

A　在设防烈度为6～7度时，建两层

B　在设防烈度为6～7度时，建单层

C　在设防烈度为6～8度时，建单层

D　只能在设防烈度为6度及以下时建单层

4-22　有抗震设防要求的房屋，各种变形缝之间应满足：Ⅰ.伸缩缝应符合沉降缝的要求；Ⅱ.伸缩缝应符合防震缝的要求；Ⅲ.沉降缝应符合防震缝的要求；Ⅳ.防震缝应符合沉降缝的要求，下列何者是正确的？

A　Ⅰ、Ⅱ　　B　Ⅱ、Ⅲ　　C　Ⅲ、Ⅳ　　D　Ⅰ、Ⅳ

4-23　《建筑抗震设计规范》规定：同一结构单元不宜部分采用天然地基部分采用桩基。试问，如不可避免则宜（　　）。

A　设防震缝　　B　设伸缩缝　　C　设沉降缝　　D　设箱形基础

4-24　在一栋有抗震设防要求的建筑中，如需设防震缝则（　　）。

A　防震缝应将其两侧房屋的上部结构完全分开

B　防震缝应将其两侧房屋的上部结构连同基础完全分开

C　只有在设地下室的情况下，防震缝才可以将其两侧房屋的上部结构分开

D　只有在不设地下室的情况下，防震缝才可只将其两侧房屋的上部结构分开

4-25　对有抗震设防要求的影剧院建筑，大厅与两侧附属房间之间（　　）。

A　应设防震缝

B　可不设防震缝

C　当为砌体结构时，应设防震缝

D　当为钢筋混凝土结构时，可不设防震缝

4-26　对于砌体结构，现浇钢筋混凝土楼、屋盖房屋，设置顶层圈梁，主要是在下列哪一种情况发生时起作用？

A　发生地震时

B　发生温度变化时

C　在房屋中部发生比两端大的沉降时

D　在房屋两端发生比中部大的沉降时

4-27　按照我国现行抗震设计规范的规定，位于下列何种基本烈度幅度内地区的建筑物应考虑抗震设防？

A　基本烈度为5～9度

B　基本烈度为6～9度

C　基本烈度为5～10度

D　基本烈度为6～10度

4-28　在地震区建造房屋，下列结构体系中何者能建造的高度最高？

A　框架　　B　筒中筒　　C　框架-核心筒　　D　剪力墙

## 参考答案

4-1　A　提示：根据地震的基本概念，可以判断，A是错误的。

4-2　C　提示：根据抗震设防烈度的概念，C是正确的。

注：在设计中，建筑物的重要性也可以作为确定抗震设防烈度的因素，对某些特殊重要的建筑物，设防烈度可以适当提高。

4－3 C 提示：根据《建筑工程抗震设防分类标准》GB 50223—2008 第 6.0.12 条，一幢 18 层的普通高层住宅属于丙类建筑。

4－4 B 提示：在《抗震规范》第 6.1.2 条中，现浇钢筋混凝土房屋的抗震等级是根据抗震设防烈度、结构类型房屋高度来确定的，与建筑场地类别无关。

4－5 A 提示：根据《抗震规范》第 1.0.1 条，当遭受低于本地区设防烈度的多遇地震影响时，一般不受损坏或不需修理仍可继续使用。

4－6 B 提示：单层钢筋混凝土厂房抗震设计采用多跨等高厂房，屋盖采用普通钢筋混凝土屋架或预应力混凝土屋架，预制柱一般为工字形柱、没有预制腹杆工字形柱。

4－7 D 提示：在钢筋混凝土结构施工中，常因市场供应关系，使某些钢筋钢号备料发生困难，须用与原设计钢号不同的钢筋代换，这时为了保证安全，不允许用强度等级低的钢筋代替，当用强度等级高的钢号代替时，应进行换算。

4－8 B 提示：抗震结构在材料选用、施工质量、材料代用上都有特殊的要求。对有抗震设防要求的砖砌体结构房屋，砖强度不宜低于 MU10，砂浆强度等级不宜低于 M5。

4－9 A 提示：在多层砖砌体房屋中设置钢筋混凝土构造柱，是提高砖砌体房屋抗震能力的有效措施，使砌体房屋在遭遇到相当于设计烈度的地震影响时，不致严重损坏或突然坍塌，从而使房屋不经修理或经一般修理后仍可继续使用。为了加强构造柱与砖砌体的共同作用，在采用构造柱的同时，一般还在砖砌体内预留马牙槎，并在砖墙的一定高度范围内（如每隔 8 行砖）留拉结钢筋。构造柱应分层按下列顺序进行施工：绑扎钢筋、砌砖墙、支模、浇灌混凝土。施工时切忌先浇柱混凝土后砌砖墙，必须先砌墙后浇混凝土。

4－10 B 提示：砌体房屋结构，为了加强纵、横墙的连接作用，必须在所有纵、横墙交接处同时咬槎砌筑。在房屋的四个外角、楼梯间处更应如此。另外，采取拉结措施（如在砖缝内配筋）后也应同时咬槎砌筑。

4－11 B 提示：根据《抗震规范》第 4.1.1 条表 4.1.1，题中给出的 A、C、D 项均属对建筑抗震的有利地段。B 项属于不利地段。

4－12 C 提示：根据《抗震规范》表 4.1.3 土层剪切波速（m/s）越小，场地土越软弱；根据表 4.1.6，覆盖层越薄，场地土越坚硬，因而震害效应越小；根据表 4.1.6，当场地类别为Ⅰ类时，说明土层密实、坚硬，当场地土为Ⅳ类时，属软弱场地土，震害效应大。因此，题中Ⅰ、Ⅱ项为错误Ⅲ、Ⅳ项为正确。

4－13 B 提示：根据《抗震规范》第 4.3.7 条 1 款，当地基土中存在液化土层时，桩基的桩端应深入液化深度以下稳定土层中一定的长度（不包括桩尖部分），伸入长度应按计算确定，并且，对碎石土、砾、粗中砂、坚硬黏性土和密实粉土尚不应小于 500mm，对其他非岩石土尚不宜小于 1.5m。因此，题中 1 项是错误的。根据规范第 4.3.2 条，对饱和砂土或粉土，应进行液化判别。根据规范第 4.3.5 条，对存在液化土层的地基，应根据液化指数按表 4.3.5 划分液化等级。根据规范第 4.3.1 条，一般在 6 度及以下地区，很少看到液化现象。而在 7 度及以上地区，液化现象相当普遍。

4－14 C 提示：根据《抗震规范》条文说明 7.1.4 条，限制多层砌体房屋总高度与总宽度的最大比值，是为了满足在地震作用下房屋的稳定性。

4－15 C 提示：此题关键词是："多层砌体房屋"、"7 度设防"、"11m"。根据《抗震规范》第 7.1.5 条表 7.1.5，对采用装配式钢筋混凝土楼、屋盖的黏土砖房屋，7 度设防时，抗震横墙最大间距不应超过 11m。

4－16 B 提示：根据《抗震规范》第 6.1.2 条，现浇钢筋混凝土房屋，应根据设防烈度、结构类型和房屋高度采用不同的抗震等级。

4－17 C 提示：《抗震规范》对钢筋混凝土结构高层建筑柱子的轴压比限值作了规定，是为了保证框架柱的必要延性，使柱子的破坏形式和变形能力符合抗震要求。

4 - 18　A　提示：在设计有抗震设防要求的框架结构中，如果任意增加柱子的纵向钢筋面积，可能反而使结构的抗震能力降低。

4 - 19　B　提示：有抗震设防的钢筋混凝土结构构件的箍筋构造，对框架梁柱应做成封闭式，箍筋的末端应做成135°弯钩。

4 - 20　D　提示：根据《抗震规范》第11.2.1条用未经焙烧的土坯、灰土和夯土做承重墙体的房屋及土窑洞、土拱房，只能适用于抗震设防为6～7度及以下的地区。

4 - 21　B　提示：根据《抗震规范》第11.2.2条，用未经焙烧的土坯（生土）建造的房屋，只宜建单层。

4 - 22　B　提示：在有抗震设防要求的房屋，伸缩缝、沉降缝、防震缝3种变形缝中的作用是：伸缩缝是为了温度变化而设置；沉降缝是为了相邻结构单元不均匀沉降而设置；防震缝是为了地震时两相邻结构单元不致发生碰撞而设置。温度伸缩缝一般只在结构上部设置；沉降缝应从房屋顶部至基础分开；防震缝一般可以在±0.000以上设置，但当地基不好，房屋沉降可能较大时，应贯通至基底。上述三种变形缝，伸缩缝一般不能兼作沉降缝和防震缝；沉降缝、防震缝可以兼作伸缩缝；沉降缝可以兼作防震缝；防震缝如只从±0.000以上设置则不能兼作沉降缝，如贯通至基底则可兼作沉降缝；房屋变形缝如果从建筑物顶部贯通至基底，则可兼作伸缩缝、防震缝和沉降缝。变形缝如果合三为一，则尚需考虑地震时两相邻结构单元互相碰撞以及基础转动对缝宽度的要求。根据题意，B项是正确的。

4 - 23　C　提示：在同结构单元，不宜部分采用天然地基部分采用桩基，如不可避免，则宜设置沉降缝分成两个结构单元以解决不均匀沉降引起的问题，此缝尚应满足防震缝的要求。

4 - 24　A　提示：参考第4-22题的解释，本题中A项是正确的。

4 - 25　B　提示：对有防震设防要求的影剧院建筑，在大厅与两侧附属房之间，不宜设防震缝。

4 - 26　D

4 - 27　B　提示：根据我国现行抗震设计规范的规定，对基本烈度为6～9度幅度内地区的建筑物，应考虑抗震设防。

4 - 28　B　提示：根据《高层混凝土规程》第3.3.1条表3.3.1框架的最大适用高度最小，现浇剪力墙次之，框架-核心筒较高，筒中筒最高。

# 第五章　地 基 与 基 础

## 第一节　概　述

**地基基础在建筑工程中的重要性：**

(1) 大家知道，房屋无论大小、高低，都要建造在土层上面。房屋有楼盖（屋顶）、墙身、柱子和基础。房屋的基础埋在地面以下一定深度的土层上，实际上它是房屋墙身或柱子的延伸部分。房屋基础承担房屋屋顶、楼面、墙或柱传来的重力荷载，以及风、雪荷载和地震作用，并起承上启下的作用。

(2) 地基土受力后，会发生压缩变形，为了控制房屋的下沉和保证它的稳定，以达到房屋的正常使用，通常要将房屋基础的尺寸适当放大，也就是说要比墙和柱子本身的截面尺寸大一些，以适应地基的承载能力。

(3) 基础是房屋不可缺少的重要组成部分。没有一个牢靠的基础，就不能有一个完好的上部建筑。因此，为了保证房屋的安全和必要的使用年限，基础应当具备足够的强度和稳定性。地基虽不是房屋的组成部分，但它的好坏却直接影响整个房屋的安全和使用。如对地基下沉和不均匀下沉没有妥善处理，房屋建成后，会使楼板和墙体产生裂缝，并可能使房屋倾斜。以往就发生过因对地基承载力估计不足造成的房屋倒塌事故。

(4) 从造价和工期来看，基础工程在建筑工程中占有很大的比重，就一般工程而言，基础造价约占建筑物总造价的 10%～20%，施工工期约占 25%～35%。由此可见，地基处理和基础设计，对房屋是否安全耐久和经济，具有十分重要的意义。

## 第二节　地基土的基本知识

### 一、有关名词术语

(1) 地基（ground）。支承基础的土体或岩体。

(2) 基础（foundation）。将结构所承受的各种作用传递到地基上的结构组成部分。

(3) 地基承载力特征值。由载荷试验测定的地基土压力变形曲线线性变形段内规定的变形所对应的压力值，其最大值为比例界限值。

(4) 重力密度（重度）。单位体积岩土体所承受的重力，为岩土体的密度和重力加速度的乘积。

(5) 岩体结构面。岩体内开裂的和易开裂的面，如层面、节理、断层、片理等，又称不连续构造面。

(6) 标准冻结深度。在地面平坦、裸露、城市之外的空旷场地中不少于 10 年的实测最大冻结深度的平均值。

(7) 地基变形允许值。为保证建筑物正常使用而确定的变形控制值。

(8) 土岩组合地基。在建筑地基的主要受力层范围内，有下卧基岩表面坡度较大的地基；或石芽密布并有出露的地基；或大块孤石或个别石芽出露的地基。

(9) 地基处理。为提高地基承载力，或改善其变形性质或渗透性质而采取的工程措施。

(10) 复合地基。部分土体被增强或被置换，而形成的由地基土和增强体共同承担荷载的人工地基。

(11) 扩展基础。为扩散上部结构传来的荷载，使作用在基底的压应力满足地基承载力的设计要求，且基础内部的应力满足材料强度的设计要求，通过向侧边扩展一定底面积的基础。

(12) 无筋扩展基础。由砖、毛石、混凝土或毛石混凝土、灰土和三合土等材料组成的，且不需配置钢筋的墙下条形基础或柱下独立基础。

(13) 桩基础。由设置于岩土中的桩和连接于桩顶端的承台组成的基础。

(14) 支挡结构。使岩土边坡保持稳定、控制位移、主要承受侧向荷载而建造的结构物。

(15) 基坑工程。为保证地面向下开挖形成的地下空间在地下结构施工期间的安全稳定所需的挡土结构及地下水控制、环境保护等措施的总称。

## 二、地基土的主要物理力学指标

### 1. 土的形成过程

土是由岩石经物理、化学和生物风化作用形成的。岩石暴露在大气中，经受风、霜、雨、雪的侵蚀，动植物的破坏，地壳运动的压、挤，气温的变化，裂缝中积水成冰的膨胀作用等，逐渐由大块体崩解为较小的碎屑和颗粒。这些碎屑和颗粒，又受到大气中如碳酸气（$CO_2$）、氧气（$O_2$）或动植物的腐蚀等作用，使这些碎屑和颗粒分解为非常细小的颗粒状物质，这就是土的简单形成过程。

### 2. 土的性质

土不是坚固密实的整体，土颗粒之间有很多孔隙，在这些孔隙中有空气也有水。一般情况下，土是由三部分组成，即固体的颗粒、水和空气。这三部分之间的比例不是固定不变的，当气温升高时，土内一部分水蒸发，而使土内空气增加。土中颗粒、水和空气相互间的比例不同，反映出土处于各种不同的状态：干燥或潮湿，疏松或紧密，这对于评定土的物理和力学性质有着很重要的意义。

为研究土的物理力学性质，取一个单元土体表示土的三个组成成分，如图 5-1 所示，确定土的三个组成部分之间的相互比例关系：

(1) 直接由试验测得的指标

1) 土的重力密度 $\gamma$

土在天然状态下单位体积的重力称为土的重力密度，简称土的重度。

$$\gamma = g/V \tag{5-1}$$

土的重度随着土的颗粒组成，孔隙多少和水分含量的不同而变化，一般土的天然重度约为 16～22kN/m$^3$。

**【要点】**重度较小，则表示土质孔隙较多，土不紧密，因而承载力相对较低。反之，则承载力就高。

2) 土粒相对密度 $d_s$

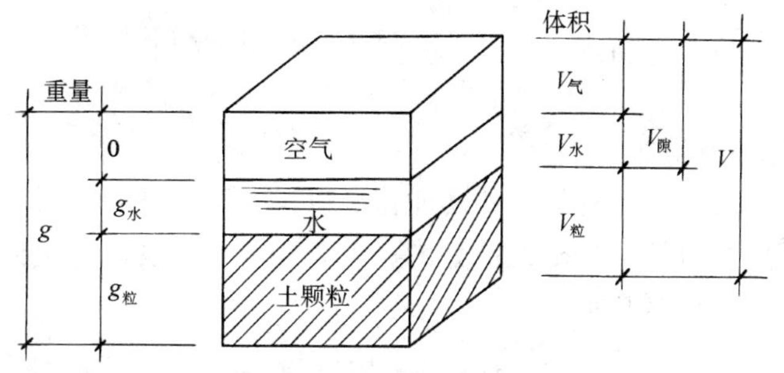


图 5-1 土的组成示意图

$g$—单元土的总重力；$g_粒$—单元土中颗粒的重力；$g_水$—单元土中水的重力；
$V$—单元土的总体积；$V_气$—单元土中空气的体积；$V_粒$—单元土中颗粒的体积；
$V_隙$—单元土中孔隙的体积；$V_水$—单元土中水所占的体积

干土颗粒的重度与同体积 4℃水的重力密度（$\gamma_w$）之比，称为土的相对密度，无量纲。

$$d_s=(g_粒/V_粒)/\gamma_w \tag{5-2}$$

**【要点】**一般土粒相对密度约为 2.65～2.70。

3）含水量 $\omega$

土中水的重量与颗粒重量的百分比。

$$\omega=(g_水/g_粒)\times100\% \tag{5-3}$$

**【要点】**土的含水量反映土的干湿程度。含水量越大，说明土越软；如果是黏性土，土越软，其工程性质就越差。

（2）换算指标

上面三个物理指标是直接用实验方法测定的，如果已知这三个指标，就可以用公式计算出以下几个物理指标。

1）干重度 $\gamma_d$

单位体积内颗粒的重力，称为土的干重度。

$$\gamma_d=g_粒/V \tag{5-4}$$

**【要点】**干重度能够较好地反映土的密实程度；干重度越大，土越密实，强度就越高；常用作填土和人工压实土的施工控制指标。

2）孔隙比 $e$

土中孔隙体积与颗粒体积之比称为孔隙比。

$$e=V_隙/V_粒 \tag{5-5}$$

**【要点】**土的孔隙比，反映土的密实程度。孔隙比越大，土越松散；孔隙比越小，土越密实；是土体的重要物理性质指标，可用来评价土体的压缩特性。

3）饱和度 $S_r$

土中水的体积与孔隙体积之比，以百分数计。

$$S_r=(V_水/V_隙)\times100\% \tag{5-6}$$

**【要点】**饱和度反映地基土的潮湿程度。在基础工程设计中，根据地基土的潮湿程度选用基础材料和砂浆等级。

## 第三节　地基与基础设计

**（一）地基基础设计等级**

根据地基复杂程度、建筑物规模和功能特征以及由于地基问题可能造成建筑物破坏或影响正常使用的程度，将地基基础设计分为三个设计等级；设计时应根据具体情况，按表5-1选用。

**地基基础设计等级　　表5-1**

| 设计等级 | 建筑和地基类型 |
|---|---|
| 甲级 | 重要的工业与民用建筑物<br>30层以上的高层建筑<br>体型复杂，层数相差超过10层的高低层连成一体建筑物<br>大面积的多层地下建筑物（如地下车库、商场、运动场等）<br>对地基变形有特殊要求的建筑物<br>复杂地质条件下的坡上建筑物（包括高边坡）<br>对原有工程影响较大的新建建筑物<br>场地和地基条件复杂的一般建筑物<br>位于复杂地质条件及软土地区的二层及二层以上地下室的基坑工程<br>开挖深度大于15m的基坑工程<br>周边环境条件复杂、环境保护要求高的基坑工程 |
| 乙级 | 除甲级、丙级以外的工业与民用建筑物<br>除甲级、丙级以外的基坑工程 |
| 丙级 | 场地和地基条件简单、荷载分布均匀的七层及七层以下民用建筑及一般工业建筑；次要的轻型建筑物<br>非软土地区且场地地质条件简单、基坑周边环境条件简单、环境保护要求不高且开挖深度小于5.0m的基坑工程 |

**（二）地基基础的设计要求**

根据建筑物地基基础设计等级及长期荷载作用下地基变形对上部结构的影响程度，地基基础设计应符合下列规定：

（1）所有建筑物的地基计算均应满足承载力计算的有关规定。

（2）设计等级为甲级、乙级的建筑物，均应按地基变形设计。

（3）设计等级为丙级的建筑物有下列情况之一时应作变形验算：

1）地基承载力特征值小于130kPa，且体型复杂的建筑；

2）在基础上及其附近有地面堆载或相邻基础荷载差异较大，可能引起地基产生过大的不均匀沉降时；

3）软弱地基上的建筑物存在偏心荷载时；

4）相邻建筑距离近，可能发生倾斜时；

5）地基内有厚度较大或厚薄不均的填土，其自重固结未完成时。

（4）对经常受水平荷载作用的高层建筑、高耸结构和挡土墙等，以及建造在斜坡上或边坡附近的建筑物和构筑物，尚应验算其稳定性。

（5）基坑工程应进行稳定性验算。

（6）建筑地下室或地下构筑物存在上浮问题时，尚应进行抗浮验算。

## 第四节　地基岩土的分类及工程特性指标

### 一、岩土的分类

作为建筑地基的岩土，可分为岩石、碎石土、砂土、粉土、黏性土和人工填土。

（1）岩石的分类

作为建筑物地基岩石，除应确定岩石的地质名称外，尚应划分其坚硬程度和完整程度。

1）岩石的坚硬程度

应根据岩块的饱和单轴抗压强度 $f_{rk}$ 按表 5-2 分为坚硬岩、较硬岩、较软岩、软岩和极软岩。岩石的风化程度可分为未风化、微风化、中风化、强风化和全风化。

**岩石坚硬程度的划分**　　**表 5-2**

| 坚硬程度类别 | 坚硬岩 | 较硬岩 | 较软岩 | 软岩 | 极软岩 |
|---|---|---|---|---|---|
| 饱和单轴抗压强度标准值 $f_{rk}$（MPa） | $f_{rk}>60$ | $60\geqslant f_{rk}>30$ | $30\geqslant f_{rk}>15$ | $15\geqslant f_{rk}>5$ | $f_{rk}\leqslant 5$ |

2）岩体完整程度按表 5-3 划分为完整、较完整、较破碎、破碎和极破碎。

**岩体完整程度划分**　　**表 5-3**

| 完整程度等级 | 完整 | 较完整 | 较破碎 | 破碎 | 极破碎 |
|---|---|---|---|---|---|
| 完整性指数 | ＞0.75 | 0.75～0.55 | 0.55～0.35 | 0.35～0.15 | ＜0.15 |

注：完整性指数为岩体纵波波速与岩块纵波波速之比的平方。选定岩体、岩块测定波速时应有代表性。

（2）碎石土的分类和密实度

碎石土为粒径大于 2mm 的颗粒含量超过全重 50%的土。

1）碎石土的分类

碎石土可按表 5-4 分为漂石、块石、卵石、碎石、圆砾和角砾。

**碎石土的分类**　　**表 5-4**

| 土的名称 | 颗 粒 形 状 | 粒 组 含 量 |
|---|---|---|
| 漂石 | 圆形及亚圆形为主 | 粒径大于 200mm 的颗粒含量超过全重 50% |
| 块石 | 棱角形为主 | |
| 卵石 | 圆形及亚圆形为主 | 粒径大于 20mm 的颗粒含量超过全重 50% |
| 碎石 | 棱角形为主 | |
| 圆砾 | 圆形及亚圆形为主 | 粒径大于 2mm 的颗粒含量超过全重 50% |
| 角砾 | 棱角形为主 | |

注：分类时应根据粒组含量栏从上到下以最先符合者确定。

2）碎石土的密实度

碎石土难以取样试验，规范采用以重型动力触探锤击数为主划分其密实度，可按表 5-5 分为松散、稍密、中密、密实。

**碎石土的密实度** **表 5-5**

| 重型圆锥动力触探锤击数 $N_{63.5}$ | 密实度 | 重型圆锥动力触探锤击数 $N_{63.5}$ | 密实度 |
|---|---|---|---|
| $N_{63.5} \leqslant 5$ | 松散 | $10 < N_{63.5} \leqslant 20$ | 中密 |
| $5 < N_{63.5} \leqslant 10$ | 稍密 | $N_{63.5} > 20$ | 密实 |

注：1. 本表适用于平均粒径小于或等于 50mm 且最大粒径不超过 100mm 的卵石、碎石、圆砾、角砾；对于平均粒径大于 50mm 或最大粒径大于 100mm 的碎石土，可按本规范附录 B 鉴别其密实度；

2. 表内 $N_{63.5}$ 为经综合修正后的平均值。

（3）砂土的分类和密实度

砂土为粒径大于 2mm 的颗粒含量不超过全重 50%、粒径大于 0.075mm 的颗粒超过全重 50%的土。

1）砂土的分类，可按表 5-6 分为砾砂、粗砂、中砂、细砂和粉砂。

**砂土的分类** **表 5-6**

| 土的名称 | 粒 组 含 量 |
|---|---|
| 砾砂 | 粒径大于 2mm 的颗粒含量占全重 25%～50% |
| 粗砂 | 粒径大于 0.5mm 的颗粒含量超过全重 50% |
| 中砂 | 粒径大于 0.25mm 的颗粒含量超过全重 50% |
| 细砂 | 粒径大于 0.075mm 的颗粒含量超过全重 85% |
| 粉砂 | 粒径大于 0.075mm 的颗粒含量超过全重 50% |

注：分类时应根据粒组含量栏从上到下以最先符合者确定。

2）砂土的密实度，可按表 5-7 分为松散、稍密、中密、密实。

**砂土的密实度** **表 5-7**

| 标准贯入试验锤击数 $N$ | 密实度 | 标准贯入试验锤击数 $N$ | 密实度 |
|---|---|---|---|
| $N \leqslant 10$ | 松散 | $15 < N \leqslant 30$ | 中密 |
| $10 < N \leqslant 15$ | 稍密 | $N > 30$ | 密实 |

注：当用静力触探探头阻力判定砂土的密实度时，可根据当地经验确定。

（4）黏性土

1）黏性土的塑限、液限、塑性指数、液性指数（图 5-2）

塑限是指土由可塑状态变化到半固体状态时的界限含水量，以 $w_P$ 表示。

液限是指土由可塑状态转变到流动状态时的界限含水量，以 $w_L$ 表示。

塑性指数：$I_P = w_L - w_P$，液限与塑限之差称为塑性指数，反映可塑状态下的含水量范围，用于黏性土分类。

液性指数：$I_L = (w - w_P) / I_P$，表示天然含水量与界限含水量相对关系，是判别黏性土状态（软硬程度或稀稠程度）的一个指标。

2）黏性土的分类

黏性土为塑性指数 $I_P$ 大于 10 的土，可按塑性指数分为黏土、粉质黏土（表 5-8）。

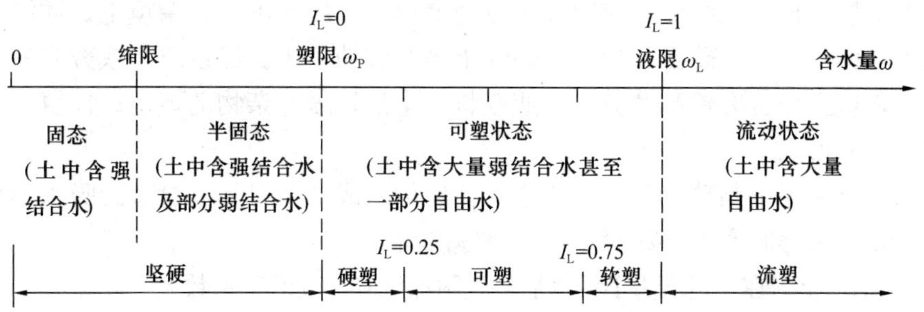


图 5-2　黏性土物理状态与含水量的关系

（引自：袁树基，袁静．建筑结构快速通．北京：中国建筑工业出版社，2014）

**黏性土的分类　　表 5-8**

| 塑性指数 $I_p$ | 土的名称 |
|---|---|
| $I_p>17$ | 黏土 |
| $10<I_p\leqslant17$ | 粉质黏土 |

注：塑性指数由相应于 76g 圆锥体沉入土样中深度为 10mm 时测定的液限计算而得。

3）黏性土的状态

可按液性指数 $I_L$，分为坚硬、硬塑、可塑、软塑、流塑（表 5-9）。

**黏性土的状态　　表 5-9**

| 液性指数 $I_L$ | 状态 | 液性指数 $I_L$ | 状态 |
|---|---|---|---|
| $I_L\leqslant0$ | 坚硬 | $0.75<I_L\leqslant1$ | 软塑 |
| $0<I_L\leqslant0.25$ | 硬塑 | | |
| $0.25<I_L\leqslant0.75$ | 可塑 | $I_L>1$ | 流塑 |

注：当用静力触探探头阻力判定黏性土的状态时，可根据当地经验确定。

**【要点】**

◆土中的含水量是随周围条件的变化而变化的。对于同一种土，由于含水量的不同，可以分别处于固体状态、塑性状态或流动状态，不同状态的界限含水量分别为塑限和液限。

◆塑性指数能判别黏性土的分类属性，液性指数能判定黏性土的坚硬状态。

◆在一般情况下，处于硬塑或坚硬状态的土具有较高的承载力；处于软塑或流塑状态的土具有较低的承载力，建造在这种土上的房屋，其沉降往往很大，且长期不易稳定。

（5）粉土

为介于砂土与黏性土之间，塑性指数 $I_P$ 小于或等于 10 且粒径大于 0.075mm 的颗粒含量不超过全重 50％的土。

（6）淤泥为在静水或缓慢的流水环境中沉积，并经生物化学作用形成，其天然含水量大于液限、天然孔隙比大于或等于 1.5 的黏性土。当天然含水量大于液限而天然孔隙比小于 1.5 但大于或等于 1.0 的黏性土或粉土为淤泥质土。

（7）红黏土为碳酸盐岩系的岩石经红土化作用形成的高塑性黏土。其液限一般大于 50％。红黏土经再搬运后仍保留其基本特征，其液限大于 45％的土为次生红黏土。

(8) 人工填土根据其组成和成因，可分为素填土、压实填土、杂填土、冲填土。

素填土为由碎石土、砂土、粉土、黏性土等组成的填土。经过压实或夯实的素填土为压实填土。杂填土为含有建筑垃圾、工业废料、生活垃圾等杂物的填土。冲填土为由水力冲填泥沙形成的填土。

(9) 膨胀土为土中黏粒成分主要由亲水性矿物组成，同时具有显著的吸水膨胀和失水收缩特性，其自由膨胀率大于或等于40%的黏性土。

(10) 湿陷性土为在一定压力下浸水后产生附加沉降，其湿陷系数大于或等于0.015的土。

**例 5-1** 下列关于地基土的表述中，错误的是：

A 碎石土为粒径大于2mm的颗粒含量超过全重50%的土

B 砂土为粒径大于2mm的颗粒含量不超过全重50%，粒径大于0.075mm的颗粒含量超过全重50%的土

C 黏性土为塑性指数 $I_p$ 小于10的土

D 淤泥是天然含水量大于液限、天然孔隙比大于或等于1.5的黏性土

**解析：**黏性土为塑性指数 $I_p$ 大于10的土。

**答案：**C

**规范：**《建筑地基基础设计规范》GB 50007—2011（以下简称《地基基础规范》）第4.1.5条表4.1.5、第4.1.7条表4.1.7及第4.1.9条表4.1.9、第4.1.12条。

## 二、工程特性指标

(1) 土的工程特性指标可采用以下特性指标表示：

①强度指标；②压缩性指标；③静力触探探头阻力；④动力触探锤击数；⑤标准贯入试验锤击数；⑥载荷试验承载力

(2) 地基土工程特性指标的代表值应分别为：

1) 标准值，抗剪强度指标应取标准值；

2) 平均值，压缩性指标应取平均值；

3) 特征值，载荷试验承载力应取特征值。

(3) 载荷试验应采用：

1) 浅层平板载荷试验，适用于浅层地基；

2) 深层平板载荷试验，适用于深层地基。

(4) 土的抗剪强度指标可采用以下试验方法测定：

1) 原状土室内剪切试验

2) 无侧限抗压强度试验

3) 现场剪切试验

4) 十字板剪切试验

(5) 土的压缩性指标可采用以下试验确定：

1) 原状土室内压缩试验

2) 原位浅层

3）深层平板载荷试验

4）旁压试验

（6）地基土的压缩性可按以下方法划分：

按 $p_1$ 为 100kPa，$p_2$ 为 200kPa 时相对应的压缩系数值 $a_{1-2}$，划分为低、中、高压缩性，并符合以下规定：

1）当 $a_{1-2}<0.1\mathrm{MPa}^{-1}$ 时，为低压缩性土；

2）当 $0.1\mathrm{MPa}^{-1}\leqslant a_{1-2}<0.5\mathrm{MPa}^{-1}$ 时，为中压缩性土；

3）当 $a_{1-2}\geqslant 0.5\mathrm{MPa}^{-1}$ 时，为高压缩性土。

**【要点】**

◆ 地基的强度是指土体的抗剪强度。地基虽然是受压，但其强度破坏形态却都是剪切滑移破坏。地基的变形是指土体受到压缩引起的沉降。土体被挤出的剪切滑移破坏亦称地基失稳。

◆ 一般情况下，粗颗粒岩土的地基承载力大于细颗粒岩土的地基承载力；粗颗粒的岩土压缩性小，细颗粒的岩土压缩性大。

**例 5-2** 在地基土的工程特性指标中，地基土的载荷试验承载力应取：

A 标准值　　B 平均值　　C 设计值　　D 特征值

**解析**：地基工程特性指标的代表值分别是：抗剪强度指标取标准值，压缩性指标取平均值，载荷试验承载力应取特征值。

**答案**：D

**规范**：《地基基础规范》第 4.2.2 条。

## 第五节　地　基　计　算

**（一）基础埋置深度**

（1）基础的埋置深度，应按下列条件确定：

1）建筑物的用途，有无地下室、设备基础和地下设施，基础的形式和构造；

2）作用在地基上的荷载大小和性质；

3）工程地质和水文地质条件；

4）相邻建筑物的基础埋深；

5）地基土冻胀和融陷的影响。

（2）在满足地基稳定和变形要求的前提下，当上层地基的承载力大于下层土时，宜利用上层土作持力层。除岩石地基外，基础埋深不宜小于 0.5m。

**（3）高层建筑基础的埋置深度应满足地基承载力、变形和稳定性要求。位于岩石地基上的高层建筑，其基础埋深应满足抗滑稳定性要求。**

（4）在抗震设防区，除岩石地基外，天然地基上的箱形和筏形基础其埋置深度不宜小于建筑物高度的 1/15；桩箱或桩筏基础的埋置深度（不计桩长）不宜小于建筑物高度的 1/18。位于岩石地基上的高层建筑筏形和箱形基础，其基础埋深应满足抗滑移的要求。

（5）基础宜埋置在地下水位以上，当必须埋在地下水位以下时，应采取地基土在施工时不受扰动的措施。当基础埋置在易风化的岩层上，施工时应在基坑开挖后立即铺筑垫层。

（6）当存在相邻建筑物时，新建建筑物的基础埋深不宜大于原有建筑基础。当埋深大于原有建筑基础时，两基础间应保持一定净距，其数值应根据原有建筑荷载大小、基础形式和土质情况确定。

（7）季节性冻土地基的场地冻结深度 $z_d$ 应按规范要求计算。

（8）季节性冻土地区基础埋置深度宜大于场地冻结深度。对于深厚季节冻土地区，当建筑基础底面土层为不冻胀、弱冻胀、冻胀土时，基础埋置深度可以小于场地冻结深度。基础底面下允许冻土层最大厚度应根据当地经验确定。没有地区经验时可按《地基基础规范》附录G查取。此时，基础最小埋置深度 $d_{min}$ 可按下式计算：

$$d_{min} = z_d - h_{max} \tag{5-7}$$

式中 $h_{max}$——基础底面下允许冻土层最大厚度（m）。

（9）地基土的冻胀类别分为：不冻胀、弱冻胀、冻胀、强冻胀和特强冻胀。在冻胀、强冻胀、特强冻胀地基上采用防冻害措施时应符合下列规定：

1）对在地下水位以上的基础，基础侧表面应回填不冻胀的中、粗砂，其厚度不应小于200mm；对在地下水位以下的基础，可采用桩基础、保温性基础、自锚式基础（冻土层下有扩大板或扩底短桩），也可将独立基础和条形基础做成正梯形的斜面基础。

2）宜选择地势高、地下水位低、地表排水条件好的建筑场地。对低洼场地，建筑物的室外地坪标高应至少高出自然地面300～500mm，其范围不宜小于建筑四周向外各一倍冻结深度距离的范围。

3）应做好排水设施，施工和使用期间防止水浸入建筑地基。在山区应设截水沟或在建筑物下设置暗沟，以排走地表水和潜水。

4）在强冻胀性和特强冻胀性地基上，其基础结构应设置钢筋混凝土圈梁和基础梁，并控制建筑的长高比，增强房屋的整体刚度。

5）当独立基础连系梁下或桩基础承台下有冻土时，应在梁或承台下留有相当于该土层冻胀量的空隙，以防止因土的冻胀将梁或承台拱裂。

6）外门斗、室外台阶和散水坡等部位宜与主体结构断开，散水坡分段不宜超过1.5m，坡度不宜小于3%，其下宜填入非冻胀性材料。

7）对跨年度施工的建筑，入冬前应对地基采取相应的防护措施；按采暖设计的建筑物，当冬季不能正常采暖时，也应对地基采取保温措施。

**（二）地基设计的基本原则**

地基计算包括基础埋置深度、承载力、变形、稳定性计算等，是地基设计的重要依据。

地基设计的目的：确保房屋的稳定；不因地基产生过大不均匀变形而影响房屋的安全和正常使用。进行地基设计时，需遵守下列三个原则：

（1）上部结构荷载所产生的压力不大于地基的承载力值；

（2）房屋和构筑物的地基变形值不大于其允许值；

（3）对经常受水平荷载作用的构筑物（如挡土墙）等，不致使其丧失稳定而破坏。

**（三）地基承载力计算**

（1）基础底面的压力，应符合下列规定：

1）当轴心荷载作用时

$$p_k \leqslant f_a \tag{5-8}$$

式中 $p_k$——相应于作用的标准组合时，基础底面处的平均压力值（kPa）；

$f_a$——修正后的地基承载力特征值（kPa）。

2）当偏心荷载作用时，除符合式（5-8）要求外，尚应符合下式规定：

$$p_{kmax} \leqslant 1.2 f_a \tag{5-9}$$

式中 $p_{kmax}$——相应于作用的标准组合时，基础底面边缘的最大压力值（kPa）。

（2）基础底面的压力，可按下列公式确定：

1）当轴心荷载作用时

$$p_k = \frac{F_k + G_k}{A} \tag{5-10}$$

式中 $F_k$——相应于作用的标准组合时，上部结构传至基础顶面的竖向力值（kN）；

$G_k$——基础自重和基础上的土重（kN）；

$A$——基础底面面积（$m^2$）。

2）当偏心荷载作用时

$$p_{kmax} = \frac{F_k + G_k}{A} + \frac{M_k}{W} \tag{5-11}$$

$$p_{kmin} = \frac{F_k + G_k}{A} - \frac{M_k}{W} \tag{5-12}$$

式中 $M_k$——相应于作用的标准组合时，作用于基础底面的力矩值（kN·m）；

$W$——基础底面的抵抗矩（$m^3$）；

$p_{kmin}$——相应于作用的标准组合时，基础底面边缘的最小压力值（kPa）。

3）当基础地面形状为矩形且偏心距 $e>b/6$ 时（图 5-3），$p_{kmax}$应按下式计算：

$$p_k = \frac{2(F_k + G_k)}{3la} \tag{5-13}$$

式中 $l$——垂直于力矩作用方向的基础底面边长（m）；

$a$——合力作用点至基础底面最大压力边缘的距离。

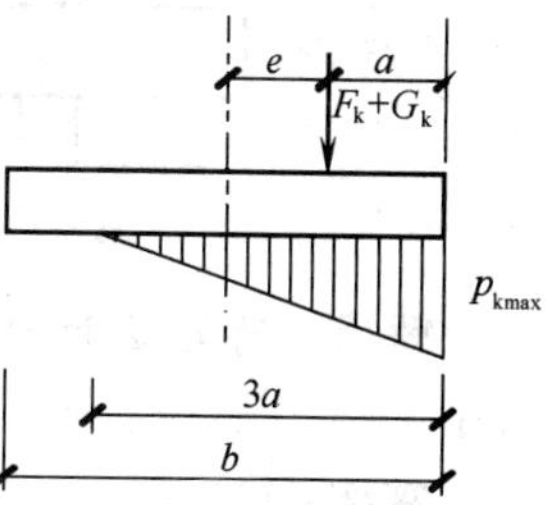


图 5-3 偏心荷载（$e>b/6$）下基底压力计算示意

$b$—力矩作用方向基础底面边长

（3）地基承载力修正

当基础宽度大于 3m 或埋置深度大于 0.5m 时，从载荷试验或其他原位测试、经验值等方法确定的地基承载力特征值，尚应按下式修正：

$$f_a = f_{ak} + \eta_b \gamma (b-3) + \eta_d \gamma_m (d-0.5) \tag{5-14}$$

式中 $f_a$——修正后的地基承载力特征值（kPa）；

$f_{ak}$——地基承载力特征值（kPa），按《地基基础规范》第 5.2.3 条的原则确定；

$\eta_b$、$\eta_d$——基础宽度和埋置深度的地基承载力修正系数，按基底下土的类别查《地基基础规范》取值；

$\gamma$——基础底面以下土的重度（$kN/m^3$），地下水位以下取浮重度；

$b$——基础底面宽度（m），当基础底面宽度小于3m时按3m取值，大于6m时按6m取值；

$\gamma_m$——基础底面以上土的加权平均重度（$kN/m^3$），位于地下水位以下的土层取有效重度；

$d$——基础埋置深度（m），宜自室外地面标高算起。在填方整平地区，可自填土地面标高算起，但填土在上部结构施工后完成时，应从天然地面标高算起。对于地下室，当采用箱形基础或筏形基础时，基础埋置深度自室外地面标高算起；当采用独立基础或条形基础时，应从室内地面标高算起。

**【要点】**

◆从公式和修正系数、土层重度，分析影响地基承载力的因素。基础埋置深度越深，基础底面以下土层的重度越大，地基承载力越高；基础宽度越大，基础底面以下土层的重度越大，地基承载力越大。

◆将地基基础看作一个受压构件来理解地基承载力计算，其实就是一个轴心或偏心受压构件简单的应力计算。

**例 5-3** 已知某柱下独立基础，在图示偏心荷载作用下，基础底面的土压力示意正确的是：

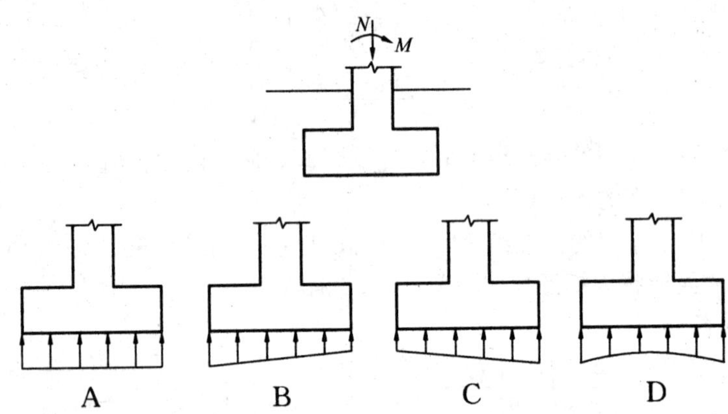


**解析：**有弯矩和轴压力共同作用时，为偏心受压状态，基底土压力如图C所示。

**答案：**C

注：在轴心压力作用下基础底面的土应力均匀分布，如图A所示。

**（四）变形计算**

**（1）建筑物的地基变形计算值，不应大于地基变形允许值。**

（2）地基变形特征可分为沉降量、沉降差、倾斜或局部倾斜。

（3）在计算地基变形时，应符合下列规定：

1）由于建筑地基不均匀、荷载差异很大、体型复杂等因素引起的地基变形，对于砌体承重结构应由局部倾斜控制；对于框架结构和单层排架结构应由相邻柱基的沉降差控制；对于多层或高层建筑和高耸结构应由倾斜控制；必要时尚应控制平均沉降量。

2）在必要情况下，需要分别预估建筑物在施工期间和使用期间的地基变形值，以便预留建筑物有关部分之间的净空，选择连接方法和施工顺序。

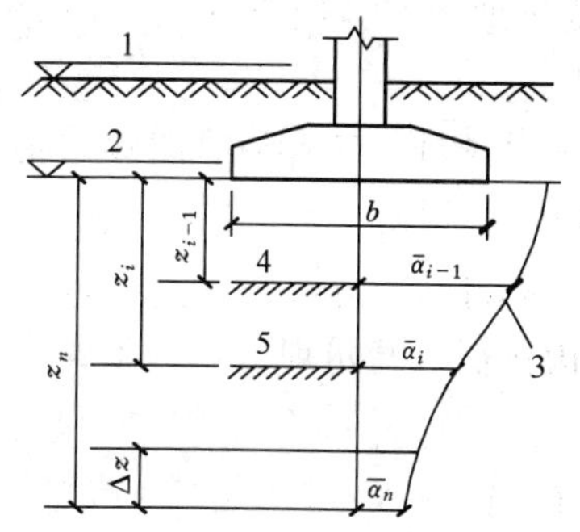


图 5-4 基础沉降计算的分层示意

1—天然地面标高；2—基底标高；3—平均附加应力系数 $\bar{\alpha}$ 曲线；4—$i$—1 层；5—$i$ 层

（4）建筑物的地基变形允许值应按规范的规定采用。

（5）计算地基变形时，地基内的应力分布，可采用各向同性均质线性变形体理论，其最终变形量可按规范要求计算（图 5-4）。

【要点】地基变形计算主要指地基最终沉降量计算。最终沉降量是由瞬时沉降、固结沉降和次固结沉降三部分组成。

（6）在同一整体大面积基础上建有多栋高层和低层建筑，宜考虑上部结构、基础与地基的共同作用，进行变形计算。

（7）下列建筑物应在施工期间及使用期间进行变形观测：

1）地基基础设计等级为甲级的建筑物；

2）软弱地基上的地基基础设计等级为乙级的建筑物；

3）处理地基上的建筑物；

4）加层、扩建建筑物；

5）受邻近深基坑开挖施工影响或受场地地下水等环境因素变化影响的建筑物；

6）采用新型基础或新型结构的建筑物。

## （五）稳定性计算

### 1. 地基稳定性

地基稳定性可采用圆弧滑动面法进行验算。最危险的滑动面上诸力对滑动中心所产生的抗滑力矩与滑动力矩应符合下式要求：

$$M_R/M_S \geqslant 1.2 \tag{5-15}$$

式中 $M_S$——滑动力矩（kN·m）；

$M_R$——抗滑力矩（kN·m）。

【要点】一般对处于平整地基上的建筑物，只要基础具有必需的埋置深度以保证其承载力，就不会由于倾覆或滑移而导致破坏。但对于高大的建筑物，如地下水位在基础地面以上，特别是当建筑物经常受水平荷载或位于斜坡上，或存在倾斜或软弱底层时，有必要进行地基稳定性验算。

### 2. 抗浮稳定性

建筑物基础存在浮力作用时应进行抗浮稳定性验算，并应符合下列规定：

（1）对于简单的浮力作用情况，基础抗浮稳定性应符合下式要求：

$$G_k/N_{w,k} \geqslant K_w \tag{5-16}$$

式中 $G_k$——建筑物自重及压重之和（kN）；

$N_{w,k}$——浮力作用值（kN）；

$K_w$——抗浮稳定安全系数，一般情况下可取 1.05。

（2）抗浮稳定性不满足设计要求时，可采用增加压重或设置抗浮构件等措施。在整体满足抗浮稳定性要求而局部不满足时，也可采用增加结构刚度的措施。

## 第六节　山　区　地　基

**（一）一般规定**

工程地质条件复杂多变是山区（包括丘陵地带）地基的显著特征。选择适宜的建设场地和建筑物地基尤为重要。详见《地基基础规范》第 6.1 节。

**（二）土岩组合地基**

常见的一种复杂类型地基。在建筑地基（或被沉降缝分隔区段的建筑地基）的主要受力层范围内，如遇下列情况之一者，属土岩组合地基：

（1）下卧基岩表面坡度较大的地基；

（2）石芽密布并有出露的地基；

（3）大块孤石或个别石芽出露的地基。

**【要点】** 当建筑物对地基变形要求较高或地质条件比较复杂不宜按一般规定进行地基处理时，可调整建筑平面位置或采用桩基或梁、拱跨越等处理措施。

在地基压缩性相差较大的部位，宜结合建筑平面形状、荷载条件设置沉降缝。

**（三）填土地基**

**（1）当利用压实填土作为建筑工程的地基持力层时，在平整场地前，应根据结构类型、填料性能和现场条件等，对拟压实的填土提出质量要求。未经检验查明以及不符合质量要求的压实填土，均不得作为建筑工程的地基持力层。**

注：按其堆填方式分为压实填土和未经填方设计已形成的填土两类。

（2）当利用未经填方设计处理形成的填土作为建筑物地基时，应查明填料成分与来源，填土的分布、厚度、均匀性、密实度与压缩性以及填土的堆积年限等情况，根据建筑物的重要性、上部结构类型、荷载性质与大小、现场条件等因素，选择合适的地基处理方法，并提出填土地基处理的质量要求与检验方法。

（3）拟填实的填土地基应根据建筑物对地基的具体要求，进行填方设计。填方设计的内容包括填料的性质、压实机械的选择、密实度要求、质量监督和检验方法等。对重大的填方工程，必须在填方设计前选择典型的场区进行现场试验，取得填方设计参数后，才能进行填方工程的设计与施工。

（4）填方工程设计前应具备详细的场地地形、地貌及工程地质勘察资料。位于塘、沟、积水洼地等地区的填土地基，应查明地下水的补给与排泄条件、底层软弱土体的清除情况、自重固结程度等。

（5）对含有生活垃圾或有机质废料的填土，未经处理不宜作为建筑物地基使用。

（6）压实填土的填料，应符合下列规定：

1）级配良好的砂土或碎石土；以卵石、砾石、块石或岩石碎屑作填料时，分层压实时其最大粒径不宜大于 200mm，分层夯实时其最大粒径不宜大于 400mm；

2）性能稳定的矿渣、煤渣等工业废料；

3）以粉质黏土、粉土作填料时，其含水量宜为最优含水量，可采用击实试验确定；

4）挖高填低或开山填沟的土石料，应符合设计要求；

5）不得使用淤泥、耕土、冻土、膨胀性土以及有机质含量大于 5%的土。

(7) 填土地基在进行压实施工时，应注意采取地面排水措施，当其阻碍原地表水畅通排泄时，应根据地形修建截水沟，或设置其他排水设施。设置在填土区的上、下水管道，应采取防渗、防漏措施，避免因漏水使填土颗粒流失，必要时应在填土土坡的坡脚处设置反滤层。

(8) 位于斜坡上的填土，应验算其稳定性。对由填土而产生的新边坡，当填土边坡坡度符合边坡坡度允许值时，可不设置支挡结构。当天然地面坡度大于20%时，应采取防止填土可能沿坡面滑动的措施，并应避免雨水沿斜坡排泄。

**(四) 滑坡防治**

**(1) 在建筑场区内，由于施工或其他因素的影响有可能形成滑坡的地段，必须采取可靠的预防措施。对具有发展趋势并威胁建筑物安全使用的滑坡，应及早采取综合整治措施，防止滑坡继续发展。**

(2) 应根据工程地质、水文地质条件以及施工影响等因素，分析滑坡可能发生或发展的主要原因，采取下列防治滑坡的处理措施：

1) 排水。应设置排水沟以防止地面水浸入滑坡地段，必要时尚应采取防渗措施。在地下水影响较大的情况下，应根据地质条件，设置地下排水工程。

2) 支挡。根据滑坡推力的大小、方向及作用点，可选用重力式抗滑挡墙、阻滑桩及其他抗滑结构。抗滑挡墙的基底及阻滑桩的桩端应埋置于滑动面以下的稳定土（岩）层中。必要时，应验算墙顶以上的土（岩）体从墙顶滑出的可能性。

(3) 卸载。在保证卸载区上方及两侧岩土稳定的情况下，可在滑体主动区卸载，但不得在滑体被动区卸载。

(4) 反压。在滑体的阻滑区段增加竖向荷载以提高滑体的阻滑安全系数。

**(五) 岩石地基**

**【要点】** *岩石相对于土而言，具有较坚固的刚性连接，因而具有较高的强度和较小的透水性。岩石地基具有承载力高、压缩性低和稳定性强的特点。*

(1) 岩石地基基础设计应符合下列规定：

1) 置于完整、较完整、较破碎岩体上的建筑物可仅进行地基承载力计算。

2) 地基基础设计等级为甲、乙级的建筑物，同一建筑物的地基存在坚硬程度不同，两种或多种岩体变形模量差异达2倍及2倍以上，应进行地基变形验算。

3) 地基主要受力层深度内存在软弱下卧岩层时，应考虑软弱下卧岩层的影响，进行地基稳定性验算。

4) 桩孔、基底和基坑边坡开挖应采用控制爆破，到达持力层后，对软岩、极软岩表面应及时封闭保护。

5) 当基岩面起伏较大，且都使用岩石地基时，同一建筑物可以使用多种基础形式。

6) 当基础附近有临空面时，应验算向临空面倾覆和滑移稳定性。存在不稳定的临空面时，应将基础埋深加大至下伏稳定基岩；亦可在基础底部设置锚杆，锚杆应进入下伏稳定岩体，并满足抗倾覆和抗滑移要求。同一基础的地基可以放阶处理，但应满足抗倾覆和抗滑移要求。

7) 对于节理、裂隙发育及破碎程度较高的不稳定岩体，可采用注浆加固和清爆填塞等措施。

(2) 对遇水易软化和膨胀、易崩解的岩石，应采取保护措施减少其对岩体承载力的影响。

**(六) 岩溶与土洞**

岩溶是石灰岩、白云岩、石膏、岩盐等可溶性岩石在水的溶蚀作用下产生的各种地质作用、形态和现象的总称。

(1) 在岩溶地区应考虑其对地基稳定的影响。

(2) 由于岩溶发育具有严重的不均匀性，为区别对待不同岩溶发育程度场地上的地基基础设计，将岩溶场地分为岩溶强发育、中等发育和微发育三个等级。

(3) 地基基础设计等级为甲级、乙级的建筑物主体宜避开岩溶强发育地段。

**(七) 土质边坡和重力式挡墙**

(1) 边坡设计应符合下列规定:

1) 边坡设计应保护和整治边坡环境。

2) 对于平整场地而出现的新边坡，应及时进行支挡或构造防护。

3) 应根据边坡类型、边坡环境、边坡高度及可能的破坏模式，选择适当的边坡稳定计算方法和支挡结构形式。

4) 支挡结构设计应进行整体稳定性验算、局部稳定性验算、地基承载力计算、抗倾覆稳定性验算、抗滑移稳定性验算及结构强度计算。

5) 边坡工程设计前，应进行详细的工程地质勘察，并应对边坡的稳定性做出准确的评价；对周围环境的危害性做出预测。

6) 边坡的支挡结构应进行排水设计。支挡结构后面的填土，应选择透水性强的填料。

(2) 挡土墙分类

岩土工程中的“支挡”结构，用于“边坡”方面的支挡结构一般称“挡土墙”或“挡墙”，主要有重力式、悬臂式、扶壁式、锚杆式、锚定板式和土钉墙式，见图 5-5。

**【要点】**

◆用于“边坡”方面的支挡结构一般称“挡土墙”或“挡墙”，主要有重力式、悬臂式、扶壁式、锚杆式、锚定板式和土钉墙式等。其中重力式挡土墙近年考试多有涉及，应重视。

◆用于“基坑支护”的支挡结构，也属挡土墙，习惯上称为“支护结构”，主要有排桩、地下连续墙、水泥土墙、逆作拱墙等。

◆地下室和地下结构的挡墙，常与建筑物或构筑物的结构结合，由水平的顶板和地板支撑。

◆锚杆式挡土墙由锚固在坚硬地基中的锚杆拉结。

(3) 挡土墙的土压力

挡土结构所受的侧向压力称为土压力。

1) 土压力分类

作用在挡土结构上的土压力，按挡土结构的位移方向、大小及土体所处的极限平衡状态，分为三种：静止土压力、主动土压力、被动土压力，见图 5-6。

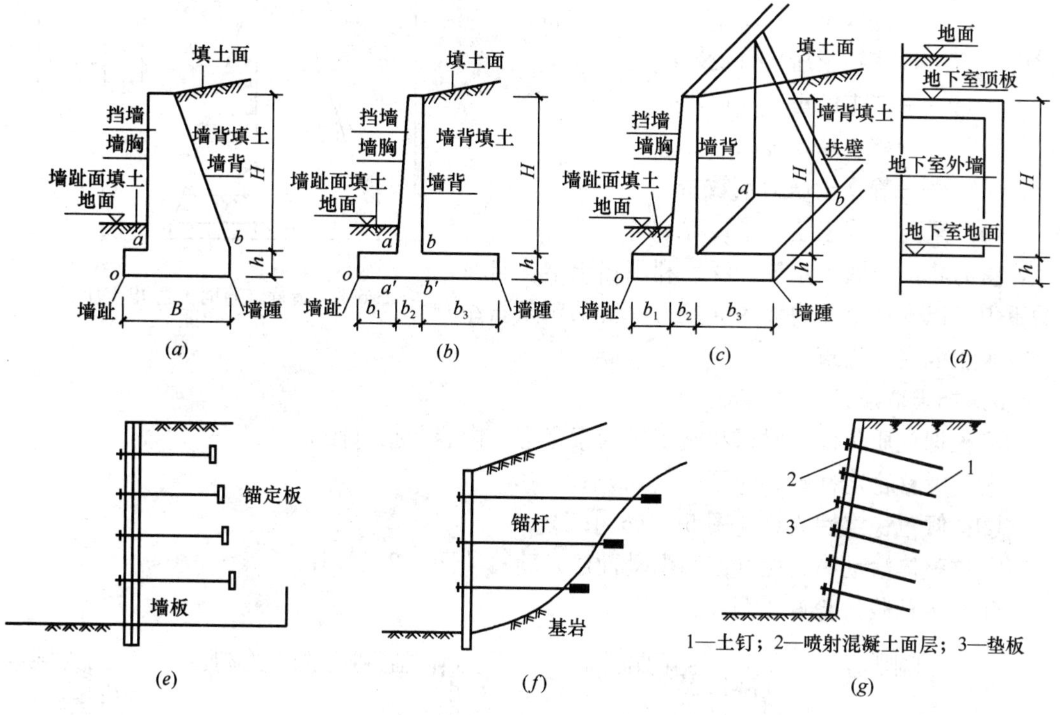


图 5-5　常见挡土墙形式

（a）重力式挡墙；（b）悬臂式挡墙；（c）扶壁式挡墙；（d）地下室外墙；（e）锚定板式；（f）锚杆式；（g）土钉墙式

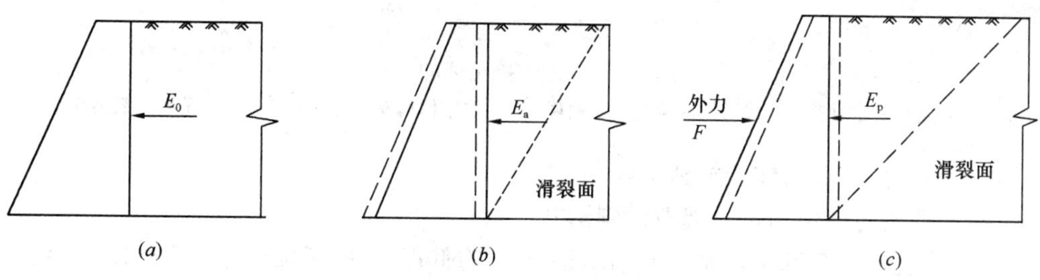


图 5-6　土压力分类

（a）静止土压力；（b）主动土压力；（c）被动土压力

2）土压力的大小

主动土压力最小，静止土压力居中，被动土压力最大。

主动土压力（最小）——多数挡土墙采用（土推墙）；

静止土压力（居中）——地下室外墙；

被动土压力（最大）——拱脚基础采用（墙推土）。

3）土压力分布

土压力沿挡土结构竖向一般为三角形分布，墙顶处压力小，墙底处压力大。

如果取单位挡土结构长度，则作用在挡土结构上的静止土压力如图 5-7 所示。

$$E_0 = \frac{1}{2}\gamma h^2 K_0 \tag{5-17}$$

式中 $E_0$——静止土压力（kN）；

$\gamma$——填土的重度（$kN/m^3$）；

$h$——挡土墙高度（m）；

$K_0$——静止土压力系数。

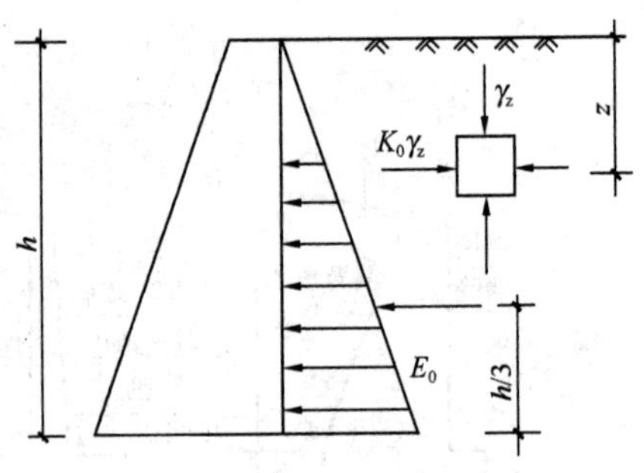

图 5-7 墙背竖直时的静止土压力

（4）重力式挡土墙

重力式挡土墙应用较广泛，利用挡土结构自身的重力，以支挡土质边坡的横推力，常采用条石垒砌或采用混凝土浇筑。

1）挡土墙设计

应根据地质条件、材料和施工等因素考虑，内容包括（图 5-8）：

①抗滑移稳定性验算［图 5-8（$a$）］；

②抗倾覆稳定性验算［图 5-8（$b$）］；

③抗整体滑动稳定性（圆弧滑动面法）验算［图 5-8（$c$）］；

④地基承载力验算［图 5-8（$d$）］。

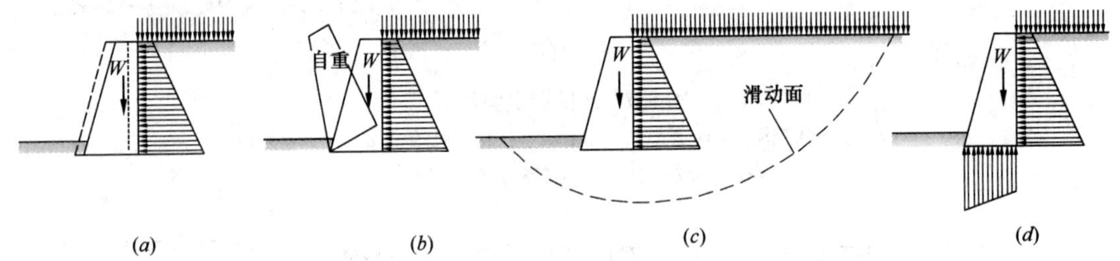

图 5-8 重力式挡土墙的验算

（$a$）抗滑移稳定性验算；（$b$）抗倾覆稳定性验算；（$c$）抗整体滑动稳定性验算；（$d$）地基承载力验算

2）重力式挡土墙的体型构造

①挡土墙的各部位名称及墙背倾斜形式

重力式挡土墙的各部位名称及墙背的倾斜形式有仰视、直立和俯斜三种，如图 5-9 所示。

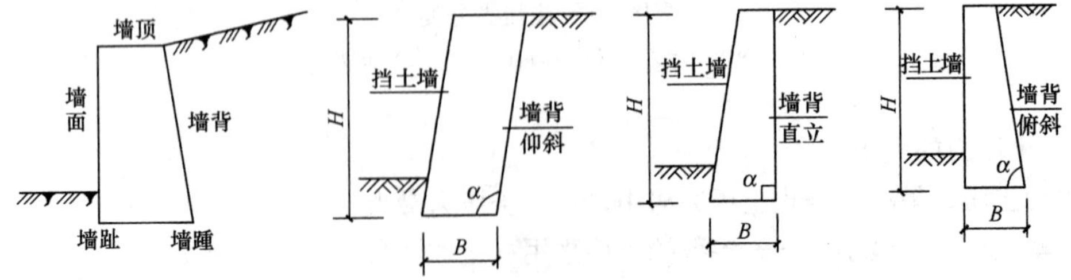

图 5-9 重力式挡土墙墙背倾斜形式

相同情况下，仰斜式受到的主动土压力最小，直立式居中，俯斜式最大。为减小墙背的土压力，选择仰斜式最为合理。另外仰斜墙重心后移，加大了抗倾覆力臂，提高了抗倾覆的稳定性。

当边坡采用挖方时，仰斜式较为合理，此时墙背可以与开挖的边坡紧密贴合；如果边坡是填方，由于仰斜墙背的填土夯实比直立式和俯斜式困难，则选择直立式和俯斜式更为合理。但当墙前地形较陡时不宜采用。

②基底逆坡

将基底做成逆坡或将基础做成锯齿状是增加挡土墙的抗滑稳定性的有效方法。在墙体稳定性验算中，抗滑移稳定性一般比抗倾覆稳定更不易满足要求。但基底逆坡坡度也不能过大，以免造成墙身连同墙底的土体一起滑动，见图 5-10、图 5-11。

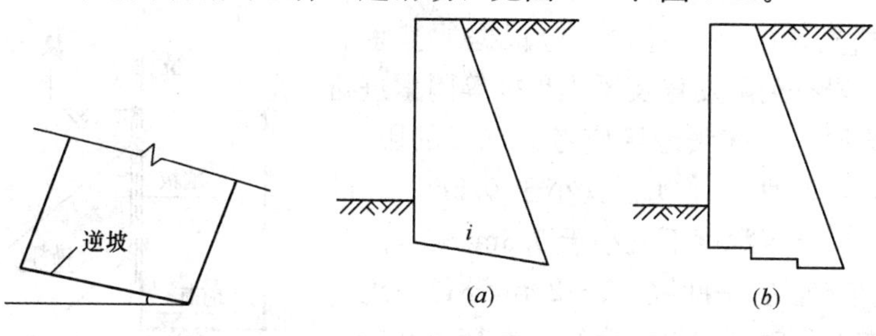


图 5-10　基底逆坡　　　图 5-11　增强挡土墙抗滑移能力的措施

③墙趾台阶

当墙高较大，基底压力超过地基承载力时，设置墙趾台阶增大底面宽度，同时还有利于提高挡土墙的抗滑移和抗倾覆稳定性，见图 5-12、图 5-13。

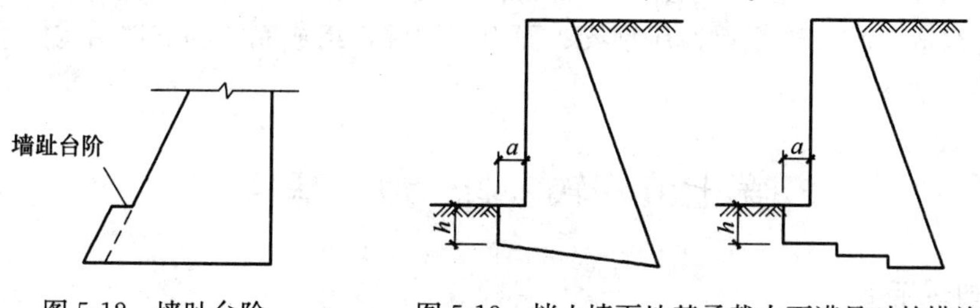


图 5-12　墙趾台阶　　　图 5-13　挡土墙下地基承载力不满足时的措施

**例 5-4**　某悬臂式挡土墙，如图所示，当抗滑移验算不足时，在挡土墙埋深不变的情况下，下列措施最有效的是：

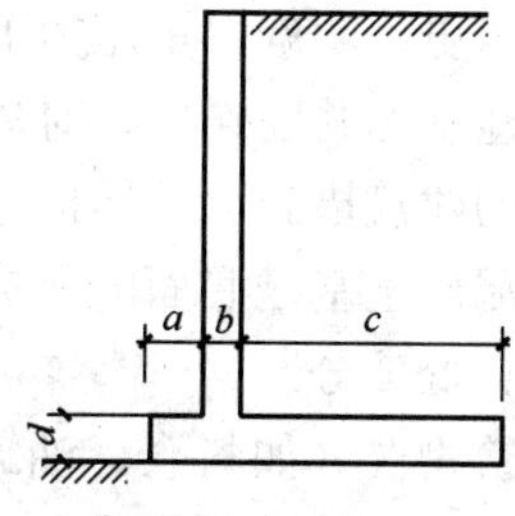


A　仅增加 $a$　　　B　仅增加 $b$

C　仅增加 $c$　　　D　仅增加 $d$

**解析：** 增加 $c$ 值，对抗滑移最有效。

**答案：** C

3）重力式挡土墙的构造应符合下列规定：

①重力式挡土墙适用于高度小于 8m、地层稳定、开挖土石方时不会危及相邻建筑安全的地段。

②重力式挡土墙可在基底设置逆坡。对于土质地基，基底逆坡坡度不宜大于 1∶10；对于岩石地基，基底逆坡坡度不宜大于 1∶5。

③毛石挡土墙的墙顶宽度不宜小于 400mm；混凝土挡土墙的墙顶宽度不宜小于 200mm。

④重力式挡土墙的基础埋深，应根据地基承载力、水流冲刷、岩石裂隙发育及风化程度等因素进行确定。在特强冻胀、强冻胀地区应考虑冻胀的影响。在土质地基中，基础埋置深度不宜小于 0.5m；在软质岩地基中，基础埋置深度不宜小于 0.3m。

⑤重力式挡土墙应每间隔 10～20m 设置一道伸缩缝。当地基有变化时宜加设沉降缝。在挡土墙的拐角处，应采取加强的构造措施。

(5) 桩锚支挡结构体系

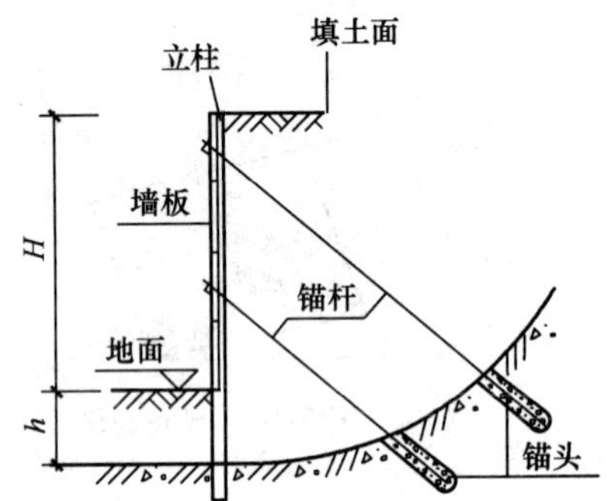

图 5-14　锚杆挡土墙由锚固在坚硬地基中的锚杆拉结

在有岩体存在的山区，可采用桩锚支挡结构体系。该支挡结构体系，由竖桩（立柱）、岩石锚杆等主要承力构件组成，辅以连系梁、压顶梁、面板等构件，组成完整的支挡结构体系，优于重力式挡土墙，如图 5-14。

## 第七节　软　弱　地　基

**(一) 一般规定**

(1) 当地基压缩层主要由淤泥、淤泥质土、冲填土、杂填土或其他高压缩性土层构成时应按软弱地基进行设计。在建筑地基的局部范围内有高压缩性土层时，应按局部软弱土层处理。

(2) 勘察时，应查明软弱土层的均匀性、组成、分布范围和土质情况；冲填土尚应了解排水固结条件，杂土应查明堆积历史，明确自重压力下的稳定性、湿陷性等基本因素。

(3) 设计时应考虑上部结构和地基的共同作用。对建筑体型、荷载情况、结构类型和地质条件进行综合分析，确定合理的建筑措施、结构措施和地基处理方法。

(4) 施工时应注意对淤泥和淤泥质土基槽底面的保护，减少扰动。荷载差异较大的建筑物，宜先建重、高部分，后建轻、低部分。

(5) 活荷载较大的构筑物或构筑物群（如料仓、油罐等），使用初期应根据沉降情况控制加载速率，掌握加载间隔时间，或调整活荷载分布，避免过大倾斜。

**【要点】**

◆软土的主要物理力学特性是含水量高、高压缩性、天然抗剪强度较低等。

◆由于软弱土的物质组成、成因及存在环境（如水的影响等）不同，不同的软弱地基其性质可能完全不同。

**（二）利用与处理**

（1）利用软弱土层作为持力层时，应符合下列规定：

1）淤泥和淤泥质土，宜利用其上覆较好土层作为持力层；当上覆土层较薄时，应采取避免施工时对淤泥和淤泥质土扰动的措施。

2）冲填土、建筑垃圾和性能稳定的工业废料，当均匀性和密实度较好时，可利用作为轻型建筑物地基的持力层。

（2）局部软弱土层以及暗塘、暗沟等，可采用基础梁、换土、桩基或其他方法处理。

（3）当地基承载力或变形不能满足设计要求时，地基处理可选用机械压实、堆载预压、真空预压、换填垫层或复合地基等方法。处理后的地基承载力应通过试验确定。

（4）机械压实包括重锤夯实、强夯、振动压实等方法，可用于处理由建筑垃圾或工业废料组成的杂填土地基，处理有效深度应通过试验确定。

（5）堆载预压可用于处理较厚淤泥和淤泥质土地基。预压荷载宜大于设计荷载，预压时间应根据建筑物的要求以及地基固结情况决定，并应考虑堆载大小和速率对堆载效果和周围建筑物的影响。采用塑料排水带或砂井进行堆载预压和真空预压时，应在塑料排水带或砂井顶部做排水砂垫层。

（6）换填垫层（包括加筋垫层）可用于软弱地基的浅层处理。垫层材料可采用中砂、粗砂、砾砂、角（圆）砾、碎（卵）石、矿渣、灰土、黏性土以及其他性能稳定、无腐蚀性的材料。加筋材料可采用高强度、低徐变、耐久性好的土工合成材料。

**（7）复合地基设计应满足建筑物承载力和变形要求。当地基土为欠固结土、膨胀土、湿陷性黄土、可液化土等特殊性土时，设计采用的增强体和施工工艺应满足处理后地基土和增强体共同承担荷载的技术要求。**

（8）复合地基承载力特征值应通过现场复合地基载荷试验确定，或采用增强体载荷试验结果和周边土的承载力特征值结合经验确定。

（9）增强体顶部应设褥垫层。褥垫层可采用中砂、粗砂、砾砂、碎石、卵石等散体材料。碎石、卵石宜掺入20%～30%的砂。

**（三）建筑措施**

软弱地基上的建筑物沉降比较显著，且不均匀，沉降稳定的时间很长，如果处理不好，会造成建筑物的倾斜、开裂或损坏，造成工程事故。

**地基基础和上部结构是整体，**共同作用，因此地基设计上除地基变形满足建筑物允许变形外，还应根据地基不均匀变形的分布规律，**在建筑布置和结构处理上采取必要措施，使上部建筑结构适应地基变形**。

（1）在满足使用和其他要求的前提下，建筑体型应力求简单。当建筑体型比较复杂时，宜根据其平面形状和高度差异情况，在适当部位用沉降缝将其划分成若干个刚度较好的单元；当高度差异（或荷载差异）较大时，可将两者隔开一定距离，若拉开距离后的两单元必须连接时，应采用能自由沉降的连接构造。

（2）建筑物设置沉降缝时，应符合下列规定：

1）建筑物的下列部位，宜设置沉降缝：

①建筑平面的转折部位；

②高度差异或荷载差异处；

③长高比过大的砌体承重结构或钢筋混凝土框架结构的适当部位；

④地基土的压缩性有显著差异处；

⑤建筑结构或基础类型不同处；

⑥分期建造房屋的交界处。

2）沉降缝应有足够的宽度，沉降缝宽度可按表 5-10 选用。

**房屋沉降缝的宽度** **表 5-10**

| 房屋层数 | 沉降缝宽度（mm） |
|---|---|
| 二～三 | 50～80 |
| 四～五 | 80～120 |
| 五层以上 | 不小于 120 |

（3）相邻建筑物基础间的净距，可按表 5-11 选用。

**相邻建筑物基础间的净距（m）** **表 5-11**

| 影响建筑的预估平均沉降量 $s$（mm）＼被影响建筑的长高比 | $2.0\leqslant \frac{L}{H_f}<3.0$ | $3.0\leqslant \frac{L}{H_f}<5.0$ |
|---|---|---|
| 70～150 | 2～3 | 3～6 |
| 160～250 | 3～6 | 6～9 |
| 260～400 | 6～9 | 9～12 |
| ＞400 | 9～12 | 不小于 12 |

注：1. 表中 $L$ 为建筑物长度或沉降缝分隔的单元长度（m）；$H_f$ 为自基础底面标高算起的建筑物高度（m）；

2. 当被影响建筑的长高比为 $1.5<L/H_f<2.0$ 时，其间净距可适当缩小。

（4）相邻高耸结构或对倾斜要求严格的构筑物的外墙间隔距离，应根据倾斜允许值计算确定。

（5）建筑物各组成部分或设备之间的沉降差处理。

建筑物各组成部分的标高，应根据可能产生的不均匀沉降采取下列相应措施：

1）室内地坪和地下设施的标高，应根据预估沉降量予以提高。建筑物各部分（或设备之间）有联系时，可将沉降较大者标高提高。

2）建筑物与设备之间，应留有足够的净空。当建筑物有管道穿过时，应预留孔洞，或采用柔性的管道接头等。

**【要点】**

◆ 建筑体型的合理组合（体型简单、高度和荷载均匀）；

◆ 对体型复杂或过长的建筑物设置沉降缝，并采用增强基础和上部结构刚度的方法，使每个单元具有适应和调整地基不均匀变形的能力；

◆ 相邻建筑物基础间保持一定的净距；

◆ 建筑物各组成部分或设备之间的沉降差处理。

**（四）结构措施**

建筑物沉降的均匀程度不仅与地基的均匀性和上部结构的荷载分布情况有关，还与建筑物的整体刚度有关。**建筑物的整体刚度是指建筑物抵抗自身变形的能力**。

(1) 为减少建筑物沉降和不均匀沉降，可采用下列措施：

1) 选用轻型结构，减轻墙体自重，采用架空地板代替室内填土；

2) 设置地下室或半地下室，采用覆土少、自重轻的基础形式；

3) 调整各部分的荷载分布、基础宽度或埋置深度；

4) 对不均匀沉降要求严格的建筑物，可选用较小的基底压力。

(2) 对于建筑体型复杂、荷载差异较大的框架结构，可采用箱基、桩基、筏基等可加强基础整体刚度，减少不均匀沉降。

(3) 对于砌体承重结构的房屋，宜采用下列措施增强整体刚度和承载力：

1) 对于三层和三层以上的房屋，其长高比 $L/H_f$ 宜小于或等于 2.5；当房屋的长高比为 $2.5<L/H_f\leqslant 3.0$ 时，宜做到纵墙不转折或少转折，并应控制其内横墙间距或增强基础刚度和承载力。当房屋的预估最大沉降量小于或等于 120mm 时，其长高比可不受限制。

2) 墙体内宜设置钢筋混凝土圈梁或钢筋砖圈梁。

3) 在墙体上开洞时，宜在开洞部位配筋或采用构造柱及圈梁加强。

(4) 圈梁应按下列要求设置：

1) 在多层房屋的基础和顶层处应各设置一道，其他各层可隔层设置，必要时也可逐层设置。单层工业厂房、仓库，可结合基础梁、连系梁、过梁等酌情设置。

2) 圈梁应设置在外墙、内纵墙和主要内横墙上，并宜在平面内连成封闭系统。

**【要点】**

◆减少沉降和不均匀沉降的措施。

◆框架结构（体型复杂、荷载差异较大的）可加强基础整体刚度，如采用箱基、桩基、厚筏等，以减少不均匀沉降；

◆砌体结构（加强整体刚度的措施）。

◆圈梁的设置部位和数量（关键部位、连续封闭）。圈梁应根据地基不均匀变形、建筑物建成后可能的挠曲方向等因素确定。如建筑物可能发生正向挠曲时，应保证在基础处设置；反之，若可能发生反向挠曲时，则首先应保证顶层设置圈梁。

**（五）大面积地面荷载**

(1) 在建筑范围内具有地面荷载的单层工业厂房、露天车间和单层仓库的设计，应考虑由于地面荷载所产生的地基不均匀变形及其对上部结构的不利影响。当有条件时，宜利用堆载预压过的建筑场地。

注：地面荷载系指生产堆料、工业设备等地面堆载和天然地面上的大面积填土。

(2) 地面堆载应力求均衡，并应根据使用要求、堆载特点、结构类型和地质条件，确定允许堆载量和范围。

堆载不宜压在基础上。大面积的填土，宜在基础施工前三个月完成。

(3) 地面堆载荷载应满足地基承载力、变形、稳定性要求，并应考虑对周边环境的影响。当堆载量超过地基承载力特征值时，应进行专项设计。

(4) 厂房和仓库的结构设计，可适当提高柱、墙的抗弯能力，增强房屋的刚度。对于中、小型仓库，宜采用静定结构。

(5) 特殊情况时宜采用桩基，详见《地基基础》规范。

## 第八节　基　　础

房屋基础形式种类很多：有无筋扩展基础，（如毛石基础、混凝土基础等），扩展基础（如杯口基础），箱形基础与筏形基础及桩基础等。

**（一）无筋扩展基础**

无筋扩展基础系指由砖、毛石、混凝土或毛石混凝土、灰土和三合土等材料组成的墙下条形基础或柱下独立基础。无筋扩展基础，适用于多层民用建筑和轻型厂房。

无筋扩展基础（图 5-15）高度应满足下式要求：

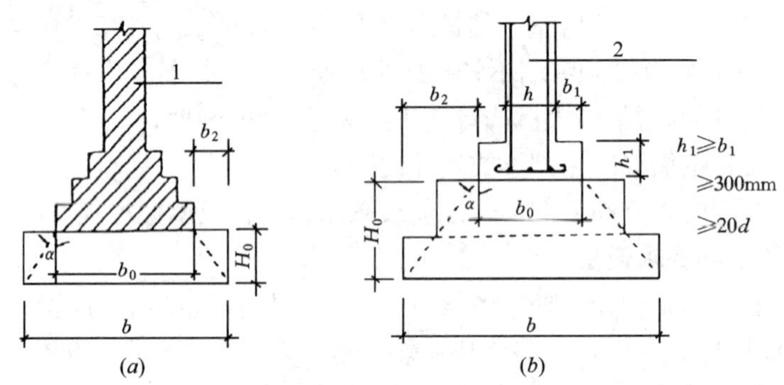


图 5-15　无筋扩展基础构造示意

$d$—柱中纵向钢筋直径；1—承重墙；2—钢筋混凝土柱

$$H_0 \geqslant (b-b_0)/2\tan\alpha \tag{5-18}$$

式中　$b$——基础底面宽度（m）；

$b_0$——基础顶面的墙体宽度或柱脚宽度（m）；

$H_0$——基础高度（m）；

$\tan\alpha$——基础台阶宽高比 $b_2:H_0$，其允许值可按表 5-12 选用；

$b_2$——基础台阶宽度（m）。

**无筋扩展基础台阶宽高比的允许值　　表 5-12**

| 基础材料 | 质量要求 | 台阶宽高比的允许值 | | |
|---|---|---|---|---|
| | | $p_k \leqslant 100$ | $100 < p_k \leqslant 200$ | $200 < p_k \leqslant 300$ |
| 混凝土基础 | C15 混凝土 | 1∶1.00 | 1∶1.00 | 1∶1.25 |
| 毛石混凝土基础 | C15 混凝土 | 1∶1.00 | 1∶1.25 | 1∶1.50 |
| 砖基础 | 砖不低于 MU10、砂浆不低于 M5 | 1∶1.50 | 1∶1.50 | 1∶1.50 |
| 毛石基础 | 砂浆不低于 M5 | 1∶1.25 | 1∶1.50 | — |
| 灰土基础 | 体积比为 3∶7 或 2∶8 的灰土，其最小干密度：<br>粉土 1550kg/m$^3$<br>粉质黏土 1500kg/m$^3$<br>黏土 1450kg/m$^2$ | 1∶1.25 | 1∶1.50 | — |

续表

| 基础材料 | 质量要求 | 台阶宽高比的允许值 | | |
|---|---|---|---|---|
| | | $p_k$≤100 | 100<$p_k$≤200 | 200<$p_k$≤300 |
| 三合土基础 | 体积比1∶2∶4～1∶3∶6（石灰∶砂∶骨料），每层约虚铺220mm，夯至150mm | 1∶1.50 | 1∶2.00 | — |

注：1. $p_k$为荷载效应标准组合时基础底面处的平均压力值（kPa）；

2. 阶梯形毛石基础的每阶伸出宽度，不宜大于200mm；

3. 当基础由不同材料叠合组成时，应对接触部分作抗压验算；

4. 基础底面处的平均压力值超过300kPa的混凝土基础，尚应进行抗剪验算。

上述几种刚性基础，除三合土基础不宜超过四层建筑以外，其他均可用于六层和六层以下的一般民用建筑和墙体承重的轻型厂房。

**【要点】**

◆ 无筋扩展基础采用刚性材料——砖、毛石、混凝土、毛石混凝土、灰土、三合土等；

◆ 无筋扩展基础的刚性角概念及常见基础材料的台阶高宽比允许值。

**（二）扩展基础**

扩展基础系指柱下钢筋混凝土独立基础和墙下钢筋混凝土条形基础。

（1）扩展基础的构造，应符合下列规定：

1）锥形基础的边缘高度不宜小于200mm，且两个方向的坡度不宜大于1∶3；阶梯形基础的每阶高度，宜为300～500mm。

2）垫层的厚度不宜小于70mm；垫层混凝土强度等级不宜低于C10。

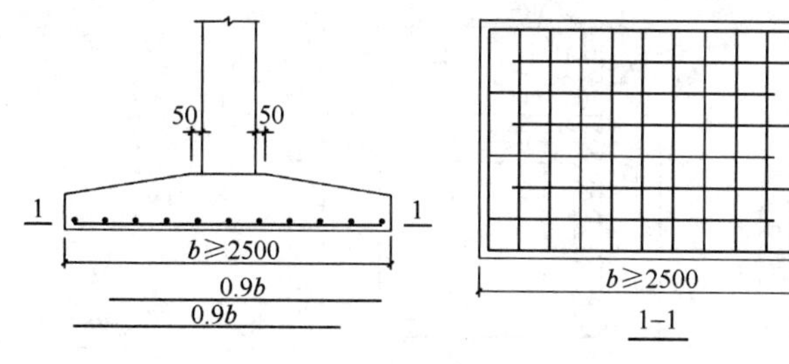


图5-16 柱下独立基础底板受力钢筋布置

3）当有垫层时钢筋保护层的厚度不应小于40mm；无垫层时不应小于70mm。

4）混凝土强度等级不应低于C20。

5）当柱下钢筋混凝土独立基础的边长和墙下钢筋混凝土条形基础的宽度大于或等于2.5m时，底板受力钢筋的长度可取边长或宽度的0.9倍，并宜交错布置（图5-16）。

6）钢筋混凝土条形基础底板在T形及十字形交接处，底板横向受力钢筋仅沿一个主要受力方向通长布置，另一方向的横向受力钢筋可布置到主要受力方向底板宽度1/4处。在拐角处底板横向受力钢筋应沿两个方向布置（图5-17）。

（2）现浇柱的基础，其插筋的数量、直径以及钢筋种类应与柱内纵向受力钢筋相同，见图5-18。

**（3）扩展基础的计算应符合下列规定：**

**1）对柱下独立基础，当冲切破坏椎体落在基础底面以内时，应验算柱与基础交接处**

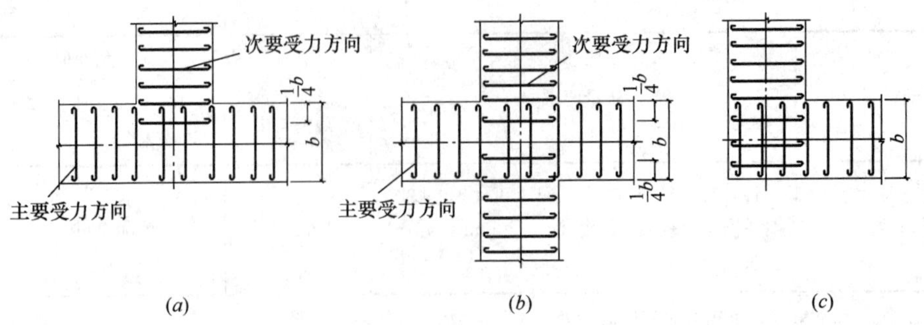


图 5-17 墙下条形基础纵横交叉处底板受力钢筋布置

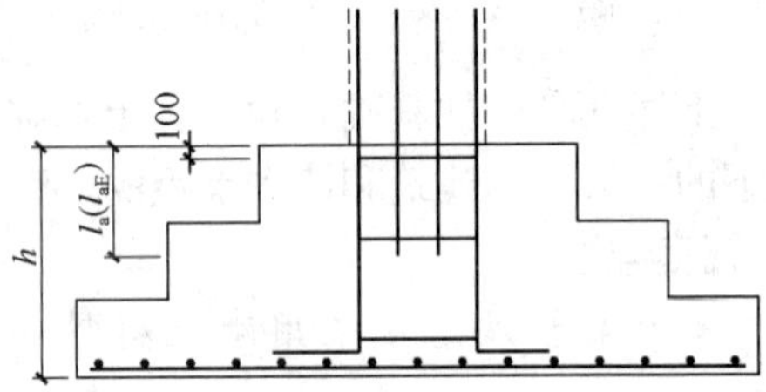

以及基础变阶处的受冲切承载力；

**2）对基础底面短边尺寸小于或等于柱宽加两倍基础有效高度的柱下独立基础，以及墙下条形基础，应验算柱（墙）与基础交接处的基础受剪切承载力；**

**3）基础底板的配筋，应按抗弯计算确定；**

**4）当基础的混凝土强度等级小于柱的混凝土强度等级时，尚应验算柱下基础顶面的局部受压承载力。**

图 5-18 现浇柱的基础中插筋构造示意

（4）柱下独立基础的受冲切承载力验算，见图 5-19。

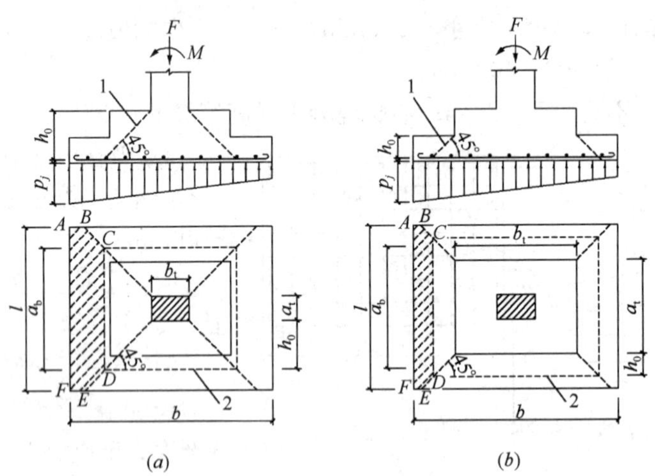


图 5-19 计算阶形基础的受冲切承载力截面位置

（$a$）柱与基础交接处；（$b$）基础变阶处

1—冲切破坏椎体最不利一侧的斜截面；2—冲切破坏椎体的底面线

**（三）柱下条形基础**

（1）柱下条形基础的构造，除应满足本节二、第 1 条的要求外，尚应符合下列规定：

1）柱下条形基础梁的高度宜为柱距的 1/4～1/8。翼板厚度不应小于 200mm。当翼板厚度大于 250mm 时，宜采用变厚度翼板，其顶面坡度宜小于或等于 1∶3。

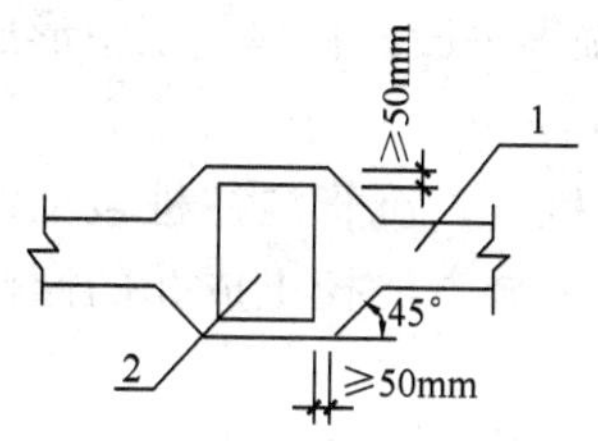

图 5-20　现浇柱与条形基础梁交接处平面尺寸

1—基础梁；2—柱

2）条形基础的端部宜向外伸出，其长度宜为第一跨距的 0.25 倍。

3）现浇柱与条形基础梁的交接处，基础梁的平面尺寸应大于柱的平面尺寸，且柱的边缘至基础梁边缘的距离不得小于 50mm（图 5-20）。

4）条形基础梁顶部和底部的纵向受力钢筋除满足计算要求外，顶部钢筋应按计算配筋全部贯通，底部通长钢筋不应少于底部受力钢筋截面总面积的 1/3。

5）柱下条形基础的混凝土强度等级，不应低于 C20。

(2) 柱下条形基础的计算，应满足抗弯、抗剪和抗冲切的要求以及其他规范规定。

**(四) 桩基础**

桩基础是一种常用的基础形式，是深基础的一种。当天然地基上的浅基础承载力不能满足要求而沉降量又过大或地基稳定性不能满足建筑物规定时，常采用桩基础。

这是因为桩基础具有承载力高、沉降速率低、沉降量小而均匀等特点，能够承受垂直荷载、水平荷载、上拔力及由机器产生的振动或动力作用，因而应用广泛，尤其在高层建筑中应用更为普遍。

(1) 桩的分类

1）竖向受压桩按桩身竖向受力情况可分为端承型桩和摩擦型桩：

①端承型桩的桩顶竖向荷载主要由桩端阻力承受（图 5-21）；

②摩擦型桩的桩顶竖向荷载主要由桩侧阻力承受（图 5-22）。

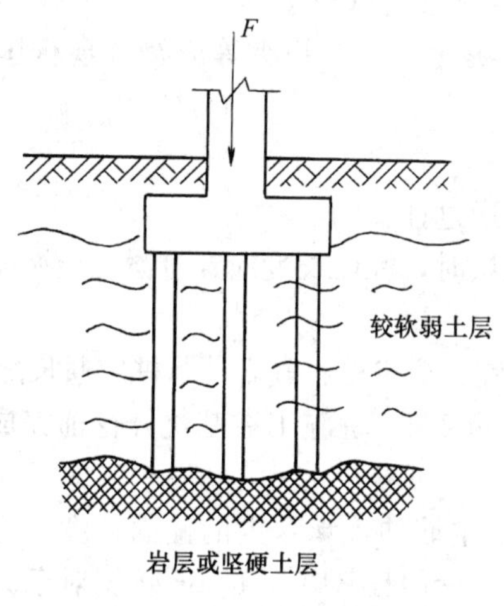

图 5-21　端承型桩

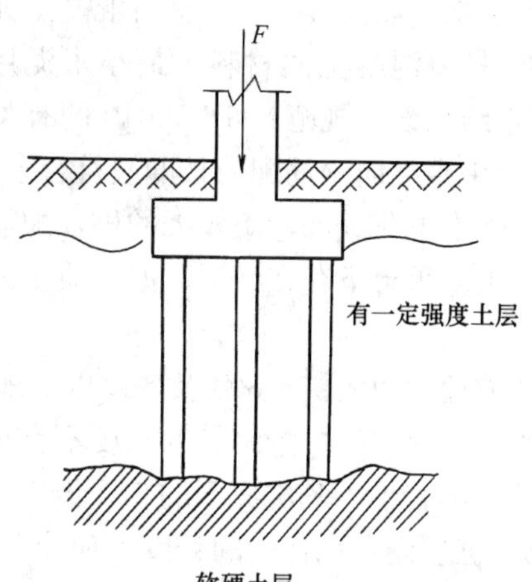

图 5-22　摩擦型桩

2）按施工工艺分为预制桩和灌注桩：

①预制桩的种类，主要有钢筋混凝土桩和钢桩等多种：

预制桩的施工工艺包括制桩与沉桩两部分，沉桩工艺又根据沉桩机械的不同而有不同，主要有锤击式、静压式和振动式。

②灌注桩的种类主要分为沉管灌注桩、钻孔灌注桩和挖孔灌注桩等几大类：

灌注桩是指在施工现场通过机械钻孔、钢管挤土或人力挖掘等手段，在地基土中形成桩孔，然后在孔内放置钢筋笼、灌注混凝土而做成的钢筋混凝土桩。

依成孔方法不同分为沉管灌注桩、钻孔灌注桩和挖孔灌注桩等。沉管灌注桩包括沉管、放笼、灌注、拔管四个步骤；钻孔灌注桩指各种在地面用机械方法挖土成孔的灌注桩；挖孔灌注桩指人工下到井底挖土护壁成孔的灌注桩。

**【要点】**钻孔桩的优点在于施工过程无挤土、无振动、噪声小，对邻近建筑物及地下管线危害较小，且桩径不受限制，是城区高层建筑常用桩型。近年来，钻孔灌注桩后压浆技术的逐步成熟和推广，拓展了钻孔灌注桩的使用空间。

（2）桩和桩基的构造应符合下列规定：

1）摩擦型桩的中心距不宜小于桩身直径的 3 倍；扩底灌注桩的中心距不宜小于扩底直径的 1.5 倍，当扩底直径大于 2m 时，桩端净距不宜小于 1m。在确定桩距时尚应考虑施工工艺中挤土等效应对邻近桩的影响。

2）扩底灌注桩的扩底直径，不应大于桩身直径的 3 倍。

3）桩底进入持力层的深度，宜为桩身直径的 1～3 倍。在确定桩底进入持力层深度时，尚应考虑特殊土、岩溶以及震陷液化等影响。嵌岩灌注桩周边嵌入完整和较完整的未风化、微风化、中风化硬质岩体的最小深度，不宜小于 0.5m。

4）布置桩位时宜使桩基承载力合力点与竖向永久荷载合力作用点重合。

5）设计使用年限不少于 50 年时，非腐蚀环境中预制桩的混凝土强度等级不应低于 C30；预应力桩不应低于 C40，灌注桩不应低于 C25。二 b 类环境及三类、四类、五类微腐蚀环境中不应低于 C30。设计使用年限不少于 100 年的桩，桩身混凝土的强度等级宜适当提高。水下灌注混凝土的桩身混凝土强度等级不宜高于 C40。

6）桩身混凝土的材料、最小水泥用量、水灰比、抗渗等级等应符合现行国家标准《混凝土结构设计规范》GB 50010 的有关规定。

7）桩身纵向钢筋配筋长度应符合下列规定：

①受水平荷载和弯矩较大的桩，配筋长度应通过计算确定；

②桩基承台下存在淤泥、淤泥质土或液化土层时，配筋长度应穿过淤泥、淤泥质土层或液化土层；

③坡地岸边的桩、8 度及 8 度以上地震区的桩、抗拔桩、嵌岩端承桩应通长配筋；

④钻孔灌注桩构造钢筋的长度不宜小于桩长的 2/3；桩施工在基坑开挖前完成时，其钢筋长度不宜小于基坑深度的 1.5 倍。

8）桩顶嵌入承台内的长度不应小于 50mm。主筋伸入承台内的锚固长度不应小于钢筋直径（HPB300）的 30 倍和钢筋直径（HRB335 和 HRB400）的 35 倍。对于大直径灌注桩，当采用一柱一桩时，可设置承台或将桩和柱直接连接。桩和柱的连接可按《地基基础规范》第 8.2.5 条高杯口基础的要求选择截面尺寸和配筋，柱纵筋插入桩身的长度应满足锚固长度的要求。

9）灌注桩主筋混凝土保护层厚度不应小于 50mm；预制桩不应小于 45mm，预应力管桩不应小于 35mm；腐蚀环境中的灌注桩不应小于 55mm。

10）在承台及地下室周围的回填中，应满足填土密实性的要求。

**例 5-5** 下列关于桩和桩基础的说法，何项是不正确的？

A 桩底进入持力层的深度与地质条件及施工工艺等有关

B 桩顶应嵌入承台一定长度，主筋伸入承台长度应满足锚固要求

C 任何种类及长度的桩，其桩侧纵筋都必须沿桩身通长配置

D 在桩承台周围的回填土中，应满足填土密实性的要求

**解析：** 坡地岸边的桩、8 度及 8 度以上地震区的桩、抗拔桩、嵌岩端承桩应通长配筋，选项 C 中“任何种类及长度的桩……”表述错误，C 为答案。

**答案：** C

**规范：**《地基基础规范》第 8.5.3 条第 3 款、第 8.5.3 条第 8 款 4)、第 8.5.3 条第 10 款及 8.5.2 条第 12 款。

(3) 单桩承载力计算

同其他结构构件设计一样，桩基础作为承托上部结构的基础，必须具有足够的承载力和抗沉降变形能力，桩和承台必须具有足够的强度、刚度和稳定性。

单桩承载力应符合下列规定：

1) 轴心竖向力作用下：

$$Q_k = (F_k + G_k)/n \tag{5-19}$$

2) 轴心竖向力作用下除满足上式外，尚应满足下式要求：

$$Q_k \leqslant R_a \tag{5-20}$$

3) 水平荷载作用下，尚应满足下式要求：

$$H_{ik} \leqslant R_{Ha} \tag{5-21}$$

式中 $Q_k$——相应于作用的标准组合时，轴心竖向力作用下任一单桩的竖向力（kN）；

$H_{ik}$——相应于作用的标准组合时，作用于任一单桩的水平力（kN）；

$F_k$——相应于作用的标准组合时，作用于桩基承台顶面的竖向力（kN）；

$G_k$——桩基承台自重及承台上土自重标准值（kN）；

$R_a$、$R_{Ha}$——单桩竖向、水平承载力特征值（kN）；

$n$——桩基中的桩数。

(4) 单桩竖向承载力特征值的确定应符合下列规定：

对于重要的或用桩量很大的工程，应按《地基基础规范》的规定通过一定数量的单桩竖向承载力特征值静载荷试验确定单桩竖向承载力，作为设计依据。在同一条件下的试桩数量，不宜少于总桩数的 1%且不应少于 3 根。

**(5) 桩身混凝土强度应满足桩的承载力设计要求。**

**(6) 桩基沉降计算应符合下列规定：**

**1) 对以下建筑物的桩基应进行沉降验算：**

**①地基基础设计等级为甲级的建筑物桩基；**

**②体形复杂、荷载不均匀或桩端以下存在软弱土层的设计等级为乙级的建筑物桩基；**

**③摩擦型桩基。**

**2) 桩基沉降不得超过建筑物的沉降允许值，并应符合《地基基础规范》的相应规定。**

(7) 嵌岩桩、设计等级为丙级的建筑物桩基、对沉降无特殊要求的条形基础下不超过

两排桩的桩基、吊车工作级别 A5 及 A5 以下的单层工业厂房且桩端下为密实土层的桩基，可不进行沉降验算。当有可靠地区经验时，对地质条件不复杂、荷载均匀、对沉降无特殊要求的端承型桩基也可不进行沉降验算。

（8）桩基承台的构造，除满足受冲切、受剪切、受弯承载力和上部结构的要求外，尚应符合下列要求：

1）承台的宽度不应小于 500mm。边桩中心至承台边缘的距离不宜小于桩的直径或边长，且桩的外边缘到承台边缘的距离不小于 150mm。对于条形承台梁，桩的外边缘到承台梁边缘的距离不小于 75mm。

2）承台的最小厚度不应小于 300mm。

3）承台的配筋，对于矩形承台，其钢筋应按双向均匀通长布置［图 5-23（$a$）］，钢筋直径不宜小于 10mm，间距不宜大于 200mm；对于三桩承台，钢筋应按三向板带均匀布置，且最里面的三根钢筋围成的三角形应在柱截面范围内［图 5-23（$b$）］。承台梁的主筋除满足计算要求外，尚应符合现行《混凝土结构设计规范》关于最小配筋率的规定，主筋直径不宜小于 12mm，架立筋不宜小于 10mm，箍筋直径不宜小于 6mm［图 5-23（$c$）］。

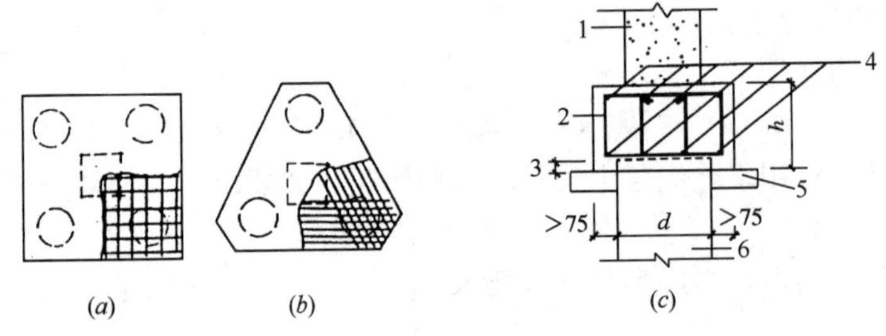


图 5-23　承台配筋示意

（$a$）矩形承台配筋；（$b$）三桩承台配筋；（$c$）承台梁配筋

1—墙；2—箍筋直径≥6mm；3—桩顶入承台≥50mm；4—承台梁内主筋除须按计算配筋外尚应满足最小配筋率；5—垫层 100mm 厚 C10 混凝土；6—桩

4）承台混凝土强度等级不应低于 C20；纵向钢筋的混凝土保护层厚度不应小于 70mm；当有混凝土垫层时，不应小于 50mm，且不应小于桩头嵌入承台内的长度。

（9）柱下承台应满足弯矩承载力、抗冲切承载力、斜截面抗剪承载力要求。

1）受弯承载力

柱下桩基承台的弯矩设计值可按下列规定计算：

多桩矩形承台计算截面取在柱边和承台高度变化处（杯口外侧或台阶边缘，图 5-24），弯矩可按下列公式计算：

$$M_x = \sum N_i y_i \tag{5-22}$$

$$M_y = \sum N_i x_i \tag{5-23}$$

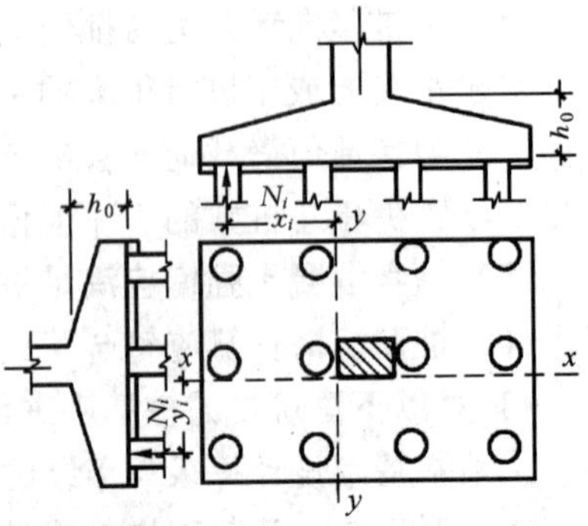

图 5-24　承台弯矩计算

式中　$M_x$、$M_y$——分别为垂直于 $y$ 轴和 $x$ 轴方向计算截面处的弯矩设计值（kN · m）；

$x_i$、$y_i$——垂直 $y$ 轴和 $x$ 轴方向自桩轴线到相应计算截面的距离（m）；

$N_i$——扣除承台和其上填土自重后相应于作用的基本组合时的第 $i$ 桩竖向力设计值（kN）。

2）受冲切承载力

①桩基承台厚度应满足柱（墙）对承台的冲切和基桩对承台的冲切承载力要求；

②轴心竖向力作用下桩基承台受柱的冲切（图 5-25），可按规定计算；

③对于箱形、筏形承台，可按规定计算承台内部桩基的冲切承载力。

3）斜截面受剪承载力（图 5-26）

柱下桩基础独立承台应分别对柱边和桩边、变阶处和桩边连线形成的斜截面进行受剪承载力验算。当柱边外有多排桩形成多个剪切斜截面时，尚应对每个斜截面的受剪承载力进行验算。

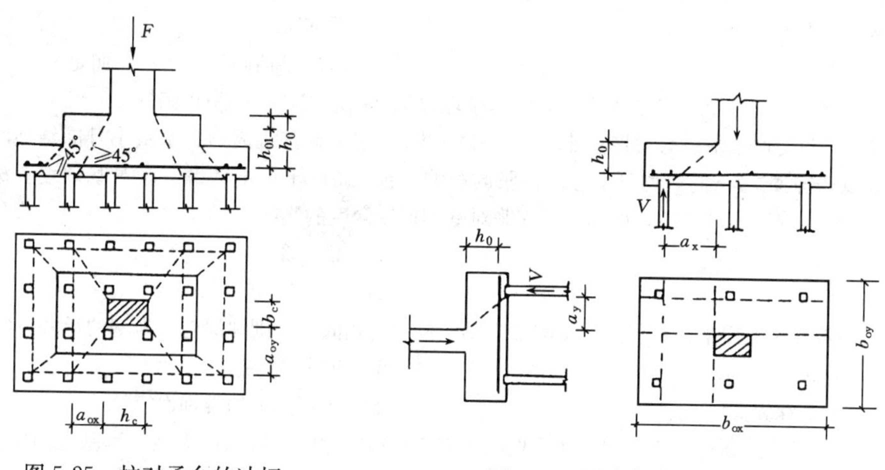


图 5-25　柱对承台的冲切　　　　图 5-26　承台斜截面受剪计算

**4）局部受压承载力**

**当承台的混凝土强度等级低于柱或桩的混凝土强度等级时，尚应验算柱下或桩上承台的局部受压承载力**。

5）抗震验算

当进行承台的抗震验算时，应根据现行国家标准《抗震规范》的规定对承台顶面的地震作用效应和承台的受弯、受冲切、受剪承载力进行抗震调整。

（10）承台之间的连接应符合下列要求：

1）单桩承台，宜在两个互相垂直的方向上设置连系梁。

2）两桩承台，宜在其短向设置连系梁。

3）有抗震要求的柱下独立承台，宜在两个主轴方向设置连系梁。

4）连系梁顶面宜与承台位于同一标高。连系梁的宽度不应小于 250mm，梁的高度可取承台中心距的 1/10～1/15，且不小于 400mm。

5）连系梁的主筋应按计算要求确定。连系梁内上下纵向钢筋直径不应小于 12mm 且不应少于 2 根，并应按受拉要求锚入承台。

## 习　题

5－1　为增强整体刚度，在软弱地基上的多层砌体房屋，其长高比（房屋长度与高度之比）宜小于或等于(　　)。

A　3　　　　B　2

C　2.5　　　　D　1.5

5-2　以下有关在现浇钢筋混凝土结构中设置后浇带的叙述，何者是不适宜的?

A　在大面积筏形基础中，每隔20m至40m留一道后浇带，可以减少混凝土硬化过程中的收缩应力

B　高层主楼与裙房之间，在施工阶段设置后浇带有适应调整两者之间的沉降差的作用

C　长宽很大的上部结构每隔30～40m设置施工后浇带，是为了减少混凝土硬化过程中的收缩应力

D　大面积基础的后浇带和上部结构的后浇带均可以在混凝土浇筑完成10天后将其填灌

5-3　地基土的冻胀性类别可分为：不冻胀，弱冻胀，冻胀和强冻胀四类，碎石土属于(　　)。

A　不冻胀　　　　B　弱冻胀

C　冻胀　　　　D　按冻结期间的地下水位而定

5-4　以下关于在寒冷地区考虑冻土地基的基础埋置深度的叙述，哪些是正确的?

Ⅰ.对各类地基土，均须将基础埋置在冻深以下；Ⅱ.地基土天然含水量小且冻结期间地下水位低于冻深＞2m时，均可不考虑冻胀的影响；Ⅲ.黏性土可不考虑冻胀对基础埋置深度的影响；Ⅳ.碎石土、细砂土可不考虑冻胀对基础埋置深度的影响

A　Ⅰ　　　　B　Ⅱ、Ⅲ

C　Ⅲ　　　　D　Ⅱ、Ⅳ

5-5　除淤泥和淤泥质土外，相同地基上的基础，当宽度相同时，则埋深越深地基的承载力(　　)。

A　越大　　　　B　越小

C　与埋深无关　　　　D　按不同土的类别而定

5-6　预估一般建筑物在施工期间和使用期间地基变形值之比时，可以认为砂土地基上的比黏性土地基上的(　　)。

A　大　　　　B　小

C　按砂土的密实度而定　　　　D　按黏性土的压缩性而定

5-7　两个埋深和底面压力均相同的单独基础，在相同的非岩石类地基土情况下，基础面积大的沉降量比基础面积小的要(　　)。

A　大　　　　B　小

C　相等　　　　D　按不同的土类别而定

5-8　对于砂土地基上的一般建筑，其在施工期间完成的沉降量为(　　)。

A　已基本完成其最终沉降量

B　已完成其最终沉降量的50%～80%

C　已完成其最终沉降量的20%～50%

D　只完成其最终沉降量的20%以下

5-9　刚性砖基础的台阶宽高比最大允许值为(　　)。

A　1∶0.5　　　　B　1∶1.0

C　1∶1.5　　　　D　1∶2.0

5-10　在设计柱下条形基础的基础梁最小宽度时，下列何者是正确的?

A　梁宽应大于柱截面的相应尺寸

B　梁宽应等于柱截面的相应尺寸

C　梁宽应大于柱截面宽高尺寸中的小值

D　由基础梁截面强度计算确定

5 - 11　桩基础用的桩，按其受力情况可分为摩擦桩和端承桩两种，摩擦桩是指(　　)。

A　桩上的荷载全部由桩侧摩擦力承受

B　桩上的荷载由桩侧摩擦力和桩端阻力共同承受

C　桩端为锥形的预制桩

D　不要求清除桩端虚土的灌注桩

5 - 12　安全等级为一级的建筑物采用桩基时，单桩的承载力特征值，应通过现场静荷载试验确定。根据下列何者决定同一条件的试桩数量是正确的？

A　总桩数的 0.5%

B　应不少于 2 根，并不宜少于总桩数的 0.5%

C　总桩数的 1%

D　应不少于 3 根，并不宜少于总桩数的 1%

5 - 13　确定房屋沉降缝的宽度应根据(　　)。

A　房屋的高度或层数　　B　结构类型

C　地基土的压缩性　　D　基础形式

5 - 14　在冻土地基上的不采暖房屋，其基础的最小埋深，当土的冻胀性类别为强冻胀土时，应为(　　)。

A　深于冰冻深度　　B　等于冰冻深度

C　浅于冰冻深度　　D　与冰冻深度无关

5 - 15　利用压实填土作地基时，下列各种土中哪种是不能使用的？

A　黏土　　B　淤泥

C　粉土　　D　碎石

5 - 16　除岩石地基外，基底地基承载力特征值与下列各因素中的哪几项有关？

Ⅰ. 地基承载力特征值；Ⅱ. 基础宽度；Ⅲ. 基础埋深；Ⅳ. 地基土的重度

A　Ⅰ、Ⅳ　　B　Ⅰ、Ⅱ、Ⅲ

C　Ⅱ、Ⅲ、Ⅳ　　D　Ⅰ、Ⅱ、Ⅲ、Ⅳ

5 - 17　考虑地基变形时，对于砌体承重结构，应由下列地基变形特征中的哪一种来控制？

A　沉降量　　B　沉降差

C　倾斜　　D　局部倾斜

5 - 18　对山区（包括丘陵地带）地基的设计，下列各因素中哪一种是应予考虑的主要因素？

A　淤泥层的厚度　　B　熔岩、土洞的发育程度

C　桩类型的选择　　D　深埋软弱下卧层的压缩

5 - 19　下面关于一般基础埋置深度的叙述，哪一项是不适当的？

A　应根据工程地质和水文地质条件确定

B　埋深应满足地基稳定和变形的要求

C　应考虑冻胀的影响

D　任何情况下埋深不能小于 2.5m

5 - 20　刚性矩形基础如图示。为使基础底面不出现拉力，则偏心距 $e=M/N$ 必须满足。

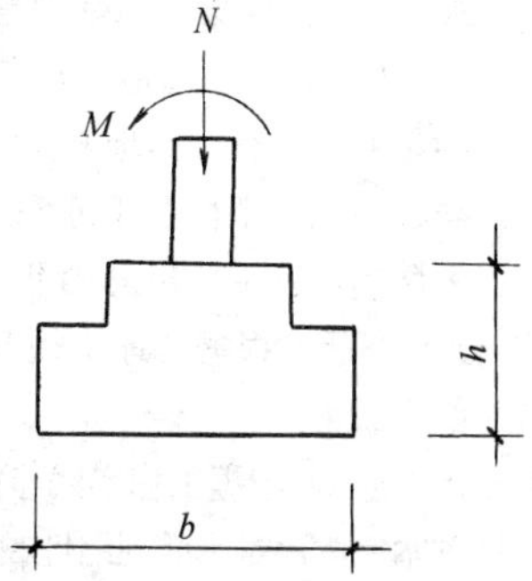

A　$e \leqslant b/3$　　B　$e \leqslant b/4$

C　$e \leqslant b/5$　　D　$e \leqslant b/6$


题 5-20 图

5 - 21　墙体下的刚性条形混凝土（C10）基础如图所示。当基础厚度为 $H$ 时，则台阶宽度 $b$ 的最大尺寸为(　　)。

A 不作限制　　　　B $0.5H$

C $1.0H$　　　　D $2.0H$

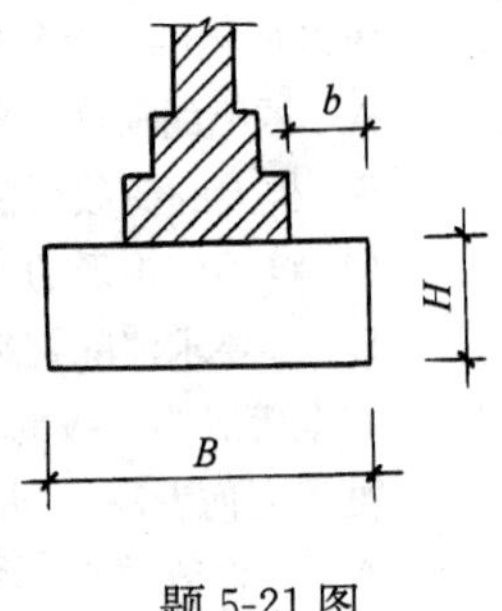


题 5-21 图

5 - 22 下列关于桩的承载力的叙述，其中哪一项是不恰当的？

A 对于一级建筑物，桩的竖向承载力应通过荷载试验来确定

B 桩没有抗拔能力

C 配纵向钢筋的桩有一定的抗弯能力

D 桩的承载力与其截面的大小有关

5 - 23 某工程采用400mm×400mm、长26m（有一个接头）的钢筋混凝土预制方桩。设计中采取了下列设计参数，其中哪些项不符合规范要求？

Ⅰ. 混凝土强度等级为C15；Ⅱ. 桩中心距0.8m；Ⅲ. 桩端进入硬黏土层1.2m；Ⅳ. 配筋率1.0%

A Ⅰ、Ⅱ　　　　B Ⅲ、Ⅳ

C Ⅰ、Ⅲ　　　　D Ⅱ、Ⅳ

5 - 24 有抗震要求的某多层房屋（无地下室），采用单桩支承独立柱。下列关于桩承台之间构造联系的要求，哪项是正确的？

A 应用厚板把各承台联结成一整体

B 承台间可不作任何联系

C 各承台均应有一个方向的联系梁

D 各承台均应有两个方向的联系梁

5 - 25 下列关于桩承台构造方面的叙述，哪项是不正确的？

A 混凝土强度等级不应低于C15

B 桩嵌入承台的深度不应小于300mm

C 桩的纵向钢筋应锚入承台内

D 方形四桩承台底部钢筋应双向布置

## 参 考 答 案

5 - 1 C 提示：根据《地基规范》第7.4.3条第1款，为了增强整体刚度，对于3层或3层以上的多层砌体房屋的长高比，宜小于或等于2.5。

5 - 2 D 提示：在高层建筑与裙房之间，为了建筑立面处理方便以及地下室防水要求，可以不设沉降缝而采用后浇带，但后浇带原则上应在高层部分主体结构完工，沉降基本稳定后灌缝。

5 - 3 A 提示：根据《地基规范》附录G表G.0.1，碎石土属于不冻胀类土。

5 - 4 D 提示：根据《地基规范》附录G表G.0.1，碎石土、细砂土可不考虑冻胀对基础埋置深度的影响，并且，当地基土天然含水量小（表G.0.1对各类土天然含水量有具体规定），只要冻结期间地下水位低于冻深>2m时，不论是粉砂、粉土或黏性土，均可不考虑冻胀的影响。综上所述，题中给出的第Ⅱ、Ⅳ项叙述是正确的。

5 - 5 A 提示：根据《地基规范》第5.2.4条，相同地基上的基础，当宽度相同时，埋深越深地基的承载力越大。

5 - 6 A 提示：根据工程实践经验，一般建筑物在施工期内的沉降量，对于砂土可认为其最终沉降量已基本完成，对于低压缩性黏性土可认为已完成最终沉降量的50%～80%，对于中压缩性黏性土可认为已完成20%～50%，对于高压缩性黏性土可认为已完成5%～20%，未完成的沉降量在建筑物建成后继续沉降。因此，一般建筑物在施工期间和使用期间地基变形之比值，砂土地基的比黏性土地基的大。

5 - 7　A　提示：两个埋深相同、底面土反力相同的单独基础，如基础下为非岩石类地基，则基础底面积大的压缩土层厚度大，因此沉降量大。

5 - 8　A　提示：同题 5-6 的叙述。

5 - 9　C　提示：根据《地基规范》第 8.1.1 条表 8.1.1，刚性砖基础台阶宽高比最大允许值为1∶1.5。

5 - 10　D　提示：设计时，柱下条形基础梁宽度一般比柱宽每侧宽 50mm。但当柱宽度大于 400mm（特别是当柱截面更大）时，梁宽如仍每侧比柱宽 50mm，将不经济且无必要，此时，梁宽可不一定取大于柱宽，可在柱附近做成八字形过渡，由基础梁截面强度计算确定。

5 - 11　B　提示：根据《地基规范》第 8.5.1 条，摩擦桩是指桩上的荷载由桩侧摩擦力和桩端阻力共同承受。

5 - 12　D　提示：根据《地基规范》第 8.5.6 条，对于一级建筑物，单桩的竖向承载力特征值，应通过现场静荷载试验确定。在同一条件下的试桩数量，不宜少于总桩数的 1%，并不应少于 3 根。

5 - 13　A　提示：根据《地基规范》第 7.3.2 条表 7.3.2，房屋沉降缝的宽度应根据房屋层数确定，而房屋的高度一般随层数增加而增加，因此，也可以认为，房屋沉降缝的宽度根据房屋的高度或层数确定。

5 - 14　C　提示：根据《地基规范》第 5.1.8 条，对于埋置在强冻胀土中的基础，其最小埋深按下式计算：

$$d_{\min} = z_{\mathrm{d}} - h_{\max}$$

式中　$h_{\max}$——基础底面下允许残留冻土层的最大厚度，按本规范附录 G.0.2 查取；

$z_{\mathrm{d}}$——设计冻深。

故基础最小埋深可浅于冰冻深度。

5 - 15　B　　5 - 16　D　　5 - 17　D　　5 - 18　B　　5 - 19　D　　5 - 20　D

5 - 21　C　　5 - 22　B　　5 - 23　A　　5 - 24　D　　5 - 25　B

# 第六章　建 筑 给 水 排 水

## 第一节　建 筑 给 水 系 统

### 一、任务

建筑给水系统是将城镇（或自备水源）供水管网的水引入室内，输送至卫生器具、生产装置和消防设备等用水点，并满足各用水点对水质、水量、水压要求的冷水供应系统。

城镇供水管网通常为低压供水系统，供水压力一般为 0.2～0.4MPa（2～4kgf/cm$^2$）。

### 二、分类

根据用户对水质、水压、水量、水温的要求，并结合室外给水系统进行划分，有 3 种基本的给水系统。

**1. 生活给水系统**

供给民用建筑和工业建筑内的饮用、烹调、盥洗、淋浴、洗衣、冲厕等生活用水。

根据水质的不同，生活给水系统可以分为生活饮用水系统、管道直饮水系统、生活杂用水系统等。其中，杂用水是指冲厕、道路清扫、城市绿化、洗车等非饮用水；直饮水是指经深度净化后，可以直接饮用的水，其水源通常为自来水。

生活饮用水、生活杂用水、管道直饮水的水质，应分别符合现行国家标准《生活饮用水卫生标准》GB 5749、《城市污水再生利用　城市杂用水水质》GB/T 18920、《饮用净水水质标准》CJ 94 的要求。

**2. 生产给水系统**

生产给水主要用于：供给生产过程生产设备的冷却、原料和产品的洗涤、锅炉给水及某些工业的原料用水等。生产用水对水质、水量、水压以及安全等方面的要求，因工艺的不同而有较大的差异。

**3. 消防给水系统**

供民用建筑和工业建筑内消防灭火设施的用水。主要包括消火栓、消防卷盘和自动喷水灭火系统等设施的用水。消防用水对水质要求不高，但必须保证有足够的水量和水压。

上述 3 种基本给水系统，可根据具体情况、建筑物的用途和性质，以及设计规范的要求，设置独立的某种系统或组合系统，如生活-生产给水系统、生活-消防给水系统、生产-消防给水系统、生活-生产-消防给水系统等。

高层建筑的室内消防给水系统应与生活、生产给水系统分开独立设置。

水量较大的用水设备，如空调，冷冻设备、喷水池、游泳池等，应尽量采用循环或重复利用的给水系统。

## 三、组成

建筑给水系统一般由引入管、给水管道、给水附件、配水设施、增压和贮水设备、计量仪表等组成。

（1）引入管是指将水从室外引入室内的管段。

引入管上设置的水表及其前后的阀门、泄水装置，总称为水表节点。

（2）给水管道主要包括干管、立管、支管和分支管，其作用是将水输送和分配至室内的各个用水点。目前我国给水管道采用的管材包括钢管、铸铁管、塑料管和复合管等。

（3）给水附件是指用于调节水量、水压，控制水流方向，改善水质，以及关断水流，便于管道、仪表和设备检修的各类阀门和设施。主要包括减压阀、止回阀、安全阀、泄压阀、水锤消除（吸纳）器、多功能水泵控制阀、过滤器、减压孔板、倒流防止器、真空破除器等。

（4）配水设施是指管道末端用于取水的各类设施，如水龙头、淋浴器、消火栓等。

（5）增压和贮水设备是指用于升压、稳压、贮存和调节水量的设备。主要包括水泵、水池、水箱、贮水池、吸水井、气压给水设备等。

（6）计量仪表主要用于计量水量、压力或温度等，如水表、压力表、温度计等。

## 四、给水方式

给水方式是指建筑给水系统的供水方案。

### （一）基本给水方式

#### 1. 直接给水方式

直接利用室外给水管网水压供水的方式。直接给水方式的优点是系统简单，投资少，安装维修简单，节约资源、水质可靠、无二次污染；缺点是外网停水时内部立即停水。此方式适用于单层、多层建筑。

#### 2. 单设水箱的给水方式

屋顶设置高位水箱的方式，适用于室外管网供水压力周期性不足的建筑。

#### 3. 单设水泵的给水方式

此方式宜在室外管网供水压力经常性不足时采用。根据水泵的转速变化，分为恒速泵和变频泵。根据水泵与外网的连接方式的不同，分为直接连接和间接连接。

#### 4. 设水泵和水箱的给水方式

宜在室外管网供水压力经常性不足且室内用水不均匀时采用。

#### 5. 气压给水方式

原理是利用密闭贮罐内空气的可压缩性实现升压供水，气压水罐的作用相当于高位水箱，但位置可以根据需要放置在高处或低处。宜在室外管网供水压力经常性不足、室内用水不均匀且不宜设置高位水箱时采用。

#### 6. 叠压给水方式

利用室外管网供水余压直接抽水增压的给水方式。宜在室外供水流量满足要求，但供水压力不足且设备运行后对其他用户不产生不利影响时采用。当叠压供水设备直接从城镇给水管网吸水时，应经当地供水行政部门及供水部门批准。

### （二）竖向分区供水

整栋高层建筑若采用同一给水系统供水，则垂直方向管线过长，下层管道中的静水压力很大，必然带来一系列弊端。为克服这一问题，保证供水安全，高层建筑应采取竖向分区供水；即在建筑物的垂直方向按层分段，各段为一区，分别组成各自的给水系统。

竖向分区包括串联式、减压式、并联式和室外高低压管网直接供水四种基本形式。串联式如图 6-1 所示，并联式如图 6-2 所示。

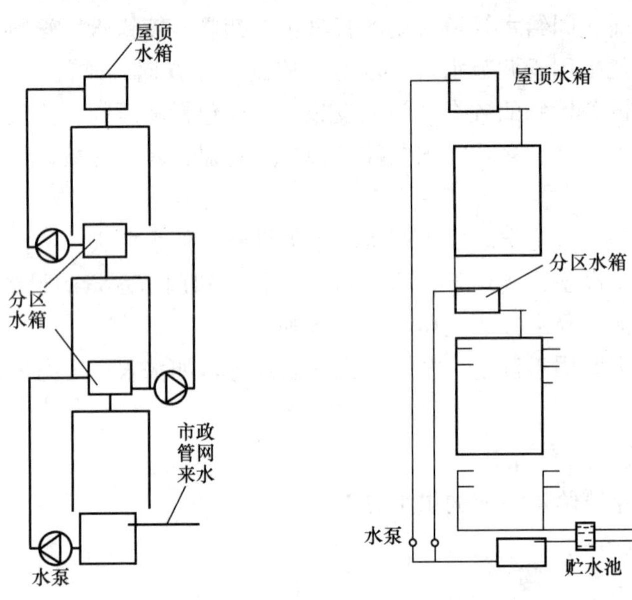


图 6-1　分区串联给水方式　　　　图 6-2　分区并联给水方式

建筑高度不超过 100m 的建筑的生活给水系统，宜采用垂直分区并联或分区减压的供水方式；建筑高度超过 100m 的建筑，宜采用垂直串联供水方式。

## 五、所需水量和水压

### （一）水量

小区给水设计用水量，应根据下列用水量确定：①居民生活用水量；②公共建筑用水量；③绿化用水量；④水景、娱乐设施用水量；⑤道路、广场用水量；⑥公用设施用水量；⑦未预见用水量及管网漏失水量；⑧消防用水量。其中，消防用水量仅用于校核管网计算，不计入正常用水量。

（1）居住小区的居民生活用水量应根据小区人口和住宅最高日生活用水定额、小时变化系数和用水单位数，按式（6-1）～（6-3）计算：

$$Q_d = m \cdot q_d \tag{6-1}$$

$$Q_p = Q_d / T \tag{6-2}$$

$$Q_h = Q_p \cdot K_h \tag{6-3}$$

式中　$Q_d$——最高日用水量，L/d；

$m$——用水单位数，通常为人或床位数等；

$q_d$——最高日生活用水定额，L/（人·d）、L/（床·d）或 L/（人·班）；

$Q_p$——最高日平均小时用水量，L/h；

$T$——建筑物的用水时间，h；

$Q_h$——最高日最大小时用水量，L/h；

$K_h$——小时变化系数。

住宅的最高日生活用水定额及小时变化系数，可根据住宅类别、建筑标准、卫生器具的设置标准按表 6-1 确定。

**住宅最高日生活用水定额及小时变化系数** **表 6-1**

| 住宅类别 | | 卫生器具设置标准 | 用水定额（L/人·d） | 小时变化系数（$K_h$） |
|---|---|---|---|---|
| 普通住宅 | Ⅰ | 有大便器、洗涤盆 | 85～150 | 3.0～2.5 |
| | Ⅱ | 有大便器、洗脸盆、洗涤盆、洗衣机、热水器和淋浴设备 | 130～300 | 2.8～2.3 |
| | Ⅲ | 有大便器、洗脸盆、洗涤盆、洗衣机、集中热水供应（或家用热水机组）和淋浴设备 | 180～320 | 2.5～2.0 |
| 别墅 | | 有大便器、洗脸盆、洗涤盆、洗衣机、洒水栓，家用热水机组和淋浴设备 | 200～350 | 2.3～1.8 |

注：1. 当地主管部门对住宅生活用水定额有具体规定时，应按当地规定执行。
2. 别墅用水定额中含庭院绿化用水和汽车洗车用水。

（2）宿舍、旅馆等公共建筑用水量按式 6-1～式 6-3 计算，其用水定额及小时变化系数，根据卫生器具的完善程度和区域条件，按表 6-2 确定。

**宿舍、旅馆和公共建筑生活用水定额及小时变化系数** **表 6-2**

| 序号 | 建筑物名称 | 单位 | 最高日生活用水定额（L） | 使用时数（h） | 小时变化系数 $K_h$ |
|---|---|---|---|---|---|
| 1 | 宿舍 | | | | |
| | Ⅰ类、Ⅱ类 | 每人每日 | 150～200 | 24 | 3.0～2.5 |
| | Ⅲ类、Ⅳ类 | 每人每日 | 100～150 | 24 | 3.5～3.0 |
| 2 | 招待所、培训中心、普通旅馆 | | | 24 | 3.0～2.5 |
| | 设公用盥洗室 | 每人每日 | 50～100 | | |
| | 设公用盥洗室、淋浴室 | 每人每日 | 80～130 | | |
| | 设公用盥洗室、淋浴室、洗衣室 | 每人每日 | 100～150 | | |
| | 设单独卫生间、公用洗衣室 | 每人每日 | 120～200 | | |
| 3 | 酒店式公寓 | 每人每日 | 200～300 | 24 | 2.5～2.0 |
| 4 | 宾馆客房 | | | 24 | 2.5～2.0 |
| | 旅客 | 每床位每日 | 250～400 | | |
| | 员工 | 每人每日 | 80～100 | | |
| 5 | 医院住院部 | | | | |
| | 设公用盥洗室 | 每床位每日 | 100～200 | 24 | 2.5～2.0 |
| | 设公用盥洗室、淋浴室 | 每床位每日 | 150～250 | 24 | 2.5～2.0 |
| | 设单独卫生间 | 每床位每日 | 250～400 | 24 | 2.5～2.0 |
| | 医务人员 | 每人每班 | 150～250 | 8 | 2.0～1.5 |
| | 门诊部、诊疗所 | 每病人每次 | 10～15 | 8～12 | 1.5～1.2 |
| | 疗养院、休养所住房部 | 每床位每日 | 200～300 | 24 | 2.0～1.5 |

续表

| 序号 | 建筑物名称 | 单位 | 最高日生活用水定额（L） | 使用时数（h） | 小时变化系数 $K_h$ |
|---|---|---|---|---|---|
| 6 | 养老院、托老所<br>全托<br>日托 | <br>每人每日<br>每人每日 | <br>100～150<br>50～80 | <br>24<br>10 | <br>2.5～2.0<br>2.0 |
| 7 | 幼儿园、托儿所<br>有住宿<br>无住宿 | <br>每儿童每日<br>每儿童每日 | <br>50～100<br>30～50 | <br>24<br>10 | <br>3.0～2.5<br>2.0 |
| 8 | 公共浴室<br>淋浴<br>浴盆、淋浴<br>桑拿浴（淋浴、按摩池） | <br>每顾客每次<br>每顾客每次<br>每顾客每次 | <br>100<br>120～150<br>150～200 | <br>12<br>12<br>12 | 2.0～1.5 |
| 9 | 理发室、美容院 | 每顾客每次 | 40～100 | 12 | 2.0～1.5 |
| 10 | 洗衣房 | 每 kg 干衣 | 40～80 | 8 | 1.5～1.2 |
| 11 | 餐饮业<br>中餐酒楼<br>快餐店、职工及学生食堂<br>酒吧、咖啡馆、茶座、卡拉 OK 房 | <br>每顾客每次<br>每顾客每次<br>每顾客每次 | <br>40～60<br>20～25<br>5～15 | <br>10～12<br>12～16<br>8～18 | 1.5～1.2 |
| 12 | 商场<br>员工及顾客 | 每 $m^2$ 营业厅面积每日 | 5～8 | 12 | 1.5～1.2 |
| 13 | 图书馆 | 每人每次 | 5～10 | 8～10 | 1.5～1.2 |
| 14 | 书店 | 每 $m^2$ 营业厅面积每日 | 3～6 | 8～12 | 1.5～1.2 |
| 15 | 办公楼 | 每人每班 | 30～50 | 8～10 | 1.5～1.2 |
| 16 | 教学、实验楼<br>中小学校<br>高等院校 | <br>每学生每日<br>每学生每日 | <br>20～40<br>40～50 | <br>8～9<br>8～9 | <br>1.5～1.2<br>1.5～1.2 |
| 17 | 电影院、剧院 | 每观众每场 | 3～5 | 3 | 1.5～1.2 |
| 18 | 会展中心（博物馆、展览馆） | 每 $m^2$ 展厅面积每日 | 3～6 | 8～16 | 1.5～1.2 |
| 19 | 健身中心 | 每人每次 | 30～50 | 8～12 | 1.5～1.2 |
| 20 | 体育场（馆）<br>运动员淋浴<br>观众 | <br>每人每次<br>每人每场 | <br>30～40<br>3 | <br>4<br>4 | <br>3.0～2.0<br>1.2 |
| 21 | 会议厅 | 每座位每次 | 6～8 | 4 | 1.5～1.2 |
| 22 | 航站楼、客运站旅客 | 每人次 | 3～6 | 8～16 | 1.5～1.2 |

续表

| 序号 | 建筑物名称 | 单位 | 最高日生活用水定额（L） | 使用时数（h） | 小时变化系数 $K_h$ |
|---|---|---|---|---|---|
| 23 | 菜市场地面冲洗及保鲜用水 | 每 $m^2$ 每日 | 10～20 | 8～10 | 2.5～2.0 |
| 24 | 停车库地面冲洗水 | 每 $m^2$ 每次 | 2～3 | 6～8 | 1.0 |

注：1. 除养老院、托儿所、幼儿园的用水定额中含食堂用水，其他均不含食堂用水。
2. 除注明外，均不含员工生活用水，员工用水定额为每人每班 40～60L。
3. 医疗建筑用水中已含医疗用水。
4. 空调用水应另计。

汽车冲洗用水定额，应根据所采用的冲洗方式、车辆用途、道路路面等级和汽车沾污程度等按表 6-3 确定。

**汽车冲洗用水定额**（L/辆·次） **表 6-3**

| 冲洗方式 | 高压水枪冲洗 | 循环用水冲洗补水 | 抹车、微水冲洗 | 蒸汽冲洗 |
|---|---|---|---|---|
| 轿车 | 40～60 | 20～30 | 10～15 | 3～5 |
| 公共汽车<br>载重汽车 | 80～120 | 40～60 | 15～30 | — |

注：当汽车冲洗设备用水定额有特殊要求时，其值应按产品要求确定。

（3）绿化浇灌用水定额应根据气候条件、植物种类、土壤理化性状、浇灌方式和管理制度等因素综合确定。当无相关资料时，小区绿化浇灌用水定额可按浇灌面积 1.0～3.0L/m²·d 计算，干旱地区可酌情增加。

（4）小区管网漏失水量和未预见水量之和可按最高日用水量的 10%～15%计算。

（5）建筑给水排水当量与流量的换算关系为：1.0$N$ 给水当量＝0.2L/s；1.0$N$ 排水当量＝0.33L/s。

**（二）水压**

设计水压应保证配水最不利点具有足够的流出水头（最低工作压力）。建筑内部最不利配水点所需压力如图 6-3 所示，可按式（6-4）计算。

$$H = H_1 + H_2 + H_3 + H_4 \qquad (6\text{-}4)$$

式中 $H_1$——最不利点与室外引入管中心的高差；

$H_2$——计算管路的沿程与局部水头损失；

$H_3$——水流通过水表的水头损失；

$H_4$——最不利点的最低工作压力。

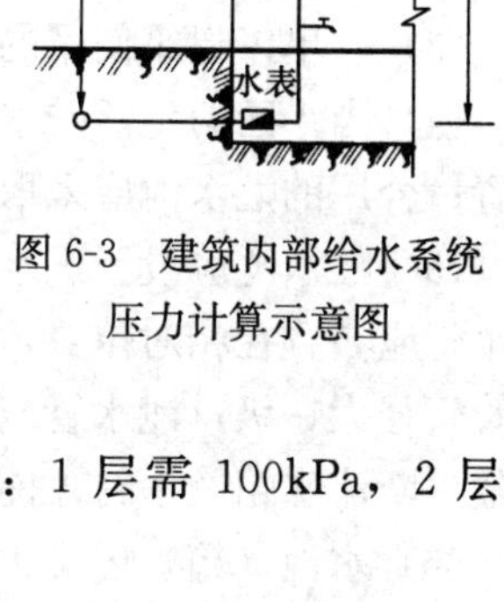

图 6-3 建筑内部给水系统压力计算示意图

关于生活给水系统压力的具体要求如下：

（1）水压估算

在初步确定给水方式时，对层高不超过 3.5m 的民用建筑，给水系统所需压力（从地面算起）可以用经验法估算：1 层需 100kPa，2 层需 120kPa；超过 2 层，每增加 1 层，增加 40kPa。

（2）单位换算

$$9.807\times10^4Pa\approx0.1MPa=100kPa=10mH_2O=1kgf/cm^2$$

(3) 卫生器具给水配件承受的最大工作压力不得大于0.6MPa。

(4) 居住建筑入户管的给水压力不应大于0.35MPa。

(5) 高层建筑：各竖向分区最低卫生器具配水点处的静水压不宜大于0.45MPa；静水压力大于0.35MPa的入户管（或配水横管），宜设置减压或调压设施。

## 六、增压与贮水设备

### (一) 贮水池

贮水池是贮存和调节水量的构筑物，根据用途不同可分为消防贮水池、生产贮水池、生活贮水池，以及上述不同用途的合用水池。

**1. 设置条件**

(1) 当室外水源不可靠或只能定时供水时。

(2) 当室外只有一根供水管，且存在下列情况时：

1) 建筑小区或建筑物不能停水时，需设置生活贮水池；

2) 室外消火栓设计流量大于20L/s或建筑高度大于50m，需设消防贮水池。

3) 市政给水管网、进水管或天然水源不能满足建筑小区或建筑物所需的用水量。

**2. 有效容积的确定**

(1) 合用水池：应根据生活（生产）调节水量、消防储备水量和生产事故备用水量确定。

(2) 生活贮水池：应按外部管网的供水量与用水量变化曲线经计算确定。当资料不足时，建筑物的调节水量可按最高日用水量的20%～25%计；居住小区的调节水量可按最高日用水量的15%～20%计。

(3) 消防贮水池：按火灾延续时间内所需消防用水总量计。一般情况下，消火栓的火灾延续时间为2～3h，特殊时达3～6h，自动喷水系统为1h。

**3. 设置要点**

(1) 生活贮水池位置应远离卫生环境不良的房间，防止生活饮用水被污染。

(2) 消防贮水池：总容量超过500m³时，应分格设置；总容量超过1000m³时，应设置独立使用的两座消防水池；供消防车取水的消防水池（作为室外消防水源时），应设取水口或取水井；取水井或取水口的保护半径应不大于150m，距建筑物的距离（水泵房除外）不应小于15m。

(3) 供单体建筑使用的生活饮用水池（箱）应与其他用水的水池（箱）分开设置。

(4) 当小区的生活贮水量大于消防贮水量，水质更新周期在48h以内，二者可以合并设置；合用的贮水池应采取消防用水不被挪作他用的措施。

(5) 贮水池应设置进水管、出水管、溢流管、泄水管、通气管和水位信号装置。进、出水管应布置在相对位置，并采取防止短路的措施；溢流管上不得设阀门，且管径宜比进水管管径大一级；泄水管应设在最低处，一般可按2h泄完池水确定；溢流管、泄水管必须经过断流水箱及水封才能接入排水系统。

(6) 水池（箱）内穿池壁、池底的各种管道均应设置带防水翼环的刚性或柔性防水套管。

(7) 水池(箱)的材料一般为钢筋混凝土、玻璃钢、钢板等,防水内衬、防腐涂料必须无毒无害,不影响水质;外墙不能做池(箱)壁。

(8) 水池(箱)与水池(箱)之间,水池(箱)与墙面之间的净距不宜小于0.7m;安装有管道的侧面与墙面净距不宜小于1.0m;设有人孔时,水池(箱)顶与建筑结构最低点的净距不得小于0.8m;水池(箱)周围应有不小于0.7m的检修通道。

(9) 水池(箱)一般设置在采光通风良好的专用房间内,不宜毗邻电器用房和居住用房或在其下方。

**(二)吸水井**

当室外给水管网满足建筑内所需水量,且为无调节要求的给水系统时,可设置仅满足水泵吸水要求的吸水井。吸水井的有效容积应大于最大一台水泵3min的出水量,且满足吸水管的布置、安装、检修和防止水深过浅水泵进气等正常工作要求。

**(三)水箱(高位水箱、屋顶水箱)**

水箱可以起到保证水压和贮存、调节水量的作用。根据用途不同可分为消防水箱、生产水箱、生活水箱以及合用水箱。

**1. 设置条件**

(1) 城市自来水周期性压力不足,多层建筑生活给水系统采用单设水箱的给水方式时;

(2) 高层民用建筑、总建筑面积大于10000m$^2$且层数超过2层的公共建筑和其他重要建筑,必须设置高位消防水箱;

(3) 高层建筑的生活和消防系统采用水箱进行竖向分区时。

**2. 有效容积的确定**

(1) 生活水箱:理论上应根据室外给水管网或水泵向水箱供水和水箱向建筑内给水系统供水的曲线,经分析后确定。

实际工程中,因为以上曲线不易获得,可按水箱进水的不同情况采用经验法计算确定:当外网夜间进水时,宜按用水人数和最高日用水量确定有效容积;由水泵联动提升进水时,有效容积不宜大于最大用水时水量的50%。

(2) 消防水箱:根据消防规范的要求设置,详见本章第四节。

**3. 设置要点**

(1) 设置高度:满足最不利点的最低工作压力。

(2) 水箱间要留有设置饮用水消毒设备、消火栓及自动喷水灭火系统的加压稳压泵以及楼门表的位置。

(3) 其他要求与贮水池类似,详见贮水池部分的内容。

**(四)水泵**

给水系统的主要升压设备,通常采用离心式水泵。流量、扬程为水泵的主要设计参数。生活加压给水系统的水泵机组应设备用泵,备用泵的供水能力不应小于最大一台运行水泵的供水能力。水泵宜自动切换交替运行。

**1. 流量**

有高位水箱时,水泵的出水量不应小于最高日最大小时用水量;水泵直接供水时,水泵的出水量应按设计秒流量计算。

**2. 水泵的扬程应按能满足最不利供水点的水压确定**

**3. 水泵房的布置**

(1) 泵房建筑的耐火等级应为一、二级。

(2) 泵房应有充足的光线和良好的通风，并保证在冬季设备不发生冻结。泵房净高：当采用固定吊钩或移动支架时，不小于3.0m；当采用固定吊车时，起吊物底部与超过的物体顶部之间应有0.5m以上的净距。

(3) 选泵时，应采用低噪声水泵，在有防振或安静要求的房间的上下和毗邻的房间内不得设置水泵。水泵机组的基础应设隔振装置，吸水管和出水管上应设置隔振减噪装置。管道支架、吊架和管道穿墙、楼板处，应采取防固体传声措施。必要时可在泵房的墙壁和天花上采取隔声吸声措施。

(4) 泵房内应有地面排水措施，地面坡向排水沟，排水沟坡向集水坑。

(5) 泵房大门应保证能使搬运的水泵机件进入，且应比最大件宽0.5m。

(6) 泵房采暖温度一般为16℃，无人值班的泵房为5℃；每小时换气次数不少于6次。

(7) 水泵应采用自灌式充水，出水管设阀门、止回阀和压力表，每台水泵宜设置单独吸水管，吸水管应设过滤器及阀门。

(8) 采用吸水总管时，应设置2条及以上的引水管。与水泵吸水管采用管顶平接或高出管顶连接。

(9) 水泵机组布置

电机容量大于55kW时，水泵基础间的净距不得小于1.2m；电机容量为22～55kW时，水泵基础间的净距不得小于0.8m；电机容量为20kW以下，水泵吸水管直径小于100mm时，泵组一侧与泵房墙面之间可不留通道。

两台相同泵组可共用一个基础，该共用基础侧边之间及距墙面之间应有不小于0.7m的通道。泵房的人行通道不得小于1.2m。配电盘前应有1.5～2.0m的通道。

### (五) 气压给水设备

依据波义耳-马略特定律，利用密闭罐中压缩空气的压力变化，调节和压送水量。在给水系统中主要起增压和水量调节的作用。

## 七、管道布置与敷设

### (一) 基本原则

(1) 确保供水安全和良好的水力条件，力求经济合理。

(2) 保护管道不受损坏。

埋地敷设的给水管道应避免布置在可能受重物压坏处。管道不得穿越生产设备基础；在特殊情况下必须穿越时，应采取有效的保护措施。

给水管道不得敷设在烟道、风道、电梯井、排水沟内。给水管道不得穿过大便槽和小便槽，且立管离大、小便槽端部不得小于0.5m。

给水管道不宜穿越伸缩缝、沉降缝、变形缝。如果必须穿越时，应设置补偿管道伸缩和剪切变形的装置，如橡胶管、波纹管、补偿器等。

(3) 不影响生产安全和建筑物的使用。

室内给水管道的布置，不得妨碍生产操作、交通运输和建筑物的使用。给水管道不宜穿越橱窗、壁柜。

室内给水管道不应穿越变配电房、电梯机房、通信机房、大中型计算机房、计算机网络中心、音像库房等遇水会损坏设备和引发事故的房间，并应避免在生产设备、配电柜上方通过。不得布置在遇水会引起燃烧、爆炸的原料、产品和设备的上面。

(4) 给水管道的布置应便于安装维修，室内给水管道上的各种阀门，宜装设在便于检修和便于操作的位置。

**(二) 管网布置方式**

按照横向配水干管的敷设位置和供水方向，可以分为下行上给式、上行下给式和环状中分式；按照供水的安全程度，可以分为枝状管网和环状管网。

**(三) 给水管道的敷设**

给水管道一般宜明装敷设；当暗设时，应符合下列要求：

(1) 不得直接敷设在建筑物结构层内。

(2) 干管和立管应敷设在吊顶、管井、管窿内，支管宜敷设在楼（地）面的垫层内或沿墙敷设在管槽内。

(3) 敷设在垫层或墙体管槽内的给水支管的外径不宜大于 25mm。

(4) 敷设在垫层或墙体管槽内的给水管管材宜采用塑料、金属与塑料复合管材或耐腐蚀的金属管材。

(5) 敷设在垫层或墙体管槽内的管材，不得有卡套式或卡环式接口，柔性管材宜采用分水器向各卫生器具配水，中途不得有连接配件，两端接口应明露。

**(四) 其他要求**

(1) 埋深

① 地下室的地面下不得埋设给水管道，应设专用的管沟。

② 室外给水管道的覆土深度，应根据土壤冰冻深度、车辆荷载、管道材质及管道交叉等因素确定。管顶最小覆土深度不得小于土壤冰冻线以下 0.15m，行车道下的管线覆土深度不宜小于 0.70m。

(2) 敷设在室外综合管廊（沟）内的给水管道，宜在热水、热力管道下方，冷冻管和排水管的上方。给水管道与各种管道之间的净距，应满足安装操作的需要，且不宜小于 0.3m。生活给水管道不宜与输送易燃、可燃或有害的液体或气体的管道同管廊（沟）敷设。

(3) 室内冷、热水管上、下平行敷设时，冷水管应在热水管下方。卫生器具的冷水连接管，应在热水连接管的右侧。建筑物内埋地敷设的生活给水管与排水管之间的最小净距，平行埋设时不宜小于 0.50m；交叉埋设时不应小于 0.15m，且给水管应在排水管的上面。

(4) 需要泄空的给水管道，其横管宜设有 0.002～0.005 的坡度坡向泄水装置。

(5) 穿地下室或地下构筑物外墙时，预留孔洞应加设防水套管。

(6) 管道穿过承重墙、楼板或基础处应预留孔洞；管顶上部净空不得小于建筑物的沉降量，一般不小于 0.1m。

(7) 根据地点和需求，应分别采取防腐、防冻、防结露等措施。

（8）管道井的尺寸，应根据管道数量、管径大小、排列方式、维修条件，结合建筑平面和结构形式等合理确定。需进人维修管道的管井，其维修人员的工作通道净宽度不宜小于0.6m。管道井应每层设外开检修门。管道井的井壁及检修门的耐火极限和管道井的竖向防火隔断，应符合消防规范的规定。

**八、管材、附件与水表**

（1）小区室外埋地给水管道采用的管材，应具有耐腐蚀和能承受相应地面荷载的能力。可采用塑料给水管、有衬里的铸铁给水管、经可靠防腐处理的钢管。

（2）室内的给水管道，应选用耐腐蚀和安装连接方便可靠的管材，可采用塑料给水管、塑料和金属复合管、铜管、不锈钢管及经可靠防腐处理的钢管。高层建筑给水立管不宜采用塑料管。

（3）给水管道的下列部位应设置管道过滤器：①减压阀、泄压阀、自动水位控制阀、温度调节阀等阀件前应设置；②水加热器的进水管上，换热装置的循环冷却水进水管上宜设置；③水泵吸水管上宜设置。过滤器的滤网应采用耐腐蚀材料，滤网网孔尺寸应按使用要求确定。

（4）当给水管网存在短时超压工况，且短时超压会引起使用不安全时，应设置泄压阀。泄压阀前应设置阀门。

（5）安全阀阀前不得设置阀门。

（6）减压阀前应设阀门和过滤器；需拆卸阀体才能检修的减压阀后，应设管道伸缩器；检修时阀后水会倒流时，阀后应设阀门；减压阀节点处的前后应装设压力表。

（7）水表应装设在观察方便，不冻结，不被任何液体及杂质所淹没和不易受损处。

**九、特殊给水系统**

**（一）水景**

（1）水景用水应循环使用，循环系统的补充水量应根据蒸发、飘失、渗漏、排污等损失确定，室内工程宜取循环水流量的1%～3%；室外工程宜取循环水流量的3%～5%。

（2）当水景水池采用生活饮用水作为补充水时，应采取防止回流污染的措施，补水管上应设置用水计量装置。

（3）水景水池周围宜设排水设施。为维持一定的水池水位和进行表面排污，保持水面清洁，应设置溢水口；为了便于清扫、检修和防止停用时水池水质腐败或结冰，应设置泄水口。

**（二）循环冷却水及冷却塔**

空调循环水冷却系统中，冷却塔一般设于高层建筑的顶层或屋顶，循环水泵设于冷冻机房，冷水池设于地下或设于冷却塔底部与集水盘结合。冷却循环水补充水量一般按循环水量的1%～2%计算。冷却塔有横流式、逆流式两种，选用时除满足水量要求时，噪声不能超过规定标准。

（1）当可能有冻结危险时，冬季运行的冷却塔应采取防冻措施。

（2）冷却塔应设置在专用的基础上，不得直接设置在楼板或屋面上。

（3）冷却塔应布置在建筑物的最小频率风向的上风侧；不应布置在热源、废气和烟气排放口附近，不宜布置在高大建筑物中间的狭长地带上。

（4）环境对噪声要求较高时，冷却塔可采取下列措施：①冷却塔的位置宜远离对噪声敏感的区域；②应采用低噪声型或超低噪声型冷却塔；③进水管、出水管、补充水管上应设置隔振防噪装置；④冷却塔基础应设置隔振装置；⑤建筑上应采取隔声吸音屏障。

## 第二节　建筑内部热水供应系统

### 一、组成

典型的集中热水供应系统主要由热媒系统、热水供水系统和附件三部分构成。

热媒系统，也称为第一循环系统，由热源、水加热器和热媒管网组成。

热水供水系统，也称为第二循环系统，由热水配水管网和回水管网组成。

附件包括蒸汽、热水的控制附件以及管道的连接附件；如温度自动调节装置、减压阀、安全阀、自动排气阀、膨胀罐、管道伸缩器、闸阀、水嘴等。

### 二、分类

根据供水范围可分为局部热水供应系统、集中热水供应系统和区域热水供应系统。

**1. 局部热水供应系统**

采用小型加热器在用水场所就地加热，供局部范围内一个或几个用水点使用。适用于热水用水量小且分散的建筑，如小型饮食店、理发馆、诊所、一般的单元式居住建筑等。

**2. 集中热水供应系统**

在锅炉房、热交换站或加热间，将水集中加热后，通过热水管网输送到整幢或几幢建筑的热水供应系统。适用于热水用水量大，用水点多且较为集中的建筑，如旅馆、医院、公共浴室等。

**3. 区域热水供应系统**

在热电厂、区域锅炉房或热交换站，将水集中加热后，通过市政热力管网输送至建筑群、集中居住区或大型工业企业的热水供应系统。适用于建筑布置较为集中、热水用量较大的城市和工业企业。

### 三、热源的选择

集中热水供应系统的热源，可按下列顺序选择：

（1）当条件许可时，宜首先利用工业余热、废热、地热。

注：① 利用废热锅炉制备热媒时，引入其内的废气、烟气温度不宜低于400℃；

② 当以地热为热源时，应按地热水的水温、水质和水压，采取相应的技术措施。

（2）当日照时数大于1400h/年且年太阳辐射量大于4200MJ/m$^2$及年极端最低气温不低于−45℃的地区，宜优先采用太阳能作为热水供应热源。

（3）具备可再生低温能源的下列地区可采用热泵热水供应系统：

1）在夏热冬暖地区，宜采用空气源热泵热水供应系统；

2）在地下水源充沛、水文地质条件适宜，并能保证回灌的地区，宜采用地下水源热泵热水供应系统；

3）在沿江、沿海、沿湖，地表水源充足，水文地质条件适宜，及有条件利用城市污水、再生水的地区，宜采用地表水源热泵热水供应系统。

注：当采用地下水源和地表水源时，应经当地水务主管部门批准，必要时应进行生态环境、水质卫

生方面的评估。

(4) 当没有条件利用工业余热、废热、地热或太阳能等自然热源时，宜优先采用能保证全年供热的热力管网作为集中热水供应的热媒。

(5) 当区域性锅炉房或附近的锅炉房能充分供给蒸汽或高温水时，宜采用蒸汽或高温水作为集中热水供应系统的热媒。

(6) 当无上述热源可供利用时，可设燃油（气）热水机组或电蓄热设备等供给集中热水供应系统的热源或直接供给热水。

(7) 局部热水供应系统的热源宜采用太阳能及电能、燃气、蒸汽等。

(8) 升温后的冷却水，当其水质符合规范要求时，可作为生活用热水。

## 四、加热设备

按加热方式的不同，可分为直接加热和间接加热。常用的加热设备有：

### 1. 局部加热设备

用于局部热水供应系统，主要包括燃气热水器、电热水器、太阳能热水器。

燃气热水器是采用天然气、焦炉煤气、液化石油气和混合煤气加热冷水的设备。常见的直流快速式燃气热水器，一般安装在用水点就地加热，可随时点燃并可立即取得热水。

电热水器是把电能通过电阻丝变成热能加热冷水的设备。常见的是容积式电热水器，具有 10L～10m$^3$贮水容积，在使用前需预先加热。

太阳能热水器是将太阳能转换成热能并将水加热的装置。其优点是节省燃料、运行费用低；缺点是天气、季节、地理位置等的影响较大，占地面积也较大。通常太阳能热水器都设有辅助加热设备。

### 2. 集中加热设备

用于集中热水供应系统，主要包括：

(1) 热水锅炉

适用于用水量均匀、耗热量不大（一般小于 380kW）的浴室、饮食店、理发馆等，有燃煤、燃气、燃油 3 种。燃煤锅炉因污染问题，许多城市已限制使用。

(2) 水加热器

均为间接加热设备，主要包括如下四种类型：

1) 容积式换热器

具有较大的储存和调节能力，水头损失小，出水水温较为稳定等优点；缺点是占地面积大、热交换效率较低，局部区域存在一定的微生物风险。适用于水量、水温可靠性要求较高，有安静要求的用户。

2) 快速式加热器（即热式）

具有热效率高、体积小、安装搬运方便的优点；缺点是不能贮存热水，水头损失较大，在热媒或被加热水压力不稳定时，出水水温波动较大。适用于冷水硬度低、耗热量大且较为均匀的用户。

3) 半容积式加热器

兼具容积式和快速式加热器的优点，具有体积小（较容积式加热器减小 2/3)、加热快、换热充分、出水水温较为稳定等优点；但构造上也较容积式和快速式加热器复杂。

4) 半即热式加热器

带有超强控制，通过自动化运行实现出水水温稳定的目的；造价较高。

(3) 加热水箱

通过在水箱中安装蒸汽多孔管、蒸汽喷射器或电加热管等方式，实现加热冷水目的的简单加热设备。

(4) 可再生低温能源的热泵热水器

热泵是指从自然界的空气、水或土壤中获取低品位热能，经过电力做功，生产可被利用的高品位热能的设备，主要包括水源热泵、空气源热泵、地源热泵等。

## 五、供水方式

按管网的循环方式不同，可分为全循环、半循环、无循环三种方式；按管网的压力工况不同，可分为开式和闭式两种方式；按管网的运行方式不同，可分为全日制和定时制；按管网的循环动力不同，可分为机械循环（强制循环）和自然循环；按循环管道布置方式的不同，可分为同程式和非同程式。

全循环是指热水干管、热水立管和热水支管都设置相应的循环管道，保持热水循环，各配水嘴随时打开均能提供符合设计水温要求的方式。适用于对热水供应要求比较高的建筑，如高级宾馆、饭店、高级住宅等。

半循环又有立管循环和干管循环之分；其中立管循环是指热水干管和热水立管均设置循环管道，保持热水循环，打开配水嘴时只需放掉热水支管中少量的存水，就能获得规定水温的热水，如图 6-4；多用于高层建筑。干管循环是指仅热水干管设置循环管道，保持热水循环，打开配水嘴时需要放掉热水立管和支管中的冷水，才能获得规定水温的热水，如图 6-5；多用于规模较小的定时热水供应系统。

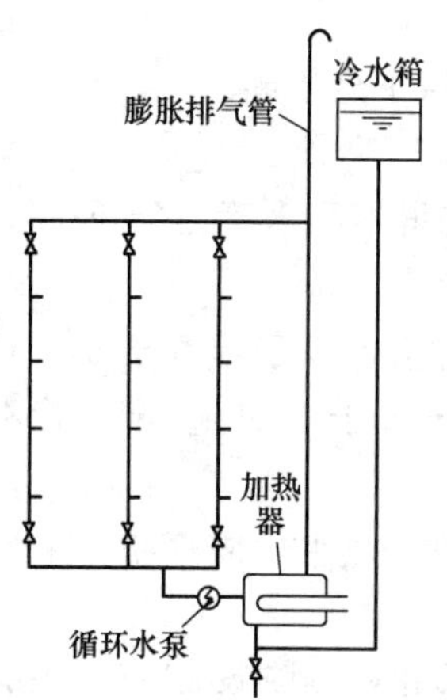


图 6-4　立管循环热水供应系统

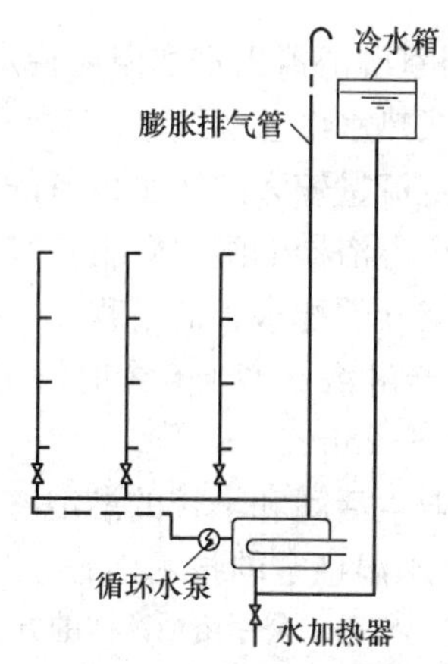


图 6-5　干管循环热水供应系统

无循环是指在热水管网中不设任何循环管道，打开配水嘴时需放掉热水干管、热水立管、热水支管中的存水，才能获得规定水温的热水，如图 6-6 所示。多用于热水供应系统较小、使用要求不高的定时热水供应系统；如公共浴室、洗衣房等。

开式方式是指在所有配水点关闭后，系统内的水仍与大气相通；而闭式方式是指在所有配水点关闭后，整个系统与大气隔绝，形成密闭系统。

循环流量通过各循环管路的流程相当时，这种布置方式被称为同程式，否则为非同程式。

## 六、设置的具体要求

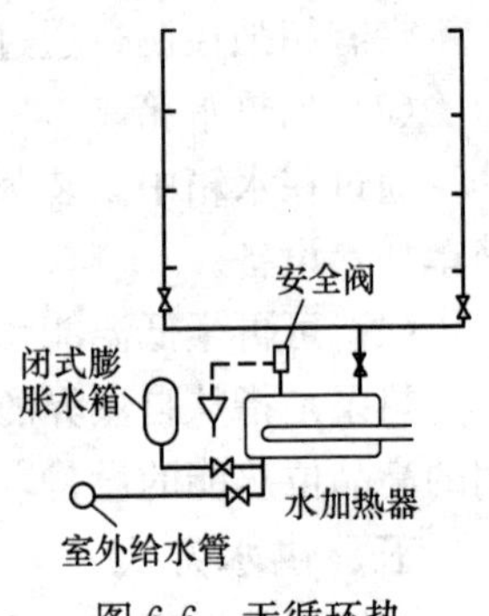

图 6-6 无循环热水供应系统

(1) 集中热水供应系统应设热水循环管道，其设置应符合下列要求：

1) 热水供应系统应保证干管和立管中的热水循环；

2) 要求随时取得不低于规定温度的热水的建筑物，应保证支管中的热水循环，或有保证支管中热水温度的措施；

3) 循环系统应设循环泵，并应采取机械循环。

(2) 建筑物内集中热水供应系统的热水循环管道宜采用同程布置的方式；当采用同程布置困难时，应采取保证干管和立管循环效果的措施。

(3) 设有集中热水供应系统的建筑物中，用水量较大的浴室、洗衣房、厨房等，宜设单独的热水管网。热水为定时供应且个别用户对热水供应时间有特殊要求时，宜设置单独的热水管网或局部加热设备。

(4) 高层建筑热水系统的分区，应遵循如下原则：应与给水系统的分区一致，各区水加热器、贮水罐的进水均应由同区的给水系统专管供应；当不能满足时，应采取保证系统冷、热水压力平衡的措施。

(5) 当给水管道的水压变化较大且用水点要求水压稳定时，宜采用开式热水供应系统或采取稳压措施。

(6) 当卫生设备设有冷、热水混合器或混合龙头时，冷、热水供应系统在配水点处应有相近的水压。

(7) 公共浴室淋浴器出水水温应稳定，并宜采取下列措施：

1) 采用开式热水供应系统；

2) 给水额定流量较大的用水设备的管道，应与淋浴配水管道分开；

3) 多于 3 个淋浴器的配水管道，宜布置成环形；

4) 成组淋浴器的配水管的沿程水头损失，当淋浴器少于或等于 6 个时，可采用每米不大于 300Pa；当淋浴器多于 6 个时，可采用每米不大于 350Pa。配水管不宜变径，且其最小管径不得小于 25mm。

5) 工业企业生活间和学校的淋浴室，宜采用单管热水供应系统。单管热水供应系统应采取保证热水水温稳定的技术措施。

注：公共浴室不宜采用公用浴池沐浴的方式；当必须采用时，则应设循环水处理系统及消毒设备。

(8) 除了满足给（冷）水管网敷设的要求外，热水管网的布置与敷设还应注意因温度升高带来的水的体积膨胀、管道的热胀冷缩以及保温、排气等问题，主要措施如下：

1) 热水管道应选用耐腐蚀和安装连接方便可靠的管材，可采用薄壁铜管、薄壁不锈钢管、塑料热水管、塑料和金属复合热水管等。塑料热水管宜暗设，明设时立管宜布置在不受撞击处，当不能避免时，应在管外加保护措施。但设备机房内的管道，不应采用塑料热水管。

2) 热水管道系统，应有补偿管道热胀冷缩的措施。

3) 热水横管的敷设坡度不宜小于 0.003；上行下给式系统配水干管最高点应设排气

装置；下行上给式配水系统，可利用最高配水点放气。系统最低点应设泄水装置。

### 七、热水用水水质、定额与水温

生活用热水的水质，应符合我国现行的《生活饮用水卫生标准》GB 5749 的要求。由于水加热后，水中钙、镁离子会受热析出，附着在设备和管道表面形成水垢，降低管道输水能力和设备的导热系数；因此在热水供应系统中应采取必要的防止结垢的措施。

生活用热水定额，应根据建筑的使用性质、热水水温、卫生器具的完善程度、热水供应时间、当地气候条件和生活习惯等因素合理确定。

各种卫生器具的使用温度，应符合规范要求。其中淋浴器使用水温，应根据气候条件、使用对象和使用习惯确定；幼儿园、托儿所浴盆和淋浴器的使用水温为 35℃；同时，对养老院、精神病医院、幼儿园等建筑的淋浴和浴盆设置的热水管道应有防烫伤措施。

### 八、饮水供应

(1) 阀门、水表、管道连接件、密封材料、配水水嘴等选用材质均应符合食品级卫生要求，并与管材匹配。

(2) 管道直饮水系统应满足下列要求：①一般均以市政给水为原水，经过深度处理方法制备而成，其水质应符合国家现行标准《饮用净水水质标准》CJ 94 的要求；②系统必须独立设置；③宜采用调速泵组直接供水或处理设备置于屋顶的水箱重力式供水方式；④应设循环管道，其供、回水管网应同程布置，循环管网内水的停留时间不应超过 12h；从立管接至配水龙头的支管管段长度不宜大于 3m。

(3) 饮水供应点的设置，应符合下列要求：①不得设在易污染的地点，对于经常产生有害气体或粉尘的车间，应设在不受污染的生活间或小室内；②位置应便于取用、检修和清扫，并应保证良好的通风和照明；③楼房内饮水供应点的位置，可根据实际情况选定。

## 第三节　建筑消防系统

建筑消防系统根据灭火剂不同，可分为水、气体、泡沫、干粉等灭火系统。与其他灭火剂相比，水具有使用方便、灭火效果好、来源广泛、价格便宜、器材简单等优点；是目前世界各地广泛使用的主要灭火剂。值得注意的是，为保护大气臭氧层和人类生态环境，卤代烷灭火剂的生产和使用已受到限制。

市政给水、消防水池、天然水源等可作为消防水源，并宜采用市政给水；雨水清水池、中水清水池、水景和游泳池可作为备用消防水源。

建筑消防系统包括室内和室外两部分。其中，室外主要采用消火栓给水系统；室内则包括灭火器以及消火栓、自动喷水、气体等灭火系统。一起火灾灭火所需消防用水的设计流量应按建筑的室外消火栓系统、室内消火栓系统、自动喷水灭火系统、泡沫灭火系统、水喷雾灭火系统、固定消防炮灭火系统、固定冷却水系统等需要同时作用的各种水灭火系统的设计流量组成。

建筑消防系统根据压力情况，可分为高压消防给水系统、临时高压消防给水系统和低压消防给水系统。

(1) 高压消防给水系统是指管网内经常保持足够的压力和消防供水量的系统。

(2) 临时高压消防给水系统是指平时水压、水量不能满足消防要求，但系统中设有消防泵房，接火警后，即启动消防水泵，系统转化为高压消防给水系统满足灭火要求的系统。

(3) 低压消防给水系统是指平时管网中水压较低（仅满足室外低压消防给水系统向消防车供水，该系统平时最小水压不应低于 $10mH_2O$)，灭火时由消防车或其他移动式消防泵加压供水的系统。

## 一、民用建筑类型

民用建筑分类如表 6-4 所示。

对于高层建筑，受消防车供水压力的限制，发生火灾时建筑的高层部分有可能无法依靠室外消防设施协助救火；因此，高层建筑消防给水设计应立足“自救”，即立足于室内消防设施扑救火灾。一般高度在 24m 以下的裙房在“外救”的能力范围内，应以“外救”为主；高度为 24～50m 的部位，室外消防设施仍可通过水泵接合器升压供水，应立足“自救”并借助“外救”，二者同时发挥作用；50m 以上的部位，已超过了室外消防设施的供水能力，则完全依靠“自救”灭火。

**民用建筑分类表** **表 6-4**

| 名称 | 高层民用建筑 | | 单、多层民用建筑 |
|---|---|---|---|
| | 一类 | 二类 | |
| 住宅建筑 | 建筑高度大于 54m 的住宅建筑（包括设置商业服务网点的住宅建筑） | 建筑高度大于 27m，但不大于 54m 的住宅建筑（包括设置商业服务网点的住宅建筑） | 建筑高度不大于 27m 的住宅建筑（包括设置商业服务网点的住宅建筑） |
| 公共建筑 | 1. 建筑高度大于 50m 的公共建筑；<br>2. 建筑高度 24m 以上、部分任一楼层建筑面积大于 $1000m^2$ 的商店、展览、电信、邮政、财贸、金融建筑和其他多种功能组合的建筑；<br>3. 医疗建筑、重要公共建筑；<br>4. 省级及以上的广播电视和防灾指挥调度建筑、网局级和省级电力调度建筑；<br>5. 藏书超过 100 万册的图书馆、书库 | 除一类高层公共建筑外的其他高层公共建筑 | 1. 建筑高度大于 24m 的单层公共建筑；<br>2. 建筑高度不大于 24m 的其他公共建筑 |

## 二、室外消火栓给水系统

城镇应沿可通行消防车的街道设置市政消火栓系统；民用建筑周围以及用于消防救援和消防车停靠的屋面上，应设置建筑室外消火栓系统。

市政消防给水设计流量，应根据当地火灾统计资料、火灾扑救用水量统计资料、灭火用水量保证率、建筑的组成和市政给水管网运行合理性等因素综合分析计算确定。

建筑物室外消火栓设计流量，应根据建筑物的用途功能、体积、耐火等级、火灾危险性等因素综合分析确定。

市政和建筑物室外消火栓给水系统的设置要求如下：

(1) 市政消火栓和建筑物室外消火栓应采用湿式消火栓系统。

（2）市政和建筑物室外消火栓宜采用地上式消火栓；在严寒、寒冷等冬季结冰地区宜采用干式地上式室外消火栓；严寒地区宜增设消防水鹤。地下式消火栓应有明显的永久性标志。

（3）市政消火栓应沿道路一侧设置，并宜靠近十字路口；但当市政道路宽度大于60m时，应在道路两侧交叉错落设置市政消火栓。市政桥桥头和城市交通隧道出入口等市政公用设施处，应设置市政消火栓。

（4）建筑物室外消火栓的数量应根据室外消火栓设计流量和保护半径经计算确定。建筑物室外消火栓宜沿建筑周围均匀布置，且不宜集中布置在建筑一侧；建筑消防扑救面一侧的室外消火栓数量不宜少于2个。人防工程、地下工程等建筑物应在出入口附近设置建筑物室外消火栓，且距出入口的距离不宜小于5m，并不宜大于40m。停车场的室外消火栓宜沿停车场周边布置，且与最近一排汽车的距离不宜小于7m，距加油站或油库不宜小于15m。

（5）甲、乙、丙类液体储罐区和液化烃罐罐区等构筑物的室外消火栓，应设在防火堤或防护墙外，数量应根据计算确定，但距罐壁15m范围内的消火栓，不应计算在该罐可使用的数量内。工艺装置区等采用高压或临时高压消防给水系统的场所，其周围应设置室外消火栓，数量应根据设计流量经计算确定，且间距不应大于60m。当工艺装置区宽度大于120m时，宜在该装置区的路边设置室外消火栓。

（6）市政和建筑物室外消火栓的保护半径不应超过150m，间距不应大于120m。

（7）市政和建筑物室外消火栓应布置在消防车易于接近的人行道和绿地等地点，且不应妨碍交通，并应符合下列规定：

① 消火栓距路边不宜小于0.5m，并不应大于2.0m；距建筑外墙或外墙边缘不宜小于5.0m。

② 消火栓应避免设置在机械易撞击的地点；确有困难时，应采取防撞措施。

## 三、室内消火栓给水系统

### （一）设置场所

根据《建筑设计防火规范》GB 50016—2014（2018年版）第8.2.1条，下列建筑或场所应设置室内消火栓给水系统：

（1）建筑占地面积大于300m$^2$的厂房和仓库。

（2）高层公共建筑和建筑高度大于21m的住宅建筑。

注：建筑高度不大于27m的住宅建筑，设置室内消火栓系统确有困难时，可只设置干式消防竖管和不带消火栓箱的*DN*65的室内消火栓。

（3）体积大于5000m$^3$的车站、码头、机场的候车（船、机）建筑、展览建筑、商店建筑、旅馆建筑、医疗建筑和图书馆建筑等单、多层建筑。

（4）特等、甲等剧场，超过800个座位的其他等级的剧场和电影院等以及超过1200个座位的礼堂、体育馆等单、多层建筑。

（5）建筑高度大于15m或体积大于10000m$^3$的办公建筑、教学建筑和其他单、多层民用建筑。

（6）国家级文物保护单位的重点砖木或木结构的古建筑，宜设置室内消火栓系统。

根据《建筑设计防火规范》GB 50016—2014（2018年版）第8.2.2条，上述未规定的建筑或场所，或者符合上述规定的下列建筑或场所，可不设置室内消火栓给水系统，但宜设置消防软管卷盘或轻便消防水龙：

① 耐火等级为一、二级且可燃物较少的单层、多层丁、戊类厂房（仓库）；

② 耐火等级为三、四级且建筑体积不大于3000m$^3$的丁类厂房；耐火等级为三、四级且建筑体积不大于5000m$^3$的戊类厂房（仓库）；

③ 粮食仓库、金库、远离城镇且无人值班的独立建筑；

④ 存有与水接触能引起燃烧爆炸的物品的建筑；

⑤ 室内无生产、生活给水管道，室外消防用水取自储水池且建筑体积不大于5000m$^3$的其他建筑。

**（二）系统组成**

室内消火栓给水系统一般由消火栓设备、消防管道及附件、消防增压贮水设备、水泵接合器等组成。其中，消火栓设备由消火栓、水枪、水龙带组成，均安装于消火栓箱内。消防增压贮水设备主要包括消防水泵、消防水池和高位消防水箱。水泵接合器是连接消防车向室内消防给水系统加压供水的装置，有地下式、地上式、墙壁式三种类型。

建筑物室内消火栓设计流量，应根据建筑物的用途功能、体积、高度、耐火等级、火灾危险性等因素综合确定。消防软管卷盘、轻便消防水龙及多层住宅楼梯间中的干式消防竖管的流量，可不计入室内消防给水设计流量。

**（三）设置要求**

**1. 消火栓设备**

设有室内消火栓的建筑，包括设备层在内的各层均应设置消火栓。

屋顶设有直升机停机坪的建筑，应在停机坪出入口处或非电器设备机房处设置消火栓，且距停机坪机位边缘的距离不应小于5.0m。

消防电梯前室应设置室内消火栓，并应计入消火栓使用的数量。

建筑物内消火栓的设置位置应满足火灾扑救要求，且符合下列规定：室内消火栓应设置在楼梯间及其休息平台和前室、走道等明显易于取用，以及便于火灾扑救的位置；汽车库内消火栓的设置不应影响汽车的通行和车位的设置，并应确保消火栓的开启；同一楼梯间及其附近不同层设置的消火栓，其平面位置宜相同；冷库的室内消火栓应设置在常温穿堂或楼梯间内。

建筑室内消火栓栓口的安装高度应便于消防水龙带的连接和使用，其距地面高度宜为1.1m，其出水方向宜与设置消火栓的墙面成90°角或向下。

消火栓按2支水枪的2股充实水柱布置的建筑物，消火栓的布置间距不应大于30m；消火栓按1支水枪的1股充实水柱布置的建筑物，消火栓的布置间距不应大于50m。

**2. 消防管道及阀门**

室内消火栓系统管网应连成环状，当室外消火栓设计流量不大于20L/s，且室内消火栓不超过10个时，可布置成枝状。向环状管网供水的输水干管不应少于两条，当其中一条发生故障时，其余的输水干管应仍能满足消防给水设计流量。

室内消火栓竖管管径应根据竖管最低流量经计算确定，但不应小于100mm。

室内消火栓环状给水管道检修时应符合下列规定：检修时，关闭停用的消防竖管不超过 1 根，当竖管超过 4 根时，可关闭不相邻的两根；每根竖管与供水横干管连接处应设置阀门；同一层横干管上的消火栓，应采用阀门分成若干独立段，每段内室内消火栓的个数不应超过 5 个。

**3. 消防水泵**

消防给水系统一般应设置备用水泵，但对于建筑高度小于 54m 的住宅、室外消防给水设计流量小于等于 25L/s 的建筑、室内消防用水量小于 10L/s 的建筑，可不设备用泵。

消防水泵应确保从接到启泵信号到正常运转的自动启动时间不大于 2min。

单独建造的消防水泵房，其耐火等级不应低于二级。附设在建筑物内的消防水泵房，不应设置在地下三层及以下，或室内地面与室外出入口地坪高差大于 10m 的地下楼层。附设在建筑内的消防水泵房，应采用耐火极限不低于 2.0h 的隔墙和 1.5h 的楼板与其他部位隔开，其疏散门应直通安全出口，且开向疏散走道的门应采用甲级防火门。

**4. 高位消防水箱**

高位消防水箱的有效容积应满足初期火灾消防用水量的要求，并应符合下列规定：

（1）一类高层公共建筑，不应小于 $36m^3$，但当建筑高度大于 100m 时，不应小于 $50m^3$，当建筑高度大于 150m 时，不应小于 $100m^3$；

（2）多层公共建筑、二类高层公共建筑和一类高层住宅，不应小于 $18m^3$；当一类高层住宅建筑高度超过 100m 时，不应小于 $36m^3$；

（3）二类高层住宅，不应小于 $12m^3$；

（4）建筑高度大于 21m 的多层住宅，不应小于 $6m^3$。

高位消防水箱的设置位置应高于其所服务的灭火设施，且最低有效水位应满足水灭火设施最不利点处的静水压力，并应按下列规定确定：

（1）一类高层公共建筑，不应低于 0.1MPa，但当建筑高度超过 100m 时，不应低于 0.15MPa；

（2）高层住宅、二类高层公共建筑、多层公共建筑，不应低于 0.07MPa，多层住宅不宜低于 0.07MPa；

（3）工业建筑不应低于 0.10MPa，当建筑体积小于 $20000m^3$ 时，不宜低于 0.07MPa；

（4）自动喷水灭火系统应根据喷头灭火所需压力确定，但最小不应小于 0.1MPa。

**5. 消防水池**

当室外消防水源供给能力不足或不可靠时，需设置消防水池以贮存火灾延续时间内的室内外消防用水量。当室外给水管网能保证室外消防用水量时，仅贮存火灾延续时间内的室内消防用水量；当室外管网不能保证室外消防用水量时，除了贮存火灾延续时间内的室内消防用水量之外，还应贮存室外消防用水量不足部分的水量。

消防水池补水时间不宜超过 48h，有效容积及其他设置要求详见本章第一节。

**6. 水泵接合器**

水泵接合器应设在室外便于消防车使用的地点，且距室外消火栓或消防水池的距离不宜小于 15m，并不宜大于 40m。

## 四、自动喷水灭火系统

### （一）设置场所及要求

在人员密集、不易疏散、外部增援灭火与救生较困难、性质重要或火灾危害性较大的场所，应采用自动喷水灭火系统，其具体要求如下。

**《建筑设计防火规范》GB 50016—2014（2018年版）的相关规定：**

下列建筑或场所除不宜用水保护或灭火者外，宜设置自动喷水灭火系统：

**1. 厂房或生产部位**

（1）不小于50000纱锭的棉纺厂的开包、清花车间，不小于5000锭的麻纺厂的分级、梳麻车间，火柴厂的烤梗、筛选部位；

（2）占地面积大于1500m$^2$或总建筑面积大于3000m$^2$的单、多层制鞋、制衣、玩具及电子等类似用途的厂房；

（3）占地面积大于1500m$^2$的木器厂房；

（4）泡沫塑料厂的预发、成型、切片、压花部位；

（5）高层乙、丙类厂房；

（6）建筑面积大于500m$^2$的地下或半地下丙类厂房。

**2. 高层民用建筑**

（1）一类高层公共建筑（除游泳池、溜冰场外）及其地下、半地下室；

（2）二类高层公共建筑及其地下、半地下室的公共活动用房、走道、办公室和旅馆的客房、可燃物品库房、自动扶梯底部；

（3）高层民用建筑内的歌舞、娱乐、放映、游艺场所；

（4）建筑高度大于100m的住宅建筑。

**3. 单、多层民用建筑**

（1）特等、甲等剧场，超过1500个座位的其他等级的剧场，超过2000个座位的会堂或礼堂，超过3000个座位的体育馆，超过5000人的体育场的室内人员休息室与器材间等；

（2）任一层建筑面积大于1500m$^2$或总建筑面积大于3000m$^2$的展览、商店、餐饮和旅馆建筑以及医院中同样建筑规模的病房楼、门诊楼和手术部；

（3）设置送回风道（管）的集中空气调节系统且总建筑面积大于3000m$^2$的办公建筑等；

（4）藏书量超过50万册的图书馆；

（5）大、中型幼儿园的儿童用房等场所，总建筑面积大于500m$^2$的老年人建筑；

（6）总建筑面积大于500m$^2$的地下或半地下商店；

（7）设置在地下或半地下或地上四层及以上楼层的歌舞、娱乐、放映、游艺场所（除游泳场所外），设置在首层、二层和三层且任一层建筑面积大于300m$^2$的地上歌舞娱乐放映游艺场所（除游泳场所外）。

**《汽车库、修车库、停车场设计防火规范》GB 50067—2014的相关规定：**

Ⅰ、Ⅱ、Ⅲ类地上汽车库；停车数大于10辆的地下汽车库、半地下汽车库；机械式汽车库；采用汽车专用升降梯作汽车疏散出口的汽车库；Ⅰ类修车库；均应设置自动灭火系统。

下列场所宜采用水喷雾灭火系统：

（1）单台容量在 40MVA 及以上的厂矿企业油浸电力变压器，单台容量在 90MVA 及以上的电厂油浸电力变压器，单台容量在 125MVA 及以上的独立变电所油浸电力变压器；

（2）飞机发动机试验台的试车部位；

（3）充可燃油并设置在高层民用建筑内的高压电容器和多油开关室。

**（二）系统分类及组成**

根据喷头的开闭形式，可分为闭式系统和开式系统。常用的闭式系统有湿式、干式和预作用式；开式系统有雨淋系统和水幕系统。

**1. 湿式自动喷水灭火系统**

一般由湿式报警阀组、闭式喷头、供水管道、增压贮水设备、水泵接合器等组成，如图 6-7 所示。管网中充满有压水，当建筑物发生火灾，火点温度达到开启闭式喷头时，喷头出水灭火。该系统具有灭火及时，扑救效率高的优点；但由于管网中充有有压水，当渗漏时会损坏建筑装饰，影响建筑的正常使用。该系统适用于环境温度 4℃＜$t$＜70℃的建筑物。

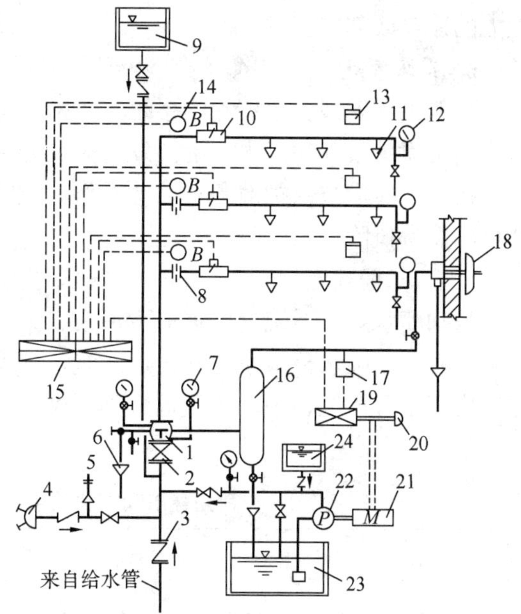


图 6-7 闭式自动喷水灭火系统示意（湿式）

1—湿式报警阀；2—闸阀；3—止回阀；4—水泵接合器；5—安全阀；6—排水漏斗；7—压力表；8—节流孔板；9—高位水箱；10—水流指示器；11—闭式喷头；12—压力表；13—感烟探测器；14—火灾报警装置；15—火灾收信机；16—延迟器；17—压力继电器；18—水力警铃；19—电气自控箱；20—按钮；21—电动机；22—水泵；23—蓄水池；24—水泵灌水箱

**2. 干式自动喷水灭火系统**

一般由干式报警阀组、闭式喷头、供水管道、增压贮水设备、水泵接合器等组成。管网中平时不充水，充有有压空气（或氮气）。当建筑物发生火灾，火点温度达到开启闭式喷头时，喷头开启，排气、充水、灭火。该系统灭火不如湿式系统及时；但由于管网中平时不充水，对建筑装饰无影响，对环境温度也无要求。该系统适用于 $t$≤4℃或 $t$＞70℃的建筑物。

**3. 预作用式自动喷水灭火系统**

一般由预作用阀、火灾探测系统、闭式喷头、供水管道、增压贮水设备、水泵接合器等组成。管网中平时不充水（无压），当建筑物发生火灾时，火灾探测器报警后，自动控制系统控制阀门排气充水，由干式变为湿式系统。只有当着火点温度达到开启闭式喷头时，才开始喷水灭火。该系统弥补了干式和湿式两种系统的缺点，适用于对建筑装饰要求高，要求灭火及时的建筑物。

**4. 雨淋喷水灭火系统**

一般由雨淋阀、火灾探测系统、开式喷头、供水管道、增压贮水设备、水泵接合器等组成；是喷头常开的灭火系统。当建筑物发生火灾时，由自动控制装置打开雨淋阀，使保护区域的所有喷头喷水灭火。具有出水量大，灭火及时的优点。适用于火灾蔓延快、危险性大的建筑或部位。

**5. 水幕系统**

一般由雨淋阀、火灾探测系统、水幕喷头、供水管道、增压贮水设备、水泵接合器等组成，是喷头常开的灭火系统。发生火灾时主要起阻火、冷却、隔离作用。防护冷却水幕应直接将水喷向被保护对象；防火分隔水幕不宜用于尺寸超过 15m（宽）×8m（高）的开口（舞台口除外）。

### （三）一般规定

自动喷水灭火系统的用水应无污染、无腐蚀、无悬浮物。

设有自动喷水灭火系统的民用建筑，根据火灾危险性大小、可燃物多少，以及火灾蔓延速度等划分为轻、中、严重危险级。民用建筑和厂房采用湿式系统的设计基本参数如表 6-5 所示。

**民用建筑和厂房采用湿式系统的设计基本参数　　表 6-5**

| 火灾危险等级 | | 最大净空高度 $h$（m） | 喷水强度 [L/（min·$m^2$）] | 作用面积（$m^2$） |
|---|---|---|---|---|
| 轻危险级 | | $h \leqslant 8$ | 4 | 160 |
| 中危险级 | Ⅰ级 | | 6 | |
| | Ⅱ级 | | 8 | |
| 严重危险级 | Ⅰ级 | | 12 | 260 |
| | Ⅱ级 | | 16 | |

注：系统最不利点处洒水喷头的工作压力不应低于 0.05MPa。

自动喷水灭火系统的喷头，根据产品安装方式不同，可分为普通型、下垂型、直立型、边墙型、吊顶隐蔽型；根据响应时间不同，可分为标准响应形、快速响应型。同一隔间内应采用热敏性能相同的喷头。

干式系统、预作用系统应采用直立型或干式下垂型。

下列场所宜采用快速响应喷头：①公共娱乐场所、中庭环廊；②医院、疗养院的病房及治疗区域，老年、少儿、残疾人的集体活动场所；③超出消防水泵接合器供水高度的楼层；④地下商业场所。

## 五、消防排水

（1）下列建筑物和场所应采取消防排水措施：①消防水泵房；②设有消防给水系统的地下室；③消防电梯的井底；④仓库。

（2）室内消防排水宜排入室外雨水管道，地下式的消防排水设施宜与地下室其他地面废水排水设施共用。

# 第四节　建筑排水系统

建筑排水系统分为生活排水系统、工业废水排水系统和雨水排水系统。小区排水系统应采用生活排水与雨水分流制排水。

## 一、污、废水排水系统

污、废水排水系统应具有如下功能：使污、废水迅速安全地排出室外；减少管道内部气压波动，防止系统中的水封被破坏；防止有毒有害气体进入室内。

### （一）生活排水系统及其组成

生活排水系统一般由卫生器具和生产设备受水器、排水管道、通气管道、清通设施、提升设备、污水局部处理构筑物等部分构成。

排水体制应考虑室内污水性质、污染程度、污水量，室外排水系统体制、处理要求以及有利于综合利用。在下列情况下，建筑物内宜采用生活污水与生活废水分流的排水系统：

（1）建筑物使用性质对卫生标准要求较高时；

（2）生活废水量较大，且环卫部门要求生活污水需经化粪池处理后才能排入城镇排水管道时；

（3）生活废水需回收利用时。

下列建筑排水应单独排水至水处理或回收构筑物：

（1）职工食堂、营业餐厅的厨房含有大量油脂的洗涤废水；

（2）机械自动洗车台冲洗水；

（3）含有大量致病菌或放射性元素超过排放标准的医院污水；

（4）水温超过 40℃的锅炉、水加热器等加热设备排水；

（5）用作回用水水源的生活排水；

（6）实验室有害有毒废水。

### （二）排水定额与最小管径

公共建筑生活排水定额和小时变化系数应与公共建筑生活给水用水定额和小时变化系数相同。小区生活排水系统排水定额宜为其相应的生活给水系统用水定额的85%～95%。

当公共食堂厨房内的污水采用管道排除时，其管径应比计算管径大一级，但干管管径不得小于 100mm，支管管径不得小于 75mm；大便器排水管最小管径不得小于 100mm。建筑物内排出管最小管径不得小于 50mm。多层住宅厨房间的立管管径不宜小于 75mm。小便槽或连接 3 个及 3 个以上的小便器，其污水支管管径不宜小于 75mm；医院污物洗涤盆（池）和污水盆（池）的排水管管径，不得小于 75mm。

### （三）排水管道的布置与敷设

排水管道的布置与敷设在保证排水通畅，安全可靠的前提下，还应兼顾经济、施工、管理、美观等因素。

#### 1. 排水通畅、水力条件好

（1）排水支管不宜太长，尽量少转弯，连接的卫生器具不宜太多；

（2）立管宜靠近外墙，靠近排水量大、水中杂质多的卫生器具；

（3）排水管以最短距离排至室外，尽量避免在室内转弯；

（4）在选择管件时，尽量选用顺水三通、顺水四通等。

#### 2. 保护排水管道不受损坏

（1）排水管道不得穿过沉降缝、伸缩缝、变形缝、烟道和风道。

（2）埋地管道不得布置在可能受重物压坏处或穿越生产设备基础。

(3) 塑料排水管应避免布置在易受机械撞击处，并应避免布置在热源附近。塑料排水立管与家用灶具边净距不得小于 0.4m。

(4) 小区排水管道最小覆土深度应根据道路的行车等级、管材的受压强度、地基承载力等因素经计算确定，并应符合下列要求：

1) 小区干道和小区组团道路下的管道，其覆土深度不宜小于 0.70m；

2) 生活污水接户管道埋设深度不得高于土壤冰冻线以上 0.15m，且覆土深度不宜小于 0.30m。

**3. 保证设有排水管道房间或场所的正常使用**

(1) 排水管道不得布置在遇水会引起燃烧、爆炸的原料、产品和设备的上面；

(2) 不得敷设在对生产工艺或卫生有特殊要求的生产厂房内，以及食品和贵重商品仓库、通风小室、电气机房和电梯机房内；

(3) 不得布置在食堂、饮食业厨房的主副食操作、烹调和备餐的上方；

(4) 不宜穿越橱窗、壁柜；

(5) 不得穿越住宅客厅、餐厅、卧室，并不宜靠近与卧室相邻的内墙；

(6) 不得穿越生活饮用水池部位的上方。

**4. 室内环境卫生条件好**

住宅厨房和卫生间的排水立管应分别设置。排水立管最低排水横支管与立管连接处距排水立管管底的垂直距离不得小于规定要求，如表 6-6 所示。

**最低排水横支管与立管连接处至立管管底的最小垂直距离　　表 6-6**

| 立管连接卫生器具的层数 | 垂直距离（m） | |
|---|---|---|
| | 仅设伸顶通气 | 设通气立管 |
| ≤4 | 0.45 | 按配件最小安装尺寸确定 |
| 5～6 | 0.75 | |
| 7～12 | 1.20 | |
| 13～19 | 3.00 | 0.75 |
| ≥20 | 3.00 | 1.20 |

当构造内无存水弯的卫生器具与生活污水管道或其他可能产生有害气体的排水管道连接时，必须在排水口以下设置存水弯；存水弯的水封深度不得小于 50mm；带水封的地漏，水封深度不得小于 50mm；严禁采用活动机械密封替代水封。严禁采用钟罩（扣碗）式地漏。医疗卫生机构内门诊、病房、化验室、试验室等不在同一房间内的卫生器具不得共用存水弯。

室内排水沟与室外排水管道连接处，应设水封装置。当排水管道外表面可能结露时，应根据建筑物性质和使用要求，采取防结露措施等。

下列构筑物和设备的排水管不得与污废水管道系统直接连接，应采取间接排水的方式：

(1) 生活饮用水贮水箱（池）的泄水管和溢流管；

(2) 开水器、热水器排水；

(3) 医疗灭菌消毒设备的排水；

(4) 蒸发式冷却器、空调设备冷凝水的排水；

(5) 贮存食品或饮料的冷藏库房的地面排水和冷风机融霜水盘的排水。

**5. 施工安装、维护管理方便**

排水管道宜在地下或楼板垫层中埋设或在地面上、楼板下明设。当建筑有要求时，可在管槽、管道井、管廊、管沟或吊顶、架空层内暗设；但应便于安装和检修。在气温较高、全年不结冻的地区，可沿建筑物外墙敷设。

在生活排水管道上，应按规定设置检查口和清扫口。在室外排水管道的转弯和连接处，在管道的管径、坡度改变处，应设置检查井。

生活废水在下列情况下，可采用有盖的排水沟排除：

(1) 废水中含有大量悬浮物或沉淀物，需经常冲洗；

(2) 设备排水支管很多，用管道连接有困难；

(3) 设备排水点的位置不固定；

(4) 地面需经常冲洗。

**6. 占地面积小，总管线短、工程造价低**

**(四) 通气管道布置与敷设**

建筑内部通气管的主要作用是：

(1) 排出有毒有害气体，增大排水能力；

(2) 引进新鲜空气，防止管道腐蚀；

(3) 减小压力波动，防止水封破坏；

(4) 减小排水系统的噪声。

通气管道的主要类型有：普通伸顶通气管、专用通气管、环行通气管、器具通气管、主通气管、副通气管等，具体设置如图 6-8 所示。

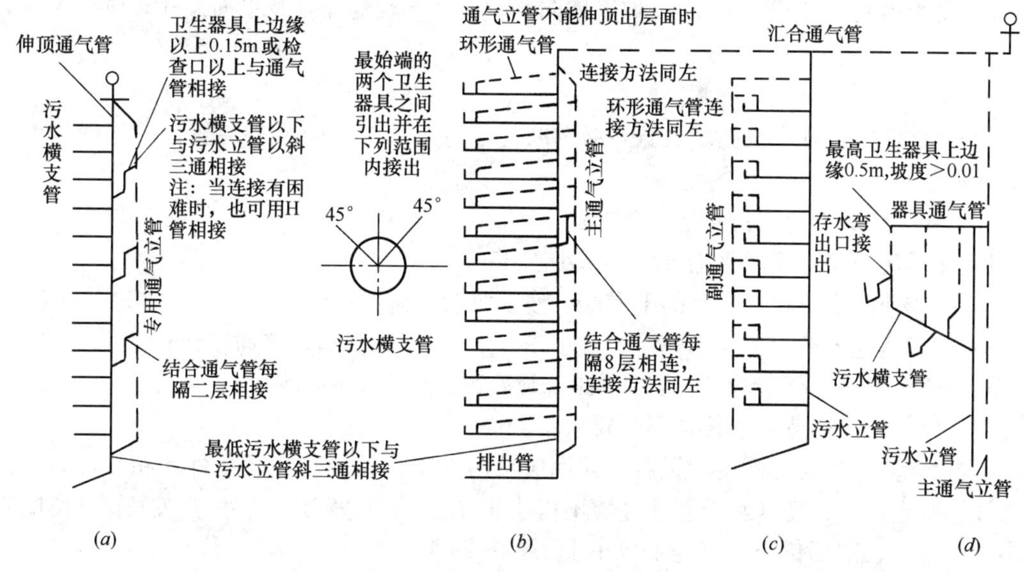


图 6-8 排水通气管的种类、设置和连接方法

通常情况下，生活排水管道的立管顶端应设置伸顶通气管。伸顶通气管高出屋面不得

小于0.3m，且应大于当地最大积雪厚度；在通气管的顶端应装设风帽或网罩。在经常有人停留的平屋面上，通气管口应高出屋面2m。当伸顶通气管为金属管材时，应根据防雷要求设置防雷装置。在通气管口周围4m以内有门窗时，通气管口应高出窗顶0.6m或引向无门窗一侧。通气管口不宜设在建筑物挑出部分（如屋檐檐口、阳台和雨棚等）的下面。

伸顶通气管不允许或不可能单独伸出屋面时，可设置汇合通气管。通气立管不得接纳器具污水、废水和雨水，不得与风道和烟道连接。在建筑物内不得设置吸气阀替代通气管。

建筑标准要求较高的多层住宅、公共建筑、10层及10层以上高层建筑卫生间的生活污水立管应设置通气立管。

**（五）污废水提升与局部处理**

（1）当地下室排水不能重力排出或有可能发生倒流时，应采用压力排水方式，设置污水集水池和污水泵提升排至室外排水管网。电梯井排水、地下通道（汽车库）排水，给水泵房排溢水等，一般均采用水泵提升的压力排水方式。

（2）集水池设计应符合下列规定：

1）集水池有效容积不宜小于最大一台污水泵5min的出水量，且污水泵每小时启动次数不宜超过6次；

2）集水池除满足有效容积外，还应满足水泵设置、水位控制器、格栅等安装、检查要求；

3）集水池设计最低水位，应满足水泵吸水要求；

4）当污水集水池设置在室内地下室时，池盖应密封，并设通气管系；室内有敞开的污水集水池时，应设强制通风装置；

5）集水池底宜有不小于0.05坡度坡向泵位；集水坑的深度及平面尺寸，应按水泵类型而定；

6）集水池底宜设置自冲管；

7）集水池应设置水位指示装置，必要时应设置超警戒水位报警装置，并将信号引至物业管理中心。

（3）化粪池的设置应符合下列要求：

1）化粪池距离地下取水构筑物不得小于30m；

2）化粪池宜设置在接户管的下游端、便于机动车清掏的位置；

3）化粪池池外壁距建筑物外墙不宜小于5m，并不得影响建筑物基础。

注：当受条件限制化粪池设置于建筑物内时，应采取通气、防臭和防爆措施。

（4）化粪池的构造，应符合下列要求：

1）化粪池的长度与深度、宽度的比例应按污水中悬浮物的沉降条件和积存数量，经水力计算确定；但深度（水面至池底）不得小于1. 30m，宽度不得小于0.75m，长度不得小于1.00m，圆形化粪池直径不得小于1.00m；

2）双格化粪池第一格的容量宜为计算总容量的75%；三格化粪池第一格的容量宜为总容量的60%，第二格和第三格各宜为总容量的20%；

3）化粪池格与格、池与连接井之间应设通气孔洞；

4）化粪池进水口、出水口应设置连接井与进水管、出水管相接；

5）化粪池进水管口应设导流装置，出水口处及格与格之间应设拦截污泥浮渣的设施；

6）化粪池池壁和池底，应防止渗漏；

7）化粪池顶板上应设有人孔和盖板。

（5）医院污水处理应符合下列规定：

1）医院污水必须进行消毒处理；

2）染病房的污水经消毒后可与普通病房污水进行合并处理；

3）医院污水消毒宜采用氯消毒（成品次氯酸钠、氯片、漂白粉、漂粉精或液氯）；当运输或供应困难时，可采用现场制备次氯酸钠、化学法制备二氧化氯消毒方式；当有特殊要求并经技术经济比较合理时，可采用臭氧消毒法；

4）医院建筑内含放射性物质、重金属及其他有毒、有害物质的污水，当不符合排放标准时，需进行单独处理达标后，方可排入医院污水处理站或城市排水管道。

### 二、屋面雨水排水系统

建筑物屋面雨水管道应单独设置，雨水回收利用可按现行国家标准《建筑与小区雨水控制及利用工程技术规范》GB 50400—2016 执行。

屋面雨水排水系统按照建筑内是否有雨水管道，可分为外排水和内排水。其中，外排水又分为檐沟外排水和天沟外排水；内排水根据悬吊管上连接的雨水斗个数，可分为单斗系统和多斗系统。

建筑屋面雨水管道设计流态宜符合下列状态：①檐沟外排水宜按重力流设计；②长天沟外排水宜按满管压力流设计；③高层建筑屋面雨水排水宜按重力流设计；④工业厂房、库房、公共建筑的大型屋面雨水排水宜按满管压力流设计。

高层建筑裙房的屋面雨水应单独排放。高层建筑阳台排水系统应单独设置，多层建筑阳台排水系统宜单独设置。阳台雨水立管底部应间接排水。

檐沟外排水系统应根据屋面坡度和建筑物立面要求，每 8～12m 设置一根立管。天沟布置应以伸缩缝、沉降缝、变形缝为分界，长度不宜大于 50m。

建筑屋面各汇水范围内，雨水排水立管不宜少于 2 根。建筑屋面应设置溢流口、溢流堰、溢流管等设施。

## 第五节　建筑节水基本知识

随着我国经济迅速发展和人民生活水平不断提高，城市用水的供需矛盾日益突出，成为我国经济发展的重要制约因素，因此，水资源保护、节约用水已经纳入各级政府（特别是缺水地区）的日常工作。

城市节约用水工作包括：水资源合理调度、节约用水管理、工业企业节水技术和建筑节水等若干内容，本节主要讲解与建筑节水有关的内容。

建筑节水内容包括：与建筑节水有关的法规、建筑节水设备和器具及建筑中水系统。

## 一、相关法规

与建筑节水有关的法规及相关内容摘要如下：

(1)《建筑给水排水设计规范》GB 50015—2003（2009 年版）

其中各类建筑有关的卫生器具、生活用水定额及小时用水变化系数部分。

(2)《民用建筑节水设计标准》GB 50555—2010

(3)《建筑中水设计标准》GB 50336—2018

建筑中水系统设计各项设计标准、实施细则等。

(4)《生活饮用水卫生标准》GB5749—2006

(5)《城市污水再生利用　城市杂用水水质》GB/T 18920—2002

包括厕所冲洗水、绿化用水、洗车、卫生扫除用水的水质标准。

(6)《节水型生活用水器具》CJ/T 164—2014

规定了节水型水嘴、便器、便器系统、便器冲洗阀、淋浴器、洗衣机、洗碗机的性能参数要求及检测方法等。

(7)《节水型卫生洁具》GB/T 31436—2015

规定了节水型坐便器、蹲便器、小便器、陶瓷片密封水嘴、机械式压力冲洗阀、非接触式给水器具、节水型延时自闭水嘴、节水型淋雨用花洒的性能参数要求及检测方法等。

(8)《水嘴用水效率限定值及用水效率等级》GB 25501—2010

(9)《坐便器水效限定值及水效等级》GB 25502—2017

(10)《小便器用水效率限定值及用水效率等级》GB 28377—2012

(11)《便器冲洗阀用水效率限定值及用水效率等级》GB 28379—2012

(12)《淋浴器用水效率限定值及用水效率等级》GB 28378—2012

(13)《蹲便器用水效率限定值及用水效率等级》GB 30717—2014

(14)《电动洗衣机能效水效限定值及等级》GB 12021.4—2013

(15)《反渗透净水机水效限定值及水效等级》GB 34914—2017

## 二、建筑节水设备和器具

建筑节水设备和器具是实施建筑节水的重要手段，节水器具和设备是指具有显著节水（节能）功能的用水器具和设备。

### （一）建筑节水方法

建筑节水主要的节水方法和用水器具、设备：

(1) 限定水量，采用限量水表实现；

(2) 限定（水箱、水池）水位或水位适时传感、显示，采用水位自动控制装置、水位报警器实现；

(3) 防漏，采用低位水箱的各类防漏阀、各类防漏填料等实现；

(4) 限制水流量或减压，采用各类限流、节流装置、减压阀等实现；

(5) 限时，采用各类延时自闭阀等；

(6) 定时控制，采用定时冲洗装置等；

(7) 改进操作或提高操作控制的灵敏性，前者如冷热水混合器，后者如自动水龙头、电磁式淋浴节水装置；

（8）适时调节供水水压或流量，采用水泵机组调速给水设备等实现。

## （二）主要建筑节水设备和器具

### 1. 限量水表

限量水表是一种限定水量的节水装置，它实际上是具有水量控制功能的旋翼式水表，投入水币后按量供水，量至水止，兼具计量、限量双重功能。水币可由供水部门向用户销售或发放，以达到限量供水和节约用水的目的；这种水表为在特定条件下加强供水（节水）管理创造了条件。

### 2. 水位控制装置

水位控制装置是各类水箱、水池和水塔等常用的限制水位、控制流量的设备；通常将水位控制装置分为水位控制阀、水位传感控制装置两类。

（1）水位控制阀

水位控制阀是装于水箱、水池或水塔水柜进水管口并依靠水位变化控制水流的一种特种阀门。阀门的开启、关闭借助于水面浮球上下时的自重、浮力及杠杆作用。原来常用的浮球阀由于漏水等问题已经淘汰，图 6-9 是一种新式的水位控制阀，这种水位控制阀是带有限位浮球的一种液压自闭式阀门。

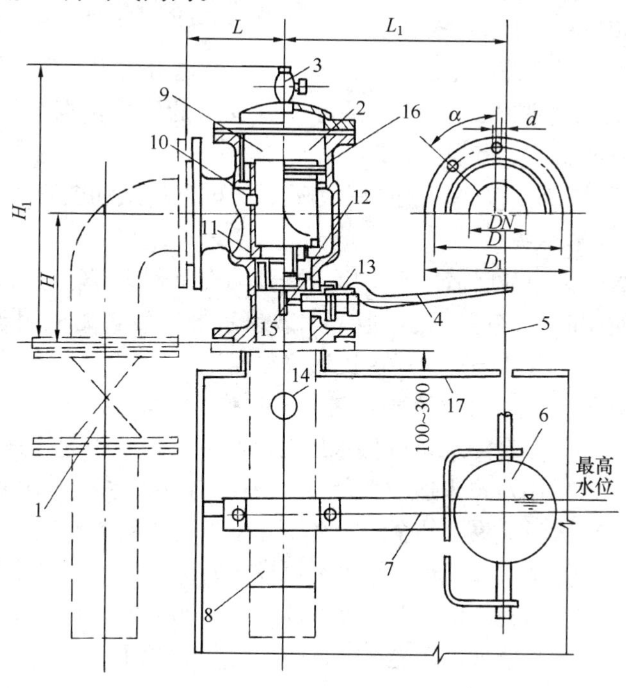


图 6-9　水位控制阀

1—闸阀；2—上空阀；3—排气阀；4—推导拉杆；5—吊绳；6—限位浮球；7—支架；8—进水管；9—活塞；10—阻尼孔；11—密封环；12—顶针；13—弹簧；14—孔眼；15—吊阀杆；16—活塞环；17—水箱体

（2）水位传感控制装置

水位传感控制装置，通常由水位传感器和水泵机组的电控回路组成。水箱、水池水位变化通过传感器传递至水泵电控回路，以控制水泵的启停。水位传感器可分为电极式、浮标式和压力式几种类型。压力式传感器又可分为静压式和动压式两种。静压式传感器常设于水箱、水池和水塔的测压管路，动压式传感器则装于水泵出水管路，以获取水位或水压信号。

**3. 减压阀**

减压阀是一种自动降低管路工作压力的专门装置，它可以将阀前管路较高的水压减少至阀后管路所需的水平。减压阀广泛用于高层建筑、城市给水管网水压过高的区域、矿井及其他场合，以保证给水系统中各用水点获得适当的服务水压和流量。鉴于水的漏失率和浪费程度几乎同给水系统的水压大小成正比，因此减压阀具有改善系统运行工况和潜在节水作用，据统计其节水效果约为20%。

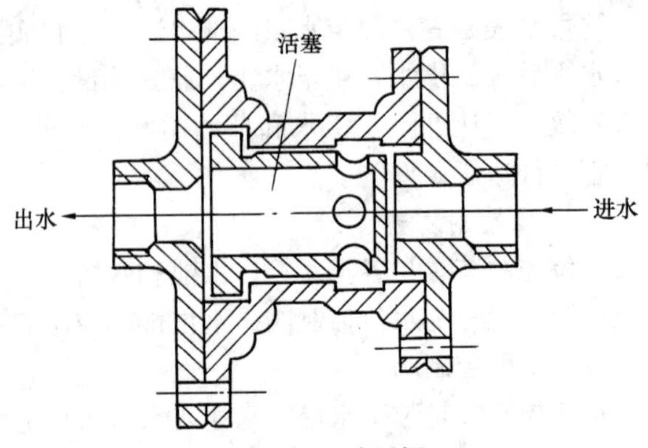

图 6-10　减压阀

减压阀的构造类型很多，以往常见的有薄膜式、内弹簧活塞式（图 6-10）等；减压阀的基本作用原理是靠阀内流道对水流的局部阻力降低水压，水压降的范围由连接阀瓣的薄膜或活塞两侧的进出口水压差自动调节。

**4. 延时自动关闭（延时自闭）水龙头**

延时自闭水龙头适用于公共建筑与公共场所，有时也可用于家庭。在公共建筑与公共场所应用延时自闭式水龙头的最大优点是可以减少水的浪费，据估计其节水效果约为30%，但要求较大的可靠性，需加强管理。

按作用原理，延时自闭水龙头可分为水力式、光电感应式和电容感应式等类型。

**5. 手压、脚踏式水龙头**

手压、脚踏式水龙头的开启借助于手压、脚踏动作及相应传动等机械性作用，释手或松脚即自行关闭。使用时虽略感不便，但节水效果良好。后者尤适用于公共场所，如浴室、食堂和大型交通工具（列车、轮船、民航飞机）上。

**6. 停水自动关闭（停水自闭）水龙头**

在给水系统供水压力不足或不稳定引起管路停水的情况下，如果用水户未适时关闭水龙头，当管路系统再次来水时不免会使水大量流失，甚至会使水到处溢流造成损失。这种情况通常在供水不足地区和无良好用水习惯或一时疏忽的用水户中时有发生。停水自闭水龙头即是在这种条件下应运而生的，它除具有普通水龙头的用水功能外，还能在管路停水时自动关闭，以免发生上述现象。

**7. 节水淋浴用具**

在生活用水中，沐浴用水约占生活总用水量的15%～25%，其中淋浴用水量占相当大的比例。淋浴时因调节水温和不需水擦拭身体的时间较长，若不及时调节水量会浪费很多水。这种情况在公共浴室尤甚，不关闭阀门或因设备损坏造成“长流水”现象也屡见不鲜，节约淋浴用水的途径除加强管理外，就是推广应用淋浴节水器具。

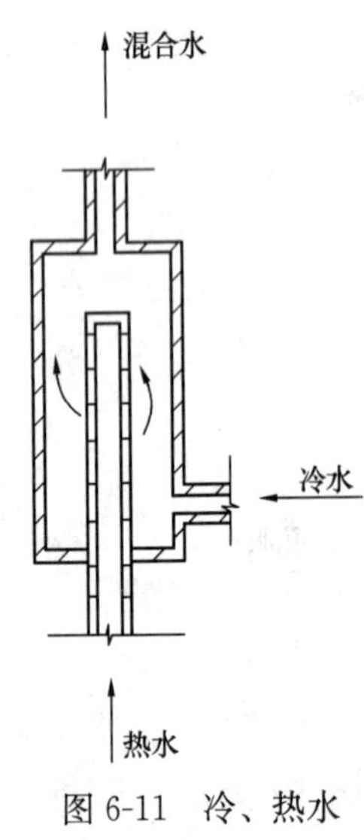

图 6-11　冷、热水混合器

(1) 冷、热水混合器具（水温调节器）（图 6-11）

无论是单体或公用淋浴设施，目前尚缺乏性能优良的冷热水混合器具。在公共浴室通常以（冷热水）混合水箱集中供水，冷、热水由混合器混合。但冷热混合器均不能随时调节水温，因此，研制开发灵敏度高、水温可随意调节的冷热水混合器甚为必要。

（2）浴用脚踏开关（图 6-12）

它是各地公共浴室多年沿用的节水设施，节水效果显著，但是使用不甚方便、卫生条件差、易损坏，此外由于阀件整体性差，亦存在水的内漏和外漏问题，近年已逐渐被新的淋浴节水器具所取代。

（3）电磁式淋浴节水装置（图 6-13）

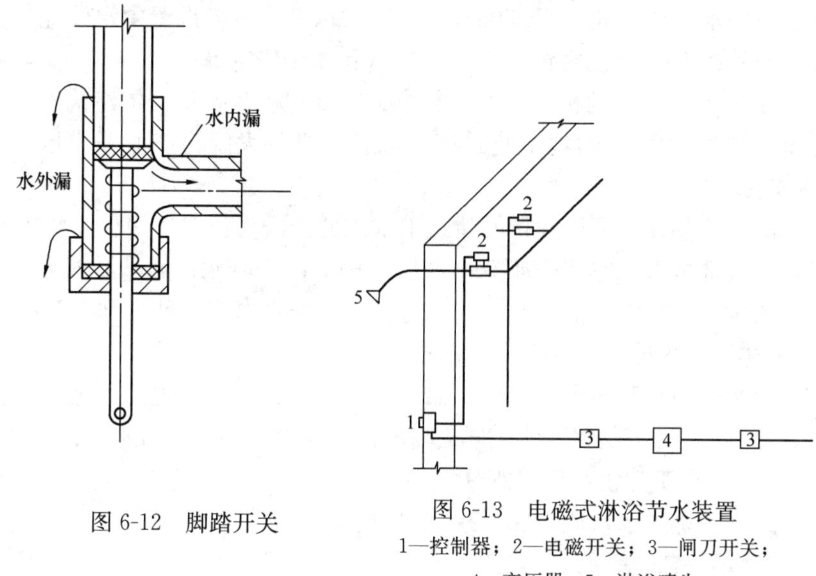


图 6-12　脚踏开关

图 6-13　电磁式淋浴节水装置

1—控制器；2—电磁开关；3—闸刀开关；
4—变压器；5—淋浴喷头

整个装置由设于喷头下方墙上（或墙体内）的控制器、电磁阀等组成。使用时只需轻按控制器开关，电磁阀即开启通水，延续一段时间后电磁阀自动关闭停水，如仍需用水，可再按控制器开关。这种淋浴节水装置克服了沿袭多年的脚踏开关的缺点，其节水效果更加显著，根据已经使用的浴池统计，其节水效率约在 30％左右。考虑到浴室的环境条件，淋浴节水装置的控制器采用全密封技术，防水防潮；采用感应式开关；其使用寿命不少于2 万次。采用电磁式淋浴节水装置的初次投资虽略显偏高，一般情况下，由于其节水节能，可在 6～12 月内收回全部投资。

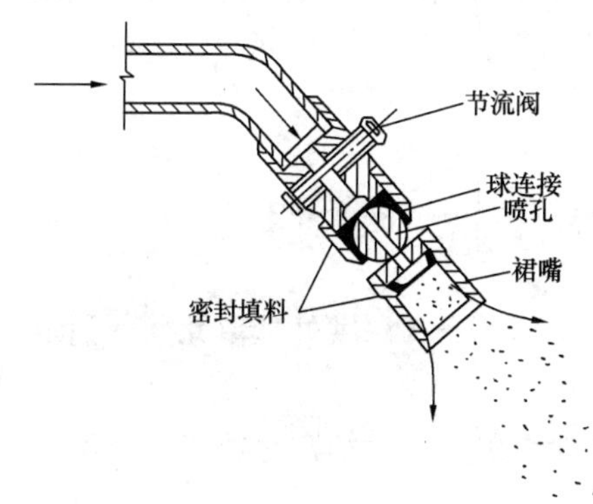


图 6-14　节水喷头

（4）节水喷头

改变传统淋浴喷头形式是改革淋浴用水器具的努力目标之一。图 6-14 是一种新型节水喷头，这种喷头由节流阀、球形接头、喷孔、裙嘴等组成。节流阀用以减小和切断水流，球形接头可改变喷头方向，喷孔可减小水流量并形成小股射流。当小股射流由周边一带小孔的圆盘流出时撞到裙嘴侧缘被破碎成小水滴并吸入空气，于是充气水“水花”从裙嘴内壁以一定斜角喷出，供淋浴用。

因充气水流的表面张力较小，故可更有效地湿润皮肤。

## 三、建筑中水系统

建筑中水回用系统（即中水道）起源于日本，是将建筑内或建筑群内的生活污水进行收集和处理后供给其他用途的给水系统。这样做不仅治理了污水，而且部分缓解了用水的紧张，因此目前许多国家都积极开展中水回用技术的研究与推广。我国从20世纪80年代开始在建筑物内应用中水道技术，特别在水资源日益匮乏的今天，中水技术已经受到国家有关部门的高度重视。

### （一）中水设置场所、水源种类及用途

根据《建筑中水设计标准》GB 50336—2018，以下场所应设置中水设施：

（1）建筑面积>2万$m^2$的宾馆、饭店、公寓和高级住宅等；

（2）建筑面积>3万$m^2$的机关、科研单位、大专院校和大型文体建筑等；

（3）建筑面积>5万$m^2$的集中建筑区（院校、机关大院、产业开发区）、居住小区（公寓区、别墅区等）。

根据原水的水质差异，可供选择的建筑中水水源依次为：卫生间、公共浴室的盆浴和淋浴等的排水；盥洗排水；空调循环冷却水系统排水；冷凝水；游泳池排水；洗衣排水；厨房排水；冲厕排水。其中，前6种水统称为优质杂排水，前7种统称为杂排水（也称为生活废水），上述所有的排水统称为生活排水。

中水用作建筑杂用水和城市杂用水，如冲厕、道路清扫、消防、绿化、车辆冲洗、建筑施工等，其水质应符合现行国家标准《城市污水再生利用　城市杂用水水质》GB/T 18920的规定。中水用于建筑小区景观环境用水时，其水质应符合现行国家标准《城市污水再生利用　景观环境用水水质》GB/T 18921的规定。

### （二）中水处理工艺

#### 1. 中水处理单元

中水处理单元包括：预处理、生物处理、物化处理、固液分离处理、深度处理和消毒处理。中水处理典型工艺为：

原水→预处理→生物（或物化）处理→固液分离→（深度处理）→消毒→出水

其中预处理单元有格栅、调节池、毛发聚集器、隔油池等设施；生物处理单元有接触氧化池、活性污泥池、生物转盘、生物填料塔等；物化处理单元有混凝沉淀、气浮、臭氧氧化等方法；固液分离单元有砂过滤器、纤维球过滤器、沉淀池等设备；深度处理单元可视水质情况取舍，有活性炭吸附、焦炭吸附等；消毒单元常用药剂有 NaClO、液氯、$O_3$、$ClO_2$ 等。

#### 2. 中水处理工艺

常用中水处理工艺有：

（1）原水→预处理单元→生物处理单元→固液分离单元→（深度处理单元）→消毒→清水池→出水。

（2）原水→预处理单元→物化处理单元→固液分离单元→（深度处理单元）→消毒→清水池→出水。

（3）原水→预处理单元→固液分离单元→（深度处理单元）→消毒→清水池→出水。

## 习　题

6-1　以下哪一种用水属于生活给水系统？

A　电厂水泵冷却用水　　B　电路板洗涤用水

C　消火栓用水　　D　办公冲厕用水

6-2　以下哪一项用水定额不含食堂用水？

A　养老院　　B　医院住院部　　C　托儿所　　D　幼儿园

6-3　以下哪条不属于居住小区正常用水量？

A　居民生活用水量　　B　公共建筑用水量

C　未预见用水量及管网漏失水量　　D　消防用水量

6-4　以下关于水质标准的叙述，哪项正确？

A　生活给水系统水质应符合《饮用净水水质标准》

B　《生活饮用水卫生标准》中的饮用水指可以直接饮用的水

C　《饮用净水水质标准》对水质的要求高于《生活杂用水水质标准》的要求

D　饮用净水系统应用河水或湖泊水为水源，处理后的水应符合《生活饮用水卫生标准》

6-5　给水管道的布置与敷设的基本原则包括以下哪一条？

A　供水安全和水力条件良好

B　保护管道不受损坏，同时不影响生产安全和建筑物的使用

C　便于安装维修

D　以上全是

6-6　埋地式生活饮用水贮水池与化粪池的最小水平距离是（　）。

A　5m　　B　10m　　C　15m　　D　20m

6-7　通过地震断裂带的管道、穿越铁路或其他主要交通干线及位于地基土为可液化土地段上的管道，应采用（　）。

A　钢筋混凝土管　　B　塑料管

C　PPR管　　D　钢管

6-8　给水管出口高出用水设备溢流水位的最小空气间隙，不得小于配水出口处给水管管径的（　）倍。

A　2　　B　2.5　　C　3　　D　5

6-9　某产煤区的大型坑口电站，若采用集中热水供应系统，其热源应首先采用以下哪一类？

A　煤加热　　B　煤制气加热

C　电加热　　D　汽轮发电机余热

6-10　同等条件下，影响洗衣房洗衣成本的首要水质因素是以下哪一条？

A　浑浊度　　B　pH值　　C　硬度　　D　氯化物

6-11　世界各地广泛使用的主要灭火剂是（　）。

A　七氟丙烷　　B　二氧化碳　　C　干粉　　D　水

6-12　以下关于室外消火栓的说法中，错误的是（　）。

A　在严寒、寒冷等冬季结冰地区，宜采用湿式地上式消火栓

B　市政消火栓应沿道路一侧设置，并宜靠近十字路口

C　市政桥桥头和城市交通隧道出入口等市政公用设施处，应设置市政消火栓

D　当市政道路宽度大于60m时，应在道路两侧交叉错落设置市政消火栓

6-13　高层建筑的火灾扑救，以下叙述哪条正确？

A 以自动喷水灭火系统为主

B 以气体灭火系统为主

C 以现代化的室外登高消防车为主

D 以室内外消火栓系统为主，辅以建筑灭火器以及自动喷水、气体等灭火系统共同作用

6-14 下列建筑物中，可不设室内消火栓的是（ ）。

A 1500个座位的礼堂、体育馆　B $6000m^2$的车站

C 体积为$12000m^3$的办公楼　D 高度为18m的住宅

6-15 一类高层公共建筑中，以下哪项不需要设置自动喷水灭火系统？

A 走道　B 溜冰场　C 办公室　D 自动扶梯底部

6-16 消火栓按2支水枪的2股充实水柱布置的建筑物，消火栓的布置间距不应大于（ ）m。

A 20　B 30　C 50　D 100

6-17 充可燃油并设置在高层民用建筑内的多油开关室，应设置以下哪类系统？

A 水喷雾灭火系统　B 水幕系统

C 雨淋系统　D 干式自动喷水灭火系统

6-18 建筑物内宜采用生活污水与生活废水分流排水系统的条件，以下哪条错误？

A 所有建筑都宜采用分流系统

B 生活污水要求经化粪池处理后才能排入市政排水管时

C 生活废水需回收利用时

D 卫生标准要求较高的建筑物

6-19 以下排水管选用管径哪项正确？

A 大便器排水管最小管径不得小于50mm

B 建筑物内排出管最小管径不得小于100mm

C 公共食堂厨房污水排出干管管径不得小于100mm

D 医院污物洗涤盆排水管最小管径不得小于100mm

6-20 有关雨水系统的设置，以下哪项正确？

A 雨水与排水应分流排放

B 高层建筑及其裙房屋面的雨水应合并排放

C 阳台雨水立管底部应直接排入雨水道

D 建筑屋面各汇水范围内，雨水排水管立管宜少于2根

6-21 以下哪种水宜优先被选作中水水源？

A 优质杂排水　B 杂排水　C 生产污水　D 生活污水

6-22 通气管道的设置，下述哪项做法是正确的？

A 通气管口安装在屋檐檐口下面

B 通气立管与风道和烟道连接，但不接纳器具污水、废水和雨水

C 屋顶为休息场所，通气管口高出屋面1.8m

D 通气管高出屋面0.25m，其顶端装设网罩

6-23 在管道安装中，不需要设置存水弯的卫生器具是（ ）

A 普通蹲便器　B 低水箱坐便器

C 洗脸盆　D 厨房洗涤盆

6-24 管道井的设置，下述哪项是错误的？

A. 需进人维修的管道井，其维修人员的工作通道净宽度不得小于0.6m

B. 管道井应隔层设外开检修门

C. 管道井检修门的耐火极限应符合消防规范的规定

D. 管道井井壁及竖向防火隔断应符合消防规范的规定

6-25 幼儿园卫生器具热水使用温度，以下哪条错误?

A. 淋浴器 37℃　　B. 浴盆 35℃

C. 盥洗槽水嘴 30℃　　D. 洗涤盆 50℃

## 参 考 答 案

| | | | | | | | | | | | |
|---|---|---|---|---|---|---|---|---|---|---|---|
| 6-1 | D | 6-2 | B | 6-3 | D | 6-4 | C | 6-5 | D | 6-6 | B |
| 6-7 | D | 6-8 | B | 6-9 | D | 6-10 | C | 6-11 | D | 6-12 | A |
| 6-13 | D | 6-14 | D | 6-15 | B | 6-16 | B | 6-17 | A | 6-18 | A |
| 6-19 | C | 6-20 | A | 6-21 | A | 6-22 | A | 6-23 | B | 6-24 | B |
| 6-25 | A | | | | | | | | | | |

# 第七章　暖　通　空　调

## 第一节　供　暖　系　统

### 一、集中供暖室内空气计算参数

**（一）采用集中供暖的气候条件**

（1）累年日平均温度稳定低于或等于5℃的日数大于或等于90天的地区，宜采用集中供暖。

（2）累年日平均温度稳定低于或等于5℃的日数为60～89天、累年日平均温度稳定低于或等于5℃的日数不足60天但稳定低于或等于8℃的日数大于或等于75天的地区，其幼儿园、养老院、中小学校、医疗机构等建筑，宜采用集中供暖。

**（二）集中供暖室内空气计算参数**

（1）散热器等供暖，民用建筑的主要房间，严寒、寒冷地区应采用18～24℃，夏热冬冷地区宜采用16～22℃；设置值班供暖房间不应低于5℃。

（2）辐射供暖，室内设计温度宜降低2℃。

### 二、供暖系统分类

**（一）供暖系统分类（按散热方式分）**

（1）散热器供暖：自然对流为主，见图7-1。

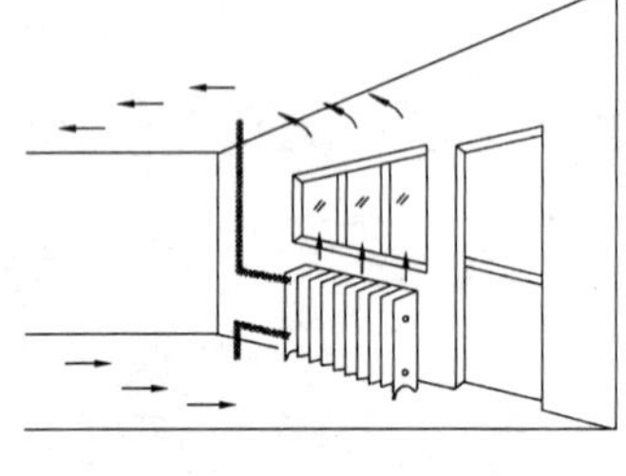

图7-1　散热器供暖

（2）热水辐射供暖系统：辐射为主，如地面辐射供暖，见图7-2；热水吊顶（金属）辐射板辐射供暖，见图7-3。

（3）燃气红外线辐射供暖：辐射为主。

（4）热风供暖及热空气幕：强制对流为主，如送热风，见图7-4；热风机，见图7-5；热空气幕，见图7-6。

（5）电供暖：辐射为主，有电暖气、低温加热电缆地面辐射供暖，低温电热膜辐射供暖。

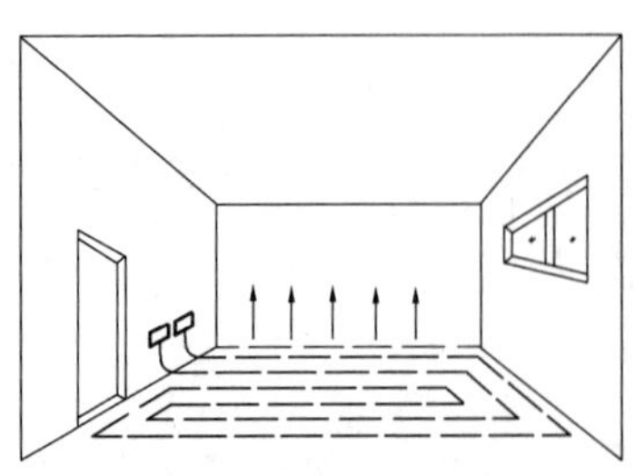

图7-2　地面辐射供暖

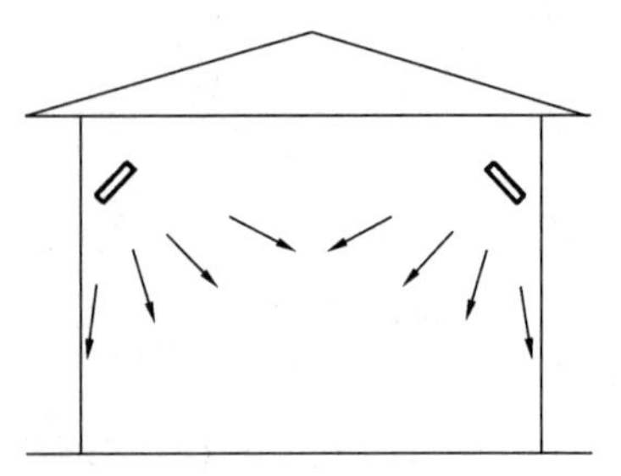

图7-3　金属辐射板辐射供暖

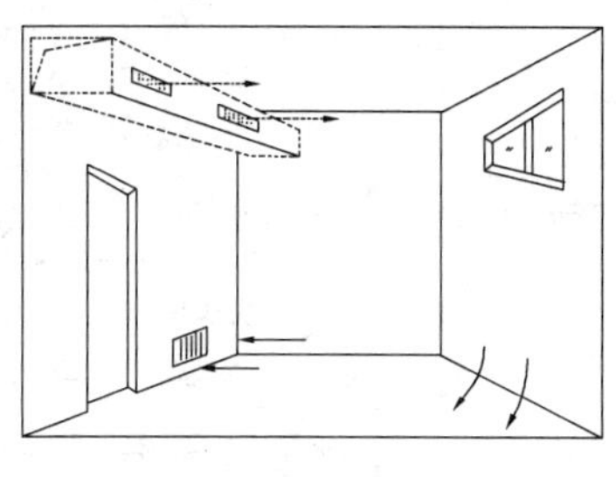

图 7-4　热风供暖

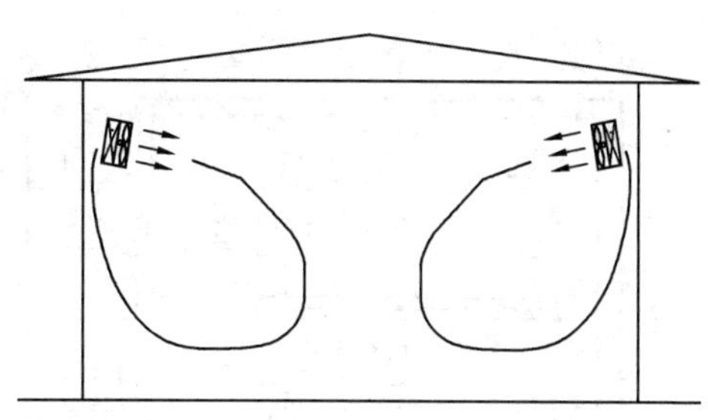

图 7-5　热风机

**（二）散热设备**

本节主要介绍的散热设备为散热器和地板辐射的集中热水供暖系统，其他供暖系统简单介绍。集中供暖系统一般由热源、热媒输送、散热设备三个环节组成。热媒循环于三环节中，热源将热媒加热，热媒通过热网输送到散热设备，在散热设备内散热并降温，然后再通过热网输送到热源加热，循环往复，达到供暖要求。集中供暖系统原理图见图 7-7（*a*）、（*b*）。

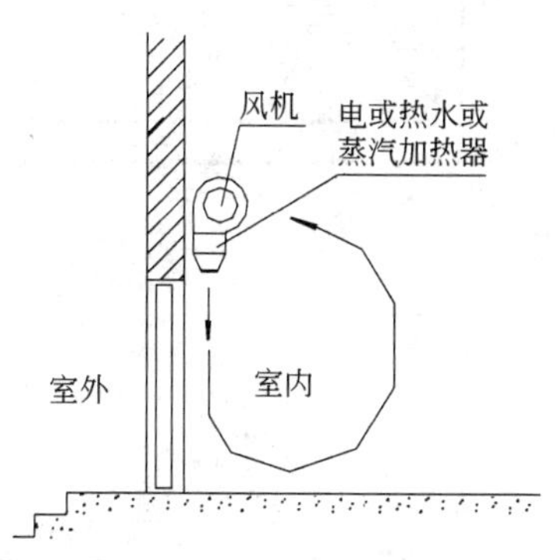


图 7-6　热空气幕

## 三、集中供暖热源、热媒

**（一）集中供暖热源**

供暖热源就是供暖用热的来源，消耗的能源一般为煤、油、燃气、电等。常用集中供暖热源有：

**1. 热电厂**

热电厂一般在冬季以供热为主，装机容量大、热水（蒸汽）温度高、热力网管线长、供热范围广。供热水（蒸汽）温度一般 110～130℃，甚至更高。热电厂供热水（蒸汽）一般不直接送入散热器，通过热力站换取不超过 75℃（不高于 85℃）的低温热水用来供暖。一般是对若干建筑群、生活小区、开发区等供热。

**2. 区域锅炉房**

较大规模的供热锅炉房，供水温度一般高于 110℃。区域锅炉房供水一般亦不直接送入散热器，通过热力站换取不超过 75℃（不高于 85℃）的低温热水用来供暖。一般是对建筑群、生活小区、开发区等供热。

**3. 个体锅炉房**

较小规模的供热锅炉房，热水直接用来供暖。热水为低温热水，一般不超过 85℃。

**4. 溴化锂直燃机**

燃烧油或燃气，冬季制取低温热水用来供暖（夏季可制取冷水用于空调制冷）。

**5. 风源（水源、地源）热泵型冷热水机组**

冬季制取低温热水用来供暖，气温（水温、土壤温）越低制热量越小、热水温度越低

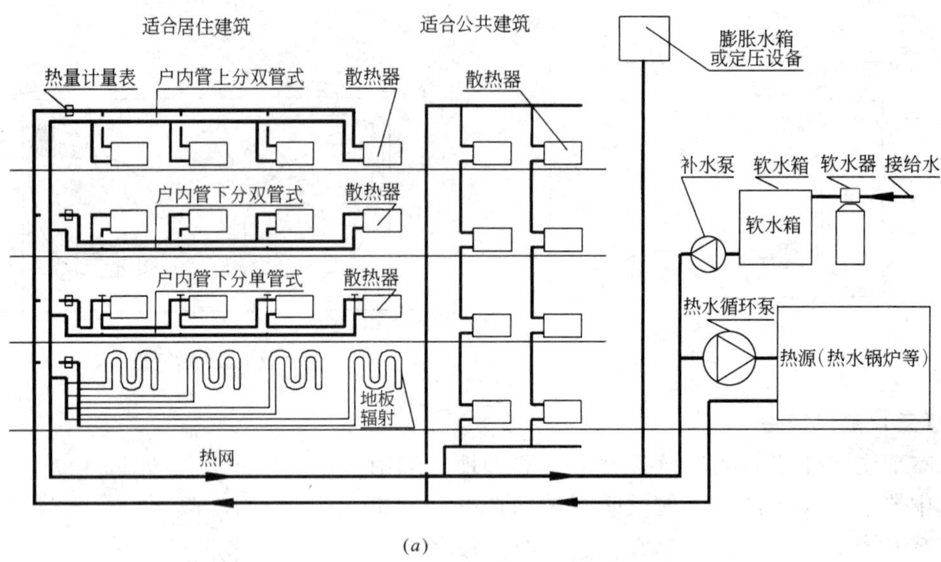

(*a*)

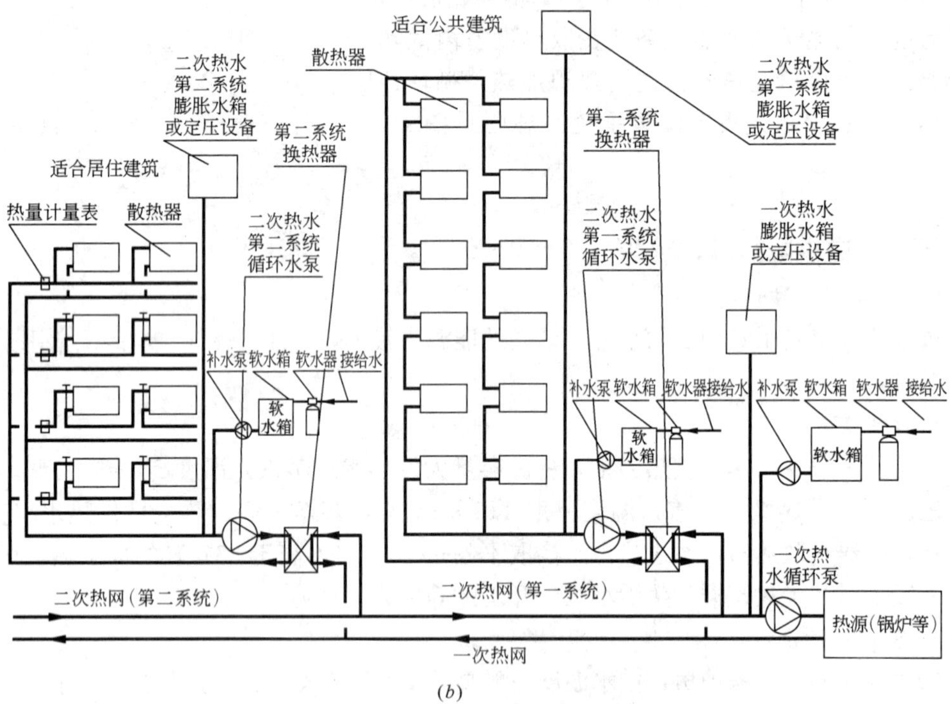

(*b*)

图 7-7　集中供暖系统原理图

(*a*) 集中供暖系统（不设换热器）原理图；(*b*) 集中供暖系统（设换热器）原理图

(夏季可制取冷水用于空调制冷)。

### (二) 水系统的定压膨胀、补水、水处理

#### 1. 定压膨胀

水系统要有定压，使水系统内最高点的管道和设备内充满水，没有空管；使水系统内最低点管道和设备不超压。水系统受热膨胀后体积增大，增多的这部分水要有出处以免把水管和设备压破。

**2. 补水**

水系统因泄漏或检修泄水，应有补水泵等补水装置。

**3. 水处理**

补水应作软化、有必要时作除氧（热水温度高、锅炉容量大、蒸汽等），软化是除去水中钙镁离子防止水在管内壁结垢，影响制冷机或换热器换热效率和管道截面面积。除氧是除去水中氧气，防止钢制管道、设备氧化腐蚀。

### （三）集中供暖热媒

**1. 热媒种类**

（1）热水。分为高温热水（温度＞100℃）和低温热水（温度≤100℃，一般为 85℃及以下）。热电厂或区域锅炉房供水一般为高温热水，或者说一次热网热水为高温热水，一般为 110～130℃或更高。直接用来供暖的其他热源热水为低温热水，设热力站的二次热力网热水为 75℃（不高于 85℃）；不设热力站的个体锅炉房热水，一般不超过 85℃。直燃机和风冷热泵式冷热水机热水温度低于 75℃。地面辐射供暖水温 35～45℃，不大于 60℃；供回水温差不大于 10℃，不小于 5℃。

（2）蒸汽。分为高压蒸汽（压力＞70kPa）和低压蒸汽（压力≤70kPa）。

**2. 热媒的选择**

（1）民用建筑应采用热水作热媒。散热器供暖供回水温度宜为 75℃/50℃，且供水温度不宜大于 85℃，供回水温差不宜小于 20℃。

（2）低温热水地面辐射供暖的供、回水温度宜采用 35～45℃，不应超过 60℃，供、回水温差宜小于或等于 10℃，且不小于 5℃。

（3）工业建筑当以供暖为主时，宜用热水；当以工艺用蒸汽为主时，可用蒸汽。

## 四、集中供暖管道系统

### （一）集中供暖热网

由一处热源向多处热力站或多处建筑物供热时，敷设于室外的管网叫作热网。

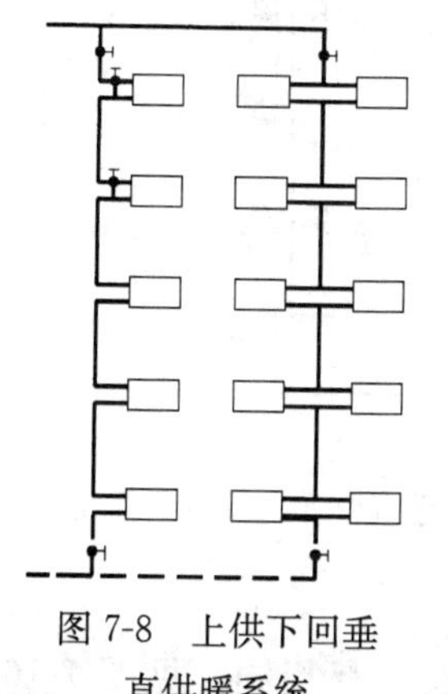

图 7-8　上供下回垂直供暖系统

当热电厂、区域锅炉房等热源生产的热媒为高温热水（蒸汽）时，不直接用来供暖，而是经热力站换取低温热水再用来供暖，这时输送高温热水（蒸汽）的热网叫作一次热网，输送低温热水的热网叫作二次热网。一次热网和二次热网的水一般不混合、不串通，只有热量的交换和转移，是两套热力网。

其他形式的热源生产的热媒直接用来供暖，热力网只有一套，也就没有一次、二次之分，称之为热力网。

热力网的敷设有地沟、直埋、架空三种方式。

### （二）集中供暖系统

**1. 按供、回水干管位置分**

（1）上供下回供暖系统。供水干管在建筑物上部，回水干管在建筑物下部，分上供下回单管供暖系统，见图 7-8，适用于不设分户热计量的多层和高层建筑；上供下回双管供暖系统，见图 7-9，适用于不设分户热计量的多层建筑。

（2）下供下回供暖系统。供回水干管均在建筑物下部，只有双管系统，见图 7-10，适用于不设分户热计量的多层建筑。

**2. 按供回水管与散热器连接方式分**

（1）单管供暖系统。串联连接，分垂直单管，见图 7-8；水平单管见图 7-11。热水供暖系统宜采用垂直单管系统，尤其是四层以上。合理时可采用水平单管。

（2）双管供暖系统。并联连接，分垂直双管，见图 7-9，适用于不设分户热计量的多层建筑，蒸汽供暖宜采用垂直双管；水平双管，见图 7-12，适用于不设分户热计量的多层和高层建筑。

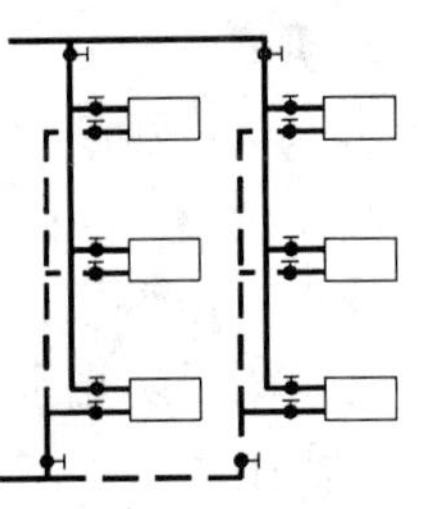

图 7-9　上供下回垂直双管供暖系统

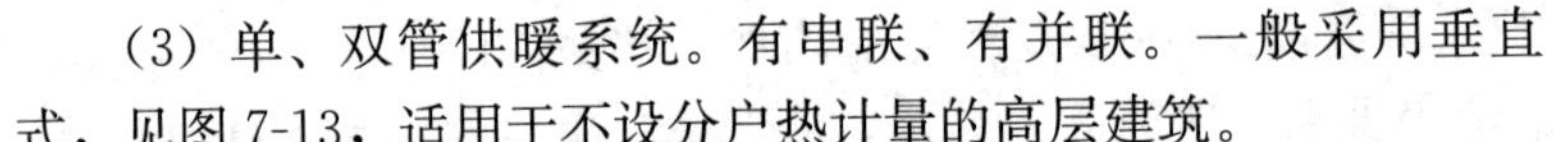

（3）单、双管供暖系统。有串联、有并联。一般采用垂直式，见图 7-13，适用于不设分户热计量的高层建筑。

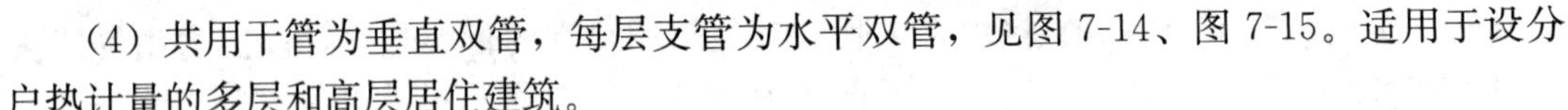

（4）共用干管为垂直双管，每层支管为水平双管，见图 7-14、图 7-15。适用于设分户热计量的多层和高层居住建筑。

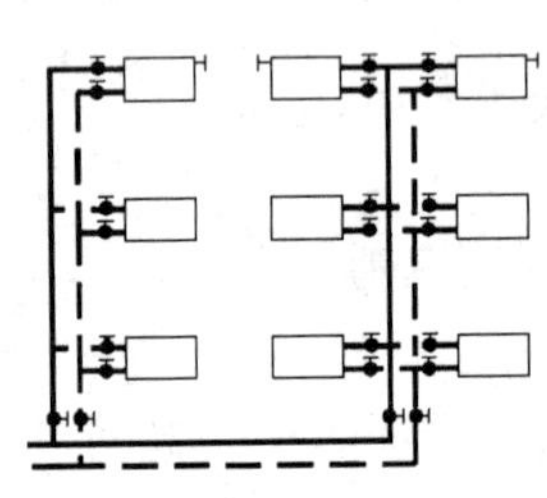

图 7-10　下供下回垂直双管供暖系统

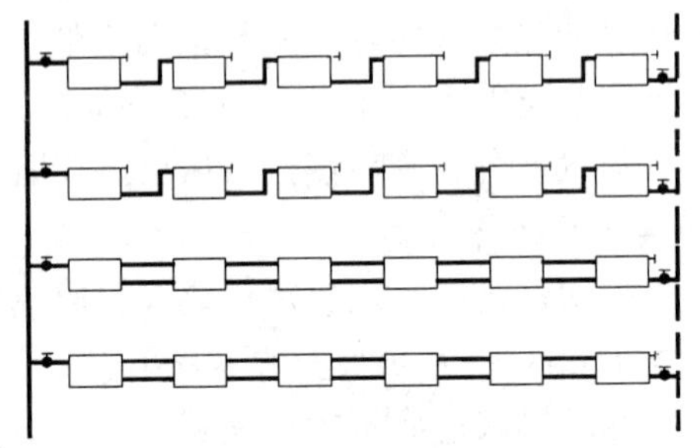

图 7-11　水平单管供暖系统

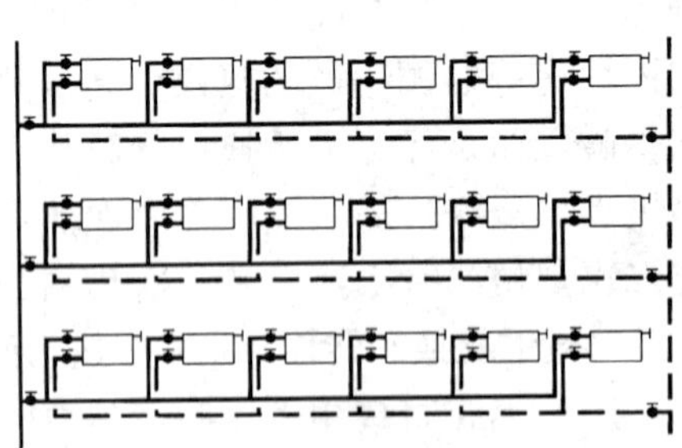

图 7-12　水平双管供暖系统

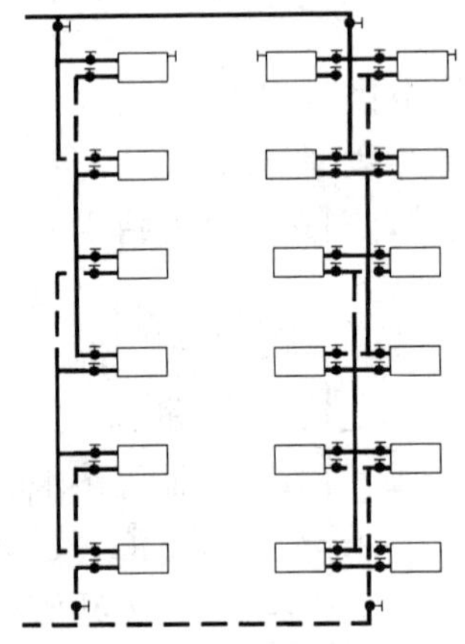

图 7-13　上供下回垂直单、双管供暖系统

**3. 按各环路总长度分**

（1）同程式。从热入口开始到热出口结束，通过各立管总长度都相同，见图 7-16。管道用量大，各立管容易平衡。

（2）异程式。从热入口开始到热出口结束，通过各立管总长度不相同，见图 7-17。管道用量小，各立管不易平衡。

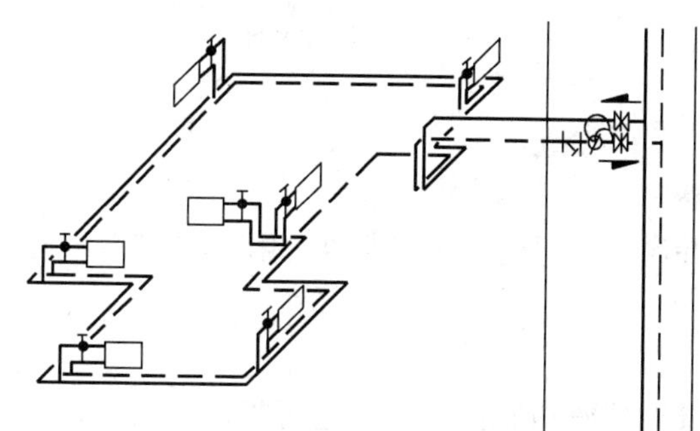

图 7-14　分户独立循环暗装水平双管系统

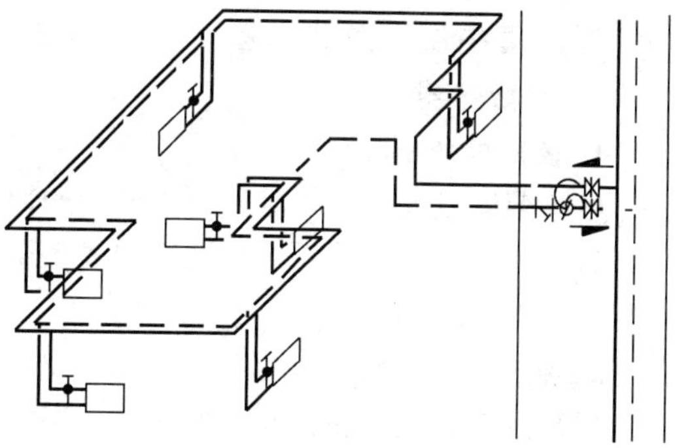

图 7-15　分户独立循环明装水平双管系统

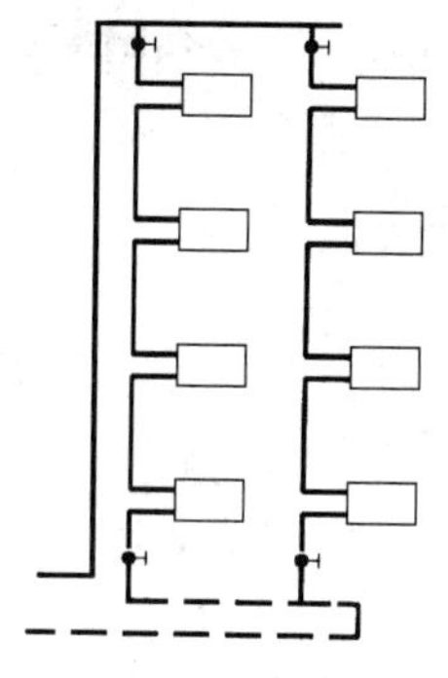

图 7-16　同程式供暖系统

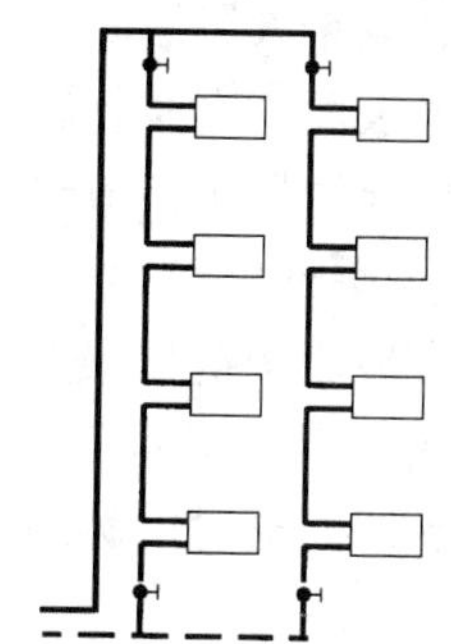

图 7-17　异程式供暖系统

**4. 按热媒种类分**

(1) 热水供暖系统。以热水为热媒。

(2) 蒸汽供暖系统。以蒸汽为热媒，又分高压蒸汽和低压蒸汽两种。工业建筑有时采用。

**5. 按热媒输送动力分**

(1) 重力循环供暖系统。又称自然循环供暖系统，以供回水之密度差作动力，一般不作为集中供暖用，如土暖气。

(2) 机械循环供暖系统。以水泵作动力，集中供暖最常用。

**(三) 热水集中供暖分户热计量**

(1) 新建住宅热水集中供暖系统，应设置分户热计量和室温控制装置。对建筑内的公共用房和公用空间，应单独设置供暖系统和热计量装置。

(2) 在确定分户计量供暖系统的户内供暖设备容量、计算户内管道时，应记入向邻户传热引起的附加，但所附加的热量不应统计在供暖系统的总热负荷内。

(3) 分户热计量热水集中供暖系统，应在建筑物热力入口处设置热量表、差压或流量调节装置、除污器或过滤器等。

(4) 当热水集中供暖系统分户热计量装置采用热量表时应符合下列要求：

1) 应采用共用立管的分户独立系统形式；

2) 户用热量表的流量传感器宜安装在回水管上，热量表前应设置过滤器；

3) 户内系统宜采用埋地双管（图 7-16）、架空双管式（图 7-17）；

4) 系统的共用立管和入户装置，宜设于管道间内。管道间宜设于户外公共空间；

## 五、集中供暖散热设备

### （一）散热器

**1. 散热器的选择**

（1）湿度较大的房间应采用耐腐蚀的散热器。

（2）用钢制散热器时，应采用闭式系统，并满足产品对水质的要求，在非供暖季节充水保养。

**2. 布置散热器时的规定**

（1）散热器宜安装在外墙窗台下，当安装或布置管道有困难时，也可靠内墙安装；

（2）两道外门之间的门斗内，不应设置散热器；

（3）楼梯间的散热器，宜分配在底层或按一定比例分配在下部各层；

（4）幼儿园、老年人居住活动场所、特殊功能要求的散热器必须暗装或加防护罩；

（5）散热器外表面应刷非金属涂料；

（6）有冻结危险的场所，散热器的立、支管应单独设置。

### （二）热水地面辐射供暖

（1）低温热水地面辐射供暖的供、回水温度宜采用 35～45℃，不应超过 60℃，供、回水温差宜小于或等于 10℃且不宜小于 5℃。

（2）低温热水地面辐射供暖的热负荷应计算确定。全面辐射供暖的热负荷，将室内计算温度取值降低 2℃。

（3）低温热水地面辐射的有效散热量应计算确定，并应计算室内设备、家具及地面覆盖物等对有效散热量的折减。

（4）低温热水地面辐射供暖系统敷设加热管的覆盖层厚度不宜小于 50mm。覆盖层应设伸缩缝，伸缩缝的位置、距离及宽度，应会同有关专业计算确定。加热管穿过加热缝时，宜设长度不小于 100mm 的柔性套管。

（5）地面辐射供暖加热管的材质和壁厚的选择，应按工程要求的使用寿命、累计使用时间以及系统的运行水温、工作压力等条件确定。

（6）毛细管网辐射系统单独供暖时，宜首先考虑地面埋置方式，地面面积不足时再考虑墙面埋置方式；毛细管网同时用于冬季供暖和夏季供冷时，宜首先考虑顶棚安装方式，顶棚面积不足时再考虑墙面和地面埋置方式。

## 六、其他供暖系统形式

### （一）热风供暖及热风幕

（1）符合下列条件之一时应采用热风供暖

1）能与机械送风系统合并时；

2）利用循环空气供暖技术、经济合理时；

3）由于防火、防爆和卫生要求，必须采用全新风的热风供暖时。

（2）符合下列条件之一时宜设置热空气幕

1）位于严寒地区、寒冷地区的公共建筑和工业建筑，对经常开启的外门，且不设门斗和前室时；

2）位于严寒地区、寒冷地区及其以外的公共建筑和工业建筑，当生产或使用要求不允许降低室内温度时，或经技术经济比较设置热空气幕合理时。

(3) 热空气幕的送风温度，应根据计算确定。对于公共建筑和工业建筑的外门，不宜高于 50℃；对高大的外门，不应高于 70℃。

(4) 热空气幕的出口风速，应通过计算确定。对于公共建筑的外门，不宜大于 6m/s；对于工业建筑的外门，不宜大于 25m/s。

**(二) 燃气红外线辐射供暖**

(1) 采用燃气红外线辐射供暖时，必须采取相应的防火、防爆和通风等安全措施。

(2) 燃气红外线辐射器的安装高度，应根据人体舒适度确定，但不应低于 3m。

(3) 允许由室内供应空气的厂房或房间，应能保证燃烧器所需要的空气量。当燃烧器所需要的空气量超过该房间的换气次数 0.5 次/h 时，应由室外供应空气。

**(三) 电供暖**

(1) 低温加热电缆辐射供暖和低温电热膜辐射供暖的加热元件及其表面工作温度，应符合国家现行有关产品标准规定的安全要求。

(2) 根据不同使用条件，电供暖系统应设置不同类型的温控装置。绝热层、龙骨等配件的选用及系统的使用环境，应满足建筑防火要求。

## 七、集中供暖系统注意的问题

(1) 高层建筑风压、热压综合影响大，使得门、窗冷风渗透量大，注意门、窗密封。

(2) 供暖水系统中注意集气、排气、泄水，水平管合理设坡度，高点排气、低点泄水。坡度一般为 0.3%。

(3) 暖气罩装修时要注意空气对流。要上部、下部均开对流孔。

(4) 整个供暖水系统设一处定压膨胀装置（膨胀水箱或定压罐或定压泵），并使系统最高点有 5kPa 以上压力。一次热网和二次热网是不同的水系统，分别设定压系统。

(5) 被楼梯、扶梯、跑马廊等贯通的空间，形成了烟囱效应，热气流易飘向高处，散热器应在底层多设。

(6) 蒸汽供暖几个问题：蒸汽温度高，一般高于 100℃，有机灰尘剧烈升华，卫生不好；蒸汽温度基本不能调节，室内温度过高时，只有停止供汽，室内温度波动大（间歇供暖）；不供汽时系统充满空气，管道易腐蚀。

(7) 供暖管道必须计算其热膨胀。当利用管段的自然补偿不能满足要求时应设置补偿器。

(8) 当供暖管道必须穿过防火墙时，在管道穿过处应采取固定和防火封堵措施，并使管道可向墙的两侧伸缩。

(9) 蒸汽供暖系统不应采用钢制柱形、板形、扁管等散热器。

(10) 多层和高层建筑热水供暖系统中，每根立管和分支管的始末段应设置调节、检修和泄水用的阀门。

(11) 热水和蒸汽供暖系统都要设放气装置。热水系统放气在高点，蒸汽系统放气在下部。

(12) 热水地面辐射供暖地面与室外空气直接接触，不供暖房间必须设绝热层；与土壤接触的底层应设绝热层和防潮层，其余地面宜设绝热层。

(13) 设置全面供暖的建筑物，其围护结构的传热阻，应根据技术经济比较确定，且应符合国家现行有关节能标准的规定。规定最小传热阻是为了节能和保持围护结构内表面有一定温度，以防止结露和冷辐射。

(14) 设置全面供暖的建筑物，在满足采光要求的前提下，其开窗面积应尽量减小。

(15) 与相邻房间的温差大于等于 5℃时，应计算通过隔墙或楼板等的供暖传热量；与相邻房间温差小于 5℃，但传热量大于该房间热负荷的 10%时，应计算供暖传热量。

(16) 热水供暖和蒸汽供暖均应及时排除系统中的空气。

(17) 相同规模的铸铁散热器，试验数据证明：每组散热器片数越多，每片散热量越少。

(18) 垂直单管无跨越管热水供暖系统无法做到分户计量和室温调节。

(19) 解决供暖管由于热胀冷缩产生的变形，最简单的办法是利用管自身的弯曲。

(20) 供暖房间的供暖管道不应保温。

(21) 供暖管道设坡度主要是为了便于排气。

(22) 热力管道输送的热量大小取决于供回水温差和流量的乘积。

(23) 户式燃气供暖炉应采用全封闭式燃烧、平衡式强制排烟型。

(24) 集中供暖的建筑热入口，供回水管上分别设关断阀，设过滤器及旁通阀，设平衡阀。

(25) 当室内供暖系统为变流量系统时，不应设自力式流量控制阀。

## 第二节 通 风 系 统

通风一般有两个目的：一是稀释通风，用新鲜空气把房间内有害气体浓度稀释到允许浓度以下；二是冷却通风，用室外空气把房间内多余热量排走。

### 一、自然通风

(1) 厨房、浴室、厕所等的垂直排风管道，应采取防止回流措施或在支管上设置防火阀，见图 7-18。

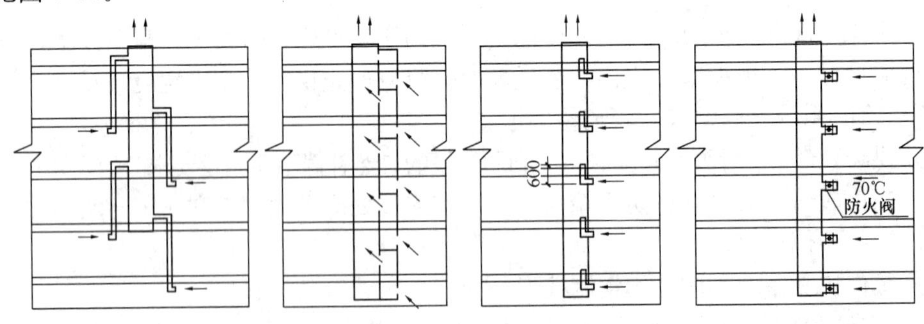


图 7-18 垂直排风管道防火要求

(2) 自然通风靠风压、热压、风压热压综合作用三种情况。无散热量的房间，以风压为主。放散热量的厂房应仅考虑热压作用。

(3) 利用穿堂风进行自然通风的建筑，其迎风面与夏季最多风向宜成 60～90°，且不应小于 45°。同时，应考虑可利用的春秋季风向以充分利用自然通风。

(4) 采用自然通风的生活、工作房间通风开口有效面积不应小于该房间地板面积的

5%，厨房不小于10%，并不得小于0.60m²。

夏季自然通风用的进风口，其下缘距离室内地面的高度不宜大于1.2m，并应远离污染源3m以上；冬季自然通风用的进风口，当其下缘距室内地面高度小于4m时，宜采取防止冷风吹向人员活动区的措施。

## 二、机械通风

（1）室内通风或采用空调时维持正压或负压的条件：产生有害气体或烟尘的房间宜负压，如卫生间、厨房、实验室等；保持室内洁净度宜正压，如空调房间、洁净房间。

（2）可能突然放散大量有害气体或有爆炸危险气体的生产厂房应设事故排风，事故排风量应按全部容积每小时8次换气。事故排风的室外排风口，应高出20m范围内最高建筑物屋面3m以上；离送风系统进风口小于20m时，应高出进风口6m以上。

（3）中、大型厨房应设机械通风。

（4）机械通风时，室外进风口距室外地面不宜小于2m，当设在绿化地带时，不宜小于1m。

（5）排风口宜设在上部、下风侧；进风口宜设在下部、上风侧。

（6）凡属下列情况之一时，应单独设置排风系统：

1）两种或两种以上的有害物质混合后能引起燃烧或爆炸时；

2）混合后能形成毒害更大或腐蚀性的混合物、化合物时；

3）混合后易使蒸汽凝结并聚积粉尘时；

4）散发剧毒物质的房间和设备；

5）建筑物内设有储存易燃易爆物质的单独房间或有防火防爆要求的单独房间。

（7）同时放散有害物质、余热、余湿时，全面通风时，应按其中所需最大的空气量确定。

（8）事故通风的通风机，应分别在室内外便于操作的地点设置电器开关。

（9）净化有爆炸危险的粉尘和碎屑的除尘器、过滤器及管道等，均应设置泄爆装置。净化有爆炸危险的粉尘的干式除尘器和过滤器应布置在系统的负压段上（即布置在风机之前）。

## 三、通风系统应注意的问题

（1）当发生事故向室内散发比空气密度大的有害气体和蒸汽时，事故排风的吸风口应接近地面处。

（2）对于放散粉尘或密度比空气大的气体和蒸汽，而不同时散热的生产厂房，其机械通风方式应下部地带排风，送风至上部地带。

（3）以自然通风为主的建筑物，确定其方位时，根据主要进风面和建筑物形式，应按夏季的有利风向布置。

（4）除尘系统的风管不宜采用水平敷设方式。

（5）多层和高层建筑的机械送排风系统的风管横向应按防火分区设置。

（6）输送同样的风量且风管内风速相同的情况下，风阻力由小到大的排列顺序是圆形、正方形、长方形。

（7）民用建筑设置机械排风时，燃气表间与变配电室不应同用一个排风系统。

# 第三节　空　调　系　统

## 一、集中空调室内空气计算参数

### （一）舒适性空调

**1. 冬季**

温度：应采用16～24℃，一般20℃；

相对湿度：应大于等于30％；

风速：不应大于0.2m/s。

**2. 夏季**

温度：应采用24～28℃，一般26℃；

相对湿度：应采用40％～70％；

风速：不应大于0.3m/s。

### （二）工艺性空调（根据工艺要求确定）

## 二、空调系统分类（按冷热源设置情况分）

**1. 集中空调系统（包括半集中式）**

冷热源集中设置。有人称为中央空调。

**2. 分散空调系统**

冷热源分散设置，如窗式、分体式、柜式、多联式（也有的叫小集中式、VRV）等。

本节主要介绍水冷式制冷机为冷源、锅炉或热力站或直燃机为热源的集中空调系统（包括半集中式），其他空调系统简单介绍。集中空调系统与集中供暖系统原理类似，也是由冷热源、冷热媒管道、空气处理设备（空调机、风机盘管）、送回风管道组成。集中空调制冷系统原理图见图7-19。

## 三、集中空调冷热源、冷热媒

### （一）集中空调冷源

**1. 按制冷机类型分为压缩式和（溴化锂）吸收式**

（1）压缩式制冷机。特点是电动机或燃气发动机作动力，设备尺寸小，运行可靠；制冷剂为氟利昂或替代品，其中氟利昂对大气臭氧层有破坏作用，替代品破坏作用很小。氟利昂11、氟利昂12已禁用，氟利昂22过渡期用，替代品134a、123等可以用，环保型有407等。

1）活塞式制冷机。使用于中、小型工程，尤其是小型工程。能效比低，3.8左右。

2）螺杆式制冷机。使用于大、中型工程。能效比中，4.1左右。

3）离心式制冷机。使用于大、中型工程，尤其大型工程。能效比高，达4.4左右。

（2）（溴化锂）吸收式（热力式）制冷机。特点是用油、燃气、蒸汽、热水作动力，用电很少，噪声震动小，制冷剂是水，冷却水量大。

1）直燃式（燃油、燃气）溴化锂吸收式制冷机。也可产空调热水。有可靠的燃油、燃气源，并在经济上合理时采用。冬季可作热源。

2）蒸汽式溴化锂吸收式制冷机。以蒸汽作动力。有可靠的蒸汽源时采用。

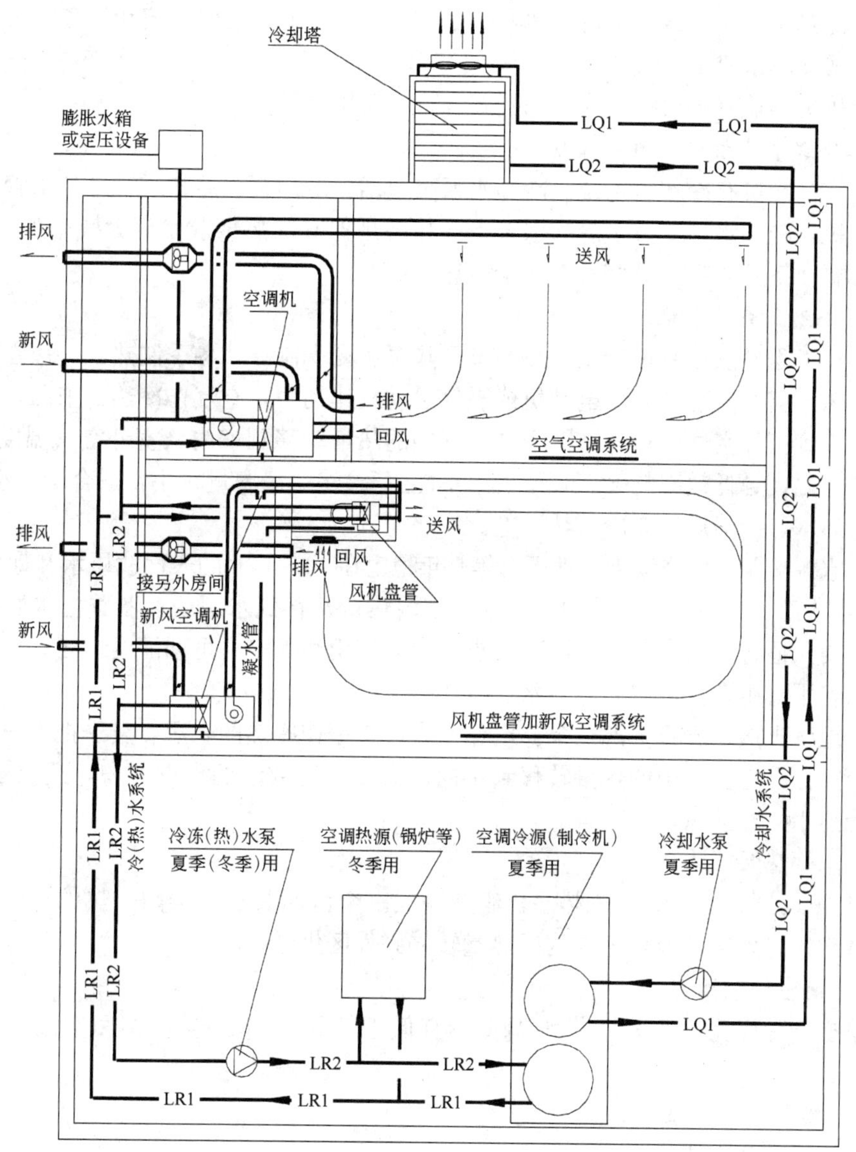


图 7-19 集中空调制冷系统原理图

3）热水式溴化锂吸收式制冷机。以高于 80℃热水作动力，效率低一些。有余热或废热时采用。

**2. 按冷却介质分为水冷式和风冷式**

（1）水冷式制冷机。是用水冷却制冷剂，室外空气再冷却水，要设冷却塔。冷却塔要设在室外。大、中型工程一般采用水冷式，水冷式靠蒸发把热量带入空气中。

（2）风冷式制冷机。是室外空气直接冷却制冷剂，即设冷凝器。冷凝器应设在室外或通风极好的室内。中、小型工程可采用风冷式。风冷式靠空气冷却把热量散到空气中。

**3. 按功能分为单冷式和冷热式**

（1）单冷式冷水机。只产冷水，如压缩式制冷机、蒸汽式溴化锂吸收式冷水机组、热水式溴化锂吸收式冷水机组。

(2) 冷热水机。产冷水也可产热水，如直燃式（燃油、燃气）溴化锂吸收式冷热水机组、热泵式冷热水机。

制冷机类型还有蒸汽喷射式、涡旋式等，空调用得较少。

**4. 水冷式制冷机的冷却水系统**

水冷式制冷机有冷却水系统。冷却水系统包括：冷却泵、冷却塔、冷却水管道等。同一台制冷机，冷却水泵要大于冷冻水泵。冷却塔是把室内热量散发到大气中的重要设备，放置位置要在室外并且通风好，以便于散热。

**5. 中小型工程冷热源**

中小型工程冷热源有单冷型、热泵型。热泵型夏季制冷，冬季制热。

(1) 风（空气）源热泵：电动机或燃气发动机作动力，空气作冷热的来源，夏季把室内热量转移到室外空气中；冬季把室外空气中的热量转移到室内（室外空气温度低于0℃效率降低，温度越低效率越低，直至机组不能运行)，一般容量较小，适合于中小型工程。可以产冷热水、冷热风、制冷（热）剂。

(2) 水源热泵：电作动力，地下水等常年稳定在10～15℃的表面浅层水和地面下80～150m井水或河、湖污水作冷热源；夏季把室内热量转移到水源中，冬季把水源中的热量转移到室内。适合于温度、流量满足要求、允许使用地下水并可回灌的地区。单台容量较小，可以若干台组合。可以产冷热水、冷热媒。

(3) 地（土壤、岩石）源热泵：电作动力，土壤作冷热的来源，夏季把室内热量转移到土壤中；冬季把土壤中的热量转移到室内。需要一定数量的土壤面积，适合于别墅等。可以产冷热水、冷热风。

(4) 水环热泵

通过水环路将众多水/空气热泵机组并联成一个可回收建筑物内余热的空调系统。适合有典型内区、外区建筑，冬季内区热量转移到外区供暖。

### (二) 集中空调冷媒

夏季空调冷媒为冷冻水。供水温度不宜低于5℃，一般7℃；供回水温差不应低于5℃，一般5℃。

### (三) 集中空调热源

(1) 锅炉。产空调热水。

(2) 直燃式（燃油、燃气）溴化锂吸收式冷热水机组。冬季产空调热水。

(3) 热泵冷热水机组。冬季产空调热水。气温低于−5℃时效率降低。

### (四) 集中空调热媒

冬季空调热媒为热水。供水温度50～60℃；供回水温差10～15℃，严寒和寒冷地区不小于15℃，夏热冬冷地区不小于10℃。

### (五) 空调冷热源分类汇总（图7-20）

## 四、集中空调水系统

空调冷（热）源制取的冷（热）水要用管道输送到空调机或风机盘管处，输送冷（热）水的系统就是冷（热）水系统。

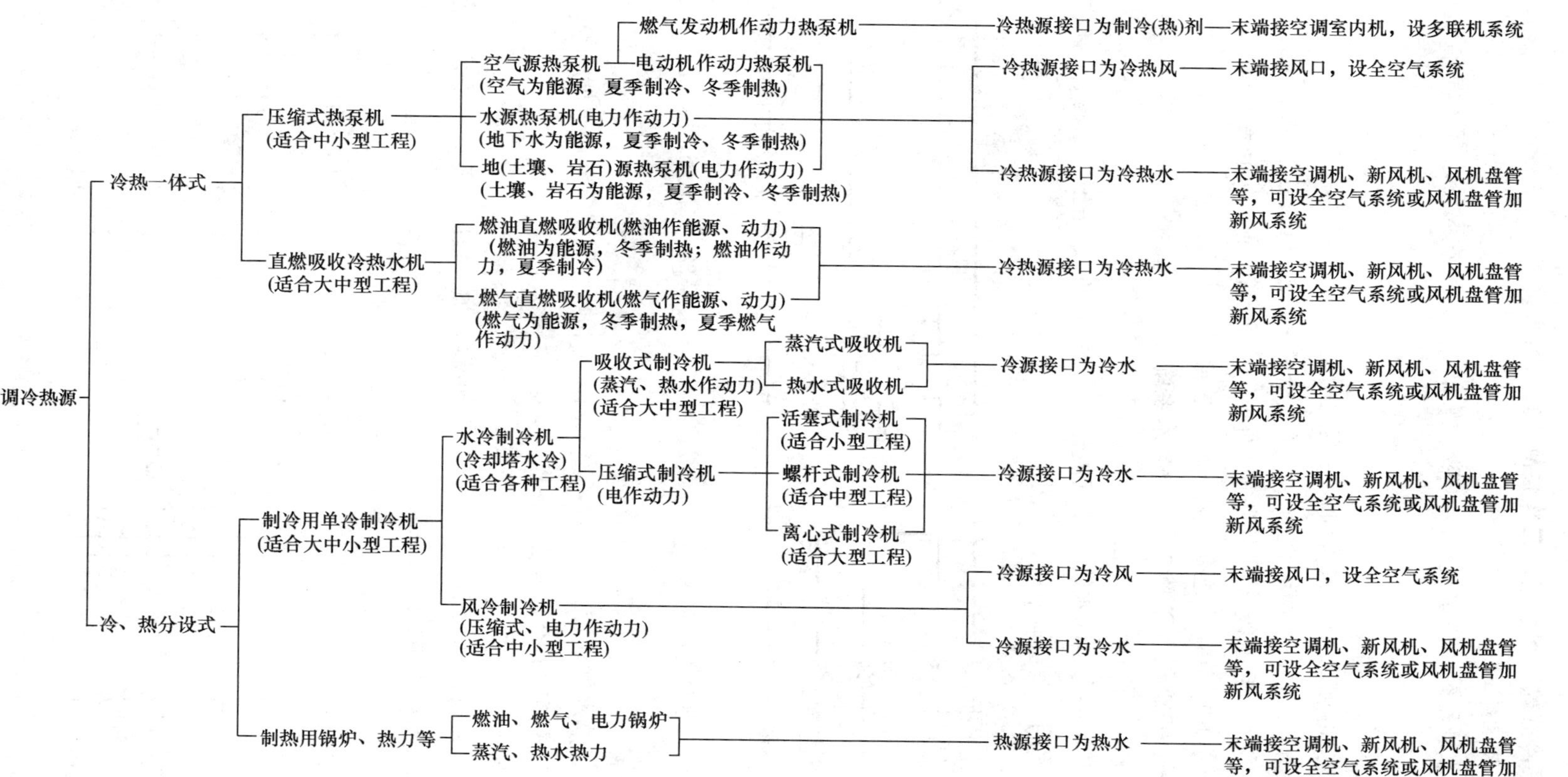


图 7-20 空调冷热源分类汇总

**(一) 一次泵冷(热)水系统、二次泵冷(热)水系统**

**1. 一次泵冷水系统**

只设一级冷水循环泵，冷水流经冷(热)源和用户。一次泵冷水系统简单，投资少，见图 7-21。

**2. 二次泵冷水系统**

系统较大或各环路阻力相差较大时，采用二次泵。

设两级冷水循环泵，第一级泵推动冷水通过冷(热)源循环，第二级泵向用户供应冷水，两级泵形成接力，第二级泵按环路阻力的不同确定扬程，以节省电能。二次泵冷(热)水系统设计合理时节省输送冷(热)水的电能，见图 7-22。

**(二) 二管制、三管制、四管制冷(热)水系统**

**1. 二管制系统**

冷水、热水共用一套供回水管。共三根管，一根供水管、一根回水管、一根凝水管，凝水管在低处。适用一般空调系统，见图 7-23。

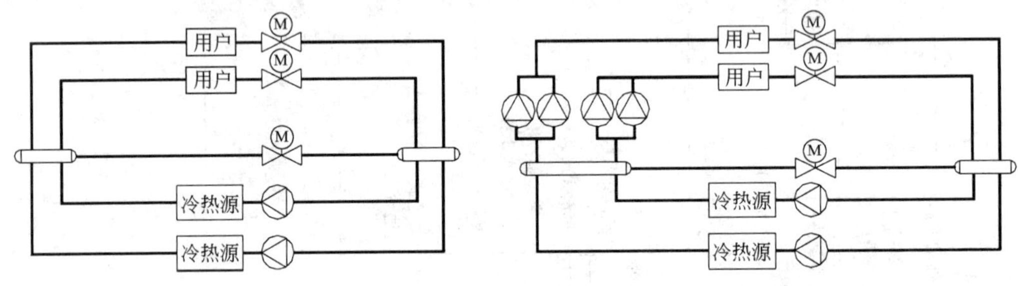


图 7-21　一次泵冷水系统　　　　图 7-22　二次泵冷水系统

**2. 三管制系统**

冷水供水管、热水供水管分别设置，冷水回水管和热水回水管共用，加一根凝水管共 4 根管。适用于较高档次的空调系统，见图 7-24。

**3. 四管制系统**

冷水供水、回水管和热水供水、回水管分别设置，加一根凝水管共 5 根管。适用于高档次的空调系统。管道较多，造价也高。见图 7-25。

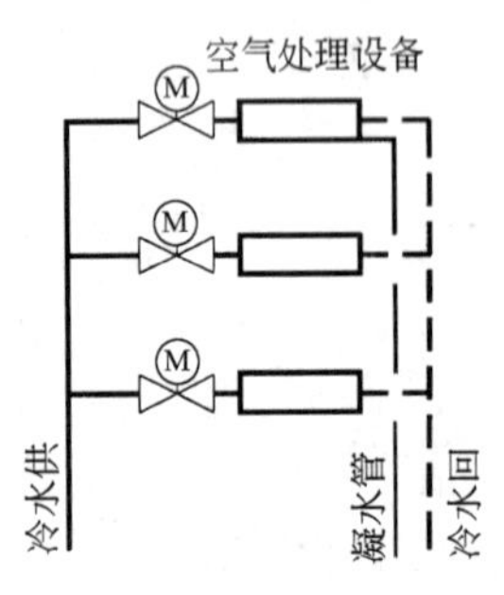


图 7-23　二管制冷水系统

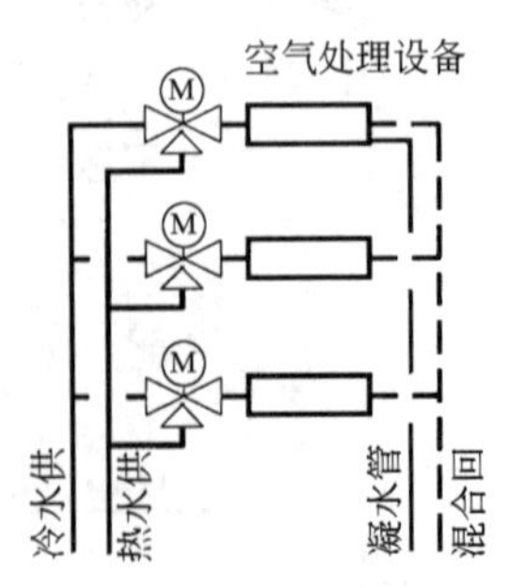


图 7-24　三管制冷水系统

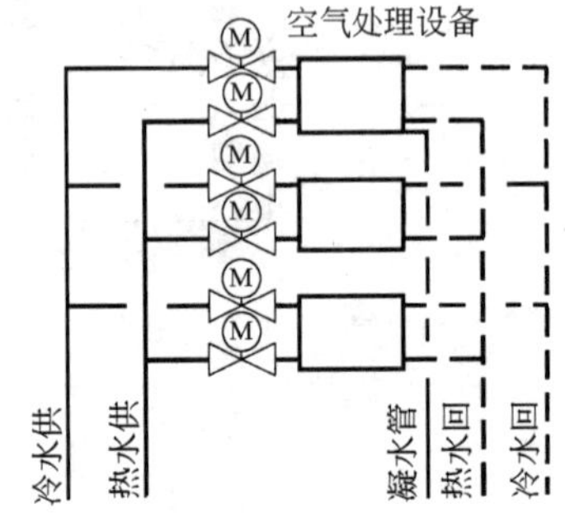


图 7-25　四管制冷水系统

### （三）定流量系统、变流量系统

**1. 定流量系统**

流经用户管道中的流量恒定，当空气处理器需要的冷（热）量发生变化时，改变调节阀旁通水量或改变水温。空气处理器水量调节阀为三通阀或不设阀，见图 7-26。

**2. 变流量系统**

流经用户管道中的流量随空气处理器需要的冷（热）量而变化。空气处理器水量调节阀为二通阀，见图 7-27。

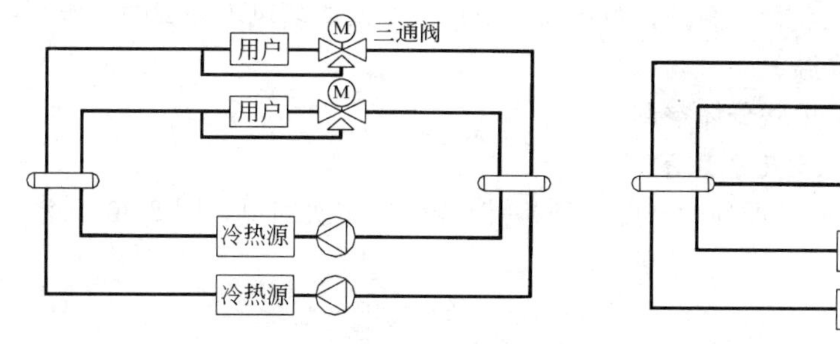

图 7-26　定流量冷水系统

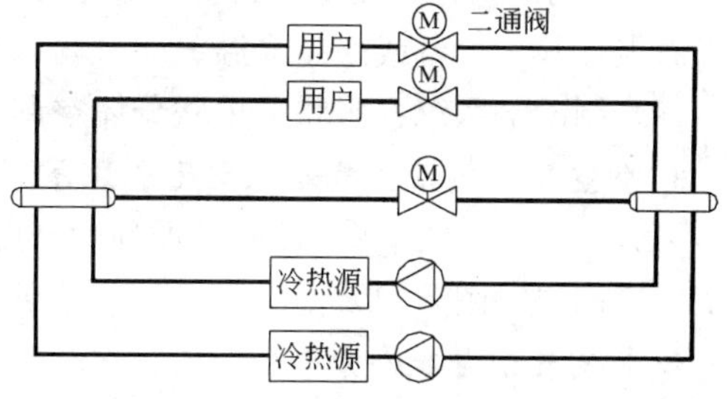

图 7-27　变流量冷水系统

### （四）同程式、异程式（同供暖）

### （五）空调水系统（冷热水）定压膨胀、补水、水处理

**1. 定压膨胀**

水系统要有定压，使水系统内最高点的管道和设备内充满水、没有空管；使水系统内最低点管道和设备不超压。水系统受热膨胀后体积增大，增多的这部分水要有出处，以免把水管和设备压破。

**2. 补水**

空调水系统因泄漏或检修泄水，应有补水泵等补水装置。

**3. 水处理**

补水应作软化，防止水在水管内壁结垢（主要是冬季），影响制冷机或换热器的传热效率和管道截面面积。

### （六）空调水系统（冷热水）注意的问题

（1）供水管、回水管、凝水管均要有坡度，凝水管坡度更重要。

（2）空调水系统中压力分布：循环泵出口压力最高，沿泵出口水流方向越来越低，泵入口压力最低。

## 五、集中空调风系统

### （一）空调系统分类

**1. 按空调对象分为舒适性和工艺性空调**

（1）舒适性空调：满足人体舒适要求。

（2）工艺性空调：满足设备或产品要求。

**2. 按担负室内空调负荷的介质分为全空气系统、风机盘管加新风系统和全水系统**

（1）全空气空调系统

室内冷（热）负荷由空气来负担，有单风道、双风道、定风量、变风量系统。恒温恒湿空调、净化空调等工艺空调一般采用全空气系统。体育馆、影剧院、商场、超高层写字楼等大空间的舒适性空调一般采用全空气系统，见图 7-19 上层。有异味的房间不应与普通房间合用一套全空气系统。

（2）空气—水系统（也叫风机盘管加新风系统）

室内冷（热）负荷由空气和水共同负担。适合于房间较多且各房间需要单独调节温度的建筑物，如旅馆、写字楼等。风机盘管加新风系统，见图 7-19 下层。

（3）全水系统。只设风机盘管的系统，没有新风要求的场所或新风不处理的场所。一般没有人，只为设备或产品降温。

（4）制冷剂系统：多联、单联分体空调。

**3. 全空气空调系统按处理空气来源分**

可分为：直流式（图 7-28），循环式（图 7-29），混合式（一次回风，图 7-30），混合式（二次回风，图 7-31）。

**4. 按空气流量状态分**

分为定流量、变流量两种。

**（二）气流组织形式**

合理组织室内空气的流动，使室内的温度、湿度、气流速度、洁净度、有害气体浓度等更好地满足工艺要求或符合人员的舒适感觉，是气流组织的任务。空调房间内要有送风、有回风（排风）。空调房间内各部位尽量有合理的气流。舒适性空调应使人员处于回流区或混合区，避免冷风直接吹向人体。

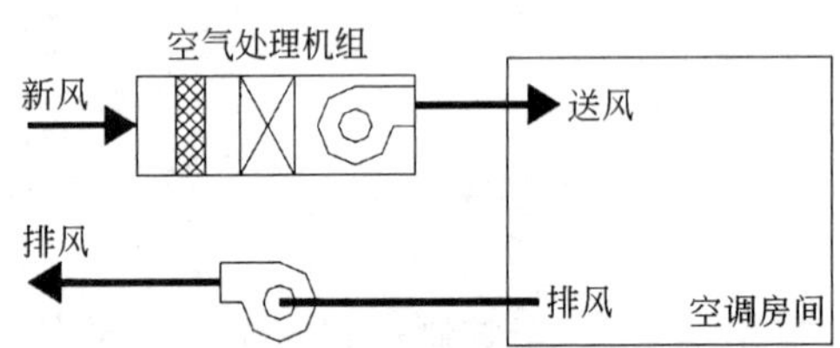


图 7-28　直流式空调系统（新风系统）

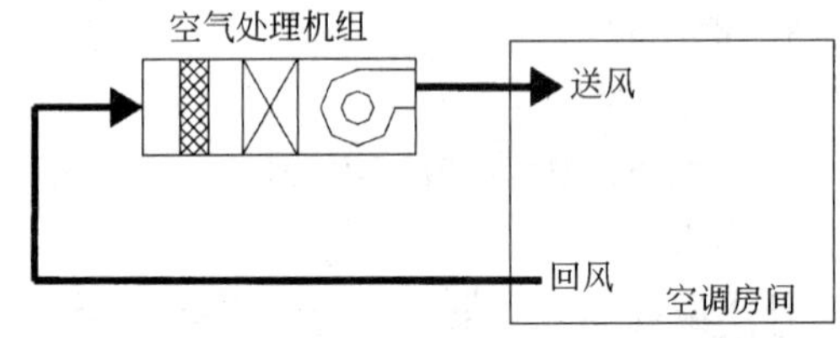


图 7-29　循环式空调系统

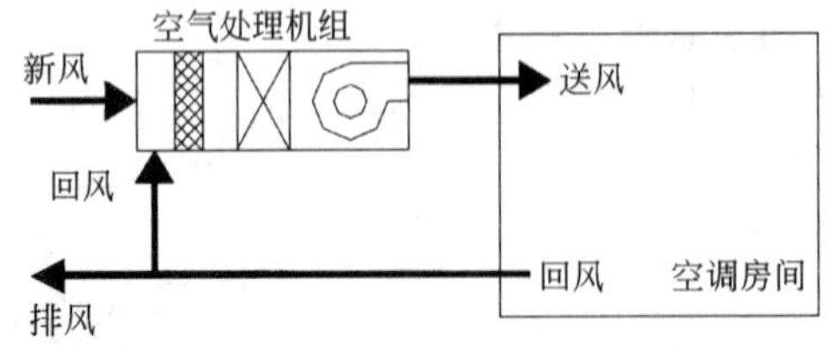


图 7-30　混合式（一次回风）空调系统

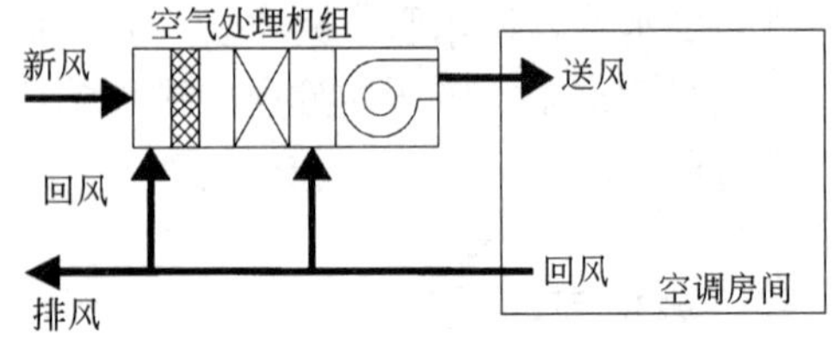


图 7-31　混合式（二次回风）空调系统

空调房间空气平衡关系：

送入风量＝回风量＋排风量（包括有组织和无组织排风）

**1. 上送风方式（从顶部向下送风）**

（1）散流器送风。一般侧下回，也可上回。见图 7-32、图 7-33。

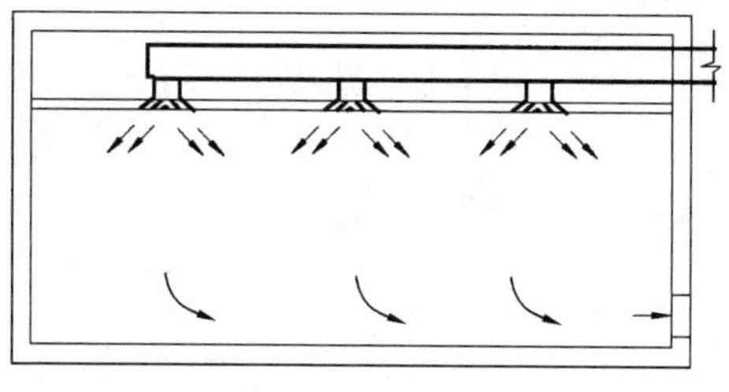

图 7-32　散流器上送风、侧下回风

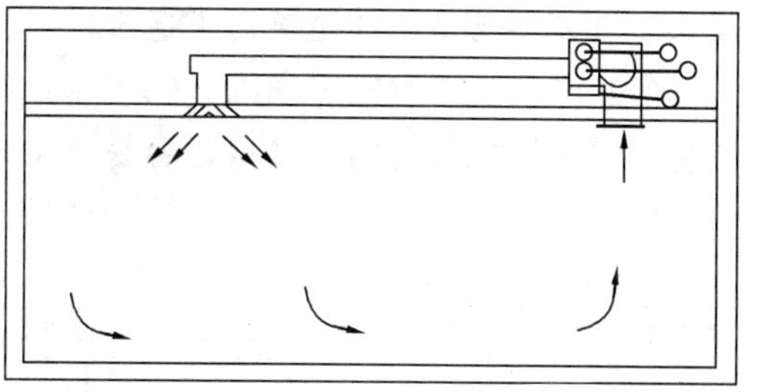

图 7-33　散流器上送风、上回风

（2）百叶风口送风。一般侧下回，可上回。见图 7-34。

（3）喷口送风、旋流风口送风。一般侧下回。见图 7-35。

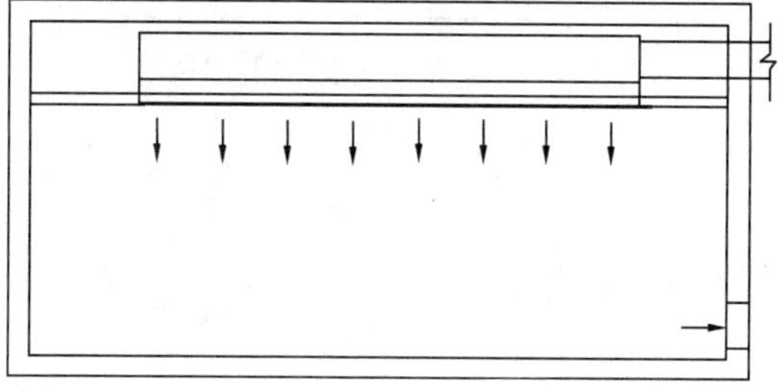

图 7-34　百叶（条形）上送风、侧下回风

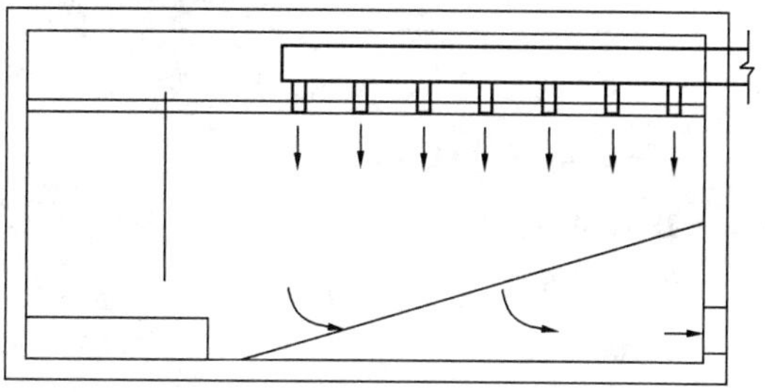

图 7-35　喷口上送风、侧下回风

**2. 上侧送风方式（从上部侧墙水平或上下倾斜送风）**

（1）百叶风口送风。气流宜贴附，侧下回，可上回。上回时平面上要与送风口有一定距离，见图 7-36、图 7-37。

（2）喷口送风。适用于体育馆、礼堂、剧院等高大空间，一般侧下回或侧上回，见图 7-38、图 7-39。

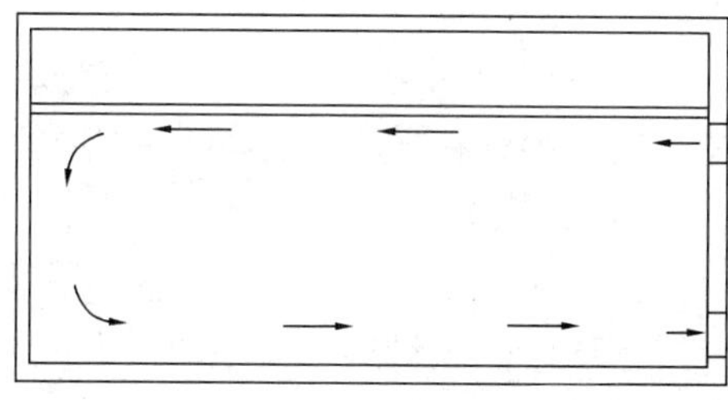

图 7-36　百叶风口上部侧送风、侧下回风

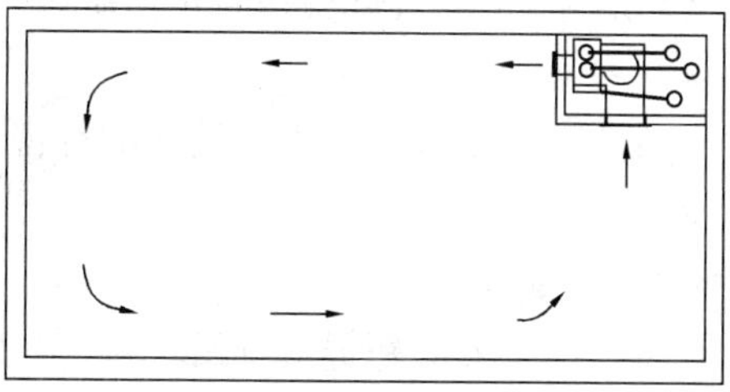

图 7-37　百叶风口上部侧送风、上回风

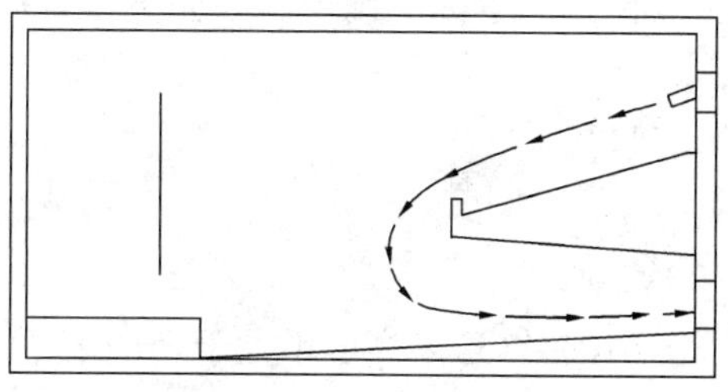

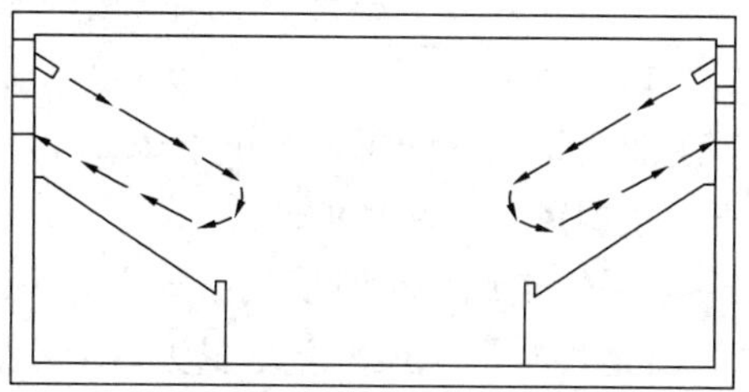

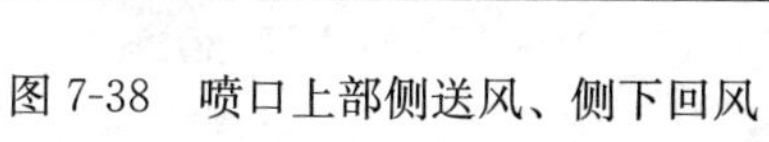

图 7-38　喷口上部侧送风、侧下回风

图 7-39　喷口上部侧送风、侧上回风

### 3. 下送风方式（从地面向上送风）

（1）剧场、体育馆等空间大的场合，座位下送风，一般上回，特点是送风温差小、温度场、风速场比较均匀。缺点是容易扬尘，见图 7-40。

（2）适用于电子计算机房，活动地板下送风，一般上回，见图 7-41。

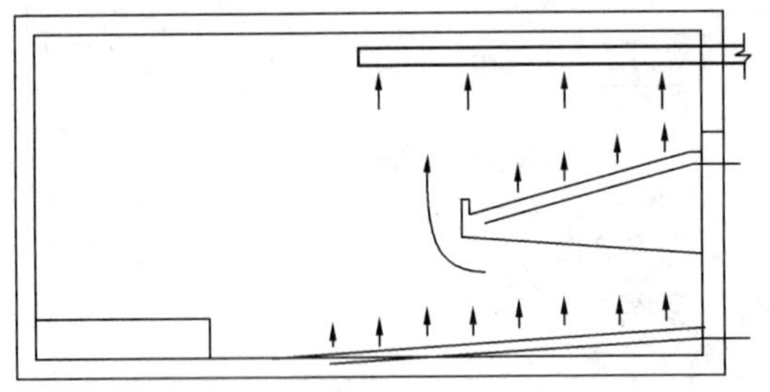

图 7-40 座椅下送风、上回风

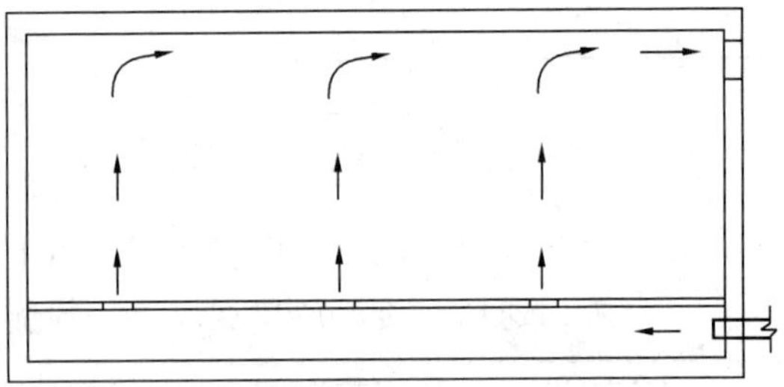

图 7-41 地板下送风、上回风

## （三）空气处理

### 1. 冷却处理

通过冷冻水或制冷剂。

### 2. 加热处理

通过热水或蒸汽。

### 3. 去湿处理

通过制冷或吸湿剂。

### 4. 加湿处理

通过喷蒸汽、喷水、湿膜、超声波等。

### 5. 过滤处理

通过过滤器滤掉空气中的灰尘。分初效过滤（一般空调用）、中效过滤（对空气中含尘量有要求时用）、高效过滤（净化空调用）。

### 6. 吸附处理

通过活性炭等吸附剂吸附空气中的有害气体（空气中存在异味、有毒、有害等气体时用）。

## （四）新风量确定

（1）按人员需要的新鲜空气量、排风量和维持正压所需风量这三项中的最大值。

（2）建筑物内人员所需最小新风量，应符合以下规定：

1）民用建筑人员所需最小新风量按国家现行有关卫生标准确定。办公室、客房：最小新风量每人 $30m^3/h$。

2）工业建筑应保证每人不小于 $30m^3/h$ 的新风量。

## （五）空调风系统注意的问题

（1）舒适性空调每小时换气次数不宜小于 5 次。

（2）舒适性空调送风温差尽量大，但不宜大于 10℃（送风高度不大于 5m 时）。

（3）室内保持正压的空调房间，其正压值宜取 5～10Pa，不应大于 50Pa。

（4）风机盘管加新风空调系统，经处理的新风宜直接送入室内，不宜送到风机盘管的入口、出口处。

(5) 空调和供暖系统膨胀（定压）水箱的膨胀管上不应设置阀门。

(6) 空调水系统应设置排气和泄水装置。

(7) 空调冷凝水管宜采用热水塑料管或热镀锌钢管，管道应采取防结露措施。

(8) 空调冷凝水管排入污水系统时，应有空气隔断措施，冷凝水管不得与室内密闭雨水系统直接连接。

(9) 空调送风口的选用：

1) 在墙上向前侧送风时，距离不长时，宜采用百叶风口或条缝型风口送风；距离较长时，宜采用喷口送风。

2) 在吊顶上向下送风时，宜采用圆形、方形、条缝形散流器。单位面积送风量大且人员活动区要求风速较小或温差较小时，采用孔板送风。

3) 大空间建筑吊顶上向下送风时，可采用喷口、旋流风口。

(10) 空调回风口的选用：一般选用百叶风口或格栅风口。

(11) 空调系统过滤器的选用：

1) 普通空调系统可选用初效过滤器。

2) 要求较高的空调系统应增设中效过滤器。

3) 净化空调系统应再增设亚高效或高效过滤器。

4) 空气应先通过初效过滤器，再通过中效过滤器，最后通过高效过滤器。高效过滤器安装在室内送风口处。

## 六、集中空调系统自动控制

### (一) 自控的目的

满足室内的温度、湿度、洁净度、有害气体浓度、气流速度等要求；节约能源；自动保护；减少运行人员等。

### (二) 自控系统组成

自控系统由四个环节组成：敏感元件、调节器、执行机构、调节机构。当调节参数受到干扰时，敏感元件（如温度计）测得数据输送给调节器，调节器将此数据与给定值进行比较，给出调整偏差信号到执行机构（如电动机），执行机构操纵调节机构（如阀门）进行调节，以使参数达到规定的范围内。

### (三) 自控项目

#### 1. 检测

如温度、湿度、有害气体浓度、压力等。

#### 2. 显示

如上述参数显示，设备运行状态显示。

#### 3. 保护

如空调机、制冷机的防冻；加湿器与风机联锁等。

#### 4. 调节与控制

如温度、湿度、压力、新风量等。

**（四）空调风管、水管常用调节阀**

**1. 双位控制调节阀**

一般用于小管径水管和风管。只有通和断两种状态。动力为电磁力，调节效果一般。

**2. 连续控制调节阀**

一般用于较大水管和风管。有通、断和任意中间状态。动力为正反转电动机。调节效果较好。

## 七、工艺性空调对围护结构的要求（表 7-1）

**工艺性空调对围护结构的要求** **表 7-1**

| 室温允许波动范围（℃） | 外墙 | 朝向 | 楼层 | 外门 | 门斗 | 外窗 |
|---|---|---|---|---|---|---|
| ≥±1.0 | 宜减少外墙 | 宜北向 | 不宜顶层 | 不宜有 | 如有外门应设门斗 | 宜北向 |
| ±0.5 | 不宜有外墙 | 如有外墙宜北向 | 宜底层 | 不应有 | 如有外门必须设门斗 | 不宜有，如有应北向 |
| ±0.1～0.2 | 不应有外墙 | — | 宜底层 | — | — | — |

## 八、集中空调系统注意的问题

（1）高大空间空调送风口，宜采用旋流风口或喷口。

（2）空调系统的新风量，应保证补偿排风，人员所需新风量，保证室内正压，取其中最大值。

（3）对于风机盘管的水系统，电动两通阀调节水量为变流量水系统。

（4）空调机表面冷却器表面温度，低于空气露点温度才能使空气冷却去湿。

（5）空调系统的过滤器，新风、回风均设过滤器但可合设。

（6）换气次数是空调工程中常用的衡量送风量的指标，它的定义是房间送风量和房间容积的比值。

（7）空调系统的节能运行工况，一年中新风量应冬、夏最小，过渡季最大。

（8）对于空调定流量冷水系统，在末端装置冷却盘管处设电动三通调节阀。

（9）防止夏季室温过冷或冬季室温过热的最好办法是设置完善的自动控制。

（10）多联机由于冷媒管等效长度过长，不能确定性能，系数不低于 2.8 时，长度不宜超过 20m。

（11）冷源蓄冷（蓄冰、蓄冷水）是利用低谷电制冷蓄存起来，电力高峰用冷，不节能、不节电但可以对电网削峰填谷，用户可以节省运行费（低谷电价低）。

（12）控制风管内风速为降低阻力，降低噪声。降低阻力可减少运行费，降低噪声可保护环境。

# 第四节　建筑设计与供暖空调运行节能

**（一）公共建筑节能设计**

**1. 一般规定**

（1）建筑总平面的布置和设计，宜利用冬季日照并避开冬季主导风向，利用夏季自然通风。建筑的主朝向宜选择本地区最佳朝向或接近最佳朝向。尽量避免东西向日晒。

（2）严寒、寒冷地区建筑的体型系数应小于或等于 0.40。

**2. 围护结构热工设计**

（1）全国分 5 个热工设计分区，分别为严寒地区、寒冷地区、夏热冬冷地区、夏热冬暖地区、温和地区。

（2）围护结构传热系数限值从小到大顺序为：严寒地区、寒冷地区、夏热冬冷地区、夏热冬暖地区、温和地区。

（3）外墙与屋面的热桥部位的内表面温度不应低于室内空气露点温度。

（4）建筑每个朝向的窗（包括透明幕墙）墙面积比均不应大于 0.70。

（5）夏热冬暖地区、夏热冬冷地区的建筑以及寒冷地区中制冷负荷大的建筑，外窗（包括透明墙幕）宜设置活动式外部遮阳。

（6）屋顶透明部分的面积不应大于屋顶总面积的 20％。

（7）建筑中庭夏季应利用通风降温，必要时设置机械通风装置。

（8）外窗的可开启面积不应小于窗面积的 30％，透明幕墙应有可开启部分或设有通风换气装置。

（9）严寒地区建筑的外门应该设门斗，寒冷地区建筑的外门宜设门斗或应采取其他减少冷风渗透的措施。其他地区的建筑外门也应采取保温隔热节能措施。

（10）建筑外门、外窗的气密性分级应符合国家标准《建筑外门窗气密、水密、抗风压性能分级及检测方法》GB/T 7106—2008 中第 4.1.2 条的规定，并应满足下列要求：

1）10 层及以上建筑外窗的气密性不应低于 7 级；

2）10 层以下建筑外窗的气密性不应低于 6 级；

3）严寒和寒冷地区外门的气密性不应低于 4 级。

（11）透明幕墙的气密性应符合国家标准《建筑幕墙》GB/T 21086 中第 5.1.3 条的规定且不应低于 3 级。

**（二）居住建筑节能设计**

一般规定：

（1）建筑物朝向宜采用南北向或接近南北向，主要房间宜避开冬季主导风向。

（2）建筑物体型系数在 0.3 及 0.3 以下；若体型系数大于 0.3，则屋顶和外墙应加强保温，其传热系数应满足规定。

**（三）供暖热负荷计算时围护结构的附加耗热量**

供暖热负荷计算时围护结构的附加耗热量，应按其占基本耗热量的百分率来确定。各项附加（或修正）百分率，宜按下列规定的数值选用：

（1）朝向修正率：北、东北、西北　　0％～10％

东、西　　－5％

东南、西南　　－10％～－15％

南　　－15％～－30％

（2）风力附加率：建筑在不避风的高地、河岸、旷野上的建筑物以及特别高出的建筑物，垂直的外围护结构附加 5％～10％。

（3）外门附加率：当建筑的楼层为 $n$ 层时：

一道门：65$n$%；两道门（有门斗）：80$n$%；三道门（有两门斗）：60$n$%；公建主要入口：50$n$%。

**（四）供暖空调运行节能应注意的问题**

（1）设置全面供暖的建筑物，传热阻应根据有关节能标准经技术经济比较确定，且对最小传热阻有要求。

（2）供暖建筑玻璃外窗的层数与下列因素有关：室外温度、室内外温度差、朝向。

## 第五节　设备机房及主要设备的空间要求

**（一）锅炉房**

**1. 锅炉类型**

（1）按燃料分

分为燃煤、燃气、燃油、电锅炉。

（2）按承压分

分为有压、常压（无压）、负压（真空）锅炉。有压锅炉指锅炉承受一定压力。常压（无压）锅炉指锅炉不承受压力或承受很小压力。负压锅炉指锅炉为负压（真空）。

**2. 位置选择**

（1）靠近热负荷相对集中的地方。

（2）减少烟尘的影响，尽量布置在下风侧。

（3）燃料、灰渣运输方便。

（4）燃煤锅炉房宜设置在建筑物外的专用房间内。

（5）燃油、燃气锅炉房宜设置在建筑物外的专用房间内，当受条件限制必须布置在建筑内或裙房内时，应设在首层或地下一层靠外墙部位，但常压、负压锅炉可设在地下二层。不应设在人员密集的房间上一层、下一层、贴邻。

**3. 锅炉台数选择**

不宜少于 2 台，当 1 台满足热负荷和检修需要时可 1 台；新建时不宜超过 5 台；扩建和改建时不宜超过 7 台；非独立锅炉房时不宜超过 4 台。

**4. 锅炉房的布置**

（1）锅炉房平面一般包括锅炉间、风机除尘间、水泵水处理间、配电和控制室、化验室、修理间、浴厕等。

（2）锅炉房的外墙、楼地面、屋面应有相应的防爆措施。

（3）锅炉房与其他部位之间应用耐火墙、楼板隔开，门为甲级防火门。

（4）锅炉房通向室外的门向外开。辅助间、生活间等通向锅炉间的门向锅炉间开。

（5）锅炉间外墙的开窗面积应满足通风、泄压、采光要求。泄压面积不小于锅炉间占地面积的 10%。

（6）热力站的开门，蒸汽热力站或长度超过 12m、高于 100℃的热水热力站设 2 个出口。

（7）燃油烧气锅炉与固体燃料锅炉烟风道应分别设置。

**5. 锅炉房面积粗略估算**

（1）旅馆、办公楼等公建（以 10000～30000$m^2$ 为例）的燃煤锅炉房面积约占建筑面积的 0.5%～1.0%，燃油、燃气锅炉房约占建筑面积的 0.2%～0.6%。

(2) 居住建筑（以 100000～300000m² 为例）的燃煤锅炉房面积约占建筑面积的 0.2%～0.6%，燃气锅炉房约占建筑面积的 0.1%～0.3%。

**（二）制冷机房**

(1) 氨压缩式制冷机要求严禁采用明火供暖；设事故排风装置，换气次数不小于 12 次/小时，排风机选用防爆型。

(2) 燃气直燃溴化锂吸收式制冷机，要求同负压锅炉。

(3) 制冷机房在地下室时要有运输通道和通风设施。

(4) 应考虑振动、噪声对环境的影响，选好位置，作好隔音、吸音。

(5) 制冷机房面积粗略估算（以 10000～30000m² 为例）：

1) 旅馆、办公楼等建筑占总建筑面积的 0.925%～0.75%；

2) 商业、展览馆等建筑占总建筑面积的 1.57%～1.31%。

**（三）空调机房**

(1) 位置选择：在地下室时要有新风和排风通向地面。在地上时尽量靠外墙，进新风和排风方便。

(2) 防止振动、噪声的影响，做好隔声、吸声。

(3) 应有排水、地面防水。

(4) 门向外开，甲级防火门。

(5) 空调机房占用面积粗略估算（以 10000～30000m² 为例）：

1) 全空气系统占总建筑面积 3.9%～3.3%；

2) 风机盘管加新风系统占总建筑面积 2.7%～2.25%。

## 第六节　建筑防烟排烟及通风空调风管防火措施

### 一、防排烟概念综述

防排烟是防烟和排烟的总称。

**（一）防烟概念**

(1) 防烟定义：疏散、避难等空间，通过自然通风防止火灾烟气积聚或通过机械加压送风（机械加压送风包括送风井管道、送风口阀、送风机等）阻止火灾烟气侵入，叫防烟。

(2) 防烟对象：疏散、避难等空间。疏散空间包括两类楼梯间、四类前室。两类楼梯间为封闭楼梯间、防烟楼梯间；四类前室包括独立前室（防烟楼梯间前室）、共用前室（剪刀楼梯间的两部楼梯共用一个前室）、合用前室（防烟楼梯间与消防电梯合用一个前室）以及消防电梯前室。避难空间包括避难层、避难间。

(3) 防烟手段：自然通风、机械加压送风。

**（二）排烟概念**

(1) 排烟定义：房间、走道等空间通过自然排烟或机械排烟将火灾烟气排至建筑物外，叫排烟。

(2) 排烟对象：房间、走道等空间。

房间包括：设置在一、二、三层且房间建筑面积大于100m²或设置在四层及以上以及地下、半地下的歌舞、娱乐、放映、游艺场所；中庭；公共建筑内地上部分建筑面积大于100m²且经常有人停留、建筑面积大于300m²且可燃物较多的房间。

走道包括：建筑内长度大于20m的疏散走道。

地下或半地下建筑、地上建筑内的无窗房间，当总面积大于200m²或一个房间面积大于50m²，且经常有人停留或可燃物较多房间。

（3）排烟手段：自然排烟、机械排烟。

**（三）自然通风、自然排烟概念**

可开启外窗（口）位于防烟空间（即疏散、避难等空间），火灾时的作用是自然通风。

可开启外窗（口）位于排烟空间（即房间、走道等空间），火灾时的作用是自然排烟。

**（四）可开启外窗（口）和固定窗的规定**

（1）疏散、避难等空间（包括两类楼梯间、四类前室、两类避难场所）自然通风时，应设可开启外窗（口），其面积、位置、开启方式、开启装置等应满足现行国家标准的要求。

（2）疏散空间的封闭楼梯间、防烟楼梯间设机械加压送风时，应设固定窗，其面积、位置、开启方式、开启装置等应满足现行国家标准的要求。

（3）房间、走道等空间（包括地上、地下、半地下房间及走道、中庭、回廊等）自然排烟时，应设可开启外窗（口），其面积、数量、位置、距离、高度、开启方式、开启装置应满足现行国家标准的要求。

（4）地上的下列房间设机械排烟时，应设固定窗，其面积、数量、位置、距离、高度应满足现行国家标准的要求：任一层建筑面积大于2500m²的丙类厂房或仓库；任一层建筑面积大于3000m²的商店或展览或类似功能建筑；商店或展览或类似功能建筑中长度大于60m的走道；总建筑面积大于1000m²的歌舞、娱乐、放映、游艺场所；靠外墙或贯通至屋顶的中庭。

## 二、防烟设计

**（一）防烟的一般规定**

（1）建筑高度大于50m的公共建筑、工业建筑和建筑高度大于100m的住宅建筑（大于可采用自然通风防烟的建筑高度），防烟楼梯间、独立前室、共用前室、合用前室、消防电梯前室应分别采用机械加压送风（不应设自然通风）。

建筑高度大于100m的建筑，其机械加压送风应竖向分段独立设置，且每段高度不应超过100m。

（2）建筑高度不大于50m的公共建筑、工业建筑和建筑高度不大于100m的住宅建筑（不大于可采用自然通风防烟的建筑高度），防烟楼梯间、独立前室、共用前室、合用前室（除共用前室与消防电梯前室合用的情况外）以及消防电梯前室，满足自然通风条件时应采用自然通风；不满足自然通风条件时，应采用机械加压送风。

防烟系统的选择尚应符合下列规定：

地下或半地下建筑、地上建筑的无窗房间，当总建筑面积大于 200m² 或一个房间面积大于 50m² 且经常有人停留或可燃物较多房间。

1）独立前室、合用前室，采用全敞开的阳台、凹廊或设有两个及以上不同朝向可开启外窗且均满足自然通风条件（满足自然通风条件的要求见自然通风设施条文），防烟楼梯间可不设防烟。

2）两类楼梯间、四类前室有条件自然通风时应采用自然通风；当不满足自然通风条件时，应采用机械加压送风。

3）防烟楼梯间满足自然通风条件，独立前室、共用前室、合用前室不满足自然通风条件，设机械加压送风。当前室送风口设置在前室顶部或正对前室入口的墙面时，防烟楼梯间可采用自然通风；当前室送风口不满足上述条件时，防烟楼梯间应采用机械加压送风。

（3）防烟楼梯间及其前室（包括独立前室、共用前室、合用前室）设置机械加压送风时应符合下列规定：

1）当采用合用前室时，防烟楼梯间、合用前室应分别独立设置机械加压送风。

2）当采用剪刀楼梯时，其两个楼梯间及其前室应分别独立设置机械加压送风。

3）当采用独立前室时，建筑高度不大于可采用自然通风防烟的建筑高度，当独立前室仅有一个门与走道或房间相通时，可仅在防烟楼梯间设置机械加压送风、前室不送风；独立前室不满足上述条件，防烟楼梯间、独立前室应分别设置机械加压送风。

（4）地下、半地下建筑仅有一层，封闭楼梯间（仅有一层）可不设机械加压送风，但首层应设置有效面积不小于 1.2m² 的可开启外窗或直通室外的疏散门。

**（二）自然通风设施**

（1）采用自然通风的封闭楼梯间、防烟楼梯间，应在最高部位设置面积不小于 1.0m² 的可开启外窗或开口；当建筑高度大于 10m 时，尚应在楼梯间外墙上每 5 层内设置总面积不小于 2.0m² 的可开启外窗或开口，且布置间隔不大于 3 层。

（2）前室采用自然通风时，独立前室、消防电梯前室可开启外窗或开口面积不应小于 2.0m²，共用前室、合用前室不应小于 3.0m²。

（3）采用自然通风的避难层、避难间设有不同朝向可开启外窗时，其有效面积不应小于该避难层、避难间地面面积的 2%，且每个朝向面积不应小于 2.0m²。

**（三）机械加压送风设施**

（1）建筑高度不大于 50m 的建筑，当楼梯间设置加压送风井管道确有困难时，楼梯间可采用直罐式机械加压送风（无送风井管道时，直接向楼梯间机械加压送风），并应符合下列规定：

1）建筑高度大于 32m 时，应两点部位送风，间距不宜小于建筑高度的 1/2；

2）送风量应比非直罐式机械加压送风量增加 20%；

3）送风口不宜设在影响人员疏散的部位。

（2）楼梯间地上、地下部分应分别设置机械加压送风。地下部分为汽车库或设备用房时，可共用机械加压送风系统；但送风量应地上、地下部分相加；并应采取措施满足地上、地下部分的风量要求。

（3）机械加压送风风机应符合下列规定：

1）进风口应直通室外且防止吸入烟气。

2）进风口和风机宜设在机械加压送风系统下部。

3）进风口与排烟出口不应设在同一平面上；当确有困难时，进风口与排烟出口应保持一定距离。

竖向布置时，进风口在下方，两者边缘最小垂直距离不应小于 6m；水平布置时，两者边缘最小水平距离不应小于 20m。

4）送风机应设在专用机房内。

（4）机械加压送风口：楼梯间宜每隔 2～3 层设一个常开式百叶风口；前室应每层设一个常闭式风口并设手动开启装置；送风口风速不宜大于 7m/s；送风口不宜被门遮挡。

（5）机械加压送风管道：不应采用土建风道。应采用不燃材料且内壁光滑。内壁为金属时，风速不应大于 20m/s；内壁为非金属时，风速不应大于 15m/s。

（6）机械加压送风管道的设置和耐火极限：竖向设置时，应独立设于管道井内；设置在其他部位时，耐火极限不应低于 1h。水平设置在吊顶内时，耐火极限不应低于 0.5h；水平设置未在吊顶内时，耐火极限不应低于 1.0h。

（7）机械加压送风管道井隔墙耐火极限不应低于 1.0h 并应独立设置；必须设门时，应采用乙级防火门。

（8）设置机械加压送风的疏散部位不宜设置可开启外窗。

（9）设置机械加压送风的封闭楼梯间、防烟楼梯间尚应在其顶部设置不小于 1.0$m^2$的固定窗；靠外墙的防烟楼梯间尚应在其外墙上每 5 层内设置总面积不小于 2.0$m^2$的固定窗。

（10）加压送风口的层数要求

两类楼梯间每隔 2～3 层设一个常开式加压送风口；四类前室每层设一个常闭式加压送风口，并设手动开启装置。

## 三、排烟设计

### （一）排烟的一般规定

（1）优先采用自然排烟

（2）同一防烟分区应采用同一种排烟方式

（3）关于中庭、与中庭相连通的回廊及周围场所的排烟的规定

1）中庭应设排烟。

2）周围场所按现行国家标准设排烟。

3）回廊排烟：当周围场所各房间均设排烟时，回廊可不设；但当周围场所为商店时，回廊应设；当周围场所任一房间均未设排烟时，回廊应设。

4）当中庭与周围场所未封闭时，应设挡烟垂壁。

（4）固定窗的设置规定

1）固定窗的布置位置

① 非顶层区域的固定窗应布置在外墙上；

② 顶层区域的固定窗应布置在屋顶或顶层外墙上；但未设置喷淋、钢结构屋顶、预应力混凝土屋面板时，应布置在屋顶；

③ 固定窗宜按防烟分区布置，不应跨越防火分区。

2）固定窗的有效面积

① 固定窗设在顶层，其有效面积不应小于楼面面积的 2%；

② 固定窗设在中庭，其有效面积不应小于楼面面积的 5%；

③ 固定窗设在靠外墙且不位于顶层，单个窗有效面积不应小于 1.0m² 且间距不宜大于 20m，其下沿距室内地面不宜小于层高的 1/2；供消防救援人员进入的窗口面积不计入固定窗面积但可组合布置；

④ 固定窗有效面积应按可破拆的玻璃面积计算。

**（二）防烟分区、挡烟垂壁**

（1）防烟分区不应跨越防火分区。

（2）防烟分区挡烟垂壁等挡烟分隔的深度：

1）自然排烟时，不应小于空间净高的 20%且不应小于 500mm；

2）机械排烟时，不应小于空间净高的 10%且不应小于 500mm。

同时，底距地面应大于疏散所需的最小清晰高度。

注：最小清晰高度：净高不大于 3m 时，不小于净高的 1/2；净高大于 3m 时，为 1.6m+0.1 倍层高。

（3）设置排烟的建筑内，敞开楼梯、自动扶梯穿越楼板的开口部应设置挡烟垂壁等设施。

（4）防烟分区最大面积及长边的最大长度：

1）空间净高≤3m：最大面积 500m²，长边的最大长度为 24m；

2）空间净高>3m、≤6m：最大面积 1000m²，长边的最大长度为 36m；

3）空间净高>6m：最大面积 2000m²，长边的最大长度为 60m；

4）空间净高>6m：最大面积同上；自然对流时，长边的最大长度为 75m；

5）空间净高>9m：可不设挡烟垂壁；

6）走道宽度≤2.5m：长边的最大长度为 60m；

7）走道宽度>2.5m：长边的最大长度按前四项设置。

**（三）自然排烟设施**

**1. 自然排烟窗（口）的设置场所**

自然排烟场所应设置自然排烟窗（口）。

**2. 自然排烟窗（口）有效面积的确定**

除中庭外，一个防烟分区自然排烟窗（口）的有效面积应满足以下规定：

（1）房间排烟且净高≤6m 时，自然排烟窗（口）的有效面积应≥该防烟分区建筑面积的 2%。

（2）房间排烟且净高>6m 时，自然排烟窗（口）的有效面积应经计算确定。

（3）仅需在走道、回廊排烟时，两端自然排烟窗（口）有效面积均应≥2m² 且自然排烟窗（口）的距离不应小于走道长度的 2/3。

（4）房间、走道、回廊均排烟时，自然排烟窗（口）有效面积应≥该走道、回廊建筑面积的 2%。

（5）中庭排烟时（中庭周围场所设排烟），自然排烟窗（口）有效面积应经计算确定且≥59.5m²。

（6）中庭排烟时（中庭周围场所不需设排烟，仅在回廊排烟），自然排烟窗（口）有效面积应经计算确定且≥27.8m$^2$。

**3. 自然排烟窗（口）的位置**

自然排烟窗（口）距防烟分区内任一点水平距离不应大于30m（此距离也适用于机械排烟）；当净高≥6m且具有自然对流条件时，不应大于37.5m（此距离不适用于机械排烟）。

**4. 自然排烟窗（口）的布置要求**

自然排烟窗（口）宜分散、均匀布置，每组长度不宜大于3.0m。

自然排烟窗（口）设在防火墙两侧时，最近边缘的水平距离不应小于2.0m。

**5. 自然排烟窗（口）设在外墙的高度**

自然排烟窗（口）设在外墙时，应在储烟仓内；但走道和房间净高不大于3m区域，可设在净高1/2以上。

注：储烟仓的设置要求如下：

自然排烟时：储烟仓厚度不应小于空间净高的20%且不小于0.5m；

机械排烟时：储烟仓厚度不应小于空间净高的10%且不小于0.5m；

同时，要求储烟仓底部应大于最小清晰高度（最小清晰高度为1.6m+0.1$H$；其中，单层空间$H$取净高；多层空间$H$取层高；但走道和房间净高不大于3m的区域取净高的1/2）。

**6. 自然排烟窗（口）的开启形式**

自然排烟窗（口）的开启形式应有利于火灾烟气的排出（下悬外开，即下端为轴、上端在墙外）；但房间面积不大于200m$^2$时，开启方向可不限。

**7. 自然排烟窗（口）开启的有效面积**

（1）悬窗：开启角度大于70°时，按窗面积计算；不大于70°时，按最大开启时水平投影面积计算。

（2）平开窗：开启角度大于70°时，按窗面积计算；不大于70°时，按最大开启时竖向投影面积计算。

（3）推拉窗：按最大开启时窗口面积计算。

（4）平推窗：设在顶部时，按窗1/2周长与平推距离的乘积计算且不应大于窗面积；设在外墙时，按窗1/4周长与平推距离的乘积计算且不应大于窗面积。

**8. 自然排烟窗（口）的开启装置**

高处不便于直接开启的外窗应在距地面1.3～1.5m处的位置设置手动开启装置。

净空高度大于9.0m的中庭、建筑面积大于2000m$^2$的营业厅、展览厅、多功能厅等场所，应设置集中手动开启装置和自动开启装置。

**（四）机械排烟设施**

**1. 机械排烟系统水平方向布置**

当建筑的机械排烟系统沿水平方向布置时，每个防火分区机械排烟系统应独立。

**2. 机械排烟系统竖直方向布置**

建筑高度大于50m的公共建筑和建筑高度大于100m的住宅建筑，其排烟系统应竖向分段、独立设置，且每段高度：公共建筑不应大于50m，住宅建筑不应大于100m。

**3. 排烟与通风空调合用**

排烟与通风空调应分开设置，确有困难可合用，但应符合排烟要求且排烟时需联动关闭的通风空调控制阀门不应超过 10 个。

**4. 排烟风机出口**

排烟风机出口宜设在系统最高处，烟气出口宜朝上并应高出机械加压送风和补风进风口，两者边缘最小垂直距离不应小于 6m；水平布置时，两者边缘最小水平距离不应小于 20m。

**5. 排烟风机房**

排烟风机房宜设在专用机房内，排烟风机两侧应有 0.6m 以上的空间。排烟与通风空调合用机房应设自动喷水灭火装置、不得设置机械加压送风机、排烟连接件应能在 280℃ 时连续 30min 保证结构完整性。

**6. 排烟风机**

排烟风机应满足 280℃时连续工作 30min，排烟风机应与风机入口处排烟防火阀连锁，该阀关闭时联动排烟风机停止运行。

**7. 排烟管道**

机械排烟系统应采用管道排烟但不应采用土建风道。排烟管道应采用不燃材料制作且内壁光滑。排烟管道为金属时风速不应大于 20m/s，为非金属时风速不应大于 15m/s。排烟管道厚度见现行施工规范。

**8. 排烟管道的耐火极限**

（1）排烟管道及其连接件应能在 280℃时连续 30min 保证结构完整性。

（2）排烟管道竖向设置时，应设在独立的管道井内，耐火极限不应低于 0.5h。

（3）排烟管道水平设置时，应设在吊顶内。当设在走廊吊顶内时，耐火极限不应低于 1.0h；当设在其他场所的吊顶内时，耐火极限不应低于 0.5h。当设在吊顶内确有困难时，可设在室内，但耐火极限不应低于 1.0h。

（4）排烟管道穿越防火分区时，耐火极限不应低于 1.0h。

（5）排烟管道设在设备用房、汽车库时，耐火极限可不低于 0.5h。

**9. 排烟管道的管道井耐火极限**

机械排烟管道井隔墙耐火极限不应低于 1.0h 并应独立设置；必须设门时，应采用乙级防火门。

**10. 排烟管道隔热**

排烟管道设在吊顶内且有可燃物时，应采用不燃材料隔热，并与可燃物保持不小于 0.15m 的距离。

**11. 排烟口位置**

（1）排烟口距防烟分区内任一点的水平距离不应大于 30m。

（2）排烟口应设在储烟仓内；但走道和房间净高不大于 3m 的区域，可设在净高的 1/2 以上（最小清晰高度以上）；当设在侧墙时，其最近边缘与吊顶的距离不应大于 0.5m。

（3）排烟口宜设在顶棚或靠近顶棚的墙面上。

（4）排烟口宜使烟流与人流方向相反，且与附近安全出口相邻边缘的水平距离不应小于 1.5m。

**（五）补风系统**

（1）补风场所：除地上建筑的走道或建筑面积小于 500m$^2$ 的房间外，设置排烟系统的场所应设置补风系统。

（2）补风量：补风应直接引入室外空气，且补风量不应小于排烟量的50%。

（3）补风设施：补风可采用疏散外门、开启外窗等自然进风或机械送风。

（4）补风机房：补风机应设在专用机房内。

（5）补风口位置：补风口与排烟口在同一防烟分区时，二者水平距离不应小于5m，且补风口应在储烟仓下沿以下。

（6）补风口风速：自然补风口风速不宜大于3m/s。

（7）补风管道耐火极限：补风管道耐火极限不应低于0.5h；跨越防火分区时，耐火极限不应低于1.5h。

## 四、燃油燃气锅炉的设置

燃油燃气锅炉不应布置在人员密集场所的上一层、下一层或贴邻。应布置在首层或地下一层靠外墙部位，但常（负）压锅炉可设在地下二层或屋顶上。设在屋顶时，距通向屋面的安全出口不应小于6m。燃油燃气锅炉房疏散门均应直通室外或安全出口。燃气锅炉房应设置爆炸泄压设施。

## 五、通风空调风管材质

（1）通风空调风管材质应采用不燃材料。

（2）设备和风管的绝热材料、加湿材料、消声和粘结材料，宜采用不燃材料，确有困难时可采用难燃材料。

## 六、防火阀设置

### 1. 通风空调风管下列部位应设70℃防火阀

（1）穿越防火分区处；

（2）穿越通风、空调机房隔墙和楼板处；

（3）穿越重要或火灾危险性大的隔墙和楼板处；

（4）穿越防火分隔处的变形缝两侧；

（5）竖向风管与每层水平风管交接处的水平管段上。

### 2. 排烟管道下列部位应设280℃熔断关闭排烟防火阀

（1）垂直风管与每层水平风管交接处的水平管段上；

（2）一个排烟系统负担多个防烟分区的排烟支管上；

（3）排烟风机入口处；

（4）穿越防火分区处。

# 第七节　燃气种类及安全措施

### （一）燃气种类

天然气、人工煤气、液化石油气。

### （二）燃气管道

（1）地下燃气管道不得从建筑物和大型构筑物的下面穿越。

(2) 燃气引入管不得敷设在卧室、浴室、地下室、易燃或易爆物品的仓库、有腐蚀性介质的房间、配电室、变电室、电缆沟、烟道和进风道等地方。

(3) 燃气引入管进入密闭室时，密闭室必须进行改造，并设置换气口，其通风换气次数每小时不得少于3次。

(4) 燃气引入管穿过建筑物基础、墙或管沟时，均应设置在套管中，并应考虑沉降的影响，必要时应采取补偿措施。

(5) 建、构筑物内部的燃气管道应明设。当建筑或工艺有特殊要求时，可暗设，但必须便于安装和检修。

(6) 暗设燃气管道应符合下列要求：

1) 暗设的燃气立管，可设在墙上的管槽或管道井中，暗设的燃气水平管，可设在吊平顶内或管沟内。

2) 暗设的燃气管道的管沟应设活动门和通风孔；暗设在燃气管道的管沟应设活动盖板，并填充干沙。

3) 管道应有防腐绝缘层。

4) 燃气管道不得敷设在可能渗入腐蚀性介质的管沟中。

5) 当敷设燃气管道的管沟与其他管沟相交时，管沟之间应密封，燃气管道应敷设在钢套管中。

6) 敷设燃气管道的设备层和管道井应通风良好。每层的管道井应设与楼板耐火极限相同的防火隔断层，并应有进出方便的检修门。

(7) 室内燃气管道不得穿过易燃易爆品仓库、配电室、变电室、电缆沟、烟道和进出风道等地方。

(8) 室内燃气管道不应敷设在潮湿或有腐蚀性介质的房间内。当必须敷设时，必须采取防腐措施。

(9) 燃气管道严禁引入卧室。当燃气水平管道穿过卧室、浴室或地下室时，必须采用焊接连接的方式，并必须设置在套管中。燃气管道的立管不得敷设在卧室、浴室或厕所中。

(10) 当室内燃气管道穿过楼板、楼梯平台、墙壁和隔墙时，必须安装在套管中。

(11) 燃气管道必须考虑在工作环境温度下的极限变形。

(12) 地下室、半地下室、设备层和25层以上建筑的用气安全设施应符合下列要求：

1) 引入管宜设快速切断阀；

2) 管道上宜设自动切断阀、泄露报警器和送排风系统等自动切断联锁装置；

3) 25层以上建筑宜设燃气泄漏集中监视装置和压力控制装置，并宜有检修值班室。

(13) 地下室、半地下室、设备层敷设人工煤气和天然气管道时应符合下列要求：

1) 净高不应小于2.2m；

2) 应有良好的通风设施，地下室或地下设备层内应有机械通风和事故排风设施；

3) 应设有固定的照明设备；

4) 当燃气管道与其他管道一起敷设时，应敷设在其他管道的外侧；

5）燃气管道应采用焊接或法兰连接；

6）应用非燃烧体的实体墙与电话间、变电室、修理间和储藏室隔开；

7）地下室内燃气管道末端应设放散管，并应引出地上。放散管的出口位置应保证吹扫放散时的安全和卫生要求。

（14）液化石油气管道不应敷设在地下室、半地下室或设备层内。

（15）当燃气燃烧设备与燃气管道为软管连接时，其设计应符合下列要求：

1）家用燃气灶和实验室用的燃烧器，其连接软管的长度不应超过 2m，并不应有接口；

2）燃气用软管应采用耐油橡胶管；

3）软管与燃气管道、接头管、燃烧设备的连接处应采用压紧螺帽（锁母）或管卡固定；

4）软管不得穿墙、窗和门。

（16）燃气管不应敷设在楼梯间及防烟楼梯间前室内。

**（三）居民生活和公共建筑用气**

（1）用户计量装置的安装位置应符合下列要求：

1）宜安装在非燃结构的室内通风良好处；

2）严禁安装在卧室、浴室、危险品和易燃物品堆放处，以及与上述情况类似的地方；

3）公共建筑和工业企业生产用气的计量装置，宜设置在单独房间内。

（2）燃气表的安装应满足抄表、检修、保养和安全使用的要求。当燃气表在燃气灶具上方时，燃气表与燃气灶的水平净距不得小于 30cm。

（3）居民生活使用的各类用气设备应采用低压燃气。

（4）居民生活用气设备严禁安装在卧室内。

（5）居民住宅厨房内装有直接排气式热水器时应设排风扇。

（6）燃气灶的设置应符合下列要求：

1）燃气灶应安装在通风良好的厨房内，利用卧室的套间或用户单独使用的走廊作厨房时，应设门并与卧室隔开；

2）安装燃气灶的房间净高不得低于 2.2m；

3）燃气灶与可燃或难燃烧的墙壁之间应采取有效的防火隔热措施；燃气灶的灶面边缘和烤箱的侧壁距木质家具的净距不应小于 20cm；燃气灶与对面墙之间应有不小于 1m 的通道。

（7）燃气热水器应安装在通风良好的房间或过道内并应符合下列要求：

1）直接排气式热水器严禁安装在浴室内；

2）平衡式热水器可安装在浴室内；

3）装有直接排气式热水器或烟道式热水器的房间，房间门或墙的下部应设有效截面积不小于 30mm 的间隙；

4）房间净高应大于 2.4m；

5）可燃或难燃烧的墙壁上安装热水器时，应采取有效的防火隔热措施；

6）热水器与对面墙之间应有不小于 1m 的通道。

(8) 燃气供暖装置的设置应符合下列要求：

1) 燃气供暖装置应有熄火保护装置和排烟设施；

2) 容积式热水供暖炉应设置在通风良好的走廊或其他非居住房间内，与对面墙之间应有不小于 1m 的通道；

3) 供暖装置设置在可燃或难燃烧的地板上时，应采用有效的防火隔热措施。

(9) 公共建筑用气设备应安装在通风良好的专用房间内。

(10) 公共建筑用气设备的安装应符合下列要求：大锅灶和中餐菜灶应有排烟设施，大锅灶的炉膛和烟道处必须设爆破门。

(11) 燃具燃烧所产生的烟气应排出室外。

(12) 安装生活用的直接排气式燃具的厨房，应符合燃具热负荷对厨房容积和换气次数的要求。当不能满足要求时，应设置机械排烟设施。

(13) 浴室用燃气热水器的排气口应直接通向室外。排气系统与浴室必须有防止烟气泄漏的措施。

(14) 公共建筑用厨房中的燃具上方应设排气扇或吸气罩。

(15) 用气设备的排烟设施应符合下列要求：

1) 不得与使用固体燃料的设备共用一套排烟设施；

2) 当多台设备合用一个总烟道时，应保证排烟时互不影响；

3) 在容易积聚烟气的地方，应设置防爆装置；

4) 应设有防止倒风的装置。

(16) 高层建筑的共用烟道，各层排烟不得互相影响。

(17) 当用气设备的烟囱伸出室外时其高度应符合下列要求：

1) 当烟囱离屋脊小于 1.5m 时（水平距离），应高出屋脊 0.5m；

2) 当烟囱离屋脊 1.5～3.0m 时（水平距离），烟囱可与屋脊等高；

3) 当烟囱离屋脊的距离大于 3.0m 时（水平距离），烟囱应在屋脊水平线下 10°的直线上；

4) 在任何情况下，烟囱应高出屋面 0.5m；

5) 当烟囱的位置邻近高层建筑时，烟囱应高出沿高层建筑物 45°的阴影线；

6) 烟囱出口应有防止雨雪进入的保护罩。

(18) 烟道排气式热水器的安全排气罩上部，应有不小于 0.25m 的垂直上升烟气导管，其直径不得小于热水器排烟口的直径。热水器的烟道上不应设置闸板。

(19) 居民用气设备的烟道距难燃或非燃顶棚或墙的净距不应小于 5cm；距易燃的顶棚或墙的净距不应小于 25cm。

(20) 有安全排气罩的用气设备不得设置烟道闸板。无安全排气罩的用气设备，在烟道上应设置闸板，闸板上应有直径大于 15mm 的孔。

(21) 烟囱出口的排烟温度应高于烟气露点 15℃以上。

(22) 烟囱出口应设置风帽或其他防倒风装置。

**(四) 调压站、调压箱**

调压站距离建筑物、构筑物水平净距见表 7-2。

**调压站距离建筑物、构筑物水平净距（m）** **表 7-2**

| 调压站建筑形式 | 调压装置入口燃气压力级制 | 建筑物外墙面 | 重要公共建筑一类高层建筑 | 铁路中心线 | 城镇道路 | 公共电力变配电柜 |
|---|---|---|---|---|---|---|
| 地上单独建筑 | 高压/次高压 | 6～18 | 12～30 | 10～25 | 3～5 | 4～6 |
| | 中　压 | 6 | 12 | 10 | 2 | 4 |
| 地面调压箱 | 次高压 | 4～7 | 8～14 | 8～12 | 2 | 4 |
| | 中　压 | 4 | 8 | 8 | 1 | 4 |
| 地下单独建筑 | 中　压 | 3 | 6 | 6 | — | 3 |
| 地下调压箱 | — | 3 | 6 | 6 | — | 3 |

## 第八节　暖通空调专业常用单位

**（一）热量、冷量**

（1）法定单位

W（焦耳/秒），称瓦。$10^3$W 可写作 kW，称千瓦；$10^6$W 可写作 MW，称兆瓦。

（2）非法定单位

kcal/h（千卡/时），称千卡每小时。约等于 1.163W（瓦）。

（3）非法定单位

RT 或 U.S.RT，称冷吨或美国冷吨。约等于 3517W（瓦）或 3000 kcal/h（千卡/时）。

**（二）传热系数**

（1）法定单位

W/（$m^2$·℃）：称瓦每平方米摄氏度。

（2）非法定单位

kcal/（$m^2$·h·℃）：称千卡每平方米小时摄氏度。约等于 1.163W/（$m^2$·℃）。

**（三）导热系数**

（1）法定单位

W/（m·℃），称瓦每米摄氏度。

（2）非法定单位

kcal/（m·h·℃）：称千卡每米小时摄氏度。约等于 1.163W/（m·℃）。

**（四）压强**

法定单位：Pa（N/$m^2$），称帕。$10^3$Pa 可写作 kPa，称千帕；$10^6$Pa 可写作 MPa，称兆帕。

**（五）风量**

法定单位：$m^3$/s。

**（六）风速**

法定单位：m/s。

## 习　题

7-1　关于散热器连续供暖系统的热水温度，以下哪种说法是正确的？

A　供回水温度宜为75℃/50℃，且供水温度不宜大于85℃，供回水温差不宜小于20℃

B　供回水温度宜为75℃/50℃，且供水温度不宜大于85℃，供回水温差不宜小于25℃

C　供回水温度宜为95℃/70℃，且供水温度不宜大于95℃，供回水温差不宜小于20℃

D　供回水温度宜为95℃/70℃，且供水温度不宜大于95℃，供回水温差不宜小于25℃

7-2　关于低温热水地面辐射供暖系统，以下哪种说法是正确的？

A　低温热水地面辐射供暖系统热水供水温度宜为35～45℃，不应大于60℃；供回水温差不宜大于10℃，且不宜小于5℃

B　低温热水地面辐射供暖系统热水供水温度宜为35～45℃，不应大于60℃；供回水温差不宜大于25℃，且不宜小于5℃

C　低温热水地面辐射供暖系统热水供水温度宜为25～55℃，不应大于60℃；供回水温差不宜大于10℃，且不宜小于5℃

D　低温热水地面辐射供暖系统热水供水温度宜为40～45℃，不应大于60℃；供回水温差不宜大于10℃，且不宜小于5℃

7-3　民用建筑中，采用以热水为热媒的散热器供暖系统时，下列哪种说法是错误的？

A　管道有冻结危险的场所，散热器的供暖立管或支管应单独设置

B　热量表的流量传感器宜装在回水管上

C　幼儿园、老年人、特殊功能要求的建筑中的散热器不得暗装，也不得加防护罩

D　有罩的散热器设置恒温控制阀时，应采用感温包外置式恒温控制阀

7-4　集中供暖系统中不包括下列中的哪一种供暖方式？

A　散热器　　B　热风

C　热水辐射　　D　通风

7-5　热水供暖和蒸汽供暖均应考虑？

A　及时排除系统中的空气　　B　及时排除凝水

C　合理选择膨胀水箱　　D　合理布置凝结水箱

7-6　对一栋建筑物内同一楼层上的供暖房间，当其开间大小、围护结构均相同时，哪个朝向的供暖负荷最大？

A　东　　B　西

C　南　　D　北

7-7　相同规模的铸铁散热器，下列哪种组合最有利于每片散热器的散热能力？

A　每组片数：<6片　　B　每组片数：6～10片

C　每组片数：11～20片　　D　每组片数：>20片

7-8　下列哪个室内供暖系统无法做到分户计量和分室温度调节？

A　户内双管水平并联式系统　　B　户内单管水平跨越式系统

C　户内双管上供下回式系统　　D　垂直单管无跨越管系统

7-9　下列哪种情况的供暖管道不应保温？

A　地沟内　　B　供暖的房间

C　管道井　　D　技术夹层

7-10　热力管道输送的热量大小取决于（　　）。

A　管径　　B　供水温度

C　供水温度和流量　　D　供回水温差和流量

7-11 当发生事故向室内散发比空气密度大的有害气体和蒸汽时，事故排风的吸风口应设于何处？

A 接近地面处　　B 上部地带

C 紧贴顶棚　　D 中部

7-12 对于放散粉尘或密度比空气大的气体和蒸汽，而不同时散热的生产厂房，其机械通风方式应采用哪一种？

A 下部地带排风，送风至下部地带　　B 上部地带排风，送风至下部地带

C 下部地带排风，送风至上部地带　　D 上部地带排风，送风至上部地带

7-13 对于系统式局部送风，下面哪一种不符合要求？

A 不得将有害物质吹向人体

B 送风气流从人体的前侧上方倾斜吹到头，颈和胸部

C 送风气流从人体的后侧上方倾斜吹到头，颈和背部

D 送风气流从上向下垂直送风

7-14 通风、空调进风口、排风口的相对位置，哪一种较合理？

A 进风口在排风口下部、上风侧　　B 进风口在排风口上部、上风侧

C 进风口在排风口下部、下风侧　　D 进风口在排风口上部、下风侧

7-15 以自然通风为主的建筑物，确定其方位时，根据主要进风面和建筑物形式，应按何时的有利风向布置？

A 春季　　B 夏季

C 秋季　　D 冬季

7-16 多层和高层建筑的机械送排风系统的风管横向设置应按什么分区？

A 防烟分区　　B 防火分区

C 平面功能分区　　D 沉降缝分区

7-17 消除余热所需换气量与下面哪一条无关？

A 余热量　　B 室内空气循环风量

C 由室内排出的空气温度　　D 进入室内的空气温度

7-18 输送同样的风量且风管内风速相同的情况下，以下不同横截面形式风管的风阻力由小到大的排列顺序是：(　　)。

A 长方形、正方形、圆形　　B 圆形、正方形、长方形

C 正方形、长方形、圆形　　D 圆形、长方形、正方形

7-19 对于一定构造的风道系统，当风量为 $Q$ 时，风机的轴功率为 $N_2$；若风量为 1/2$Q$ 时，风机的轴功率应为 $N_2$ 的(　　)倍。

A 1/2　　B 1/4

C 1/8　　D 1

7-20 如题 7-20 图所示同一面墙室外通风进排风口哪种合理？

7-21 空调系统的新风量，无须保证哪一条？

A 补偿排风　　B 人员所需新风量

C 保证室内正压　　D 每小时不小于 5 次的换气次数

7-22 对于风机盘管的水系统，哪种调节方式为变流量水系统？

A 电动三通阀调节水量　　B 电动两通阀调节水量

C 三速开关手动调节风量　　D 自动调节风机转速控器

7-23 下列对空调机的描述，哪一条是正确的？

A 只能降低室内空气温度　　B 只能降低室内空气含湿量

C 能降低室内空气温度和含湿量　　D 只能减少室内空气异味

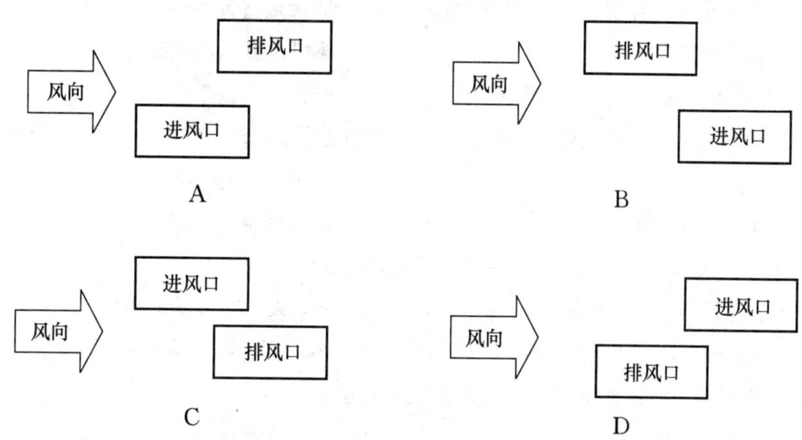


题 7-20 图

7 - 24　空气调节冷热水温度，一般采用以下数值，哪一项不正确？

A　冷水供水温度 5～7℃　　B　冷水供回水温差 5℃

C　热水供水温度 50～60℃　　D　热水供回水温差 5℃

7 - 25　空调机表面冷却器表面温度，达到下列哪种情况才能使空气冷却去湿？

A　高于空气露点温度　　B　等于空气露点温度

C　低于空气露点温度　　D　低于空气干球温度

7 - 26　高层民用建筑通风空调风管，下列哪种情况可不设防火阀？

A　穿越防火分区处

B　穿越通风、空调机房及重要的火灾危险性大的房间隔墙和楼板处

C　水平总管的分支管段上

D　穿越变形缝的两侧

7 - 27　空调系统的过滤器，宜怎样设置？

A　只新风设过滤器　　B　新风、回风均设过滤器但可合设

C　只回风设过滤器　　D　新风、回风均不设过滤器

7 - 28　换气次数是空调工程中常用的衡量送风量的指标，它的定义是（　　）。

A　房间送风量和房间容积的比值　　B　房间新风量和房间体积的比值

C　房间送风量和房间面积的比值　　D　房间新风量和房间面积的比值

7 - 29　空调面积较小且需设空调的房间布置又很分散时，不宜采用哪种系统？

A　分散设置的风冷机　　B　分散设置的水冷机

C　分体空调　　D　集中空调系统

7 - 30　下列哪个场所的空调系统宜采用双风机系统？

A　体育馆的比赛大厅　　B　小型展厅

C　职工餐厅　　D　一般办公室

7 - 31　全年运行的空调系统，仅要求按季节进行供冷和供热转换时，宜采用（　　）。

A　一管制　　B　两管制

C　三管制　　D　四管制

7 - 32　空调机房设在办公层内时，应采取相应的隔声措施，且机房的门应为（　　）。

A　防火门　　B　隔声门

C　普通门　　D　防火隔声门

7-33　某旅馆的客房总数只有30间，选择空调系统时，哪种最适宜？

A　集中式空调系统　　B　风机盘管加新风系统

C　风机盘管系统　　D　分体式空调系统

7-34　空气调节房间总面积不大或建筑物中仅个别房间要求空调时，宜采用哪种空调机组？

A　新风机组　　B　变风量空调机组

C　整体式空调机组　　D　组合式空调机组

7-35　空调系统的节能运行工况，一年中新风量应如何变化？

A　冬、夏最小，过渡季最大　　B　冬、夏、过渡季最小

C　冬、夏最大，过渡季最小　　D　冬、夏、过渡季最大

7-36　防止夏季室温过冷或冬季室温过热的最好办法为（　　）。

A　正确计算冷热负荷　　B　保持水循环环路水力平衡

C　设置完善的自动控制　　D　正确确定夏、冬季室内设计温度

7-37　公共建筑中，可以合用一个全空气空调系统的房间是（　　）。

A　演播室与其配套的设备机房

B　同一朝向且使用时间相同的多个办公室

C　中餐厅与入口大堂

D　舞厅与会议室

7-38　确定酒店客房空气调节的新风量时，下列哪种说法是错误的？

A　新风量应满足人员所需的最小值

B　新风量应符合相关的卫生标准

C　新风量应负担新风负荷

D　新风量应小于客房内卫生间的排风量

7-39　下列哪一条空调系统措施不正确？

A　采用自动控制　　B　合理划分系统

C　选用低能耗设备　　D　固定新回风比例

7-40　空调自动控制不控制下列中的哪一项？

A　室内空气温度　　B　室内空气湿度

C　室内空气洁净度　　D　室内其他设备散热量

7-41　全空调的公共建筑，就全楼而言，其楼内的空气应为（　　）。

A　正压　　B　负压

C　0压（不正也不负）　　D　部分正压，部分负压

7-42　下列截面形状的风管的材质、过渡断面积和通过风管的风量均相同，哪个风管单位长度的气流阻力最大？

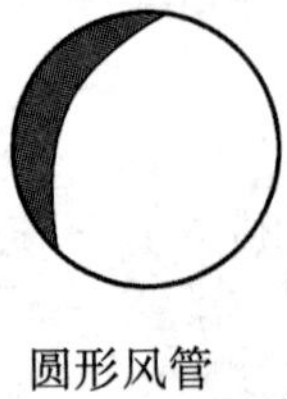

A　圆形风管 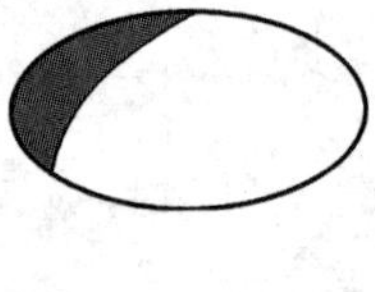　　B　椭圆形风管（长短轴之比为2）

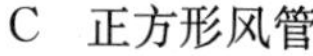

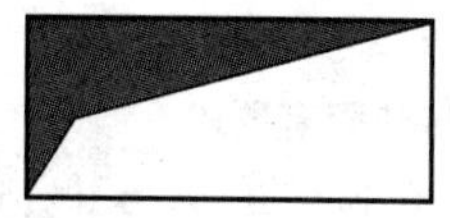

C　正方形风管　　　　　　　　　　　D　长方形风管（长宽比为 3）

题 7-42 图

7－43　夏热冬冷地区采用内呼吸式双层玻璃幕墙的建筑，从降低空调系统能耗角度出发，下列哪种幕墙通风模式最优？

A　冬、夏季均通风　　　　　　　　B　冬、夏季均不通风

C　冬季通风，夏季不通风　　　　　D　冬季不通风，夏季通风

7－44　在空调水系统图示中，当水泵运行时，那一点压力最大？

A　A 点　　　　　　　　　　　　　B　B 点

C　C 点　　　　　　　　　　　　　D　D 点

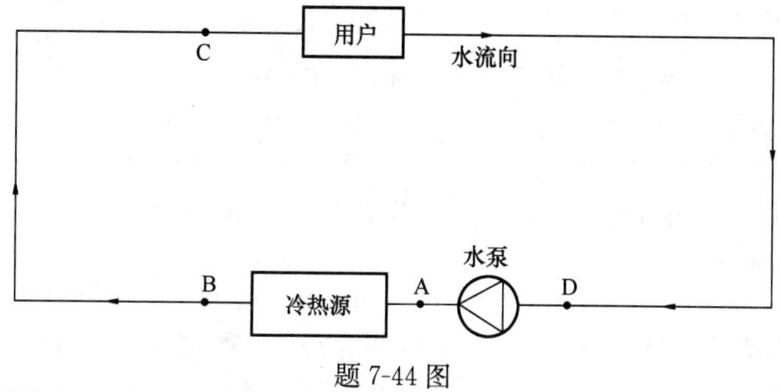


题 7-44 图

7－45　下图中，哪种空调系统的设置合理？

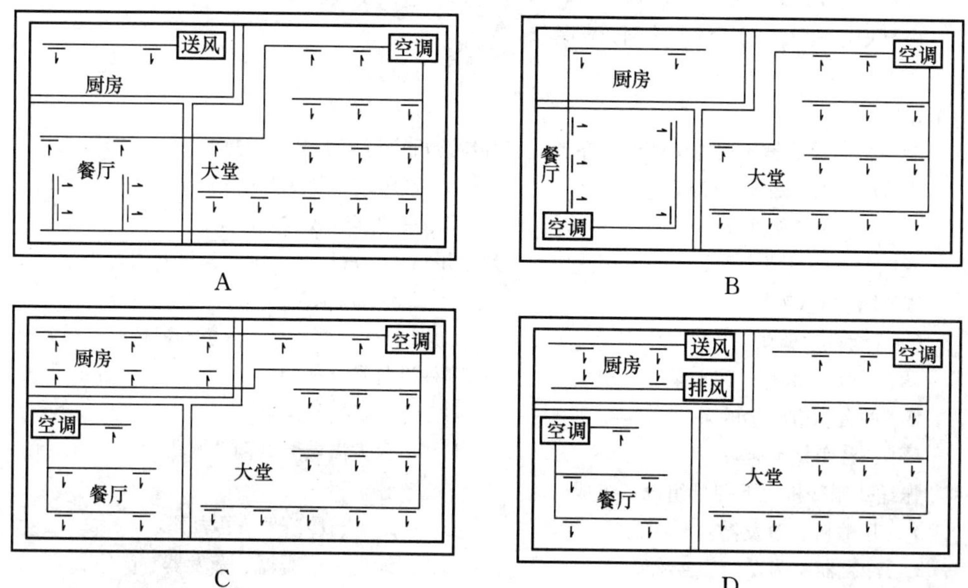


题 7-45 图

7-46　设置全面供暖的建筑物，其围护结构的传热阻（　　）。

A　越大越好　　B　越小越好

C　对最大传热阻有要求　　D　对最小传热阻有要求

7-47　供暖建筑玻璃外窗的层数与下列哪个因素无关？

A　室外温度　　B　室内外温度差

C　朝向　　D　墙体材料

7-48　供暖建筑体型系数（　　）。

A　不宜太大　　B　不宜太小

C　越大越好　　D　大小无关

7-49　空调面积较小且需设空调的房间布置又很分散时，不宜采用哪种系统？

A　分散设置的风冷机　　B　分散设置的水冷机

C　分体空调　　D　集中空调系统

7-50　从环保和节省运行费考虑，哪种燃料的集中锅炉房宜用在供热规模较大的场所，并热媒以高温水为宜？

A　燃气　　B　燃油

C　电热　　D　燃煤

7-51　燃油、燃气锅炉设在高层建筑内时，那一种布置不正确？

A　锅炉布置在首层或地下一层　　B　锅炉可布置在地下二层

C　常压锅炉可布置在地下二层　　D　负压锅炉可布置在地下二层

7-52　直燃吸收式制冷机用于空调工程时，下面描述的特点，哪一条是错误的？

A　冷却水量小　　B　一机多用

C　振动小，噪声小　　D　用电量小

7-53　对噪声、震动要求较高的大中型制冷机房，用下列中的哪种制冷机合适？

A　离心式　　B　活塞式

C　直燃型的吸收式　　D　蒸汽型吸收式

7-54　破坏地球大气臭氧层的制冷剂介质是（　　）。

A　溴化锂　　B　氟利昂

C　氨　　D　水蒸气

7-55　制冷机房应尽量靠近冷负荷中心布置，何种制冷机房还应尽量靠近热源？

A　氟利昂压缩式制冷机　　B　氨压缩式制冷机

C　空气源热泵机组　　D　溴化锂吸收式制冷机

7-56　我国北方一县级医院，有供暖用热、卫生热水用热、蒸汽用热，则最佳设备组合为（　　）。

A　1台热水锅炉，1台蒸汽锅炉　　B　2台蒸汽锅炉

C　1台热水锅炉，2台蒸汽锅炉　　D　2台热水锅炉，1台蒸汽锅炉

7-57　两台冷水机组的冷冻水泵（一次泵），下列中哪种设备是合适的？

A　两台相应流量的泵　　B　两台变频调速泵

C　一台变频调速泵　　D　一台大流量泵（两台水机组冷冻量之和）

7-58　压缩式制冷机由下列哪组设备组成？

A　压缩机、蒸发器、冷却泵　　B　压缩机、冷凝器、冷却塔

C　冷凝器、蒸发器、冷冻泵　　D　压缩机、冷凝器、蒸发器、膨胀阀

7-59　在高层住宅的地下室中，设计制冷机房时，应考虑下列几条措施，其中哪一条不对？

A　机房内应有地面排水设施　　B　制冷机基础应有隔振设施

C　机房墙壁和顶板应做吸声处理　　D　机房四周墙壁应做保温

7-60 在通风管道中能防止烟气扩散的设施是？

A 防火卷帘　　B 防火阀

C 排烟阀　　D 手动调节阀

7-61 建筑内电缆井、管道井应每隔几层在楼板处用相当于耐火极限的不燃烧体作防火分隔？

A 每层　　B 每隔2层

C 每隔3层　　D 每隔4层

7-62 在排烟支管上要求设置的排烟防火阀起什么作用？

A 烟气温度超过280℃自动关闭　　B 烟气温度超过280℃自动开启

C 烟气温度达70℃自动关闭　　D 烟气温度达70℃自动开启

7-63 垂直风管与每层水平风管交接处的水平管段上设什么阀门为宜？

A 防火阀　　B 平衡阀

C 调节阀　　D 排烟防火阀

7-64 高层建筑的排烟设施应分为？

A 机械排烟设施　　B 可开启外窗的自然排烟设施

C 包括A和B　　D 包括A和B再加上机械加压送风

7-65 高层建筑中，燃油、燃气锅炉房应布置在（　　）。

A 建筑的地下三层靠外墙部位

B 建筑的地下二层靠外墙部位

C 建筑的首层或地下一层靠外墙部位

D 建筑的地上二层靠外墙部位

7-66 某大型商场（吊顶净高小于6.0m）设置机械排烟系统，以下哪种防烟分区分隔做法是不正确的？

A 用挡烟垂壁　　B 用隔墙

C 用自动喷水系统　　D 用吊顶顶下突出0.5m的梁

7-67 房间采用自然排烟时，其自然排烟口的设置选用以下哪种位置最好？

A 房间内墙的下侧部位　　B 房间内墙的上侧部位

C 房间外墙的下侧部位　　D 房间外墙的上侧部位

7-68 居民生活使用的各类用气设备应采用以下何种燃气？

A 高压燃气　　B 中压燃气

C 低压燃气　　D 中压和低压燃气

7-69 当室内燃气管道穿过楼板、楼梯平台、墙壁和隔墙时，应采取什么做法？

A 设套管　　B 设软接头

C 保温　　D 设固定点

7-70 法定热量单位为（　　）。

A W（瓦）　　B kcal/h（千卡/时）

C RT（冷吨）　　D ℃（摄氏度）

7-71 在暖通专业中，压强的法定单位应是（　　）。

A $mmH_2O$（毫米水柱）　　B Pa（帕）

C $kg/m^2$（公斤/米$^2$）　　D mmHg（毫米汞柱）

## 参考答案

| | | | | | | | | | | | |
|---|---|---|---|---|---|---|---|---|---|---|---|
| 7-1 | A | 7-2 | A | 7-3 | C | 7-4 | D | 7-5 | A | 7-6 | D |
| 7-7 | A | 7-8 | D | 7-9 | B | 7-10 | D | 7-11 | A | 7-12 | C |
| 7-13 | C | 7-14 | A | 7-15 | B | 7-16 | B | 7-17 | B | 7-18 | B |

| | | | | | | | | | | | |
|---|---|---|---|---|---|---|---|---|---|---|---|
| 7 - 19 | C | 7 - 20 | A | 7 - 21 | D | 7 - 22 | B | 7 - 23 | C | 7 - 24 | D |
| 7 - 25 | C | 7 - 26 | C | 7 - 27 | B | 7 - 28 | A | 7 - 29 | D | 7 - 30 | A |
| 7 - 31 | B | 7 - 32 | D | 7 - 33 | D | 7 - 34 | C | 7 - 35 | A | 7 - 36 | C |
| 7 - 37 | B | 7 - 38 | D | 7 - 39 | D | 7 - 40 | D | 7 - 41 | D | 7 - 42 | D |
| 7 - 43 | D | 7 - 44 | A | 7 - 45 | D | 7 - 46 | D | 7 - 47 | D | 7 - 48 | A |
| 7 - 49 | D | 7 - 50 | D | 7 - 51 | B | 7 - 52 | A | 7 - 53 | D | 7 - 54 | B |
| 7 - 55 | D | 7 - 56 | B | 7 - 57 | A | 7 - 58 | D | 7 - 59 | D | 7 - 60 | B |
| 7 - 61 | A | 7 - 62 | A | 7 - 63 | A | 7 - 64 | C | 7 - 65 | C | 7 - 66 | C |
| 7 - 67 | D | 7 - 68 | C | 7 - 69 | A | 7 - 70 | A | 7 - 71 | B | | |

# 第八章 建 筑 电 气

## 第一节 供 配 电 系 统

### 一、电力系统

发电厂、电力网和电能用户三者组合成的一个整体称为电力系统。

**(一) 发电厂**

发电厂是生产电能的工厂，根据所转换的一次能源的种类，可分为火力发电厂，其燃料是煤、石油或天然气；水力发电厂，其动力是水力；核电站，其一次能源是核能；此外，还有风力发电站、太阳能发电站等。

**(二) 电力网**

输送和分配电能的设备称为电力网。它包括：各种电压等级的电力线路及变电所、配电所。

**1. 输电线路**

输电线路的作用是把发电厂生产的电能，输送到远离发电厂的广大城市、工厂、农村。

输电线路的额定电压等级为：

500kV、330kV、220kV、110kV、(63) 35kV、35kV、10kV 和 220/380V。电力网电压在 1kV 以上的电压称为高压，1kV 及以下的电压称为低压。在民用建筑中常见的等级电压为 10kV。

**2. 变配电所**

(1) 配电所

配电所是接受电能和分配电能的场所。配电所由配电装置组成。

(2) 变电所

变电所是接受电能、改变电能电压和分配电能的场所。变电所按功能分为升压变电所和降压变电所，升压变电所经常与发电厂合建在一起，我们一般说的变电所基本都是降压变电所。变电所由变压器和配电装置组成，通过变压器改变电能电压，通过配电装置分配电能。根据供电对象的不同，变电所分为区域变电所和用户变电所，区域变电所是为某一区域供电，属供电部门所有和管理，用户变电所是为某一用电单位供电，属用电单位所有和管理。

**(三) 电能用户**

在电力系统中一切消耗电能的用电设备均称为电能用户。

用电设备按其用户可分为：

**1. 动力用电设备**

把电能转换为机械能，例如水泵、风机、电梯等。

**2. 照明用电设备**

把电能转换为光能，例如各种电光源。

**3. 电热用电设备**

把电能转换为热能，例如电烤箱、电加热器。

**4. 工艺用电设备**

把电能转换为化学能，例如电解、电镀。

## 二、供电的质量

供电质量指标是评价供电质量优劣的标准参数，指标包含电能质量和供电可靠性。

电能质量包括：电压、频率和波形的稳定，使之维持在额定值或允许的波动范围内，保证用户设备的正常运行。供电可靠性用供电可靠率衡量。

**1. 电压**

电压方面包含电压的偏差、电压的波动、电压的闪变等。

(1) 电压偏差

电压偏差是指用电设备的实际端电压偏离其额定电压的百分数。用公式表示为

$$\Delta U\%=\frac{U-U_N}{U_N}\times 100\% \tag{8-1}$$

式中 $U_N$——用电设备的额定电压（kV）；

$U$——用电设备的实际端电压（kV）。

产生电压偏差的主要原因是系统滞后的无功负荷所引起的系统电压损失。

正常运行情况下，用电设备端子处电压偏差允许值宜符合下列要求：

1) 电动机为±5%额定电压；

2) 照明：在一般工作场所为±5%额定电压；对于远离变电所的小面积一般工作场所，难以满足上述要求时，可为+5%，−10%额定电压；应急照明、道路照明和警卫照明等为+5%，−10%额定电压。

3) 其他用电设备当无特殊规定时为±5%额定电压。

(2) 电压波动

电压波动是由于用户负荷的剧烈变化引起的。电压波动直接影响系统中其他电气设备的运行。

电压波动是指电压在短时间内的快速变动情况，通常以电压幅度波动值和电压波动频率来衡量电压波动的程度。电压波动的幅值为

$$\Delta U\%=\frac{U_{max}-U_{min}}{U_N}100\% \tag{8-2}$$

式中 $U_{max}$——用电设备端电压的最大波动值（kV）；

$U_{min}$——用电设备端电压的最小波动值（kV）。

(3) 电压闪变

电压波动造成灯光照度不稳定（灯光闪烁）的人眼视感反应称为闪变，换言之，闪变反映了电压波动引起的灯光闪烁对人视感产生的影响；电压闪变是电压波动引起的结果。

电压闪变与常见的电压波动不同。其一电压闪变是指电压波形上一种快速的上升级下降，而波动指电压的有效值以低于工频的频率快速或连续变动。其二闪变的特点是超高压、瞬时态及高频次。如果直观地从波形上理解，电压的波动可以造成波形的畸变、不对称，相邻峰值的变化等，但波形曲线是光滑连续的，而闪变更主要的是造成波形的毛刺及间断。

**2. 频率偏差**

频率偏差是指供电的实际频率与电网的标准频率的差值。

我国电网的标准频率为50Hz，又叫工频。当电网频率降低时，用户电动机的转速将降低，因而将影响工厂产品的产量和质量。频率变化对电力系统运行的稳定性造成很大的影响。

频率偏差一般不超过±0.25Hz。调整频率的办法是增大或减少电力系统发电机有功功率。

**3. 电压波形**

电压的波形质量，即三相电压波形的对称性和正弦波的畸变率，也就是谐波所占的比重。

## 三、电力负荷分级及供电要求

负荷是电厂和电力网服务的对象，要使电厂和电力网工作得合理，首先必须了解负荷的特点和要求。一切消耗电能的设备都是电力系统中的负荷，根据电力负荷对供电可靠性的要求及中断供电在对人身安全、经济损失上所造成的影响程度进行分级，将其分为三级。

### （一）一级负荷

（1）符合下列情况之一时，应视为一级负荷：

1）中断供电将造成人身伤亡时。

2）中断供电将在经济上造成重大损失时。

3）中断供电将影响重要用电单位的正常工作。例如：重要通信枢纽、重要交通枢纽、重要的经济信息中心、特级或甲级体育建筑、国宾馆、国家级及承担重大国事活动的会堂、经常用于重要国际活动的大量人员集中的公共场所等的重要用电负荷。

在一级负荷中，当中断供电后将造成重大设备损坏或发生中毒、爆炸和火灾等情况的负荷，以及特别重要场所的不允许中断供电的负荷，应视为一级负荷中特别重要的负荷。

（2）一级负荷的供电要求：

1）一级负荷应由双重电源供电，当一个电源发生故障时，另一个电源不应同时受到损坏。

2）对于一级负荷中特别重要负荷，应增设应急电源，并严禁将其他负荷接入应急供电系统。

（3）应急电源类型选择：

应急电源类型应根据一级负荷中特别重要负荷的容量、允许中断供电的时间以及要求的电源为直流或交流等条件进行选择。

1）应急电源有以下几种：

① 独立于正常电源的发电机组；

② 供电网络中独立于正常电源的专用馈电线路；

③ 蓄电池；

④ 干电池。

2）根据允许中断供电的时间可分别选择下列应急电源：

① 快速自动启动的应急发电机组，适用于允许中断供电时间为15～30s以内的供电；

② 带有自动投入装置的独立于正常电源的专用馈电线路，适用于允许中断供电时间大于电源切换时间的供电；

③ 不间断电源装置（UPS），适用于要求连续供电或允许中断供电时间为毫秒级的供电；

④ 应急电源装置（EPS），适用于允许中断供电时间为毫秒级的应急照明供电。

**（二）二级负荷**

（1）符合下列情况之一时，应视为二级负荷：

1）中断供电将在经济上造成较大损失时。

2）中断供电将影响较重要用电单位的正常工作。

（2）二级负荷的供电要求：

二级负荷的供电系统，宜由两回路供电。在负荷较小或地区供电条件困难时，二级负荷可由一回路6kV及以上专用的架空线路供电。当采用架空线时，可为一回路架空线供电；当采用电缆线路时，应采用两根电缆组成的线路供电，其每根电缆应能承受100%的二级负荷。

**（三）三级负荷**

不属于一级和二级的用电负荷应为三级负荷。三级负荷可按约定供电。

**（四）民用建筑中各类建筑物的主要用电负荷**

民用建筑中各类建筑物的主要用电负荷分级应符合《民用建筑电气设计规范》JGJ 16—2008中附录A的规定。

## 四、电压选择

用电单位的供电电压应根据用电容量、用电设备特性、供电距离、供电线路的回路数、当地公共电网现状及其发展规划等因素，经技术经济比较而确定。

（1）用电设备容量在250kW或需用变压器容量在160kVA以上者，应以高压方式供电；用电设备容量在250kW或需用变压器容量在160kVA以下者，应以低压方式供电，特殊情况也可以高压方式供电。

（2）多数大中型民用建筑以10kV电压供电，少数特大型民用建筑以35kV电压供电。

**例 8-1** 百级洁净度手术室空调系统用电负荷的等级是：

A 一级负荷中的特别重要负荷　　　　B 一级负荷

C 二级负荷　　　　　　　　　　　　D 三级负荷

**解析：** 参见《民用建筑电气设计规范》JGJ 16—2008 附录 A，百级洁净度手术室空调系统用电负荷等级为一级负荷。

**答案：** B

# 第二节 配变电所和自备电源

## 一、配变电设备

### 1. 变压器

按冷却方式不同分为油浸式、干式。干式分空气绝缘及环氧树脂浇注式、六氟化硫等。一类、二类高层建筑应选用干式（即气体绝缘）非可燃性液体绝缘的变压器。

### 2. 高压开关柜

柜式成套配电设备。作用：在变电所中控制电力变压器和电力线路。分固定式和手车式。

### 3. 低压开关柜

低压成套配电装置，用于小于 500V 的供电系统中，提供电力和照明配电。分固定式和抽屉式。

### 4. 静电电容器

分为油浸式、干式。高层建筑内应选用干式电容器。其他用是提供无功补偿。

### 5. 配电箱

配电箱是用户用电设备的供电和配电点，对室内线路起计量、控制、保护作用，属于小型成套电气设备，可分为照明配电箱，电力配电箱。

## 二、配变电所位置及配电变压器的选择

（1）深入或接近负荷中心。

（2）进出线方便。

（3）接近电源侧。

（4）设备吊装、运输方便。

（5）不应设在有剧烈振动的场所。

（6）不宜设在多尘、水雾（如大型冷却塔）或有腐蚀性气体的场所，如无法远离时，不应设在污染源的下风侧。

（7）不应设在厕所、浴室或其他经常积水场所的正下方且不宜贴邻，当贴邻时，隔墙应做无渗漏、无结露的防水处理。

（8）不应设在爆炸危险场所以内和不宜设在火灾危险场所的正上方或正下方，如布置在爆炸危险场所范围以内和布置在与火灾危险场所的建筑物毗连时，应符合《爆炸和火灾

危险环境电力装置设计规范》GB 50058 的规定。

(9) 配变电所为独立建筑时，不宜设在地势低洼和可能积水的场所。

(10) 高层建筑地下层配变电所的位置，宜选择在通风、散热条件较好的场所。

(11) 配变电所位于高层建筑的地下层时，应避免洪水或积水从其他渠道淹浸配电所的可能性，不应设在最底层，当地下仅有一层时，应采取适当抬高该所的地面等防水措施。

(12) 高层建筑的配变电所。宜设在地下层或首层，当建筑物高度超过 100m 时，也可在高层区的避难层或上技术层内设置变电所。

(13) 设置在民用建筑中的变压器，应选择干式、气体绝缘或非可燃性液体绝缘的变压器。当单台变压器油量为 100kg 及以上时，应设置单独的变压器室。

(14) 在多层建筑物或高层建筑物的裙房中，不宜设置油浸变压器的变电所；当受条件限制必须设置时，应将油浸变压器的变电所设置在建筑物首层靠外墙的部位，且不得设置在人员密集场所的正上方、正下方、贴邻处以及疏散出口的两旁。高层主体建筑内不应设置油浸变压器的变电所。

## 三、配变电所对建筑的要求及设备布置

(1) 变压器室、配电室和电容器室的耐火等级不应低于二级。

(2) 民用建筑中配变电所开向建筑内的门应采用甲级防火门，配变电所直接通向室外的门应为丙级防火门。低压配电室与其他场所毗邻时，门的耐火等级应按两者中耐火等级高的确定。

(3) 变压器室的通风窗，应采用非燃烧材料。

(4) 变压器室及配电装置室门的宽度宜按最大不可拆卸部件宽度加 0.30m，高度宜按不可拆卸部件最大高度加 0.50m。

(5) 当配电装置室设在楼上时，应设吊装设备的吊装孔或吊装平台，吊装平台、门或吊装孔的尺寸，应能满足吊装最大设备的需要，吊钩与吊装孔的垂直距离应满足吊装最高设备的需要。

(6) 高压配电室和电容器室，宜设不能开启的自然采光窗，窗口下沿距室外地面高度不宜小于 1.8m，临街的一面不宜开窗。

(7) 变压器室、配电装置室、电容器室的门应向外开，相邻配电室之间有门时，应采用不燃烧材料制作的双向弹簧门。

(8) 配变电所各房间经常开启的门窗，不宜直通相邻的酸、碱、蒸汽、粉尘和噪声严重的建筑。

(9) 长度大于 7m 的配电装置室应设两个出口，并宜布置在配电室的两端。楼上、楼下均为配电装置室时，位于楼上的配电装置室至少应设置一个出口，通向该层走廊或室外的安全出口。

(10) 变压器室、配电装置室、电容器室等应有防止雨、雪和小动物从采光窗、通风窗、门、电缆沟等进入室内的措施。

(11) 地上配变电所内的变压器室宜采用自然通风，地下配变电所的变压器室应设机械送排风系统，夏季的排风温度不宜高于 45℃，进风和排风的温差不宜大于 15℃。

（12）变压器室和电容器室尽量避免西晒，控制室、值班室尽可能朝南。

（13）配变电所的电缆沟应采取防水、排水措施。

（14）变压器室、电容器室、配电装置室、控制室内不应有与其无关的管道明敷线路通过。

（15）值班室与高压配电室宜直通或经过通道相通，值班室应有门直接通向户外或通向通道。有人值班的配变电所，宜设卫生间及上、下水设施。

（16）配电装置各回路的相序排列应一致。硬导体的各相应涂色，色别应为A相黄色，B相绿色，C相红色。绞线可只标明相别。

（17）屋内配电装置距室内屋顶（除梁外）的距离不小于0.8m，距梁底不小于0.6m。

（18）成排布置的低压配电屏，其长度超过6m，屏后的通道应设两个出口，并宜布置在通道的两端，当两出口之间的距离超过15m时，其间尚应增加出口。

（19）成排布置的低压配电屏，其屏前和屏后的通道宽度，不应小于表8-1中所列数值。

**成排布置的配电屏通道最小宽度**（m） **表 8-1**

| 配电屏种类 | | 单排布置 | | | 双排面对面布置 | | | 双排背对背布置 | | | 多排同向布置 | | | 屏侧通道 |
|---|---|---|---|---|---|---|---|---|---|---|---|---|---|---|
| | | 屏前 | 屏后 | | 屏前 | 屏后 | | 屏前 | 屏后 | | 屏间 | 前、后排屏距墙 | | |
| | | | 维护 | 操作 | | 维护 | 操作 | | 维护 | 操作 | | 前排屏前 | 后排屏后 | |
| 固定式 | 不受限制时 | 1.5 | 1.0 | 1.2 | 2.0 | 1.0 | 1.2 | 1.5 | 1.5 | 2.0 | 2.0 | 1.5 | 1.0 | 1.0 |
| | 受限制时 | 1.3 | 0.8 | 1.2 | 1.8 | 0.8 | 1.2 | 1.3 | 1.3 | 2.0 | 1.8 | 1.3 | 0.8 | 0.8 |
| 抽屉式 | 不受限制时 | 1.8 | 1.0 | 1.2 | 2.3 | 1.0 | 1.2 | 1.8 | 1.0 | 2.0 | 2.3 | 1.8 | 1.0 | 1.0 |
| | 受限制时 | 1.6 | 0.8 | 1.2 | 2.1 | 0.8 | 1.2 | 1.6 | 0.8 | 2.0 | 3.1 | 1.6 | 0.8 | 0.8 |

注：1. 受限制时是指受到建筑平面的限制，通道内有柱等局部突出物的限制；
2. 屏后操作通道是指需在屏后操作运行中的开关设备的通道；
3. 背靠背布置时屏前通道宽度可按本表中双排背对背布置的屏前尺寸确定；
4. 控制屏、控制柜、落地式动力配电箱前后的通道最小宽度可按本表确定；
5. 挂墙式配电箱的箱前操作通道宽度，不宜小于1m。

（20）配变电所中消防设施的设置：二类建筑的配变电所可设火灾自动报警及手提式灭火装置。

## 四、柴油发电机房

（1）符合下列情况之一时宜设自备应急柴油发电机组：

1）为保证一级负荷中特别重要的负荷用电；

2）有一级负荷，但从市电取得第二电源有困难或不经济合理时。

（2）机房宜设有发电机间、控制及配电室、燃油准备及处理间、备品备件储藏间等，可根据具体情况对上述房间进行取舍、合并或增添。

（3）机组宜靠近一级负荷或配变电所设置，不宜设在大型民用建筑的主体内，机房可布置于坡屋、裙房的首层或附属建筑内，应采用耐火极限不低于 2.00h 的隔墙和 1.50h 的楼板与其他部位隔开，门应采用甲级防火门。当布置在地下层时，应处理好通风、排烟、消声和减振等问题。

（4）发电机间、控制室、配电室不应设在厕所、浴室或其他经常积水场所的正下方或贴邻。

（5）机房应有良好的采光和通风，在炎热地区，有条件时宜设天窗，有热带风暴地区天窗应加挡风防雨板或专用双层百叶窗。在北方及风沙较大的地区，应有防风沙侵入的措施。机房热出风口的面积不宜小于柴油机散热面积的 1.5 倍；进风口的面积不宜小于柴油机散热面积的 1.6 倍。

（6）发电机间应有两个出入口，其中一个出口的大小应满足搬运机组的需要，否则应预留吊装孔。门应采取防火、隔声措施，并应向外开启。发电机间与控制室及配电室之间的门和观察窗应采取防火隔声措施。门应开向发电机间。

（7）贮油间其总储存量不应超过 8.00h 的需要量，当贮油间与机房相连布置时，应在墙上设防火门，并向发电机房间开启。

（8）发电机间、贮油间宜做水泥压光地面，并应有防止油、水渗入地面的措施，控制室宜做水磨石地面。

（9）机房内的噪声应符合国家噪声标准规定，当机房噪声控制达不到要求时，应通过计算做消声、隔声处理。

（10）机组基础应采取减振措施，当机组设置在主体建筑内或地下层时，应防止与房屋产生共振现象。柴油机基础应采用防油浸的措施，可设置排油污的沟槽。

（11）机房内的管沟和电缆应有 0.3％的坡度和排水、排油措施，沟边缘应做挡油处理。

（12）机房各工作间耐火等级与火灾危险性类别见表 8-2。

**机房工作间耐火等级与火灾危险性类别** **表 8-2**

| 序号 | 名　　称 | 火灾危险性类别 | 耐　火　等　级 |
| --- | --- | --- | --- |
| 1 | 发电机间 | 丙 | 一级 |
| 2 | 控制与配电室 | 戊 | 二级 |
| 3 | 贮油间 | 丙 | 一级 |

（13）柴油发电机房应设置火灾报警装置，应设置灭火设施。当建筑内其他部位设置自动喷水灭火系统时，机房内应设置自动喷水灭火系统。

**例 8-2** 地上变电所中的下列房间，对通风无特殊要求的是：

A 低压配电室　　B 柴油发电机房

C 电容器室　　D 变压器室

**解析：**《民用建筑电气设计规范》JGJ 16—2008 中，对柴油发电机房、电容器室、变压器室的通风均有特殊要求。第 6.1.3 条：柴油发电机房宜利用自然通风排除发电机房的余热，当不能满足温度要求时，应设置机械通风装置。第 4.10.1 条：地上配变电所内的变压器室宜采用自然通风，地下配变电所的变压器室应设机械送排风系统，夏季的排风温度不宜高于45℃，通风和排风的温差不宜大于15℃。第4.10.2条：电容器室应有良好的自然通风，通风量应根据电容器温度类别按夏季排风温度不超过电容器所允许的最高环境空气温度计算。当自然通风不能满足排热要求时，可增设机械通风。

**答案**：A

## 第三节　民用建筑的配电系统

### 一、配电方式

民用建筑的配电方式有：放射式，树干式，双树干式，环行（环式），链式及其他方式的组合。

**（一）高压配电方式**

**1. 高压单回路放射式**

见图8-1。此方式一般用于配电给二、三级负荷或专用设备，但对二级负荷供电时，尽量要有备用电源，如另有独立备用电源时，则可供电给一级负荷。

**2. 高压双回路放射式**

见图8-2。此方式线路互为备用，用于配电给二级负荷，电源可靠时，可供给一级负荷。

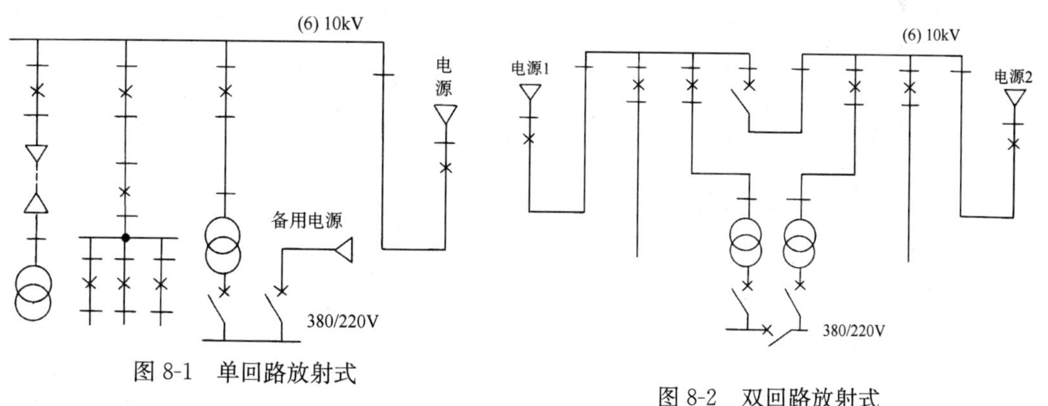


图8-1　单回路放射式

图8-2　双回路放射式

**3. 树干式**

（1）单回路树干式

见图8-3。一般用于三级负荷，每条线路装接的变压器约5台以内，总容量不超过2000kVA。

（2）单侧供电双回路树干式

见图8-4。供电可靠性稍低于双回路放射式，但投资少，一般用于二、三级负荷，当供电电源可靠时，也可供电给一级负荷。

**4. 单侧供电环式（开环）**

见图8-5。用于对二、三级负荷供电，一般两回路电源同时工作开环运行，也可一用

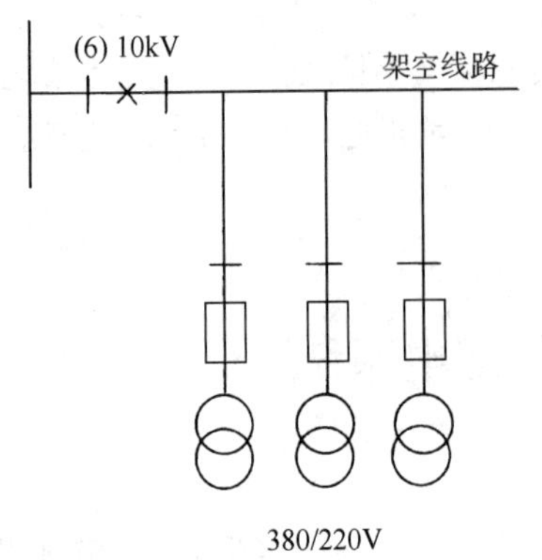


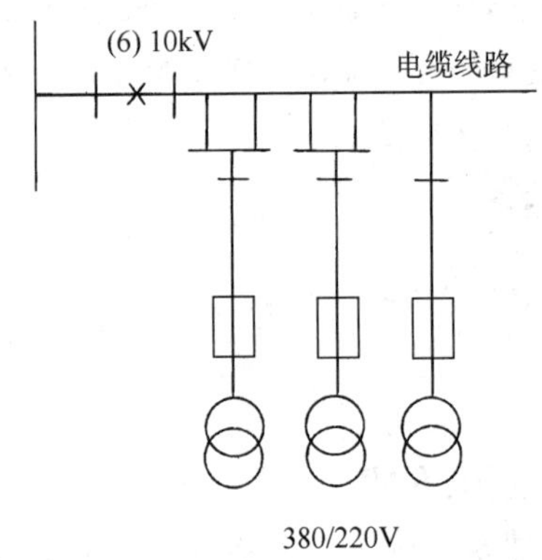


图 8-3 单回路树干式

一备开环运行，供电可靠性较高，电力线路检修时可切换电源，故障时可切换故障点，但保护装置和整定配合都比较复杂。

### （二）低压配电方式

#### 1. 低压放射式

见图 8-6。配电线路故障互不影响，供电可靠性高，配电设备集中，检修比较方便。系统灵活性较差，消耗有色金属较多。一般用于容量大、负荷集中或重要的用电设备；需要集中连锁启动、停车的设备；有腐蚀性介质和爆炸危险等场所不宜将配电及保护启动设备放在现场者。

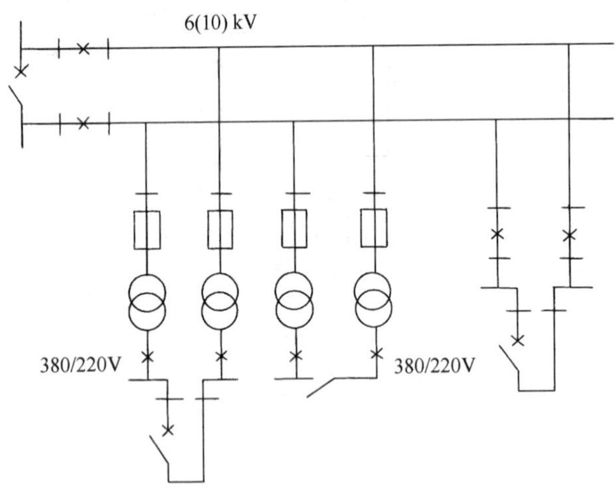


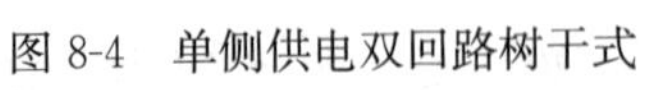

图 8-4 单侧供电双回路树干式

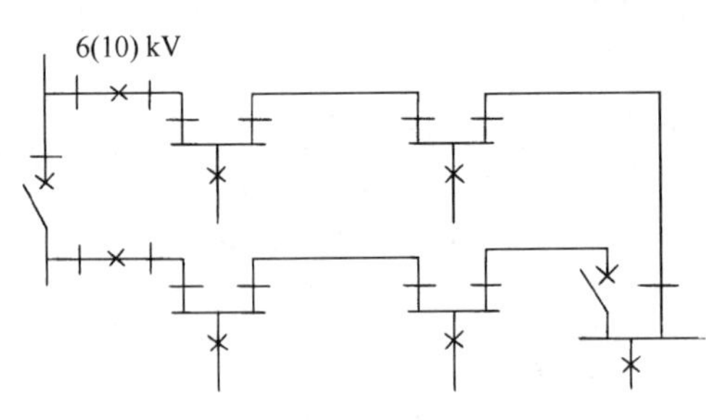


图 8-5 单侧供电环式（开环）

#### 2. 低压树干式

见图 8-7。系统灵活性好，消耗有色金属较少，干线故障时影响范围大，一般用于用电设备布置比较均匀，容量不大，又无特殊要求的场所。

#### 3. 低压链式

见图 8-8。用于远离配电屏而彼此相距又较近的不重要的小容量用电设备。链接的设备一般不超过 5 台，总容量不超过 10kW。

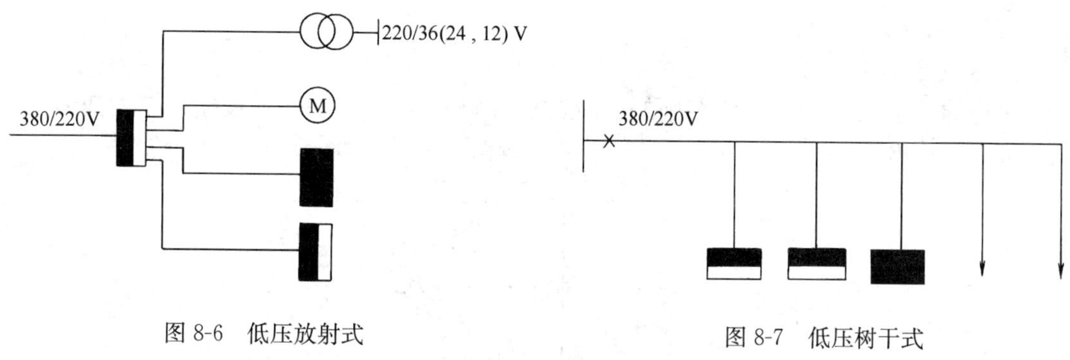


图 8-6　低压放射式

图 8-7　低压树干式

**4. 低压环式**

见图 8-9。两回电源同时工作开环运行，供电可靠性较高，运行灵活，故障时可切除故障点。

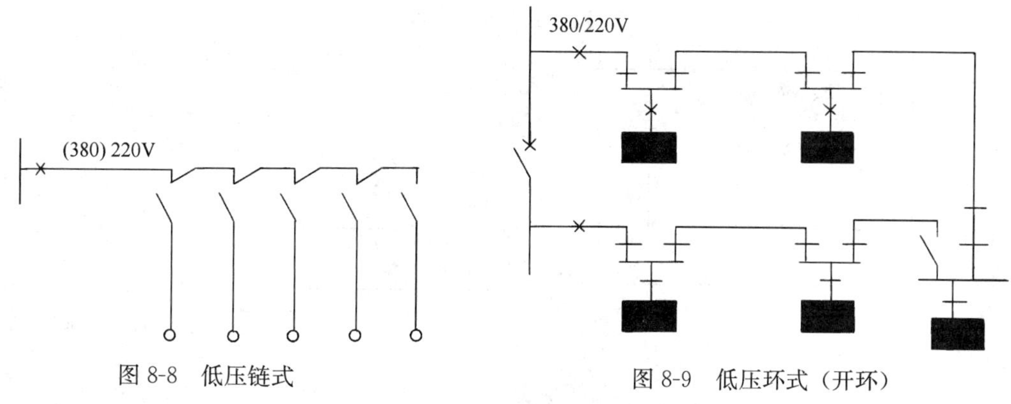


图 8-8　低压链式

图 8-9　低压环式（开环）

**5. 其他**

在多层建筑物内，由总配电箱至楼层配电箱宜采用树干式配电或分区树干式配电。对于容量较大的集中负荷或重要用电设备，应从配电室以放射式配电；楼层配电箱至用户配电箱应采用放射式配电。在高层建筑物内，向楼层各配电点供电时，宜采用分区树干式配电；由楼层配电间或竖井内配电箱至用户配电箱的配电，应采取放射式配电；对部分容量较大的集中负荷或重要用电设备，应从变电所低压配电室以放射式配电。

## 二、配电系统

### （一）高压配电系统

高压配电系统宜采用放射式，根据具体情况也可采用环式、树干式或双树干式。

（1）一般按占地 $2km^2$ 或按总建筑面积 $4\times10^5m^2$ 设置一个 10kV 配电所。当变电所在 6 个以上时，也可设置一个 10kV 配电所。变电所的设置要考虑 220/380V 低压供电半径不超过 250m。

（2）大型民用建筑宜分散设置配电变压器，即分散设置变电所：

1）单体建筑面积大或场地大，用电负荷分散；

2）超高层建筑；

3）大型建筑群。

## （二）低压配电系统

### 1. 带电导体系统的型式

带电导体系统的型式，宜采用单相二线制、两相三线制、三相三线制、三相四线制，见图 8-10～图 8-12。

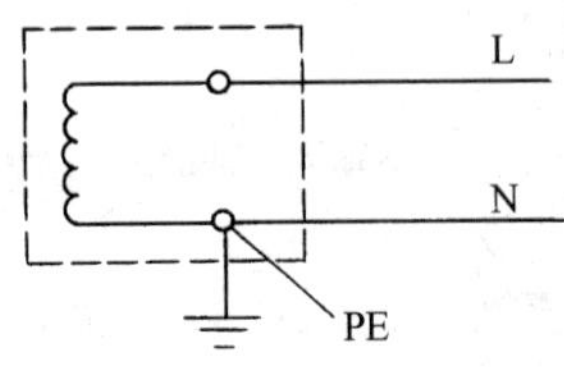


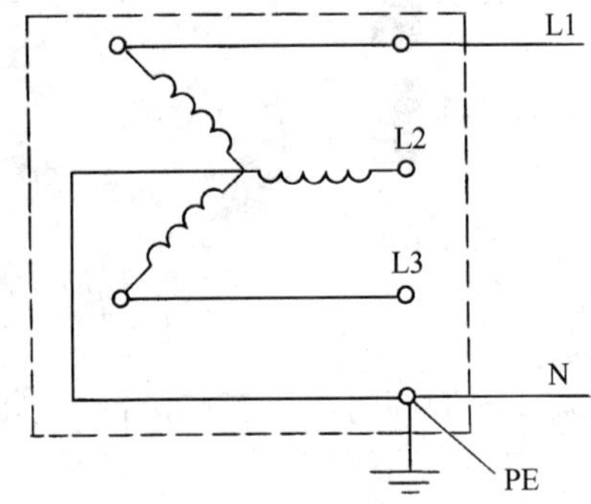


图 8-10 单相二线制

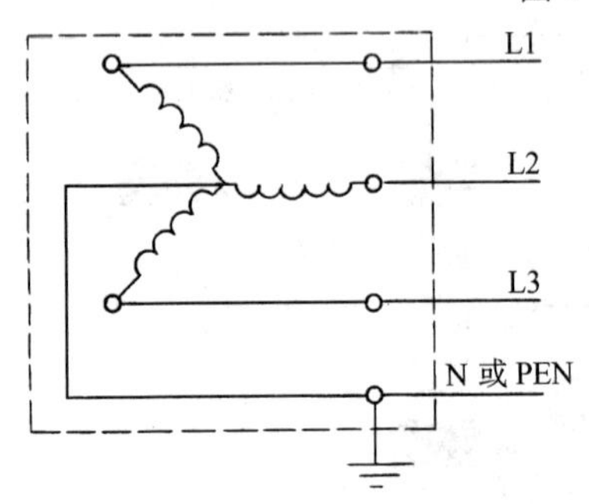


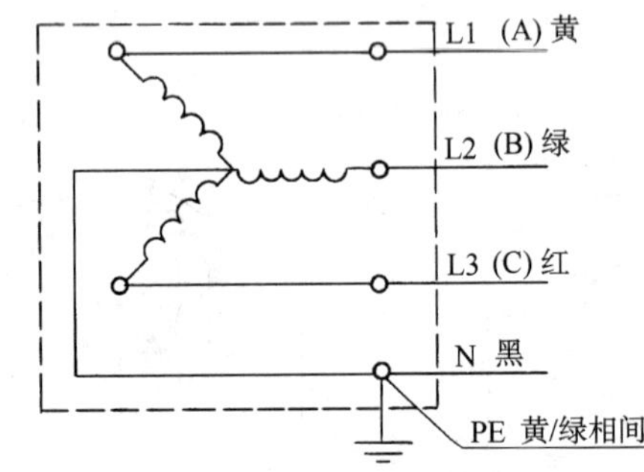


注：左图中去掉 N 线，即为三相三线制。

图 8-11 三相四线制

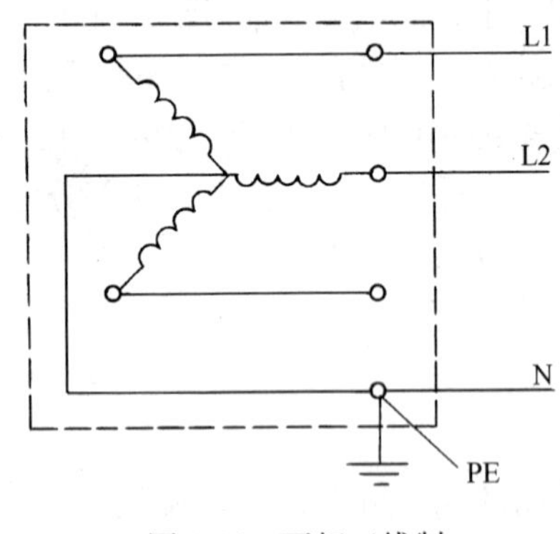


图 8-12 两相三线制

由地区公共低压电网供电的 220V 负荷，线路电流不超过 60A 时，可用 220V 单相供电，否则应以 220/380V 三相四线制供电。

### 2. 住宅的低压配电系统

住宅建筑每户用电负荷指标见表 8-3。

（1）多层公共建筑及住宅

1）照明、电力、消防及其他防灾用电负荷，应分别自成配电系统；

2）电源可采用电缆埋地或架空进线，进线处应设置电源箱，箱内应设置总开关电器；

3）当用电负荷容量较大或用电负荷较重要时，应设置低压配电室，对容量较大和较重要的用电负荷宜从低压配电室以放射式配电；

4）由低压配电室至各层配电箱或分配电箱，宜采用树干式或放射与树干相结合的混合式配电；

5）多层住宅的垂直配电干线，宜采用三相配电系统。

（2）高层公共建筑及住宅

每套住宅用电负荷和电能表的选择　　表 8-3

| 套　型 | 建筑面积 $S$（m²） | 用电负荷（kW） | 电能表（单相）（A） |
|---|---|---|---|
| A | $S \leqslant 60$ | 3 | 5（20） |
| B | $60 < S \leqslant 90$ | 4 | 10（40） |
| C | $90 < S \leqslant 150$ | 6 | 10（40） |

1）高层公共建筑的低压配电系统，应将照明、电力、消防及其他防灾用电负荷分别自成系统。

2）对于容量较大的用电负荷或重要用电负荷，宜从配电室以放射式配电。

3）高层公共建筑的垂直供电干线，可根据负荷重要程度、负荷大小及分布情况，采用封闭式母线槽供电的树干式配电、电缆干线供电的放射式或树干式配电、分区树干式配电等方式供电。

4）高层住宅的垂直配电干线，应采用三相配电系统。

**3. 低压配电系统的接地型式**

低压配电系统的接地型式，有三种类型：

（1）TN 系统

1）TN-S 系统（图 8-13）

2）TN-C 系统（图 8-14）

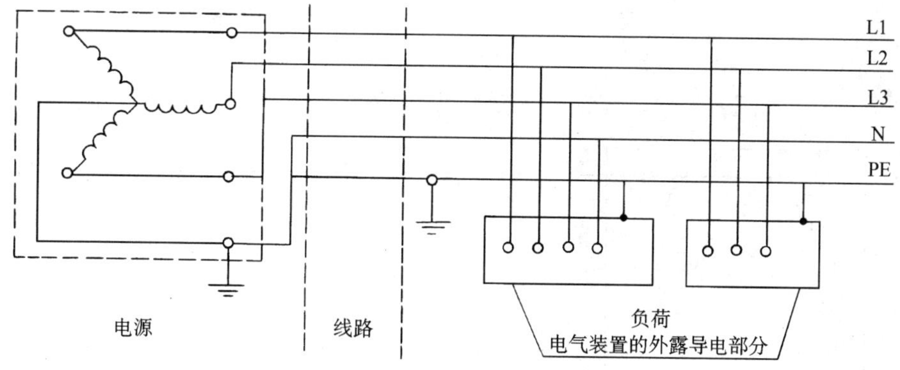


图 8-13　TN-S 系统　整个系统的中性线 N 和保护线 PE 是分开的

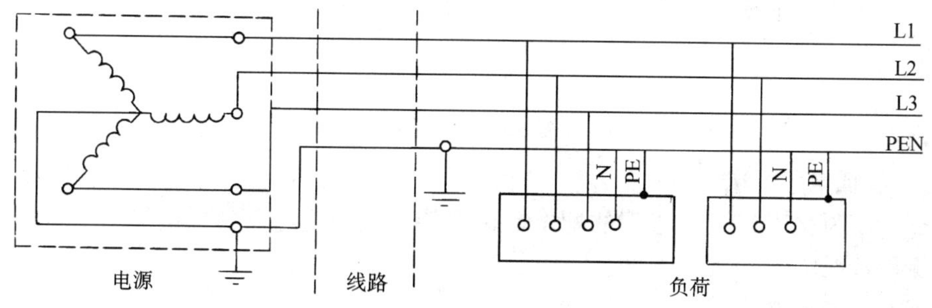


图 8-14　TN-C 系统　N 线和 PE 线是合在一起的

3）TN-C-S 系统（图 8-15）

（2）TT 系统（图 8-16）

（3）IT 系统（图 8-17）

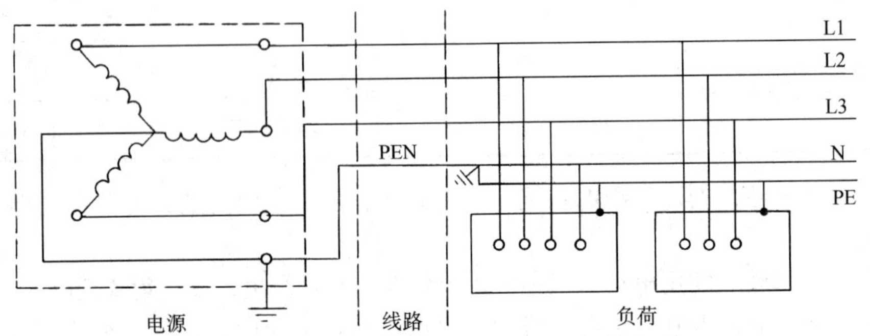


图 8-15　TN-C-S 系统　系统中有一部分 N 线和 PE 线是合一的

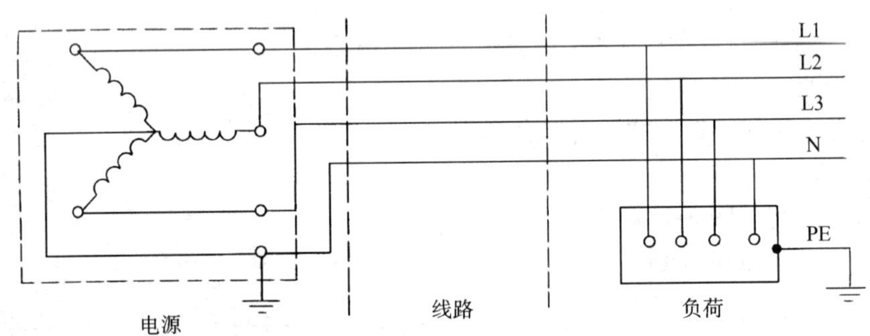


图 8-16　TT 系统

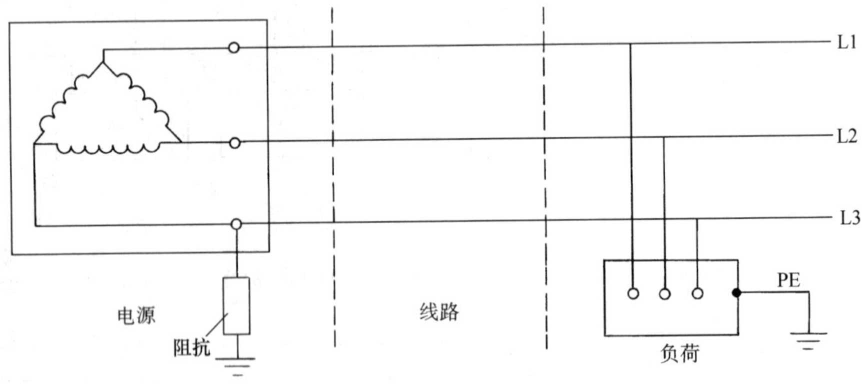


图 8-17　IT 系统

## （三）特低电压配电

额定电压为交流 50V 及以下的配电，称为特低电压配电。特低电压可分为安全特低电压及保护特低电压。

**1. 特低电压电源**

（1）安全隔离变压器；

（2）安全等级相当于安全隔离变压器的电源；

(3) 电化电源或与电压较高回路无关的其他电源；

(4) 符合相应标准的某些电子设备。

**2. 特低电压配电**

(1) 特低电压配电回路的带电部分与其他回路之间应具有基本绝缘；

(2) 安全特低电压回路的带电部分应与地之间具有基本绝缘；

(3) 保护特低电压回路和设备外露可导电部分应接地。

**3. 系统的插头及插座敷设要求**

(1) 插头必须不可能插入其他电压系统的插座内；

(2) 插座必须不可能被其他电压系统的插头插入；

(3) 安全特低电压系统的插头和插座不得设置保护导体触头。

**4. 特低电压宜应用场所及范围**

(1) 潮湿场所（如喷水池、游泳池）内的照明设备；

(2) 狭窄的可导电场所；

(3) 正常环境条件使用的移动式手持局部照明；

(4) 电缆隧道内照明。

## 三、配电线路

3～10kV 的配电线路为高压配电线路（简称高压线路），1kV 及以下的配电线路称为低压配电线路（简称低压线路）。

### （一）室外线路

**1. 架空线路**

高压线路的导线，应采用三角排列或水平排列，低压线路的导线，宜采用水平排列。高、低压线路宜沿道路平行架设，电杆距路边可为 0.5～1m。接户线在受电端的对地距离，高压接户线不应小于 4m，低压接户线不应小于 2.5m。线路跨越建筑物时，导线与建筑物的垂直距离，在最大计算弧垂的情况下，高压线路不应小于 3m，低压线路不应小于 2.5m，线路接近建筑物时，线路的边导线在最大计算风偏情况下，与建筑物的水平距离，高压不应小于 1.50m，低压不应小于 1m，导线与地面的距离，最大弧垂情况下，不应小于表 8-4。

**表 8-4**

| 线路通过地区 | 线路电压 | |
|---|---|---|
| | 3～10kV | 3kV 以下 |
| 居民区 | 6.50m | 6.0m |
| 非居民区 | 5.50m | 5.0m |
| 交通困难地区 | 4.5m | 4.0m |

**2. 电缆线路**

(1) 埋地敷设。沿同一路径敷设，6 根及以下且现场有条件时，应埋设于冻土层以下，北京地区为 0.7m，其他非寒冷地区，敷设的深度不应小于 0.7m。

(2) 电缆排管敷设。沿同一路径敷设，7～12 根时，宜采用电缆排管敷设。

(3) 电缆沟敷设。沿同一路径敷设 13～18 根时，宜采用电缆沟敷设。

(4) 电缆隧道敷设。沿同一路径敷设，多于 18 根时，宜采用电缆隧道敷设。

(5) 电缆沟在进入建筑物处应设防火墙。电缆隧道进入建筑物及配变电所处，应设带门的防火墙，此门应为甲级防火门并应装锁；电缆沟和电缆隧道底部应做不小于 0.5%的坡度坡向集水坑（井）；电缆隧道的净高不宜低于 1.9m，局部或与管道交叉处净高不宜小于 1.4m；隧道内应有通风设施，宜采取自然通风；电缆隧道应每隔不大于 75m 的距离设安全孔（人孔），安全孔距隧道的首、末端不宜超过 5m，安全孔的直径不得小于 0.7m；电缆隧道内应设照明，其电压不宜超过 36V，当照明电压超过 36V 时，应采取安全措施；与电缆隧道无关的其他管线不宜穿过电缆隧道。

### (二) 室内线路

敷设方式可分为明敷设——导线直接或在管子、线槽等保护体内，敷设于墙壁、顶棚的表面及桁架、支架等处。暗敷设——导线在管子、线槽等保护体内，敷设于墙壁、顶棚、地坪及楼板等内部，或者在混凝土板孔内敷线。

布线用的塑料管，塑料线槽及附件，应采用氧气指数 27 以上的难燃型产品。

布线用各种电缆、电缆桥架、金属线槽及封闭式母线在穿越防火分区楼板、隔墙时，其空隙应采用相当于建筑构件耐火极限的不燃烧材料填塞密实。

#### 1. 直敷布线

直敷布线可用于正常环境室内场所和挑檐下的室外场所。直敷布线应采用护套绝缘电线，其截面不宜大于 $6mm^2$。

建筑物顶棚内、墙体及顶棚的抹灰层、保温层及装饰面板内，不得采用直敷布线。

直敷布线在室内敷设时，电线水平敷设至地面的距离不应小于 2.5m，垂直敷设至地面低于 1.8m 部分应穿导管保护。

#### 2. 金属导管布线

金属导管布线宜用于室内外场所，不宜用于对金属导管有严重腐蚀的场所。

穿导管的绝缘电线，其总截面积不应超过导管内截面积的 40%。

穿金属导管的交流线路，应将同一回路的所有相导体和中性导体穿于同一根导管内。不同回路的线路能否共管敷设，应根据发生故障的危害性和相互之间在运行和维修时的影响决定。

#### 3. 金属槽盒布线

金属槽盒布线宜用于正常环境的室内场所明敷，封闭式金属槽盒，可在建筑顶棚内敷设。有严重腐蚀的场所不宜采用金属槽盒。

同一配电回路的所有相导体和中性导体，应敷设在同一金属槽盒内。

同一路径的不同回路可共槽敷设。槽盒内电线或电缆的总截面不应超过其截面的 40%，载流导体不宜超过 30 根。槽盒内非载流导体总截面不应超过线槽内截面的 50%，由线或电缆根数不限。

#### 4. 刚性塑料导管（槽）布线

用于室内场所和有酸碱腐蚀性介质的场所，在高温和易受机械损伤的场所不宜采用明敷设。塑料导管按其抗压、抗冲击及弯曲等性能分为重型、中型及轻型三种类型。

暗敷于墙内或混凝土内的刚性塑料导管，应选用中型及以上管材。

布线时，绝缘电线总截面积不应超过导管内截面积的 40%。同一路径的无电磁兼容要求的配电线路，可敷设于同一线槽内。线槽内电线或电缆的总截面积及根数同金属线槽布线的规定。不同回路的线路能否共管敷设，应根据发生故障的危害性和相互之间在运行和维修时的影响决定。

**5. 室内电缆敷设**

室内电缆敷设应包括电缆在室内沿墙及建筑构件明敷设、电缆穿金属导管埋地暗敷设。

无铠装的电缆在室内明敷时，水平敷设至地面的距离不宜小于 2.5m；垂直敷设至地面的距离不宜小于 1.8m。除明敷在电气专用房间外，当不能满足上述要求时，应有防止机械损伤的措施。

室内埋地暗敷，或通过墙、楼板穿管时，其穿管的内径不应小于电缆外径的 1.5 倍。

**6. 电缆桥架布线**

此种方法用于电缆数量较多，或较集中的场所。桥架水平敷设时，距地高度一般不宜低于 2.50m，垂直敷设时，距地 1.80m 以下应加金属盖板保护。架桥穿过防火墙及防火楼板时，应采取防火隔离措施。

**7. 封闭式母线布线**

电流在 400～2000A，采用封闭式母线布线。水平敷设时，至地面的距离不应低于 2.20m，垂直敷设时，距地面 1.80m，以下部分采取防止机械损伤的措施。封闭母线穿过防火墙及防火楼板时，应采取防火隔离措施。

**8. 竖井布线**

竖井布线一般适用于多层和高层建筑内强电及弱电垂直干线的敷设。

竖井的位置和数量应根据建筑物规模、用电负荷性质、供电半径、建筑物的沉降缝设置和防火分区等因素确定，选择竖井位置时，应考虑下列因素：

（1）靠近用电负荷中心；

（2）不得和电梯井、管道井共用同一竖井；

（3）避免临近烟道，热力管道及其他散热量大或潮湿的设施；

（4）在条件允许时宜避免与电梯井及楼梯间相邻；

（5）竖井的井壁应是耐火极限不低于 1h 的非燃烧体，竖井在每层楼应设维护检修门并应开向公共走廊，其耐火等级不应低于丙级，楼层间应做防火密封隔离，电缆和绝缘线在楼层间穿钢管时，两端管口空隙应做密封隔离；

（6）竖井大小除满足布线间隔及端子箱、配电箱布置所必需的尺寸外，并宜在箱体前留有不小于 0.80m 的操作、维护距离；

（7）竖井内高压、低压和应急电源的电气线路，相互之间应保持 0.3m 及以上的距离或采用隔离措施；

（8）向电梯供电的电源线路，不应敷设在电梯井道内。除电梯的专用线路外，其他线路不得沿电梯井道敷设。

**9. 地面内暗装金属槽盒布线**

此方式适用于正常环境下大空间，且隔断变化多，用电设备移动性大或敷有多种功能、线路的场所，暗敷于现浇混凝土地面、楼板或楼板垫层内。

**10. 消防布线（见本章第六节第十条）**

**例 8-3** 高层建筑中向屋顶通风机供电的线路，其敷设路径应选择：

A 沿电气竖井　　B 沿电梯井道

C 沿给排水井道　　D 沿排烟管道

**解析：** 见《民用建筑电气设计规范》JGJ 16—2008 第 8.12.2 条：电气竖井内布线不应和电梯井、管道井共用同一竖井。

**答案：** A

## 第四节　电　气　照　明

电气照明就是将电能转换为光能，用电气照明可创造一个良好的光环境，以满足建筑物的功能要求。

### 一、照明的基本概念

**1. 光**

光是一种电磁辐射能，它在空间以电磁波的形式传播。光波的频谱很宽，波长为 380～780nm（$1nm=10^{-9}m$）为可见光，作用于人的眼睛时能产生视觉。不同波长的光呈现不同的颜色，780～380nm 依次变化时会出现红、橙、黄、绿、青、蓝、紫七种不同的颜色。七种光混合在一起即为白色光。小于 380nm 的叫紫外线，大于 780nm 的叫红外线。

**2. 光通量**

光源在单位时间内向四周空间发射的、使人产生光感觉的能量，称为光通量，单位是流明（lm）。

**3. 发光强度**

光通量的空间密度，即单位立体角内的光通量，叫作发光强度，称为光强，单位是坎德拉（cd），1cd＝1lm/sr。

**4. 亮度**

发光（或反光）的物体单位面积上向视线方向发出的光通量，称为该物体的亮度，单位是坎德拉每平方米（$cd/m^2$）。

**5. 照度**

单位受光面积内的光通量，单位是勒克斯（lx），$1\ lx=1\ lm/m^2$。

**6. 色温**

光源发射的光的颜色与黑体在某一温度下的光色相同时，黑体的温度称为该光源的色温。符号以 $T_c$ 表示，单位为开（K）。光线的运用无不与色温有关，色温低，红色成分多，色温高，蓝色成分多。当我们用色温来表明光源色时，它只是一种标志、符号，与实际温度无关。

**7. 相关色温**

黑体辐射的色度与所研究的光源色度最接近时，黑体的温度定义为该光源的相关色温。符号以 $T_{cp}$表示，单位为开（K）。

**8. 眩光**

若视野内有亮度极高的物体或强烈的亮度对比，则可引起不舒适或造成视觉降低的现象，称为眩光。

**9. 显色指数**

在规定条件下，由光源照明的物体色与由标准光源照明时相比较，表示物体色在视觉上的变化程度的参数。

**10. 明暗适应**

当光的亮度不同时，对人的视觉器官感受性也不同，亮度有较大变化时，感受性也随着变化，这种感受性对光刺激的变化的顺应性称为适应。眼睛从暗到亮时亮度适应快，称为明适应。而从亮到暗时亮度适应慢，称为暗适应。

## 二、照度标准分级

0.5lx、1lx、2lx、3lx、5lx、10lx、15lx、20lx、30lx、50lx、75lx、100lx、150lx、200lx、300lx、500lx、750lx、1000lx、1500lx、2000lx、3000lx、5000lx，此标准值是指工作或生活场所，所参考平面上的维持平均照度值。当没有其他规定时，一般把室内照明的工作面假设为离地面 0.75m 高的水平面。

## 三、照明质量

良好的照明质量能最大限度地保护视力，提高工作效率，保证工作质量，为此必须处理好影响照明的几个因素。

### （一）照明均匀度

它是规定工作面（参考面）上的最低照度与平均照度之比值，符号是 $U_0$。

（1）办公室、阅览室等工作房间，其值不应小于 0.6。

（2）作业面邻近周围照度可低于作业面照度，但不低于表 8-5 的数值。

（3）作业面背景区域一般照明的照度不宜低于作业面邻近周围照度的 1/3。

作业面区域、作业面邻近周围区域、作业面背景区域关系见图 8-18。

作业面邻近周围照度　　表 8-5

| 工作面照度（lx） | 作业面邻近周围照度（lx） |
|---|---|
| ≥750 | 500 |
| 500 | 300 |
| 300 | 200 |
| ≤200 | 与作业面照度相同 |

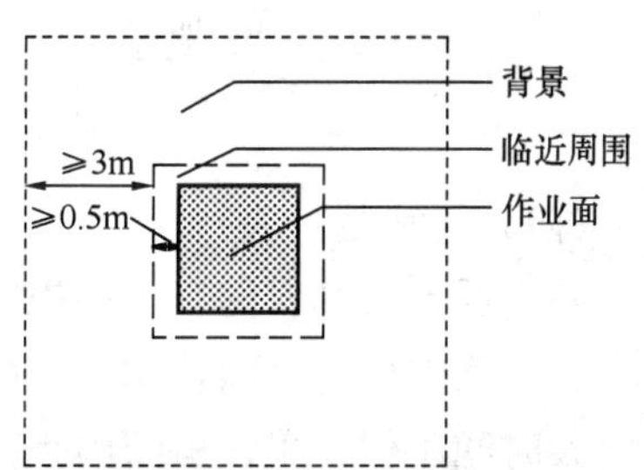

图 8-18　作业面区域、邻近周围区域和背景之间的关系

### （二）眩光限制

统一眩光值（UGR）是评价室内照明不舒适眩光的量化指标，它是度量处于视觉环境中的照明装置发出的光对人眼引起不舒适感主观反应的心理参量，UGR 值可分为 28、25、22、19、16、

13、10 七档值。28 为刚刚不可忍受，25 为不舒适，22 为刚刚不舒适，19 为舒适与不舒适的界限，16 为刚刚可接受，13 为刚刚感觉到，10 为无眩光感觉。在《建筑照明设计标准》GB 50034 中多数采用 25、22、19 的 UGR 值。

眩光分为直接眩光和反射眩光。长期工作或停留的房间或场所，为限制视野内过高亮度或亮度对比引起的直接眩光，选用的直接型灯具的遮光角（图 8-19）不应小于表 8-6 的数值。

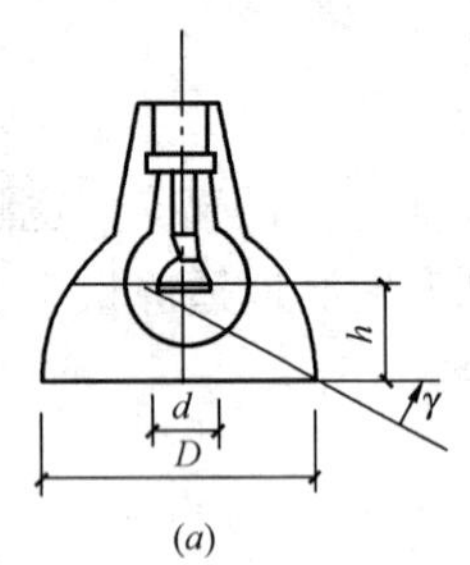

(a)

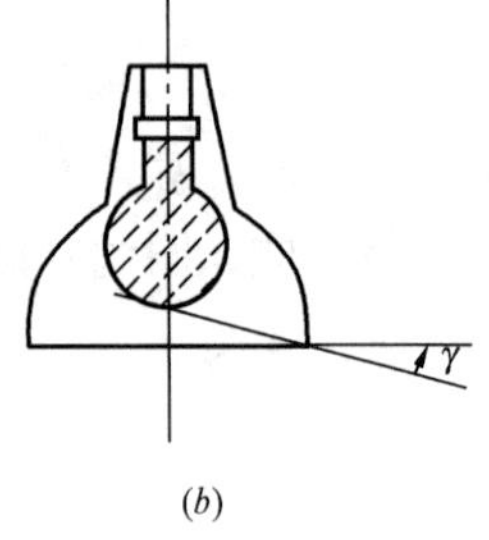

(b)

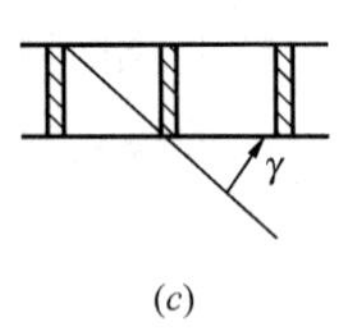

(c)

图 8-19　遮光角示意

(a) 透明玻璃壳灯泡；(b) 磨砂或乳白玻璃壳灯泡；(c) 格栅灯

**直接型灯具的遮光角　表 8-6**

| 光源平均亮度 (kcd/m²) | 遮光角 (°) |
|---|---|
| 1～20 | 10 |
| 20～50 | 15 |
| 50～500 | 20 |
| ≥500 | 30 |

### (三) 光源颜色

光源的色表根据其相关色温分为三类，见表 8-7；光源的显色指数见表 8-8。

**光源色表特征及适用场所　表 8-7**

| 相关色温(K) | 色表特征 | 适用场所 |
|---|---|---|
| <3300 | 暖 | 客房、卧室、病房、酒吧…… |
| 3300～5300 | 中间 | 办公室、教室、阅览室、商场、诊室、检验实、实验室、控制室、机加工车间、仪表装配…… |
| >5300 | 冷 | 热加工车间、高照度场所 |

**光源的显色指数　表 8-8**

| 显色指数分组 | 一般显色指数 ($R_a$) | 类属光源示例 | 适用场所 |
|---|---|---|---|
| Ⅰ | $R_a \geqslant 80$ | 白炽灯、卤钨灯、三基色荧光灯 | 手术室、营业厅、多功能厅、科室、展厅、酒吧、办公室、教室、阅览室 |
| Ⅱ | $60 \leqslant R_a < 80$ | 荧光灯、金属卤化物灯 | 自选商场、厨房 |
| Ⅲ | $40 \leqslant R_a < 60$ | 荧光高压汞灯 | 库房、室外门廊 |
| Ⅳ | $R_a < 40$ | 高压钠灯 | 室外道路照明 |

### (四) 反射比

限制反射比其目的在于使视野内的亮度分布控制在眼睛能适应的水平。

长时间工作的房间，作业面的反射比宜限制在 0.2～0.6。

长时间工作，工作房间内表面反射比宜按表 8-9 选取。

**工作房间内表面反射比　表 8-9**

| 表面名称 | 反射比 |
|---|---|
| 顶棚 | 0.6～0.9 |
| 墙面 | 0.3～0.8 |
| 地面 | 0.1～0.5 |

## 四、照明方式与种类

### （一）照明方式

室内照明方式可分为一般照明、分区一般照明、混合照明和重点照明。

（1）不固定或不适合装局部照明的场所，应设置一般照明；

（2）同一场所内的不同区域有不同照度要求时，宜设置分区一般照明；

（3）一般照明或分区一般照明不能满足照度要求的场所，应增设局部照明；

（4）所有的工作房间不应只设局部照明；

（5）在一些场所，为凸显某些特定的目标，应设置重点照明。

### （二）照明种类

照明种类可分为正常照明、应急照明、值班照明、警卫照明、景观照明和障碍照明。

应急照明包括备用照明（供继续和暂时继续工作的照明）、疏散照明和安全照明。

### （三）应急照明的照度和设置

（1）疏散走道的地面最低水平照度不应低于1lx，人员密集场所、避难层（间）的地面最低水平照度不应低于3lx，楼梯间、前室或合用前室、避难走道的地面最低水平照度不应低于5lx，需要救援人员协助疏散的场所，地面最低水平照度不应低于5lx。疏散照明灯具宜设在疏散出口的顶部或疏散走道上部或顶棚，走道上的疏散指示标志灯应设置在距地1m以下的墙面或地面上，其间距不宜大于20m，袋形走道不应大于10m，走道转角区不应大于1m。

（2）工作场所内安全照明的照度不宜低于该场所一般照明照度的10%，且不应低于15lx。

（3）备用照明的照度不应低于一般照明照度的10%，当仅作为事故情况下短时使用可为5%。消防控制室、消防水泵房、自备发电机房、配电室、防烟与排烟机房以及发生火灾时仍需正常工作的其他房间的消防应急照明，仍应保持正常照明的照度。

（4）影院、剧场、体育馆、多功能礼堂等场所的安全出口和疏散口，应装设指示灯。

（5）高层建筑内的乘客电梯，轿厢内应有应急照明，连续供电时间不少于20min。轿厢内的工作照明灯数不应少于两个，轿厢底面的照度不应小于5lx。

（6）建筑内消防应急照明和灯光疏散指示标志的备用电源的连续供电时间：建筑高度大于100m的民用建筑，不应小于1.5h；医疗建筑、老年人建筑、总建筑面积大于100000$m^2$的公共建筑和总建筑面积大于20000$m^2$的地下、半地下建筑，不应少于1.0h；其他建筑，不应少于0.5h。

### （四）值班照明

可利用正常照明中能单独控制的一部分或备用照明的一部分或全部。

### （五）警卫照明

有警戒任务的场所，应根据警戒范围的需要装设警卫照明。

### （六）障碍照明

航空障碍标志灯的装设应符合下列要求：

（1）水平、垂直距离不宜大于45m；

（2）应装设在建筑物或构筑物的最高部位。当制高点平面面积较大或为建筑群时，除在最高端装设障碍标志灯外，还应在其外侧转角的顶端分别设置；

(3) 在烟囱顶上设置障碍标志灯时宜将其安装在低于烟囱口 1.5～3m 的部位并成三角水平排列。

**(七) 景观照明**

灯光的设置应能表现建筑物或构筑物的特征，并能显示出建筑的立体感。景观照明通常采用泛光灯。一般可采用在建筑物自身或在相邻建筑物上设置灯具的布灯方式；或是将两种方式相结合。也可以将灯具设置在地面绿化带中。整个建筑物或构筑物受光面的上半部的平均亮度宜为下半部的 2～4 倍。

**(八) 路灯照明**

室外照明主要是路灯照明，光源宜采用高压汞灯、高压钠灯、节能灯等。路灯伸出路牙宜为 0.6～1.0m，路灯的水平线上的仰角宜为 5°，路面亮度不宜低于 $1cd/m^2$。路灯安装高度不宜低于 4.5m，路灯杆间距为 25～30m，进入弯道处的灯杆间距应适当减小。路灯的照度均匀度（最小照度与最大照度之比）宜为 1∶10～1∶15 之间。住宅区道路的平均照度为 1～2lx。

庭园灯的高度可按 0.6$B$（单侧布灯时）～12$B$（双侧对称布灯时）选取，但不宜高于 3.5m，庭园灯杆间距为 15～25m。

注：$B$—道路宽度。

## 五、光源及灯具

### (一) 光源

照明常用的光源基本上有两大类，一类是热辐射光源，如白炽灯、卤钨灯；另一类是气体放电光源，如荧光灯、高压汞灯、钠灯、金属卤化物灯等。近年来半导体照明技术快速发展，然而产品尚未成熟，目前发光二极管灯还不是室内照明应用中的主流照明产品。

光源的确定，应根据使用场所的不同，合理地选择光源的光效、显色性、寿命、启燃时间和再启燃时间等光电特性指标，以及环境条件对光源光电参数的影响。

**1. 白炽灯**

白炽灯能迅速点燃，不需要启动时间，能频繁开关，显色指数高，$95<R_a<100$，有良好的调光性能，防止电磁波干扰，光效低（40W 的灯泡 8.81m/W），寿命短（平均 1000h）。主要用于对电磁干扰有严格要求且其他光源无法满足的特殊场所。

**2. 荧光灯**

广泛使用于工业和民用建筑照明设计中。

(1) 普通荧光灯。光效比白炽灯高（40W 的灯管 50lm/W），显色性较好，$60<R_a<72$，寿命长（平均 5000h）。RR 型为日光色（色温为 6500K），RL 型为冷白色（色温 4000K），RN 型为暖白色（色温 3000K）。

(2) 三基色荧光灯。光效高（100lm/W），显色性好，$R_a>80$，色温高（3200～5000K），寿命长（12000～15000h）。通常情况下，灯具安装高度低于 8m 的房间，宜采用细管直管形三基色荧光灯。

**3. 金属卤化物灯**

如日光色镝灯，光效高（72lm/W），显色性好，$65<R_a<90$，色温高（5000～7000K），寿命长（5000～10000h）。用于体育场（馆）、广场、街道、大型建筑物、展览

馆等。

**4. 钠灯**

光效高（100～140lm/W），寿命长（12000～24000h），光色柔和，体积小，透雾性强，辨色能力差，$R_a$=23/60/85，色温低（2100K）。广泛使用于公路、街道、车站、住宅区、商业中心、货场、矿区等辨色要求不高的高大空间。

**（二）灯具**

不包括光源在内的配照器及附件。灯具的作用有以下几点：

（1）对光源发出的光通量进行再分配；

（2）保护和固定光源；

（3）装饰美化环境。

灯具可分为吸顶式灯、嵌入式灯、悬挂式灯、花灯、壁灯、防潮灯、防爆灯、水下灯等。

**（三）灯具的选择**

优先选用直射光通比例高、控光性能合理的高效灯具。

（1）室内用直管型荧光灯灯具，开敞式不低于75%，有透明保护罩不低于70%，装有遮光格栅时不低于65%。室外灯具不应低于40%，但室外投光灯灯具的效率不宜低于55%。

（2）根据使用场所不同，采用控光合理的灯具，如多平面反光镜定向射灯、蝙蝠翼式配光灯具、块板式高效灯具等。

（3）选用控光器变质速度慢、配光特性稳定、反射和透射系数高的灯具。

（4）灯具的结构和材质应易于维护清洁和更换光源。

（5）利用功率消耗低、性能稳定的灯具附件。

**（四）照明节能**

照明节能应该是在满足规定的照度和照明质量要求的前提下进行考核，采用一般照明的照明功率密度值（LPD）作为建筑节能评价指标，单位为W/m$^2$。在《建筑照明设计标准》GB 50034中规定了不同建筑中的不同房间或场所的照明功率密度限值。

**1. 一般规定**

（1）应在满足规定的照度水平和照明质量要求的前提下，进行照明节能评价。

（2）照明节能应采用一般照明的照明功率密度值（LPD）作为评价指标。

（3）照明设计的房间或场所的照明功率密度应满足《建筑照明设计标准》GB 50034第6.3节规定的现行值的要求。

**2. 照明节能措施**

（1）选用的照明光源、镇流器的能效应符合相关能效标准的节能评价值。

（2）照明场所应以用户为单位计量和考核照明用电量。

（3）一般场所不应选用卤钨灯，对商场、博物馆显色要求高的重点照明可采用卤钨灯。

（4）一般照明不应采用荧光高压汞灯。

（5）一般照明在满足照度均匀度条件下，宜选择单灯功率较大、光效较高的光源。

（6）当公共建筑或工业建筑选用单灯功率小于或等于25W的气体放电灯时，除自镇流荧光灯外，其镇流器宜选用谐波含量低的产品。

（7）下列场所宜选用配用感应式自动控制的发光二极管灯：

1）旅馆、居住建筑及其他公共建筑的走廊、楼梯间、厕所等场所；

2）地下车库的行车道、停车位；

3）无人长时间逗留，只进行检查、巡视和短时操作等工作的场所。

### 六、照度计算

照度计算的方法，通常有利用系数法、单位容量法和逐点法三种。在具体设计中，一般采用单位容量法或逐点法进行计算。单位容量计算法适用于均匀的一般照明计算；一般民用建筑和生活福利设施及环境反射条件较好的小型生产房间，可利用此法计算，生产厂房可利用此法估算。

**例 8-4** 特级综合体育场的比赛照明，应选择的光源是：

A LED灯　　B 荧光灯

C 金属卤化物灯　　D 白炽灯

**解析：**金属卤化物灯的光电参数适合体育馆高大空间使用且节能。

**答案：**C

## 第五节　电气安全和建筑物防雷

### 一、安全用电

低压配电系统遍及生活、生产的各个领域，人们随时都要与其接触。当由于某种原因其外露导电部分带电时，人们若与其接触，就有可能遭受电击，也就是常说的触电，危及人们的生命安全。为了保证电气设备上的安全，低压配电系统必须采取相应的防触电保护措施。

#### （一）人体触电造成的伤害程度与下列因素相关

**1. 流经人体电流的大小**

流经人体的电流，当交流在 15～20mA 以下或直流 50mA 以下的数值，对人身是安全的，因为对大多数人来说，是可以不需要别人帮助而能自行摆脱带电体，但是，即使是这样大小的电流，如长时间的流经人体，依旧是会有生命危险的。试验证明：100mA（0.1A）左右的电流流经人体时，毫无疑问是要使人致命的。

**2. 人体电阻**

当人体皮肤处于干燥、洁净和无损伤的状态下，人体的电阻高达 4 万～10 万 Ω。若除去皮肤，人体电阻下降到 600～800Ω，可是，人体的皮肤电阻并不是固定不变的，当皮肤处于潮湿状态，如出汗、受到损伤或带有导电性的粉尘时，则人体电阻降到 1000Ω 左右。当触电时，若皮肤触及带电体的面积越大，接触的越紧密，也会使人体的电阻减小。

**3. 作用于人体电压的高低**

流经人体电流的大小，与作用于人体电压的高低并不是成直线关系，这是因为随着电压的增高，人体表皮角质层有电解和类似介质击穿的现象发生，使人体电阻急剧下降，而导致电流迅速增大。如人手是潮湿的，36V以上的电压就成为危险电压。

**4. 电流流经人体的持续时间**

即使是安全电流，若流经人体的时间过久，也会造成伤亡事故。因为随着电流在人体内持续时间的增长，人体发热出汗，人体电阻会逐渐减小，而电流随之逐渐增大。

**5. 电流流经人体的途径**

电流流经人体的途径，对于触电的伤害程度影响甚大，实验证明，电流从手到脚，从一只手到另一只手或流经心脏时，触电的伤害最为严重。

**6. 电源的频率**

频率50～60Hz的电流对人体触电伤害的程度最为严重。低于或高于这些频率时，它的伤害程度都会减轻。

**7. 身心健康状态**

患有心脏病、结核病、精神病、内分泌器官疾病或酒醉的人，触电引起的伤害更为严重。

**8. 电流通过人体的效应**

电流通过人体，会引起四肢有暖热感觉，肌肉收缩，脉搏和呼吸神经中枢急剧失调、血压升高、心室纤维性颤动、烧伤、眩晕等。

**（二）防触电保护**

低压配电系统的防触电保护可分为：

**1. 直接接触保护（正常工作时的电击保护）**

（1）将带电导体绝缘，以防止与带电部分有任何接触的可能。

（2）采用遮栏和外护物的保护。

（3）采用阻挡物进行保护，阻挡物必须防止如下两种情况之一的发生：

①身体无意识地接近带电部分；

②在正常工作中设备运行期间无意识地触及带电部分。

（4）使设备置于伸臂范围以外的保护。

（5）用漏电电流动作保护装置作后备保护。

**2. 间接接触保护（故障情况下的电击保护）**

（1）用自动切断电源的保护（包括漏电电流动作保护），并辅以总等电位联结。

（2）使工作人员不致同时触及两个不同电位点的保护（即非导电场所的保护）。

（3）使用双重绝缘或加强绝缘的保护。

（4）用不接地的辅助等电位联结的保护。

（5）采用电气隔离。

总等电位联结是在建筑物电源进线处，将保护干线、接地干线、总水管、采暖和空调管以及建筑物金属构件相互作电气联结。

辅助等电位联结是在某一范围内的等电位联结，包括固定式设备的所有可能同时触电的外露可导电部分和装置外可导电部分做等电位联结。

**3. 直接接触与间接接触兼顾的保护**

宜采用安全超低压和功能超低压的保护方法来实现。

**4. 特殊场所装置的安全保护**

主要指澡盆、淋浴室、游泳池及其周围，由于人体电阻降低和身体接触地电位而增加电击危险的安全保护。

**5. 下列设备的配电线路宜设置剩余电流动作保护**

(1) 手握式及移动式用电设备；

(2) 建筑施工工地的用电设备；

(3) 环境特别恶劣或潮湿场所（如锅炉房、食堂、地下室及浴室）的电气设备；

(4) 住宅建筑每户的进线开关或插座专用回路；

(5) 由 TT 系统供电的用电设备。

**6. 常见的几种插座接线（图 8-20）**

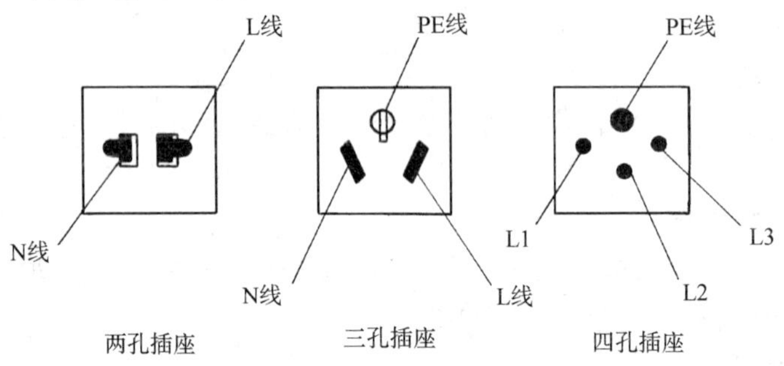


图 8-20 常见的插座接线

## 二、建筑物防雷

带负电荷的雷云在大地表面会感应出正电荷，这样雷云与大地间形成一个大的电容器，当电场强度超过大气被击穿的强度时，就发生了雷云与大地之间的放电，即常说的闪电，或者说是雷击。雷电流的幅值很大，有数千安到数百千安。而放电时间只有几十微秒。雷电流的大小与土壤电阻率、雷击点的散流电阻有关。

雷电的危害可分为三类，第一类是直击雷，即雷电直接击在建筑物，构成物和设备上发生的电效应、机械效应和热效应；第二类是闪电感应，即雷电流产生的电磁效应和静电效应；第三类是闪电电涌浸入，即雷电击中电气线路和管道，雷电流沿这些电气线路和管道引入建筑物内部。雷云的电位大约 1 万～10 万 kV。

建筑物易受雷击的部位，见表 8-10。

**建筑物易受雷击的部位** **表 8-10**

| 建筑物屋面的坡度 | 易受雷击部位 | 示意图 |
|---|---|---|
| 平屋面或坡度不大于 1/10 的屋面 | 檐角、女儿墙、屋檐 | 平屋顶<br>坡度不大于 1：10 |

续表

| 建筑物屋面的坡度 | 易受雷击部位 | 示意图 |
| --- | --- | --- |
| 坡度大于1/10，小于1/2的屋面 | 屋角、屋脊、檐角、屋檐 | 坡度大于1∶10，小于1∶2 |
| 坡度大于或等于1/2的屋面 | 屋角、屋脊、檐角 | 坡度大于1∶2 |

注：1. 屋面坡度用 $a/b$ 表示，$a$——屋脊高出屋檐的距离（m）；$b$——房屋的宽度（m）；

2. 示意图中：—×—×— 为易受雷击部位，○为雷击率最高部位。

### （一）建筑物的防雷分类

根据建筑物的重要性、使用性质、发生雷电事故的可能性及后果以及防雷要求分为三类。

**1. 第一类防雷建筑物**

在可能发生对地闪击的地区遇到下列情况之一时，应划为第一类防雷建筑物：

（1）凡制造、使用或贮存炸药、起爆药、火工品等大量爆炸物质的建筑物，因电火花而引起爆炸，会造成巨大破坏和人身伤亡者；

（2）具有 0 区或 20 区爆炸危险环境的建筑物；

（3）具有 1 区或 21 区爆炸危险环境的建筑物，因电火花而引起爆炸，会造成巨大破坏和人身伤亡者。

**2. 第二类防雷建筑物**

在可能发生对地闪击的地区遇有下列情况之一时，应划为第二类防雷建筑物：

（1）国家级重点文物保护的建筑物；

（2）国家级的会堂、办公建筑、大型展览和博览建筑、大型火车站和飞机场、国宾馆、国家级档案馆、大型城市的重要给水水泵房等特别重要的建筑物；

（3）国家级计算机中心、国际通信枢纽等对国民经济有重要意义的建筑物；

（4）国家特级和甲级大型体育馆；

（5）预计雷击次数大于 0.05 次/a 的部、省级办公建筑物及其他重要或人员密集的公共建筑物及火灾危险场所；

（6）预计雷击次数大于 0.25 次/a 的住宅、办公楼等一般性民用建筑物或一般性工业建筑。

**3. 第三类防雷建筑物**

在可能发生对地闪击的地区遇下列情况之一时，应划为第三类防雷建筑物：

（1）省级重点文物保护的建筑物及省级档案馆；

（2）预计雷击次数大于或等于 0.01 次/a，且小于或等于 0.05 次/a 的部、省级办公建筑物及其他重要或人员密集的公共建筑物及火灾危险场所；

（3）预计雷击次数大于或等于 0.05 次/a，且小于或等于 0.25 次/a 的住宅、办公楼等一般性民用建筑或一般性工业建筑；

（4）在平均雷暴日大于 15d/a 的地区，高度在 15m 及以上的烟囱、水塔等孤立的高耸建筑物；在平均雷暴日小于或等于 15d/a 的地区，高度在 20m 及以上的烟囱、水塔等孤立的高耸建筑物。

**（二）建筑物的防雷保护措施**

**1. 第一类防雷建筑物的防雷措施**

（1）第一类防雷建筑物防直击雷的措施，应符合下列要求：

1）应装设独立接闪杆或架空接闪线（网），使被保护的建筑物及风帽、放散管等突出层面的物体均处于接闪器的保护范围内。架空接闪网的网格尺寸不应大于 5m×5m 或6m×4m；

2）独立接闪杆的杆塔、架空接闪线的端部和架空接闪网的每根支柱处应至少设一根引下线。对用金属制成或有焊接、绑扎连接钢筋网的杆塔、支柱，宜利用其作为引下线；

3）独立接闪杆和架空接闪线（网）的支柱及其接地装置至被保护建筑物及与其有联系的管道、电缆等金属物之间的距离应符合相关计算式的要求，但不得小于 3m；

4）架空接闪线（网）至屋面和各种突出屋面的风帽、放散管等物体之间的距离，应符合相关计算式的要求，但不应小于 3m；

5）独立接闪杆、架空接闪线或架空接闪网应有独立的接地装置，每一根引下线的冲击接地电阻不宜大于 10Ω。在土壤电阻率高的地区，可适当增大冲击接地电阻。

（2）第一类防雷建筑物防闪电感应的措施，应符合下列要求：

1）建筑物内的设备、管道、构架、电缆金属外皮、钢屋架、钢窗等较大金属物和突出屋面的放散管、风管等金属物，均应接到防闪电感应的接地装置上。

金属屋面周边每隔 18～24m 应采用引下线接地一次。

现场浇制或由预制构件组成的钢筋混凝土屋面，其钢筋宜绑扎或焊接成闭合回路，并应每隔 18～24m 采用引下线接地一次。

2）防闪电感应的接地装置应与电气和电子系统的接地装置共用，其工频接地电阻不应大于 10Ω。

屋内接地干线与防雷电感应接地装置的连接，不应少于两处。

（3）第一类防雷建筑物防止闪电电涌侵入的措施，应符合下列要求：

1）室外低压线路应全线采用电缆直接埋地敷设，在入户端应将电缆的金属外皮、钢管接到防闪电感应的接地装置上。当全线采用电缆有困难时，应采用钢筋混凝土杆和铁横担的架空线，并应使用一段金属铠装电缆或护套电缆穿钢管直接埋地引入，架空线与建筑物的距离不应小于 15m。

在电缆与架空线连接处，尚应装设户外型电涌保护器。电涌保护器、电缆金属外皮、钢管和绝缘子铁脚、金具等应连在一起接地，其冲击接地电阻不应大于 30Ω。

2）架空金属管道，在进出建筑物处，应与防闪电感应的接地装置相连。距离建筑物 100m 内的管道，应每隔 25m 接地一次，其冲击接地电阻不应大于 30Ω，并宜利用金属支架或钢筋混凝土支架的焊接、绑扎钢筋网作为引下线，其钢筋混凝土基础宜作为接地装置。

埋地或地沟内的金属管道，在进出建筑物处亦应等电位连接到等电位连接带或防闪电感应的接地装置上。

（4）当难以装设独立的外部防雷装置时，可将接闪杆或网格不大于 5m×5m 或 6m×4m 的接闪网或其他混合组成的接闪器直接装在建筑物上，接闪网应按表 8-10 所示沿屋角、屋脊、屋檐和檐角等易受雷击的部位敷设。并必须符合下列要求：

1）接闪器之间应互相连接；

2）引下线不应少于两根，并应沿建筑物四周均匀或对称布置，其间距不应大于 12m；

3）建筑物应装设等电位连接环，环间垂直距离不应大于 12m，所有引下线，建筑物的金属结构和金属设备均应连到环上。均压环可利用电气设备的接地干线环路；

4）外部防雷的接地装置应围绕建筑物敷设成环形接地体，每根引下线的冲击接地电阻不应大于 10Ω，并应与电气和电子系统等接地装置及所有进入建筑物的金属管道相连，此接地装置可兼作防闪电感应之用；

5）当建筑物高于 30m 时，尚应采取以下防侧击的措施：

从 30m 起，每隔不大于 6m，沿建筑物四周设水平接闪带并与引下线相连；

30m 及以上外墙上的栏杆、门窗等较大的金属物与防雷装置连接。

（5）当树木邻近建筑物且不在接闪器保护范围之内时，树木与建筑物之间的净距不应小于 5m。

**2. 第二类防雷建筑物的防雷措施**

第二类防雷建筑物的防雷措施与第一类防雷建筑物的防雷措施类同，只是屋面网格组成不大于 10m×10m 或 12m×8m，引下线不应少于 2 根，其间距不应大于 18m。当建筑物高于 45m 时，应采取相应的防侧击和等电位的保护措施。

**3. 第三类防雷建筑物的防雷措施**

第三类防雷建筑物的防雷措施与第一类防雷建筑物的防雷措施类同，只是屋面网格组成不大于 20m×20m 或 24m×16m，引下线不应少于 2 根，其间距不应大于 25m。周长不超过 25m 且高度不超过 40m 的建筑物可只设一根引下线。当建筑物高于 60m 时，应采取相应的防侧击和等电位的保护的措施。

**4. 接闪器**

（1）接闪杆采用热镀锌圆钢或钢管制成时，其直径不应小于：

杆长 1m 以下：圆钢为 12mm；

钢管为 20mm。

杆长 1～2m：圆钢为 16mm；

钢管为 25mm。

独立烟囱顶上的杆：圆钢为 20mm；

钢管为 40mm。

（2）接闪网和接闪带采用热镀锌圆钢或扁钢，优先采用圆钢。圆钢直径不应小于 8mm。扁钢截面不应小于 $50mm^2$，其厚度不应小于 2.5mm。

当独立烟囱上采用热镀锌接闪环时，其圆钢直径不应小于 12mm。扁钢截面不应小于 $100mm^2$，其厚度不应小于 4mm。

（3）用铁板、铜板、铝板等做屋面的建筑物，常利用屋面做接闪器，当需要防金属板雷击穿孔时，其厚度不应小于下列数值：

铁板为 4mm；

铜板为 5mm；

铝板为 7mm。

**5. 引下线**

引下线宜采用热镀锌圆钢或扁钢。圆钢直径不应小于 8mm，扁钢截面不应小于 $48mm^2$，其厚度不应小于 4mm。

独立烟囱上的引下线，圆钢直径不应小于 12mm，扁钢截面不应小于 $100mm^2$，扁钢厚度不应小于 4mm。

**6. 接地装置**

民用建筑宜优先利用钢筋混凝土中的钢筋作为接地装置，当不具备条件时，宜采用热镀锌圆钢、钢管、角钢或扁钢等金属体作人工接地极。

防直击雷的人工接地体距建筑物出入口或人行道不应小于 3m。当小于 3m 时，应采取相应的保护措施。

**例 8-5** 建筑物防雷装置专设引下线的敷设部位及敷设方式是：

A 沿建筑物所有墙面明敷设　　B 沿建筑物所有墙面暗敷设

C 沿建筑物外墙内表面明敷设　　D 沿建筑物外墙外表面明敷设

**解析：**《建筑物防雷设计规范》GB 50057—2010 第 5.3.4 条：专设引下线应沿建筑物外墙外表面明敷，并应以最短路径接地。

**答案：**D

## 第六节　火灾自动报警系统

火灾自动报警系统是火灾探测与消防联动控制系统的简称，是以实现火灾早期探测和报警、向各类消防设备发出控制信号并接收、显示设备反馈信号，进而实现预定消防功能为基本任务的一种自动消防设施。

### 一、火灾自动报警系统的组成及设置场所

**1. 系统组成**

火灾自动报警系统由火灾探测报警系统、消防联动控制系统、可燃气体探测报警系统及电气火灾监控系统组成。火灾自动报警系统的组成如图 8-21。

（1）火灾探测报警系统

火灾探测报警系统是实现火灾早期探测并发出火灾报警信号的系统，一般由火灾触发器件（火灾探测器、手动火灾报警按钮）、声和/或光警报器、火灾报警控制器等组成。

（2）消防联动控制系统

消防联动控制系统是火灾自动报警系统中，接收火灾报警控制器发出的火灾报警信

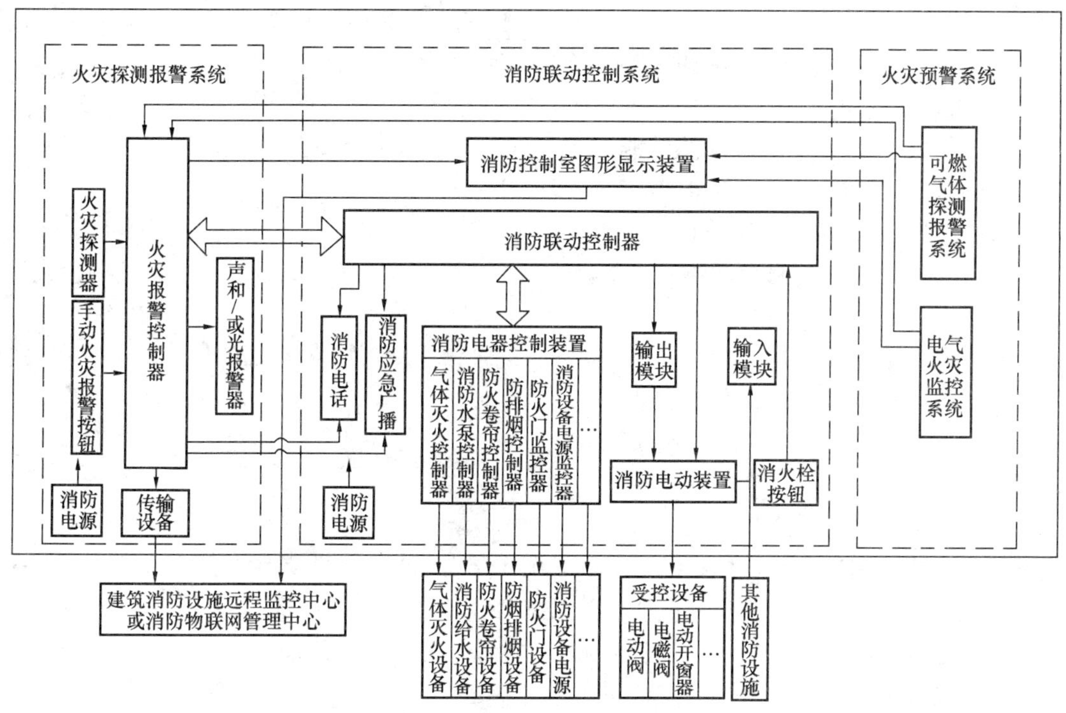


图 8-21 火灾自动报警系统的组成

号，按预设逻辑完成各项消防功能的控制系统。由消防联动控制器、消防控制室图形显示装置、消防电气控制装置（防火卷帘控制器、气体灭火控制器等）、消防电动装置、消防联动模块、消火栓按钮、消防应急广播设备、消防电话等设备和组件组成。

(3) 可燃气体探测报警系统

可燃气体探测报警系统是火灾自动报警系统的独立子系统，属于火灾预警系统，由可燃气体报警控制器、可燃气体探测器和火灾声光警报器组成。

(4) 电气火灾监控系统

电气火灾监控系统是火灾自动报警系统的独立子系统，属于火灾预警系统，由电气火灾监控器、电气火灾监控检测器和火灾声光警报器组成。

**2. 系统设置场所**

(1) 下列建筑或场所应设置火灾自动报警系统：

1) 任一层建筑面积大于 1500m$^2$或总建筑面积大于 3000m$^2$的制鞋、制衣、玩具、电子等类似用途的厂房；

2) 每座占地面积大于 1000m$^2$的棉、毛、丝、麻、化纤及其制品的仓库，占地面积大于 500m$^2$或总建筑面积大于 1000m$^2$的卷烟仓库；

3) 任一层建筑面积大于 1500m$^2$或总建筑面积大于 3000m$^2$的商店、展览、财贸金融、客运和货运等类似用途的建筑，总建筑面积大于 500m$^2$的地下或半地下商店；

4) 图书或文物的珍藏库，每座藏书超过 50 万册的图书馆，重要的档案馆；

5) 地市级及以上广播电视建筑、邮政建筑、电信建筑，城市或区域性电力、交通和防灾等指挥调度建筑；

6）特等、甲等剧场，座位数超过1500个的其他等级的剧场或电影院，座位数超过2000个的会堂或礼堂，座位数超过3000个的体育馆；

7）大、中型幼儿园的儿童用房等场所，老年人建筑，任一层建筑面积大于1500$m^2$或总建筑面积大于3000$m^2$的疗养院的病房楼、旅馆建筑和其他儿童活动场所，不少于200个床位的医院门诊楼、病房楼和手术部等；

8）歌舞娱乐放映游艺场所；

9）净高大于2.6m且可燃物较多的技术夹层，净高大于0.8m且有可燃物的闷顶或吊顶内；

10）电子信息系统的主机房及其控制室、记录介质库，特殊贵重或火灾危险性大的机器、仪表、仪器设备室、贵重物品库房；

11）二类高层公共建筑内建筑面积大于50$m^2$的可燃物品库房和建筑面积大于500$m^2$的营业厅；

12）其他一类高层公共建筑；

13）设置机械排烟、防烟系统，雨淋或预作用自动喷水灭火系统，固定消防水炮灭火系统、气体灭火系统等需与火灾自动报警系统联锁动作的场所或部位。

（2）建筑高度大于100m的住宅建筑，应设置火灾自动报警系统。

建筑高度大于54m但不大于100m的住宅建筑，其公共部位应设置火灾自动报警系统，套内宜设置火灾探测器。

建筑高度不大于54m的高层住宅建筑，其公共部位宜设置火灾自动报警系统。当设置需联动控制的消防设施时，公共部位应设置火灾自动报警系统。

高层住宅建筑的公共部位应设置具有语音功能的火灾声警报装置或应急广播。

（3）建筑内可能散发可燃气体、可燃蒸气的场所应设置可燃气体报警装置。

火灾自动报警系统应设有自动和手动两种触发装置。

## 二、系统形式的选择

火灾自动报警系统根据保护对象及设立的消防安全目标不同，分为区域报警系统、集中报警系统和控制中心报警系统三种形式。

（1）仅需要报警，不需要联动自动消防设备的保护对象宜采用区域报警系统。

（2）不仅需要报警，同时需要联动自动消防设备，且只设置一台具有集中控制功能的火灾报警控制器和消防联动控制器的保护对象，应采用集中报警系统，并应设置一个消防控制室。

（3）设置两个及以上消防控制室的保护对象，或已设置两个及以上集中报警系统的保护对象，应采用控制中心报警系统。

控制中心报警系统一般适用于建筑群或体量很大的保护对象，这些保护对象中可能设置几个消防控制室，也可能由于分期建设而采用不同企业的产品或同一企业不同系列的产品，或由于系统容量限制而设置了多个起集中作用的火灾报警控制器等情况，这些情况下均应选择控制中心报警系统。

## 三、报警区域和探测区域的划分

**1. 报警区域、 探测区域的概念**

报警区域：将火灾自动报警系统的警戒范围按防火分区或楼层等划分的单元。

探测区域：将报警区域按探测火灾的部位划分的单元。

**2. 报警区域的划分**

报警区域应根据防火分区或楼层划分；可将一个防火分区或一个楼层划分为一个报警区域，也可将发生火灾时需要同时联动消防设备的相邻机构防火分区或楼层划分为一个报警区域。

**3. 探测区域的划分**

（1）探测区域应按独立房（套）间划分。一个探测区域的面积不宜超过 $500m^2$；从主要入口能看清其内部且面积不超过 $1000m^2$ 的房间，也可划为一个探测区域。

（2）红外光束感烟火灾探测器和缆式线型感温火灾探测器的探测区域的长度，不宜超过 100m；空气管差温火灾探测器的探测区域长度宜为 20～100m。

**4. 应单独划分探测区域的场所**

（1）敞开或封闭楼梯间、防烟楼梯间。

（2）防烟楼梯间前室、消防电梯前室、消防电梯与防烟楼梯合用的前室、走道、坡道。

（3）电气管道井、通信管道井、电缆隧道。

（4）建筑物闷顶、夹层。

## 四、消防控制室

（1）具有消防联动功能的火灾自动报警系统的保护对象中应设置消防控制室。

消防控制室内设置的消防设备应包括火灾报警控制器、消防联动控制器、消防控制室图形显示装置、消防专用电话总机、消防应急广播控制装置、消防应急照明和疏散指示系统控制装置、消防电源监控器等设备，或具有相应功能的组合设备等。

（2）严禁与消防控制室无关的电气线路和管路穿过。

（3）消防控制室应有相应的竣工图纸、各分系统控制逻辑关系说明、设备使用说明书、系统操作规程、应急预案、值班制度、维护保养制度及值班记录等文件资料。

（4）消防控制室的设置应符合下列规定：

1）单独建造的消防控制室，其耐火等级不应低于二级。

2）附设在建筑内的消防控制室，宜设置在建筑内首层或地下一层，并宜布置在靠外墙部位；

3）不应设置在电磁场干扰较强及其他可能影响消防控制设备正常工作的房间附近；

4）疏散门应直通室外或安全出口。

5）消防控制室内的设备构成及其对建筑消防设施的控制与显示功能以及向远程监控系统传输相关信息的功能，应符合现行国家标准《火灾自动报警系统设计规范》GB 50116 和《消防控制室通用技术要求》GB 25506 的规定。

## 五、消防联动控制

### （一）消防联动控制输出供电要求

（1）电压控制输出应采用直流 24V；

（2）电源容量应满足受控消防设备同时启动且维持工作的控制容量要求；

（3）供电应满足传输线径要求，线路压降超过 5%时，应采用现场设置的消防设备直流电源供电；

（4）消防联动控制器宜能控制现场设置的消防设备直流电源供电。

### （二）消防联动控制对象

#### 1. 灭火设施

（1）自动喷水灭火系统；

（2）消火栓系统；

（3）气体（泡沫）灭火系统。

#### 2. 防烟排烟系统

#### 3. 防火门及防火卷帘系统

（1）疏散通道上设置的防火卷帘的联动控制设计，应符合下列规定：

1）自动控制方式。防火分区内任两只独立的感烟火灾探测器或任一只专门用于联动防火卷帘的感烟火灾探测器的报警信号联动控制防火卷帘下降至距楼板面 1.8m 处；任一只专门用于联动防火卷帘的感温火灾探测器的报警信号联动控制防火卷帘下降到楼板面；在卷帘的任一侧距卷帘纵深 0.5～5m 内应设置不少于 2 只专门用于联动防火卷帘的感温火灾探测器。

2）手动控制方式。由防火卷帘两侧设置的手动控制按钮控制防火卷帘的升降。

（2）非疏散通道上设置的防火卷帘的联动控制设计，应符合下列规定：

1）自动控制方式。由防火卷帘所在防火分区内任两只独立的火灾探测器的报警信号，作为防火卷帘下降的联动触发信号，由防火卷帘控制器联动控制防火卷帘直接下降到楼板面。

2）手动控制方式。由防火卷帘两侧设置的手动控制按钮控制防火卷帘的升降，并应能在消防控制室内的消防联动控制器上手动控制防火卷帘的降落。

#### 4. 电梯的联动控制

（1）消防联动控制器应具有发出联动控制信号强制所有电梯停于首层或电梯转换层的功能。

（2）电梯运行状态信息和停于首层或转换层的反馈信号应传送给消防控制室，轿箱内应设置能直接与消防控制室通话的专用电话。

#### 5. 火灾警报和消防应急广播系统

（1）火灾自动报警系统应设置火灾声光警报器，并在确认火灾后启动建筑内的所有火灾声光警报器。

（2）未设置消防联动控制器的火灾自动报警系统，火灾声光警报器应由火灾报警控制器控制；设置消防联动控制器的火灾自动报警系统，火灾声光警报器应由火灾报警控制器或消防联动控制器控制。

（3）火灾声光警报器单次发出火灾警报时间宜在 8～20s 之间；同时设有消防应急广

播时，火灾声光警报应与消防应急广播交替循环播放。

（4）消防应急广播系统的联动控制信号应由消防联动控制器发出。当确认火灾后，应同时向全楼进行广播。

**6. 消防应急照明和疏散指示系统**

（1）集中控制型消防应急照明和疏散指示系统，应由火灾报警控制器或消防联动控制器启动应急照明控制器实现。

（2）集中电源非集中控制型消防应急照明和疏散指示系统，应由消防联动控制器联动应急照明集中电源和应急照明分配电装置实现；

（3）自带电源非集中控制型消防应急照明和疏散指示系统，应由消防联动控制器联动消防应急照明配电箱实现。

（4）当确认火灾后，由发生火灾的报警区域开始，顺序启动全楼疏散通道的消防应急照明和疏散指示系统，系统全部投入应急状态的启动时间不应大于5s。

**7. 相关联动控制**

（1）消防联动控制器应具有切断火灾区域及相关区域的非消防电源的功能，当需要切断正常照明时，宜在自动喷淋系统、消火栓系统动作前切断。

（2）火灾时可立即切断的非消防电源有：普通动力负荷、自动扶梯、排污泵、空调用电、康乐设施、厨房设施等。

（3）火灾时不应立即切掉的非消防电源有：正常照明、生活给水泵、安全防范系统设施、地下室排水泵、客梯和 Ⅰ～Ⅲ 类汽车库作为车辆疏散口的提升机。

## 六、火灾探测器的选择

**1. 火灾探测器的分类**

火灾探测器根据其探测火灾特征参数的不同，分为以下5种基本类型：

（1）感烟火灾探测器；

（2）感温火灾探测器；

（3）感光火灾探测器；

（4）气体火灾探测器；

（5）复合火灾探测器。

**2. 火灾探测器的选择规定**

（1）对火灾初期有阴燃阶段，产生大量的烟和少量的热，很少或没有火焰辐射的场所，应选择感烟火灾探测器；

（2）对火灾发展迅速，可产生大量热、烟和火焰辐射的场所，可选择感温火灾探测器、感烟火灾探测器、火焰探测器或其组合；

（3）对火灾发展迅速，有强烈的火焰辐射和少量的烟、热的场所，应选择火焰探测器；

（4）对火灾初期有阴燃阶段且需要早期探测的场所，宜增设一氧化碳火灾探测器；

（5）对使用、生产或聚集可燃气体或可燃蒸气的场所，应选择可燃气体探测器；

（6）根据保护场所可能发生火灾的部位和燃烧材料的分析，选择相应的火灾探测器（包括火灾探测器的类型、灵敏度和响应时间等），对火灾形成特征不可预料的场所，可根据模拟试验的结果选择火灾探测器；

（7）同一探测区域内设置多个火灾探测器时，可选择具有复合判断火灾功能的火灾探测器和火灾报警控制器，提高报警时间和报警准确率的要求。

**3. 点型火灾探测器的选型原则**

点型感温火灾探测器的分类见表 8-11。

（1）对不同高度的房间，可按表 8-12 选择点型火灾探测器。

（2）下列场所宜选择点型感烟火灾探测器：

1）饭店、旅馆、教学楼、办公楼的厅堂、卧室、办公室、商场、列车载客车厢等；

2）计算机房、通信机房、电影或电视放映室等；

3）楼梯、走道、电梯机房、车库等；

4）书库、档案库等。

**点型感温火灾探测器分类表** **表 8-11**

| 探测器类别 | 典型应用温度（℃） | 最高应用温度（℃） | 动作温度下限值（℃） | 动作温度上限值（℃） |
|---|---|---|---|---|
| A1 | 25 | 50 | 54 | 65 |
| A2 | 25 | 50 | 54 | 70 |
| B | 40 | 65 | 69 | 85 |
| C | 55 | 80 | 84 | 100 |
| D | 70 | 95 | 99 | 115 |
| E | 85 | 110 | 114 | 130 |
| F | 100 | 125 | 129 | 145 |
| G | 15 | 140 | 144 | 160 |

**对不同高度的房间点型火灾探测器的选择** **表 8-12**

| 房间高度 $h$（m） | 点型感烟火灾探测器 | 感温探测器 | | 火焰探测器 |
|---|---|---|---|---|
| | | A1 | A2、B、C、D、E、F、G | |
| $12<h\leqslant 20$ | 不适合 | 不适合 | 不适合 | 适　合 |
| $8<h\leqslant 12$ | 适　合 | 不适合 | 不适合 | 适　合 |
| $6<h\leqslant 8$ | 适　合 | 适　合 | 不适合 | 适　合 |
| $h\leqslant 6$ | 适　合 | 适　合 | 适　合 | 适　合 |

（3）符合下列条件之一的场所，不宜选择点型离子感烟火灾探测器：

1）相对湿度经常大于 95%；

2）气流速度大于 5m/s；

3）有大量粉尘、水雾滞留；

4）可能产生腐蚀性气体；

5）在正常情况下有烟滞留；

6）产生醇类、醚类、酮类等有机物质。

（4）符合下列条件之一的场所，不宜选择点型光电感烟火灾探测器：

1）有大量粉尘、水雾滞留；

2）可能产生蒸汽和油雾；

3）高海拔地区；

4）在正常情况下有烟滞留。

(5) 符合下列条件之一的场所，宜选择点型感温火灾探测器；且应根据使用场所的典型应用温度和最高应用温度选择适当类别的感温火灾探测器：

1）相对湿度经常大于95%；

2）无烟火灾；

3）有大量粉尘；

4）吸烟室等在正常情况下有烟或蒸汽滞留的场所；

5）厨房、锅炉房、发电机房、烘干车间等不宜安装感烟火灾探测器的场所；

6）需要联动熄灭“安全出口”标志灯的安全出口内侧；

7）其他无人滞留且不适合安装感烟火灾探测器，但发生火灾时需要及时报警的场所。

(6) 可能产生阴燃火或发生火灾不及时报警将造成重大损失的场所，不宜选择点型感温火灾探测器；温度在0℃以下的场所，不宜选择定温探测器；温度变化较大的场所，不宜选择具有差温特性的探测器。

(7) 符合下列条件之一的场所，宜选择点型火焰探测器或图像型火焰探测器：

1）火灾时有强烈的火焰辐射；

2）液体燃烧等无阴燃阶段的火灾；

3）需要对火焰做出快速反应。

(8) 符合下列条件之一的场所，不宜选择点型火焰探测器和图像型火焰探测器：

1）在火焰出现前有浓烟扩散；

2）探测器的镜头易被污染；

3）探测器的“视线”易被油雾、烟雾、水雾和冰雪遮挡；

4）探测区域内的可燃物是金属和无机物；

5）探测器易受阳光、白炽灯等光源直接或间接照射；

6）探测区域内正常情况下有高温物体的场所，不宜选择单波段红外火焰探测器；

7）正常情况下有阳光、明火作业，探测器易受X射线、弧光和闪电等影响的场所，不宜选择紫外火焰探测器。

(9) 下列场所宜选择可燃气体探测器

1）使用可燃气体的场所；

2）燃气站和燃气表房以及存储液化石油气罐的场所；

3）其他散发可燃气体和可燃蒸气的场所。

(10) 在火灾初期产生一氧化碳的下列场所可选择点型一氧化碳火灾探测器：

1）烟不容易对流或顶棚下方有热屏障的场所；

2）在棚顶上无法安装其他点型火灾探测器的场所；

3）需要多信号复合报警的场所。

(11) 污物较多且必须安装感烟火灾探测器的场所，应选择间断吸气的点型采样吸气式感烟火灾探测器或具有过滤网和管路自清洗功能的管路采样吸气式感烟火灾探测器。

#### 4. 线型火灾探测器的选择

（1）无遮挡的大空间或有特殊要求的房间，宜选择线型光束感烟火灾探测器。

（2）符合下列条件之一的场所，不宜选择线型光束感烟火灾探测器：

1）有大量粉尘、水雾滞留；

2）可能产生蒸汽和油雾；

3）在正常情况下有烟滞留；

4）固定探测器的建筑结构由于振动等原因会产生较大位移的场所。

（3）下列场所或部位，宜选择缆式线型感温火灾探测器：

1）电缆隧道、电缆竖井、电缆夹层、电缆桥架；

2）不易安装点型探测器的夹层、闷顶；

3）各种皮带输送装置；

4）其他环境恶劣不适合点型探测器安装的场所。

（4）下列场所或部位，宜选择线型光纤感温火灾探测器。

1）除液化石油气外的石油储罐；

2）需要设置线型感温火灾探测器的易燃易爆场所；

3）需要监测环境温度的地下空间等场所宜设置具有实时温度监测功能的线型光纤感温火灾探测器；

4）公路隧道、敷设动力电缆的铁路隧道和城市地铁隧道等。

（5）线型定温火灾探测器的选择，应保证其不动作温度高于设置场所的最高环境温度。

#### 5. 吸气式感烟火灾探测器的选择

（1）下列场所宜选择吸气式感烟火灾探测器：

1）具有高速气流的场所；

2）点型感烟、感温火灾探测器不适宜的大空间、舞台上方、建筑高度超过 12m 或有特殊要求的场所；

3）低温场所；

4）需要进行隐蔽探测的场所；

5）需要进行火灾早期探测的重要场所；

6）人员不宜进入的场所。

（2）灰尘比较大的场所，不应选择没有过滤网和管路自清洗功能的管路采样式吸气感烟火灾探测器。

## 七、系统设备的设置

### （一）探测器的具体设置部位

（1）财贸金融楼的办公室、营业厅、票证库；

（2）电信楼、邮政楼的机房和办公室；

（3）商业楼、商住楼的营业厅、展览楼的展览厅和办公室；

（4）旅馆的客房和公共活动用房；

（5）电力调度楼、防灾指挥调度楼等的微波机房、计算机房、控制机房、动力机房和办公室；

(6) 广播电视楼的演播室、播音室、录音室、办公室、节目播出技术用房、道具布景房；

(7) 图书馆的书库、阅览室、办公室；

(8) 档案楼的档案库、阅览室、办公室；

(9) 办公楼的办公室、会议室、档案室；

(10) 医院病房楼的病房、办公室、医疗设备室、病历档案室、药品库；

(11) 科研楼的办公室、资料室、贵重设备室、可燃物较多和火灾危险性较大的实验室；

(12) 教学楼的电化教室、理化演示和实验室、贵重设备和仪器室；

(13) 公寓（宿舍、住宅）的卧室、书房、起居室（前厅）、厨房；

(14) 甲、乙类生产厂房及其控制室；

(15) 甲、乙、丙类物品库房；

(16) 设在地下室的丙、丁类生产车间和物品库房；

(17) 堆场、堆垛、油罐等；

(18) 地下铁道的地铁站厅、行人通道和设备间，列车车厢；

(19) 体育馆、影剧院、会堂、礼堂的舞台、化妆室、道具室、放映室、观众厅、休息厅及其附设的一切娱乐场所；

(20) 陈列室、展览室、营业厅、商业餐厅、观众厅等公共活动用房；

(21) 消防电梯、防烟楼梯的前室及合用前室、走道、门厅、楼梯间；

(22) 可燃物品库房、空调机房、配电室（间）、变压器室、自备发电机房，电梯机房；

(23) 净高超过 2.6m 且可燃物较多的技术夹层；

(24) 敷设具有可延燃绝缘层和外护层电缆的电缆竖井，电缆夹层、电缆隧道、电缆配线桥架；

(25) 贵重设备间和火灾危险性较大的房间；

(26) 电子计算机的主机房、控制室、纸库、光或磁记录材料库；

(27) 经常有人停留或可燃物较多的地下室；

(28) 歌舞娱乐场所中经常有人滞留的房间和可燃物较多的房间；

(29) 高层汽车库，Ⅰ类汽车库，Ⅰ、Ⅱ类地下汽车库，机械立体汽车库，复式汽车库，采用升降梯作汽车疏散出口的汽车库（敞开车库可不设）；

(30) 污衣道前室、垃圾道前室、净高超过 0.8m 的具有可燃物的闷顶、商业用或公共厨房；

(31) 以可燃气为燃料的商业和企事业单位的公共厨房及燃气表房；

(32) 其他经常有人停留的场所、可燃物较多的场所或燃烧后产生重大污染的场所；

(33) 需要设置火灾探测器的其他场所。

**(二) 点型火灾探测器的设置应符合下列规定：**

(1) 探测区域的每个房间至少应设置一只火灾探测器。

(2) 感烟火灾探测器和 A1、A2、B 型感温火灾探测器的保护面积和保护半径，应按

表 8-13 确定；C、D、E、F、G 型感温火灾探测器的保护面积和保护半径应根据生产企业的设计说明书确定，但不应超过表 8-13 规定。

**感烟火灾探测器和 A1、A2、B 型感温火灾探测器的保护面积和保护半径　　表 8-13**

| 火灾探测器的种类 | 地面面积 $S$（m²） | 房间高度 $h$（m） | 一只探测器的保护面积 $A$ 和保护半径 $R$ | | | | | |
|---|---|---|---|---|---|---|---|---|
| | | | 屋顶坡度 $\theta$ | | | | | |
| | | | $\theta \leqslant 15°$ | | $15 < \theta \leqslant 30°$ | | $\theta > 30°$ | |
| | | | $A$（m²） | $R$（m） | $A$（m²） | $R$（m） | $A$（m²） | $R$（m） |
| 感烟火灾探测器 | $S \leqslant 80$ | $h \leqslant 12$ | 80 | 6.7 | 80 | 7.2 | 80 | 8.0 |
| | $S > 80$ | $6 < h \leqslant 12$ | 80 | 6.7 | 100 | 8.0 | 120 | 9.9 |
| | | $h \leqslant 6$ | 60 | 5.8 | 80 | 7.2 | 100 | 9.0 |
| 感温火灾探测器 | $S \leqslant 30$ | $h \leqslant 8$ | 30 | 4.4 | 30 | 4.9 | 30 | 5.5 |
| | $S > 30$ | $h \leqslant 8$ | 20 | 3.6 | 30 | 4.9 | 40 | 6.3 |

注：建筑高度不超过 14m 的封闭探测空间且火灾初期会产生大量的烟时，可设置点型感烟火灾探测器。

（3）一个探测区域内所需设置的探测器数量，不应小于式（8-3）的计算值：

$$N = \frac{S}{K \cdot A} \tag{8-3}$$

式中　$N$——探测器数量（只），$N$ 应取整数；

$S$——该探测区域面积（m²）；

$A$——探测器的保护面积（m²）；

$K$——修正系数，容纳人数超过 1 万人的公共场所宜取 0.7～0.8；容纳人数为 2000～1 万人的公共场所宜取 0.8～0.9，容纳人数为 500～2000 人的公共场所宜取 0.9～1.0，其他场所可取 1.0。

（4）在有梁的顶棚上设置点型感烟火灾探测器、感温火灾探测器时，应符合下列规定：

1）当梁突出顶棚的高度小于 200mm 时，可不计梁对探测器保护面积的影响；

2）当梁突出顶棚的高度为 200～600mm 时，应据《火灾自动报警系统设计规范》GB 50116 中附录 F、附录 G 确定梁对探测器保护面积的影响和一只探测器能够保护的梁间区域的数量；

3）当梁突出顶棚的高度超过 600mm 时，被梁隔断的每个梁间区域至少应设置一只探测器；

4）当被梁隔断的区域面积超过一只探测器的保护面积时，被隔断的区域应按式 8-3 计算探测器的设置数量；

5）当梁间净距小于 1m 时，可不计梁对探测器保护面积的影响。

（5）在宽度小于 3m 的内走道顶棚上设置点型探测器时，宜居中布置。感温火灾探测器的安装间距不应超过 10m；感烟火灾探测器的安装间距不应超过 15m；探测器至端墙的距离不应大于探测器安装间距的一半。

（6）点型探测器至墙壁、梁边的水平距离不应小于 0.5m。

（7）点型探测器周围 0.5m 内不应有遮挡物。

(8) 房间被书架、设备或隔断等分隔，其顶部至顶棚或梁的距离小于房间净高的5%时，每个被隔开的部分至少应安装一只点型探测器。

(9) 点型探测器至空调送风口边的水平距离不应小于1.5m，并宜接近回风口安装。探测器至多孔送风顶棚孔口的水平距离不应小于0.5m。

(10) 当屋顶有热屏障时，点型感烟火灾探测器下表面至顶棚或屋顶的距离，应符合表8-14的规定。

**点型感烟火灾探测器下表面至顶棚或屋顶的距离　　表8-14**

| 探测器的安装高度 $h$ (m) | 点型感烟火灾探测器下表面至顶棚或屋顶的距离 $d$ (mm) | | | | | |
|---|---|---|---|---|---|---|
| | 顶棚或屋顶坡度 $\theta$ | | | | | |
| | $\theta \leqslant 15°$ | | $15° < \theta \leqslant 30°$ | | $\theta > 30°$ | |
| | 最小 | 最大 | 最小 | 最大 | 最小 | 最大 |
| $h \leqslant 6$ | 30 | 200 | 200 | 300 | 300 | 500 |
| $6 < h \leqslant 8$ | 70 | 250 | 250 | 400 | 400 | 600 |
| $8 < h \leqslant 10$ | 100 | 300 | 300 | 500 | 500 | 700 |
| $10 < h \leqslant 12$ | 150 | 350 | 350 | 600 | 600 | 800 |

(11) 锯齿形屋顶和坡度大于15°的人字形屋顶，应在每个屋脊处设置一排点型探测器，探测器下表面至屋顶最高处的距离，应符合表8-14的规定。

(12) 点型探测器宜水平安装。当倾斜安装时，倾斜角不应大于45°。

(13) 在电梯井、升降机井设置点型探测器时，其位置宜在井道上方的机房顶棚上。

(14) 一氧化碳火灾探测器可设置在气体可以扩散到的任何部位。

(15) 火焰探测器和图像型火灾探测器的设置应符合下列规定：

1) 应考虑探测器的探测视角及最大探测距离，避免出现探测死角，可以通过选择探测距离长、火灾报警响应时间短的火焰探测器，提高保护面积和报警时间要求；

2) 探测器的探测视角内不应存在遮挡物；

3) 应避免光源直接照射在探测器的探测窗口；

4) 单波段的火焰探测器不应设置在平时有阳光、白炽灯等光源直接或间接照射的场所。

(16) 线型光束感烟火灾探测器的设置应符合下列规定：

1) 探测器的光束轴线至顶棚的垂直距离宜为0.3～1.0m，距地高度不宜超过20m；

2) 相邻两组探测器的水平距离不应大于14m，探测器至侧墙水平距离不应大于7m且不应小于0.5m，探测器的发射器和接收器之间的距离不宜超过100m；

3) 探测器应设置在固定结构上；

4) 探测器的设置应保证其接收端避开日光和人工光源直接照射；

5) 选择反射式探测器时，应保证在反射板与探测器间任何部位进行模拟试验时，探测器均能正确响应。

(17) 线型感温火灾探测器的设置应符合下列规定：

1) 探测器在保护电缆、堆垛等类似保护对象时，应采用接触式布置；在各种皮带输送装置上设置时，宜设置在装置的过热点附近；

2）设置在顶棚下方的线型感温火灾探测器，至顶棚的距离宜为0.1m。探测器的保护半径应符合点型感温火灾探测器的保护半径要求；探测器至墙壁的距离宜为1～1.5m；

3）光栅光纤感温火灾探测器每个光栅的保护面积和保护半径应符合点型感温火灾探测器的保护面积和保护半径要求；

4）设置线型感温火灾探测器的场所有联动要求时，宜采用两只不同火灾探测器的报警信号组合；

5）与线型感温火灾探测器连接的模块不宜设置在长期潮湿或温度变化较大的场所。

（18）管路采样式吸气感烟火灾探测器的设置应符合下列规定：

1）非高灵敏型探测器的采样管网安装高度不应超过16m；高灵敏型探测器的采样管网安装高度可以超过16m；采样管网安装高度超过16m时，灵敏度可调的探测器必须设置为高灵敏度，且应减小采样管长度，减少采样孔数量；

2）探测器的每个采样孔的保护面积、保护半径应符合点型感烟火灾探测器的保护面积、保护半径的要求；

3）一个探测单元的采样管总长不宜超过200m，单管长度不宜超过100m，同一根采样管不应穿越防火分区。采样孔总数不宜超过100，单管上的采样孔数量不宜超过25；

4）当采样管道采用毛细管布置方式时，毛细管长度不宜超过4m；

5）吸气管路和采样孔应有明显的火灾探测器标识；

6）有过梁、空间支架的建筑中，采样管路应固定在过梁、空间支架上；

7）当采样管道布置形式为垂直采样时，每2℃温差间隔或3m间隔（取最小者）应设置一个采样孔，采样孔不应背对气流方向；

8）采样管网应按经过确认的设计软件或方法进行设计；

9）探测器的火灾报警信号、故障信号等信息应传给火灾报警控制器；涉及消防联动控制时，探测器的火灾报警信号还应传给消防联动控制器。

（19）感烟火灾探测器在隔栅吊顶场所的设置应符合下列规定：

1）镂空面积与总面积的比例不大于15％时，探测器应设置在吊顶下方；

2）镂空面积与总面积的比例大于30％时，探测器应设置在吊顶上方；

3）镂空面积与总面积的比例在15％～30％范围时，探测器的设置部位应根据实际试验结果确定；

4）探测器设置在吊顶上方且火警确认灯无法观察时，应在吊顶下方设置火警确认灯；

5）地铁站台等有活塞风影响的场所，镂空面积与总面积的比例在30％～70％范围内时，探测器宜同时设置在吊顶上方和下方。

**（三）手动火灾报警按钮的设置**

（1）每个防火分区应至少设置一只手动火灾报警按钮。从一个防火分区内的任何位置到最邻近的手动火灾报警按钮的步行距离不应大于30m。手动火灾报警按钮宜设置在疏散通道或出入口处。列车上设置的手动火灾报警按钮，应设置在每节车厢的出入口和中间部位。

（2）手动火灾报警按钮应设置在明显和便于操作的部位。当安装在墙上时，其底边距地高度宜为 1.3～1.5m，且应有明显的标志。

**（四）区域显示器的设置**

（1）每个报警区域宜设置一台区域显示器（火灾显示盘）；宾馆、饭店等场所应在每个报警区域设置一台区域显示器。当一个报警区域包括多个楼层时，宜在每个楼层设置一台仅显示本楼层的区域显示器。

（2）区域显示器应设置在出入口等明显和便于操作的部位。当安装在墙上时，其底边距地高度宜为 1.3～1.5m。

**（五）火灾警报器的设置**

（1）火灾警报器应设置在每个楼层的楼梯口、消防电梯前室、建筑内部拐角等处的明显部位，且不宜与安全出口指示标志灯具设置在同一面墙上。

（2）每个报警区域内应均匀设置火灾警报器，其声压级不应小于 60dB；在环境噪声大于 60dB 的场所，其声压级应高于背景噪声 15dB。

（3）火灾警报器设置在墙上时，其底边距地面高度应大于 2.2m。

**（六）消防应急广播的设置**

（1）消防应急广播扬声器的设置，应符合下列规定：

1）民用建筑内扬声器应设置在走道和大厅等公共场所。每个扬声器的额定功率不应小于 3W，其数量应能保证从一个防火分区内的任何部位到最近一个扬声器的直线距离不大于 25m，走道末端距最近的扬声器距离不应大于 12.5m。

2）在环境噪声大于 60dB 的场所设置的扬声器，在其播放范围内最远点的播放声压级应高于背景噪声 15dB；

3）客房设置专用扬声器时，其功率不宜小于 1.0W。

（2）壁挂扬声器的底边距地面高度应大于 2.2m。

**（七）消防专用电话的设置**

（1）消防专用电话网络应为独立的消防通信系统。

（2）消防控制室应设置消防专用电话总机。

（3）多线制消防专用电话系统中的每个电话分机应与总机单独连接。

（4）电话分机或电话插孔的设置，应符合下列规定：

1）消防水泵房、发电机房、配变电室、计算机网络机房、主要通风和空调机房、防排烟机房、灭火控制系统操作装置处或控制室、企业消防站、消防值班室、总调度室、消防电梯机房及其他与消防联动控制有关的且经常有人值班的机房应设置消防专用电话分机。消防专用电话分机应固定安装在明显且便于使用的部位，应有区别于普通电话的标识。

2）设有手动火灾报警按钮或消火栓按钮等处宜设置电话插孔，并宜选择带有电话插孔的手动火灾报警按钮。

3）各避难层应每隔 20m 设置一个消防专用电话分机或电话插孔。

4）电话插孔在墙上安装时，其底边距地面高度宜为 1.3～1.5m。

（5）消防控制室、消防值班室或企业消防站等处，应设置可直接报警的外线电话。

## 八、住宅建筑火灾报警系统

### 1. 住宅建筑火灾报警系统分类

住宅建筑火灾报警系统可根据实际应用过程中保护对象的具体情况分为A、B、C、D四类系统，其中：

A类系统由火灾报警控制器和火灾探测器、手动火灾报警按钮、家用火灾探测器、火灾声光警报器等设备组成；

B类系统由控制中心监控设备、家用火灾报警控制器、家用火灾探测器、火灾声光警报器等设备组成；

C类系统由家用火灾报警控制器、家用火灾探测器、火灾声光警报器等设备组成；

D类系统由独立式火灾探测报警器、火灾声光警报器等设备组成。

### 2. 住宅建筑火灾报警系统的选择

(1) 有物业集中监控管理且设有需联动控制的消防设施的住宅建筑应选用A类系统；

(2) 仅有物业集中监控管理的住宅建筑宜选用A类或B类系统；

(3) 没有物业集中监控管理的住宅建筑宜选用C类系统；

(4) 别墅式住宅和已经投入使用的住宅建筑可选用D类系统。

### 3. 家用火灾探测器的设置

(1) 每间卧室、起居室内应至少设置一只感烟火灾探测器。

(2) 可燃气体探测器在厨房设置时，应符合下列规定：

1) 使用天然气的用户应选择甲烷探测器，使用液化气的用户应选择丙烷探测器，使用煤制气的用户应选择一氧化碳探测器；

2) 连接燃气灶具的软管及接头在橱柜内部时，探测器宜设置在橱柜内部；

3) 甲烷探测器应设置在厨房顶部，丙烷探测器应设置在厨房下部，一氧化碳探测器可设置在厨房下部，也可设置在其他部位；

4) 可燃气体探测器不宜设置在灶具正上方；

5) 宜采用具有联动燃气关断阀功能的可燃气体探测器；

6) 探测器联动的燃气关断阀宜为用户可以自己复位的关断阀，且宜有胶管脱落自动关断功能。

### 4. 家用火灾报警控制器的设置

(1) 家用火灾报警控制器应独立设置在每户内且应设置在明显和便于操作的部位。当安装在墙上时，其底边距地高度宜为1.3～1.5m。

(2) 具有可视对讲功能的家用火灾报警控制器宜设置在进户门附近。

## 九、系统供电

### (一) 一般规定

(1) 火灾自动报警系统应设有交流电源和蓄电池备用电源。

(2) 火灾自动报警系统的交流电源应采用消防电源，备用电源可采用火灾报警控制器和消防联动控制器自带的蓄电池电源或消防设备应急电源。当备用电源采用消防设备应急电源时，火灾报警控制器和消防联动控制器应采用单独的供电回路，并应保证在系统处于最大负载状态下不影响火灾报警控制器和消防联动控制器的正常工作。

(3) 消防控制室图形显示装置、消防通信设备等的电源，宜由 UPS 电源装置或消防设备应急电源供电。

(4) 火灾自动报警系统主电源不应设置剩余电流动作保护和过负荷保护装置。

(5) 消防设备应急电源输出功率应大于火灾自动报警及联动控制系统全负荷功率的 20%，蓄电池组的容量应保证火灾自动报警及联动控制系统在火灾状态同时工作负荷条件下连续工作 3h 以上。

(6) 消防用电设备应采用专用的供电回路，其配电设备应设有明显标志。其配电线路和控制回路宜按防火分区划分。

**（二）系统接地**

(1) 火灾自动报警系统接地装置的接地电阻值应符合下列规定：

1) 采用共用接地装置时，接地电阻值不应大于 1Ω；

2) 采用专用接地装置时，接地电阻值不应大于 4Ω。

(2) 消防控制室内的电气和电子设备的金属外壳、机柜、机架、金属管、槽等应采用等电位连接。

(3) 由消防控制室接地板引至各消防电子设备的专用接地线应选用铜芯绝缘导线，其线芯截面面积不应小于 $4mm^2$。

(4) 消防控制室接地板与建筑接地体之间应采用线芯截面面积不小于 $25mm^2$ 的铜芯绝缘导线连接。

## 十、布线

(1) 火灾自动报警系统的传输线路和 50V 以下供电的控制线路，应采用电压等级不低于交流 300/500V 的铜芯绝缘导线或铜芯电缆。采用交流 220/380V 的供电和控制线路应采用电压等级不低于交流 450/750V 的铜芯绝缘导线或铜芯电缆。

(2) 消防线路暗敷设时，应采用金属管、可挠（金属）电气导管或 B1 以上的刚性塑料管保护，并应敷设在不燃烧体的结构内，且保护层厚度不宜小于 30mm；线路明敷设时，应采用金属管可挠（金属）电气导管或金属封闭线槽保护，矿物绝缘类不燃烧电缆可直接明敷。

## 十一、高度大于 12m 的空间场所的火灾自动报警系统

(1) 高度大于 12m 的空间场所宜同时选择两种以上火灾参数的火灾探测器。

(2) 火灾初期产生大量烟的场所，应选择线型光束感烟火灾探测器、管路吸气式感烟火灾探测器或图像型感烟火灾探测器。

(3) 线型光束感烟火灾探测器的设置应符合下列要求：

1) 探测器应设置在建筑顶部；

2) 探测器宜采用分层组网的探测方式；

3) 建筑高度不超过 16m 时，宜在 6～7m 增设一层探测器；

4) 建筑高度超过 16m 但不超过 26m 时，宜在 6～7m 和 11～12m 处各增设一层探测器；

5) 由开窗或通风空调形成的对流层在 7～13m 时，可将增设的一层探测器设置在对

流层下面 1m 处；

6）分层设置的探测器保护面积可按常规计算，并宜与下层探测器交错布置。

## 第七节　电话、有线广播和扩声、同声传译

**（一）电话**

电话设备，主要包括电话交换机（含配套辅助设备）、话机及各种线路设备和线材。

目前主要用的电话交换机有纵横制自动电话交换机、数字程控交换机，简称程控交换机。

**1. 程控交换机**

由于使用数字电脑对交换机的工作进行程序控制，因此它可以根据不同需要实现众多的服务功能，这是其他各种交换机所难以企及的，而且它的传话距离、信息总量和话音清晰度都有了很大的提高。由于其优越性，所以得到了用户的普遍欢迎，得到了广泛的应用。程控交换机一般分为办公楼用的和酒店宾馆用的两大类。

**2. 程控交换机的辅助设备**

主要包括交流配电盘、直流配电盘、蓄电池组及总配线架，这些设备可以随交换机配套供应。

**3. 话机**

程控交换机一般宜配用双音多频按钮式话机，采用 2 芯线连接。标准型话机是含 8 功能键的多功能话机，豪华型话机为 8 功能键兼有扬声对讲功能的话机。这两种话机采用 4 芯线连接。

**4. 线路设备及件材**

包括交接箱、组合式话机出线插座、电话电缆线、PVC－（4×0.5）、PVC－（2×0.5）。

**5. 电话站的设置**

（1）当电话用户数量在 50 门以下，而市话局又能满足市话用户要求时，可不设电话站，直接进入市话网。

（2）电话用户数量在 50 门及以上的，一般设电话站，但是住宅、公寓、出租写字楼不设电话站，电话用户直接进入市话网。

**6. 电话站站址选择**

（1）应结合建筑工程远、近期规划及地形、位置等因素确定。

（2）与其他建筑合建时，宜设在 4 层以下首层以上房间，宜朝南向并有窗。在潮湿地区，首层不宜设电话交换机室。

（3）合建电话站时，技术性用房不宜设置在以下地点：

1）浴室、卫生间、开水房及其他易积水房间的附近；

2）变压器、配电室的楼上、楼下或隔壁；

3）空调及通风机房等振动场所附近。

（4）独建电话站时，不宜设置在以下地点：

1）汽车库附近；

2）水泵房、冷冻空调机房及其他有较大振动场所附近；

3）配电室所附近。

（5）电话站内主要房间或通道，不应被其他公用通道、走廊或房间隔开。电话站内不宜存有其他与电话工程无关的管道通过。

（6）独建电话站，站址应选在建筑群内位于用户负荷中心配出线方便的地方。

**7. 电话站对建筑的要求**

（1）独建电话站时，建筑物耐火等级应为二级，抗震设计按站址所在地区规定烈度提高一度考虑。

（2）电话站与其他建筑物合建时，200门及以下自动电话站宜设有交换机室、话务室和维修室等，如有发展可能则宜将交换机室与总配线架室分开设置。

（3）800门及以上（程控交换机1000门及以上）电话站应考虑有电缆进线室、配线室（包括传输室）、交换机室、转接台室、电池室、电力室以及维修器材备件用房、办公用房等。

（4）电话站各技术用房的配置及总面积可参考《民用建筑电气设计规范》（JGJ 16—2008）表19.7.4，电话站选用程控交换机时，房间面积可根据需要考虑。北京地区电话站设计由北京市电话局负责，机房面积、房间布置由他们做，具体工程设计，只按提供的建筑面积预留，做进出管线设计。

（5）电话站的技术用房，室内最低高度一般应为梁下3m，如有困难亦应保证梁的最低处距机架顶部电缆走架应有0.2m的距离。程控交换机的机架，低架一般为2～2.4m，高架2.6～2.9m。

（6）电话站与其他建筑物合建时，宜将位置选择在楼层一端组成独立单元，并要与建筑物内其他房间隔开。

（7）交换机室转接台室之间，宜设玻璃隔断，若无条件时可设玻璃观察窗，一般长2m，高1.2m，底边距地0.8m。

（8）技术用房的地面（除蓄电池），应采用防静电的活动地板或塑料地面，有条件时亦可采用木地板。

**8. 北京地区电讯技术规定**

住宅建筑面积在10万$m^2$以下的住宅区，每1000户左右应设置一个电话专用交换间，使用面积不少于$12m^2$，其房间内应干燥通风良好，有采暖和电源插座。

**9. 交换机容量**

一般按总建筑面积估算，50～$60m^2$一门，写字楼按20～$30m^2$一门估算。

### （二）有线广播

（1）公共建筑应设有线广播系统。系统的类别应根据建筑规模、使用性质和功能要求确定，一般可分为：

1）业务性广播系统；

2）服务性广播系统；

3）火灾事故广播系统。

（2）办公楼、商业楼、院校、车站、客运码头及航空港等建筑物，应设业务性广播，满足以业务及行政管理为主的语言广播要求，由主管部门管理。

(3) 一至三级的旅馆、大型公共活动场所应设服务性广播，满足以欣赏性音乐类广播为主的要求。

(4) 民用建筑内所设置的火灾事故广播，应满足火灾时引导人员疏散的要求。

(5) 公共建筑宜设广播控制室，当建筑物中的公共活动场所（如多功能厅、咖啡厅等）需单独设置扩声系统时，宜设扩声控制室，但广播控制室与扩声控制室间应设中继线联络或采用用户线路转换措施，以实现全系统广播。

(6) 有线广播的功放设备宜选用定电压输出。定电压扩音机的输出电压，当负载在一定的范围内变化时基本上保持不变，音质也较好，所以一般采用定电压功放设备。定电压输出的馈电线路，输出电压宜采用 70V 或 100V。当功放设备容量小或广播范围小时，也可根据情况选用定阻输出功放设备。定阻抗扩音机的输出电压随负载阻抗的改变而变化较大，因此要求负载阻抗与扩音机的输出阻抗相匹配。

(7) 办公室、生活间、客房等，可采用 1～2W 的扬声器箱，走廊、门厅及公共活动场所的背景音乐、业务性广播等扬声器箱，宜采用 3～5W；在建筑装饰和室内净高允许的情况下，对大空间的场所，宜采用声柱（或组合音箱）；在噪声高、潮湿的场所，应采用号筒扬声器；室外扬声器应采用防水防尘型。

(8) 广播控制室的设置原则：

1）办公楼类建筑，广播控制室宜靠近主管业务部门，当消防值班室与其合用时，应符合消防规范的有关规定。

2）旅馆类建筑，服务性广播宜与电视播放合并设置控制室。

3）航空港、铁路旅客站、港口码头等建筑，广播控制室宜靠近调度室。

4）设置塔钟自动报时扩音系统的建筑，控制室宜设在楼房顶屋。

**（三）会议系统**

(1) 会议系统根据使用要求，可分为会议讨论系统、会议表决系统和同声传译系统。

(2) 根据会议厅的规模，会议讨论系统宜采用手动、自动控制方式。

(3) 会议表决系统的终端，应设有同意、反对、弃权三种可能选择的按键。

(4) 同声传译系统的信号输出方式分为有线、无限和两者混合方式。无线方式可分为感应式和红外辐射式两种，具体选用应符合下列规定：

1）设置固定式座席的场所，宜采用有线式。在听众的座席上应设置具有耳机插孔、音量调节和语种选择开关的收听盒。

2）不设固定座席的场所，宜采用无线式。当采用感应式同声传译设备时，在不影响接收效果的前提下，感应天线宜沿吊顶、装修墙面敷设，亦可在地面下或无抗静电措施的地毯下敷设。

3）红外辐射器布置安装时应有足够的高度，保证对准听众区的直射红外光畅通无阻，且不宜面对大玻璃门窗安装。

4）特殊需要时，宜采用有线和无线混合方式。

## 第八节　共用天线电视系统和闭路应用电视系统

### （一）共用天线电视系统（CATV）

**1. 原理**

共用天线电视系统是若干台电视机共同使用一套天线设备，这套公共天线设备将接收来的广播电视信号，先经过适当处理（如放大、混合、频道变换等），然后由专用部件将信号合理地分配给各电视接收机。由于系统各部件之间采用了大量的同轴电缆作为信号传输线，因而CATV系统又叫作电缆电视系统。有了CATV系统、电视图像将不会因高山或高层建筑的遮挡或反射，出现重影或雪花干扰，人们可以看到很好的电视节目。

共用天线电视系统发展极为迅速，并向大型化、多路化和多功能方面发展。它不仅能用来传送电视台发送的节目，而且只要在系统的前端设备中增加如同录像机、影碟机、电影电视播发设备等若干设备，或配备全套小型演播室设备，就可以自办节目，形成完整的闭路电视系统，这将大大地丰富电视观众选择节目的内容，提高人们的文化生活水平，所以CATV系统已成为人们生活中不可缺少的设备。

**2. 分类**

CATV系统按其容纳的用户输出口数量分为四类：

A类：10000户以上。

B类：2001～10000户。

B类又分：

　　B1类，5001～10000户；

　　B2类，2001～5000户。

C类：301～2000户。

D类：300户以下。

**3. 大型共用天线系统**

对大型共用天线系统，它的前端设备有开路和闭路两套系统，开路系统有VHF（甚高频电视广播用，即1～12频道），UHF（特高频电视广播用，即13～68频道），FM（调频广播用）和SHF（超高频，卫星广播电视用）等频段的接收设备；闭路系统有摄像机、录音机、电影电视设备等。

**4. CATV系统构成**

CATV系统由接收天线、前端设备、信号分配网络和用户终端四部分组成。

用户终端的电平控制值为：

（1）电视图像：强场强区73±5$dB_{\mu}V$，弱场强区70±5$dB_{\mu}V$。

（2）FM：立体声调频广播，65±5$dB_{\mu}V$；单声道调频广播，58±5$dB_{\mu}V$。线路传输用75Ω同轴电缆。

**5. 天线位置选择**

（1）选择在广播电视信号场强较强、电磁波传输路径单一的地方，宜靠近前端（距前端的距离不大于20m），避开风口。

(2) 天线朝向发射台的方向不应有遮挡物和可能的信号反射，并尽量远离汽车行驶频繁的公路，电气化铁路和高压电力线路等。

(3) 安装在建筑物的顶部或附近的高山顶上。由于它高于其他的建筑物，遭受雷击的机会就较多，因此，一定要安装避雷装置，从竖杆至接地装置的引下线至少用两根，从不同方位以最短的距离泄流引下，接地电阻应小于 4Ω，当系统采用共同接地时，其接地电阻不应大于 1Ω。

(4) 群体建筑系统的接收天线，宜位于建筑群中心附近的较高建筑物上。

**(二) 闭路应用电视系统 (CCTV)**

(1) 在民用建筑中，闭路应用电视系统主要用在闭路监视电视系统、医疗手术闭路电视系统、教学闭路电视系统、工业管理闭路电视系统等。

(2) 闭路应用电视系统一般由摄像、传输、显示及控制等四个主要部分组成，根据具体工程要求可按下列原则确定：

1) 在一处连续监视一个固定目标时，宜采用单头单尾型。

2) 在多处监视同一固定目标时，宜装置视频分配器，采用单头多尾型。

3) 在一处集中监视多个目标时，宜装置视频切换器，采用多头单尾型。

4) 在多处监视多个目标时，宜结合对摄像机功能遥控的要求，设置多个视频分配切换装置或者矩阵连接网络，采用多头多尾型。

5) 摄像机应安装在监视目标附近不易受外界损伤的地方，安装高度，室内 2.5～5m 为宜，室外 3.5～10m 为宜，不得低于 3.5m。

6) 系统的监控室，宜设在监视目标群的附近及环境噪声和电磁干扰小的地方。监控室的使用面积，应根据系统设备的容量来确定，一般为 12～50m$^2$。监控室内温度宜为 16～30℃，相对湿度宜为 40％～65％，根据情况可设置空调。

## 第九节　呼应（叫）信号及公共显示装置

**(一) 呼应信号是民用建筑中保证建筑功能的重要设施**

**1. 医院呼应信号**

(1) 护理呼应信号，主要满足患者呼叫护士的要求，各管理单元的信号主控装置应设在医护值班室。

(2) 候诊呼应信号，主要满足医生呼叫就诊患者的要求。

(3) 寻叫呼应信号，主要满足大中型医院寻呼医护人员的要求。寻叫呼应信号的控制台宜设在电话站内，由值机人员统一管理。

**2. 旅馆呼应信号。**

一至四级旅馆及服务要求较高的招待所，宜设呼应信号。主要满足旅客呼叫服务员的要求。

**3. 住宅（公寓）呼应信号**

根据保安、客访情况，宜设住宅（公寓）对讲系统。

(1) 对讲机—电门锁保安系统；

(2) 可视—对讲—电门锁系统；

(3) 闭路电视保安系统；

(4) 老年人居住建筑中，居室、浴室、厕所应设紧急报警求助按钮，养老院、护理院等床头应设呼叫信号装置。

**4. 无线呼应系统**

在大型医院、宾馆、展览馆、体育馆（场）、演出中心，民用航空港等公共建筑，根据指挥、调度、服务需要，宜设置无线传呼系统，按呼叫程式可分无线播叫和无线对讲两种方式，无线呼叫系统应向当地无线通信管理机构申报。

**5. 医院、 旅馆的呼应（叫）信号装置**

应使用 50V 以下安全工作电压，一般采用 24V。

**（二）公共信号显示装置**

(1) 体育馆（场）应设置计时记分装置。

(2) 民用航空港、中等以上城市火车站、大城市的港口码头，长途汽车客运站、应设置班次动态显示牌。

(3) 大型商业、金融营业厅、宜设置商品、金融信息显示牌。

(4) 中型以上火车站、大型汽车客运站、客运码头、民用航空港、广播电视信号大楼，以及其他有统一计时要求的工程，宜设时钟系统。对旅游宾馆宜设世界时钟系统。母钟站宜与电话机房、广播电视机房合并设置，并应避开强烈振动、腐蚀、强电磁干扰的环境。

## 第十节 电气设计基础

**（一）单相正弦交流电**

大小和方向随时间按正弦规律作周期性变化，并且在一个周期内的平均值为零的电动势、电压和电流，统称为交流电。一般表达式为：

$$x = X_{\mathrm{m}} \cdot \sin(\omega t + \varphi_0) \tag{8-4}$$

式中 $x$——正弦量的瞬时值。

当时间 $t$ 连续变化时，正弦量的值在 $X_{\mathrm{m}}$ 和 $-X_{\mathrm{m}}$ 之间变化。因此 $X_{\mathrm{m}}$ 为正弦量的幅值，如电压和电流的幅值为 $U_{\mathrm{m}}$、$I_{\mathrm{m}}$。正弦函数是周期函数。

$(\omega t + \varphi_0)$ 是角度。在一个周期 $T$ 内，$(\omega t + \varphi_0)$ 变化 $2\pi$ 弧度。由于周期和频率互为倒数，即

$$f = \frac{1}{T} \tag{8-5}$$

周期的单位为 s（秒），频率的单位为 Hz（赫兹）。我国和世界上大多数国家使用的工业频率为 50Hz，周期为 0.02s，也有些国家使用的是 60Hz。

**（二）三相交流电路**

**1. 三相电源的连接**

(1) 星形连接（Y 连接）

若将发电机的三相定子绕组末端 $U_2$、$V_2$、$W_2$ 连接在一起，分别由三个首端 $U_1$、$V_1$、$W_1$ 引出三条输电线，称为星形连接。这三条输电线称为相线，俗称火线，用 A、B、C

表示；$U_2$、$V_2$、$W_2$ 的联结点称为中性点。由三条输电线向用户供电，称为三相三线制供电方式。在低压系统中，一般采用三相四线制，即由中性点再引出一条称为中性线的线路与三条相线一同向用户供电。星形联结的三相四线制电源如图 8-22 所示。

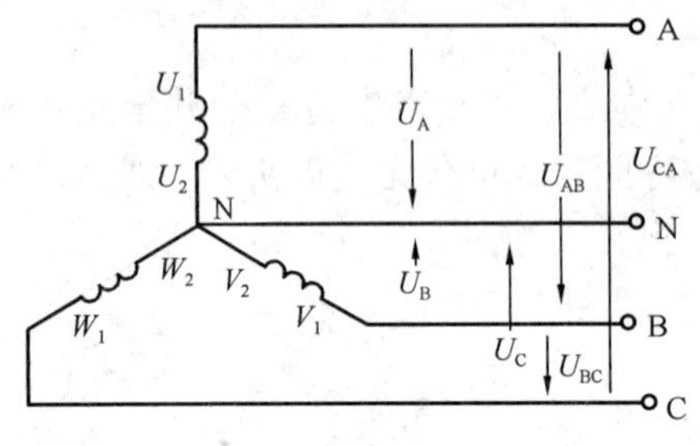


图 8-22　星形连接

三相电源的每一相线与中线构成一相，其间的电压称为相电压（即每相绕组上的电压），常用 $U_A$、$U_B$、$U_C$ 表示。每两条相线之间的电压称为线电压，如果三个相电压大小相等，相位互差 120°，则为对称的三相电源。对称三相电源星形连接时，三个线电压也是对称的。线电压的值为相电压的 $\sqrt{3}$ 倍。

由图 8-19 可知，三相四线制给用户提供相、线两种电压。我国的低压系统使用的三相四线制电源额定电压为 220/380V，即相电压 220V，线电压为 380V。三相三线制只提供 380V 的线电压。

(2) 三角形连接（△连接）

电源的三相绕组还可以将一相的末端与另一相的首端依次连成三角形，并由三角形的三个顶点引出三条相线 A、B、C 给用户供电，如图 8-23 所示。因此，三角形接法的电源只能采用三相三线制供电方式，且相电压等于线电压。

**2. 负载的连接**

交流用电设备分为单相和三相两大类。一些小功率的用电设备（例如电灯、家用电器等）为使用方便都制成单相的，用单相交流电供电，称为单相负载。

三相用电设备内部结构有相同的三部分，根据要求可接成 Y 形或△形连接，用对称三相电源供电，称为三相负载，例如三相异步电动机等。

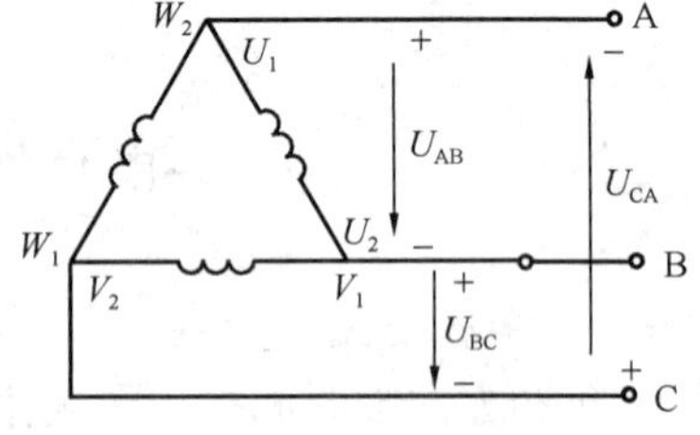


图 8-23　三角形连接电路图

负载接入电源时应遵守两个原则：一是加于负载的电压必须等于负载的额定电压；二是应尽可能使电源的各相负荷均匀、对称，从而使三相电源趋于平衡。

根据以上两个原则，单相负载应平均分接于电源的三个相电压或线电压上。在 220/380V 三相四线制供电系统中，额定电压为 220V 的单相负载，如白炽灯、日光灯等分接于各相线与中性线之间，如图 8-24（*a*）所示，从总体看，负载连接成星形；380V 的单相负载应均匀分接于各相线之间，从总体看，负载连接成三角形，如图 8-24（*b*）所示。

三相负载本身为对称负载，额定电压和相应接法同时在铭牌上给出。三相负载的额定电压如不特别指明系指线电压。例如，三相异步电动机额定电压为 380/220V，连接方式为 Y/△，指当电源线电压为 380V 时，此电动机的三相对称绕组接成 Y 形，当电源线电压为 220V 时，则接成△形。

**（三）电功率的概念**

在交流电路中，由于电感、电容对交流电路的影响作用，使得电路中电压、电流的大小和相位关系以及能量转换等问题不同于直流电路。

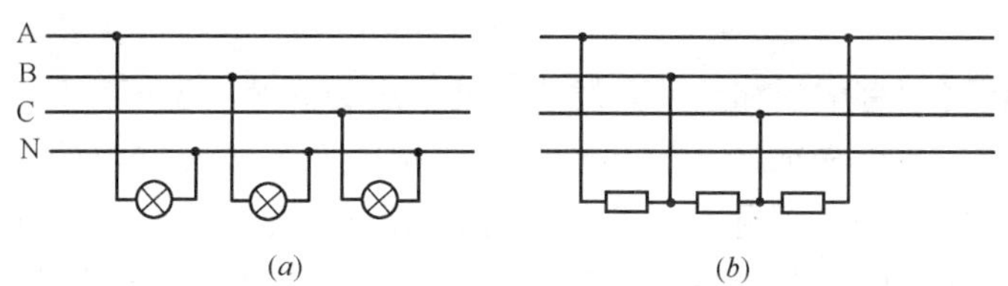


图 8-24　负载接入电源的接法

(a) 负载连接成星形；(b) 负载连接成三角形

我国电路负载多为感性负载，即电路呈电感性，电压超前电流 $\varphi$ 角，功率三角形如图 8-25 所示。

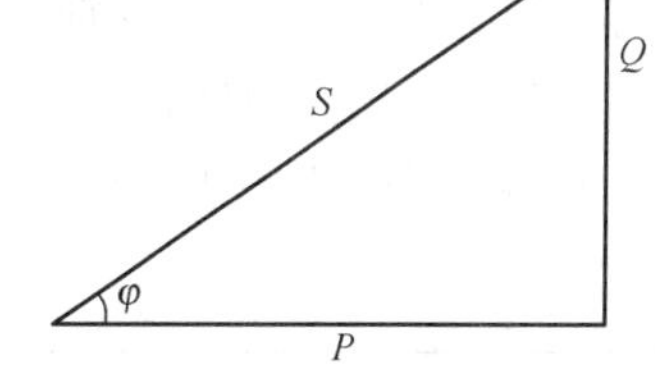


图 8-25　功率三角形

$$S=\sqrt{P^2+Q^2} \tag{8-6}$$

$$\cos\varphi=\frac{P}{S} \tag{8-7}$$

$$S=UI \tag{8-8}$$

$$P=UI\cos\varphi=S\cdot\cos\varphi \tag{8-9}$$

$$Q=UI\sin\varphi=S\cdot\sin\varphi \tag{8-10}$$

三相电路的功率：

$$S=\sqrt{3}U_1I_1 \tag{8-11}$$

$$P=\sqrt{3}U_1I_1\cos\varphi \tag{8-12}$$

$$Q=\sqrt{3}U_1I_1\sin\varphi \tag{8-13}$$

式中　$U_1$——线电压，V（伏），kV（千伏），$1kV=10^3V$；

$I_1$——线电流，A（安），kA（千安），$1kV=10^3A$；

$P$——有功功率，W（瓦），kW（千瓦），$1kW=10^3W$；

$Q$——无功功率，Var（乏），kvar（千乏），$1kvar=10^3Var$；

$S$——视在功率，V·A（伏安），kVA（千伏安），$1kVA=10^3VA$；

$\cos\varphi$——功率因数（亦称力率）。

### （四）变压器与电动机

#### 1. 变压器

变压器是利用电磁感应作用传递交流电能的。它由一个铁芯和绕在铁芯上的两个或多个匝数不等的线圈（绕组）组成，变压器具有变换电压、电流的功能。

在电力系统中，为减小线路上的功率损耗，实现远距离输电，用变压器将发电机发出的电源电压升高后再送入电网。在配电地点，为了用户安全和降低用电设备的制造成本，先用变压器将电压降低，然后分配给用户。

在电子技术中，测量和控制也广泛使用变压器，有用于整流、传递信号和实现阻抗匹配的整流变压器、耦合变压器和输出变压器。这些变压器的容量都较小，效率不是主要的性能指标。除此之外，尚有自耦变压器、仪用互感器及用作金属热加工的电焊变压器、电炉变压器等。

变压器在运行时因有铜损和铁损而发热，使绕组和铁芯的温度升高。为了防止变压器因温度过高而烧坏，必须采取冷却散热措施。常用的冷却介质有两种，即空气和变压器油。用空气作为介质的变压器称为干式变压器，用油作为介质的变压器称为油浸式变压器。小型变压器的热量由铁芯和绕组直接散发到空气中，这种冷却方式称为空气自冷式，即在空气中自然冷却。油浸式又分为油浸自冷式、油浸风冷式和强迫循环式三种。容量较大的变压器多采用油冷式，即把变压器的铁芯和绕组全部浸在油箱中。油箱中的变压器油（矿物油）除了使变压器冷却外，它还是很好的绝缘材料。相对于油浸式变压器，干式变压器因没有油，也就没有火灾、爆炸、污染等问题，故电气规范、规程等均不要求干式变压器置于单独房间内。特别是新的系列，损耗和噪声降到了新的水平，更为变压器与低压屏置于同一配电室内创造了条件。

目前国内使用变压器种类较多，各类变压器性能比较如表 8-15 所示。

**各类变压器性能比较** **表 8-15**

| 类　别 | 矿油变压器 | 硅油变压器 | 六氟化硫变压器 | 干式变压器 | 环氧树脂浇注变压器 |
|---|---|---|---|---|---|
| 价格 | 低 | 中 | 高 | 高 | 较高 |
| 安装面积 | 中 | 中 | 中 | 大 | 小 |
| 体积 | 中 | 中 | 中 | 大 | 小 |
| 爆炸性 | 有可能 | 可能性小 | 不爆 | 不爆 | 不爆 |
| 燃烧性 | 可燃 | 难燃 | 不燃 | 难燃 | 难燃 |
| 噪声 | 低 | 低 | 低 | 高 | 低 |
| 耐湿性 | 良好 | 良好 | 良好 | 弱（无电压时） | 优 |
| 耐尘性 | 良好 | 良好 | 良好 | 弱 | 良好 |
| 损失 | 大 | 大 | 稍小 | 大 | 小 |
| 绝缘等级 | A | A 或 H | E | B 或 H | B 或 F |
| 重量 | 重 | 较重 | 中 | 重 | 轻 |

变压器选择应考虑以下因素：

1）变电所的位置；

2）建筑物的防火等级；

3）建筑物的使用功能及对供电的要求；

4）当地供电部门对主变压器的管理体制。

在额定功率时，变压器的输出功率和输入功率的比值，叫作变压器的效率，即：

$$\eta = \frac{P_2}{P_1} \times 100\% \tag{8-14}$$

式中　$\eta$——变压器的效率；

$P_1$——输入功率；

$P_2$——输出功率。

当变压器的输出功率 $P_2$ 等于输入功率 $P_1$ 时，效率 $\eta$ 等于 100%，变压器将不产生任何损耗。但实际上这种变压器是没有的。变压器传输电能时总要产生损耗，这种损耗主要有铜损和铁损。

铜损是指变压器线圈电阻所引起的损耗。当电流通过线圈电阻发热时，一部分电能就转变为热能而损耗。由于线圈一般都由带绝缘的铜线缠绕而成，因此称为铜损。

变压器的铁损包括两个方面：一是磁滞损耗，当交流电流通过变压器时，通过变压器硅钢片的磁力线其方向和大小随之变化，使得硅钢片内部分子相互摩擦，放出热能，从而损耗了一部分电能，这便是磁滞损耗。另一是涡流损耗，当变压器工作时，铁芯中有磁力线穿过，在与磁力线垂直的平面上就会产生感应电流，由于此电流自成闭合回路形成环流，且成旋涡状，故称为涡流。涡流的存在使铁芯发热，消耗能量，这种损耗称为涡流损耗。

变压器的效率与变压器的功率等级有密切关系，通常功率越大，损耗与输出功率就越小，效率也就越高。反之，功率越小，效率也就越低。

**2. 电动机**

电能是现代最主要的能源之一。电机是与电能的生产、输送和使用有关的能量转换机械。它不仅是工业、农业和交通运输的重要设备，而且在日常生活中的应用也越来越广泛。

旋转电机的分类方法很多，按功能大致可分为：

（1）发电机，是一种把机械能转换成电能的旋转机械；

（2）电动机，是一种把电能转换成机械能的旋转机械；

（3）控制电机，是控制系统中应用的一种元件。

通常把旋转电机按它产生或耗用电能种类的不同，分为直流电机和交流电机。交流电机又按它的转子转速与旋转磁场转速的关系不同，分为同步电机和异步电机。异步电机按转子结构的不同，还可分为绕线式异步电机和鼠笼式异步电机。这种分类法可以归纳如下：

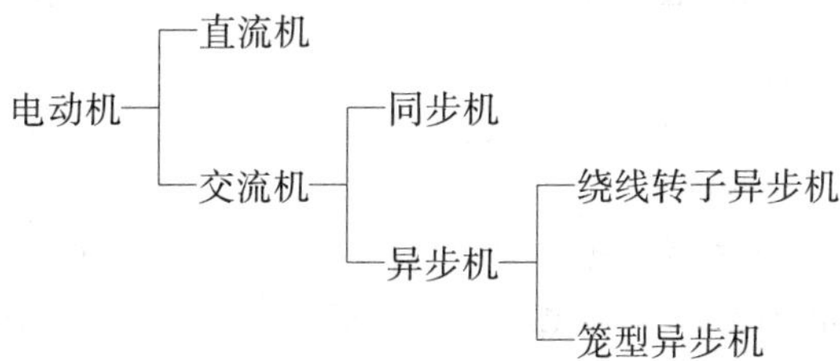


应该指出，不论是动力电机的能量转换，还是控制电机的信号变换，它们的工作原理都依赖于电磁感应定律。

工农业生产和日常生活中应用得最广泛的是鼠笼式异步电动机。

考生应了解三相异步电动机的启动、反转、调速和制动方法。

## 习　　题

8-1　下列叙述哪个是错误或不全面的？

A　电力负荷应根据建筑物的大小和规模分为一级负荷、二级负荷及三级负荷

B　重要办公建筑客梯电力属于一级负荷

C　一级负荷应由双重电源供电

D　大型博物馆防盗信号电源属于一级负荷中特别重要的负荷

8-2　下列哪个电源作为应急电源是错误的?

A　蓄电池　　　　　　　　　　B　干电池

C　独立于正常电源的发电机组　　D　从正常电源中引出一路专用的馈电线路

8-3　正常情况下，用电单位用电设备容量当大于多少时，应以高压方式供电?

A　160kVA　　B　160kW　　C　250kVA　　D　250kW

8-4　下列叙述中，哪组答案是正确的?

Ⅰ. 可燃油油浸电力变压器室的耐火等级不应低于二级；Ⅱ. 高压配电装置室和高压电容器室的耐火等级不应低于三级；Ⅲ. 柴油发电机间耐火等级应为二级；Ⅳ. 贮油间的耐火等级应为一级

A　Ⅰ、Ⅳ　　B　Ⅰ、Ⅱ　　C　Ⅰ、Ⅲ　　D　Ⅱ、Ⅳ

8-5　成排布置的低压配电屏，其屏后通道两个出口之间距离超过多少时，其间还应增加出口?

A　8m　　B　15m　　C　20m　　D　25m

8-6　下述有关配变电所的设置要求中哪个是错误的?

A　不宜设在地下室的最底层

B　不应设在超高层建筑的避难层

C　不应设在污染源的下风侧

D　不应设在厕所、浴室等场所的正下方或贴邻

8-7　下列叙述中，哪组答案是正确的?

Ⅰ. 长度大于7m的配电装置室应设两个出口，并宜布置在配电室的两端；Ⅱ. 高压配电室和电容器室，临街一面宜设不能开启的自然采光窗；Ⅲ. 有人值班的配变电所，宜设有上下水设施；Ⅳ. 变压器室、电容器室、配电装置室、控制室的附属房间不应有与其无关的管道、明敷线路通过；Ⅴ. 变压器室自然通风的进风和排风的温差不宜大于15℃

A　Ⅰ、Ⅱ、Ⅲ　　B　Ⅱ、Ⅲ、Ⅳ　　C　Ⅲ、Ⅳ、Ⅴ　　D　Ⅰ、Ⅲ、Ⅴ

8-8　下列叙述，哪组答案是正确的?

Ⅰ. 柴油发电机房宜靠近一级负荷或配电所设置；Ⅱ. 为减少噪声和振动，柴油发电机组宜远离建筑主体设置；Ⅲ. 发电机间与控制室之间的门，应开向控制室；Ⅳ. 机房内的管沟和电缆沟应有排水、排油措施

A　Ⅰ、Ⅳ　　B　Ⅱ、Ⅲ　　C　Ⅲ、Ⅳ　　D　Ⅱ、Ⅳ

8-9　下列叙述中哪组答案是正确的?

Ⅰ. 交流电安全电压是指标称电压在65V及以下；Ⅱ. 消防联动控制设备的直流控制电源电压应采用24V；Ⅲ. 电缆隧道内照明电压应低于36V；Ⅳ. 高层建筑乘客电梯，轿顶及井道照明电源电压宜为36V

A　Ⅰ、Ⅱ、Ⅲ　　B　Ⅱ、Ⅲ、Ⅳ　　C　Ⅰ、Ⅲ、Ⅳ　　D　Ⅰ、Ⅱ、Ⅳ

8-10　由高低压架空供电线路至建筑物第一个支点之间的一段架空线称为接户线，在建筑物侧，高、低压接户线对地距离不应小于(　　)。

A　6.5m，6m　　B　3m，2.5m　　C　4m，2.5m　　D　1.5m，1m

8-11　沿同一路径敷设电缆多于几根时，宜采用电缆隧道敷设?

A　6　　B　12　　C　18　　D　22

8-12　下列叙述，哪组答案正确?

Ⅰ. 建筑顶棚内，可采用护套绝缘线直敷布线；Ⅱ. 穿金属管的交流线路，应将同一回路的相线和中性线穿于同一根管内；Ⅲ. 除向电梯供电的电源线路外，其他线路不得沿电梯井道敷设；Ⅳ. 室内水平直敷布线时，对地距离不应小于2.5m

A　Ⅰ、Ⅱ　　B　Ⅱ、Ⅲ　　C　Ⅱ、Ⅳ　　D　Ⅰ、Ⅳ

8-13 下列哪项不属于应急照明？

A 备用照明　B 疏散照明　C 障碍标志灯　D 安全照明

8-14 在移动式日用电器的电源线及插座线路中，装有下列哪组保护电器是正确的？

A 短路保护　B 过载保护

C 短路过载保护　D 短路、过载、漏电保护

8-15 利用金属屋面做接闪器，根据材质要求有一定厚度，在下列答案中，哪个是正确的？

A 铁板 4mm，铜板 5mm，铝板 7mm

B 铁板 5mm，铜板 4mm，铝板 7mm

C 铁板 4mm，铜板 7mm，铝板 5mm

D 铁板 7mm，铜板 5mm，铝板 4mm

8-16 智能建筑主要有三大系统组成，下列哪个说法较准确？

A 建筑电气设备自动化系统（BAS），通信自动化系统（CAS），办公自动化系统（OAS）

B 通信自动化（CAS），综合布线（GCS），办公自动化（OAS）

C 保安管理系统（SMS），停车管理系统（CMS），卫星及公用天线电视系统（CATV）

D 建筑设备自动化（BAS），火灾自动报警及联动控制（FAS），办公自动化（OAS）

8-17 下列场所，哪个不适宜选用感温探测器？

A 厨房、发电机房　B 汽车库

C 客房、书库　D 烘干房

8-18 消防用电设备的配电线路，当采用穿金属管保护，暗敷在非燃烧体结构内时，其保护层厚度不应小于(　　)。

A 2cm　B 2.5cm　C 3cm　D 3.5cm

8-19 消防控制室隔墙的防火极限不低于(　　)。

A 2h　B 2.5h　C 3h　D 3.5h

8-20 电话站用房位置，下列哪条选择是错误的？

A 与其他建筑合建时，宜放在 4 层以下首层以上房间

B 不宜选在汽车库附近

C 应选在位于用户负荷中心配出线方便的地方

D 宜在配电室附近

8-21 关于声控室位置的选择叙述中，哪组答案是完全正确的？

Ⅰ.镜框式剧院宜放在舞台台口侧；Ⅱ.体育馆类建筑宜放在主席台侧；Ⅲ.报告厅宜放在主席台侧；Ⅳ.不宜与电气设备机房上、下、左、右贴邻布置

A Ⅰ、Ⅱ　B Ⅱ、Ⅳ　C Ⅲ、Ⅳ　D Ⅰ、Ⅳ

8-22 灯具与图书等易燃物的距离应大于多少？

A 0.1m　B 0.3m　C 0.4m　D 0.5m

## 参考答案

| | | | | | | | | | | | |
|---|---|---|---|---|---|---|---|---|---|---|---|
| 8-1 | A | 8-2 | D | 8-3 | D | 8-4 | A | 8-5 | B | 8-6 | B |
| 8-7 | D | 8-8 | A | 8-9 | B | 8-10 | C | 8-11 | C | 8-12 | C |
| 8-13 | C | 8-14 | D | 8-15 | A | 8-16 | A | 8-17 | C | 8-18 | C |
| 8-19 | A | 8-20 | D | 8-21 | B | 8-22 | D | | | | |

# 附录1　全国二级注册建筑师资格考试大纲

**一、总则**

本大纲供全国二级注册建筑师资格考试的命题及备考用，其基本原则为：

（一）全国二级注册建筑师资格考试的应知应会范围和难度标准，均以《中华人民共和国注册建筑师条例》（以下简称《条例》）有关条文规定为准。制定考试大纲的目标是为巩固现行注册建筑师管理体制和保证我国二级注册建筑师的总体素质。

（二）全国二级注册建筑师的“职业定性”，按《条例》规定：“注册建筑师是依法取得注册建筑师资格证书，并从事房屋建筑设计及相关业务的人员”，大纲应明确按照“房屋建筑设计专业”定性职业分工。

（三）全国二级注册建筑师的“执业范围”已在《条例》中划定为：

（1）建筑设计；

（2）建筑设计技术咨询；

（3）建筑物调查与鉴定；

（4）对本人主持的设计项目进行施工指导和监督；

（5）建设部行政主管部门规定的其他业务。考题范围据此确定。

（四）《条例》规定注册建筑师执行业务，应当加入建筑设计单位。国家建设部颁布的《建筑设计资质分级标准》中将二级注册建筑师的“执业定位”相应划定为“丙级设计单位的专职技术骨干”，并且明确其具体“执业范围”是“承担三级民用建筑工程设计项目”。因此全国二级注册建筑师资格考试的“命题范围和难度标准”均严格遵照部颁的《建筑设计等级分类表》。

（五）《条例》规定有五种学历或技术水平和相应建筑设计业务实践经历的人员可以申请参加二级注册建筑师资格考试。对以上学历的人员均要求应具有房屋建筑学领域有关学科理论概念和基本知识，并已经具有一般城市中小型公共建筑和住宅宿舍工程设计的实践能力、能胜任丙级设计单位专职技术骨干、可以承担三级民用建筑工程设计项目的考试合格者准予注册。

**全国二级注册建筑师资格考试各科目考试题型及时间表**

| 序　号 | 科　　目 | 考试形式 | 考试时间（小时） |
|---|---|---|---|
| 一 | 场地与建筑设计 | 作　　图 | 6.0 |
| 二 | 建筑构造与详图 | 作　　图 | 3.5 |
| 三 | 建筑结构与设备 | 单　　选 | 3.5 |
| 四 | 法律、法规、经济与施工 | 单　　选 | 3.0 |
| 合　　计 | | | 16.0 |

**二、第一考试科目《场地与建筑设计》**（作图题）

总体要求：应试者应具有建筑学领域有关学科理论概念和基本知识，以及相关专业理论的基本概念与技术知识，具有中小型建筑工程设计的实践能力。

1.1　场地设计

1.1.1　理解建筑基地的地理、环境及规划条件。掌握建筑场地的功能布局、环境空间、交通组织、竖向设计、绿化布置，以及有关指标、法规、规范等要求。具有对场地总体建筑环境的基本的规划设计与实践能力。能对试题做出符合要求及有关法规、规范规定的解答。

1.2　建筑设计

1.2.1　熟悉建筑设计的基础理论，掌握低、多层住宅、宿舍及一般中小型公共建筑的环境关系、功能分区、流线组织、空间组合、内外交通、朝向、采光、日照、通风、热工、防火、节能、抗震、结构选型及其他设计要点，以及建筑指标和有关法律、法规、规范、标准，并具有设计构思和实践能力。能对试题做出符合要求及有关法规、规范规定的解答。

**三、第二考试科目《建筑构造与详图》**（作图题）

总体要求：应试者应正确理解低、多层住宅、宿舍及一般中小型公共建筑的建筑技术，常用节点构造及其涉及的相关专业理论与技术知识，建筑安全防护设施等。并具有绘图表达能力。

2.1　建筑构造

2.1.1　熟悉低、多层住宅、宿舍及一般中小型公共建筑的房屋构造。掌握建筑重点部位的节点内容、构造措施及用料做法；掌握常用建筑构配件详图构造；了解与相关专业的配合条件，并能正确绘图表达。

2.2　综合作图

2.2.1　熟悉低、多层住宅、宿舍及一般中小型公共建筑中有关结构、设备、电气等专业的系统与设施的基本知识，掌握其与建筑布局的综合关系并能正确绘图表达。

2.3　安全设施

2.3.1　掌握建筑法规中一般建筑的安全防护规定及其针对儿童、老年人、残疾人的特殊防护要求。掌握一般建筑防火构造措施。并能正确绘图表达。

**四、第三考试科目《建筑结构与设备》**

3.1　建筑结构

3.1.1　对建筑力学的概念有基本了解，对荷载的取值及计算，结构的模型及受力特点有清晰的概念。对一般杆系结构在不同的荷载作用下的内力及变形有一个基本概念。

3.1.2　对砌体结构、钢筋混凝土结构的基本性能、使用范围及主要构造能进行较为深入的了解及分析，对钢结构及木结构的基本概念有一般了解。

3.1.3　了解多层建筑砖混结构，底框及底部两层框架及中小跨度单层厂房建筑结构选型基本知识，了解建筑抗震基本知识及各类建筑的抗震构造，各类结构在不同烈度下的使用范围，了解地质条件的基本概念，各类天然地基及人工地基的类型及选择原则。

3.2　建筑设备

3.2.1　了解在中小型建筑中给水储存，加压及分配；热水及饮水供应；消防给水与自动灭火系统；排水系统、通气管及小型污水处理等。

3.2.2　了解中小型建筑中采暖各种方式和分户计量系统，及其所使用的热源、热媒，了解通风防排烟、空调基本知识，以及风机房、制冷机房、锅炉房主要设备和土建关系，了解建筑节能基本知识，了解燃气供应系统。

3.2.3　了解在中小型建筑中电力供配电系统，室内外电气线路敷设，电气照明系统，电气设备防火要求，电气系统的安全接地及建筑物防雷；了解电信、广播、呼叫、保安、共用天线及有线电视、网络布线及节能环保等措施。

**五、第四考试科目《法律、法规、经济与施工》**

4.1　法律、法规

4.1.1　了解与工程勘察设计有关的法律、行政法规和部门规章的基本精神；熟悉注册建筑师考试、注册、执业、继续教育，及注册建筑师权利与义务等方面的规定；了解设计业务招标投标、承包发包，及签订设计合同等市场行为方面的规定；熟悉设计文件编制的原则、依据、程序、质量和深度要求，及修改设计文件等方面的规定；熟悉执行工程建设标准，特别是强制性标准管理方面的规定；了解城市规划管理、房地产开发程序和建设工程监理的有关规定；了解对工程建设中各种违法、违纪行为的处罚规定。

4.2 技术规范

4.2.1 熟悉并正确运用一般中小型建筑设计相关的规范、规定与标准，特别是掌握并遵守国家规定的强制性条文，全面保证良好的设计质量。

4.3 经济

4.3.1 了解基本建设费用的组成；了解工程项目概、预算内容及编制方法；了解一般建筑工程的技术经济指标和土建工程分部分项单价；了解建筑材料的价格信息，能估算一般建筑工程的单方造价；掌握建筑面积的计算规则。

4.4 施工

4.4.1 了解砌体工程、混凝土结构工程、防水工程、建筑装饰装修工程、建筑地面工程的施工质量验收规范基本知识。

# 附录2　全国二级注册建筑师资格考试规范、标准及主要参考书目

1. 建筑总平面设计（高等院校教材）……用于第1科目
2. 住宅设计原理（高等院校教材）……用于第1科目
3. 公共建筑设计原理（高等院校教材）……用于第1科目
4. 建筑构造（高等院校教材）……用于第2科目
5. 建筑设计资料集（第二版）（中国建筑工业出版社）……用于第1、2科目
6. 建筑结构（上下册）郭继武、龚伟编，
（中国建筑工业出版社，1991年6月）……用于第3科目
7. 二级注册建筑师资格考试复习参考资料（全国注管委，浙江省注管委编，
中国建筑工业出版社，1997年）……用于第3科目
8. 一级注册建筑师资格考试手册（有关费用组成及建筑面积部分）
（全国注册建筑师管理委员会组织编写）……用于第4科目
9. 建筑师技术经济与管理读本
（全国注册建筑师管理委员会组织编写）……用于第4科目
10. 概、预算定额（土建部分）……用于第4科目
11. 中华人民共和国建筑法（中华人民共和国主席令第91号）……用于第4科目
12. 中华人民共和国城市规划法
（中华人民共和国主席令第23号）……用于第4科目
13. 中华人民共和国招标投标法
（中华人民共和国主席令第21号）……用于第4科目
14. 中华人民共和国城市房地产管理法
（中华人民共和国主席令第29号）……用于第4科目
15. 中华人民共和国合同法（中华人民共和国主席令第15号）
总则第一至四章及第十六章（建设工程合同）……用于第4科目
16. 中华人民共和国注册建筑师条例（国务院第184号令）……用于第4科目
17. 建设工程勘察设计管理条例（国务院第293号令）……用于第4科目
18. 建设工程质量管理条例（国务院第279号令）……用于第4科目
19. 中华人民共和国注册建筑师条例实施细则
（建设部第52号令）……用于第4科目
20. 实施工程建设强制性标准监督规定
（建设部第81号令）……用于第4科目
21. 工程建设若干违法违纪行为处罚办法
（建设部、监察部第68号令）……用于第4科目
22. 建筑工程设计招标投标管理办法
（建设部第82号令）……用于第4科目
23. 房屋建筑制图统一标准GB/T 50001—2001……用于第1、2科目

24. 总图制图标准 GB/T 60103—2001 …………………………………………… 用于第 1、2 科目
25. 建筑制图标准 GB/T 50104—2001 …………………………………………… 用于第 1、2 科目
26. 城市公共交通站、场、厂设计规范 CJJ 15—87 …………………………… 用于第 1、4 科目
27. 城市居住区规划设计规范 GB 50180—93 ………………………………… 用于第 1、4 科目
28. 民用建筑设计通则 JGJ 37—87 ……………………………………………… 用于第 1、2、4 科目
29. 村镇规划标准 GB 50188—93 ………………………………………………… 用于第 1、4 科目
30. 城市道路和建筑物无障碍设计规范 JGJ 50—2001 ……………………… 用于第 1、2、4 科目
31. 老年人建筑设计规范 JGJ 122—99 ……………………………………… 用于第 1、2、3、4 科目
32. 建筑设计防火规范 GBJ 16—87—2001 ………………………………… 用于第 1、2、3、4 科目
33. 村镇建筑设计防火规范 GBJ 39—90 …………………………………… 用于第 1、2、3、4 科目
34. 汽车库、修车库、停车场设计防火规范 GB 50067—97 ……………… 用于第 1、2、3、4 科目
35. 住宅设计规范 GB 50096—1999 ………………………………………… 用于第 1、2、3、4 科目
36. 宿舍建筑设计规范 JGJ 36—87 ………………………………………… 用于第 1、2、3、4 科目
37. 旅馆建筑设计规范 JGJ 62—90 ………………………………………… 用于第 1、2、3、4 科目
38. 办公建筑设计规范 JGJ 67—89 ………………………………………… 用于第 1、2、3、4 科目
39. 中小学校建筑设计规范 GBJ 99—86 …………………………………… 用于第 1、2、3、4 科目
40. 托儿所、幼儿园建筑设计规范 JGJ 39—87 试行 ……………………… 用于第 1、2、3、4 科目
41. 文化馆建筑设计规范 JGJ 41—87 试行 ………………………………… 用于第 1、2、3、4 科目
42. 图书馆建筑设计规范 JGJ 38—99 ……………………………………… 用于第 1、2、3、4 科目
43. 电影院建筑设计规范 JGJ 58—88 试行 ………………………………… 用于第 1、2、3、4 科目
44. 综合医院建筑设计规范 JGJ 49—88 试行 ……………………………… 用于第 1、2、3、4 科目
45. 疗养院建筑设计规范 JGJ 40—87 试行 ………………………………… 用于第 1、2、3、4 科目
46. 汽车客运站建筑设计规范 JGJ 60—99 ………………………………… 用于第 1、2、3、4 科目
47. 汽车库建筑设计规范 JGJ 100—98 ……………………………………… 用于第 1、2、3、4 科目
48. 商店建筑设计规范 JGJ 48—88 ………………………………………… 用于第 1、2、3、4 科目
49. 饮食建筑设计规范 JGJ 64—89 ………………………………………… 用于第 1、2、3、4 科目
50. 屋面工程技术规范 GB 50207—94 ……………………………………………… 用于第 2 科目
51. 地下工程防水技术规范 GB 50108—2001 ……………………………………… 用于第 2 科目
52. 建筑地面设计规范 GB 50037—96 ……………………………………………… 用于第 2 科目
53. 民用建筑隔声设计规范 GBJ 118—88 …………………………………………… 用于第 2 科目
54. 民用建筑热工设计规范 GB 50176—93 ………………………………………… 用于第 2 科目
55. 民用建筑节能设计标准（采暖居住建筑部分）JGJ 26—95 ……………… 用于第 2、3 科目
56. 建筑结构荷载规范 GB 50009—2001 …………………………………………… 用于第 3 科目
57. 砌体结构设计规范 GB 50003—2001 …………………………………………… 用于第 3 科目
58. 混凝土结构设计规范 GB 50010—2002 ………………………………………… 用于第 3 科目
59. 建筑抗震设计规范 GB 50011—2001 …………………………………………… 用于第 3 科目
60. 建筑地基基础设计规范 GB 50007—2002 ……………………………………… 用于第 3 科目
61. 建筑给水排水设计规范 GBJ 15—88，1997 年版 ……………………………… 用于第 3 科目
62. 采暖通风与空气调节设计规范 GB 50019—2003 ……………………………… 用于第 3 科目
63. 民用建筑电气设计规范 JBJ/T 16—92 ………………………………………… 用于第 3 科目
64. 砌体工程施工质量验收规范 GB 50203—2002 ………………………………… 用于第 4 科目
65. 混凝土结构工程施工质量验收规范 GB 50204—2002 ………………………… 用于第 4 科目
66. 屋面工程质量验收规范 GB 50207—2002 ……………………………………… 用于第 4 科目

67. 建筑地面工程施工质量验收规范 GB 50209—2002 ………………………………… 用于第 4 科目
68. 建筑装饰装修工程质量验收规范 GB 50210—2001 ………………………………… 用于第 4 科目
69. 地下防水工程施工质量验收规范 GB 50208—2002 ………………………………… 用于第 4 科目

注：① 本书目序号 1～4 所列书目因目前全国高校尚无统一教材，目录暂按此列。

② 本书目所列规范部分，按现行规范列入，遇有规范修改或新编规范出版时应以修订本或新编规范为准。

③ 全国注册建筑师管理委员会 2004 年 4 月 21 日通知：每年考试所使用的规范、标准，以本考试年度上一年 12 月 31 日以前正式实施的规范、标准为准。

**现行常用建筑法规、规范、规程、标准一览表（截至 2019 年年底）**

| 序号 | 编　号 | 名　称 | 被代替编号 |
|---|---|---|---|
| | | **法律、法规** | |
| 1 | | 中华人民共和国建筑法(2011 年 7 月 1 日起施行) | |
| 2 | | 中华人民共和国城乡规划法(2008 年 1 月 1 日起施行) | |
| 3 | | 中华人民共和国安全生产法(2014 年 12 月 1 日起施行) | |
| 4 | | 中华人民共和国环境保护法(2015 年 1 月 1 日起施行) | |
| 5 | | 中华人民共和国注册建筑师条例(1995 年 9 月 23 日起施行) | |
| 6 | | 中华人民共和国注册建筑师条例实施细则(2008 年 3 月 15 日起施行) | |
| 7 | | 中华人民共和国招标投标法(2000 年 1 月 1 日起施行) | |
| 8 | | 中华人民共和国建筑法（2011 年修正版，2011 年 7 月 1 日起实施) | |
| 9 | | 中华人民共和国城市房地产管理法(2007 年 8 月 30 日第一次修正，2009 年 8 月 27 日第二次修正) | |
| 10 | | 建设工程勘察设计管理条例(2015 年 6 月 12 日公布，自公布之日起施行) | |
| 11 | | 建设工程质量管理条例(2000 年 1 月 30 日起施行) | |
| 12 | | 建筑工程设计文件编制深度规定(2017 年 1 月 1 日起施行) | 2008 年版 |
| 13 | HJ 169—2018 | 建设项目环境风险评价技术导则(2019 年 3 月 1 日实施) | |

**总图、规划、道路**

| 序号 | 编　号 | 名　称 | 被代替编号 |
|---|---|---|---|
| 1 | GB 50137—2011 | 城市用地分类与规划建设用地标准 | GBJ 137—90 |
| 2 | GB 50925—2013 | 城市对外交通规划规范 | |

续表

| 序号 | 编　号 | 名　称 | 被代替编号 |
| --- | --- | --- | --- |
| **3** | **GB/T 51328—2018** | **城市综合交通体系规划标准** | **城市道路交通规划设计规范 GB 50220—95 废止<br>城市道路绿化规划与设计规范 CJJ 75—97 第 3.1、3.2 节废止** |
| 4 | CJJ 37—2012 | 城市道路工程设计规范(2016 年版) | 局部修订 |
| 5 | GB 51286—2018 | 城市道路工程技术规范 | |
| 6 | GB/T 51149—2016 | 城市停车规划规范 | |
| 7 | GB/T 51163—2016 | 城市绿线划定技术规范 | |
| 8 | CJJ 75—97 | 城市道路绿化规划与设计规范 | |
| **9** | **GB/T 51346—2019** | **城市绿地规划标准** | |
| **10** | **GB/T 51329—2018** | **城市环境规划标准** | |
| **11** | **GB/T 50357—2018** | **历史文化名城保护规划标准** | **GB 50357—2005** |
| 12 | GB 50180—2018 | 城市居住区规划设计标准 | GB 50180—93(2016 年版) |
| **13** | **GB 50437—2007** | **城镇老年人设施规划规范(2018 年版)** | **局部修订** |
| 14 | CJJ 83—2016 | 城乡建设用地竖向规划规范 | CJJ 83—99 |
| 15 | GB 50289—2016 | 城市工程管线综合规划规范 | GB 50289—98 |
| **16** | **GB/T 51345—2018** | **海绵城市建设评价标准** | |
| **17** | **GB/T 51327—2018** | **城市综合防灾规划标准** | |
| 18 | GB/T 50805—2012 | 城市防洪工程设计规范 | CJJ 50—92 |
| 19 | GB 50201—2014 | 防洪标准 | GB 50201—94 |
| 20 | GB 50413—2007 | 城市抗震防灾规划标准 | |
| 21 | GB 51080—2015 | 城市消防规划规范 | |
| 22 | GB/T 50103—2010 | 总图制图标准 | GB/T 50103—2001 |
| 23 | CJJ/T 97—2003 | 城市规划制图标准 | |
| 24 | GB 50026—2007 | 工程测量规范 | |
| | | **建　筑** | |
| 1 | GB/T 50353—2013 | 建筑工程建筑面积计算规范 | GB/T 50353—2005 |
| 2 | GB/T 50104—2010 | 建筑制图标准 | GB/T 50104—2001 |
| 3 | GB/T 50001—2010 | 房屋建筑制图统一标准 | GB/T 50001—2001 |
| 4 | GB/T 50002—2013 | 建筑模数协调标准 | GBJ 2—86、<br>GB/T 50100—2001 |
| 5 | GB/T 50504—2009 | 民用建筑设计术语标准 | |
| **6** | **GB 50352—2019** | **民用建筑设计统一标准** | **GB 50352—2005** |
| 7 | GB 50763—2012 | 无障碍设计规范 | JGJ 50—2001 |
| **8** | **GB/T 50378—2019** | **绿色建筑评价标准** | **GB/T 50378—2014** |

续表

| 序号 | 编　号 | 名　称 | 被代替编号 |
|---|---|---|---|
| 9 | GB/T 51129—2017 | 装配式建筑评价标准 | |
| 10 | GB 50096—2011 | 住宅设计规范 | GB 50096—99 |
| 11 | GB 50368—2005 | 住宅建筑规范 | |
| 12 | GB/T 50362—2005 | 住宅性能评定技术标准 | |
| 13 | JGJ 450—2018 | 老年人照料设施建筑设计标准 | 老年人居住建筑设计规范 GB 50340—2016 养老设施建筑设计规范 GB 50867—2013 |
| 14 | JGJ/T 398—2017 | 装配式住宅建筑设计标准 | |
| 15 | JGJ 39—2016 | 托儿所、幼儿园建筑设计规范 | JGJ 39—87 |
| 16 | GB 50099—2011 | 中小学校设计规范 | GBJ 99—86 |
| 17 | JGJ 67—2006 | 办公建筑设计规范 | JGJ 67—1989 |
| 18 | JGJ 36—2016 | 宿舍建筑设计规范 | JGJ 36—2005 |
| 19 | JGJ 62—2014 | 旅馆建筑设计规范 | |
| 20 | JGJ 58—2008 | 电影院建筑设计规范 | JGJ 58—1988 |
| 21 | JGJ 57—2016 | 剧场建筑设计规范 | JGJ 57—2000 |
| 22 | JGJ 218—2010 | 展览建筑设计规范 | |
| 23 | JGJ/T 41—2014 | 文化馆建筑设计规范 | JGJ/T 41—87(试行) |
| 24 | JGJ 25—2010 | 档案馆建筑设计规范 | JGJ 25—2000 |
| 25 | JGJ 38—2015 | 图书馆建筑设计规范 | JGJ 38—99 |
| 26 | JGJ 66—2015 | 博物馆建筑设计规范 | JGJ 66—91 |
| 27 | JGJ 48—2014 | 商店建筑设计规范 | JGJ 48—88 |
| 28 | JGJ 31—2003 | 体育建筑设计规范 | |
| 29 | GB 50226—2007 | 铁路旅客车站建筑设计规范(2011 年版) | GB 50226—95 |
| 30 | GB 50091—2006 | 铁路车站及枢纽设计规范 | |
| 31 | JGJ/T 60—2012 | 交通客运站建筑设计规范 | JGJ 60—99/JGJ 86—92 |
| 32 | CJJ 14—2005 | 城市公共厕所设计标准 | |
| 33 | GB 51039—2014 | 综合医院建筑设计规范 | JGJ 49—88 |
| 34 | GB 50849—2014 | 传染病医院建筑设计规范 | |
| 35 | GB 50333—2013 | 医院洁净手术部建筑技术规范 | GB 50333—2002 |
| **36** | **JGJ/T 40—2019** | **疗养院建筑设计标准** | **JGJ 40—87** |
| 37 | GB 50038—2005 | 人民防空地下室设计规范 | GB 50038—94 |
| 38 | JGJ 100—2015 | 车库建筑设计规范 | 原《汽车库建筑设计规范》 JGJ 100—98 |
| 39 | GB 50041—2008 | 锅炉房设计规范 | GB 50041—92 |
| 40 | JGJ/T 229—2010 | 民用建筑绿色设计规范 | |

续表

| 序号 | 编　　号 | 名　　称 | 被代替编号 |
| --- | --- | --- | --- |
| 41 | GB/T 50668—2011 | 节能建筑评价标准 | |
| 42 | GB 50037—2013 | 建筑地面设计规范 | GB 50037—96 |
| 43 | GB/T 50947—2014 | 建筑日照计算参数标准 | |
| 44 | GB/T 50033—2013 | 建筑采光设计标准 | GB 50033—2001 |
| 45 | GB 50118—2010 | 民用建筑隔声设计规范 | GBJ 118—88 |
| 46 | GB 50121—2005 | 建筑隔声评价标准 | |
| 47 | GB/T 50356—2005 | 剧场、电影院和多用途厅堂建筑声学设计规范 | |
| 48 | JGJ/T 131—2012 | 体育场馆声学设计及测量规程 | JGJ/T 131—2000 |
| 49 | GB 50325—2010 | 民用建筑工程室内环境污染控制规范(2013 年版) | GB 50325—2001 |
| 50 | JGJ 64—2017 | 饮食建筑设计标准 | JGJ 64—89 |
| | | **结　　构** | |
| 1 | GB/T 50105—2010 | 建筑结构制图标准 | GB/T 50105—2001 |
| **2** | **GB 50068—2018** | **建筑结构可靠性设计统一标准** | **GB 50068—2001** |
| 3 | GB/T 50083—2014 | 工程结构设计基本术语标准 | GB/T 50083—97 |
| 4 | GB 50223—2008 | 建筑工程抗震设防分类标准 | GB 50223—2004 |
| 5 | GB 50153—2008 | 工程结构可靠性设计统一标准 | GB 50153—92 |
| 6 | JGJ/T 97—2011 | 工程抗震术语标准 | JGJ/T 97—95 |
| 7 | GB 50011—2010 | 建筑抗震设计规范(2016 年版) | 局部修订 |
| 8 | GB 50009—2012 | 建筑结构荷载规范 | GB 50009—2001(2006 年版) |
| 9 | GB 50003—2011 | 砌体结构设计规范 | GB 50003—2001 |
| 10 | GB 50010—2010 | 混凝土结构设计规范 | 局部修订 |
| 11 | JGJ 369—2016 | 预应力混凝土结构设计规范 | |
| 12 | JGJ 3—2010 | 高层建筑混凝土结构技术规程 | JGJ 3—2002 |
| 13 | GB 50005—2017 | 木结构设计标准 | GB 50005—2003(2005 年版) |
| 14 | GB/T 51226—2017 | 多高层木结构建筑技术标准 | |
| 15 | GB 50017—2017 | 钢结构设计标准 | GB 50017—2003 |
| 16 | GB 50007—2011 | 建筑地基基础设计规范 | GB 50007—2002 |
| 17 | JGJ 79—2012 | 建筑地基处理技术规范 | JGJ 79—2002 |
| 18 | GB 50021—2001 | 岩土工程勘察规范(2009 年版) | GB 50021—94 |
| 19 | JGJ 209—2010 | 轻型钢结构住宅技术规程 | |
| 20 | JGJ 116—2009 | 建筑抗震加固技术规程 | |
| 21 | JGJ 7—2010 | 空间网格结构技术规程 | JGJ 7—91 和 JGJ 61—2003 |
| 22 | GB 50422—2017 | 预应力混凝土路面工程技术规范 | GB 50422—2007 |
| **23** | **GB/T 51336—2018** | **地下结构抗震设计标准** | |
| 24 | JGJ 339—2015 | 非结构构件抗震设计规范 | |

续表

| 序号 | 编　　号 | 名　　称 | 被代替编号 |
|---|---|---|---|
| **给排水** | | | |
| 1 | GB/T 50106—2010 | 建筑给水排水制图标准 | GB/T 50106—2001 |
| 2 | GB/T 50125—2010 | 给水排水工程基本术语标准 | |
| 3 | GB 50015—2003 | 建筑给水排水设计规范(2009 年版) | GBJ 15—88 |
| 4 | GB 50013—2006 | 室外给水设计规范 | GBJ 13—86 |
| 5 | GB 50014—2006 | 室外排水设计规范(2014 年版) | GBJ 14—87 |
| 6 | GB 50336—2018 | 建筑中水设计标准 | GB 50336—2002 |
| 7 | GB 50318—2000 | 城市排水工程规划规范 | |
| 8 | CJJ 140—2010 | 二次供水工程技术规程 | |
| 9 | GB 50555—2010 | 民用建筑节水设计标准 | |
| 10 | GB 50364—2018 | 民用建筑太阳能热水系统应用技术标准 | |
| **暖通、空调、燃气** | | | |
| 1 | GB/T 50114—2010 | 暖通空调制图标准 | GB/T 50114—2001 |
| 2 | GB 50736—2012 | 民用建筑供暖通风与空气调节设计规范 | GB 50019—2003 |
| **3** | **JGJ 26—2018** | **严寒和寒冷地区居住建筑节能设计标准** | **JGJ 26—2010** |
| 4 | JGJ 75—2012 | 夏热冬暖地区居住建筑节能设计标准 | JGJ 75—2003 |
| 5 | JGJ 134—2010 | 夏热冬冷地区居住建筑节能设计标准 | JGJ 134—2001 |
| 6 | GB 50176—2016 | 民用建筑热工设计规范 | GB 50176—93 |
| 7 | GB 50189—2015 | 公共建筑节能设计标准 | |
| 8 | GB 51245—2017 | 工业建筑节能设计统一标准 | |
| 9 | JGJ/T 177—2009 | 公共建筑节能检测标准 | |
| 10 | JGJ/T 132—2009 | 居住建筑节能检测标准 | JGJ/T 132—2001 |
| 11 | JGJ 176—2009 | 公共建筑节能改造技术规范 | |
| 12 | JGJ/T 129—2012 | 既有居住建筑节能改造技术规程 | JGJ 129—2000 |
| 13 | CJJ/T 185—2012 | 城镇供热系统节能技术规范 | |
| 14 | GB/T 50785—2012 | 民用建筑室内热湿环境评价标准 | |
| 15 | GB 50028—2006 | 城镇燃气设计规范 | GB 50028—93 |
| 16 | GB 50364—2005 | 民用建筑太阳能热水系统应用技术规范 | |
| 17 | JGJ 142—2012 | 辐射供暖供冷技术规程 | JGJ 142—2004 |
| **电　　气** | | | |
| 1 | GB/T 50786—2012 | 建筑电气制图标准 | |
| 2 | JGJ 16—2008 | 民用建筑电气设计规范 | JGJ/T 16—92 |
| 3 | JGJ 242—2011 | 住宅建筑电气设计规范 | |
| 4 | JGJ 310—2013 | 教育建筑电气设计规范 | |
| 5 | JGJ 392—2016 | 商店建筑电气设计规范 | |
| 6 | GB 50314—2015 | 智能建筑设计标准 | GB/T 50314—2006 |

续表

| 序号 | 编　号 | 名　称 | 被代替编号 |
|---|---|---|---|
| 7 | GB 50311—2016 | 综合布线系统工程设计规范 | GB 50311—2007 |
| 8 | GB 50057—2010 | 建筑物防雷设计规范 | GB 50057—94 |
| 9 | GB 50052—2009 | 供配电系统设计规范 | GB 50052—95 |
| 10 | GB 50034—2013 | 建筑照明设计标准 | GB 50034—2004 |
| 11 | JGJ/T 119—2008 | 建筑照明术语标准 | JGJ/T 119—98 |
| 12 | JGJ 203—2010 | 民用建筑太阳能光伏系统应用技术规范 | |
| | | **消　防** | |
| 1 | GB 50016—2014 | 建筑设计防火规范(2018年版) | 局部修订 |
| 2 | GB 50067—2014 | 汽车库、修车库、停车场设计防火规范 | GB 50067—97 |
| 3 | GB 50222—2017 | 建筑内部装修设计防火规范 | GB 50222—95(2001年版) |
| 4 | GB 50098—2009 | 人民防空工程设计防火规范 | GB 50098—98 |
| 5 | GB 50974—2014 | 消防给水及消火栓系统技术规范 | |
| 6 | GB 50116—2013 | 火灾自动报警系统设计规范 | GB 50116—98 |
| 7 | GB 50084—2017 | 自动喷水灭火系统设计规范 | GB 50084—2001(2005年版) |
| 8 | GB 51249—2017 | 建筑钢结构防火技术规范 | |
| 9 | GB 51251—2017 | 建筑防烟排烟系统技术标准 | |
| | | **施　工** | |
| 1 | GB/T 50841—2013 | 建设工程分类标准 | |
| 2 | GB/T 50375—2016 | 建筑工程施工质量评价标准 | GB/T 50375—2006 |
| 3 | GB/T 50502—2009 | 建筑施工组织设计规范 | |
| 4 | GB 50345—2012 | 屋面工程技术规范 | GB 50345—2004 |
| 5 | GB 50207—2012 | 屋面工程质量验收规范 | GB 50207—2002 |
| 6 | GB 50693—2011 | 坡屋面工程技术规范 | |
| 7 | JGJ 155—2013 | 种植屋面工程技术规程 | JGJ 155—2007 |
| 8 | JGJ 230—2010 | 倒置式屋面工程技术规程 | |
| 9 | JGJ 255—2012 | 采光顶与金属屋面技术规程 | |
| 10 | GB 50204—2015 | 混凝土结构工程施工质量验收规范 | GB 50204—2002(2011年版) |
| 11 | JGJ/T 17—2008 | 蒸压加气混凝土建筑应用技术规程 | |
| 12 | JGJ/T 14—2011 | 混凝土小型空心砌块建筑技术规程 | JGJ/T 14—2004 |
| 13 | JGJ 126—2015 | 外墙饰面砖工程施工及验收规程 | |
| 14 | JGJ/T 220—2010 | 抹灰砂浆技术规程 | |
| 15 | JGJ/T 235—2011 | 建筑外墙防水工程技术规程 | |
| 16 | JGJ 144—2004 | 外墙外保温工程技术规程 | |
| 17 | JG/T 372—2012 | 建筑变形缝装置 | |
| 18 | GB 51004—2015 | 建筑地基基础工程施工规范 | |

续表

| 序号 | 编　　号 | 名　　称 | 被代替编号 |
|---|---|---|---|
| 19 | GB 50202—2018 | 建筑地基基础工程施工质量验收标准 | GB 50202—2016 |
| 20 | GB 50108—2008 | 地下工程防水技术规范 | GB 50108—2001 |
| 21 | GB 50209—2010 | 建筑地面工程施工质量验收规范 | GB 50209—2002 |
| 22 | GB 50330—2013 | 建筑边坡工程技术规范 | GB 50330—2002 |
| 23 | JGJ 120—2012 | 建筑基坑支护技术规程 | JGJ 120—99 |
| 24 | JGJ/T 104—2011 | 建筑工程冬期施工规程 | JGJ/T 104—97 |
| 25 | GB 50156—2012 | 汽车加油加气站设计与施工规范 | GB 50156—2002 |
| | | **材　　料** | |
| 1 | GB 6566—2010 | 建筑材料放射性核素限量 | GB 6566—2001 |
| 2 | GB 18580—2001 | 室内装饰装修材料 人造板及其制品中甲醛释放限量 | |
| 3 | GB/T 7106—2008 | 建筑外门窗气密、水密、抗风压性能分级及检测方法 | GB/T 7106—2002、GB/T 7107—2002、GB/T 7108—2002、GB/T 13685—1992、GB/T 13686—1992 |
| 4 | GB/T 8484—2008 | 建筑外门窗保温性能分级及检测方法 | GB/T 8484—2002、GB/T 16729—1997 |
| 5 | GB/T 8485—2008 | 建筑门窗空气声隔声性能分级及检测方法 | GB/T 8485—2002、GB/T 16730—1997 |
| 6 | JGJ 214—2010 | 铝合金门窗工程技术规范 | |
| 7 | JGJ 103—2008 | 塑料门窗工程技术规程 | JGJ 103—96 |
| 8 | GB 12955—2008 | 防火门 | GB 12955—1991、GB 14101—1993 |
| 9 | GB 16809—2008 | 防火门 | GB 16809—1997 |
| 10 | JGJ 113—2015 | 建筑玻璃应用技术规程 | JGJ 113—2009 |
| 11 | JGJ/T 29—2015 | 建筑涂饰工程施工及验收规程 | JGJ/T 29—2003 |
| 12 | JG 138—2010 | 建筑玻璃点支承装置 | JG 138—2001 |
| 13 | GB/T 17748—2016 | 建筑幕墙用铝塑复合板 | GB/T 17748—2008 |
| 14 | GB 16776—2005 | 建筑用硅酮结构密封胶 | GB 16776—1997 |
| 15 | JGJ/T 191—2009 | 建筑材料术语标准 | |
| **16** | **JG/T 115—2018** | **建筑用钢门窗型材** | **《彩色涂层钢板门窗型材》JG/T 115—1999 《不锈钢建筑型材》JG/T 73—1999** |
| | | **装　　修** | |
| 1 | JGJ 367—2015 | 住宅室内装饰装修设计规范 | |

续表

| 序号 | 编　号 | 名　称 | 被代替编号 |
|---|---|---|---|
| 2 | JGJ 345—2014 | 公共建筑吊顶工程技术规程 | |
| 3 | JGJ 133—2001 | 金属与石材幕墙工程技术规范 | |
| 4 | JGJ 102—2003 | 玻璃幕墙工程技术规范 | JGJ 102—96 |
| 5 | JGJ 298—2013 | 住宅室内防水工程技术规范 | |
| 6 | JGJ/T 157—2014 | 建筑轻质条板隔墙技术规程 | JGJ/T 157—2008 |
| 7 | JGJ/T 175—2009 | 自流平地面工程技术规程 | |
| 8 | JGJ 237—2011 | 建筑遮阳工程技术规范 | |
| 9 | GB 50327—2001 | 住宅装饰装修工程施工规范 | |
| 10 | GB 50210—2018 | 建筑装饰装修工程质量验收标准 | GB 50210—2001 |
| 11 | JGJ/T 29—2015 | 建筑涂饰工程施工及验收规程 | JGJ/T 29—2003 |
| 12 | GB 50325—2010 | 民用建筑工程室内环境污染控制规范(2013 年版) | GB 50325—2001 |
| | | **园　林** | |
| 1 | GB 50420—2007 | 城市绿地设计规范 | 局部修订 |
| 2 | GB 51192—2016 | 公园设计规范 | CJJ 48—92 |
| 3 | CJJ 267—2017 | 动物园设计规范 | |
| 4 | CJJ/T 85—2017 | 城市绿地分类标准 | CJJ/T 85—2002 |
| | | **其　他** | |
| 1 | GB/T 50319—2013 | 建设工程监理规范 | GB/T 50319—2000 |
| **2** | **CJJ/T 294—2019** | **居住绿地设计标准** | |
| 3 | GB 50500—2013 | 建设工程工程量清单计价规范 | GB 50500—2008 |
| 4 | GB/T 51095—2015 | 建设工程造价咨询规范 | |
| 5 | CJJ 47—2006 | 生活垃圾转运站技术规范 | |

# 附录3 对知识单选题考试备考和应试的建议

一级注册建筑师的9门考试中有6门是知识单选题考试。二级注册建筑师的4门考试中有2门是知识单选题考试。从2011年起，一级《建筑设计》、《建筑结构》、《建筑物理与建筑设备》和《建筑材料与构造》4科知识单选题考试在考试时间不变的条件下，每科的试题数均较2010年的试题数减少了20道题，减轻了考生的负担。其他2科和二级的2科试题数没有变化。这些知识单选题的试题数、考试时间和及格标准见下表。

| 分　级 | 考　试　科　目 | 考试时间（小时） | 考试题数 | 试卷满分 | 及格标准 |
|---|---|---|---|---|---|
| 一　级 | 设计前期与场地设计 | 2.0 | 90 | 90 | 54 |
| | 建筑设计 | 3.5 | 140 | 140 | 84 |
| | 建筑结构 | 4.0 | 120 | 120 | 72 |
| | 建筑物理与建筑设备 | 2.5 | 100 | 100 | 60 |
| | 建筑材料与构造 | 2.5 | 100 | 100 | 60 |
| | 建筑经济、施工与设计业务管理 | 2.0 | 85 | 85 | 51 |
| 二　级 | 建筑结构与设备 | 3.5 | 100 | 100 | 60 |
| | 法律、法规、经济与施工 | 3.0 | 100 | 100 | 60 |

从表中可看出及格线都是60%。对历年试题的分析可以看出，有50%～60%的试题属于常规知识范围，也就是建筑师应知应会的知识；约30%～35%的题比较难，一般建筑师可能做不出来；还有约10%～15%的题可以说是偏题、怪题，几乎可以说，一般考生根本做不出来，就是老师也要多方查资料才能找到结果。也就是说，要想考出80分或90分的成绩几乎不可能。因此建议考生备考一定要重点明确，主要复习建筑师应知应会的知识，切忌去钻那些偏题、怪题。考生争取60分通过就行了，不必去追求高分，也没有必要。

在应试拿到考题时，建议考生不要顺着试题顺序往下做。因为有的题会比较难，有的题会比较生僻，耽误的时间比较多，以致到最后时间不够，致使会做的题却来不及做，这就得不偿失了。建议考生将做题过程分如下三步走：

首先用10～20分钟（根据考题的多少）将题从头到尾看一遍，一是首先解答出自己很熟悉很有把握的题；二是将那些需要稍加思考估计能在平均答题时间里做出的题做个记号。这里说的平均答题时间见下表，就是根据每科考试时间和题数计算出的平均答题时间。从表中可以看出，一级除《建筑结构》平均每题为2分钟外，其他5科平均答题时间均在1分20秒至1分30秒之间。二级2科平均每题答题时间在2分钟上下。将估计在这个时间里能做出来的题做个记号。

| 分　级 | 考　试　科　目 | 考试时间<br>（小时） | 考试题数 | 每题时间<br>（分、秒） |
|---|---|---|---|---|
| 一　级 | 设计前期与场地设计 | 2.0 | 90 | 1分20秒 |
| | 建筑设计 | 3.5 | 140 | 1分30秒 |
| | 建筑结构 | 4.0 | 120 | 2分 |
| | 建筑物理与建筑设备 | 2.5 | 100 | 1分30秒 |
| | 建筑材料与构造 | 2.5 | 100 | 1分30秒 |
| | 建筑经济、施工与设计业务管理 | 2.0 | 85 | 1分24.7秒 |
| 二　级 | 建筑结构与设备 | 3.5 | 100 | 2分06秒 |
| | 法律、法规、经济与施工 | 3.0 | 100 | 1分48秒 |

第二遍就做这些做了记号的题，这些题应该在考试时间里能做完。做完了这些题可以说就考出了考生的基本水平，不管考生的基础如何，复习得怎么样，临场发挥得如何，至少不会因为题没做完而遗憾了。对这些应知应会的题准备考试时一定要认真复习，考试时争取要都能做出来，这是考试及格的基础。

这些会做的题或基本会做的题做完以后，如果还有时间，就做那些需要花费时间较多的题。对这些比较难的题没有把握不要紧，有的可以采用排除法，把肯定不对的答案先排除掉，剩下的再猜答，能做几个算几个。并适当抽时间检查一下已答题的答案。

在考试将近结束时，比如说还剩5分钟要收卷了，你就要看看还有多少道题没有答，这些题确实不会了，也不要放弃。在单选题考试中，对不会的题估填了答案对了也是有分的。建议考生回头看看已答题的答案A、B、C、D各有多少，虽然整个卷子四种答案的数量不一定是平均的，但还是可以这样来考虑。看看已答的题中A、B、C、D哪个最少，然后将不会做、没有答的题按这个前边最少的选项通填，这样其中会有1/4甚至还会多于1/4的题能得分。你如果应知应会的题得了五十多分，再加上这些通填的题得了十几分，加起来就及格了。

以上建议供各位考生参考。

预祝大家顺利通过考试！

主编　曹纬浚

2019年10月